KUHMINSA

한 발 앞서나가는 출판사, **구민사**

구민사 출간도서 中 수험서 분야

- 용접
- 자동차
- 조경/산림
- 품질경영
- 산업안전
- 전기
- 건축토목
- 실내건축

- 기술사
- 기계
- 금속
- 환경
- 보일러
- 가스
- 공조냉동
- 위험물

전국 도서판매처

- 일산남부서점
- 안산대동서적
- 대전계룡서점
- 대구북앤북스
- 대구하나도서
- 포항학원사
- 울산처용서림
- 창원그랜드문고
- 순천중앙서점
- 광주조은서림

www.kuhminsa.co.kr

자격증 시험 접수부터 자격증 수령까지!

01 필기 원서 접수
큐넷(www.q-net.or.kr)
필기 시험은 회원 가입 후 인터넷 접수만 가능
(사진 파일, 접수비(인터넷 결제) 필요)
응시자격 요건 반드시 확인

02 필기시험
입실 시간 미준수 시 시험 응시 불가
준비물 : 수험표, 신분증, 필기구 지참

03 필기 합격 확인
큐넷(www.q-net.or.kr)
사이트에서 확인

04 실기 원서 접수
큐넷(www.q-net.or.kr)
응시 자격 서류는 실기시험 접수기간(4일 내)에 제출해야만 접수 가능

전문가를 위한 첫걸음, 구민사는 그 이상을 봅니다!
KUHMINSA

실기 시험
필답형과 작업형으로 분류
원서 접수 시 선택한 장소와 시간에 맞게 시험을 봅니다.
준비물 : 수험표, 신분증, 필기구 지참

최종합격 확인
큐넷(www.q-net.or.kr)
사이트에서 확인

자격증 신청
인터넷으로 신청(상장형 자격증 발급을 원칙으로 하며,
희망 시 수첩형 자격증 발급 신청 / 발급 수수료 부과)

자격증 수령
인터넷으로 발급
(수첩형 자격증은 등기 수령 시 등기 비용 발생)

자동차정비기사 필기 D-60 합격 플랜

(위의 플랜은 가장 이상적인 것이므로 참고하여 개인의 입장과 일정에 맞춰 준비하시기 바랍니다.)

월요일	화요일	수요일	목요일	금요일	토요일	일요일
D-60	D-59	D-58	D-57	D-56	D-55	D-54
PART 1 학습 및 복습							
D-53	D-52	D-51	D-50	D-49	D-48	D-47
PART 2, 3 학습 및 복습						
D-46	D-45	D-44	D-43	D-42	D-41	D-40
PART 4 학습 및 복습						
D-39	D-38	D-37	D-36	D-35	D-34	D-33
PART 5 학습 및 복습						
D-32	D-31	D-30	D-29	D-28	D-27	D-26
전체 이론 복습 및 실전테스트 문제풀이						

D-DAY 60 놓친 부분 다시보기

월요일	화요일	수요일	목요일	금요일	토요일	일요일
D-25	D-24	D-23	D-22	D-21	D-20	D-19
		이론복습 (O/X)				문제풀이 (O/X)
D-18	D-17	D-16	D-15	D-14	D-13	D-12
		이론복습 (O/X)				문제풀이 (O/X)
D-11	D-10	D-9	D-8	D-7	D-6	D-5
		이론복습 (O/X)				문제풀이 (O/X)
D-4	D-3	D-2	D-1			
		이론복습 (O/X)				

시험장 가기 전에 Tip

Q 계산기를 따로 가져가야 하나요?
A 시험을 치르는 PC에 설치된 계산기를 이용하실 수 있습니다.(개인 계산기 지참 가능)

Q PC로 시험을 치르면 종이는 못 쓰나요?
A 시험장에서 필요한 사람에 한해 종이를 제공합니다. 시험장마다 상황이 다를 수 있으니 전화로 해당 시험장의 상황을 파악해보시길 권장합니다. 이 때 시험이 끝나고 종이 반납은 필수입니다.

Preface 머리말

　최근 전 세계적으로 자동차들은 전자제어, 고효율, 고성능, 다양한 편의 장치 및 하이브리드 시스템 및 친환경 장치 등 시스템이 최 첨단화되고 있습니다. 따라서 최첨단 신기술에 대응할 자동차 정비 전문 기술 인력이 매우 절실할 때입니다.

　국내외적으로 자동차 산업은 규모 면에서도 가장 활발한 성장을 하는 유망 산업일 뿐만 아니라 기술 개발과 그 적용 속도가 매우 빠릅니다. 이제 우리 생활의 필수품으로 자리 잡은 자동차의 그 구조와 기능을 알고 적합하게 이용할 때 문명과 산업 발달에 의한 매우 편리한 기구입니다.

　이 책은 이러한 상황에 맞도록 자동차정비기사를 준비하시는 분들께 자동차 정비의 지식을 보다 쉽게 이해할 수 있도록 다음과 같이 편성하였습니다.

본 자동차정비기사 필기 교재의 특징은

첫째, 자동차정비기사를 준비하시는 분들을 위하여 요점정리 및 다양한 문제 출제에 충실하였습니다.
둘째, 각단원이 끝날 때마다 예상문제를 다루어 그 단원에 대한 이해는 물론 단원 설명에서 누락된 내용은 문제의 해설
　　　에서 상세히 다루었습니다.
셋째, 하이브리드 시스템 및 친환경장치인 고전원 전기장치 시스템 및 주행 안전 보조장치를 수록하였습니다.
넷째, 실제 출제되었던 문제를 일반기계공학, 기계열역학, 자동차엔진, 자동차섀시, 자동차전기 순으로 각각 20문제씩
　　　총 100문제를 다수 수록하여 자신의 실력 테스트는 물론 앞으로 실시되는 시험 방향을 제시해 두었습니다.

　문제의 선정과 해설, 그리고 편집에 정성을 기울였으나 간혹 오류가 있으면 아낌없는 지도 편달을 바라며, 앞으로 새로운 문제가 출제되면 계속하여 수정·보완할 것입니다.

　이 책의 출판을 위해 적극적으로 도움 주신 도서출판 구민사 조규백 대표님과 직원 여러분께 깊은 감사를 드립니다.

저자 씀

Construct 이 책의 구성 및 특징

1 이론 핵심 요약 & 예상문제 수록

각 단원마다 체계적인 핵심 요약을 기반으로 이론을 구성하였고, 단원의 마지막에 예상문제를 수록하여 실전 시험에 대비하였습니다.

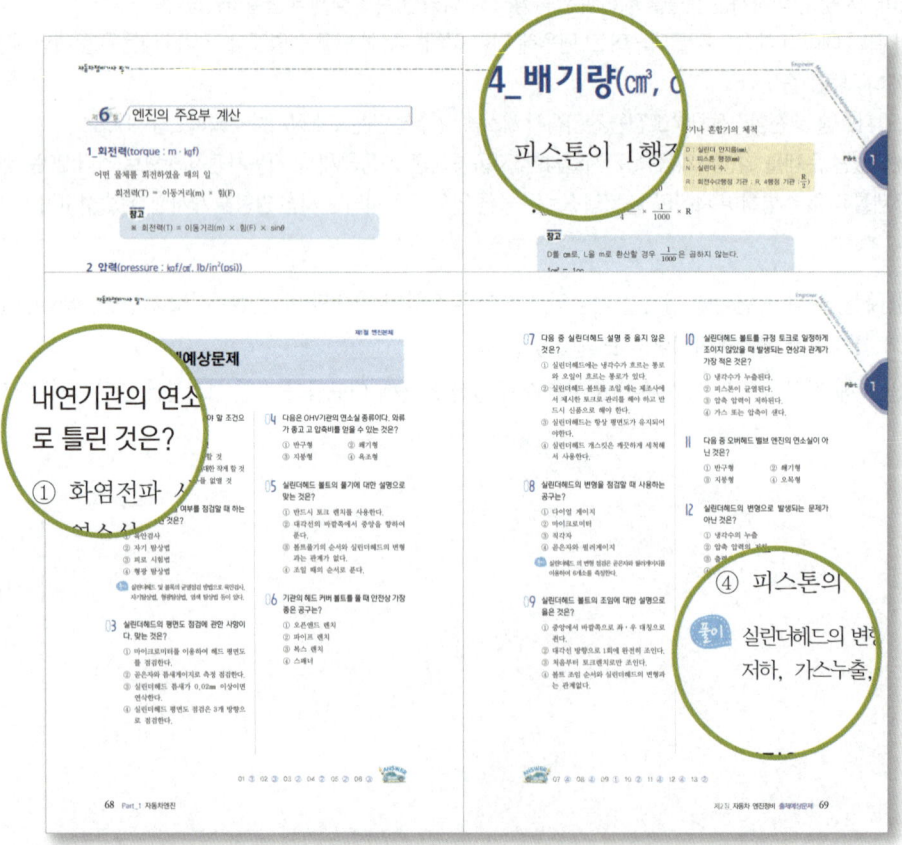

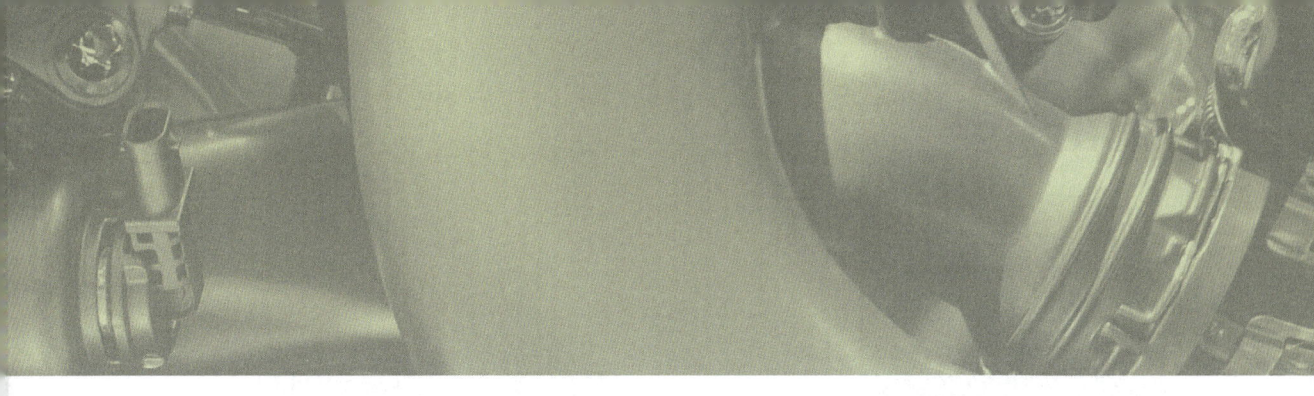

2 실전 테스트 문제 수록

부록으로 실전 테스트 문제와 해설을 수록하여 실전시험에 대비하였습니다.

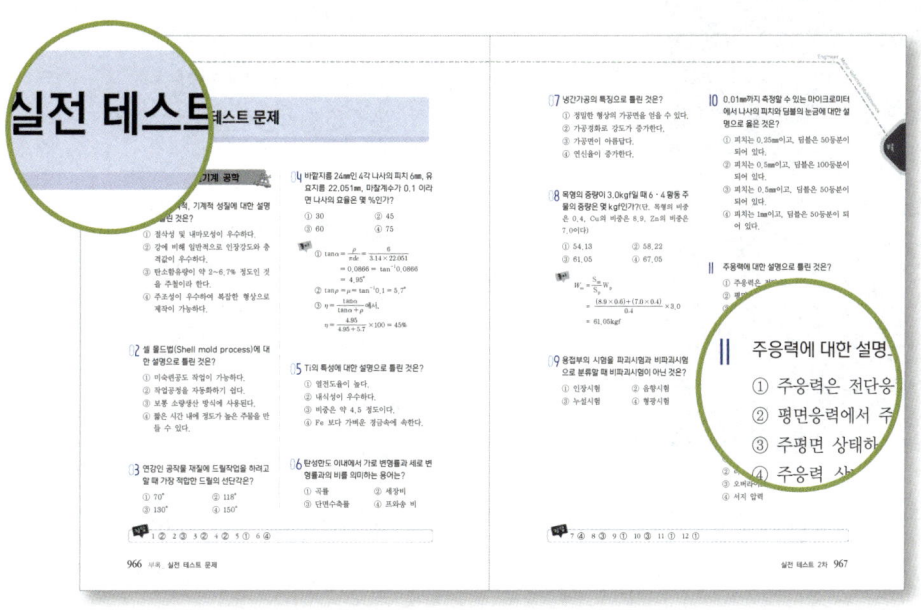

Contents
목차

PART 1 자동차엔진

제1장 자동차 엔진 성능   3
제1절 엔진의 성능 및 효율   3
제2절 엔진의 성능   7
제3절 엔진의 효율   8
제4절 엔진의 연료   8
제5절 연소 및 배출가스   11
제6절 엔진의 주요부 계산   18
자동차 엔진 성능 출제예상문제   23

제2장 자동차 엔진정비   47
제1절 엔진 본체   47
엔진 본체 출제예상문제   68
제2절 윤활 및 냉각장치   85
윤활 및 냉각장치 출제예상문제   94
제3절 연료장치   103
연료장치 출제예상문제   127
제4절 흡·배기장치   145
흡·배기장치 출제예상문제   152
제5절 전자제어장치   158
전자제어장치 출제예상문제   166

제3장 자동차 진단, 검사   179
제1절 고장분석   179
고장분석 출제예상문제   183
제2절 시험장비 및 검사기기   195
시험장비 및 검사기기 출제예상문제   200

PART 2 자동차섀시

제1장 자동차 섀시 성능 — 209
- 제1절 주행성능 — 209
- 제2절 제동성능 — 211
- 제3절 조향성능 — 212
- 자동차 섀시 성능 출제예상문제 — 215

제2장 자동차 섀시 정비 — 225
- 제1절 동력전달장치 — 225
- 동력전달장치 출제예상문제 — 253
- 제2절 현가 및 조향장치 — 279
- 현가 및 조향장치 출제예상문제 — 300
- 제3절 제동장치 — 321
- 제동장치 출제예상문제 — 337
- 제4절 주행 및 구동장치 — 357
- 주행 및 구동장치 출제예상문제 — 365

제3장 자동차 섀시 진단, 검사 — 372
- 제1절 섀시 고장진단 — 372
- 섀시 고장진단 출제예상문제 — 375
- 제2절 시험장비 및 검사기기 — 387
- 시험장비 및 검사기기 출제예상문제 — 391

PART 3 자동차전기 · 전자

제1장 전기 · 전자 정비 — 401
- 제1절 전기 · 전자 — 401
- 전기 · 전자 출제예상문제 — 437
- 제2절 시동 · 점화 및 충전장치 — 455
- 시동 · 점화 및 충전장치 출제예상문제 — 488
- 제3절 고전원 전기장치 — 525
- 고전원 전기장치 출제예상문제 — 544
- 제4절 계기 및 보안장치 — 557
- 계기 및 보안장치 출제예상문제 — 570
- 제5절 안전 및 편의장치 — 582
- 안전 및 편의장치 출제예상문제 — 605

제2장 자동차 전기전자 진단 · 검사 — 621
- 제1절 고장분석 — 621
- 제2절 시험장비 및 검사기기 — 622
- 자동차 전기전자 진단 · 검사 출제예상문제 — 625

PART 4   일반기계공학

제1장 기계재료   647

- 제1절 재료의 기계적 성질   647
- 제2절 금속의 변태   648
- 제3절 철과 강   648
- 제4절 비철금속 및 합금   652
- 제5절 비금속재료   654
- 제6절 표면처리 및 열처리   655
- 제7절 재료시험 방법   657
- 기계재료 출제예상문제   662

제2장 기계요소   671

- 제1절 결합용 기계요소   671
- 제2절 축(shaft)관계 기계요소   678
- 제3절 전동용 기계요소   684
- 제4절 제어용 기계요소   690
- 기계요소 출제예상문제   691

제3장 기계공작법   718

- 제1절 주조   718
- 제2절 측정 및 손 다듬질   722
- 제3절 소성가공법   725
- 제4절 공작기계의 종류 및 특성   729
- 제5절 용접(welding)   735
- 기계공작법 출제예상문제   739

제4장 유공압 기계   759

- 제1절 유체기계 기초 이론   759
- 제2절 유공압기기   764
- 제3절 유공압회로   768
- 유공압 기계 출제예상문제   769

제5장 재료역학   787

- 제1절 응력과 변형 및 안전율   787
- 제2절 보의 응력과 처짐   791
- 제3절 비틀림   793
- 재료역학 출제예상문제   795

PART 5   기계열역학

제1장 열역학의 기본사항   811

- 제1절 기본개념   811
- 제2절 용어와 단위계   814
- 열역학의 기본사항 출제예상문제   817

제2장 순수물질의 성질   824

- 제1절 물질의 성질과 상태   824
- 제2절 이상기체   831
- 순수물질의 성질 출제예상문제   846

제3장 일과 열   863

- 제1절 일과 동력   863
- 제2절 열전달   865
- 제3절 열효율(efficiency)   869
- 제4절 과정(process)과 사이클(cycle)   870
- 일과 열 출제예상문제   872

제4장 열역학의 법칙   874

- 제1절 열역학 제1법칙   874
- 제2절 열역학 제2법칙 (the second law of thermodynamics)   879
- 열역학의 법칙 출제예상문제   887

제5장 각종 사이클   902

- 제1절 동력사이클   902
- 제2절 냉동 사이클(Refrigeration Systems)   917
- 각종 사이클 출제예상문제   926

부록 – 실전 테스트 문제

- 1차 실전 테스트   947
- 2차 실전 테스트   966
- 3차 실전 테스트   984
- 4차 실전 테스트   1003
- 5차 실전 테스트   1020
- 6차 실전 테스트   1036
- 7차 실전 테스트   1053
- 8차 실전 테스트   1070

안전보건표지의 종류와 형태

전문가를 위한 첫걸음, **구민사**는 그 이상을 봅니다!

KUHMINSA

1. 금지표지	101 출입금지	102 보행금지	103 차량통행금지	104 사용금지	105 탑승금지	106 금연
	107 화기금지	108 물체이동금지	2. 경고표지	201 인화성물질 경고	202 산화성물질 경고	203 폭발성물질 경고	204 급성독성물질 경고
205 부식성물질 경고	206 방사성물질 경고	207 고압전기 경고	208 매달린 물체 경고	209 낙하물 경고	210 고온 경고	211 저온 경고
212 몸균형 상실 경고	213 레이저광선 경고	214 발암성·변이원성·생식독성·전신독성·호흡기 과민성 물질 경고	215 위험장소 경고	3. 지시표지	301 보안경 착용	302 방독마스크 착용
303 방진마스크 착용	304 보안면 착용	305 안전모 착용	306 귀마개 착용	307 안전화 착용	308 안전장갑 착용	309 안전복 착용
4. 안내표지	401 녹십자표지	402 응급구호표지	403 들것	404 세안장치	405 비상용기구	406 비상구
407 좌측비상구	408 우측비상구	5. 관계자외 출입금지	501 허가대상물질 작업장 **관계자외 출입금지** (허가물질 명칭) 제조/사용/보관 중 보호구/보호복 착용 흡연 및 음식물 섭취 금지	502 석면취급/해체 작업장 **관계자외 출입금지** 석면 취급/해체 중 보호구/보호복 착용 흡연 및 음식물 섭취 금지	503 금지대상물질의 취급 실험실 등 **관계자외 출입금지** 발암물질 취급 중 보호구/보호복 착용 흡연 및 음식물 섭취 금지	

6. 문자추가시 예시문

▶ 내 자신의 건강과 복지를 위하여 안전을 늘 생각한다.
▶ 내 가정의 행복과 화목을 위하여 안전을 늘 생각한다.
▶ 내 자신의 실수로써 동료를 해치지 않도록 안전을 늘 생각한다.
▶ 내 자신이 일으킨 사고로 인한 회사의 재산과 손실을 방지하기 위하여 안전을 늘 생각한다.
▶ 내 자신의 방심과 불안전한 행동이 조국의 번영에 장애가 되지 않도록 하기 위하여 안전을 늘 생각한다.

Information 자동차정비기사 시험정보

개요
자동차의 제작 및 부품생산이 첨단기술화 되어감에 따라 자동차정비는 단순한 재생수리 에서 종합정비 형태로 바뀌어 가고 있으며, 시설정비의 현대화와 정비기술의 고도화가 추구되고 있다. 이에 따라 자동차공학분야에 관한 기술지식을 갖고 산업현장에서 필요로 하는 자동차 정비업무의 기술적 부분을 담당하거나 지도 등의 업무를 수행할 전문 기술인력양성이 필요하게 됨.

수행직무
자동차정비 분야에 대한 공학적 지식을 바탕으로 자동차의 엔진, 전자제어장치, 전기, 섀시부분의 점검를 통해 직접 정비를 하거나 정비를 지도, 감독한다. 또한 냉각수, 윤활유, 충전상태, 유압 등 사고예방을 위한 일상점검과 정기점검을 실시하며 낡은 부품을 교체하거나 정비를 수행한다. 엔진부분, 전기부분, 섀시부분 으로 나누어 업무를 수행한다.

출제경향
자동차정비 및 검사에 관한 숙련된 지식 및 기능을 가지고 작업현장의 지도 및 감독, 경영층과 정비 생산계층을 유기적으로 결합시켜주는 관리자로서의 역할과 각종 공구 및 기기와 점검장비를 이용하여 엔진, 섀시, 전기장치 등의 결함이나 고장부위를 진단하는 정비 및 검사작업과 안전사항 등을 준수하는 직무 수행능력을 평가

취득방법
① 시행처 : 한국산업인력공단
② 관련학과 : 대학의 자동차학과, 자동차공학, 자동차정비 관련학과
③ 시험과목
  - 필기 : 1.일반기계공학 2.기계열역학 3.자동차엔진 4.자동차섀시 5.자동차전기
  - 실기 : 자동차정비 작업
④ 검정방법
  - 필기 : 객관식 4지 택일형, 과목당 20문항(과목당 30분)
  - 실기 : 복합형[필답형(1시간 30분, 50점)+작업형(6시간 정도, 50점)]
⑤ 합격기준
  - 필기 : 100점을 만점으로 하여 과목당 40점 이상, 전과목 평균 60점 이상
  - 실기 : 100점을 만점으로 하여 60점 이상

시험수수료
필기 : 19,400원
실기 : 64,600원

종목별 검정현황

종목명	연도	필기			실기		
		응시	합격	합격률(%)	응시	합격	합격률(%)
	소계	59,261	15,061	25.4%	21,865	6,661	30.5%
자동차정비기사	2022	986	172	17.4%	261	130	49.8%
	2021	1,073	221	20.6%	387	89	23%
	2020	1,035	233	22.5%	403	103	25.6%
	2019	1,173	253	21.6%	444	121	27.3%
	2018	994	224	22.5%	376	108	28.7%
	2017	1,090	239	21.9%	419	160	38.2%
	2016	1,068	195	18.3%	345	99	28.7%
	2015	1,032	203	19.7%	347	44	12.7%
	2014	1,101	133	12.1%	243	48	19.8%
	2013	1,071	105	9.8%	256	50	19.5%
	2012	1,287	165	12.8%	319	72	22.6%
	2011	1,316	172	13.1%	319	108	33.9%
	2010	1,649	293	17.8%	423	140	33.1%
	2009	1,762	311	17.7%	422	160	37.9%
	2008	1,537	343	22.3%	592	200	33.8%
	2007	1,783	372	20.9%	697	235	33.7%
	2006	2,298	564	24.5%	694	238	34.3%
	2005	2,258	360	15.9%	514	154	30%
	2004	2,254	312	13.8%	514	190	37%
	2003	2,408	328	13.6%	603	210	34.8%
	2002	2,518	854	33.9%	1,172	471	40.2%
	2001	2,667	763	28.6%	1,163	447	38.4%
	1977~2000	24,901	8246	33.1%	10,952	3,084	28.2%

Standard 자동차정비산업기사 출제기준

직무분야	기계	중직무분야	자동차	자격종목	자동차정비산업기사	적용기간	2025.01.01 ~2025.12.31
직무내용		자동차정비에 관한 작업현장의 지도 및 감독, 경영층과 정비 생산계층을 유기적으로 결합시켜주는 관리자로서의 역할과 각종 공구 및 기기와 점검 장비를 이용하여 엔진, 섀시, 전기전자장치 및 친환경자동차 등의 결함이나 고장부위를 진단, 정비, 검사하고 작업지시를 내릴 수 있는 직무이다.
필기검정방법	객관식	문제수	100	시험시간		2시간 30분

필기 과목명	출제문제수	주요항목	세부항목
일반기계공학	20	1. 기계재료	1. 철과 강 2. 비철금속 및 합금 3. 비금속재료 4. 표면처리 및 열처리
		2. 기계요소	1. 결합용 기계요소 2. 축 관계 기계요소 3. 전동용 기계요소 4. 제어용 기계요소
		3. 기계공작법	1. 주조 2. 측정 및 손 다듬질 3. 소성가공법 4. 공작기계의 종류 및 특성 5. 용접
		4. 유공압기계	1. 유공압기계 기초이론 2. 유공압기기 3. 유공압회로
		5. 재료역학	1. 응력과 변형 및 안전율 2. 보의 응력과 처짐 3. 비틀림

※ 세세기준은 한국산업인력공단 홈페이지 참조

필기 과목명	출제문제수	주요항목	세부항목
기계열역학	20	1. 열역학의 기본사항	1. 기본개념 2. 용어와 단위계
		2. 순수물질의 성질	1. 물질의 성질과 상태 2. 이상기체
		3. 일과 열	1. 일과 동력 2. 열전달
		4. 열역학의 법칙	1. 열역학 제1법칙 2. 열역학 제2법칙
		5. 각종 사이클	1. 동력사이클 2. 냉동사이클
		6. 열역학의 응용	1. 열역학의 적용사례
자동차엔진	20	1. 엔진성능	1. 엔진의 성능 및 효율
		2. 엔진정비	1. 엔진본체 2. 윤활 및 냉각장치 3. 연료장치 4. 흡배기장치 5. 전자제어장치
		3. 진단, 검사	1. 고장분석 2. 시험장비 및 검사기기
자동차섀시	20	1. 섀시성능	1. 주행 및 제동
		2. 섀시정비	1. 동력전달장치 2. 현가 및 조향장치 3. 제동장치 4. 주행 및 구동장치
		3. 진단, 검사	1. 고장분석 2. 시험장비 및 검사기기

※ 세세기준은 한국산업인력공단 홈페이지 참조

필기 과목명	출제문제수	주요항목	세부항목
자동차전기	20	1. 전기전자정비	1. 전기전자 2. 시동, 점화 및 충전장치 3. 고전원 전기장치 4. 계기 및 보안장치 5. 안전 및 편의장치
		2. 진단, 검사	1. 고장분석 2. 시험장비 및 검사기기

1 PART

자동차엔진

제1장 / 자동차 엔진 성능
제2장 / 자동차 엔진정비
제3장 / 자동차 진단, 검사

Engineer Motor Vehicles Maintenance

01 자동차 엔진 성능

제1절 엔진의 성능 및 효율

1_ 엔진의 정의

엔진(heat engine)이란 열에너지(연료의 연소)를 기계적 에너지(일)로 변환시키는 장치를 말한다.

2_ 엔진의 분류

1. 기계학적 사이클에 의한 분류

1) 4행정 사이클 엔진(4stroke cycle engine)

4행정 사이클 엔진은 크랭크축이 2회전하고, 피스톤은 흡입·압축·폭발 및 배기의 4행정(4stroke)을 하여 1사이클(1cycle)을 완성한다. 작동과정은 다음과 같다.

① 흡입행정(intake stroke)

흡입밸브는 열리고 배기밸브는 닫혀 있으며, 피스톤은 상사점(TDC)에서 하사점(BDC)으로 내려간다. 흡입공기는 피스톤이 내려감에 따라 실린더 내에는 부압(부분진공)이 생겨 흡입되며, 이때 크랭크축은 180°회전한다.

② 압축행정(compression stroke)

피스톤이 하사점에서 상사점으로 올라가며, 이때 흡입과 배기밸브는 모두 닫혀 있다. 이에 따라 가솔린엔진은 혼합가스를, 디젤엔진은 공기를 압축하며 크랭크축은 360°회전한다.

③ 폭발(동력)행정(power stroke)

실린더 내의 압력을 상승시켜 피스톤에 내려 미는 힘을 가하여 커넥팅로드를 거쳐 크랭크축을 회전운동을 시키므로 동력을 얻는다. 피스톤은 상사점에서 하사점으로 내려가고, 흡입과 배기밸브는 모두 닫혀 있고 크랭크축은 540°회전한다.

④ 배기행정(exhaust stroke)

배기밸브가 열리면서 폭발행정에서 일을 한 연소가스를 실린더 밖으로 배출시키는 행정이다. 이때 피스톤은 하사점에서 상사점으로 올라가며 크랭크축은 720°회전하여 1사이클을 완성한다. 배기행정 초기에 배기밸브가 열려 배기가스의 자체압력에 의하여 자연히 배출되는 현상을 블로다운(blow down)이라 한다.

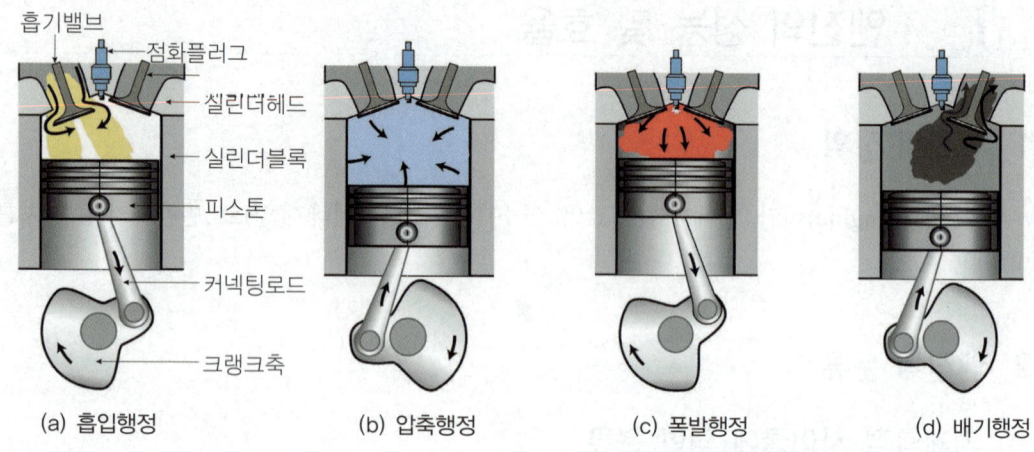

(a) 흡입행정   (b) 압축행정   (c) 폭발행정   (d) 배기행정

그림 1-1 / 4행정 사이클 엔진의 작동

> **참고**
>
> 연소실의 벽면 온도가 일정하고, 혼합가스가 이상기체라고 가정하면, 압축행정일 때 연소실 내의 열과 내부에너지의 변화는 열은 방열, 내부에너지는 불변이다. 그리고 압축에서 가스의 온도와 체적변화는 체적이 감소함에 따라 압력은 압축비에 근사적으로 비례하여 상승하며, 압축에서 발생하는 압축열에 의해 추가로 압력상승이 이루어진다. 또 체적이 감소함에 따라 온도가 상승한다.

2) 2행정 사이클 엔진(2stroke cycle engine)

2행정 사이클 엔진은 크랭크축 1회전으로 피스톤 상승행정과 하강행정의 2행정이 1사이클을 완성하는 엔진으로 흡입과 배기를 위한 독립된 행정이 없다.
① **상승행정** : 연소실 내의 혼합기 압축, 크랭크 실로 혼합기 흡입
② **하강행정** : 연소실 내의 동력행정, 하강행정 말 배기와 함께 소기구멍을 통해 혼합기 흡입

3) 2사이클 디젤기관의 소기방식

① 단류 소기식(밸브 인 헤드형, 피스톤 제어형)
② 루프 소기식
③ 횡단 소기식

> **참고**
> **디플렉터의 작용**
> ① 혼합기의 와류작용   ② 잔류가스 배출
> ③ 압축비 높임   ④ 연료 손실 감소

2. 점화방식에 의한 분류

1) 전기 점화방식 엔진

이 엔진은 압축된 혼합가스에 점화플러그에서 높은 압력의 전기불꽃을 방전시켜 점화 연소시키는 방식이며, 가솔린엔진·LPI엔진의 점화방식이다.

2) 압축 착화방식 엔진(자기 착화방식 엔진)

이 엔진은 공기만을 흡입하고 고온·고압으로 압축한 후 고압의 연료(경유)를 미세한 안개 모양으로 분사시켜 자기 착화시키는 방식이며, 기계식 디젤엔진 및 전자제어 디젤엔진의 점화방식이다.

3. 열역학적 사이클에 의한 분류

① 오토사이클(정적 사이클) : 가솔린엔진의 기본 사이클이며, 일정한 체적에서 연소가 이루어지므로 정적 사이클이라고도 부른다.
② 디젤사이클(정압 사이클) : 저속·중속 디젤엔진의 기본 사이클이며, 일정한 압력에서 연소가 이루어지므로 정압 사이클이라고도 부른다.
③ 사바테 사이클(복합 사이클) : 고속 디젤엔진의 기본 사이클이며, 열 공급은 정적과 정압에서 이루어지므로 복합 또는 혼합 사이클이라고도 부른다.

> **참고**
> 공급열량(가열량)과 압축비가 같을 경우 이들 이론 열효율의 관계는 오토 사이클 > 사바테 사이클 > 디젤 사이클 순서이다.

4. 실린더 안지름과 행정비율에 의한 분류

1) 장행정 엔진(under square engine)

장행정 엔진은 실린더 안지름(D)보다 피스톤 행정(L)이 큰 형식이다.

2) 정방형 엔진(square engine)

정방형 엔진은 실린더 안지름(D)과 피스톤 행정(L)의 크기가 똑같은 형식이다.

3) 단행정 엔진(over square engine)

단행정 엔진은 실린더 안지름(D)이 피스톤 행정(L)보다 큰 형식이며, 다음과 같은 특징이 있다.

① 피스톤 평균속도를 올리지 않고도 회전속도를 높일 수 있으므로 단위 실린더 체적 당 출력을 높일 수 있다.
② 흡·배기 밸브지름을 크게 할 수 있어 체적효율을 높일 수 있다.
③ 직렬형에서는 엔진의 높이가 낮아지고, V형에서는 엔진의 폭이 좁아진다.
④ 피스톤이 과열하기 쉽고, 폭발압력이 커 엔진 베어링의 폭이 넓어야 한다.
⑤ 회전속도가 증가하면 관성력의 불평형으로 회전 부분의 진동이 커진다.
⑥ 실린더 안지름이 커 엔진의 길이가 길어진다.

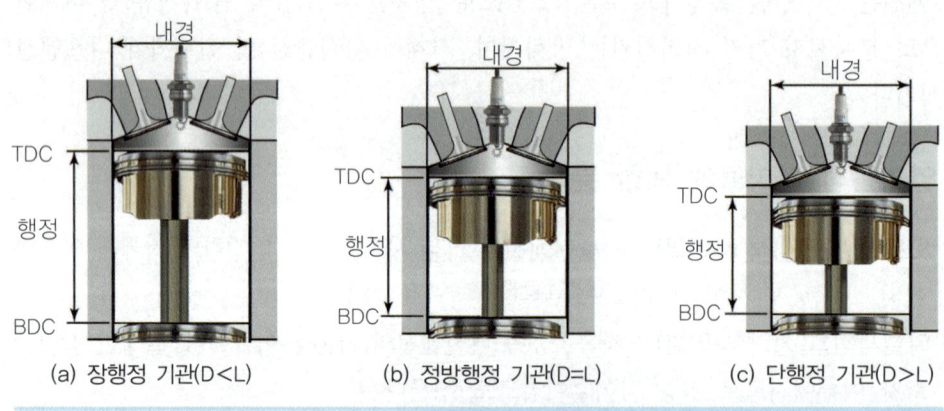

(a) 장행정 기관(D<L)   (b) 정방행정 기관(D=L)   (c) 단행정 기관(D>L)

그림 1-2 / 실린더 안지름/행정비율에 의한 분류

5. 실린더 배열에 의한 분류

엔진의 실린더 배열에는 모든 실린더를 일렬 수직으로 설치한 직렬형, 직렬형 실린더 2조를 V형으로 배열시킨 V형, V형 엔진을 펴서 양쪽 실린더 블록이 수평면 상에 있는 수평 대향형, 실린더가 공통의 중심선에서 방사선 모양으로 배열된 성형(또는 방사형) 등이 있다.

제2절 / 엔진의 성능

1_이론평균 유효압력

피스톤 행정 중 실제의 압력을 아래 그림에서 면적 BCDE를 이와 같은 면적 ABFGA로 그린 압력을 평균유효 압력이라 한다.

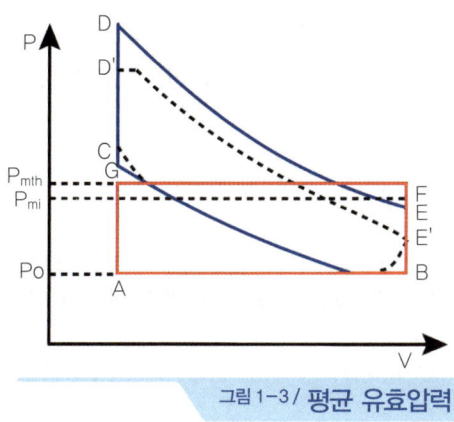

그림 1-3 / 평균 유효압력

2_지시마력(indicated horse power)

지시마력은 도시마력이라고도 부르며, 실린더 내의 폭발압력으로부터 직접 측정한 마력이다.

3_제동마력(축마력, 정미마력)

제동마력은 크랭크축에서 발생한 마력을 동력계로 측정한 것이며, 실제 엔진의 출력으로 이용할 수 있다.

제3절 엔진의 효율

1_ 열효율

열효율은 엔진에 공급된 연료가 연소하여 얻어진 열량과 이것이 실제의 동력으로 변한 열량과의 비율을 말하며, 열효율이 높은 엔진 일수록 연료를 유효하게 이용한 결과가 되며, 그만큼 출력도 크다.

엔진에서 발생한 열량은 냉각, 배기, 기계마찰 등으로 빼앗겨 실제의 출력은 25~35% 정도이다. 즉 냉각에 의한 손실 30~35%, 배기에 의한 손실 30~35%, 기계마찰에 의한 손실 6~10% 정도이다.

2_ 기계효율

기계효율은 제동마력과 지시마력과의 비율로 정의한 것이다.

3_ 체적효율

체적효율이란 실제로 실린더로 흡입된 공기의 양을 그 때의 대기상태의 체적으로 환산하여 행정체적으로 나눈 값이다. 엔진에서 실린더내로 흡입된 새로운 공기의 체적은 바로 앞의 사이클에서 완전히 배출되지 못한 잔류가스의 압력이나 온도, 가열된 연소실에 의해 온도가 올라가므로 일반적으로 행정체적 보다 작은 값이 된다. 따라서 체적효율은 흡입능력의 척도로 사용된다.

제4절 엔진의 연료

1_ 가솔린엔진의 연료

1) 가솔린 연료의 개요

가솔린은 탄소(C)와 수소(H)의 유기화합물의 혼합체이며, 연료와 산소가 혼합하여 완전 연소할 때 발생하는 열량을 발열량이라 한다. 발열량에는 열량계 속에서 단위 질량의 연료를 연소시켰을 때 발생되는 고위발열량과 연소에 의해 발생된 수분의 증발열을 뺀 열량인 저위발열량이 있다. 일반적으로 액체나 가스의 발열량은 저위발열량으로 나타낸다.

2) 가솔린의 물리적 성질

① 비중 : 0.74~0.76
② 저위 발열량 : 11,000Kcal/kgf
③ 옥탄가 : 90~95
④ 인화점 : -10~-15℃
⑤ 자연 발화점 : 대기압력 하에서 300~500℃

3) 가솔린의 구비조건

① 발열량이 크고 연소 후 퇴적물이 적어야 한다.
② 공기와 혼합이 잘되고 적당히 휘발성이 있어야 한다.
③ 착화온도가 높고, 연소상태가 안정되며 인체에 유독성이 없어야 한다.
④ 취급과 수송이 용이하며 부식되지 않아야 한다.
⑤ 값이 저렴하여 경제적이어야 한다.

4) 옥탄가

가솔린 연료의 내폭성을 나타내는 수치를 옥탄가라며 내폭성이란 엔진 노크를 일으키기 어려운 성질을 말하며 이러한 성질의 연료성분을 이소옥탄(C_8H_{18})이라 한다. 또한 내폭성이 낮은 연료의 성분을 정헵탄(C_7H_{16})이라 하며 옥탄가는 이소옥탄과 정헵탄의 혼합비를 나타내 연료의 성질을 나타내는 척도가 된다.

보통 이소옥탄을 100으로 하고 정헵탄(노말헵탄)을 0으로 기준하여 혼합비율에 따라 옥탄가가 결정되며 예를 들면, 노말헵탄 20%, 이소옥탄 80%의 비율이라면, 옥탄가 80이 된다. 옥탄가는 다음 식으로 표현되며 옥탄가의 측정은 C·F·R시험엔진으로 측정한다.

$$옥탄가 = \frac{이소옥탄}{이소옥탄 + 노멀헵탄} \times 100$$

2_LPG 연료

LPG는 원유를 정제할 때 나오는 부산물 중의 하나이며, 주성분은 프로판이 47~50%, 부탄 36~42%, 오리핀이 8%정도이며 저위 발열량은 12,000kcal/kgf이다.

LPG는 냉각이나 가압에 의해 쉽게 액화하고 반대로 가압이나 감압에 의해 기화하는 성질이 있다. 또 기화된 LPG는 공기의 약 1.5~2.0배 정도 무겁다. 순수한 LPG는 색깔과 냄새가 없으며 많은 양을 유입하면 마취되는 수가 있다.

자동차용 연료로 사용되는 LPG는 가스 누출의 위험을 방지하기 위하여 착취제(유기황, 질소, 산소화합물 등)를 첨가하여 특이한 냄새가 나도록 하고 있다. 최근에 사용하는 LPG는 겨울철에는 엔진의 시동성능을 향상시키기 위해 프로판 30%와 부탄 70%의 혼합가스를, 여름철에는 출력을 향상시키기 위하여 부탄 100%인 가스를 사용한다.

3_디젤엔진 연료

1) 경유의 물리적 성질

① 색깔 : 흑갈색~담황색
② 비중 : 0.83~0.89
③ 인화점 : 40~90℃
④ 발열량 : 10700Kcal/kgf
⑤ 자연 발화점 : 산소 속에서 245℃, 공기 속에서 358℃
⑥ 경유 1kgf을 완전히 연소시키는데 필요한 건조 공기량은 14.4kgf(11.2㎥)

2) 경유의 구비조건

① 자연발화점이 낮을 것, 즉 착화성이 좋을 것
② 황(S)의 함유량이 적을 것
③ 세탄가가 높고, 발열량이 크며, 연소속도가 빠를 것
④ 적당한 점도를 지니며, 온도변화에 따른 점도변화가 적을 것
⑤ 고형미립물이나 유해성분을 함유하지 않을 것

3) 경유의 착화성

① 세탄가(cetane number)

세탄가는 디젤엔진 연료의 착화성을 표시하는 수치이다. 세탄가는 착화성이 우수한 세탄($C_{16}H_{34}$)과 착화성이 불량한 α-메틸 나프탈린의 혼합액이며 세탄의 함량비율(%)로 표시한다. 예를 들어 세탄가 60의 경유란 세탄이 60%, α-메틸 나프탈린이 40%로 이루어진 혼합액과 같은 착화성을 가지는 것을 의미한다. 고속 디젤엔진에서 요구되는 세탄가는 45~70이며, 시중에서 판매되는 경유의 세탄가는 일반적으로 60 정도이다.

$$세탄가 = \frac{세탄}{세탄 + \alpha - 메틸나프탈린} \times 100$$

② 디젤지수(diesel index)

디젤지수는 경유 중에 포함된 파라핀 계열의 탄화수소의 양으로 착화성을 표시하는 것이다.

③ 임계 압축비

디젤엔진은 압축비를 낮추면 노크를 일으키는 성질을 이용한 것으로, CFR(미국 연료연구단체)엔진에서 시험 조건을 일정하게 하고 각종 경유에 대하여 노크를 일으키기 시작할 때의 최저 압축비를 구한 것이다. 경유의 착화 지연에 따른 디젤 엔진 노크를 방지하기 위하여 연소 촉진제를 첨가하고 있는데 여기에는 질산에틸, 초산아밀, 아 초산아밀, 초산에틸 등이 있다.

제5절 연소 및 배출가스

1_ 가솔린엔진의 연소

1) 정상연소와 이상연소

① 정상연소는 과도한 압력상승에 의해 기관의 운전 장애가 발생하지 않는 범위 내에서 엔진의 성능이 최대로 될 때의 연소를 말한다.
② 이상연소란 급격한 압력파장에 의해 충격적으로 연소가 이루어져 운전 장애와 출력저하를 발생하는 연소를 말한다. 열효율 측면에서는 연소속도가 빠를수록 유리하나 노크 때문에 제한을 받는다.

2) 가솔린엔진의 연소과정

실린더 내에서 연료의 연소는 매우 짧은 시간에 이루어지나 그 과정은 점화 → 화염전파 → 후연소의 3단계로 나누어진다.

3) 가솔린엔진의 노크

가솔린엔진의 노크는 화염 면이 정상에 도달하기 이전에 말단가스(end gas)가 부분적으로 자기착화에 의하여 급격히 연소가 진행되는 경우 비정상적인 연소에 의해 발생하는 급격한 압력상승으로 실린더 내의 가스가 진동하여 충격적인 타격소음이 발생하는데 이를 노크(knock) 또는 노킹(knocking)이라 한다.

가솔린엔진에서 노크발생을 검출하는 방법에는 실린더 내의 압력측정, 실린더블록의 진동

측정, 폭발의 연속음 측정 등이 있다.

4) 노크가 엔진에 미치는 영향

① 베어링 융착
② 피스톤 및 배기 밸브 소손
③ 실린더 마멸
④ 엔진 과열
⑤ 출력 저하
⑥ 가솔린엔진인 경우 점화플러그 소손

5) 가솔린엔진의 노크 방지방법

① 혼합가스를 진하게 하거나 화염전파거리를 짧게 한다.
② 옥탄가가 높은 연료를 사용한다.
③ 압축행정 중 와류를 발생시키고, 압축비, 혼합가스 및 냉각수 온도를 낮춘다.
④ 연료의 착화지연을 길게 한다.
⑤ 점화시기를 알맞게 조정한다.
⑥ 미 연소가스의 온도와 압력을 저하시킨다.

2_디젤엔진의 연소

1) 연소과정에 영향을 주는 요소

연소과정에 영향을 주는 요소는 연료분사 시기, 연료분사량, 분사지속 시간과 분사율, 분사방향 등이 있으며, 고압 분사펌프를 사용하는 디젤기관의 실린더 내에서 이루어지는 연소는 열에너지, 기계적 에너지, 화학적 에너지 등이다.

2) 기계식 디젤엔진의 연소과정

기계식 디젤엔진의 연소과정은 착화 지연기간 → 화염 전파기간 → 직접 연소기간 → 후 연소기간의 4단계로 연소한다.

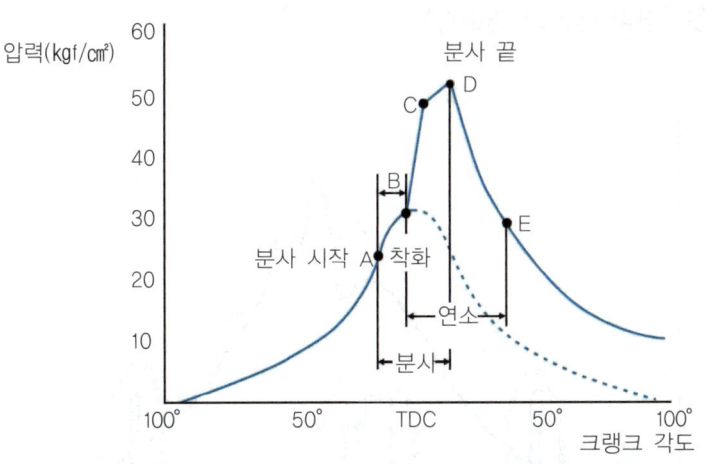

그림 1-4 / 디젤엔진의 연소과정

① 착화 지연기간(A~B기간)

경유가 연소실 내에 분사된 후 착화될 때까지의 기간이며, 약 1/1,000~4/1,000초 정도 소요된다. 이 착화 지연기간이 길어지면 디젤엔진에서 노크가 발생한다.

② 화염 전파기간(폭발 연소기간 : B~C기간)

경유가 착화되어 폭발적으로 연소를 일으키는 기간이며, 정적 연소과정이다.

③ 직접 연소기간(제어 연소기간 : C~D기간)

분사된 경유가 화염 전파기간에서 발생한 화염으로 분사와 거의 동시에 연소하는 기간이며, 정압 연소과정이다.

④ 후 연소기간(후기 연소기간 : D~E기간)

직접 연소기간 동안 연소하지 못한 경유가 연소·팽창하는 기간이며, 이 기간이 길면 배기가스 온도가 상승해 엔진이 과열하며 열효율이 떨어진다.

3) 커먼레일 연료분사장치 엔진의 연소과정

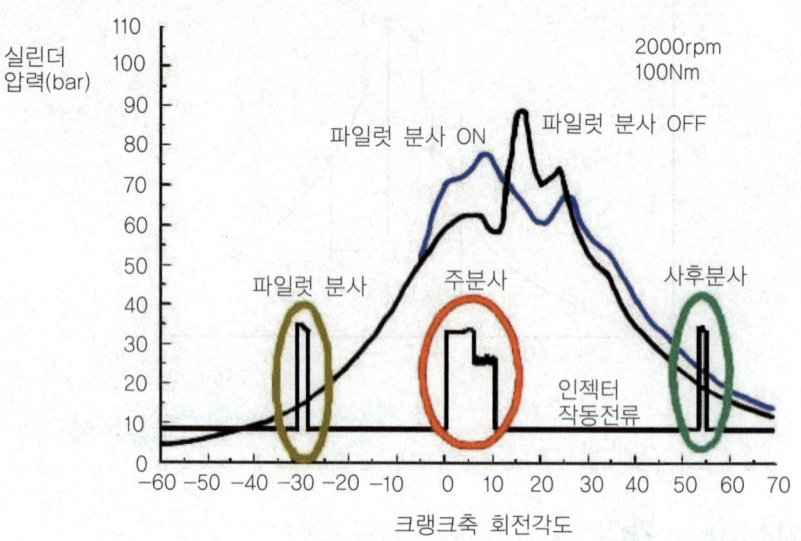

그림 1-5 / 커먼레일 연료분사장치 엔진의 연소과정

① **파일럿 분사(Pilot Injection, 착화분사)**

착화분사란 주 분사가 이루어지기 전에 연료를 분사하여 연소가 원활히 되도록 하기 위한 것이며, 착화분사 실시 여부에 따라 엔진의 소음과 진동을 줄일 수 있다.

② **주 분사(Main Injection)**

엔진의 출력에 대한 에너지는 주 분사로부터 나온다. 주 분사는 점화분사가 실행되었는지 여부를 고려하여 연료 분사량을 계산한다. 주 분사의 기본 값으로 사용되는 것은 엔진 회전력의 양(가속페달 센서 값), 엔진 회전속도, 냉각수 온도, 흡입공기 온도, 대기압력 등이다.

③ **사후분사(Post Injection)**

사후분사는 배기가스 규제의 강화에 의해 사용되는 것이며, 이것은 연소가 끝난 후 인젝터를 작동시켜 배기 행정에서 연료를 연소실로 공급하여 배기가스를 통해 촉매변환기에 공급하기 위한 것이다.

4) 디젤엔진의 노크

착화지연기간 중에 분사된 많은 양의 연료가 화염전파기간 중에 일시적으로 연소되어 실린더 내의 압력이 급격히 상승하므로 실린더 벽에 피스톤이 충격을 가하여 소음이 발생하는 현상이다.

디젤엔진의 노크는 주로 연소초기에 발생하나 가솔린엔진의 노크는 연소후기에 발생한다.

노크가 발생하면 실린더 내의 압력이 급상승하여 소음과 이상 진동을 동반하며, 노크가 심하면 엔진과열, 피스톤 및 실린더 벽의 손상, 엔진의 출력이 저하된다.

5) 디젤엔진 노크 방지방법

① 세탄가가 높은 연료 사용
② 실린더의 압축비를 높임
③ 연료 분사량의 적절한 제어
④ 흡기 온도 및 압력을 높임
⑤ 실린더 내의 와류발생

3_배출가스

1) 배기가스(exhaust gas)의 개요

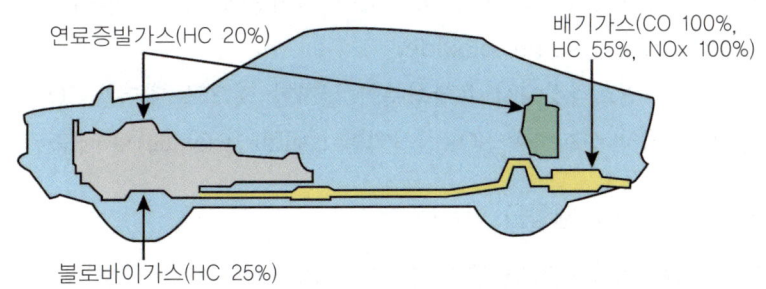

그림 1-6 / **자동차에서 발생되는 유해 배출가스**

자동차에서 발생되는 배출 가스는 주로 배기파이프에서 배출되는 배기가스(exhaust gas), 엔진 크랭크케이스에서의 블로바이 가스 및 연료탱크나 연료라인에서 발생되는 연료증발가스(fuel evaporation gas)가 있다. 일반적으로 자동차의 배출가스 중 배기가스는 약 60%, 크랭크실 블로바이 가스는 약 25%, 그리고 연료 증발가스는 약 20%의 비율을 가진다.

2) 배기가스(exhaust gas)

① 일산화탄소(CO : carbon monoxide)
연소시 산소의 공급이 불충분하면 불완전연소를 하여 일산화탄소가 발생된다. 이 일산화탄소는 무색, 무취로써 인체에 흡수되면 산소 대신 적혈구에 흡수되어 산소부족현상이 발생하며 소량일 경우 두통, 현기증이 발생하나 대량이 흡수될 경우 사망을 초래한다. 일산화탄소의 배출량은 엔진에 공급되는 혼합기의 공연비에 좌우하며 희박공연비

일 경우 CO 농도는 낮으나 농후공연비일 경우 높아진다.

② 탄화수소(HC : unburned hydro carbon)

탄화수소는 공기부족에 의한 불완전 연소시에 주로 발생되는데 실린더 또는 연소실 벽 쪽은 저온이므로 이 부분에서는 연소온도에 이르지 못하고 화염이 전달되지 못하므로 미연소 HC가 발생되게 된다.

③ 질소산화물(NOx : nitrogen oxide)

공기 중에는 질소가 70% 이상이므로 연소시 질소와 산소가 반응하여 질소산화물을 배출시킨다. 질소산화물은 2000℃이상의 고온, 고압 하에서는 산화되어 발생량이 증대된다. 이 질소산화물 발생은 최고연소온도에 좌우되며 연소온도의 상승과 함께 급격히 증가하나 역으로 최고 연소온도를 다소 낮추면 급격히 하락된다.

④ 입자상 물질(PM : particulate matter)

이들은 주로 불완전 연소시 발생하며 나쁜 연료와 윤활유도 원인이다. 입자상 물질의 입자는 75%이상이 직경 1㎛ 이하의 미세입자이기 때문에 기관지 등에 장기간 잠재하며 특히 폐암의 원인으로 판명되고 있어 위해성에 대한 논란이 가중되고 있다.

⑤ 아황산가스(SO_2 : sulfur dioxide)

화석 연료의 연소과정에서 유황성분이 산화한 것으로 대부분 SO_2로 배출되고 1~2%는 불꽃 중에서 산화하여 SO_3(삼산화황 : sulfur trioxide)로 배출된다.

3) 배기가스 발생량에 영향을 미치는 요소

① 압축비 : 압축비가 높으면 엔진 출력이 증가하고 열효율이 향상되며 연료 소비율이 향상되나 노크 위험성이 증가하고 배기가스 발생량이 증가한다.

② 밸브 오버랩(valve over lap)

밸브 오버랩이 너무 길면 흡입 행정에서 배기가스 일부가 다시 연소실로 유입되어 혼합기가 희박해져 내부 EGR효과로 인하여 연소 온도가 저하되어 궁극적으로 질소산화물의 감소를 가져온다. 그러나 공전에서 밸브 오버랩을 너무 크게 하면 탄화수소(HC) 발생량이 증가하고 혼합기가 희박해져 엔진 부조현상이 일어나므로 공전에서는 밸브 오버랩을 작게 하고, 고속에서는 크게 한다.

③ 워밍업(warming up, 난기 운전) 시간

자동차에서 발생하는 상당량의 배기가스는 워밍업 동안 발생하므로 가능하면 빠른 시간 내에 워밍업을 마쳐야 한다.

④ 점화 시기

㉠ 점화 시기가 빠를 때 : 연소실 온도상승으로 질소 산화물(NOx) 발생량은 증가하는 반면 배기가스의 온도 저하로 탄화수소(HC)의 재 연소가 일어나지 않아 탄화수소

(HC) 발생량은 증가한다.
ⓛ 점화 시기가 늦을 때 : 연소가 완만하여 최고 연소온도가 저하되어 질소 산화물(NOx) 발생량은 감소하는 반면 동력 및 배기 행정에서 가스 온도가 상승되어 탄화수소(HC)의 재 연소가 촉진되어 탄화수소(HC) 발생량도 감소된다.

⑤ 공연비(혼합비)

공연비는 공기량(g)을 연료량(g)으로 나눈 것으로 공연비가 작으면 혼합기 상태가 진하고(rich), 공연비가 크면 혼합기 상태가 희박(lean)한 것이다.

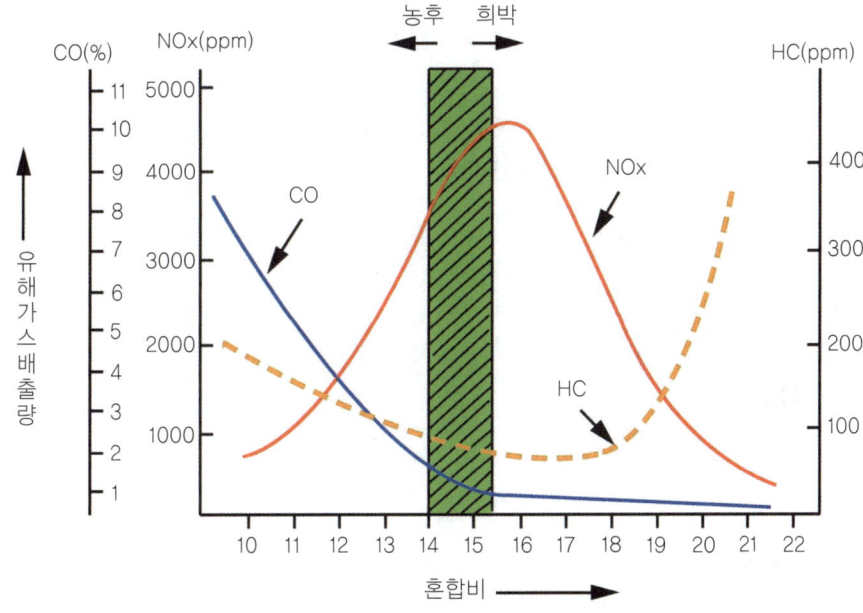

그림 1-7 / **혼합비와 유해가스 배출량의 관계**

제6절 엔진의 주요부 계산

1_회전력(torque : m·kgf)

어떤 물체를 회전하였을 때의 일

$$회전력(T) = 이동거리(m) \times 힘(F)$$

> **참고**
> ※ 회전력(T) = 이동거리(m) × 힘(F) × sinθ

2_압력(pressure : kgf/cm², lb/in²(psi))

단위 면적당 받는 힘의 크기

$$P(압력) = \frac{F(힘)}{A(면적)}$$

> **참고**
> 1kgf/cm² = 14.22lb/in²(psi)

3_속도 및 가속도

1) 속도(m/s, km/h)

단위 시간에 이동한 거리

$$1\text{km/h} = \frac{1000\text{m}}{3600\text{s}}$$

2) 가속도(m/s²)

시간의 흐름에 따라 증가하는 속도

$$가속도(\text{m/s}^2) = \frac{나중속도 - 처음속도}{걸린시간}$$

> **참고**
> ※ 중력가속도 : 9.8m/s²

4_배기량(cm^3, cc)

피스톤이 1행정 하였을 때의 흡입 또는 배출한 공기나 혼합기의 체적

- 실린더 배기량(V) = $\dfrac{\pi D^2 L}{4} \times \dfrac{1}{1000}$
- 총 배기량(V) = $\dfrac{\pi D^2 LN}{4} \times \dfrac{1}{1000}$
- 분당 배기량(V) = $\dfrac{\pi D^2 LN}{4} \times \dfrac{1}{1000} \times R$

> D : 실린더 안지름(mm)
> L : 피스톤 행정(mm)
> N : 실린더 수
> R : 회전수(2행정 기관 : R, 4행정 기관 : $\dfrac{R}{2}$)

참고

D를 cm로, L을 m로 환산할 경우 $\dfrac{1}{1000}$은 곱하지 않는다.

$1cm^3$ = 1cc

5_압축비(ε)

실린더 총 체적과 연소실 체적과의 비

$$\text{압축비}(\varepsilon) = \dfrac{\text{실린더 체적}(V_b)}{\text{연소실 체적}(V_c)} = \dfrac{\text{행정체적}(V_s) + \text{연소실 체적}(V_c)}{\text{연소실 체적}(V_c)}$$

$$= 1 + \dfrac{\text{행정 체적}(V_s)}{\text{연소실 체적}(V_c)}$$

6_마력(horse power)

동력을 나타내는 단위로 주로 불 마력(PS)을 사용

참고

① 불 마력(PS) : 1PS = 75kgf · m/s = 0.736kW
② 영 마력(HP) : 1HP = 76kgf · m/s

1) 지시마력(indicated horse power)

- 4행정 사이클 엔진 : $I_{PS} = \dfrac{P_{mi} \times A \times L \times R \times Z}{2 \times 75 \times 60}$

- 2행정 사이클 엔진 : $I_{PS} = \dfrac{P_{mi} \times A \times L \times R \times Z}{75 \times 60}$

2) 제동마력(축마력, 정미마력)

- 마력(PS)인 경우 : $B_{PS} = \dfrac{TR}{716}$

- 전력(kW)인 경우 : $B_{kW} = \dfrac{TR}{974}$

> R : 엔진의 회전속도(rpm)
> T : 회전력(m-kgf)

3) 마찰마력(손실마력 FHP : friction horse power)

기계마찰 등으로 인하여 손실된 마력

$$\text{FHP} = \dfrac{\text{총 마찰력(kgf)} \times \text{속도(m/s)}}{75}$$

4) 연료마력(PHP : petrol horse power)

연료 소비량에 따른 기관의 출력을 측정한 마력

$$\text{PHP} = \dfrac{60CW}{632.3t} = \dfrac{CW}{10.5t}$$

> **참고**
> 1PS = 632.3kcal/h
> C : 연료의 저위발열량(kcal/kgf), W : 연료의 무게(kgf), t : 측정시간(분)

5) SAE마력(과세 표준(공칭)마력)

① 실린더 안지름이 mm일 때

- SAE 마력 = $\dfrac{M^2 N}{1613}$

② 실린더 안지름이 inch일 때

- SAE 마력 = $\dfrac{D^2 N}{2.5}$

> M, D : 실린더 안지름
> N : 실린더 수

7_이론평균 유효압력

$$P_m = \frac{W_{th}}{V_B - V_A}$$

P_m : 이론평균 유효압력
W_{th} : 이론적 일량
$V_B - V_A$: 실린더의 행정체적

8_평균유효 압력

1) 4행정 사이클 엔진의 경우

- 지시평균 유효압력 : $P_{mi} = \dfrac{75 \times 60 \times 2 \times I_{PS}}{A \times L \times R \times Z}$

- 제동평균 유효압력 : $P_{mb} = \dfrac{4\pi T}{V}$

I_{PS} : 지시마력
A : 실린더의 단면적(cm²)
L : 피스톤 행정(m)
R : 엔진의 회전속도(rpm)
Z : 실린더 수
V : 총배기량(cc)

2) 2행정 사이클 엔진의 경우

- 지시평균 유효압력 : $P_{mi} = \dfrac{75 \times 60 \times I_{PS}}{A \times L \times R \times Z}$

- 제동평균 유효압력 : $P_{mb} = \dfrac{2\pi T}{10 V}$

9_효율

1) 열효율

① 연료의 저위발열량 단위가 [kcal/kgf]일 때

$$\eta_B = \frac{632.3}{H_l \times fe} \times 100$$

η_B : 제동열효율
H_l : 연료의 저위발열량(kcal/kgf)
fe : 연료소비율(g/PS·h)

② 연료의 저위발열량 단위가 [kJ/kgf]일 때

$$\eta_B = \frac{3600}{H_l \times fe} \times 100$$

η_B : 제동열효율
H_l : 연료의 저위발열량(kJ/kgf)
fe : 연료소비율(g/kW·h)

2) 기계효율

기계효율(η_m)은 제동마력과 지시마력과의 비율로 정의한 것이다.

$$\eta_m = \frac{B_{PS}}{I_{PS}} \times 100 = \frac{P_{mb}}{P_{mi}} \times 100$$

B_{PS} : 제동마력(또는 축 마력)
I_{PS} : 지시(도시)마력
P_{mb} : 제동평균 유효압력
P_{mi} : 지시평균 유효압력

3) 체적효율

실제 엔진의 흡기다엔진의 절대압력, 온도를 각각 P, T로 나타내면

체적효율(ηv)

$$= \frac{(P,T) \text{하에서 흡입된 새로운 공기}}{\text{행정 체적}} \times 100$$

$$= \frac{(P,T) \text{하에서 흡입된 새로운 공기의 무게}}{(P,T) \text{하에서 행정 체적을 차지하는 새로운 공기의 무게}} \times 100$$

4) 제동 열효율

공급된 열에너지에서 실제 일로 변환된 열에너지를 효율로 표시한 것

$$\text{제동 열효율}(\eta_e) = \frac{632.3 \times \text{BHP}}{B_e \times H_\ell} \times 100\%$$

BHP : 제동마력
Be : 제동연료 소비율(kgf/h)
Hℓ : 연료의 저위발열량(kcal/kgf)

10_실린더 벽 두께

$$\text{실린더 벽 두께}(t) = \frac{P \times d}{2 \times \sigma_a}$$

P : 폭발압력(kgf/cm²)
d : 실린더 지름(mm)
σ_a : 허용응력(kgf/cm²)
t : 실린더벽 두께(mm)

제1장 출제예상문제

01 1PS는 몇 kW인가?
① 75kW   ② 736kW
③ 0.736kW   ④ 1.736kW

풀이) 1PS = 0.736kW, 1kW = 1.36PS

02 3PS의 출력을 낼 수 있는 단기통 엔진은 몇 kW의 출력을 낼 수 있는가?
① 225   ② 75
③ 12.5   ④ 2.208

풀이) 1PS = 0.736kW이므로, 3 × 0.736 = 2.208kW

03 열 단위 중 1Kcal는 BTU로는 얼마인가?
① 2.500BTU   ② 3.500BTU
③ 3.720BTU   ④ 3.968BTU

04 어느 기관의 실린더 단면적이 10㎠, 피스톤 압축력이 120kgf이다. 이 실린더의 압축압력은 얼마인가?
① 8kgf/㎠   ② 10kgf/㎠
③ 12kgf/㎠   ④ 14kgf/㎠

풀이) $1P = \dfrac{F}{A} = \dfrac{120}{10} = 12$kgf/㎠

05 단면적이 6㎠인 실린더의 압축압력이 8kgf/㎠이라면 이 실린더의 피스톤 압축력은 얼마인가?
① 44kgf   ② 48kgf
③ 52kgf   ④ 56kgf

풀이) $1P = \dfrac{F}{A}$, F = P×A = 8×6 = 48kgf

06 다음 중 단위환산이 잘못된 것은?
① 1in = 2.54cm
② 1kgf/㎠ = 14.22psi
③ 1PS = 75kgf·m/s
④ 1PS = 632.3cal/h

풀이) 1PS = 632.3kcal/h

07 어느 실린더의 압축압력을 측정하였더니 150lb/in²이었다. 몇 kgf/㎠인가?
① 9.55kgf/㎠   ② 10.55kgf/㎠
③ 11.55kgf/㎠   ④ 12.55kgf/㎠

풀이) 1kgf/㎠ = 14.22lb/in²(psi)
따라서, $\dfrac{150}{14.22} = 10.55$kgf/㎠

01 ③ 02 ④ 03 ④ 04 ③ 05 ② 06 ④ 07 ②

08 섭씨 20℃를 화씨온도로 환산하면 몇 도인가?
① 66°F   ② 68°F
③ 70°F   ④ 72°F

풀이) °F = $\frac{9}{5}$℃ + 32 = ($\frac{9}{5}$ × 20) + 32 = 68°F

09 단위 환산을 나타낸 것으로 맞는 것은?
① 1[J] = 1[N·m] = 1[W·s]
② 1[J] = 1[W] = 1[PS·h]
③ 1[J] = 1[N/s] = 1[W·s]
④ 1[J] = 1[cal] = 1[W·s]

10 9000J은 몇 Wh인가?
① 1500Wh   ② 150Wh
③ 250Wh   ④ 2.5Wh

풀이) $\frac{9000J}{3600}$ = 2.5Wh

11 1.2kJ을 W·s 단위로 환산한 값은?
① 120W·s   ② 1200W·s
③ 4320W·s   ④ 72W·s

풀이) 1W란 매초 1J의 비율로서 에너지를 내는 일률이며, 1W = 1J·s이다. 따라서 1.2kJ = 1200W·s 이다.

12 화씨 140°F는 섭씨 몇 ℃인가?
① 50℃   ② 60℃
③ 70℃   ④ 80℃

풀이) ℃ = $\frac{5}{9}$(°F-32) = $\frac{5}{9}$(140-32) = 60℃

13 섭씨온도와 화씨온도의 크기가 같아지는 온도는 몇 도인가?
① -40   ② 32
③ 100   ④ -16

풀이) °F = $\frac{9}{5}$℃ + 32 = ($\frac{9}{5}$ × -40) + 32 = -40,
℃ = $\frac{5}{9}$(°F-32) = $\frac{5}{9}$(-40-32) = -40

14 길이가 100cm인 스패너 끝에서 안쪽으로 30° 기울여서 10kgf의 힘으로 회전할 때 토크는 얼마인가?

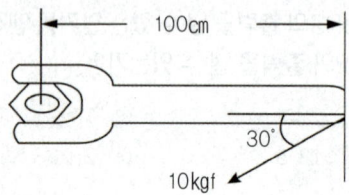

① 5m-kgf   ② 6m-kgf
③ 7m-kgf   ④ 8m-kgf

풀이) 토크 계산(T) = F × r = 10 × sin30° × 1
= 10 × 0.5 = 5m-kgf

15 다음 중 열효율이 가장 좋은 기관은?
① 가솔린기관   ② 증기기관
③ 디젤기관   ④ 가스기관

풀이) 제동 열효율
① 가솔린기관 : 25~32%
② 증기기관 : 6~29%
③ 디젤기관 : 32~38%
④ 가스기관 : 20~22%

16 다음 중 기관의 성능에 요구되는 사항 중 틀린 것은?

① 저속에서 저회전력, 고속에서 고회전력일 것
② 저속에서 고속으로 가속도가 클 것
③ 연료 소비율이 적으며, 경제 운전이 될 것
④ 최고속에서 회전력이 낮으나 속도가 빠를 것

풀이 엔진 성능에서 요구되는 사항
① 연료 소비율이 적을 것
② 저속에서 회전력이 클 것
③ 가속도가 클 것
④ 최고 속도가 빠를 것
⑤ 고속에서 회전력이 작을 것

17 자동차용 디젤엔진의 압축비는 얼마 정도인가?

① 6~7 : 1   ② 8~10 : 1
③ 10~12 : 1   ④ 15~20 : 1

풀이 가솔린엔진과 디젤엔진의 압축비
① 가솔린엔진의 압축비 7~11 : 1
② 디젤엔진의 압축비 15~22 : 1

18 4사이클 가솔린엔진에서 최대 압력이 발생되는 시기는?

① 배기행정의 끝
② 피스톤의 TDC 전 10~15°에서
③ 동력행정의 TDC부근에서
④ 동력행정의 TDC 후 10~15°에서

19 다음 중 4사이클 엔진이 1사이클을 완료하는데 정확히 1회전 하는 것은?

① 크랭크샤프트
② 플라이 휠
③ 팬
④ 캠 샤프트

20 다기통 엔진의 크랭크 각도가 90°인 엔진은 다음 중 어느 것인가?

① 2실린더 엔진
② V-6실린더
③ 직렬 8 실린더 엔진
④ V-12실린더 엔진

풀이 크랭크축 위상차 = $\dfrac{720°}{실린더수}$

21 4행정 1사이클 기관에서 3행정을 완성하려면 크랭크축은 몇 도 회전해야 하는가?

① 180°   ② 360°
③ 540°   ④ 720°

풀이 4행정 사이클 기관이 1행정을 완성하는데 크랭크축이 180도 회전하므로, 180°×3 = 540°

22 2행정 기관에서 1회의 폭발행정을 하였다면 크랭크축은 몇 도 회전 하는가?

① 180°   ② 360°
③ 540°   ④ 720°

풀이 2행정 사이클 기관이 1회 폭발행정을 하는데 크랭크축은 1회전하므로 360° 회전한다.

23 2사이클 디젤기관의 소기방식이 아닌 것은?

① 단류 소기식   ② 루프 소기식
③ 횡단 소기식   ④ 복류 소기식

 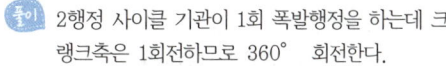
16 ① 17 ④ 18 ④ 19 ④ 20 ③ 21 ③ 22 ② 23 ④

24 2행정 1사이클 기관에서의 디플렉터 작용이 아닌 것은?

① 혼합기의 와류작용
② 잔류가스 배출
③ 압축비의 감소
④ 연료 손실 감소

풀이 디플렉터 설치로 압축비는 증가한다.

25 다음 중 4행정 사이클 기관의 장점이 아닌 것은?

① 체적 효율이 높다.
② 연료 소비율이 적다.
③ 회전속도의 범위가 넓다.
④ 2행정 사이클 기관에 비해 출력이 높다.

풀이 4행정 사이클 기관보다 2행정 사이클 기관의 출력이 1.6~1.7배 높다.

26 4행정 1사이클 6기통 기관에서 모든 실린더가 한번 씩 폭발하기 위해서 크랭크축은 몇 회전하여야 하는가?

① 2회전   ② 4회전
③ 6회전   ④ 8회전

풀이 4행정 1사이클 기관이므로 크랭크축 2회전에 모든 실린더가 폭발행정을 갖는다.

27 다음 중 2행정 사이클 기관의 장점이 아닌 것은?

① 회전력의 변동이 적다.
② 밸브기구가 간단하다.
③ 실린더 수가 적어 회전이 원활하지 못하다.
④ 소음이 적고, 마력당 중량이 가볍다.

풀이 실린더 수가 적어도 회전은 원활하다.

28 디젤기관의 압축비가 가솔린기관보다 높은 이유는?

① 전기 불꽃으로 점화하므로
② 소음 발생을 줄이기 위해서
③ 압축열로 착화시키기 위해서
④ 노크 발생을 일으키지 않기 위해서

풀이 디젤기관은 압축열로 자기착화시키기 위해서 압축비를 가솔린 기관보다 높게 한다.

29 다음은 4행정 사이클 기관을 설명한 것이다. 틀린 것은?

① 각 행정이 완전하게 구분되어 있다.
② 블로바이 현상이 적어 연료 소비율이 높다.
③ 기동이 쉽고 불완전한 연소에 의한 실화가 발생되지 않는다.
④ 폭발 횟수가 적어 실린더 수가 적을 경우 회전이 원활하지 못하다.

풀이 블로바이 현상이 적어 연료 소비율이 적다.

30 자동차 가솔린기관의 3대 요건이다. 해당되지 않는 것은?

① 규정의 압축압력
② 높은 압축비
③ 정확한 시기에 정확한 점화
④ 적당한 혼합비

31 가솔린기관에 비하여 디젤기관의 장점으로 맞는 것은?

① 압축비를 크게 할 수 있다.
② 매연발생이 적다.
③ 기관의 최고속도가 높다.
④ 마력 당 기관의 중량이 가볍다.

24 ③ 25 ④ 26 ① 27 ③ 28 ③ 29 ② 30 ② 31 ①

32 가솔린기관과 비교하여 디젤기관의 장점이 아닌 것은?

① 대기오염 성분이 적다.
② 인화점이 높아서 화재의 위험성이 적다.
③ 배기량당 출력의 차이가 없고, 제작이 용이하다.
④ 연료비가 저렴하고, 열효율이 높으며, 운전경비가 적게 든다.

33 디젤기관이 가솔린 기관에 비하여 좋은 점은?

① 시동이 쉽다.
② 제동열효율이 높다.
③ 마력 당 기관의 무게가 가볍다.
④ 소음·진동이 적다.

34 실린더 내의 폭발압력을 직접 측정하는 마력은?

① 연료 마력
② 지시 마력
③ 제동 마력
④ 정격 마력

35 피스톤 평균속도를 증가시키지 않고, 기관의 회전속도를 높이려고 할 때의 설명으로 옳은 것은?

① 실린더 내경을 작게, 행정을 크게 해야 한다.
② 실린더 내경을 크게, 행정을 작게 해야 한다.
③ 실린더 내경과 행정을 동일하게 해야 한다.
④ 실린더 내경과 행정을 모두 작게 해야 한다.

36 장 행정기관과 비교할 경우 단행정기관의 장점이 아닌 것은?

① 피스톤의 평균속도를 올리지 않고 회전속도를 높일 수 있다.
② 흡·배기밸브의 지름을 크게 할 수 있어 흡입효율을 높일 수 있다.
③ 직렬형 엔진인 경우 길이가 짧아진다.
④ 직렬형 엔진인 경우 엔진의 높이를 낮게 할 수 있다.

> 풀이 단행정기관은 피스톤 행정이 실린더 안지름보다 작은 형식으로 장점은 ①, ②, ④항이며, 직렬형인 경우 기관의 길이가 길어지는 단점이 있다.

37 실린더 배열형식에 따른 기관의 분류에 속하지 않는 것은?

① 직렬형 기관
② 성형 기관
③ T형 기관
④ V형 기관

> 풀이 실린더 배열 형식에 따른 기관의 분류에는 직렬형, V형, 성형(방사형), 수평 대향형 등이 있다.

38 기관에서 도시평균 유효압력은?

① 이론 PV선도로부터 구한 평균유효압력
② 기관의 기계적 손실로부터 구한 평균유효압력
③ 기관의 크랭크축 출력으로부터 계산한 평균유효압력
④ 기관의 실제 지압선도로부터 구한 평균유효압력

> 풀이 기관에서 도시평균 유효압력이란 기관의 실제 지압선도로부터 구한 평균유효 압력을 말한다.

ANSWER 32 ③ 33 ② 34 ② 35 ② 36 ③ 37 ③ 38 ④

39 이론 사이클에서 이론 지압선도를 작성하기 위한 여러 가정 중에 포함되지 않는 것은?

① 밸브개폐는 정확히 사점에서 이루어진다.
② 급열과정은 정확히 사점에서 시작된다.
③ 압축과 팽창은 단열 과정이다.
④ 기관 각 부에는 마찰손실이 존재한다.

40 실린더 내에서 실제로 발생된 마력은?

① 제동마력
② 정격마력
③ 도시마력
④ 마찰마력

풀이 도시마력은 엔진의 실린더 내에서 실제로 발생한 마력이다.

41 총배기량 1400cc인 4행정 기관이 2000rpm으로 회전하고 있다. 이때의 도시평균 유효압력이 10kgf/cm²이면 도시마력은 몇 PS인가?

① 31.1
② 62.2
③ 131.4
④ 1866

풀이 $I_{PS} = \dfrac{PALRN}{75 \times 60} = \dfrac{10 \times 1400 \times 2000}{75 \times 60 \times 100 \times 2}$
$= 31.11 PS$

I_{PS} : 도시마력(지시마력)
P : 도시평균 유효압력
A : 단면적(cm²), L : 피스톤 행정(m)
R : 기관 회전속도(4행정 사이클 = R/2, 2행정 사이클 = R)
N : 실린더 수

42 4행정 사이클 기관의 실린더 내경과 행정이 100mm×100mm이고, 회전수가 1800rpm이다. 축 출력은 몇 PS인가?(단, 기계효율은 80%이며, 도시평균 유효압력은 9.5kgf/cm²이고, 4기통 기관이다)

① 35.2ps
② 39.6ps
③ 43.2ps
④ 47.8ps

풀이 ① $I_{PS} = \dfrac{P \times A \times L \times R \times N}{75 \times 60}$
$= \dfrac{9.5 \times 0.785 \times 10^2 \times 10 \times 1800 \times 4}{75 \times 60 \times 2 \times 100}$
$= 59.66 PS$
② $B_{PS} = I_{PS} \times \eta m = 59.66 PS \times 0.8$
$= 47.8 PS$, (ηm : 기계효율)

43 기관의 각속도를 ω(rad/s), 축 토크를 T(kgf·m)라 할 때 축출력 P(PS)를 구하는 식은?

① $P = \dfrac{T\omega}{75} PS$
② $P = \dfrac{T\omega}{60 \times 75} PS$
③ $P = \dfrac{T\omega}{75 \times 102} PS$
④ $P = \dfrac{2\pi T\omega}{60 \times 75} PS$

풀이 $\omega = \dfrac{2\pi N}{60}$, $P = \dfrac{2\pi TN}{75 \times 60}$ 이므로,
$P = \dfrac{T\omega}{75} PS$

39 ④ 40 ③ 41 ① 42 ④ 43 ①

44 기관 출력시험에서 크랭크축에 밴드 브레이크를 감고 3m의 거리에서 끝의 힘을 측정하였더니 4.5kgf, 기관속도계가 2800rpm을 지시하였다면 이 기관의 제동마력은?

① 약 84.1PS ② 약 65.3PS
③ 약 52.8PS ④ 약 48.2PS

[풀이] $B_{PS} = \dfrac{TR}{716} = \dfrac{4.5 \times 3 \times 2800}{716} = 52.8PS$,

B_{PS} : 축(제동)마력, T : 회전력(토크), R : 회전속도

45 프로니 브레이크를 사용하여 디젤기관을 시험하였더니 기관의 속도가 1200rpm에서 처음의 계량이 250kgf이었다. 이 기관의 제동마력은 얼마인가?(단, 불평형 하중은 26kgf이고 암의 길이는 0.6m이다)

① 272.35ps ② 254.63ps
③ 225.07ps ④ 200.45ps

[풀이] $B_{PS} = \dfrac{TR}{716}$

$= \dfrac{(250-26) \times 0.6 \times 1200}{716}$

$= 225.25PS$

46 4행정 6기통 기관이 1kgf·m의 토크로 1000rpm으로 회전할 때 기관의 축 출력은 약 얼마인가?

① 0.2kW ② 1kW
③ 2kW   ④ 3kW

[풀이] $H_{kW} = \dfrac{TR}{974} = \dfrac{1 \times 1000}{974} = 1kW$

47 화물자동차에서 기관의 회전속도가 2500 min⁻¹일 때, 기관의 회전토크는 808N·m이였다. 이때 기관의 제동출력은?

① 약 561.1kW ② 약 269.3kW
③ 약 7.48kW   ④ 약 211.5kW

[풀이] ① 1kgf = 9.8N

② $H_{kW} = \dfrac{TR}{974} = \dfrac{2500 \times 808}{974 \times 9.8} = 211.6kW$,

H_{kW} : 축(제동)마력, T : 회전력(토크), R : 회전속도

48 3000rpm으로 회전하는 4행정 사이클 기관이 150PS의 출력을 내려면 회전축의 토크는 몇 N·m인가?

① 35.8   ② 88.7
③ 351.1 ④ 869.3

[풀이] ① 1kgf= 9.8N

② $B_{PS} = \dfrac{TR}{716}$ 에서,

$T = \dfrac{716 \times B_{PS}}{R} = \dfrac{716 \times 150 \times 9.8}{3000}$

$= 351N \cdot m$

ANSWER 44 ③ 45 ③ 46 ② 47 ④ 48 ③

49 내경 87mm, 행정 70mm인 6기통 기관의 출력은 회전속도 5600rpm에서 90kW이다. 이 기관의 비체적 출력 즉, 리터 출력(kW/L)은?

① 6kW/L ② 9kW/L
③ 15kW/L ④ 36kW/L

 ① $H_{kWh} = \dfrac{H_{kW}}{V}$, H_{kWh} : 리터출력, H_{kW} : 출력, V : 총배기량

② $V = 0.785D^2LN = \dfrac{90kW \times 1000}{0.785 \times 8.7^2 \times 7 \times 6}$
= 36kWh

D : 실린더 내경(cm), L : 피스톤 행정(cm), N : 실린더 수

50 제동열효율을 설명한 것으로 옳지 못한 것은?

① 제동일로 변환된 열량과 총 공급된 열량의 비이다.
② 작동가스가 피스톤에 한 일로서 열효율을 나타낸다.
③ 정미열효율이라고도 한다.
④ 도시열효율에서 기관 마찰부분의 마력을 뺀 열효율을 말한다.

풀이 제동열효율은 정미열효율이라고도 부르며, 제동일로 변환된 열량과 총 공급된 열량의 비율이다. 즉 도시열효율에서 기관 마찰부분의 마력을 뺀 열효율을 말한다.

51 내연기관의 열효율에 대한 설명 중 틀린 것은?

① 열효율이 높은 기관일수록 연료를 유효하게 쓴 결과가 되며, 그만큼 출력도 크다.
② 기관에 발생한 열량을 빼앗는 원인 중 기계적 마찰로 인한 손실이 제일 크다.
③ 기관에서 발생한 열량은 냉각, 배기, 기계마찰 등으로 빼앗겨 실제의 출력은 1/4 정도이다.
④ 열효율은 기관에 공급된 연료가 연소하여 얻어진 열량과 이것이 실제의 동력으로 변한 열량과의 비를 열효율이라 한다.

풀이 열효율에 대한 설명은 ①, ③, ④항 이외에 냉각에 의한 손실 30~35%, 배기에 의한 손실 30~35%, 기계마찰에 의한 손실 6~10% 정도이다.

52 연료의 저위발열량을 H_l(kcal/kgf), 연료소비량을 F(kgf/h), 도시출력을 Pi(PS), 연료소비시간을 t(s)라 할 때 도시열효율 ηi를 구하는 식은?

① $\eta i = \dfrac{632 \times Pi}{F \times H_l}$

② $\eta i = \dfrac{632 \times H_l}{F \times t}$

③ $\eta i = \dfrac{632 \times t \times H_l}{F \times Pi}$

④ $\eta i = \dfrac{632 \times t \times Pi}{F \times H_l}$

풀이 도시열효율 $\eta i = \dfrac{632 \times Pi}{F \times H_l}$

49 ④ 50 ② 51 ② 52 ①

53 연료 저위발열량이 10500kcal/kgf인 연료를 사용하는 가솔린기관의 연료소비율이 180g/PS·h이라면 이 기관의 열효율은 약 얼마인가?

① 16.3% ② 21.9%
③ 26.2% ④ 33.5%

$\eta_B = \dfrac{632.3}{H_l \times fe} \times 100 = \dfrac{632.3}{10500 \times 0.18} \times 100$
$= 33.5\%$

η_B : 제동열효율
H_l : 연료의 저위발열량(kcal/kgf)
fe : 연료소비율(g/PS·h)

54 기관의 제동마력이 380PS, 시간당 연료소비량이 80kgf, 연료 1kgf당 저위발열량이 10000kcal일 때 제동열효율은 얼마인가?

① 13.3% ② 30%
③ 35%   ④ 60%

$\eta_B = \dfrac{632.3 \times PS}{H_l \times F} \times 100$
$= \dfrac{632.3 \times 380}{10000 \times 80} \times 100$
$= 30\%$

η_B : 제동열효율, PS : 기관 출력,
F : 연료소비량, H_l : 가솔린 저위발열량

55 어떤 기관의 제동 연료소비율은 300g/kW·h이다. 연료의 저위발열량이 42000kJ/kgf일 경우, 이 기관의 제동열효율은?

① 약 23.3% ② 약 71.4%
③ 약 28.6% ④ 약 1.4%

$\eta_B = \dfrac{3600}{H_l \times fe} \times 100 = \dfrac{3600}{42000 \times 0.3} \times 100$
$= 28.57\%$

η_B : 제동열효율
H_l : 연료의 저위발열량(kJ/kgf)
fe : 연료소비율(g/kW·h)

56 저위발열량이 44,800KJ/kgf인 연료를 시간당 20kgf을 소비하는 기관의 제동출력이 90kW이다. 이 기관의 제동열효율은?

① 28% ② 32%
③ 36% ④ 41%

$\eta_B = \dfrac{3600 \times B_{PS}}{H_l \times F} \times 100$
$= \dfrac{3600 \times 90}{44800 \times 20} \times 100 = 36\%$

η_B : 제동열효율, H_l : 연료의 저위발열량,
F : 연료소비량

57 어떤 기관의 회전수가 2800rpm 이고 축출력은 35PS, 한 시간당 연료소비량은 6ℓ이다. 이 기관의 연료소비율은?(단, 연료의 비중은 0.75이다)

① 약 36g/ps-h   ② 약 128g/ps-h
③ 약 180g/ps-h ④ 약 220g/ps-h

$fe = \dfrac{F \times \gamma}{B_{PS}} = \dfrac{6 \times 0.75}{35} = 128.6\text{g/PS-h}$

fe : 연료소비율, F : 연료소비량,
γ : 연료의 비중, B_{PS} : 축 출력

58 제동마력이 120PS인 디젤기관이 24시간에 720ℓ를 소비하였다. 이 기관의 연료 소비율은 얼마인가?(단, 비중은 0.9이다)

① 18g/ps-h   ② 120g/ps-h
③ 225g/ps-h ④ 285g/ps-h

$fe = \dfrac{F \times \gamma}{B_{PS} \times t} = \dfrac{720\ell \times 0.9 \times 1000}{120PS \times 24H}$
$= 225\text{g/PS-h}$

fe : 연료소비율, F : 연료소비량,
γ : 연료의 비중, B_{PS} : 제동마력,
t : 기관 가동시간

53 ④ 54 ② 55 ③ 56 ③ 57 ② 58 ③

59 4행정 기관이 25마력으로 10분 동안 한 일을 열량으로 표시하면 몇 kcal인가?

① 2543.29 ② 2634.67
③ 2968.45 ④ 3272.53

 $Q = \dfrac{632.3 \times B_{PS} \times t}{60} = \dfrac{632.3 \times 25 \times 10}{60}$
= 2634.67kcal
Q : 열량, B_{PS} : 제동마력, t : 기관 가동시간

60 가솔린기관의 열 손실을 측정한 결과 냉각수에 의한 손실이 25%, 배기 및 복사에 의한 열 손실이 35%이었다. 기계효율이 90%라면 정미효율은 몇 %인가?

① 54% ② 36%
③ 32% ④ 20%

 ① 지시효율 = 1−(0.25+0.35) = 0.4 = 40%
② 정미효율 = 지시효율×기계효율
= (0.4×0.9)×100 = 36%

61 내연기관에서 기계효율을 구하는 공식으로 맞는 것은?

① $\dfrac{마찰마력}{제동마력} \times 100$ ② $\dfrac{도시마력}{이론마력} \times 100$
③ $\dfrac{제동마력}{도시마력} \times 100$ ④ $\dfrac{마찰마력}{도시마력} \times 100$

기계효율 = $\dfrac{제동마력}{도시마력} \times 100$

62 제동마력 : BPS, 도시마력 : IPS, 기계효율 : η_m 이라고 할 때 상호 관계식을 올바르게 표현한 것은?

① η_m = IPS ÷ BPS
② BPS = η_m ÷ IPS
③ η_m = BPS ÷ IPS
④ IPS = η_m ÷ BPS

63 어떤 오토기관의 배기가스온도를 측정한 결과 전부하 운전시에는 850℃, 공전시에는 350℃이다. 이온도를 각각 kelvin 온도(k)로 환산한 것으로 맞는 것은?

① 1850, 1350 ② 850, 350
③ 1123, 623   ④ 577, 77

 ① 850℃+273 = 1123K,
② 350℃+273 = 623K

64 2ton의 자동차가 1,000m를 이동하는데 1분 40초 걸렸을 때 동력은?

① 20(kgf·m/s)
② 200(kgf·m/s)
③ 2,000(kgf·m/s)
④ 20,000(kgf·m/s)

$H_{PS} = \dfrac{W \times L}{t} = \dfrac{2000kgf \times 1000m}{60s + 40s}$
= 20000kgf·m/s
H_{PS} : 동력, W : 힘, L : 거리, t : 시간(sec)

65 질량 1000kgf인 자동차를 리프트로 1.8m 올릴 때, 리프트의 상승속도는 0.3m/s였다. 리프트가 한 일과 출력은?

① 2943Nm, 17658W
② 17,658Nm, 29.43kW
③ 17,658Ws, 2.944kW
④ 2943Ws, 176.58kW

1kgf은 9.8W, 1PS = 0.736kW
① 일 = 1000kgf×1.8m×9.8 = 17640Ws
② 출력 = $\dfrac{1000kgf \times 1.8m \times 0.736}{75 \times 6}$ = 2.944kW

59 ② 60 ② 61 ③ 62 ③ 63 ③ 64 ④ 65 ③

66 리프트 위에 중량 13500N인 자동차가 정차해 있다. 이 자동차를 3초 만에 높이 1.8m로 상승시켰을 경우, 리프트의 출력은?

① 24.3kW ② 8.1kW
③ 22.5kW ④ 10.8kW

풀이 1kgf= 9.8N, 1PS= 0.736kW

① 리프트의 중량(kgf) = $\frac{13500N}{9.8}$ = 1377.6kgf

② 리프트 출력(kW)
= $\frac{1377.6 kgf \times 1.8m \times 0.736}{75 \times 3}$ = 8.1kW

67 어떤 화물자동차가 평탄한 도로를 정속도로 2km주행하였다. 이때 바퀴에서의 구동력의 합은 2.9kN이었다. 2km 주행하는 동안 이 자동차가 한 일을 Nm, kWh로 구하면?

① 5,800,000Nm, 16.11kWh
② 5,800,000Nm, 1.611kWh
③ 580,000Nm, 16.11kWh
④ 58,000Nm, 16.11kWh

풀이 ① (Nm) = 2.9×1000×2000 = 5,800,000Nm

② kWh = $\frac{2.9 \times 2000}{3600}$ = 1.611kWh

68 실린더 내경이 72mm인 6기통 엔진의 SAE 마력은 약 얼마인가?

① 12.9PS ② 129PS
③ 193PS   ④ 19.3PS

풀이 SAE 마력 = $\frac{D^2 N}{1613}$ = $\frac{72^2 \times 6}{1613}$ = 19.3PS

D : 실린더 내경, N : 실린더 수

69 SAE 마력을 산출하는 방식이 맞는 것은? (단, D는 실린더 지름, N은 실린더 수를 나타내며, 단위는 inch 임)

① $\frac{D^2 N}{2.5}$ ② $\frac{TR}{716}$
③ $\frac{DN}{1613}$ ④ $\frac{DN}{2.5}$

풀이 ① 실린더 안지름의 단위가 inch일 때 : $\frac{D^2 N}{2.5}$

② 실린더 안지름의 단위가 mm일 때 : $\frac{D^2 N}{1613}$

70 실린더 안지름 60mm, 행정 60mm인 4실린더 기관의 총배기량은?

① 750.4cc ② 678.6cc
③ 339.2cc ④ 169.7cc

풀이 V = 0.785D^2LN = 0.785×6²×6×4 = 678.2cc

D : 실린더 내경(cm), L : 피스톤 행정(cm),
N : 실린더 수

71 연소실 체적이 75cm³, 행정체적이 1500cm³인 디젤기관의 압축비는?

① 15 : 1 ② 18 : 1
③ 21 : 1 ④ 25 : 1

풀이 $\epsilon = \frac{Vc + Vs}{Vc} = \frac{75 + 1500}{75} = 21$

ϵ: 압축비, Vs : 실린더 배기량(행정체적)
Vc : 간극체적

ANSWER 66 ② 67 ② 68 ④ 69 ① 70 ② 71 ③

72 간극체적이 70㎤이고, 압축비가 9인 기관의 배기량은?

① 560㎤   ② 610㎤
③ 650㎤   ④ 670㎤

풀이 $Vs = (\epsilon - 1) \times Vc = (9-1) \times 70 = 560 ㎤$
Vs : 배기량(행정체적), ϵ : 압축비
Vc : 간극체적

73 실린더의 지름×행정이 100mm×100mm일 때 압축비가 17 : 1이라면 연소실 체적은?

① 29cc   ② 49cc
③ 79cc   ④ 109cc

풀이 $Vc = \dfrac{Vs}{(\epsilon - 1)} = \dfrac{0.785 \times 10^2 \times 10}{(17-1)} = 49 cc$
Vs : 배기량(행정체적), ϵ : 압축비,
Vc : 연소실체적

74 압축비 8.5, 행정체적 225㎤인 기관에서 피스톤이 하사점에 있을 때의 실린더 체적(cc)은?

① 30   ② 255
③ 300   ④ 435

풀이 $V = Vc + \dfrac{Vs}{\epsilon - 1} = 225 + \dfrac{225}{8.5 - 1} = 255 cc$
Vs : 배기량(행정체적), ϵ : 압축비,
Vc : 연소실 체적

75 압축비(compression ratio)에 대한 설명 중 틀린 것은?

① 혼합기를 연소 전에 얼마만큼 압축하는가의 정도를 나타낸다.
② 내연기관의 이론 사이클에서 압축비가 증가하면 이론 열효율은 증가한다.
③ 가솔린기관에서 이상적인 연소를 위해서는 압축비가 높을수록 좋다.
④ 일반적으로 디젤기관의 압축비가 가솔린 기관에 비하여 큰 값을 가진다.

풀이 가솔린기관에서 압축비를 높이면 출력이 증가하나 너무 높이면 노크가 발생하여 악영향을 주므로 9 : 1 정도로 한다.

76 노크한계 이하에서 엔진의 압축비를 증가시키면 어떤 결과가 나타나는가?

① 출력 증가, 연료소비량 증가
② 출력 감소, 연료소비량 감소
③ 출력 감소, 연료소비량 증가
④ 출력 증가, 연료소비량 감소

풀이 노크한계 이하에서 엔진의 압축비를 증가시키면 엔진의 출력이 증가하고 연료 소비량은 감소한다.

77 착화지연 기간이 1/1000초, 착화 후 최고 압력에 달할 때까지의 시간이 1/1000초일 때, 2000rpm으로 운전되는 기관의 착화 시기는?(단, 최고 폭발압력은 상사점 후 12°이다)

① 상사점 전 32°   ② 상사점 전 36°
③ 상사점 전 12°   ④ 상사점 전 24°

풀이 $It = 6Rt = 6 \times 2000 \times \dfrac{1}{1000} = 12°$
R : 크랭크축 회전각도, R : 기관 회전속도,
t : 착화지연 시간

72 ① 73 ② 74 ② 75 ③ 76 ④ 77 ③

78 어떤 디젤기관의 회전수가 2400rpm, 분사지연과 착화지연시간은 모두 합쳐 1/600초라면 크랭크 각도로 보아 상사점 몇도 전에 연료를 분사하여야 하는가?(단, 최대폭발 압력은 상사점에서 한다)

① 6° ② 12°
③ 18° ④ 24°

풀이 It = 6Rt = $6 \times 2400 \times \frac{1}{600}$ = 24°

79 기관의 회전속도가 1800rpm일 때 20°의 착화지연은 몇 초에 해당하는가?

① $\frac{1}{360}$초 ② $\frac{1}{100}$초
③ $\frac{1}{15}$초 ④ $\frac{1}{540}$초

풀이 It = 6Rt에서,
$t = \frac{It}{6R} = \frac{20}{6 \times 1800} = \frac{1}{540}$초

80 자동차 연료의 특성 중 연소 시 발생한 H_2O가 기체일 때의 발열량은?

① 저발열량 ② 중발열량
③ 고발열량 ④ 노크발열량

81 가솔린기관에 사용되는 연료의 발열량 설명으로 가장 적합한 것은?

① 연료와 산소가 혼합하여 완전 연소할 때 발생하는 열량을 말한다.
② 연료와 물을 혼합하여 완전 연소할 때 발생하는 열량을 말한다.
③ 연료와 수소가 혼합하여 완전 연소할 때 발생하는 열량을 말한다.
④ 연료와 질소가 혼합하여 완전 연소할 때 발생하는 열량을 말한다.

82 가솔린기관의 공연비에 관한 설명이다. 옳은 것은?

① 혼합기가 기관에 흡입되는 속도이다.
② 배기관 속 공기에 대한 가솔린의 비율이다.
③ 흡입공기와 연료의 속도비이다.
④ 실린더 내에 흡입된 점화전 공기와 연료의 질량이다.

풀이 가솔린기관의 공연비란 실린더 내에 흡입된 점화전 공기와 연료의 질량이다.

83 전자제어 연료분사장치에서 연료가 완전 연소하기 위한 이론 공연비와 가장 밀접한 관계가 있는 것은?

① 공기와 연료의 산소비
② 공기와 연료의 중량비
③ 공기와 연료의 부피비
④ 공기와 연료의 원소비

84 가솔린 300cc를 연소시키기 위하여 몇 kgf의 공기가 필요한가?(단, 혼합비는 15, 가솔린의 비중은 0.75로 취한다)

① 2.19 kgf ② 3.42 kgf
③ 3.37 kgf ④ 39.2 kgf

풀이 $Ag = Gv \times \rho \times AFr$ = $0.3\,l \times 0.75 \times 15$
 = 3.37 kgf
Ag : 필요한 공기량, Gv : 가솔린의 체적,
ρ : 가솔린의 비중, AFr : 혼합비

78 ④ 79 ④ 80 ① 81 ① 82 ④ 83 ② 84 ③

85 연료 7.2kgf을 연소시키는데 밀도 1.29kgf/㎥인 공기 91.5㎥를 소비한 엔진이 있다. 이 기관의 공연비는?

① 약 12.7 ② 약 16.4
③ 약 16.9 ④ 약 14.8

풀이) $AFr = \dfrac{A\rho \times Av}{Gg} = \dfrac{1.29 \times 91.5}{7.2} = 16.4$

AFr : 공연비, $A\rho$: 공기의 밀도,
Av : 공기의 체적, Gg : 연료의 무게

86 급가속시 혼합기가 농후해지는 이유로 올바른 것은?

① 연비를 증가하기 위해
② 배기가스 중의 유해가스를 감소하기 위해
③ 최저의 연료 경제성을 얻기 위해
④ 최대 토크를 얻기 위해

풀이) 급가속 할 때에는 최대 토크를 얻기 위해 혼합기를 농후하게 공급한다.

87 기관에서 가장 농후한 혼합비로 연료를 공급하여야 할 시기는?

① 가속할 때
② 고출력으로 운전할 때
③ 저속으로 주행할 때
④ 기관을 시동할 때

풀이) 기관에서 시동을 할 때 연료를 가장 농후한 혼합비로 공급해야 한다.

88 혼합비가 희박할 때 발생되는 현상으로 맞는 것은?

① 점화 2차 스파크라인의 불꽃 지속시간이 짧아진다.
② 산소센서(+) 듀티 값이 커진다.
③ 점화 2차 전압의 높이가 낮아진다.
④ 배기가스의 CO 값이 증가한다.

풀이) 혼합비가 희박하면 점화 2차 스파크라인의 불꽃 지속시간이 짧아진다.

89 가솔린엔진에서 노크발생을 감지하는 방법이 아닌 것은?

① 실린더 내의 압력측정
② 배기가스 중의 산소농도 측정
③ 실린더 블록의 진동 측정
④ 폭발의 연속음 측정

90 가솔린기관의 노크 방지방법으로 가장 거리가 먼 것은?

① 미연소가스의 온도와 압력을 저하시킨다.
② 연료의 착화지연을 길게 한다.
③ 압축행정 중 와류를 발생시킨다.
④ 화염 전파거리를 길게 한다.

풀이) 가솔린기관의 노크 방지방법은 ①, ②, ③항 이외에
① 화염 전파거리를 짧게 한다.
② 옥탄가가 높은 연료를 사용한다.
③ 혼합가스를 진하게 한다.
④ 압축비, 혼합가스 및 냉각수 온도를 낮춘다.
⑤ 점화시기를 늦추어 준다.

85 ② 86 ④ 87 ④ 88 ① 89 ② 90 ④

91. 다음 중 노크(Combustion knock)에 의하여 발생하는 현상이 아닌 것은?

① 배기 온도의 상승
② 출력의 감소
③ 실린더의 과열
④ 배기밸브나 피스톤 등의 소손(燒損)

92. 조기점화에 대한 설명 중 틀린 것은?

① 조기점화가 일어나면 연료소비량이 적어진다.
② 점화플러그 전극에 카본이 부착되어도 일어난다.
③ 과열된 배기밸브에 의해서도 일어난다.
④ 조기점화가 일어나면 출력이 저하된다.

풀이 조기점화는 점화플러그 전극에 카본이 부착, 과열된 배기밸브에 의해서도 일어나며, 조기점화가 일어나면 출력감소, 열손실 증대, 기계효율 및 흡입효율이 저하한다.

93. 자동차용 연료인 LPG에 대한 설명으로 틀린 것은?

① 기체 가스는 공기보다 무겁다.
② 연료의 저장은 가스 상태로 한다.
③ 연료는 탱크용량의 약 85% 정도 충전한다.
④ 탱크 내 온도상승에 의해 압력상승이 일어난다.

94. LPG연료의 특성으로 맞지 않는 것은?

① 무색, 무취, 무미이다.
② 기체일 때의 비중은 1.5~2이다.
③ 옥탄가는 90~120이다.
④ LPG 연료는 프로판 가스 100%로 구성되어 있다.

풀이 LPG 연료 구성은 프로판(C_3H_8)과 부탄(C_4H_{10})으로 구성되어 있다.

95. LPG의 옥탄가는 가솔린의 옥탄가와 비교하면 어떠한가?

① 가솔린보다 높다.
② 가솔린보다 낮다.
③ 가솔린과 같다.
④ 사용하는 조건에 따라 다르다.

96. LPG가스의 발열량은?

① 9,500kcal/kgf
② 10,000kcal/kgf
③ 11,000kcal/kgf
④ 12,000kcal/kgf

ANSWER 91 ① 92 ① 93 ② 94 ④ 95 ① 96 ④

97 LPG 연료장치가 장착된 자동차의 설명 중 틀린 것은?

① 점화시기는 가솔린 차량의 규정위치보다 앞당길 수 있다.
② 가스 누설 개소는 액체 패킹이나 LPG 전용 실 테이프로 막는다.
③ 가스압력은 최저 1kgf/cm²가 유지될 수 있도록 100%의 프로판으로 되어 있는 연료가 적당하다.
④ 점화 플러그는 가솔린 차량에 비하여 장시간 사용할 수 있다.

풀이) LPG는 여름철에는 부탄 100%, 겨울철에는 프로판 30%, 부탄 70%의 혼합물을 사용하여 시동성을 향상시킨다.

98 자동차에서 사용하는 LPG의 특성 중 잘못 설명한 것은?

① 연소효율이 좋고 엔진 운전이 정숙하다.
② 증기폐쇄(Vapor Lock)가 잘 일어난다.
③ 엔진의 윤활유가 잘 더러워지지 않으므로 엔진의 수명이 길다.
④ 대기오염이 적으며, 위생적이고 경제적이다.

풀이) LPG의 특성은 ①, ③, ④항 이외에 증기폐쇄(Vapor Lock) 및 퍼컬레이션 발생이 잘 일어나지 않는다.

99 가솔린기관과 LPG기관의 옥탄가이다. 이 옥탄가 중 맞는 것은?

① 가솔린 70~90, LPG 100~120
② 가솔린 100~120, LPG 70~90
③ 가솔린 70~90, LPG 70~90
④ 가솔린 100~120, LPG 100~120

100 경유의 착화점으로 가장 알맞은 것은?

① -42.8℃
② 65~80℃
③ 350~450℃
④ 550~660℃

풀이) 경유의 착화점은 350~450℃ 정도이다.

101 디젤기관용 연료의 발화성 척도를 나타내는 세탄가에 관계되는 성분들은 어느 것인가?

① 노말헵탄과 이소옥탄
② α 메틸 나프탈린과 세탄
③ 세탄과 이소옥탄
④ α 메틸 나프탈린과 헵탄

102 착화지연 기간에 대한 설명으로 맞는 것은?

① 연료가 연소실에 분사되기 전부터 자기 착화 되기까지 일정한 시간이 소요되는 것을 말한다.
② 연료가 연소실 내로 분사된 후부터 자기착화 되기까지 일정한 시간이 소요되는 것을 말한다.
③ 연료가 연소실에 분사되기 전부터 후 연소기간까지 일정한 시간이 소요되는 것을 말한다.
④ 연료가 연소실 내로 분사된 후부터 후 연소기간까지 일정한 시간이 소요되는 것을 말한다.

97 ③ 98 ② 99 ① 100 ③ 101 ② 102 ②

103 디젤노크에 대한 설명으로 가장 적합한 것은?

① 연료가 실린더 내 고온·고압의 공기 중에 분사하여 착화할 때 착화지연기간이 길어지면 실린더 내에 분사하여 누적된 연료량이 일시에 급격히 착화 연소 팽창하게 되어 고열과 함께 심한 충격이 가해지게 된다.
② 연료가 실린더 내 고온·고압의 공기 중에 분사하여 점화될 때 점화지연시간이 길어지면 실린더 내에 분사하여 누적된 연료량이 일시에 급격히 점화 연소 팽창을 하게 되어 고열과 심한 충격이 가해지게 된다.
③ 연료가 실린더 내 저온·저압의 공기 중에 분사하여 착화할 때 착화지연기간이 짧아지면 실린더 내에 분사하여 누적된 연료량이 서서히 증가하고 착화 연소 팽창하게 되어 고열과 함께 심한 충격이 가해지게 된다.
④ 연료가 실린더 내 저온·저압의 공기 중에 분사하여 점화될 때 점화지연기간이 짧아지면 실린더 내에 분사하여 누적된 연료량이 서서히 증가하고 점화 연소 팽창하게 되어 고열과 함께 심한 충격이 가해지게 된다.

104 디젤엔진 노크에 가장 크게 영향을 미치는 요소가 아닌 것은?

① 흡입되는 공기량
② 연료의 종류
③ 압축비
④ 연소실의 모양

풀이 디젤엔진 노크에 큰 영향을 미치는 요소는 흡입공기 온도, 연료의 종류, 압축비, 압축 온도, 연소실의 모양 등이다.

105 디젤 노크를 일으키는 원인과 직접적인 관계가 없는 것은?

① 압축비
② 회전속도
③ 연료의 발열량
④ 엔진의 부하

106 디젤기관의 노킹 발생을 줄일 수 있는 방법은?

① 압축압력을 낮춘다.
② 기관의 온도를 낮춘다.
③ 흡기압력을 낮춘다.
④ 착화지연을 짧게 한다.

107 디젤 노크의 방지책으로 맞는 것은?

① 회전수를 높인다.
② 압축비를 낮춘다.
③ 착화지연기간 중 분사량을 많게 한다.
④ 흡기압력을 높인다.

108 디젤엔진의 노크 방지책으로 틀린 것은?

① 압축비를 높게 한다.
② 흡입공기 온도를 높게 한다.
③ 연료의 착화성을 좋게 한다.
④ 착화지연기간을 길게 한다.

109 디젤기관의 발화 촉진제가 아닌 것은?

① 질산에틸
② 아황산에틸
③ 초산아밀
④ 아초산에밀

풀이 디젤기관의 발화 촉진제는 질산에틸, 초산아밀, 아초산에밀, 아초산에틸이다.

103 ① 104 ① 105 ③ 106 ④ 107 ④ 108 ④ 109 ②

110 디젤연료의 착화성을 표시하는데 쓰이는 것은?

① 옥탄가 ② 폭발점
③ 인화점 ④ 세탄가

111 디젤연료의 착화성을 표시하는 방법으로 세탄가가 있는데, 일반적으로 디젤기관에서 사용되는 세탄가는 얼마인가?

① 10~30 ② 40~60
③ 70~80 ④ 80~100

112 디젤연료인 경유의 구비조건으로 틀린 것은?

① 착화성이 좋을 것
② 온도 변화에 따라 점도변화가 적을 것
③ 세탄가가 낮을 것
④ 유해성분 및 고형물질을 함유하지 말 것

풀이) 경유의 구비조건으로 세탄가가 높고, 발열량은 커야 한다.

113 세탄가가 너무 높을 때 발생되는 현상으로 맞는 것은?

① 저온 착화성이 좋다.
② 조기점화가 발생된다.
③ 탄소 침전물의 찌꺼기가 발생된다.
④ 엔진 시동이 잘 안되고, 하얀 연기가 배출된다.

풀이) 세탄가가 높으면 저온 착화성은 좋아지나 너무 높으면 조기 점화가 발생된다.

114 가솔린 연료의 발열량이 약 11000~11700kcal/kgf인데 비해 디젤 연료의 발열량(kcal/kgf)은 약 얼마 정도인가?

① 2500~3500 ② 9000~9800
③ 9600~10000 ④ 10000~10700

115 어느 디젤연료의 세탄이 85, α-메틸 나프탈린이 15이라면 이 연료의 세탄가는 얼마인가?

① 75 ② 80
③ 85 ④ 90

풀이) 세탄가 $= \dfrac{세탄}{세탄 + \alpha-메틸나프탈린} \times 100$
$= \dfrac{85}{85+15} \times 100 = 85$

116 가솔린 연료의 조성으로 맞는 것은?

① 산소, 수소 ② 산소, 탄소
③ 탄소, 수소 ④ 탄소, 질소

풀이) 가솔린은 석유계 원유로 탄소(83~87%)와 수소(11~14%)의 유기화합물(C_nH_n)이다.

117 가솔린 연료의 구비조건으로 맞지 않는 것은?

① 휘발성이 낮아야 한다.
② 발열량이 커야 한다.
③ 카본 퇴적이 적어야 한다.
④ 옥탄가가 높아야 한다.

118 압축비를 임의로 변화시켜 옥탄가를 측정할 수 있는 단기통 엔진은?
① 로터리 엔진   ② 터보 엔진
③ CFR 엔진   ④ 터빈 엔진

풀이) CFR엔진은 4행정 1기통 엔진으로 압축비를 임의로 변화시킬 수 있는 엔진이다.

119 가솔린의 안티노킹성을 표시하는 것은?
① 세탄가   ② 헵탄가
③ 옥탄가   ④ 프로판가

120 다음 공식의 ( ) 안에 들어갈 말은?

$$옥탄가 = \frac{이소옥탄}{이소옥탄 + (\ \ )} \times 100$$

① 세탄
② 에틸렌
③ 정헵탄
④ α-메틸나프탈린

121 어느 가솔린 연료의 이소옥탄이 80, 노말헵탄이 20일 때 이 연료의 옥탄가는 얼마인가?
① 60   ② 70
③ 80   ④ 90

풀이) $옥탄가 = \frac{이소옥탄}{이소옥탄 + 노말헵탄(정헵탄)} \times 100$
$= \frac{80}{80+20} \times 100 = 80$

122 가솔린기관의 노킹을 방지하기 위해 사용하는 연료 첨가제가 아닌 것은?
① 4에틸납
② 2염화 에틸렌
③ 2브롬 에틸렌
④ 아초산아밀

풀이) 아초산아밀은 디젤 기관에서 연료의 착화성을 좋게 하는 착화 촉진제이다.

123 이론 완전 연소 혼합비(공기 : 연료)는 얼마인가?
① 1 : 1
② 8~20 : 1
③ 14.7 : 1
④ 15 : 3

124 가솔린기관에서 가장 경제적인 혼합비는 얼마인가?
① 8~11 : 1
② 8~20 : 1
③ 12~13 : 1
④ 16~17 : 1

125 가솔린을 완전 연소시켰을 때 발생되는 것은?
① 이산화탄소, 물
② 아황산가스, 질소
③ 수소, 일산화탄소
④ 이산화탄소, 납

ANSWER 118 ③ 119 ③ 120 ③ 121 ③ 122 ④ 123 ③ 124 ④ 125 ①

126 차량에서 발생되는 배출가스 중 지구 온난화를 유발하는 주요원인은?
① CO ② CO_2
③ HC ④ O_2

127 자동차의 배기가스 중 유해가스가 아닌 것은?
① 일산화탄소(CO)
② 이산화탄소(CO_2)
③ 탄화수소(HC)
④ 질소산화물(NO_x)

128 공해방지를 위한 감소 대상물질이 아닌 것은?
① CO ② CO_2
③ HC ④ NO_x

129 다음의 배기가스 중에서 인체의 혈액 속에 있는 헤모글로빈과의 결합성이 크기 때문에 수족마비, 정신분열 등을 일으키는 것은?
① CO ② NO_x
③ HC ④ H_2

130 가솔린 기관의 배출가스 중 CO의 배출량이 규정보다 많을 경우 가장 적합한 조치방법은?
① 이론공연비와 근접하게 맞춘다.
② 공연비를 농후하게 한다.
③ 이론공연비(λ) 값을 1 이하로 한다.
④ 배기관을 청소한다.

[풀이] CO의 배출량을 저감시키려면 혼합가스의 비율을 이론공연비와 근접하게 맞추어야 한다.

131 자동차의 배출가스에서 광화학 스모그의 원인이 되는 가스는 무엇인가?
① CO ② HC
③ N_2 ④ CO_2

132 자동차의 배출가스의 가장 많이 차지하는 가스는 무엇인가?
① 배기가스
② 블로바이가스
③ 블로다운가스
④ 연료증발가스

[풀이] 배출가스의 약 60%는 배기가스, 25%는 블로바이가스, 15%는 연료증발가스이다.

133 피스톤과 실린더 사이에서 크랭크 케이스로 누출되는 가스를 무엇이라 하는가?
① 배기가스
② 블로바이가스
③ 블로다운가스
④ 연료증발가스

[풀이] 블로바이 가스는 피스톤과 실린더 사이에서 크랭크 케이스로 누출되는 가스이다.

134 다음 중 HC의 과다 발생 원인으로 틀린 것은?
① 기관의 온도가 낮을 때
② 이론 공연비보다 희박할 때
③ 실화하였을 때
④ 점화시기가 지각되었을 때

[풀이] 점화시기가 지각되면 HC의 발생은 감소된다.

126 ② 127 ② 128 ② 129 ① 130 ① 131 ② 132 ① 133 ② 134 ④

135 다음 중 NOx가 가장 많이 배출되는 시기는 언제인가?

① 농후한 혼합비일 때
② 감속할 때
③ 고온에서 연소할 때
④ 저온에서 연소할 때

136 이론 혼합비보다 농후할 때 배출되는 가스의 설명으로 맞는 것은?

① NOx, CO, HC 모두 증가한다.
② NOx는 증가하고 CO, HC는 감소한다.
③ NOx, CO, HC 모두 감소한다.
④ NOx는 감소하고 CO, HC는 증가한다.

풀이 이론 혼합비보다 농후하면 NOx는 감소하고 CO, HC는 증가한다.

137 다음 그림은 공연비와 배출가스 농도와의 관계를 나타낸 것이다. 질소 산화물의 특성을 나타낸 것은?

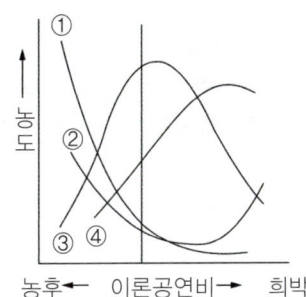

① ① ② ②
③ ③ ④ ④

138 다음 보기 중 배기가스 분포, 그래프의 각 유해가스별 정상을 표시한 그림은?

①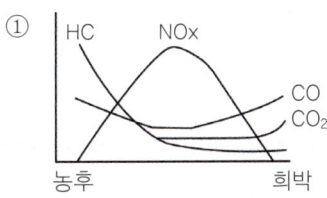

②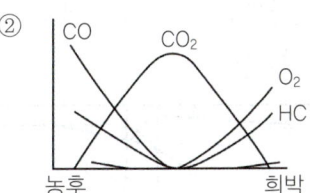

③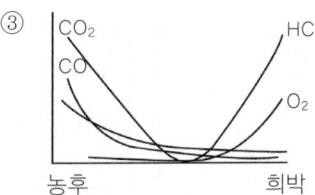

④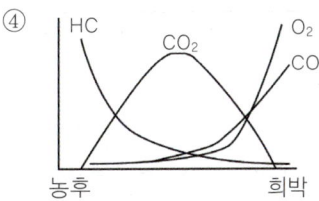

풀이 **유해가스의 배출 특성**
① 이론 혼합비보다 농후할 때 : NOx 감소, CO, HC 증가
② 이론 혼합비보다 희박할 때 : NOx 증가, CO, HC 감소

139 가솔린기관의 연소실 조건이 고온, 고압일 때 가장 많이 배출되는 가스는?

① CO   ② CO_2
③ NOx   ④ HC

풀이 고온, 고압일 때 NOx 생성이 가장 많이 발생되어, 광화학 스모그의 원인이 된다.

135 ③ 136 ④ 137 ③ 138 ① 139 ③

140 가솔린연료 연소시 일산화탄소(CO)의 발생과 가장 밀접한 관계가 있는 것은?

① 공연비   ② 연소 압력
③ 연소 온도   ④ 기관 회전수

141 그림은 이론 공연비(14.7 : 1)를 맞추기 위한 상태를 설명한 혼합비에 따른 정화율을 나타낸 것이다. 질소산화물의 특성을 나타낸 것은?

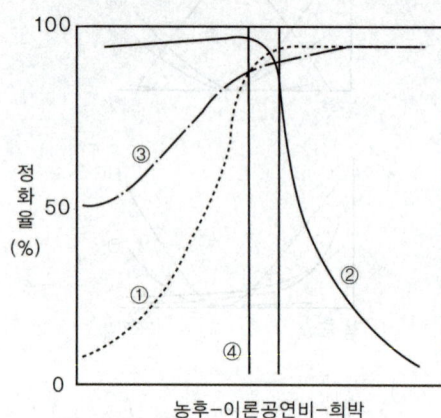

① ①   ② ②
③ ③   ④ ④

풀이) ①번의 곡선은 CO, ②번의 곡선은 NO_x, ③번의 곡선은 HC, ④번 부분은 이론 공연비

142 디젤기관의 회전속도가 1800rpm일 때 20°의 착화지연 시간은 얼마인가?

① 2.77ms   ② 0.10ms
③ 66.66ms   ④ 1.85ms

풀이) It = 6Rt에서,
$t = \dfrac{It}{6R} = \dfrac{20 \times 1000}{6 \times 1800} = 1.85ms$

143 자동차로 15km의 거리를 왕복하는데 40분이 걸렸다. 이때 연료소비는 1830cc이었다. 왕복할 때의 평균속도와 연료소비율은 약 얼마인가?

① 22.5km/h, 12km/ℓ
② 45km/h, 16km/ℓ
③ 50km/h, 20km/ℓ
④ 60km/h, 25km/ℓ

풀이) ① 왕복 평균속도 : $\dfrac{15 \times 2 \times 60}{40}$ = 45km/h

② 왕복할 때의 연료소비율 : $\dfrac{15 \times 2}{1.83}$ = 16.3km/ℓ

144 연료 3ℓ로 100km를 주행하는 자동차가 있다. 연료의 저위발열량은 42000kJ/kgf이고, 밀도는 0.78kgf/ℓ이다. 100km 주행할 때 소비하는 총열량은?

① 126000kJ   ② 98280kJ
③ 14000kJ   ④ 1260 kJ

풀이) $T_{cal} = Fv \times H_l \times H\rho$
= 3ℓ × 42000kJ/kgf × 0.78kgf/ℓ
= 98280kJ

T_{cal} : 총열량, Fv : 연료의 체적,
H_l : 연료의 저위발열량, $H\rho$: 연료의 밀도

140 ① 141 ② 142 ④ 143 ② 144 ②

145. 가솔린 기관의 실린더 벽 두께를 4mm로 만들고자 한다. 이때 실린더의 직경은?(단, 폭발압력은 40kgf/cm²이고, 실린더 벽의 허용응력이 360kgf/cm²이다.)

① 62mm ② 72mm
③ 82mm ④ 92mm

풀이 실린더벽 두께(t) = $\dfrac{P \times d}{2 \times \sigma_a}$,

$d = \dfrac{2 \times \sigma_a \times t}{P} = \dfrac{2 \times 360 \times 4}{40} = 72$mm

P : 폭발압력(kgf/cm²), d : 실린더 지름(mm),
σ_a : 허용응력(kgf/cm²), t : 실린더벽 두께(mm)

146. 실린더 안지름이 73mm, 행정이 74mm인 4행정 사이클 4실린더 기관이 6,300rpm으로 회전하고 있을 때 밸브 구멍을 통과하는 가스의 속도는 몇 m/sec인가?(단, 밸브 면의 평균 지름은 30mm이고, 밸브 스템의 굵기는 무시한다)

① 62m/sec ② 72m/sec
③ 82m/sec ④ 92m/sec

풀이 ① $S = \dfrac{2NL}{60} = \dfrac{2 \times 6300 \times 74}{60 \times 1000} = 15.54$m/s,

N : 기관 회전속도, L : 피스톤 행정

② $d = D\sqrt{\dfrac{S}{V}}$,

$V = \dfrac{D^2 \times S}{d^2} = \dfrac{73^2 \times 15.54}{30^2} = 92.01$m/s

d : 밸브지름, D : 실린더 안지름,
S : 피스톤 평균속도, V : 가스 흐름속도

147. 다음 그림에서 크랭크축 벨트 풀리의 회전속도가 2,600rpm일 때 발전기 벨트 풀리의 회전속도는?(단, 벨트와 풀리는 미끄러지지 않는 것으로 가정한다.)

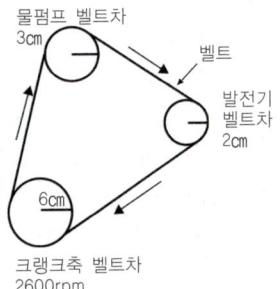

① 867rpm ② 3,900rpm
③ 5,200rpm ④ 7,800rpm

풀이 $\dfrac{CP_n}{GP_n} = \dfrac{CP_r}{GP_r}$ 에서,

$GP_n = \dfrac{CP_n \times CP_r}{GP_r} = \dfrac{2,600 \times 6}{2} = 7,800$rpm

CP_n : 크랭크축 풀리 회전속도
GP_n : 발전기 풀리 회전속도
CP_r : 크랭크축 풀리 반지름
GP_r : 발전기 풀리 반지름

148. 디젤기관에서 연소실 공기온도가 20℃에서 400℃로 상승할 때 압력이 45ata 되려면 압축비는 얼마로 하여야 하는가?

① 17.8 : 1 ② 18.3 : 1
③ 19.6 : 1 ④ 21.3 : 1

풀이 $P = \epsilon \times \dfrac{T_2}{T_1}$ 에서 $\epsilon = P \times \dfrac{T_1}{T_2}$,

$\epsilon = \dfrac{45 \times (273 + 20)}{(273 + 400)} = 19.6$

P : T_2에서의 압력, T_1 : 압축 전의 온도
T_2 : 압축 후의 온도, ϵ : 압축비

ANSWER 145 ② 146 ④ 147 ④ 148 ③

149 핀틀(Pintle)형 노즐의 직경이 1mm이고 니들 압력스프링 장력이 0.8kgf이면 노즐의 압력은?

① 약 72kgf/cm²
② 약 82kgf/cm²
③ 약 92kgf/cm²
④ 약 102kgf/cm²

풀이 $P = \dfrac{W}{A} = \dfrac{0.8}{0.785 \times 0.1^2} = 102 \text{kgf/cm}^2$

P : 노즐의 압력(kgf/cm²),
W : 압력스프링의 장력(kgf),
A : 노즐의 단면적(cm²)

150 배기가스가 직경 5cm의 배기관을 통과하고 있다. 유속이 50m/s일 때 통과하는 배기가스의 양은?(단, 배기가스의 밀도는 15kgf/m³이다.)

① 1.471kgf/s
② 1.634kgf/s
③ 1.875kgf/s
④ 2.121kgf/s

풀이 $Eq = A \times V \times E\rho$
    $= 0.785 \times 0.0025 \times 50 \times 15$
    $= 1.471 \text{kg/s}$

Eq : 배기 가스량, A : 배기관 단면적,
V : 배기가스 유속, $E\rho$: 배기가스 밀도

149 ④   150 ①

02 자동차 엔진정비

제1절 엔진 본체

> **참고**
> **엔진 해체 정비시기**
> ① 압축압력 : 규정압력의 70% 이하 → 기관성능 저하시 분해수리(오버홀) 여부 결정
> ② 연료 소비율 : 표준 소비율의 60% 이상
> ③ 윤활유 소비율 : 표준 소비율의 50% 이상

1_실린더헤드

실린더블록의 상단에 볼트로 고정되며, 피스톤 및 실린더와 함께 연소실을 형성한다. 실린더헤드는 알루미늄을 많이 사용하는데 그 이유는 열전도율이 좋고 중량이 가볍고 조기점화의 원인이 되는 열점이 잘 생기지 않으며, 압축비를 높일 수 있으나 열팽창이 커 변형이 쉽고, 부식이나 내구성이 적은 단점이 있다.

1. 실린더헤드 재질의 구비조건

① 기계적 강도가 높을 것
② 열팽창률이 작을 것
③ 열전도성이 클 것
④ 열변형에 대한 안정성이 클 것

2. 연소실의 구비조건

① 화염전파에 요하는 시간을 짧게 한다.
② 연소실 표면적을 최소화되게 한다.
③ 흡·배기밸브의 지름을 크게 하여 흡·배기효율을 높게한다.

④ 압축행정시 혼합기 또는 공기에 와류가 있게 한다.
⑤ 가열되기 쉬운 돌출부가 없게 한다.

3. 연소실의 종류(O.H.V엔진)

① **반구형** : 열효율이 좋다.
② **쐐기형** : 와류가 좋고 고압축비를 얻을 수 있다.
③ **지붕형(펜트루프 형)** : 연소실 상단부가 90° 각도를 이룬 것
④ **욕조형** : 고압축비, 반구형과 쐐기형의 중간형

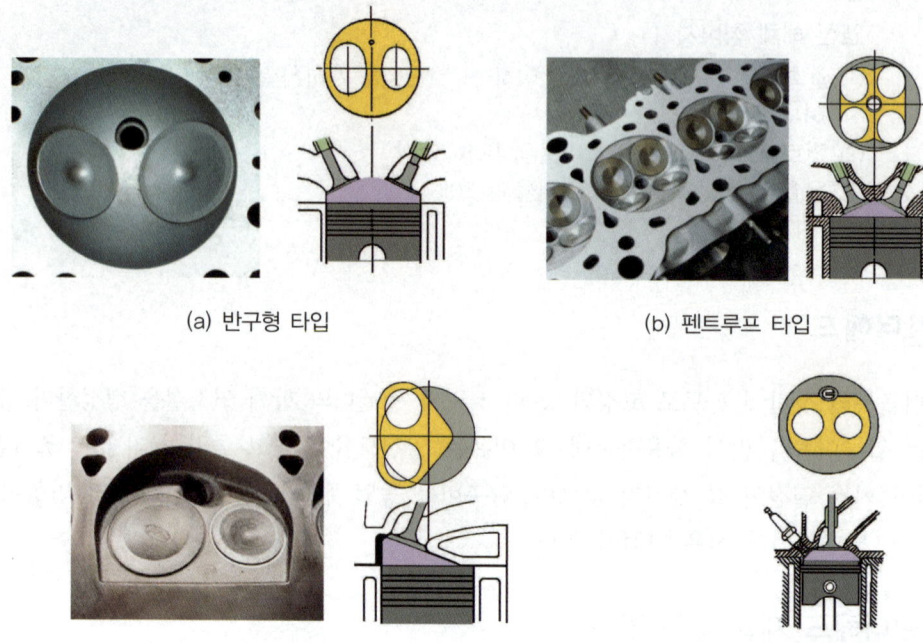

(a) 반구형 타입   (b) 펜트루프 타입

(c) 쐐기형   (d) 욕조형

그림 2-1 / **연소실의 형상**

4. 연소실 설계상의 주의할 사항

① 화염전파에 요하는 시간을 가능한 한 짧게 한다.
② 가열되기 쉬운 돌출부를 두지 않는다.
③ 연소실의 표면적이 최소가 되게 한다.
④ 압축행정에서 혼합기에 와류를 일으키게 한다.

5. 실린더헤드 개스킷(gasket)

① 실린더와 헤드사이에 설치되어 혼합기의 밀봉 및 냉각수, 오일의 누설방지
② 개스킷의 종류
  ㉠ 보통 개스킷
  ㉡ 스틸 베스토 개스킷(고부하, 고압축에 우수)
  ㉢ 스틸 개스킷

6. 밸브의 설치위치

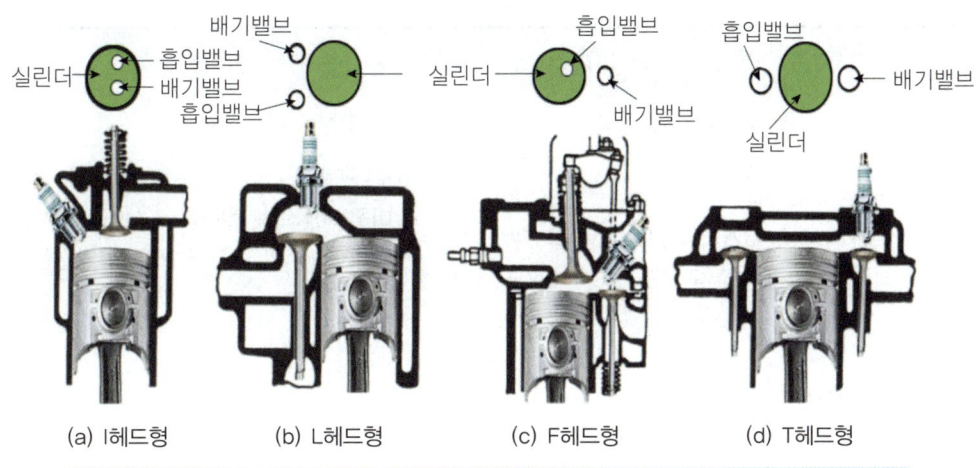

그림 2-2/ 밸브설치 위치에 따른 분류

7. 실린더헤드 점검

① **변형점검** : 직정규와 간극 게이지를 사용하여 6개소 측정
② **균열점검 방법** : 육안검사, 자기탐상법, 형광 탐상법, 염색탐상법 등을 이용
③ **분해, 조립** : 실린더헤드의 변형 및 균열을 방지하기 위해 분해시는 밖에서 중심부로 대각선방향으로, 조립시는 분해시의 역순으로 한다.
④ **변형원인** : 헤드 개스킷 불량시, 실린더헤드 볼트의 불균일한 조임시, 기관 과열시, 냉각수 동결시
⑤ 실린더헤드를 떼어내는 방법
  ㉠ 플라스틱, 나무, 고무해머로 두들겨 떼어내는 방법
  ㉡ 호이스트 등을 이용, 자중에 의해 떼어내는 방법
  ㉢ 압축압력을 이용하여 떼어내는 방법

2_실린더블록

엔진의 기초구조물로 실린더부분과 물 재킷 및 크랭크케이스 등으로 구성되어 있다.

1. 실린더

피스톤이 기밀을 유지하며 상하 왕복운동을 하는데 안내 역할과 폭발시 발생되는 열에너지를 기계적 에너지로 바꾸어 동력을 발생시키는 역할을 한다.

2. 실린더 라이너

구분 \ 종류	습식라이너	건식라이너
방식	냉각수와 직접접촉	냉각수와 간접접촉
두께	5~8mm	2~3mm
특징	2~3개의 실링(보호링)을 끼워 냉각수의 누출을 방지하며 디젤기관에 사용	마찰력에 의해 실린더에 설치(내경 100mm 당 2~3ton의 힘이 필요)하며 가솔린기관에 사용

3. 실린더 마멸

① 실린더 마멸은 TDC부근에서 최대이고, BDC에서도 마멸량이 크다. 그 이유는 피스톤이 TDC와 BDC위치에서 일단 정지하기 때문에 유막의 단절과 피스톤링의 호흡작용, 폭발행정시 TDC에 더해지는 연소압력 등으로 피스톤링이 실린더벽에 밀착되기 때문이다.

> **참고**
> **피스톤링의 호흡작용**
> 피스톤의 작동위치가 변환될 때 피스톤 링의 접촉부분이 바뀌는 과정에서 순간적으로 떨림 현상이 발생하는 것. 피스톤 링의 플래터(flutter)현상이라고도 하며, 이로 인해 실린더의 마모가 많아진다.

② 측정방법
  ㉠ 실린더 보어 게이지를 이용하는 방법
  ㉡ 내측 마이크로미터를 이용하는 방법
  ㉢ 외측 마이크로미터와 텔레스코핑 게이지를 이용하는 방법

③ 측정부위 : 실린더의 상, 중, 하로 크랭크축의 방향과 그 직각방향(측압방향) 6개소
④ 오버사이즈 치수

KS 규격	SAE 규격
0.25mm	0.02″
0.50mm	
0.75mm	0.04″
1.00mm	
1.25mm	0.06″
1.50mm	

⑤ 수정값 = 최대 측정값 + 0.2mm(수정 절삭량)
→ O/S에 맞는 큰 치수로 수정값을 선택

> **참고**
>
> 보링(boring)
>
> 실린더 내면을 확대 가공하는 작업
>
> | 실린더 내경 | 수정 한계값 | 오버 사이즈 | 보링 값 |
> |---|---|---|---|
> | 70mm 이하 | 0.15mm 이상 | 1.25mm | 최대 마모량+수정 절삭량(0.2mm)로 계산하여 피스톤 오버 사이즈에 맞지 않으면 계산값보다 크면서 가장 가까운 값으로 선정 |
> | 70mm 이상 | 0.20mm 이상 | 1.50mm | |

> **참고**
>
> 호닝(honing)
> ① 기름숫돌을 이용 정밀 연마하는 작업으로 바이트 자국을 제거
> ② 실린더 간 내경차 한계값 0.05mm 이하
> ③ 한 개의 실린더 각부의 내경차는 0.02mm 이하

4. 실린더 행정과 내경비

1) 장행정 기관(under square engine)

① 실린더의 내경보다 피스톤 행정이 긴 기관($\frac{L}{D} > 1.0$)

② 회전력이 크며 실린더에 가해지는 측압이 작고, 기관의 높이가 커지는 경향이 있다.

2) 정방형 기관(square engine)

실린더 내경과 피스톤 행정의 길이가 같은 기관(L = D)

3) 단행정 기관(over square engine)

실린더 내경이 피스톤 행정보다 긴 기관($\frac{L}{D} < 1.0$)

① 특징
  ㉠ 회전속도를 높일 수 있다.
  ㉡ 체적당 출력이 크다.
  ㉢ 흡·배기밸브의 지름을 크게 할 수 있어 효율을 증대할 수 있다.
  ㉣ 기관 높이를 낮게 할 수 있다.

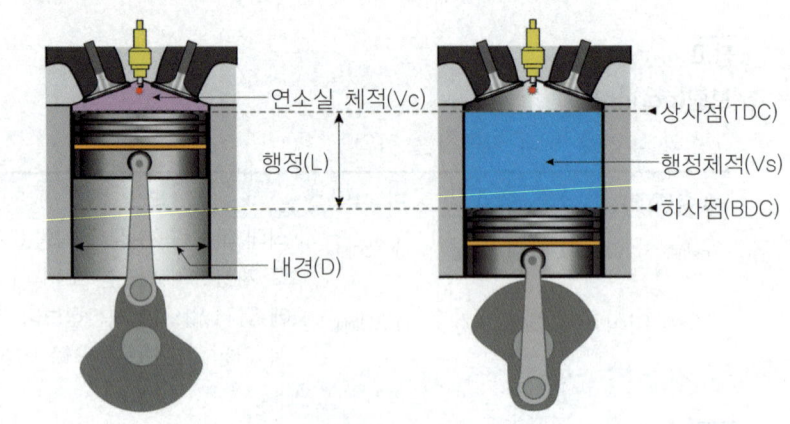

그림 2-3 / 행정, 내경, 행정체적, 연소실 체적

3_피스톤 어셈블리

1. 피스톤(piston)

1) 구조

① 피스톤헤드 : 연소실의 일부가 되는 부분이며 내면에 리브를 설치하여 피스톤을 보강
  (헤드부의 열 1500~2000℃)
② 링 홈 : 피스톤 링을 설치하기 위한 홈
③ 랜드 : 링 홈과 링 홈 사이
④ 스커트부 : 피스톤이 왕복운동을 할 때 측압을 받는 부분

⑤ 보스부 : 커넥팅로드에 피스톤 핀이 설치되는 부분
⑥ 히트댐 : 헤드부의 열이 스커트 부에 전달되는 것을 방지하는 홈

그림 2-4 / **피스톤의 구조**

2) 구비조건

① 폭발압력을 유효하게 이용할 것
② 가스 및 오일누출이 없을 것
③ 마찰로 인한 기계적 손실을 방지할 것
④ 기계적 강도가 클 것
⑤ 관성력을 방지하기 위하여 가벼울 것
⑥ 열 팽창율이 적고, 열전도가 잘될 것

3) 피스톤 간극

피스톤 최대 외경과 실린더 내경과의 차이로 열팽창을 고려하여 둔다.

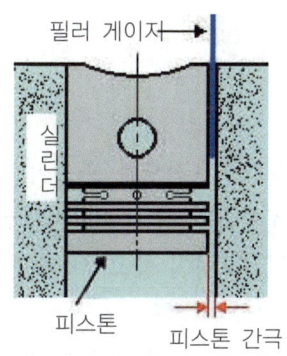

그림 2-5 / **피스톤간극**

① 간극이 클 때
　㉠ 블로바이에 의한 압축압력 저하
　㉡ 오일이 연소실에 유입되어 오일 소비증대
　㉢ 피스톤 슬랩 현상이 발생되며 엔진출력이 저하
② 간극이 적을 때
　㉠ 오일 간극의 저하로 유막이 파괴되어 마찰 마멸이 증대
　㉡ 마찰열에 의한 소결(stick)현상 발생

> **참고**
> ① 블로바이 현상 : 피스톤 간극이 커서 혼합기의 일부가 크랭크 실로 유입되는 현상
> ② 블로다운 현상 : 배기행정 초기에 배기밸브가 열려 배기가스 자체의 압력에 의하여 배기가스가 배출되는 현상
> ③ 슬랩 현상 : 피스톤이 운동방향을 바꿀 때 실린더 벽에 충격을 주는 현상
> ④ 소결 현상 : 실린더와 피스톤이 열에 의해 눌러 붙는 현상

4) 피스톤 오프셋

피스톤 중심과 피스톤 핀의 중심을 약 1.5~3.0mm 정도 오프셋 시킨 것으로 측압을 감소시켜 피스톤의 원활한 회전과 편마모를 방지하고 실린더에 가해지는 압력을 감소시켜 실린더의 마멸을 감소시킨다.

5) 피스톤의 평균속도

$$S = \frac{2NL}{60} = \frac{NL}{30}$$

N : 회전수(rpm), L : 행정(m)

6) 피스톤 재질

① 특수 주철 : 강도가 크고 열팽창이 적으나 관성이 커서 현재에는 거의 사용 안함
② Al(알루미늄)합금 : 구리계 Y합금과 규소계 Lo-Ex합금 사용
　㉠ 장점 : 특수주철에 비해 열전도성이 좋고, 비중이 작아 고속고압축비 기관에 적합하며, 출력을 증대시킬 수 있다.
　㉡ 단점 : 특수주철에 비해 강도가 적고 열팽창 계수가 크다.

2. 피스톤 링(piston ring)

혼합기의 기밀 유지와 오일 제어, 열전도의 3가지 기능

① 압축 링과 오일 링으로 구성
② 피스톤 링 이음간극 : 엔진의 작동 온도시 열팽창 고려하여 0.03~0.1㎜ 정도 둔다.
③ 피스톤 측압과 보스부 방향을 피하여 120~180°각을 두고 피스톤 링을 설치
④ 피스톤 링 이음의 종류

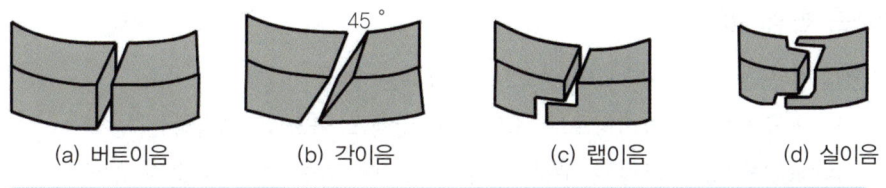

(a) 버트이음　　(b) 각이음　　(c) 랩이음　　(d) 실이음

그림 2-6 / **피스톤 링 이음의 종류**

⑤ 피스톤 링 마찰력

$P = Pr \times N \times Z$

P : 총 마찰력
Pr : 피스톤 링 1개당 마찰력(kgf)
N : 피스톤당 링 수
Z : 실린더 수

⑥ 구비조건 : 내마멸성 및 내열성일 것, 제작이 용이하고 열전도가 양호할 것, 고온에서 장력의 변화가 적을 것, 적당한 장력 및 일정한 면압을 가할 것

3. 피스톤의 종류

① 캠연마 피스톤 : 타원형 피스톤(보스부는 단경, 스커트부는 장경)
② 솔리드 피스톤 : 통형 피스톤으로 기계적 강도가 크고, 열팽창 계수가 적어, 고부하 기관에 사용
③ 스플릿 피스톤 : 스커트 상부에 홈을 두어 스커트부로 열이 전달되는 것을 방지
④ 인바 스트럿 피스톤 : 인바 강을 넣고 일체로 주조한 형식으로 작동중 일정한 피스톤 간극을 유지
⑤ 옵셋 피스톤 : 피스톤핀 중심을 1.5㎜ 정도 편심시켜 피스톤 슬랩을 방지한 형식
⑥ 슬리퍼 피스톤 : 측압을 받지 않는 부분의 스커트부를 잘라낸 피스톤 형식
⑦ 링캐리어 피스톤(ring carrier piston) : 디젤엔진 에서는 1번 압축링이 특히 고온고압에 노출되어 지속적으로 사용할 경우 톱링그루브의 마멸이 심해 링이 진동하게 된다. 이런 현상을 방지하기 위해 톱링크루브 강제의 링캐리어를 삽입하여 일체로 주조한 피스톤이다.

4. 피스톤 핀(piston pin)

피스톤 보스부와 커넥팅로드 소단부를 연결하는 핀으로 폭발압력을 커넥팅로드에 전달하며, 재질은 저탄소강, Ni-Cr강, Ni-Mo강을 표면 경화하여 사용한다.

1) 피스톤 핀의 설치방법
① **고정식** : 핀을 보스부에 고정볼트로 고정하는 방식
② **반부동식(요동식)** : 커넥팅로드 소단부에 클램프 볼트로 고정하는 방식
③ **전부동식(부동식)** : 고정된 부분 없이 스냅링에 의해 빠져 나오지 않도록 하는 방식

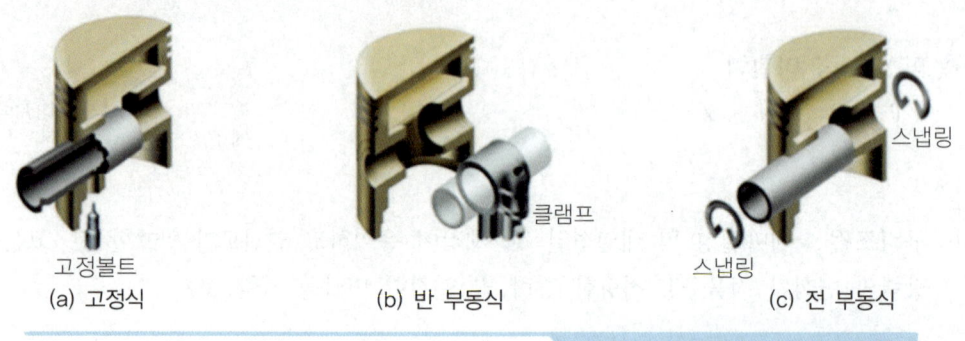

그림 2-7 / 피스톤 핀의 설치방법

4_커넥팅로드(connecting rod)

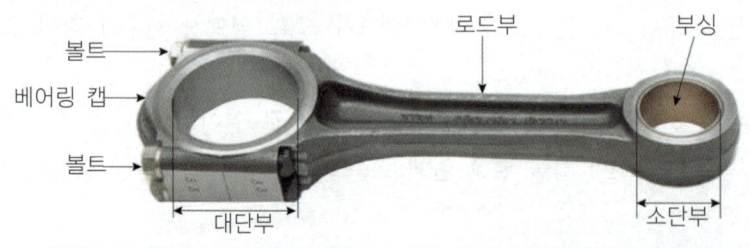

그림 2-8 / 커넥팅로드의 구조

① 피스톤과 크랭크축을 연결하는 I 단면의 로드
② 압축력과 인장력에 견뎌야 하며, 휨과 비틀림에 견딜 수 있는 강도와 강성이 있을 것
③ 피스톤 행정의 약 1.5~2.3배 정도의 길이
④ 커넥팅로드의 길이는 소단부와 대단부의 중심선 사이의 길이
⑤ 컨로드 얼라이너(커넥팅로드 얼라이너) : 커넥팅로드의 비틀림, 휨 및 상하 중심의 불균형 점검

길면	짧으면
측압이 작아 실린더의 마멸이 감소되며 강도가 적고 중량면에 불리하며 엔진의 높이가 높아진다.	측압이 증대되어 마멸이 증대되나 강성은 커지며, 엔진의 높이는 낮아져 고속용 엔진에 적합하다.

> **참고**
> 피스톤과 커넥팅로드의 중량차는 7g 이내(2% 이내)이어야 한다.

5_크랭크축 및 기관 베어링

1. 크랭크축(crank shaft)

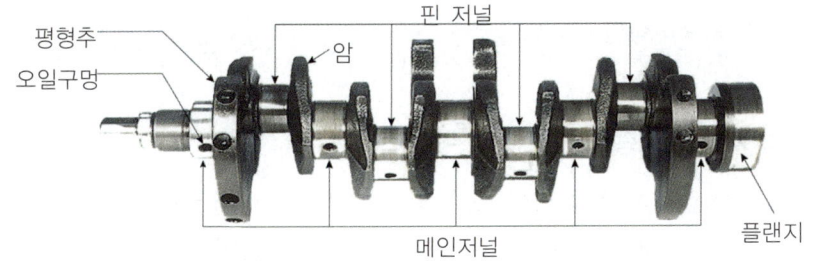

그림 2-9 / 크랭크축의 구조

① **크랭크 핀** : 커넥팅로드 대단부와 연결되는 부분
② **크랭크 암** : 크랭크축의 크랭크 핀과 메인저널을 연결하는 부분
③ **메인저널 또는 메인베어링 저널** : 축을 지지하는 메인베어링이 들어가는 부분
④ **평형추** : 크랭크축의 평형을 유지시키기 위하여 크랭크 암에 부착되는 추
⑤ **플랜지** : 플라이휠 설치부분

1) 구비조건

① 정적, 동적 평형이 잡혀 있을 것
② 강성이 클 것
③ 내마모성이 클 것

2) 재질

크랭크축의 재질은 고탄소강(S45C~S55C), 크롬-몰리브덴강(Cr-Mo), 니켈-크롬강(Ni-Cr)으로 저널은 내마멸성 및 강도와 강성을 증대시키기 위하여 표면 경화되어 있다.

3) 크랭크축 엔드플레이 측정

① 다이얼게이지 또는 필러게이지로 측정
② 측정 부위는 스러스트 베어링이 있는 곳에서 측정
③ 크랭크축 엔드플레이 수정
　㉠ 일체식 : 스러스트 베어링교환
　㉡ 시임 조정식 : 시임을 베어링과 크랭크축 사이 끼워 수정

> **참고**
> 앤드플레이(endplay : 축방향 놀음)
> 크랭크축 축방향의 움직임

4) 크랭크축의 저널 마모량 및 휨 측정

① 저널의 마모량 점검 : 외경 마이크로미터로 측정, 편 마멸, 테이퍼 마멸, 턱
② 휨 측정 : 다이얼 게이지로 측정, 측정값의 1/2이 휨 값이다.
③ 크랭크축의 교환시기 : 균열이 되었을 때

5) 크랭크축의 점화순서

4행정 사이클 엔진에서 1번 실린더를 점화순서의 첫 번째로 정한다.

① 점화시기 고려사항
　㉠ 연소가 같은 간격으로 일어나게 한다.
　㉡ 크랭크축에 비틀림 진동이 일어나지 않게 한다.
　㉢ 혼합기가 각 실린더에 균일하게 분배되게 한다.
　㉣ 하나의 메인 베어링에 연속해서 하중이 걸리지 않도록 하기 위하여 인접한 실린더에 연이어 점화되지 않게 한다.
② 점화순서와 각 실린더의 작동
　㉠ 4기통 엔진 : 크랭크 핀의 위상각은 180도
　　ⓐ 점화순서 : 1-3-4-2와 1-2-4-3

> **참고**
> 위상각
> 폭발행정이 일어나는 각도로, 위상각 = $\dfrac{720°}{\text{기통수}}$ 이다.

③ 6기통 엔진 : 위상각은 120도
  ㉠ 우수식 작동행정 : 1-5-3-6-2-4
  ㉡ 좌수식 작동행정 : 1-4-2-6-3-5
④ 행정과 점화순서 : 행정의 순서는 시계방향, 점화순서는 반 시계방향

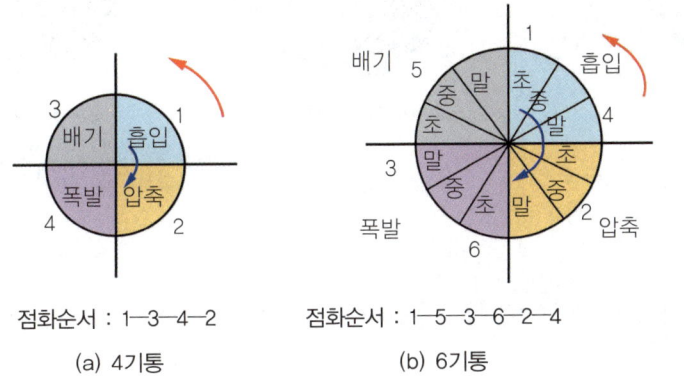

그림 2-10 / 점화순서

> **참고**
> 연소지연시간에 따른 크랭크축 회전각도 = $\dfrac{\text{rpm}}{60}$ × 연소 지연시간 × 360°

2. 엔진 베어링(engine bearing)

1) 재질

① 배빗메탈(babbitt metal)
  일명 화이트메탈로 Sn(주석 80~90%), Sb(안티몬 3~12%), Cu(구리 3~7%)로 구성
  ㉠ 장점 : 취급용이, 매입성, 길들임성이 좋다.
  ㉡ 단점 : 기계적 강도가 작고, 내피로성, 열전도성이 불량하다.
② 켈밋 합금(kelmet alloy)
  Cu(60~70%), Pb(30~40%)의 합금

㉠ 장점 : 고온, 고속, 고부하에 적합하며 열전도성, 반융착성이 좋다.
㉡ 단점 : 매입성, 길들임성이 부족하다.

③ 트리메탈(tri metal)

배빗메탈의 단점을 보완하기 위한 베어링으로 배빗메탈의 동합금 셀에 Zn(아연) 10%, Sn(주석) 10%, Cu(구리) 80%를 혼합한 연청동을 중간층에 융착한 베어링으로 현재 가장 많이 사용한다.

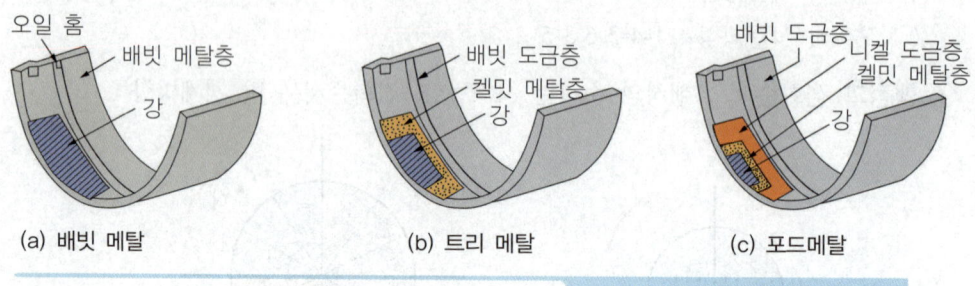

(a) 배빗 메탈   (b) 트리 메탈   (c) 포드메탈

그림 2-11 / 베어링 재질과 종류

④ 알루미늄합금

Al(알루미늄)에 Sn(주석)을 혼합, 배빗메탈과 켈밋메탈의 장점을 가진 베어링

2) 구조

① 베어링 크러시
  ㉠ 하우징 안둘레와 베어링 바깥둘레와의 차이
  ㉡ 크러시가 작으면 엔진작용 온도변화로 헐겁게 되어 베어링이 움직임
  ㉢ 크러시가 크면 조립시에 찌그러져 오일 유막이 파괴되어 소결현상 초래

② 베어링 스프레드
  ㉠ 베어링 바깥쪽 지름과 베어링 하우징의 지름차이(0.125~0.5mm)
  ㉡ 스프레드를 두는 이유 : 작은 힘으로 눌러 끼워 베어링을 제자리에 밀착시키고 크러시가 조립시 안쪽으로 찌그러짐을 방지

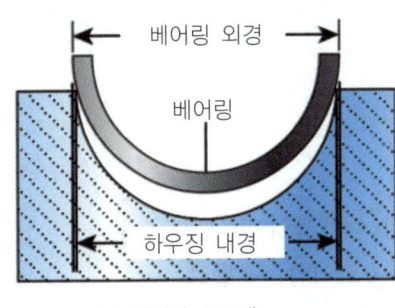 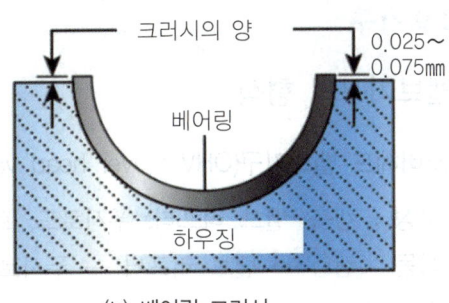

(a) 베어링 스프레드   (b) 베어링 크러시

그림 2-12 / **베어링 구조**

③ 베어링 간극

오일간극 0.03~0.1㎜

㉠ 간극이 크면 : 유압이 저하되고 오일의 소비가 증대되며 소음이 발생한다.
㉡ 간극이 작으면 : 유막파괴로 베어링이 소결된다.
㉢ 간극측정 : 플라스틱 게이지, 마이크로미터와 실납

6_플라이휠(fly wheel)

① 크랭크축 후부에 설치되어 맥동적인 출력을 균일한 회전으로 원활히 한다.
② 회전 중 관성이 크고 중량이 가벼워야 한다.
③ 중량은 회전속도와 실린더 수에 관계한다.

그림 2-13 / **플라이휠의 구조**

7_밸브기구

1. 밸브기구의 형식

1) 오버헤드 밸브기구(OHV : over head valve)

① 구성 : 캠축, 밸브 리프터, 푸시로드, 로커암 어셈블리 및 밸브
② 작동 : 캠축 → 밸브 리프터 → 푸시로드 → 로커암 → 밸브
③ 장점
   ㉠ 흡·배기의 흐름저항이 적어 흡배기 효율이 좋다.
   ㉡ 밸브 크기와 양정을 크게 할 수 있다.
   ㉢ 고압축비를 얻을 수 있다.
   ㉣ 노킹발생이 적다.
④ 단점 : 밸브기구가 복잡하고 소음과 관성력이 크다.

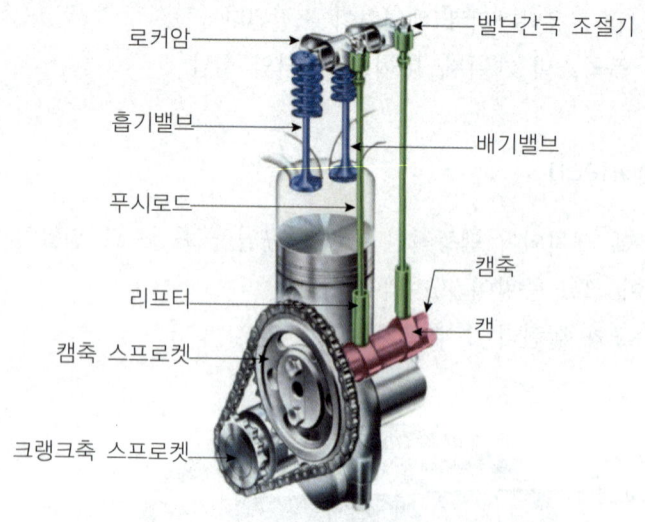

그림 2-14 / **오버헤드 밸브기구(OHV)**

2) 오버헤드 캠축 밸브기구(OHC : over head cam shaft)

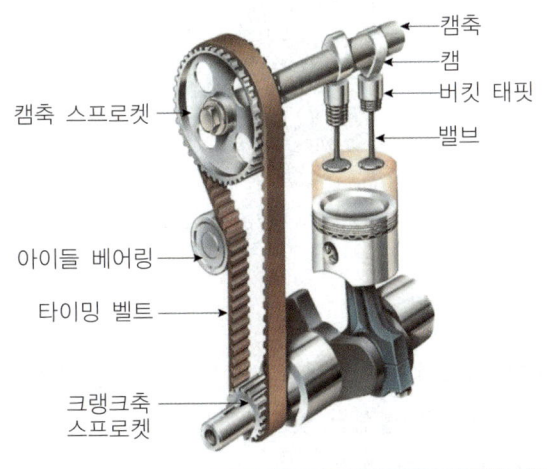

그림 2-15 / **오버헤드 캠축 밸브기구(OHC)**

① 형식 : 캠축을 실린더헤드 위에 설치하고 캠이 직접 로커암을 움직여 밸브를 열게한 형식
② 특징
    ㉠ 복잡한 구조이나 밸브기구의 왕복운동 관성력이 작으므로 가속도를 크게 할 수 있다.
    ㉡ 고속에서도 밸브 개폐가 안정되어 고속성능이 향상된다.

2. 밸브기구의 구성부품

1) 캠축(cam shaft)

① 크랭크축에서 동력을 받아 캠을 구동
② 밸브 수와 같은 수의 캠이 배열된 축
③ 구성 : 저널, 캠, 편심류
④ 캠의 구성
    ㉠ 베이스 서클(base circle) : 기초원
    ㉡ 노스(nose) : 밸브가 완전히 열리는 점
    ㉢ 리프트(lift : 양정) : 기초원과 노스원과의 거리
    ㉣ 플랭크(flank) : 밸브 리프터 또는 로커암이 접촉되는 옆면
    ㉤ 로브(rob) : 밸브가 열려서 닫힐 때까지의 거리

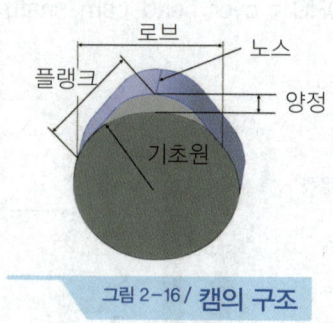

그림 2-16 / 캠의 구조

⑤ 캠의 종류
  ㉠ 접선캠 : 플랭크가 일직선으로 형성된 것
  ㉡ 볼록캠 : 플랭크가 원호로 형성된 것
  ㉢ 오목캠 : 플랭크가 오목하게 형성된 것

2) 캠축의 구동방식
① **기어구동** : 크랭크축과 캠축 기어가 서로 맞물려 구동
② **체인구동** : 소음이 적고, 캠축의 위치 변환이 용이하며 체인의 장력 조절용 텐셔너와 진동 흡수용 고무 댐퍼가 설치되어 있다(OHC기관에서 사용).
③ **벨트구동** : 체인 대신 벨트로 캠축을 구동하여 소음이 없으며 윤활이 필요 없고, 장력 조절용 텐셔너와 아이들러가 설치되어 있다(OHC기관에서 사용).

> **참고**
> 캠축 기어와 크랭크축 기어의 잇수비는 2 : 1이다.

3) 밸브 리프터(valve lifter)
캠의 회전운동을 상하 직선운동으로 바꾸어 푸시로드 및 로커 암에 전달
① **기계식** : 원통형으로 형성되어 OHV기관에서 사용
② **유압식** : 유압을 이용 밸브간극을 작동온도에 관계없이 항상 "0"으로 유지
  ㉠ 장점
    ⓐ 밸브 개폐시기가 정확하다.
    ⓑ 간격 조정이 필요 없고 정숙하다.
    ⓒ 충격을 흡수하여 내구성이 좋다.
  ㉡ 단점
    ⓐ 구조가 복잡하다.

ⓑ 유압회로가 고장 나면 작동이 불량하다.
ⓒ 오일펌프가 고장 나면 작동이 안 된다.

4) 푸시로드(push rod)
오버헤드 밸브기구에서 리프터와 로커 암을 연결하고 밀어주는 금속막대

5) 밸브(valve)
① 역할
　㉠ 공기 및 혼합기를 실린더 내에 유입 또는 연소 가스를 배출
　㉡ 압축 및 폭발행정에서 밸브 시트에 밀착되어 가스의 누출을 방지

② 밸브의 주요부

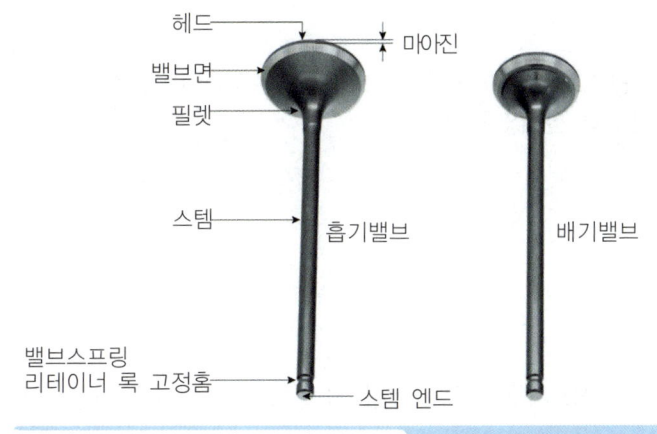

그림 2-17 / 밸브의 구조

㉠ 밸브 헤드 : 엔진 작동 중에 흡입밸브는 450~500℃, 배기밸브는 700~800℃의 열적 부하를 받음
㉡ 마아진 : 기밀유지를 위해 보조 충격에 지탱력을 가진 두께로서 재사용 여부를 결정, 두께는 보통 1.2㎜ 정도이며, 0.8㎜ 이하일 때는 교환한다.
㉢ 밸브 페이스(면)
　ⓐ 밸브시트에 밀착되어 기밀유지 및 헤드의 열을 시트에 전달
　ⓑ 밸브시트와 접촉 폭은 1.5~2.0㎜
　ⓒ 넓으면 열전달 면적이 커져 냉각이 양호하고 압력이 분산되어 기밀유지가 불량
　ⓓ 좁으면 냉각이 불량하나 기밀유지는 양호, 접촉각은 30도, 45도, 60도
　ⓔ 밸브 간섭각 : 열팽창을 고려하여 1/4~1°정도 둔다.

ⓕ 밸브 면 각이 45°일 때 시트의 절삭각은 15°, 45°, 75°이다.
ⓖ 밸브 래핑 : 콤파운드를 밸브 시트면에 골고루 바르고 밸브를 시트면에 가볍게 누르고 좌우로 돌리면서 가끔씩 가벼운 충격을 준다.
ⓔ 스템 앤드 : 로커암이 접촉되는 부분으로 평면으로 연마되어 있다.

③ 밸브 간극
㉠ 냉간시에 간극을 두어 정상운전 온도시 알맞은 간극을 유지
㉡ 이유 : 간극을 두지 않으면 온도 상승시 팽창하여 밸브와 밸브시트의 밀착상태가 불량해진다.
㉢ 기관 정지시에 밸브간극을 조정한다.
㉣ 밸브간극이 너무 크면 밸브 열림량이 작아 흡·배기효율이 떨어진다.

> **참고**
> **나트륨밸브**
> 밸브 스템을 중공으로 하고 그 속에 열전도성이 좋은 금속나트륨을 봉입하여 밸브헤드의 냉각을 잘되도록 한 밸브

6) 밸브 스프링
밸브가 닫혀 있는 동안 밀착을 양호하게 하기 위한 기구

① 점검
규정값의 장력 15% 이상, 자유고 3% 이상 감소시, 직각도 3% 이상 변형시 교환

② 밸브 서징현상
밸브 스프링의 고유 진동수와 밸브 개폐 횟수가 같거나 정수배일 때 캠에 의한 강제 진동과 스프링 자체의 고유진동이 공진하여 캠의 작동과 상관없이 진동을 일으키는 현상이다.
㉠ 방지책
ⓐ 이중 스프링, 부등 피치형 스프링, 원추형 스프링 사용
ⓑ 정해진 양정 내에서 충분한 스프링 정수를 얻도록 할 것
ⓒ 밸브의 무게를 가볍게 할 것

> **참고**
> **블로백(blow back)**
> 밸브 페이스와 밸브시트의 접촉이 불량하여 혼합기나 배기가스가 새어나가는 현상이다.

7) 밸브 회전기구

① 종류
- ㉠ 릴리스형식 : 자연 회전
- ㉡ 포지티브형식 : 강제 회전

② 목적
- ㉠ 밸브면과 시트사이, 밸브 스템과 가이드 사이의 카본 제거
- ㉡ 밸브면과 시트, 스템과 가이드의 편 마모 방지
- ㉢ 헤드부의 열을 균일하게 발산

8) 밸브 개폐시기

① 혼합기나 공기의 흐름관성을 유효하게 이용하기 위해 상사점 전후 또는 하사점 전후에서 열리고 닫힌다.

② 밸브 오버랩은 상사점부근에서 흡·배기밸브가 동시에 열려 있는 상태로 흡입 및 배기 효율을 향상시킨다.

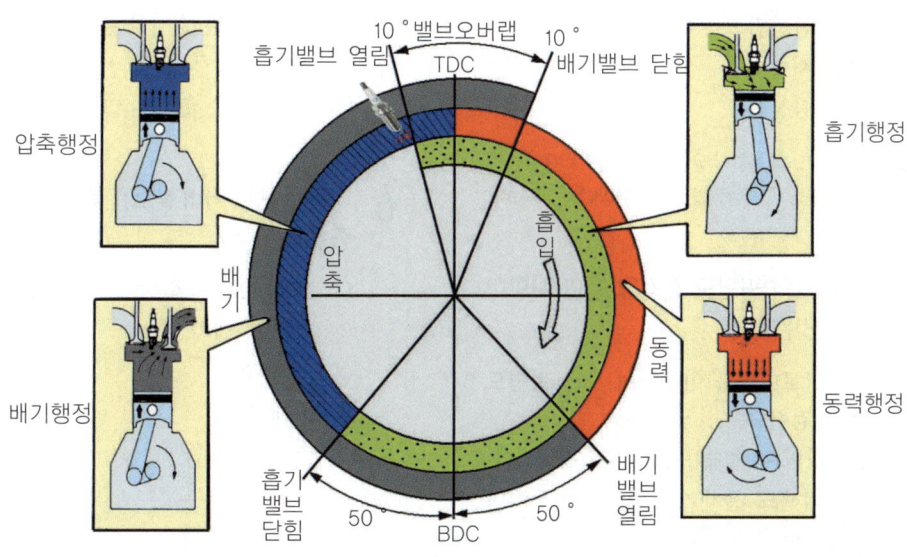

그림 2-18 / 밸브 개폐시기 선도

제1절 엔진본체

제2장 출제예상문제

01 내연기관의 연소실이 갖추어야 할 조건으로 틀린 것은?

① 화염전파 시간이 짧을 것
② 연소실 표면적을 최소화할 것
③ 흡·배기밸브의 지름을 최대한 작게 할 것
④ 가열되기 쉬운 돌출부를 없앨 것

02 실린더헤드의 균열 여부를 점검할 때 하는 시험으로 틀린 것은?

① 육안검사
② 자기 탐상법
③ 피로 시험법
④ 형광 탐상법

> **풀이** 실린더헤드 및 블록의 균열점검 방법으로 육안검사, 자기탐상법, 형광탐상법, 염색 탐상법 등이 있다.

03 실린더헤드의 평면도 점검에 관한 사항이다. 맞는 것은?

① 마이크로미터를 이용하여 헤드 평면도를 점검한다.
② 곧은자와 틈새게이지로 측정 점검한다.
③ 실린더헤드 틈새가 0.02㎜ 이상이면 연삭한다.
④ 실린더헤드 평면도 점검은 3개 방향으로 점검한다.

04 다음은 OHV기관의 연소실 종류이다. 와류가 좋고 고 압축비를 얻을 수 있는 것은?

① 반구형
② 쐐기형
③ 지붕형
④ 욕조형

05 실린더헤드 볼트의 풀기에 대한 설명으로 맞는 것은?

① 반드시 토크 렌치를 사용한다.
② 대각선의 바깥쪽에서 중앙을 향하여 푼다.
③ 볼트풀기의 순서와 실린더헤드의 변형과는 관계가 없다.
④ 조일 때의 순서로 푼다.

06 기관의 헤드 커버 볼트를 풀 때 안전상 가장 좋은 공구는?

① 오픈엔드 렌치
② 파이프 렌치
③ 복스 렌치
④ 스패너

01 ③ 02 ③ 03 ② 04 ② 05 ② 06 ③

07 다음 중 실린더헤드 설명 중 옳지 않은 것은?

① 실린더헤드에는 냉각수가 흐르는 통로와 오일이 흐르는 통로가 있다.
② 실린더헤드 볼트를 조일 때는 제조사에서 제시한 토크로 관리를 해야 하고 반드시 신품으로 해야 한다.
③ 실린더헤드는 항상 평면도가 유지되어야한다.
④ 실린더헤드 개스킷은 깨끗하게 세척해서 사용한다.

08 실린더헤드의 변형을 점검할 때 사용하는 공구는?

① 다이얼 게이지
② 마이크로미터
③ 직각자
④ 곧은자와 필러게이지

풀이) 실린더헤드 의 변형 점검은 곧은자와 필러게이지를 이용하여 6개소를 측정한다.

09 실린더헤드 볼트의 조임에 대한 설명으로 옳은 것은?

① 중앙에서 바깥쪽으로 좌·우 대칭으로 죈다.
② 대각선 방향으로 1회에 완전히 조인다.
③ 처음부터 토크렌치로만 조인다.
④ 볼트 조임 순서와 실린더헤드의 변형과는 관계없다.

10 실린더헤드 볼트를 규정 토크로 일정하게 조이지 않았을 때 발생되는 현상과 관계가 가장 적은 것은?

① 냉각수가 누출된다.
② 피스톤이 균열된다.
③ 압축 압력이 저하된다.
④ 가스 또는 압축이 샌다.

11 다음 중 오버헤드 밸브 엔진의 연소실이 아닌 것은?

① 반구형　　② 쐐기형
③ 지붕형　　④ 오목형

12 실린더헤드의 변형으로 발생되는 문제가 아닌 것은?

① 냉각수의 누출
② 압축 압력의 저하
③ 출력의 저하
④ 피스톤의 변형

풀이) 실린더헤드의 변형으로 냉각수의 누출, 압축 압력의 저하, 가스누출, 출력이 저하된다.

13 실린더와 실린더헤드의 재질로서 필요한 특성이 아닌 것은?

① 기계적 강도가 높아야 한다.
② 열팽창성은 좋은 반면에 열전도성은 낮아야 한다.
③ 열 변형에 대한 안정성이 있어야 한다.
④ 실린더의 재질은 특히 내마모성과 길들임 성이 좋아야 한다.

07 ④　08 ④　09 ①　10 ②　11 ④　12 ④　13 ②

14. 소형자동차의 실린더헤드는 점차 알루미늄 합금으로 되어가는 추세이다. 그 이유로 가장 적당한 것은?

① 깨끗하고 녹슬지 않기 때문이다.
② 주철보다 내구성이 좋기 때문이다.
③ 변형이 잘 일어나지 않기 때문이다.
④ 경량이고 열전도성이 좋기 때문이다.

풀이 알루미늄(Al)합금 실린더헤드는 가볍고 열전도성이 좋으나, 열팽창율이 크고, 내구성이 작으며, 변형이 발생되기 쉽다.

15. 실린더헤드 볼트를 풀었는데도 실린더 헤드가 떨어지지 않는다. 실린더헤드를 떼어내는 방법으로 틀린 것은?

① 고무 해머로 두들겨서 떼어낸다.
② 기관의 압축압력을 이용한다.
③ 호이스트로 들어 자중을 이용한다.
④ 드라이버를 이용하여 헤드를 떼어낸다.

풀이 실린더헤드 면에는 드라이버나 스크레이퍼로 긁어 홈을 내면 기밀유지가 안된다.

16. 마이크로미터 보관시 주의사항이 아닌 것은?

① 앤빌과 스핀들을 밀착시킨다.
② 습기가 없는 곳에 보관한다.
③ 앤빌과 스핀들을 접촉시키지 않는다.
④ 청소한 다음 기름을 바른다.

17. 다음 중 기관의 해체 정비시기와 관계가 없는 것은?

① 연료 소비량   ② 압축비
③ 윤활유 소비량   ④ 압축압력

풀이 엔진의 해체 정비 시기
① 압축압력 : 규정 압력의 70%미만, 110%이상
② 연료소비율 : 표준 소비율의 60% 이상
③ 오일소비율 : 표준 소비율의 50% 이상

18. 실린더헤드 개스킷이 인접된 실린더사이에서 파괴 되었다. 무엇으로 알 수 있는가?

① 압축압력 게이지
② 필러 게이지
③ 다이얼 게이지
④ 가스 분석기

19. 가솔린기관을 오버 스퀘어 기관으로 하는 이유로 가장 타당한 것은?

① 피스톤 측압을 적게 하기 위해서
② 피스톤의 과열을 방지하기 위해서
③ 흡·배기밸브의 양정을 크게 하기 위해서
④ 평균속도를 높이지 않고도 회전속도를 높일 수 있으므로

20. 내경이 78mm인 실린더에서 최대 마멸량이 0.25mm일 때 이 실린더의 보링 치수는 얼마인가?

① 78.40mm   ② 78.45mm
③ 78.50mm   ④ 78.75mm

풀이 수정값 = 최대마모량+0.2mm(수정절삭량)
= 0.25mm+0.2mm = 0.45mm
수정값은 O/S에 맞는 큰 치수로 선택하므로 0.50mm이다.
따라서 보링치수 = 78mm+0.50mm = 78.50mm

14 ④ 15 ④ 16 ① 17 ② 18 ① 19 ④ 20 ③

21. 실린더헤드 볼트를 조일 때 쓰는 공구로 적당한 것은?
   ① 소켓렌치 ② 토크렌치
   ③ 복스렌치 ④ 오픈 엔드렌치

22. 다음 중 건식 라이너에 대한 설명으로 맞는 것은?
   ① 냉각수와 직접 접촉하는 라이너이다.
   ② 디젤 기관에서 사용한다.
   ③ 라이너 두께가 5~8mm이다.
   ④ 라이너 삽입시 2~3ton의 힘이 필요하다.

   풀이

종류 구분	습식라이너	건식라이너
방식	냉각수와 직접접촉	냉각수와 간접접촉
두께	5~8mm	2~3mm
특징	2~3개의 실링(보호링)을 끼워 냉각수의 누출을 방지하며 디젤기관에 사용	마찰력에 의해 실린더에 설치(내경 100mm당 2~3ton의 힘이 필요)하며 가솔린기관에 사용

23. 실린더 마멸이 TDC에서 가장 많이 일어나는데, 그 상부의 마멸되지 않는 부분을 깎아내는 공구로 알맞은 것은?
   ① 리지 리머 ② 호닝 리머
   ③ 스핀들 리머 ④ 테이퍼 리머

   풀이 리지 리머는 실린더 상부의 마멸되지 않는 부분을 깎아내는 공구이다.

24. 실린더 마멸이 TDC에서 가장 많이 일어난다. 그 이유로 틀린 것은?
   ① TDC에서 열 변형이 많기 때문이다.
   ② 피스톤 링의 호흡 작용 때문이다.
   ③ 폭발 행정시 TDC에 연소압력이 더해지기 때문이다.
   ④ 피스톤이 TDC에서 일단 정지하여 유막이 파괴되기 때문이다.

25. 실린더 마멸을 측정하는 게이지가 아닌 것은?
   ① 다이얼 게이지
   ② 내측 마이크로미터
   ③ 실린더 보어 게이지
   ④ 외측 마이크로미터와 텔레스코핑 게이지

26. 어느 자동차의 실린더 내경이 76mm일 때, 수정 한계값이 얼마 이상이면 보링을 하는가?
   ① 0.15mm ② 0.20mm
   ③ 0.25mm ④ 0.30mm

   풀이

실린더 내경	수정 한계값	오버 사이즈	보링 값
70mm 이하	0.15mm 이상	1.25mm	최대 마모량+수정 절삭량(0.2mm)로 계산하여 피스톤 오버 사이즈에 맞지 않으면 계산값보다 크면서 가장 가까운 값으로 선정
70mm 이상	0.20mm 이상	1.50mm	

21 ②　22 ④　23 ①　24 ①　25 ①　26 ②

27 실린더의 보링작업에 대한 설명으로 틀린 것은?
① 호닝작업을 한 후에 보링작업을 실시한다.
② 오버사이즈의 간격은 KS규격으로 0.25㎜의 간격이다.
③ 피스톤과 실린더 간격은 정해진 범위 내에 있어야 한다.
④ 실린더 내경이 70㎜ 이상이면 오버 사이즈 한계값은 1.50㎜이다.

풀이 호닝작업은 보링 작업후의 바이트 자국을 제거하는 작업이다.

28 실린더 내경이 피스톤 행정보다 긴 기관은 무엇인가?
① 장행정 기관
② 정방형 기관
③ 단행정 기관
④ 스퀘어 기관

풀이 단행정 기관은 오버 스퀘어 기관이라고도 한다.

29 내연기관에서 언더 스퀘어 엔진은 어느 것인가?
① 행정/실린더 내경 = 1
② 행정/실린더 내경 < 1
③ 행정/실린더 내경 > 1
④ 행정/실린더 내경 ≦ 1

30 피스톤의 평균속도를 높이지도 않고 회전속도를 높일 수 있으며, 단위 체적당 출력이 크고, 엔진의 높이를 낮게 할 수 있는 행정 엔진은?
① 장행정 엔진
② 정방형 엔진
③ 단행정 엔진
④ 스퀘어 엔진

풀이 단행정 기관(오버 스퀘어 기관)은 실린더 내경이 피스톤 행정보다 길어 기관의 높이를 낮출 수 있다.

31 실린더 마멸로 인한 고장원인으로 틀린 것은?
① 기관 출력의 저하
② 실린더의 소결
③ 열효율의 저하
④ 윤활유의 부족

풀이 실린더가 소결되는 경우는 피스톤과 실린더의 간극이 없기 때문이다.

32 피스톤이 갖추어야 구비조건으로 틀린 것은?
① 내마모성이 커야 한다.
② 기계적 강도가 커야 한다.
③ 관성력을 방지하기 위하여 무거워야 한다.
④ 열 팽창율이 적고, 열전도가 잘되어야 한다.

풀이 관성력을 방지하기 위해서 가벼워야 한다.

33 피스톤 헤드부의 고온을 스커트부로 전달되는 것을 방지하는 것은?
① 랜드
② 리브
③ 보스부
④ 히트댐

27 ① 28 ③ 29 ③ 30 ③ 31 ② 32 ③ 33 ④

34 피스톤 간극이 클 때 일어나는 현상으로 틀린 것은?

① 블로바이에 의한 압축압력이 저하된다.
② 피스톤 슬랩 현상이 발생되어 출력이 저하된다.
③ 블로다운 현상으로 출력이 저하된다.
④ 오일이 연소실로 유입되어 오일 소비가 증대된다.

> 풀이) 블로다운현상은 배기밸브가 열릴 때 연소실 안과 대기와의 압력차로 배기가스 스스로 대기로 방출되는 현상이다.

35 피스톤 오프셋을 두는 이유로 틀린 것은?

① 측압을 감소시킨다.
② 피스톤의 편마모를 방지한다.
③ 실린더에 가해지는 압력을 감소시킨다.
④ 블로바이 현상을 방지한다.

36 피스톤의 직경은 어느 부분에서 측정 하는가?

① 피스톤 스커트부
② 피스톤 보스부
③ 피스톤 랜드부
④ 피스톤 헤드부

37 다음 중 피스톤의 측압과 관계가 있는 것은?

① 압축비와 실린더 수
② 실린더 직경과 실린더 수
③ 압축 압력과 피스톤의 무게
④ 커넥팅로드의 길이와 행정

> 풀이) 피스톤의 측압은 커넥팅로드의 길이와 행정에 영향을 받는다.

38 피스톤 슬랩(piston slap)이 가장 현저하게 나타나는 때는?

① 엔진의 정상적인 작동 중에서 현저하다.
② 고온의 열을 받았을 때 현저하다.
③ 저온에서 현저하다.
④ 기밀이 유지될 때 현저하다.

39 자동차 피스톤의 재질로서 가장 거리가 먼 것은?

① 로엑스 합금　② 켈밋합금
③ 특수주철　　④ 인바 강

> 풀이) 켈밋 합금은 Cu(60~70%), Pb(30~40%)의 합금으로 베어링 재질로 사용된다.

40 피스톤용 알루미늄 합금의 구비조건으로 틀린 것은?

① 열전도도가 클 것
② 고온에서 강도가 클 것
③ 팽창계수와 마찰계수가 적을 것
④ 비중이 크고 내식성이 있을 것

41 Al 합금으로 저 팽창, 내식성, 내마멸성, 경량, 내압성, 내열성이 우수하여 고속용 가솔린 기관에 많이 사용되는 피스톤 재료는?

① 주철(Cast Iron)
② 니켈-구리합금
③ 로엑스(Lo-Ex)
④ 켈밋합금(Kelmet Alloy)

> 풀이) 로엑스의 표준조직은 구리(Cu) 1%, 니켈(Ni) 1.0~2.5%, 규소(Si) 12~25%, 마그네슘(Mg) 1%, 철(Fe) 0.7% 나머지가 알루미늄이다.

34 ③　35 ④　36 ①　37 ④　38 ③　39 ②　40 ④　41 ③

42 피스톤 링의 기능이 아닌 것은?

① 혼합기의 기밀 유지
② 오일 제어 기능
③ 열전도 기능
④ 피스톤 마멸 감소 기능

풀이 피스톤 링의 3대 기능은 기밀유지, 오일제어, 열전도 이다.

43 피스톤 링이 3개라면 각 피스톤 링의 절개구는 각각 어느 방향으로 설치하는가?

① 90도
② 120도
③ 180도
④ 일렬로 배치한다.

풀이 서로 절개구의 방향이 최대한 근접하지 않도록 설치한다.

44 스커트 상부에 홈을 두어 스커트부로 열이 전달되는 것을 방지하는 피스톤은?

① 캠연마 피스톤
② 스플릿 피스톤
③ 옵셋 피스톤
④ 슬리퍼 피스톤

45 다음 중 기관에서 피스톤을 떼어내려고 할 때 먼저 떼어야 할 것은?

① 실린더헤드, 오일팬, 리지
② 실린더헤드, 피스톤 링, 오일 팬
③ 실린더헤드, 피스톤 링, 피스톤 핀
④ 실린더헤드, 크랭크축, 흡·배기밸브

46 피스톤 핀의 설치방법이 아닌 것은?

① 전부동식　　② 반부동식
③ 고정식　　　④ 3/4 부동식

47 피스톤의 슬랩음이 발생되는 원인으로 가장 알맞은 것은?

① 피스톤 핀이 고정되어 있다.
② 피스톤 링 이음 간극이 너무 작다.
③ 피스톤과 실린더의 소결이 일어난다.
④ 피스톤과 실린더와의 간극이 너무 크다.

풀이 피스톤의 슬랩은 피스톤 간극이 너무 커서 피스톤의 운동방향을 바꿀 때 실린더 벽에 충격을 주는 현상이다.

48 4기통 기관에서 실린더 당 3개의 피스톤 링이 있고, 1개 링의 마찰력이 0.3kgf이라면 총 마찰력은 얼마인가?

① 0.9kgf　　② 1.2kgf
③ 1.8kgf　　④ 3.6kgf

풀이 P = Pr×N×Z = 0.3×3×4 = 3.6kgf
P : 총 마찰력, Pr : 피스톤 링 1개당 마찰력(kgf),
N : 피스톤당 링수, Z : 실린더 수

49 커넥팅로드의 길이가 길 때 일어나는 현상으로 맞는 것은?

① 측압이 감소된다.
② 기관의 높이는 낮아진다.
③ 강성이 증대된다.
④ 마멸이 증대된다.

풀이 커넥팅로드가 길어지면 측압이 작아 실린더 마멸이 감소된다.

42 ④　43 ②　44 ②　45 ①　46 ④　47 ④　48 ④　49 ①

50 커넥팅로드의 길이는 피스톤 행정의 몇 배인가?

① 약 0.5~1배
② 약 1.5~2.3배
③ 약 2.3~2.8배
④ 약 2.8~3.2배

51 커넥팅로드의 대단부와 연결되는 크랭크축의 부분은 무엇인가?

① 크랭크 암
② 크랭크 저널
③ 크랭크 핀
④ 크랭크 메인저널

52 다음에서 피스톤 및 커넥팅로드 어셈블리의 허용 중량차는?

① 0.01% 정도
② 0.2% 정도
③ 2% 정도
④ 20% 정도

53 피스톤링 및 피스톤 조립방법으로 옳지 않은 것은?

① 피스톤 링 장착 방법은 링의 엔드 갭이 크랭크 축 방향과 크랭크 축 직각방향을 피해서 120~180도 간격으로 설치한다.
② 피스톤 링 1조가 4개로 되어 있을 경우 맨 밑에 압축링을 먼저 끼운 다음 오일링을 차례로 끼운다.
③ 피스톤 링을 조립할 경우에는 피스톤 링에 오일을 도포한다.
④ 피스톤 링 압축 공구를 이용하여 피스톤 링을 압축한 후 망치를 이용하여 힘을 조절하여 조립한다.

54 크랭크축의 엔드 플레이는 무엇으로 조정하는가?

① 와셔
② 베어링 캡
③ 조정볼트
④ 스러스트 베어링

55 크랭크축의 진동댐퍼(vibration damper)가 하는 일 중 맞는 것은?

① 저속회전을 유지한다.
② 고속회전을 유지한다.
③ 회전 중의 진동을 방지한다.
④ 동적·정적진동을 유지한다.

56 크랭크축의 구조명칭이 아닌 것은?

① 핀(pin)
② 암(arm)
③ 저널(journal)
④ 플라이휠

57 어느 기관의 크랭크축의 휨을 다이얼 게이지로 측정하였더니, 지침이 0.34㎜였다. 이 크랭크축의 휨량은 얼마인가?

① 0.17㎜
② 0.34㎜
③ 0.51㎜
④ 0.68㎜

풀이 크랭크축의 휨량은 측정된 게이지 눈금의 1/2이다. 따라서, 0.34 × 1/2 = 0.17㎜이다

58 크랭크축 메인저널을 점검하는 요소가 아닌 것은?

① 턱
② 편심
③ 굽음
④ 테이퍼

풀이 크랭크축 메인 저널 점검요소는 턱, 편심, 테이퍼이다.

50 ② 51 ③ 52 ③ 53 ② 54 ④ 55 ③ 56 ④ 57 ① 58 ③

59 크랭크축의 메인 베어링의 오일간극을 측정하는 방법으로 틀린 것은?

① 마이크로미터
② 필러 게이지
③ 심 스톡식
④ 플라스틱 게이지

60 4행정 4실린더 기관의 폭발순서가 1-2-4-3일 때 1번 실린더가 폭발 행정시 3번 실린더는 무슨 행정을 하는가?

① 흡입행정 ② 압축행정
③ 폭발행정 ④ 배기행정

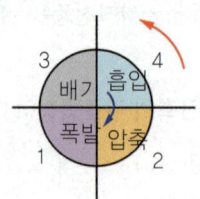

61 4행정 6실린더 엔진에서 3번 실린더가 폭발행정 말이라면 흡입행정 초인 실린더는 몇 번 실린더인가?
(단, 점화순서는 1-5-3-6-2-4)

① 6번 ② 4번
③ 3번 ④ 1번

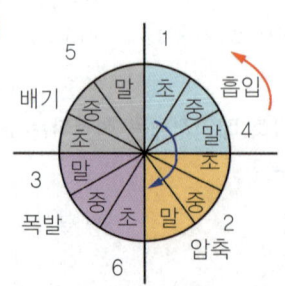

62 다음 설명 중 점화시기 고려사항으로 틀린 것은?

① 연소가 같은 간격으로 일어나게 한다.
② 인접한 실린더에 연이어 점화되게 한다.
③ 혼합기가 각 실린더에 균일하게 분배되게 한다.
④ 크랭크축에 비틀림 진동이 일어나지 않게 한다.

63 4기통 엔진의 점화순서가 1-2-4-3일 때 1번 실린더의 크랭크축 동력 회전각도는 얼마인가?

① 0°~180°   ② 180°~360°
③ 360°~540°   ④ 540°~720°

64 4사이클 기관에서 실린더 수가 6개일 때 폭발 행정은 몇 도(크랭크 각도)마다 일어나는가?

① 60°   ② 90°
③ 120° ④ 240°

65 4기통 기관의 점화순서를 바르게 표시한 것은?

① 1-3-4-2, 1-2-4-3
② 1-3-4-2, 1-4-2-3
③ 1-3-4-2, 1-3-2-4
④ 1-2-3-4, 1-3-4-2

66 4행정 6실린더 우수식 기관의 점화 순서로 옳은 것은?

① 1-2-4-6-5-3
② 1-2-3-6-5-4
③ 1-5-3-6-2-4
④ 1-5-4-6-3-2

59 ② 60 ④ 61 ④ 62 ② 63 ③ 64 ③ 65 ① 66 ③

67 직렬 4실린더 엔진의 제 1번 실린더가 흡입밸브 열림, 배기밸브 닫힘 상태이고, 제 3번 실린더는 흡입, 배기 양 밸브가 모두 닫혀있다. 이 엔진의 점화순서는?

① 1-4-3-2   ② 1-2-4-3
③ 1-3-4-2   ④ 1-3-2-4

풀이 1번 실린더는 흡입행정을 하므로 4번 실린더는 폭발행정을 한다. 또한 3번 실린더는 압축행정을 하기 때문에 2번 실린더는 배기행정을 한다. 따라서 1-2-4-3의 순서로 된다.

68 크랭크축을 교환하여야 할 경우는?

① 균열이 있을 때
② 경미하게 휘었을 때
③ 오일구멍이 막혔을 때
④ 베어링이 마멸되었을 때

69 크랭크축 저널과 베어링의 틈새가 크면 어떤 현상이 일어나는가?

① 밸브의 올림이 커진다.
② 출력이 커진다.
③ 축방향 놀음이 커진다.
④ 유압이 낮아진다.

70 다음과 같이 베어링의 변형이 생기는 이유는 무엇 때문인가?

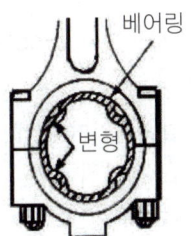

① 베어링 크러시가 너무 크다.
② 베어링 두께가 너무 두껍다.
③ 베어링 스프레드가 너무 작다.
④ 베어링 돌기가 너무 작다.

71 크랭크축 베어링 하우징의 지름과 베어링을 끼우지 않았을 때 베어링 바깥쪽 지름의 차이를 무엇이라 하는가?

① 베어링 크러시
② 베어링 스프레드
③ 베어링 두께
④ 베어링 돌기

72 크랭크축의 재질로 사용되지 않는 것은?

① 니켈-크롬강
② 구리-마그네슘합금
③ 크롬-몰리브덴강
④ 고 탄소강

73 운동의 법칙 중 관성을 이용한 부품은 다음 중 어느 것인가?

① 플라이휠   ② 기화기
③ 피스톤   ④ 커넥팅 로드

74 크랭크축과 베어링과의 오일간극은 대략 다음과 같은 범위에 있어야 한다. 어느 것인가?

① 0.03~0.05㎜
② 0.38~0.76㎜
③ 0.76~0.96㎜
④ 0.1~1.0㎜

ANSWER 67 ② 68 ① 69 ④ 70 ① 71 ② 72 ② 73 ① 74 ①

75. 크랭크축의 축방향의 유격이 크면 일어나는 현상이 아닌 것은?
① 실린더의 마멸을 촉진한다.
② 스러스트 베어링이 소결된다.
③ 베어링에서 오일이 누설된다.
④ 커넥팅로드가 비틀려지기 쉽다.

76. 베어링 간극을 측정하는 게이지로 알맞은 것은?
① 필러 게이지
② 플라스틱 게이지
③ 디크니스 게이지
④ 하이트 게이지

77. 커넥팅로드 대단부의 배빗메탈의 주성분은 무엇인가?
① 주석(Sn)   ② 안티몬(Sb)
③ 구리(Cu)   ④ 납(Pb)

> 풀이: 배빗메탈은 주석(80~90%), 안티몬(3~12%), 구리(3~7%)로 구성된 기관 베어링이다.

78. 베어링 스프레드를 두는 이유를 설명한 것 중 틀린 것은?
① 베어링을 제자리에 밀착시키기 위해
② 작은 힘으로도 눌러 끼워 작업을 편하게 하기 위해
③ 베어링 마모를 촉진시켜 적당한 간극을 유지하기 위해
④ 크러시가 압축됨에 따라 안쪽으로 찌그러짐을 방지하기 위해

> 풀이: 스프레드를 두는 이유는 작은 힘으로 눌러 끼워 베어링을 제자리에 밀착시키고 크러시가 조립시 안쪽으로 찌그러짐을 방지하기 위해서 둔다.

79. 베어링 바깥지름과 베어링 하우징의 지름 차이를 무엇이라 하는가?
① 베어링 크러시
② 베어링 스프레드
③ 베어링 돌기
④ 베어링 두께

80. 크랭크축 베어링의 오일간극이 클 때 일어나는 현상으로 적당치 않은 것은?
① 유압이 저하된다.
② 운전 중 이상음이 난다.
③ 오일의 유출량이 많다.
④ 베어링에 소결이 일어난다.

> 풀이: 베어링의 오일간극이 적을 때 베어링 소결현상이 일어난다.

81. 플라이휠의 무게는 무엇과 관계가 있는가?
① 회전속도와 실린더 수
② 크랭크축의 길이
③ 링기어의 잇수
④ 클러치 판의 길이

82. 다음 중 표면 경화가 되어 있지 않은 것은?
① 피스톤 핀   ② 캠축의 캠
③ 캠축   ④ 밸브 스템 엔드

83. 캠과 태핏을 오프셋(off-set)하는 이유로 가장 알맞은 것은?
① 측압을 감소시키기 위해서
② 정숙한 운전을 위해서
③ 축방향 놀음을 위하여
④ 한부분만의 마모를 감소시키기 위하여

75 ② 76 ② 77 ① 78 ③ 79 ② 80 ④ 81 ① 82 ③ 83 ④

84 어느 자동차 엔진의 밸브 개폐시기가 다음과 같다. 흡입 행정기간과 밸브 오버랩은 각각 몇 도인가?(흡기밸브 열림 : 상사점 전 15°, 흡기밸브 닫힘 : 하사점후 43°, 배기밸브 닫힘 : 상사점 후 13°, 배기밸브 열림 : 하사점 전 45°)

① 150°, 31°
② 195°, 31°
③ 218°, 28°
④ 238°, 28°

풀이 흡입 행정기간 : 15°+180°+43° = 238°,
밸브 오버랩 : 15°+ 13° = 28°

85 고속회전을 하는 기관에서는 흡기밸브와 배기밸브 중 어느 것이 더 크게 만드는가?

① 흡기밸브
② 배기밸브
③ 둘다 똑같이 만든다.
④ 1번 배기밸브

풀이 고속회전을 하는 기관을 흡기효율을 높이기 위해 흡기밸브를 크게 만든다.

86 유압식 밸브 리프터의 장점이 아닌 것은?

① 항상 밸브간극을 "0"으로 유지한다.
② 오일펌프가 고장 나도 작동한다.
③ 밸브 개폐시기가 정확하다.
④ 충격을 흡수하여 내구성이 좋다.

풀이 유압식 밸브 리프터는 유압을 이용 밸브간극을 작동온도에 관계없이 항상 "0"으로 유지한다.
① 장점
  ㉠ 밸브 개폐시기가 정확하다.
  ㉡ 간극 조정이 필요 없고 정숙하다.
  ㉢ 충격을 흡수하여 내구성이 좋다.
② 단점
  ㉠ 구조가 복잡하다.
  ㉡ 유압회로가 고장 나면 작동이 불량하다.
  ㉢ 오일펌프가 고장 나면 작동이 안 된다.

87 밸브의 주요부에서 기밀유지를 위해 보조 충격에 지탱력을 가진 두께로서 재사용 여부를 결정하는 것은?

① 밸브헤드
② 밸브 마아진
③ 밸브 페이스
④ 스템 앤드

풀이 밸브 마아진은 기밀유지를 위해 보조 충격에 지탱력을 가진 두께로서 재사용 여부를 결정하며, 0.8mm 이하일 때는 교환한다.

88 다음 중 밸브 간섭각으로 알맞은 것은?

① 1/4~1°
② 1~2°
③ 2~4°
④ 7~10°

풀이 열팽창을 고려하여 1/4~1°의 밸브 간섭각을 둔다.

89 캠의 구조에서 기초원과 노스원과의 거리를 무엇이라 하는가?

① 베이스 서클
② 플랭크
③ 로브
④ 리프트

풀이 캠에서 기초원과 노스원과의 거리를 양정(리프트)이라 한다.

90 밸브스프링 자유높이의 감소는 표준 치수에 대하여 몇 % 이내이어야 하는가?

① 3%
② 8%
③ 10%
④ 12%

풀이 밸브스프링은 규정값의 장력 15% 이상, 자유고 3% 이상 감소시, 직각도 3% 이상 변형시 교환한다.

91 밸브스프링의 장력은 규정값의 몇 % 이내이어야 하는가?

① 3%
② 8%
③ 10%
④ 15%

84 ④ 85 ① 86 ② 87 ② 88 ① 89 ④ 90 ① 91 ④

92 다음 중 캠축의 구동방식이 아닌 것은?
① 체인 구동   ② 기어 구동
③ 마찰 구동   ④ 벨트 구동

93 다음 중 엔진밸브 조정시 안전상 가장 좋은 방법은?
① 엔진을 정지상태에서 조정
② 엔진을 공전상태에서 조정
③ 엔진을 가동상태에서 조정
④ 엔진을 크랭킹하면서 조정

94 로커 암이 접촉되는 밸브 스템 앤드부분은 어떻게 가공되어야 하는가?
① 곡면   ② 평면
③ 볼록면   ④ 오목면

95 밸브간극이 너무 클 때 나타나는 현상으로 맞는 것은?
① 흡입량 증대로 출력증대
② 배기량 감소로 출력감소
③ 밸브 스프링장력 감소
④ 푸시로드 또는 로커 암의 휨

> 풀이 밸브간극이 크면 밸브의 열림량이 작아져 흡·배기효율이 작아져 출력이 감소된다.

96 밸브 서징현상을 방지하기 위해 사용하는 스프링으로 바르지 못한 것은?
① 이중 스프링
② 부등 피치형 스프링
③ 원추형 스프링
④ 하이텐션 스프링

97 밸브스프링의 고유 진동수와 밸브 개폐 횟수가 같거나 정수배일 때 캠에 의한 강제 진동과 스프링 자체의 고유진동이 공진하여 캠의 작동과 상관없이 진동을 일으키는 현상을 무엇이라 하는가?
① 밸브 오버랩   ② 밸브 서징
③ 밸브 양정   ④ 밸브 클리어런스

> 풀이 밸브 서징현상 방지책
> ① 이중 스프링, 부등 피치형 스프링, 원추형 스프링 사용
> ② 정해진 양정 내에서 충분한 스프링 정수를 얻도록 할 것
> ③ 밸브의 무게를 가볍게 할 것

98 밸브 오버랩은 밸브의 어떤 상태를 말하는가?
① 흡기밸브만 열려 있는 상태
② 배기밸브만 열려 있는 상태
③ 흡기, 배기밸브 모두 열려 있는 상태
④ 흡기, 배기밸브 모두 닫혀 있는 상태

> 풀이 밸브 오버랩은 가스 흐름의 관성을 유효하게 이용하기 위해 흡기, 배기밸브 모두 열려있는 상태이다.

99 밸브 회전 기구를 두는 목적이 아닌 것은?
① 밸브 스템과 가이드 사이의 카본을 제거한다.
② 밸브를 회전시켜 열효율을 증대시킨다.
③ 헤드부의 열을 균일하게 발산한다.
④ 밸브 스템과 가이드의 편마모 방지한다.

92 ③ 93 ① 94 ② 95 ② 96 ④ 97 ② 98 ③ 99 ②

100 오버 헤드 밸브장치에서 캠의 리프터가 4.1mm, 밸브간극이 0.3mm일 때 밸브 리프터는 얼마인가?

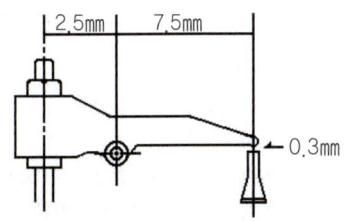

① 6mm ② 9mm
③ 12mm ④ 15mm

[풀이] 4.1 : h = 2.5 : 7.5, 따라서,
h = $\frac{7.5 \times 4.1}{2.5}$ = 12.3mm
여기서 밸브 간극을 빼면 12.3 − 0.3 = 12mm

101 캠축 기어와 크랭크축 기어의 잇수비로 알맞은 것은?

① 1 : 1 ② 2 : 1
③ 1 : 2 ④ 3 : 1

102 밸브 헤드의 열을 가장 많이 냉각시키는 곳은?

① 밸브 페이스 ② 밸브 스템
③ 밸브 시트 ④ 밸브 가이드

[풀이] 밸브헤드의 열은 밸브시트를 통해 75% 냉각되며, 나머지 25%는 가이드를 통해 냉각된다.

103 DOHC(double over head cam shaft) 엔진의 장점이라고 할 수 없는 것은?

① 흡입 효율의 향상
② 기관의 출력 향상
③ 캠축의 구동방법 및 구조가 간단하다.
④ 기관의 성능 향상을 위해 로커암을 사용하지 않는다.

104 밸브 스템을 중공으로 하여 그 속에 넣어 냉각 효과를 돕는 물질은 무엇인가?

① 나트륨 ② 칼륨
③ 라듐 ④ 알루미늄

[풀이] 금속 나트륨은 열을 받아 액체가 되기 위해서는 약 100℃의 열이 필요하기 때문에 헤드의 온도를 약 100℃ 정도 저하시킬 수 있다.

105 밸브 스프링의 직각도는 규정값의 몇 % 이상 변형이 되어야 교환하는가?

① 1% 이상 ② 3% 이상
③ 5% 이상 ④ 10% 이상

106 일반적으로 밸브시트와 밸브 페이스와의 접촉 폭은 얼마가 적당한가?

① 1.0mm~1.5mm ② 1.5mm~2.0mm
③ 2.0mm~2.5mm ④ 2.5mm~3.0mm

107 밸브의 개폐시기에 대한 설명으로 틀린 것은?

① 흡기밸브는 상사점 전에서 열리고 하사점 후에 닫힌다.
② 배기밸브는 하사점 전에서 열리고 상사점 후에 닫힌다.
③ 혼합기나 공기의 흐름 관성을 유효하게 하기 위해 상사점 전후 또는 하사점 전후에서 열리고 닫힌다.
④ 밸브 오버랩은 하사점 부근에서 흡·배기밸브가 동시에 열려 있는 상태로 흡입 및 배기효율을 향상시킨다.

[풀이] 밸브 오버랩은 상사점 부근에서 흡배기밸브가 동시에 열려 있는 상태이다.

100 ③ 101 ② 102 ③ 103 ③ 104 ① 105 ② 106 ② 107 ④

108 밸브 서징현상으로 일어날 수 있는 현상은 무엇인가?

① 기관 회전수가 증가한다.
② 기관의 출력이 증가한다.
③ 밸브 개폐 시기가 정확하지 못하다.
④ 밸브 스프링의 장력이 커진다.

풀이 밸브 서징현상
밸브 스프링의 고유 진동수와 밸브 개폐 횟수가 같거나 정수배일 때 캠에 의한 강제 진동과 스프링 자체의 고유진동이 공진하여 캠의 작동과 상관없이 진동을 일으키는 현상으로 밸브 개폐 시기가 정확하지 못하다.

109 4행정 가솔린기관에서 최대 압력이 발생되는 시기는 언제인가?

① TDC
② BTDC 5° ~10°
③ ATDC 10° ~15°
④ BDC

110 실린더의 마멸량을 측정하는 설명으로 옳지 못한 것은?

① 상사점 부근이 가장 마모가 심하다.
② 최소 치수는 실린더 하부에서 알 수 있다.
③ 크랭크축 방향이 직각 방향보다 마모가 심하다.
④ 크랭크축 방향과 직각방향으로 상, 중, 하 6군데를 측정한다.

풀이 크랭크축 방향보다 직각방향의 마모가 더 심하다.

111 실린더의 마멸이 가장 적은 곳은 어디인가?

① 상사점
② 상사점과 하사점 중간
③ 하사점
④ 실린더 하부

112 실린더 내경을 보링한 후 호닝을 하였다. 실린더 상호간의 내경차 한계값은 얼마인가?

① 0.05㎜   ② 0.10㎜
③ 0.15㎜   ④ 0.20㎜

풀이 호닝(honing)
① 기름숫돌을 이용 정밀 연마하는 작업으로 바이트 자국을 제거
② 실린더 간 내경차 한계값 0.05㎜ 이하
③ 한 개의 실린더 각부의 내경차는 0.02㎜ 이하

113 알루미늄 합금인 규소계 Lo-Ex합금으로 가장 많이 사용되는 자동차 부품은 어느 것인가?

① 실린더블록   ② 크랭크축
③ 피스톤   ④ 플라이휠

114 피스톤 링 이음간극이 작을 때 수정하는 방법으로 가장 알맞은 것은?

① 양두 그라인더로 연마한다.
② 유리판 위에 컴파운드를 놓고 그 위에서 연마한다.
③ 일반 평줄로 연마한다.
④ 실린더 내경을 연마하여 링 이음 간극을 맞춘다.

풀이 피스톤 링 이음간극이 작을 때에는 일반 평줄로 연마한다. 피스톤링 사이드 간극이 작을 때는 유리판 위에 컴파운드를 놓고 연마하여 수정한다.

115 알루미늄합금 피스톤 핀 홀에 핀을 끼울 때에 피스톤 히터로 피스톤을 어느 정도 가열하여야 하는가?

① 50℃   ② 100℃
③ 150℃   ④ 200℃

108 ③ 109 ③ 110 ③ 111 ④ 112 ① 113 ③ 114 ③ 115 ②

116 피스톤 행정이 80mm이고, 커넥팅로드의 길이를 크랭크축의 회전반지름의 3.8배로 한다면 커넥팅로드의 길이는 얼마인가?

① 148mm ② 152mm
③ 156mm ④ 160mm

풀이 피스톤 행정이 80mm이므로, 크랭크축의 회전 반지름은 $\frac{80}{2}$mm이다. 따라서, 커넥팅로드의 길이는 $40 \times 3.8 = 152$mm이다.

117 크랭크축이 회전하면서 받는 힘이 아닌 것은?

① 휨(bending)
② 전단(shearing)
③ 비틀림(torsion)
④ 관통(penetration)

풀이 크랭크축이 회전하면서 받는 힘은 휨, 전단, 비틀림 등이다.

118 크랭크축의 축방향 놀음(end play)을 측정할 때 가장 적합한 것은?

① 버니어캘리퍼스
② 마이크로미터
③ 다이얼 게이지
④ 텔레스코핑게이지

119 V-8 기관의 크랭크축에는 몇 개의 크랭크 핀이 있는가?

① 2개 ② 3개
③ 4개 ④ 8개

풀이 V형 기관은 크랭크 핀 1개에 2개의 커넥팅로드가 연결되어 있으므로 실린더 수의 1/2이다.

120 크랭크축의 축방향 놀음(end play)을 설명한 것으로 틀린 것은?

① 축방향 놀음이 크면 실린더 마멸에 영향을 준다.
② 축방향 놀음이 크면 스러스트 베어링이 소결된다.
③ 규정값 이상이면 스러스트 베어링을 교환하거나, 시임을 끼워 조정한다.
④ 크랭크축을 플라이 바(bar)로 밀고 시크니스게이지나 다이얼게이지로 측정한다.

121 플라이휠이 필요한 이유로 가장 알맞은 것은?

① 더 많은 가속력을 얻기 위해서 필요하다.
② 크랭크축의 무게 중심을 잡아주기 위해서 필요하다.
③ 기관의 동력을 전달하거나 차단하는 클러치를 설치하기 위해서 필요하다.
④ 폭발행정에 발생된 맥동적인 회전을 균일한 회전으로 유지하기 위해 필요하다.

풀이 플라이휠은 폭발행정에서 발생된 힘을 저장하였다가, 흡입, 압축, 배기행정을 원활하게 하고, 회전력의 차이에 의한 속도변화를 감소시켜 맥동적인 회전을 균일한 회전으로 유지하는 역할을 한다.

ANSWER 116 ② 117 ④ 118 ③ 119 ③ 120 ② 121 ④

122 배빗메탈의 단점을 보완하고 배빗메탈의 동합금 셀에 Zn 10%, Sn 10%, Cu 80%를 혼합한 연청동을 중간층에 융착한 베어링으로 현재 가장 많이 사용하는 베어링의 재질은?

① 화이트 메탈   ② 켈밋 합금
③ 트리 메탈   ④ 포드 메탈

[풀이] 베어링 재질
① 배빗메탈(babbitt metal) : 일명 화이트메탈로 Sn(주석 80~90%), Sb(안티몬 3~12%), Cu(구리 3~7%)로 구성
② 켈밋 합금(kelmet alloy) : Cu(60~70%), Pb(30~40%)의 합금
③ 트리메탈(tri metal) : 배빗메탈의 단점을 보완하기 위한 베어링으로 배빗메탈의 동합금 셀에 Zn(아연) 10%, Sn(주석) 10%, Cu(구리) 80%를 혼합

123 밸브 오버랩이란 무엇을 말하는 가?

① 밸브가 동시에 닫혀 있는 것
② 밸브가 동시에 열려 있는 것
③ 흡입 밸브만 열려 있는 시기
④ 배기 밸브만 열려 있는 시기

124 가스 흐름의 관성을 유효하게 이용하기 위하여 흡·배기밸브를 동시에 열어주는 현상을 무엇이라고 하는가?

① 블로 다운(blow-down)
② 블로바이(blow-by)
③ 밸브 바운드
④ 오버랩(over lap)

125 밸브의 지름이 160mm이면 양정(lift)은 얼마인가?

① 80mm   ② 60mm
③ 40mm   ④ 20mm

[풀이]
$h = \dfrac{D}{4} = \dfrac{160}{4} = 40$,
D : 밸브의 지름(mm), h : 밸브의 양정(mm)

126 배기밸브는 하사점(BDC)전 52°에서 열리고 상사점(TDC)후 10°에서 닫힌다. 배기밸브의 열림 각은?

① 62°   ② 118°
③ 242°   ④ 298°

[풀이] 배기행정기간
= 배기밸브열림 + 180° + 배기밸브닫힘
= 52° + 180° + 10° = 242°

127 밸브 스프링의 점검과 관계없는 것은?

① 스프링의 장력
② 직각도
③ 자유높이
④ 코일의 수

[풀이] 밸브 스프링의 점검 사항
① 직각도 : 스프링 자유고의 3%이하
② 자유고 : 스프링 규정 자유고의 3%이하
③ 장력 : 스프링 규정 장력의 15%이하

128 어떤 4사이클 엔진이 2400rpm으로 회전하고 있을 때 제 1번 실린더의 배기밸브는 1초간에 몇 번 열리는 가?

① 20번
② 200번
③ 2400번
④ 4800번

[풀이] 회전수 = $\dfrac{2400}{2 \times 60} = 20$

122 ③   123 ②   124 ④   125 ③   126 ③   127 ④   128 ①

제2절 윤활 및 냉각장치

1_윤활장치

1. 윤활장치의 작용

① 감마작용 : 마찰 및 마멸방지
② 기밀작용 : 혼합기 및 가스 누출방지
③ 냉각작용 : 마찰열을 흡수하여 방열
④ 세척작용 : 섭동부의 이물질 제거
⑤ 방청작용 : 산화 부식방지
⑥ 응력 분산작용 : 국부적인 압력을 분산

2. 윤활장치의 구성

1) 오일펌프

① 크랭크축 및 캠축 상의 헬리컬 기어와 접촉 구동하여 오일팬의 오일을 흡입 가압하여 각 윤활부에 공급
② 종류 : 기어펌프(내·외접기어), 로터리펌프, 베인펌프, 플런저펌프 등
③ 압송압력 : $2 \sim 3\,kgf/cm^2$

2) 오일 스트레이너

① 오일팬 내의 커다란 불순물을 여과
② 불순물에 의해 막혔을 경우에는 바이패스 통로로 오일을 공급

3) 유압 조절밸브

윤활회로 내의 유압이 과도하게 상승되는 것을 방지하고 일정하게 유지(2~3 kgf/cm²)

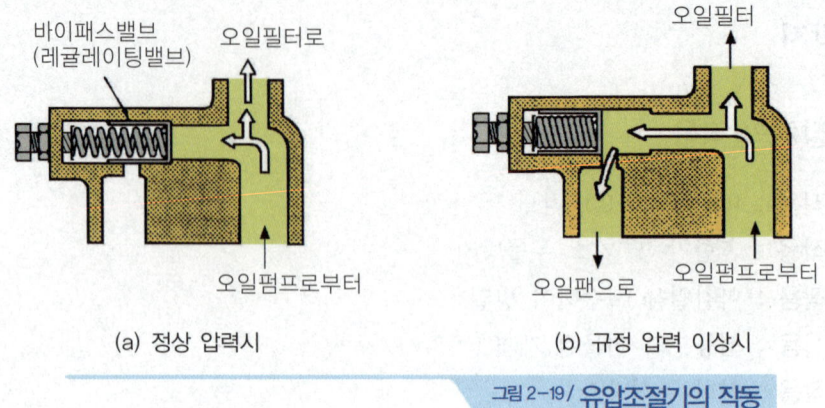

(a) 정상 압력시   (b) 규정 압력 이상시

그림 2-19 / 유압조절기의 작동

4) 오일 여과기

오일 속의 불순물(수분, 연소 생성물, 금속 분말 등)을 여과

5) 유량계

① 오일의 양을 점검하는 막대로서 L(MIN)과 F(MAX)의 중심선 사이면 정상
② 최근에는 게이지 대신 경고등이 부착되어 경고하는 방식을 채택

> **참고**
> 유량 점검은 평평한 도로에서 엔진을 작동온도(85~95℃)로 한 다음 시동을 끄고 점검
>
> ※ **오일색깔**
> ① 검정색 : 심한 오염
> ② 붉은색 : 가솔린 유입시
> ③ 회색 : 4에틸납 유입시
> ④ 우유색 : 냉각수 혼입시

6) 유압계

오일공급 압력을 나타내는 계기

① 유압이 높아지는 원인
    ㉠ 엔진 오일의 점도가 높을 때

ⓛ 윤활회로 내의 어느 부분이 막혔을 때
　　ⓒ 유압 조절밸브의 스프링 장력이 과대할 때

> **참고**
> **점도**
> 액체를 유동시켰을 때 나타내는 액체의 내부저항 또는 마찰로 윤활유의 가장 중요한 성질이며, 일반적으로 끈적끈적한 정도를 말한다.

② 유압이 낮아지는 원인
　　㉠ 엔진 오일의 점도가 낮을 때
　　㉡ 엔진 베어링의 마모가 심해 오일간극이 커졌을 때
　　㉢ 윤활회로내의 어느 부분이 파손되었을 때
　　㉣ 유압 조절밸브의 스프링 장력이 약할 때
　　㉤ 윤활유가 심하게 희석되었을 때

3. 윤활방식

① 비산식 : 커넥팅로드 대단부에 주걱을 설치하여 윤활유를 뿌려서 윤활하는 방식으로 단기통이나 2기통의 소형기관에서 사용
② 압송식 : 오일펌프로 오일 팬 안에 있는 오일을 흡입, 가압하여 윤활하는 방식(유압 2~3 kgf/cm^2)
③ 비산 압송식 : 비산식과 압송식의 조합방식으로 현재 가장 많이 사용

4. 여과방식

① 분류식 : 펌프의 오일 중 일부는 윤활유로, 일부는 여과하여 오일팬으로 보내는 방식
② 전류식 : 펌프의 오일을 전부 여과하여 윤활부로 공급하는 방식으로 여과기가 막혔을 때 바이패스 통로로 여과되지 않은 오일을 공급(가장 깨끗함)
③ 샨트식(병용식) : 펌프의 오일 중 여과한 것과 여과하지 않은 것을 혼합하여 윤활부로 공급하는 방식

5. 윤활유의 구비조건

① 점도가 적당할 것
② 청정력이 클 것

③ 열과 산의 저항력이 클 것
④ 비중이 적당할 것
⑤ 인화점과 발화점이 높을 것
⑥ 응고점이 낮을 것
⑦ 기포 발생이 적을 것
⑧ 카본 생성이 적을 것
⑨ 점도지수가 클 것
⑩ 유성이 좋을 것

> **참고**
> **점도지수**
> 온도 변화에 따른 오일 점도의 변화정도를 표시한 것으로 점도지수가 높은 오일일수록 점도의 변화가 적다.
> ※ 유성 : 유막을 형성하는 성질

6. 윤활유의 종류

1) SAE분류

점도에 의한 분류로 수치가 높을수록 점도가 높다.

	봄·가을용	여름용	겨울용
SAE 번호	30	40 ~50	10W, 20W, 10, 20

> **참고**
> **다급용 오일**
> 사계절용 오일로 가솔린엔진은 10W-30, 디젤엔진은 20W-40의 오일을 사용

표 2-1 / SAE번호 사용용도

SAE번호	사용온도	SAE번호	사용온도
0W	-30℃	10	15℃
5W	-25℃	20	32℃
10W	-20℃	30	43℃
15W	-15℃	40	48℃
20W	-10℃	50	48℃ 이상
25W	-5℃		

※ W는 겨울용을 의미

2) API분류

사용조건에 따라 분류

운전조건 기관	좋은 조건	중간 조건	가혹한 조건
가솔린엔진	ML(SA)	MM(SB)	MS(SC~SH)
디젤엔진	DG(CA)	DM(CB, CC)	DS(CD~CG)

※ ( )안은 SAE 신분류를 나타냄

3) SAE 신분류

사용용도에 따라 표시(SAE 분류와 API 분류를 통합한 형태)
① 가솔린용 : SA, SB, ······· SG, SH
② 디젤용 : CA, CB, ······· CF, CG

참고
알파벳 문자가 뒤로 갈수록 가혹한 조건에서 사용하는 양질의 오일

2_냉각장치

1. 냉각장치의 목적

엔진작동 중 연소온도(1500~2000℃)에 의해 엔진이 과열되는 것을 방지하여 일정온도 (85~95℃)가 되도록 하는 장치

2. 냉각장치의 구성

1) 물 재킷(water jacket)

실린더블록 및 헤드에 설치된 냉각수 통로

2) 라디에이터(radiator)

엔진에서 가열된 냉각수를 냉각하는 장치로 구비조건은 다음과 같다.
① 단위 면적당 방열량이 클 것
② 공기의 저항이 적을 것
③ 소형, 경량이고 견고할 것
④ 냉각수의 저항이 적을 것

3) 라디에이터 코어

가열된 냉각수가 윗 탱크로부터 아래 탱크로 흐르는 튜브와 공기가 통하는 핀부분으로 구성되어 있으며, 종류에는 플레이트 핀형, 코루게이트 핀형, 리본 셀룰러형(해리슨형)이 있다. 코어 막힘율이 20% 이상시는 교환해야 한다.

$$\text{코어 막힘율}(\%) = \frac{\text{신품용량} - \text{구품용량}}{\text{신품용량}} \times 100$$

4) 라디에이터 캡(압력식 캡)

① 냉각장치 내의 압력을 0.3~0.5 kgf/cm² 상승
② 비점을 110℃ 정도로 높여 냉각 성능을 향상
③ 냉각수의 증발을 막는 역할

(a) 압력식 캡의 구조

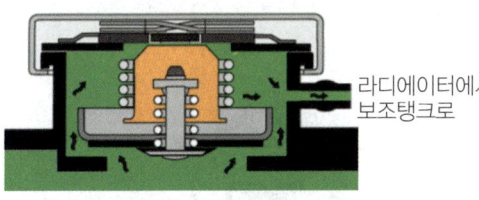
(b) 압력이 높을 때

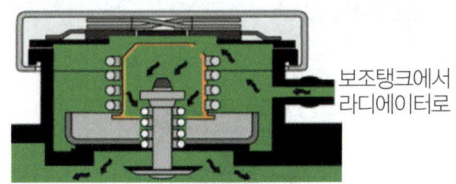
(c) 압력이 낮을 때

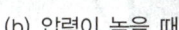
그림 2-20 / 라디에이터 압력 캡의 구조와 작용

5) 물펌프(water pump)

원심력에 의해 냉각수를 강제 순환시키는 펌프로서 크랭크축 회전수의 1.2~1.6배로 회전

6) 냉각팬(cooling fan)

물펌프와 함께 회전하거나, 전동모터를 사용하여 라디에이터를 통하여 공기를 흡입하여 라디에이터 통풍을 도와 냉각수를 식혀주는 동시에 배기다기관의 과열을 방지한다.

① 유체커플링 방식(fluid coupling type)

냉각 팬과 물펌프 사이에 실리콘 오일을 봉입한 유체 커플링을 둔 것이며, 동력전달은 오일의 저항을 이용한다.

② 전동식 냉각 팬(motor type fan)

전동기로 냉각 팬을 구동시키는 것이며, 축전지 전원으로 작동한다. 작동은 수온센서로 냉각수온도를 감지하여 어떤 온도에 도달하면 ON(냉각 팬 회전)되고, 어떤 온도 이하가 되면 OFF(냉각 팬 회전정지)된다. 전동식 냉각 팬의 장점은 서행 또는 정차할 때의 냉각성능이 향상되며, 정상온도에 도달하는 시간이 단축되고, 작동온도가 항상 균일하게 유지된다.

7) 수온조절기(thermostat)

엔진 내부의 냉각수의 온도변화에 따라 자동적으로 통로를 개폐하여 냉각수 온도를 알맞게 조절(65℃에서 열리기 시작하여 85℃ 정도에서 완전 열린다)

① 벨로즈형 : 벨로즈 속에 에테르나 알코올을 봉입하고 이들 물질의 팽창과 수축작용을 이용하여 밸브가 개폐

② 왁스 펠릿형 : 금속 케이스에 봉입한 왁스가 수온의 상승으로 인하여 용해될 때에 생기는 체적 변화를 이용하여 밸브를 개폐

③ 바이메탈형

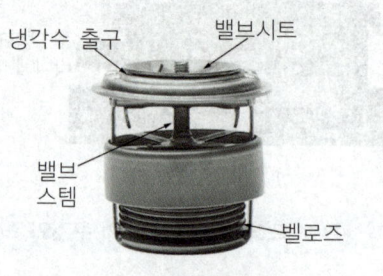
(a) 벨로즈형 수온조절기

(b) 왁스 펠릿형 수온 조절기

그림 2-21 / 수온조절기

8) 시라우드(shroud)

라디에이터와 팬을 감싸고 있는 판으로 공기의 흐름을 도와 냉각효과를 증대시키고, 배기다기관의 과열을 방지

3. 냉각방식

1) 공랭식

엔진을 대기와 접촉하여 냉각하는 방식
① **자연 통풍식** : 오토바이와 같이 주행 중 받는 공기로 냉각
② **강제 통풍식** : 냉각 팬을 설치하여 강제로 냉각하는 방식
③ **장점**
  ㉠ 냉각수의 동결 및 누수 염려가 없다.
  ㉡ 냉각수를 보충할 필요가 없어 엔진의 보수 점검이 용이하다.
  ㉢ 웜업시간이 짧고, 엔진 전체 무게가 가볍다.
④ **단점**
  ㉠ 엔진 전체의 균일한 냉각이 곤란하다.
  ㉡ 실린더와 실린더헤드의 열로 인한 변형이 쉽다.
  ㉢ 냉각 팬 등에 의해 운전 중의 소음이 크다.

2) 수냉식

엔진 주위에 냉각수를 접촉시켜 냉각하는 방식
① **자연 순환식** : 대류에 의하여 자연 순환되도록 한 방식
② **강제 순환식** : 물 펌프를 설치하여 강제로 냉각수를 순환시켜 냉각하는 방식

③ 압력 순환식 : 냉각장치 회로를 밀폐시켜 냉각수가 가열, 팽창시 발생되는 압력으로 냉각수를 가압하여 비등되지 않도록 하는 방식

4. 냉각수와 부동액

1) 냉각수

① 경수 : 산이나 염분이 포함되어 금속을 부식
② 연수 : 증류수, 수돗물, 빗물을 사용

2) 부동액

① 목적 : 냉각수의 응고점을 낮추어 엔진의 동파를 방지
② 종류 : 알콜, 메탄올, 글리세린, 에틸렌글리콜 등
③ 현재에는 영구부동액인 에틸렌글리콜(비점 197.2℃, 응고점 -50℃)을 사용

표 2-2 / SAE번호 사용용도

온도 혼합비율	-4℃	-7℃	-11℃	-15℃	-20℃	-25℃	-31℃
부동액	20%	25%	30%	35%	40%	45%	50%
냉각수	80%	75%	70%	65%	60%	55%	50%

제2절 윤활 및 냉각장치

 출제예상문제

01 엔진오일을 점검하는 설명으로 틀린 것은?
   ① 계절 및 기관에 알맞은 오일을 사용한다.
   ② 평탄한 곳에서 자동차를 세우고 점검한다.
   ③ 오일량을 점검할 때는 시동이 걸린 상태에서 한다.
   ④ 오일은 정기적으로 점검, 교환한다.

   풀이 오일을 점검할 때는 엔진을 워밍업 시킨 후 시동을 끄고 점검한다.

02 다음 중 윤활유의 사용목적이 아닌 것은?
   ① 금속 표면의 방청작용
   ② 작동 부분의 응력 분산작용
   ③ 섭동부의 열 저장작용
   ④ 혼합기 및 가스 누출방지의 기밀작용

   풀이 오일의 작용
   ① 마찰감소 및 마멸방지 작용을 한다.
   ② 밀봉(밀유지) 작용을 한다.
   ③ 열전도(냉각) 작용을 한다.
   ④ 세척(청정) 작용을 한다.
   ⑤ 응력분산(충격 완화) 작용을 한다.
   ⑥ 부식방지(방청) 작용을 한다.

03 윤활유는 각부의 마찰 및 마멸을 방지하는데, 마찰면 사이에 충분한 유체 막을 형성하는 이상적인 윤활상태를 무엇이라 하는가?
   ① 경계 윤활
   ② 극압 윤활
   ③ 마찰 윤활
   ④ 유체 윤활

   풀이 마찰면 사이에 충분한 유체 막을 형성하는 상태의 이상적인 윤활상태를 유체 윤활이라고 한다.

04 자동차의 윤활유가 갖추어야 할 구비조건으로 틀린 것은?
   ① 점도지수가 높을 것
   ② 응고점이 낮을 것
   ③ 발화점이 낮을 것
   ④ 카본 생성에 대한 저항력이 클 것

   풀이 엔진오일의 구비조건
   ① 점도지수가 커 온도와 점도와의 관계가 적당할 것
   ② 인화점 및 자연 발화점이 높을 것
   ③ 강인한 유막을 형성할 것(유성이 좋을 것)
   ④ 응고점이 낮을 것
   ⑤ 비중과 점도가 적당할 것
   ⑥ 기포발생 및 카본 생성에 대한 저항력이 클 것

05 윤활유의 여과방식 중에서 가장 깨끗한 오일을 여과하는 방식은?
   ① 분류식
   ② 전류식
   ③ 샨트식
   ④ 병용식

   풀이 여과 방식
   ① 전류식(full-flow filter) : 오일펌프에서 나온 오일의 모두를 여과기를 거쳐서 여과된 후 윤활부분으로 가는 방식으로 가장 깨끗한 오일을 여과한다.
   ② 분류식(by-pass filter) : 오일펌프에 나온 오일의 일부만 여과하여 오일 팬으로 보내고, 나머지는 그대로 윤활 부분으로 보내는 방식이다.
   ③ 샨트식(shunt flow filter) : 오일펌프에서 나온 오일의 일부만 여과하게 한 방식이다. 그러나 이 방식은 여과된 오일이 오일 팬으로 되돌아오지 않고, 나머지 여과되지 않은 오일도 윤활 부분에서 합쳐져 공급된다.

ANSWER 01 ③ 02 ③ 03 ④ 04 ③ 05 ②

06 오일펌프의 종류가 아닌 것은?

① 기어 펌프   ② 모터 펌프
③ 로터리 펌프   ④ 베인 펌프

풀이) 오일펌프 종류에는 기어펌프, 로터리펌프, 플런저펌프, 베인펌프 등이 있다.

07 윤활회로 내의 유압이 과도하게 상승되는 것을 방지하고 일정하게 유지하는 것은?

① 오일펌프
② 오일 스트레이너
③ 유압 조절밸브
④ 오일 여과기

풀이) 유압 조절밸브는 회로내 과도한 유압 상승을 방지하고, 일정하게 유지하는 역할을 한다.

08 오일펌프의 공급 압력으로 적당한 것은?

① $1\sim2\,kgf/cm^2$ ② $2\sim3\,kgf/cm^2$
③ $3\sim4\,kgf/cm^2$ ④ $5\sim6\,kgf/cm^2$

09 윤활유의 가장 중요한 성질은 무엇인가?

① 점도   ② 온도
③ 습도   ④ 비중

풀이) 점도란 액체를 유동시켰을 때 나타내는 액체의 내부저항 또는 마찰로 윤활유의 가장 중요한 성질이며, 일반적으로 끈적끈적한 정도를 말한다.

10 엔진 오일을 점검하였더니, 오일의 색깔이 붉은 색을 띠었다. 이것으로 알 수 있는 사실은?

① 엔진 오일이 심하게 오염되었다.
② 개스킷이 파손되어 냉각수가 오일에 섞였다.
③ 피스톤 간극이 커져서 가솔린이 오일에 섞였다.
④ 엔진 오일에 4에틸납이 유입되었다.

풀이) 오일 색깔
① 검정색 : 심한 오염
② 붉은색 : 가솔린 유입시
③ 회색 : 4에틸납 유입시
④ 우유색 : 냉각수 혼입시
⑤ 백색 : 연소실 유입되어 연소시

11 크랭크축 베어링의 오일 간극이 클 때 일어나는 현상으로 틀린 것은?

① 유압이 저하된다.
② 운전 중 이상음이 난다.
③ 오일의 유출량이 많다.
④ 베어링에 소결이 일어난다.

풀이) 소결현상은 오일간극이 작을 때 일어난다.

12 자동차의 배기가스의 색깔이 백색이다. 원인은 무엇인가?

① 혼합비가 진하다.
② 혼합비가 엷다.
③ 완전 연소가 되었다.
④ 윤활유가 연소되었다.

13 윤활유 소비 증대의 원인이 되는 것은?

① 비산과 누설   ② 비산과 압력
③ 희석과 혼합   ④ 연소와 누설

풀이) 윤활유 소비증대의 원인은 연소와 누설이다.

06 ② 07 ③ 08 ② 09 ① 10 ③ 11 ④ 12 ④ 13 ④

14. 다음 중 윤활유가 연소되는 원인이 아닌 것은?
   ① 피스톤 간극이 과대할 때
   ② 밸브 가이드 실이 파손되었을 때
   ③ 밸브 가이드가 심하게 마모되었을 때
   ④ 오일 팬 내에 규정보다 윤활유의 양이 적을 때

   풀이) 윤활유가 연소되는 원인은 피스톤 간극이 크거나, 밸브 가이드 실이 파손 및 가이드가 심하게 마모되었을 때이다.

15. 윤활유의 사용용도에 따라 분류한 것은?
   ① SAE 분류   ② API 분류
   ③ SAE 신분류 ④ API 신분류

16. 다음 중 가솔린기관의 윤활방식이 아닌 것은?
   ① 비산식   ② 압송식
   ③ 자연식   ④ 비산 압송식

   풀이) 엔진오일의 분류
   ① SAE 분류 : SAE 번호로 그 점도를 표시하며, 번호가 클수록 점도가 높은 오일이다.
   ② API 분류 : 가솔린엔진용(ML, MM, MS)과 디젤엔진용(DG, DM, DS)으로 구분되어 있다.
   ③ SAE 신분류 : SAE가 ASTM, API 등과 협력하여 새로 제정한 엔진오일이며, 가솔린엔진용은 S(service), 디젤엔진용은 C(commercial)로 하여 다시 A, B, C, D … 알파벳순으로 그 등급을 정하고 있다.

17. 윤활유의 분류방식을 나타내었다. SAE 신분류 방식에 해당하는 것은?
   ① SA, SB, SC
   ② ML, MM, MS
   ③ DG, DM, DS
   ④ 5W, 10W, 20W

18. 어느 디젤 차량이 고온, 고부하에서 장시간 사용하는 가혹한 조건에 사용한다면 이 차량에 사용하는 가장 적당한 윤활유는?
   ① DD   ② DG
   ③ DM   ④ DS

   풀이) 가혹한 조건에서 사용하는 디젤 윤활유는 DS이다.

19. 다음 중 기관의 유압이 낮아지는 원인이 아닌 것은?
   ① 기관 오일의 점도가 낮을 때
   ② 윤활유가 심하게 희석되었을 때
   ③ 유압 조절밸브의 스프링 장력이 과대할 때
   ④ 윤활회로 내의 어느 부분이 파손되었을 때

   풀이) 유압 조절밸브의 스프링 장력이 과대하면 유압이 상승한다.

20. 온도 변화에 따른 오일 점도의 변화정도를 표시한 것은 무엇인가?
   ① 점도 유성   ② 점도 지수
   ③ 한계점도   ④ 점도계수

   풀이) 온도변화에 따른 오일점도의 변화정도를 표시한 것으로 점도지수가 높은 오일일수록 점도의 변화가 적다.

21. SAE 신분류에 의해 가장 운전조건이 좋을 때 사용되는 오일은?
   ① SA   ② SB
   ③ SC   ④ SD

22. 다음 중 가장 가혹한 조건에서 사용되는 오일로만 묶은 것은?
   ① SA, ML, DG   ② SC, MS, DS
   ③ SB, MM, DM   ④ CA, MS, DG

14 ④ 15 ③ 16 ③ 17 ① 18 ④ 19 ③ 20 ② 21 ① 22 ②

[풀이] 가장 가혹한 조건에서 사용되는 오일로는 SC, MS, DS이다.

23. 윤활유가 연소실로 유입되어 연소되었을 때 배기가스의 색깔은?
① 검정색 ② 백색
③ 무색   ④ 붉은색

24. 자동차 엔진의 윤활방식에 많이 사용되는 형식은?
① 압력과 중력식
② 펌프식과 진공식
③ 압력식과 비산식
④ 진공식과 배력식

[풀이] 윤활방식
① 비산식 : 커넥팅로드 대단부에 주걱을 설치하여 윤활유를 뿌려서 윤활하는 방식으로 단기통이나 2기통의 소형기관에서 사용
② 압송식 : 오일펌프로 오일 팬 안에 있는 오일을 흡입, 가압하여 윤활하는 방식(유압 2~3kgf /㎠)
③ 비산 압송식 : 비산식과 압송식의 조합방식으로 현재 가장 많이 사용

25. 윤활유의 성질로 요구되는 사항 중 잘못 설명한 것은?
① 윤활유는 열과 산에 대하여 안정성이 있어야 한다.
② 인화점, 발화점이 낮고 응고점이 낮아야 한다.
③ 강인한 유막의 형성을 이루어야 한다.
④ 비중이 적당하고 카본 생성이 적어야 한다.

26. 윤활유의 설명 중 맞지 않는 것은?
① SAE번호는 점도를 나타낸다.
② 응고점은 낮은 것이 좋다.
③ 인화점은 높은 것이 좋다.
④ 점도지수가 크면 온도에 의한 점도 변화가 크다.

[풀이] 점도지수는 오일이 온도 변화에 따라 점도가 변화하는 정도를 표시하는 것으로 점도지수가 높을수록 온도에 의한 점도 변화가 적다.

27. 윤활유의 윤활작용에서 얻는 여러 가지 이점이다. 틀린 것은?
① 동력 손실을 적게 한다.
② 노킹 현상을 방지한다.
③ 기계적 손실을 적게 하며, 냉각 작용도 한다.
④ 부식 및 침식을 예방한다.

28. 유압 조정밸브의 작동 중 가장 적당한 것은?
① 유압이 높아지는 것을 방지
② 유압이 낮아지는 것을 방지
③ 급유 펌프 구동축과 같이 회전하면서 작동
④ 벨트 조정 스프링이 강하면 유압이 낮아진다.

29. 윤활유의 점도를 측정하는 점도계가 아닌 것은?
① 유성   ② 세이볼트
③ 앵귤러 ④ 레드우드

30. 다음 중 유압이 높을 때의 원인은?
① 유압 조정 밸브 스프링 장력이 약할 때
② 윤활유 점도가 낮을 때
③ 윤활유 점도가 높을 때
④ 베어링과 축과의 틈새가 클 때

23 ② 24 ③ 25 ② 26 ④ 27 ② 28 ① 29 ① 30 ③

31. 두 개의 코일에 흐르는 전류의 크기를 저항에 의하여 가감하도록 되어있는 급유용 압력계는?
   ① 전 수압식 압력계
   ② 압력 팽창식 유압계
   ③ 밸런싱 코일식 유압계
   ④ 바이메탈 서모스탯식 유압계

32. 캐비테이션(공동)현상으로 인한 영향이 아닌 것은?
   ① 송출량의 저하   ② 진동, 소음발생
   ③ 오일공급의 불량   ④ 유속의 증가

   풀이) 캐비테이션(공동)현상이 발생되면, 송출량의 저하, 진동, 소음발생, 송출 압력의 불규칙한 변화로 오일공급이 불량해진다.

33. 단기통이나 2기통 소형기관에서 사용되는 비산방식으로 급유되는 곳은?
   ① 크랭크축   ② 캠축
   ③ 밸브기구   ④ 커넥팅로드

34. 현재 가장 많이 사용되고 있는 오일펌프 방식은 무엇인가?
   ① 외접기어 펌프   ② 내접기어 펌프
   ③ 로터리 펌프   ④ 베인 펌프

   풀이) 별도의 구동장치가 필요 없고, 두께가 얇으며, 소형 경량인 내접기어 펌프를 많이 사용하고 있다.

35. 다음 중 점도지수에 대한 설명으로 틀린 것은?
   ① 온도변화에 따른 오일점도의 변화정도를 표시한 것이다.
   ② 점도지수가 높은 오일은 점도의 변화가 많은 것이다.
   ③ 일반적으로 기관 오일의 점도지수는 120~140이다.
   ④ 점도지수가 큰 것일수록 좋은 오일이다.

   풀이) 점도지수가 높은 오일은 점도의 변화가 적은 것을 의미한다.

36. 냉각장치에서 흡수되는 열은 연료의 전 발열량의 몇 %인가?
   ① 30~35   ② 40~50
   ③ 55~65   ④ 70~80

   풀이) 전열량(100%) − 배기 손실(37%), 실 출력(25%), 냉각 손실(32%), 기계 손실(6%)

37. 기관을 정상 가동 중일 때의 가장 적당한 온도는?
   ① 100~130℃가 좋다.
   ② 40~50℃가 좋다.
   ③ 70~80℃가 좋다.
   ④ 50~60℃가 좋다.

38. 냉각장치의 대한 설명으로 맞는 것은?
   ① 냉각장치는 차의 불필요한 손실을 가져오므로 설치가 필요 없다.
   ② 연소 온도에 의한 기관이 과열되는 것을 방지하기 위해 설치한다.
   ③ 냉각수는 기관의 열을 식혀주면 되므로 순수한 증류수만을 사용한다.
   ④ 냉각장치는 과열방지가 목적이므로 기관이 과냉되어도 기관 성능에 아무런 영향이 없다.

31 ③ 32 ④ 33 ④ 34 ② 35 ② 36 ① 37 ③ 38 ②

39 라디에이터의 구비조건으로 틀린 것은?

① 단위 면적당 방열량이 작을 것
② 공기의 저항이 적을 것
③ 소형, 경량이고 견고할 것
④ 냉각수의 저항이 적을 것

풀이) 라디에이터는 단위 면적당 방열량이 커야 한다.

40 코어 막힘률이 몇 % 이상이면 교환해야 하는가?

① 15%   ② 20%
③ 25%   ④ 30%

풀이) 라디에이터 코어 막힘률은 20% 이상이면 교환한다.

41 신품 방열기의 용량이 4.0 ℓ 이고, 사용중인 방열기의 용량을 측정하였더니 3.2 ℓ 였다면 코어 막힘률은 몇 %인가?

① 55%   ② 30%
③ 25%   ④ 20%

풀이) 코어 막힘률
= $\dfrac{\text{신품주수량} - \text{구품주수량}}{\text{신품주수량}} \times 100\%$
= $\dfrac{4.0 - 3.2}{4.0} \times 100 = 20\%$

42 신품 방열기의 용량이 5 ℓ 이고, 코어 막힘률이 25%였다면 실제로 방열기에 주입된 물의 양은 얼마인가?

① 3.0ℓ   ② 3.25ℓ
③ 3.50ℓ ④ 3.75ℓ

풀이) 실제 물 주입량 = 신품 방열기 용량-(신품 방열기 용량 × 코어 막힘률) = 5-(5 × 0.25) = 3.75 (ℓ)

43 냉각장치의 냉각수 비등점을 올리기 위한 장치는?

① 압력식 캡   ② 코어
③ 라디에이터   ④ 물 재킷

풀이) 라디에이터 캡은 냉각수 주입구 뚜껑이며, 냉각장치 내의 비등점(비점)을 높이고, 냉각 범위를 넓히기 위하여 압력식 캡을 사용한다.

44 기관의 온도조절기에 대한 설명 중 틀린 것은?

① 온도 조절기의 종류에는 벨로즈형, 펠릿형 등이 있다.
② 온도 조절기는 냉각수의 온도를 일정하게 유지하도록 한다.
③ 온도 조절기 내에는 에텔 또는 알콜 등을 넣어 봉입한 것도 있다.
④ 냉각수 온도가 95℃에서 열리기 시작하여 105℃에서 완전히 열린다.

풀이) 기관의 온도조절기는 65℃에서 열리기 시작하여 85℃ 정도에서 완전 열란다.

45 압력식 라디에이터에서 캡의 규정압력은 대략 게이지 압력으로 얼마나 되는가?

① 1~2kgf/cm²
② 2~9kgf/cm²
③ 0.01~0.02kgf/cm²
④ 0.2~0.9kgf/cm²

46 수온조절기는 몇 ℃에서 열리기 시작하여 몇 ℃에서 완전히 열리는가?

① 55~75℃   ② 65~85℃
③ 75~95℃   ④ 95~105℃

풀이) 수온조절기는 65℃에서 열리기 시작하여 85℃에서 완전히 열린다.

ANSWER 39 ① 40 ② 41 ④ 42 ④ 43 ① 44 ④ 45 ④ 46 ②

47 수온조절기 종류에는 벨로즈형과 왁스 펠릿형이 있는데, 각각의 종류에 들어있는 물질은 무엇인가?

① 알코올과 벤젠
② 벤젠과 왁스
③ 에테르와 왁스
④ 에테르와 알코올

풀이 벨로즈형과 왁스 펠릿형에는 각각 에테르와 왁스가 들어있다.

48 냉각수의 수온을 측정하는 곳으로 가장 적당한 곳은?

① 물 펌프 내부
② 실린더헤드 내의 물 재킷부
③ 라디에이터 윗 물통
④ 실린더블록의 물 재킷부

49 공랭식 냉각장치의 장점으로 틀린 것은?

① 냉각수의 동결 및 누수염려가 없다.
② 냉각팬 등에 의한 운전 중의 소음이 적다.
③ 웜업시간이 짧고, 기관 전체 무게가 가볍다.
④ 냉각수를 보충할 필요가 없어 기관의 보수 점검이 용이하다.

50 부동액 사용시 주의점으로 틀린 것은?

① 부동액은 장시간 사용하지 않는다.
② 냉각액이 100℃를 넘는 것을 예상할 수 있을 때에는 퍼머넌트링을 사용한다.
③ 세미 퍼머넌트형은 인화성이 있으므로 화기에 주의한다.
④ 원액은 흡습성이 있으므로 용기의 뚜껑은 완전히 열리도록 한다.

51 부동액으로 사용하지 않는 것은?

① 메탄올   ② 글리세린
③ 톨루엔   ④ 에틸렌글리콜

풀이 부동액 종류에는 에틸렌글리콜, 메탄올, 글리세린 등이 있다. 현재는 에틸렌글리콜이 주로 사용된다.

52 현재 자동차의 부동액으로 가장 많이 사용하는 것은?

① 메탄올   ② 알코올
③ 글리세린   ④ 에틸렌글리콜

풀이 영구부동액인 에틸렌글리콜을 사용한다.

53 다음 중 기관이 과열되는 원인이 아닌 것은?

① 온도조절기가 닫혔을 때
② 방열기의 용량이 클 때
③ 방열기 코어가 막혔을 때
④ 벨트형식에서 팬벨트 장력이 느슨할 때

풀이 방열기의 용량이 크면 기관은 과냉된다.

54 냉각장치 세정작업시 세정액에 대하여 옳은 것은?

① 인화성물질이어야 한다.
② 발화점이 낮은 물질이어야 한다.
③ 인화점이 높은 물질이어야 한다.
④ 인화점이 낮은 물질이어야 한다.

55 라디에이터를 세척할 때 가장 좋은 방법은?

① 냉각수를 제거하고 압축공기로 불어 세척한다.
② 상부에서 하부로 물을 순환시킨다.
③ 하부에서 상부로 물을 순환시킨다.
④ 수온 조절기를 제거하고서 한다.

47 ③　48 ②　49 ②　50 ④　51 ③　52 ④　53 ②　54 ③　55 ③

풀이) 라디에이터 내의 오물을 제거할 때는 하부에서 상부로 물을 순환시킨다.

56 주행 중 냉각수가 부족하여 기관이 과열되었다. 냉각수를 보충하는 방법으로 가장 알맞은 것은?

① 시동이 켜진상태에서 냉각수를 보충한다.
② 시동을 끄고 기관이 식기 전에 냉각수를 보충한다.
③ 시동을 끄고 잠시 기다린 후 냉각수를 보충한다.
④ 시동을 끄고 기관이 완전히 냉각된 후에 냉각수를 보충한다.

57 승용차 팬벨트의 장력은 벨트 중심을 10kgf의 힘을 가했을 때 몇 mm정도 눌리도록 조정해야 하는가?

① 1~5mm   ② 5~12mm
③ 13~20mm   ④ 20~30mm

풀이) 팬벨트의 장력은 10kgf의 힘을 가했을 때 13~20mm 정도 눌리도록 조정하면 된다.

58 자동차 냉각수의 비등점을 높이기 위해 사용되는 장치는?

① 라디에이터   ② 코어
③ 압력식 캡   ④ 슈라우드

풀이) 압력식 캡은 라디에이터내의 압력을 0.2~0.9kgf/㎠ 높여 냉각수의 비등점을 112℃로 높인다.

59 구동벨트인 V벨트의 접촉면의 각도는 몇 도인가?

① 30도   ② 40도
③ 50도   ④ 60도

60 다음 중 냉각수로 사용하기에 부적합한 것은?

① 증류수   ② 수돗물
③ 빗물   ④ 경수

풀이) 냉각수로 사용되는 것은 연수로 증류수, 수돗물, 빗물 등이다.

61 기관이 과냉되었을 때 기관의 운전성에 미치는 영향은?

① 출력 저하로 연료 소비 증대
② 연료 및 흡입 공기 과잉
③ 점화 불량과 압축 과대
④ 냉각수 비등과 조절기의 열림

62 실린더 과냉에서 오는 결점 중 옳지 않은 것은 다음 중 어느 것인가?

① 열효율이 저하된다.
② 실린더 마모가 촉진된다.
③ 연소가 불안전하게 된다.
④ 재킷 내의 전해 부식이 촉진된다.

63 라디에이터의 누설 시험시 압축 공기의 압력은?

① 0.5~2.0kgf/㎠
② 0.2~0.3kgf/㎠
③ 3.0~4.0kgf/㎠
④ 4.0~5.0kgf/㎠

56 ③ 57 ③ 58 ③ 59 ② 60 ④ 61 ① 62 ④ 63 ①

64 압력식 라디에이터 캡의 설명 중 옳은 것은?
① 냉각장치 내의 압력을 1kgf/㎠ 정도 올려 비점을 125℃ 정도로 한다.
② 냉각장치 내의 압력을 0.5kgf/㎠ 정도 올려 비점을 112℃ 정도로 한다.
③ 냉각장치 내의 압력을 1.5kgf/㎠ 정도 올려 비점을 130℃ 정도로 한다.
④ 냉각장치 내의 압력을 2.0kgf/㎠ 정도 올려 비점을 130℃ 정도로 한다.

65 부동액의 세기는 무엇으로 측정 하는가?
① 마이크로미터 ② 비중계
③ 온도계 ④ 실린더보어게이지

66 왁스실에 왁스를 넣어 온도가 상승함에 따라 팽창 축을 올려 열리는 식의 온도 조절기는?
① 바이패스 밸브형 ② 팰릿형
③ 바이메탈형 ④ 벨로즈형

67 냉각장치에 대한 설명 중 적절하지 않은 것은?
① 냉각수의 온도는 75~85℃가 적당하다.
② 냉각장치 내부에 물때가 많으면 과열의 원인이 된다.
③ 엔진을 멈춘 직후에는 온도계의 눈금이 높아진다.
④ 엔진 과열 시에는 될 수 있는 한 빨리 냉각수를 보급하여야 한다.

68 물펌프의 효율을 높이기 위한 방법으로 틀린 것은?
① 냉각수를 가압하여 압력을 높인다.
② 펌프 임펠러는 와류형으로 된 것을 사용한다.
③ 라디에이터 캡은 압력식 캡을 사용한다.
④ 냉각수의 온도를 높여 주어야 한다.

풀이 물 펌프의 효율은 냉각수의 압력에 비례하고, 냉각수의 온도에 반비례한다.

69 냉각수의 온도에 따라 냉각수 통로를 개폐하여 냉각수의 온도를 알맞게 조절하는 것은?
① 라디에이터 ② 압력식 캡
③ 서모스탯 ④ 물펌프

풀이 서모스탯(수온조절기)은 엔진의 온도를 일정하게 유지시키기 위한 것이다.

70 플러시 건을 사용하여 라디에이터를 세척할 때의 설명으로 틀린 것은?
① 라디에이터의 출구 파이프에 플러시 건을 설치한다.
② 플러시 건의 물밸브를 열어 라디에이터에 물을 채운다.
③ 플러시 건의 공기밸브를 완전히 열어 압축 공기를 세게 보낸다.
④ 배출되는 물이 맑아질 때까지 세척작업을 반복한다.

71 냉각수 용량 10ℓ인 기관에서 냉각수 온도를 20℃에서 100℃로 상승시키는데 필요한 열량은?(단, 냉각수 밀도 $\rho = 1.1$kg/ℓ, 비열 $c = 3.96$kJ/kgf이고, 열 손실은 무시한다)
① 약 396kJ ② 약 87kJ
③ 약 3485kJ ④ 약 436kJ

풀이 필요량 $=(t_2 - t_1) \times \rho \times c \times V$
$= (100-20) \times 1.1 \times 3.96 \times 10 = 3485$KJ
t_2 : 나중온도, t_1 : 처음온도, ρ : 냉각수 밀도, c : 비열, V : 냉각수 용량

64 ② 65 ② 66 ② 67 ④ 68 ④ 69 ③ 70 ③ 71 ③

제3절 연료장치

1_가솔린 연료장치

1. 연료탱크

① 연료의 저장탱크로 용량은 보통 1일 주행 연료량(30~70L)을 기준
② 부식방지를 위하여 내부에는 아연 도금 처리
③ 연료탱크의 작은 구멍수리는 연료증기를 완전히 제거한 후 물을 반쯤 채우고 납땜을 실시
④ 연료 주입구는 배기통로 끝으로부터 30㎝, 노출된 전기단자로부터 20㎝ 이상 떨어져서 설치
⑤ 베플 : 연료의 유동방지 및 연료 탱크의 강성 증대

2. 연료파이프

① 5~8㎜ 정도의 강재 파이프를 사용하며, 부식방지를 위하여 아연도금 처리
② 파이프의 피팅은 오픈 앤드 렌치로 분해, 조립할 것

3. 연료 여과기

연료 속에 포함되어 있는 먼지, 수분 등을 여과

4. 연료펌프

① 연료를 흡입, 가압하여 기화기 또는 연료파이프에 압송
② **연료 압송압력** : 0.2~0.3kgf/㎠(전기식 1~5kgf/㎠)
③ 기계식은 다이어프램 스프링의 장력에 의해 압력이 결정되고, 연료 송출량은 연료펌프의 패킹 두께에 의해 결정된다.
④ 전기식은 주로 연료탱크 내장식으로 전기 모터를 이용하며, 베이퍼 록이 일어나지 않고 설치가 자유롭다.

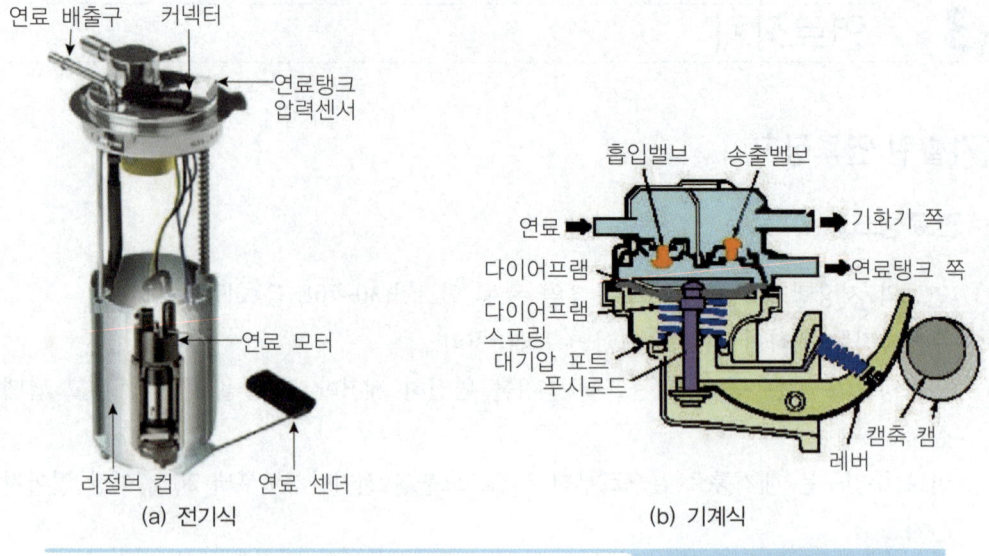

그림 2-22 / **연료펌프의 종류**

> **참고**
>
> **베이퍼록**
> 파이프 내에 연료가 비등하여 연료펌프의 기능을 저해하든가 운동을 방해하는 현상이다.

2_ 전자제어 연료장치

각종 센서로부터의 입력 신호에 의해 즉, 운전상태에 따라 연료 분사량이 ECU에 의해 자동 제어되는 장치

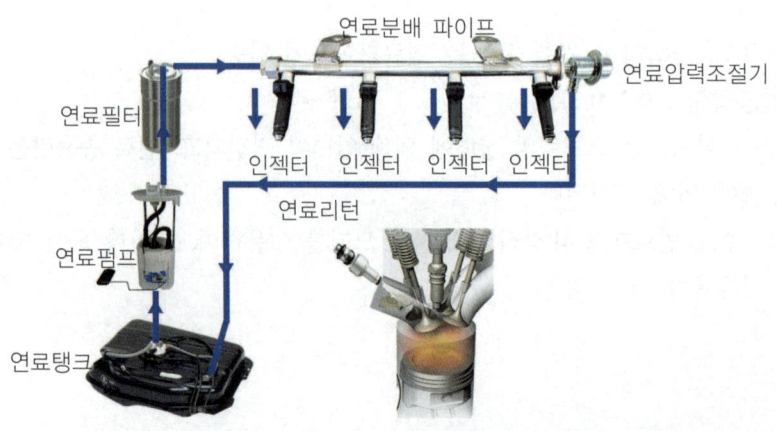

그림 2-23 / **연료 계통의 구성도**

1. 전자제어 연료장치의 장점

① 고출력 및 정확한 혼합비 제어로 배기가스 저감
② 연료 소비율 향상
③ 엔진의 효율 증대
④ 부하 변동에 대해 신속한 응답
⑤ 저온 기동성의 향상

2. 전자제어 연료계통

연료탱크 → 연료펌프 → 연료여과기 → 분배파이프 → 인젝터 → 흡기다기관

1) 연료펌프

연료탱크 내에 설치되어 축전지 전원으로 모터가 구동

① 릴리프밸브 : 과잉압력으로 인한 연료의 누출 및 파손 방지

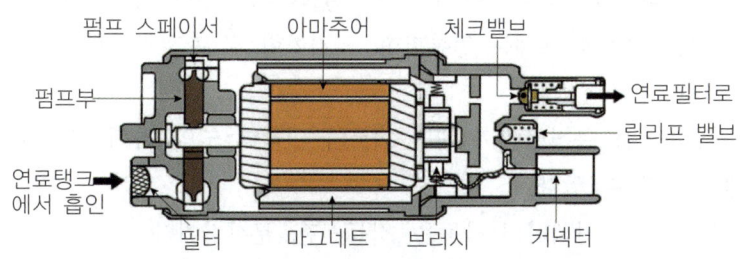

그림 2-24 / **전기식 연료펌프의 구조**

② 체크밸브
  ㉠ 연료펌프의 소음 억제 및 베이퍼록현상 방지
  ㉡ 연료의 압송 정지시 연료의 역류방지
  ㉢ 연료라인의 잔압을 유지시켜 시동성 향상

> **참고**
> **연료압력이 너무 높은 원인**
> ① 연료의 리턴 파이프가 막혔을 때
> ② 연료펌프의 릴리프밸브가 고착되었을 때

> **참고**
> 연료 압력이 너무 낮은 원인
> ① 연료 필터가 막혔을 때
> ② 연료펌프의 릴리프밸브의 접촉이 불량할 때

2) 인젝터

인젝터는 흡기다기관에 연료를 분사하는 부품이며, 연료분사량은 인젝터 솔레노이드 코일의 통전시간에 의해 결정된다. 즉, ECU의 펄스신호에 의해 연료를 분사한다.

① 인젝터의 총 분사시간(ti) = tp(기본 분사시간)+tm(보정 분사시간)+ts(전원전압 보정 분사시간)으로 나타낸다.
② 인젝터의 연료 분사시간이 ECU 트랜지스터의 작동시간과 일치하지 않는 것을 무효분사시간이라 한다.
③ 인젝터에 저항을 붙여 응답성 향상과 코일의 발열을 방지하는 방식을 전압제어 방식이라 한다.
④ 인젝터를 제어하는 ECU의 트랜지스터는 일반적으로 (-)제어 방식을 사용한다.
⑤ 인젝터 회로를 점검할 때에는 전류파형, 서지파형 및 축전지에서 ECU까지의 총 저항을 측정한다.
⑥ 인젝터 전류파형을 측정하면 인젝터 회로와 인젝터 코일 자체 저항의 불량 여부까지 한꺼번에 점검할 수 있다.
⑦ 인젝터 점검사항은 인젝터의 작동음, 작동시간, 분사량이다.
⑧ 인젝터의 분사방법
  ㉠ 동시분사(비동기 분사) : 모든 실린더에 동시분사
  ㉡ 그룹분사 : 각 실린더를 2개의 그룹으로 나누어 각 그룹별로 분사(1·4번, 2·3번 실린더)
  ㉢ 독립분사(동기, 순차분사) : 각 실린더마다 점화순서에 따라 최적 분사시기에 연료분사
⑨ 인젝터 수에 따른 분류
  ㉠ SPI : 인젝터 1개 또는 2개가 스로틀밸브 바로 위에 설치
  ㉡ MPI : 각 실린더 흡기관에 1개씩 설치되어 흡기밸브 바로 전에 연료분사
⑩ 인젝터 분사시간
  ㉠ 차단시 : 급감속시 연료의 절약과 HC의 과다발생 및 촉매변환기의 과열방지
  ㉡ 짧게할 때 : 산소센서 전압이 높을 때(혼합비가 농후할 때)
  ㉢ 길게할 때 : 급가속시 순간적으로 혼합기가 희박해지는 것을 방지하고, 인젝터 솔레

노이드 코일의 자력이 약해 연료가 부족할 때, 배터리 전압이 낮으면 무효 분사시간을 길게 한다.

3) 압력 조절기

흡입다기관 내의 부압 변화에 대응하여 연료 분사량을 일정하게 유지하기 위해 인젝터에 걸리는 연료의 압력을 $2.2 \sim 2.6 \mathrm{kgf/cm^2}$으로 하여 흡입다기관 내의 압력보다 높도록 조절

3. GDI(gasoline direct injection) 연료장치

GDI엔진은 연료를 연소실 내 직접분사하는 방식으로 공연비를 정확히 제어할 수 있고 응답성이 좋으며, 연료분사시기를 정밀 제어할 수 있다. 혼합기의 확산을 제어하여 적은 연료로서 고효율의 연소가 가능하며 과도 운전 시 응답성이 뛰어나며 냉간 시동성이 향상되었고 일부 배기가스 저감에 효과가 큰 장점이 있다.

그러나 고부하 시 과다 질소산화물(NOx)의 배출과 저부하 시 연소 불안정으로 인한 탄화수소의 발생 그리고 연료분무 특성 및 혼합기의 층상화, 점화계의 제어, 실린더 마모 증대 등의 단점도 있다.

GDI엔진은 초희박 공연비를 실현하기 위하여 스월 인젝터, 고압 연료펌프, 고압 레귤레이터 및 연료 압력센서 등을 장착하여 압축된 실린더에 고압 연료를 분사하는 방식이다.

1) 직립 흡기포트

흡기행정 중 흡기가 실린더 라이너를 따라 강한 하강류로 발전되면서 종래의 전자제어엔진과는 반대로 향하는 실린더 내에서 역방향의 선회류(텀블)를 발생시킨다.

2) 피스톤

압축행정 분사 때 인젝터로부터 분사되는 연료는 피스톤 헤드면에 만들어진 소형의 캐비티를 향하여 분사된다. 분사된 연료가 연소실 전체에 확산이 되지 않도록 소형 캐비티는 분사종료로부터 점화까지 사이의 주변 공기를 모아들이면서 기화된 연료가 확산되지 않도록 점화플러그 근방으로 가져오고, 이로써 초희박 연소를 실현시키는 중요한 역할을 한다.

3) 고압 연료펌프(high pressure pump)

고압 연료펌프는 엔진 실린더헤드에 설치되어 캠축에 의해 구동되고 고압의 연료를 연료레일에 공급한다.

4) 고압 연료펌프 레귤레이터(high pressure pump regulator)

GDI엔진에 설치된 고압펌프는 캠축에 설치되어 엔진 회전 시 함께 작동된다. 그러므로 엔진 회전수가 증가할 경우 고압 연료펌프의 작동 또한 빨라지게 되어 압력이 상승하게 된다. 이러한 현상을 방지하기 위하여 고압 연료펌프 레귤레이터가 설치된다.

고압 연료펌프 레귤레이터 내부에는 체크밸브가 설치되어 있어 엔진 정지 시 연료 압력이 떨어지는 것을 방지하게 되어있으나, 일정 시간 이상 정지 시 압력이 떨어지게 되어 엔진 시동 후 연료압력이 정상적으로 상승하기 까지는 일정 시간이 소모된다.

5) 연료 압력센서(pressure sensor)

연료 압력센서는 연료 레일 내의 압력변화가 감지하는 장치로서 연료레일상에 설치되어 있다. 연료 압력센서로부터 입력된 신호를 근거로 ECU는 연료압력 제어밸브를 이용하여 클로즈 컨트롤(close control)이 제어를 실시한다.

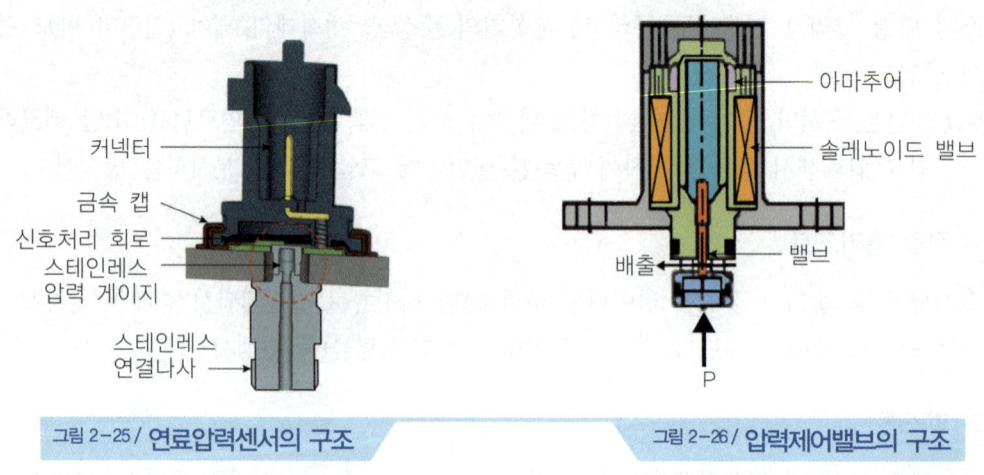

그림 2-25 / 연료압력센서의 구조   그림 2-26 / 압력제어밸브의 구조

6) 압력제어밸브(pressure control valve)

엔진 회전수에 의해 작동되는 고압펌프의 연료압력이 엔진 회전수에 상관없이 일정한 압력을 유지할 수 있도록 연료 라인 내의 압력을 조절하는 장치이다.

7) 스월 인젝터(swirl injector, high pressure injection valve)

GDI엔진에서 연료분사는 점화 시기와 동일하게 분사되며 엔진의 부하에 따라 흡입 또는 압축행정 시 분사된다. 엔진 부분 부하 시 연료는 압축행정 후기에 분사가 된다.

압축행정 분사 시에는 실린더 내의 공기밀도가 높기 때문에 공기저항에 의하여 분무의 관통력이 억제되어 컴팩트한 분무구조로 되어야 한다. 엔진 고부하 시에는 흡입행정 시 연료가 분사된다.

8) 연료 레일(fuel rail)

연료 레일은 나사로 실린더헤드 부위에 설치되어 연료펌프로부터 공급된 연료를 각 인젝터로 배분하는 역할을 한다. 연료 레일은 높은 압력과 온도의 변화 그리고 기계적 부하에 견디어야 하며, 연료 어큐뮬레이터가 설치되어 연료 라인 내 발생하는 맥동을 줄인다. 연료레일에는 연료압력제어밸브와 연료압력센서가 설치되어 있다.

3_디젤연료 장치

1. 디젤기관의 개요

실린더 내로 공기를 흡입, 압축하고 고온상태에서 연료를 고압으로 분사하여 자연 착화시켜 동력을 발생하는 기관

2. 디젤기관의 연소실

1) 단실식

① 직접 분사실식(direct injection type)

피스톤과 실린더헤드로 둘러싸인 연소실에 직접 연료를 분사하는 형식으로 연료의 분사개시압력은 150~300kgf/cm²로 비교적 높다.

2) 부 연소실식

① 예 연소실식(precombution chamber type)
  ㉠ 주연소실 외에 실린더헤드에 예연소실을 설치한 형식
  ㉡ 한랭시 시동을 용이하게 하기 위해 예열플러그를 설치
② 와류실식(turbulence chamber type)
  ㉠ 주연소실 외에 압축행정 중의 공기 와류를 일으키도록 실린더헤드에 와류실을 설치한 방식
  ㉡ 와류실은 구형으로 되어 있고, 피스톤 면적의 2~3% 정도의 통로로 주연소실과 연결
③ 공기실식(air chamber type)
  압축행정시에 강한 와류가 발생되도록 주연소실 체적의 6.5~20%정도의 공기실을 둔 것

표 2-3 / **연소실의 방식별 장·단점 비교**

연소실	장점	단점
직접 분사실식	① 실린더헤드가 간단, 열효율이 높음 ② 시동 용이하고, 예열플러그가 불필요 ③ 연소실 용적에 대한 표면적의 비율이 작아서 냉각 손실이 적다.	① 양질의 연료를 사용해야 한다. ② 연료의 분사압력이 높다. ③ 부실식에 비해 와류가 약해 고속 회전이 곤란하다. ④ 분사압력이 높아 분사펌프, 분사 노즐의 수명이 짧다.
예연소실식	① 여러 가지 연료 사용이 가능 ② 연료 분사압력이 100~120kgf/cm²로 낮게 할 수 있다. ③ 디젤노크 발생 및, 진동, 소음이 적다.	① 실린더헤드에 예연소실이 있어 구조가 복잡하다. ② 한랭시 예열플러그가 필요하다. ③ 열효율, 연료 소비율이 직접 분사식보다 나쁘다.
와류실식	① 압축 공기의 와류를 이용하므로 공기와 연료의 혼합이 양호 ② 비교적 고속 회전에 적합 ③ 연료분사 압력이 낮다(100~140kgf/cm²)	① 와류실이 있어 실린더헤드의 구조가 복잡하다. ② 열효율이 낮다. ③ 시동시 예열플러그가 필요하다. ④ 저속시 디젤노크 발생이 쉽다.
공기실식	① 폭발 압력이 낮아 운전이 정숙 ② 주연소실에 연료가 분사되어 시동성이 좋으며 예열플러그가 불필요 ③ 연료 분사압력이 낮다(100~140kgf/cm²) ④ 연소가 완만하게 진행되므로 평균 유효압력이 높다.	① 연료 소비량이 많다. ② 기관의 작동이 연료의 분사시기에 의해서 영향을 미친다. ③ 후적연소가 발생되어 배기온도가 높다. ④ 기관 부하 및 기관 회전수에 대한 적응성이 나쁘다.

3) 연소실의 구비조건

① 가능한 연료를 짧은 시간에 연소(완전연소)할 것
② 압력(유효압력)이 높을 것
③ 연료 소비율이 적을 것
④ 고속회전에서 연소상태가 양호할 것
⑤ 기동이 쉬우며 디젤노크가 적을 것

3. 디젤기관 연료장치의 구성

1) 연료분사조건

① 무화 : 노즐에서 분사되는 분무의 연료입자를 미립화하는 것
② 관통력 : 연료 분무입자가 압축된 공기를 관통하여 도달하는 능력
③ 분포 : 분사된 연료의 입자가 연소실 내의 구석까지 균일하게 분포되어 알맞게 공기와 혼합

2) 연료여과기

연료 속에 들어있는 이물질과 수분 등의 불순물을 여과하여 분리

> **참고**
>
> **오버플로밸브**
> ① 여과기 내의 연료가 규정압력(보통 1.5kgf/cm²) 이상으로 높아지면 과잉의 연료를 탱크로 되돌아가게 한다.
> ② 연료 속에 혼입된 공기 배출 및 여과기의 여과성을 향상

3) 연료펌프(연료공급펌프)

① 연료 분사펌프에 연료를 공급하는 역할
② 수동용 플라이밍펌프 : 엔진 정지 중 연료장치 회로내의 공기빼기 등에 사용

> **참고**
>
> **연료공급순서**
> 연료탱크 → 연료여과기 → 연료 공급펌프 → 연료여과기 → 연료 분사펌프 → 연료 분사 파이프 → 연료 분사노즐 → 연소실

> **참고**
>
> **공기빼기 순서**
> 연료공급 펌프 → 연료여과기 → 연료분사 펌프 → 연료분사 파이프 → 연료분사 노즐

4) 연료 분사펌프

필요한 높은 압력으로 연료를 압축하여 폭발순서에 따라서 각 실린더의 분사 노즐로 압송하는 펌프

① 직렬형(독립형) 분사펌프
각 실린더용 펌프를 한데 모아서 펌프 하우징에 직렬형으로 조립하여 일체로 제작, 고속 디젤엔진용으로 분사량 조절은 플런저의 유효행정(제어래크와 피니언에 의해 변화)에 의해 조절

> **참고**
> 플런저 리드
> ① 정리드 : 분사 초기는 일정하고 말기에는 변화
> ② 역리드 : 분사 초기는 변화하고 말기에는 일정
> ③ 양리드 : 분사 초기, 말기 모두 변화

> **참고**
> 딜리버리밸브
> ① 가압된 연료를 분사노즐로 압송
> ② 파이프 내 잔압 유지
> ③ 연료의 역류 및 분사노즐의 후적을 방지

> **참고**
> 딜리버리밸브 유압시험시 밸브 내 압력을 150kgf/cm² 이상 10초 이상 유지할 것

② 분배형 분사펌프
1개의 분사펌프와 실린더 수에 상당하는 배출구를 가지고 연료를 분배하는 방식

> **참고**
> 보쉬형 연료분사펌프의 분사시기 조절
> 분사 펌프와 타이밍 기어의 커플링

5) 조속기(governor)
연료 분사량을 기관의 부하에 맞게 가감하여 기관의 회전 속도를 제어하는 역할

① 기계식 조속기(mechanical governor)
원심추가 받는 원심력과 조속기 스프링의 장력이 이루는 변위를 이용하여, 연료 분사펌프의 제어 래크를 움직여서 분사량을 조절

② 공기식 조속기

   엔진의 흡기 부압의 변화를 이용하여 연료 제어래크를 움직이는 방식

> **참고**
> **앵글라이히장치**
> 엔진의 모든 회전속도 범위에서 공기와 연료의 비율을 알맞게 유지하는 역할

③ 유압식 조속기

   유압의 작동원리를 이용

④ 전자식 조속기

   엔진의 모든 작동조건에 알맞은 연료를 전자제어 유닛을 통하여 제어하는 조속기

> **참고**
> **분사량 분균율**
> ① 각 실린더마다 분사량의 차이가 있으면 연소 압력의 차이가 발생하여 진동 유발
> ② 불균율의 허용범위
>   ㉠ 전부하 운전시 : ±3%
>   ㉡ 무부하 운전시 : 10~15% 이내
> $(+)불균율 = \dfrac{(최대\ 분사량 - 평균\ 분사량)}{평균\ 분사량} \times 100$
> $(-)불균율 = \dfrac{(평균\ 분사량 - 최소\ 분사량)}{평균\ 분사량} \times 100$

6) 분사시기 조정기(타이머)

엔진의 회전속도 및 부하변동에 따라 연료의 분사시기를 자동적으로 조정하는 장치

7) 연료 분사노즐

분사펌프로부터 고압의 연료를 연소실 내로 분사하는 장치

① 분사노즐의 구비조건

   ㉠ 연료를 미세한 안개모양으로 만들어 착화가 잘되게 한다(무화).
   ㉡ 분무를 연소실의 구석구석까지 미치게 한다(분포).
   ㉢ 연료분사 후 완전히 차단되어 후적이 없어야 한다.
   ㉣ 고온 고압의 심한 조건에서 장시간의 사용에 견뎌야 한다.

② 분사노즐의 종류
　㉠ 핀틀 노즐 : 연료분사 구멍부에 끼워지는 노즐로 끝 모양이 가는 원통형 또는 원추형으로 되어 있는 구조이며 핀틀형 노즐의 특징은 다음과 같다.
　　ⓐ 구조 간단, 고장이 적다.
　　ⓑ 분사개시 압력이 비교적 낮다.
　　ⓒ 분무공이 막힐 우려가 적다.
　　ⓓ 무화가 양호하고 분산성이 향상된다.
　　ⓔ 다공식에 비해 분부상태가 떨어지고 연료소비량이 조금 많다.
　㉡ 스로틀 노즐
　　노즐 본체로부터 연료분사 구멍이 1개이며, 니들밸브 끝이 바깥쪽으로 확산되는 구조
　㉢ 구멍(홀)노즐
　　노즐 본체에 1개의 구멍 또는 여러 개의 연료분사 구멍이 있는 노즐, 주로 직접 분사실식 엔진에 사용하며 구멍형 노즐의 특징은 다음과 같다.
　　ⓐ 직접 분사실식에 사용하여 분사압력이 높고 무화가 좋다.
　　ⓑ 엔진 기동용이, 연료 소비량이 적다.
　　ⓒ 가공이 어렵고 구멍이 막힐 우려가 있다.
　　ⓓ 수명이 짧고, 각 연결부에서 연료가 새기 쉽다.

	구멍형	핀틀형	스로틀형
분사 압력	170~300kgf/cm²	80~150kgf/cm²	80~150kgf/cm²
분무공의 직경	0.2~0.4mm 정도	1mm 정도	1~2mm 정도
분사 각도	단공 4~5°, 다공 90~120°	4~5°	45~65°

③ 노즐 시험기
　분사노즐의 분사각도, 분사압력, 분사후의 후적여부

4. 커먼레일 직접분사방식(CRDI : common rail direct injection)

1) 커먼레일의 분사 특성

① 커먼레일 시스템에서는 연료 분사를 3단계(예비분사 → 주분사 → 후분사)로 분류하여 정밀한 연료 분사량과 분사시기 제어가 가능하다.
② 기존 인젝션펌프 대신 별도의 고압펌프와 커먼레일(어큐뮬레이터)을 적용하여 초고압 직접분사(250~1,350bar)가 실현되어 무화, 관통력이 향상되어 연소 효율이 높다.

③ 커먼레일 모듈 시스템으로 분사에 중요한 역할을 하는 인젝터, 커먼레일, 어큐뮬레이터 (Accumulator), 고압펌프로 구성되며, 이 시스템을 동작하기 위한 ECU, 크랭크축 위치 센서, 캠축 위치 센서 등을 필요로 한다.

2) 커먼레일엔진의 장점

① 배출가스의 감소
② 자동차의 성능 향상
③ 저소음으로 운전성 향상
④ 설계의 용이 및 엔진의 경량화 기능
⑤ 완전연소로 연비 향상
⑥ 시스템의 모듈화(module) 가능

3) 커먼레일 연료 시스템의 구성

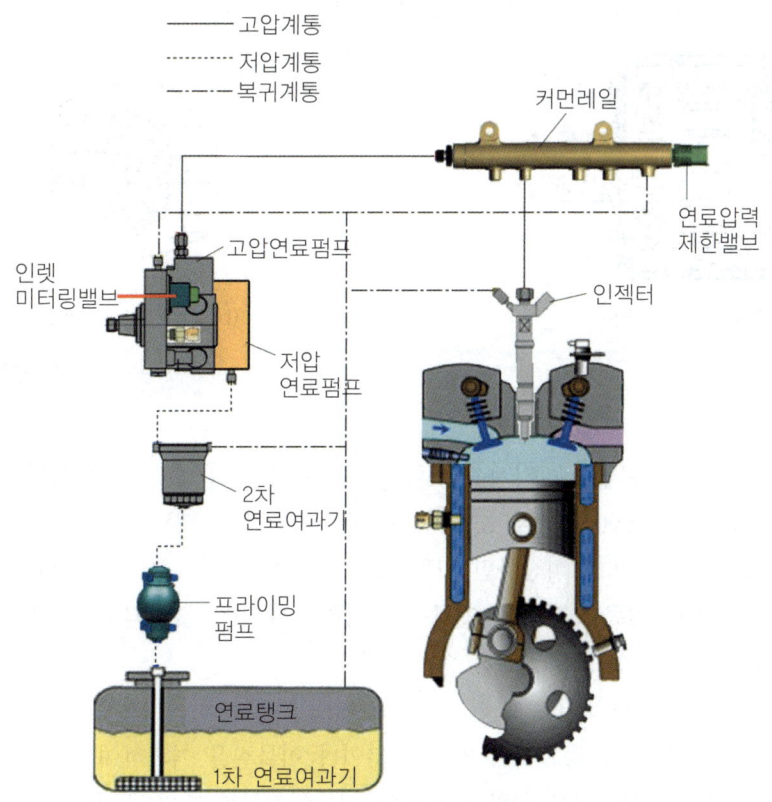

그림 2-27 / 커먼레일 연료 시스템 구성도(보쉬형)

커먼레일 연료 분사 시스템은 제어 부분인 ECU, 저압 연료 계통, 고압 연료 계통으로 분류할 수 있다.

① **저압 연료 계통**
　㉠ 연료탱크
　　연료탱크는 부식에 강한 재질을 사용하며, 허용압력은 작동압력의 2배(최소 0.3bar 이상)이며, 과도한 압력 발생을 방지하기 위하여 적당한 플러그와 안전밸브가 설치되어 있다.
　㉡ 저압 연료펌프(Low Pressure Fuel Pump)
　　ⓐ 전기식 저압 연료펌프 : 전기식 저압펌프는 ECU에 의해 구동되며 연료탱크의 연료를 강제로 미는 방식(강제 구동 방식)으로 연료탱크에 내장된 타입과 연료탱크 밖에 장착된 타입이 있다. KEY ON 시 연료펌프 릴레이가 작동되어 3~5초 동안 모터를 구동하여 고압펌프까지 라인 잔압을 형성한 다음 모터구동을 정지시킨다. 엔진 회전수가 50rpm 이상이 되면 정상적으로 연료모터를 구동한다.

(a) 전기식 저압 연료펌프　　　　(b) 기계식 저압 연료펌프

그림 2-28 / **저압 연료펌프**

　　ⓑ 기계식 저압 연료펌프 : 기계식 연료펌프는 기어 타입으로 고압펌프와 일체로 구성되어 있다. 엔진 회전과 동시에 타이밍 체인 또는 벨트로 고압펌프와 연결되어 있어 고압펌프가 회전하면 고압펌프 내부의 구동 샤프트에 의해 저압펌프도 작동을 하여, 연료탱크 내의 연료는 저압펌프에 의해 흡입되고 연료압력 조절밸브에 의해 고압펌프로 연료가 이송된다.
　㉢ 연료 필터 및 히팅장치(Fuel Filter & Heating System)
　　연료필터는 연료 속에 함유되어 있는 수분이나 이물질을 여과하여 고압펌프의 손상을 방지하고 고압펌프에서 원활한 작용이 이루어지도록 한다. 또한 연료 히팅은 냉간 시 연료 속에 이물질 생성 및 응고가 되는 것을 방지하여 시동성이나 가속성 및 내구성을 향상시킨다.

D엔진은 연료 필터에 연료온도 스위치, 연료 히팅장치 및 수분 감지센서가 부착되어 있으며, 연료온도 스위치는 바이메탈식으로 -3℃ 이하 시 스위치가 작동(ON)되어 연료 필터 내의 히터를 작동시켜 연료 속의 파라핀이 응고되는 것을 방지하여 시동성을 향상시킨다. 수분 감지센서는 필터 내에 수분이 감지될 경우 수분 경고등을 점등시킨다. 저압 연료 모터가 전기 구동 방식이므로 플라이밍펌프가 없다.

② 고압 연료 계통

㉠ 고압펌프(High Pressure Pump)

고압의 연료를 커먼레일에 공급하는 기능이며, 구동 방식은 기존 인라인 인젝션펌프와 동일하다. 멀티 액션 캠(Multi-action cam)을 도입하여 펌프 기통수를 줄였다. 예를 들어, 6기통 엔진에 3산 캠을 2기통 펌프 적용으로 가능하다. 펌프 효율 향상 및 고압 연료 폐기의 손실 방지를 위하여 토출량 제어 방식을 채택하였다. 구동 토크는 일반적인 디젤엔진보다 저속에서 토크 50% 향상 및 출력 25%의 증가를 얻어 낼 수 있다.

그림 2-29 / **고압펌프**

ⓐ 고압펌프는 캠축에 의해 구동되며 엔진이 2회전할 때 1회전하며, 펌프 내측에 120°의 각도로 설치된 세 개의 펌프 피스톤에 의해 고압(약 1,350bar)으로 압축되어 1회전당 3회(120°)씩 펌핑하여 레일로 이송한다.

ⓑ 고압펌프를 구동하기 위해 필요한 회전력은 기존의 분사펌프 회전력의 1/9 정도이다. 펌프를 구동하기 위해 필요한 회전력은 레일에 설정된 압력과 펌프의 속도(이송량)에 비례하여 증가하며, ECU가 제한하는 최고의 압력은 1,350bar 정도이다.

ⓒ 연료압력 조절기의 압력이 120bar 이상이 되어야 인젝터가 작동할 수 있고 시동

시에는 250bar 이상이 된다.
ⓓ 분사압력은 연료 분사량에 영향(출력에 영향)을 준다.

ⓛ 고압 어큐뮬레이터(High Pressure Accumulator) - 커먼레일
고압펌프로부터 공급되는 고압의 연료를 저장하고 축압되는 곳으로 연료가 공급될 때와 분사될 때의 압력 변화는 레일 체적과 내부 압력으로 감쇄시킨다. 또한 레일의 압력 변화는 ECU에서 제어하는 압력과 고압펌프의 회전속도에 따라 영향을 받는다.
레일에는 연료의 압력을 감지하는 레일압력센서(RPS), 연료의 압력을 제어하는 압력 조절밸브(D엔진), 연료 제한밸브(A엔진) 및 인젝터 라인으로 구성되어 있다. 연료압력은 항상 레일압력센서에 의해 모니터링되고 연속적으로 엔진에서 요구하는 조건에 따라 조절하게 된다. 가변 연료압력은 250(공전 시) 1,350bar정도이다.

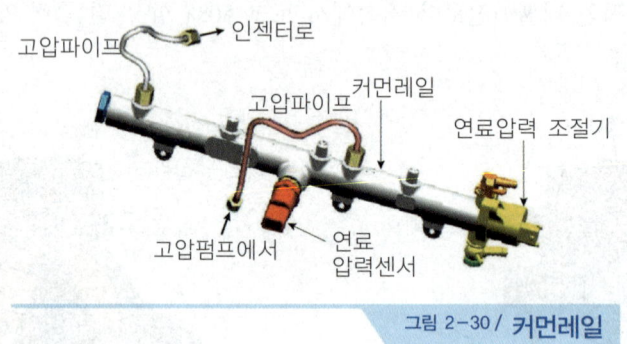

그림 2-30 / 커먼레일

ⓒ 연료압력 조절밸브
ⓐ 커먼레일의 끝단 부분에 설치되어 있으며 연료압력센서(RPS)의 신호를 받아 ECU가 기준 목표 압력을 제어하는 출구 제어 방식을 채택하고 있다. 즉, 연료압력 제어밸브는 ECU에 의해서 듀티 제어되며, 레일 내의 압력(1,350bar)을 항상 정확하게 하기 위해 피드백한다. 만약 레일압력이 과도하면 압력 조절밸브는 열리고 연료가 리턴라인을 통해 연료탱크로 리턴되고, 반대로 레일압력이 낮으면 압력 조절밸브가 닫혀 고압을 형성한다. 즉, 전류가 적게 흐른다는 것은 리턴량이 많아 커먼레일의 압력이 낮아지고, 반대로 전류가 증가하면 플런저가 리턴라인을 막아 리턴량이 적게 되어 레일압력이 높아진다는 것이다.
ⓑ 공전 시(750rpm) 제어 듀티는 약 15% 정도이며 이때 연료압력은 260bar정도이다.
ⓒ 커먼레일 압력 = 리턴 스프링압력 + 전류 세기
ⓓ 전원 OFF 시 100bar(스프링압력) 이하로 떨어진다.

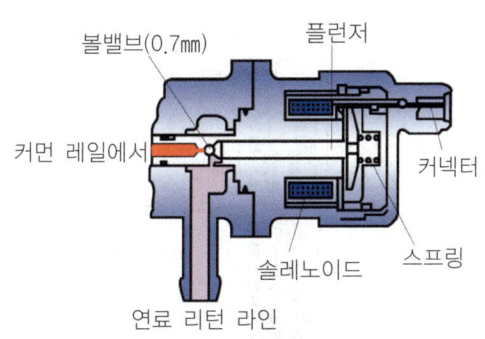

그림 2-31 / **연료압력 조절밸브의 구조**

ㄹ) 레일압력센서

규정 압력에 대응하는 전압신호를 컴퓨터에 보내기 위해 커먼레일에서 순간적인 압력을 측정하여야 한다. 연료는 커먼레일에서 입구를 통하여 레일압력센서로 들어간다. 센서의 끝 부분 센서 다이어프램으로 실-오프(seal-OFF)되어 있다. 압력이 가해진 연료는 블라인드 구멍(blind hole)을 통해 센서의 다이어프램에 도달한다. 압력을 전기신호로 바꾸는 센서 요소는 이 다이어프램에 연결되어 있다. 센서에 의해 생성된 신호는 측정신호를 증폭시켜 컴퓨터로 보내는 평가회로에 입력된다.

ㅁ) 인젝터(Injector)

인젝터는 연료를 연소실에 분사하는 기구이며, 컴퓨터에 의해 제어되고 분사 개시와 분사된 연료량은 전기적으로 작동되는 인젝터에 의해 조절된다. 인젝터는 실린더헤드에 설치되며 솔레노이드밸브와 노즐로 구성되어 있다. 연료는 고압통로를 통하여 인젝터로 공급되고, 오리피스(orifice)를 통해 제어 챔버(control chamber)에 공급된다. 제어 챔버는 솔레노이드밸브에 의해 열리고 볼밸브(블리드 오리피스)를 경유하여 연료 리턴라인과 연결되어 있다. 볼밸브가 닫힌 채 제어 플런저(control plunger)에 적용된 유압이 니들밸브의 압력값을 이기면 니들밸브는 밸브시트에서 강제로 이동(상승)되면서 고압통로가 열리며 연료가 분사된다. 인젝터의 솔레노이드 밸브가 작동되면 볼밸브가 열리고 이에 따라 제어 챔버의 압력이 낮아지므로 플런저에 작용하는 유압이 낮아진다. 연료압력이 니들밸브압력에 작용하는 압력보다 낮아지면 니들밸브가 열린다. 니들밸브를 열기 위해 요구되는 제어량은 실제로 분사되는 연료량에 추가된다. 그리고 이것은 제어 챔버의 오리피스를 통해 연료 리턴라인으로 돌아간다. 또 연료는 니들밸브와 제어 플런저 가이드에서도 손실이 일어날 수 있다. 이러한 제어와 누출 연료량은 리턴라인을 통해 연료탱크로 되돌아간다.

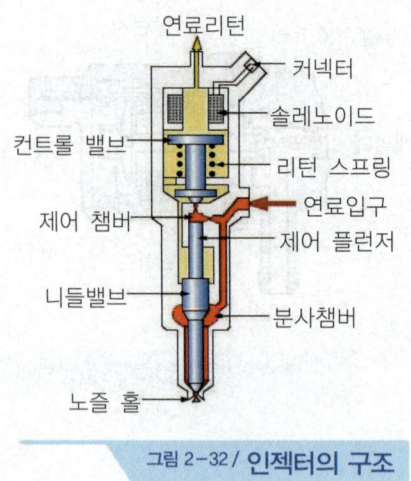

그림 2-32 / **인젝터의 구조**

인젝터의 작동은 엔진 시동과 함께 압력을 생성하는 고압 연료펌프와 더불어 4단계로 나눌 수 있다. ① 인젝터 닫힘(고압 적용), ② 인젝터 열림(분사 개시), ③ 인젝터 완전열림, ④ 인젝터 닫힘(분사 완료) 이러한 작동 단계는 인젝터 구성 성분에 작용하는 힘의 분배에 의해 결정되며, 엔진의 작동 정지와 커먼레일에 연료압력이 없는 상태에서 노즐 스프링은 인젝터를 닫는다.

4) 커먼레일 입·출력 시스템

각종 센서와 스위치로부터 자동차의 정보를 입력받은 ECU는 최적의 운전조건이 되도록 각 액추에이터 및 릴레이를 제어하는 다중 제어 방식으로 모듈화된 시스템이다. 연료탱크 내의 연료는 필터를 거쳐 고압펌프로 공급되어 고압펌프에서 가압된 연료는 커먼레일(어큐뮬레이터)에 저장되었다가 자동차 정보를 입력받은 ECU는 가장 적정한 분사 시기와 분사량을 연산하여 인젝터를 구동시킨다.

5. 예열장치

① 직접 분사실식(단실식) : 흡기 가열식
② 복실식(예연소실식, 와류실식, 공기실식) : 예열플러그식

구분	코일형	실드형
발열량	40~80W	60~100W
발열부 온도	950~1050℃	950~1050℃
전압	0.9~1.4V	24V식 20~23V 12V식 9~11V
전류	30~60A	24V식 5~6A 12V식 10~11A
회로	직렬접속	병렬접속
예열시간	40~60초	60~90초
비고		가장 많이 사용

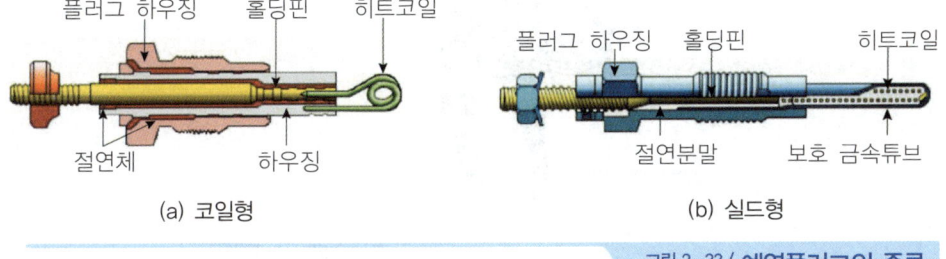

(a) 코일형   (b) 실드형

그림 2-33 / 예열플러그의 종류

4_ LPG, LPI엔진

1. LPG엔진의 구성

1) 봄베(bombe)

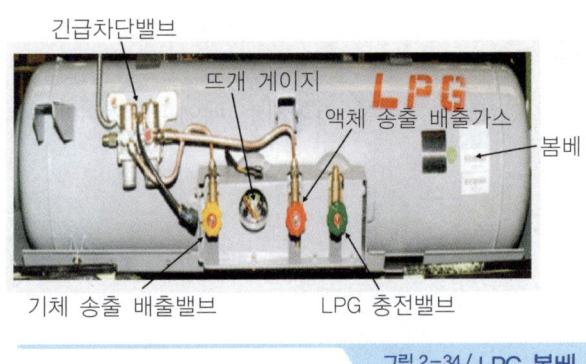

그림 2-34 / LPG 봄베

① 주행에 필요한 연료를 저장하는 고압탱크
② 안전장치
  ㉠ 안전밸브 : 용기 안 압력이 24kgf/cm² 이상시 작동
  ㉡ 과류방지밸브 : 액체 압력 7~10kgf/cm²
③ 연료 충전은 봄베 용기의 85%까지만 충전(액체상태의 LPG는 외부온도에 따라 압력과 체적이 달라져 과충전시 사고의 위험성이 있다)

2) 솔레노이드밸브(solenoid valve)

운전석에서 조작할 수 있는 연료 차단밸브

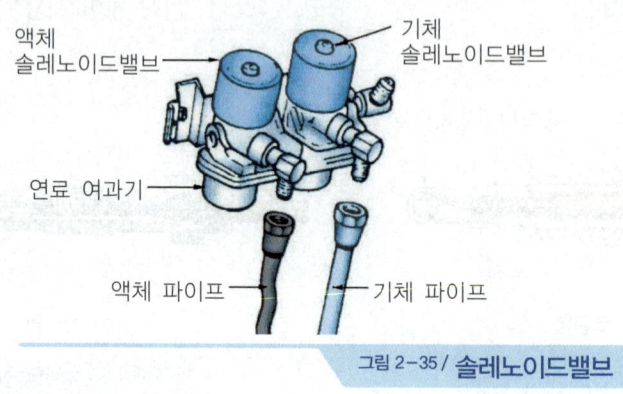

그림 2-35 / 솔레노이드밸브

3) 베이퍼라이저(vaporizer : 감압 기화장치)

① 가솔린엔진의 기화기에 해당하며 LPG를 감압 기화시켜 일정한 압력으로 유지시키며, 엔진의 부하 증감에 따라 기화량을 조절
② 감압, 기화, 압력조절의 3가지 작용

4) 프리히터(pre-heater)

LPG를 가열하여 LPG일부 또는 전부를 기화시켜 베이퍼라이저에 공급하기 위해 설치

5) 믹서(mixer)

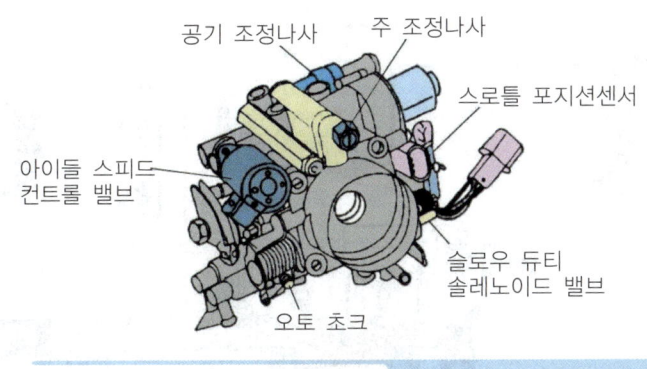

그림 2-36 / 믹서의 구조

베이퍼라이저에서 기화된 LPG를 공기와 혼합하여 연소실에 공급하는 장치로 LPG와 공기의 혼합비는 15:3이다.

2. LPI엔진

1) LPI(liquefied petroleum injection)의 개요

① LPG연료를 고압 액상화시켜 인젝터를 이용하여 실린더별로 연료를 분사하는 방식
② 연료분사방식이므로 연료탱크(봄베) 안에 펌프가 장착

2) LPI의 특징

① 출력 및 가속성능 향상
② 연비향상
③ 유해가스(HC, CO, NOx) 대폭 배출감소
④ 냉간시 시동성 향상
⑤ 타르발생과 역화 발생을 근원적으로 차단

3) LPI 연료장치

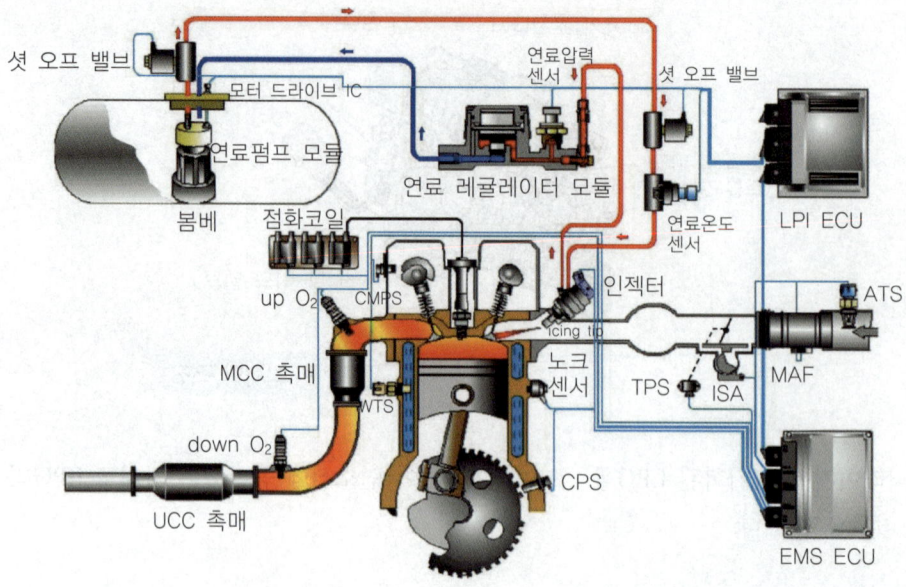

그림 2-37 / LPI 연료계통도

① 흡기다기관 모듈

흡기다기관 모듈에는 LPG 전용 인젝터와 아이싱 팁으로 구성되어 고압 연료라인을 통해 연료를 분배 액상상태로 연료분사하는 기능을 한다.

② 레귤레이터 유닛

레귤레이터 유닛은 연료의 입·출입 통로로 사용되고 연료탱크에서 공급되는 연료를 연료탱크의 압력보다 항상 5bar 높은 정도로 유지하는 기능을 한다. 또한 연료량 제어에 사용하는 연료온도센서와 연료압력을 측정하는 압력센서 그리고 연료 공급을 차단하는 솔레노이드밸브 등으로 구성된다.

③ 연료펌프 모듈

연료펌프는 연료탱크 내에 장착되며 있으며 연료탱크 내의 액상 LP연료를 인젝터로 압송하는 역할을 한다. 연료펌프는 모터 및 펌프로 구성된 연료펌프 유닛과 연료차단 솔레노이드밸브, 수동밸브, 릴리프밸브 및 과류방지밸브로 구성된 멀티밸브 유닛으로 구성된다. 멀티밸브 유닛의 구성품은 연료차단 솔레노이드밸브는 연료 출구에 설치되어 있고 연료펌프에서 엔진 내로 공급되는 연료를 솔레노이드에 의해 개폐된다.

매뉴얼밸브는 적색으로 장시간 자동차 정지 시 수동으로 연료 토출을 차단하는 수동밸브이고 개폐 방법은 일반 밸브와 동일하다.

릴리프밸브는 연료공급 라인의 압력이 일정 압력 이상 상승 시 연료를 탱크로 리턴하는 기능을 하며, 열간 재시동 시 시동 성능을 개선하는 기계식 밸브이다. 과류방지밸브는 사고에 의해 엔진으로 공급되는 연료라인이 파손되었을 경우 연료탱크 내의 연료가 급격히 방출되는 것을 방지하는 밸브이며, 연료리턴라인에 설치되어 있는 리턴밸브는 리턴되는 연료를 제어하는 기계식 밸브이다.

5_ CNG 엔진 연료장치

CNG차량과 LNG차량의 차이점은 연료저장과 공급방식에서 차이가 있다. CNG차량은 가스상태의 천연가스를 고압으로 압축하여 저장한다.

1. CNG 엔진의 분류

연료를 저장하는 방법에 따라 압축천연가스(CNG)자동차, 액화천연가스(LNG)자동차, 흡착천연가스(ANG) 자동차 등으로 분류된다. 천연가스는 현재 가정용 연료로 사용되고 있는 도시가스(주성분 : 메탄)이다.

2. CNG 엔진의 장점

① 디젤엔진과 비교하였을 때 매연이 100% 감소된다.
② 가솔린엔진과 비교하였을 때 이산화탄소 20~30%, 일산화탄소가 30~50% 감소한다.
③ 저온에서의 시동 성능이 좋으며, 옥탄가가 130으로 가솔린의 100보다 높다.
④ 질소산화물 등 오존영향 물질을 70% 이상 감소시킬 수 있다.
⑤ 엔진의 작동소음을 낮출 수 있다.

3. CNG 엔진 연료장치의 주요 부품

1) 연료 미터링밸브(fuel metering valve)

연료 미터링밸브는 8개의 작은 인젝터로 구성되어 있으며, ECU로부터 구동신호를 받아 엔진에서 요구하는 연료량을 정확하게 흡기다기관에 분사한다.

2) 가스압력센서(gas pressure sensor)

가스압력센서는 압력 변환기구이며, 연료 미터링밸브에 설치되어 있어 분사 직전의 조정된 가스압력을 검출한다.

3) 가스온도센서(gas temperature sensor)

가스온도센서는 부특성 서미스터를 사용하며, 연료 미터링밸브 내에 위치한다. 천연가스 온도를 측정하여 가스 온도센서의 압력을 함께 사용하여 인젝터의 연료 농도를 계산한다.

4) 고압 차단밸브

고압 차단밸브는 CNG탱크와 압력조절 기구 사이에 설치되어 있으며, 엔진의 가동을 정지 시켰을 때 고압 연료라인을 차단한다.

5) CNG 탱크 압력센서

CNG탱크 압력센서는 조정 전의 가스압력을 측정하는 압력조절 기구에 설치된 압력변환 기구이다. 이 센서는 CNG탱크에 있는 연료밀도를 산출하기 위해 CNG탱크 온도센서와 함께 사용된다.

6) CNG 탱크 온도센서

CNG 탱크 온도센서는 탱크 속의 연료온도를 측정하기 위해 사용하는 부특성 서미스터이며, 탱크 위에 설치되어 있다.

7) 열교환기구

열교환기구는 압력 조절기구와 연료 미터링밸브 사이에 설치되며, 감압할 때 냉각된 가스를 엔진의 냉각수로 난기 시킨다.

8) 연료온도 조절기구

연료온도 조절기구는 열교환기구와 연료 미터링밸브 사이에 설치되며, 가스의 난기온도를 조절하기 위해 냉각수 흐름을 ON, OFF시킨다.

9) 압력조절기구

압력조절기구는 고압 차단밸브와 열교환기구 사이에 설치되며, CNG탱크 내의 200bar의 높은 압력의 천연가스를 엔진에 필요한 8bar로 감압 조절한다.

제3절 연료장치

제2장 출제예상문제

01 연료탱크는 배기통로 끝으로부터 몇 cm 이상 떨어져서 설치하여야 하는가?

① 10cm   ② 20cm
③ 30ccm ④ 40cm

풀이) 노출된 전기단자로부터 20cm 이상 떨어져서 설치한다.

02 연료 파이프는 부식방지를 위하여 무슨 처리를 하여야 하는가?

① 구리 도금   ② 백금 도금
③ 아연 도금   ④ 주석 도금

풀이) 부식방지를 위해 아연 도금 처리를 하여야 한다.

03 연료파이프의 피팅을 풀려면 무슨 공구를 사용해야 하는가?

① 토크 렌치   ② 오픈 엔드 렌치
③ 복스 렌치   ④ 소켓 렌치

04 연료파이프 내에 연료가 비등하여 연료펌프의 기능을 저해하든가 운동을 방해하는 현상을 무엇이라 하는가?

① 페이드현상
② 엔진록 현상
③ 노킹현상
④ 베이퍼록 현상

풀이) 베이퍼록 현상은 파이프 내에 연료가 비등하여 연료 펌프의 기능을 저해, 방해하는 현상이다.

05 전자제어 연료분사장치의 연료 흐름 계통으로 맞는 것은?

① 연료탱크 → 연료 여과기 → 연료펌프 → 분배 파이프 → 인젝터
② 연료탱크 → 연료펌프 → 연료 여과기 → 분배 파이프 → 인젝터
③ 연료탱크 → 연료펌프 → 분배 파이프 → 연료 여과기 → 인젝터
④ 연료탱크 → 연료펌프 → 연료 여과기 → 인젝터 → 분배 파이프

06 다음 중 연료탱크에 설치되어 있는 구성 부품은?

① 분사밸브
② 연료 압력조절기
③ 연료펌프
④ 연료 분사파이프

07 연료 분사식 가솔린기관에서 연료펌프가 연료탱크의 연료에 잠겨 회전하면서 송출한다. 이때 연료의 역할과 관계없는 것은?

① 전기자의 냉각
② 회전축의 윤활
③ 공기를 차단하여 화재 발생을 방지
④ 연료 펌프의 압력을 증대

01 ③ 02 ③ 03 ② 04 ④ 05 ② 06 ③ 07 ④

08 　전자제어 연료분사장치에서 엔진 정지시 연료라인 내의 잔압이 점차 낮아질 경우 그 고장 원인은 무엇인가?

① 연료 조절기 불량
② 체크밸브 불량
③ 연료탱크 불량
④ 인젝터 누출

풀이　체크밸브는 연료펌프의 소음 억제 및 베이퍼 록 현상을 방지하고 연료의 압송 정지시 연료계통의 잔압을 유지한다.

09 　다음 중 전자제어 연료분사장치의 특징이 아닌 것은?

① 혼합비 제어가 정밀하여 배출가스 규제에 적합하다.
② 체적 효율이 증가하여 엔진의 출력이 향상된다.
③ 연료를 직접 분사하므로 기화기를 사용하는 엔진에 비해 연료 소비율이 약간 높다.
④ 기화기를 사용하는 엔진에 비해 구조가 복잡하다.

풀이　전자제어 연료분사장치는 정확하게 연료를 제어하므로 연료 소비율은 낮다.

10 　전기식 연료펌프에서 과잉압력으로 인한 연료의 누출 및 파손을 방지하는 것은 무엇인가?

① 딜리버리밸브　② 체크밸브
③ 니들밸브　　　④ 릴리프밸브

풀이　릴리프밸브는 전기식 연료펌프의 송출 연료압력이 설정값 이상으로 상승시 연료압력이 설정값 이하로 낮아지게 하여 과잉압력으로 인한 연료의 누출 및 파손을 방지한다.

11 　다음 중 연료압력이 높아지는 원인이 아닌 것은?

① 인젝터가 막혔을 때
② 연료의 체크밸브가 불량할 때
③ 연료의 리턴 파이프가 막혔을 때
④ 연료펌프의 릴리프밸브가 고착되었을 때

풀이　체크밸브는 잔압을 유지하므로 불량하면 연료 압력이 낮아진다.

12 　전자제어 연료장치에서 연료펌프가 연속적으로 작동될 수 있는 조건이 아닌 것은?

① 크랭킹할 때
② 공회전 상태일 때
③ 급가속할 때
④ 키 스위치가 IG에 위치할 때

풀이　연료펌프가 연속적으로 작동되는 조건
　① 크랭킹할 때(15rpm 이상)
　② 공회전할 때(600rpm 이상)
　③ 급가속할 때

13 　다음 중 인젝터의 분사방법이 아닌 것은?

① 그룹분사　　② 동시분사
③ 독립분사　　④ 자동분사

풀이　인젝터의 분사방법
　① 동시분사(비동기 분사) : 모든 실린더에 동시분사
　② 그룹분사 : 각 실린더를 2개의 그룹으로 나누어 각 그룹별로 분사(1·4번, 2·3번 실린더)
　③ 독립분사(동기, 순차분사) : 각 실린더마다 점화순서에 따라 최적 분사시기에 연료분사

08 ②　09 ③　10 ④　11 ②　12 ④　13 ④

14. 다음 중 인젝터의 분사량을 결정하는 것은?
    ① 솔레노이드 코일 통전시간
    ② 인젝터 분구의 면적
    ③ 연료 분사압력
    ④ 인젝터에 흐르는 전압

    풀이 솔레노이드 코일 통전시간을 ECU가 제어하여 인젝터의 분사량이 결정된다.

15. 전자제어 연료분사식 기관에서 인젝터의 연료 분사량이 결정되는 요인이 아닌 것은?
    ① 인젝터 솔레노이드 코일의 통전시간
    ② 니들밸브의 유효행정
    ③ 인젝터 솔레노이드 코일의 통전 전류
    ④ 니들밸브의 지름

16. MPI방식 전자제어 연료 분사장치의 인젝터에서 분사되는 연료의 분사압력은 약 몇 kgf/cm²인가?
    ① 0.5~1.0   ② 1.0~2.0
    ③ 2.0~3.0   ④ 3.5~4.0

    풀이 흡입다기관 내의 부압 변화에 대응하여 연료 분사량을 일정하게 유지하기 위해 연료압력 조절기에 의해 인젝터에 걸리는 연료의 압력을 2.2~2.6kgf/cm²으로 한다.

17. MPI(multi point injection)에서 인젝터의 설치 위치는 어디인가?
    ① 에어클리너 바로 뒤
    ② 스로틀보디 바로 뒤
    ③ 각 실린더 흡기밸브 바로 전
    ④ 각 실린더의 연소실 안

    풀이 인젝터는 흡기다기관의 각 실린더 흡기밸브 바로 전에 설치된다.

18. 인젝터의 점검사항으로 틀린 것은?
    ① 인젝터의 작동음
    ② 인젝터의 작동시간
    ③ 인젝터의 분사압력
    ④ 연료 분사량

    풀이 인젝터 점검사항은 인젝터의 작동음, 작동시간, 분사량이다.

19. 전자제어 연료분사장치에서 인젝터의 구조를 설명한 것 중 틀린 것은?
    ① 플런저 : 니들밸브를 누르고 있다가 ECU 신호에 의해 작동된다.
    ② 솔레노이드(코일) : ECU 신호에 의해 전자석이 된다.
    ③ 니들밸브 : 연료 압력을 항상 유지시킨다.
    ④ 배선 커넥터 : 솔레노이드(코일)에 ECU로부터 신호를 연결해준다.

    풀이 니들밸브는 연료 분사량을 결정하고, 체크밸브는 연료 압력을 유지한다.

20. 인젝터를 교환할 때 O-링부에 어떤 것을 도포하고 조립하는 것이 가장 좋은가?
    ① 스핀들유   ② 브레이크유
    ③ 비눗물   ④ 경유

21. "인젝터 클리너"를 사용하여 인젝터를 청소하는 경우, 인젝터 팁(tip) 부분이 강한 약품에 의하여 손상되었을 때, 발생할 수 있는 문제점으로 가장 옳은 것은?
    ① 연료소비량 및 유해 배기가스가 증가한다.
    ② NOx가 더 많이 배출된다.
    ③ 시동성이 나빠진다.
    ④ 엔진의 회전력이 감소된다.

    풀이 인젝터 팁 부분이 손상되면 연료가 누출되기 때문에 연료소비량 및 유해 배기가스가 증가한다.

14 ① 15 ③ 16 ③ 17 ③ 18 ③ 19 ③ 20 ① 21 ①

22 가솔린 연료분사장치 엔진에서 연료압력 조절기가 고장 났을 경우, 가장 현저하게 나타날 수 있는 현상은?

① 유해 배기가스가 많이 배출된다.
② 가속이 어렵고 공회전이 불안정해진다.
③ 엔진의 회전이 빨라진다.
④ 엔진이 과열된다.

23 흡입다기관 내의 부압 변화에 대응하여 연료 분사량을 일정하게 유지하는 것은?

① 연료 압력 조절기
② 연료 체크밸브
③ 연료 릴리프밸브
④ 펌프 임펠러

24 급가속할 때 순간적으로 혼합기가 희박해지는 것을 방지하기 위해 인젝터의 분사시간을 어떻게 하여야 하는가?

① 분사시간을 짧게 한다.
② 분사시간을 길게 한다.
③ 분사를 일시적으로 차단한다.
④ 분사시간 변화를 주지 않는다.

풀이 인젝터의 분사시간
① 차단시 : 급감속시 연료의 절약과 HC의 과다 발생 및 촉매 변환기의 과열방지
② 짧게 할 때 : 산소센서 전압이 높을 때(혼합비가 농후할 때)
③ 길게 할 때 : 급가속시 순간적으로 혼합기가 희박해지는 것을 방지

25 다음 중 인젝터의 분사방법이 다른 하나는?

① 동시분사   ② 독립분사
③ 동기분사   ④ 순차분사

풀이 독립, 동기, 순차분사는 같은 의미로 각 실린더의 점화순서에 따라 최적 시기에 분사하는 방법이다. 동시분사(비동기 분사)는 모든 실린더에 동시 분사한다.

26 MPI엔진의 연료 압력조절기가 고장일 때 발생되는 현상이 아닌 것은?

① 재시동성이 불량해진다.
② 엔진 연소에 영향을 준다.
③ 장시간 정차 후에 시동이 잘 안된다.
④ 연료 소비율이 감소한다.

27 전자제어 엔진에서 연료 압력조절기는 무엇에 대응하여 연료압력을 조절하는가?

① 냉각수온도
② 흡기다기관내의 부압
③ 기관 회전수
④ 연료 분사량

풀이 연료 압력조절기는 흡입다기관 내의 부압 변화에 대응하여 연료 분사량을 일정하게 유지한다.

28 전자제어 연료분사장치의 연료 펌프를 점검하는 방법으로 틀린 것은?

① 연료펌프를 분해하여 점검한다.
② 연료압력을 점검한다.
③ 연료펌프 모터의 작동음을 듣는다.
④ 연료라인의 맥동을 점검하여 연료의 송출을 확인한다.

22 ① 23 ① 24 ② 25 ① 26 ④ 27 ② 28 ①

29 전자제어 엔진의 인젝터는 무슨 신호를 받아 작동되는가?

① ECU의 펄스신호
② CAS의 펄스신호
③ TPS의 개도신호
④ 1번 TDC 센서의 펄스신호

30 GDI엔진에 대한 설명으로 틀린 것은?

① 흡입과정에서 공기의 온도를 높인다.
② 엔진 운전조건에 따라 레일압력이 변동된다.
③ 고부하 운전영역에서 흡입공기 밀도가 높아진다.
④ 분사시간은 흡입공기량의 정보에 의해 보정된다.

31 다음 중 LPG기관의 장점이 아닌 것은?

① 혼합기가 가스상태로 CO(일산화탄소)의 배출량이 적다.
② 블로바이에 의한 오일 희석이 적다.
③ 옥탄가가 높고 연소속도가 가솔린보다 느려 노킹발생이 적다.
④ 용적 효율이 증대되고 출력이 가솔린차보다 높다.

32 다음 중 LPG기관의 단점이 아닌 것은?

① 한랭시 시동성이 나쁘다.
② 고압 용기의 위험성이 있다.
③ 연료탱크가 고압용기로 차량 중량이 증가한다.
④ 계절에 관계없이 부탄 100%인 것을 사용해야 한다.

> 풀이 LPG는 겨울철에는 시동성 향상을 위해 프로판 30%, 부탄 70%를, 여름철에는 부탄 100%인 것을 사용한다.

33 운전석에서 조작할 수 있는 것으로 연료를 차단할 수 있는 것은?

① 안전밸브
② 과류방지밸브
③ 솔레노이드밸브
④ 가스 혼합밸브

34 LPG가스 용기의 안전밸브의 작동 압력은 몇 kgf/cm² 이상인가?

① 15 kgf/cm²
② 18 kgf/cm²
③ 21 kgf/cm²
④ 24 kgf/cm²

> 풀이 안전밸브는 용기 안 압력이 24 kgf/cm² 이상시 작동한다.

35 LPG장치의 가스탱크 내의 압력은 얼마 정도가 가장 적당한가?

① 1~3 kgf/cm²
② 3~5 kgf/cm²
③ 5~8 kgf/cm²
④ 7~10 kgf/cm²

> 풀이 저장 용기의 액체 압력은 7~10 kgf/cm² 정도가 적당하다.

36 LPG를 연료로 사용하는 자동차의 고압부분의 도관은 가스용기 충전압력 몇 배의 압력에 견딜 수 있어야 하는가?

① 1
② 1.5
③ 1.8
④ 2

29 ①   30 ①   31 ④   32 ④   33 ③   34 ④   35 ④   36 ②

37 LPG기관에서 액체를 기체로 변화시켜 주는 장치로 가장 적당한 것은?

① 솔레노이드 스위치
② 베이퍼라이저
③ 봄베
④ 프리히터

> 풀이 LPG엔진 연료장치
> ① 솔레노이드 스위치 : 운전석에서 조작할 수 있는 연료 차단밸브
> ② 베이퍼라이저 : LPG를 감압 기화시켜 일정한 압력으로 유지
> ③ 봄베 : 주행에 필요한 LPG를 충전하여 저장하는 고압탱크
> ④ 프리히터 : LPG를 가열하여 LPG일부 또는 전부를 기화
> ⑤ 믹서 : LPG를 공기와 혼합하여 연소실에 공급

38 일반적으로 LPG연료를 봄베에 충전할 때 봄베 용기의 얼마만큼 충전하여야 하는가?

① 65%   ② 75%
③ 85%   ④ 95%

> 풀이 LPG연료는 외부온도에 따라 압력과 체적이 달라지므로 봄베 용기의 85%까지만 충전한다.

39 믹서(mixer)는 베이퍼라이저에서 기화된 LPG를 공기와 혼합하여 연소실에 공급하는 장치이다. LPG와 공기의 혼합비는 얼마인가?

① 1 : 1   ② 8~20 : 1
③ 14.7 : 1   ④ 15 : 3

> 풀이 14.7 : 1은 가솔린기관에서의 이론적 완전연소 혼합비이다.

40 LPG기관에서 베이퍼라이저의 설명으로 틀린 것은?

① 가솔린엔진의 기화기에 해당한다.
② LPG를 감압 기화시켜 일정한 압력으로 유지시킨다.
③ LPG를 가열하여 LPG 일부 또는 전부를 기화시킨다.
④ 엔진의 부하 증감에 따라 기화량을 조절한다.

> 풀이 LPG를 가열하여 LPG 일부 또는 전부를 기화시키는 것은 프리히터의 기능이다.

41 LPG차량에서 LPG를 충전하기 위한 고압 용기는?

① 슬로 컷 솔레노이드
② 베이퍼라이저
③ 봄베
④ 연료 유니온

42 LPG기관을 시동하여 냉각수 온도가 낮을 때에 무부하 고속운전을 하였을 때의 고장 원인이 아닌 것은?

① 증발기(vaporizer)의 동결 현상이 생긴다.
② 가스의 유동 정지 현상이 생긴다.
③ 혼합 가스가 과농 상태가 된다.
④ 증발기의 파열을 일으킬 수 있다.

37 ② 38 ③ 39 ④ 40 ③ 41 ③ 42 ③

43 연료 잔량 경고등 회로 부특성 서미스터의 작동은 어느 것인가?

① 연료가 없으면 서미스터의 저항값이 증가한다.
② 연료가 없으면 서미스터의 온도가 상승한다.
③ 서미스터는 온도와는 관계없이 연료가 부족하면 전구에 불이 켜진다.
④ 서미스터는 온도가 낮아져 연료의 경고등에 불이 켜진다.

44 LPG는 연료의 특성상 기화기의 성능을 저하시키는 타르가 발생되는데, 타르를 제거하는 방법으로 옳은 것은?

① 타르 제거시에는 반드시 시동을 켜 놓아야 한다.
② 베이퍼라이저를 분해하여 제거한다.
③ 밸브를 열어놓은 상태에서 주행하면서 제거한다.
④ 워밍업 후 밸브를 열고 제거한 후 다시 밸브를 잠근다.

45 LPI기관의 특징이 아닌 것은?

① 출력 및 가속성능 향상
② 연비향상
③ 유해가스 배출 대폭 감소
④ 냉간시동을 위해 예열장치 필요

풀이 인젝터를 통해 실린더 별로 연료를 분사하는 방식으로 냉간시동성이 향상되었다.

46 LPI기관의 구성품이 아닌 것은?

① 봄베   ② 인젝터
③ 연료펌프   ④ 베이퍼라이저

풀이 고압 액상으로 실린더에 직접 분사하여 베이퍼라이저가 필요 없다.

47 LPI 엔진의 연료장치에서 장시간 차량 정지시 수동으로 조작하여 연료 토출 통로를 차단하는 밸브는?

① 과류방지밸브
② 매뉴얼밸브
③ 리턴밸브
④ 릴리프밸브

풀이 ① 과류방지밸브 : 자동차 사고 등으로 인하여 LPG 공급라인이 파손되었을 때 봄베로부터 LPG 송출을 차단하여 LPG 방출로 인한 위험을 방지하는 작용을 한다.
② 매뉴얼밸브 : 장기간 동안 자동차를 운행하지 않을 경우 수동으로 LPG 공급라인을 차단할 수 있도록 한다.
③ 리턴밸브 : LPG가 봄베로 복귀할 때 열리는 밸브이다.
④ 릴리프밸브 : LPG 공급라인의 압력을 액체 상태로 유지시켜, 기관이 뜨거운 상태에서 재시동을 할 때 시동성능을 향상시키는 작용을 한다.

48 CNG(compressed natural gas)엔진에서 가스의 역류를 방지하기 위한 장치는?

① 체크밸브
② 에어조절기
③ 저압 연료차단밸브
④ 고압 연료차단밸브

49 디젤기관의 연소실 종류 중 부연소실식이 아닌 것은?

① 직접 분사실식
② 예연소실식
③ 와류실식
④ 공기실식

풀이 직접 분사실식은 단실식 연소실이다.

43 ② 44 ④ 45 ④ 46 ④ 47 ② 48 ① 49 ①

50 디젤기관의 연소실 종류에서 디젤 노크발생이 적은 연소실은?

① 직접 분사실식
② 예연소실식
③ 와류실식
④ 공기실식

풀이 예연소실식은 디젤 노크발생이 적고, 진동, 소음이 적다.

51 디젤기관의 직접 분사실식의 장점이 아닌 것은?

① 실린더헤드가 간단하고, 열효율이 높다.
② 시동 용이하고, 예열플러그가 불필요하다.
③ 디젤기관의 연소실 종류 중 압축압력이 가장 작다.
④ 연소실 용적에 대한 표면적의 비율이 작아서 냉각 손실이 적다.

풀이 직접 분사실식의 장점
① 실린더헤드가 간단, 열효율이 높음
② 시동 용이하고, 예열플러그가 불필요
③ 연소실 용적에 대한 표면적의 비율이 작아서 냉각 손실이 적다.

52 디젤기관의 연소실 종류 중 압축압력이 가장 높은 것은?

① 공기실식
② 와류실식
③ 예 연소실식
④ 직접 분사실식

풀이 연소실 종류에 따른 분사압력
① 직접분사실식 : 150~300kgf/㎠
② 예연소실식 : 100~120kgf/㎠
③ 공기실식, 와류실식 : 100~140kgf/㎠

53 디젤기관의 연소실 종류 중 압축압력이 가장 낮은 것은?

① 공기실식   ② 와류실식
③ 예 연소실식   ④ 직접 분사실식

54 디젤기관의 연소실에서 예열장치가 필요 없는 연소실식은 무엇인가?

① 공기실식   ② 와류실식
③ 예 연소실식   ④ 직접 분사실식

55 디젤기관 와류실식의 단점에 해당되지 않는 것은?

① 실린더헤드의 구조가 복잡하다.
② 직접분사식에 비해 연료 소비율이 높다.
③ 저속시 디젤노크가 일어나기 쉽다.
④ 직접 분사식에 비해 연료의 착화성에 민감하다.

풀이 와류실식 단점
① 와류실이 있어 실린더헤드의 구조가 복잡하다.
② 열효율, 연료 소비율이 나쁘다.
③ 시동시 예열플러그가 필요하다.
④ 저속시 디젤 노크발생이 쉽다.

56 디젤기관에서 와류실식의 장점에 해당되지 않는 것은?

① 연료 소비율이 좋다.
② 비교적 고속 회전에 적합하다.
③ 연료분사 압력이 낮아도 된다(100~140 kgf/㎠).
④ 압축공기의 와류를 이용하므로 공기와 연료의 혼합이 양호하다.

풀이 와류실식은 연료소비율이 나쁘다.

50 ② 51 ③ 52 ④ 53 ③ 54 ④ 55 ④ 56 ①

57 디젤기관의 연소실이 갖추어야 할 구비조건이 아닌 것은?

① 가능한 연료를 긴 시간에 연소할 것
② 압력(유효압력)이 높을 것
③ 기동이 쉬우며 디젤 노크가 적을 것
④ 고속회전에서 연소상태가 양호할 것

풀이 가능한 연료를 짧은 시간에 연소(완전 연소)하여야 한다.

58 디젤기관의 연료분사 조건으로 적당치 못한 것은?

① 무화가 잘 되고, 분무의 입자가 작고 균일할 것
② 분무가 잘 될 것
③ 분사의 시작과 끝이 확실할 것
④ 회전속도에 관계없이 일정시기에 분사할 것

59 다음 중 디젤기관의 공기빼기 순서로 맞는 것은?

① 연료공급 펌프 → 연료 여과기 → 연료 분사 펌프
② 연료분사 펌프 → 연료 여과기 → 연료 공급 펌프
③ 연료분사 펌프 → 연료공급 펌프 → 연료 여과기
④ 연료공급 펌프 → 연료분사 펌프 → 연료 여과기

60 디젤기관에서 감압장치를 설치하는 목적이 아닌 것은?

① 흡입 또는 배기밸브에 작용 감압한다.
② 흡입 효율을 높여 압축압력을 크게 하는데 작용한다.
③ 기관의 점검, 조정 및 고장 발견을 할 때 등에 작용한다.
④ 겨울철에 오일의 점도가 높을 때 시동을 용이하게 하기 위하여

풀이 감압장치 설치목적
① 겨울철에 오일의 점도가 높을 때 시동을 용이하게 하기 위하여
② 기관의 점검, 조정 및 고장발견을 할 때 등에 작용한다.
③ 흡입 또는 배기밸브에 작용 감압한다.
④ 강제로 밸브를 열어 압축 압력을 감소시키는 작용을 한다.

61 디젤기관의 연료 공급순서로 맞는 것은?

① 연료탱크 → 연료 공급펌프 → 연료 여과기 → 연료 분사펌프 → 연료 분사 파이프 → 연료 분사노즐
② 연료탱크 → 연료 분사펌프 → 연료 여과기 → 연료 공급펌프 → 연료 분사 파이프 → 연료 분사노즐
③ 연료탱크 → 연료 공급펌프 → 연료 여과기 → 연료 분사 파이프 → 연료 분사 펌프 → 연료 분사노즐
④ 연료탱크 → 연료 공급펌프 → 연료 여과기 → 연료 분사펌프 → 연료 분사노즐 → 연료분사 파이프

57 ① 58 ④ 59 ① 60 ② 61 ①

62 디젤기관의 연료 여과장치 설치개소로 적절치 않은 것은?

① 연료공급펌프 입구
② 연료탱크와 연료 공급펌프 사이
③ 연료분사펌프 입구
④ 흡입다기관 입구

63 보쉬형 연료 분사펌프의 분사시기 조절은 무엇으로 하는가?

① 피니언과 슬리브
② 펌프와 타이밍 기어의 커플링
③ 래크와 피니언
④ 조속기의 스프링

64 디젤기관의 연료장치에 대한 설명 중 적합지 않는 것은?

① 공전속도 조정이 불가능하다.
② 최대회전속도 조정이 가능하다.
③ 분사압력은 형식에 따라 다르다.
④ 각 기통마다 분사량이 균일해야 한다.

65 직렬형 연료 분사펌프의 분사량 조절은 무엇으로 하는가?

① 플런저의 행정에 의해서
② 플런저의 유효 리드의 종류에 의해서
③ 플런저의 유효행정에 의해서
④ 플런저의 홈의 길이에 의해서

풀이 분사량은 플런저의 유효행정(래크와 피니언의 변화)에 의해서 정해진다.

66 연료분사 펌프의 토출량과 플런저의 행정은 어떠한 관계가 있는가?

① 토출량은 플런저의 유효행정에 정비례한다.
② 토출량은 예행정에 비례하여 증가한다.
③ 토출량은 플런저의 유효행정에 반비례한다.
④ 토출량은 플런저의 유효행정과 아무런 관계가 없다.

67 디젤기관에서 플런저의 유효행정을 크게 하였을 때 일어나는 현상은?

① 연료 송출량이 많아진다.
② 연료 송출량이 적어진다.
③ 연료 송출압력이 커진다.
④ 연료 송출압력이 작아진다.

풀이 플런저의 유효행정이 커지면 연료 송출량이 많아진다.

68 딜리버리밸브의 유압시험시 밸브 내의 압력을 얼마 이상으로 올려야 하는가?

① 10kgf/cm²   ② 50kgf/cm²
③ 100kgf/cm²   ④ 150kgf/cm²

풀이 딜리버리밸브의 유압시험을 할 때 밸브 내의 압력을 150kgf/cm² 이상으로 올려야 한다.

69 딜리버리밸브의 역할이 아닌 것은?

① 연료의 역류를 방지한다.
② 노즐의 후적을 방지한다.
③ 가압된 연료를 분사노즐로 압송한다.
④ 노즐의 분사압력을 조절한다.

풀이 노즐의 분사압력은 조정나사로 조정한다.

62 ④ 63 ② 64 ① 65 ③ 66 ① 67 ① 68 ④ 69 ④

70 분사초기의 분사시기는 일정하게 하고 분사말기의 분사시기를 변화시키는 플런저 리드형은 무엇인가?

① 정리드형
② 역리드형
③ 양리드형
④ 고정 리드형

풀이 플런저 리드
① 정리드 : 분사 초기는 일정하고 말기에는 변화
② 역리드 : 분사 초기는 변화하고 말기에는 일정
③ 양리드 : 분사 초기, 말기 모두 변화

71 다음 중 기관의 흡기 매니폴드의 압력 변화를 이용하여 연료 제어래크를 움직이는 조속기는?

① 기계식 조속기
② 공기식 조속기
③ 유압식 조속기
④ 전자식 조속기

풀이 ① 기계식 조속기 : 원심추가 받는 원심력과 조속기 스프링의 장력이 이루는 변위를 이용하여, 연료 분사 펌프의 제어 래크를 움직여서 분사량을 조절
② 공기식 조속기 : 엔진의 흡기 부압의 변화를 이용하여 연료 제어래크를 움직이는 방식
③ 유압식 조속기 : 유압의 작동원리를 이용
④ 전자식 조속기 : 엔진의 모든 작동조건에 알맞은 연료를 전자제어 유닛을 통하여 제어하는 조속기

72 다음 중 공기식 조속기의 구조에 속하지 않는 것은?

① 막판
② 진공실
③ 주스프링
④ 원심추

풀이 원심추는 기계식 조속기의 구성품이다.

73 디젤기관의 전부하 운전시 불균율의 허용범위는 얼마인가?

① ±1%
② ±3%
③ ±5%
④ ±7%

풀이 디젤기관의 불균율의 허용범위는 전부하시 ±3%, 무부하시 10~15%이다.

74 어느 디젤기관의 분사량을 측정하였다. 평균 분사량이 68cc이고, 최소 분사량이 64cc, 최대 분사량이 78cc였다면 이 기관의 (+) 불균율은 얼마인가?

① 약 5.90%
② 약 14.71%
③ 약 17.65%
④ 약 20.59%

풀이 (+) 불균율 = $\dfrac{최대분사량 - 평균분사량}{평균분사량} \times 100\%$

$= \dfrac{78-68}{68} \times 100(\%) = 14.71\%$

75 다음은 어떤 4행정 6기통 디젤기관의 각 실린더 분사량을 측정한 것이다. 수정하여야 할 실린더는?(단, 불균율의 한도는 ±3%이다)

실린더 번호	1	2	3	4	5	6
분사량(cc)	80	82	83	81	78	79

① 2, 3번 실린더
② 1, 4번 실린더
③ 3, 5번 실린더
④ 5, 6번 실린더

풀이 ① 평균 분사량 = $\dfrac{80+82+83+81+78+79}{6}$

$= 80.5\text{cc}$

② 불균율의 한도가 ±3%이므로 80.5 × 0.03 = 2.415
③ (+)불균율의 한계값은 80.5+2.415 = 82.915(cc), (−)불균율의 한계값은 80.5−2.415 = 78.085cc이므로 78.085~82.915cc 범위내의 실린더 분사량은 양호하다.
④ 따라서, 수정해야 할 실린더는 3번과 5번 실린더이다.

70 ① 71 ② 72 ④ 73 ② 74 ② 75 ③

76 다음 중 구멍형 노즐의 특징이 아닌 것은?

① 연료 소비율이 적다.
② 연료의 무화가 좋다.
③ 엔진의 시동이 좋다.
④ 연료 분사개시 압력이 비교적 낮다.

풀이 구명형 노즐은 직접 분사실식에 사용하므로 연료 분사 개시 압력이 높다.

77 다음 분사노즐 중에서 가장 연료분사 개시 압력이 높은 것은?

① 구멍형 노즐   ② 핀틀형 노즐
③ 스로틀형 노즐   ④ 플런저형 노즐

풀이 구멍형 노즐
① 직접 분사실식에 사용하여 분사압력이 높고 무화가 좋다.
② 엔진 기동용이, 연료 소비량이 적다.
③ 가공이 어렵고 구멍이 막힐 우려가 있다.
④ 수명이 짧고, 각 연결부에서 연료가 새기 쉽다.

78 분사노즐에 묻은 카본은 어느 것으로 떼어내는 것이 제일 좋은가?

① 줄   ② 브러시
③ 샌드페이퍼   ④ 나무조각

79 분사노즐의 분산도를 결정하는 조건에 속하지 않는 것은?

① 연료의 유량계
② 노즐의 형상과 설치각
③ 연소실의 모양
④ 공기의 와류

80 디젤기관 연료분사장치의 분사 압력은 어디서 조정하는가?

① 노즐 조정 스크류
② 연료 여과기
③ 분사펌프의 플런저
④ 분사펌프의 딜리버리밸브

풀이 디젤기관 연료 분사장치의 분사압력은 노즐 조정 스크류로 조정한다.

81 디젤기관 노즐의 정비에 관한 설명이다. 틀리는 것은?

① 분해 조립 후 노즐시험기로 분사압력, 상태, 각도를 점검한다.
② 압력스프링이 강하면 분사압력이 떨어진다.
③ 조정나사를 조이면 스프링의 장력이 높아진다.
④ 분사 후 후적이 생기면 노즐에 카본이 생긴다.

풀이 압력스프링의 장력이 크면 분사압력이 높아진다.

82 스로틀형 노즐에 관한 설명이다. 틀린 것은?

① 핀틀형 노즐을 개량한 것이다.
② 분사초기에 분사량을 많게 하여 노킹을 방지한다.
③ 예연소실 및 와류실식에 사용된다.
④ 분공의 면적은 밸브의 양정에 거의 변화가 없다가 급격히 증가된다.

풀이 분사 초기에 분사량을 적게하여 노킹을 방지한다.

76 ④ 77 ① 78 ④ 79 ① 80 ① 81 ② 82 ②

83 디젤기관의 연료 분사밸브에 관한 설명 중 옳은 것은?

① 분사개시 압력이 낮으면 연소실 내에 카본 퇴적이 생기기 쉽다.
② 직접 분사실식의 분사개시 압력은 일반적으로 100~120kgf/cm²이다.
③ 연료 공급펌프의 흡입압력이 저하하면 연료 분사압력이 저하한다.
④ 분사개시 압력이 높으면 노즐의 후적이 생기기 쉽다.

84 디젤기관의 예열장치 중 실드형 예열플러그에 대한 설명으로 맞는 것은?

① 발열량은 40~80W이다.
② 플러그 전압은 0.9~1.4V이다.
③ 플러그 전류는 30~60A이다.
④ 플러그 회로 접속은 병렬접속이다.

풀이 예열플러그 구분
① 직접 분사실식(단실식) : 흡기 가열식
② 복실식(예연소실식, 와류실식, 공기실식) : 예열플러그식

구분	코일형	실드형
발열량	40~80W	60~100W
발열부 온도	950~1050℃	950~1050℃
전압	0.9~1.4V	24V식 20~23V / 12V식 9~11V
전류	30~60A	24V식 5~6A / 12V식 10~11A
회로	직렬접속	병렬접속
예열시간	40~60초	60~90초
비고		가장 많이 사용

85 디젤기관에 사용되는 코일형 예열 플러그의 특징이 아닌 것은?

① 히트 코일 노출로 적열시까지의 시간이 짧다.
② 내부식성이 적다.
③ 병렬로 결선된다.
④ 회로 내에 예열플러그 저항기를 둔다.

풀이 코일형 예열플러그의 회로는 직렬로 결선된다.

86 글로우(예열)플러그가 단선이 되는 원인이 아닌 것은?

① 예열 시간이 길다.
② 과대전류가 흐른다.
③ 정격이 다른 예열플러그를 사용한다.
④ 축전지 전압이 규정보다 높은 것을 사용한다.

87 디젤기관의 예열플러그의 발열부 온도로 알맞은 것은?

① 300~450℃   ② 500~750℃
③ 750~950℃   ④ 950~1050℃

풀이 디젤기관의 예열플러그의 발열부는 약 950~1050℃이다.

88 예열플러그에 흐르는 전류가 커서 기동 전동기 스위치의 손상을 방지하기 위해 설치하는 것은?

① 히트 레인지
② 히트 릴레이
③ 예열플러그 조절기
④ 예열플러그 저항기

풀이 히트 릴레이는 예열플러그에 흐르는 전류가 커서 기동 전동기 스위치의 손상을 방지하기 위해 설치한다.

83 ①　84 ④　85 ③　86 ④　87 ④　88 ②

89 디젤기관의 예연소실식의 연료분사 압력은 얼마인가?

① 100~120kgf/cm²
② 130~150kgf/cm²
③ 150~200kgf/cm²
④ 200~400kgf/cm²

90 디젤기관의 연료 분사시기가 빠를 때 일어나는 현상으로 틀린 것은?

① 노크를 일으키고, 노크음이 강하다.
② 배기가스가 흑색을 띤다.
③ 기관의 출력이 저하된다.
④ 분사압력이 증가한다.

91 디젤기관에서 분사압력 발생과 분사과정이 별개로 이루어져 1,350~1,600bar의 고압으로 분사하는 방식을 무엇이라 하는가?

① GDI 방식
② MTV 방식
③ CRDI 방식
④ CVT 방식

풀이 CRDI(common rail direct injection) : 커먼레일 분사방식

92 커먼레일 분사방식의 장점을 설명한 것으로 틀린 것은?

① 기존 디젤엔진보다 50%의 토크가 증가된다.
② 기존 디젤엔진보다 20~30%의 출력이 증가된다.
③ 미세한 연료분사로 소음, 진동, 공해가 감소된다.
④ 엔진 회전속도가 낮을 때에는 고압분사가 불가능하다.

풀이 엔진 운전조건에 따라 연료압력과 분사시기를 조정할 수 있기 때문에 엔진의 회전속도가 낮을 때에도 고압분사가 가능해진다.

93 커먼레일의 기능을 설명한 것으로 맞는 것은?

① 고압의 연료를 저장하는 기능이다.
② 연료의 분사량을 결정하는 기능이다.
③ 연료의 분사시기를 결정하는 기능이다.
④ 연료의 분사율을 결정하는 기능이다.

풀이 커먼레일(고압 어큐뮬레이터)은 고압펌프에서 공급된 연료가 축압 저장하는 장치이다.

94 커먼레일 분사방식의 디젤기관에서 분사량 및 분사시기를 결정하는 것은?

① ECU
② 조속기
③ 타이머
④ 분사펌프

풀이 CRDI(커먼레일 분사방식) 디젤기관에서 분사량, 분사율, 분사시기는 ECU의 펄스신호에 따라 결정된다.

95 전자제어 커먼레일(CRDI) 시스템의 장점이 아닌 것은?

① 유해 배기가스의 배출 감소
② 연료 소비율의 향상
③ 콤팩트한 설계와 중량화
④ 엔진 및 운전 성능 향상

풀이 커먼레일엔진의 장점
① 배출가스의 감소
② 자동차의 성능 향상
③ 저소음으로 운전성 향상
④ 설계의 용이 및 엔진의 경량화 기능
⑤ 완전연소로 연비 향상
⑥ 시스템의 모듈화(module) 가능

89 ① 90 ④ 91 ③ 92 ④ 93 ① 94 ① 95 ③

96 전자제어 커먼레일(CRDI) 시스템의 입력 요소가 아닌 것은?

① 레일 압력 센서
② 가속 페달 위치 센서
③ 공기 조절 밸브
④ 크랭크 각 센서

풀이 커먼레일 시스템 입력요소
커먼레일 모듈 시스템 입력요소 : 레일 압력센서(RPS), 공기유량 센서(AFS) & 흡기온도 센서(ATS), 액셀러레이터 포지션 센서(APS 1, 2), 연료온도 센서(FTS), 수온센서(WTS), 크랭크축 위치 센서(CPS, CKP), 캠 포지션 센서(CMP), 부스터 압력 센서(BPS), 클러치 스위치 신호, 에어컨 스위치, 송풍기 모터 스위치, 2중 브레이크 스위치등

97 전자제어 커먼레일(CRDI) 시스템의 인젝터 제어에 해당하지 않는 것은?

① 예비 분사(pilot injection)
② 주 분사(main injection)
③ 사후 분사(post injection)
④ 부분 분사(point injection)

98 전자제어 커먼레일(CRDI)의 인젝터 예비 분사 중단 조건이 아닌 것은?

① 예비분사가 주 분사를 너무 앞지르거나 엔진회전 속도가 3000rpm 이상인 경우
② 주 분사가 이루어지기 전에 연료를 분사하는 경우
③ 분사량이 너무 적거나 주 분사량이 불충분한 경우
④ 엔진 자동 중단에 오류가 발생하거나 연료 압력이 최솟값 이하(100bar)인 경우

풀이 파일럿 분사(Pilot Injection, 예비분사, 착화분사) 중단 조건
① 예비분사가 주 분사를 너무 앞지르는 경우
② 엔진 회전속도가 3200rpm 이상인 경우
③ 연료 분사량이 너무 작은 경우
④ 연료 주 분사량이 불충분한 경우
⑤ 엔진 자동 중단에 오류가 발생한 경우
⑥ 연료 압력이 최소 값 이하(100bar) 이하인 경우

99 전자제어 커먼레일(CRDI)의 인젝터 사후 분사 중단 조건이 아닌 것은?

① 공기 유량 센서 고장 시
② 람다 센서 고장 시
③ 배기가스 재순환(EGR) 관련 계통 고장 시
④ 수온 센서 고장 시

풀이 사후분사 중단 조건은 공기유량 센서의 고장 또는 배기가스 재순환(EGR) 관련 계통 고장

96 ③ 97 ④ 98 ② 99 ④

100 CRDI엔진의 압력 조절 밸브의 설명으로 틀린 것은?

① 저압 펌프를 통해 고압 펌프에서 토출된 연료는 압력 조절 밸브의 듀티 제어에 의해 최종적으로 레일 압력이 형성된다.
② 커먼레일 파이프 출구에 장착되어 연료탱크로 리턴 되는 양을 조절하여 레일 압력이 결정되면 출구 제어 방식 이다.
③ 저압 펌프와 고압 펌프 중간에 압력 조절 밸브가 설치되어 고압펌프 및 커먼레일에 공급되는 연료량을 조절하여 레일 압력이 결정되면 입구 제어 방식이다.
④ 압력 조절 밸브는 커먼레일의 연료분사를 제어하기 위해 필요하다.

101 CRDI엔진의 공기유량센서의 설명으로 가장 알맞은 것은?

① 배기가스 재순환량의 피드백제어
② 커먼레일 연료압력 측정
③ 기관시동시 연료 분사량 제어
④ 연료온도에 따른 연료량 보정신호

[풀이] CRDI엔진의 공기유량 센서는 열막(Hot Film)방식을 사용하며, 가솔린 엔진과는 달리 공기유량 센서의 주 기능은 EGR 피드백 제어이며, 또 다른 기능으로는 스모그 리미트 부스트 압력(Smog Limit Boost Pressure)제어용으로 사용된다.

102 CRDI전자제어 연료분사 장치중 인젝터의 설명으로 틀린 것은?

① 연료를 연소실에 분사하는 기구
② 컴퓨터에 의해 제어
③ 실린더헤드에 설치
④ 레일압력센서와 레일압력조절기로 구성

[풀이] 인젝터는 연료를 연소실에 분사하는 기구이며, 컴퓨터에 의해 제어되고 분사 개시와 분사된 연료량은 전기적으로 작동되는 인젝터에 의해 조절된다. 인젝터는 실린더헤드에 설치되며 솔레노이드밸브와 노즐로 구성되어 있다.

103 CRDI전자제어 연료분사장치 엔진의 고압 연료라인의 구성요소가 아닌 것은?

① 압력 조절 밸브
② 플라이밍 펌프
③ 커먼레일 파이프
④ 솔레노이드 인젝터

[풀이] 수동용 펌프로서 엔진이 정지 되어있을 때 연료 탱크에서 부터 연료 분사 펌프 까지 공급하거나 연료라인에 있는 공기를 빼기 위해 사용되는 펌프로 연료필터로 연료가 들어가기 전 저압라인에 프라이밍 펌프가 있다.

104 CRDI전자제어 인젝터 작동 4단계에 해당하지 않는 것은?

① 인젝터 닫힘(고압 적용)
② 인젝터 열림(분사 개시)
③ 인젝터 부분 열림
④ 인젝터 닫힘(분사 완료)

[풀이] 인젝터의 작동은 엔진 시동과 함께 압력을 생성하는 고압 연료펌프와 더불어 4단계로 나눌 수 있다. ① 인젝터 닫힘(고압 적용), ② 인젝터 열림(분사 개시), ③ 인젝터 완전 열림, ④ 인젝터 닫힘(분사 완료)

100 ④ 101 ① 102 ④ 103 ② 104 ③

105 CRDI엔진의 피에조 인젝터에 대한 설명이 올바르지 않는 것은?

① 솔레노이드 형식의 인젝터보다 800bar의 압력을 분사한다.
② 빠른 분사 응답성과 정밀한 제어를 실현할 수 있다.
③ 엔진의 출력 향상과 더불어 매연을 저감시킬 수 있게 되었다.
④ 피에조 인젝터는 피에조 소자의 압전 효과를 역으로 이용한다.

풀이) 피에조 인젝터는 1,800bar, 솔레노이드 인젝터는 2,000bar를 분사한다.

106 CRDI전자제어 연료분사장치 엔진의 저압 연료계통 구성요소가 아닌 것은?

① 오버플로워 밸브
② 플라이밍 펌프
③ 커먼레일
④ 연료가열장치

풀이) 커먼레일은 고압 연료계통이다.

107 전자제어 커먼레일(CRDI)의 공기 조절 밸브 기능에 대한 설명이 틀린 것은?

① 가속페달 작동에 따른 흡입 공기량 조절 기능
② 시동 정지 시에 흡입통로를 차단하는 기능
③ 배기가스가 재순환될 때 흡입 공기량 제어 기능
④ 후처리 장치 재생 시 배기가스 상승을 위해 작동

108 전자제어 커먼레일(CRDI)의 인젝터 리턴량(정적테스트) 점검에 대한 설명이 틀린 것은?

① 시험 중 시동이 걸리지 않도록 모든 인젝터의 커넥터를 탈거한다.
② 5초 동안 크랭킹 후 자기진단기 상의 최고 레일 압력과 투명 튜브를 통해 누설된 연료 리턴량을 측정한다.
③ 레일 압력은 1000bar 이상 상승해야 되며, 투명 튜브에 올라온 연료 리턴량의 높이는 200mm 이하인지 확인한다.
④ 출구 쪽 연료 압력조절 솔레노이드 밸브에 배터리 전압 연결은 5분 이상 한다.

109 전자제어 커먼레일(CRDI) 엔진의 공회전 부조 및 매연, 가속 불량 여부를 점검하는 방법이 아닌 것은?

① 압축 압력 시험
② 아이들 속도 비교 시험
③ 분사 보정 목표량 시험
④ 솔레노이드식 인젝터의 연료 리턴 량 (정적 테스트)

105 ① 106 ③ 107 ④ 108 ④ 109 ④

110 커먼레일(CRDI) 디젤 차량의 고압 연료 관련 부품 탈거 시 주의사항이 아닌 것은?

① 연료 분사 시스템은 높은 압력(최대 2,000bar) 상황에서 작동하므로 주의를 필요로 한다.
② 엔진 작동 중이거나 시동을 끈 후 30초 동안은 커먼레일 연료분사 시스템과 관련된 어떠한 작업도 해서는 안 된다.
③ 인젝터 신품 동 와셔에 엔진 오일을 도포한 다음 실린더 헤드에 삽입한다.
④ 고압 연료 튜브는 재사용하지 않으며, 고압 연료 튜브 조립 시 플레어 너트는 상대 부품과 수직으로 체결한다.

111 전자제어 커먼레일(CRDI) 엔진의 분사 보정 목표량 시험에서 보정량은 최대 얼마인가?

① $1mm^3$
② $2mm^3$
③ $3mm^3$
④ $4mm^3$

110 ③ 111 ④

제4절 흡·배기장치

1_ 흡기 및 배기장치

1. 공기청정기

흡입 공기 중의 먼지 등을 여과하며 소음을 감소하고 역화시 화염을 저지한다. 공기청정기의 종류에는 건식 공기청정기(dry type air cleaner)와 습식 공기청정기(wet type air cleaner)가 있다. 건식 공기청정기는 종이, 천, 다공질의 합성섬유 등과 같은 여과재를 주름지게 접은 여과 엘리먼트를 장착하여 먼지를 포함한 공기가 이 엘리먼트를 통과할 때 이물질이 걸러지게 된다. 습식 공기청정기는 2중의 케이스 내에 오일을 머금은 스틸 울(steel wool) 엘리먼트가 들어 있고, 바깥 케이스 하부에는 규정량의 윤활유(엔진오일)가 들어있다.

2. 서지탱크

공기 흡입이 맥동적으로 이루어지는 것을 방지

1) 스로틀보디
① 구성 : 스로틀밸브, 공전 속도조절기, TPS
② ISC-servo
  ㉠ 구성 : 모터, 웜기어, 웜휠, 플런저, 모터위치 센서(MPS), 공전위치 스위치
  ㉡ 스로틀밸브의 개도를 조정하여 공전속도를 제어
  ㉢ 공전속도 제어기능
    ⓐ 패스트 아이들 제어
    ⓑ 공전제어
    ⓒ 대시포트 제어
    ⓓ 부하시 제어(에어컨 작동시, 동력 조향장치의 오일 압력 스위치 ON시 등)

> **참고**
> **대시포트**
> 급감속시 연료를 일시적으로 차단함과 동시에 스로틀밸브가 빠르게 닫히지 않도록 함으로서, 기관의 회전속도를 완만하게 변화

③ AFS(air flow sensor) : 연소실 내로 유입되는 공기량 감지
  ㉠ L-제트로닉스(L-jectronic)
    ⓐ 흡입공기 체적 검출방식 : 메저링 플레이트식
    ⓑ 흡입공기 질량 직접 검출방식 : 열선식(핫 와이어식), 핫 필름식
    ⓒ 흡입공기 질량 유량 검출방식 : 칼만와류식
  ㉡ D-제트로닉스(D-jetronic)
    ⓐ 흡입공기 밀도 검출방식 : MAP센서
④ 공기밸브
  ㉠ 기관의 시동직후(냉간시) 빠른 워밍업을 위해 스로틀밸브의 열림정도에 상관없이 바이패스 통로를 통해 공기를 추가로 공급하는 역할
  ㉡ 냉각수의 온도가 낮으면 공기를 통하게 하고, 높으면 밸브를 닫아 공회전보다 조금 빠르게 한다(약 1000rpm).
⑤ BPS(대기압센서) : 공기유량센서에 부착되어 대기압력 검출
⑥ ATS(흡기 온도센서) : 흡기온도 검출하는 가변 저항기
⑦ TPS(스로틀위치 센서) : 스로틀밸브의 개도량을 검출하여 ECU로 입력
⑧ MAP(흡기다기관 절대 압력센서) : 흡기다기관의 부압 상태를 검출, 압력 변화를 피에조 저항에 의해 감지하여 흡입공기량을 간접적으로 측정하여 ECU로 보내주는 센서

> **참고**
> **피에조(piezo)**
> 기체 또는 액체의 압력을 검출하는 센서로 반도체의 단결정이 압력을 받게 되면 결정 자체의 고유저항이 변화되는 성질을 이용하여 압력변화를 전기적 저항변화로 표현한다.

3. 흡기다기관

각종 흡기다기관의 모양을 나타내었다. 흡기다기관은 공기나 혼합기를 각 실린더에 가능한 균등히 배분시켜 주는 장치를 말하며, 재질은 알루미늄합금 또는 특수 플라스틱을 사용하고 있다.

4. 소음기

배기가스의 압력과 온도를 저하시켜 소음을 감소 시킨다.

2_과급장치

1. 과급기

과급이란 대기압보다 높은 압력으로 엔진에 공기를 압송하는 것으로 과급기는 배기량이 일정한 상태에서 연소실에 강압적으로 많은 공기를 공급하여 엔진의 흡입효율을 높임으로써 출력과 토크를 증대시키는 장치이다. 과급기를 설치하였을 때의 장점은 다음과 같다.

① 엔진 출력이 35~45% 증가된다. 단 엔진의 무게는 10~15% 증가된다.
② 체적효율이 향상되기 때문에 평균유효압력과 엔진의 회전력이 증대된다.
③ 높은 지대에서도 엔진의 출력 감소가 적다.
④ 압축온도의 상승으로 착화지연 기간이 짧다.
⑤ 연소상태가 양호하기 때문에 세탄가(cetane number)가 낮은 연료의 사용이 가능하다.
⑥ 냉각손실이 적고, 연료소비율이 3~5% 정도 향상된다.

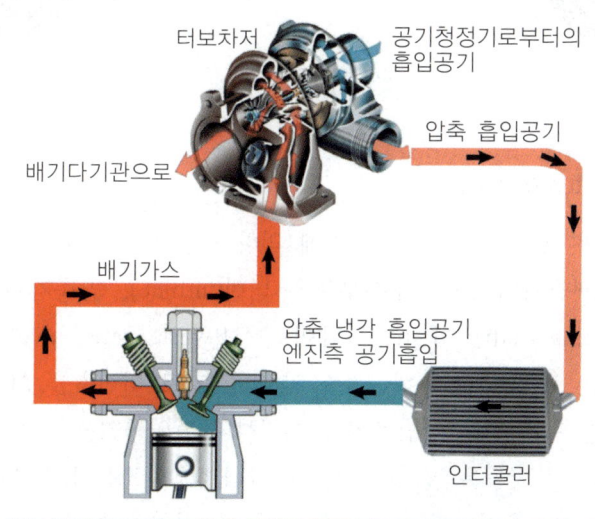

그림 2-38 / 과급기 작동도

> **참고**
> **디퓨저**
> 과급기에서 공기의 속도 에너지를 압력 에너지로 바꾸는 장치

2. 과급기 종류

1) 루츠식 과급기(roots supercharger)

루츠식 과급기는 세 개의 로브(lobe)를 갖는 루츠 형상의 로터가 하우징 내에서 서로 맞물려 회전하는 기계 과급기이다. 구동은 크랭크축에 의하여 회전하며 엔진 회전수의 약 2~3배의 속도로 회전한다. 흡입구로 들어온 새로운 공기는 로터 로브와 하우징 사이에 채워지고 로터가 회전함에 따라 출구로 배출되어 인터쿨러(intercooler) 또는 흡기다기관으로 보낸다.

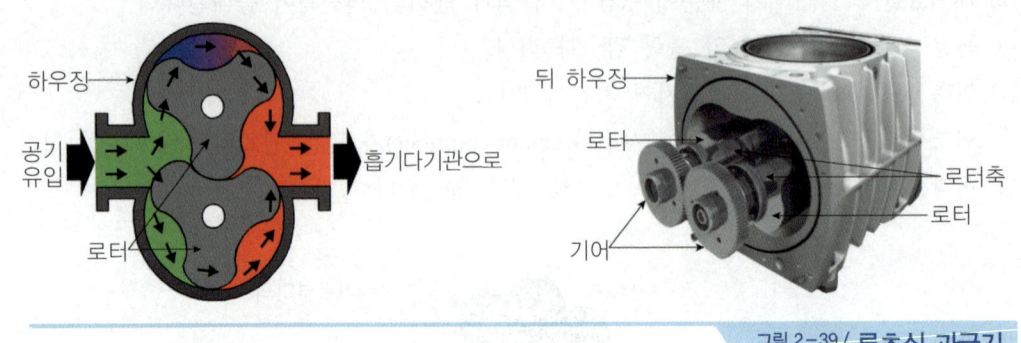

그림 2-39 / **루츠식 과급기**

2) 배기 터보과급기(turbocharger)

일반적으로 자동차용 엔진에서는 배기가스에 의하여 구동되는 원심 펌프형 터보과급기를 사용한다. 배기 터보과급기의 조요 구성부품은 터빈(turbine), 압축기(compressor), 디퓨저(diffuser), 터빈축(turbine shaft), 웨이스트 게이트밸브(waste gate valve), 베어링 등으로 구성된다. 터보 과급기는 고온 고압의 배기가스 압력에너지로 터빈축을 회전시키면 터빈 반대편에 있으면서 동일한 축에 연결된 압축기가 회전하여 흡입공기를 압축하게 된다.

웨이스트 게이트밸브의 작동은 흡기다기관 내 압력(정압) 또는 ECU에 의하여 제어할 수 있는데, ECU 제어 방식은 흡기다기관 내에 압력센서를 장착해야 하며, 웨이스트 게이트밸브(waste gate actuator)는 솔레노이드밸브(solenoid valve)의 작동에 의하여 제어된다.

3. 인터쿨러(inter cooler)

과급기에서 공기를 압축하면 흡입공기 온도가 상승하는데 약 100~150℃ 정도의 범위이다. 가솔린엔진에서 흡입공기온도가 상승하면 밀도 저하로 인하여 충전효율이 저하함과 동시에 혼합기의 온도가 상승하여 노킹이 발생하기 쉽다. 따라서 인터쿨러란 흡입공기온도를 하락시킴으로써 충전효율의 향상과 노킹 발생을 줄이기 위하여 설치된다. 일반적으로 인터쿨러는 수냉식과 공랭식이 있다.

3_배출가스 저감장치

1. 삼원촉매 변환기

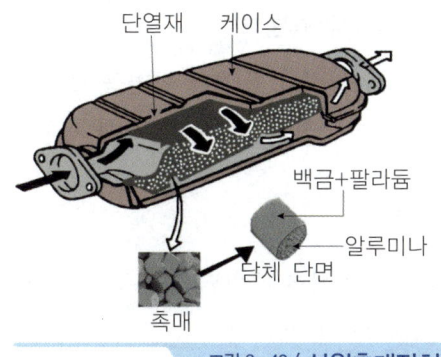

그림 2-40 / **삼원촉매장치**

① 내부 알루미나(Al_2O_3)에 촉매를 부착시켜 산화, 환원반응을 일으키도록 한 것
② 배기가스의 유해 가스(CO, HC, NO_x)를 촉매(Pt(백금), Rh(로듐), Pd(파라듐))를 사용하여 무해 가스(H_2O, CO_2, N_2)로 정화

> **참고**
> CCCC(closed coupled catalyst converter)
> 새로운 삼원촉매 변환기로 희박연소에 의한 연소온도 저하와 NOx 저감효과가 커서 GDI 엔진에서 사용한다.

2. EGR장치

① 배기가스 중의 질소산화물(NO_x)을 감소시키는 장치
② 배기가스의 일부를 흡기다기관으로 재순환시켜 연소
③ 공전 및 워밍업시에는 작동하지 않는다.
④ EGR율

$$EGR율 = \frac{EGR가스량}{흡입공기량 + EGR가스량} \times 100(\%)$$

3. 블로바이가스 제어장치

블로바이가스(HC)를 PCV 또는 블리더 호스를 통해 다시 흡입계통으로 보내는 장치

1) PCV(positive crank-case ventilation)밸브

① 경, 중부하시 : 흡기다기관의 진공과 동일한 양만큼 밸브가 열린다.
② 급가속 및 고부하시 : 밸브가 닫히고 블리더 호스를 통해 스로틀바디에 유입된다.

4. 연료 증발가스 제어장치

① 캐니스터 : 연료탱크 및 기화기에서 증발된 가스를 활성탄에 흡수하여 저장
② PCSV(purge control solenoid valve)
  ㉠ 캐니스터에 포집된 증발가스를 ECU신호에 의해 연소실로 유입
  ㉡ 기관 회전이 일정 이상(약 1,450rpm)이 되면 작동
  ㉢ 가속시 가장 많이 작동
③ 연료탱크 압력센서(FTPS : Fuel Tank Pressure Sensor) : 연료탱크 압력 센서는 증발가스 제어 시스템의 구성 요소로서, 연료탱크, 연료펌프, 캐니스터 등에 장착되어 퍼지 제어 솔레노이드 밸브의 작동상태와 증발가스 제어 시스템의 누설 여부를 점검하기 위해 압전소자 방식의 압력센서가 장착 되어있다. 연료탱크 압력 센서는 연료탱크에서 발생되는 증발가스 성분이 대기로 방출되는 것을 규제하는 법규를 만족시키기 위해 사용된다.

5. 디젤엔진 매연저감장치(DPF)의 종류

1) DPF(Diesel Particulate Filter)

디젤엔진의 배기가스 중 PM(Particulate Matters, 매연)을 Filter(여과기)를 이용하여 물리적으로 포집하고 일정거리 주행 후 PM의 발화 온도(550℃) 이상으로 배기가스 온도를 상승시켜 PM을 연소시켜 공해물질을 줄이는 장치이다.

2) 배출가스 저감장치(DPF, p-DPF)

자동차 배출가스 중 입자상물질(PM) 등을 촉매가 코팅된 필터로 여과한 후, 이를 산화(재생)시켜 이산화탄소(CO_2)와 수증기(H_2O)로 전환하여 오염물질을 제거하는 장치이다. 간단히 말해서 디젤엔진에서 배출되는 배기가스 성분 중에서 Soot(그을음)을 저감시켜주는 장치이다. 경유차량이 배출하는 미세먼지(PM10)를 90% 이상 걸러내고 질소산화물도 80% 넘게 제

거해준다.

① **자연재생방식** : 재생에 필요한 열 공급원으로 엔진 배기열을 이용하는 방식(고속주행차량에 적용)
② **복합재생방식** : 전기히터/보조연료 등을 사용하여 재생하는 방식(대부분 차량에 적용)

3) PM-NOx 동시 저감장치

배출가스 저감장치(DPF)에서 입자상물질(PM)을 저감시키고 선택적 촉매환원장치(SCR)에서 배기가스에 요소수를 분사하여 질소산화물(NOx)을 저감한다.

제4절 흡·배기장치

 출제예상문제

01 흡기장치에서 서지탱크를 설치하는 이유로 가장 알맞은 것은?

① 흡입 공기가 바로 연소실로 들어가는 것을 방지하기 위해서
② 흡입되는 공기가 맥동적으로 이루어지는 것을 방지하기 위해서
③ 흡입 공기 중에 있는 먼지 등을 여과하는 공기 청정기를 설치하기 위해서
④ 인젝터에서 분출되는 연료가 흡입 공기로부터 방해받는 것을 방지하기 위해서

[풀이] 서지탱크는 흡입공기가 맥동적으로 이루어지는 것을 방지하기 위해 설치한다.

02 전자제어 기관에서 스로틀 보디의 역할이 가장 중요한 것은?

① 혼합기 조절
② 회전수 조절
③ 공기량 조절
④ 공연비 조절

03 스로틀보디에 설치된 대시포트(dashpot)의 기능은 무엇인가?

① 감속시 스로틀밸브가 급격히 닫히는 것을 방지한다.
② 가속시 스로틀밸브가 급격히 열리는 것을 방지한다.
③ 고속주행시 스로틀밸브가 과도하게 열리는 것을 방지한다.
④ 엔진 아이들링시 스로틀밸브가 완전히 닫히는 것을 방지한다.

[풀이] 대시포트
급감속시 연료를 일시적 차단함과 동시에 스로틀밸브가 빠르게 닫히지 않도록 함으로써 기관의 회전속도를 완만하게 변화시킨다.

04 최근 전자제어 엔진에서 관성 과급을 이용하여 흡입관의 길이를 가변하여 엔진의 회전력을 높이기 위한 것은?

① VICS(Variable induction control system)
② ISCS(idle speed control system)
③ VCVS(vacuum control valve system)
④ TPSS(throttle position sensor system)

[풀이] VICS(Variable induction con trol system)는 전자제어 엔진에서 관성 과급을 이용하여 흡입관의 길이를 가변하여 엔진의 회전력을 높이기 위한 것이다.

01 ② 02 ③ 03 ① 04 ①

05 전자제어 연료분사장치에서 에어밸브가 하는 역할은 무엇인가?

① 기관이 과열되었을 때 식혀주는 역할을 한다.
② 배기가스와 외부 공기를 섞이게 하여 희석시킨다.
③ 기관이 냉각되었을 때 공회전이 과도하게 높아지는 것을 방지한다.
④ 기관이 냉각되었을 때 공회전수를 상승시켜 워밍업시간을 단축시킨다.

풀이 에어밸브는 기관이 냉각되었을 때 공회전수를 상승시켜 워밍업 시간을 단축시킨다.

06 배기다기관의 기능으로 틀린 것은?

① 각 실린더에서 배출된 연소가스를 모은다.
② 배기간섭을 최소화한다.
③ 열용량을 최대화한다.
④ 배압을 최소화한다.

풀이 배기다기관은 각 실린더에서 배출된 연소가스를 모아 실린더 밖으로 내보내는 것이며, 배기간섭 및 배압을 최소화 하여야 한다.

07 다음 중 배압이 기관에 미치는 영향이 아닌 것은?

① 출력저하
② 기관과열
③ 피스톤운동 방해
④ 냉각수 온도 저하

풀이 배압이란 배기행정에서 배출되는 배기가스의 압력이며, 배압이 기관에 미치는 영향은 출력저하, 기관 과열, 피스톤운동 방해 등이다.

08 배기가스가 직경 5cm의 배기관을 통과하고 있다. 유속이 50m/s일 때 통과하는 배기가스의 양은?(단, 배기가스의 밀도는 15kg/m³이다)

① 1.471kg/s   ② 1.634kg/s
③ 1.875kg/s   ④ 2.121kg/s

풀이 $Q = AV = 0.785 \times 0.05^2 \times 50 \times 15 = 1.471 kg/s$
Q : 배기가스량, A : 배기관 단면적,
ρ : 배기가스 밀도

09 디젤기관의 과급목적으로 맞지 않는 것은?

① 출력은 35~40% 증대된다.
② 체적 효율이 증대된다.
③ 회전력 증가하고, 평균 유효압력 향상된다.
④ 연료 소비율 3~5% 증대된다.

10 과급기 케이스 내부에 설치되어 공기의 속도 에너지를 압력 에너지로 바꾸게 하는 것은?

① 루트 과급기   ② 디퓨저
③ 터빈   ④ 송풍기

풀이 디퓨저는 공기의 속도 에너지를 압력 에너지로 바꾼다.

11 디젤기관에 과급기를 설치했을 때 얻는 장점 중 잘못 설명한 것은?

① 동일 배기량에서 출력이 증가한다.
② 연료소비율이 향상된다.
③ 잔류 배기가스를 완전히 배출시킬 수 있다.
④ 연소상태가 좋아지므로 착화지연이 길어진다.

풀이 과급기를 설치하였을 때의 장점은 ①, ②, ③항 이외에 연소상태가 양호하기 때문에 착화지연이 짧아져 세탄가가 낮은 연료의 사용이 가능하다.

05 ④ 06 ③ 07 ④ 08 ① 09 ④ 10 ② 11 ④

12. 과급기의 종류 중 다른 3개와 흡기 압축방식이 전혀 다른 것은?
   ① 베인식 과급기
   ② 루트 과급기
   ③ 원심식 과급기
   ④ 압력파 과급기

13. 디젤기관의 인터쿨러 터보(inter cooler turbo)장치는 어떤 효과를 이용한 것인가?
   ① 압축된 공기의 밀도를 증가시키는 효과
   ② 압축된 공기의 온도를 증가시키는 효과
   ③ 압축된 공기의 수분을 증가시키는 효과
   ④ 압축된 공기의 압력을 증가시키는 효과

   풀이) 과급기의 임펠러에 의해 과급된 공기는 온도 상승과 밀도 증대 비율이 감소되므로 이를 보완하고자 설치된 장치가 인터쿨러 터보이다.

14. 피스톤과 실린더사이에서 크랭크 케이스로 누출되는 가스를 블로바이가스라고 한다. 이 가스의 주 성분은 무엇인가?
   ① 일산화탄소(CO)
   ② 이산화탄소(CO_2)
   ③ 탄화수소(HC)
   ④ 질소산화물(NOx)

15. 3원 촉매 변환장치의 정화율이 가장 높은 공연비는?
   ① 8 : 1   ② 10 : 1
   ③ 14.7 : 1   ④ 18 : 1

16. 다음 중 실린더의 파워 밸런스를 시험할 때 손상에 주의해야 하는 부품은?
   ① 피스톤   ② 산소센서
   ③ 삼원촉매   ④ 점화플러그

   풀이) 삼원촉매장치의 파손을 주의하여 실린더의 파워 밸런스 시험은 최대로 단축하여 시험한다.

17. 다음 중 촉매 변환기 설치 차량의 주의 사항이 아닌 것은?
   ① 차량을 밀어서 시동하지 않는다.
   ② 주행 중 점화스위치를 꺼서는 안된다.
   ③ 가솔린은 어떤 가솔린을 사용하여도 상관없다.
   ④ 엔진의 파워 밸런스를 측정할 때는 측정 시간을 최대로 단축해야 한다.

   풀이) 촉매 변환기 설치 차량의 주의사항
   ① 차량을 밀어서 시동하지 않는다.
   ② 주행 중 점화스위치를 꺼서는 안된다.
   ③ 가솔린은 반드시 무연 가솔린을 사용해야 한다.
   ④ 엔진의 파워 밸런스를 측정할 때는 측정시간을 최대로 단축해야 한다.

18. 연소 후 배출되는 유해가스 중 삼원 촉매장치에서 정화되는 것이 아닌 것은?
   ① CO   ② NOx
   ③ HC   ④ CO_2

   풀이) 삼원촉매장치 : NOx, CO, HC → N_2, CO_2, H_2O 로 정화한다.

12 ④ 13 ① 14 ③ 15 ③ 16 ③ 17 ③ 18 ④

19. 삼원 촉매장치에 사용되는 촉매가 아닌 것은?
   ① Pt(백금)
   ② Rh(로듐)
   ③ Pd(파라듐)
   ④ Al_2O_3(알루미나)

20. 다음 중 삼원 촉매장치에서 산화 작용에 주로 사용되는 것은?
   ① Pt(백금)   ② Rh(로듐)
   ③ Pd(파라듐)   ④ Pb(납)

   풀이) 삼원 촉매의 산화작용에 주로 사용되는 것은 백금이다.

21. 가솔린기관의 조작불량으로 불완전 연소를 했을 때의 배기가스 중 인체에 가장 해로운 것은?
   ① NOx가스   ② H_2가스
   ③ SO_2가스   ④ CO 가스

22. 배기가스 재순환 장치는 어느 가스의 발생을 억제하기 위한 장치는?
   ① CO   ② HC
   ③ NOx   ④ CO_2

23. 차콜 캐니스터(charcoal canister)는 무엇을 제어하기 위해 설치하는가?
   ① CO   ② HC
   ③ NOx   ④ CO_2

   풀이) 차콜 캐니스터는 HC 증발가스를 포집한다.

24. 연료 탱크에서 증발되는 증발가스를 제어하는 캐니스터 퍼지 솔레노이드밸브는 어느 때에 가장 많이 작동되는가?
   ① 시동시   ② 가속시
   ③ 공회전시   ④ 감속시

25. 연료탱크 등에서 발생한 증발가스를 흡수, 저장하는 배출가스 제어장치는 무엇인가?
   ① 캐니스터   ② 서지탱크
   ③ 카탈리틱 컨버터   ④ 챔버

26. 블로바이가스는 어떤 밸브를 통해 흡기다기관으로 유입되는가?
   ① EGR밸브   ② PCSV
   ③ 서모밸브   ④ PCV밸브

27. 다음은 배기가스 재순환(EGR)의 설명이다. 해당되지 않는 것은?
   ① EGR밸브 작동 중에는 엔진의 출력이 증가한다.
   ② EGR밸브의 작동은 진공에 의해 작동한다.
   ③ EGR밸브가 작동되면 일부 배기가스는 흡기관으로 유입된다.
   ④ 공전상태에서는 작동되지 않는다.

28. EGR밸브와 연결되어 진공을 형성시키는 밸브는 무엇인가?
   ① 체크밸브   ② PCV밸브
   ③ 서모밸브   ④ PCSV밸브

   풀이) 서모밸브(thermo valve)는 EGR밸브와 연결되어 진공을 형성한다.

ANSWER 19 ④ 20 ① 21 ④ 22 ③ 23 ② 24 ② 25 ① 26 ④ 27 ① 28 ③

29 다음 중 EGR율을 구하는 공식은?

① EGR율 = $\frac{EGR가스량}{배기가스량+흡입공기량} \times 100$

② EGR율 = $\frac{EGR가스량}{EGR가스량+흡입공기량} \times 100$

③ EGR율 = $\frac{EGR가스량}{EGR가스량+배기공기량} \times 100$

④ EGR율 = $\frac{배기가스량}{배기가스량+흡입공기량} \times 100$

풀이 EGR율 = $\frac{EGR가스량}{EGR가스량+흡입공기량} \times 100$

30 블로바이가스를 환원시키는데 PCV (positive crankcase ventilation)밸브가 완전히 열리는 시기는 언제인가?

① 공회전시 ② 경부하시
③ 중부하시 ④ 급가속시

풀이 공회전, 감속할 때 PCV밸브가 완전히 열린다.

31 EGR밸브가 작동되지 않는 시기는?

① 시동시 ② 공회전시
③ 급가속시 ④ 급감속시

풀이 EGR밸브는 공회전 및 워밍업시에는 작동되지 않는다.

32 고속 주행시 블로바이가스는 어느 통로를 통해 흡입계통으로 되돌려 보내지는가?

① PCV밸브 ② 에어브리더 호스
③ PCSV ④ EGR밸브

33 산소센서의 부착위치로 가장 알맞은 곳은?

① 흡기다기관 ② 서지탱크 내
③ 배기다기관 ④ 연료여과기

34 공연비가 농후할 때 삼원촉매 변환기의 정화율이 가장 좋은 것은?

① CO ② CO_2
③ NOx ④ HC

풀이 공연비가 농후할 때 촉매 변환기의 정화율은 NOx이 가장 좋다.

35 전자제어 연료분사 차량에서 엔진의 흡기에 배기가스의 일부를 재순환시켜 출력의 감소를 최소로 하는 기능의 장치는?

① 캐니스터 장치 ② EGR 장치
③ PCV 밸브 장치 ④ ISC 장치

36 차콜 캐니스터에 대한 설명이다. 맞는 것은?

① 연료 탱크의 증발가스만 포집한다.
② 포집된 증발가스는 공전속도에서 연소실로 유입된다.
③ 내용물은 활성탄이 주종을 이룬다.
④ 엔진이 냉간시에 연소실로 유입되어 혼합기를 농후하게 한다.

37 블로바이 가스(blow-by gas)가 PVC 밸브에 의해서만 제어되는 경우는?

① 급 가속시 ② 고부하시
③ 경·중부하시 ④ 중·고부하시

38 다음 보기 중 일산화탄소(CO)가 생성될 수 있는 원인을 나열하였다. 맞는 것은?

① 혼합비가 희박할 때 생성된다.
② 혼합비가 농후할 때 생성된다.
③ 엔진에서 혼합기가 누설될 때 생성된다.
④ 엔진의 회전수가 높을 때 주로 생성된다.

29 ② 30 ① 31 ② 32 ① 33 ③ 34 ③ 35 ② 36 ③ 37 ③ 38 ②

39 자동차에서 발생하는 전체 유해가스 중 배기파이프로 나오는 유해가스가 차지하는 비율은?
① 80% ② 60%
③ 40% ④ 20%

40 블로바이 가스 환원장치는 다음 중 어떤 배출가스를 줄이기 위한 장치인가?
① CO ② HC
③ NOx ④ CO_2

41 다음 중 피드백(feed back) 제어에 필요한 센서는?
① 흡기온 센서 ② O_2센서
③ 대기압 센서 ④ 실린더 온도센서

42 산소센서(O_2)의 출력 전압 범위는?
① 1V~5V ② 1V~12V
③ 0.1V~0.9V ④ 0.5V~3V

43 산소센서에 대한 설명이다. 틀린 것은?
① 배출가스에 많은 산소가 있으면 450mV 이하의 전압이 출력된다.
② 센서 작동은 315℃이하에서 정상적인 출력이 있다.
③ 촉매 변환기의 상류 매니폴드에 나사식으로 설치되어 있다.
④ 배기 중의 산소 함량을 외부 공기의 산소와 비교한다.

44 산소센서 점검방법 중 옳지 않은 것은?
① 디지털 멀티미터를 사용하여 출력 전압을 측정한다.
② 토치램프를 이용하여 산소 센서를 직접 달구어 측정한다.
③ 엔진이 열 받기 전에 측정해야 한다.
④ 저항 측정은 무조건 안 된다.

45 전자제어 기관에서 공전할 때 흡입구를 손으로 폐쇄하면 산소센서의 출력은 순간적으로 어떻게 되는가?
① 출력이 증가한다.
② 출력이 감소한다.
③ 출력에는 변함이 없다.
④ 출력이 순간적으로 감소했다가 상승한다.

46 희박상태일 때 질코니아 고체 전해질에 정(+)의 전류를 흐르게 하여 산소를 펌핑 셀 내로 받아들이고, 그 산소는 외측전극에서 일산화탄소(CO) 및 이산화탄소(CO_2)를 환원하는 특징을 가진 것은?
① 티타니아 산소센서
② 질코니아 산소센서
③ 압력 산소센서
④ 전영역 산소센서

47 린번엔진에서는 CCC(closed coupled catalyst converter)의 새로운 삼원촉매를 사용하는데, 이 촉매기로 인하여 저감되는 배기가스는 무엇인가?
① CO ② CO_2
③ NOx ④ HC

풀이 CCC 삼원촉매기를 사용하면 약 70%의 NOx이 저감된다.

39 ② 40 ② 41 ② 42 ③ 43 ② 44 ③ 45 ① 46 ④ 47 ③

제5절 전자제어장치

1. 전자제어 연료 분사장치의 분류

1) K-제트로닉

연료 분사량을 기계-유압식으로 제어하는 방식(MPC)으로 연속적인 분사장치

> **참고**
> MPC
> manifold pressure controlled fuel injection type

2) L-제트로닉

① 흡입되는 공기량을 체적 및 질량 유량으로 검출하는 직접 계량방식(AFC)
② 메저링 플레이트식, 칼만 와류식, 핫 와이어 방식

> **참고**
> AFC
> air flow controlled injection type

3) D-제트로닉

흡기다기관의 절대압력 또는 스로틀밸브의 개도와 기관 회전속도로부터 공기량을 간접으로 계량하는 방식(MAP센서)

> **참고**
> 전자제어 연료분사장치 엔진의 공전속도 조정조건
> ① 냉각수 온도 : 80~95℃
> ② 각종 전기장치 : OFF
> ③ 자동변속기 : N, P위치
> ④ 조향 휠 : 직진상태

> **참고**
>
> **아날로그 신호의 센서**
>
> 핫필름 또는 핫 와이어방식의 공기유량 센서(AFS), 스로틀 포지션 센서(TPS), 액셀러레이터 포지션 센서(APS), 공기온도 센서(ATS), 냉각수온 센서(WTS), 맵 센서(MAP), 대기압 센서(BPS), 산소 센서(O2), 모터 모지션 센서(MPS), 노킹센서 등

2_센서

1) 컨트롤 릴레이
ECU를 비롯한 각종 장치와 연료펌프, 인젝터, 공기 유량센서 등에 전원을 공급하는 릴레이

2) 공기 유량센서(AFS)
흡입 공기량을 측정하여 기본 연료 분사량을 결정

3) 대기압 센서(BPS)
대기압력을 측정하여 연료 분사량과 점화시기를 조절

4) 흡기 온도 센서(ATS)
흡입 공기 온도를 검출하여 연료 분사량을 조절

5) 스로틀 포지션 센서(TPS)
스로틀밸브의 개도를 검출하여 기관 회전상태에 따른 연료 분사량을 조절

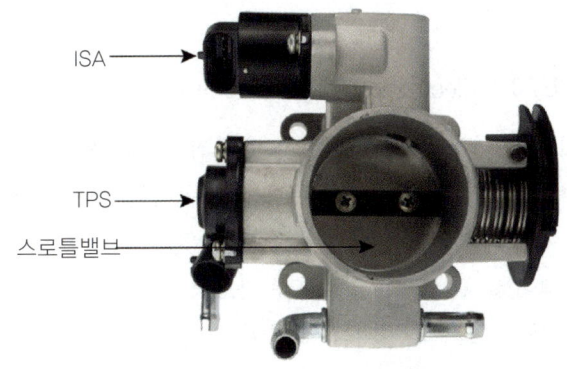

그림 2-41 / **스로틀위치 센서**

6) 모터 포지션 센서(MPS)

ISC 서보 모터의 위치를 검출하여 기관의 공회전 속도를 조절

7) 아이들 스위치

접점식으로 ISC 서보의 플런저 하단 끝부분에 설치되어 기관의 공전 상태를 감지

8) 액셀러레이터 포지션센서(APS : Accelerator Position Sensor)

액셀러레이터 위치 센서는 가속페달의 밟힌 양을 감지하는 센서로 액셀러레이터와 일체로 구성되어 있다. 2개의 센서가 조합된 더블 포텐시오미터 형식으로 엔진 ECU는 센서 1의 신호로 연료 분사량과 분사시기를 결정하는 주된 역할을 하며 센서 2의 신호는 센서 1의 이상 신호를 감지하는 역할을 한다. 센서 2는 센서 1 출력의 1/2 출력을 발생하여, 센서 1과 2의 전압 비율이 일정 이상 벗어날 경우 에러로 판정된다.

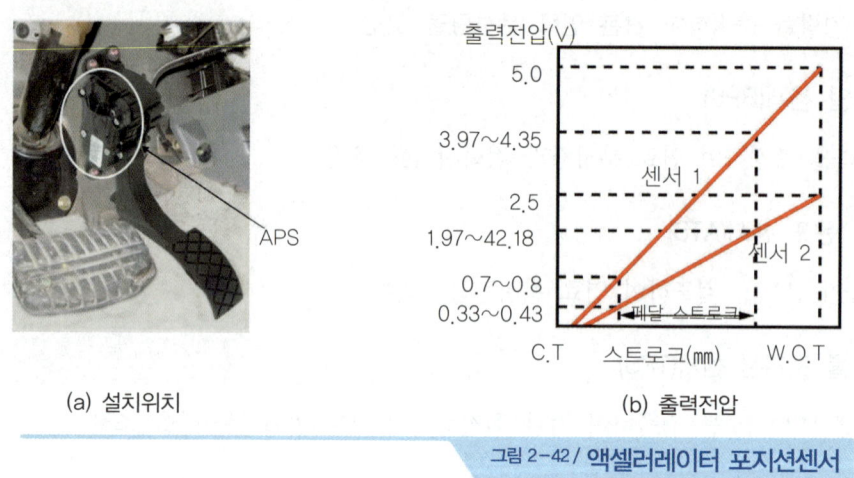

(a) 설치위치   (b) 출력전압

그림 2-42 / 액셀러레이터 포지션센서

9) 전자제어 스로틀밸브(ETC : Electronic Throttle Control)

스로틀밸브를 모터에 의해 제어하는 시스템이다. 액셀러레이터 센서의 신호를 2계통으로 ECU에 송부하고 전자제어 스로틀 역시 스로틀밸브를 구동하는 스로틀 모터, 기어기구 및 스로틀 개도를 검출하는 2계통의 스로틀센서로 구성되어 있다.

흡입공기량을 정밀하게 제어할 수 있고, 유해배출 가스의 배출을 줄일 수 있으며, 보조 공기량은 모두 전자제어 스로틀로 실시해 아이들 회전수를 제어하기 때문에 아이들 회전수 제어시스템이 필요 없다.

엔진공회전 속도제어, ABS(TCS) 제어, 정속주행 등의 여러 가지 기능을 하나의 모터로

제어하기 때문에 각종 액추에이터 및 배선, 연결 커넥터 등을 삭제시켜 시스템 간소화로 인한 고장을 저감 및 신뢰성을 확보하였다.

 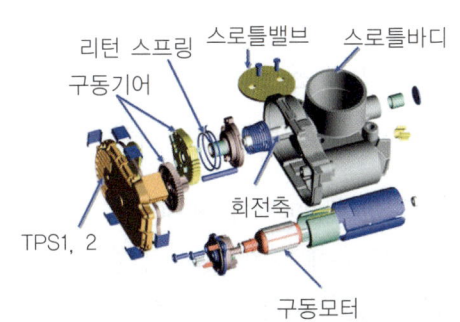

그림 2-43 / 전자제어 스로틀밸브

10) 수온센서(WTS)

냉각수 온도를 감지하여 연료의 분사량과 점화 진각도를 결정

11) 에어컨 스위치 및 릴레이

에어컨 ON, OFF 신호를 ECU가 감지하여 에어컨 ON시 ISC 서보를 제어하여 공회전수를 설정치까지 상승

12) 차속센서(VSS)

차속센서는 리드 스위치 식으로 스피드 미터에 내장되어 변속기의 스피드미터 기어의 회전을 전기적 신호로 변환하여 공전속도 및 연료 분사량 조절

13) O_2센서

배기가스 중의 산소와 대기 중의 산소농도 차에 따라 이론 공기와 연료 혼합비를 중심으로 출력전압이 급격히 변화되는 것을 이용하여 피드백의 기준신호를 공급

① 점검방법
  ㉠ 디지털시험기를 사용할 것
  ㉡ 300~600℃ 이상에서 측정할 것
② 출력전압
  ㉠ 혼합기 농후시 약 0.9V의 기전력 발생
  ㉡ 혼합기 희박시 약 0.1V의 기전력 발생

14) 1번 실린더 TDC 센서

배전기 내부에 원판 디스크의 홈에 의하여 1번 실린더 TDC를 검출하는 센서로 연료 분사 순서를 결정

15) 크랭크 각 센서(CAS)

크랭크축의 회전각도를 검출하여 연료 분사시기와 점화시기를 결정하는 센서

16) 노킹센서(knocking sensor)

기관 작동 중에 노킹발생시 실린더블록에 설치된 압전소자가 감지하여 ECU에 입력시키면 점화시기를 조절하여 노킹을 방지

17) 인히비터스위치(inhibiter switch)

P와 N레인지 위치에서만 기동 전동기가 작동하도록 하고 크랭킹하는 동안에 연료 분사시간을 조절하기 위해 설치된 스위치

18) ECU의 출력

① 연료 분사 제어
② 공전 속도 제어
③ 점화시기 및 드웰각 제어
④ 컨트롤 릴레이 제어
⑤ 에어컨 릴레이 제어
⑥ 증발가스 제어
⑦ 피드백 제어

3_엔진 ECU 제어

컴퓨터에 의한 제어는 분사시기 제어와 분사량 제어로 나누어진다. 분사시기 제어는 점화코일의 점화신호(또는 크랭크각 센서의 신호)와 흡입공기량 신호를 자료로 기본분사 시간을 만들고 동시에 각 센서로부터의 신호를 자료로 분사시간을 보정하여 인젝터를 작동시키는 최종적인 분사시간을 결정한다.

1) 분사시기 제어

연료분사는 모든 실린더가 동시에 크랭크축 1회전에 1회 분사하는 동시 분사방식과 점화순서에 동기(同期)하여 그 실린더의 흡입행정의 초기에 분사하는 동기 분사방식이 있다. 동

기 분사방식도 엔진을 시동할 때 및 고부하 영역 등에는 동시 분사방식으로 전환하여 분사하기도 한다.

2) 연료 분사량 제어

① 기본 분사량 제어 : 인젝터는 크랭크 각 센서의 출력신호와 공기유량센서의 출력 등을 계측한 컴퓨터의 신호에 의해 인젝터가 구동되며, 분사횟수는 크랭크 각 센서의 신호 및 흡입 공기량에 비례한다.

② 엔진을 크랭킹할 때의 분사량 제어 : 엔진을 크랭킹할 때에는 시동성능을 향상시키기 위해 크랭킹 신호(점화스위치 St, 크랭크 각 센서, 점화코일 1차 신호)와 수온센서의 신호에 의해 연료 분사량을 증가시킨다.

③ 엔진 시동 후 분사량 제어 : 엔진을 시동한 직후에는 공전속도를 안정시키기 위해 일정한 시간 동안 연료 분사량을 증가시킨다. 증가 비율은 크랭킹할 때 최대가 되고, 시동 후 시간이 흐름에 따라 점차 감소하며 증량 지속 시간은 냉각수 온도에 따라서 다르다.

④ 냉각수 온도에 따른 제어 : 냉각수 온도 80℃를 기준(증가비율 1)으로 하여 그 이하의 온도에서는 분사량을 증가시키고, 그 이상에서는 기본 분사량으로 분사한다.

⑤ 흡기 온도에 따른 제어 : 흡기 온도 20℃(증량비 1)를 기준으로 그 이하의 온도에서는 분사량을 증가시키고, 그 이상의 온도에서는 분사량을 감소시킨다.

⑥ 축전지 전압에 따른 제어 : 인젝터의 분사량은 컴퓨터에서 보내는 분사신호 시간에 의해 결정되므로 분사시간이 일정하여도 축전지 전압이 낮은 경우에는 인젝터의 기계적 작동이 지연되어 실제 분사시간이 짧아진다. 즉, 축전지 전압이 낮아질 경우에는 컴퓨터는 분사신호 시간을 연장하여 실제 분사량이 변화하지 않도록 한다.

⑦ 가속할 때의 분사량 제어 : 엔진이 냉각된 상태에서 가속시킬 때 일시적으로 혼합비가 희박해지는 현상을 방지하기 위해 냉각수 온도에 따라서 분사량이 증가하는데 공전 스위치가 ON에서 OFF로 바뀌는 순간부터 시작되며 증가비율과 증가 지속시간은 냉각수 온도에 따라서 결정된다. 가속하는 순간에 최대의 증가비율이 얻어지고, 시간이 경과함에 따라 증가 비율이 낮아진다.

⑧ 엔진의 출력을 증가할 때의 분사량 제어 : 엔진의 높은 부하영역에서 운전성능을 향상시키기 위하여 스로틀밸브가 규정 값 이상 열렸을 때 분사량을 증가시킨다. 출력을 증가할 때 분사량 증가는 냉각수 온도와는 관계없으며 스로틀 위치 센서의 신호에 따라서 제어된다.

⑨ 감속할 때 연료분사 차단(대시포트 제어) : 스로틀 밸브가 닫혀 공전스위치가 ON으로 되었을 때 엔진의 회전속도가 규정 값일 경우에는 연료분사를 일시 차단한다. 이것은 연료 절감과 탄화수소(HC)과다 발생 및 촉매 컨버터의 과열을 방지하기 위함이다.

3) 피드백 제어(feed back control)

이 제어는 촉매 컨버터가 가장 양호한 정화 능력을 발휘하는데 필요한 혼합비인 이론 혼합비(14.7 : 1) 부근으로 정확히 유지하여야 한다. 이를 위해서 배기다기관에 설치한 산소센서로 배기가스 중의 산소농도를 검출하고 이것을 컴퓨터로 피드백(feed back)시켜 연료 분사량을 증감해 항상 이론 혼합비가 되도록 제어한다. 피드백 보정은 운전성능, 안전성능을 확보하기 위해 다음과 같은 경우에는 제어를 정지한다.

① 냉각수 온도가 낮을 때
② 엔진을 시동할 때
③ 엔진 시동 후 분사량을 증가시킬 때
④ 엔진의 출력을 증가시킬 때
⑤ 연료 공급을 일시 차단할 때(농후 신호가 길게 지속될 때)

4) 점화시기 제어

점화시기 제어는 파워 트랜지스터로 컴퓨터에서 공급되는 신호에 의해 점화코일 1차 전류를 ON-OFF시켜 제어한다.

5) 연료펌프 제어

점화스위치가 시동(St)위치에 놓이면 축전지 전류는 컨트롤 릴레이를 통하여 연료펌프로 흐른다. 엔진 작동 중에는 컴퓨터가 연료펌프 제어 트랜지스터를 ON으로 유지하여 컨트롤 릴레이 코일을 여자 시켜 축전지 전원이 연료펌프로 공급된다.

6) 공전속도 제어

공전속도 제어는 각종 센서의 신호를 기초로 컴퓨터에서 공전속도 조절기구(ISC) 구동신호로 바꾸어 공전속도 조절기구가 스로틀 밸브의 열림 정도를 제어한다.

7) 노크(knock) 제어장치

노크제어는 엔진에서 발생하는 노크를 노크센서로 감지하여 점화시기 및 연료 분사량을 제어하고 엔진 보호 및 엔진성능을 향상시킨다. 노크는 점화시기를 늦추면 발생하기 어려우므로, 노크가 발생한 경우에 노크센서가 엔진의 진동을 감지하여 컴퓨터로 입력시키면 컴퓨터는 곧바로 점화시기를 늦추어 더 이상 노크가 일어나지 않도록 한다.

8) 자기진단 기능

컴퓨터는 엔진의 여러 부분에 입·출력 신호를 보내게 되는데 비정상적인 신호가 처음 보내질 때부터 특정 시간 이상이 지나면 컴퓨터는 비정상이 발생한 것으로 판단하고 고장코드를 기억한 후 신호를 자기진단 출력단자와 계기판의 엔진 점검등(CHECK ENGINE)으로 보낸다.

점화스위치를 ON으로 한 후 15초가 경과하면 컴퓨터에 기억된 내용이 계기판의 엔진 점검 등으로 출력되며, 정상이면 점화스위치를 ON으로 한 후 5초 후에 점검등이 소등된다. 이때 비정상(고장)항목이 있으면 점화스위치를 한 후 15초 동안 점등되어 있다가 3초 동안 소등된 후 고장 코드가 순차적으로 출력된다.

제5절 전자제어장치

출제예상문제

01 전자제어 연료분사장치의 기본 목적에 해당되지 않는 것은?

① 유해 배출가스 감소
② 연비 증가
③ 촉매 컨버터 효율 향상
④ 엔진 토크 증대

02 가솔린 전자제어 엔진의 이론공연비에 대한 설명으로 옳지 않는 것은?

① 공기가 완전 연소하기 위하여 이론상 과부족이 없는 공기와 연료의 비율을 일컫는 것
② 실린더로 유입되는 공기를 최대한 활용하여 동력을 얻어내고자 할 때 필요한 연료의 양
③ 동력의 최대점과 유해 배출가스의 배출 최소점이 어느 정도 일치 하는 구간
④ 연료가 추가 되어 연료의 분사량에 따라 공기를 혼합한다.

03 다음 중 전자제어 연료분사장치의 종류가 아닌 것은?

① K-제트로닉   ② L-제트로닉
③ D-제트로닉   ④ E-제트로닉

[풀이] 전자제어 연료분사장치의 종류로는 K, KE, L, D-제트로닉이 있다.

04 전자제어 엔진에서 인젝터의 연료 분사량을 결정해주는 입력신호가 아닌 것은?

① 엔진 회전속도 신호
② 흡입 공기량 신호
③ 모터 포지션 신호
④ 크랭크 앵글 신호

05 전자제어 차량의 인젝터 분사시간에 대한 설명으로 틀린 것은?

① 급가속시에는 순간적으로 분사시간이 길어진다.
② 축전지 전압이 낮으면 무효 분사시간이 길어진다.
③ 급감속시에는 경우에 따라 연료공급이 차단된다.
④ 산소센서의 전압이 높으면 분사시간이 길어진다.

[풀이] 산소센서의 전압이 높다는 것은 공연비가 농후하다는 것으로 분사 시간이 짧아진다.

06 ISC 서보의 공전속도 제어기능이 아닌 것은?

① 공전제어
② 피드백제어
③ 대시포트제어
④ 패스트 아이들제어

[풀이] 피드백제어는 산소 센서가 기준 신호를 제공한다.

ANSWER
01 ③ 02 ④ 03 ④ 04 ③ 05 ④ 06 ②

07 흡입 공기량 검출방식에서 질량유량을 검출하는 것은?

① 열선식　　② 가동베인식
③ 맵센서식　④ 제어유량식

풀이) 질량 유량에 의하여 흡입 공기량을 직접 검출하는 방식은 열선식이다.

08 흡입 공기량을 검출하는 방식에서 흡입 공기의 밀도를 검출하는 방식은?

① 메저링 플레이트식
② 핫 와이어식
③ 카르만 와류식
④ MAP 센서

풀이) MAP센서는 흡입공기의 밀도 검출방식이다.

09 다음 중 흡기계통의 핫 와이어(hot wire) 공기량 계측방식은?

① 공기 체적 검출방식
② 공기 질량 검출방식
③ 간접 계량방식
④ 흡입 부압 감지방식

10 다음 중 에어 플로 센서의 핫 와이어로 주로 사용되는 것은?

① 가는 은선　　② 가는 백금선
③ 가는 구리선　④ 가는 로듐선

풀이) 핫 와이어식 에어 플로 센서에서 사용되는 것은 가는 백금선이다.

11 다음 중 흡기다기관의 절대 압력의 변화로부터 공기량을 간접으로 계량하는 방식은 무엇인가?

① K-제트로닉　　② KE-제트로닉
③ D-제트로닉　　④ L-제트로닉

풀이) D-제트로닉은 MAP센서를 사용하여 흡입 공기량을 검출하는 방식이다.

12 전자제어 인젝터의 총 분사시간(ti)을 나타낸 식은?(단, tp : 기본 분사시간, ts : 전원전압 보정 분사시간, tm : 보정 분사시간)

① $ti = tp \times tm \times ts$　　② $ti = tp \times tm + ts$
③ $ti = tp + tm + ts$　　④ $ti = tp + tm/ts$

풀이) 전자제어 기관 인젝터의 ti(총 분사시간) = tp(기본 분사시간)+tm(보정 분사시간)+ts(전원전압 보정 분사시간)이다.

13 전자제어 연료분사 차량에서 크랭크 각 센서(CAS)의 역할이 아닌 것은?

① 냉각수 온도 검출
② 연료의 분사시기 결정
③ 점화시기 결정
④ 피스톤의 위치 검출

14 크랭크 각 센서의 역할로 가장 알맞은 것은?

① 실린더의 위치 검출
② 연료분사순서와 시기 결정
③ 공회전 여부의 감지
④ 연료 분사량 결정

07 ①　08 ④　09 ②　10 ②　11 ③　12 ③　13 ①　14 ②

15 가솔린 전자제어 크랭크축 위치센서의 이용방식이 아닌 것은?
① 가변저항을 이용한 접점식
② 발광다이오드와 포트다이오드의 광학식
③ 철심과 영구자석의 마그네틱 픽업의 인덕티브 방식
④ 반도체 홀소자의 홀센서 방식

16 흡입 매니폴드 압력변화를 피에조(piezo) 저항에 의해 감지하는 센서는?
① 차량속도 센서   ② MAP 센서
③ 수온 센서   ④ 크랭크 포지션센서

17 스로틀밸브의 개도를 검출하여 기관 회전상태에 따른 연료 분사량을 결정하는 센서는?
① AFS   ② ATS
③ BPS   ④ TPS

18 공회전일 때의 TPS의 출력전압으로 알맞은 것은?
① 100~300mV   ② 200~400mV
③ 400~600mV   ④ 800~1000mV

풀이 공전시의 TPS의 출력전압은 400~600mV이다.

19 TPS의 고장일 경우 나타나는 현상 중 틀린 것은?
① 가속시 출력부족
② 대시포트 기능 불량
③ 자동변속기의 변속점은 불변
④ 공전 불규칙

풀이 대시포트의 제어는 ISC서보가 한다.

20 전자제어 스로틀 밸브장치(ETC)의 강제구동 점검 진단 방법이 아닌 것은?
① 차량에 스캔툴 진단기를 연결하여 엔진 ECU와 통신한다.
② 강제구동(액추에이터 구동)에서 ETC 모터를 선택하고 강제 구동 시킨다.
③ 액셀 포지션센서 APS1 과 2의 변화값을 기록한다.
④ 정비지침서의 규정값과 비교하여 진단한다.

21 기관의 기본 연료 분사시간을 결정하는 센서는?
① AFS   ② ATS
③ BPS   ④ TPS

풀이 AFS(공기유량센서)는 흡입 공기량을 측정하여 기본 연료 분사시간을 결정한다.

22 기관의 상태에 따라서 연료량을 보정해 주는 센서가 아닌 것은?
① AFS   ② ATS
③ BPS   ④ TPS

23 다음 중 연료 분사순서를 결정하는 입력신호는 무엇인가?
① 산소 센서
② 크랭크 각 센서
③ 1번 TDC 센서
④ 스로틀 포지션 센서

15 ① 16 ② 17 ④ 18 ③ 19 ② 20 ③ 21 ① 22 ① 23 ③

24 평지에서 이상이 없던 자동차가 고지대에서 엔진 부조현상이 심하게 나타난다. 어떤 센서에 이상이 있다고 볼 수 있는가?

① AFS ② ATS
③ BPS ④ TPS

25 다음 중 공연비 피드백(feed back)장치에 사용되는 O_2센서의 기능은?

① 배기가스의 온도감지
② 흡입공기의 온도감지
③ 흡입공기 중 산소농도 감지
④ 배기가스 중 산소농도 감지

26 전자제어 연료분사 엔진에서 흡입공기 온도는 35℃, 냉각수 온도가 60℃라면 연료 분사량은 각각 어떻게 보정되는가?(단, 분사량 보정 기준은 흡입공기 온도는 20℃, 냉각수온 온도는 80℃이다)

① 흡기온 보정-증량, 냉각수온 보정-증량
② 흡기온 보정-증량, 냉각수온 보정-감량
③ 흡기온 보정-감량, 냉각수온 보정-증량
④ 흡기온 보정-감량, 냉각수온 보정-감량

풀이 전자제어 연료분사 엔진에서 분사량 보정 기준이 흡입공기 온도는 20℃, 냉각수온 온도는 80℃이면, 흡입공기 온도는 35℃, 냉각수 온도가 60℃라면 연료 분사량은 각각 흡기 온도 보정은 감량, 냉각수 온도 보정은 증량 보정된다.

27 2000rpm 이상 운전 중 스로틀밸브를 완전히 닫을 때 연료 분사량은?

① 분사량 증가
② 분사량 감소
③ 분사일시 중단
④ 변함없다.

28 전자제어 엔진에서의 연료 컷(fuel cut)에 대한 내용으로 틀린 것은?

① 인젝터 분사신호의 정지이다.
② 연비를 개선하기 위함이다.
③ 배출가스를 정화하기 위함이다.
④ 기관(engine)의 고속회전이 가능하도록 하기 위함이다.

풀이 연료차단(fuel cut)기능은 ①, ②, ③항 이외에 기관의 고속회전을 방지하기 위함이다.

29 전자제어 연료분사 방식에서 연료 컷(Fuel cut)영역을 잘 나타낸 것은?

① 과충전시 연료 컷, 감속시 연료 컷
② 고회전시 연료 컷, 브레이크시 연료 컷
③ 브레이크시 연료 컷, 과충전시 연료 컷
④ 감속시 연료 컷, 고회전시 연료 컷

30 자동차엔진에서 고장이 발생되면 고장신호를 운전자에게 알려준다. 고장발생신호가 아닌 것은?

① 냉각수온센서
② 스로틀 포지션센서
③ 흡기온센서
④ 피스톤 위치센서

31 다음 중 ECU가 제어하는 것이 아닌 것은?

① 연료분사 제어
② 공전속도 제어
③ 흡입공기량 제어
④ 증발가스 제어

풀이 ECU는 흡입 공기량을 측정하여 기본 연료 분사시간을 결정할 뿐 흡입 공기량을 제어하지는 않는다.

24 ③ 25 ④ 26 ③ 27 ③ 28 ④ 29 ④ 30 ④ 31 ③

32 전자제어 연료분사장치에서 ECU가 제어하는 출력신호는 무엇인가?

① 공기유량 센서
② 크랭크각 센서
③ 인젝터
④ 냉각 수온 센서

33 전자제어 기관에서 ECU에 기억된 결함코드를 읽기 위해 자기진단(self-diagnosis)을 하고자 한다. 틀린 것은?

① 자기진단 터미널의 K단자에서 신호가 나온다.
② 코드번호 확인을 위해 L-wire를 접지 시킨다.
③ 결함코드는 고장 순서대로 표출한다.
④ 엔진 key를 ON에 놓고 OBD램프를 관찰했을 때 결함 코드가 없으면 잠시 후 소등된다.

풀이 자기진단(self-diagnosis)
① 자기진단 터미널의 K단자에서 신호가 나온다.
② 코드번호 확인을 위해 L-wire를 접지 시킨다.
③ 엔진 key를 ON에 놓고 OBD램프를 관찰했을 때 결함 코드가 없으면 잠시 후 소등된다.
④ 비정상 코드가 출력될 때는 작은 번호부터 큰 번호 순서로 표출된다.

34 컴퓨터의 3가지 기본 성능이 아닌 것은?

① 센서로부터의 정보 입력
② 출력 신호의 결정
③ 액추에이터의 구동
④ 배기가스의 정화

35 가솔린 전자제어 산소센서에 대한 설명으로 옳지 않은 것은?

① 배기관 내의 산소량을 측정하는 센서로 공연비를 감지하는 용도로 사용하므로 람다(λ)를 붙여 람다센서라 하기도 한다.
② 삼원촉매의 전단부에 장착하여 산소량을 확인함으로써 삼원촉매의 상태를 파악하는 기능을 할 수 있다.
③ 산소량을 검출하는 방식에 따라 지르코니아 방식과 티타니아 방식이 있다.
④ 산소센서의 출력 값에 따라 바이너리 방식과 리니어 방식이 있다.

36 삼원촉매 감시용 산소센서로 맞는 것은?

① 람다 산소센서
② 바이너리 산소센서
③ 리니어 산소센서
④ 티타니아소자 산소센서

37 산소(O_2) 센서에 관한 설명으로 틀린 것은?

① 피드백(feed back)의 기준신호로 사용된다.
② 저온상태에서도 작동이 잘 되므로 냉간 시동시 별도로 가열 및 가열장치가 필요없다.
③ 이론 공연비를 중심으로 하여 출력전압이 변화되는 것을 이용한다.
④ 혼합비가 희박할 때는 기전력이 적고 농후할 때는 기전력이 크다.

풀이 산소센서의 최적 작동온도는 300~600℃이다.

32 ③ 33 ③ 34 ④ 35 ② 36 ① 37 ②

38 산소센서 정상 작동조건에서 2000rpm시 파형이다. 설명이 올바른 것은?

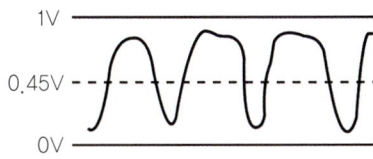

① 공연비가 농후한 상태이다.
② 공연비가 희박한 상태이다.
③ 공연비가 적정한 상태이다.
④ 공연비와는 관계없는 상태이다.

> 풀이 공연비가 희박하면 0.1V, 농후하면 0.9 V의 기전력이 생기는데, 파형을 보면 이론 공연비(0.45V)보다 1V쪽으로 듀티량이 많으므로 공연비가 농후하다.

39 산소센서 점검방법 중 옳지 않은 것은?

① 디지털 멀티미터를 사용해서 출력전압을 측정한다.
② 토치램프를 이용해서 산소센서를 직접 달구어 측정한다.
③ 엔진이 열 받기 전에 측정해야 한다.
④ 저항측정은 무조건 안된다.

40 지르코니아 산소센서에 대한 설명이다. 틀린 것은?

① 배출가스에 다량의 산소가 들어있으면 450mV 이하의 전압이 출력된다.
② 센서는 300℃ 이하에서 정상적으로 작동한다.
③ 촉매 변환기의 상류 배기다기관에 나사식으로 설치되어 있다.
④ 배기가스 중의 산소 함량을 외부 공기의 산소와 비교한다.

> 풀이 산소센서의 최적 작동온도는 300~600℃이며, 이론 공연비가 14.7 : 1일 때 약 0.45V가, 공연비가 희박할 때 약 0.1V, 공연비가 농후할 때 약 0.9V의 기전압이 발생한다.

41 다음 중 삼원촉매 장치가 정화하는 유해 배출가스가 아닌 것은?

① 일산화탄소(CO)
② 탄화수소(HC)
③ 질소산화물(NOx)
④ 이산화탄소(CO_2)

42 다음 중 삼원촉매 장치의 정화하여 나온 물질 아닌 것은?

① 물(H_2O)　② 수소(H)
③ 질소(N)　④ 이산화탄소(CO_2)

43 MPI엔진에서 산소센서를 점검하니 출력전압이 항상 높게나오는 원인으로 맞는 것은?

① 공기의 유입이 많다.
② 인젝터에서 연료가 샌다.
③ ISC밸브의 고장이다.
④ 퍼지 컨트롤밸브의 고장이다.

38 ①　39 ③　40 ②　41 ④　42 ②　43 ②

44 가솔린 전자제어 엔진의 증발가스 누출감시 방법에 대한 설명으로 옳지 않은 것은?

① 가압식에서는 연료탱크에 압력을 가한 후 연료탱크 압력센서를 이용하여 일정 시간 동안 압력이 유지되는 정도를 판단한다.
② 부압식은 가압식의 반대로 엔진의 PCSV를 열어 연료탱크 및 라인을 부압상태로 만든 후 연료탱크 압력센서를 이용하여 일정 시간동안 압력이 유지되는 정도를 판단한다.
③ PCSV를 이용하는 가압식과 연료탱크 압력센서를 이용하는 부압식이 있다.
④ 연료 라인의 누출을 검사하여 누출 정도가 많으면 대량 누설 고장 코드를, 그 정도가 적으면 소량 누설 고장 코드를 작동시킨다.

45 흡입되는 공기량을 체적 및 질량 유량으로 검출하는 직접 계량방식을 L-제트로닉 방식이라 하는데, 이 방식이 아닌 것은?

① 메저링 플레이트식
② MAP 방식
③ 핫 와이어식
④ 카르만 와류식

풀이 MAP센서는 흡입공기의 밀도 검출방식으로 D-제트로닉 방식이다.

46 전자제어 연료분사 장치 엔진의 공전속도 조정 조건으로 틀린 것은?

① 냉각수 온도는 80~95℃이어야 한다.
② 각종 전기장치는 ON상태이어야 한다.
③ 자동변속기는 N, P위치에 있어야 한다.
④ 조향 휠은 직진상태에 있어야 한다.

47 다음 중 부특성 가변저항기(NPC)를 이용한 센서는?

① 에어 플로우 센서
② TDC 센서
③ 산소 센서
④ 수온 센서

48 언덕길을 오르기 위해 가속을 하면 산소센서의 출력 전압값은 어떻게 되는가?

① 전압이 0.45V 이하로 떨어진다.
② 전압이 0.45V를 기준으로 규칙적인 반복을 한다.
③ 전압이 0.45V 이상으로 올라간다.
④ 전압에는 아무런 변화가 없다.

49 액추에이터는 무엇을 하는 것인가?

① 입력된 데이터를 ECU에 전달하는 장치이다.
② 전기신호에 응답하여 어떤 동작을 하는 장치이다.
③ 속도에너지를 압력에너지로 변환하는 장치이다.
④ 기계에너지를 전기에너지로 변환하는 장치이다.

50 다음 중 컨트롤 릴레이가 전원을 공급하지 않는 것은?

① ECU   ② AFS
③ 연료펌프   ④ 압력 조절기

풀이 컨트롤 릴레이는 ECU, AFS, 연료펌프, 인젝터 등에 전원을 공급한다.

44 ③ 45 ② 46 ② 47 ④ 48 ③ 49 ② 50 ④

51 전자제어 엔진에는 여러 종류의 센서가 사용되는데 다음 중 아날로그신호의 센서가 아닌 것은?

① 차속 센서(VSS)
② 스로틀 포지션 센서(TPS)
③ 냉각 수온 센서(WTS)
④ 액셀러레이터 위치 센서(APS)

> 풀이 아날로그신호의 센서
> AFS, ATS, TPS, APS, MAP, BPS, O_2센서, MPS, 노킹센서 등

52 전자제어 연료분사의 종류 중 동시 분사에서 사용되지 않는 센서는?

① AFS   ② BPS
③ CAS   ④ WTS

> 풀이 동기(순차, 독립)분사는 1번 TDC센서와 CAS의 신호가 동기하였을 때 각 실린더에 연료를 분사하는 방식이다.

53 수온 센서에 대한 설명으로 틀린 것은?

① 점화시기 및 공전속도 보정에 사용된다.
② 온도와 비례하는 정특성 서미스터이다.
③ 냉각수 통로에 설치되어 있다.
④ 기관 냉각시 연료량을 보정해 준다.

> 풀이 수온센서는 온도와 반비례하는 부특성 서미스터이다.

54 수온 센서가 설치되는 곳으로 적당한 곳은?

① 라디에이터 상부
② 실린더블록
③ 냉각수 입구
④ 냉각수 출구

55 전자제어 연료분사장치 차량의 시동이 걸리지 않는 원인으로 틀린 것은?

① 연료펌프가 고장났다.
② 파워 트랜지스터가 고장났다.
③ 점화코일의 1차 코일이 끊어졌다.
④ 스피드미터가 고장 나서 차속센서가 출력되지 않는다.

56 어떤 차량의 ECU가 피드백 제어를 하지 못한다. 어느 센서가 의심 되는가?

① AFS   ② BPS
③ O_2센서   ④ WTS

57 다음 중 전자제어 가솔린 엔진의 연료분사의 피드백 제어를 정지하는 경우가 아닌 것은?

① 냉각수 온도가 높을 때
② 엔진 시동 후 분사량을 증량할 때
③ 엔진의 출력을 증가할 때
④ 연료 공급을 일시 차단할 때(Fuel cut)

58 가솔린기관의 노크를 감지하는 센서로 노크 센서가 있는데, 이 센서는 무엇을 이용한 것인가?

① 포토 다이오드
② 압전소자
③ 서미스터
④ 사이리스터

> 풀이 노크센서는 실린더블록에 설치된 압전소자가 ECU로 신호를 보내 점화시기를 조절하여 노킹을 방지한다.

51 ① 52 ③ 53 ② 54 ④ 55 ④ 56 ③ 57 ① 58 ②

59 스로틀 보디 분사(TBI) 시스템의 설명 중 맞는 것은?

① 흡입밸브 가까이에 분사기가 있다.
② 흡입다기관에 분사기가 설치되어 있다.
③ 각 실린더에 연료의 공급을 위해 1~2개의 분사기가 있다.
④ 각 실린더에 1개의 분사기가 설치되어 있다.

60 다음 중 MPI 연료방식의 특징이 아닌 것은?

① 저속 또는 고속에서 토크 영역의 변경이 가능하다.
② 온, 냉시에도 최적의 성능을 보장한다.
③ 설계할 때 최적 하에 적합한 흡기다기관 설계가 가능하다.
④ 웰 웨팅(wall wetting)에 따른 냉시동, 과도특성은 효과가 없다.

61 전자제어 차량에서 배터리의 역할이 아닌 것은?

① PCV(포지티브 크랭크케이스 벤틸레이션)밸브를 작동시키는 전원을 공급한다.
② 연료 펌프를 작동시키는 전원을 공급한다.
③ 배터리 전압이 규정이하면 규정(정상)전압 상태보다 연료 분사시간을 길게 한다.
④ 컴퓨터(ECM, ECU)를 작동시킬 수 있는 전원을 공급한다.

62 전자제어 엔진에서 초기 시동을 할 때 웅-웅 거리며 엔진회전수가 오르락내리락한다. 예상되는 고장원인으로 틀린 것은?(단, 공전조정 가능 차량)

① 공전 회전수 조정불량
② 냉각수온센서 불량
③ 크랭크 각 센서 불량
④ 공전스위치 불량

풀이 전자제어 엔진에서 초기 시동을 할 때 웅-웅 거리며 엔진회전수가 오르락내리락할 때 예상되는 고장원인은 공전 회전수 조정불량, 냉각수온센서 불량, 공전스위치 불량 등이다.

63 자동차에서 배기가스가 검게 나오며 연비가 떨어지고, 엔진 부조 현상과 함께 시동성이 떨어진다면 예상되는 고장 부위의 부품은?

① 공기량센서
② 인히비터 스위치
③ 에어컨 압력센서
④ 점화스위치

풀이 공기량센서가 고장나면 배기가스가 검게 나오며 연비가 떨어지고, 엔진 부조 현상과 함께 시동성이 떨어진다.

64 공회전 속도조절기의 주파수가 100Hz이다. 한 쌍의 자극으로 구성되었다면 매 분당 회전수는 몇 rpm인가?

① 6000   ② 7000
③ 8000   ④ 9000

풀이 $f = \dfrac{N \times P}{120}$,

$N = \dfrac{120 \times 100}{2} = 6000$,

N : 회전수(rpm), f : 주파수, P : 자극수

59 ③ 60 ④ 61 ① 62 ③ 63 ① 64 ①

65 온도를 감지하는 센서와 관계가 먼 것은?
① 서모 스텟   ② 바이메탈
③ 서모 페라이트   ④ 피에조 저항

66 전자제어 연료 분사장치에서 엔진의 온도를 감지하여 컴퓨터에 보내주는 센서는 무엇인가?
① 포토 센서   ② 사이리스터
③ 서모 센서   ④ 다이오드

67 기관을 크랭킹할 때 가장 기본적으로 작동되어야 하는 센서는?
① 크랭크각 센서   ② 수온 센서
③ 산소 센서   ④ 대기압 센서

68 가솔린 전자제어 장치의 입력요소에 해당하지 않는 것은?
① 흡입공기량센서(AFS)
② 냉각수온센서(WTS)
③ 액셀레이터포지션센서(APS)
④ 연료압력조절기(GDI)

69 전자제어 가솔린 엔진이 대시포트 제어를 하는 이유가 아닌 것은?
① 엔진 연료 절감
② 탄화수소(HC) 과다 발생 방지
③ 촉매 컨버터의 과열을 방지
④ 엔진 출력 증가

70 가솔린 전자제어 엔진의 공전속도 제어에 대한 설명으로 옳지 않은 것은?
① 엔진 ECU가 목표로 하는 회전수 또는 엔진 토크 양을 맞추기 위하여 제어하는 것
② 공회전 속도 제어 효과는 엔진 시동 시 스로틀밸브를 열거나 바이패스 장치인 ISA(Idle Speed Actuator)를 열어 흡입 공기가 충분히 유입될 수 있도록 하여 시동성을 향상 시킨다.
③ 냉각수 온도에 따라 패스트 아이들(fast idle)을 제어하여 엔진의 워밍업이 빠르게 이루어지게 도와준다.
④ 에어컨이나 자동변속기 등의 부하 발생 시 엔진 회전수의 저하로 인하여 시동 꺼짐등을 방지하기 위한 대쉬포트 기능(dash port control)을 한다.

71 전자제어 엔진의 공회전 속도를 적절히 유지해주는 부품은?
① 스텝 모터
② 분사밸브
③ 스로틀 포지션 센서
④ 스로틀밸브 스위치

풀이 스텝모터는 전자제어 엔진의 공회전 속도를 적절히 유지해주는 부품이다.

72 전자제어 가솔린 분사기관에서 공전속도를 제어하는 부품이 아닌 것은?
① ISC 액추에이터
② 컨트롤 릴레이
③ 에어 바이패스 솔레노이드밸브
④ ISC밸브

풀이 공전속도를 제어하는 부품에는 ISC 액추에이터, 에어 바이패스 솔레노이드밸브, ISC 밸브, 스텝 모터 등이 있다.

65 ④　66 ③　67 ①　68 ④　69 ④　70 ④　71 ①　72 ②

73. 전자제어 분사장치에서 공전 스텝모터의 기능으로 적합하지 않은 것은?

① 냉간시 rpm 보상
② 결합코드 확인시 rpm 보상
③ 에어컨 작동시 rpm 보상
④ 전기 부하시 rpm 보상

풀이 공전속도 조절서보는 엔진 냉간상태, 에어컨을 작동시킬 때, 전기부하가 증가할 때, 동력조향 장치의 조향핸들을 조작할 때 엔진의 공전속도를 높여주는 역할을 한다.

74. 엔진에서 패스트 아이들 기능(Fast Idle Function)의 역할을 바르게 설명한 것은?

① 고속주행 후 급 감속시 연료의 비등을 방지한다.
② 기관이 워밍업 되기 전에 급가속하면 기관이 정지되는 현상을 방지하기 위한 기능이다.
③ 연료 계통 내의 빙결을 방지한다.
④ 기관을 신속히 워밍업하기 위해 공전속도를 높이는 기능을 말한다.

풀이 패스트 아이들 기능이란 기관을 신속히 워밍업하기 위해 공전속도를 높이는 것을 말한다.

75. 전자제어 가솔린 엔진의 연료분사량 제어에 대한 설명으로 옳지 않은 것은?

① 엔진을 시동한 직후에는 공전속도를 안정시키기 위해 시동 후에도 일정한 시간동안 연료를 증량 시킨다.
② 엔진이 냉각된 상태에서 가속시키면 일시적으로 희박해지는 현상을 방지하기 위해 연료분사량을 증가시킨다.
③ 엔진의 출력을 증가할 때 연료분사량 증량은 스로틀위치센서 또는 액셀포지션 센서의 신호에 따라 조절된다.
④ 스로틀 밸브가 닫혀서 공전 스위치가 ON되었을 때 엔진회전속도가 규정값일 경우에는 연료분사량을 점차 증가시킨다.

76. 전자제어 기관의 점화장치에서 진각을 하기 위한 정보를 제공하는 것이 아닌 것은?

① 스로틀 밸브 위치
② 흡입공기 온도
③ 냉각수 온도
④ 크랭크각 센서

77. 연료 분사순서를 결정하는 입력신호는 무엇인가?

① 1번 TDC센서
② 노크 센서
③ 크랭크각 센서
④ MPS

73 ② 74 ④ 75 ④ 76 ② 77 ①

78 전자제어 차량에서 ON, OFF의 1사이클 중 ON되는 시간(T2/T1)의 백분율로 표시한 것은?
① 피드백 ② 자기진단
③ 듀티 ④ 페일 세이프

79 다음 그림은 자기진단 출력단자에서의 전압 변동을 시간대로 나타낸 것이다. 이 자기진단 출력이 10진법 2개 코드 방식이라면 맞는 것은?

① 12 ② 22
③ 23 ④ 33

80 전자제어 엔진에서 탑 조정에 해당하는 N01 TDC센서가 불량하면 일어나는 현상은?
① 시동이 안걸린다.
② 시동은 걸리나 공전상태가 불안하다.
③ 시동은 걸리나 가속하면 꺼진다.
④ 자주 반복 시동작업을 하면 누적된 연료로 인해 시동이 걸린다.

81 노크 센서에 대한 설명이다. 맞는 것은?
① 엔진이 적정 온도가 되어야 작동한다.
② 노크 센서의 출력이 있으면 점화 시기는 진각된다.
③ 전기 출력신호는 디지털 신호이다.
④ 진동을 전기 출력으로 바꾼다.

82 전자제어 연료 분사장치에서 ECU로 입력신호가 아닌 것은?
① WTS ② ATS
③ TPS ④ 인젝터

풀이 인젝터는 출력신호이다.

83 전자제어 가솔린 엔진의 연료분사량 제어에 대한 설명으로 옳지 않은 것은?
① 모든 실린더가 동시에 크랭크축 1회전에 1회 분사하는 동시 분사 방식이 있다.
② 두 개의 실린더를 묶어 분사하는 그룹 분사 방식이 있다.
③ 점화 순서에 동기하여 실린더의 흡입 행정의 초기에 분사하는 동기 분사 방식이 있다.
④ 시동 시나 부하 영역 등에는 동기 분사 방식과 그룹 분사 방식이 추가로 결합되어 분사한다.

84 시험기를 사용하여 듀티 시간을 점검한 결과 아래와 같은 파형이 나왔다면 주파수는 얼마인가?

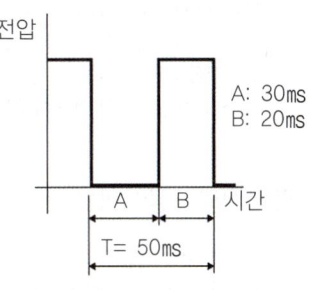

① 20Hz ② 25Hz
③ 30Hz ④ 50Hz

풀이 $Hz = \dfrac{1}{T} = \dfrac{1 \times 1,000}{50 m/s} = 20 Hz$
(단, 1sec = 1/1,000ms이다)

85 공회전속도 조절장치(ISA)에서 열림(open) 측 파형을 측정한 결과 ON시간이 1ms이고, OFF시간이 3ms일 때, 열림 듀티값은 몇 % 인가?

① 25% ② 35%
③ 50% ④ 60%

풀이 열림 듀티값 = $\dfrac{\text{ON시간}}{\text{ON시간}+\text{OFF시간}} \times 100$
= $\dfrac{1}{1+3} \times 100 = 25\%$

86 전자제어 모듈 내부에서 각종 고정 데이터나 차량제원 등을 장기적으로 저장하는 것은?

① IFB(inter face box)
② ROM(read only memory)
③ RAM(random access memory)
④ TTL(transistor transistor logic)

87 초저공해 엔진의 실현을 위해 초희박 혼합기의 공급, 연소가 가능한 엔진은 무엇인가?

① CFR 엔진 ② LPG 엔진
③ 린번 엔진 ④ GDI 엔진

풀이 GDI(gasoline direct injection)엔진은 고압축비로 압축된 연소실 안의 공기에 높은 분사압력의 연료를 직접 분사함으로써 초희박 혼합기의 공급 및 연소가 가능하게 한 엔진이다.

88 린번엔진의 특징이 아닌 것은?

① 연비가 10~20% 향상된다.
② 희박연소에 의한 연소온도가 저하된다.
③ 희박연소로 토크는 저하된다.
④ 새로운 삼원촉매기인 CCC(closed-coupled catalyst converter)가 사용된다.

풀이 희박연소 엔진이나 토크 저하 및 변동을 방지한다.

89 다음 중 GDI엔진의 특징이 아닌 것은?

① 약 20 : 1의 희박 공연비를 갖는다.
② 대량의 EGR 연소와 NOx의 저감이 가능하다.
③ 공회전 속도를 낮게 설정하여 연비를 향상시킨다.
④ 체적효율의 향상에 의한 고출력 실현과 노킹이 방지된다.

풀이 GDI 엔진의 공연비는 약 40 : 1이다. 20 : 1은 린번 엔진의 공연비이다.

90 엔진의 연료압력을 측정하기 위하여 시동을 켠 상태에서 연료압력계를 연료필터에 설치하였다. 인젝터 분사압력이 약 2.75kg/cm², 연료펌프 구동압력이 약 3.25kg/cm²이 규정값이라면 연료펌프와 필터가 정상일 때 연료압력계의 수치는?

① 2.75kg/cm²보다 높다.
② 약 2.75kg/cm²이다.
③ 3.25kg/cm²보다 낮다.
④ 약 3.25kg/cm²이다.

85 ① 86 ② 87 ④ 88 ③ 89 ① 90 ②

03 자동차 진단, 검사

제1절 고장분석

1_밸브개폐 기구 고장진단 및 원인분석

밸브 간극은 엔진 작동 중 열팽창을 고려하여 로커 암과 밸브 스템 엔드사이에 둔다.

1) 밸브간극이 너무 크면

① 운전온도에서 밸브가 완전하게 열리지 못한다(늦게 열리고 일찍 닫힌다).
② 심한 소음이 나고 밸브기구에 충격을 준다.

2) 밸브간극이 작으면

① 일찍 열리고 늦게 닫혀 밸브 열림기간이 길어진다.
② 블로바이로 인해 엔진 출력이 감소한다.

2_윤활장치 고장진단 및 원인분석

1. 윤활유 소비증대의 원인

① 엔진 연소실 내에서의 연소된다.
② 엔진 열에 의한 증발로 외부에 방출된다.
③ 크랭크케이스 혹은 크랭크축과 오일 리테이너에서 누설된다.

2. 윤활장치의 릴리프밸브가 고장 나면

① 밸브 노이즈(noise)가 증대된다.
② 오일경고등이 간헐적으로 점등된다.
③ 크랭크축 및 캠축 베어링이 고착(소착)된다.

3. 유압이 높아지는 원인 및 낮아지는 원인

1) 유압이 높아지는 원인

① 오일의 점도가 높을 때
② 윤활회로의 일부가 막혔을 때
③ 유압조절밸브 스프링 장력이 클 때

2) 유압이 낮아지는 원인

① 오일의 부족
② 윤활회로의 파손으로 오일누출
③ 윤활부분의 과다 마멸
④ 유압조절 밸브 스프링장력 약화
⑤ 오일의 점도저하

3. 냉각장치 고장진단 및 원인분석

1. 엔진의 냉각회로에 공기가 차 있으면

① 냉각수의 순환이 불량해 진다.
② 냉각수 순환불량으로 인하여 엔진이 과열한다.
③ 히터의 성능이 저하한다.
④ 냉각장치 구성부품에 손상을 초래한다.

2. 온도게이지가 "HOT"위치에 있을 때 점검사항

① 냉각 전동 팬 작동상태 점검
② 라디에이터의 막힘 상태 점검
③ 냉각수량 점검
④ 수온센서 혹은 수온스위치의 작동상태
⑤ 물 펌프 작동상태 점검
⑥ 냉각수 누출여부 점검

3. 엔진이 과열하는 원인

① 구동벨트의 장력이 적거나 파손되었다.

② 냉각 팬이 파손되었다.
③ 라디에이터 코어가 20% 이상 막혔다.
④ 라디에이터 코어가 파손되었거나 오손되었다.
⑤ 물 펌프의 작동이 불량하거나 라디에이터 호스가 파손되었다.
⑥ 수온조절기가 닫힌 채 고장이 났다.
⑦ 수온조절기가 열리는 온도가 너무 높다.
⑧ 물 재킷 내에 스케일이 많이 쌓여 있다.

4_각종 센서 고장진단 및 원인분석

1. 공기유량센서가 고장일 때 증상

① 크랭킹은 가능하지만 엔진 시동성능이 불량하다.
② 공전할 때 엔진의 상태가 불안전하다.
③ 공전 중 또는 주행 중에 엔진 시동이 꺼진다.
④ 주행 중 가속력이 저하한다.
⑤ 센서의 출력 값이 부정확할 때 자동변속기 차량에서는 변속할 때 충격이 발생할 수 있으며, 완전히 고장이 나면, 변속지연 현상이 발생할 수 있다.

2. MAP센서가 고장일 때 증상

① 엔진의 출력이 저하한다.
② 엔진에서 부조가 발생한다.
③ 엔진 가동정지가 발생한다.
④ 배출가스가 과다하게 배출된다.

3. 스로틀 위치센서가 고장일 때 증상

① 공전상태 불량
② 주행할 때 가속력 저하
③ 연료소모 증대
④ 공전 또는 주행 중 갑자기 엔진 가동정지
⑤ CO, HC 등 배기가스 다량배출

4. 크랭크각 센서가 고장일 때 증상

① 엔진 시동이 불가능하다.
② 연료소모가 많아진다.
③ 배기가스 상태가 불량해 진다.

5. 수온센서가 고장일 때 증상

① 공전속도가 불안정하며, 엔진의 부조현상이 발생할 수 있다.
② 워밍업을 할 때 검은 연기가 배출된다.
③ CO 및 HC의 발생이 증가한다.
④ 공회전 및 주행 중 시동이 꺼질 수 있다.
⑤ 냉간 시동성이 저하될 수 있다.

6. 산소센서가 고장일 때 증상

① 공연비 제어가 불량해진다.
② 급가속을 할 때의 성능저하 및 주행할 때 가속력이 저하하거나 갑자기 엔진 가동이 정지한다.
③ 연료 소모가 많아진다.
④ CO, HC 배출량이 증가한다.

7. 스텝모터가 고장일 때 증상

① 엔진의 시동성능이 저하한다.
② 공전상태가 불안정하다.
③ 엔진 작동정지 현상이 발생한다.
④ 가속성능이 떨어진다.

제1절 고장분석

출제예상문제

01 피스톤 링의 장력 감소와 관계없는 사항은?

① 블로바이 현상을 일으킬 수 있다.
② 열전도성이 높아진다.
③ 압축압력이 감소한다.
④ 오일의 소비가 많아진다.

풀이 피스톤 링의 장력이 감소하면 블로바이 현상이 일어나 압축압력이 감소하며, 기관오일의 소비가 많아지고 열전도성이 낮아져 피스톤이 과열하기 쉽다.

02 피스톤 링 이음 간극으로 인하여 기관에 미치는 영향과 관계없는 것은?

① 소결의 원인
② 압축가스의 누출 원인
③ 연소실에 오일유입의 원인
④ 실린더와 피스톤과의 충격음 발생원인

풀이 피스톤 링 이음 간극이 작으면 소결이 발생하며, 너무 크면 압축가스의 누출, 연소실에 오일유입의 원인이 된다.

03 가솔린기관에서 밸브 개폐시기의 불량 원인으로 거리가 먼 것은?

① 타이밍벨트의 장력감소
② 타이밍벨트 텐셔너의 불량
③ 크랭크축과 캠축 타이밍마크 틀림
④ 밸브 면의 불량

04 어느 자동차의 사용자가 보기와 같이 하자를 제기했다면, 그 원인으로 적합한 것은?

【보기】
서행 또는 정차 상태에서는 실내 히터에 뜨거운 바람이 나오지만, 고속도로와 같이 속도가 증가되면 엔진 온도도 하강하고, 실내 히터에 뜨겁지 않는 공기가 나온다.

① 엔진 냉각수 량이 적다.
② 방열기 내부의 막힘이 있다.
③ 서모스탯이 열린 채로 고착되었다.
④ 히터 및 열 교환기 내부에 기포가 혼입되었다.

풀이 서모스탯이 열린 채로 고착되면 엔진이 과냉하는 원인이 된다.

05 겨울철 기관의 냉각수 순환이 정상적으로 작동되고 있는데, 히터를 작동시켜도 온도가 올라가지 않을 때의 주원인이 되는 것은?

① 워터펌프의 고장이다.
② 서모스탯의 고장이다.
③ 온도미터의 고장이다.
④ 라디에이터 코어가 막혔다.

 01 ② 02 ④ 03 ④ 04 ③ 05 ②

06 라디에이터 코어 튜브가 파열되었다면 그 원인은?
① 물 펌프에서 냉각수가 새어나온다.
② 팬 벨트가 헐겁다.
③ 수온 조절기가 제 기능을 발휘하지 못한다.
④ 오버플로 파이프가 막혔다.

07 공랭식 기관의 과열되는 원인이 아닌 것은?
① 냉각 팬의 고장
② 냉각 핀의 파손
③ 장시간 정차시 고속 운전
④ 라디에이터의 막힘

08 다음 중 기관이 과열되는 원인이 아닌 것은?
① 온도 조절기가 닫혔을 때
② 방열기의 용량이 클 때
③ 방열기 코어가 막혔을 때
④ 팬벨트의 장력이 느슨할 때

09 엔진 과열의 원인이 아닌 것은?
① 팬벨트의 늘어짐
② 오일 압력의 과대
③ 냉각장치 내부의 물 때
④ 방열기 코어의 막힘

10 기관의 과열원인이 아닌 것은?
① 수온조절기가 열린 채로 고장
② 라디에이터의 코어가 30% 이상 막힘
③ 물 펌프 작동 불량
④ 물 재킷 내에 스케일 과다

11 자동차 엔진 작동 중 과열의 원인이 아닌 것은?
① 전동 팬이 고장일 때
② 수온조절기가 닫힌 상태로 고장일 때
③ 냉각수가 부족할 때
④ 구동벨트의 장력이 팽팽할 때

12 가솔린엔진에서 온도 게이지가 "HOT" 위치에 있을 경우 점검해야 하는 사항 중 틀린 것은?
① 냉각 전동 팬 작동상태
② 라디에이터의 막힘 상태
③ 수온센서 혹은 수온스위치의 작동상태
④ 부동액의 농도상태

13 다음 중 팬벨트의 장력이 적으면 일어나는 현상으로 맞는 것은?
① 엔진이 과냉된다.
② 엔진이 과열된다.
③ 배터리가 과충전된다.
④ 베어링이 마멸된다.

풀이 팬벨트의 장력이 적으면 엔진이 과열되고, 충전이 잘 안된다.

14 기관의 냉각회로에 공기가 차 있을 경우 나타날 수 있는 현상과 관련 없는 것은?
① 냉각수 순환 불량
② 기관 과냉
③ 히터 성능불량
④ 냉각장치 구성부품의 손상

풀이 기관의 냉각계통에 공기가 차 있으면 냉각수의 순환이 불량해지며, 냉각수 순환 불량으로 인하여 기관이 과열하고, 히터의 성능이 저하하며, 냉각장치 구성부품에 손상을 초래한다.

06 ④ 07 ④ 08 ② 09 ② 10 ① 11 ④ 12 ④ 13 ② 14 ②

15 엔진 윤활장치에서 릴리프 밸브가 고장일 때 나타날 수 있는 현상이 아닌 것은?(단, 유압식 밸브 리프터 사용차량)

① 밸브 노이즈(noise) 증대
② 오일 경고등 간헐 점등
③ 오일소모 과다
④ 캠 샤프트 베어링 소착

풀이 윤활장치의 릴리프 밸브가 고장나면 흡배기 밸브의 노이즈(Noise) 증대, 오일 경고등 간헐 점등, 크랭크축 및 캠축 베어링 소착 등이 발생한다.

16 엔진오일 압력시험을 하고자 할 때 오일압력 시험기의 설치위치로 가장 적합한 곳은?

① 엔진오일 레벨게이지
② 엔진오일 드레인 플러그
③ 엔진오일 압력스위치
④ 엔진오일 필터

풀이 엔진오일 압력을 측정할 때에는 오일압력 스위치를 분리하고 여기에 오일압력 시험기를 설치하여 점검한다.

17 기관에서 유압이 높을 때의 원인과 관계없는 것은?

① 윤활유의 점도가 높을 때
② 유압 조정밸브 스프링의 장력이 강할 때
③ 오일파이프의 일부가 막혔을 때
④ 베어링과 축의 간격이 클 때

18 다음 중 기관의 유압이 높아지는 원인이 아닌 것은?

① 기관 오일의 점도가 높을 때
② 윤활회로내의 어느 부분이 막혔을 때
③ 유압 조절밸브의 스프링 장력이 과대할 때
④ 기관 베어링의 마모가 심해 오일간극이 커졌을 때

풀이 기관 베어링의 오일간극이 커지면 유압이 낮아지는 원인이 된다.

19 윤활유의 유압계통에서 유압이 저하되는 원인이 아닌 것은?

① 윤활유 저장량의 부족
② 윤활유 통로의 파손
③ 윤활부분의 마멸량 과대
④ 윤활유의 송출량 과대

20 윤활유 소비증대의 원인이 아닌 것은?

① 베어링과 핀 저널의 마멸에 의한 간극의 증대
② 기관 연소실 내에서의 연소
③ 기관 열에 의한 증발로 외부에 방출
④ 크랭크케이스 혹은 크랭크축과 오일 리테이너에서의 누설

풀이 베어링과 핀 저널의 마멸에 의해 간극이 증대되면 유압이 낮아진다.

15 ③ 16 ③ 17 ④ 18 ④ 19 ④ 20 ①

21 기관의 윤활유 소비증대와 가장 관계가 큰 것은?

① 새 여과기의 사용
② 기관의 장시간 운전
③ 실린더와 피스톤 링의 마멸
④ 오일펌프의 고장

풀이 실린더와 피스톤 링이 마멸되면 실린더 벽을 윤활유를 긁어내리지 못해 연소실에서 연소되므로 윤활유 소비가 증대된다.

22 가솔린 연료분사장치 엔진에서 연료압력조절기가 고장 났을 경우, 가장 현저하게 나타날 수 있는 현상은?

① 유해 배기가스가 많이 배출된다.
② 가속이 어렵고 공회전이 불안정해 진다.
③ 엔진의 회전이 빨라진다.
④ 엔진이 과열된다.

23 전자제어 연료분사장치를 장착한 기관에서 압력조절기(pressure regulator)의 고장으로 발생하는 현상은?

① 분사시간이 일정해도 연료 분사량이 달라진다.
② 인젝터에서의 연료 분사시간이 다르다
③ 흡기관의 압력이 높아진다.
④ 연료펌프의 압력이 상승한다.

24 전자제어 엔진에서 연료압력 점검시 연료압력 조절기 진공호스를 연결하였을 때 연료압력은 대략 얼마인가?

① 1.55kgf/㎠   ② 2.55kgf/㎠
③ 3.55kgf/㎠   ④ 4.55kgf/㎠

풀이 연료압력조절기는 연료의 압력이 흡기다기관의 진공도에 대하여 2.2~2.6kgf/㎠의 차이를 유지시켜 연료의 분사압력을 항상 일정하게 유지시킨다.

25 기관의 연료압력을 측정하기 위하여 시동을 켠 상태에서 연료압력계를 연료필터에 설치하였다. 인젝터 분사압력이 약 2.75kgf/㎠, 연료펌프 구동압력이 약 3.25kgf/㎠이 규정값이라면 연료펌프와 필터가 정상일 때 연료압력계의 수치는?

① 2.75kgf/㎠보다 높다.
② 약 2.75kgf/㎠이다.
③ 3.25kgf/㎠보다 낮다.
④ 약 3.25kgf/㎠이다.

26 MPI기관의 인 탱크형(in tank type) 연료펌프를 점검하기 위해 리턴호스를 손으로 잡아보니 연료의 흐름이 느껴지지 않는다. 그 원인과 관계가 없는 것은?

① 점화스위치의 고장
② 컨트롤 릴레이의 고장
③ 연료펌프의 고장
④ 인젝터의 접촉 불량

27 전자제어 가솔린기관에서 연료압력 및 잔압을 점검하여 판정하는 내용으로 틀린 것은?

① 연료라인 압력이 규정 값 이상 상승 시 릴리프밸브가 고장이다.
② 엔진 가동을 정지시킨 후 연료압력이 0 kgf/㎠로 바로 떨어지면 세이프티 밸브 불량이다.
③ 연료압력조정기의 진공호스 분리 시 압력상승이 없으면 연료압력조정기가 고장이다.
④ 연료압력이 규정보다 낮으면 연료펌프의 최대압력, 연료필터의 막힘 등을 점검해야 한다.

풀이 엔진 가동을 정지한 후 연료압력이 급격히 떨어지면 연료펌프 내의 체크밸브가 열려 있거나 연료압력조정기가 불량한 경우이다.

21 ③ 22 ① 23 ① 24 ② 25 ② 26 ④ 27 ②

28. 전자제어 연료분사장치에서 인젝터 펄스(pulse)의 단위는 무엇인가?

① 드웰(Dwell)
② 분(Minute)
③ 초(Sec)
④ 밀리 세컨드(ms)

29. 전자제어 연료분사장치 차량의 인젝터 분사량을 측정하기 위해 Scanner를 이용하고 있었다. 60km/h로 주행 중 급가속을 하였다. 이때 분사시간을 나타내는 값 중 가장 가까운 것은?

① 0.0ms
② 2.0~3.0ms
③ 10.0~11.0ms
④ 18.0~20.0ms

30. 다음 중 전자제어 엔진의 인젝터 점검 사항에 해당되지 않는 것은?

① 내부저항을 측정한다.
② 내부 진공도를 측정한다.
③ 분사량을 측정한다.
④ 작동음을 들어본다.

31. 다음과 같은 인젝터 회로를 점검하는 방법으로 비합리적인 것은?

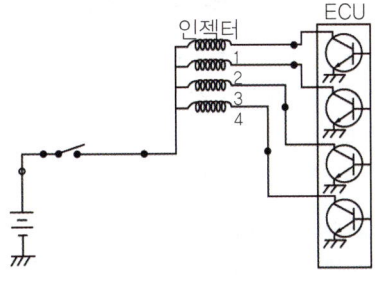

① 각 인젝터에 흐르는 전류파형을 측정한다.
② 각 인젝터의 개별저항을 측정한다.
③ 각 인젝터의 서지 파형을 측정한다.
④ 배터리에서 ECU까지의 총 저항을 측정한다.

풀이 인젝터회로 점검방법
① 각 인젝터에 흐르는 전류 파형을 측정한다.
② 각 인젝터의 서지 파형을 측정한다.
③ 배터리에서 ECU까지의 총 저항을 측정한다.

32. 다음 회로에서 측정하는 점검 내용으로 바른 것은?

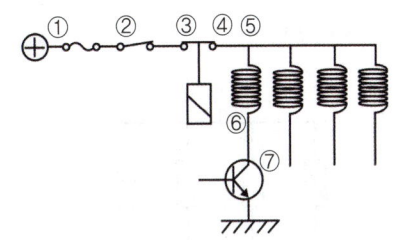

① ⑥번과 접지 사이에서 전압 파형을 측정할 때 인젝터와 ECU사이의 접속을 알 수 있다.
② 릴레이 접점의 최적 측정 장소는 ③과 ④사이의 전류 측정이다.
③ 인젝터 서지 전압 측정은 ⑥번과 접지 사이에서 행하는 것이 가장 좋다.
④ 스위치 ON 후 TR이 OFF일 때 ⑦번과 ⑤번 사이의 전압은 0V이어야 한다.

ANSWER 28 ④ 29 ③ 30 ② 31 ② 32 ①

33 전자제어 엔진의 인젝터 회로와 인젝터 코일 저항의 양부상태를 동시에 확인할 수 있는 방법으로 가장 적합한 것은?

① 인젝터 전류 파형의 측정
② 분사시간의 측정
③ 인젝터 저항의 측정
④ 인젝터 분사량 측정

풀이 인젝터의 전류파형을 측정하면 인젝터 회로와 인젝터 코일저항의 양부상태를 동시에 확인할 수 있다.

34 디젤기관에서 연료분사량이 부족한 원인의 예를 든 것이다. 적합하지 않은 것은?

① 딜리버리 밸브의 접촉이 불량하다.
② 분사펌프 플런저가 마멸되어 있다.
③ 딜리버리 밸브시트가 손상되어 있다.
④ 기관의 회전속도가 낮다.

35 다음 그림의 회로에서 인젝터 1개의 저항은 16Ω이고, 구동 TR(트랜지스터)의 전압강하가 1V라면, 인젝터 4개의 소모 전력은 총 몇 W인가?

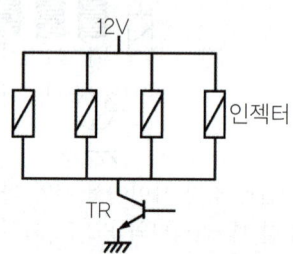

① 42 ② 64
③ 12 ④ 36

풀이 $P = \dfrac{E^2}{R} = \dfrac{12^2}{16} \times 4 = 36W$,

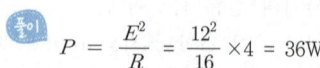

P : 소모 전력, E : 전압, R : 저항

36 "인젝터 클리너"를 사용하여 인젝터를 청소하는 경우, 인젝터 팁(tip)부분이 강한 약품에 의하여 손상되었을 때, 발생할 수 있는 문제점으로 가장 옳은 것은?

① 연료소비량 및 유해 배기가스가 증가한다.
② NOx가 더 많이 배출된다.
③ 시동성이 나빠진다.
④ 엔진의 회전력이 감소된다.

풀이 인젝터 팁 부분이 손상되면 연료가 누출되기 때문에 연료소비량 및 유해 배기가스가 증가한다.

37 디젤기관의 매연발생과 관계없는 것은?

① 앵글라이히 장치
② 분사노즐
③ 딜리버리 밸브
④ 가열 플러그

풀이 가열(예열)플러그는 한랭한 상태에서 디젤기관의 시동을 보조해 주는 부품이다.

38 디젤기관의 연료공급 장치에서 연료 공급 펌프로부터 연료가 공급되나 분사펌프로부터 연료가 송출되지 않거나 불량한 원인으로 틀린 것은?

① 연료여과기의 여과망 막힘
② 플런저와 플런저 배럴의 간극과다
③ 조속기 스프링의 장력약화
④ 연료여과기 및 분사펌프에 공기흡입

39 디젤기관의 분사노즐이 과열되어 일어나는 현상으로 틀린 것은?

① 카본의 양이 증가된다.
② 기관의 출력이 저하된다.
③ 연료의 분사시기가 빨라진다.
④ 연료의 분사량이 변화된다.

33 ① 34 ④ 35 ④ 36 ① 37 ④ 38 ③ 39 ③

40 ECU내에 제너다이오드가 없는 인젝터 회로에서 다음 그림과 같은 접촉 불량 요인이 발생했을 때 정상파형과 다르게 나타날 수 있는 것은?

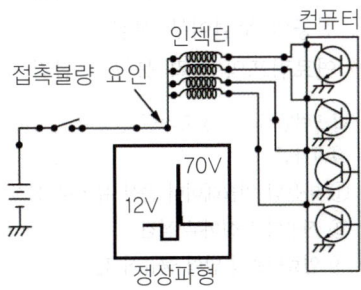

① 90V ② 50V
③ 70V ④ 50V

41 디젤엔진에서 매연이 과다하게 발생할 때 기본적으로 가장 먼저 점검해야 할 내용은?

① 에어 엘리먼트 점검
② 연료필터 점검
③ 노즐의 분사압력
④ 밸브간극 점검

42 디젤기관 연소과정 중 흰색연기가 나올 때의 원인에 해당되는 것은?

① 흡입호스 불량
② 엔진오일이 유입되어 연소
③ 공기청정기 여과 망 막힘
④ 연료 분사시기가 너무 빠름

풀이 엔진오일이 연소실에 유입되어 연소하면 흰색연기가 배출된다.

43 디젤기관에서 분사량 부족의 원인으로 틀린 것은?

① 엔진의 회전속도가 낮다.
② 토출밸브의 시트가 손상되었다.
③ 토출밸브의 스프링이 약화되었다.
④ 분사펌프의 플런저가 마모되었다.

풀이 디젤기관에서 분사량 부족의 원인
① 토출밸브의 시트 손상
② 토출밸브의 스프링 약화
③ 분사펌프의 플런저 마모

44 터보차저(Turbo charger)가 장착된 엔진에서 출력부족 및 매연이 발생한다면 원인으로 알맞지 않은 것은?

① 에어클리너가 오염되었다.
② 흡기 매니폴드에서 누설이 되고 있다.
③ 발전기의 충전전류가 발생하지 않는다.
④ 터보차저 마운팅 플랜지에서 누설이 있다.

45 자동차 기관에서 고장이 발생되면 고장신호를 운전자에게 알려준다. 고장발생 신호에 해당되지 않는 것은?

① 냉각수온센서
② 스로틀 포지션 센서
③ 흡기온 센서
④ 피스톤 위치센서

40 ④　41 ①　42 ②　43 ①　44 ③　45 ④

46 전자제어 가솔린기관에서 크랭킹은 가능하나 시동이 되지 않는 현상과 거리가 먼 것은?

① 엔진 컴퓨터에 이상이 있다.
② 연료펌프 릴레이에 이상이 있다.
③ 크랭크 각 및 1번 상사점 센서의 불량이다.
④ TPS의 불량이다.

풀이 엔진을 크랭킹할 때 연료분사가 되지 않는 원인은 엔진 컴퓨터, 컨트롤 릴레이, 연료펌프 릴레이, 크랭크 각 및 1번 상사점 센서의 불량이다.

47 자동차에서 배기가스가 검게 나오며 연비가 떨어지고, 엔진 부조현상과 함께 시동성이 떨어진다면 예상되는 고장부위의 부품은?

① 공기량 센서
② 인히비터 스위치
③ 에어컨 압력센서
④ 점화스위치

풀이 공기량 센서가 고장 나면 배기가스가 검게 나오며 연비가 떨어지고, 엔진 부조현상과 함께 시동성이 떨어진다.

48 전자제어 연료 분사장치 차량에서 급 가속할 때 역화현상이 발생했다면, 그 원인으로 다음 중 가장 적합한 것은?

① 연료 분사량이 농후하다.
② 연료압력이 지나치게 높다.
③ 인젝터의 막힘
④ 냉각수온 센서의 고장

풀이 인젝터가 막히면 전자제어 연료분사장치 차량에서 급가속할 때 역화현상이 발생할 수 있다.

49 가솔린엔진에서 불규칙한 진동이 일어날 경우의 정비사항 중 틀린 것은?

① 마운팅 인슐레이터 손상 유·무 점검
② 점화플러그 손상 유·무 점검
③ 진공의 누설여부 점검
④ 연료펌프의 압력 불규칙 점검

풀이 가솔린엔진에서 불규칙한 진동이 일어날 경우의 정비사항
① 마운팅 인슐레이터 손상 유·무 점검
② 진공의 누설여부 점검
③ 연료펌프의 압력 불규칙 점검

50 엔진의 공회전이 불규칙하거나 엔진이 갑자기 정지했다. 그 원인이 아닌 것은?

① 흡기온도 센서 불량
② ISC계통 불량
③ TPS 불량
④ 자기진단 커넥터 불량

46 ④ 47 ① 48 ③ 49 ② 50 ④

51. 전자제어 연료분사 차량을 점검할 때 주의할 사항 중 옳은 것은?

① 일부 어떤 배선은 쇼트나 어스 되어도 무방하다.
② 엔진의 시동 중에 배터리 케이블을 분리하면 시동만 불가능할 뿐이다.
③ 시동키 ON상태나 전기부하가 걸린 상태에서 배터리 케이블을 탈거하지 말 것
④ 점프 케이블 연결시 12V 이상 용량의 배터리를 사용한다.

연료분사 차량을 점검할 때 주의할 사항
① 배선은 쇼트(단락)나 어스(접지) 되어서는 안 된다.
② 엔진의 시동 중에 배터리 케이블을 분리하면 ECU가 손상된다.
③ 시동키 ON상태나 전기부하가 걸린 상태에서 배터리 케이블을 탈거하지 않는다.
④ 점프 케이블을 연결할 때에는 12V의 배터리를 사용한다.

52. 냉각수온 센서가 고장판단 시 나타나는 현상으로 가장 거리가 먼 것은?

① 엔진이 정지
② 공전속도가 불안정
③ 웜업 후 검은 연기 배출
④ CO 및 HC 증가

53. 맵 센서(MAP sensor) 출력특성으로 알맞은 것은?

①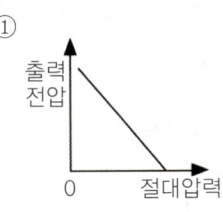

②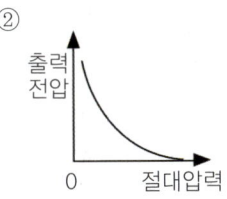

③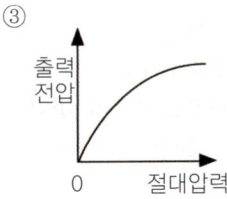

④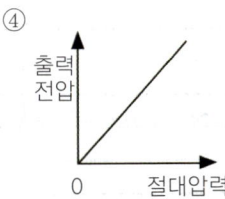

51 ③ 52 ① 53 ④

54 다음 그림은 스로틀 포지션센서(T.P.S)의 내부회로이다. 스로틀밸브가 그림과 같이 닫혀 있는 현재상태의 출력전압은 약 몇 V 인가?

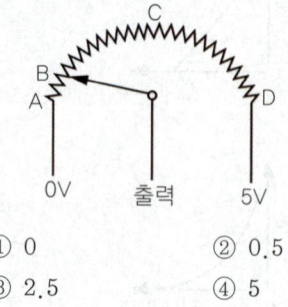

① 0
② 0.5
③ 2.5
④ 5

55 다음 그림은 전자제어 연료분사 차량의 흡기다기관 압력센서(MAP 센서)의 전압변동 파형을 이차 트리거(1번 실린더 점화시점)하여 나타낸 것이다. 설명이 틀린 것은?

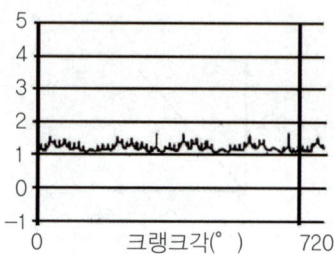

① 급 가속하면 파형이 내려간다.
② 그림의 상태는 공회전 상태이다.
③ 키 스위치만 ON한 상태에서는 파형이 올라간다.
④ 가속을 계속하고 있는 상태에서도 유사한 높이에서 파형이 나온다.

56 A, B 두 정비사가 5V 전원을 사용하는 TPS를 점검하고자 한다. 어느 것이 옳은가?

- 정비사 A : TPS의 전원은 약하므로 테스트램프를 이용하여 점등여부를 확인하는 게 옳다.
- 정비사 B : TPS는 가변저항방식의 디지털신호이므로 테스트램프를 이용하여 측정하는 건 말도 안 된다.

① A가 옳다.
② B가 옳다.
③ A, B 둘 다 맞다.
④ A, B 둘 다 틀린다.

57 수온센서 고장시 엔진에서 예상되는 증상으로 잘못 표현한 것은?

① 연료소모가 많고 CO 및 HC의 발생이 감소한다.
② 냉간 시동성이 저하될 수 있다.
③ 공회전시 엔진의 부조현상이 발생할 수 있다.
④ 공회전 및 주행 중 시동이 꺼질 수 있다.

58 배기가스 중에 산소량이 많이 함유되어 있을 때 산소센서의 상태는 어떻게 나타나는가?

① 희박하다.
② 농후하다.
③ 농후하기도 하고 희박하기도 하다.
④ 아무런 변화도 일어나지 않는다.

54 ② 55 ① 56 ① 57 ① 58 ①

59 지르코니아 O₂센서의 출력전압이 1V에 가깝게 나타난다면 공연비가 어떤 상태인가?

① 희박하다.
② 농후하다.
③ 14.7 : 1(공기 : 연료)을 나타낸다.
④ 농후하다가 희박한 상태로 되는 경우이다.

[풀이] O₂센서의 출력전압이 1V에 가깝게 나타난다면 공연비가 농후한 상태이다.

60 전자제어 엔진에서 혼합비의 농후가 주원인 때 지르코니아 산소센서 방식의 O₂센서 파형으로 가장 적절한 것은?

①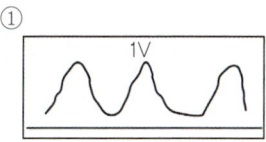

②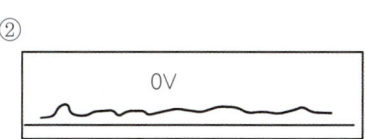

③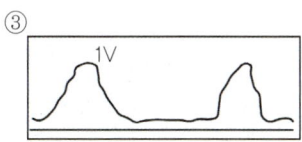

④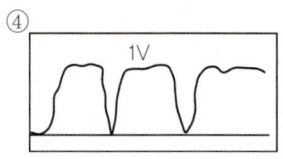

61 산소센서의 튜브에 카본이 많이 끼었을 때 현상으로 맞는 것은?

① 출력전압이 높아진다.
② 피드백 제어로 공연비를 정확하게 제어한다.
③ 출력신호를 듀티 제어하므로 기관에 미치는 악영향은 없다.
④ ECU는 혼합기가 희박한 것으로 판단한다.

62 O₂센서의 사용상 주의사항을 설명한 것으로 틀린 것은?

① 무연 가솔린을 사용할 것
② O₂센서의 내부저항을 자주 측정하여 이상 유무를 확인할 것
③ 전압을 측정할 경우에는 디지털 멀티미터를 사용할 것
④ 출력전압을 쇼트시키지 말 것

ANSWER 59 ② 60 ④ 61 ① 62 ②

63 다음은 ISA(Idle speed actuator) 회로에 대한 설명이다. 각 점에서 측정한 코일 A와 B의 작동전압 파형으로 옳은 것은?

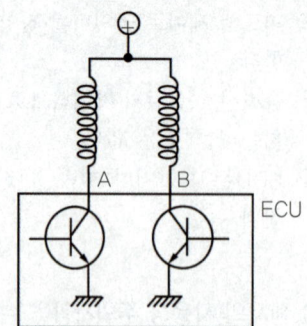

①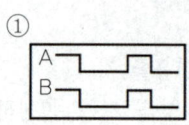

②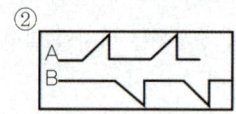

③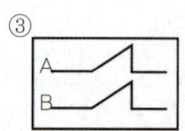

④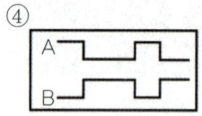

64 산소센서 출력 값을 측정하는 방법 중 틀린 것은?

① 디지털 볼트미터로 측정한다.
② 아날로그스코프로 측정한다.
③ 오실로스코프로 측정한다.
④ 자기진단 장비로 측정한다.

65 MPI기관에서 산소센서를 점검하니 출력 전압이 항상 높게나온다. 그 원인으로 가장 알맞은 것은?

① 공기의 유입이 많다.
② 인젝터에서 연료가 샌다.
③ ISC밸브의 고장이다.
④ 퍼지 컨트롤밸브의 고장이다.

63 ④ 64 ② 65 ②

제2절 시험장비 및 검사기기

1_압축압력 측정

1. 압축압력 측정 준비작업

① 축전지의 충전상태를 점검한다.
② 엔진을 시동하여 난기운전(웜업)시킨 후 정지한다.
③ 점화플러그를 모두 뺀다.
④ 연료공급 차단 및 점화 1차 회로를 분리한다.
⑤ 공기청정기 및 구동벨트(팬벨트)를 떼어낸다.

2. 압축압력 측정방법

① 스로틀 보디의 스로틀 밸브를 완전히 연다.
② 점화플러그 구멍에 압축압력계를 압착시킨다.
③ 엔진을 크랭킹(cranking)시켜 4~6회 압축시킨다. 이때 회전속도는 200~300rpm이다.
④ 첫 압축압력과 맨 나중 압축압력을 기록한다.

3. 압축압력 측정 결과분석

① 정상 압축압력 : 규정 값의 90% 이상, 각 실린더와의 차이가 10% 이내인 경우
② 압축압력이 규정 값 이상인 경우 : 규정 값의 10% 이상이면 실린더헤드를 분해한 후 카본을 제거한다.
③ 밸브가 불량한 경우 : 규정 값보다 낮고, 습식 압축압력 시험을 하여도 압력이 상승하지 않는다.
④ 실린더 벽, 피스톤 링이 마모된 경우 : 계속되는 행정에서 약간씩 상승하며, 습식 압축압력시험을 하면 뚜렷하게 상승한다.
⑤ 헤드개스킷 불량 또는 실린더헤드가 변형된 경우 : 인접한 실린더의 압축압력이 비슷하게 낮으며, 습식 압축압력시험을 하여도 압력이 상승하지 않는다.

> **참고**
> 습식 압축압력 시험이란 밸브 불량, 실린더 벽, 피스톤 링, 헤드 개스킷 불량 등의 상태를 판정하기 위하여 점화플러그 구멍으로 엔진오일을 10cc 정도 넣고 1분 후에 다시 압축압력을 시험하는 것을 말한다.

2_흡기다기관 진공도 측정

1. 진공계로 알아낼 수 있는 시험

① 점화시기 틀림
② 밸브작동 불량
③ 실린더 압축압력 저하
④ 배기장치 막힘

2. 진공을 측정할 수 있는 부위

엔진의 진공을 측정할 수 있는 부분은 흡기다기관, 서지탱크, 스로틀 바디 등이며, 흡기다기관이나 서지탱크에 있는 진공구멍에 진공계를 설치하고 측정한다.

3. 결과 분석

① 엔진이 정상일 때 : 공회전상태에서 진공계 바늘이 45~50cmHg사이에 정지하거나 조금씩 움직인다.
② 실린더 벽이나 피스톤링이 마모되었을 때 : 진공계 바늘이 30~40cmHg사이에 있다.
③ 밸브가 손상되었을 때 : 진공계 바늘이 정상보다 5~10cmHg 정도 낮으며, 규칙적으로 움직인다.
④ 밸브 타이밍(개폐시기)이 틀릴 때 : 진공계 바늘이 20~40cmHg사이에 정지한다.
⑤ 밸브 면과 시트의 접촉이 불량할 때 : 진공계 바늘이 정상보다 5~8cmHg 정도 낮다.
⑥ 밸브가이드가 마모되었을 때 : 진공계 바늘이 35~50cmHg사이를 빠르게 움직인다.
⑦ 밸브 스템이 고착되어 밸브가 완전히 닫히지 않을 때 : 진공계 바늘이 35~40cmHg 사이에서 흔들린다.
⑧ 밸브스프링의 장력이 약할 때 : 진공계 바늘이 25~55cmHg사이에서 흔들린다.
⑨ 흡기다기관에서 누출이 있을 때 : 진공계 바늘이 8~15cmHg사이에서 정지한다.
⑩ 헤드개스킷이 파손되었을 때 : 진공계 바늘이 13~45cmHg의 낮은 위치와 높은 위치 사이를 규칙적으로 흔들린다.
⑪ 점화플러그 간극이 불량할 때 : 조금 높은 공전에서는 바늘이 흔들리지 않으나, 낮은 공전에서는 매우 작은 범위로 흔들린다.
⑫ 점화시기가 늦을 때 : 진공계 바늘이 정상보다 5~8cmHg 낮다.
⑬ 배기장치가 막혔을 때 : 처음에는 정상을 나타내다가 일단 0까지 내려갔다가 다시 상승하여 40~43cmHg사이에 정지한다.

3_일산화탄소 및 탄소수소 측정

1. 측정 대상 자동차의 상태

① 엔진은 시험 전에 적당히 예열되어 있어야 한다. 특히 주차상태에 있거나 장시간 운행하지 않은 상태의 자동차는 충분히 예열이 된 후 측정되도록 주의하여야 한다.
② 주행 중 또는 가동 중인 상태의 자동차로서 엔진이 과열되었을 경우(정상작동 온도를 초과한 경우)에는 정지 가동상태로 엔진을 가동시켜 보닛을 열고 5분 이상 경과한 후 정상상태가 되었을 때 측정한다. 다만 정상작동(수랭식 엔진의 경우 계기판 온도가 40℃ 이상에 있는 것을 말함)인 경우에는 그러하지 아니하다.
③ 변속기가 수동인 자동차의 경우 기어는 중립에 클러치 페달은 밟지 않은 상태(연결된 상태)에 두고, 자동변속기를 사용하는 자동차의 경우에는 중립(N) 위치에 둔다.
④ 엔진은 냉방장치 등 부속장치는 작동시키지 않은 상태에서 가동시키고, 배엔진은 바람이 부는 경우 바람의 영향을 받지 않는 방향으로 하여야 하며, 배엔진의 파손 및 훼손 등으로 배출가스가 새어나오거나 외부 공기가 유입되는지의 여부를 필히 확인하여야 한다.

2. 측정기의 측정 전 준비사항

① 아날로그형 측정기는 예열 전에 전원스위치를 끊고 기계적 영점을 확인하여 필요시 영점을 맞춘다.
② 1주일 이상 계속 사용하지 않았다가 사용하고자 하는 경우 스팬 조정을 실시해야 한다.
③ 스팬 조정은 1개월에 1회 이상 실시해야 한다.
④ 배출가스 분석기는 형식 승인된 기기로 최근 1년 이내에 정도검사를 필한 것이어야 한다.

3. 측정 절차

① 시험대상 자동차의 상태가 정상으로 확인되면 정지 가동상태(엔진이 가동되어 공회전되고 있으며 가속페달을 밟지 않은 상태)에서 배기가스 채취관을 머플러 내에 30㎝ 이상 삽입하고 시료채취펌프를 작동시킨다. 머플러가 30㎝ 이하일 경우는 연장관을 사용한다.
② 시험기 지시계의 지시가 안정(채취관 삽입 후 10초 이상 경과)되면 배출가스 농도를 읽어 기록한다.
③ 시험 완료 후 머플러에서 시료 채취관을 빼고 그대로 약 3분 이상 펌프를 공회전시켜 공기로 충분히 세척한 후에 다음 측정을 실시한다.

④ 시료 채취관은 시험을 할 경우에만 삽입하고 장시간 머플러에 삽입하여 두어서는 안 된다. 또 측정 도중 외부 공기가 새어 들어오지 않도록 머플러, 시료 채취관 등의 파손 및 누설 여부를 수시로 확인하여야 한다.

4_매연측정

매연측정기는 디젤엔진에서 배출되는 배기가스 중 흑연의 농도를 측정하는 것이다. 내연엔진에서 배출되는 연기를 측정하기 위해서 사용하는 기구로서 지름 5cm, 길이 50cm의 유리제 원통용기 속에 시료공기를 통하게 하고, 광원으로부터의 빛을 통과시켜 투과광을 광전관으로 받아 마이크로암미터로 측정하는 방식으로 여지 반사식은 현재 사용하지 않는다.

1. 매연 측정값의 산출

① 3회 연속 측정한 매연 농도를 산술 평균하여 소수점 이하는 반올림한 값을 최종 측정값으로 한다.
② 이때 3회 측정한 매연 농도의 최댓값과 최솟값의 차이가 5%를 초과하는 경우에는 2회를 다시 측정하여 총 5회 중 최댓값과 최솟값을 제외한 나머지 3회의 측정값을 산술 평균한 값을 최종 측정값으로 한다.

2. 배출가스 정밀검사 검사모드

1) ASM2525모드

휘발유·가스 및 알코올 자동차를 섀시 동력계에서 측정 대상 자동차의 도로부하 마력의 25%에 해당하는 부하마력을 설정하고, 40km/h(25mile)의 속도로 주행하면서 배출가스를 측정하는 방법이다.

2) 무부하 정지가동 검사모드

자동차가 정지한 상태에서 엔진을 공회전 상태로 가동하여 배출가스(일산화탄소, 탄화수소, 수소, 공기과잉률 : 휘발유 사용 자동차에 해당)를 측정하는 것이다.

3) Lug-down 3모드

경유를 연료로 사용하는 자동차를 섀시 동력계에서 가속페달을 최대로 밟은 상태로 주행하면서 엔진 정격 회전속도에서 1모드, 엔진 정격 회전속도의 90%에서 2모드, 엔진 정격 회전속도의 80%에서 3모드로 각각 구성하여 엔진의 출력, 엔진의 회전속도, 매연농도를 측정하는 방법이다.

4) 무부하 급가속 검사모드

자동차가 정지한 상태에서 엔진을 최대 회전속도까지 급가속시킬 때 매연 배출량을 측정하는 것이다.

제2절 시험장비 및 검사기기

제3장 출제예상문제

01 노즐 테스터기로 시험할 수 없는 것은?
① 분사노즐의 분사각도
② 노즐 분사압력
③ 분사시기
④ 분사후의 후적여부

  풀이 노즐 테스터기로 분사각도, 분사압력, 분사 후의 후적여부를 시험할 수 있다.

02 노즐시험기에 의한 시험과정이다. 맞지 않는 것은?
① 노즐시험시 사용 경유는 그 비중이 0.82~0.84 정도가 좋다.
② 시험시 경유의 온도는 20℃ 전후가 좋다.
③ 노즐시험은 분사량과 분사시기를 시험한다.
④ 핀틀형, 구멍형 노즐은 노즐시험기로 완전히 측정되나 스로틀 노즐은 스트로브 스코프(strobo scoupe)를 병용하면 더욱 정확히 판단할 수 있다.

03 디젤 분사펌프 시험기에 의하여 시험할 수 없는 사항은?
① 조속기의 작동시험과 조정
② 연료의 분사시기 측정 및 조정
③ 연료 공급펌프의 공급량 시험
④ 연료 분사량 측정과 분사시기 점검

  풀이 디젤 분사펌프 시험기의 시험항목
  ① 조속기의 작동시험과 조정
  ② 연료의 분사시기 측정 및 조정
  ③ 연료 분사량 측정과 분사시기 점검

04 기관 압축압력 시험기로 점검할 수 있는 사항이 아닌 것은?
① 노즐의 분사상태
② 실린더 마멸상태
③ 헤드 개스킷 불량
④ 연소실의 카본퇴적

  풀이 기관 압축압력 시험기로 점검할 수 있는 사항은 실린더 및 피스톤과 피스톤 링 마멸상태, 헤드 개스킷 불량, 연소실의 카본퇴적, 밸브불량, 등이다.

05 기관의 압축압력 점검결과 압력이 인접한 실린더에서 동일하게 낮은 경우 원인으로 가장 옳은 것은?
① 흡기다기관의 누설
② 점화시기 불균일
③ 실린더헤드 개스킷 소손
④ 실린더 벽이나 피스톤 링의 마멸

01 ③ 02 ③ 03 ③ 04 ① 05 ③

06 가솔린기관의 압축시험은 다음 중 어떤 상태에서 행하는 것이 옳은가?

① 1개의 점화 플러그를 떼어낸 상태
② 자동 초크가 닫혀 있는 상태
③ 모든 점화 플러그를 떼어낸 상태
④ 스로틀 밸브가 닫혀 있는 상태

풀이 가솔린엔진의 압축압력 시험시 준비 사항
① 축전지의 충전상태를 점검한다.
② 엔진을 시동하여 난기운전(웜업)시킨 후 정지한다.
③ 점화플러그를 모두 뺀다.
④ 연료공급 차단 및 점화 1차 회로를 분리한다.
⑤ 공기청정기 및 구동벨트(팬벨트)를 떼어낸다.
⑥ 스로틀 보디의 스로틀 밸브를 완전히 연다.
⑦ 점화플러그 구멍에 압축압력계를 설치한다.
⑧ 엔진을 크랭킹(cranking)시켜 4~6회 압축시킨다. 이때 회전속도는 200~300rpm이다.

07 기관의 압축압력을 시험할 때 오일을 점화 플러그 구멍에 넣고 할 경우 가장 옳은 방법은?

① 오일을 5cc 넣고 바로 한다.
② 오일을 10cc 넣고 1분 후에 한다.
③ 오일을 20cc 넣고 5분 후에 한다.
④ 오일을 25cc 넣고 바로 한다.

풀이 습식 압축압력 시험이란 밸브 불량, 실린더 벽, 피스톤 링, 헤드 개스킷 불량 등의 상태를 판정하기 위하여 점화플러그 구멍으로 엔진오일을 10cc 정도 넣고 1분 후에 다시 압축압력을 시험하는 것을 말한다.

08 디젤기관에서 압축압력 측정방법 중 잘못 설명한 것은?

① 분사노즐 및 예열플러그를 전부 빼고 시험한다.
② 기동전동기 회전속도에서 측정한다.
③ 기관을 정상운전 온도로 올린다음 정지시키고 측정한다.
④ 공기식 거버너가 부착된 경우는 에어밸브를 완전히 열고 시험한다.

풀이 디젤엔진의 압축압력 시험시 준비 사항
① 엔진을 워밍업 시킨 다음 정지 시킨다.
② 모든 분사노즐 또는 예열플러그를 모두 탈착한다.
③ 연료가 공급되지 않게 한다.
④ 에어클리너를 떼어내 공기의 저항을 작게 한다.
⑤ 공기식 거버너인 경우 에어 밸브를 완전히 연다.
⑥ 압축 압력은 기동 전동기 회전 속도에서 측정한다.

09 압축 압력 측정시 규정값이 나오지 않아 오일을 넣고 측정하였더니 규정값이 나왔다. 그 원인은?

① 밸브 틈새 과소
② 헤드 개스킷 파손
③ 밸브 틈새 과다
④ 피스톤링 마모

06 ③ 07 ② 08 ① 09 ④

10 흡기다기관의 진공시험을 한 결과 진공계에서 바늘이 20~40cmHg사이에서 정지되어 있다. 가장 올바른 결과분석은?

① 밸브가 소손되었을 때
② 엔진이 정상일 때
③ 밸브 타이밍이 맞지 않을 때
④ 실린더 벽이나 피스톤 링이 마멸되었을 때

> 풀이 진공시험 결과 분석
> ① 정상일 때 : 45~50cmHg
> ② 밸브가 소손되었을 때 : 정상보다 5~10cmHg 낮아지며 지침이 규칙적으로 움직인다.
> ③ 밸브 타이밍이 맞지 않을 때 : 20~40cmHg 사이에 정지
> ④ 실린더 벽이나 피스톤링의 마멸 : 30~40cmHg
> ⑤ 밸브 틈새와 개폐시기가 맞지 않을 때 : 20~38mmHg사이를 일정하게 머뭇거린다.

11 밸브 틈새와 개폐시기가 맞지 않으면 진공계 지침은 어떻게 움직이는 가?(단, 공전회전에서)

① 130~420mmHg사이를 일정하게 움직인다.
② 200~380mmHg사이를 일정하게 머뭇거린다.
③ 360~400mmHg사이를 급히 왕복한다.
④ 360~500mmHg사이를 조용히 진동한다.

12 기관의 진공시험을 하려고 할 때 일반적으로 진공 게이지의 호스는 어디에 설치하는가?

① 흡입밸브에 설치한다.
② 배전기의 진공 진각장치에 설치한다.
③ 점화플러그를 빼고 그 구멍에 설치한다.
④ 흡입 매니폴드나 서지탱크에 있는 진공 구멍에 설치한다.

13 정상상태에서의 공회전시 흡기다기관의 진공도는 얼마인가?

① 35~40cmHg   ② 45~50cmHg
③ 50~60cmHg   ④ 30~35cmHg

14 흡기다기관의 진공도를 측정하였더니 진공계 바늘이 13~45cmHg에서 규칙적으로 강약이 있게 흔들린다. 고장의 원인은 무엇인가?

① 실린더 벽이 마모되었다.
② 밸브 타이밍이 맞지 않는다.
③ 실린더헤드 개스킷이 파손되었다.
④ 밸브 면과 시트와의 접촉이 불량하다.

15 실린더 압축시험에 대한 설명 중 틀린 것은?

① 습식시험은 건식시험에서 실린더 압축압력이 규정 값 보다 낮게 측정될 때 측정하는 시험이다.
② 압축압력시험은 엔진을 크랭킹 속도에서 측정한다.
③ 습식시험은 실린더에 엔진오일을 넣은 후 측정한다.
④ 습식시험을 통해 압축압력이 변화가 없으면 실린더 벽 및 피스톤 링의 마멸로 판정할 수 있다.

> 풀이 습식 압축압력 시험에서 압축압력이 변화가 없으면 밸브 불량, 실린더헤드 개스킷 파손, 실린더헤드 변형 등으로 판정한다.

10 ③ 11 ② 12 ④ 13 ② 14 ③ 15 ④

16 흡기다기관의 진공시험으로 그 결함을 알아내기 어려운 것은?

① 점화시기의 틀림
② 밸브스프링의 장력
③ 실린더 마모
④ 흡기계통의 개스킷 누설

풀이) 흡기 다기관의 진공시험으로 알 수 있는 결함은 점화시기의 틀림, 실린더 마모, 흡기계통의 개스킷 누설, 밸브작동의 불량 등이다.

17 기관에서 진공이 누설될 경우 나타나는 현상과 거리가 먼 것은?

① 엔진부조
② 엔진출력 부족
③ 유해가스 과다
④ 연료 증발가스 발생

18 크랭크축 오일간극을 측정하는 게이지는?

① 보어 게이지
② 틈새 게이지
③ 플라스틱 게이지
④ 내경 마이크로미터

풀이) 크랭크축 오일간극은 내·외측 마이크로미터 사용, 심 스톡방식, 플라스틱 게이지 사용 등이 있으며, 최근에는 플라스틱 게이지를 많이 사용한다.

19 아래 사항에서 기관의 분해시기를 모두 고른 것은?

A. 압축압력 70%이하 일 때
B. 압축압력 80% 이하일 때
C. 연료소비율 60% 이상일 때
D. 연료소비율 50% 이상일 때
E. 오일소비량 50% 이상일 때
F. 오일소비량 50% 이하일 때

① A, C, F   ② A, C, E
③ B, C, F   ④ B, D, F

풀이) 기관의 분해시기 결정요소
① 압축압력 70% 이하 일 때
② 연료소비율 60% 이상일 때
③ 오일소비량 50% 이상일 때

20 라디에이터 캡 시험기로 점검할 수 없는 것은?

① 라디에이터 코어 막힘 여부
② 라디에이터 코어 손상으로 인한 누수 여부
③ 냉각수 호스 및 파이프와 연결부에서의 누수 여부
④ 라디에이터 캡의 불량

풀이) 라디에이터 코어 막힘은 신품용량과 비교하여 점검한다.

21 다음 중 디젤 인젝션 펌프의 시험 항목이 아닌 것은?

① 누설시험   ② 송출압력 시험
③ 공급압력 시험 ④ 충전량 시험

16 ② 17 ④ 18 ③ 19 ② 20 ① 21 ④

22 연료분사펌프 시험기로 각 실린더의 분사량을 측정하였더니 최대 분사량이 33cc이고, 최소 분사량이 29cc이며, 각 실린더의 평균 분사량이 30cc였다. (+)불균율은?

① 10% ② 20%
③ 30% ④ 35%

풀이 (+)불균율 = $\frac{최대분사량 - 평균분사량}{평균분사량} \times 100$

= $\frac{33-30}{30} \times 100 = 10\%$

23 4행정 사이클 디젤기관의 분사펌프 제어래크를 전부하 상태로 하고, 최대 회전수를 2000rpm으로 하여 분사량을 시험하였더니 1실린더 107cc, 2실린더 115cc, 3실린더 105cc, 4실린더 93cc일 때 수정할 실린더의 수정치 범위는 얼마인가?(단, 전부하시 불균율 4%로 계산한다.)

① 100.8~109.2cc
② 100.1~100.5cc
③ 96.3~103.6cc
④ 89.7~95.8cc

풀이 ① 평균 연료분사량 = $\frac{107+115+105+93}{4}$

= 105cc

② 불균율이 4%이므로, 105cc × 0.04 = 4.2cc
③ (−) 불균율 = 105cc − 4.2 = 100.8cc
④ (+) 불균율 = 105cc + 4.2 = 109.2cc

24 가솔린 배기가스 분석기로 점검할 수 없는 것은?

① CO가스   ② HC가스
③ NOx가스 ④ P.M(입자상물질)

풀이 P.M(입자상 물질)은 디젤기관에서 배출되는 물질이다.

25 운행자동차의 정기검사 배출가스측정방법 중 일산화탄소 및 탄화수소 측정방법으로 맞지 않는 것은?

① 배출가스 채취관을 배기관 내에 30cm 이상 삽입하고 측정한다.
② 채취관 삽입 후 10초 이내로 측정한 배출가스 농도를 읽어 기록한다.
③ 배기관이 2개 이상일 때에는 임의로 배기관 1개를 선정하여 측정을 한 후 측정치를 삽입한다.
④ 자동차용 원동기 배기관과 냉·난방용 원동기 배기관이 별도로 있을 경우에는 자동차용 배기관에서만 측정한다.

풀이 일산화탄소 및 탄화수소 측정방법은 ①, ③, ④항 이외에 시험기 지시계의 지시가 안정(채취관 삽입 후 10초 이상 경과)되면 배출가스 농도를 읽어 기록한다.

26 정밀검사 시행요령 중 배출가스 분석기의 사용에 관한 내용으로 틀린 것은?

① 배출가스 분석기는 형식 승인된 기기로 최근 1년 이내에 정도검사를 필한 것이어야 한다.
② 배출가스 분석기는 충분히 예열하여 안정화시킨 후 분석기 사용방법에 따라 조작한다.
③ 일산화탄소, 탄화수소, 이산화탄소, 산소 및 질소산화물 분석기의 영점 및 스팬(span)을 조정한다.
④ 배출가스 측정시 외부공기가 충분히 들어갈 수 있도록 시료채취관에 압축공기를 불어넣는다.

풀이 배출가스 분석기의 사용할 때 주의사항은 ①, ②, ③항 이외에 측정 도중 외부 공기가 새어 들어오지 않도록 배관, 시료 채취관 등의 파손 및 누설 여부를 수시로 확인하여야 한다.

22 ① 23 ① 24 ④ 25 ② 26 ④

27 일산화탄소 및 탄화수소 측정기의 측정 전 준비사항으로 틀린 것은?

① 아날로그형 측정기는 예열 전에 전원스위치를 끊고 기계적 영점을 확인하여 필요시 영점을 맞춘다.
② 1주일 이상 계속 사용하지 않았다가 사용하고자 하는 경우 스팬 조정을 실시해야 한다.
③ 스팬 조정은 1개월에 1회 이상 실시해야 한다.
④ 측정기는 동작 확인된 기기로서 최근 2년 이내에 정도검사를 필한 것이어야 한다.

풀이 일산화탄소 및 탄화수소 측정기의 측정 전 준비사항은 ①, ②, ③항 이외에 배출가스 분석기는 형식 승인된 기기로 최근 1년 이내에 정도검사를 필한 것이어야 한다.

28 어떤 자동차를 섀시 다이나모에서 LA4모드(CVS-75) 시험법으로 일산화탄소를 측정하였더니 다음과 같은 값을 얻었다. 평균배기 농도는 얼마인가?

조건	배기농도(%)	배기농도계수
아이들링	5.0	0.22
가속	3.0	0.43
정속	2.0	0.58
감속	4.0	0.13

① 4.70%　　② 4.07%
③ 4.27%　　④ 4.17%

풀이 평균 배기농도 = (5.0×0.22)+(3.0×0.43)+(2.0×0.58)+(4.0×0.13) = 4.07%

29 휘발유 및 가스사용 운행 차의 배출가스 분석방식으로 적합한 것은?

① 비분산 적외선식
② 여지투과식
③ 10모드식
④ 6모드식

풀이 비분산 적외선 방식(NDIR, Non-dispersive infrared absorption) : 일산화탄소, 이산화탄소 및 탄화수소 등 가스 상 물질 들이 적외선(Infrared light)에 대해 특정한 흡수스펙트럼을 갖는 것을 이용하여 특정성분의 농도를 구하는 방법으로 대기 및 굴뚝가스 중의 오염물질을 연속적으로 측정하는 비분산 정필터형 적외선 가스분석계에 대해 적용한다. 휘발유 및 가스사용 운행 자동차의 배출가스 분석에 주로 사용한다.

30 NDIR(비분산 적외선) 분석방법을 채택한 배기가스 측정기로 측정하는 것은?

① HC　　② NOx
③ O_2　　④ H_2O

31 배출가스 정밀검사에서 경유자동차 매연측정기의 매연분석 방법은?

① 광반사식
② 여지반사식
③ 전유량방식 광투과식
④ 부분유량채취방식 광투과식

풀이 매연측정기의 매연분석 방법은 부분유량채취방식 광투과식이다.

27 ④　28 ②　29 ①　30 ①　31 ④

32 디젤엔진의 매연 측정시 올바른 것은?

① 매연 측정시마다 표준 색지로 세팅한다.
② 검출지는 3회까지 사용이 가능하다.
③ 매연 채취관은 30㎝ 이상 배기구에 삽입한다.
④ 매연 측정시 엔진은 공회전 상태가 되어야 한다.

33 자동차의 매연을 3회 측정하고 다시 2회를 측정하여 총 5회를 측정한 값이 다음과 같다, 산출한 최종 측정치는?(1회 ; 44%, 2회 : 38%, 3회 : 28%, 4회 : 40%, 5회 : 36%)

① 34.3% ② 35%
③ 36%   ④ 38%

풀이 최종 측정치 = $\dfrac{40+36}{2}$ = 38%

34 매연 측정치 산술시 3회 연속 측정한 매연농도의 최대치와 최소치의 차이가 몇 %를 초과할 때 2회를 다시 측정하여야 하는가?

① 3%   ② 5%
③ 10% ④ 20%

풀이 매연 측정치 산술시 3회 연속 측정한 매연농도의 최대치와 최소치의 차이가 5%를 초과할 때 2회를 다시 측정하여야 한다.

35 매연 측정기의 지시정도는 교정용 표준지로 교정한 후 1분 뒤 지시치가 최대눈금의 몇 % 이내이어야 하는가?

① 10% 이내 ② 2% 이내
③ 7% 이내   ④ 3% 이내

풀이 매연 측정기의 지시정도는 교정용 표준지로 교정한 후 1분 뒤 지시치가 최대눈금의 2%이내여야 한다.

36 운행차 배출가스 정밀검사의 검사모드에 관한 설명으로 틀린 것은?

① 휘발유사용 자동차 부하검사 방법은 ASM2525모드이다.
② 경유사용 자동차 무부하 검사방법은 무부하 정지가동 검사모드이다.
③ 경유사용 자동차 부하검사방법은 Lug-down 3모드이다.
④ 휘발유사용 자동차 무부하 검사방법은 무부하 정지가동 검사모드이다.

풀이 경유사용 자동차는 무부하 급가속 검사모드로 자동차가 정지한 상태에서 엔진을 최대 회전속도까지 급가속시킬 때 매연 배출량을 측정한다.

37 배출가스 정밀검사에서 Lug-Down3 모드의 검사항목이 아닌 것은?

① 매연 농도
② 엔진출력
③ 엔진 회전수
④ 질소산화물(NOx)

풀이 Lug-down 3모드
경유를 연료로 사용하는 자동차를 섀시 동력계에서 가속페달을 최대로 밟은 상태로 주행하면서 엔진 정격 회전속도에서 1모드, 엔진 정격 회전속도의 90%에서 2모드, 엔진 정격 회전속도의 80%에서 3모드로 각각 구성하여 엔진의 출력, 엔진의 회전속도, 매연농도를 측정하는 방법이다.

32 ③ 33 ④ 34 ② 35 ② 36 ② 37 ④

PART 2

자동차 섀시

제1장 / 자동차 섀시 성능

제2장 / 자동차 섀시 정비

제3장 / 자동차 섀시 진단, 검사

Engineer Motor Vehicles Maintenance

01 자동차 섀시 성능

제1절 주행성능

1_구동력

구동력이란 구동바퀴가 자동차를 미는 힘이며, 구동축의 회전력에 비례하고, 구동바퀴의 반지름에 반비례한다. 구동바퀴의 반지름 R[m], 구동축의 회전력을 T[kgf·m]라 하면 구동력 F[kgf]는 다음 공식으로 산출한다.

$$F = \frac{T}{R}$$

R : 구동바퀴 반지름[m]
T : 구동축 회전력[kgf·m]

그림 1-1 / **구동력**

2_주행저항

자동차의 주행저항은 자동차 주행을 방해하는 쪽으로 작용하는 힘의 총칭으로 구름저항, 공기저항, 등판저항, 가속저항 등 4가지가 있다.

1. 구름저항

구름저항은 바퀴가 노면 위를 굴러갈 때 발생하는 것이며, 구름저항이 발생하는 원인에는 도로와 타이어와의 변형, 도로 위의 요철과의 충격, 타이어 미끄럼 등이다. 다음 공식으로 나타낸다.

$$Rr = \mu r \times W$$

- Rr : 구름저항(kgf)
- μr : 구름저항 계수
- W : 차량 총중량(kgf)

2. 공기저항

공기저항은 자동차가 주행할 때 진행방향에 방해하는 공기의 힘이며, 다음 공식으로 표시한다.

$$Ra = \mu a \times A \times V^2$$

- Ra : 공기저항(kgf)
- μa : 공기저항 계수
- A : 자동차 전면 투영면적(m²)
- V : 자동차의 공기에 대한 상대 속도(km/h)

그림 1-2 / **공기저항**

3. 구배(등판)저항

구배저항은 자동차가 언덕길을 올라갈 때 노면에 대한 평행한 방향의 분력(W×sinθ)이 저항과 같은 효과를 내므로 이것을 구배저항이라고 하며 다음 공식으로 표시된다.

$$Rg = W \times \sin\theta$$

$$\text{또는 } Rg = \frac{WG}{100}$$

- Rg : 구배저항(kgf)
- W : 차량 총중량(kgf)
- sinθ : 도로면 경사각도
- G : 구배(%)

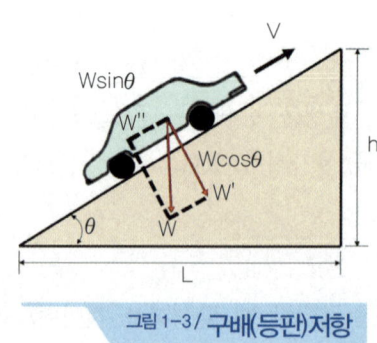

그림 1-3 / **구배(등판)저항**

4. 가속저항

가속저항은 자동차의 주행속도의 변화를 주는데 필요한 힘으로 관성저항이라고도 부른다.

$$Ri = \frac{(1+a)W}{g} \times a$$

Ri : 가속저항
a : 가속도(m/sec²)
W : 차량총중량(kgf)
g : 중력가속도(9.8m/sec²)

5. 전 주행저항

① 평탄한 도로 주행시 : 구름저항(Rr) + 공기저항(Ra)
② 경사로 등속 주행시 : 구름저항(Rr)+공기저항(Ra)+등판저항(Rg)
③ 평탄한 도로 등 가속 주행시 : 구름저항(Rr)+공기저항(Ra)+가속저항(Ri)
④ 경사로 등 가속 주행시 : 구름저항(Rr)+공기저항(Ra)+등판저항(Rg)+가속저항(Ri)

제 2 절 제동성능

1_브레이크 드럼에 발생하는 제동토크

$$T_B = \mu Pr$$

T_B : 드럼에 발생하는 제동토크
μ : 드럼과 라이닝의 마찰계수
r : 드럼의 반지름
P : 드럼에 가해지는 힘

2_제동거리의 산출 공식

$$S = \frac{V^2}{254} \times \frac{W}{F}$$

S : 제동거리(m)
V : 주행속도(km/h)
W : 차량총중량(kgf)
F : 제동력(kgf)

3_공주거리 산출 공식

$$S_2 = \frac{V}{3.6}t$$

S_2 : 공주거리, t : 공주시간

4_정지거리 산출 공식

정지거리는 제동거리+공주거리이므로

$$S_3 = \frac{V^2}{254} \times \frac{W+W'}{F} + \frac{V}{3.6} \times t$$

제3절 / 조향성능

1_조향장치 원리

애커먼 장토식의 원리를 이용한 것으로 조향각이 같은 바퀴의 knuckle arm과 tie rod를 개량므로서 킹핀(바퀴가 회전하는 기본 중심축)의 중심과 타이로드 양끝을 잇는 연장선이 뒷차축의 중심에 마주치도록 링크 기구를 배치한 구조로 앞뒤바퀴는 어떤 선회상태에서도 중심이 일치되는 원 즉 동심원을 그리게 된다.

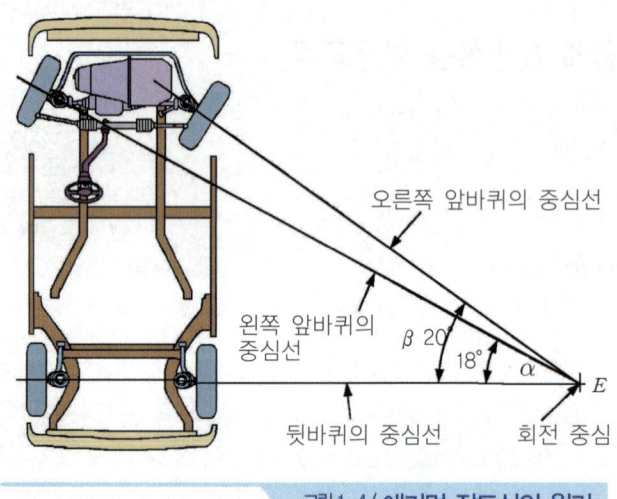

그림 1-4 / 애커먼 장토식의 원리

2_조향장치의 구비조건

① 조향조작이 주행 중의 충격에 영향을 받지 않을 것
② 조작이 쉽고, 방향변환이 원활하게 행해질 것
③ 회전 반지름이 작아서 좁은 곳에서도 방향변환을 할 수 있을 것
④ 진행방향을 바꿀 때 섀시 및 차체 각 부분에 무리한 힘이 작용되지 않을 것
⑤ 고속주행에서도 조향핸들이 안정 될 것
⑥ 조향핸들의 회전과 바퀴선회 차이가 크지 않을 것
⑦ 수명이 길고 다루거나 정비하기가 쉬울 것

3_자동차의 조향특성

자동차 조향휠의 회전각도를 일정하게 유지한 상태에서 일정속도로 주행하면 자동차는 선회반경이 일정한 원운동을 하며 다음의 특성을 가지고 있다.

① **언더 스티어(under steer)** : 가속시 처음의 궤적에서 이탈 바깥쪽으로 벌어짐
② **오버 스티어(over steer)** : 안쪽으로 감겨 들어감
③ **정상(neutral steer)** : 그대로 같은 궤적을 형성

일반적인 승용차는 완만한 언더 스티어 조향특성을 갖도록 설계되어 있다.

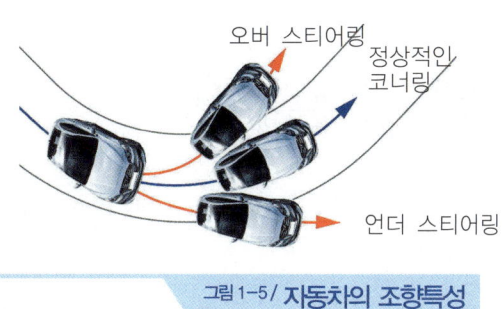

그림 1-5 / **자동차의 조향특성**

1. 최소 회전반경 산출 공식

$$R = \frac{L}{\sin\alpha} + r$$

R : 최소회전반경(m)
L : 축거(m)
$\sin\alpha$: 바깥쪽 앞바퀴의 조향각도
r : 킹핀과 바퀴 접지 면과의 거리(m)

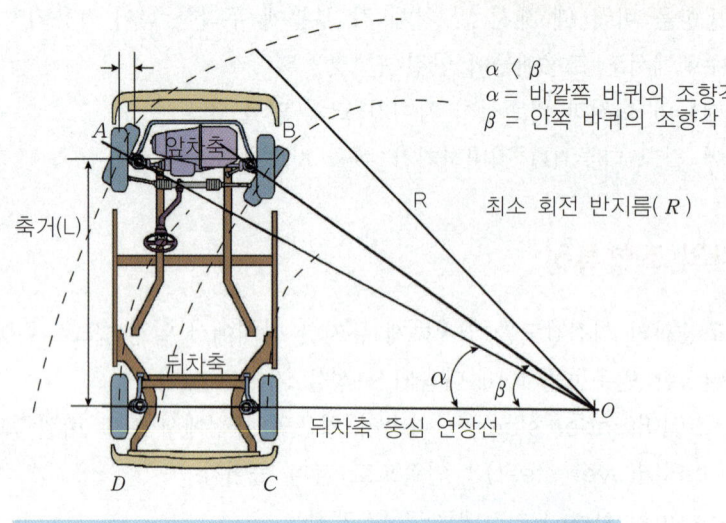

$\alpha < \beta$
$\alpha =$ 바깥쪽 바퀴의 조향각
$\beta =$ 안쪽 바퀴의 조향각

최소 회전 반지름(R)

그림 1-6 / **최소회전반경**

2. 조향기어비

$$\text{조향 기어비} = \frac{\text{조향핸들이 움직인 각도}}{\text{피트먼암이 움직인 각도}}$$

제1장 출제예상문제

01 타이어의 반경이 0.3m인 자동차가 회전수 800rpm으로 달릴 때 회전력이 15m·kgf이라면 이 자동차의 구동력은 얼마인가?

① 45kgf ② 50kgf
③ 60kgf ④ 70kgf

풀이 $F = \dfrac{T}{R} = \dfrac{15}{0.3} = 50\text{kgf}$

F : 구동력(kgf), T : 구동차축의 회전력(kgf-m), R : 바퀴의 반경(m)

02 자동차가 72km/h의 속도로 일정하게 주행한다. 이때 주행저항이 112.5kgf이고, 구동륜의 유효반경이 30cm이면 구동토크는 몇 kgf-m인가?

① 22.5 ② 33.75
③ 45   ④ 56.3

풀이 $T = FRT = 112.5\text{kgf} \times 0.3\text{m} = 33.75\text{kgf-m}$
T : 구동토크, F : 주행저항,
R : 구동륜의 유효반경

03 자동차의 주행속도가 90km/h일 때 구동출력이 130PS라면 이 때의 구동력은?

① 390kgf ② 290kgf
③ 190kgf ④ 490kgf

풀이 $F = \dfrac{75 \times H_{PS}}{V} = \dfrac{75 \times 130\text{PS} \times 3600}{90 \times 1000} = 390\text{kgf}$

F : 구동력(kgf), H_{PS} : 구동출력(PS),
V : 주행속도(km/h)

04 어떤 소형버스의 총중량이 1600kgf이다. 이 자동차가 평탄한 도로를 50km/h로 주행할 때 구름저항(kgf)은?(단, 구름저항 계수 0.02, 공기저항은 무시한다)

① 444   ② 1600
③ 32   ④ 6172

풀이 $Rr = \mu r \times W = 0.02 \times 1600\text{kgf} = 32\text{kgf}$
Rr : 구름저항, μr : 구름저항 계수,
W : 차량총중량

05 차량총중량이 3000kgf인 차량이 오르막길 구배 20°에서 80km/h로 정속 주행할 때 구름저항(kgf)은?(단, 구름저항 계수 0.023)

① 23.59 ② 64.84
③ 69.00 ④ 25.12

풀이 $Rr = \mu r \times W \times \cos a$
$= 0.023 \times 3000 \times \cos 20° = 64.84\text{kgf}$
Rr : 구름저항, μr : 구름저항 계수,
W : 차량총중량, $\cos a$: 오르막 구배 각도

ANSWER 01 ② 02 ② 03 ① 04 ③ 05 ②

06 중량이 8,000kgf인 자동차가 36km/h의 속도로 5%의 구배 길을 올라가고 있다. 이때 기관출력이 72PS이면 자동차의 구름저항은 몇 kgf인가?(단, 공기저항은 무시하며, 동력전달 효율 100%, 노면과 타이어 사이의 미끄럼은 없는 것으로 한다)

① 120kgf　　② 130kgf
③ 140kgf　　④ 150kgf

[풀이]
① 구름저항 = 총 주행저항−구배저항
② 총 주행저항 = $\dfrac{72PS \times 75 \times 3.6}{36}$ = 540kgf
③ 구배저항 = 8000kgf × $\dfrac{5}{100}$ = 400kgf
∴ 540−400 = 140kgf

07 차량 총중량 4000kgf의 차량이 구배 6%의 자갈길을 30km/h의 속도로 올라갈 때 (구름저항/구배저항)의 값은 얼마인가? (단, 구름저항 계수 : 0.04 이다)

① $\dfrac{1}{2}$　　② $\dfrac{2}{3}$
③ $\dfrac{4}{3}$　　④ 2

[풀이] 구름저항/구배저항 = $\dfrac{0.04}{0.06}$ = $\dfrac{2}{3}$

08 25°의 언덕길은 몇 %의 구배인가?

① 32%　　② 42%
③ 57%　　④ 67%

[풀이] sin 25° = 0.422 = 42%

09 다음에서 공기저항(Ra) 공식을 바르게 표시한 것은?(단, c : 차체형상 계수, ρ : 공기밀도, g : 중력 가속도, A : 자동차의 전면 투영면적, V : 자동차의 공기에 대한 상대속도)

① $Ra = c\dfrac{\rho}{2g}AV^2$　　② $Ra = \dfrac{1}{c}\dfrac{\rho}{2g}AV^2$
③ $Ra = c\dfrac{\rho}{2g}\dfrac{A}{V^2}$　　④ $Ra = c\dfrac{\rho}{2g}AV$

[풀이] 공기저항(Ra) $Ra = c\dfrac{\rho}{2g}AV^2$으로 나타낸다.

10 어떤 자동차가 평탄한 아스팔트 포장도로를 80km/h로 주행하고 있을 때 공기저항은?(단, 차량 총중량 1600kgf, 전면 투영면적 1.8m², 공기저항 계수 0.005이다)

① 4.44kgf　　② 8.0kgf
③ 28.8kgf　　④ 57.6kgf

[풀이] $Ra = \mu a \times A \times V^2$ = 0.005 × 1.8 × 80²
= 57.6kgf
Ra : 공기저항, μa : 공기저항 계수,
A : 전면투영 면적, V : 주행속도(km/h)

11 차량 총중량 2TON의 자동차가 10도의 구배 길을 올라갈 때의 등판저항은?(단, 노면과의 마찰계수는 0.01이다)

① 약 350kgf　　② 약 35kgf
③ 약 200kgf　　④ 약 20kgf

[풀이] $Rg = W \times \tan\theta$ = 2000kgf × tan10°
= 352kgf
Rg : 등판저항, W : 차량총중량, $\tan\theta$: 구배

06 ③　07 ②　08 ②　09 ①　10 ④　11 ①

12 차량총중량 2ton인 자동차가 등판저항이 약 350kgf로 언덕길을 올라갈 때 언덕길의 구배는 얼마인가?

① 10°　　② 11°
③ 12°　　④ 13°

풀이 $Rg = W \times \tan\theta$
Rg : 등판저항, W : 차량총중량, $\tan\theta$: 구배
$\tan\theta = \dfrac{W}{Rg} = \dfrac{2000}{350} = 5.7$,
따라서 $\tan 5.7 = 0.100 \times 100 = 10°$

13 차량중량 3260kgf의 자동차가 10°의 경사진 도로를 주행할 때의 전주행 저항은 약 얼마인가?(단, 구름저항 계수는 0.023이다)

① 586kgf　　② 641kgf
③ 712kgf　　④ 826kgf

풀이 ① $Rr = \mu r \times W = 0.023 \times 3260 = 74.98$ kgf
Rr : 구름저항, μr : 구름저항 계수, W : 차량중량
② $Rg = W \times \sin\theta = 3260 \times \sin 10°$
$= 566.09$ kgf
Rg : 구배저항, W : 차량중량, $\sin\theta$: 구배
③ 전주행저항 $= Rr$(구름저항)$+ (Rg)$구배저항
$= 74.98 + 566.09 = 641.07$ kgf

14 평탄한 도로를 90km/h로 달리는 승용차의 총 주행저항은 약 얼마인가?(단, 총중량 1145kgf, 투영면적 1.6m², 공기저항계수 0.03kgf/s²/m⁴, 구름저항계수 0.015)

① 57.18kgf　　② 47.18kgf
③ 37.18kgf　　④ 67.18kgf

풀이 ① $Rr = \mu r \times W = 0.015 \times 1145$ kgf $= 17.18$ kgf
② $Ra = \mu a \times A \times v^2 = 0.03 \times 1.6 \times 25^2 = 30$ kgf,
[90km/h = 25m/s]
③ 총 주행저항 $= 17.18 + 30 = 47.18$ kgf

15 캐러밴(caravan)을 견인하는 승용차가 60 km/h의 속도로 약간 경사진 언덕길을 주행하고 있다. 이때 구동력에 대항하여 캐러밴에 작용하는 저항은 구름저항 110N, 공기저항 700N, 그리고 등판 저항이 220N이다. 캐러밴 커플링에 부하된 구동력의 크기는?

① 1030N　　② 920N
③ 81N　　④ 330N

풀이 구동력의 크기 = 구름저항(110N) + 공기저항(700N) + 등판저항(220N) = 1030N

16 기관의 최대토크 15kgf·m, 총감속비 28, 차량의 총중량 3500kgf, 구동바퀴의 유효 회전반경 0.38m, 동력전달 효율 90%의 조건을 가진 자동차의 구배능력은?

① 0.125　　② 0.269
③ 0.469　　④ 0.284

풀이 구배능력 $= \dfrac{0.9 \times E_T \times Tr}{W \times r} - 0.015$
$= \dfrac{0.9 \times 15 \times 28}{3500 \times 0.38} - 0.015 = 0.269$
E_T : 기관토크, Tr : 총감속비,
W : 차량 총중량, r : 바퀴 유효 회전반경

17 자동차가 출발하여 100m에 도달할 때의 속도가 60km/h이다. 이 자동차의 가속도는 약 얼마인가?

① 1.4m/s²　　② 5.6m/s²
③ 6.0m/s²　　④ 16.7m/s²

풀이 $\alpha = \dfrac{V_2^2 - V_1^2}{2S} = \dfrac{16.67^2}{2 \times 100}$
$= 1.38 \text{m/s}^2$, [60km/h = 16.67m/s]

ANSWER　12 ①　13 ②　14 ②　15 ①　16 ②　17 ①

18. 공차질량이 300kgf인 경주용 자동차가 8m/s² 의 등가속도로 가속중일 때의 가속력은?

① 68.75N   ② 68.75kg
③ 2400N   ④ 2400kg

 $F = ma$
F : 가속력, m : 공차질량, a : 등가속도

19. 자동차 공차시 또는 적재 상태의 전·후 축중을 구할 때 무엇을 이용하는가?

① 파스칼의 원리
② 애커먼 장토원리
③ 평형방정식
④ 쿨롱의 법칙

 자동차 공차 또는 적재상태의 전·후 축중을 구할 때에는 평형방정식을 이용한다.

20. 자동차의 최고속도를 증가시키는 일반적인 방법이 아닌 것은?

① 자동차의 중량을 감소시킨다.
② 총감속비를 낮게 한다.
③ 자동차의 구동력을 작게 한다.
④ 자동차 전면의 투영면적을 최소화한다.

 자동차의 최고속도를 증가시키는 방법은 ①, ②, ④항 이외에 자동차의 구동력을 크게 한다.

21. 브레이크 드럼의 지름은 25cm, 마찰계수가 0.28인 상태에서 브레이크슈가 745N의 힘으로 브레이크 드럼을 밀착시키면 브레이크 토크는?

① 82N·m   ② 12N·m
③ 21N·m   ④ 26N·m

 $Tb = \mu Pr = \dfrac{0.28 \times 745N \times 25cm}{2 \times 100} = 26N \cdot m$

Tb : 브레이크 토크, μ : 마찰계수,
P : 브레이크 드럼에 작용하는 힘,
r : 브레이크 드럼의 반지름

22. 지름 30cm인 브레이크 드럼에 작용하는 힘이 600N이다. 마찰계수가 0.3이라 하면 이 드럼에 작용하는 토크는?

① 17N·m   ② 27N·m
③ 32N·m   ④ 36N·m

 $Tb = \mu Pr = \dfrac{0.3 \times 600N \times 30cm}{2 \times 100} = 27N \cdot m$

23. 주행속도가 120km/h인 자동차에 브레이크를 작용시켰을 때 제동거리는 몇 m가 되겠는가?(단, 바퀴와 도로 면의 마찰계수는 0.25이다)

① 22.67   ② 226.7
③ 33.67   ④ 336.7

 $S = \dfrac{v^2}{2\mu g} = \dfrac{33.3^2}{2 \times 0.25 \times 9.8}$
$= 226.7m \ [120km/h=33.3m/s]$
S : 제동거리, v : 제동초속도(m/s),
μ : 마찰계수, g : 중력 가속도(9.8m/s²)

18 ③ 19 ③ 20 ③ 21 ④ 22 ② 23 ②

24 차량중량(kgf) : 6380(전축중 : 2580, 후축중 : 3800), 승차정원 : 55명, 최고속도 75km/h, 제동초속도 : 30km/h, 회전부분 상당중량 : 5%, 제동력(kgf) : 전좌 1000, 전우 950, 후좌 1400, 후우 1250인 차량의 제동거리는?

① 5.15m ② 50.25m
③ 38.25m ④ 3.825m

풀이
$$S = \frac{V^2}{254} \times \frac{W+W'}{F}$$
$$= \frac{30^2}{254} \times \frac{6380+(6380\times 0.05)}{1000+950+1400+1250}$$
$$= 5.15m$$

S : 제동거리(m), V : 제동초속도(km/h),
W : 차량중량(kgf),
W' : 회전부분 상당중량(kgf), F : 제동력(kgf)

25 차량중량이 2800kgf인 자동차를 제동초속도 50km/h에서 제동시험을 하였더니 19m에서 완전정지 하였다. 이때 작용한 제동력은 얼마인가?(단, 회전부분의 상당중량은 무시한다)

① 1260kgf ② 1370kgf
③ 1450kgf ④ 1530kgf

풀이
$S = \frac{V^2}{254} \times \frac{W+W'}{F}$ 에서, $19 = \frac{50^2}{254} \times \frac{2800}{F}$
$\therefore F = \frac{9.84 \times 2800}{19} = 1450kgf$

26 공주거리에 대한 설명으로 맞는 것은?

① 정지거리에서 제동거리를 뺀 거리
② 제동거리에서 정지거리를 뺀 거리
③ 정지거리에서 제동거리를 더한 거리
④ 제동거리에서 정지거리를 곱한 거리

풀이 공주거리란 정지거리에서 제동거리를 뺀 거리를 말한다.

27 제동초속도 70km/h인 소형 승용차에 제동을 걸기 위해 공주한 시간이 0.2초라면 공주거리는?

① 2.7m ② 3.0m
③ 3.2m ④ 3.9m

풀이 $S_3 = \frac{Vt}{3.6} = \frac{70 \times 0.2}{3.6} = 3.9m$

V : 제동초속도, t : 공주시간

28 자동차의 제동정지 거리는 다음 중 어느 것인가?

① 반응시간 + 답체시간 + 과도제동 + 제동시간
② 답체시간 + 답입시간 + 제동시간
③ 공주거리 + 제동거리
④ 답체시간 + 공주거리

풀이 자동차의 제동 정지거리는 공주거리 + 제동거리이다.

29 차량중량 1000kgf, 최고속도 140km/h의 자동차를 브레이크 시험한 결과 주제동력이 총 720kgf이었다. 이 자동차가 50km/h에서 급제동하였을 때, 정지거리는 몇 m인가?(단, 공주시간은 0.1초, 회전부분 상당중량은 차량중량의 5%이다)

① 1.574 ② 15.74
③ 7.87 ④ 78.7

풀이
$$S_2 = \frac{V^2}{254} \times \frac{W+W'}{F} + \frac{Vt}{3.6}$$
$$= \frac{50^2}{254} \times \frac{1000+(1000\times 0.05)}{720} + \frac{50\times 0.1}{3.6}$$
$$= 15.74m$$

S_2 : 정지거리(m), V : 제동초속도(km/h)
W : 차량중량(kgf), W' : 회전부분상당중량(kgf)
F : 제동력(kgf), t : 공주시간(sec)

ANSWER 24 ① 25 ③ 26 ① 27 ④ 28 ③ 29 ②

30 80km/h로 주행하던 자동차가 브레이크를 작동하기 시작해서 10초 후에 정지하였다면 감속도는?

① 3.6m/s² ② 4.8m/s²
③ 2.2m/s² ④ 6.4m/s²

$\alpha = \dfrac{V_2 - V_1}{t} = \dfrac{80 \times 1000}{10 \times 3600} = 2.2 \text{m/s}^2$

α : 감속도, V_2 : 나중 속도, V_1 : 처음속도,
t : 주행한 시간

31 4륜 자동차 질량이 1500kg, 전륜 1개 제동력이 2500N, 후륜 1개 제동력이 2000N인 자동차에서 제동감속도는?

① 5m/s² ② 6m/s²
③ 7m/s² ④ 8m/s²

$\alpha = \dfrac{F \times g}{m \times g}$

$= \dfrac{[(2500 \times 2) + (2000 \times 2)] \times 9.8}{1500 \times 9.8} = 6 \text{m/s}^2$

α : 제동감속도, F : 제동력의 총합,
g : 중력가속도, m : 자동차의 질량

32 자동차의 질량은 1500kg, 1개 차륜 당 전륜 제동력은 3400N, 후륜 제동력은 1100N일 때 제동 감속도는?

① 3m/s² ② 4m/s²
③ 5m/s² ④ 6m/s²

① $F = 2(Tf + Tr) = 2 \times (3400\text{N} + 1100\text{N})$
$= 9000\text{N}$

F : 총제동력, Tf : 전륜 제동력,
Tr : 후륜 제동력

② $a = \dfrac{F}{m} = \dfrac{9000\text{N}}{1500\text{kg}} = \dfrac{9000\text{kg·m/s}^2}{1500\text{kg}} = 6\text{m/s}^2$

a : 제동감속도, m : 자동차의 질량

33 중량 1800kgf의 자동차가 120km/h의 속도로 주행 중 0.2분 후 30km/h로 감속하는데 필요한 감속력은?

① 약 382kgf   ② 약 764kgf
③ 약 1775kgf ④ 약 4590kgf

$F = \dfrac{W \times (V_2 - V_1)}{t \times g}$

$= \dfrac{1800 \times (120 - 30) \times 1000}{0.2 \times 60 \times 9.8 \times 3600} = 382.6\text{kgf}$

F : 감속력, W : 중량, V_1, V_2 : 주행속도,
t : 소요시간(sec), g : 중력가속도(m/s²)

34 총중량 1톤인 자동차가 72km/h로 주행 중 급제동을 하였을 때 운동에너지가 모두 브레이크 드럼에 흡수되어 열로 되었다면 그 열량은?(단, 노면의 마찰계수는 1이다)

① 47.79kcal ② 52.30kcal
③ 54.68kcal ④ 60.25kcal

① $E = \dfrac{Gv^2}{2g} = \dfrac{1000 \times 20^2}{2 \times 9.8} = 20408\text{kgf·m}$

E : 운동 에너지, G : 차량총중량,
v : 주행속도(m/s), g : 중력 가속도

② 1kgf·m = 1/427kcal이므로,
$\dfrac{20408}{427} = 47.79\text{kcal}$

30 ③ 31 ② 32 ④ 33 ① 34 ①

35 사고 후에 측정한 제동궤적(skid mark)은 48m이였다. 브레이크 시스템, 타이어 그리고 노면의 상태를 고려하여 추정할 경우, 사고 당시의 제동 감속도는 6m/s² 이다. 이와 같은 조건으로부터 제동시 주행속도는?

① 144km/h ② 43.2km/h
③ 86.4km/h ④ 57.6km/h

$S = \dfrac{V^2}{2 \times 3.6^2 \times \alpha} = 48 = \dfrac{V^2}{2 \times 3.6^2 \times 6}$,
$V = \sqrt{48 \times 2 \times 3.6^2 \times 6} = 86.4 \text{km/h}$
S : 제동거리, V : 제동할 때의 주행속도,
α : 감속도

36 93.6km/h로 직진 주행하는 자동차의 양쪽 구동륜은 지금 825min⁻¹으로 회전하고 있다. 구동륜의 동하중 반경은?(단, 구동륜의 슬립은 무시한다)

① 약 56.7mm ② 약 157.5mm
③ 약 301mm ④ 약 317mm

$V = \dfrac{\pi D \times E_N}{Rt \times Rf} \times \dfrac{60}{1000}$,
$D = \dfrac{V}{\pi \times T_N} \times \dfrac{1,000}{60}$
$= \dfrac{93.6}{3.14 \times 2 \times 825} \times \dfrac{1,000}{60} = 0.301\text{m}$
$= 301\text{mm}$
V : 자동차의 주행속도(km/h),
D : 타이어의 지름(m),
E_N : 엔진 회전수(rpm), Rt : 변속비,
Rf : 종감속비

37 직경이 600mm인 차륜이 1,500rpm으로 회전할 때 이 차륜의 원주속도는?

① 약 37.1m/sec ② 약 47.1m/sec
③ 약 57.1m/sec ④ 약 67.1m/sec

$V = \pi DN = \dfrac{3.14 \times 0.6 \times 1,500}{60}$
$= 47.1 \text{m/sec}$
V : 원주 속도, D : 차륜의 지름, N : 회전속도

38 제동 시 슬립률(λ)을 구하는 공식은?(단, 자동차의 주행속도는 V, 바퀴의 회전속도는 V_ω이다.)

① $\lambda = \dfrac{V - V_\omega}{V} \times 100(\%)$

② $\lambda = \dfrac{V}{V - V_\omega} \times 100(\%)$

③ $\lambda = \dfrac{V_\omega - V}{V_\omega} \times 100(\%)$

④ $\lambda = \dfrac{V_\omega}{V_\omega - V} \times 100(\%)$

39 자동차의 주행저항에서 구름저항(rolling resistance)의 발생 원인이 아닌 것은?

① 타이어를 변형시키는 저항
② 자동차 각부의 내부 마찰
③ 자동차 동하중 반경
④ 자동차 중속 주행속도

40 자동차의 동력 성능을 분류하는 항목이 아닌 것은?

① 엔진 회전수
② 등판 성능
③ 최고 속도
④ 연비 성능 효율

35 ③ 36 ③ 37 ② 38 ① 39 ④ 40 ①

41 동력전달 특성에서 구동력을 높일 수 있는 방법으로 틀린 것은?

① 엔진 토크를 높인다.
② 총 감속비를 크게 한다.
③ 기계 전달효율을 높인다.
④ 타이어 동하중 반경을 크게 한다.

42 선회 시 안쪽 차륜과 바깥쪽 차륜의 조향각 차이를 무엇이라 하는가?

① 애커먼각
② 토우인각
③ 최소 회전반경
④ 타이어 슬립각

43 조향장치가 갖추어야 할 일반적인 조건으로 틀린 것은?

① 조향핸들에 주행 중의 충격을 운전자에게 원활히 전달할 것
② 조작하기 쉽고 방향변환이 원활할 것
③ 회전반경이 적절하여 좁은 곳에서도 방향변환을 할 수 있을 것
④ 고속주행에서도 조향핸들이 안정될 것

풀이 조향장치가 갖추어야 할 일반적인 조건은 ②, ③, ④항 이외에
① 조향조작이 주행 중 충격에 영향을 받지 않을 것
② 조향핸들의 회전과 바퀴선회 차이가 적을 것
③ 섀시 및 차체 각 부분에 무리한 힘이 작용되지 않을 것
④ 수명이 길고 다루거나 정비가 쉬울 것

44 조향장치에 관한 설명으로 틀린 것은?

① 방향 전환을 원활하게 한다.
② 선회 후 복원성을 좋게 한다.
③ 조향핸들의 회전과 바퀴의 선회 차이가 크지 않아야 한다.
④ 조향핸들의 조작력을 저속에서는 무겁게, 고속에서는 가볍게 한다.

45 선회할 때 조향각도를 일정하게 유지하여도 선회 반지름이 작아지는 현상은?

① 오버 스티어링
② 어퍼 스티어링
③ 다운 스티어링
④ 언더 스티어링

풀이 선회할 때 조향각도를 일정하게 유지하여도 선회 반지름이 작아지는 현상을 오버 스티어링(over steering)이라 하고, 선회할 때 조향각도를 일정하게 유지하여도 선회 반지름이 커지는 현상을 언더 스티어링(under steering)이라 한다.

46 다음은 조향이론에 관한 것이다. 틀린 것은?

① 자동차가 선회할 때 구심력은 타이어가 옆으로 미끄러지는 것에 의해 발생한다.
② 조향장치와 현가장치는 각각 독립성을 가지고 있어야 한다.
③ 앞바퀴에 발생되는 코너링 포스가 크면 오버 스티어링 현상이 일어난다.
④ 뒷바퀴에 발생되는 코너링 포스가 크면 오버 스티어링 현상이 일어난다.

풀이 조향이론에 관한 설명은 ①, ②, ③항 이외에 뒷바퀴에 발생되는 코너링 포스가 크면 언더 스티어링 현상이 일어난다.

47 앞바퀴에서 발생하는 코너링 포스가 뒷바퀴보다 크게 되면 나타나는 현상은?

① 토크 스티어링 현상
② 언더 스티어링 현상
③ 리버스 스티어링 현상
④ 오버 스티어링 현상

41 ④ 42 ① 43 ① 44 ④ 45 ① 46 ④ 47 ④

48 선회 시 차체가 조향각도에 비해 지나치게 많이 돌아가는 것을 말하며, 뒷바퀴에 원심력이 작용하는 현상은?

① 하이드로 플래닝
② 오버 스티어링
③ 드라이브 휠 스핀
④ 코너링 포스

49 코너링 포스에 영향을 미치는 요소가 아닌 것은?

① 타이어압력   ② 수직하중
③ 제동능력   ④ 주행속도

풀이) 코너링 포스에 미치는 요소는 타이어 공기압력, 타이어의 수직하중, 타이어의 크기, 림 폭, 타이어 사이드슬립 각도, 주행속도 등이다.

50 축거를 L(m), 최소 회전반경을 R(m), 킹핀과 바퀴 접지 면과의 거리를 T(m)라 할 때 조향각 α를 구하는 공식은?

① $\sin\alpha = \dfrac{L}{R-T}$ ② $\sin\alpha = \dfrac{L-T}{R}$
③ $\sin\alpha = \dfrac{L}{T}$ ④ $\sin\alpha = \dfrac{R}{T}$

풀이) $R = \dfrac{L}{\sin\alpha} + T$ 에서 $\sin\alpha = \dfrac{L}{R-T}$

51 축거가 3m, 바깥쪽 바퀴의 조향각 30°, 바퀴 접지면 중심과 킹핀과의 거리가 30㎝인 자동차의 최소 회전반경은?

① 4.3m   ② 5.3m
③ 6.3m   ④ 7.3m

풀이) $R = \dfrac{L}{\sin\alpha} + r = \dfrac{3}{\sin 30°} + 0.3 = 6.3m$

R : 최소 회전반경, L : 축거,
$\sin\alpha$: 바깥쪽 바퀴의 조향각도,
r : 바퀴접지 면 중심과 킹핀 중심과의 거리

52 축간거리 2.5m인 차량을 우회전할 때 우측바퀴의 조향각은 33°, 좌측바퀴의 조향각은 30°이라면 최소 회전반경은?(단, 킹핀 옵셋은 무시한다)

① 4m   ② 5m
③ 5.15m   ④ 6m

풀이) $R = \dfrac{L}{\sin\alpha} = \dfrac{2.5m}{\sin 30°} = 5m$

53 조향핸들을 1바퀴 돌렸을 때 피트먼 암이 33° 움직였다면 조향 기어비는?

① 10.9 : 1   ② 12.3 : 1
③ 14.2 : 1   ④ 16.5 : 1

풀이) 조향기어비 =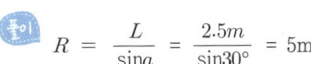
$= \dfrac{360}{33} = 10.9$

54 자동차의 앞바퀴 윤거가 1500㎜, 축간거리가 3500㎜, 킹핀과 바퀴접지면의 중심거리가 100㎜인 자동차가 우회전할 때, 왼쪽 앞바퀴의 조향각도가 32°이고 오른쪽 앞바퀴의 조향각도가 40°라면 이 자동차의 선회 시 최소 회전반지름은?

① 6.7m   ② 7.2m
③ 7.8m   ④ 8.2m

풀이) $R = \dfrac{L}{\sin\alpha} = \dfrac{3.5m}{\sin 32°} + 0.1 = 6.7m$

ANSWER 48 ② 49 ③ 50 ① 51 ③ 52 ② 53 ① 54 ①

55 총 질량 1,160kg인 스포츠카가 72km/h의 속도로 커브를 선회중이다. 그리고 커브의 평균반경은 42m이다. 이때 원심력의 크기는?(단, 슬립은 없다)

① 약 14,317N ② 약 27.6kg
③ 약 16.11kg ④ 약 11,048N

 $F = \dfrac{Mv^2}{r} = \dfrac{1,160 \times 20^2}{42} = 11,048\text{N}$

F : 원심력, M : 총 질량, v : 초속(m/s),
r : 커브의 평균 반경

56 지름 40cm의 조향 휠(Steering wheel)을 100N의 힘으로 회전 시켰을 때 웜기어비가 20 : 1이라고 하면, 이때 섹터축(sector shaft)에 작용하는 회전토크(N·m)는?(단, 기계효율은 90%이다)

① 260 ② 320
③ 360 ④ 420

 $0.2 \times 100 \times 20 \times 0.9 = 360$

55 ④ 56 ③

02 자동차 섀시 정비

제1절 동력전달장치

1_클러치

1. 클러치의 역할

플라이휠과 변속기의 사이에 설치되어 변속기에 전달되는 엔진의 동력을 필요에 따라 단속한다.

2. 필요성

① 엔진 시동시 무부하상태를 유지하기 위해서
② 기어 변속시 기관동력을 일시 차단하기 위해서
③ 관성운전을 위해서

3. 클러치의 구비조건

① 클러치의 작용이 원활하고, 단속이 확실하며, 쉬울 것
② 발진시 방열의 용이와 과열을 방지할 것
③ 회전 관성이 적고, 회전부분의 평형이 좋을 것
④ 구조가 간단하고, 다루기 쉬우며, 고장이 적을 것

4. 클러치의 종류

마찰 클러치, 유체 클러치, 전자 클러치 등

5. 클러치의 구조

1) 클러치 판

플라이휠과 압력판 사이에 끼워져서 마찰력에 의해 동력을 클러치 축에 전달하는 판

① **점검항목** : 리벳깊이, 클러치 런아웃, 토션 스프링장력, 마찰면의 경화 및 마모정도

> **참고**
> 런아웃
> 클러치판의 비틀림 현상, 한계값 0.5mm

2) 압력판

클러치 스프링의 장력으로 클러치판을 플라이휠에 압착시키는 역할

(a) 코일 스프링 클러치의 구조   (b) 다이어프램 스프링 클러치 구조

그림 2-1 / **클러치의 구조**

3) 클러치 스프링

클러치 커버와 압력판 사이에 설치되어, 압력판에 압력을 발생케 하는 역할

① **비틀림 코일 스프링(토션 스프링)** : 동력전달시 회전충격 흡수
② **댐퍼 스프링** : 동력전달시 회전충격 흡수
③ **쿠션 스프링** : 동력의 전달을 원활하게 하고 클러치판의 변형, 편마모, 파손 등을 방지

4) 릴리스 레버

클러치 스프링장력을 이기고 클러치판을 누르고 있던 압력판을 분리시키는 역할

5) 릴리스 베어링

① 릴리스 포크에 의해 변속기 입력축의 길이방향으로 이동하여, 회전중인 릴리스 레버를 눌러 엔진의 동력을 차단하는 역할
② 종류 : 앵귤러 접촉형, 볼 베어링형, 카본형
③ 릴리스 베어링 분해시 솔벤트로 닦아서는 안된다.

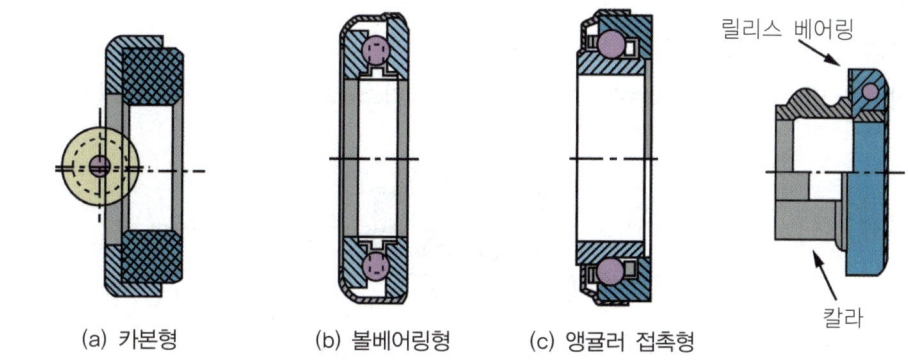

(a) 카본형   (b) 볼베어링형   (c) 앵귤러 접촉형

그림 2-2 / 릴리스 베어링의 종류와 형상

6) 클러치 축(변속기 입력축)

클러치판이 받은 동력을 변속기에 전달하는 일

7) 릴리스 포크

릴리스 베어링에 페달의 조작력을 전달하는 역할, 끝부분에 리턴 스프링을 두어 페달을 놓았을 때 신속하게 원위치로 복귀

6. 클러치 조작기구

클러치 조작기구 **종류**에는 기계식과 유압식이 있다.

1) 유압식 조작기구의 장·단점

① 각부의 기계적 마찰이 작아 페달을 밟는 힘이 적다.
② 오일의 압력 전달이 신속하므로 클러치 조작이 신속하다.
③ 엔진과 클러치 페달의 설치 위치를 자유롭게 정할 수 있다.
④ 구조가 복잡, 오일의 누설 및 공기 혼입시 조작이 불가능하다.

2) 마스터 실린더(master cylinder)

① 구성 : 오일탱크, 피스톤, 피스톤 컵, 리턴 스프링
② 작동 : 클러치 페달을 밟으면 푸시로드에 의해 피스톤과 피스톤 1차 컵이 밀려서 유압이 발생되며, 이 유압은 릴리스 실린더로 전달

3) 릴리스 실린더(release cylinder)

① 구성 : 피스톤 및 피스톤 컵, 푸시로드 등
② 작동 : 마스터 실린더로부터 유압을 받아 릴리스 포크를 작동시켜 클러치를 차단

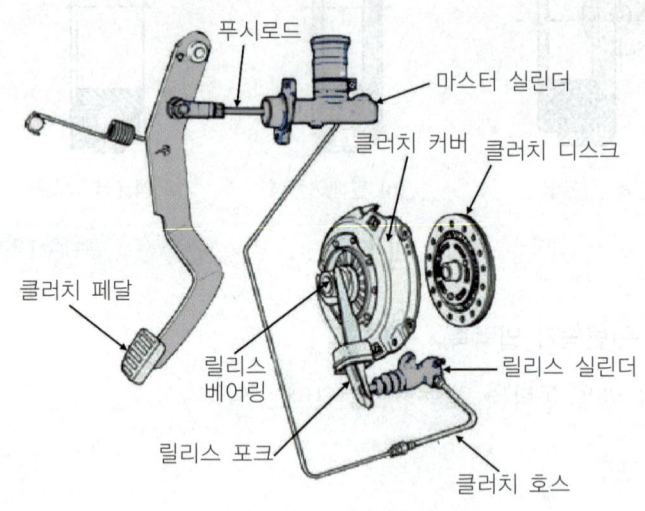

그림 2-3 / 유압식 조작기구

7. 클러치 용량

클러치가 전달할 수 있는 회전력의 크기를 말하며, 클러치 용량은 엔진의 최고 회전력보다 커야 한다.

$$T = \mu Pr$$

• 미끄러지지 않을 조건

$$Tfr \geq C$$

T : 클러치의 전달 토크
μ : 마찰계수
P : 전압력
r : 클러치판의 유효 반지름(m)

T : 스프링 장력(kgf)
f : 마찰계수
C : 엔진토크(m-kgf)
r : 클러치 판의 유효 반지름(m)

2_변속기

엔진에서 발생한 회전동력을 자동차의 주행상태에 알맞게 바꾸어 구동바퀴에 전달하는 장치

1. 변속기의 필요성

① 회전력의 증대
② 기동시 일단 무부하 상태로 두기 위해서
③ 자동차의 후진을 위해서

2. 변속기가 갖추어야 할 조건

① 소형, 경량이고, 고장이 없으며, 다루기 쉬울 것
② 조작이 용이하고, 신속, 확실, 정숙하게 이루어질 것
③ 단계가 없이 연속적으로 변속될 것
④ 전달 효율이 클 것

3. 변속비(변속기의 감속비)

$$변속비(기어비) = \frac{기관의 \ 회전수}{추진축의 \ 회전수}$$

$$또는, \ 변속비 = \frac{(입출력)부축기어의 \ 잇수}{(입력축)주축기어의 \ 잇수} \times \frac{(출력축)주축기어의 \ 잇수}{(출력축)부축기어의 \ 잇수}$$

4. 변속기의 종류

① 점진 기어식 변속기 : 반드시 단계를 거쳐 변속
② 선택 기어식 변속기
  ㉠ 선택 접동식 변속기
  ㉡ 상시 물림식 변속기
  ㉢ 동기 물림식 변속기

5. 변속 오조작 방지장치

① 록킹 볼 : 기어 빠짐을 방지
② 인터 록 : 기어의 이중 물림 방지

6. 싱크로메시기구

① 역할 : 변속시에 주축과 각 기어가 물릴 때 동기작용을 한다.
② 구성 : 싱크로나이저 슬리브, 싱크로나이저 허브, 싱크로나이저 키, 싱크로나이저 링, 싱크로나이저 키 스프링

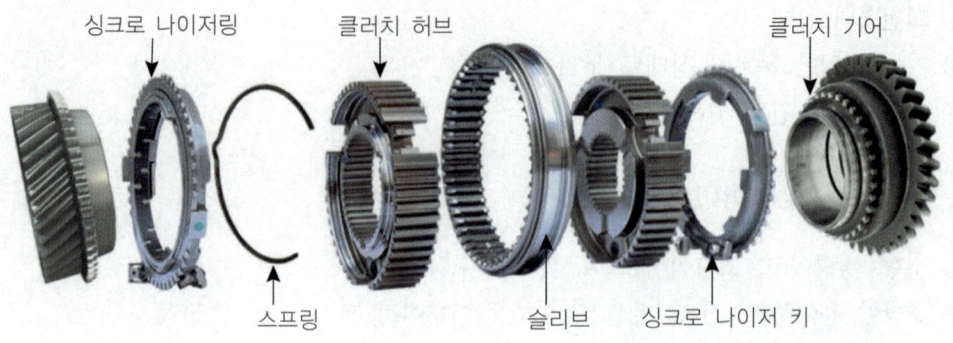

그림 2-4 / 키형식 싱크로메시 기구

3_자동변속기

1. 자동변속기의 장·단점

1) 장 점

① 기어 변속 조작이 필요 없어 운전이 편리하다.
② 조작 미숙으로 인한 엔진 정지가 적다.
③ 동력 전달이 오일을 매개로 하므로 출발, 감속 및 가속이 원활하다.
④ 각부의 진동 및 충격을 오일이 흡수한다.

2) 단 점

① 구조가 복잡하고 고가이다.
② 연료 소비율이 기어식 변속기에 비해 10% 정도 높다.
③ 밀거나 끌어서 시동할 수 없다.

2. 자동변속기의 구조

① 클러치와 브레이크 밴드
② 오일펌프

③ 제어밸브
  ㉠ 매뉴얼밸브 : 시프트 레버와 연동하여 작동
  ㉡ 시프트밸브 : 주행속도와 가속페달을 밟는 정도에 따라 작동
  ㉢ 스로틀밸브 : 엔진의 부하에 따라 유압을 형성하는 밸브
  ㉣ 거버너밸브 : 주행속도에 적합한 유압을 만드는 밸브
  ㉤ 압력 제어밸브 : 유압펌프의 유압을 제어하여 주행속도 및 엔진부하에 알맞은 압력으로 유압을 제어하며 정지시 토크 변환기로부터의 오일 역류를 방지

3. 유체클러치

엔진의 동력을 유체 운동 에너지로 바꾸어 이 에너지를 다시 동력으로 바꾸어서 변속기로 전달

1) 구 성

① 펌프(임펠러) : 구동축으로 크랭크축에 연결
② 터빈(런너) : 피동축으로 변속기 입력축에 연결
③ 가이드 링 : 유체의 와류(맴돌이 흐름)를 방지

2) 토크 변환율

토크 변환율은 1 : 1이며, 동력전달 효율은 97~98%

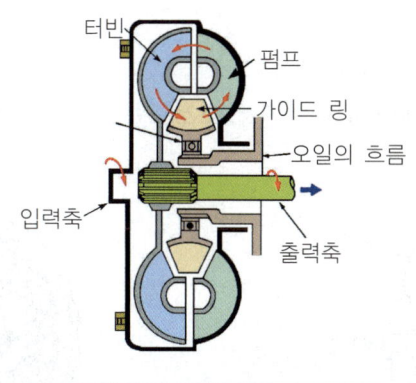

그림 2-5 / 유체 클러치

3) 유체 클러치 오일의 구비조건

① 점도가 낮을 것
② 비중이 클 것

③ 인화점 및 발화점이 높을 것
④ 비점이 높을 것
⑤ 내산성이 클 것
⑥ 유성이 좋을 것
⑦ 응고점이 낮을 것
⑧ 윤활성이 좋을 것

4. 토크변환기

① 회전력을 증대 목적으로 유체 클러치를 개량한 것
② **구성** : 펌프, 터빈, 스테이터
　㉠ 스테이터 : 오일의 흐름 방향을 바꾸어 토크를 증가
③ 토크 변환율은 2~3 : 1이며, 동력전달 효율은 97~98%
④ **댐퍼 클러치** : 펌프 임펠러와 터빈 런너의 회전차가 없도록 직결시켜 동력전달 효율 및 연비의 향상을 위해서 설치
⑤ 댐퍼 클러치가 작동되지 않는 범위
　㉠ 1속 및 후진시
　㉡ 엔진 브레이크 작동시
　㉢ 변속시
　㉣ 유온이 60℃ 이하시
　㉤ 냉각수 온도가 50℃ 이하시
　㉥ 엔진 회전수가 800rpm 이하시
　㉦ 엔진 회전수가 2000rpm 이하에서 스로틀밸브의 열림이 클 때

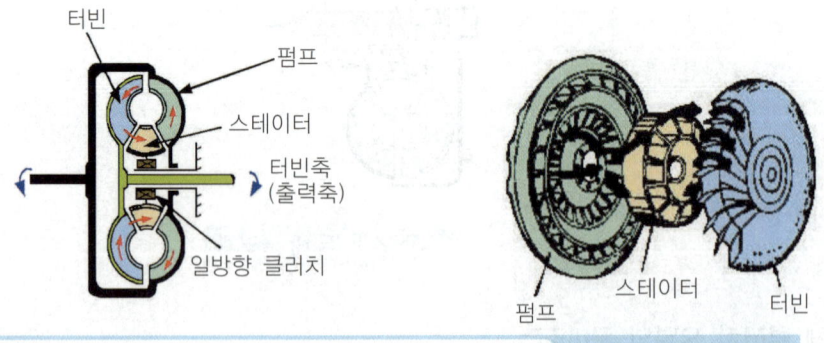

그림 2-6 / **토크변환기**

> **참고**
> ① 스톨 포인트(드래그 토크) : 속도비가 0일 때 터빈 런너가 정지되어 있는 경우로 터빈 런너에 가해지는 회전력이 최대가 되는 점
> ② 클러치 점(클러치 포인트) : 터빈 런너가 회전을 시작하여 토크비가 거의 1(약 0.8~0.9)에 이르는 지점

5. 유성 기어장치

1) 유성 기어식 자동변속기의 특성

① 솔레노이드밸브를 제어하여 변속 시점과 과도 특성을 제어한다.
② 록업클러치를 설치하여 연료소비량을 줄일 수 있다.
③ 변속단을 1단 증가시키기 위한 오버드라이브를 둘 수 있다.
④ 수동변속기에 비해 구동력이 크다.

2) 유성 기어장치의 구조

링 기어(ring gear), 선 기어(sun gear), 유성 기어(planetary gear, 유성 피니언), 유성 기어 캐리어 등으로 구성되어 있다. 링 기어를 증속시키고자 할 경우에는 선 기어를 고정시키고, 유성 기어 캐리어를 구동하면 증속된다. 링 기어의 증속은 다음 공식으로 산출된다.

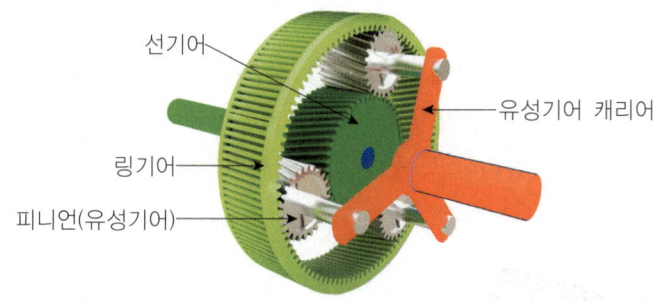

그림 2-7 / 유성 기어장치의 구조

$$N = \frac{A+D}{D} \times n$$

N : 링 기어의 회전속도
A : 선 기어 잇수
D : 링 기어 잇수
n : 유성 기어 캐리어의 회전속도

3) 유성 기어의 작동과 출력

① 중립 : 구성요소 중 어느 것도 고정되지 않은 상태
② 직결 : 선 기어, 유성 기어 캐리어, 링 기어의 3요소 중 2개 요소를 고정된 상태
③ 변속 : 구성요소 중 1개 요소는 고정되고 다른 요소가 구동될 때

변속	조건		출력축	변속비
	구동	고정		
감속	선 기어	링 기어	유성 기어 캐리어	$\dfrac{A+D}{A}$
	링 기어	선 기어		$\dfrac{A+D}{D}$
증속	유성 기어 캐리어	링 기어	선 기어	$\dfrac{A}{A+D}$
		선 기어	링 기어	$\dfrac{D}{A+D}$
역전 감속	선 기어	유성 기어 캐리어	링 기어	$-\dfrac{D}{A}$
역전 증속	링 기어		선 기어	$-\dfrac{A}{D}$

※ A : 선 기어, D : 링 기어

4) 복합 유성 기어장치의 종류

① 심프슨 형식(simpson type)

2세트의 단일 유성 기어의 각각에 선 기어를 결합시키고 다시 한쪽의 링 기어와 다른 한쪽의 유성 기어 캐리어를 결합시킨 기어 트레인이다. 이 방식의 특징은 링 기어의 입력으로 인하여 강도상 유리하고, 구성요소의 회전속도 낮고 동력 전달효율이 높다.

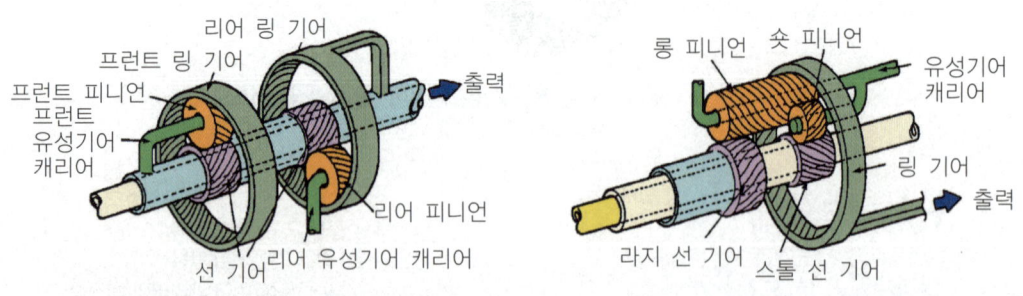

그림 2-8 / 심프슨 형식의 유성 기어장치   그림 2-9 / 라비뇨 형식 유성기어 장치

② 라비뇨 형식(ravigneaux type)

서로 다른 2개의 선 기어를 1개의 유성 기어장치에 조합한 형식이며, 링 기어와 유성 기어 캐리어를 각각 1개씩만 사용한다. 1차 선 기어는 숏 피니언과 물려있고 2차 선 기어는 롱 피니언과 물려있으며, 숏 피니언은 1차 선 기어와 롱 피니언 사이에, 링 기어는 롱 피니언과 물려있다.

6. 오버드라이브장치

엔진의 여유 출력을 이용하여 변속기 출력축의 회전속도를 크랭크축의 회전속도보다 빠르게 하는 장치

1) 장점

① 연료 저감(약 20%)
② 엔진 작동이 정숙하며 수명이 연장
③ 장치 작동시 자동차의 속도가 30% 정도 빨라진다.

2) 설치

변속기와 추진축 사이

7. 정속 주행장치

① 자동차를 일정한 속도로 주행할 수 있게 제어
② 액셀러레이터 위치 센서, 차속센서, 해제 스위치, 컨트롤 스위치, 액추에이터 등
③ 해제조건 : 브레이크 페달을 밟았을 때, N위치시, 제동등 퓨즈 단락시, 최저 차속, 한계 속도 이하 저하시

8. 자동변속기 성능시험

자동변속기 성능시험은 스톨 테스트, 유압 테스트(라인압력 시험), 타임래그 테스트 시험이 있다.

1) 스톨 테스트(stall test)

변속레버를 D 또는 R에 위치시키고 스로틀을 완전히 개방시켰을 때 최고 엔진속도를 측정하여 엔진성능, 자동변속기의 성능을 시험하기 위한 것이다. 엔진의 구동력 시험, 토크컨버터의 동력전달 기능, 클러치의 미끄러짐, 브레이크밴드의 미끄러짐을 점검한다.

① 시험 방법
  ㉠ 엔진을 웜업시킨다.
  ㉡ 뒷바퀴 양쪽에 고임목을 받친다.
  ㉢ 엔진 타코미터를 연결한다.
  ㉣ 주차 브레이크를 당기고, 브레이크 페달을 완전히 밟는다.
  ㉤ 변속레버를 "D"에 위치시킨 다음 가속페달을 완전히 밟고 엔진 rpm을 측정한다(이 테스트를 5초 이상 하지 않는다).
  ㉥ 상기 시험(D레인지 테스트)을 "R" 레인지에서도 동일하게 실시한다.
  ㉦ 규정값 : 2,000~2,400rpm
② 판정
  ㉠ "D" 레인지에서 규정값 이상일 때 : 뒤 클러치나 오버러닝 클러치의 슬립
  ㉡ "R" 레인지에서 규정값 이상일 때 : 앞 클러치나 로우 브레이크의 슬립
  ㉢ "D"와 "R"에서 규정값 이하일 때 : 엔진 출력 저하 및 토크컨버터 고장

2) 유압 테스트(라인압력 시험)

① 자동변속기 유온이 정상 작동온도(80~90℃)가 되도록 충분히 웜업시킨다.
② 잭으로 앞바퀴를 올려 자동차 고정용 스탠드를 설치한다.
③ 진단장비(scan tool)를 설치하여 엔진회전수를 선택한다.
④ 자동변속기 케이스에서 오일압력 테스트 플러그를 탈거하고 오일압력 게이지를 설치한다.
⑤ 엔진을 시동하여 공회전속도를 점검한다.
⑥ 다양한 레인지(N, D, R)와 조건에서 오일압력을 측정한다. 측정값이 규정범위 내에 있는가를 확인한다. 규정값을 벗어날 경우 유압 조정 방법을 참고하여 수리한다.

3) 타임래그 테스트(time lag test, 시간지연 시험)

엔진 공회전상태에서 변속레버를 변환할 때 충격을 느끼기 전에 약간의 시간이 소요된다. 변화된 순간부터 충격을 느끼는 순간까지의 시간을 측정함으로써 저단 클러치, 리버스 클러치와 저단과 후진 브레이크 등의 작동상태를 점검하는 시험 방법이다.

① 시험 방법
  ㉠ 자동차를 평탄한 곳에 주차시킨 후 주차브레이크를 당긴다.
  ㉡ 엔진시동 후 공회전속도가 규정치인지 확인한다.
  ㉢ 공전 rpm에서 N → D(0.6초 이하), N → R(0.9초 이하)로 변속한 순간부터 동력이 전달될 때까지의 시간을 측정하여 변속기 유압상태를 판정한다.
  ㉣ 테스트 사이에는 1분 정도의 여유를 가지고 실시하며 3회 측정하여 평균치를 산출

한다.

ⓒ 지연시간이 길면 라인압력이 너무 낮은 것을 의미하고, 지연시간이 짧으면 라인압력이 너무 높거나, 브레이크 밴드의 조임 토크가 크거나, 클러치 디스크 틈새가 너무 좁은지를 점검한다.

9. 전자제어장치(TCU)

변속에 관련된 각종 신호를 받아 최적의 변속이 되도록 유압장치를 제어한다.

1) 제어의 종류

① **댐퍼 클러치 제어** : 엔진의 회전수, 터빈의 회전수, 스로틀밸브의 개도량 등을 검출하여 댐퍼 클러치 솔레노이드밸브를 제어

② **변속 패턴의 제어** : 입력된 각종 신호를 연산하여 주행상태에 따른 최적의 변속이 이루어지도록 제어

③ **변속시 유압 제어** : 입력된 각종 신호를 연산하여 주행상태에 따른 변속 시기를 결정하여 제어

2) 제어용 센서

① **유온 센서** : 댐퍼 클러치의 해제 영역을 판정하거나 냉간시의 변속패턴을 보정하기 위해 자동변속기 오일의 온도를 검출

② **액셀러레이터 스위치** : 댐퍼 클러치의 해제 영역을 판정하기 위해 액셀러레이터 스위치의 ON, OFF를 검출

③ **스로틀 포지션 센서** : 댐퍼 클러치의 작동영역을 판정하거나 변속시 유압제어 및 변속패턴에 따른 시프트 컨트롤 솔레노이드밸브를 제어하기 위해 스로틀밸브의 개도량을 검출

④ **에어컨 릴레이** : 스로틀밸브의 개도량을 보정하기 위해 에어컨 릴레이의 ON, OFF를 검출

⑤ **이그니션 펄스** : 스로틀밸브의 개도량을 보정하고 댐퍼 클러치의 작동 영역을 판정하기 위해서 기관의 회전수를 검출

⑥ **펄스 제너레이터 A** : 변속시에 유압 제어를 위해 킥다운 드럼의 회전수를 검출

⑦ **펄스 제너레이터 B** : 댐퍼 클러치의 작동영역을 판정하기 변속특성에 따라 변속단이 이루어지도록 트랜스퍼 드라이브 기어의 회전수를 검출

⑧ **인히비터스위치** : 시프트 레버의 위치를 검출

⑨ **파워, 이코노미, 홀드스위치** : 주행조건에 가까운 변속특성을 얻기 위해 각 신호의 ON,

OFF를 검출
⑩ 오버 드라이브스위치 : 오버 드라이브 모드의 선택을 검출
⑪ 킥다운 서보스위치 : 변속시 유압제어의 시간을 제어하기 위해 킥다운 밴드가 작동하기 시작하는 시점을 검출

> **참고**
> **킥다운**
> 가속페달을 완전히 밟았을 때 현재의 변속단수보다 한 단계 낮은 단수로 강제로 시프트 다운시키는 것

3) TCU 입력 센서

차속센서, 엔진 회전수, TPS, 유온센서, 킥다운 드럼 회전수, 인히비터 스위치, 에어컨 릴레이 스위치, 액셀러레이터 스위치, 킥다운 서보스위치, 오버 드라이버 스위치, 펄스 제너레이터 A, B

4_무단변속기(CVT : continously variable transmission)

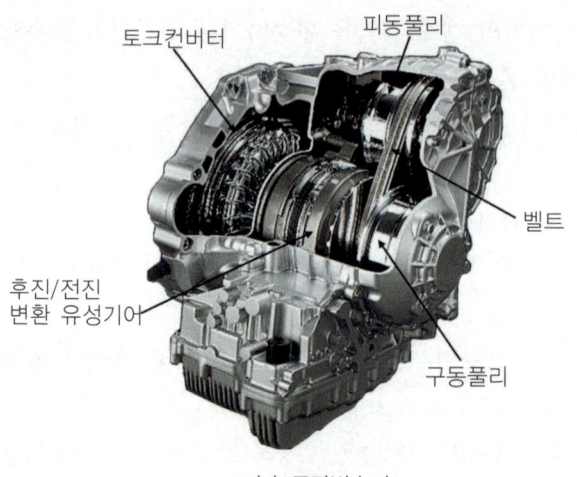

(a) 무단변속기

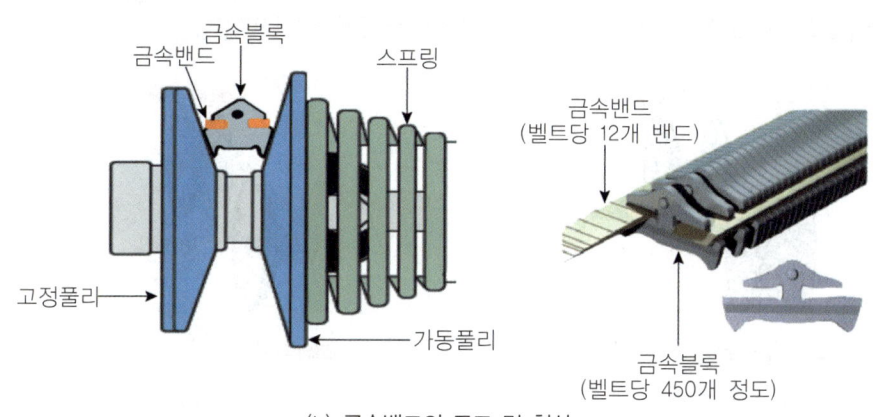

(b) 금속벨트의 구조 및 형상

그림 2-10 / **무단변속기의 구조**

1. 무단변속기의 정의

연속적인 변속비를 얻을 수 있는 변속기

2. 무단변속기의 특징

① 소형, 경량화
② 배기가스 저감
③ 연비향상
④ 기어 변속에 따른 추진력 변동이 없음
⑤ 자동변속으로 운전의 편의성
⑥ 가속성능 향상

3. 무단변속기의 종류

1) 동력전달 방식에 따른 분류

① 토크컨버터 방식
② 전자분말 방식

2) 변속 방식에 따른 분류

① 고무벨트 방식 : 경형 자동차에서 사용된다.
② 금속벨트 또는 체인 방식 : 승용 자동차용으로 사용된다.
③ 트랙션 구동 방식 : 승용차용으로 사용된다.

④ 유압모터, 펌프의 조합형 : 농기계나 상업 장비에서 사용된다.

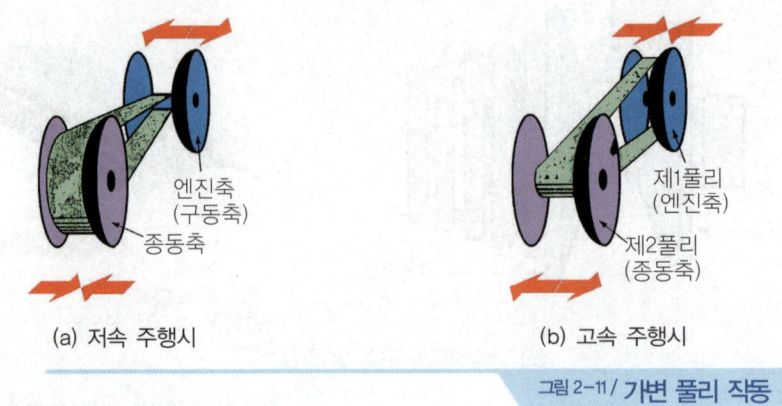

그림 2-11 / 가변 풀리 작동

5_드라이브라인

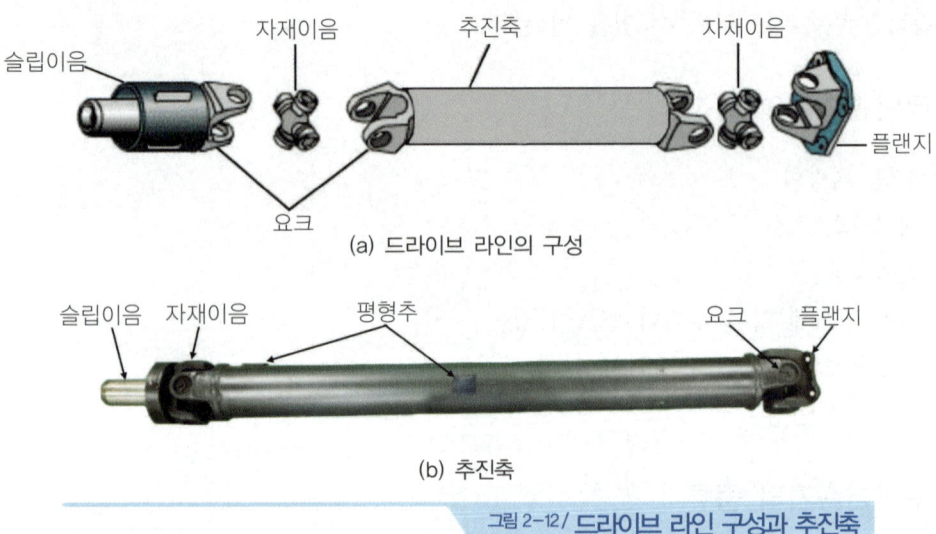

그림 2-12 / 드라이브 라인 구성과 추진축

1. 추진축(propeller shaft)

① 강한 비틀림을 받으면서 고속으로 회전하므로 이에 견디도록 속이 빈 강관으로 제작
② 회전시 평형을 유지하기 위한 평형추 설치
③ 길이 변화에 대응하기 위한 슬립이음 설치
④ 변속기와 뒤차축의 높이가 일정하지 않으므로 추진축 양끝에 유니버설조인트 설치

> **참고**
> **휠링(whirling) 진동**
> 추진축이 기하학적 중심과 질량적 중심이 일치하지 않을 때 비틀림 진동 또는 굽음 진동

> **참고**
> **추진축의 위험 회전수**
> $$N_c = 0.121 \times 10^9 \frac{\sqrt{D^2+d^2}}{L^2}$$
> N_c : 추진축의 위험회전수(rpm), D : 추진축의 외경(mm)
> d : 추진축의 내경(mm), L : 추진축의 길이(mm)

2. 슬립이음

추진축의 길이 변화가 가능

3. 자재이음

추진축의 구동각의 변화가 가능

1) 플렉시블이음

3갈래로 된 2개의 요크사이에 휨이나 원심력에 충분히 견딜 수 있는 경질 고무의 커플링을 설치하여 볼트로 고정한 것
① 장점 : 마찰부분이 없고, 급유 필요가 없으며, 회전도 조용
② 단점 : 두축의 경사각이 7~10°이상이 되면 진동이 발생되어 동력 전달효율이 낮아진다.

2) 트러니언(볼 앤드)이음

자재이음과 슬립이음을 겸한 것

3) 십자형(훅)이음

십자축을 사용하여 양쪽 요크를 직각으로 결합한 것으로, 구동축의 요크는 십자축을 통해 회전을 전달(전달각도 12~18°)하며, 후륜 구동 자동차에 가장 많이 사용

4) 등속(CV)이음

전달각도와 관계없이 구동축과 피동축이 일정한 속도로 회전(설치각도 29~45°), 전륜 구

동 자동차에 많이 사용
① 종류 : 트렉터형, 2중 십자형, 벤딕스형, 제파형, 버피일드형

6_뒤차축 어셈블리

1. 종감속 기어(final reduction gear)

1) 역 할
① 추진축에서 받은 동력을 직각이나 또는 직각에 가까운 각도로 바꾸어 뒤차축에 전달
② 엔진의 출력, 구동바퀴의 지름 등에 따라 적합한 감속비로 토크를 증대시키는 역할

2) 종류

(a) 웜과 웜기어　　(b) 스퍼 베벨 기어　　(c) 스파이럴 베벨 기어　　(d) 하이포이드 기어

그림 2-13 / 종감속 기어의 종류

① 웜과 웜 기어
추진축에 웜을 설치하고 차동 기어 케이스에 설치된 웜 기어와 맞물려 있는 형식
　㉠ 장점 : 큰 감속비를 얻을 수 있으며, 차고를 낮출 수 있다.
　㉡ 단점 : 동력전달의 효율이 낮고 열이 발생
② 스파이럴 베벨기어(spiral bevel gear)
원뿔에 기어 이빨의 곡선을 나선형으로 하여 구동 피니언 기어와 링 기어가 중심에서 맞물려 있는 형식
　㉠ 장점 : 스퍼 베벨 기어에 비해 물리는 비율이 크고, 회전이 원활하며, 전달효율이 좋다.
　㉡ 단점 : 기어 회전시 축방향으로 미끄러지려는 힘이 생기므로 테이퍼 롤러 베어링을 사용해야 한다.
③ 하이포이드 기어(hypoid gear)
스파이럴 베벨 기어의 구동 피니언을 편심시킨 것
　㉠ 장점
　　　ⓐ 추진축을 낮게 할 수 있어 차고가 낮아지고 거주성과 안전성이 증가한다.

ⓑ 스파이럴 베벨 기어와 비교하여 감속비가 같고, 링 기어의 크기가 같은 경우에 구동 피니언을 크게 할 수 있어서 기어 이의 강도가 증가
　　ⓒ 기어의 물리는 율이 크고, 조용하게 회전한다.
　　ⓓ 웜 기어에 비해 전동효율이 좋고, 여러 가지 장점으로 현재 가장 많이 사용
　ⓛ 단점
　　이의 너비 방향으로도 미끄럼 접촉을 하므로 특별한 윤활유가 필요

> **참고**
> 옵셋 량은 링 기어 중심과 피니언 중심이 어긋난 것으로 링 기어 지름의 10~20% 정도

3) 종감속 기어의 동력 전달

구동 피니언 축 → 구동 피니언 → 링 기어 → 차동기어 케이스 → 차동 피니언 기어 → 차동 사이드 기어 → 뒤 액슬축

> **참고**
> 링 기어와 차동 기어 케이스는 항상 같은 속도로 회전한다.

4) 종감속비

$$종감속비 = \frac{링기어의\ 잇수}{구동피니언의\ 잇수} = \frac{추진축\ 회전수}{액슬축\ 회전수}$$

① 종감속비는 차량의 중량, 등판성능, 엔진의 출력, 가속성능 등에 따라 결정
② 종감속비가 크면 가속성능이나 등판능력은 향상되나, 고속성능은 저하
③ 종감속비가 나누어지지 않는 이유는 특정의 이가 언제나 물리는 것을 방지하기 위해서이다.

5) 총 감속비 관련 계산식

- 총 감속비 = 변속비 × 종감속비
- 액슬축 회전수(링기어 회전수) = $\dfrac{엔진회전수}{총감속비}$ = $\dfrac{추진축\ 회전수}{종감속비}$
- 양바퀴의 회전수 = 링기어 회전수 × 2

6) 구동 피니언과 링 기어의 접촉

① 정상접촉 : 구동 피니언이 링 기어의 50~70% 접촉
② 힐(heel)접촉 : 기어의 접촉이 링 기어의 힐부(대단부)에 접촉 → 구동 피니언을 안쪽으로 이동
③ 토(toe)접촉 : 기어의 접촉이 링 기어의 토부(소단부)에 접촉 → 구동 피니언을 밖으로 이동
④ 페이스(face)접촉 : 기어의 접촉이 링 기어의 잇면 끝부분에 접촉 → 구동 피니언을 안으로 이동, 링 기어 바깥쪽으로 이동
⑤ 플랭크(flank)접촉 : 기어의 접촉이 링 기어의 이뿌리 부분에 접촉 → 구동 피니언을 밖으로 이동, 링 기어 안쪽으로 이동

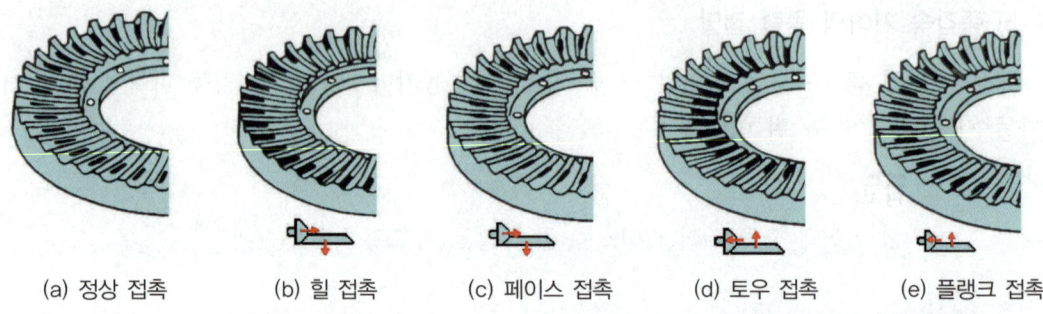

(a) 정상 접촉 (b) 힐 접촉 (c) 페이스 접촉 (d) 토우 접촉 (e) 플랭크 접촉

그림 2-14 / **링 기어와 피니언 기어 이의 접촉상태**

2. 차동 기어장치

① 원리 : 래크와 피니언의 원리를 응용
② 양쪽 구동바퀴에 저항에 따라 회전 속도의 차이를 만드는 장치

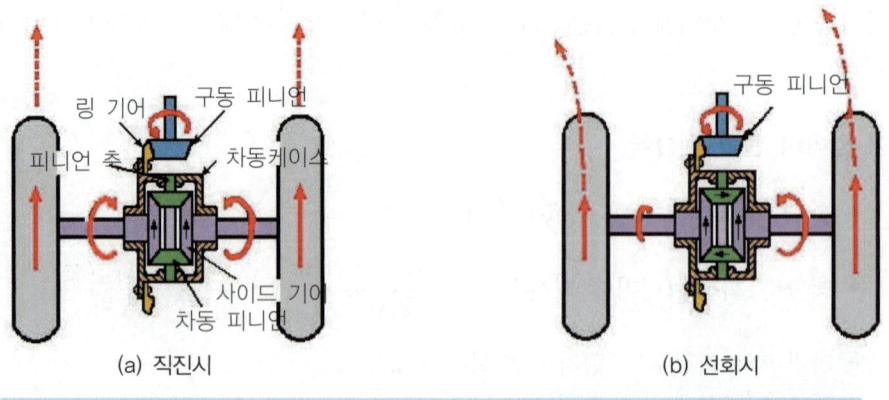

(a) 직진시 (b) 선회시

그림 2-15 / **차동 기어장치의 작동**

3. 자동 차동 제한장치(LSD : limited slip differential)

한쪽바퀴가 슬립하면 자동적으로 공전을 방지하여 반대쪽 바퀴에 적당한 구동토크를 전달하는 장치

1) 특성

① 미끄러운 노면에서 원활한 주행이 가능
② 요철 노면에서 자동차 후부의 흔들림방지
③ 가속 및 커브 주행시에 바퀴의 공전을 제한

4. 액슬축 지지방식

1) 전 부동식

① 차량중량 전부를 액슬 하우징이 받고 액슬축은 동력만 전달하는 방식
② 바퀴를 빼지 않고 액슬축 분리가 가능

2) 반 부동식

액슬축이 동력을 전달함과 동시에 차량 중량을 1/2 정도 지지하는 방식

3) 3/4부동식

액슬축은 동력을 전달함과 동시에 차량중량 1/4를 지지하는 방식

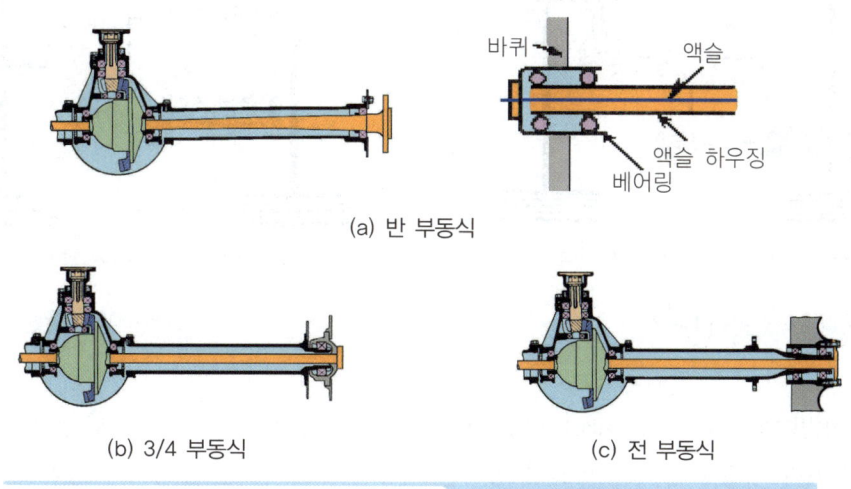

그림 2-16 / **액슬축 지지방식의 종류**

7_하이브리드 전기자동차

1. 하이브리드의 장·단점

① 엔진과 모터의 장점을 이용하여 효율을 증대
② 연비가 향상되고, 배기가스가 저감된다.
③ 복수의 동력을 탑재하므로 복잡하고 공간이 필요
④ 배터리, 인버터 등 부품이 증가하므로 제작비용, 중량이 증가
⑤ 대중화되어 있지 않아 비싸다.

2. 하이브리드 전기자동차의 종류

1) 풀 하이브리드(full Hybrid)

① **직렬 방식(series type)** : 엔진과 인버터, 모터가 직렬로 이루어진 시스템으로 엔진에서 출력되는 기계적 에너지는 발전기를 통하여 전기적 에너지로 바뀌고 이 전기적 에너지가 배터리나 모터로 공급된다.

② **병렬방식(parallel type)** : 병렬방식은 배터리 전원으로도 차를 움직이게 할 수 있고 엔진만으로도 차량을 구동시키는 엔진과 모터가 각각 독립적으로 구동시키는 방식을 말한다.

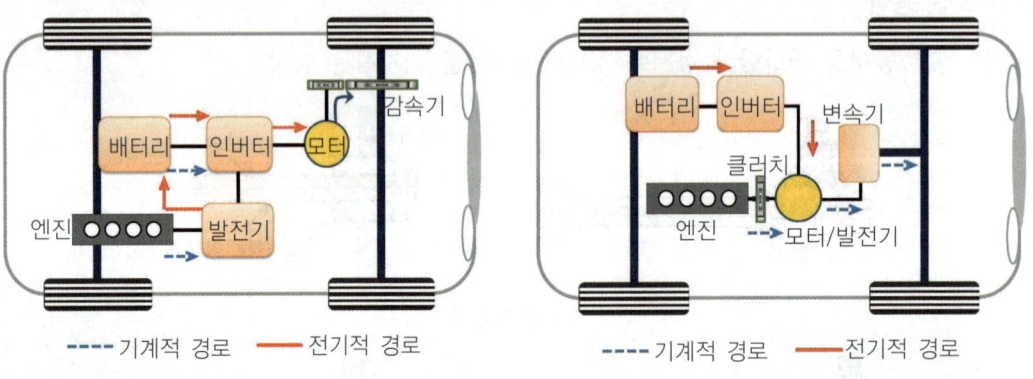

그림 2-17 / **직렬방식 HEV**   그림 2-18 / **병렬방식 HEV**

③ **직병렬방식(series-parallel type, 복합방식)** : 직렬형과 병렬형을 조합한 방식으로 상황에 따라 직렬형 방식과 병렬형 방식을 사용할 수 있을 뿐만 아니라 양쪽 모두 작동시킬 수 있다. 혼합형 하이브리드 전기자동차 작동원리는 다음과 같다.

㉠ Starting or light load : 엔진이 최대 효율로 작동하지 않으므로 모터에 의해서만 자동차를 구동

㉡ Normal driving : 엔진이 바퀴를 구동하고, 나머지 출력은 모터 구동용 전기를 발생, 최대 효율을 얻을 수 있도록 각 경로에 분배되는 출력비율을 제어
㉢ Full acceleration : 엔진/모터 동시 사용. 축전지에서 모터에 전력 공급(축전지에서 모터에 전력 공급)
㉣ Decelerating or braking : 바퀴의 관성에 의해 발전기가 구동되고, 발전기에서 발생된 전기는 축전지에 저장 역할
㉤ Idling : 엔진 정지. 단, 축전지의 재충전이 필요한 경우에는 가동

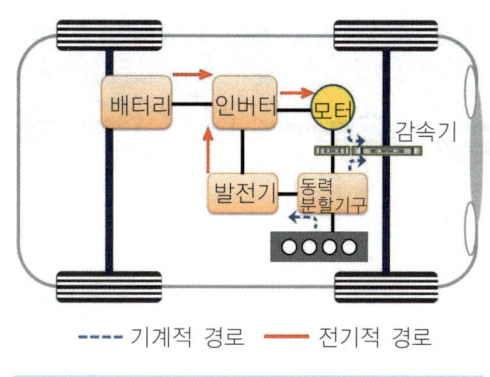

그림 2-19 / **직병렬 방식 HEV**

2) 마일드 하이브리드(Mild Hybrid)

엔진 동력이 기본이고 모터는 보조만 한다. 모터로만 구동이 불가능하다. 마일드 하이브리드 자동차는 기존 시스템에서 12V였던 전원전압이 마일드 하이브리드 자동차의 경우 4배 높은 48V이다.

3) 플러그인 하이브리드(PHEV : plug-in hybrid electric vehicle)

주행에 엔진이 전혀 참여하지 않고, 엔진은 발전용으로만 쓰인다. 가정용 전기나 외부 전기콘센트에 플러그를 꽂아 충전한 전기로 주행하다가 충전한 전기가 모두 소모되면 발전용 엔진으로 움직이는, 내연기관 엔진과 배터리의 전기 동력을 동시에 이용하는 자동차이다.

3. 모터 사용정도에 따른 구분

① micro(mild)방식 : micro방식은 공회전시에 시동이 자동으로 꺼지고 액셀러레이터를 밟아 출발하게 되면 시동이 켜지는 idle stop & go system을 장착한 차량으로 제약조건이 많은 소형차량에 적합한 방식이다.
② soft(power assist)방식 : micro방식보다는 모터의 보조역할이 더 크며, 대부분의 병렬형

방식이 이에 해당한다. 모터 단독으로도 차를 움직일 수 있지만 모터는 단지 추진의 보조역할을 하게 된다.

③ hard(full)방식 : 이 방식은 모터가 출발과 가속 시에만 역할을 하는 것이 아니라 일반 주행에서 주되게 사용된다. 직렬형과 혼합형이 이 방식에 속한다.

4. 하이브리드 자동차의 주행모드

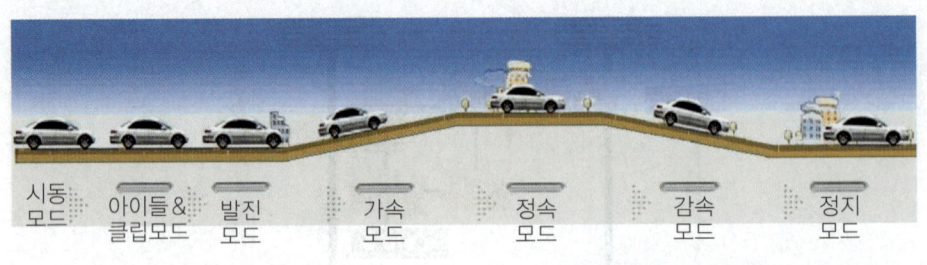

그림 2-20 / 주행모드별 HCU의 작동

1) 시동모드

시동모드에서 엔진은 작동하지 않는다. 따라서 시동모드란 변속신호에 따라 바로 발진을 하기 위한 모터의 발진 준비 상태를 말한다.

2) 아이들과 클립모드

아이들 모드와 클립모드는 공회전하는 걸 말하는 건데, 차가 출발하기 전이나 멈춘 후 엔진만 돌고 있는 상태에서 기어를 넣었을 때 액셀러레이터를 밟지 않아도 차가 조금씩 움직이는 상태를 말한다. 클립모드란 자동차가 도로 주행시 연비가 최상의 조건에서 운행하는 상태를 말한다.

3) 발진모드

발진모드란 한 마디로 차를 출발시키는 것이다. 액셀러레이터를 밟으면 자동차가 정지 상태에 있거나 클립 상태에 있는 차를 앞으로 나아가게 되는 발진 하는 것으로 하이브리드 자동차의 방식에 따라 HCU에서 모터와 엔진을 제어하는 방식이 틀리다.

4) 가속모드

가속모드는 주행모드 중 힘이 가장 많이 들어가는 모드이다. 따라서 HCU는 MCU, ECU와 서로의 상태에 대한 정보를 가장 많이 주고받으며 제어를 하게 되는데 가속모드는 구동력을 증가시켜 자동차의 속도가 올라가는 단계로서 엔진에 의해서도, 하이브리드 모터에 의해서도 가속이 될 수가 있다.

5) 정속모드

자동차가 속도를 올리며 주행을 하다 원하는 정도의 속도가 되면 일정한 속도의 정속으로 주행을 하게 되며 이때도 직렬방식은 모터로만 정속주행을 하고 병렬방식의 하드방식과 소프트방식은 엔진동력으로만 주행을 실시하도록 HCU가 엔진과 모터를 컨트롤 한다.

6) 감속모드

감속 시에는 차를 움직이는데 구동력이 쓰이지 않고 오히려 바퀴의 회전에 제동을 걸어야 한다. 때문에 바퀴에서 발생되는 회전 동력을 전기 에너지로 전환하여 배터리로 충전(회생에너지)을 하게 된다.

7) 정지모드

하이브리드 전기자동차에서 정지모드는 일반 자동차와는 달리 감속상태에서 이미 엔진이 모두 꺼진 상태이므로 아이들 모드 없이 곧바로 정지된다.

8_전기 자동차(EV : Electric vehicle)

전기 공급원으로부터 충전 받은 전기에너지를 동력원(動力源)으로 사용하는 자동차로 전기자동차는 전기가 동력원이며 내연기관 대신 전동기로 구동력을 발생시킨다. 전기는 동력으로 변환되는 과정에서 오염물질이 배출되지 않아 공해가 없으며 동력변환 효율이 매우 우수하고 회생제동, 전기댐퍼 등을 이용해 버려지는 에너지를 회수하기도 용이하다.

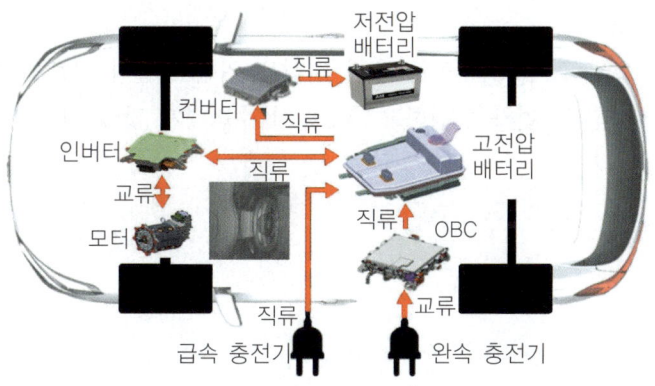

그림 2-21 / 전기자동차의 전기 에너지 흐름

1. 전기자동차의 장·단점

1) 장점

① 주행시 CO_2를 배출하지 않는다. 소형 전기 자동차가 충전 전기 제조시 주행 1km당 40g(소형 가솔린 차의 경우는 170g)의 CO_2를 발생한다.
② 부품수가 하이브리드카는 물론, 내연기관차보다 적어(엔진, 트랜스미션 등이 불필요) 시스템이 단순화가 가능하므로, 고장 리스크 범위도 줄일 수 있고 고장이 적은 편이다.
③ 값싼 심야 전기를 이용할 경우 비용을 더 낮출 수 있고 자택에서 충전이 가능하다.
④ 주행 중 화석연료를 전혀 사용하지 않아 가장 친환경적이다.
⑤ 차량 소음이 적고, 진동이 적고, 차량 수명이 상대적으로 길다.
⑥ 사고 시 폭발의 위험성이 적다.
⑦ 다양한 에너지원을 이용할 수 있고, 에너지 효율이 높다.
⑧ 차량디자인 및 부품배치 자유도가 크다.
⑨ 운전 중에 기어를 바꿔줄 필요가 없어 운전조작이 간편하다.
⑩ 낼 수 있는 에너지당 중량이, 석유 계 연료에 비해서 매우 크다.

2) 단점

① 차량 총 중량 20ton 트럭일 경우, 현재 기술에서는 전지만으로도 5ton정도 되고, 따라서 대형차에 맞지 않는다.
② 고가의 전지가 필요하기 때문에 차량 가격이 비싸다.
③ 자동차 수명보다 전지 수명이 짧다.
④ 장거리 주행을 위해서는 급속 충전 스탠드의 전국 규모로 충전해야한다.
⑤ 일반 가솔린 자동차에 비해 속도가 느리고, 배터리 1회 충전으로 주행할 수 있는 거리(항속거리)가 짧다.
⑥ 충전 시간이 오래 걸리고, 별도의 충전 시설을 위한 인프라 구축도 선행돼야 한다.
⑦ 겨울철에 주행거리의 편차가 심하고, 사고 시 수리비가 많이 나온다.

9_수소연료 전지자동차(FCEV : fuel cell electronic vehicle)

수소연료 전지자동차는 수소(H_2)와 산소(O)가 반응해 물(H_2O)을 생성하고, 생성하는 과정에서 발생되는 전기적인 에너지를 저장해 전원으로 사용하는 자동차를 말한다. 즉, 수소와 공기 중 산소를 반응시켜 발생되는 전기로 모터를 돌려 구동력을 얻는 친환경 자동차이다.

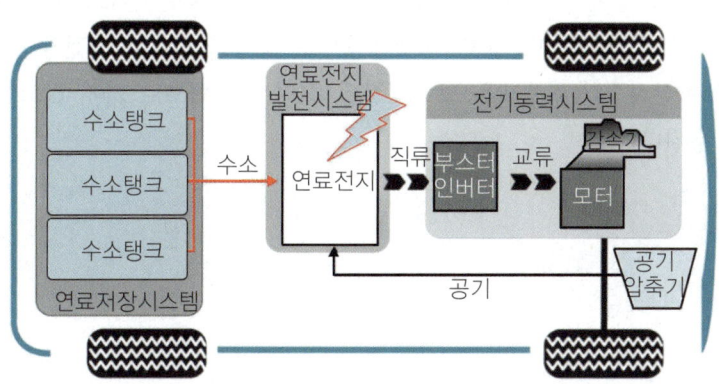

그림 2-22 / 수소연료 전지자동차

1. 수소연료전지 자동차 구동원리

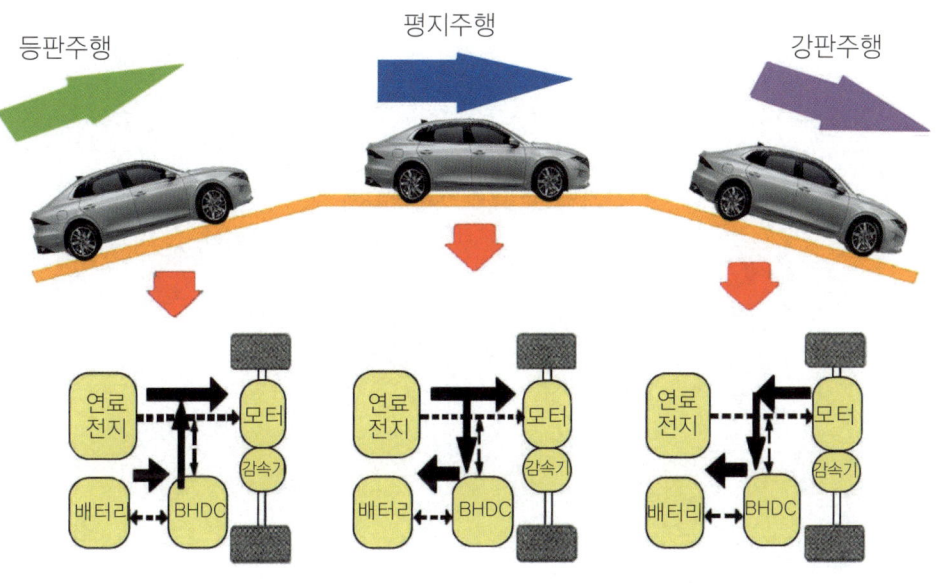

그림 2-23 / 수소연료전지 자동차 주행특성

① **평지 주행시** : 차량에 부하가 적을 경우, 스택에서 생산된 전기로 모터를 구동한다.
② **등판 주행시** : 차량에 부하가 클 경우, 스택의 전기 생산량을 높여(수소 및 공기 공급 많아짐) 모터에 공급되는 전압을 높인다. 또한 스택에서 생산된 전기가 부족할 경우 고전압 배터리에 저장된 전기를 추가로 사용하여 모터를 구동한다.
③ **강판 주행시** : 차량에 부하가 없을 경우, 스택으로 공급되는 연료를 차단하여 스택을 차단하여 스택을 정지 시킨다. 또한 회생제동으로 생산된 전기는 고전압 배터리를 충전하여 연비를 향상시킨다(회생제동으로 생산된 전기는 스택으로 가지 않고 고전압 배터리 충전에 사용된다).

제1절 동력전달장치

출제예상문제

01 FR형식 차량의 동력전달 경로로 맞는 것은?
① 변속기 → 추진축 → 종 감속장치 → 바퀴
② 변속기 → 액슬축 → 종 감속장치 → 바퀴
③ 클러치 → 추진축 → 변속기 → 바퀴
④ 클러치 → 차동장치 → 변속기→바퀴

풀이 FR(front engine rear drive, 앞 엔진 뒷바퀴 구동)형식 차량의 동력전달 경로는 클러치 → 변속기 → 추진축 → 종 감속장치(차동장치) → 바퀴 순서이다.

02 수동변속기에서 클러치의 필요성이 아닌 것은?
① 기관을 무부하 상태로 하기 위해서
② 변속기의 기어 바꿈을 원활하게 하기 위해서
③ 관성운전을 하기 위해서
④ 회전토크를 증가시키기 위해서

풀이 회전력을 증가시키는 것은 변속기이다.

03 클러치판의 비틀림 코일 스프링의 역할로 가장 알맞은 것은?
① 클러치판의 밀착을 더 크게 한다.
② 구동판과 피동판의 마멸을 크게 한다.
③ 클러치판과 압력판의 마멸을 방지한다.
④ 클러치가 접촉될 때 회전충격을 흡수한다.

04 수동변속기에서 클러치 작동 중 동력을 차단하였을 경우 플라이휠과 같이 회전하는 부품은?
① 클러치판   ② 압력판
③ 변속기 입력축   ④ 릴리스 포크

05 자동차의 마찰클러치에서 다이어프램(diaphragm)스프링 형식의 부품이 아닌 것은?
① 클러치 커버   ② 릴리스레버
③ 릴리스 베어링   ④ 압력판

풀이 다이어프램 스프링 형식은 다이어프램이 코일스프링 클러치의 스프링과 릴리스레버의 역할을 하는 방식이다.

06 클러치 유격을 바르게 설명한 것은?
① 클러치 페달을 밟지 않은 상태에서 릴리스 베어링과 릴리스레버 접촉면 사이의 간극을 말한다.
② 클러치 페달을 밟지 않은 상태에서 릴리스 베어링이 왕복한 거리를 말한다.
③ 클러치 페달을 밟지 않은 상태에서 페달이 올라온 거리를 말한다.
④ 클러치 페달을 밟은 상태에서 릴리스 베어링의 축방향 움직인 거리를 말한다.

01 ① 02 ④ 03 ④ 04 ② 05 ② 06 ①

제2장_자동차 섀시 정비 출제예상문제

07 클러치 스프링의 장력을 T, 클러치판과 압력판 사이의 마찰계수를 f, 클러치판의 평균반경을 r이라 하고, c를 엔진의 회전력이라 하였을 때 클러치가 미끄러지지 않기 위한 조건식은?

① $Tfr \geq c$ ② $Tfr \leq c$
③ $T < \dfrac{c}{fr}$ ④ $T > frc$

풀이 클러치가 미끄러지지 않기 위한 조건은
$Tfr \geq c$

08 마찰클러치에 대한 설명으로 틀린 것은?

① 클러치 릴리스 베어링과 릴리스레버 사이의 유격은 없어야 한다.
② 클러치 디스크의 비틀림 코일스프링은 회전충격을 흡수한다.
③ 다이어프램식은 코일 스프링식에 비해 구조가 간단하고 단속작용이 유연하다.
④ 클러치 조작 기구는 케이블식 외에 유압식을 사용하기도 한다.

풀이 클러치 페달의 유격(자유간극)이란 릴리스 베어링과 릴리스레버 사이의 간극이며, 기계식 페달의 경우 20~30mm 정도 둔다.

09 클러치 정비에 관한 것으로 맞는 것은?

① 압력판을 연마 수정하면 스프링의 장력은 강하게 된다.
② 오번형 릴리스 레버를 분해할 때 정을 사용하여 핀을 뺀다.
③ 릴리스 레버를 점검하여 불량한 것이 있으면 그것만 교환한다.
④ 베어링의 회전상태와 마모 등은 아웃레이스를 돌려보거나 상하·좌우로 눌러 보아서 점검한다.

10 일반적인 직렬형 하이브리드 자동차의 동력전달 과정으로 옳은 것은?

① 엔진 → 전동기 → 변속기 → 축전지 → 발전기 → 구동바퀴
② 엔진 → 변속기 → 축전지 → 발전기 → 전동기 → 구동바퀴
③ 엔진 → 변속기 → 발전기 → 축전지 → 전동기 → 구동바퀴
④ 엔진 → 발전기 → 축전지 → 전동기 → 변속기 → 구동바퀴

11 도로 차량-하이브리드 자동차 용어(KS R 0121)의 동력 전달 구조에 따른 분류에서 다음이 설명하는 것은?

> 하이브리드 자동차의 두 개의 동력원이 공통으로 사용되는 동력 전달 장치를 거쳐 각각 독립적으로 구동축을 구동시키는 방식의 구조를 갖는 하이브리드 자동차

① 직렬형   ② 병렬형
③ 동력분기형   ④ 복합형

12 병렬형 하이브리드 자동차의 특징에 대한 설명으로 틀린 것은?

① 모터는 동력 보조만 하므로 에너지 변환 손실이 적다.
② 기존 내연기관 차량을 구동장치의 변경 없이 활용 가능하다.
③ 소프트 방식은 일반 주행 시에는 모터 구동만을 이용한다.
④ 하드 방식은 EV 주행 중 엔진 시동을 위해 별도의 장치가 필요하다.

07 ① 08 ① 09 ④ 10 ④ 11 ② 12 ③

13 하드 타입의 하이브리드 차량이 주행 중 감속 및 제동할 경우 차량의 운동에너지를 전기에너지로 변환하여 고전압 배터리를 충전하는 것은?

① 가속제동　② 감속제동
③ 재생제동　④ 회생제동

14 하이브리드 자동차에 사용되는 엔진으로 적절한 것은?

① 오토사이클 엔진
② 밀러사이클 엔진
③ 사바테사이클 엔진
④ 브레이컨 사이클 엔진

풀이 밀러사이클 엔진은 저압축 고팽창 엔진으로 하이브리드 자동차에 사용된다.

15 하이브리드 시스템에 대한 설명 중 틀린 것은?

① 직렬형 하이브리드는 소프트 타입과 하드 타입이 있다.
② 소프트 타입은 순수 EV 주행 모드가 없다.
③ 하드 타입은 소프트 타입에 비해 연비가 향상된다.
④ 플러그인 타입은 외부 전원을 이용하여 배터리를 충전한다.

16 하이브리드 자동차(HEV)에 대한 설명으로 거리가 먼 것은?

① 병렬형(Parallel)은 엔진과 변속기가 기계적으로 연결되어 있다.
② 병렬형(Parallel)은 구동용 모터 용량을 크게 할 수 있는 장점이 있다.
③ FMED(Flywheel Mounted Electric Device) 방식은 모터가 엔진 측에 장착되어 있다.
④ TMED(Transmission Mounted Electric Device)는 모터가 변속기 측에 장착되어 있다.

17 하이브리드 자동차에서 아이들링 스톱 시스템의 작동금지 조건이 아닌 것은?

① 배터리 충전이 필요한 경우
② 흡기온도가 일정 이하일 경우
③ 촉매기의 온도가 일정 이하일 경우
④ 엔진 냉각수온도가 일정 이하일 경우

18 병렬형(Parallel) TMED(Transmission Mounted Electric Device) 방식의 하이브리드 자동차(HEV)에 대한 설명으로 틀린 것은?

① 모터가 변속기에 직결되어 있다.
② 모터 단독 구동이 가능하다.
③ 모터가 엔진과 연결되어 있다.
④ 주행 중 엔진 시동을 위한 HSG가 있다.

19 하이브리드 전기자동차에서 언덕길을 내려갈 때 배터리를 충전시키는 모드는?

① 가속 모드　② 공회전 모드
③ 회생제동 모드　④ 정속주행 모드

13 ④　14 ②　15 ①　16 ②　17 ②　18 ③　19 ④

20 하이브리드에 적용되는 오토스톱 기능에 대한 설명으로 옳은 것은?

① 모터 주행을 위해 엔진을 정지
② 위험물 감지 시 엔진을 정지시켜 위험을 방지
③ 엔진에 이상이 발생 시 안전을 위해 엔진을 정지
④ 정차 시 엔진을 정지시켜 연료소비 및 배출가스 저감

21 하이브리드 자동차 시스템에서 직·병렬형 하이브리드(combine hybrid electric vehicle)가 운행 중 모터만 작동하는 조건은?

① 발진 출발 시　② 가속 주행 시
③ 고속 주행 시　④ 제동 감속 시

22 하이브리드 자동차에 엔진 작동 시 실린더 내의 압력이 흡입이나 배기행정을 할 때 기압차에 의해 발생하는 손실은?

① 대기압 손실
② 블로우다운 손실
③ 펌핑 손실
④ 마찰 손실

23 하이브리드 자동차에서 펌핑 손실을 줄이기 위해 채택한 사이클은?

① 오토 사이클
② 앳킨슨 사이클
③ 카르노 사이클
④ 복합 사이클

24 하이브리드 자동차에서 엔진정지 금지조건이 아닌 것은?

① 브레이크 부압이 낮은 경우
② 하이브리드 모터 시스템이 고장인 경우
③ 엔진의 냉각수온도가 낮은 경우
④ D 레인지에서 차속이 발생한 경우

25 병렬형 하이브리드 자동차 구동방식 중 FMED(Flywheel Mounted Electric Device) 방식에 대한 설명 중 틀린 것은?

① 모터가 엔진과 직결로 연결된다.
② 모터만으로 주행이 불가하다.
③ 모터를 통한 엔진 시동, 엔진 보조, 그리고 회생 제동 기능을 수행한다.
④ 비교적 큰 용량의 모터를 이용한 하드(hard) 타입 타입 HEV 시스템에 적용한다.

26 전기자동차에 사용되는 감속기에 대한 설명으로 틀린 것은?

① 변속기와 같은 역할을 한다.
② 감속기어는 모터의 회전수와 구동력을 감소시킨다.
③ 파킹기어를 포함하여 5개의 기어로 구성되어 있다.
④ 차동기어는 선회 시 좌우바퀴의 속도차에 따른 회전수의 분배를 한다.

> **풀이** 전기자동차에 사용되는 감속기
> ① 변속기와 같은 역할을 한다.
> ② 감속기어는 모터의 회전수는 감소시키고 구동력은 증대시킨다.
> ③ 파킹기어를 포함하여 5개의 기어로 구성되어 있다.
> ④ 차동기어는 선회 시 좌우바퀴의 속도차에 따른 회전수의 분배를 한다.

20 ④　21 ①　22 ③　23 ②　24 ④　25 ④　26 ②

27 전기자동차의 가속 시 동력전달 순서를 바르게 설명한 것은?

① 고전압 배터리 → 구동모터 → MCU → 감속기 → 바퀴
② 고전압 배터리 → MCU → 감속기 → 구동모터 → 바퀴
③ 고전압 배터리 → MCU → 구동모터 → 감속기 → 바퀴
④ 고전압 배터리 → 감속기 → MCU → 구동모터 → 바퀴

풀이 전기자동차의 가속 시 동력전달은 "고전압 배터리 → MCU → 구동모터 → 감속기 → 바퀴" 순서이다.

28 전기자동차의 감속 시 동력전달 순서를 바르게 설명한 것은?

① 바퀴 → 구동모터 → MCU → 감속기 → 고전압 배터리
② 바퀴 → MCU → 감속기 → 구동모터 → 고전압 배터리
③ 바퀴 → MCU → 구동모터 → 감속기 → 고전압 배터리
④ 바퀴 → 감속기 → 구동모터 → MCU → 고전압 배터리

풀이 전기자동차의 감속 시 동력전달은 '바퀴 → 감속기 → 구동모터 → MCU → 고전압 배터리' 순서이다.

29 연료 전지의 특징으로 틀린 것은?

① 설치가 용이하고 소음 진동이 적다.
② 에너지의 약 80% 정도를 일로 사용한다.
③ 총합 효율이 높지만 NOx를 발생시킨다.
④ 전기화학반응에 의한 높은 발전효율을 얻는다.

30 변속기의 1단 기어를 선정할 때 우선적으로 고려해야 할 사항은?

① 차량의 최대 등판능력
② 엔진의 최고 회전수
③ 일반적으로 등판능력이 최소 10%이내
④ 차량의 목표 최고속도

31 수동변속기에서 변속시 서로 다른 기어속도를 동기화시켜 치합이 부드럽게 이루어지도록 하는 것은?

① 록킹 볼 장치
② 이퀄라이저
③ 앤티 롤 장치
④ 싱크로메시 기구

풀이 싱크로메시(동기물림) 기구는 수동변속기에서 기어가 물릴 때 입력 기어와 출력축의 회전속도를 동기시켜 기어의 물림이 부드럽게 이루어지도록 하는 기구이다.

32 수동변속기에서 동기물림(synchro-mesh type)방식에 관한 설명으로 틀린 것은?

① 변속조작 시 소리가 나는 단점이 있다.
② 일정부하형은 완전 동기 되지 않아도 변속기어가 물릴 수 있다.
③ 변속 조작시 더블 클러치 조작이 필요 없다.
④ 관성고정형은 완전 동기 되지 않으면 변속기어가 물릴 수 없다.

풀이 동기물림 변속기의 특징은 ②, ③, ④항 이외에 변속조작 할 때 소리가 나지 않는다.

27 ③ 28 ④ 29 ③ 30 ① 31 ④ 32 ①

33 수동변속기에서 기어변속 시 기어가 2중으로 물리는 것을 방지하는 장치는?

① 록킹 볼　　② 인터록 볼
③ 포핏 플러그　④ 시프트 포크

34 수동변속기의 동기치합식에서 기어의 콘부와 직접 마찰하여 기어의 회전수와 주축의 회전수를 같게 하는 부품은?

① 클러치 허브
② 클러치 슬리브
③ 싱크로나이저 링
④ 싱크로나이저 키

> 풀이　싱크로나이저 링(synchronizer ring)은 주축기어의 원뿔부분(cone)에 끼워져 있으며, 기어를 변속할 때 시프트포크가 클러치 슬리브를 미끄럼 운동시키면 원뿔부분과 접촉하여 클러치 작용을 한다. 클러치 작용이 유효하게 이루어지도록 안쪽 면에 나사 홈이 파져 있다.

35 듀얼클러치 변속기의 주요 구성부품이 아닌 것은?

① 토크 컨버터
② 기어 액추에이터
③ 더블 클러치
④ 클러치 액추에이터

36 유체클러치와 마찰클러치의 차이점에 대한 설명 중 틀린 것은?

① 유체클러치는 마찰클러치에 비해 동력 전달이 매끄럽다.
② 마찰클러치는 기계식 변속기에, 유체클러치는 자동변속기에 적합하다.
③ 유체클러치는 마찰클러치에 비해 동력 전달효율이 낮다.
④ 마찰클러치에는 비틀림 코일스프링이 설치되어, 유체클러치보다 비틀림 진동을 잘 흡수한다.

> 풀이　마찰클러치에는 비틀림 코일스프링이 설치되어 클러치판이 플라이휠에 접속될 때 비틀림 진동을 흡수하지만 유체클러치보다 못하다.

37 유체클러치 오일의 구비조건이 아닌 것은 어느 것인가?

① 점도가 클 것
② 착화점이 높을 것
③ 내산성이 클 것
④ 비점이 높을 것

> 풀이　**유체클러치 오일의 구비조건**
> ① 유성이 좋고, 점도가 낮을 것
> ② 비점이 높고, 비중이 클 것
> ③ 융점은 낮고, 착화점이 높을 것
> ④ 윤활성과 내산성이 클 것

38 유체클러치 내의 가이드 링의 역할은?

① 토크 변환율 증가
② 터빈의 회전속도 증가
③ 유체의 미끄럼을 방지
④ 오일의 와류를 방지하여 전달효율 증가

33 ②　34 ③　35 ①　36 ④　37 ①　38 ④

39 유체클러치에서 스톨 포인트에 대한 설명으로 가장 거리가 먼 것은?

① 펌프는 회전하나 터빈이 회전하지 않는 점이다.
② 스톨포인트에서 회전력비가 최대가 된다.
③ 속도비가 '0'인 점이다.
④ 스톨 포인트에서 효율이 최대가 된다.

> 스톨 포인트란 펌프는 회전하나 터빈이 회전하지 않는 점 즉 속도비가 0 인 점이며, 회전력 비율이 최대가 된다.

40 자동변속기 차량에서 유체의 운동에너지를 이용하여 토크를 전달시켜 주는 장치는?

① 유성기어   ② 록업 장치
③ 토크컨버터 ④ 댐퍼 클러치

41 유체클러치와 자동변속기에 사용되는 토크컨버터의 기능 중 구별되는 것은?

① 토크증대 기능
② 동력전달 기능
③ 입력은 펌프 임펠러
④ 출력은 터빈 런너

> 토크컨버터에는 스테이터가 설치되어 있어 토크를 증대시킬 수 있으나 유체클러치에는 스테이터가 없기 때문에 토크를 증대시킬 수 없다.

42 유체클러치와 토크변환기의 설명 중 틀린 것은?

① 유체클러치의 효율은 속도비 증가에 따라 직선적으로 변화되나, 토크변환기는 곡선으로 표시된다.
② 토크변환기는 스테이터가 있고, 유체클러치는 스테이터가 없다.
③ 토크변환기는 자동변속기에 사용된다.
④ 유체클러치에는 원웨이 클러치 및 록업 클러치가 있다.

43 엔진 플라이휠과 직결되어 엔진 회전수와 동일한 속도로 회전하는 토크컨버터의 부품은?

① 터빈 런너   ② 펌프 임펠러
③ 스테이터   ④ 원웨이 클러치

44 기관속도가 일정할 때 토크컨버터의 회전력이 가장 큰 경우는?

① 터빈의 속도가 느릴 때
② 임펠러의 속도가 느릴 때
③ 항상 일정함
④ 변환비가 1 : 1일 경우

45 자동변속기 토크컨버터에서 스테이터의 일방향 클러치가 양방향으로 회전하는 결함이 발생되었을 때 차량에서 발생할 수 있는 현상은?

① 전진이 불가능하다.
② 출발은 어려운데 고속주행은 가능하다.
③ 후진이 불가능하다.
④ 출발은 가능한데 고속 주행이 어렵다.

> 자동변속기 토크컨버터에서 스테이터의 일방향 클러치가 양방향으로 회전하는 결함이 발생되면 출발은 어려우나 고속주행은 가능하다.

39 ④ 40 ③ 41 ① 42 ④ 43 ② 44 ① 45 ②

46 자동변속기의 토크컨버터에서 클러치 포인트일 때 스테이터, 터빈, 펌프의 속도와 방향은?

① 같은 속도와 반대방향으로 회전
② 펌프와 터빈만 다른 속도 같은 방향 회전
③ 스테이터, 펌프, 터빈이 같은 속도 같은 방향으로 회전
④ 모두 다른 방향 틀린 속도 회전

[풀이] 토크컨버터는 클러치 포인트에서 스테이터, 펌프, 터빈은 같은 속도, 같은 방향으로 회전한다.

47 댐퍼 클러치의 작동조건이 될 수 있는 것은?

① 제 1속 및 후진시
② 공회전시
③ 3 → 2 시프트 다운시
④ 냉각수 온도가 80℃이상일 때

[풀이] **댐퍼 클러치가 작동되지 않는 조건**
① 제1속 및 후진 및 엔진 브레이크가 작동될 때
② ATF의 유온이 65℃ 이하, 냉각수 온도가 50℃ 이하일 때
③ 제3속에서 제2속으로 시프트 다운될 때
④ 엔진 회전수가 800rpm 이하일 때
⑤ 엔진이 2000rpm 이하에서 스로틀 밸브의 열림이 클 때

48 자동변속기에서 댐퍼클러치의 작동내용으로 거리가 먼 것은?

① 클러치 점 이후에서 작동을 시작한다.
② 토크비가 1에 가까운 고속구간에서 작동한다.
③ 펌프와 터빈을 직결상태로 하여 미끄럼 손실을 최소화 시킨다.
④ 제1속 및 후진 시에 작동한다.

[풀이] 댐퍼클러치는 클러치 점 이후 즉 토크비가 1에 가까운 고속영역에서 펌프와 터빈을 직결상태로 하여 미끄럼 손실을 최소화 시키는 작용을 한다.

49 자동변속기 차량의 변속과 록-업 작동의 기초신호는 무엇인가?

① 펄스제너레이터와 차속 센서
② 스로틀 센서와 차속 센서
③ 펄스제너레이터와 스로틀 센서
④ 펄스제너레이터와 유온 센서

[풀이] 자동변속기 차량의 변속과 록-업 작동의 기초신호는 펄스제너레이터와 스로틀 포지션 센서이다.

50 전자제어 자동변속기에서 댐퍼 클러치가 공회전시에 작동된다면 나타날 수 있는 현상으로 옳은 것은?

① 엔진시동이 꺼진다.
② 1단에서 2단으로 변속이 된다.
③ 기어 변속이 안 된다.
④ 출력이 떨어진다.

[풀이] 댐퍼클러치가 공회전 상태에서 작동되면 엔진시동이 꺼진다.

51 다음 중 자동변속기와 관계가 없는 것은?

① 전진클러치
② 역전 및 고속 클러치
③ 유성기어장치
④ 프로펠러 샤프트

52 홀드(hold)기능이 있는 자동변속기 차량에서 홀드 모드와 거리가 먼 것은?

① 추월이나 가속 시
② 2단으로 출발 가능
③ 미끄러운 노면에서 출발 시
④ 굴곡로에서 빈번한 변속 방지

[풀이] 홀드 기능은 2단에서 출발할 수 있게끔 그 변속 모드를 바꿔주는 역할을 하여 미끄러운 노면 출발시, 경사진 도로, 굴곡로에서 빈번한 변속을 방지한다.

46 ③ 47 ④ 48 ④ 49 ③ 50 ① 51 ④ 52 ①

53 자동변속기에 관한 설명으로 옳은 것은?
① 매뉴얼밸브가 전진 레인지에 있을 때 전진클러치는 항상 정지된다.
② 토크변환기에서 유체의 충돌손실 속도비가 0.6~0.7일 때 토크가 가장 적다.
③ 유압 제어회로에 작용되는 유압은 엔진의 오일펌프에서 발생된다.
④ 토크변환기의 토크 변환비는 날개가 작을수록 커진다.

54 자동변속기 토크컨버터 내부에 장착된 록업 클러치(lock-up clutch) 제어에 필요한 입력 변수로 틀린 것은?
① 변속기 오일 온도
② 자동차 주행속도
③ 스로틀밸브 개도량
④ 제동 스위치 OFF 신호

55 자동변속기의 변속제어 시스템에서 주요변수와 가장 거리가 먼 것은?
① 토크컨버터 유압
② 기관의 부하
③ 자동차 주행속도
④ 선택레버의 위치

56 전자제어식 자동변속기에서 컴퓨터로 입력되는 요소가 아닌 것은?
① 차속센서
② 스로틀 포지션 센서
③ 유온센서
④ 압력조절 솔레노이드밸브

풀이 자동변속기 TCU의 입력신호에는 스로틀 포지션 센서, 수온센서, 펄스 제너레이터 A & B(입력 및 출력축 속도 센서), 엔진 회전속도 신호, 가속페달 스위치, 킥다운 서보 스위치, 오버드라이브 스위치, 차속센서, 인히비터 스위치 신호 등이 있다.

57 자동변속기의 전자제어 장치 중 T.C.U에 입력되는 신호가 아닌 것은?
① 스로틀 센서 신호
② 엔진회전 신호
③ 액셀러레이터 신호
④ 흡입공기 온도의 신호

58 전자제어 자동변속기에 사용되는 센서가 아닌 것은?
① 차속센서
② 스로틀 포지션 센서
③ 차고센서
④ 펄스 제너레이터 A, B

59 자동변속기 차량에서 TPS(throttle position sensor)에 대한 설명으로 옳은 것은?
① 변속시점과 관련 있다.
② 주행 중 선회시 충격흡수와 관련 있다.
③ 킥다운(kick down)과는 관련 없다.
④ 엔진 출력이 달라져도 킥 다운과 관계 없다.

풀이 자동변속기 차량에서 TPS(스로틀 포지션 센서)는 변속시점, 킥다운 등과 관련 있다.

60 자동변속기 T.C.C(torque converter clutch)접속 및 해제의 제어신호로 필요한 엔진 센서는?
① 흡기온도센서
② 냉각수온도센서
③ 스로틀밸브 위치센서
④ 흡입매니폴드 압력센서

풀이 자동변속기 T.C.C 접속 및 해제의 제어에 필요한 센서는 스로틀 밸브 위치센서이다.

53 ② 54 ④ 55 ① 56 ④ 57 ④ 58 ③ 59 ① 60 ③

61 전자제어 자동변속기 차량에서 스로틀 포지션 센서의 출력이 80%밖에 나오지 않는다면 다음 중 어느 시스템의 작동이 안 되는가?

① 오버드라이브
② 2속으로 변속불가
③ 3속에서 4속으로 변속불가
④ 킥다운

풀이 전자제어 자동변속기 차량에서 스로틀 포지션 센서의 출력이 80%밖에 나오지 않는다면 킥 다운의 작동이 안 된다.

62 각 변속위치(shift position)를 TCU로 입력하는 것은?

① 인히비터 스위치
② 오버드라이브 유닛
③ 이그니션 펄스
④ 킥다운 서보

풀이 인히비터 스위치는 각 변속위치(shift position)를 TCU로 입력한다. 즉, 변속패턴의 선택을 위하여 변속레버(시프트 포지션)의 위치를 검출한다.

63 전자제어 자동변속장치 중 변속시 유압제어를 위해 킥다운 드럼 회전수를 검출하는 구성부품은?

① 인히비터 스위치
② 킥다운 서보 스위치
③ 펄스제너레이터-A
④ 펄스제너레이터-B

풀이 ① 펄스 제너레이터-A : 자기 유도형 발전기로 변속할 때 유압제어의 목적으로 킥다운 드럼의 회전수(입력축 회전수)를 검출한다. 킥다운 드럼의 16개구멍을 통과할 때의 회전수 변화에 의해서 기전력이 발생한다.
② 펄스 제너레이터-B : 자기 유도형 발전기로 주행속도를 검출을 위해 트랜스퍼 드라이브 기어의 회전수를 검출한다. 트랜스퍼 드라이브 기어 이의 높고 낮음에 따른 변화에 의해서 기전력이 발생한다.

64 전자제어 자동변속기에서 각 시프트 포지션을 TCU로 출력하는 기능을 가진 구성품은?

① 액셀 스위치
② 인히비터 스위치
③ 킥다운 서보 스위치
④ 오버 드라이브 스위치

65 전자제어 자동변속기에서 컨트롤유닛의 제어기능으로 틀린 것은?

① 거버너 제어
② 변속점 제어
③ 댐퍼클러치 제어
④ 라인압력 가변제어

66 자동변속기의 자동 변속시점을 결정하는 가장 중요한 요소는?

① 엔진 스로틀 개도와 차속
② 엔진 스로틀 개도와 변속시간
③ 매뉴얼밸브와 차속
④ 변속모드 스위치와 변속시간

67 자동변속기에서 시프트 업 또는 시프트다운이 일어나는 변속 점은 무엇에 의해 결정되는가?

① 매뉴얼밸브와 감압밸브
② 스로틀밸브 개도와 차속
③ 스로틀밸브와 감압밸브
④ 변속레버와 차속

61 ④ 62 ① 63 ③ 64 ② 65 ① 66 ① 67 ②

68 자동변속기 차량에서 변속패턴을 결정하는 가장 중요한 입력신호는?

① 차속센서와 엔진회전수
② 차속센서와 스로틀 포지션센서
③ 엔진회전수와 유온센서
④ 엔진회전수와 스로틀 포지션센서

69 전자식 자동변속기 차량에서 변속시기와 가장 관련이 있는 신호는?

① 엔진온도 신호
② 스로틀 개도 신호
③ 엔진토크 신호
④ 에어컨 작동신호

70 자동변속기에서 밸브바디의 구성품이 아닌 것은?

① 스로틀밸브
② 솔레노이드밸브
③ 압력조정 밸브
④ 브레이크 밸브

71 자동변속기에서 유압 조절 솔레노이드밸브의 듀티비란?

① $\dfrac{전원전압}{제어전압} \times 100$
② $\dfrac{제어저항}{전원저항} \times 100$
③ $\dfrac{여자시간}{총제어시간} \times 100$
④ $\dfrac{총제어시간}{여자시간} \times 100$

72 자동변속기의 유량 듀티 제어를 위해서 압력조절 솔레노이드밸브(PCSV)가 작동되는 시기는?

① D-1단 ② D-2단
③ D-3단 ④ R(후진)

풀이) 자동변속기의 유량 듀티 제어를 위한 압력조절 솔레노이드밸브(PCSV)가 작동되는 시기는 D-1단이다.

73 앞 엔진 뒤 구동 자동차용 자동변속기에 사용되고 있는 어큐뮬레이터의 역할을 바르게 설명한 것은?

① 1단→2단, 2단→1단으로 시프트 한다.
② 브레이크 또는 클러치 작동시 변속충격을 흡수한다.
③ 2단→3단, 3단→2단으로 시프트 한다.
④ P.R.L 레인지에서 No.3 브레이크 작동시 충격을 완화한다.

풀이) 어큐뮬레이터는 브레이크 또는 클러치가 작동할 때 변속충격을 흡수한다.

74 전자제어 자동변속기에서 주행 중 가속페달에서 발을 떼면 나타날 수 있는 현상은?

① 스쿼트 ② 킥다운
③ 노즈 다운 ④ 리프트 풋 업

풀이) 리프트 풋 업은 변속시점에 도달시 가속페달을 살짝 놨다가 다시 지긋이 밟아주면 변속이 되는 것

75 전자제어 자동변속기에 하이백(HIVEC) 제어의 일반적인 특징으로 틀린 것은?

① 학습 제어
② 전체 운전영역의 최적 제어
③ 신경망 제어
④ 중량화에 따른 변속감 향상

68 ② 69 ② 70 ④ 71 ③ 72 ① 73 ② 74 ④ 75 ④

76. 자동변속기에서 유압라인 압력을 측정하였더니 모든 위치에서 규정값보다 낮게 측정되었을 때의 원인으로 적절하지 않은 것은?

① 오일량 부족
② 오일 필터 오염
③ 압력조절밸브 결함
④ 원웨이 클러치 결함

77. 자동변속기 장착 차량에서 가속페달을 스로틀 밸브가 완전히 열릴 때까지 갑자기 밟았을 때 강제적으로 다운 시프트 되는 현상을 무엇이라고 하는가?

① 킥다운
② 시프트 아웃
③ 스로틀다운
④ 블로 다운

78. 자동변속기 관련 장치에서 가속페달을 급격히 밟으면 한 단계 낮은 단으로 변속되는 것과 가장 관계있는 것은?

① 거버너 밸브
② 매뉴얼 밸브
③ 킥다운 스위치
④ 프리휠링

79. 자동변속기 유성 기어장치의 특징이 아닌 것은?

① 기관으로부터 동력을 차단하지 않고도 변속이 가능하다.
② 회전토크의 전달은 다수의 기어 세트에 의해 이루어지므로 개별 기어가 받는 부하가 적다.
③ 모든 기어가 항상 맞물려 있어서 작동 소음이 적다.
④ 항상 맞물려 있기 때문에 동기화가 되지 않으면 변속할 수 없다.

80. 유성 기어식 자동변속기의 특성이 아닌 것은?

① 솔레노이드밸브를 제어하여 변속시점과 과도특성을 제어한다.
② 록업 클러치를 설치하여 연료소비량을 줄일 수 있다.
③ 수동변속기에 비해 구동토크가 적다.
④ 변속 단을 1단 증가시키기 위한 오버드라이브를 둘 수 있다.

풀이 자동변속기의 특성은 ①, ②, ④항 이외에 토크컨버터를 두고 있기 때문에 수동변속기에 비해 구동토크가 크다.

81. 변속기(transmission)를 다(多)단화할 경우 특징이 아닌 것은?

① 연료 소비율을 감소시킬 수 있다.
② 드라이빙 감성 품질을 높일 수 있다.
③ 주행조건에 따른 엔진회전수의 제어가 용이하다.
④ 전장 및 무게를 최소화할 수 있다.

82. 유성기어 장치의 구성부품이 아닌 것은?

① 선기어
② 유성기어 캐리어
③ 링기어
④ 사이드기어

76 ④ 77 ① 78 ③ 79 ④ 80 ③ 81 ④ 82 ④

83 1단 2상 3요소식 토크컨버터의 주요 구성 요소에 해당되는 것은?

① 임펠러, 터빈, 스테이터
② 클러치, 터빈축, 임펠러
③ 임펠러, 스테이터, 클러치
④ 터빈, 유성기어, 클러치

풀이 토크컨버터는 엔진 크랭크축과 연결된 펌프(임펠러), 변속기 입력축과 연결된 터빈(러너), 오일의 흐름방향을 바꾸어 주는 스테이터로 되어 있다.

84 자동변속기 형식을 나타낼 때 3요소 1단 2상식 등으로 표현할 수 있는데 이때 1단이 의미하는 장치는 무엇인가?

① 펌프   ② 터빈
③ 스테이터   ④ 가이드 링

85 복합 유성기어 장치에서 링 기어를 하나만 사용한 유성기어 장치는?

① 2중 유성기어 장치
② 평행 축 기어방식
③ 라비뇨(ravigneauxr)기어장치
④ 심픈슨(simpson)기어장치

풀이 라비뇨 기어장치는 서로 다른 2개의 선 기어를 1개의 유성기어 장치에 조합한 형식이며, 링 기어와 유성기어 캐리어를 각각 1개씩만 사용한다.

86 단순 유성기어 장치를 2세트 연이어 접속한 라비뇨 기어(ravigneaux gear)의 구조에 대한 설명이다. 맞는 것은?

① 선 기어가 1개뿐이다.
② 선 기어와 링 기어가 각각 2개씩이다.
③ 캐리어가 2개이다.
④ 링 기어가 1개뿐이다.

87 2세트의 단순 유성기어 장치를 연이어 접속시키되 선 기어를 공동으로 사용하는 기어 형식은?

① 라비뇨식
② 심프슨식
③ 벤딕스식
④ 평행축 기어 방식

풀이 심프슨 형식은 싱글 피니언(single pinion) 유성기어만으로 구성되어 있으며, 선 기어를 공용으로 사용한다. 유성기어 캐리어는 같은 간격으로 3개의 피니언으로 조립되어 있으며, 비분해형이다.

88 자동변속기 오일의 구비조건이 아닌 것은?

① 기포가 발생하지 않을 것
② 점도지수 변화가 클 것
③ 침전물 발생이 적을 것
④ 저온 유동성이 좋을 것

89 자동변속기 오일의 구비조건이 아닌 것은?

① 유성이 좋을 것
② 내산성이 작을 것
③ 점도가 적당할 것
④ 비중이 클 것

90 자동변속기에서 오일을 점검할 때 주의사항으로 틀린 것은?

① 엔진을 수평상태에서 시동을 끄고 점검한다.
② 엔진을 정상온도로 유지시킨다.
③ 엔진시동을 걸고 점검한다.
④ 오일레벨 게이지의 MIN선과 MAX선 사이에 있으면 정상이다.

83 ① 84 ② 85 ③ 86 ④ 87 ② 88 ② 89 ② 90 ①

91 자동변속기의 압력조절밸브(PCSV)의 듀티제어 파형에서 니들밸브가 작동하는 전체 구간은?

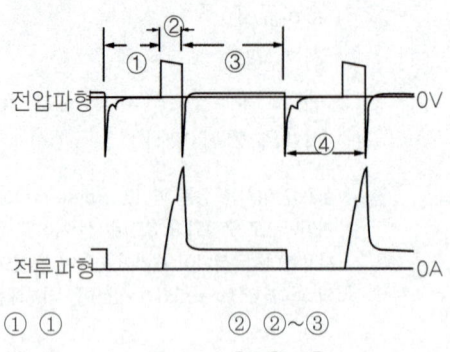

① ①
② ②~③
③ ③
④ ③~④

92 자동변속기 차량의 자동변속기를 D와 R 위치에서 엔진회전수를 최대로 하여 자동변속기와 엔진의 상태를 종합적 시험은?

① 로드테스트
② 킥다운 테스트
③ 스톨 테스트
④ 유압 테스트

풀이 스톨 테스트란 자동변속기 차량에서 변속레버 D와 R 위치에서 엔진 회전속도를 최대로 하여 자동변속기와 엔진의 상태를 종합적으로 시험하는 것이다.

93 자동변속기에서 스톨 테스터로 확인할 수 없는 것은?

① 엔진의 출력 부족
② 댐퍼클러치의 미끄러짐
③ 전진클러치의 미끄러짐
④ 후진클러치의 미끄러짐

풀이 스톨 테스트(stall test)로 점검하는 사항은 엔진의 출력부족 여부(성능), 토크컨버터 스테이터의 원웨이 클러치의 작동상태, 전·후진 클러치의 작동상태, 브레이크 밴드의 작동상태 등이다.

94 자동변속기의 스톨 테스터에 대한 설명으로 틀린 것은?

① 스톨 테스터를 연속적으로 행할 경우 일정 시간 냉각 후 실시한다.
② 스톨 회전수는 공전속도와 일치하면 정상이다.
③ 스톨 테스터로 디스크나 밴드의 마모 여부를 추정할 수 있다.
④ 규정 스톨 회전수보다 높을 경우 라인압을 재확인할 필요가 있다.

풀이 자동변속기 스톨 테스트에 관한 설명은 ①, ③, ④항 이외에 스톨 회전수는 차종에 따라서 다르나 2,200~2,500rpm 범위면 정상이다.

95 자동변속기의 스톨 시험결과 규정 스톨 회전수보다 낮은 때의 원인은?

① 엔진이 규정출력을 발휘하지 못한다.
② 라인압력이 낮다.
③ 리어 클러치나 엔드 클러치가 슬립한다.
④ 프런트 클러치가 슬립한다.

풀이 엔진의 출력성능이 저하되면 규정 스톨 회전수보다 낮아진다.

96 자동변속기의 타임래그 시험 목적은?

① 변속시점
② 엔진 출력
③ 오일 변속속도
④ 입·출력센서 작동 여부

풀이 자동변속기의 타임래그 시험을 통해 알 수 있는 것은 변속시점이다.

91 ② 92 ③ 93 ② 94 ② 95 ① 96 ①

97 자동변속기 차량의 점검 방법으로 틀린 것은?

① 자동변속기 오일량은 온간 시에 측정한다.
② 인히비터 스위치 조정은 N 위치에서 한다.
③ 자동변속기 오일량을 측정할 때는 시동을 OFF시키고 점검한다.
④ 스로틀 케이블 조정은 스로틀 레버를 전폐시킨 상태에서 실시한다.

풀이 자동변속기 오일량을 측정할 때는 시동이 걸린 상태에서 점검한다.

98 자동변속기를 고장진단하기 위한 준비과정이 아닌 것은?

① 자동변속기 오일량 점검
② 스로틀 케이블의 점검 및 조정
③ 자동변속기 오일의 정상온도 도달 여부
④ 자동변속기 오일의 압력 측정

풀이 자동변속기를 고장진단하기 위한 준비과정
① 자동변속기 오일량 점검
② 스로틀 케이블의 점검 및 조정
③ 자동변속기 오일의 정상온도 도달 여부

99 자동변속기를 자기진단기로 점검 시 통신이 불가한 원인으로 틀린 것은?

① 진단기로의 전원공급이 불량하다.
② 제어기의 접지가 차체로부터 분리되었다.
③ 통신 단자의 단락 또는 단선이 발생하였다.
④ 센서 또는 액추에이터의 공급전원이 불안하다.

100 자동변속기 제어장치에서 ECU와 TCU의 통신 내용에 대한 설명 중 틀린 것은?

① 흡입공기량 : 댐퍼클러치 및 변속시기 제어
② 스로틀 포지션 센서 : 변속단 설정 및 실행, 급가속 제어
③ 냉각수 온도 신호 : 초기 변속단 및 유압설정 신호
④ 주행속도 신호 : 변속기 입력축 및 출력축 속도 센서의 고장을 판정할 때 참조 신호

101 자동변속기 자기진단 실시 중 틀린 것은?

① 차량의 통신 프로토콜이 적합한 스캔툴(진단기)을 준비한다.
② 점화스위치를 off한다.
③ 진단스캔툴을 자기진단 커넥터(DLC : data link connector)에 연결한다.
④ 엔진 시동이 된 상태로 진단을 실시한다.

102 자동변속기에서 기어비율 부적절 결함코드가 입력될 때 관련이 없는 것은?

① 입력속도센서
② 출력속도센서
③ 변속 솔레노이드밸브
④ 로크업 솔레노이드밸브

풀이 자동변속기에서 기어비율 부적절 결함코드가 입력될 때 관련되는 요소는 입력속도센서, 출력속도센서, 변속 솔레노이드밸브 등이다.

97 ③ 98 ④ 99 ④ 100 ① 101 ④ 102 ④

103 자동변속기를 주행상태에서 시험할 때 점검해야 할 사항이 아닌 것은?

① 오일의 양과 상태
② 킥다운 작동 여부
③ 엔진 브레이크 효과
④ 쇼크 및 슬립 여부

104 자동변속기에서 운행 중 오일온도가 상승할 수 있는 경우가 아닌 것은?

① 산악지역 운행
② 시내 주행
③ 윈터 기능 과다 사용
④ 록크업 클러치 작동

풀이 자동변속기의 오일이 과열하는 원인은 굴곡이 심한 산악도로를 주행할 때, 저속으로 주행할 때, 윈터 기능을 과다하게 사용하였을 때, 오일냉각기가 오염 및 손상되었을 때 등이다.

105 자동변속기에서 고장코드의 기억소거를 위한 조건이 아닌 것은?

① 이그니션 키는 ON상태여야 한다.
② 엔진의 회전수 검출이 있어야만 한다.
③ 출력축 속도센서의 단선이 없어야 한다.
④ 인히비터 스위치 커넥터가 연결되어야만 한다.

풀이 자동변속기에서 고장코드의 기억소거를 위한 조건
① 이그니션 키는 ON상태여야 한다.
② 출력축 속도센서의 단선이 없어야 한다.
③ 인히비터 스위치 커넥터가 연결되어야만 한다.

106 다음은 자동변속기 학습제어에 대한 설명이다. 괄호 안에 알맞은 것을 순서대로 적은 것은?

학습제어에 의해 내리막길에서 브레이크 페달을 빈번히 밟는 운전자에 대해서는 빠르게( )를 하여 엔진브레이크가 잘 듣게 한다. 또한 내리막에서도 가속페달을 잘밟는 운전자에게는( )를 하기 어렵게 하여 엔진브레이크를 억제한다.

① 다운시프트, 다운시프트
② 업시프트, 업시프트
③ 다운시프트, 업시프트
④ 업시프트, 다운시프트

107 승용차용으로 적당하지 않는 무단변속기의 형식은?

① 금속 벨트식
② 금속 체인식
③ 트랙션 드라이브식
④ 유압모터, 펌프의 조합식

풀이 유압모터, 펌프의 조합형은 농기계나 상업 장비에서 사용한다.

108 무단변속기의 종류가 아닌 것은?

① 금속 체인벨트
② 트로이드 타입
③ 더블 클러치
④ 기계-유압

풀이 무단변속기 종류는 벨트 및 체인타입, 토로이드 타입, 마찰 콘 타입, 기계 유압식이 있다.

103 ① 104 ④ 105 ② 106 ① 107 ④ 108 ③

109 무단변속기의 변속 방식 중 트랙션(트로이드)방식의 특징에 대한 설명으로 틀린 것은?

① 작동이 정숙하다.
② 큰 출력에 대한 강성이 필요하다.
③ 무게가 가볍고 일반오일 사용이 용이하다.
④ 변속범위가 넓으며 높은 효율을 낼 수 있다.

110 무단변속기 전자제어에서 유압 제어 장치의 종류가 아닌 것은?

① 변속비 제어
② 추진축 제어
③ 라인 압력 제어
④ 댐퍼 클러치 제어

111 CVT(무단변속기)에 적용된 액추에이터와 센서 중 피에조 원리를 이용한 부품은?

① 유압센서
② 회전속도센서
③ 오일온도 센서
④ 솔레노이드밸브

112 CVT(무단변속기)의 특징으로 틀린 것은?

① 연료차단 기간이 짧아 연비가 향상된다.
② 토크 또는 배기량이 큰 차량에는 적용이 어렵다.
③ 부품의 정밀도가 높아 가격이 비교적 고가이다.
④ 열효율이 높은 조건으로 주행할 수 있어 연비가 향상된다.

113 무단변속기의 장점과 가장 거리가 먼 것은?

① 내구성이 향상된다.
② 동력성능이 향상된다.
③ 변속패턴에 따라 운전하여 연비가 향상된다.
④ 파워트레인 통합제어의 기초가 된다.

풀이 무단변속기는 벨트를 통하여 변속이 이루어지며, 특징은 변속충격이 적고, 동력성능이 향상되며, 운전 중 용이하게 감속비를 변화시킬 수 있고, 변속패턴에 따라 운전하여 연비가 향상되며, 파워트레인 통합제어의 기초가 되는 장점이 있으나 큰 동력을 전달할 수 없고, 내구성이 적은 단점이 있다.

114 자동 정속주행 장치에 해당되지 않는 부품은?

① 차속센서
② 클러치 스위치
③ 복귀 스위치
④ 크랭크앵글센서

115 일반적인 오토크루즈 컨트롤 시스템(Auto cruise control system)에서 정속주행 모드의 해제조건으로 틀린 것은?

① 주행 중 브레이크를 밟을 때
② 수동변속기 차량에서 클러치를 차단할 때
③ 자동변속기 차량에서 인히비터 스위치를 P나 N 위치에 놓았을 때
④ 주행 중 차선변경을 위해 조향하였을 때

풀이 정속주행 모드가 해제되는 경우는 ①, ②, ③항 이외에 주행속도가 40km/h 이하일 때

109 ③ 110 ② 111 ① 112 ① 113 ① 114 ④ 115 ④

제2장_자동차 섀시 정비 출제예상문제 **269**

116 자동차 동력전달장치에서 오버드라이브는 어느 것을 이용하는 것인가?

① 기관의 회전속도
② 기관의 여유출력
③ 차의 주행저항
④ 구동바퀴의 구동력

117 오버드라이브장치의 프리휠링 주행(free-wheeling travelling)에 대하여 알맞은 것은?

① 추진축의 회전력을 엔진에 전달한다.
② 프리휠링 주행 중 엔진브레이크를 사용할 수 있다.
③ 프리휠링 주행 중 유성기어는 공전한다.
④ 오버드라이브에 들어가기 전에는 프리휠링 주행이 안 된다.

[풀이] 오버 드라이브 장치의 프리휠링 주행이란 오버 드라이브에 들어가기 전과 오버 드라이브 주행을 끝낸 후 관성 주행하는 상태이며, 이때 유성기어는 공전한다.

118 기관의 동력을 주행 이외의 용도에 사용할 수 있도록 한 동력인출(power take off) 장치가 아닌 것은?

① 윈치 구동장치
② 차동기어 장치
③ 소방차 물 펌프 구동장치
④ 덤프트럭 유압펌프 구동장치

119 변속기와 차동장치를 연결하며 두 축 간의 충격의 완화와 각도 변화를 융통성 있게 동력 전달하는 기구는?

① 드라이브 샤프트(drive shaft)
② 유니버설 조인트(universal joint)
③ 파워 시프트(power shift)
④ 크로스 멤버(cross member)

120 가죽을 겹친 가용성 원판을 넣고 볼트로 고정한 축 이음은?

① 플렉시블 조인트
② 등속 조인트
③ 훅 조인트
④ 트러니언 조인트

[풀이] 플렉시블 조인트는 가죽을 겹친 가용성 원판을 넣고 볼트로 고정한 축 이음이다.

121 다음 중 플렉시블 자재이음의 종류가 아닌 것은?

① 사일런트 블럭 조인트
② 다각형레버 조인트
③ 이중 십자형 자재이음
④ 하드디스크

[풀이] 이중 십자형 자재이음은 CV 자재이음의 한 종류이다.

116 ② 117 ③ 118 ② 119 ② 120 ① 121 ③

122 등속 자재이음의 등속원리를 바르게 설명한 것은?

① 구동축과 피동축의 접촉점이 축과 만나는 각의 2등분선상에 있다.
② 횡축과 종축의 접촉점이 축과 만나는 각의 2등분선상에 있다.
③ 구동축과 피동축의 접촉점이 구동축 선 위에 있다.
④ 횡축과 종축의 접촉점이 종축의 선 위에 있다.

풀이 등속 자재이음의 등속원리는 구동축과 피동축의 접촉점이 축과 만나는 각의 2등분선상에 있다.

123 자동차 동력전달 계통의 이음 중 구동축과 회전축의 경사각이 30° 이상에서 동력전달이 가능한 이음은?

① 버필드 이음   ② 플렉시블 이음
③ 슬립 이음   ④ 십자형 자재이음

풀이 버필드 이음은 앞바퀴 구동방식 차량의 구동축의 바깥쪽 자재이음으로 사용되며, 자재이음 중 구동축과 회전축의 경사각이 30° 이상에서도 동력전달이 가능하다.

124 앞바퀴 구동 승용차에서 드라이브 샤프트가 변속기 측과 차륜 측에 2개의 조인트로 구성되어 있다. 변속기 측에 있는 조인트는?

① 더블 오프셋 조인트(double offset joint)
② 버필드 조인트(birfield joint)
③ 유니버설 조인트(universal joint)
④ 플렉시블 조인트(flexible joint)

풀이 더블 오프셋 조인트는 앞바퀴 구동 승용차에서 드라이브 샤프트의 변속기 측에 있는 조인트를 말한다.

125 추진축의 토션 댐퍼가 하는 일은?

① 완충작용   ② 토크전달
③ 회전력 상승   ④ 전단력 감소

126 추진축의 센터 베어링에 관한 설명으로 틀린 것은?

① 볼 베어링을 고무제의 베어링 베드에 설치한다.
② 베어링 베드의 외주를 다시 원형 강판으로 감싼다.
③ 차체에 고정할 수 있는 구조이다.
④ 분할방식 추진축을 사용할 때는 설치되지 않는다.

127 추진축이 기하학적 중심과 질량적 중심이 일치하지 않을 때 일어나는 현상은?

① 롤링진동   ② 요잉진동
③ 휠링진동   ④ 피칭진동

128 자동차 종 감속장치에 주로 사용되는 기어 형식은?

① 하이포이드 기어
② 더블헬리컬 기어
③ 스크루 기어
④ 스퍼 기어

129 후륜구동 차량의 종감속 장치에서 구동피니언과 링 기어 중심선이 편심되어 추진축의 위치를 낮출 수 있는 것은?

① 베벨기어
② 스퍼기어
③ 웜과 웜기어
④ 하이포이드 기어

122 ① 123 ① 124 ① 125 ① 126 ④ 127 ③ 128 ① 129 ④

130 동력전달 장치에 사용되는 종 감속장치의 기능으로 틀린 것은?

① 회전토크를 증가시켜 전달한다.
② 회전속도를 감소시킨다.
③ 필요에 따라 동력전달 방향을 변환시킨다.
④ 축 방향 길이를 변화시킨다.

131 종 감속기어에 사용되는 하이포이드 기어의 장점에 해당되는 것은?

① 구동 피니언을 크게 할 수 있어 강도가 증가된다.
② 기어 물림율을 적게하여 회전이 정숙하다.
③ 구동 피니언의 옵셋에 의해 추진축 높이를 높게 한다.
④ 주행성은 향상되나 안전성은 나빠진다.

풀이 하이포이드 기어는 동일 감속비, 동일 치수인 링 기어인 경우 구동 피니언을 크게 할 수 있어 강도가 증가된다.

132 종감속비를 결정하는 요소가 아닌 것은?

① 엔진의 출력
② 차량중량
③ 가속성능
④ 제동성능

133 베벨(bevel)기어식 종감속/차동장치가 장착된 자동차가 급커브를 천천히 선회하고 있을 때 차동 케이스내의 어떤 기어들이 자전하고 있는가?

① 외측 차동 사이드 기어들만
② 차동 피니언들만
③ 차동 피니언과 차동 사이드 기어 모두
④ 외·내측 차동 사이드 기어들만

풀이 차동작용은 좌우 구동바퀴의 회전저항 차이에 의해 발생하므로 커브를 돌 때 안쪽 바퀴는 바깥쪽 바퀴보다 저항이 커져 회전속도가 감소하며, 감소한 분량만큼 반대쪽 바퀴를 가속하게 되는데 이때 차동 피니언과 차동 사이드 기어 모두 자전을 한다.

134 차동 제한장치(differential lock system)에 대한 설명으로 적합하지 않은 것은?

① 수렁을 지날 때 양쪽 바퀴에 구동력을 전달한다.
② 선회시 바깥쪽의 바퀴가 안쪽의 바퀴보다 더 많이 회전하게 한다.
③ 논 슬립(non-slip)장치 또는 논 스핀(non-spin)장치가 있다.
④ 미끄러운 노면에서 출발이 용이하다.

풀이 차동 제한장치의 종류에는 논 슬립(non-slip)장치 또는 논 스핀(non-spin)형식이 있으며, 수렁을 지날 때 양쪽 바퀴에 구동력을 전달하므로 미끄러운 노면에서 출발이 용이하다.

130 ④ 131 ① 132 ④ 133 ③ 134 ②

135 자동 차동 제한장치(LSD)의 특징 설명으로 틀린 것은?

① 미끄러지기 쉬운 모래 길이나 습지 등과 같은 노면에서 출발이 용이
② 타이어의 수명을 연장
③ 직진주행 시에는 좌우바퀴의 구동력 오차로 인하여 안정된 주행
④ 요철노면 주행 시 후부의 흔들림을 방지

풀이 자동 차동 제한장치(LSD)의 특징
① 미끄러지기 쉬운 모래 길이나 습지 등과 같은 노면에서 출발이 용이하다.
② 타이어 수명을 연장한다.
③ 고속 직진주행 할 때 안전성이 양호하다.
④ 요철노면을 주행할 때 후부의 흔들림을 방지한다.

136 바퀴를 빼지 않고도 액슬 축을 빼낼 수 있는 차축 지지방식은?

① 1/4부동식　　② 전부동식
③ 3/4부동식　　④ 반부동식

풀이 뒤차축 지지방식에는 전부동식, 반부동식, 3/4부동식 등이 있으며, 전부동식은 안쪽은 차동 사이드기어와 스플라인으로 결합되고, 바깥쪽은 차축허브와 결합되어 차축허브에 브레이크 드럼과 바퀴가 설치된 형식으로 바퀴를 빼지 않고도 차축을 뺄 수 있다.

137 차동제한장치(limited slip differential)에 대한 설명으로 틀린 것은?

① 차동장치에 차동제한 기구를 추가시킨 것이 LSD이다.
② 눈길 및 빗길 등에서 미끄러지는 것을 최소화하기 위한 장치이다.
③ 직진주행을 더욱 원활하게 하기 위한 장치이다.
④ 토크비례식과 회전속도 감응형식 등이 있다.

138 자동 차동제한기구의 종류가 아닌 것은?

① 다판 클러치식
② 할덱스 클러치식
③ 토르젠 차동방식
④ 스파이럴 기어식

139 4륜 구동방식(4WD)의 장점과 거리가 먼 것은?

① 등판성능 및 견인력 향상
② 부드러운 발진 및 가속성능
③ 고속주행 시 직진안정성 향상
④ 눈길, 빗길 선회시 제동안정성 우수

140 4WD시스템의 전기식 트랜스퍼(EST : Electric Shift Transfer)의 스피드 센서인 펄스 제네레이터 센서에 대한 설명으로 틀린 것은?

① 마그네틱 센서로서 교류전압이 발생한다.
② 회전속도에 비례하여 주파수가 변한다.
③ 컴퓨터는 주파수를 감지하여 출력축 회전속도를 검출한다.
④ 4L 모드 상태에서의 출력파형은 4H 모드에 비하여 시간 당 주파수가 많다.

141 어떤 단판클러치의 마찰 면 외경이 30cm, 내경이 18cm 전 스프링의 힘이 400kgf이고 압력판 마찰계수가 0.34이다. 전달토크는 얼마인가?

① 3264 kgf-cm
② 2856 kgf-cm
③ 1428 kgf-cm
④ 714 kgf-cm

풀이 $Tc = \dfrac{(D+d)P\mu}{2} = \dfrac{(30+18)\times 400 \times 0.34}{2}$
= 3264 kgf-cm

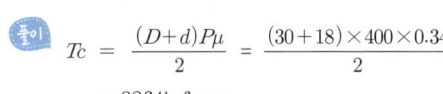

142 기관의 회전력이 14.32kgf-m이고 2500rpm으로 회전하고 있다. 이때 클러치에 의해 전달되는 마력은?(단, 클러치의 미끄럼은 없다)

① 40PS ② 50PS
③ 60PS ④ 70PS

풀이) $C_{PS} = \dfrac{TR}{716} = \dfrac{14.23 \times 2500}{716} = 50PS$,

C_{PS} : 클러치에 의해 전달되는 마력,
T : 기관의 회전력, R : 기관의 회전속도

143 엔진 회전수 2500rpm에서 회전력이 40 kgf·m이다. 이때 클러치의 출력 회전수가 2100rpm이고, 출력 회전력이 35kgf·m라면 클러치의 전달효율(%)은?

① 52.2 ② 73.5
③ 87.5 ④ 96.0

풀이) $\eta C = \dfrac{Cp}{Ep} \times 100 = \dfrac{2100 \times 35}{2500 \times 40} \times 100$
$= 73.5\%$,

ηC : 클러치의 전달효율, Cp : 클러치의 출력,
Ep : 엔진의 출력

144 변속기 입력축과 물리는 카운터 기어의 잇수가 45개, 출력축 2단 기어의 잇수가 29개, 입력축 기어 잇수가 32개, 출력과 물리는 카운터 기어의 잇수가 25개이다. 이 변속기의 변속비는?

① 1.63 : 1 ② 1.99 : 1
③ 2.77 : 1 ④ 3.05 : 1

풀이) 변속비 =
$\dfrac{\text{카운터 기어의 잇수}}{\text{출력축 기어의 잇수}} \times \dfrac{\text{출력축 기어의 잇수}}{\text{카운터 기어의 잇수}}$
$= \dfrac{45}{32} \times \dfrac{29}{25} = 1.63$

145 그림과 같은 기어 변속기에서 감속비율은?

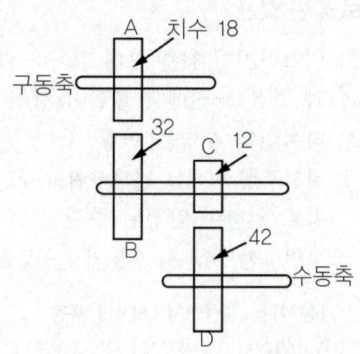

① 6.22 ② 1.78
③ 3.50 ④ 2.33

풀이) 변속비
$= \dfrac{\text{부축 기어의 잇수}}{\text{주축 기어의 잇수}} \times \dfrac{\text{주축 기어의 잇수}}{\text{부축 기어의 잇수}}$
$= \dfrac{32}{18} \times \dfrac{42}{12} = 6.22$

146 속도비가 0.4이고, 토크비가 2인 토크컨버터에서 펌프가 4000rpm으로 회전할 때, 토크컨버터의 효율은?

① 20% ② 40%
③ 60% ④ 80%

풀이) $\eta t = Sr \times Tr = 0.4 \times 2 = 0.8 = 80\%$,
ηt : 토크컨버터 효율, Sr : 속도비, Tr : 토크비

142 ② 143 ② 144 ① 145 ① 146 ④

147 다음 자동변속기의 선 기어 고정, 링 기어 증속, 캐리어 구동조건에서 변속비를 구하면?
(단, 선 기어 잇수 : 20, 링 기어 잇수 : 80)

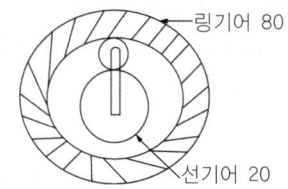

① 1.25　　② 0.2
③ 0.8　　④ 5

 $Rt = \dfrac{Rz}{Sz+Rz} = \dfrac{80}{20+80} = 0.8$,

Rt : 변속비, Rz : 링기어 잇수, Sz : 선기어 잇수

148 유성기어장치를 2조로 사용하고 있는 자동변속기에서 선 기어 잇수 20, 링 기어 잇수 80일 때 총 변속비는?(단, 제1유성기어 : 링 기어 구동, 선 기어 고정, 제2유성기어 : 링 기어고정, 선 기어구동)

① 1.25　　② 5
③ 6.25　　④ 16

 $Rt = \dfrac{Sz+Rz}{Sz} + \dfrac{Sz+Rz}{Rz}$

$= \left(\dfrac{20+80}{20}\right) + \left(\dfrac{20+80}{80}\right) = 6.25$,

Rt : 총변속비, Sz : 선기어 잇수,
Rz : 링기어 잇수

149 그림에서 A의 잇수는 90, B의 잇수는 30일 때 암 D가 오른쪽으로 3회전, A가 왼쪽으로 2회전 할 때 B의 회전수는 얼마인가?

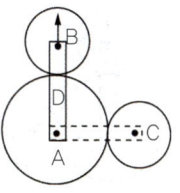

① 왼쪽으로 18회전
② 왼쪽으로 15회전
③ 오른쪽으로 15회전
④ 오른쪽으로 18회전

 오른쪽으로 18회전

150 수동변속기에서 입력축의 회전력이 150kgf·m이고, 회전수가 1000rpm일 때 출력축에서 1000kgf·m의 토크를 내려면 출력축의 회전수는?

① 1670rpm　　② 1500rpm
③ 667rpm　　④ 150rpm

$O_N = \dfrac{I_T \times I_N}{O_T} = \dfrac{150\text{kgf·m} \times 1000\text{rpm}}{1000\text{kgf·m}}$

$= 150\text{rpm}$

O_N : 출력축의 회전수, I_T : 입력축의 회전력,
I_N : 입력축의 회전수, O_T : 출력축의 회전력

ANSWER　147 ③　148 ③　149 ④　150 ④

151. A의 잇수는 90, B의 잇수가 30일 때 A를 고정하고 D를 오른쪽으로 3회전 할 경우 B의 회전수는?

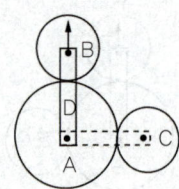

① 왼쪽으로 18회전
② 왼쪽으로 12회전
③ 오른쪽으로 18회전
④ 오른쪽으로 12회전

[풀이] 오른쪽으로 12회전

152. 어떤 엔진을 다이나모미터에 걸고 전부하 상태로 변속기를 제3속(감속비 1.5)에 넣고 운전했는데 추진축의 회전수가 800rpm이었다. 엔진의 발생토크는?(단, 엔진의 전부하시의 성능은 다음과 같다)

회전수(rpm)	1000	1200	1400	1600	1800	2000
출력(ps)	60	67	82	88	102	108
토크(kgf·m)	42.5	43	42.8	42.3	41.5	40.5

① 40kgf·m
② 41.5kgf·m
③ 42.5kgf·m
④ 43kgf·m

[풀이] $E_N = Rt \times P_N$ = 1.5×800rpm = 1200rpm, 따라서 도표 상에서 엔진 회전수 1200rpm일 때의 발생 토크는 43kgf·m이다.
E_N : 엔진 회전수, Rt : 변속비,
P_N : 추진축 회전수

153. 어떤 기관의 해체정비를 완료하였다. 동력계에 설치하여 성능을 조사한 결과 변속기를 제2속에 넣고 운전하였을 때 추진축에 전달되는 토크가 60kgf-m, 추진축의 회전수가 1000rpm이었다. 이 때 엔진의 회전수는 얼마인가?(단 변속기의 제2속 변속비는 1.5이다)

① 100rpm   ② 1200rpm
③ 1500rpm   ④ 1400rpm

[풀이] $E_N = Rt \times P_N$ = 1.5×1000rpm = 1500rpm,
E_N : 엔진 회전수, Rt : 변속비,
P_N : 추진축 회전수

154. 자동차의 1단 감속비가 3.33 : 1이고, 뒤 차축 기어장치의 감속비가 4.11 : 1일 때 총 감속비는 얼마인가?

① 16.39 : 1   ② 7.44 : 1
③ 13.69 : 1   ④ 12 : 1

[풀이] $Tr = Rt \times Rf$ = 3.33×4.11= 13.68,
Tr : 총감속비, Rt : 변속비, Rf : 종감속비

155. 변속기에 제3속의 감속비가 1.5이고 종 감속장치의 구동 피니언의 잇수가 7, 링 기어의 잇수가 35일 때 제 3속의 총 감속비는?

① 1.5   ② 5.0
③ 7.5   ④ 16.3

[풀이] ① $Rf = \dfrac{Pt}{Rt} = \dfrac{35}{7}$ = 5, Rf: 종감속비, Pt: 구동 피니언의 잇수, Rt : 링 기어의 잇수
② $Tr = Rt \times Rf$ = 1.5×5 = 7.5, Tr : 총감속비, Rt : 변속비, Rf : 종감속비

151 ④ 152 ④ 153 ③ 154 ③ 155 ③

156 종감속 기어의 구동 피니언 잇수가 8, 링 기어의 잇수가 48인 자동차가 직선으로 달릴 때, 추진축의 회전수가 1800rpm이다. 이 자동차가 회전할 때 안쪽바퀴가 250rpm 하면 바깥 바퀴는 몇 회전하는가?

① 150rpm ② 250rpm
③ 350rpm ④ 450rpm

 ① $Rf = \dfrac{Pt}{Rt} = \dfrac{48}{8} = 6$,

② $Th_1 = \dfrac{En}{Rt \times Rf} \times 2 - Th_2$

$= \dfrac{1800}{6} \times 2 - 250 = 350\text{rpm}$

Th : 바퀴 회전수, En : 엔진 회전수,
Rt : 변속비, Rf : 종감속비

157 엔진 회전속도가 2,418rpm인 자동차의 변속비 및 종감속비가 각각 2.5, 6.2일 때 오른쪽바퀴의 회전속도가 186rpm이면 왼쪽바퀴의 회전속도는 몇 rpm인가?

① 126 ② 156
③ 252 ④ 312

 $Th_1 = \dfrac{En}{Rt \times Rf} \times 2 - Th_2$

$= \dfrac{2418}{2.5 \times 6.2} \times 2 - 186 = 126\text{rpm}$

Th : 바퀴 회전수, En : 엔진 회전수,
Rt : 변속비, Rf : 종감속비

158 자동차가 300m를 통과하는데 20초 걸렸다면 이 자동차의 속도는?

① 54km/h ② 60km/h
③ 80km/h ④ 108km/h

자동차의 속도 $= \dfrac{300 \times 3600}{20 \times 1000} = 54\text{km/h}$

159 어떤 자동차가 60km/h의 속도로 평탄한 도로를 주행하고 있다. 이때 변속비가 3, 종감속비가 2이고, 구동바퀴가 1회전하는데 2m 진행할 때, 3km주행하는데 소요되는 시간은?

① 1분 ② 2분
③ 3분 ④ 4분

60km/h를 분속으로 환산하면 1km/min이므로 3km를 주행하는데 3분이 소요된다.

160 총중량 7.5ton의 차량이 36km/h의 속도로 1/50 구배의 언덕길을 올라갈 때 1초 동안 진행속도(m/s)는?

① 8 ② 10
③ 12 ④ 20

1초 동안 진행속도(m/s) $= \dfrac{36 \times 1000}{3600} = 10\text{m/s}$

161 변속비가 2 : 1, 종감속비가 4 : 1, 구동바퀴의 유효 반지름이 250㎜인 자동차의 엔진 회전속도가 1500rpm이다. 이 때 이 자동차의 시속은?

① 17.7km/h ② 8.8km/h
③ 35.7km/h ④ 187.5km/h

$V = \pi D \times \dfrac{E_N}{Rt \times Rf} \times \dfrac{60}{1000}$

$= 3.14 \times 0.25 \times 2 \times \dfrac{1500}{2 \times 4} \times \dfrac{60}{1000}$

$= 17.7\text{km/h}$

V : 자동차의 시속(km/h), D : 타이어 지름(m),
E_N : 기관 회전수(rpm), Rt : 변속비,
Rf : 종감속비

 156 ③ 157 ① 158 ① 159 ③ 160 ② 161 ①

162 제 3속의 감속비 1.5, 종감속 구동 피니언 기어의 잇수 5, 링 기어의 잇수 22, 구동바퀴 타이어의 유효반경 280mm인 자동차의 엔진 회전속도가 3300rpm으로 직진 주행하고 있을 때 주행속도는 약 얼마인가?

① 약 53km/h ② 약 59km/h
③ 약 63km/h ④ 약 69km/h

풀이 ① $Rf = \dfrac{Pt}{Rt} = \dfrac{22}{5} = 4.4$, Rf : 종감속비, Pt : 구동 피니언의 잇수, Rt : 링 기어의 잇수

② $V = \pi D \times \dfrac{E_N}{Rt \times Rf} \times \dfrac{60}{1000}$
$= 3.14 \times 0.28 \times 2 \times \dfrac{3300}{1.5 \times 4.4} \times \dfrac{60}{1000}$
$= 52.75$km/h

163 자동차의 변속기에 있어서 3속의 변속비 1.25 : 1이고, 종감속비가 4 : 1인 자동차의 엔진 rpm이 2700일 때 구동륜의 동하중 반경 30cm인 이 차의 차속은?

① 53km/h ② 58km/h
③ 61km/h ④ 65km/h

풀이 $V = \pi D \times \dfrac{En}{Rt \times Rf} \times \dfrac{60}{1000}$
$= 3.14 \times 0.3 \times 2 \times \dfrac{2700}{1.24 \times 4} \times \dfrac{60}{1000}$
$= 61$km/h

164 120km/h의 속도로 주행 중인 자동차에서 총 감속비는 4.83, 구동륜 회전속도는 1031rpm, 타이어의 동하중 원주는 1940mm일 때 엔진의 회전속도는?(단, 슬립은 없는 것으로 본다)

① 약 1,237rpm ② 약 1,959rpm
③ 약 4,980rpm ④ 약 2,620rpm

풀이 $E_N = \dfrac{V \times Tr \times 1000}{Td \times 60} = \dfrac{120 \times 4.83 \times 1000}{1.94 \times 60}$
$= 4980$rpm
E_N : 기관 회전수(rpm),
V : 자동차의 시속(km/h), Tr : 총감속비,
Td : 타이어의 동하중 원주

165 자동차가 72km/h로 주행하기 위한 엔진의 실마력은?(단, 전 주행저항은 75kgf 이고, 동력전달 효율은 0.8이다)

① 20PS ② 23PS
③ 25PS ④ 30PS

풀이 $R_{PS} = \dfrac{Tdr \times v}{75 \times \eta} = \dfrac{75 \times 20}{75 \times 0.8}$
$= 25$PS[72km/h= 20m/s]
R_{PS} : 엔진의 실마력, Tdr : 전 주행저항,
v : 주행속도(m/s), η : 동력전달 효율

166 기관의 토크는 1,500rpm에서 20.06 kgf・m이다. 2단 변속비는 1.5 : 1이고 종감속 장치의 피니언 잇수는 10개, 링 기어의 잇수는 35개이다. 이 때 구동차축에 전달되는 토크(kgf・m)는?

① 30.09 ② 70.21
③ 52.66 ④ 105.32

풀이 $T = E_T \times Rt \times Rf = 20.06 \times 1.5 \times \dfrac{35}{10}$
$= 105.32$kgf・m
T : 전달토크, E_T : 엔진토크, Rt : 변속비, Rf : 종감속비

162 ①　163 ③　164 ③　165 ③　166 ④

제2절 현가 및 조향장치

1_현가장치

1. 현가장치의 구성

① 스프링 : 노면으로부터의 충격을 완화
② 쇽 업소버 : 스프링의 진동을 흡수
③ 스태빌라이저 : 롤링 현상 감소 및 차의 평형 유지
④ 판스프링

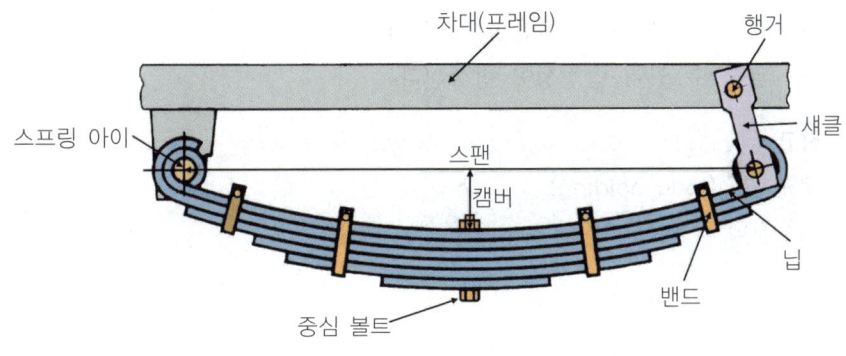

그림 2-24 / 판 스프링의 구조

2. 현가장치의 종류

1) 일체차축 현가장치

일체로 된 차축에 좌·우 바퀴가 설치되어 있으며, 차축은 스프링을 거쳐 차체(또는 프레임)에 설치된 형식

① 장점
  ㉠ 부품수가 적어 구조가 간단
  ㉡ 선회시 차체 기울기가 적다.
② 단점
  ㉠ 스프링 밑 질량이 커 승차감이 불량
  ㉡ 앞바퀴에 시미(shimmy)의 발생이 쉽다.
  ㉢ 스프링 정수가 너무 적은 것을 사용하기가 곤란하다.

> **참고**
> 시미(shimmy)
> 주행 중 바퀴의 좌우 진동을 말한다.

2) 독립 현가장치

차축을 분할하여 양쪽바퀴가 서로 관계없이 움직이도록 한 것으로서 승차감과 안전성이 향상되게 한 것

① 장점
  ㉠ 스프링 밑 질량이 작아 승차감이 좋다.
  ㉡ 바퀴가 시미를 잘 일으키지 않고 로드 홀딩(road holding)이 우수하다.
  ㉢ 스프링 정수가 작은 것을 사용할 수 있다.
  ㉣ 차고를 낮출 수 있어 안정성이 향상된다.

> **참고**
> 로드 홀딩(road holding)
> 자동차의 바퀴 모두가 노면에 밀착되는 현상

② 단점
  ㉠ 구조가 복잡, 고가, 취급 및 정비면에서 불리하다.
  ㉡ 볼 이음부가 많아 그 마멸에 의한 앞바퀴 정렬이 틀려지기 쉽다.
  ㉢ 바퀴의 상하운동에 따라 윤거나 앞바퀴 정렬이 틀려지기 쉬워 타이어 마멸이 크다.

3) 위시본형식(wishbone type)

① 구성 : 위아래 컨트롤 암, 조향 너클, 코일 스프링, 볼 조인트 등
② 작용 : 바퀴가 받는 구동력이나 옆 방향 저항력 등은 컨트롤 암이 지지하고, 스프링은 상하방향의 하중만을 지지
③ 평행사변형식
  ㉠ 위, 아래 컨트롤 암을 연결하는 4점이 평행사변형
  ㉡ 바퀴가 상하운동시 윤거가 변화하며 타이어 마모가 촉진된다.
  ㉢ 캠버의 변화는 없어 커브 주행시 안전성 증대된다.
④ SLA(short long arm type)형식
  ㉠ 아래 컨트롤 암이 위 컨트롤 암보다 긴 형식. 캠버가 변화하는 결점

ⓛ 코일스프링 설치위치 : 아래 컨트롤 암과 프레임

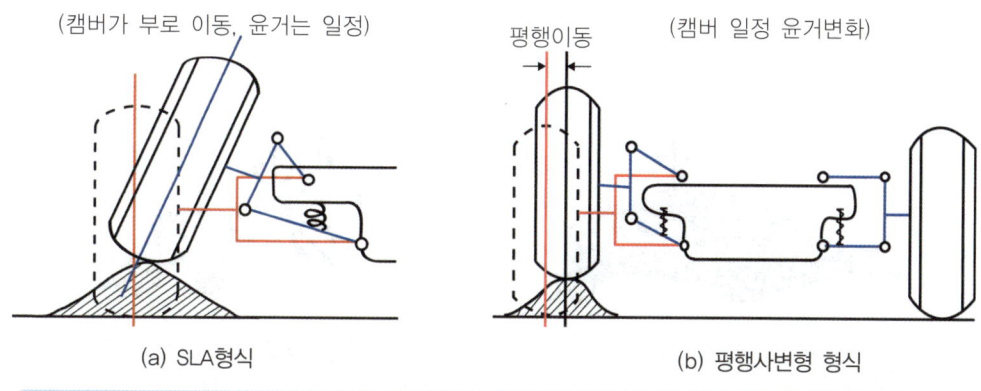

그림 2-25 / 위시본 형식

4) 스트럿형식(strut type 일명 맥퍼슨형)

① 현가장치와 조향 너클이 일체
② 쇽업소버가 내장된 스트럿(strut), 볼 조인트, 컨트롤 암, 스프링 등으로 구성

5) 트레일링 암형식

자동차의 뒤쪽으로 향한 1개 또는 2개의 암에 의해 바퀴를 지지하는 방식

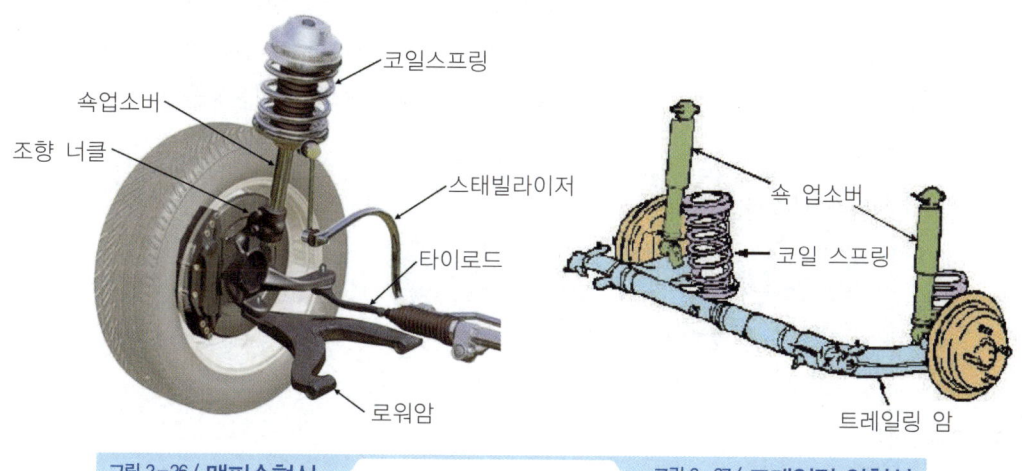

그림 2-26 / 맥퍼슨형식   그림 2-27 / 트레일링 암형식

3. 자동차의 진동과 구동방식

1) 자동차의 진동

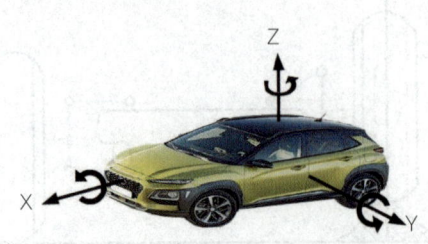
(a) 스프링 위질량의 진동

(b) 스프링 아래 질량의 진동

그림 2-28 / **자동차의 진동**

① 스프링 위질량의 진동
- ㉠ 바운싱(bouncing) : 차체가 Z축으로 평행하게 상하운동을 하는 고유진동
- ㉡ 피칭(pitching) : 차체가 Y축을 중심으로 앞뒤방향으로 회전운동을 하는 고유진동
- ㉢ 롤링(rolling) : 차체가 X축을 중심으로 좌우방향으로 회전운동을 하는 고유진동
- ㉣ 요잉(yawing) : 차체가 Z축을 중심으로 회전운동을 하는 고유진동

② 스프링 아래질량의 진동
- ㉠ 휠 호프(wheel hop) : 액슬 하우징이 Z축으로 평행하게 상하운동을 하는 고유진동
- ㉡ 휠 트램프(wheel tramp) : 액슬 하우징이 X축을 중심으로 회전운동을 하는 고유진동
- ㉢ 와인드 업(wind up) : 액슬 하우징이 Y축을 중심으로 회전운동을 하는 고유진동

> **참고**
>
> **진동수와 승차감**
> ① 양호한 승차감 : 60~120사이클/min
> ② 딱딱한 승차감 : 120사이클/min 이상
> ③ 멀미정도 승차감 : 45사이클/min 이하

2) 구동방식

① 호치키스 구동

　판 스프링을 사용하며, 구동바퀴에 의한 구동력(추력)은 스프링을 통해 차체에 전달

② 토크 튜브 구동
- ㉠ 토크 튜브 내에 추진축이 설치되어 있으며, 코일 스프링을 사용할 때 이용되는 형식
- ㉡ 구동바퀴의 구동력(추력)이 토크 튜브를 통해 차체에 전달

③ 레디어스 암 구동
　　㉠ 코일 스프링을 사용할 때 이용되는 방식
　　㉡ 구동바퀴의 구동력(추력)이 레디어스 암을 통해 차체에 전달

> **참고**
> **리어 엔드 토크(rear end torque)**
> 기관의 동력으로 구동바퀴를 돌리면 구동축에는 그 반대방향으로 돌아가려는 힘이 작용되는데, 이 작용력을 말한다.
> ※ 구동력(F) = $\dfrac{축의 회전력(T)}{바퀴의 반경(R)}$

4. 전자제어 현가장치(ECS : electronic controlled suspension)

1) 전자제어 현가장치의 개요

운전자의 선택, 주행조건, 노면상태에 따라 차고와 현가특성(스프링 상수 및 감쇠력)이 자동 제어되는 현가장치

2) 전자제어 현가장치의 특징

① 선회시에 자동차의 롤링을 방지
② 불규칙한 노면 주행시 자동차의 피칭을 방지
③ 고속 주행시 자동차의 안정성을 향상
④ 하중의 변화에 의해 차체가 흔들리는 셰이크를 방지
⑤ 적재량 및 노면의 상태에 관계없이 차고를 일정하게 유지
⑥ 급제동시 차의 노스다운을 방지
⑦ 노면의 진동 흡수 및 차체의 흔들림 및 진동을 감소
⑧ 노면 조건에 따라 자동차의 바운싱을 방지

> **참고**
> **노스다운(nose down)**
> 급제동시 차체가 앞으로 쏠리는 현상

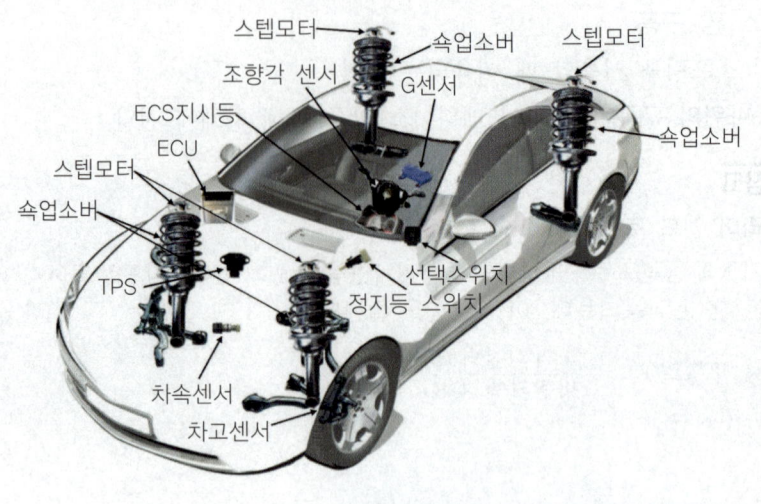

그림 2-29 / 전자제어 현가장치의 구조

3) 변환 모드

① 감쇠력 : 주행조건이나 노면상태에 따라 수퍼 소프트(super soft), 소프트(soft), 중간(medium), 하드(hard)의 4단계로 ECU에 의해 감쇠력이 제어
② 차고 조절 : 주행조건이나 운전자의 선택모드에 따라 로우(low), 노멀(normal), 하이(high), extra-high의 4단계로 ECU에 의해 공기압력 제어
③ 선택모드 : Auto모드, 스포트(sport)모드 2단계

4) 전자제어 현가장치의 구성

① 센서 : 차속센서, 스로틀 위치센서, 브레이크 스위치, 헤드라이트 릴레이, 차고 센서, 조향휠 각도 센서, 중력센서, 발전기 L단자, 도어스위치, 인히비터 스위치, 저압·고압스위치, 뒤압력센서
② ECU
③ 쇽 업소버 : 스텝모터(액추에이터), 스위칭 로드, 공기 쳄버
④ 공기 압축기
⑤ 어큐뮬레이터 : 압축공기를 $8 kgf/cm^2$로 저장하여 액추에이터 또는 공기 쳄버에 압축공기를 공급하는 역할
⑥ 솔레노이드밸브

> **참고**
> 차고 조정이 정지되는 조건 : 급 가속시(squat), 급 정지시(dive), 커브길 급 회전시(roll)
>
> ※ **액티브 자세 제어기능**
> ① 앤티롤(anti roll)제어
> ② 앤티 다이브(anti dive) 제어
> ③ 앤티 스쿼트(anti squat)제어
> ④ 앤티 피치, 바운스(anti pitch, bounce)제어
> ⑤ 고속 안정성 제어(차속 감응제어)
> ⑥ 앤티 쉐이크(anti shake) 제어

5. 공기스프링

1) 공기스프링의 특징

① 하중에 관계없이 차고가 일정하게 유지
② 공기 차체의 감쇠력에 의해 진동을 흡수
③ 하중에 변화에 따라 스프링상수가 변화되어 승차감이 양호

2) 공기스프링의 구성

① 서지탱크
　공기스프링의 스프링상수를 적게 하면서 공기스프링과의 사이에 가변 스로틀밸브를 설치하여 감쇠작용
② 레벨링밸브
　하중 변화에 따라 공기스프링 안의 압력 조정하여 차의 높이를 일정하게 유지
③ 압력조절기
　공기탱크 안의 압력을 일정하게 조정($7\,kgf/cm^2$)
④ 안전밸브
　압력이 높아졌을 때의 위험방지

2_조향장치

1. 조향장치의 원리

애커먼 장토식의 원리를 이용한 것으로 조향각이 같은 바퀴의 knuckle arm과 tie rod를 개량하므로서 킹핀(바퀴가 회전하는 기본 중심축)의 중심과 타이로드 양끝을 잇는 연장선이 뒷차축의 중심에 마주치도록 링크 기구를 배치한 구조로 앞뒤바퀴는 어떤 선회상태에서도 중심이 일치되는 원 즉 동심원을 그리게 된다.

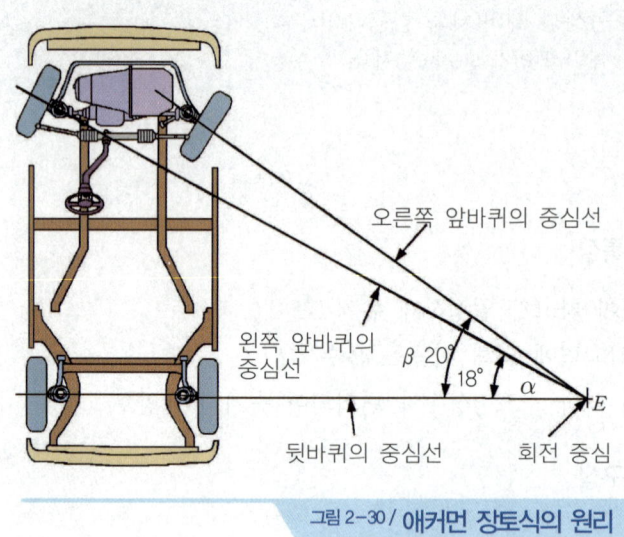

그림 2-30 / 애커먼 장토식의 원리

2. 조향장치의 구비조건

① 조향조작이 주행 중의 충격에 영향을 받지 않을 것
② 조작이 쉽고, 방향변환이 원활하게 행해질 것
③ 회전 반지름이 작아서 좁은 곳에서도 방향변환을 할 수 있을 것
④ 진행방향을 바꿀 때 섀시 및 차체 각 부분에 무리한 힘이 작용되지 않을 것
⑤ 고속주행에서도 조향핸들이 안정 될 것
⑥ 조향핸들의 회전과 바퀴선회 차이가 크지 않을 것
⑦ 수명이 길고 다루기나 정비하기가 쉬울 것

3. 조향장치의 구조

1) 조향핸들(steering wheel)

조향핸들은 조향축에 테이퍼(taper)나 세레이션(serration) 홈에 끼우고 너트로 고정시킨다.

2) 조향 축의 종류

① **틸트 방식**(tilt type) : 조향 축의 설치각도를 조정할 수 있는 방식이다.
② **텔레스코핑 방식**(telescoping type) : 조향 축을 축 방향으로 이동시킬 수 있어 길이를 조정할 수 있는 방식이다.
③ **틸트와 텔레스코핑 방식**(tilt type & telescoping type) : 조향 축의 설치각도와 길이를 조정할 수 있는 방식이다.

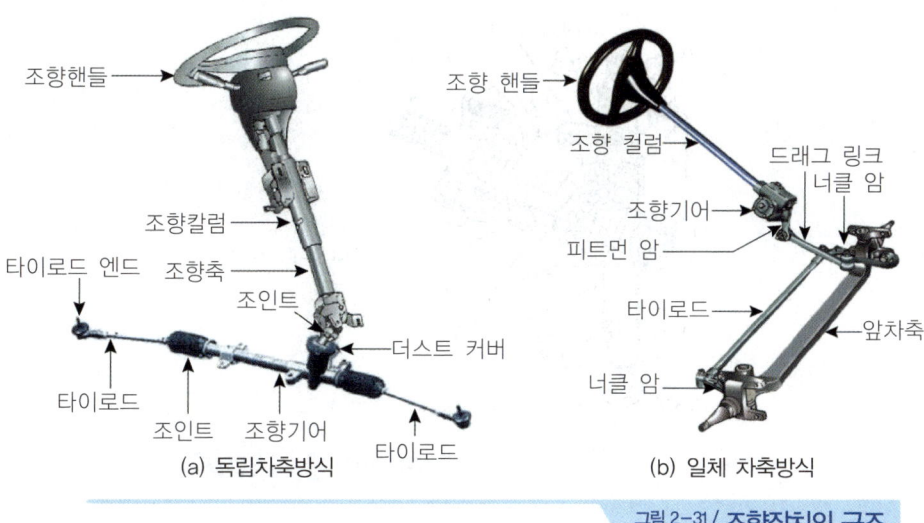

그림 2-31 / 조향장치의 구조

3) 조향기어(steering gear)

조향기어의 종류에는 웜 섹터형식, 웜 섹터 롤러형식, 볼-너트형식, 웜-핀 형식, 스크루-너트형식, 스크루-볼 형식, 랙크와 피니언 형식 등이 있다.

> **참고**
>
> **조향기어의 방식**
> ① 가역식 : 앞바퀴로도 조향핸들을 움직일 수 있는 방식
> ② 비가역식: 조향핸들로 앞바퀴를 움직일 수 있으나 그 역으로는 움직일 수 없는 방식
> ③ 반가역식 : 가역식과 비가역식의 중간 성질을 지니고 있는 방식

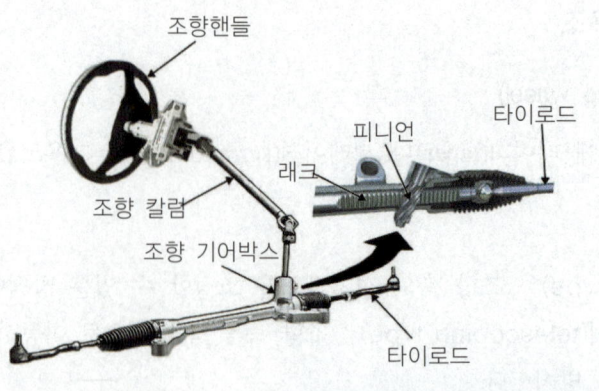

그림 2-32 / 래크와 피니언 형식

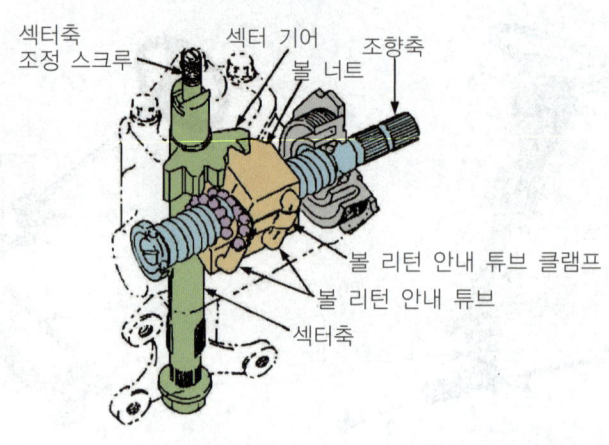

그림 2-33 / 볼-너트형식

4) 피트먼 암(pitman arm)

피트먼 암은 조향핸들의 움직임을 일체차축 방식 조향기구에서는 드래그링크로, 전달하는 것이다.

5) 드래그링크(drag link)

드래그링크는 일체차축 방식 조향기구에서 피트먼 암과 조향너클 암(제3암)을 연결하는 로드이며, 드래그링크는 앞바퀴의 상하운동으로 피트먼 암을 중심으로 한 원호운동을 한다.

6) 타이로드(tie-rod)

타이로드는 조향너클 암의 움직임을 반대쪽의 너클 암으로 전달하여 양쪽 바퀴의 관계를 바르게 유지시킨다. 또 타이로드의 길이를 조정하여 토인(toe-in)을 조정할 수 있다.

7) 조향너클 암(knuckle arm : 제3암)

조향너클 암은 일체차축 방식 조향기구에서 드래그링크의 운동을 조향너클로 전달하는 기구이다.

8) 일체차축 방식의 앞차축

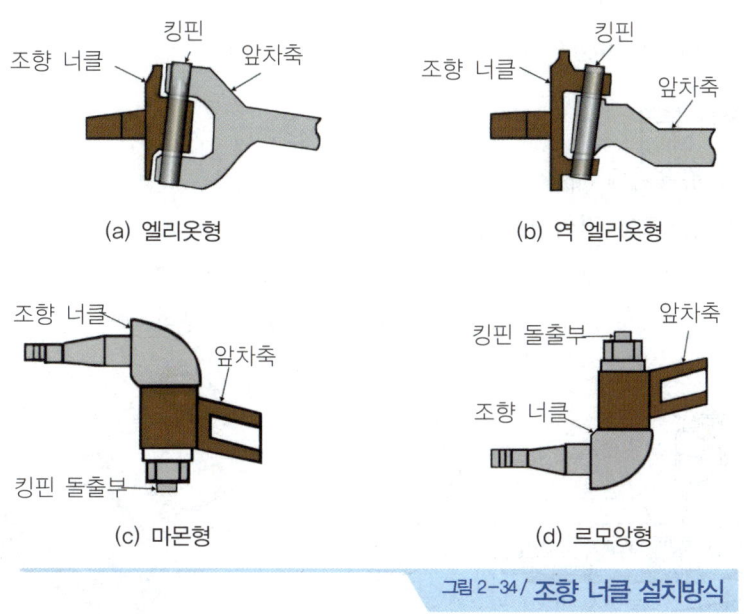

그림 2-34 / 조향 너클 설치방식

① 엘리옷형(elliot type) : 앞차축 양끝 부분이 요크(yoke)로 되어 있으며, 이 요크에 조향너클이 설치되고 킹핀은 조향 너클에 고정된다.
② 역 엘리옷형(revers elliot type) : 조향너클에 요크가 설치된 것이며, 킹핀은 앞차축에 고정되고 조향너클과는 부싱을 사이에 두고 설치된다.
③ 마몬형(marmon type) : 앞차축 윗부분에 조향너클이 설치되며, 킹핀이 아래쪽으로 돌출되어 있다.
④ 르모앙형(lemoine type) : 앞차축 아랫부분에 조향너클이 설치되며, 킹핀이 위쪽으로 돌출되어 있다.

4. 동력조향장치

동력 조향장치는 타이어의 편평화 및 앞바퀴 구동방식으로의 변화 등으로 조향 조작력이 증가함에 따라 이를 경감하기 위해 엔진의 동력으로 오일펌프를 구동하여 유압을 발생시켜 조향핸들에 의해 제어되는 밸브를 통하여 동력실린더로 공급되는 유압통로를 변화시켜 조향

핸들의 조향 조작력을 배력시켜 주는 장치이다.

1) 동력 조향장치의 특징

① 작은 조작력으로 조향이 가능
② 조향기어비를 자유로이 선정
③ 노면으로 부터의 충격으로 인한 조향핸들의 Kick Back(툭치는 현상)을 방지
④ 앞바퀴의 시미(Shimmy;흔들림) 현상을 감소하는 효과

2) 동력조향장치 분류

① 링키지형 : 승용차에 사용

동력 실린더를 조향 링키지 중간에 설치한 형식

㉠ 조합형(combined type) : 동력실린더와 제어밸브가 일체
㉡ 분리형(separate type) : 동력실린더와 제어밸브가 분리

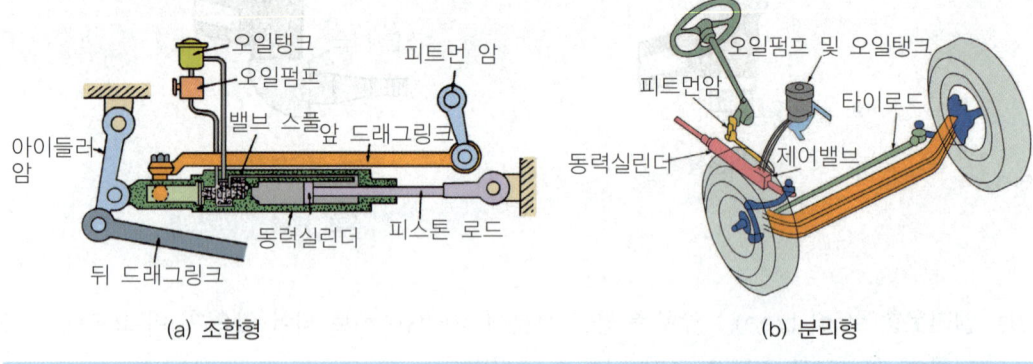

(a) 조합형 (b) 분리형

그림 2-35 / 링키지형 동력조향장치

② 일체형(내장형) : 대형차량

동력실린더를 조향기어 박스 내에 설치한 형식

㉠ 인라인형(in-line type) : 조향 기어박스와 볼 너트를 직접 동력기구로 사용하도록 한 것이며, 조향 기어박스 상부와 하부를 동력실린더로 사용한다.
㉡ 오프셋형(off-set type) : 동력 발생기구를 별도로 설치

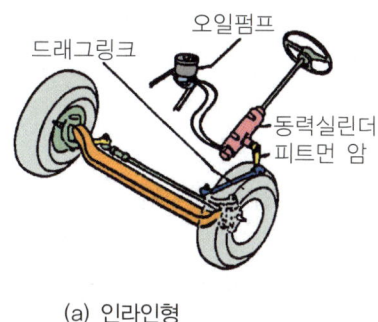
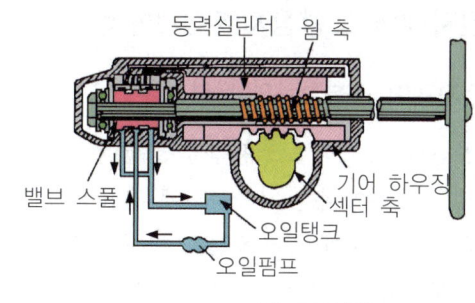

(a) 인라인형　　　　　　　　　　　(b) 오프셋형

그림 2-36 / 일체형 동력조향장치

3) 동력조향장치 주요부

① **작동부(power cylinder)** : 동력실린더에 해당하며, 보조력을 발생하는 부분이다.
② **제어부(control valve)** : 제어밸브에 해당하며, 동력부와 작동부 사이의 오일통로를 제어한다.
　㉠ 안전체크 밸브 : 제어밸브 속에 내장되어 있으며 기관이 정지되었을 때, 오일펌프의 고장 및 회로에서의 오일 유출 등의 원인으로 유압이 발생되지 못할 때 조향핸들의 작동을 수동으로 해줄 수 있는 장치이다.
③ **동력부(power source)** : 오일펌프에 해당하며, 벨트로 구동되며 유압을 발생한다.

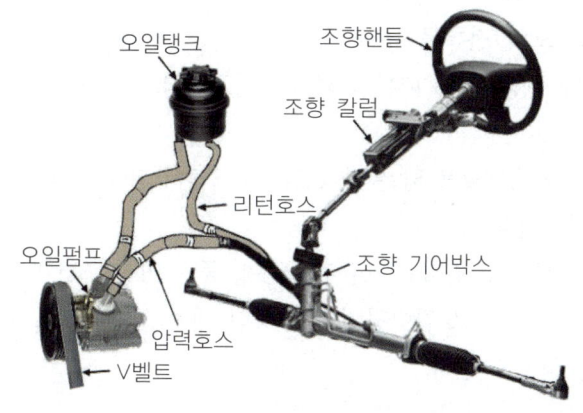

그림 2-37 / 동력조향장치의 구조

5. 전자제어 조향장치(유압제어 방식)

1) 전자제어 조향장치의 특성

① 공전과 저속에서 조향핸들 조작력이 가볍다.
② 중속 이상에서는 차량속도에 감응하여 조향핸들 조작력을 변화시킨다.
③ 급선회 조향에서 추종성을 향상시킨다.
④ 솔레노이드밸브로 스로틀 면적을 변화시켜 오일탱크로 복귀되는 오일량을 제어한다.
⑤ 차속감응 기능, 주차 및 저속주행에서 조향조작력 감소기능, 롤링 억제기능 등이 있다.

2) 전자제어 조향장치의 종류

① **회전수 감응식** : 기관의 회전수에 따라 조향력을 변화시키는 형식이다.
② **차속 감응식** : 자동차의 차속에 따라 조향력을 변화시키는 방식이다.
③ **유량제어식** : 유량을 제어 또는 바이패스에 의해 동력 실린더로 가해지는 유압을 변화시키는 형식이다.
④ **반력 제어식** : 제어밸브의 열림을 직접 조절하여 동력 실린더에 가해지는 유압을 변화시키는 형식이다.

3) 전자제어 조향장치의 구조

① **ECU** : 차속센서, 스로틀위치 센서, 조향핸들 각속도 센서로부터 정보를 입력받아 유량 제어 솔레노이드밸브의 전류를 듀티 제어한다.
② **차속센서** : ECU가 주행속도에 따른 최적의 조향조작력으로 제어할 수 있도록 주행속도를 입력한다.
③ **스로틀위치 센서** : 가속페달을 밟은 양을 검출하여 컴퓨터에 입력시켜 차속센서의 고장을 검출하기 위해 사용된다.
④ **조향핸들 각속도 센서** : 조향각속도를 검출하여, 중속 이상 조건에서 급조향할 때(유량이 적을 때) 조향하는 방향으로 잡아당기는 현상인 캐치 업(catch up)을 방지하여 조향 불안감을 해소하는 역할을 한다.

> **참고**
> 동력조향장치의 오일압력 스위치의 배선이 단선되면 공회전에서 조향핸들을 작동시켰을 때 시동이 꺼지기 쉽다.

6. 전동방식 동력 조향장치

전동방식 동력조향 장치는 자동차의 주행속도에 따라 조향핸들의 조향조작력을 전자제어로 전동기를 구동시켜 주차 또는 저속으로 주행할 때에는 조향조작력을 가볍게 해주고, 고속으로 주행할 때에는 조향조작력을 무겁게 하여 고속주행 안정성을 운전자에게 제공한다.

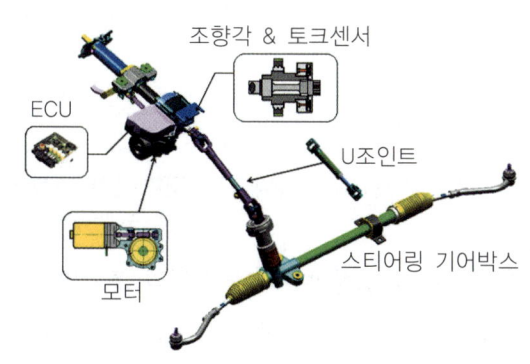

그림 2-38 / 전동형 동력 조향장치의 기본구성

1) 전동방식 동력 조향장치의 장점

① 연료소비율 저감과 낮은 에너지 소모 및 구조가 간단하다.
② 엔진의 가동이 정지된 때에도 조향조작력 증대가 가능하다.
③ 조향특성 튜닝이 쉽다.
④ 엔진룸 레이아웃 설정 및 모듈화가 쉽다.
⑤ 오일 및 유압제어 기구가 없어 환경 친화 및 소음저감 실현이 가능하다.

2) 전동방식 동력 조향장치의 단점

① 전동기의 작동소음이 크고, 설치 자유도가 적다.
② 유압방식에 비하여 복원력 열세로 핸들링이 저하된다.
③ 회전력의 한계로 중·대형 자동차에는 사용이 불가능하다.
④ 조향성능 향상 및 낮은 관성의 전동기 개발이 필요하다.

3) 전동방식 동력 조향장치의 종류

① **칼럼 구동방식** : 전동기를 조향칼럼 축에 설치하고 클러치, 감속기구(웜과 웜기어) 및 조향조작력 센서 등을 통하여 조향조작력 증대를 수행한다.
② **피니언 구동방식** : 전동기를 조향기어의 피니언 축에 설치하여 클러치, 감속기구(웜과 웜기어) 및 조향조작력 센서 등을 통하여 조향조작력 증대를 수행한다.

③ 래크 구동방식 : 전동기를 조향기어의 래크 축에 설치하고 감속기구(볼 너트와 볼 스크루) 및 조향조작력 센서 등을 통하여 조향조작력 증대를 수행한다.

7. 4륜 조향장치(4WS)

4바퀴 조향장치(4wheel steering system)란 일반 자동차에서는 앞바퀴로만 조향하는데 비해 뒷바퀴도 조향작용을 하는 방식을 말한다.

1) 목적

① 저속 주행시에 역위상 조향(앞바퀴의 조향방향과 뒷바퀴의 조향방향이 반대인 조향)을 하여 선회반경을 적게한다.
② 중고속시 동위상 조향(앞바퀴의 조향방향과 뒷바퀴의 조향방향이 동일방향인 조향)을 하여 고속에서의 차선변경과 선회시의 조향 안정성을 향상시킨다.

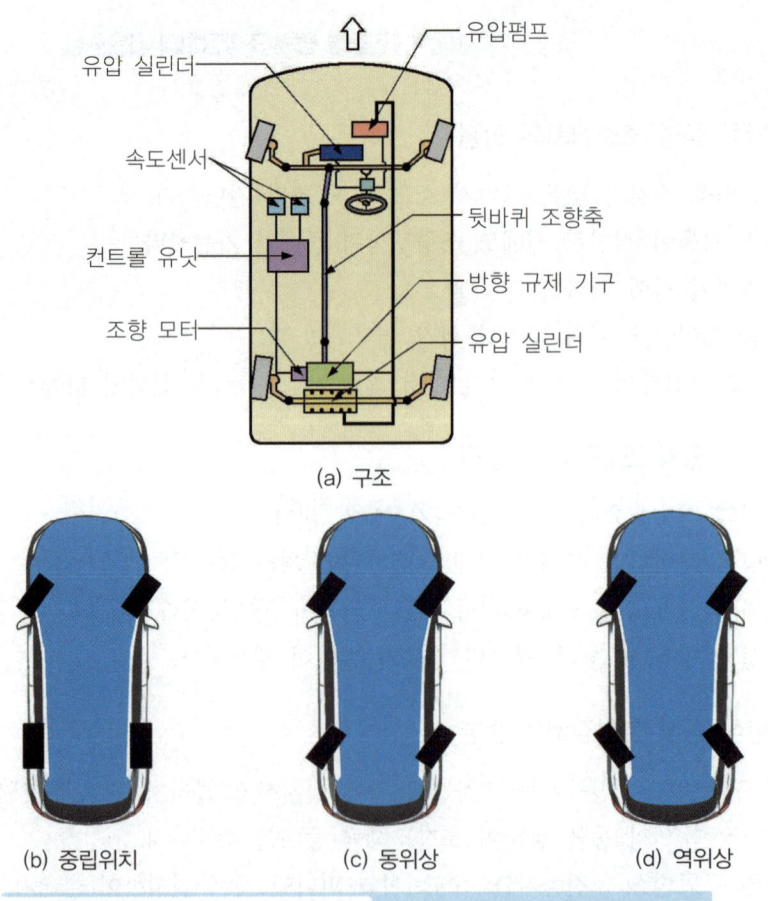

그림 2-39 / 4륜 조향장치의 구조

2) 적용효과

① 고속에서 직진성능이 향상된다.
② 차로(차선)변경이 용이하다.
③ 경쾌한 고속선회가 가능하다.
④ 저속회전에서 최소회전 반지름이 감소한다.
⑤ 주차할 때 일렬 주차가 편리하다.
⑥ 미끄러운 도로를 주행할 때 안정성이 향상된다.

3) 구성

4바퀴 조향장치의 중요한 구성장치는 ECU(컴퓨터), 차속센서, 조향 각도비율 센서, 액추에이터이다. 앞바퀴의 조향 상태를 액추에이터에 연결하고 있기 때문에, ECU에서의 신호에 의해 액추에이터가 작동하면, 뒷바퀴의 조향방향과 조향 양과의 관계를 유지한 상태에서 변경할 수 있다.

3_휠 얼라인먼트

1. 휠 얼라인먼트(wheel alignment)의 개요

자동차의 앞부분을 지지하는 앞바퀴는 어떤 기하학적인 관계를 두고 설치되어 있는데 이와 같은 앞바퀴의 기하학적인 각도 관계를 말하며 캠버, 캐스터, 토인, 조향축(킹핀) 경사각 등이 있다. 그리고 휠 얼라인먼트의 역할은 다음과 같다.

① 조향핸들의 조작을 확실하게 하고 안전성을 준다. - 캐스터의 작용
② 조향핸들에 복원성을 부여한다. - 캐스터와 조향축 경사각의 작용
③ 조향핸들의 조작력을 가볍게 한다. - 캠버와 조향축 경사각의 작용
④ 타이어 마멸을 최소로 한다. - 토인의 작용

2. 앞바퀴 정렬(휠 얼라인먼트)

1) 캠버(camber)

자동차를 앞에서 보면 그 앞바퀴가 수직선에 대해 어떤 각도를 두고 설치되어 있는데 이를 캠버라 하며 그 각도를 캠버 각도라 한다. 캠버 각도는 일반적으로 0.5~1.5° 정도이다. 그리고 바퀴의 윗부분이 바깥쪽으로 기울어진 상태를 정의 캠버(positive camber), 바퀴의 중심선이 수직일 때를 0의 캠버(zero camber) 그리고 바퀴의 윗부분이 안쪽으로 기울어진 상태를 부의 캠버(negative camber)라 한다.

캠버의 역할은 다음과 같다.

① 수직방향 하중에 의한 앞차축의 휨을 방지한다.
② 조향핸들의 조작을 가볍게 한다.
③ 하중을 받았을 때 앞바퀴의 아래쪽(부의 캠버)이 벌어지는 것을 방지한다.

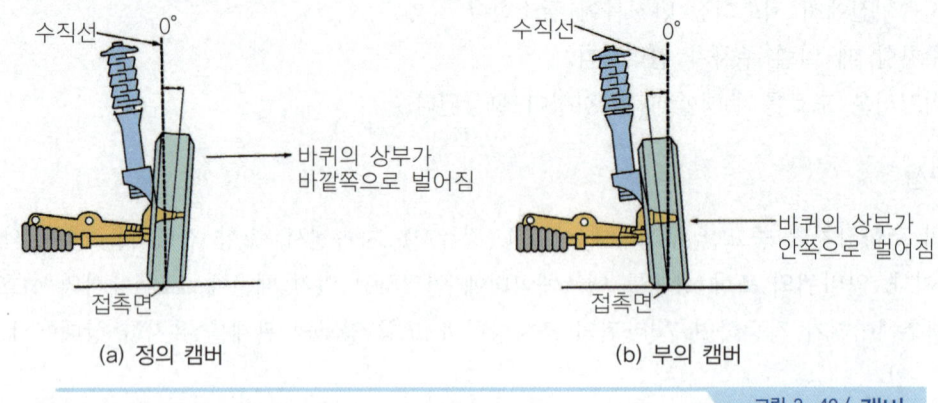

그림 2-40 / **캠버**

2) 캐스터(caster)

자동차의 앞바퀴를 옆에서 보면 조향 너클과 앞 차축을 고정하는 조향축(일체 차축 방식에서는 킹핀)이 수직선과 어떤 각도를 두고 설치되는데 이를 캐스터라 하며 그 각도를 캐스터 각도라 한다. 캐스터 각도는 일반적으로 1~3° 정도이다.

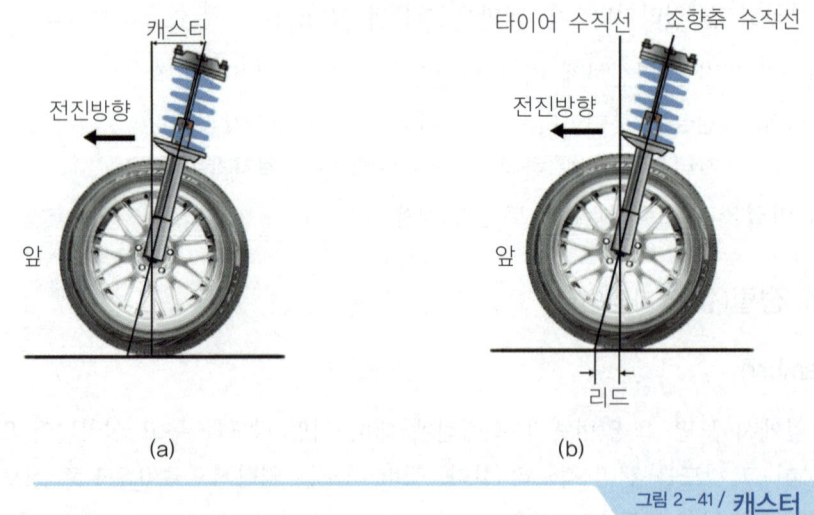

그림 2-41 / **캐스터**

그리고 조향축 윗부분(또는 킹핀)이 자동차의 뒤쪽으로 기울어진 상태를 정의 캐스터, 조향축의 중심선(또는 킹핀)이 수직선과 일치된 상태를 0의 캐스터, 조향축의 윗부분(또는 킹핀)이 앞쪽으로 기울어진 상태를 부의 캐스터라 한다. 캐스터의 역할은 다음과 같다.

① 주행 중 조향 바퀴에 방향성을 부여한다.
② 조향하였을 때 직진방향으로의 복원력을 준다.

킹핀(또는 조향축)의 중심선과 바퀴 중심을 지나는 수직선이 노면과 만나는 거리를 리드 또는 트레일(lead or trail)라고 하며, 이것이 캐스터 효과를 얻게 한다. 캐스터 효과는 정의 캐스터에서만 얻을 수 있으며 주행 중에 직진 성이 없는 자동차는 더욱 정의 캐스터로 수정하여야 한다.

3) 토인(toe-in)

자동차 앞바퀴를 위에서 내려다보면 바퀴 중심선사이의 거리가 앞쪽이 뒤쪽보다 약간 작게 되어 있는데 이것을 토인이라고 하며 일반적으로 2~6㎜ 정도이다. 토인의 역할은 다음과 같다.

① 앞바퀴를 평행하게 회전시킨다.
② 앞바퀴의 사이드 슬립(side slip)과 타이어 마멸을 방지한다.
③ 조향 링키지 마멸에 따라 토 아웃(toe-out)이 되는 것을 방지한다.
④ 토인은 타이로드의 길이로 조정한다.

(a) 토인

(b) 토 아웃

그림 2-42 / **토인과 토 아웃**

4) 조향축 경사각(킹핀 경사각)

자동차를 앞에서 보면 독립 차축방식에서의 위아래 볼 이음(또는 일체 차축방식의 킹핀)의 중심선이 수직에 대하여 어떤 각도를 두고 설치되는데 이를 조향축 경사(또는 킹핀 경사)라고 하며 이 각을 조향축 경사각이라 한다. 조향축 경사각은 일반적으로 7~9° 정도 둔다. 그리고 조향축 경사각의 역할은 다음과 같다.
① 캠버와 함께 조향 핸들의 조작력을 가볍게 한다.
② 캐스터와 함께 앞바퀴에 복원성을 부여한다.
③ 앞바퀴가 시미(shimmy)현상을 일으키지 않도록 한다.

5) 선회할 때의 토 아웃(toe-out on turning)

자동차가 선회할 때 애커먼 장토식의 원리에 따라 모든 바퀴가 동심원을 그리려면 안쪽 바퀴의 조향 각이 바깥쪽 바퀴의 조향 각보다 커야 한다. 즉, 자동차가 선회할 경우에는 토 아웃이 되어야 하며 이 관계는 너클암, 타이로드 및 피트먼 암에 의해 결정된다.

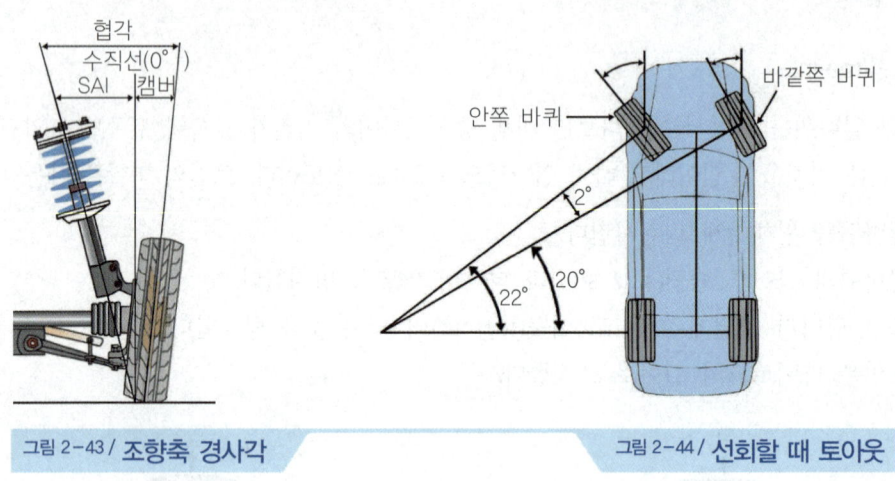

그림 2-43 / 조향축 경사각　　　그림 2-44 / 선회할 때 토아웃

3. 올 휠 얼라인먼트(all wheel alignment)

1) 셋백(set back)

셋백은 앞 뒤 차축의 평행도를 나타내는 것으로 앞 차축과 뒤차축이 완전하게 평행 되는 경우를 셋백 제로라 한다. 그리고 셋백은 뒷차축을 기준으로 하여 앞 차축의 평행도를 각도로 나타낸다. 축간거리의 차이가 발생된 경우에는 조향핸들이 한쪽으로 쏠리는 원인이 된다.

2) 뒷바퀴 정렬(rear wheel alignment)

뒷바퀴의 정렬은 캠버와 토(toe) 각도로 이루어진다. 캠버는 앞바퀴와 공통으로 하여야 하며, 토 각도에 대해서는 4바퀴 조향 자동차를 제외하고는 조향장치를 조작하기 때문에 앞바퀴의 안쪽을 분할하여 좌우에는 각각 독립된 수치가 주어야 한다. 뒷바퀴 얼라인먼트는 자동차의 진행방향을 결정하여 주행 안정성이나 앞바퀴 얼라인먼트에 영향을 미치지 않도록 한다.

3) 차축 오프셋

앞뒤 차축을 평행하도록 하고 차량 중심선에 대하여 차축 중심선을 일치시키지 않고 서로 좌우로 엇갈리게 되어 있는 상태를 차축 오프셋이라 한다. 축간 거리의 차이가 발생된 경우에는 선회할 때 좌우 회전 반지름의 차이가 발생되어 앞지르기를 할 때 영향을 미친다.

4) 스러스트 각도(thrust angle)

자동차 중심선과 바퀴의 진행선이 이루는 각도로 바퀴의 진행선은 뒷바퀴의 진행선은 뒷바퀴의 토인과 토 아웃에 의해서 결정된다. 뒤 좌우 바퀴의 토인과 토 아웃 차이의 크기가 커지는 정도에 따라서 스러스트 각도는 커지며 자동차의 기울기가 진행되는 것을 방지하고 스러스트 각도는 0을 요구할 때만 일반적으로 10° 이하로 설정되어 있다.

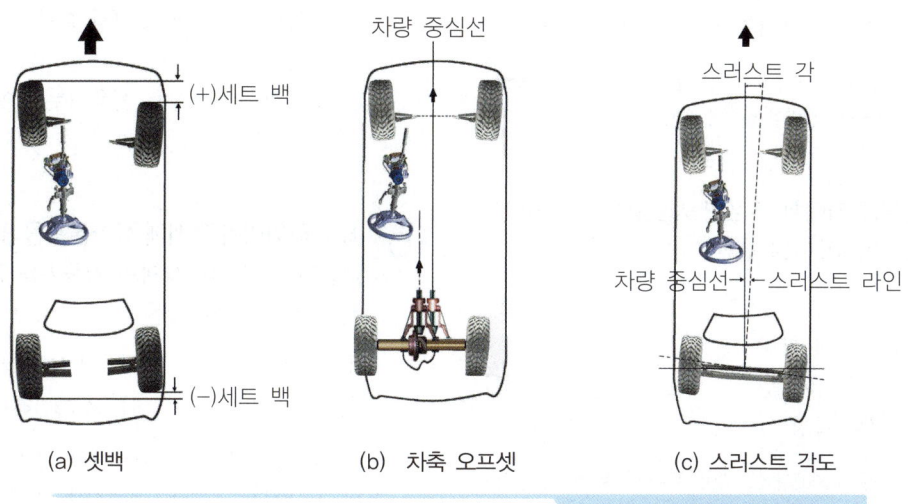

(a) 셋백   (b) 차축 오프셋   (c) 스러스트 각도

그림 2-45 / 올 휠 얼라인먼트

제2절 현가 및 조향장치

 **출제예상문제**

01 현가장치에서 승차감을 위주로 고려할 때의 방법으로 설명이 틀린 것은?
① 스프링 아래 질량은 가벼울수록 좋다.
② 스프링 상수는 낮을수록 좋다.
③ 스프링 위 질량은 가벼울수록 좋다.
④ 스프링 아래의 질량은 클수록 좋다.

풀이 현가장치에서 승차감을 위주로 고려할 때 스프링 아래의 질량이 클수록 승차감은 저하한다.

02 현가장치에서 스프링 시스템이 갖추어야 할 기능이 아닌 것은?
① 승차감
② 원심력 향상
③ 주행 안정성
④ 선회특성

풀이 현가장치에서 스프링이 갖추어야 할 기능은 승차감, 주행 안정성, 선회특성 등이다.

03 차량의 주행 승차감을 개선하기 위한 방법이 아닌 것은?
① 현가장치의 마찰 감소
② 현가장치 장착위치 개선
③ 서스펜션 스트로크량의 축소
④ 스프링 상수나 감쇠계수의 튜닝

04 토션바 스프링에 대한 내용으로 틀린 것은?
① 단위 중량당의 에너지 흡수율이 대단히 크다.
② 스프링의 힘은 바의 길이와 단면적에 의해 결정된다.
③ 진동의 감쇠작용이 커서 쇽업소버를 병용할 필요가 없다.
④ 스프링은 좌·우로 사용되는 것이 구분되어 있다.

05 좌우 타이어가 동시에 상하운동을 할 때는 작용하지 않으며 차체의 기울기를 감소시키는 역할을 하는 것은?
① 토션 바
② 컨트롤 암
③ 쇽업쇼버
④ 스태빌라이저

풀이 스태빌라이저는 독립현가장치에서 사용하는 일종의 토션 바 스프링이며, 자동차가 선회할 때 롤링(rolling)을 작게 하고 빠른 평형상태를 유지시키는 작용을 한다.

06 주행 중 차량에 노면으로부터 전달되는 충격이나 진동을 완화하여 바퀴와 노면과의 밀착을 양호하게 하고 승차감을 향상시키는 완충기구로 짝지어진 것은?
① 코일 스프링, 토션 바, 타이로드
② 코일 스프링, 겹판 스프링, 토션 바
③ 코일 스프링, 겹판 스프링, 프레임
④ 코일 스프링, 너클 스핀들, 스테이빌라이저

01 ④ 02 ② 03 ③ 04 ③ 05 ④ 06 ②

07 다음 중 판 스프링에서 스팬의 길이를 변화시켜 주는 것은?

① 닙(nip)
② 섀클(shackle)
③ 캠버(camber)
④ 아이(eye)

[풀이] 판 스프링에서 스팬의 길이를 변화시켜 주는 것은 섀클(shackle)이다.

08 스프링을 검사할 때 스프링 상수가 10kgf/mm의 코일의 스프링을 400kgf으로 압축하였을 때 몇 mm 압축되었는가?

① 10mm
② 20mm
③ 30mm
④ 40mm

[풀이] $\dfrac{400 kgf}{10 kgf/mm} = 40mm$

09 롤링 또는 선회시 차체의 기울기를 최소로 하는 부품은?

① 스태빌라이저
② 쇽업소버
③ 컨트롤 암
④ 타이로드

10 진동을 흡수하고 진동시간을 단축시키며, 스프링의 부담을 감소시키기 위한 장치는?

① 스태빌라이저
② 공기스프링
③ 쇽업소버
④ 비틀림 막대 스프링

[풀이] 쇽업소버는 도로면에서 발생한 스프링의 진동을 신속하게 흡수하여 승차감각을 향상시키고 동시에 스프링의 피로를 감소시키기 위해 설치하는 기구이다.

11 다음 중 드가르봉식 쇽업쇼버와 관계없는 것은?

① 유압식의 일종으로 프리피스톤을 설치하고 위쪽에 오일이 내장되어 있다.
② 고압질소 가스의 압력은 약 30kgf/cm² 이다.
③ 쇽업소버의 작동이 정지되면 프리 피스톤 아래쪽의 질소가스가 팽창하여 프리 피스톤을 압상시킴으로서 오일실의 오일이 감압한다.
④ 좋지 않은 도로에서 격심한 충격을 받았을 때 캐비테이션에 의한 감쇠력의 차이가 적다.

[풀이] 드가르봉식 쇽업쇼버의 특징은 ①, ②, ④항 이외에 쇽업소버의 작동이 정지되면 프리피스톤 아래쪽의 질소가스가 팽창하여 프리 피스톤을 압상시키므로 오일실의 오일이 가압(加壓)된다.

12 자동차 현가장치에서 트레일링 암 형식에 관한 설명으로 틀린 것은?

① 바퀴의 상·하 운동에 의한 윤거나 캠버의 변화가 없다.
② 차제 양쪽에 주행방향에 수평으로 암을 설치하여 차축을 지지한다.
③ 상·하 컨트롤 암의 길이에 따라 SLA 형식과 평행사변형식이 있다.
④ 스프링 작용은 쇽업소버와 액슬축에 장착된 토션바에 의해 이루어진다.

[풀이] 위시본형식(wishbone type)이 상·하 컨트롤 암의 길이에 따라 SLA형식과 평행사변형식이 있다.

07 ② 08 ④ 09 ① 10 ③ 11 ③ 12 ③

13 자동차용 현가장치에서 드가르봉식 쇽업소버의 특징이 아닌 것은?
① 복동식 쇽업소버보다 구조가 복잡하다.
② 실린더가 하나로 되어 있기 때문에 방열효과가 좋다.
③ 내부에 압력이 걸려있기 때문에 분해하는 것은 위험하다.
④ 장기간 작동되어도 감쇠효과가 저하되지 않는다.

풀이 드가르봉식 쇽업소버의 특징은 ②, ③, ④항 이외에 구조가 간단하다.

14 일체차축 현가방식의 특징이 아닌 것은?
① 선회시 차체의 기울기가 적다.
② 승차감이 좋지 못하다.
③ 구조가 간단하다.
④ 로드홀딩(road holding)이 우수하다.

풀이 일체차축 현가장치의 특징은 ①, ②, ③항 이외에 앞바퀴에 시미가 일어나기 쉽고, 로드홀딩이 좋지 못하다.

15 앞 현가장치의 종류 중에서 일체식 차축 현가장치의 장점을 설명한 것은?
① 차축의 위치를 정하는 링크나 로드가 필요치 않아 부품수가 적고 구조가 간단하다.
② 트램핑 현상이 쉽게 일어날 수 있다.
③ 스프링 질량이 크기 때문에 승차감이 좋지 않다.
④ 앞바퀴에 시미현상이 일어나기 쉽다.

16 현가장치에서 일체식 차축의 종류가 아닌 것은?
① 밴조 액슬 형식
② 위시본 형식
③ 토션빔 형식
④ 트레일링 암 형식

풀이 위시본 형식은 독립 현가장치이다.

17 독립 현가장치의 장점이 아닌 것은?
① 스프링 밑 질량이 작아 승차감이 좋다.
② 바퀴의 구조상 시미를 잘 일으키지 않고 도로 노면과 로드홀딩이 우수하다.
③ 선회시 차체의 기울기가 적다.
④ 스프링의 상수가 작은 것을 사용할 수 있다.

18 독립현가장치 중 SLA형 현가장치에서 코일 스프링의 장착 위치는?
① 위 컨트롤 암과 프레임 사이
② 아래 컨트롤 암과 프레임 사이
③ 아래 컨트롤 암과 위 볼 조인트 사이
④ 아래 컨트롤 암과 위 컨트롤 암 지지대 사이

19 앞 현가장치의 분류 중 독립 현가장치의 장점이 아닌 것은?
① 자동차의 높이를 낮게 할 수 있으므로 안전성이 향상된다.
② 바퀴의 시미(shimmy) 현상이 적고 타이어와 노면의 접지성이 좋아진다.
③ 스프링 하부의 무게가 가벼우므로 승차감이 좋다
④ 차축의 구조가 간단하다.

13 ① 14 ④ 15 ① 16 ② 17 ③ 18 ② 19 ④

20 현가장치 중에서 독립 현가식의 분류에 해당되지 않는 것은?

① 위시본형
② 공기스프링형
③ 맥퍼슨형
④ 멀티링크형

21 위시본식 독립 현가장치의 구조 및 작동에 관한 설명으로 틀린 것은?

① 코일스프링과 쇽업소버를 조합시킨 형식이다.
② 스프링 아랫부분의 중량이 크기 때문에 승차감이 좋다.
③ 로어와 어퍼 컨트롤 암의 길이가 같은 것이 평행사변형식이다.
④ SLA형식(short/long arm type)은 장애물에 의해 바퀴가 들어 올려 지면 캠버가 변한다.

22 맥퍼슨형 현가장치에 대한 설명 중 틀린 것은?

① 위시본형에 비해 구조가 간단하다.
② 스프링 밑 질량이 작아 노면과 접촉이 우수하다.
③ 스러스트가 조향시 회전한다.
④ 위 컨트롤과 아래 컨트롤 암 있다.

풀이 맥퍼슨형 현가장치는 조향장치와 조향너클이 일체로 되어 있으며, 쇽업소버가 들어 있는 스트럿(strut), 볼 조인트, 컨트롤 암, 스프링으로 구성되어 있고, 스러스트가 조향할 때 자유롭게 회전한다. 특징은 다음과 같다.
① 위시본형에 비해 구조가 간단하고 고장이 적으며, 수리가 쉽다.
② 스프링 밑 질량이 작아 노면과 접촉(로드홀딩)이 우수하다.
③ 기관실의 유효체적을 넓게 할 수 있다.
④ 진동흡수율이 커 승차감이 좋다.

23 독립 현가장치에서 기관실의 유효면적을 가장 넓게 할 수 있는 형식은?

① 맥퍼슨 형식
② 위시본 형식
③ 트레일링 암 형식
④ 평행 판스프링 형식

24 하중의 변화에 따라 스프링정수를 자동적으로 조정하며 고유진동수를 일정하게 유지할 수 있는 현가장치의 구성품은?

① 코일스프링
② 판스프링
③ 공기스프링
④ 스태빌라이저

풀이 공기스프링은 공기의 탄성을 이용한 것이며, 다른 스프링에 비해 매우 유연한 탄성을 얻을 수 있고, 또 노면으로부터의 아주 작은 진동도 흡수할 수 있어 승차감이 우수하다.

25 자동차 섀시 스프링 중 스프링 상수가 자동적으로 조정되는 것은?

① 공기 스프링
② 판 스프링
③ 코일 스프링
④ 토션바 스프링

26 공압식 전자제어 현가장치에서 컴프레서에 장착되어 차고를 낮출 때 작동하며, 공기 챔버 내의 압축공기를 대기 중으로 방출시키는 작용을 하는 것은?

① 에어 액추에이터밸브
② 배기 솔레노이드밸브
③ 압력스위치 제어밸브
④ 컴프레서 압력 변환밸브

20 ② 21 ② 22 ④ 23 ① 24 ③ 25 ① 26 ②

27 자동차의 고유진동 현상 중에서 현가장치의 스프링 위 무게 진동현상으로 틀린 것은?

① 휠 트램프   ② 바운싱
③ 롤링   ④ 요잉

28 아래 그림은 어떤 자동차의 뒤차축이다. 스프링 아래 질량의 고유진동 중 X축을 중심으로 회전하는 진동은?

① 트램프   ② 와인드업
③ 죠   ④ 롤링

　풀이 스프링 아래 질량의 고유진동
　① 휠 홉(wheel hop) : 뒤차축이 Z방향의 상하 평행 운동을 하는 진동
　② 트램프(tramp) : 뒤차축이 X축을 중심으로 회전하는 진동
　③ 와인드업(wind up) : 뒤차축이 Y축을 중심으로 회전하는 진동

29 자동차가 고속으로 주행할 때 발생하는 상·하로 떨리는 앞바퀴의 진동 현상은?

① 완더   ② 스쿼트
③ 트램핑   ④ 노스다운

30 일반적으로 주행 중 멀미를 느끼는 진동수는 약 몇 cycle/min인가?

① 45cycle/min 이하
② 45~90cycle/min
③ 90~135cycle/min
④ 135cycle/min 이상

　풀이 진동수와 승차감
　① 걸어가는 경우 : 60~70cycle/min
　② 뛰어가는 경우 : 120~160cycle/min
　③ 양호한 승차감 : 60~120cycle/min
　④ 멀미를 느끼는 경우 : 45cycle/min 이하
　⑤ 딱딱한 느낌의 경우 : 120cycle/min 이상

31 일반적으로 가장 좋은 승차감을 얻을 수 있는 진동수는?

① 10cycle/min 이하
② 10~60cycle/min
③ 60~120cycle/min
④ 120~200cycle/min

32 전자제어 현가장치의 기능과 가장 거리가 먼 것은?

① 킥다운 제어
② 차고조정
③ 스프링 상수와 댐핑력 제어
④ 주행조건 및 노면상태 대응에 따른 제어

33 노면상태, 주행조건, 운전자의 선택상태 등에 의하여 차량의 높이와 스프링 상수 및 감쇠력 변화를 컴퓨터에서 자동으로 조절하는 장치를 무엇이라 하는가?

① 뒤차축 현가장치(IRS)
② 전자제어 현가장치(ECS)
③ 미끄럼 제한 브레이크(ABS)
④ 고에너지 점화장치(HEI)

　풀이 전자제어 현가장치(ECS)는 노면상태, 주행조건, 운전자의 선택상태 등에 의하여 차량의 높이와 스프링 상수 및 감쇠력 변화를 컴퓨터에서 자동으로 조절하는 장치이다.

27 ①　28 ①　29 ③　30 ①　31 ③　32 ①　33 ②

34 전자제어 현가장치의 기능에 대한 설명 중 틀린 것은?

① 급제동을 할 때 노스다운을 방지할 수 있다.
② 급선회 할 때 원심력에 대한 차체의 기울어짐을 방지할 수 있다.
③ 노면으로부터의 차량높이를 조절할 수 있다.
④ 변속단 별 승차감을 제어할 수 있다.

> **풀이** 전자제어 현가장치의 기능
> ① 급선회할 때 앤티롤(anti roll)제어
> ② 급제동할 때 앤티 다이브(anti dive)제어
> ③ 급가속 할 때 앤티 스쿼트(anti squat)제어
> ④ 비포장도로에서의 앤티 바운싱(anti bouncing 제어
> ⑤ 차량의 정지 및 승객의 승하차 할 때 앤티 스쿼트(anti squat)제어
> ⑥ 고속안정성 제어

35 전자제어 현가장치의 작동에 대한 설명으로 틀린 것은?

① 주행 조건에 따라 감쇠력이 변화한다.
② 노면의 상태에 따라 감쇠력이 변화한다.
③ 항상 부드러운 상태로 감쇠력이 조정된다.
④ 댐퍼의 감쇠력을 여러 단계로 설정하여 조정된다.

36 전자제어 현가장치에서 차고센서의 작동원리로 옳은 것은?

① G 센서 방식
② 가변 저항 방식
③ 칼만 와류 방식
④ 앤티 쉐이크 방식

37 ECS(Electronic Control Suspension)의 역할이 아닌 것은?

① 도로 노면상태에 따라 승차감을 조절한다.
② 차량의 급제동시 노스다운(nose down)을 방지한다.
③ 급커브 시 원심력에 의한 차량의 기울어짐을 방지한다.
④ 조향 휠의 복원성을 향상시키고 타이어의 마멸을 방지한다.

38 전자제어 현가장치에 대한 설명으로 틀린 것은?

① 조향각센서는 조향 휠의 조향각도를 감지하여 제어 모듈에 신호를 보낸다.
② 일반적으로 차량의 주행상태를 감지하기 위해서는 최소 3점의 G센서가 필요하며 차량의 상·하 움직임을 판단한다.
③ 차속센서는 차량의 주행속도를 감지하며 앤티 다이브, 앤티 롤, 고속안정성 등을 제어할 때 입력신호로 사용된다.
④ 스로틀 포지션센서는 가속페달의 위치를 감지하여 고속 안정성을 제어할 때 입력신호로 사용된다.

39 전자에어 현가장치에 대한 다음 설명 중 틀린 것은?

① 스프링상수를 가변시킬 수 있다.
② 쇽업소버의 감쇠력 제어가 가능하다.
③ 차체의 자세제어가 가능하다.
④ 고속주행 시 현가특성을 부드럽게 하여 주행안전성이 확보된다.

34 ④ 35 ③ 36 ② 37 ④ 38 ④ 39 ④

40 전자제어 현가장치(ECS)에 대한 설명 중 틀린 것은?

① 안정된 조향성을 준다.
② 차의 승차인원(하중)이 변해도 차는 수평을 유지한다.
③ 차량 정지시 감쇠력을 적게 한다.
④ 고속 주행시 차체의 높이를 낮추어 공기저항을 적게 하고 승차감을 향상시킨다.

41 전자제어 현가장치는 무엇을 변화시켜 주행안정성과 승차감을 향상 시키는가?

① 토인
② 쇽업소버 감쇠계수
③ 윤중
④ 타이어의 접지력

42 전자제어 현가장치(ECS)에 관계되는 구성부품이 아닌 것은?

① 차고센서
② 중력센서
③ 조향 휠 각속도 센서
④ 수온센서

43 전자제어식 현가장치 자동차의 컨트롤 유닛(ECU)에 입력되는 신호가 아닌 것은?

① 홀드 스위치 신호
② 조향핸들 조향각도 신호
③ 스로틀 포지션센서 신호
④ 브레이크 압력스위치 신호

풀이 전자제어 현가장치의 컨트롤 유닛으로 입력되는 신호에는 차속센서, 차고센서, 조향핸들 각속도 센서, 스로틀 포지션 센서, G센서, 전조등 릴레이 신호, 발전기 L단자 신호, 브레이크 압력 스위치 신호, 도어 스위치 신호, 공기압축기 릴레이 신호 등이 있다.

44 전자제어 현가장치의 입력센서로서 적절치 못한 것은?

① 차속 센서
② 차고 센서
③ 자기형 노크센서
④ 조향 휠 각속도 센서

45 전자제어 현가장치(ECS)의 입·출력 요소에서 출력요소에 해당하는 것은?

① 차량의 높이를 감지하는 차고 센서
② 쇼크 업소버의 감쇠력을 변화시키는 액추에이터
③ 주행 중 전조등의 점등을 알려주는 전조등 스위치
④ 제동 시 다이브 제어의 기준 신호가 되는 브레이크 스위치

46 전자제어 현가장치에서 롤 제어 전용 센서로서 차체의 횡가속도와 그 방향을 검출하는 센서는?

① AFS(air flow sensor)
② TPS(throttle position sensor)
③ W센서(weight sensor)
④ G센서(gravity sensor)

풀이 G센서는 자동차가 선회할 때 롤 제어를 하기 위한 전용의 센서이며, ECU로 차체가 기울어진 방향과 기울어진 정도를 검출하여 앤티 롤을 제어할 때 보정신호로 사용한다.

47 전자제어 현가장치 부품 중에서 선회시 차체의 기울어짐 방지와 가장 관계있는 것은?

① 도어 스위치
② 조향 휠 각속도 센서
③ 스톱램프 스위치
④ 헤드램프 릴레이

40 ③ 41 ② 42 ④ 43 ① 44 ③ 45 ② 46 ④ 47 ②

48 전자제어 현가장치에서 차고는 무엇에 의해 제어되는가?

① 공기압력 ② 코일스프링
③ 진공   ④ 특수고무

49 전자제어 현가장치에서 스프링상수 및 감쇠력 제어기능과 차고 높이 조절기능을 하는 것은?

① 압축기 릴레이
② 에어 액추에이터
③ 스트러트 유닛(쇼크 업소버)
④ 배기 솔레노이드 밸브

풀이 전자제어 현가장치는 스트러트 유닛(쇼크 업소버)에서 스프링상수 및 감쇠력 제어기능과 차고 높이 조절을 한다.

50 전자제어 현가장치(E.C.S)의 부품 중 차고 조정 및 HARD/SOFT를 선택할 때 밸브 개폐에 의하여 공기압력을 조정하는 것은?

① 앞 차고센서
② 앞 스트러트
③ 앞 솔레노이드밸브
④ 컴프레서

풀이 전자제어 현가장치에서 차고조정 및 HARD/SOFT를 선택할 때 앞 솔레노이드 밸브로 공기압력을 조정한다.

51 전자제어 현가장치(ECS)의 자세제어 종류가 아닌 것은?

① 다이브 제어(dive)
② 스쿼드 제어(squat)
③ 롤 제어(rolling)
④ 요잉-제어(yawing)

풀이 전자제어 현가장치의 자세제어에는 앤티 스쿼트, 앤티 다이브, 앤티 롤링, 앤티 바운싱, 앤티 세이크 등이 있다.

52 주행 중에 급제동을 하면 차체의 앞쪽이 낮아지고, 뒤쪽이 높아지는 노스다운 현상이 발생하는데, 이것을 제어하는 것은?

① 앤티 다이브 제어
② 앤티 스쿼트 제어
③ 앤티 피칭 제어
④ 앤티 롤링 제어

풀이 앤티 다이브(anti dive)제어는 급제동을 할 때 자동차의 앞쪽이 내려가고, 뒤쪽이 높아지는 것을 방지하는 기능이다. 즉 노스다운(nose down)을 방지하는 제어이다.

53 ECS제어에 필요한 센서와 그 역할로 틀린 것은?

① G센서 : 차체의 각속도를 검출
② 차속센서 : 차량의 주행에 따른 차량속도 검출
③ 차고센서 : 차량의 거동에 따른 차체 높이를 검출
④ 조향 휠 각도센서 : 조향 휠의 현재 조향방향과 각도를 검출

풀이 G센서는 가속도를 측정하는 센서이다.

54 전자제어 현가장치의 제어 중 급 출발시 노즈 업 현상을 방지하는 것은?

① 앤티 다이브제어
② 앤티 스쿼트제어
③ 앤티 피칭제어
④ 앤티 롤링제어

48 ① 49 ③ 50 ③ 51 ④ 52 ① 53 ① 54 ②

55 전자제어 현가장치의 기능에서 앤티 스쿼트 제어(anti squat control)에 대한 설명으로 맞는 것은?

① 요철이나 비포장도로 주행시 차량의 상하운동을 제어하는 것이다.
② 급제동시 차량의 앞쪽이 낮아지는 현상을 제어하는 것이다.
③ 차량이 선회할 때 원심력에 의해 바깥쪽 바퀴는 낮아지고 안쪽바퀴는 높아지는 현상을 제어하는 것이다.
④ 급가속시 차량의 앞쪽이 들리는 현상을 제어하는 것이다.

풀이 앤티 스쿼트(Anti-squat control)제어는 급출발 또는 급가속을 할 때에 차체의 앞쪽은 들리고, 뒤쪽이 낮아지는 노스 업(nose-up)현상을 제어하는 것이다.

56 전자제어 현가장치에서 자동차가 선회할 때 원심력에 의한 차체의 흔들림을 최소로 제어하는 기능은?

① 안티 롤 제어
② 안티 다이브 제어
③ 안티 스쿼트 제어
④ 안티 드라이브 제어

57 전자제어 현가장치에서 앤티-쉐이크(anti-shake)제어를 설명 한 것은?

① 고속으로 주행할 때 차체의 안전성을 유지하기 위해 속업소버의 감쇠력의 폭을 크게 제어한다.
② 승차자가 승/하차 할 경우 하중의 변화에 의한 차체의 흔들림을 방지하기 위해 감쇠력을 딱딱하게 한다.
③ 주행 중 급제동할 때 차체의 무게중심 변화에 대응하여 제어하는 것이다.
④ 차량의 급출발할 때 무게 중심의 변화에 대응하여 제어하는 것이다.

58 전자제어 현가장치(ECS) 중 Active ECS의 효과로 옳은 것은?

① 급 가·감속 시 연료 절약 효과
② 조향 안정성과 승차감 향상 효과
③ 안정된 핸들로 가벼운 조작 효과
④ 부드러운 운전만을 위한 속업쇼버의 효과

59 전자제어 현가장치에서 안티 스쿼트(Anti-squat) 제어의 기준신호로 사용되는 것은?

① G센서 신호
② 프리뷰센서 신호
③ 스로틀 포지션센서 신호
④ 브레이크스위치 신호

60 공압식 전자제어 현가장치에서 저압 및 고압스위치에 대한 설명으로 틀린 것은?

① 고압스위치가 ON되면 컴프레서 구동 조건에 해당된다.
② 고압스위치가 ON되면 리턴펌프가 구동된다.
③ 고압스위치는 고압탱크에 설치된다.
④ 저압스위치는 리턴펌프를 구동하기 위한 스위치이다.

풀이 저압 및 고압스위치에 대한 설명은 ①, ③, ④항 이외에 저압탱크 쪽 압력이 규정 값 이상으로 상승하면 저압스위치가 작동하여 내부의 리턴펌프를 구동한다.

55 ④ 56 ① 57 ② 58 ② 59 ③ 60 ②

61 공압식 전자제어 현가장치에서 컴프레서에 장착되어 차고를 낮출 때 작동하며, 공기 체임버 내의 압축공기를 대기 중으로 방출시키는 작용을 하는 것은?

① 배기 솔레노이드밸브
② 압력스위치 제어밸브
③ 컴프레서 압력변환 밸브
④ 에어 액추에이터 밸브

62 자동차가 현가장치에 이용되고 있는 공기 스프링의 장점이 아닌 것은?

① 하중에 관계없이 차고가 일정하게 유지되어 차체의 기울기가 적다.
② 공기자체가 감쇠성에 의해 고주파 진동을 흡수한다.
③ 하중에 관계없이 고유진동이 거의 일정하게 유지된다.
④ 제동 시 관성력을 흡수하므로 제동거리가 짧아진다.

63 전자제어 에어 서스펜션의 기본 구성품으로 틀린 것은?

① 공기압축기 ② 컨트롤 유닛
③ 마스터 실린더 ④ 공기 저장탱크

64 복합식 전자제어 현가장치에서 고압스위치 역할은?

① 공기압이 규정 값 이하이면 컴프레서를 작동시킨다.
② 자세제어 시 공기를 배출시킨다.
③ 쇽업소버 내의 공기압을 배출시킨다.
④ 제동시나 출발시 공기압을 높여준다.

65 공기스프링의 특징이 아닌 것은?

① 유연성을 비교적 쉽게 얻을 수 있다.
② 약간의 공기누출이 있어도 작동이 간단하며, 구조가 간단하다.
③ 하중이 변해도 자동차 높이를 일정하게 유지할 수 있다.
④ 자동차에 짐을 실을 때나 빈차일 때의 승차감은 별로 달라지지 않는다.

> 풀이 공기스프링의 특징은 ①, ③, ④항 이외에 고유진동을 낮게 할 수 있다. 즉 스프링 효과를 유연하게 할 수 있으며, 공기스프링 그 자체에 감쇠성이 있어 작은 진동을 흡수하는 효과가 있다.

66 공기식 현가장치의 특징이 아닌 것은?

① 구조가 간단하고 정비하기 쉽다.
② 하중에 상관없이 차체의 높이를 항상 일정하게 유지할 수 있다.
③ 하중에 상관없이 스프링의 고유 진동수를 일정하게 유지할 수 있다.
④ 공기 스프링 자체에 감쇠성이 있어 작은 진동을 흡수하는 효과가 있다.

> 풀이 공기식 현가장치는 구조가 복잡하고 정비가 어렵다.

67 고속으로 회전하는 회전체는 그 회전축을 일정하게 유지하려는 성질을 나타내는 효과는?

① 자이로 효과
② NTC 효과
③ 피에조 효과
④ 자기유도 효과

ANSWER 61 ① 62 ④ 63 ③ 64 ① 65 ② 66 ① 67 ①

68 전자제어 현가장치(ECS)에서 목표 차고(車高)와 실제 차고(車高)가 다르더라도 차고(車高) 조정이 이루어지지 않는 경우는?

① 엔진시동 직후
② 주행 중 엔진 정지시
③ 직진 경사로를 주행할 시
④ 커브길 급회전시

> 풀이 목표 차고와 실제 차고가 다르더라도 커브 길을 급선회할 때, 급가속을 할 때, 급제동을 할 때 등에는 차고 조정이 이루어지지 않는다.

69 차체 자세제어장치(VDC, ESP)에서 선회 주행 시 자동차의 비틀림을 검출하는 센서는?

① 차속센서
② 휠 스피드센서
③ 요 레이트센서
④ 조향핸들 각속도센서

70 차체 자세제어장치(VDC, ESC)에 관한 설명으로 틀린 것은?

① 요 레이트센서, G센서 등이 적용되어 있다.
② ABS제어, TCS제어 등의 기능이 포함되어 있다.
③ 자동차의 주행자세를 제어하여 안전성을 확보한다.
④ 뒷바퀴가 원심력에 의해 바깥쪽으로 미끄러질 때 오버 스티어링으로 제어를 한다.

71 차체 자세제어장치의 제어모듈(ECU)로 입력되는 신호가 아닌 것은?

① 과급 압력 센서
② 휠 스피드 센서
③ 가속 페달 위치 센서
④ 마스터 실린더 압력 센서

72 차체자세제어장치(VDC, ESP)의 입력 요소가 아닌 것은?

① PMS 센서
② 요 레이트 센서
③ 조향휠 각속도 센서
④ 마스터 실린더 압력 센서

73 차체 자세제어시스템의 요 모멘트 제어와 관련된 사항으로 틀린 것은?

① 오버스티어링 시에 제어한다.
② 언더스티어링 시에 제어한다.
③ 자기진단기를 이용한 강제구동 시 제어한다.
④ 요 모멘트가 일정값 이상 발생하면 제어한다.

74 차체 자세 제어장치(Vehicle dynamic control system)가 장착된 차량의 제어 종류가 아닌 것은?

① ABS 제어
② 요 모멘트 제어
③ 자동 감속 제어
④ 안티 바운싱 제어

68 ④ 69 ③ 70 ④ 71 ① 72 ① 73 ③ 74 ④

75 차체 자세제어 장치의 주요 제어요소가 아닌 것은?

① 자동감속 제어
② EPB 제어
③ 요 모멘트 제어
④ ABS 제어

풀이 전자제어식 주차 브레이크(EPB)는 제어하지 않는다.

76 차량 자세제어 장치가 주로 제어하는 것은?

① 롤링　　② 피칭
③ 바운싱　④ 요 모멘트

77 지정된 조건에서 자동차를 운행하되 작동 한계상황 등 필요한 경우 운전자의 개입을 요구하는 자율주행시스템은?(단, 자동차 규칙에 의한다.)

① 부분 자율주행시스템
② 조건부 완전자율주행시스템
③ 완전 자율주행시스템
④ 선택적 자율주행시스템

78 자동차용 BCM(Body Control Module)이 일반적으로 제어하지 않는 것은?

① 주행 모드
② 도난 경보 기능
③ 점화 키 홀 조명
④ 파워 윈도우 타이머

풀이 차체 제어 모듈(BCM)은 도어 록, 차임벨 제어, 내/외부 조명, 보안 기능, 와이퍼, 방향 표시등, 전원 관리를 포함한 다양한 차량 기능들을 관리한다.

79 사다리꼴 조향기구(애커먼-장토식)의 주요 기능은?

① 조향력을 증가시킨다.
② 좌우 차륜의 조향각을 다르게 한다.
③ 좌우 차륜의 위치를 나란하게 변화시킨다.
④ 캠버의 변화를 보상한다.

풀이 사다리꼴 조향기구(애커먼-장토식)의 주요 기능은 좌우 차륜(바퀴)의 조향각을 다르게 한다. 즉, 모든 바퀴가 동심원을 그리면서 선회할 수 있도록 한다.

80 선회 시 안쪽 차륜과 바깥쪽 차륜의 조향각 차이를 무엇이라 하는가?

① 애커먼각　　② 토우인각
③ 최소 회전반경　④ 타이어 슬립각

81 조향장치와 관계없는 것은?

① 스티어링 기어　② 피트먼 암
③ 타이로드　　　④ 쇽업쇼버

82 조향장치가 갖추어야 할 일반적인 조건으로 틀린 것은?

① 조향핸들에 주행 중의 충격을 운전자에게 원활히 전달할 것
② 조작하기 쉽고 방향변환이 원활할 것
③ 회전반경이 적절하여 좁은 곳에서도 방향변환을 할 수 있을 것
④ 고속주행에서도 조향핸들이 안정될 것

풀이 조향장치가 갖추어야 할 일반적인 조건은 ②, ③, ④항 이외에
① 조향조작이 주행 중 충격에 영향을 받지 않을 것
② 조향핸들의 회전과 바퀴선회 차이가 적을 것
③ 섀시 및 차체 각 부분에 무리한 힘이 작용되지 않을 것
④ 수명이 길고 다루거나 정비가 쉬울 것

75 ②　76 ④　77 ①　78 ①　79 ②　80 ①　81 ④　82 ①

83 조향장치가 갖추어야 할 조건으로 틀린 것은?
① 회전 반경이 작을 것
② 선회 저항이 적고 선회 후 복원이 좋을 것
③ 조향 휠이 회전과 바퀴의 선회 차가 클 것
④ 조향 조작이 주행 중 충격에 영향을 받지 않을 것

84 조향 휠의 조작을 가볍게 하는 방법이 아닌 것은?
① 조향 기어비를 크게 한다.
② 타이어 공기압을 높인다.
③ 동력 조향장치를 설치한다.
④ 토인을 규정보다 크게 한다.

85 조향 축의 설치각도와 길이를 조정할 수 있는 형식은?
① 틸트 타입
② 텔레스코핑 타입
③ 틸트 앤드 텔레스코핑 타입
④ 랙크기어 타입

풀이 틸트 앤드 텔레스코핑 타입((tilt type & telescoping type)은 조향 축의 설치각도와 길이를 조정할 수 있는 방식이다.

86 조향기어의 운동전달 방식이 아닌 것은?
① 가역식   ② 비가역식
③ 전부동식   ④ 반가역식

87 조향기어의 종류에 속하지 않는 것은?
① 토르센형   ② 볼 너트형
③ 웜 섹터 롤러형 ④ 랙 피니언형

88 다음은 조향 기어에 많이 사용되는 랙 & 피니언(rack and pinion) 형식의 특징을 설명한 것이다. 이에 해당되지 않는 것은?
① 조향 각이 크고 설치공간을 적게 차지한다.
② 조향핸들의 회전운동을 랙크를 이용하여 직접 직선운동으로 바꾼다.
③ 가변 조향 기어비를 가능케 할 수 있다.
④ 소형·경량이며 낮게 설치 할 수 있다.

89 조향장치에서 드래그 링크에 대한 설명으로 옳은 것은?
① 볼 이음과의 접속부가 헐거우면 조향휠의 유격이 크게 된다.
② 드래그 링크의 결합이 불량하면 캠버가 틀어지게 된다.
③ 조향 휠에 유격이 생기는 것을 방지하는 작용을 한다.
④ 드래그 링크에 굽힘이 있으면 조향휠의 유격이 크다.

90 리지드 액슬(rigid axle)을 킹핀(king pin)으로 조향 너클에 설치하는 방식이 아닌 것은?
① 엘리옷형   ② 역르모앙형
③ 르모앙형   ④ 마몬형

풀이 리지드 액슬(rigid axle)을 킹핀(king pin)으로 조향 너클에 설치하는 방식에는 엘리옷형, 역엘리옷형, 르모앙형, 마몬형 등이 있다.

83 ③ 84 ④ 85 ③ 86 ③ 87 ① 88 ① 89 ① 90 ②

91 앞 차축과 조향 너클의 설치방식에 대한 설명으로 옳은 것은?

① 엘리옷형 : 앞차축의 양끝 부분이 요크로 된 형식이며 이 요크에 조향 너클이 끼워지고 킹핀은 조향너클에 고정된다.
② 역 엘리옷형 : 앞차축 윗부분에 조향 너클이 설치되며 킹핀이 아래쪽으로 돌출되어 있다.
③ 마몬형 : 앞차축 아래 부분에 조향 너클이 설치되며 킹핀이 위쪽으로 돌출되어 있다.
④ 르모앙형 : 조향너클에 요크가 설치된 형식이며 킹핀은 앞차축에 고정되고 조향너클과는 부싱을 사이에 두고 있다.

> **풀이** 조향 너클의 설치방식
> ① 엘리옷형(elliot type) : 앞차축 양끝 부분이 요크(yoke)로 되어 있으며, 이 요크에 조향너클이 설치되고 킹핀은 조향 너클에 고정된다.
> ② 역 엘리옷형(revers elliot type) : 조향너클에 요크가 설치된 것이며, 킹핀은 앞차축에 고정되고 조향너클과는 부싱을 사이에 두고 설치된다.
> ③ 마몬형(marmon type) : 앞차축 윗부분에 조향너클이 설치되며, 킹핀이 아래쪽으로 돌출되어 있다.
> ④ 르모앙형(lemoine type) : 앞차축 아랫부분에 조향너클이 설치되며, 킹핀이 위쪽으로 돌출되어 있다.

92 일체식 앞차축의 설명 중 틀린 것은?

① 엘리옷형은 앞차축의 양끝 부분이 요크로 되어있다.
② 역엘리옷형의 킹핀은 차축에 고정된다.
③ 마몬형은 주로 소형차에 사용된다.
④ 르모앙형은 구조상 차축의 높이가 낮아진다.

93 동력조향장치의 장점으로 틀린 것은?

① 작은 조작력으로 조향조작을 할 수 있다.
② 조향 기어비를 조작력에 관계없이 선정할 수 있다.
③ 굴곡이 있는 노면에서의 충격을 흡수하여 조향핸들에 전달되는 것을 방지할 수 있다.
④ 엔진의 동력에 의해 작동되므로 구조가 간단하다.

> **풀이** 동력 조향장치의 장점은 ①, ②, ③항 이외에 앞바퀴의 시미현상을 감쇠하는 효과가 있다.

94 동력조향장치의 기능을 설명한 것 중 맞는 것은?

① 기구학적 구조를 이용하여 작은 조작력으로 큰 조작력을 얻는다.
② 작은 힘으로 조향조작이 가능하다.
③ 바퀴로부터의 충격을 흡수하기 어렵다.
④ 구조가 간단하고 고장시 기계식으로 환원하여 안전하다.

95 유압식 동력 조향장치에서 직진할 경우 유압펌프 내의 피스톤 운동 상태는?

① 동력 피스톤이 왼쪽으로 움직여서 왼쪽으로 조향한다.
② 동력 피스톤이 오른쪽으로 움직여서 오른쪽으로 조향한다.
③ 동력 피스톤은 좌·우실의 유압이 같으므로 정지하고 있다.
④ 동력 피스톤은 리액션 스프링을 압축하여 왼쪽으로 이동한다.

91 ① 92 ④ 93 ④ 94 ② 95 ③

96 동력조향장치의 종류 중 파워 실린더를 스티어링 기어박스 내부에 설치한 형식은?

① 링키지형   ② 인티그럴형
③ 콤바인드형   ④ 세퍼레이터형

🔹 인티그럴형은 조향기어 박스 내부에 동력실린더와 제어밸브가 설치되어 있는 형식이며, 제어밸브가 조향 축에 의해 직접 작동하기 때문에 응답성이 좋다.

97 유압제어식 파워스티어링의 3가지 주요 구성장치로서 맞는 것은?

① 동력장치, 작동장치, 제어장치
② 동력장치, 제어장치, 조향장치
③ 동력장치, 조향장치, 작동장치
④ 동력장치, 링키지장치, 작동장치

🔹 파워스티어링의 3가지 주요 구성장치는 동력장치(오일펌프), 작동장치(동력실린더), 제어장치(제어밸브)이다.

98 속도 감응식 조향장치(SSPS)에서 액추에이터 코일회로가 단선되었을 경우 나타날 수 있는 현상은?

① 일반 파워 스티어링 전환
② 고속에서만 핸들 무거움
③ 저속에서만 핸들 무거움
④ 요철도로 주행 시 이음

🔹 속도 감응식 조향장치(SSPS)에서 액추에이터 코일회로가 단선되면 일반 파워 스티어링 전환된다.

99 전자제어 동력조향장치(EPS)의 특성으로 틀린 것은?

① 공전과 저속에서 조향 휠 조작력이 작다.
② 중속 이상에서는 차량속도에 감응하여 조향 휠 조작력을 변화시킨다.
③ 솔레노이드밸브로 스로틀 면적을 변화시켜 오일탱크로 복귀되는 오일량을 제어한다.
④ 동력 조향장치이므로 조향기어는 필요없다.

🔹 전자제어 동력조향장치는 ECU에 의해 제어되며, 공전과 저속에서 조향핸들의 조작력을 가볍게 하고, 고속주행에서는 조향핸들의 조작력이 무거워지도록 솔레노이드 밸브로 스로틀 면적을 변화시켜 오일탱크로 복귀되는 오일량을 제어한다.

100 전자제어 동력조향장치(electronic power steering system)의 특성에 대한 설명으로 틀린 것은?

① 정지 및 저속시 조작력 경감
② 급 코너 조향시 추종성 향상
③ 노면, 요철 등에 의한 충격흡수 능력의 저하
④ 중고속에서 향상된 조향력 확보

101 전자제어 동력조향장치의 기능이 아닌 것은?

① 차속감응 기능
② 주차 및 저속시 조향력 감소기능
③ 롤링 억제기능
④ 차량부하 기능

96 ② 97 ① 98 ① 99 ④ 100 ③ 101 ④

102 전자제어 동력 조향장치에서 저속으로 주행할 때 운전자의 조향 휠 조작력은?

① 무거워진다.
② 가벼워진다.
③ 조작력과는 상관없다.
④ 항상 일정한 조작력을 얻는다.

103 전자제어 파워 스티어링 중 차속 감응형에 대한 내용으로 틀린 것은?

① 자동차의 속도에 따라 핸들의 무게를 제어한다.
② 저속에서는 가볍고, 중고속에서는 좀 더 무거워 진다.
③ 차속이 증가할수록 파워 피스톤의 압력을 저하시킨다.
④ 스로틀 포지션 센서(TPS)로 차속을 감지한다.

풀이 차속 감응형의 특징은 ①, ②, ③항 이외에 차속센서로 주행속도를 감지한다.

104 차량속도와 기타 조향력에 필요한 정보에 의해 고속과 저속모드에 필요한 유량으로 제어하는 조향장치에 해당되는 것은?

① 전동 펌프식
② 공기 제어식
③ 속도 감응식
④ 유압반력 제어식

풀이 속도 감응방식은 차량속도와 기타 조향조작력에 필요한 정보에 의해 고속과 저속 모드에 필요한 유량으로 제어하는 조향장치이다.

105 일반적인 파워스티어링 장치의 기본 구성부품과 가장 거리가 먼 것은?

① 오일냉각기
② 오일펌프
③ 파워 실린더
④ 컨트롤밸브

106 전자제어 동력조향장치에서 조향 휠의 회전에 따라 동력 실린더에 공급되는 유량을 조절하는 구성부품은?

① 분류밸브
② 컨트롤밸브
③ 동력 피스톤
④ 조향각 센서

풀이 컨트롤밸브는 전자제어 동력조향장치에서 조향 휠의 회전에 따라 동력 실린더에 공급되는 유량을 조절하는 부품이다.

107 전자제어 동력 조향장치에서 다음 주행조건 중 운전자에 의한 조향 휠의 조작력이 가장 작은 것은?

① 40km/h 주행 시
② 80km/h 주행 시
③ 120km/h 주행 시
④ 160km/h 주행 시

108 전자제어 동력조향 장치의 오일펌프에서 공급된 오일을 로터리 밸브와 솔레노이드 밸브로 나누어 공급하는 것은?

① 오리피스
② 토션밸브
③ 동력피스톤
④ 분류밸브

109 자동차 동력 조향장치의 유압회로 내 유압유의 점도가 높을 때 일어나는 현상이 아닌 것은?

① 회로 내 잔압이 낮아진다.
② 유압라인의 열 발생 원인이 된다.
③ 동력손실이 커진다.
④ 관내 마찰손실이 커진다.

102 ② 103 ④ 104 ③ 105 ① 106 ② 107 ① 108 ④ 109 ①

110 동력 조향장치(Power Steering)가 고장이 났을 때 수동조작을 쉽게 하기 위한 밸브는 어느 것인가?

① 압력조절밸브 ② 안전체크밸브
③ 밸브 스풀   ④ 흐름제어밸브

풀이) 안전 체크밸브는 동력조향 장치가 고장이 났을 때 수동조작을 쉽게 하기 위한 밸브이다.

111 전동 모터식 동력 조향장치의 종류가 아닌 것은?

① 칼럼(column) 구동방식
② 인티그럴(integral)구동방식
③ 피니언(pinion)구동방식
④ 래크(rack)구동방식

풀이) 전동 모터방식 동력조향장치의 종류에는 칼럼 구동방식, 피니언 구동방식, 래크 구동방식이 있다.

112 전동식 동력 조향장치의 입력요소 중 조향핸들의 조작력 제어를 위한 신호가 아닌 것은?

① 토크센서 신호 ② 차속센서 신호
③ G센서 신호   ④ 조향각센서 신호

113 전동식 동력 조향장치의 자기진단이 안 될 경우 점검사항으로 틀린 것은?

① CAN 통신 파형 점검
② 컨트롤유닛 측 배터리 전원 측정
③ 컨트롤유닛 측 배터리 접지여부 점검
④ KEY ON상태에서 CAN 종단저항 측정

114 전동식 동력 조향장치(MDPS)의 장점으로 틀린 것은?

① 전동모터 구동 시 큰 전류가 흐른다.
② 엔진의 출력 향상과 연비를 절감할 수 있다.
③ 오일펌프 유압을 이용하지 않아 연결호스가 필요 없다.
④ 시스템 고장 시 경고등을 점등 또는 점멸시켜 운전자에게 알려준다.

115 전동식 조향장치 (MDPS)의 종류 중 칼럼 구동식 조향장치의 장점으로 틀린 것은?

① 조향 특성의 튜닝이 용이하다.
② 토크가 커서 중·대형차에 적용이 가능하다.
③ 에너지 소비가 적으며 구조가 간단하다.
④ 엔진 룸 레이아웃 설정 및 모듈화가 쉽다.

116 전동식 동력 조향장치(Motor Driven Power Steering) 시스템에서 정차 중 핸들 무거움 현상의 발생원인이 아닌 것은?

① MDPS CAN 통신선의 단선
② MDPS 컨트롤 유닛측의 통신 불량
③ MDPS 타이어 공기압 과다 주입
④ MDPS 컨트롤 유닛측 배터리 전원공급 불량

117 유압식과 비교한 전동식 동력 조향장치(MDPS)의 장점으로 틀린 것은?

① 부품수가 적다.
② 연비가 향상된다.
③ 구조가 단순하다.
④ 조향 휠 조작력이 증가한다.

110 ② 111 ② 112 ③ 113 ④ 114 ① 115 ② 116 ③ 117 ④

118. CAN 통신이 적용된 전동식 동력 조향장치(MDPS)에서 EPS경고등이 점등(점멸)될 수 있는 조건으로 틀린 것은?

① 자기진단 시
② 토크센서 불량
③ 컨트롤 모듈측 전원공급 불량
④ 핸들위치가 정위치에서 ±2° 틀어짐

119. 차속 감응형 4륜 조향장치가 2륜 조향장치에 비해 성능을 향상시킬 수 있는 항목으로 가장 적절하지 않은 것은?

① 고속 직진 안정성
② 차선변경 용이성
③ 회소회전반경 단축
④ 코너링 포스 저감

[풀이] 4륜 조향장치의 장점은 ①, ②, ③항 이외에
① 경쾌한 고속선회가 가능하다.
② 일렬주차가 용이하다.
③ 미끄러운 도로를 주행할 때 안정성이 향상된다.

120. 4륜 조향장치(4wheel steering system)의 장점으로 틀린 것은?

① 선회 안정성이 좋다.
② 최소 회전 반경이 크다.
③ 견인력(휠 구동력)이 크다.
④ 미끄러운 노면에서의 주행 안정성이 좋다.

121. 다음 중 4륜 조향장치(4WS)의 적용 효과로 틀린 것은?

① 저속에서 동위상으로 하여 최소 회전 반지름을 감소
② 고속 선회에서 동위상으로 하여 차량의 안전성을 향상
③ 경쾌한 고속 선회 가능
④ 차로 변경이 용이

122. 선회 시 코너링 포스에 영향을 미치는 것으로 거리가 먼 것은?

① 제동능력
② 현가방식
③ 타이어의 분담하중
④ 현가스프링의 롤링 강성

123. 고속주행 시미(shimmy)현상이 발생하는 주요 원인으로 옳은 것은?

① 스프링 정수가 적을 때
② 링키지 연결부가 헐거울 때
③ 타이어의 공기압력이 낮을 때
④ 타이어가 동적 불평형일 때

124. 코너링 포스(cornering force)와 코너링 파워(comering power)에 영향을 주는 요소가 아닌 것은?

① 림의 폭
② 타이어 크기
③ 타이어 회전속도
④ 타이어 수직 하중

118 ④ 119 ④ 120 ② 121 ① 122 ① 123 ④ 124 ③

125. 전륜구동 차량에서 급출발 또는 급가속시 엔진 구동력의 영향으로 조향핸들이 한쪽 방향으로 쏠리는 토크 스티어가 발생하는 원인은?

① 조향핸들 조립 불량
② 엔진 마운트의 강도 저하
③ 전체 타이어의 공기압 과대
④ 드라이브 샤프트 길이와 각도 차이

126. 앞바퀴 얼라인먼트의 작용에 해당되지 않는 것은?

① 조향핸들에 복원성을 준다.
② 타이어의 마멸을 최소화한다.
③ 조종 안전성을 부여하지 않는다.
④ 조향핸들의 조작력을 작게 하여 준다.

풀이 앞바퀴 얼라인먼트의 작용은 ①, ②, ④항 이외에 조종 안전성을 부여한다.

127. 자동차의 앞차륜 정렬요소가 아닌 것은?

① 캠버(camber) ② 캐스터(caster)
③ 트램프(tramp) ④ 토(toe)

풀이 앞차륜 정렬요소에는 캠버, 캐스터, 토인, 킹핀 경사각, 선회할 때의 토 아웃 등이 있다.

128. 자동차의 바퀴에 캠버를 두는 이유로 가장 타당한 것은?

① 회전했을 때 직진방향의 직진성을 주기 위해
② 자동차의 하중으로 인한 앞차축의 휨을 방지하기 위해
③ 조향바퀴에 방향성을 주기 위해
④ 앞바퀴를 평행하게 회전시키기 위해

풀이 캠버는 수직하중에 의한 앞차축의 휨을 방지하고, 조향조작력을 가볍게 하며, 회전 반지름을 작게 한다.

129. 캠버에 대한 설명으로 맞는 것은?

① 자동차를 뒷면에서 보았을 때 수평선에 대하여 바퀴의 중심선이 경사되어 있는 것을 말한다.
② 자동차를 앞면에서 보았을 때 수직선에 대하여 바퀴의 중심선이 경사되어 있는 것을 말한다.
③ 자동차를 옆면에서 보았을 때 수직선에 대하여 바퀴의 중심선이 경사되어 있는 것을 말한다.
④ 자동차를 앞면에서 보았을 때 수평선에 대하여 바퀴의 중심선이 경사되어 있는 것을 말한다.

130. 자동차에서 캠버(camber)를 설치하는 가장 중요한 목적은?

① 수직 하중에 의한 차축의 휨을 방지한다.
② 차량주행의 직진성을 월등히 상승시킨다.
③ 타이어 교환 시 원활한 탈착이 가능하게 한다.
④ 조향 핸들의 조작을 무겁게 하여 주행 안정성을 부여한다.

131. 캠버의 조정방법으로 맞지 않는 것은?

① 타이로드 길이로 조정한다.
② 심으로 조정한다.
③ 편심 캠으로 조정한다.
④ 캠버 볼트로 조정한다.

풀이 타이로드 길이로 토인을 조정한다.

125 ④ 126 ③ 127 ③ 128 ② 129 ② 130 ① 131 ①

132 차륜 정렬작업을 위한 예비점검 내용으로 틀린 것은?

① 타이어의 공기압을 점검한다.
② 현가장치의 절손 상태를 점검한다.
③ 등속 조인트가 마모 여부를 점검한다.
④ 브레이크 밟지 않은 상태에서 디스크와 라이닝에 제동현상이 일어나는지를 점검한다.

133 자동차를 옆에서 보았을 때, 킹핀의 중심선이 노면에 수직인 직선에 대하여 어느 한쪽으로 기울어져 있는 상태는?

① 캐스터
② 캠버
③ 셋백
④ 토인

풀이 캐스터는 자동차를 옆에서 보았을 때, 킹핀의 중심선이 노면에 수직인 직선에 대하여 어느 한쪽으로 기울어져 있는 상태를 말한다.

134 캐스터에 의한 효과를 설명한 것 중 틀리는 것은?

① 정의 캐스터를 갖는 자동차는 선회할 때 차체운동에 의한 바퀴 복원력 발생
② 캐스터에 의해 바퀴가 추종성(追從性)을 갖게 된다.
③ 부(負)의 캐스터를 갖는 자동차는 주행 중 조향핸들이 급선회하기 쉬운 경향이 있다.
④ 정(正)의 캐스터를 갖는 자동차는 조향핸들을 풀 때 직진위치에서 멎지 않고 지나치게 되어 바퀴가 흔들리게 된다.

풀이 캐스터 효과는 ①, ②, ③항 이외에 부(負)의 캐스터를 갖는 자동차는 조향핸들을 풀 때 직진위치에서 정지하지 않고 지나치게 되어 바퀴가 흔들리게 된다.

135 캐스터에 대한 설명으로 틀린 것은?

① 주행 중 조향 바퀴에 방향성을 부여한다.
② 조향된 바퀴를 직진 방향이 되도록 복원력을 준다.
③ 좌·우 바퀴의 캐스터가 다른 경우 차량의 쏠림이 발생한다.
④ 동일 차축에서 한 쪽 차륜이 반대 쪽 차륜보다 앞 또는 뒤로 처져있는 정도이다.

136 앞바퀴 얼라인먼트 요소에 대한 설명으로 가장 거리가 먼 것은?

① 캠버는 조향핸들의 조작을 가볍게 한다.
② 캠버는 수직 방향의 하중에 의한 앞차축의 휨을 방지한다.
③ 캐스터는 주행 중 조향바퀴에 방향성을 준다.
④ 캐스터는 좌·우 앞바퀴를 평행하게 회전시킨다.

풀이 캐스터는 주행 중 조향바퀴에 방향성 및 복원성을 준다.

137 휠 얼라인먼트 요소에 대한 설명으로 틀린 것은?

① 토인은 앞바퀴의 사이드슬립을 방지한다.
② 캐스터는 주행 시 바퀴의 방향성과 조향 시 복원력을 부여한다.
③ 부(-)의 캐스터는 후륜구동 차량에 주로 적용하며, 선회시 복원력이 증대된다.
④ 킹핀의 연장선과 캠버의 연장선이 지면에서 만나는 거리에 따라 조향 조작력의 크기가 달라진다.

132 ③ 133 ① 134 ④ 135 ④ 136 ④ 137 ③

138 자동차 앞바퀴 정렬의 요소에 대한 설명 중 틀린 것은?
① 캐스터는 앞바퀴를 평행하게 회전시킨다.
② 캠버는 조향휠의 조작을 가볍게 한다.
③ 킹핀경사각은 조향휠의 복원력을 준다.
④ 토인은 캠버에 의해 토 아웃이 되는 것을 방지한다.

풀이 앞바퀴를 평행하게 회전시키는 요소는 토인이다.

139 차륜 정렬에 관한 내용으로 틀린 것은?
① 킹핀경사각이 커지면 캠버는 작아진다.
② 좌·우 바퀴의 캠버가 다르면 핸들이 한쪽으로 쏠린다.
③ 앞바퀴 베어링이 마모되면 조향핸들의 유격이 커진다.
④ 최대 조향각도는 캐스터 각으로 조정한다.

140 토인에 대한 설명으로 틀린 것은?
① 차가 달릴 때 캠버로 인해 바퀴가 앞쪽이 안쪽으로 좁혀지는 것을 방지한다.
② 토인의 측정 단위는 ㎜이다.
③ 앞바퀴를 위에서 보면 양쪽바퀴 중심선 간의 거리가 그 앞쪽이 뒤쪽보다 작다.
④ 토인은 일반적으로 2~7㎜이다.

141 차륜정렬에서 정의 캠버를 주면 바퀴는 바깥쪽으로 나가게 된다. 이때 바퀴를 직진방향으로 진행하게 하는 앞바퀴 정렬은?
① 토인　　　　② 캠버
③ 캐스터　　　④ 킹핀 경사각

142 앞바퀴 얼라인먼트의 요소 중 토인의 필요성과 가장 거리가 먼 것은?
① 바퀴가 옆 방향으로 미끄러지는 것과 타이어 마멸을 방지한다.
② 앞바퀴를 차량중심선 상으로 평행하게 회전시킨다.
③ 조향 후 직진방향으로 되돌아오는 복원력을 준다.
④ 조향 링키지의 마멸에 의해 토 아웃이 되는 것을 방지한다.

143 스러스트 각에 대한 설명으로 틀린 것은?
① 스러스트 각이 크면 좌우 선회 시 오버스티어링 현상만 발생한다.
② 스러스트 각은 뒷바퀴가 정렬에서 벗어난 상태의 각을 확인하기 위한 것이다.
③ 스러스트 각이 크면 바퀴의 궤적이 다르게 통과되어 운전감각이 흐트러진다.
④ 자동차의 기하학적 중심선과 뒷바퀴의 추진선이 이루는 각도를 의미한다.

144 차륜정렬에서 셋백(set back)의 정의로 옳은 것은?
① 동일차축에서 한쪽 차륜이 반대쪽 차륜보다 앞 또는 뒤로 처져 있는 정도
② 자동차를 옆에서 보았을 때 수직선에 대하여 타이어를 회전시키는 조향축이 이루는 각
③ 자동차를 앞에서 보았을 때 수직선에 대해서 바퀴의 상부가 안쪽이나 바깥쪽으로 기울어진 각도
④ 바퀴를 위에서 보았을 때 차의 앞부분에 서의 타이어 중심거리와 뒷부분과의 중심 거리의 차

138 ① 139 ④ 140 ① 141 ① 142 ③ 143 ① 144 ①

제3절 제동장치

1_제동장치의 개요

1. 제동장치의 정의

주행 중의 자동차를 감속 또는 정지시킴과 동시에 주차상태를 유지하기 위하여 사용되는 중요한 장치

2. 제동장치의 구비조건

① 최고 속도와 차량 중량에 대하여 충분한 제동 작용을 할 것
② 제동작용이 확실하고, 점검·조정이 용이할 것
③ 신뢰성이 높고, 내구력이 클 것
④ 조작이 간단하고 운전자에게 피로감을 주지 않을 것
⑤ 브레이크를 작동시키지 않을 때에는 각 바퀴의 회전이 전혀 방해되지 않을 것

2_유압식 브레이크

1. 유압식 브레이크의 개요

파스칼의 원리를 응용
① **장점** : 제동력이 모든 바퀴에 균일하게 전달되며, 마찰손실이 적고, 조작력이 작아도 된다.
② **단점** : 오일 파이프 등이 파손되어 오일이 누출되는 경우 브레이크 기능을 상실

2. 유압식 브레이크의 구조 및 작용

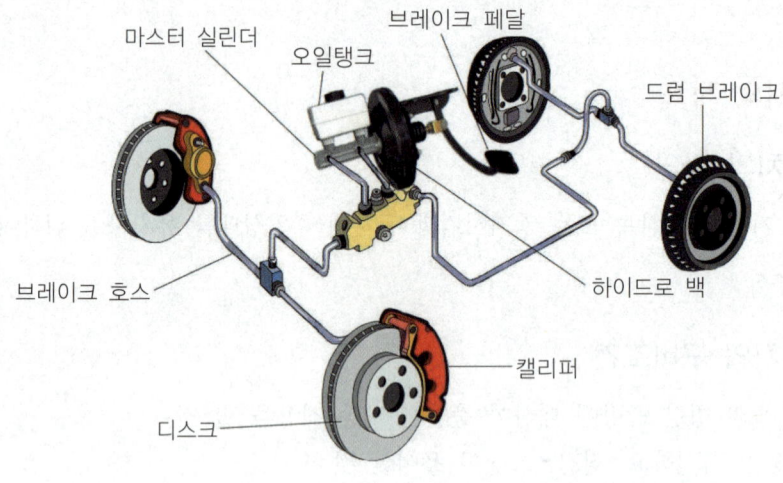

그림 2-46 / 유압식 브레이크

1) 마스터 실린더(master cylinder)

브레이크 페달을 밟아 유압을 발생시키는 부분으로 오일저장탱크, 마스터 실린더 몸체(피스톤, 피스톤 컵, 피스톤 컵 스페이서, 피스톤 스프링, 체크밸브 등)

> **참고**
>
> **잔압(residual pressure)**
>
> 피스톤 리턴 스프링이 항상 체크밸브를 밀고 있으므로 회로 내에는 어느 정도 압력이 남게 되는 것으로 보통 0.6~0.8kgf/cm² 정도이다. 잔압을 두는 이유는 다음과 같다.
> ① 브레이크 작동 지연방지
> ② 회로 내에 공기 유입방지
> ③ 휠 실린더 내에서의 오일 누출방지

2) 휠 실린더(wheel cylinder)

마스터 실린더에서 온 유압으로 브레이크 슈를 드럼에 압착시키는 기구

3) 브레이크 라인

① 녹과 부식을 방지하기 위해 방청처리를 한 강 파이프가 사용
② 차축이나 바퀴 등에 연결하는 것으로 플렉시블 호스를 사용

3_드럼식 브레이크

1. 드럼식 브레이크의 구조

그림 2-47 / 드럼식 브레이크의 구조

> **참고**
> **탠덤 마스터 실린더**
> 오일 누출시 브레이크가 작동되지 않는 것을 방지하기 위해 앞, 뒷바퀴가 별개로 작동하도록 만든 것

2. 브레이크 드럼(brake drum)

원통형 마찰부를 가지고 휠과 같이 회전, 라이닝과 마찰에 의하여 제동력을 발생, 정적, 동적평행이 되고, 라이닝이 압착되어도 변형되지 않아야 하며, 내마멸성과 방열성이 좋아야 한다.

3. 브레이크 슈와 브레이크 라이닝

① 휠 실린더의 피스톤에 의해 드럼과 접촉하여 제동력을 발생
② 슈의 재질 : 주철이나 가단주철
③ 리턴 스프링 : 마스터 실린더의 유압이 해제되었을 때 슈가 원위치로 복귀
④ 홀드다운 스프링 : 슈가 알맞은 위치에 유지되도록 한다.

1) 라이닝의 구비조건

① 내열성이 크고, 페이드(fade) 현상이 없을 것
② 기계적 강도 및 내마모성이 클 것
③ 온도의 변화, 물 등에 의해 마찰계수 변화가 적을 것

2) 페이드(fade)현상

브레이크 조작을 반복적으로 계속하면 드럼과 슈의 마찰열이 축적되어 제동력이 감소되는 현상

① 원인 : 드럼과 슈의 열팽창과 라이닝의 마찰계수 저하
② 페이드현상 방지책
  ㉠ 드럼은 방열성을 크게 하고, 열팽창율이 적은 형상으로 제작
  ㉡ 드럼은 열팽창율이 적은 재질을 사용
  ㉢ 온도 상승에 따른 마찰계수 변화가 적은 라이닝을 사용

3) 베이퍼 록(vapor lock)현상

브레이크 회로 내에 브레이크 오일이 비등, 기화하여 증발되어 오일의 압력 전달작용이 불가능하게 되는 현상으로 원인은 다음과 같다.

① 긴 내리막길에서 과도한 브레이크 사용시
② 드럼과 라이닝의 끌림에 의한 가열
③ 마스터 실린더, 브레이크 슈 리턴 스프링 쇠손에 의한 잔압의 저하
④ 불량한 브레이크 오일사용
⑤ 브레이크 오일의 변질에 의한 비점의 저하

4. 배킹 플레이트

휠 실린더나 브레이크 슈가 설치되는 판, 큰 제동력이 걸리므로 두꺼운 강판으로 제작

5. 드럼식 브레이크의 작동

1) 분류

① 리딩 트레일링 슈식(leading trailing shoe type)
  ㉠ 가장 기본적인 형식
  ㉡ 종류 : 앵커 핀식, 앵커 고정식, 플로팅식
  ㉢ 앞쪽의 슈를 리딩슈, 뒤쪽의 슈를 트레일링 슈라 한다.
  ㉣ 앵커핀 형식은 전진시는 앞쪽의 슈만이, 후진시는 뒤쪽의 슈만이 자기작동 작용을 한다.

> **참고**
> **자기작동**
> 브레이크 작동시 슈가 드럼을 강하게 압박해 제동력을 증가시키는 작용

② 자기 서보형(self servo type)

휠 실린더의 힘보다 더 큰 힘으로 드럼을 압착하는 것으로, 배력작용을 응용한 것

③ 유니 서보형

㉠ 전진 제동시 2개의 슈가 모두 리딩슈로 제동력이 커진다.

㉡ 후진 제동시는 2개의 슈 모두가 트레일링 슈가 되어 제동력이 작아진다.

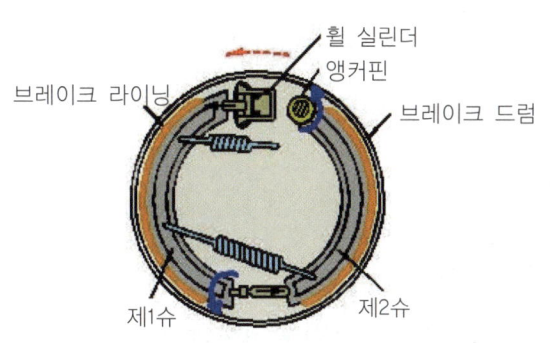

그림 2-48 / 유니 서보형

④ 듀어 서보형

전·후진 모두 자기작동 작용이 되도록 하여 강력한 제동력을 얻도록 하는 형식.

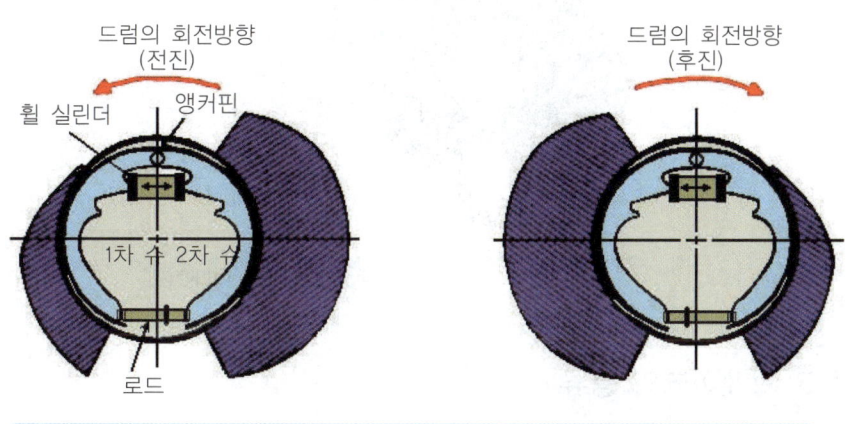

그림 2-49 / 듀어 서보형

⑤ 2리딩형(two leading type)

2개의 휠 실린더를 사용하여 2개의 슈가 모두 리딩 슈가 되도록 한 것

㉠ 단동 2리딩 슈형 : 전진시에 두 개 슈 모두 리딩 슈로서 작용하나, 후진시에는 모두 트레일링 슈가 되어 제동력이 전진시에 비해 1/3로 감소한다.

㉡ 복동 2리딩 슈형 : 드럼의 회전방향에 따라 고정측이 바퀴에 전·후진 모두 리딩 슈로서 작동하게 된다.

6. 자동 조정장치

브레이크 라이닝이 마멸되면 슈와 드럼 사이의 틈새가 커지는데 이를 자동으로 틈새를 조정하는 장치
① 2리딩 슈 형식 : 풋 브레이크를 작동시키면 조정
② 듀오 서보형식 : 후진시 제동에 의해 조정
③ 리딩 트레일링 슈형식 : 주차 및 풋 브레이크를 작동시키면 일반적으로 풋 브레이크를 작동시킬 때 조정

4_디스크 브레이크

1. 디스크 브레이크의 개요

드럼 대신에 바퀴와 함께 회전하는 디스크를 유압에 의해 작동하는 패드(Pad)를 양쪽에서 압착하여 마찰력으로 제동하는 것

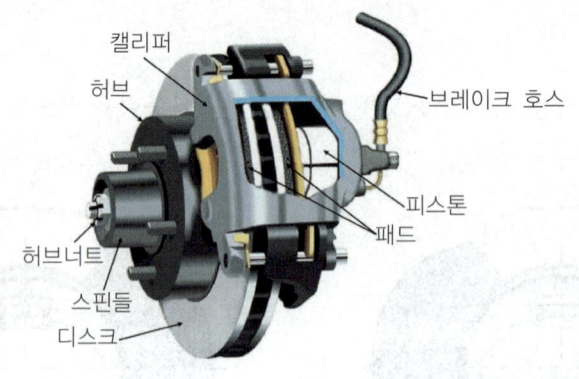

그림 2-50 / 디스크 브레이크

2. 디스크 브레이크의 종류

1) 고정 캘리퍼형

캘리퍼에 실린더를 2개 설치하여 디스크 양쪽에서 패드를 압착시켜 제동력을 발생
① 단점 : 방열이 좋지 않아 베이퍼 록을 일으킬 수 있다.

2) 부동 캘리퍼형

캘리퍼 한쪽에만 실린더를 설치하여 제동시 유압이 작동되면 피스톤이 패드를 압착하고, 그 반력으로 캘리퍼 전체가 좌우로 움직여 반대쪽의 패드도 디스크에 압착되어 제동력을 발

생하며, 구조 간단, 경량으로 소형 차량에 많이 사용

3. 디스크 브레이크의 구조

① **디스크(disk)** : 바퀴와 함께 회전하여 양면에 작용하는 패드에 의해 제동되는 부분, 특수 주철로 제조
② **캘리퍼(caliper)** : 지지 브래킷에 의해 너클 스핀들에 고정되어 있고, 양쪽에 실린더가 설치
③ 브레이크 실린더와 피스톤
④ **패드(Pad)** : 석면과 레진을 혼합하여 소결한 것

4. 디스크 브레이크의 장·단점

1) 장점

① 디스크가 대기 중에 노출되어 방열성이 양호
② 페이드현상이 방지되어 제동성능이 안정
③ 자기작동 작용이 없으므로 좌우 바퀴의 제동력이 안정되어 제동시 한쪽만 제동되는 일이 적다.
④ 물이나 진흙 등이 묻어도 디스크로부터 이탈이 용이하다.
⑤ 디스크가 열에 의해 거의 변형되지 않으므로 브레이크 페달을 밟는 거리의 변화가 적다.
⑥ 점검 및 조정이 용이하고 간단하다.

2) 단점

① 마찰 면적이 작으므로 패드를 미는 힘이 커야 한다.
② 패드를 강도가 큰 재료로 제작
③ 브레이크 페달을 밟는 힘이 커야 한다.
④ 구조상 고가

5_진공 배력식 브레이크

유압 브레이크의 제동력을 더욱 강하게 보조하는 기구이다.
① **진공식 배력장치** : 진공과 대기압과의 차압을 이용하는 형식, 가솔린차, 진공펌프 붙임 디젤차
② **압축공기식 배력장치** : 압축공기 압력을 이용하는 형식, 공기압축기 붙임 디젤차

6_공기 브레이크

1. 공기 브레이크의 개요

기관으로부터 공기압축기를 구동하여 발생한 압축공기(5~7kgf/cm²)를 이용하는 방식

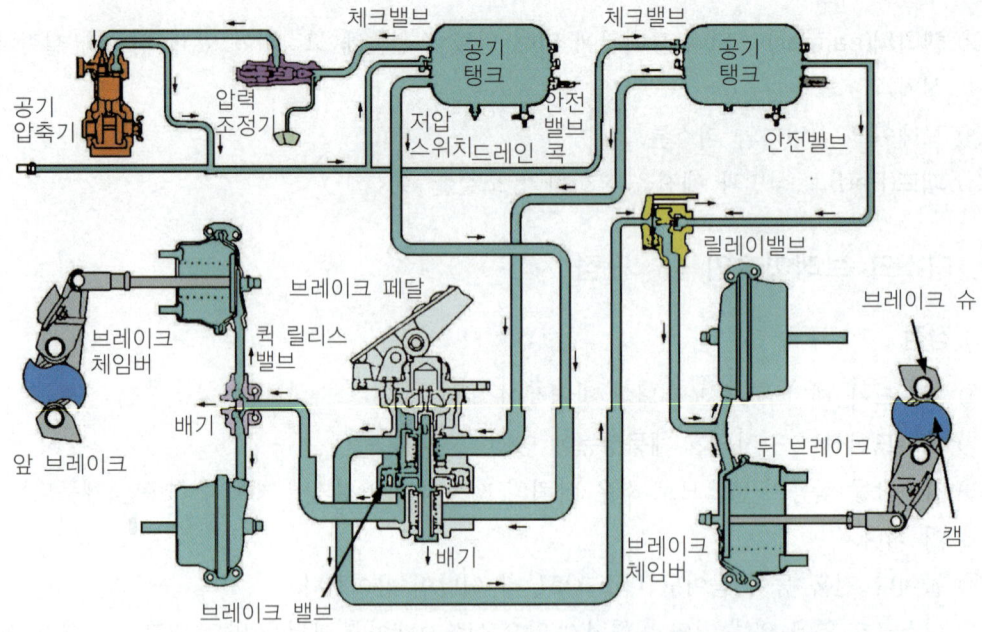

그림 2-51 / 공기 브레이크장치의 계통도

2. 공기 브레이크의 구성

① **압력 조정기** : 공기 저장탱크 내의 압력을 일정한 압력(5~7kgf/cm²)으로 유지
② **릴레이밸브** : 브레이크의 작동 및 해제
③ **슬랙 조정기** : 브레이크 슈와 드럼사이의 간극 조정장치
④ **브레이크밸브** : 공기탱크에서 브레이크 쳄버로 공급하는 압축공기를 조절, 제동력 증감
⑤ **언로더밸브** : 공기탱크 내의 압력이 5~7kgf/cm²가 되면 공기압축기의 압축작용을 정지시킴
⑥ **브레이크 쳄버** : 압축공기의 압력을 기계적인 왕복운동으로 변환

3. 공기브레이크의 특징

① 제동력이 브레이크 페달을 밟는 양에 비례하기 때문에 조작이 용이
② 공기를 사용하여 베이퍼록이 없다.

③ 공기가 약간 누출되어도 제동 성능이 현저하게 저하되지 않는다.
④ 차량의 중량이 커도 사용가능
⑤ 압축공기의 압력을 높이면 더 큰 제동력을 얻을 수 있다.

7_감속 브레이크(보조(제 3)브레이크)

차량의 대형화·고속화에 따라 마찰 브레이크를 보호하고, 한층 제동효과를 높여서 긴 경사로를 내려갈 때나 고속 주행에서 감속하기 위해 사용
① **종류** : 배기 브레이크(엔진 브레이크), 와전류 브레이크, 하이드롤릭 브레이크

8_ABS(anti-lock brake system)

1. ABS의 개요

제동시 감속도에 따른 차체 하중변화 및 마찰력 감소와 방향성 상실 등의 제동 성능 저하를 방지하기 위해 앞, 뒤, 좌, 우의 제동력을 균일하게 유지해 주는 장치

2. 전자제어식 ABS장치

급제동시 또는 미끄러지기 쉬운 노면에서 제동할 때 브레이크의 유압을 ECU에 의해 컨트롤하여 조종성 확보, 정지거리를 단축하는 장치

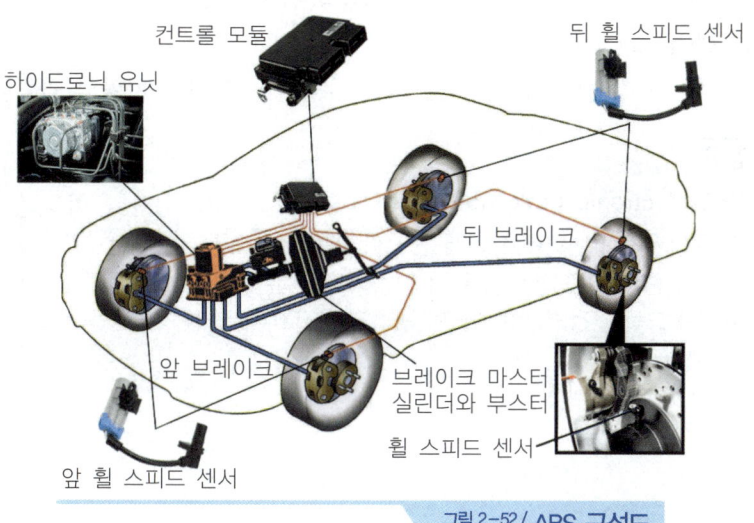

그림 2-52 / ABS 구성도

1) ABS의 특징

① 바퀴 고착으로 인한 조향능력 상실방지
② 선회시 바퀴의 미끄러짐 방지
③ 제동시 차의 직진성 유지
④ 제동거리 단축
⑤ 미끄러운 노면에서의 차체 스핀 방지

2) ABS장치의 구성

① 속도센서(wheel speed sensor)
　㉠ 각 바퀴의 회전속도를 감지하여 ECU로 입력시켜 주는 센서
　㉡ 톤 휠의 각 이빨이 센서에 접근하면 영구자석 주위의 자력선 변화를 이용하여 각 바퀴의 속도를 감지
　㉢ 폴 피스와 로터사이의 간극 : 0.3~0.9㎜

② 전자제어 유닛(ECU)
　휠 속도 센서와 브레이크 스위치에서 입력신호를 받아 각 휠의 제동상태를 감지하여, 모듈레이터 신호를 보내 적절히 브레이크 압력을 조절
　㉠ 입력장치 : 4개의 속도센서, 브레이크 스위치, 자기진단 입력 기능
　㉡ 출력장치 : 6개의 솔레노이드밸브, ABS 경고등 및 릴레이, 모터 릴레이 등

③ 모듈레이터
　프로 포셔닝밸브, 체크밸브, 솔레노이드밸브, 리저브 펌프, 어큐뮬레이터로 구성

④ 딜레이밸브(delay valve)
　급제동시 뒤 휠 실린더 쪽으로 전달되는 유압을 지연시켜 차량의 쏠림을 방지

> **참고**
>
> **EBD(electronic brake force distribution)**
> 자동차의 중량 변화에 있어서 전·후 제동력 분배를 제어하는 시스템으로 많은 하중이 실린 경우 후륜의 제동력을 충분히 활용하기 위해 전·후바퀴의 속도차를 검출하여 ABS의 액추에이터로부터 후륜의 제동력을 최적으로 배분하는 장치

9_ESP(electronic stability program : 차량자세 제어 프로그램)

가속시나 제동시 또는 코너링시 극도로 불안정한 상황에서 일어나는 경우 차량속도, 엔진출력, 차량 균형상태, 조향 회전각도 등의 자동차 종합정보를 체크, 엔진출력 및 브레이크를 제어하여 차량의 안정된 상태 유지 및 발생할 수 있는 사고를 미연에 방지해 줄 수 있는 시스템이다.

① 차륜의 슬립 및 오버, 언더 스티어링 방지
② ESP VDC, ESC 모두 같은 기능을 하는 장치

1. ESP의 구성

차속센서, 조향각센서, 횡가속도센서, 마스터실린더 압력센서, 요-레이트센서, 휠속도센서, 브레이크스위치

2. 제어의 종류

① 요-모멘트 제어(자세제어)
② 자동감속제어
③ ABS제어(자동슬립제어)
④ TCS제어(구동슬립제어)

> **참고**
>
> **오버 스티어, 언더 스티어**
> ① 오버 스티어 : 자동차가 운전자의 의도한 회전라인보다 안쪽으로 도는 것으로 뒷바퀴에 원심력이 작용했을 때 발생
> ② 언더 스티어 : 자동차가 운전자의 의도한 회전라인보다 바깥쪽으로 도는 것으로 자동차의 속도가 빠를 때 발생

10_BAS(brake assist system), VDC

1. 브레이크 보조시스템(BAS)의 개요

BAS는 브레이크 보조 장치를 말하며, 자동차가 비상상태일 때 갑작스러운 브레이크 작동을 보정해 준다. 이 장치의 개발은 운전자들이 급제동을 하더라도 브레이크 페달을 약하게 밟는 경향이 많다는 것에서 착안하여 자동차의 상태가 비상 브레이크 상태임을 파악하면 브레이크 진공부스터의 모든 동력을 모아서 즉시 유압이 가해질 수 있도록 만든 것이다. 현재

사용되는 BAS는 기계방식과 전자방식이 있으며 기계방식은 진공부스터 안에 부품을 추가로 설치하였으며, 전자방식은 기존의 ABS/VDC에 소프트웨어만 추가하였다.

2. BAS의 장점 및 특징

1) BAS의 장점

① 일정한 힘 이하로 브레이크페달을 밟는 힘이 약할 때 추가적으로 배력이 발생한다.
② 브레이크 페달을 밟는 힘이 부드럽다.
③ 2단계 배력비율이 발생한다.

2) BAS의 특징

① BAS는 ABS를 설치한 자동차에만 사용된다.
② 일정한 페달 밟는 힘까지는 기존과 동일하다.
③ 과도한 브레이크 사용에서는 빈번한 ABS작동이 나타날 수 있다.
④ 브레이크 효과는 기존과 같거나 또는 향상된다.

3. BAS의 종류

1) 기계방식 BAS

기계방식 BAS는 기존에 진공부스터에 추가로 진공라인을 설치한 것이라고 보면 된다. 즉 기존의 진공부스터는 브레이크 페달을 밟기 전에는 진공 막을 사이에 두고 양쪽이 진공상태로 유지되다가 브레이크 페달을 밟으면 한쪽은 진공상태이고, 다른 한쪽은 대기가 통해 그 압력 차이에 의해서 브레이크에 배력효과를 준다. 기계방식 BAS의 구성부품은 다음과 같다.

① **플런저** : 브레이크가 작동될 때 작용하여 대기실과 진공실을 차단하는 포핏밸브를 밀어 포핏밸브에 의해 진공실과 대기실을 차단시킨다.
② **입력로드** : 브레이크 페달을 밟으면 푸시로드가 밀리며, 이 푸시로드가 입력로드를 밀고, 입력로드가 플런저를 민다.
③ **출력로드** : 입력로드에 의해 밀린 푸시로드가 끝가지 밀리면 마스터실린더에서 유압을 발생시키는데 일조한다.
④ **리액션 디스크** : 브레이크 페달을 놓을 때 작용하여 복귀를 원활히 한다.
⑤ **진공밸브** : 브레이크가 작동할 때 진공실에 진공이 유입되지 않도록 차단한다.

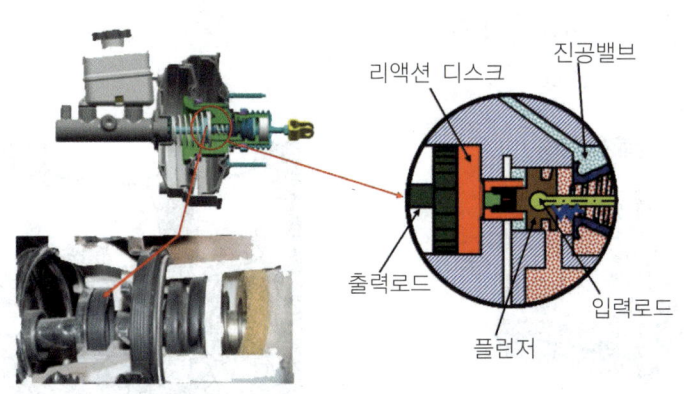

그림 2-53 / 기계식 BAS의 내부구조

2) 전자방식 BAS

전자방식 BAS는 HBA(hydraulic brake assist)라고도 부르며, VDS를 설치한 자동차에서만 사용된다. 즉, 기존에 VDS작용을 활용한 것으로 운행 중 긴박한 상황에서 VDS 스스로 브레이크 유압을 만들어내어 해당 바퀴에 브레이크를 작용시켰지만, 전자방식 BAS는 운전자가 급브레이크를 작동시켰는데도 원하는 시간에 브레이크 유압이 측정되지 않으면 내부적으로 설치된 제동유압 감지센서에 의해 급제동 여부를 판단하여 급제동일 경우 ESP의 HECU가 제동유압을 강제적으로 급격히 상승시킨다. 그리고 유압 피드백은 압력센서로부터 모니터링 한다.

① 전자식 BAS의 효과
  ㉠ 제동거리를 단축시킬 수 있고 운전자별 제동거리 편차를 줄일 수 있다.
  ㉡ 급브레이크를 작동시킬 때 브레이크 유압이 증가한다.
  ㉢ 소프트웨어(software)만 추가하면 사용이 가능하다.

② 전자식 BAS 압력변화
  ㉠ 급브레이크에 필요한 유압 : 80bar
  ㉡ BAS 진입조건 : 0.7bar/1ms의 기울기
  ㉢ 제어유압 : 40~80bar
  ㉣ 증가유압 : 150bar
  ㉤ 일반운전자가 페달을 밟았을 때의 유압 : 100~150bar

③ 마스터실린더 압력센서
  ㉠ ESP작동 중에 운전자의 브레이크 답력을 감지
  ㉡ 예비 브레이크 압력을 조절
  ㉢ 작동압력 : 저속 7km/h & 20bar 이상

ⓔ 최대 측정압력 : max 170bar
　　ⓜ 작동시 : 1100bar/sec

(a) ESP HECU

(b) 압력센서

그림 2-54 / **전자식 BAS**

11_EBD(electronic brake-force distribution control)

　주행 중 급제동을 하면 자동차 무게의 이동으로 인하여 뒷바퀴가 앞바퀴보다 먼저 고착되어 자동차 스핀발생으로 인한 사고를 일으킬 수 있다. 자동차가 스핀 하는 것을 방지하기 위해서 프로포셔닝 밸브(proportioning)를 설치하는데 이 프로포셔닝 밸브로는 부족하기 때문에 유압을 전자 제어하여 급제동에서 스핀을 방지할 수 있도록 뒷바퀴와 앞바퀴를 동일하게 제어하거나 또는 뒷바퀴가 늦게 고착되도록 ABS의 컴퓨터가 제어하는 방식을 EBD(전자 제동력 분배제어)라 한다.

12_iEB(Integrated Electronic Brake : 통합형 전동 브레이크)

　운전자가 브레이크를 밟는 힘을 브레이크 액을 통해 전달하는 기존의 유압식과 달리 전동식 시스템은 전동모터로 직접 전달하기 때문에 제어 성능이 더 높다.
　친환경차용 차세대 제동장치는 회생제동 브레이크시스템을 구성하는 압력공급부와 압력제어부를 하나의 전동식 시스템으로 통합해 차체 자세제어 시스템(ESC), ABS, 적응형 순항제어 시스템(ACC), 자동 긴급제동 시스템(AEB) 등 첨단 제동 기능들을 통합 구현할 수 있게 됐다.

1. iEB의 특징

　① 압력 공급부 & 압력제어부(ESC) 통합 시스템
　② 모터에서 발생된 제동 유압이 휠로 직접 제어
　③ 제동시 필요한 만큼의 유압 생성(기존 : 상시 180bar의 유압유지)

④ 제동시 필요한 만큼 모터 및 기어 셋트를 작동하여 유압 형성
⑤ 일반 차량에서 약 30kph주행 중 발생하는 HECU(모터 및 밸브 구동음)의 자기 진단음도 key On에서 실시하여 iEB는 작동음이 없다.

2. iEB의 작동원리

① 모터 작동 → 웜기어 → 피니언 기어(회전운동) → 랙(직선운동) → 피스톤 작동 → 유압 형성
② 조향 기어와 같은 원리(회전 운동 → 직선운동)로 유압 형성
③ 랙 기어를 좌/우로 작동하여 유압 가변 - 회생제동 협조 제어

13_전자 주차 브레이크(EPB : Electronic Parking Brake)

전자식 파킹 브레이크는 모터 구동방식으로, 운전자가 직접 주차브레이크를 작동하던 일을 전자식으로 제어하는 자동화된 주차 브레이크 방식으로 버튼식으로 동작한다. EPB의 오토홀드 기능은 변속기가 D(드라이브) 상태에서도 자동으로 파킹 브레이크가 작동하고, 가속 페달을 밟아서 풀 수 있다.

그림 2-55 / 전자 주차 브레이크

1. EPB 기능

① 주차시 차량을 제자리에 유지한다.
② 서비스 브레이크 시스템 고장시 비상 제동
③ 오르막길에서 출발 할 때 차가 뒤로 물러나는 것을 방지한다.

2. EPB 장치

주차 브레이크 액추에이터는 브레이크 캘리퍼에 설치된다. 주차 브레이크 전기 드라이브

는 하나의 하우징에 위치한 전기 모터, 벨트, 유성 환원 기어, 나사 드라이브로 구성된다. 전기 모터는 벨트 드라이브를 통해 유성 기어 박스를 구동하고 나사 드라이브는 브레이크 피스톤의 병진 운동을 담당한다.

3. EPB 전자 제어 장치

입력 신호는 핸드 브레이크 버튼, 경사 센서(컨트롤 유닛 자체에 통합됨) 및 클러치 페달 센서(컨트롤 유닛에 있음)에서 최소한 세 가지 요소에서 제어 장치로 전달된다. 클러치 액추에이터, 클러치 페달의 해제 위치와 속도를 감지한다. 제어 장치는 센서 신호(예 : 구동 모터)를 통해 액추에이터에 작용한다. 따라서 제어 장치는 엔진 관리 및 방향 안정성 시스템과 직접 상호 작용한다.

4. 전자식 주차브레이크(EPB)의 주요 기능

① **수동 정차 기능** : 자동차의 속도가 3km/h 이하에서 EPB 스위치의 조작으로 작동과 해제가 가능하다. 정차 기능을 해제하기 위해서는 이그니션 ON 상태에서 브레이크 페달을 밟고, EPB 스위치를 당기면 EPB는 해제되고 동시에 클러스터 계기판의 브레이크 램프도 소등된다.

② **비상제동 기능** : 자동차의 속도가 3km/h 이상으로 주행 중에 브레이크 페달을 조작하기 힘든 상황이 있을 수 있다. EPB 스위치 계속 누르게 되면 운전자가 원하는 속도로 까지 감속할 수가 있다. 자동차의 속도를 최대한 감속하여 제동 안전성을 확보하기 위한 기능이라고 할 수 있다.

③ **EPB 자동해제 기능** : EPB 작동 중이라도 가속페달을 밟게 되면 자동으로 EPB가 해제되는 기능이다. 다만 운전석 도어가 열려있거나, 운전석 시트벨트가 미착용된 경우, 그리고 보닛(혹은 후드)가 열려있거나, 트렁크가 열려있는 경우에는 EPB가 자동으로 해제되지 않는다.

④ **엔진 정지 시 주차기능** : 엔진 시동이 꺼진 경우에 자동으로 EPB가 작동하는 기능이다. 다시 시동을 걸어 출발 시에는 EPB가 자동으로 해제된다. 다만 주차장에서 일렬 주차해야 할 상황이라면 차량이 밀릴 수 있도록 EPB를 해제상태로 주차를 해야 하므로 브레이크를 밟고 EPB 스위치를 당긴 상태에서 시동을 끄거나, EPB 스위치를 당겼다가 놓은 후 약 5초 이내에 시동을 끄면 된다.

⑤ **자동 정차 유지 기능** : 도로 신호대기 등으로 정차 시에 브레이크 페달을 밟지 않더라도 자동으로 EPB가 작동하여 자동으로 자동차가 정지되는 기능이다. 이 기능을 통하여 언덕과 같은 경사로에 정차한 후 재출발하는 경우에 자동차의 밀림 방지을 방지한다.

제3절 제동장치

 # 출제예상문제

01 자동차의 제동장치에 사용되는 부품이 아닌 것은?

① 리액션 챔버
② 모듈레이터
③ 퀵 릴리스 밸브
④ LSPV(Load Sensing Proportion ing Valve)

풀이 리액션 챔버는 동력조향장치에서 스풀밸브의 움직임에 대하여 반발력이 발생되어 운전자에게 조향 감각을 느낄 수 있도록 한 장치이다.

02 유압식 브레이크는 무슨 원리를 이용한 것인가?

① 파스칼의 원리
② 아르키메데스의 원리
③ 보일의 법칙
④ 베르누이의 법칙

03 자동차의 제동성능에서 제동력에 영향을 미치는 요인이 아닌 것은?

① 차량총중량
② 제동초속도
③ 여유구동력
④ 미끄럼 계수

풀이 제동성능에 영향을 미치는 인자로는 차량총중량, 제동초속도, 바퀴의 미끄럼 계수 등이 있다.

04 다음 중 제동을 할 때 바퀴와 노면의 마찰력이 가장 클 때는?

① 브레이크 페달을 밟기 시작할 때
② 브레이크 페달을 밟는 힘이 가장 클 때
③ 타이어가 노면에서 슬립을 일으키며 끌릴 때
④ 타이어가 노면에서 슬립을 일으키기 직전일 때

05 브레이크 페달의 지렛대 비가 그림과 같을 때 페달을 10kgf의 힘으로 밟았다. 이때 푸시로드에 작용하는 힘은?

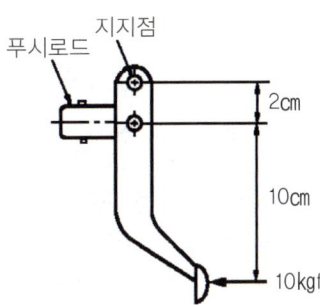

① 20kgf
② 40kgf
③ 50kgf
④ 60kgf

풀이 ① 지렛대 비 = (10+2) : 2 = 6 : 1
② 푸시로드에 작용하는 힘 : 페달 밟는 힘×지렛대 비 = 6×10kgf = 60kgf

ANSWER 01 ① 02 ① 03 ③ 04 ④ 05 ④

06 그림에서 브레이크 페달의 유격은 어느 부위에서 조정하는 것이 가장 올바른가?

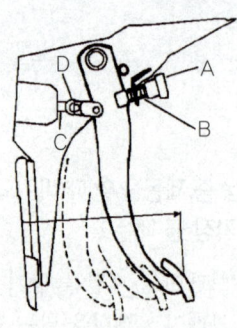

① A와 B ② D와 C
③ B와 D ④ C와 B

 브레이크 페달의 유격은 D와 C에서 조정한다.

07 마스터 실린더의 단면적이 10㎠인 자동차의 브레이크에 20N의 힘으로 브레이크 페달을 밟았다. 휠 실린더의 단면적이 20㎠라 하면 이 때의 제동력은?

① 20N ② 30N
③ 40N ④ 50N

 $Bp = \dfrac{Wa}{Ma} \times Wp = \dfrac{20cm^2}{10cm^2} \times 20N = 40N$

Bp : 제동력, Wa : 휠 실린더 피스톤 단면적,
Ma : 마스터 실린더 단면적,
Wp : 휠 실린더 피스톤에 가하는 힘

08 페달에 수평방향으로 1400N의 힘을 가하였을 때 피스톤의 면적이 10㎠라 하면 이때 형성되는 유압(N/㎠)은 얼마인가?

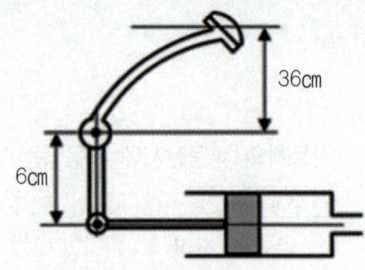

① 640 ② 840
③ 8400 ④ 9800

 $P = \dfrac{W}{A} = \dfrac{1400 kgf \times 6}{10} = 840 kgf/cm^2$

09 브레이크 마스터 실린더의 직경이 5cm, 푸시로드가 미는 힘이 100kgf 일 때 브레이크 파이프 내(內)의 압력은?

① 0.19kgf/㎠ ② 25.47kgf/㎠
③ 4.00kgf/㎠ ④ 5.09kgf/㎠

 $P = \dfrac{W}{A} = \dfrac{100kgf}{0.785 \times 5^2} = 5.09 kgf/cm^2$

P : 유압, W : 푸시로드가 미는 힘,
A : 마스터 실린더 단면적

10 일반적인 유압 브레이크 특징에 대한 설명으로 틀린 것은?

① 마찰 손실이 적다.
② 페달의 조작력이 작아도 된다.
③ 제동력이 모든 바퀴에 동일하게 작용한다.
④ 유압회로에 공기가 침입하여도 제동력에 변화가 없다.

 유압 브레이크는 유압회로에 공기가 침입하면 제동력에 변화가 생긴다.

06 ② 07 ③ 08 ② 09 ④ 10 ④

11 제동장치 회로에 잔압을 두는 이유 중 적합하지 않은 것은?

① 브레이크 작동지연을 방지한다.
② 베이퍼 록을 방지한다.
③ 휠 실린더의 인터록을 방지한다.
④ 유압회로 내 공기유입을 방지한다.

풀이 잔압을 두는 이유는 ①, ②, ④항 이외에 휠 실린더에서의 오일누출을 방지한다.

12 유압식 브레이크 장치에서 잔압의 유지 목적으로 거리가 먼 것은?

① 캐비테이션 방지
② 브레이크 작동 지연 방지
③ 회로 내에 공기 침입을 방지
④ 휠 실린더 내 오일 누출 방지

13 유압 브레이크 회로 내의 잔압을 두는 목적과 관계가 없는 것은?

① 베이퍼록 방지
② 페이드현상 방지
③ 브레이크 작동 지연 방지
④ 휠실린더 오일 누유 방지

14 드럼브레이크 시스템에서 브레이크 회로의 잔압은 대략 어느 정도인가?

① 0.1~0.2bar
② 0.4~1.7bar
③ 2.5~6.5bar
④ 6.5~10bar

15 브레이크 오일이 비등하여 제동압력의 전달 작용이 불가능하게 되는 현상은?

① 페이드 현상
② 사이클링 현상
③ 베이퍼록 현상
④ 브레이크록 현상

풀이 베이퍼 록이란 브레이크 오일이 비등하여 제동압력의 전달 작용이 불가능하게 되는 현상을 말한다.

16 브레이크장치에서 베이퍼록(vapor lock)이 생길 때 일어나는 현상으로 가장 옳은 것은?

① 브레이크 성능에는 지장이 없다.
② 브레이크 페달의 유격이 커진다.
③ 브레이크액을 응고시킨다.
④ 브레이크액이 누설된다.

풀이 브레이크장치에서 베이퍼록(vapor lock)이 생기면 브레이크 페달의 유격이 커지며, 제동력이 저하한다.

17 제동장치에서 발생되는 베이퍼 록 현상을 방지하기 위한 방법이 아닌 것은?

① 벤틸레이티드 디스크를 적용한다.
② 브레이크회로 내에 잔압을 유지한다.
③ 라이닝의 마찰 표면에 윤활제를 도포한다.
④ 비등점이 높은 브레이크 오일을 사용한다.

18 유압식 브레이크장치에서 베이퍼 록 방지 대책이 아닌 것은?

① 마스터 실린더의 피스톤 리턴스프링을 교환하여 잔압을 올린다.
② 비등점이 낮은 브레이크 오일을 사용한다.
③ 브레이크 드럼과 라이닝 간극을 조정한다.
④ 가급적 긴 내리막같은 엔진 브레이크를 사용한다.

11 ③ 12 ① 13 ② 14 ② 15 ③ 16 ② 17 ③ 18 ②

19 브레이크 파이프에 베이퍼록이 생기는 원인으로 가장 적합한 것은?
① 페달의 유격이 크다.
② 라이닝과 드럼의 틈새가 크다.
③ 브레이크의 과다한 사용 및 품질이 불량하다.
④ 오일점도가 높다.

20 브레이크 드럼과 슈의 마찰열이 축적되어 마찰계수 저하로 제동력이 감소되면서 제동 시 라이닝과 드럼이 미끄러지는 현상은?
① 베이퍼록 현상
② 슬립 현상
③ 홀드 현상
④ 페이드 현상

21 브레이크액의 구비조건이 아닌 것은?
① 압축성일 것
② 비등점이 높을 것
③ 온도에 의한 변화가 적을 것
④ 고온에서의 안정성이 높을 것

22 브레이크 오일의 구비조건에 대한 설명으로 옳은 것은?
① 빙점이 높아야 한다.
② 비윤활성이어야 한다.
③ 점도지수가 낮아야 한다.
④ 비등점이 높아야 한다.

23 브레이크액이 갖추어야 할 특징이 아닌 것은?
① 화학적으로 안정되고 침전물이 생기지 않을 것
② 온도에 대한 점도변화가 작을 것
③ 비점이 낮아 베이퍼록을 일으키지 않을 것
④ 빙점이 낮고 인화점은 높을 것

24 브레이크 계통의 고무제품은 무엇으로 세척하는 것이 좋은가?
① 휘발유   ② 경유
③ 등유   ④ 알코올

풀이 브레이크 계통의 고무제품은 반드시 알코올로 세척하여야 한다.

25 현재 대부분의 자동차에서 2회로 유압브레이크를 사용하는 주된 이유는?
① 더블 브레이크 효과를 얻을 수 있기 때문에
② 리턴 회로를 통해 브레이크가 빠르게 풀리게 할 수 있기 때문에
③ 안전상의 이유 때문에
④ 드럼 브레이크와 디스크 브레이크를 함께 사용할 수 있기 때문에

풀이 2회로(탠덤 마스터실린더) 유압브레이크를 사용하는 이유는 안전성을 향상시키기 위함이다.

19 ③ 20 ④ 21 ① 22 ④ 23 ③ 24 ④ 25 ③

26 드럼 브레이크의 드럼이 갖추어야 할 조건 설명이다. 잘못 설명된 것은?

① 방열성이 좋아야 한다.
② 마찰계수가 낮아야 한다.
③ 고온에서 내마모성이어야 한다.
④ 변형에 대응할 충분한 강성이 있어야 한다.

풀이 브레이크 드럼의 구비조건
① 정적·동적 평형이 잡혀 있을 것
② 충분한 강성이 있을 것
③ 마찰 면에 충분한 내마멸성이 있을 것
④ 방열이 잘되고 가벼울 것
⑤ 고온에서 내마모성이 있을 것

27 브레이크 드럼의 구비조건으로 옳은 것은?

① 방열이 잘 되고 회전관성이 클 것
② 정적 및 동적 평형이 잡혀있을 것
③ 브레이크슈 확장 시 변형이 클 것
④ 브레이크 슈 마찰면의 내마멸성이 적을 것

28 지름 30㎝인 브레이크 드럼에 작용하는 힘이 150kgf일 때, 이 드럼에 작용하는 토크는 약 몇 kgf·m인가?(단, 마찰계수는 0.3이다.)

① 2.75 ② 6.75
③ 8.5   ④ 13.5

풀이 $\frac{0.3}{2} \times 150 \times 0.3 = 6.75$

29 일반적으로 브레이크 드럼 재료는 무엇으로 만드는가?

① 연강   ② 청동
③ 주철   ④ 켈밋 합금

30 브레이크 라이닝의 표면이 과열되어 마찰계수가 저하되고 브레이크 효과가 나빠지는 현상은?

① 브레이크 페이드 현상
② 베이퍼록 현상
③ 하이드로 플레닝 현상
④ 잔압 저하현상

풀이 페이드(fade) 현상이란 브레이크 페달의 조작을 반복하면 드럼과 슈에 마찰열이 축적되어 제동력이 감소하는 현상이다. 원인은 드럼과 슈의 열팽창과 라이닝 마찰계수 저하에 있다.

31 브레이크 패드의 요구특성으로 틀린 것은?

① 내구성이 높을 것
② 환경 친화적일 것
③ 열부하가 많이 걸려도 방열성이 좋고 경화되지 않을 것
④ 고온과 고속 슬립 상태에서 마찰계수가 변화할 것

32 브레이크시스템의 라이닝에 발생하는 페이드 현상을 방지하는 조건이 아닌 것은?

① 열팽창이 적은 재질을 사용하고 드럼은 변형이 적은 형상으로 제작한다.
② 마찰계수의 변화가 적으며, 마찰계수가 적은 라이닝을 사용한다.
③ 드럼의 방열성을 향상시킨다.
④ 주 제동장치의 과도한 사용을 금한다 (엔진 브레이크 사용).

33 브레이크 장치의 파이프는 일반적으로 무엇으로 만들어 졌는가?

① 강   ② 플라스틱
③ 주철 ④ 구리

26 ② 27 ② 28 ② 29 ③ 30 ① 31 ④ 32 ② 33 ①

34 드럼식 유압 브레이크 내의 휠 실린더 역할은?

① 브레이크 드럼 축소
② 마스터 실린더 브레이크 액 보충
③ 브레이크슈 확장
④ 바퀴 회전

35 브레이크 장치에서 전진시와 후진시에 모두 자기 배력작용이 발생되는 것을 올바르게 표현한 것은?

① 듀오서보 브레이크
② 리딩슈 브레이크
③ 유니서보 브레이크
④ 디스크 브레이크

[풀이] ① 듀어 서보형 : 전·후진 모두 자기작동 작용이 되도록 하여 강력한 제동력을 얻도록 하는 형식.
② 리딩 트레일링 슈식(leading trailing shoe type) : 앞쪽의 슈를 리딩슈, 뒤쪽의 슈를 트레일링 슈라 한다. 앵커핀 형식은 전진시는 앞쪽의 슈만이, 후진시는 뒤쪽의 슈만이 자기작동 작용을 한다.
③ 자기 서보형(self servo type) : 휠 실린더의 힘보다 더 큰 힘으로 드럼을 압착하는 것으로, 배력작용을 응용한 것
④ 유니 서보형 : 전진 제동시 2개의 슈가 모두 리딩슈로 제동력이 커진다. 후진 제동시는 2개의 슈 모두가 트레일링 슈가 되어 제동력이 작아진다.

36 제동장치에서 듀오 서보형 브레이크란?

① 전진시 브레이크를 작동할 때만 2개의 브레이크슈가 자기배력 작용을 한다.
② 후진시 브레이크를 작동할 때만 1개의 브레이크슈가 자기배력 작용을 한다.
③ 전·후진시 브레이크를 작동할 때 2개의 브레이크슈가 자기배력 작용을 한다.
④ 후진시 브레이크를 작동할 때만 2개의 브레이크슈가 자기배력 작용을 한다.

37 유압식 브레이크 계통의 설명으로 옳은 것은?

① 유압계통 내에 잔압을 두어 베이퍼록 현상을 방지한다.
② 유압계통 내에 공기가 혼입되면 페달의 유격이 작아진다.
③ 휠 실린더의 피스톤 컵을 교환한 경우 공기빼기 작업을 하지 않아도 된다.
④ 마스터 실린더의 첵밸브가 불량하면 브레이크 오일이 외부로 누유된다.

[풀이] ① 유압계통 내에 공기가 혼입되면 페달의 유격이 커진다.
② 휠 실린더의 피스톤 컵을 교환한 경우 공기빼기 작업을 하여야 한다.
③ 마스터 실린더의 첵밸브가 불량하면 잔압이 낮아진다.

38 브레이크 페이드 현상이 가장 적게 나타나는 것은?

① 넌 서보 브레이크
② 서보 브레이크
③ 디스크 브레이크
④ 2리딩 슈 브레이크

39 디스크 브레이크에 관한 설명으로 틀린 것은?

① 브레이크 페이드 현상이 드럼 브레이크보다 현저하게 높다.
② 회전하는 디스크에 패드를 압착시키게 되어있다.
③ 대개의 경우 자기 작동기구로 되어 있지 않다.
④ 캘리퍼 실린더를 두고 있다.

[풀이] 디스크 브레이크는 회전하는 디스크에 패드를 압착시키게 되어있으며, 휠 실린더 역할을 하는 캘리퍼 실린더를 두고 있다. 자기 작동기구로 되어 있지 않으며, 브레이크 페이드 현상이 드럼브레이크보다 현저하게 낮다.

34 ③ 35 ① 36 ③ 37 ① 38 ③ 39 ①

40 부동 캘리퍼형 디스크 브레이크의 단점이 아닌 것은?

① 피스톤의 이동량을 크게 하여야 한다.
② 먼지 등에 의해 이동이 원활하지 않게 되기 쉽다.
③ 실린더가 통풍이 잘되는 위치에 있어 베이퍼 록 현상이 없다.
④ 패드의 편마멸이 되기 쉽다.

풀이 부동 캘리퍼형
캘리퍼 한쪽에만 실린더를 설치하여 제동시 유압이 작동되면 피스톤이 패드를 압착하고, 그 반력으로 캘리퍼 전체가 좌우로 움직여 반대쪽의 패드도 디스크에 압착되어 제동력을 발생하며, 구조 간단, 경량으로 소형 차량에 많이 사용하고, 실린더가 통풍이 잘되는 위치에 있어 베이퍼 록 현상이 없다.

41 자동차 제동장치에서 디스크 브레이크의 종류가 아닌 것은?

① 캘리퍼 부동형
② 캘리퍼 고정형
③ 디스크 부동형
④ 디스크 고정형

42 디스크 브레이크의 특징으로 적당하지 못한 것은?

① 고속으로 사용하여도 안정된 제동력을 얻을 수 있다.
② 브레이크 평형이 좋지 못하다.
③ 물에 젖어도 회복이 빠르다.
④ 정비가 비교적 간단하다.

풀이 디스크 브레이크의 특징은 ①, ③, ④항 이외에 드럼브레이크 형식보다 평형이 좋다.

43 디스크식 브레이크의 장점이 아닌 것은?

① 자기 배력작용이 없어 제동력이 안정되고 한쪽만 브레이크 되는 경우가 적다.
② 패드 면적이 커서 낮은 유압이 필요하다.
③ 디스크가 대기 중에 노출되어 방열성이 우수하다.
④ 구조가 간단하여 정비가 용이하다.

풀이 디스크 브레이크 장점은 ①, ③, ④항 이며, 패드의 면적이 적어 패드를 압착하는 힘이 커야 한다.

44 드럼 브레이크와 비교하여 디스크 브레이크의 단점이 아닌 것은?

① 패드를 강도가 큰 재료로 제작해야 한다.
② 한쪽만 브레이크 되는 경우가 많다.
③ 마찰면적이 적어 압착력이 커야 한다.
④ 자기작동 작용이 없어 제동력이 커야 한다.

풀이 디스크 브레이크의 단점은 ①, ③, ④항 이며, 부품의 평형이 좋고, 한쪽만 제동되는 일이 없다

45 브레이크 시스템에서 작동기구에 의한 분류에 속하지 않는 것은?

① 진공 배력식
② 공기 배력식
③ 자기 배력식
④ 공기식

46 제동장치에서 흡기다기관 부압과 대기압과의 압력 차를 이용한 진공식 배력장치의 종류가 아닌 것은?

① 마스터 백 방식
② 뉴 바이커 방식
③ 압축 공기 방식
④ 하이드로 마스터 방식

40 ③ 41 ④ 42 ② 43 ② 44 ② 45 ③ 46 ③

47 대기압이 1035hPa일 때, 진공 배력장치에서 진공 부스터의 유효압력 차는 2.85 N/cm², 다이어프램의 유효면적이 600cm²면 진공배력은?

① 4500N ② 1710N
③ 9000N ④ 2250N

[풀이] $V_p = P_d \times A = 2.85\text{N/cm}^2 \times 600\text{cm}^2 = 1710\text{N}$
V_p : 진공 배력, P_d : 진공 부스터의 유효압력 차이,
A : 다이어프램의 유효면적

48 제동력을 더욱 크게 하여 주는 배력장치의 작동 기본원리로 적합한 것은 어느 것인가?

① 동력피스톤 좌·우의 압력차이가 커지면 제동력은 감소한다.
② 동일한 압력조건일 때 동력피스톤의 단면적이 커지면 제동력은 커진다.
③ 일정한 단면적을 가진 진공식 배력장치에서 흡기다기관의 압력이 높아질수록 제동력은 커진다.
④ 일정한 동력피스톤 단면적을 가진 공기식 배력장치에서 압축공기의 압력이 변하여도 제동력은 변하지 않는다.

[풀이] 배력장치의 기본 작동원리
① 동력피스톤 좌·우의 압력차이가 커지면 제동력이 커진다.
② 동일한 압력조건일 때 동력피스톤의 단면적이 커지면 제동력이 커진다.
③ 일정한 단면적을 가진 진공식 배력장치에서 흡기다기관의 압력이 높아질수록 제동력은 작아진다.
④ 일정한 동력피스톤 단면적을 가진 공기식 배력장치에서 압축공기의 압력이 변하면 제동력이 변화된다.

49 제동장치의 하이드로 마스터(hydro master)에 대한 설명에서 ( )안에 들어갈 내용으로 맞는 것은?

> 파워 실린더의 내압은 항상 (A)을 유지하고, 작동시에 (B)를 보내어 (C)을 미는 형식이며, 파워 피스톤 대신 (D)을 사용하는 형식도 있다.

① A:진공, B:공기, C:파워 피스톤, D:막판(diaphragm)
② A:공기, B:진공, C:파워 피스톤, D:막판(diaphragm)
③ A:파워 피스톤, B:공기, C:진공, D:막판(diaphragm)
④ A:파워 피스톤, B:공기, C:막판(diaphragm), D:진공

50 제동장치의 배력장치 중 하이드로 마스터에 대한 설명으로 옳은 것은?

① 유압계통의 체크밸브는 유압 피스톤의 작동시에 브레이크액의 역류를 막아 휠 실린더 유압을 증가시킨다.
② 릴레이밸브는 브레이크 페달을 밟았을 때 진공과 대기압의 압력차에 의해 작동한다.
③ 유압계통의 체크밸브는 브레이크액이 마스터 실린더로부터 휠 실린더로 누설되는 것을 방지한다.
④ 진공계통의 체크밸브는 릴레이밸브와 일체로 되어져 있고 운행 중 하이드로 백 내부의 진공을 유지시켜준다.

47 ② 48 ② 49 ① 50 ①

51 공기브레이크의 장점은?

① 제작비가 유압브레이크보다 싸다.
② 엔진의 흡입다기관 진공에 영향을 준다.
③ 제동력이 페달을 밟는 힘에 비례한다.
④ 공기가 약간 새나가도 제동력이 현저하게 저하되지 않는다.

풀이 공기브레이크의 장점
① 차량의 중량이 커도 사용할 수 있다.
② 공기가 누출되어도 브레이크 성능이 현저하게 저하되지 않아 안전도가 높다.
③ 오일을 사용하지 않기 때문에 베이퍼록이 발생되지 않는다.
④ 페달을 밟는 양에 따라서 제동력이 증가되므로 조작하기 쉽다.

52 다음 중 공기브레이크 구성부품과 관계없는 것은?

① 브레이크 밸브
② 레벨링 밸브
③ 릴레이 밸브
④ 언로더 밸브

풀이 레벨링 밸브는 공기 현가장치에서 차량의 높이를 일정하게 유지하는 작용을 하는 부품이다.

53 공기식 브레이크 장치에서 캠축을 회전시키는 역할을 하면서 브레이크 드럼 내부의 브레이크 슈와 드럼 사이의 간극을 조정하는 부품은?

① 슬랙 조정기
② 브레이크 밸브
③ 브레이크 챔버
④ 브레이크 릴레리 밸브

54 공기 브레이크에서 공기탱크의 압력이 규정값 이하가 되면 압축기를 가동하여 공기를 압송시켜 공기탱크의 압력을 일정 하게 유지시켜 주는 밸브는?

① 릴레이 밸브
② 언로더 밸브
③ 브레이크 밸브
④ 퀵릴리스 밸브

풀이 언로더밸브는 공기탱크의 공기압력을 규정값으로 일정하게 유지하며, 압력이 상한 값을 초과하면 압축기가 공회전하도록 하고, 압력이 하한 값에 도달하면 압축기가 가동되도록 한다.

55 공기 브레이크의 특징으로 틀린 것은?

① 베이퍼록이 발생하지 않는다.
② 자동차의 중량에 따른 제한을 많이 받는다.
③ 페달 밟는 양에 따라 제동력이 조절된다.
④ 공기가 다조 누출되어도 제동 성능이 현저하게 저하되지 않는다.

56 압축공기 브레이크에서 공기탱크의 공기압력을 규정 값으로 일정하게 유지하며, 압력이 상한 값을 초과하면 압축기가 공회전하도록 하고, 압력이 하한 값에 도달하면 압축기가 가동되도록 하는 밸브는?

① 브레이크밸브
② 안전밸브
③ 첵밸브
④ 언로더 밸브

57 공기브레이크에서 제동력을 크게 하기 위해서 조정하여야 할 밸브는?

① 브레이크 밸브
② 안전밸브
③ 첵밸브
④ 언로더 밸브

풀이 공기브레이크에서 제동력을 크게 하기 위해서는 언로더 밸브 또는 압력조정기를 조정하여야 한다.

51 ④ 52 ② 53 ① 54 ② 55 ② 56 ④ 57 ④

58 공기브레이크에서 공기압축기의 공기압력을 제어하는 것은?

① 언로더 밸브
② 안전밸브
③ 릴레이 밸브
④ 체크밸브

59 공기 브레이크에서 브레이크 페달에 의해 개폐되며 페달이 이동된 양에 따라 공기탱크 내의 압축공기를 도입하여 제동력을 조절하는 것은?

① 브레이크 밸브
② 퀵 릴리스 밸브
③ 릴레이 밸브
④ 언로더 밸브

60 기관 정지 중에도 정상 작동이 가능한 제동장치는?

① 기계식 주차 브레이크
② 와전류 리타더 브레이크
③ 배력식 주 브레이크
④ 공기식 주 브레이크

풀이 기계식 주차 브레이크는 기관 정지 중에도 정상 작동이 가능하다.

61 제동이론에서 슬립률에 대한 설명으로 틀린 것은?

① 제동시 차량의 속도와 바퀴의 회전속도와의 관계를 나타낸 것이다.
② 슬립률이 0%이라면 바퀴와 노면과의 사이에 미끄럼 없이 완전하게 회전하는 상태이다.
③ 슬립률이 100%라면 바퀴의 회전속도가 0으로 완전히 고착된 상태이다.
④ 슬립률 0%에서 가장 큰 마찰계수를 얻을 수 있다.

풀이 제동이론에서 슬립률이란 제동할 때 차량의 주행속도와 바퀴의 회전속도와의 관계를 나타낸 것으로, 슬립률이 0%이라면 바퀴와 노면과의 사이에 미끄럼 없이 완전하게 회전하는 상태이다. 또 슬립률이 100%라면 바퀴의 회전속도가 0으로 완전히 고착된 상태이다.

62 전자제어 제동장치(ABS)에 대한 기능으로 틀린 것은?

① 제동 시 조향안정성 확보
② 제동 시 직진성 확보
③ 제동 시 동적 마찰유지
④ 제동 시 타이어 고착

풀이 ABS의 특징
① 바퀴 고착으로 인한 조향능력 상실방지
② 선회시 바퀴의 미끄러짐 방지
③ 제동시 차의 직진성 유지
④ 제동거리 단축
⑤ 미끄러운 노면에서의 차체 스핀 방지

58 ① 59 ① 60 ① 61 ④ 62 ④

63 ABS에 대한 설명으로 틀린 것은?
① 제동거리를 최소화 한다.
② 제동 시 바퀴가 잠기지 않아 조향을 가능하게 한다.
③ 도로와 타이어의 마찰계수는 바퀴 슬립률이 0%일 때 최대가 되는 원리가 적용된다.
④ 바퀴의 회전속도를 검출하여 그 변화에 따라 제동력을 제어하는 방식이다.

64 ABS에 대한 설명으로 맞는 것은?
① 바퀴의 조기고착을 방지하여 제동 시 조향력을 확보하는 장치이다.
② 4개의 바퀴를 동시에 제동시켜 제동거리를 짧게 하는 장치이다.
③ 눈길에서만 작동되어 제동안정성을 높여준다.
④ 앞바퀴 2개를 먼저 제동시켜 제동 시 차체 자세제어를 한다.

65 제동장치에서 ABS의 설치목적으로 틀린 것은?
① 최대 공주거리 확보를 위한 안전장치이다.
② 제동 시 전륜 고착으로 인한 조향능력이 상실되는 것을 방지하기 위한 것이다.
③ 제동 시 후륜 고착으로 인한 차체의 전복을 방지하기 위한 장치이다.
④ 제동 시 차량의 차체 안정성을 유지하기 위한 장치이다.

풀이 ABS의 설치목적은 제동할 때 전륜 고착으로 인한 조향능력이 상실되는 것을 방지, 제동할 때 후륜 고착으로 인한 차체의 전복을 방지하기 위한 장치이다. 즉, 제동할 때 차량의 차체 안정성을 유지하기 위한 장치이며, 제동할 때 제동거리를 단축시킬 수 있다.

66 전자제어 제동장치의 목적이 아닌 것은?
① 미끄러운 노면에서 전자제어에 의해 제동거리를 단축한다.
② 앞바퀴의 고착을 방지하여 조향능력이 상실되는 것을 방지한다.
③ 후륜을 조기에 고착시켜 옆 방향 미끄러짐을 방지한다.
④ 제동 시 미끄러짐을 방지하여 차체의 안정성을 유지한다.

67 ABS의 장점이라고 할 수 없는 것은?
① 제동 시 차체의 안정성을 확보한다.
② 급제동 시 조향성능 유지가 용이하다.
③ 제동압력을 크게 하여 노면과의 동적 마찰효과를 얻는다.
④ 제동거리의 단축 효과를 얻을 수도 있다.

68 전자제어 제동장치(ABS)의 기능으로 맞는 것은?
① 차속에 따라 핸들의 조작력을 가볍게 한다.
② 구동바퀴의 슬립이 제어되므로 차체의 흔들림이 적다.
③ 미끄러운 노면에서도 방향안정성을 유지할 수 있다.
④ 급선회 시 구동력을 제한하여 선회성능을 향상시킨다.

69 ABS(Anti-lock Brake System) 제동장치는 제동 시 휠 스피드 센서와 유압장치를 이용하여 무엇을 전자적으로 조절할 수 있는가?
① 변속비   ② 종감속비
③ 슬립율   ④ 전달율

ANSWER 63 ③ 64 ① 65 ① 66 ③ 67 ③ 68 ③ 69 ③

70 ABS의 작동조건으로 틀린 것은?
① 빗길에서 급제동할 때
② 빙판에서 급제동할 때
③ 주행 중 급선회할 때
④ 제동 시 좌·우측 회전수가 다를 때

71 전자제어 제동장치(ABS)에서 셀렉트 로(select low) 제어 방식이란?
① 제동시키려는 바퀴만 독립적으로 제어한다.
② 속도가 늦은 바퀴는 유압을 증압하여 제어한다.
③ 속도가 빠른 바퀴 쪽에 가해진 유압으로 감압하여 제어한다.
④ 먼저 슬립되는 바퀴 쪽에 가해진 유압으로 맞추어 동시 제어한다.

🔖 셀렉트 로 제어란 제동할 때 좌우 바퀴의 감속비율을 비교하여 먼저 미끄러지는 바퀴에 맞추어 좌우 바퀴의 유압을 동시에 제어하는 방법이다.

72 ABS의 구성품이 아닌 것은?
① 휠 스피드센서
② 컨트롤 유닛
③ 하이드로릭 유닛
④ 조향각센서

🔖 **ABS의 구성품**
① 휠 스피드센서 : 각 바퀴의 회전속도를 감지하여 ECU로 입력시켜 주는 센서
② 컨트롤 유닛 : 휠 속도 센서와 브레이크 스위치에서 입력신호를 받아 각 휠의 제동상태를 감지하여, 모듈레이터 신호를 보내 적절히 브레이크 압력을 조절
③ 하이드로릭 유닛(HCU, 모듈레이터, 유압조절기) : ECU 출력신호에 의해 각 휠 실린더 유압을 직접 제어하는 부품이다.
④ 딜레이밸브 : 급제동시 뒤 휠 실린더 쪽으로 전달되는 유압을 지연시켜 차량의 쏠림을 방지

73 전자제어 브레이크장치의 컨트롤 유닛에 대한 설명 중 틀린 것은?
① 컨트롤 유닛은 감속·가속을 계산한다.
② 컨트롤 유닛은 각 바퀴의 속도를 비교 분석한다.
③ 컨트롤 유닛이 작동하지 않으면 브레이크가 작동되지 않는다.
④ 컨트롤 유닛은 미끄럼 비를 계산하여 ABS 작동 여부를 결정한다.

🔖 전자제어 브레이크장치의 컨트롤 유닛의 작용은 ①, ②, ④항 이외에 컨트롤 유닛이 작동하지 않아도 기계작동 방식의 일반 제동장치로 작동하는 페일세이프 기능을 두고 있다.

74 ABS에서 제어를 위한 가장 중요한 요소는?
① 코너링 포스
② 슬립률
③ 노면-타이어간 마찰 계수
④ 차륜 속도

🔖 ABS는 바퀴가 로크(lock)되는 현상이 발생될 때 브레이크 유압을 제어하여 슬립률이 최저값으로 유지되도록 제동력을 최대한 발휘하여 사고를 미연에 방지한다.

75 전자제어 브레이크장치의 구성부품 중 휠 스피드센서의 기능으로 맞는 것은?
① 휠의 회전속도를 감지하여 컨트롤 유닛으로 보낸다.
② 하이드로릭 유닛을 제어한다.
③ 휠 실린더의 유압을 제어한다.
④ 페일세이프 기능을 발휘한다.

70 ③ 71 ④ 72 ④ 73 ③ 74 ② 75 ①

76 ABS 차량에서 자동차 스피드센서의 설명으로 맞는 것은?

① 차속센서와 같은 원리이다.
② 스피드센서는 앞바퀴에만 설치된다.
③ 스피드센서는 뒷바퀴에만 설치된다.
④ 바퀴의 회전속도를 톤 휠과 센서의 자력선 변화를 감지하여 컴퓨터로 입력하는 역할

풀이 스피드센서는 톤 휠의 각 이빨이 센서에 접근하면 영구자석 주위의 자력선 변화를 이용하여 각 바퀴의 속도를 감지하여 컴퓨터로 입력하는 역할을 한다.

77 ABS 장착 차량에서 휠 스피드센서의 설명이다. 틀린 것은?

① 출력신호는 AC 전압이다.
② 일종의 자기유도센서 타입이다.
③ 고장 시 ABS 경고등이 점등하게 된다.
④ 앞바퀴는 조향 휠이므로 뒷바퀴에만 장착되어 있다.

풀이 스피드센서는 각 바퀴의 회전속도를 감지하여 ECU로 입력시켜 준다.

78 전자제어 제동장치(ABS)에서 휠 속도센서에 대한 내용으로 틀린 것은?

① 마그네틱 방식과 액티브 방식 등이 있다.
② 출력파형은 종류에 따라 아날로그 및 디지털신호이다.
③ 적재하중에 따라 출력값이 변한다.
④ 에어 갭의 변화에 따라 출력값이 변한다.

79 ABS 구성부품 중 휠 스피드센서의 폴 피스 부분에 이물질이 끼어있을 때 나타나는 현상은?

① 센서가 자화되지 않는다.
② 차륜 회전속도 감지능력이 저하한다.
③ 차륜 회전속도 감지능력이 증가한다.
④ 센서 작동과 무관하다.

풀이 휠 스피드센서의 폴 피스 부분에 이물질이 끼면 차륜 회전속도 감지능력이 저하한다.

80 4센서 4채널 ABS(anti-lock brake system)에서 하나의 휠 스피드센서(wheel speed sensor)가 고장일 경우의 현상 설명으로 맞는 것은?

① 고장나지 않은 나머지 3바퀴만 ABS가 작동한다.
② 고장나지 않은 바퀴 중 대각선 위치에 있는 2바퀴만 ABS가 작동한다.
③ 4바퀴 모두 ABS가 작동하지 않는다.
④ 4바퀴 모두 정상적으로 ABS가 작동한다.

81 ABS 제어채널 방식 중 주로 후륜구동 차량에 적합하며, 후륜 측의 유압을 동시에 제어하는 것은?

① 4센서 1채널
② 2센서 2채널
③ 4센서 3채널
④ 3센서 4채널

ANSWER 76 ④ 77 ④ 78 ③ 79 ② 80 ③ 81 ③

82 자동차용 ABS(Anti-lock Brake System) 작동 중 ECU의 신호를 받아 휠 실린더에 작용하는 유압을 조절하는 기구는?

① 프로포셔닝밸브
② 마스터 실린더
③ 딜리버리밸브
④ 하이드롤릭 유닛

> 하이드롤릭 유닛(HCU, 모듈레이터, 유압조절기)은 ECU 출력신호에 의해 각 휠 실린더 유압을 직접 제어하는 부품이다.

83 ABS에서 ECU의 출력신호에 의해 각 휠 실린더의 유압을 제어하는 것은?

① 모듈레이터   ② 릴레이 밸브
③ 레귤레이터   ④ 언로더 밸브

> 모듈레이터는 프로 포셔닝밸브, 체크밸브, 솔레노이드밸브, 리저브 펌프, 어큐뮬레이터로 구성되어 ECU의 출력신호에 의해 각 휠 실린더의 유압을 제어한다.

84 ABS에서 1개의 휠 실린더에 NO(normal open) 타입의 입구밸브(inlet solenoid valve)와 NC(normal closed) 타입의 출구밸브(outlet solenoid valve)가 각각 1개씩 있을 때 바퀴가 고착된 경우의 감압제어는?

① inlet S/V : ON – outlet S/V : ON
② inlet S/V : OFF – outlet S/V : ON
③ inlet S/V : ON – outlet S/V : OFF
④ inlet S/V : OFF – outlet S/V : OFF

85 ABS 하이드로릭 유닛에서 펌프 모터에 압송되는 오일의 맥동을 감소시키고, 감압모드 시 발생하는 페달의 킥백(kick back)을 방지하는 것은?

① LPA(Low Pressure Accumulator)
② HPA(High Pressure Accumulator)
③ NO(Normal Open) 솔레노이드밸브
④ NC(Normal Close) 솔레노이드밸브

> **하이드로릭 유니트(HYDRAULIC UNIT)**
> ① NO(Normal Open) 솔레노이드 밸브 : 통전되기 전에는 밸브 유로가 열려 있는 상태를 유지하는 밸브로, 마스터 실린더와 캘리퍼 휠 실린더 사이의 유로가 연결되어 있는 상태에서 통전이 되면 유로를 차단시키는 밸브
> ② NC(Normal Close) 솔레노이드 밸브 : 통전되기 전에는 밸브 유로가 닫혀 있는 상태를 유지하는 밸브로, 갤리퍼 휠 실린더와 LPA 사이의 유로가 차단되어 있는 상태에서 통전이 되면 유로를 연결시키는 밸브
> ③ LPA(Low Pressure Accumulator) : 제동 압력이 과다하여 감압하는 경우에 캘리퍼 휠 실린더의 압력을 NC밸브를 통하여 Dump된 액량을 저장시키는 챔버
> ④ HPA(High Pressure Accumulator) : 펌프 모타에 의해 압송되는 오일의 노이즈 및 맥동을 감소시키는 동시에 감압모드 시 발생하는 페달의 Kick Back을 방지하기 위한 챔버
> ⑤ 펌프(Pump) : LPA로 Dump되어서 저장되어 있는 액량을 M/Cyl. 회로쪽으로 퍼내는(순환시키는) 기능 수행
> ⑥ 펌프 모타(Pump Motor) : 펌프를 구동시키는 전기 모타

82 ④ 83 ① 84 ① 85 ②

86 제동 안전장치 중 안티스키드장치(Antiskid system)에 사용되는 밸브가 아닌 것은?

① 언로더밸브(unloader valve)
② 프로포셔닝밸브(proportioning valve)
③ 리미팅밸브(limiting valve)
④ 이너셔밸브(inertia valve)

풀이 안티 스키드장치에 사용되는 밸브에는 프로포셔닝밸브, 리미팅밸브, 이너셔밸브 등이 있다.

87 브레이크의 제동력 배분을 앞쪽보다 뒤쪽을 작게 해주는 밸브로 맞는 것은?

① 언로드밸브
② 체크밸브
③ 프로포셔닝밸브
④ 안전밸브

풀이 프로포셔닝밸브는 마스터 실린더와 휠 실린더 사이에 설치되어 있으며, 제동력 배분을 앞바퀴보다 뒷바퀴를 작게 하여(뒷바퀴의 유압을 감소시킴) 바퀴의 고착을 방지하는 작용을 한다.

88 제동 안전장치 중 프레임과 리어 액슬 사이에 장착되어 적재량에 따라 후륜에 가해지는 유압을 조절하여 차량의 제동력을 최적화하는 밸브는?

① ABS밸브
② G밸브
③ PB밸브
④ LSPV밸브

89 브레이크 안전장치에 사용되는 이너셔밸브(inertia valve) 일명 G밸브의 역할은?

① 조정밸브의 작동 개시점을 자동차의 감속도에 따라 출력유압을 제어한다.
② 앞·뒷바퀴가 받는 하중의 변동이 클 경우 하중에 따라 유압작동 개시 점을 이동시킨다.
③ 앞바퀴 제동력 증가비율에 대하여 뒷바퀴의 제동력 증가비율이 작아지도록 한다.
④ 브레이크 페달을 강하게 밟았을 때 뒷바퀴가 먼저 고착(lock)되지 않도록 한다.

풀이 이너셔밸브(inertia valve)는 조정밸브의 작동 개시점을 자동차의 감속도에 따라 출력 유압을 제어한다.

90 전자제어식 제동장치(ABS)에서 펌프로부터 토출된 고압의 오일을 일시적으로 저장하고 맥동을 완화시켜 주는 것은?

① 모듈레이터
② 솔레노이드밸브
③ 어큐뮬레이터
④ 프로포셔닝밸브

풀이 어큐뮬레이터는 펌프에서 토출된 고압의 오일을 일시적으로 저장하고 맥동을 완화시켜 주는 작용을 한다.

91 브레이크 페달을 강하게 밟을 때 후륜이 먼저 로크되지 않도록 하기 위하여 유압이 어떤 일정 압력 이상 상승하면 그 이상 후륜측에 유압이 상승하지 않도록 제한하는 장치는?

① 리미팅밸브(limiting valve)
② 프로포셔닝밸브(proportioning valve)
③ 이너셔밸브(inertia valve)
④ EGR밸브

풀이 리미팅밸브(Limiting Valve)는 브레이크 페달을 강하게 밟을 때 후륜이 먼저 로크되지 않도록 하기 위하여 유압이 어떤 일정 압력 이상 상승하면 그 이상 후륜측에 유압이 상승하지 않도록 제한하는 장치이다.

86 ① 87 ③ 88 ④ 89 ① 90 ③ 91 ①

92 ABS(Anti Lock Brake System)장치의 유압제어 모드에서 주행 중 급제동 시 고착된 바퀴의 유압제어는?

① 감압제어　　② 분압제어
③ 정압제어　　④ 증압제어

풀이) 주행 중 급제동할 때 고착된 바퀴의 유압은 감압제어를 한다.

93 전자제어 ABS가 정상적으로 작동되고 있을 때 나타나는 현상 설명으로 맞는 것은?

① 급제동 시 브레이크 페달에서 맥동을 느끼거나 조향 휠에 진동이 없다.
② 급제동 시 브레이크 페달에서 맥동을 느끼거나 조향 휠에 진동을 느낀다.
③ 급제동 시 브레이크 페달에서만 맥동을 느낄 수 있다.
④ 급제동 시 조향 휠에서만 진동을 느낄 수 있다.

풀이) ABS가 정상적으로 작동되는 경우에는 급제동할 때 브레이크 페달에서 맥동을 느끼거나 조향 휠에 진동을 느낀다.

94 ABS에서 고장이 발생하여 경고등이 점등되었을 때 제동 관계 장치들의 작동상태에 대한 설명으로 옳은 것은?

① ABS가 고장 나더라도 일반 제동은 가능하게 함
② ABS가 고장 나더라도 EBD는 정상 작동되게 함
③ 시동 후 일정시간만 경고등을 점등하게 함
④ 유압회로가 누유 되지 않도록 차단함

95 ABS 장착차량에서 주행을 시작하여 차량속도가 증가하는 도중에 펌프 모터 작동 소리가 들렸다면 이 차의 상태는?

① 오작동이므로 불량이다.
② 체크를 하기 위한 작동으로 정상이다.
③ 모터의 고장을 알리는 신호이다.
④ 모듈레이터 커넥터의 접촉 불량이다.

96 ABS 브레이크장치에 대한 설명으로 맞는 것은?

① ABS 휠 속도센서의 간극은 약 0.3~0.9mm 정도 된다.
② 휠 속도센서는 앞바퀴가 조향 휠이므로 뒷바퀴에만 각각 장착되어 있다.
③ ABS 작동 시 최대 마찰 계수는 약 0.1 범위에 있다.
④ ABS의 최대 장착목적은 신속하게 휠을 고정시키기 위함이다.

97 ABS(Anti-lock Brake System)에서 하이드 롤릭 유닛은 최종적으로 어느 부분의 압력을 조절하는가?

① 오일 탱크　　② 오일 펌프
③ 휠 실린더　　④ 마스터 실린더

풀이) 하이드 롤릭 유닛(Hydraulic Unit)은 기본 유압회로는 1차와 ABS 작동 시 사용되는 2차 회로로 구성되어 있으며, 실제로 각 바퀴 휠 실린더로 전달되는 유압을 제어하는 부품들의 집합체이다. HU내부에는 동력을 공급하는 곳과 밸브 등으로 구성되며 동력은 모터에 의해 작동되며 제어 펌프에 의해 공급된다. 센서로부터 전달된 검출 신호에 의해 ECU가 연산작업 실시, 슬립 상태를 판단하고 ABS 작동여부가 결정되면, ECU의 제어 Logic에 의하여 밸브와 모터가 작동되면서 증압, 감압, 유지형태 및 펌핑 등이 제어된다.

92 ①　93 ②　94 ①　95 ②　96 ①　97 ③

98 제동장치의 편제동 원인이 아닌 것은?

① 타이어 공기압력이 불균일하다.
② 브레이크 페달 유격이 크다.
③ 휠 얼라인먼트가 불량하다.
④ 휠 실린더 1개가 고착되어 있었다.

99 브레이크 페달을 밟았을 때 소음이 나거나 떨리는 현상의 원인이 아닌 것은?

① 디스크의 불균일한 마모 및 균열
② 패드나 라이닝의 경화
③ 백 킹플레이트나 캘리퍼의 설치 볼트 이완
④ 프로포셔닝밸브의 작동 불량

> 풀이 브레이크 페달을 밟았을 때 소음이 나거나 떨리는 현상의 원인은 디스크의 불균일한 마모 및 균열, 패드나 라이닝의 경화, 백킹 플레이트나 캘리퍼의 설치 볼트 이완 등이다.

100 브레이크에서 배력장치의 기밀유지가 불량할 때 점검해야 할 부분은?

① 패드 및 라이닝 마모상태
② 페달의 자유간격
③ 라이닝 리턴스프링 장력
④ 첵밸브 및 진공호스

> 풀이 브레이크 배력장치의 기밀유지가 불량하면 첵밸브 및 진공호스를 점검한다.

101 ABS(Anti-lock Brake System)에 대한 두 정비사의 의견 중 옳은 것은?

> ▶ 정비사 KIM : 발전기의 전압이 일정 전압 이하로 하강하면 ABS 경고등이 점등된다.
> ▶ 정비사 LEE : ABS 시스템의 고장으로 경고등 점등 시 일반 유압 제동 시스템은 작동할 수 없다.

① 정비사 KIM만 옳다.
② 정비사 LEE만 옳다.
③ 두 정비사 모두 옳다.
④ 두 정비사 모두 틀리다.

102 자동차 ABS에서 제어 모듈(ECU)의 신호를 받아 밸브와 모터가 작동되면서 유압의 증가, 감소, 유지 등을 제어하는 것은?

① 마스터 실린더
② 딜리버리밸브
③ 프로포셔닝밸브
④ 하이드롤릭 유닛

> 풀이 하이드 롤릭 유닛(Hydraulic Unit)은 ECU의 제어 Logic에 의하여 밸브와 모터가 작동되면서 증압, 감압, 유지형태 및 펌핑 등이 제어된다.

103 전자제어 제동장치(ABS)에서 하이드로릭 유닛의 내부 구성부품으로 틀린 것은?

① 어큐뮬레이터
② 인렛 미터링밸브
③ 상시열림 솔레노이드밸브
④ 상시닫힘 솔레노이드밸브

98 ② 99 ④ 100 ④ 101 ① 102 ④ 103 ②

104 제동시 뒷바퀴의 록(lock)으로 인한 스핀을 방지하기 위해 사용되는 것은?

① 딜레이밸브
② 어큐뮬레이터
③ 바이패스밸브
④ 프로포셔닝밸브

> 풀이 프로포셔닝밸브는 브레이크 오일의 유압을 조절하여 제동력을 분산시키는 장치로 제동시 뒷 브레이크가 먼저 작동하면 타이어가 끌리는 현상이 발생하게 되는데, 이를 방지하기 위하여 마스터 실린더와 휠 실린더 사이에 설치하여 오일의 유압을 조절하는 역할을 한다. 거의 모든 승용차의 뒤 브레이크에 사용되고 있다.

105 제동 시 후륜에서 전륜으로 하중이 이동된 만큼 후륜의 휠실린더에 작용하는 유압을 감소시켜 타이어의 잠김 현상을 방지하는 유압 구성품이 아닌 것은?

① 언로더 밸브
② 프로포셔닝 밸브
③ 듀얼 프로포셔닝 밸브
④ 로드 센싱 프로포셔닝 밸브

106 제동 안전장치 중 후륜 쪽의 브레이크 유압을 적재 하중에 따라 조절하는 것은?

① 릴리프 밸브
② 이너셔 밸브
③ 탠덤 마스터 실린더
④ 로드 센싱 프로포셔닝 밸브

107 자동차에 사용하는 휠 스피드센서의 파형을 오실로스코프로 측정하였다. 파형의 정보를 통해 확인할 수 없는 것은?

① 최저 전압
② 평균 저항
③ 최고 전압
④ 평균 전압

108 ABS 컨트롤 유닛(제어모듈)에 대한 설명으로 틀린 것은?

① 휠의 회전속도 및 가·감속을 계산한다.
② 각 바퀴의 속도를 비교·분석한다.
③ 미끄럼비를 계산하여 ABS 작동 여부를 결정한다.
④ 컨트롤 유닛이 작동하지 않으면 브레이크가 전혀 작동하지 않는다.

109 자동차 급제동 시 뒷바퀴가 앞바퀴보다 먼저 고착됨으로써 스핀발생으로 인한 사고 유발 문제점을 해소하기 위해 뒷바퀴와 앞바퀴를 동일하게 제어하거나 뒷바퀴가 늦게 고착되도록 제어하는 것은?

① ABS
② BAS
③ EBD
④ HBA

> 풀이 EBD(electronic brake-force distribution control) 주행 중 급제동을 하면 자동차 무게의 이동으로 인하여 뒷바퀴가 앞바퀴보다 먼저 고착되어 자동차 스핀발생으로 인한 사고를 일으킬 수 있다. 자동차가 스핀 하는 것을 방지하기 위해서 프로포셔닝 밸브(proportioning)를 설치하는데 이 프로포셔닝밸브로는 부족하기 때문에 유압을 전자 제어하여 급제동에서 스핀을 방지할 수 있도록 뒷바퀴와 앞바퀴를 동일하게 제어하거나 또는 뒷바퀴가 늦게 고착되도록 ABS의 컴퓨터가 제어하는 방식을 EBD(전자 제동력 분배제어)라 한다.

110 적재상태의 변화나 하중 이동 등에 맞추어 전·후륜 제동력을 전자적으로 제어하여 이상적으로 배분함으로서 안정적인 제동이 가능하게 하는 것은?

① ABS(Anti-lock Brake System)
② TCS(Traction Control System)
③ ESP(Electronic Stability Program)
④ EBD(Electronic Brake-force Distribution system)

104 ④ 105 ① 106 ④ 107 ② 108 ④ 109 ③ 110 ④

111 VDC(Vehicle dynamic control)장치에서 고장발생 시 제어에 대한 설명으로 틀린 것은?

① 원칙적으로 ABS의 고장 시에는 VDC 제어를 금지한다.
② VDC 고장 시에는 해당 시스템만 제어를 금지한다.
③ VDC 고장 시 솔레노이드밸브 릴레이를 OFF시켜야 되는 경우에는 ABS 페일세이프에 준한다.
④ VDC 고장 시 자동변속기는 현재 변속단보다 다운 변속된다.

112 주 제동장치인 풋 브레이크(foot brake)의 빈번한 작동으로 인한 과열을 방지하기 위하여 사용하는 감속제동장치(제 3브레이크)가 아닌 것은?

① 유압감속기   ② 배력 브레이크
③ 배기 브레이크 ④ 와전류 감속기

113 전자제어 제동장치에서 제동안전장치가 아닌 것은?

① BAS(Brake Assist System)
② ABS(Anti lock Brake System)
③ TCS(Traction Control System)
④ EBD(Electronic Brake force Distribution)

114 전자식 케이블타입 주차브레이크(Electronic Parking Brake)의 구성품 중 케이블의 장력을 측정하여 자동차의 조건 및 경사도에 따라 적절한 제동력이 가해지도록 하는 것은?

① TCU
② EPB 스위치
③ 제동력 감지센서
④ 주차 케이블 구동기어

115 전자 주차 브레이크(EPB)의 제어 기능에 해당되지 않는 것은?

① 스포츠 기능
② 비상 제동 기능
③ 안전 클러치 기능
④ 자동 차량 홀드 기능

풀이 전자 주차 브레이크(EPB)의 제어 기능
① 수동정차 기능 : 자동차의 속도가 3km/h 이하에서 EPB 스위치의 조작으로 작동과 해제가 가능하다. 정차 기능을 해제하기 위해서는 이그니션 ON 상태에서 브레이크 페달을 밟고, EPB 스위치를 당기면 EPB는 해제되고 동시에 클러스터 계기판의 브레이크 램프도 소등된다.
② 비상제동 기능 : 자동차의 속도가 3km/h 이상으로 주행 중에 브레이크 페달을 조작하기 힘든 상황이 있을 수 있다. EPB 스위치 계속 누르게 되면 운전자가 원하는 속도로 까지 감속할 수가 있다. 자동차의 속도를 최대한 감속하여 제동 안전성을 확보하기 위한 기능이라고 할 수 있다.
③ EPB 자동해제 기능 : EPB 작동 중이라도 가속페달을 밟게 되면 자동으로 EPB가 해제되는 기능이다. 다만 운전석 도어가 열려있거나, 운전석 시트벨트가 미착용된 경우, 그리고 보닛(혹은 후드)가 열려있거나, 트렁크가 열려있는 경우에는 EPB가 자동으로 해제되지 않는다.
④ 엔진 정지 시 주차기능 : 엔진 시동이 꺼진 경우에 자동으로 EPB가 작동하는 기능이다. 다시 시동을 걸어 출발 시에는 EPB가 자동으로 해제된다. 다만 주차장에서 일렬 주차해야 할 상황이라면 차량이 밀릴 수 있도록 EPB를 해제 상태로 주차를 해야 하므로 브레이크를 밟고 EPB 스위치를 당긴 상태에서 시동을 끄거나, EPB 스위치를 당겼다가 놓은 후 약 5초 이내에 시동을 끄면 된다.
⑤ 자동 정차 유지 기능 : 도로 신호대기 등으로 정차 시에 브레이크 페달을 밟지 않더라도 자동으로 EPB가 작동하여 자동으로 자동차가 정지되는 기능이다. 이 기능을 통하여 언덕과 같은 경사로에 정차한 후 재출발하는 경우에 자동차의 밀림을 방지한다.

111 ④ 112 ② 113 ④ 114 ③ 115 ①

116 자동차 제동 시에 발생하는 차륜의 상하 운동은?

① 브레이크 홉   ② 브레이크 팝
③ 브레이크 저더 ④ 브레이크 스퀼

풀이 ① 브레이크 홉 : 휠 록 또는 그 직전에 급제동한 때에, 휠이 튀는 자려진동(自勵振動) 현상.
② 브레이크 저더 : 브레이크 페달을 밟은 때, 차체 진동을 일으키거나, 브레이크 페달이 전후로 진동하는 등의 덜컥거리는 현상을 말한다.

117 하이브리드 자동차 회생 제동시스템에 대한 설명으로 틀린 것은?

① 브레이크를 밟을 때 모터가 발전기 역할을 한다.
② 하이브리드 자동차에 적용되는 연비향상 기술이다.
③ 감속 시 운동에너지를 전기 에너지로 변환하여 회수 한다.
④ 회생제동을 통해 제동력을 배가시켜 안전에 도움을 주는 장치이다.

118 하이브리드 자동차의 회생제동에 의한 에너지 변환 모드의 설명으로 옳은 것은?

① 운동에너지의 일부를 열에너지로 회수
② 운동에너지의 일부를 화학에너지로 회수
③ 운동에너지의 일부를 전기에너지로 회수
④ 전기에너지의 일부를 운동에너지로 회수

116 ②   117 ④   118 ③

제4절 주행 및 구동장치

1_휠 및 타이어

바퀴는 휠(wheel)과 타이어(tire)로 구성되어 있다. 바퀴는 차량의 하중을 지지하고, 제동 및 주행할 때의 회전력, 노면에서의 충격, 선회할 때의 원심력, 차량이 경사졌을 때의 옆 방향 작용을 지지한다. 휠은 타이어를 지지하는 림(rim)과 휠을 허브에 지지하는 디스크(disc)로 되어 있으며 타이어는 림 베이스(rim base)에 끼워진다.

1. 휠

1) 휠의 종류

휠의 종류에는 연한 강철판을 프레스 성형한 디스크를 림과 리벳이나 용접으로 접합한 디스크 휠(disc wheel), 림과 허브를 강철선의 스포크로 연결한 스포크 휠(spoke wheel) 및 방사선 상의 림 지지대를 둔 스파이더 휠(spider wheel)이 있다.

2) 림의 분류

림은 타이어를 지지하는 부분으로 그 종류에는 2분할 림(two splat rim), 드롭 센터 림(drop center rim), 광폭 드롭 센터 림(wide base drop center rim), 세미 드롭 센터 림(semi drop center rim), 인터 림(inter rim), 안전 리지 림(safety ridge rim) 등이 있다.

3) 림의 표시기호 및 호칭

림은 너비(인치로 표시), 플랜지 형상, 림 지름(인치로 표시), 림의 종류로 표시한다.

그림 2-56 / 림의 표시

① 림 폭 : 휠의 양쪽 림 가장 자리의 타이어 접촉 표면 사이의 거리
② 림 직경 : 반대편 타이어 숄더의 타이어 접촉 표면 사이의 거리
③ 플랜지 : 타이어 측면 비드 스톱
④ 오프 셋 : 휠 림의 중심선으로부터 디스크 휠의 안쪽 접촉면(휠 설치 평면)까지의 거리
⑤ 중앙구멍 : 중심 지점에 사용

2. 타이어(tire)

1) 타이어의 분류

① 타이어는 사용 공기압력에 따라 고압타이어, 저압타이어, 초저압 타이어 등이 있다.
② 튜브(tub)유무에 따라 튜브 타이어와 튜브리스 타이어가 있으며, 튜브리스 타이어의 특징은 다음과 같다.
  ㉠ 튜브가 없어 조금 가벼우며, 못 등이 박혀도 공기누출이 적다.
  ㉡ 펑크 수리가 간단하고, 고속 주행을 할 때에도 발열이 적다.
  ㉢ 림이 변형되어 타이어와의 밀착이 불량하면 공기가 새기 쉽다.
  ㉣ 유리 조각 등에 의해 손상되면 수리가 어렵다.

2) 타이어 형상에 따른 분류

① 바이어스 타이어

이 타이어는 카커스 코드(carcass cord)를 빗금방향으로 하고, 브레이커(breaker)를 원둘레 방향으로 넣어서 만든 것이다.

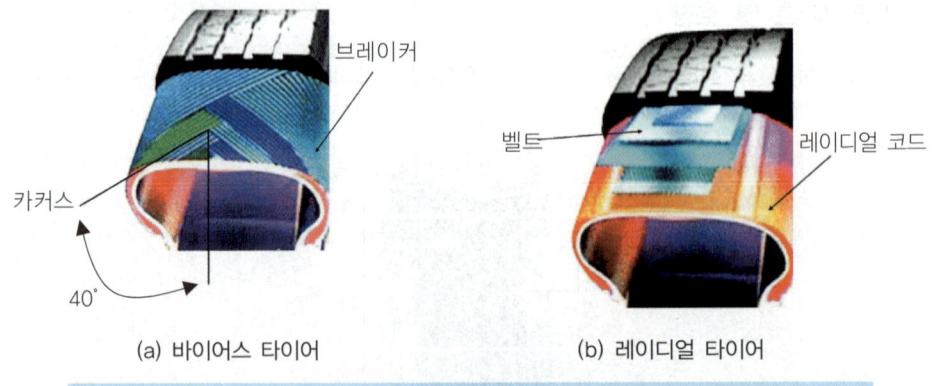

(a) 바이어스 타이어   (b) 레이디얼 타이어

그림 2-57 / 바이어스 타이어와 레이디얼 타이어

② 레이디얼(radial) 타이어

이 타이어는 카커스 코드를 단면방향으로 하고, 브레이커를 원둘레 방향으로 넣어서 만든 것이다. 따라서 반지름 방향의 공기압력은 카커스가 받고, 원둘레 방향의 압력은 브레이커가 지지한다.

③ 스노(snow)타이어

이 타이어는 눈길에서 체인을 감지 않고 주행할 수 있도록 제작한 것이며, 중앙부분의 깊은 리브 패턴이 방향성을 주고, 러그 및 블록 패턴이 견인력을 확보해준다. 그리고 스노타이어를 사용할 때 주의할 사항은 다음과 같다.

㉠ 바퀴가 고정(lock)되면 제동거리가 길어지므로 급제동을 하지 말 것
㉡ 스핀(spin)을 일으키면 견인력이 급격히 감소하므로 출발을 천천히 할 것
㉢ 트레드 부분이 50% 이상 마멸되면 체인을 병용할 것
㉣ 구동바퀴에 걸리는 하중을 크게 할 것

④ 편평 타이어

이 타이어는 타이어 단면의 가로, 세로비율을 적게 한 것이며, 타이어 단면을 편평하게 하면 접지면적이 증가하여 옆방향 강도가 증가한다. 또 제동 출발 및 가속을 할 때 등에서 내 미끄럼 성능과 선회성능이 좋아진다.

승용차용 타이어 편평 비율은 $\dfrac{타이어\ 높이}{타이어\ 폭}$ 로 나타내며, 편평 비율이 0.6일 때 60시리즈(60 series)라 하며 이것은 폭이 100일 때 높이가 60인 타이어를 말한다.

3) 타이어의 구조

① 트레드(tread)

트레드는 노면과 직접 접촉하는 고무부분이며, 카커스와 브레이커를 보호하는 부분이다. 트레드 패턴의 필요성은 다음과 같다.

㉠ 타이어의 사이드슬립이나 전진방향의 미끄럼을 방지한다.
㉡ 타이어 내부에서 발생한 열을 방산한다.
㉢ 트레드에서 발생한 절상의 확산을 방지한다.
㉣ 구동력이나 선회성능을 향상시킨다.

② 브레이커(breaker)

브레이커는 트레드와 카커스 사이에 있으며, 몇 겹의 코드 층을 내열성의 고무로 싼 구조로 되어 있으며 트레드와 카커스의 분리를 방지하고 노면에서의 완충작용도 한다.

③ 카커스(carcass)

카커스는 타이어의 뼈대가 되는 부분이며, 공기압력을 견디어 일정한 체적을 유지하고

하중이나 충격에 따라 변형하여 완충작용을 한다. 카커스를 구성하는 코드 층의 수를 플라이 수(ply rating, PR)라 한다.

④ 비드부분(bead section)

비드부분은 타이어가 림과 접촉하는 부분이며, 비드 부분이 늘어나는 것을 방지하고 타이어가 림에서 빠지는 것을 방지하기 위해 내부에 몇 줄의 피아노선이 원둘레 방향으로 들어 있다.

⑤ 사이드 월(Side Wall)

트레드에서 비드부 까지의 카커스를 보호하기 위한 고무 층이며, 노면과는 직접 접촉하지 않는다. 그러나 하중이나 노면으로부터의 충격에 의하여 계속적인 굴곡운동을 하게 되므로 굴곡성 및 내 피로성이 높은 고무이어야 하며, 규격, 하중, 공기압 등 타이어의 기본 정보가 문자로 각인된 부위이다.

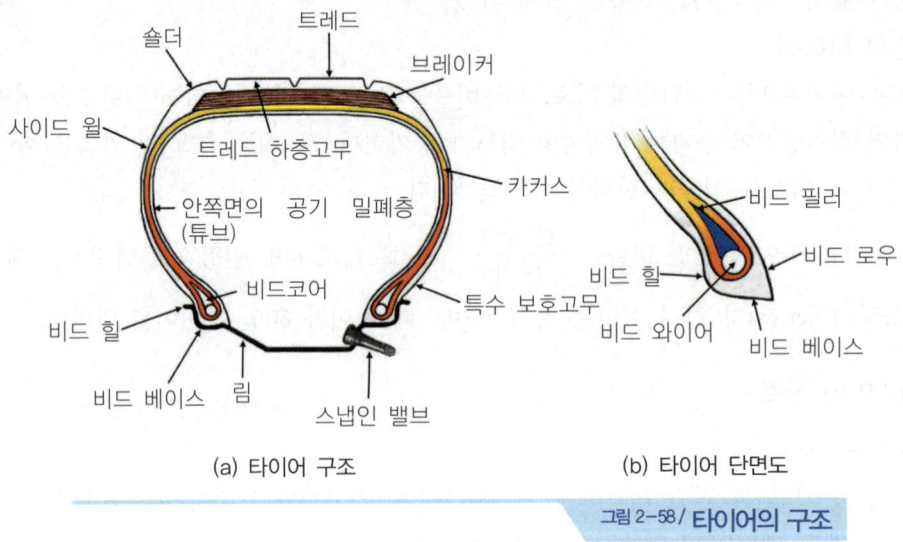

(a) 타이어 구조   (b) 타이어 단면도

그림 2-58 / 타이어의 구조

4) 타이어의 호칭치수

① 고압 타이어의 호칭 치수 : 바깥지름(inch) × 폭(inch) - 플라이 수(ply rating)
② 저압 타이어의 호칭 치수 : 폭(inch) - 안지름(inch) - 플라이 수
③ 레이디얼 타이어 : 레이디얼 타이어는 가령 165/70 SR 13 인 타이어는 폭이 165㎜, 편평 비율이 0.7, 안지름이 13inch이며, 여기서 S 또는 H는 허용 최고속도표시 기호이며 허용 최고속도가 180km/h 이내에서 사용되는 타이어란 뜻이다. R은 레이디얼의 약자이다.

5) 타이어에서 발생하는 이상현상

① 스탠팅 웨이브 현상(standing wave)

이 현상은 고속으로 달리는 타이어의 접지부 뒤쪽에 나타나는 파상(波狀)의 변형을 말한다. 스탠딩 웨이브가 발생하면 타이어 내부의 고열로 인해 트레드 부분이 원심력을 견디지 못하고 분리되며 파손된다. 스탠딩 웨이브의 방지방법은 타이어 공기압력을 표준보다 15~20% 높여 주거나 강성이 큰 타이어를 사용하면 된다. 타이어의 임계 온도는 120~130℃이다.

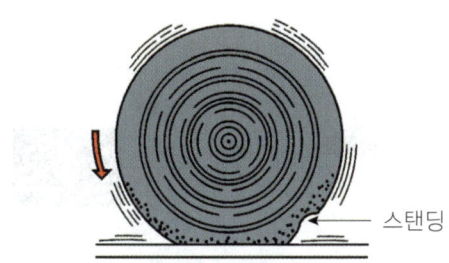

그림 2-59 / **스탠딩 웨이브 현상**

② 하이드로 플래닝(hydro planing : 수막현상)

이 현상은 물이 고인 도로를 고속으로 주행할 때 일정 속도 이상이 되면 타이어의 트레드가 노면의 물을 완전히 밀어내지 못하고 타이어는 얇은 수막에 의해 노면으로부터 떨어져 제동력 및 조향력을 상실하는 현상이다. 이를 방지하는 방법은 다음과 같다.

㉠ 트레드 마멸이 적은 타이어를 사용한다.
㉡ 타이어 공기압력을 높이고, 주행속도를 낮춘다.
㉢ 리브 패턴의 타이어를 사용한다. 러그 패턴의 경우는 하이드로 플래닝을 일으키기 쉽다.
㉣ 트레드 패턴을 카프(calf)형으로 세이빙(shaving)가공한 것을 사용한다.

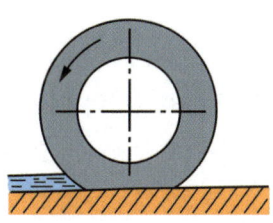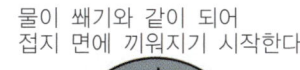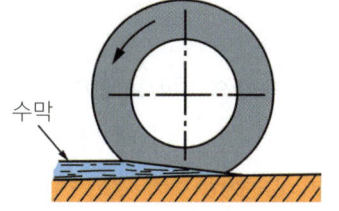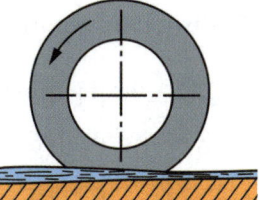

(a) 전면 접지(60km/h)   (b) 유체쐐기(70~80km/h)   (c) 하이드로플레이닝(80km/h)

그림 2-60 / **하이드로 플래닝 현상**

6) 바퀴평형(wheel balance)

① **정적평형** : 타이어가 정지된 상태의 평형이며, 정적 불평형에서는 바퀴가 상하로 진동하는 트램핑(tramping바퀴의 상하 진동)현상을 일으킨다.

② **동적평형** : 회전 중심축을 옆에서 보았을 때의 회전 상태의 평형, 동적 불평형이 있으면 바퀴가 좌우로 흔들리는 시미(shimmy바퀴의 좌우 진동)현상이 발생한다.

3. TPMS(TPMS : tire pressure monitoring system)

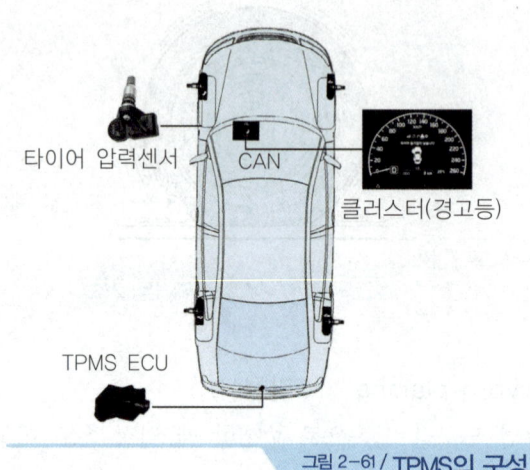

그림 2-61 / TPMS의 구성

타이어 공기압 경보 장치 TPMS는 안전운행에 영향을 줄 수 있는 타이어 압력 변화를 경고하기 위해 타이어 내부의 휠에 탑재된 개별 센서로부터 타이어 내부압력을 측정하여 이를 실시간 무선송신하고 수신모듈에서 압력저하 감지 시 이를 클러스터에 표시하여 운전자에게 경고해주는 시스템이다.

2_구동력 제어장치

1. TCS(traction control system)

비에 젖은 노면이나 얼어붙은 노면과 같은 미끄러지기 쉬운 노면 위에서 출발하거나 가속할 때, 구동바퀴의 바퀴가 스핀하는 일이 있다. 이 때 앞바퀴 구동방식의 차량에서는 조향성, 뒷바퀴 구동의 차량에서는 안전성을 잃는다.

엔진의 출력을 저하시키거나, 구동 바퀴에 브레이크를 걸든지 하여, 바퀴와 노면과의 슬립율을 최적인 값으로 유지하는 제어를 하여, 구동바퀴가 스핀하지 않도록 최적의 구동력을 얻는 것이 TCS(구동력 제어장치)이다. 도로와 바퀴의 마찰 계수의 관계는 TCS에서도 마찬가지로 취급한다. 즉, 슬립율이 15~20%으로 되도록 구동력을 제어한다. TCS의 기능은 다음과 같다.

2. TCS의 기능

① 구동 성능이 향상된다. - 구동바퀴의 슬립(slip)이 제어되므로 차체의 흔들림이 적고 발진 성능가속 성능 및 등판능력이 향상된다.
② 선회 및 앞지르기 성능이 향상된다. - 선회할 때 안전한 코너링 및 앞지르기가 가능해진다.
③ 조향 안전성이 향상된다. - 조향핸들을 돌릴 때 구동력에 의한 가로방향의 작용력을 우선적으로 제어하므로 조향용이 용이하다.

3. TCS의 일반적인 기능

TCS는 엔진의 여유 출력을 제어하는 모든 장치를 말하며, 눈길 등의 미끄러지기 쉬운 노면에서 가속성 및 선회 안전성을 향상시키는 슬립 제어(slip control) 기능과 일반 도로에서의 주행 중 선회 가속을 할 때 자동차의 가로방향 가속도 과다로 인한 언더 또는 오버 스티어링을 방지하여 조향 성능을 향상시키는 트레이스 제어(trace control)가 있다. 슬립 또는 트레이스 제어 모두 엔진의 회전력을 저하시키는 방식을 채택하며 엔진 제어 방식은 다음과 같은 특징이 있다.

① 미끄러운 노면에서 발진 및 가속할 때 미세한 가속페달의 조작이 불필요하므로 주행 성능을 향상시킨다.
② 일반 노면에서 선회 가속할 때 운전자의 의지대로 가속을 보다 안정되게 하여 선회 성능을 향상시킨다. - 트레이스 제어
③ 선회 가속할 때 조향 핸들의 조작 량을 감지하여 가속페달의 조작 빈도를 감소시켜 선회 능력을 향상시킨다. - 트레이스 제어
④ 미끄러운 노면에서 뒷바퀴 휠 스피드 센서에서 구한 차체 속도와 앞바퀴 휠 스피드 센서로 구한 구동바퀴의 속도를 검출 비교하여 구동바퀴의 슬립률이 적절하도록 기관의 회전력을 감소시켜 주행 성능을 향상시킨다.
⑤ 일반 노면에서 운전자의 의지로 인한 가로방향 가속도가 규정 값을 초과할 경우 TCS의 컴퓨터가 운전자의 의지를 판단하여 기관 출력을 제어하므로 서 선회 안전성을 향상시킨다.
⑥ 운전자의 의지로 트레이스 제어 Off 또는 트레이스 제어와 슬립 제어 Off의 모드 선택

으로 TCS를 부착하지 아니한 자동차와 동일한 작동이 가능하므로 스포티브 운전 및 다양한 운전 영역을 제공한다.

4. TCS의 종류

1) 엔진 제어방식(engine control system)

① 흡입 공기량 제어방식

흡입 공기량 제어방식은 스로틀밸브로 흡입되는 공기량을 제어하여 엔진 출력을 제어하므로 엔진 출력의 절대량을 연속적으로 안정되게 조정이 가능한 반면 미세 슬립 영역에서는 충분한 기능 발휘가 어려운 결점이 있다.

② 엔진 조종방식(EM : engine management type)

이 방식은 전자제어 연료 분사장치 엔진에서 액추에이터의 추가 없이 소프트웨어만의 대응이 가능하여 연료분사 제어와 점화시기 제어방식이 있다.

③ 브레이크 제어방식(brake control system)

브레이크 제어방식은 슬립이 발생하는 바퀴자체를 제어하는 방식이며, ABS의 액추에이터(모듈레이터)를 수정 보완한 것을 ABS와 함께 사용한다.

2) 동력전달장치 제어방식

동력전달장치 제어방식에는 차동장치 제어방식과 4WD(4wheel drive) 및 클러치 제어방식이 있다. 차동장치 제어방식은 차동장치에 차동 제한장치(LSD)를 기계방식, 비스코스 커플링방식, 전자방식 등으로 작동시키는 것이다.

3) 통합 제어방식

TCS의 통합 제어방식에는 스로틀밸브와 브레이크 제어를 복합한 방식, 엔진 조종과 브레이크 제어를 복합한 방식, 스로틀밸브와 브레이크 제어 및 차동 제한장치를 복합한 방식 등이 있다.

제4절 주행 및 구동장치

 출제예상문제

01 타이어의 기본구조 명칭으로 틀린 것은?

① 험프(hump)
② 트레드(thread)
③ 브레이커(breaker)
④ 비드(bead)

풀이 타이어의 기본구조
① 트레드(tread) : 트레드는 노면과 직접 접촉하는 고무부분이며, 카커스와 브레이커를 보호하는 부분이다.
② 브레이커(breaker) : 브레이커는 트레드와 카커스 사이에 있으며, 몇 겹의 코드 층을 내열성의 고무로 싼 구조로 되어 있으며 트레드와 카커스의 분리를 방지하고 노면에서의 완충작용도 한다.
③ 카커스(carcass) : 카커스는 타이어의 뼈대가 되는 부분이며, 공기압력을 견디어 일정한 체적을 유지하고 하중이나 충격에 따라 변형하여 완충작용을 한다. 카커스를 구성하는 코드 층의 수를 플라이 수(ply rating, PR)라 한다.
④ 비드부분(bead section) : 비드부분은 타이어가 림과 접촉하는 부분이며, 비드 부분이 늘어나는 것을 방지하고 타이어가 림에서 빠지는 것을 방지하기 위해 내부에 몇 줄의 피아노선이 원둘레 방향으로 들어 있다.
⑤ 사이드 월(Side Wall) : 트레드에서 비드부 까지의 카커스를 보호하기 위한 고무 층이며, 노면과는 직접 접촉하지 않는다. 그러나 하중이나 노면으로부터의 충격에 의하여 계속적인 굴곡운동을 하게 되므로 굴곡성 및 내 피로성이 높은 고무이어야 하며, 규격, 하중, 공기압 등 타이어의 기본 정보가 문자로 각인된 부위이다.

02 타이어에서 직접 노면과 접촉되어 마모에 견디고 적은 슬립으로 견인력을 증대시키는 부분의 명칭은?

① 트레드(tread)
② 브레이커(breaker)
③ 카커스(carcass)
④ 비드(bead)

풀이 트레드(tread)는 노면과 직접 접촉하는 고무부분이며, 카커스와 브레이커를 보호하고 마모에 견디고 적은 슬립으로 견인력을 증대시키는 부분이다.

03 타이어의 트레드 패턴(Tread pattern)의 필요성이 아닌 것은?

① 타이어의 열을 흡수
② 트레드에 생긴 절상 등의 확대를 방지
③ 구동력이나 견인력의 향상
④ 타이어의 옆 방향에 대한 저항이 크고 조향성 향상

풀이 타이어의 트레드 패턴의 필요성은 ②, ③, ④항 이외에 타이어에서 발생한 열을 발산한다.

 01 ① 02 ① 03 ①

04 옆 방향 미끄럼에 대하여 저항이 크고 조향성이 좋으며 소음도 적기 때문에 포장도로를 주행하는데 적합한 타이어의 패턴은?

① 리브 패턴(Rib Pattern)
② 러그 패턴(Lug Pattern)
③ 블록 패턴(Block Pattern)
④ 오프 더 로드 패턴(Off the road Pattern)

> 풀이) 리브 패턴(Rib Pattern)은 옆 방향 미끄럼에 대하여 저항이 크고 조향성이 좋으며 소음도 적기 때문에 포장도로를 주행하는데 적합한 타이어의 패턴이다.

05 고무로 피복 된 코드를 여러 겹 겹친 층에 해당되며, 타이어에서 타이어 골격을 이루는 부분은?

① 카커스(carcass)부
② 트레드(tread)부
③ 숄더(shoulder)부
④ 비드(bead)부

> 풀이) 카커스(carcass)는 타이어의 골격을 이루는 부분이며, 공기압력에 견디어 일정한 체적을 유지하고, 또한 하중이나 충격에 따라 변형되어 충격완화 작용을 한다.

06 내부에는 고탄소강의 강선(피아노선)을 묶음으로 넣고 고무로 피복한 링 상태의 보강부위로 타이어를 림에 견고하게 고정시키는 역할을 하는 부품은?

① 카커스(carcass)부
② 트레드(tread)부
③ 숄더(should)부
④ 비드(bead)부

> 풀이) 비드부분(bead section)은 타이어가 림과 접촉하는 부분이며, 비드 부분이 늘어나는 것을 방지하고 타이어가 림에서 빠지는 것을 방지하기 위해 내부에 몇 줄의 피아노선이 원둘레 방향으로 들어 있다.

07 노면과 직접 접촉은 하지 않으며, 주행 중 가장 많은 완충작용을 하는 부분으로서 타이어 규격과 기타 정보가 표시된 부분은?

① 카커스(carcass)부
② 트레드(tread)부
③ 사이드 월(side wall)부
④ 비드(bead)부

> 풀이) 사이드 월(Side Wall)은 트레드에서 비드부 까지의 카커스를 보호하기 위한 고무 층이며, 노면과는 직접 접촉하지 않는다. 그러나 하중이나 노면으로부터의 충격에 의하여 계속적인 굴곡운동을 하게 되므로 굴곡성 및 내 피로성이 높은 고무이어야 하며, 규격, 하중, 공기압 등 타이어의 기본 정보가 문자로 각인된 부위이다.

08 타이어의 편평비에 대한 설명으로 옳은 것은?

① 타이어 내경을 타이어 폭으로 나눈 백분율
② 타이어 폭을 타이어 단면 높이로 나눈 백분율
③ 타이어 단면 높이를 타이어 폭으로 나눈 백분율
④ 타이어 단면 둘레를 타이어 높이로 나눈 백분율

> 풀이) 승용차용 타이어 편평 비율은 $\dfrac{\text{타이어 높이}}{\text{타이어 폭}}$ 로 나타내며, 편평 비율이 0.6일 때 60시리즈(60 series)라 하며 이것은 폭이 100일 때 높이가 60인 타이어를 말한다.

04 ① 05 ① 06 ④ 07 ③ 08 ③

09 형식이 185/65 R14 85H인 타이어를 사용하는 승용자동차가 있다. 이 타이어의 높이와 내경은 각각 얼마인가?

① 65mm, 14cm ② 185mm, 14′
③ 85mm, 65mm ④ 120mm, 14′

풀이 185/65 R14에서 185는 타이어 폭 185mm, 65는 편평비 65%, R은 레이디얼 구조, 14는 타이어 내경을 표시한다. 따라서 타이어 높이는 타이어 폭×편평비이므로 185mm × 0.65 = 120mm이다.

10 승용차 타이어의 규격이 'P205/60R 15 96H'일 경우 타이어의 단면 높이(mm)는?

① 205 ② 123
③ 60   ④ 15

풀이 205/60R 15에서 205는 타이어 폭 205mm, 60은 편평비 60%, R은 레이디얼 구조, 15는 타이어 내경, 96은 하중지수, H는 속도 기호를 표시한다. 따라서 타이어 높이는 타이어 폭×편평비이므로 205mm × 0.6 = 123mm이다.

11 "235/45R 17 91H"인 타이어의 호칭기호에 대한 설명으로 틀린 것은?

① 91 : 하중지수
② H : 속도 기호
③ 45 : 타이어 지름
④ 235 : 타이어 폭

12 타이어 호칭기호 185/70R 13 80Q에서 80이 의미하는 것은?

① 허용압력 ② 하중지수
③ 허용축중 ④ 생산년월

풀이 타이어 하중 지수란 1개 타이어로 적재할 수 있는 최대 하중(kg)에 해당하는 숫자 코드이다. 하중지수가 80이므로 최대 하중능력은 450kg이다.

13 고압 타이어의 안지름이 20인치, 바깥지름이 32인치, 폭 6인치, 플라이수(PR) 10인 경우 호칭치수를 바르게 표시한 것은?

① 32×6-10PR
② 20×6-10PR
③ 6.0-32-10PR
④ 6.0-20-10PR

풀이 타이어의 호칭치수
① 고압 타이어의 호칭 치수 : 바깥지름(inch) × 폭(inch) – 플라이 수(ply rating)
② 저압 타이어의 호칭 치수 : 폭(inch) – 안지름(inch) – 플라이 수

14 타이어 펑크 시 응급적으로 주행 가능한 안전 타이어는?

① 편평 타이어
② 스노우 타이어
③ 런 플랫 타이어
④ 레이디얼 타이어

풀이 런 플랫 타이어(Run Flat Tire)는 강화된 측벽으로 설계되어 자동차의 하중을 지지하고 공기압이 손실된 상태에서도 계속해서 주행이 가능하다.

15 자동차 주행속도가 빠르면 타이어 트레드 부분의 변형이 복원되기 전에 다음의 변형을 맞이하게 되어 타이어의 트레드 부분이 물결모양으로 떠는 현상이 생긴다. 이것을 무엇이라 하는가?

① 타이어 웨이브 현상
② 하이드로 플래닝 현상
③ 타이어 접지변형 현상
④ 스탠딩웨이브 현상

09 ④ 10 ② 11 ③ 12 ② 13 ① 14 ③ 15 ④

16 고속 주행시 타이어 공기압을 표준 공기압보다 다소 높여주는 이유는?

① 승차감을 좋게 하기 위해서
② 타이어 마모를 방지하기 위해서
③ 제동력을 좋게 하기 위해서
④ 스탠딩 웨이브현상을 방지하기 위해서

17 주행 중 타이어에서 발생하는 스탠딩 웨이브 현상의 방지방법으로 틀린 것은?

① 정속으로 주행한다.
② 타이어 공기압을 표준보다 높인다.
③ 전동 저항을 증가시킨다.
④ 강성이 큰 타이어를 사용한다.

풀이 스탠딩 웨이브의 방지방법은 타이어 공기압력을 표준보다 15~20% 높여 주거나 강성이 큰 타이어를 사용하고, 정속으로 주행한다. 타이어의 임계온도는 120~130℃이다.

18 하이드로 플래닝 현상을 방지하기 위한 방법으로 거리가 먼 것은?

① 주행속도를 낮춘다.
② 타이어의 공기압력을 높인다.
③ 러그형 패턴의 타이어를 사용한다.
④ 트레드의 마모가 적은 타이어를 사용한다.

풀이 하이드로 플래닝 현상을 방지하기 위한 방법
① 트레드 마멸이 적은 타이어를 사용한다.
② 타이어 공기압력을 높이고, 주행속도를 낮춘다.
③ 리브 패턴의 타이어를 사용한다. 러그 패턴의 경우는 하이드로 플래닝을 일으키기 쉽다.
④ 트레드 패턴을 카프(calf)형으로 세이빙(shaving) 가공한 것을 사용한다.

19 주행 중 물이 고인 도로를 고속 주행시 타이어 트레드가 물을 완전히 배출시키지 못해 노면과 타이어의 마찰력이 상실되는 현상은?

① 스탠팅 웨이브
② 하이드로 플래닝
③ 타이어 동적 밸런스
④ 타이어 매치 마운팅

20 수막현상에 대하여 잘못 설명한 것은?

① 빗길을 고속 주행할 때 발생한다.
② 타이어 폭이 좁을수록 잘 발생한다.
③ ABS를 장착하면 수막현상에도 위험을 줄일 수 있다.
④ 타이어 홈의 깊이가 적을수록 잘 발생한다.

21 자동차의 바퀴가 정적 불평형일 때 일어나는 현상은?

① tramping(트램핑)
② shimmy(시미)
③ hopping(호핑)
④ standing wave(스탠딩 웨이브)

풀이 바퀴가 정적 불평형이면 트램핑이 발생하고, 바퀴가 동적 불평형이면 시미를 일으킨다.

22 자동차가 주행 중 휠의 동적 불평형으로 인해 바퀴가 좌우로 흔들리는 현상을 무엇이라 하는가?

① 시미현상　　② 휠링현상
③ 요잉현상　　④ 바운싱 현상

풀이 동적평형은 회전 중심축을 옆에서 보았을 때의 회전 상태의 평형, 동적 불평형이 있으면 바퀴가 좌우로 흔들리는 시미(shimmy 바퀴의 좌우 진동) 현상이 발생한다.

16 ④　17 ③　18 ③　19 ②　20 ②　21 ①　22 ①

23 타이어 소음의 일종으로 마찰면에서 발생하는 자력 진동이 원인이며 구동, 제동 및 선회하면서 타이어가 미끄러질 때 발생하는 소음은?

① 스퀼 ② 비트
③ 탄성 ④ 하시니스

풀이 **타이어 소음**
① 패턴 소음(Pattern Noise) : 패턴소음은 타이어가 접지했을 때 트래드 홈 안의 공기가 압축되어 방출될 때 발생하는 소음, 손을 두드리는 것과 같은 원리로 나는 소리이다.
② 스퀼(Squeal) : 급격한 가속, 제동, 선회시에 타이어와 노면과의 사이에 미끄러짐이 발생하면서 나오는 소음
③ 험(Hum) : 직진 주행시 발생되는 소음으로 트래드 디자인에 같은 간격으로 배열된 피치가 노면을 규칙적으로 치는 데서 발생하는 소음
④ 스퀄치(Squelch) : 평활한 노면을 직진 주행할 때 발생하는 소음
⑤ 럼블(Rumble) : 거친 노면을 주행할 때 타이어가 노면이나 자갈 등을 치는 소리로 차량의 현가장치나 차체를 통하여 차내에 전달되는 진동음
⑥ 썸프(Thump) : 평활한 도로를 주행하는 차량에서 구동축이 회전하면서 생기는 타이어 소음의 일종으로 차량안의 바닥이나 좌석, 핸들을 통하여 느끼는 진동음

24 다음은 TPMS의 압력센서를 설명한 것이다. ( )에 들어갈 내용으로 옳은 것은?

> 타이어의 위치를 감지하기 위해 이니시에이터로부터 (①) 신호를 받는 수신부가 센서 내부에 내장되어 있다. 또한 타이어의 공기압 및 내부 온도를 측정하여 TPMS 리시버로 (②)전송을 한다.

① ① RF, ② LF
② ① MF, ② TF
③ ① TF, ② MF
④ ① LF, ② RF

25 일반적인 타이어 공기압력 경고장치(TPMS)의 구성품이 아닌 것은?

① 저압 경고등
② 이니시에이터
③ 타이어 압력 센서
④ 가속 페달 위치 센서

26 자동차 섀시에 관련된 설명으로 잘못 표현한 것은?

① 스태빌라이저는 자동차의 롤링을 방지하는 역할을 한다.
② 토션바 스프링을 사용하는 독립 현가장치의 차고조정은 일반적으로 앵커 암 조정나사로 조정한다.
③ 휠 밸런스 조정이란 각 휠 사이의 중량 차를 적게 하는 것을 말한다.
④ 휠 밸런스 조정은 림에 밸런스 웨이트를 붙여서 조정한다.

27 직경이 600mm인 차륜이 1500rpm으로 회전할 때 이 차륜의 원주 속도는?

① 약 37.1m/sec
② 약 47.1m/sec
③ 약 57.1m/sec
④ 약 67.1m/sec

풀이 $V = \pi DN = \dfrac{3.14 \times 0.6 \times 1500}{60} = 47.1\text{m/sec}$

V : 원주 속도, D : 차륜의 지름, N : 회전속도

23 ① 24 ④ 25 ④ 26 ③ 27 ②

28. 93.6km/h로 직진 주행하는 자동차의 양쪽 구동륜은 지금 825min⁻¹으로 회전하고 있다. 구동륜의 동하중 반경은?(단, 구동륜의 슬립은 무시한다)

① 약 56.7mm   ② 약 157.5mm
③ 약 301mm   ④ 약 317mm

풀이
$$V = \frac{\pi D \times E_N}{Rt \times Rf} \times \frac{60}{1000},$$
$$D = \frac{V}{\pi \times T_N} \times \frac{1000}{60}$$
$$= \frac{93.6}{3.14 \times 2 \times 825} \times \frac{1000}{60} = 0.301\text{m} = 301\text{mm}$$

V : 자동차의 주행속도(km/h)
D : 타이어의 지름(m)
E_N : 엔진 회전수(rpm)
Rt : 변속비, Rf : 종감속비

29. 자동차의 타이어에 온도 15℃, 압력 2kgf/cm²의 공기가 1.25m³ 들어 있다. 이 타이어가 펑크로 바람이 새어나가 온도가 10℃, 압력이 1.5kgf/cm²로 되어 있다. 새어나간 공기량은?(단, 타이어의 팽창은 없으며, 공기의 분자량은 28.97이다)

① 약 0.5kgf   ② 약 0.7kgf
③ 약 2.2kgf   ④ 약 2.9kgf

풀이
$$G = \frac{PV}{RT}$$

G : 공기의 무게, P : 공기의 압력,
V : 공기의 체적, T : 공기의 온도,
R : 공기의 분자량

① $G_1 = \dfrac{2 \times 1.25 \times 10^4}{28.97 \times (273+15)} = 2.996\text{kgf}$

② $G_2 = \dfrac{1.5 \times 1.25 \times 10^4}{28.97 \times (273+10)} = 2.287\text{kgf}$

∴ $G_1 - G_2 = 2.2996\text{kgf} - 2.287\text{kgf}$
$= 0.709\text{kgf}$

30. TCS(traction control system)의 특징이 아닌 것은?

① 슬립(slip) 제어
② 라인압 제어
③ 트레이스(trace) 제어
④ 선회안정성 향상

풀이 TCS의 제어에는 슬립제어, 트레이스 제어, 선회 안정성 향상이 있다.

31. TCS(Traction Control System)에서 트레이스 제어를 위해 컴퓨터(TCU)로 입력되는 항목이 아닌 것은?

① 차고센서
② 휠 스피드센서
③ 조향 각속도센서
④ 액셀러레이터 페달 위치센서

32. 구동륜 제어장치(TCS)에 대한 설명으로 틀린 것은?

① 차체 높이 제어를 위한 성능 유지
② 눈길, 빙판길에서 미끄러짐을 방지
③ 커브 길 선회 시 주행 안정성 유지
④ 노면과 차륜간의 마찰 상태에 따라 엔진 출력 제어

풀이 TCS(traction control system)는 비에 젖은 노면이나 얼어붙은 노면과 같은 미끄러지기 쉬운 노면 위에서 출발하거나 가속할 때, 구동바퀴의 바퀴가 스핀하는 일이 있다. 이 때 앞바퀴 구동방식의 차량에서는 조향성, 뒷바퀴 구동의 차량에서는 안전성을 잃는다. 엔진의 출력을 저하시키거나, 구동 바퀴에 브레이크를 걸든지 하여, 바퀴와 노면과의 슬립율을 최적인 값으로 유지하는 제어를 하여, 구동바퀴가 스핀하지 않도록 최적의 구동력을 얻는 것이 TCS(구동력 제어장치)이다.

33 ABS와 TCS(Traction Control System)에 대한 설명으로 틀린 것은?

① TCS는 구동륜이 슬립하는 현상을 방지한다.
② ABS는 주행 중 제동 시 타이어의 록(LOCK)을 방지한다.
③ ABS는 제동 시 조향 안정성 확보를 위한 시스템이다.
④ TCS는 급제동 시 제동력 제어를 통해 차량 스핀 현상을 방지한다.

34 TCS(Traction Control System)의 제어장치에 관련이 없는 센서는?

① 냉각수온센서
② 아이들신호
③ 후 차륜 속도센서
④ 가속페달 포지션센서

35 전자제어 자동변속기의 제어모듈(TCU)에 입력되는 신호가 아닌 것은?

① 입·출력 속도 센서
② 인히비터 스위치
③ 연료 온도 센서
④ 브레이크 스위치

36 트랙션 컨트롤 장치(traction control system)의 제어방법이 아닌 것은?

① 엔진토크 제어
② 공회전수 제어
③ 제동제어
④ 트레이스 제어

 TCS의 제어 방법에는 트레이스 제어, 엔진토크제어, 제동제어 등이 있다.

37 전자제어 구동력 조절장치(TCS)에서 트랙션 컨트롤 유닛(TCU)의 기능으로 틀린 것은?

① 선회하면서 가속 시 트레이스 제어
② 미끄러운 노면에서 제동 시 슬립 제어
③ 미끄러운 노면에서 가속 시 슬립 제어
④ 미끄러운 노면에서 출발 시 슬립 제어

38 바퀴의 미끄럼 및 구동력과 관련하여 미끄럼률을 구하는 식은?(단, V : 차체의 주행 속도, V_W : 바퀴의 회전속도이다.)

① $\dfrac{V-V_W}{V} \times 100$
② $\dfrac{V_W-V}{V_W} \times 100$
③ $\dfrac{V_W}{V_W-V} \times 100$
④ $\dfrac{V}{V-V_W} \times 100$

39 TCS(Traction Control System)장치의 추적제어에 대한 설명으로 틀린 것은?

① 가속페달의 조작빈도를 감소시켜 선회능력을 향상시킨다
② 선회 가속 시 안정성을 확보하여 주행성능을 향상시킨다.
③ 조향각속도센서 및 휠스피드센서의 출력값으로부터 데이터를 수집한다.
④ 차량속도와 휠스피드센서의 출력값으로부터 구동바퀴의 미끄럼 비율을 판단한다.

40 빙판이나 진흙탕에서 구동바퀴가 공회전만 하고 차가 움직이지 못하는 경우가 있다. 이러한 현상을 방지하기 위한 것은?

① MPS(Motor Position Senor)
② ABS(Anti-lock Brake System)
③ TCS(traction Control System)
④ ECS(Electronic Control System)

ANSWER 33 ④ 34 ① 35 ③ 36 ② 37 ② 38 ① 39 ④ 40 ③

03 자동차 섀시 진단, 검사

제1절 섀시 고장진단

1_ 클러치 고장분석 및 원인분석

1. 클러치 차단 불량원인

① 릴리스 베어링 소손 또는 파손
② 클러치페달 자유간극 과다
③ 클러치판의 런 아웃 과다
④ 유압계통에 공기 유입

2. 클러치가 미끄러지는 조건

① 변속기 입력축 오일 실의 불량으로 클러치판에 오일이 묻었다.
② 압력판 및 클러치 면 또는 플라이휠 면이 마모되었다.
③ 클러치판 마찰면의 경화
④ 클러치 압력스프링의 쇠약 및 손상되었다.
⑤ 클러치 페달의 자유간극이 작다.
⑥ 클러치 스프링의 자유고 감소
⑦ 릴리스 레버 조정 불량

3. 클러치를 밟았을 때 소음발생 원인

① 릴리스 베어링 및 파일럿 베어링의 마모
② 클러치 입력축 허브 스플라인의 마모
③ 클러치 페달 부싱의 마모

> **참고**
> 클러치가 미끄러지면 급가속시 기관 회전은 상승해도 차속은 증가하지 않는다.

2_변속기 고장분석 및 원인분석

1. 수동변속기의 기어가 잘 물리지도 않고 빠지지도 않는 원인

① 클러치 차단이 불량하다.
② 인터록이 파손되었다.
③ 싱크로나이저 링이 마멸되었다.
④ 컨트롤 케이블이 불량하다

2. 수동변속기 이상음 발생원인

① 기어 및 베어링 마멸시
② 주축 스플라인의 마모
③ 각 기어의 축방향 유격이 클 때
④ 윤활유가 부족할 때

> **참고**
> 기어 변속시 충돌음 발생은 싱크로나이저 링 고장시 발생한다.

3_자동변속기에서 오일을 점검할 때 주의사항

① 자동차를 수평인 지면에 정차시킨다.
② 기관을 시동하여 난기 운전시켜 오일의 정상온도(70~80℃)에서 변속레버를 움직여 클러치 및 브레이크 서보에 오일을 충분히 채운 후 오일량을 점검한다.
③ 오일레벨 게이지의 MIN선과 MAX선 사이에 있으면 정상이다.
④ 오일을 보충할 경우에는 자동 변속기용 오일(ATF)을 보충한다.

4_추진축 고장분석 및 원인분석

1. 추진축이 진동하는 원인

① 추진축이 휘었을 때
② 십자축 베어링이 마모되었을 때
③ 요크의 방향이 틀릴 때
④ 밸런스 웨이트가 떨어졌을 때

2. 추진축에서 소음이 발생하는 원인

① 요크의 방향이 틀린 경우
② 조인트 볼트 등이 헐거울 경우
③ 스플라인부가 마모된 경우
④ 평형추(밸런스 웨이트)가 탈락된 경우
⑤ 자재이음 베어링이 마모된 경우
⑥ 센터베어링이 마모된 경우
⑦ 윤활이 불량한 경우

5_조향 휠(핸들)이 한쪽으로 쏠리는 원인

① 브레이크 라이닝 간극의 불균일
② 한쪽 허브 베어링의 마모
③ 한쪽 쇽업소버 작동불량
④ 뒷차축이 차량 중심선에 대해 직각이 되지 않음
⑤ 좌우 축거가 다를 때
⑥ 좌우 타이어의 공기압 불평형
⑦ 좌우 스프링 상수가 다를 때

6_ 편 제동의 원인

① 타이어의 공기압력이 불균일하다.
② 휠 실린더 1개가 고착되었다.
③ 브레이크 드럼 간극이 불균일하다.
④ 한쪽의 브레이크 패드에 오일이 묻었다.
⑤ 휠 얼라인먼트가 불량하다.

제1절 섀시 고장진단

제3장 출제예상문제

01 다음 중 클러치 차단 불량의 원인이 될 수 있는 것은?
① 릴리스 베어링 소손
② 자유간극 과소
③ 클러치판 과다 마모
④ 스프링 장력약화

02 자동차가 주행하면서 클러치가 미끄러지는 원인으로 틀린 것은?
① 클러치 페달의 자유간극이 많다.
② 압력판 및 플라이휠 면이 마모되었다.
③ 마찰면의 경화 또는 오일이 부착되었다.
④ 클러치 압력스프링의 쇠약 및 손상되었다.

풀이 클러치 페달의 자유간극이 크면 페달을 밟았을 때 엔진의 동력 차단이 잘 안 된다.

03 클러치 페달을 밟았을 때 페달이 심하게 떨리는 이유가 아닌 것은?
① 클러치 조정불량이 원인이다.
② 클러치 디스크 페이싱의 두께 차가 있다.
③ 플라이휠이 변형되었다.
④ 플라이휠의 링 기어가 마모되었다.

풀이 플라이휠의 링 기어가 마모되면 기동전동기와 플라이휠 접촉이 불량하여 시동이 불량해진다.

04 일반적으로 클러치판의 런 아웃 한계는 얼마인가?
① 0.5mm ② 1mm
③ 1.5mm ④ 2mm

풀이 클러치판의 런 아웃(run out) 한계는 0.5mm이다.

05 클러치 스프링에서 점검하여야 할 사항이 아닌 것은?
① 직각도 ② 자유길이
③ 인장강도 ④ 스프링의 장력

풀이 코일스프링의 점검사항에는 직각도, 자유길이, 스프링 장력 등이 있다.

06 다음 중 수동변속기에서 클러치가 미끄러지는 조건은?
① 클러치 릴리스포크의 마모
② 변속기 입력축 오일 실의 불량
③ 클러치 자유유격의 과대
④ 클러치 릴리스 베어링의 과도한 마모

풀이 변속기 입력축 오일 실의 불량으로 변속기 오일이 클러치에 묻어 클러치가 미끄러진다.

ANSWER 01 ① 02 ① 03 ④ 04 ① 05 ③ 06 ②

07 수동변속기 차량에서 기어 변속 시 클러치 차단이 불량한 원인으로 거리가 먼 것은?

① 클러치 마스터 실린더의 피스톤 컵이 파손되었다.
② 릴리스 베어링이나 릴리스 포크가 마모되었다.
③ 클러치 페달의 자유간극이 과대하다.
④ 클러치판이나 압력판이 마모되었다.

08 수동변속기 차량에서 주행 중 급가속 하였을 때 엔진의 회전이 상승해도 차속이 증속되지 않는다. 그 원인은?

① 릴리스 포크가 마모되었다.
② 파일럿 베어링이 파손되었다.
③ 클러치 릴리스 베어링이 마모되었다.
④ 클러치 압력판 스프링의 장력이 감소되었다.

09 수동변속기에서 기어 변속을 할 때 마찰음이 심한 원인으로 가장 적절한 것은?

① 기관 크랭크축의 정렬 불량
② 드라이브키의 전단
③ 싱크로나이저의 고장
④ 변속기 입력축의 정렬 불량

풀이 싱크로나이저가 고장 나면 기어변속을 할 때 마찰음이 심하게 발생한다.

10 수동변속기 차량에서 기어 변속 레버를 중립 위치에 놓아도 소음이 발생하는 원인으로 가장 적합한 것은?

① 변속 포크가 변형되었다.
② 오일이 과다 주입되었다.
③ 싱크로나이저가 손상되었다.
④ 구동기어 베어링이 손상되었다.

11 기어가 잘 물리지도 않고 빠지지도 않는 이유는?

① 싱크로나이저 링 마멸
② 록킹볼 마멸
③ 기어의 과도한 마멸
④ 록킹볼 스프링 장력 감소

12 수동변속기에서 주행 중 기어가 빠지는 원인은?

① 인터록장치가 마멸되었다.
② 변속기 오일이 과다 보충되었다.
③ 각 베어링 또는 부싱이 마멸되었다.
④ 변속기 내부 록킹볼 스프링 장력이 약하다.

풀이 록킹 볼은 변속기의 기어가 결합 후 빠지는 것을 방지하기 위해 변속 레일 고정 홈을 눌러 고정하는 부품으로 록킹 볼 스프링 장력이 약하면 주행 중 결합 한 기어가 빠지기 쉽다.

13 수동변속기의 고장진단에서 기어가 빠지는 원인으로 옳은 것은?

① 엔진 공회전 속도가 규정과 불일치
② 기어 변속포크가 마모되었거나 포핏 스프링이 부러짐
③ 샤프트 엔드 플레이가 부적당
④ 변속기와 엔진 장착이 풀리거나 손상

풀이 포핏 스프링은 볼을 일정한 힘으로 밀어 시프트 레일의 헐거운 움직임을 제한하는 역할

07 ④ 08 ④ 09 ③ 10 ④ 11 ① 12 ④ 13 ②

14 다음 중 수동변속기에서 기어가 이중으로 물릴 때 고장원인으로 적절한 것은?

① 인터로크 장치의 고장
② 싱크로나이저 링 기어의 소손
③ 싱크로나이저 링의 내측 마모
④ 싱크로나이저 키의 돌출부 마모

풀이 인터록은 하나의 기어가 물려 있을 때 다른 기어는 중립에서 이동하지 못하게 하여 기어의 이중 물림을 방지한다. 인터록 장치가 고장 나면 수동변속기에서 기어가 이중으로 물린다.

15 수동변속기 자동차에서 기어 변속이 잘 안 되는 원인과 관련이 없는 것은?

① 클러치 차단이 불량하다.
② 기어오일이 응고되어 있다.
③ 기어변속 링키지의 조정이 불량하다.
④ 클러치가 미끄러진다.

풀이 클러치가 미끄러지면 기관의 동력이 변속기로 잘 전달되지 못한다.

16 다음 중 기어 변속이 잘 되지 않는 원인으로 틀린 것은?

① 클러치 오일의 유무
② 싱크로나이저 링의 소착
③ 싱크로나이저 링의 마모
④ 클러치 페달의 자유 유격이 작을 때

17 앞바퀴 구동 수동변속기 설치 차량에서 변속시 기어가 잘 물리지 않을 경우의 고장 원인이다. 부적절한 것은?

① 컨트롤 레버의 불량
② 싱크로나이저 링의 마모
③ 싱크로나이저 링 스프링의 약화
④ 오일 실 O링 및 개스킷 파손

풀이 변속할 때 기어가 잘 물리지 않는 원인은 ①, ②, ③항 이외에 클러치 차단이 불량하다.

18 수동변속기에서 기어 변속을 할 때 심한 마찰음이 발생하는 원인으로 적절한 것은?

① 록킹 볼 마멸
② 싱크로나이저 고장
③ 크랭크축의 정렬 불량
④ 변속기 입력축의 정렬 불량

풀이 싱크로나이저란 수동변속기에서 기어 변경시 기어 간의 상이한 원주 속도를 동기화시켜 기어의 물림을 원활하게 바꾸어 주는 장치로 싱크로나이저가 고장 나면 수동변속기에서 기어 변속을 할 때 심한 마찰음이 발생한다.

14 ①   15 ④   16 ④   17 ④   18 ②

19 자동변속기의 압력조절밸브(PCSV)의 듀티제어 파형에서 니들밸브가 작동하는 전체구간은?

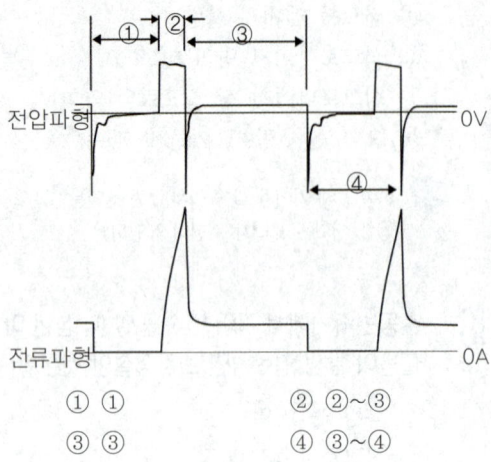

① ①
② ②~③
③ ③
④ ③~④

20 자동변속기에서 오일을 점검할 때 주의사항이다. 잘못 된 것은?

① 엔진을 수평상태에서 시동을 끄고 점검한다.
② 엔진을 정상온도로 유지시킨다.
③ 엔진시동을 걸고 점검한다.
④ 오일레벨 게이지의 MIN선과 MAX선 사이에 있으면 정상이다.

21 자동변속기 차량의 자동 변속기를 D와 R위치에서 기관 회전수를 최대로 하여 자동변속기와 기관의 상태를 종합적으로 시험하는 것을 무엇이라 하는가?

① 로드테스트   ② 킥다운 테스트
③ 스톨 테스트   ④ 유압 테스트

풀이 스톨 테스트란 자동변속기 차량에서 변속레버 D와 R위치에서 기관 회전속도를 최대로 하여 자동변속기와 기관의 상태를 종합적으로 시험하는 것이다.

22 자동변속기에서 스톨테스터로 확인할 수 없는 것은?

① 엔진의 출력부족
② 댐퍼클러치의 미끄러짐
③ 전진클러치의 미끄러짐
④ 후진클러치의 미끄러짐

풀이 스톨 테스트(stall test)로 점검하는 사항은 엔진의 출력부족 여부(성능), 토크컨버터 스테이터의 원웨이 클러치의 작동상태, 전·후진 클러치의 작동상태, 브레이크 밴드의 작동상태 등이다.

23 자동변속기의 스톨 테스터에 대한 설명으로 틀린 것은?

① 스톨 테스터를 연속적으로 행할 경우 일정시간 냉각 후 실시한다.
② 스톨 회전수는 공전속도와 일치하면 정상이다.
③ 스톨 테스터로 디스크나 밴드의 마모 여부를 추정할 수 있다.
④ 규정 스톨 회전수보다 높을 경우 라인 압을 재확인할 필요가 있다.

풀이 자동변속기 스톨 테스트에 관한 설명은 ①, ③, ④항 이외에 스톨 회전수는 차종에 따라서 다르나 2200~2500rpm 범위면 정상이다.

24 자동변속기 장착 차량의 토크 컨버터(torque converter)스톨 시험방법 및 판단으로 옳은 것은?

① 시험 전 반드시 자동변속기 오일은 냉각된 상태이어야 한다.
② 스톨 시험은 연속적으로 3회 실시하여 그 평균값의 회전수로 판단한다.
③ rpm 측정값이 규정치 이하이면 엔진의 출력 부족이거나 토크 컨버터 고장이다.
④ 선택 레버는 P 또는 N에 위치하고 가속페달을 50% 정도 밟아서 엔진의 회전수를 점검한다.

19 ② 20 ① 21 ③ 22 ② 23 ② 24 ③

25 자동변속기의 스톨 시험결과 규정 스톨 회전수보다 낮은 때의 원인은?

① 엔진이 규정출력을 발휘하지 못한다.
② 라인압력이 낮다.
③ 리어 클러치나 엔드 클러치가 슬립 한다.
④ 프런트 클러치가 슬립 한다.

풀이 엔진의 출력성능이 저하되면 규정 스톨 회전수보다 낮아진다.

26 자동변속기의 타임래그 시험을 통해 알 수 있는 것은?

① 변속시점
② 엔진 출력
③ 오일 변속속도
④ 입·출력 센서 작동 여부

풀이 자동변속기의 타임래그 시험을 통해 알 수 있는 것은 변속시점이다.

27 자동변속기 차량의 점검방법 중 틀린 것은?

① 자동변속기 오일량은 온간시에 측정한다.
② 인히비터 스위치 조정은 N위치에서 한다.
③ 자동변속기 오일량을 측정할 때는 시동을 OFF시키고 점검한다.
④ 스로틀 케이블 조정은 스로틀 레버를 전폐시킨 상태에서 실시한다.

28 자동변속기에서 유압라인 압력을 측정하였더니 모든 위치에서 규정값보다 낮게 측정되었을 때의 원인으로 적절하지 않은 것은?

① 오일량 부족
② 오일 필터 오염
③ 압력조절밸브 결함
④ 원웨이 클러치 결함

29 자동변속기를 고장진단하기 위한 준비과정이 아닌 것은?

① 자동변속기 오일량 점검
② 스로틀 케이블의 점검 및 조정
③ 자동변속기 오일의 정상온도 도달여부
④ 자동변속기 오일의 압력측정

풀이 자동변속기를 고장진단하기 위한 준비과정
① 자동변속기 오일량 점검
② 스로틀 케이블의 점검 및 조정
③ 자동변속기 오일의 정상온도 도달여부

30 자동변속기 차량에서 출발 시 충격이 발생하고 라인압력이 높은 상태이다. 고장원인으로 가장 적절한 것은?

① 오일펌프의 누유
② 릴리프밸브의 막힘
③ 압력조절밸브의 마모
④ 스로틀포지션 센서의 고장

풀이 릴리프 밸브는 시스템 내의 압력을 제한하기 위한 밸브로 릴리프 밸브 막힘 또는 릴리프 밸브 스프링 장력이 강하면 라인압력이 높아진다.

31 자동변속기에서 기어비율 부적절 결함코드가 입력될 때 관련 없는 것은?

① 입력속도 센서
② 출력속도 센서
③ 변속 솔레노이드밸브
④ 로크 업 솔레노이드 밸브

풀이 자동변속기에서 기어비율 부적절 결함코드가 입력될 때 관련되는 요소는 입력속도 센서, 출력속도 센서, 변속 솔레노이드 밸브 등이다.

25 ①   26 ①   27 ③   28 ④   29 ④   30 ②   31 ④

32 자동변속기를 주행상태에서 시험할 때 점검해야 할 사항에 해당되지 않는 것은?

① 오일의 양과 상태
② 킥다운 작동여부
③ 엔진 브레이크 효과
④ 쇼크 및 슬립 여부

33 자동변속기에서 운행 중 오일온도가 상승할 수 있는 경우가 아닌 것은?

① 산악지역 운행
② 시내주행
③ 윈터 기능 과다사용
④ 록크업 클러치 작동

> 풀이 자동변속기의 오일이 과열하는 원인은 굴곡이 심한 산악도로를 주행할 때, 저속으로 주행할 때, 윈터 기능을 과다하게 사용하였을 때, 오일냉각기가 오염 및 손상되었을 때 등이다.

34 자동변속기에서 고장코드의 기억소거를 위한 조건으로 거리가 먼 것은?

① 이그니션 키는 ON상태여야 한다.
② 엔진의 회전수 검출이 있어야만 한다.
③ 출력축 속도센서의 단선이 없어야 한다.
④ 인히비터 스위치 커넥터가 연결되어져야만 한다.

> 풀이 자동변속기에서 고장코드의 기억소거를 위한 조건
> ① 이그니션 키는 ON상태여야 한다.
> ② 출력축 속도센서의 단선이 없어야 한다.
> ③ 인히비터 스위치 커넥터가 연결되어져야만 한다.

35 자동변속기 차량에서 크랭킹이 안 되는 원인으로 틀린 것은?

① 킥다운 스위치 단선 시
② 변속레버 D위치 선택 시
③ P, N스위치 접점 소손 시
④ 인히비터 스위치 커넥터 탈거 시

36 주행 중인 자동차의 추진축에서 소음이 발생하였을 때 원인이 아닌 것은?

① 요크의 방향이 틀린 경우
② 조인트 볼트 등이 헐거울 경우
③ 좌우 타이어 Size의 불균형
④ 스플라인부가 마모된 경우

37 추진축의 주행 중 소음발생 원인이 아닌 것은?

① 자재이음 베어링의 마모
② 센터베어링의 마모
③ 윤활 불량
④ 변속 선택레버의 휨

38 추진축의 굽음 진동인 휠링(whirling)을 일으키는 주요 원인으로 옳은 것은?

① 추진축의 강도 저하
② 슬립이음의 유연성 불량
③ 변속기 출력축과 추진축의 접촉 불량
④ 추진축의 기하학적 중심과 질량적 중심의 불일치

> 풀이 휠링은 추진축의 비틀림 진동 또는 굽음 진동을 말한다. 추진축은 진동이 발생되면 자재 이음의 파손과 소음을 발생한다.

32 ① 33 ④ 34 ② 35 ① 36 ③ 37 ④ 38 ④

39 전륜구동 차량에서 급출발 또는 급가속시 엔진 구동력의 영향으로 조향핸들이 한쪽 방향으로 쏠리는 토크 스티어가 발생하는 원인은?

① 조향핸들 조립 불량
② 엔진 마운트의 강도 저하
③ 전체 타이어의 공기압 과대
④ 드라이브 샤프트 길이와 각도 차이

토크 스티어
구동방식이 전륜구동인 자동차에서 구동축이 좌우 비대칭인 구조적인 원인 때문에 일어나는 문제로 특히 고출력의 전륜구동 차량에서 나타나기 쉬운데, 최고출력으로 급가속 할 경우에 좌우 앞바퀴의 토크 전달에 차이가 생기고, 그로인해 차량의 가속 진행방향이 한쪽으로 틀어지면서 스티어링이 돌아가는 현상이다.

40 FR 방식의 자동차가 주행 중 디퍼런셜 장치에서 많은 열이 발생한다면 고장원인으로 거리가 먼 것은?

① 추진축의 밸런스 웨이트 이탈
② 기어의 백래시 과소
③ 프리로드 과소
④ 오일량 부족

41 자동차 주행 중 핸들이 한쪽으로 쏠리는 이유로 적합하지 않은 것은?

① 좌우 타이어의 공기압 불평형
② 쇽업소버의 불량
③ 좌우 스프링 상수가 같을 때
④ 뒤 차축이 차의 중심선에 대하여 직각이 아닐 때

42 주행 중 조향핸들이 한쪽 방향으로 쏠리는 직접적인 원인으로 거리가 먼 것은?

① 좌·우 타이어의 압력이 같지 않다.
② 조향핸들 축이 축 방향으로 유격이 크다.
③ 앞차축 한쪽의 현가스프링이 절손되었다.
④ 뒤차축이 차의 중심선에 대하여 직각이 되지 않는다.

43 조향장치에서 조향기어의 백래시가 클 때 발생할 수 있는 현상으로 옳은 것은?

① 조향기어비가 커진다.
② 최소회전반경이 작아진다.
③ 조향 휠의 좌·우 유격이 커진다.
④ 조향 휠의 축방향 유격이 작아진다.

44 조향핸들의 유격이 커지는 원인으로 틀린 것은?

① 조향기어 백래시의 조정 불량
② 스티어링 기어의 마모 증대
③ 조향 링키지의 마모
④ 타이어 트레드 마모

45 주행 중 조향핸들이 한쪽으로 쏠리는 원인으로 틀린 것은?

① 조향기어 백래시 불량
② 앞바퀴 얼라이먼트 불량
③ 타이어 공기압력 불균일
④ 앞 차축 한쪽의 현가스프링 파손

조향기어 백래시는 조향핸들 유격과 관계가 있다.

39 ④ 40 ① 41 ③ 42 ② 43 ③ 44 ④ 45 ①

46 주행 중 조향 휠이 한쪽으로 치우칠 경우 예상되는 원인이 아닌 것은?

① 타이어 편마모
② 휠 얼라인먼트에 오일부착
③ 안쪽 앞 코일스프링 약화
④ 휠 얼라인먼트 조정불량

47 스티어링 휠의 유격 과다시 가능한 원인이 아닌 것은?

① 요크 플러그가 풀림
② 스티어링 기어 장착볼트의 풀림
③ 타이로드 엔드의 스터드 마모, 풀림
④ 로워 암 부싱 손상

풀이 스티어링 휠의 유격이 과다한 원인
① 요크 플러그가 풀림
② 스티어링 기어(steering gear) 장착볼트의 풀림
③ 타이로드 엔드의 스터드 마모 또는 풀림

48 조향 휠의 복원성이 나쁘다. 가능한 원인이 아닌 것은?

① 타이어 공기압이 불량할 때
② 기어박스 내의 오일 점도가 낮을 때
③ 조향 휠 웜 샤프트의 프리로드 조정 불량일 때
④ 조향계통의 각 조인트가 고착, 손상되었을 때

49 주행 중 조향핸들이 무거워지는 원인으로 틀린 것은?

① 앞 타이어의 마모가 심하다.
② 앞 타이어 공기가 과다하다.
③ 볼 조인트가 과도하게 마모되었다.
④ 조향기어 박스의 오일이 부족하다.

풀이 앞 타이어 공기가 과다하면 조향핸들이 주행 중 가벼워진다.

50 속도 감응식 조향장치(SSPS)에서 액추에이터 코일회로가 단선되었을 경우 나타날 수 있는 현상은?

① 일반 파워 스티어링 전환
② 고속에서만 핸들 무거움
③ 저속에서만 핸들 무거움
④ 요철도로 주행시 이음

풀이 속도 감응식 조향장치(SSPS)에서 액추에이터 코일회로가 단선 되면 일반 파워 스티어링 전환된다.

51 동력조향장치의 조향핸들이 무거운 원인이 아닌 것은?

① 조향 바퀴의 타이어 공기압력이 낮다.
② 휠 얼라인먼트 조정이 불량하다.
③ 조향 바퀴의 타이어 공기압력이 높다.
④ 파워 오일펌프 구동벨트가 슬립 된다.

52 동력조향장치를 장착한 차량이 운행 중 핸들이 한쪽으로 쏠릴 경우의 고장 원인이다. 아닌 것은?

① 파워 오일펌프 불량
② 브레이크슈 리턴 스프링의 불량
③ 타이어의 편마모
④ 토인 조정불량

53 동력조향 휠의 복원성이 불량한 원인이 아닌 것은?

① 제어밸브가 손상되었다.
② 부의 캐스터로 되었다.
③ 동력 피스톤 로드가 과대하게 휘었다.
④ 조향 휠이 마멸되었다.

46 ② 47 ④ 48 ② 49 ② 50 ① 51 ③ 52 ① 53 ④

54 파워 스티어링 장착 차량이 급커브 길에서 시동이 자꾸 꺼지는 현상이 발생하는 원인으로 옳은 것은?

① 엔진오일 부족
② 파워펌프 오일압력 스위치 단선
③ 파워 스티어링 오일과다
④ 파워 스티어링 오일 누유

풀이 파워펌프 오일압력 스위치가 단선되면 급커브 길에서 엔진시동이 자주 꺼지는 현상이 발생한다.

55 유압식 동력조향장치에서 조향 휠을 한쪽으로 완전히 돌렸을 때 엔진의 회전수가 500rpm 정도로 떨어지는 원인으로 가장 적절한 것은?

① 파워 스티어링 기어의 유격 과대
② 파워 스티어링 오일의 점도 상승
③ 파워 스티어링 펌프 구동 벨트장력 이완
④ 파워 스티어링 오일압력 스위치 접촉 불량

풀이 파워 스티어링 오일압력 스위치 접촉 불량이 나면 엔진 회전수 보상이 안된다.

56 유압식 전자제어 동력조향장치에서 고속에서는 정상이나 저속에서는 조향핸들의 조작력이 무거워지는 원인으로 가장 적절한 것은?

① 타이어 공기압 과다
② 오일탱크 오일양 과다
③ 오일펌프 토출압력 과다
④ 유량제어 솔레노이드 배선 단선

57 자동차 동력조향장치의 유압회로 내 유압유의 점도가 높을 때 일어나는 현상이 아닌 것은?

① 회로 내 잔압이 낮아진다.
② 유압라인의 열 발생 원인이 된다.
③ 동력손실이 커진다.
④ 관내 마찰손실이 커진다.

58 저속 시미(shimmy) 현상이 일어나는 원인으로 틀린 것은?

① 앞 스프링이 절손되었다.
② 조향핸들의 유격이 작다.
③ 로어암의 볼조인트가 마모되었다.
④ 타이로드 엔드의 볼조인트가 마모되었다.

59 전동식 동력 조향장치(Motor Driven Power Steering) 시스템에서 정차 중 핸들 무거움 현상의 발생원인이 아닌 것은?

① MDPS CAN 통신선의 단선
② MDPS 컨트롤 유닛측의 통신 불량
③ MDPS 타이어 공기압 과다 주입
④ MDPS 컨트롤 유닛측 배터리 전원공급 불량

60 브레이크 페달을 밟았을 때 소음이 나거나 떨리는 현상의 원인이 아닌 것은?

① 디스크의 불균일한 마모 및 균열
② 패드나 라이닝의 경화
③ 백킹플레이트나 캘리퍼의 설치 볼트 이완
④ 프로포셔닝밸브의 작동 불량

풀이 브레이크 페달을 밟았을 때 소음이 나거나 떨리는 현상의 원인은 디스크의 불균일한 마모 및 균열, 패드나 라이닝의 경화, 백킹 플레이트나 캘리퍼의 설치 볼트 이완 등이다.

54 ② 55 ④ 56 ④ 57 ① 58 ② 59 ③ 60 ④

61. 제동장치의 편제동 원인이 아닌 것은?
① 타이어 공기압력이 불균일하다.
② 브레이크 페달 유격이 크다.
③ 휠 얼라인먼트가 불량하다.
④ 휠 실린더 1개가 고착되어 있었다.

62. 브레이크가 작동하지 않는 원인으로 틀린 것은?
① 브레이크 드럼과 슈의 간격이 너무 과다할 때
② 브레이크 오일 회로에 공기가 들어있을 때
③ 휠 실린더의 피스톤 컵이 손상되었을 때
④ 캐스터가 고르지 않을 때

풀이 캐스터는 휠얼라인먼트 요소이므로 브레이크와 관계없고 조향장치와 관계있다.

63. 자동차의 브레이크 페달이 점점 딱딱해져서 제동성능이 저하되었다면 그 고장원인으로 적당한 것은?
① 마스터 실린더 바이패스 포트가 막혀있는 경우
② 브레이크슈 리턴 스프링 장력이 강한 경우
③ 마스터 실린더 피스톤 캡이 고장 난 경우
④ 브레이크 오일이 부족한 경우

풀이 마스터 실린더 바이패스 포트가 막혀 있으면 브레이크 페달이 점점 딱딱해져서 제동성능이 저하된다.

64. 브레이크 페달을 밟았을 때 소음이 나거나 떨리는 현상의 원인이 아닌 것은?
① 디스크의 불균일한 마모 및 균열
② 패드나 라이닝의 경화
③ 백킹 플레이트나 캘리퍼의 설치볼트 이완
④ 프로포셔닝 밸브의 작동 불량

풀이 브레이크 페달을 밟았을 때 소음이 나거나 떨리는 현상의 원인은 디스크의 불균일한 마모 및 균열, 패드나 라이닝의 경화, 백킹 플레이트나 캘리퍼의 설치 볼트 이완 등이다.

65. 자동차의 유압식 브레이크에서 브레이크 페달을 밟지 않았는데도 일부 바퀴에서 제동력이 잔류한다. 그 원인에 해당되지 않는 것은?
① 브레이크슈 리턴 스프링의 불량
② 휠 실린더 피스톤 컵의 탄력저하
③ 브레이크슈의 조정불량
④ 브레이크 캘리퍼의 유동불량

풀이 유압식 브레이크에서 브레이크페달을 밟지 않았는데도 일부 바퀴에서 제동력이 잔류하는 원인은 브레이크슈 리턴 스프링의 불량, 휠 실린더 피스톤 컵의 탄력저하, 브레이크슈의 조정불량 등이다.

66. 브레이크에서 배력 장치의 기밀유지가 불량할 때 점검해야할 부분은?
① 패드 및 라이닝 마모상태
② 페달의 자유간격
③ 라이닝 리턴스프링 장력
④ 첵밸브 및 진공호스

풀이 브레이크 배력장치의 기밀유지가 불량하면 첵밸브 및 진공호스를 점검한다.

61 ② 62 ④ 63 ① 64 ④ 65 ④ 66 ④

67 진공배력식 제동장치에서 진공이 누설되고 있을 때 발생하는 현상에 대한 설명으로 적절한 것은?

① 배력이 증가하고 회로 압력도 상승한다.
② 배력은 증가하고 회로 압력은 낮아진다.
③ 배력이 감소하고 회로 압력도 낮아진다.
④ 배력은 감소하고 회로 압력은 상승한다.

풀이 진공배력식 제동장치에서 진공이 누설되면 배력이 감소하여 라인 압력도 낮아진다.

68 진공 부스터식 브레이크 장치를 시험기 없이 시험하는 방법과 판정에 대한 내용으로 틀린 것은?

① 엔진시동을 정지한 상태에서 브레이크 페달을 몇 번 밟아주고, 밟은 상태에서 엔진 시동을 걸어서 페달이 약간 내려가면 진공부스터의 기능은 정상이다.
② 엔진을 시동하여 1~2분 후에 시동을 끄고, 페달을 1~4회 밟을 때 첫 회의 페달행정과 4회의 페달행정이 변하지 않고 일정하면 진공부스터의 기밀기능은 정상이다.
③ 엔진을 시동하여 1~2분 후에 페달을 밟은 상태에서 시동을 끄고 30초 정도 페달을 밟은 상태로 유지하여 페달 높이가 변화하지 않으면 진공부스터의 부하기밀기능은 정상이다.
④ 엔진을 시동하여 1~2분 후에 페달을 밟은 상태에서 시동을 끄고 10초 정도 페달을 밟은 상태로 유지하여 페달 높이가 내려가면 마스터 실린더 또는 진공부스터 이상이다.

69 가솔린 승용차에서 내리막길 주행 중 시동이 꺼질 때 제동력이 저하되는 이유는?

① 진공 배력장치 작동불량
② 베이퍼록 현상
③ 엔진출력 부족
④ 페이드 현상

풀이 내리막길 주행 중 시동이 꺼질 때 제동력이 저하하는 원인은 진공 배력장치의 작동이 불량한 경우이다.

70 자동차 주행시 브레이크를 작동시켰을 때 어느 한쪽 방향으로 쏠리는 원인이 아닌 것은?

① 좌우 브레이크 드럼 간극이 풀릴 때
② 좌우 타이어 공기압이 불균일할 때
③ 쇽업소버의 작동이 불량할 때
④ 브레이크 페달의 유격이 클 때

풀이 브레이크 페달의 유격이 크면 제동이 잘 안되고 늦어진다.

71 제동시 핸들을 빼앗길 정도로 브레이크가 한쪽만 듣는다. 원인으로 틀린 것은?

① 양쪽 바퀴의 공기압력이 다르다.
② 허브 베어링의 풀림
③ 백 플레이트의 풀림
④ 마스터 실린더의 리턴 포트가 막힘

풀이 마스터 실린더의 리턴 포트가 막히면 브레이크가 해제되지 않는다.

72 시동 후 주차브레이크 또는 ABS 경고등이 꺼지지 않을 때 점검해야 할 사항과 거리가 먼 것은?

① 프로포셔닝 밸브를 점검한다.
② 브레이크액 레벨을 점검한다.
③ 진단 장비로 고장코드를 점검한다.
④ 휠 스피드 센서 커넥터를 점검한다.

67 ③　68 ②　69 ①　70 ④　71 ④　72 ①

73 다음 중 급제동 시 뒷바퀴가 먼저 고착되는 주요 원인으로 옳은 것은?

① 프로포셔닝 밸브 고착
② 앞 우측 캘리퍼 고착
③ 앞 좌측 캘리퍼 고착
④ 뒤 휠 실린더 누유

74 ABS시스템에 이상이 발생했을 경우에 대한 설명으로 옳은 것은?

① 휠 스피드 센서 1개가 고장인 경우에는 ABS경고등이 점등되고 EBD는 제어된다.
② 유압펌프 모터가 고장인 경우에는 경고등이 점등되고 EBD는 제어되지 않는다.
③ 솔레노이드 밸브와 컴퓨터가 고장인 경우에는 EBD, ABS 모두 제어된다.
④ 휠 스피드 센서 2개 이상 고장시 EBD는 제어된다.

75 ABS 장치의 고장진단 시 경고등의 점등에 관한 설명 중 틀린 것은?

① 점화스위치 ON 시 점등되어야 한다.
② ABS 컴퓨터 고장발생 시에는 소등된다.
③ ABS 컴퓨터 커넥터 분리 시 점등되어야 한다.
④ 정상 시 ABS 경고등은 엔진 시동 후 일정시간 점등되었다가 소등된다.

[풀이] ABS 컴퓨터 고장발생 시에는 점등되어야 한다.

76 ABS의 고장진단 시 점검 사항으로 거리가 먼 것은?

① 기관의 출력 상태
② ABS 경고등 점등 상태
③ 휠 스피드 센서와 톤 휠 사이의 간극
④ 하이드롤릭 유닛의 작동음 유무

77 타이어 트레드 한쪽 면만 편 마멸되는 원인에 해당되지 않는 것은?

① 각 바퀴의 균일한 타이어 최고압력을 주입했을 때
② 휠이 런 아웃되었을 때
③ 허브의 너클이 런 아웃되었을 때
④ 베어링이 마멸되었거나 킹핀의 유격이 큰 경우

[풀이] 트레드 한쪽 면만이 편 마멸되는 원인은 ②, ③, ④항 이외에 휠 얼라인먼트가 불량할 때

78 타이어 트레드 한쪽 면이 편마모 되는 원인으로 거리가 먼 것은?

① 휠의 런 아웃 발생
② 허브 베어링의 마모
③ 타이어 공기압력의 과다
④ 브레이크 디스크의 런 아웃 발생

79 앞 타이어의 바깥쪽이 심하게 마모되었을 때, 휠얼라인먼트 조정 방법으로 옳은 것은?

① 캐스터를 크게 조정한다.
② 캐스터를 작게 조정한다.
③ (+)캠버 방향으로 조정한다.
④ (-)캠버 방향으로 조정한다.

[풀이] 앞 타이어의 바깥쪽이 심하게 마모되는 것은 과다한 (+)캠버이므로 (-)캠버 방향으로 조정한다.

80 타이어 트레드의 내측에 편마모가 일어나게 되는 주요 원인으로 옳은 것은?

① 캠버가 과소
② 공기압이 과대
③ 토 인(toe-in)이 과대
④ 토 아웃(toe-out)이 과대

[풀이] 앞 타이어의 트레드의 내측(안쪽)이 편마모가 되는 것은 (+)캠버(토 아웃)이다.

73 ① 74 ① 75 ② 76 ① 77 ① 78 ③ 79 ④ 80 ④

제2절 시험장비 및 검사기기

1_휠 얼라인먼트를 점검하기 전에 점검해야 할 사항

① 공차상태로 하고 수평한 장소를 선택한다.
② 타이어의 마모 및 공기압력을 점검한다.
③ 섀시 스프링은 안정 상태로 하고, 전후 및 좌우 바퀴의 흔들림을 점검한다.
④ 조향 링키지 설치상태와 마멸을 점검한다.
⑤ 휠 베어링의 헐거움, 볼 이음 및 타이로드 엔드의 헐거움 등을 점검한다.

2_사이드슬립 측정기

1. 사이드슬립의 개요

사이드슬립(side slip)이란 휠 얼라인먼트(캠버, 캐스터, 조향축 경사각, 토인 등)의 불균형으로 인하여 주행 중 타이어가 옆 방향으로 미끄러지는 현상을 말하며, 토인(toe-in)과 토 아웃(toe-out)으로 표시된다.

그러나 토인을 측정하였을 때 규정 값이 나왔다고 할지라도 캠버 등이 불량하면 사이드슬립이 발생한다. 따라서 토인 값과 사이드슬립 값은 서로 다르다고 본다. 사이드 슬립량은 ㎜로 나타내는 것이 일반적이나 이것은 1m의 답판을 진행할 때의 사이드 슬립량을 표시하는 것이므로 단위는 ㎜/m이다.

2. 사이드슬립 측정 전의 준비사항

1) 측정 전 준비사항

① 타이어 공기압력(28~32psi)을 확인한다.
② 바퀴를 잭(jack)으로 들고 다음 사항을 점검한다.
  ㉠ 위·아래로 흔들어 휠 허브 유격을 확인한다.
  ㉡ 좌·우로 흔들어 타이로드엔드 볼 조인트 및 링키지 확인한다.
③ 보닛을 위·아래로 눌러보아 현가 스프링의 피로를 점검한다.

2) 측정조건

① 자동차는 공차상태에 운전자 1인이 승차한 상태로 한다.

② 타이어 공기압력은 표준 값으로 하고, 조향링크의 각부를 점검한다.
③ 사이드슬립 테스터 지시장치의 표시가 0점에 있는가를 확인한다.

3. 사이드슬립 측정방법

① 자동차를 테스터와 정면으로 대칭시킨다.
② 테스터에 진입속도는 5km/h로 한다.
③ 조향핸들에서 손을 떼고 5km/h로 서행하면서 계기의 눈금을 타이어의 접지 면이 테스터 답판을 통과 완료할 때 읽는다.
④ 자동차가 1m 주행할 때의 사이드 슬립량을 측정하는 것으로 한다.
⑤ 조향바퀴의 사이드슬립이 1m주행에 좌우 방향으로 각각 5㎜ 이내여야 한다.

4. 사이드슬립 측정기의 정밀도 검사기준

① 0점 지시 : ±0.2㎜/m 이내
② 5㎜ 지시 : ±0.2㎜/m 이내
③ 판정 : ±0.2㎜/m 이내

3_제동력 측정

1. 운행자동차의 주 제동능력 측정조건

① 공차상태의 자동차에 운전자 1인이 승차한 상태로 한다.
② 바퀴의 흙·먼지 및 물 등의 이물질은 제거한 상태로 한다.
③ 자동차는 적절히 예비운전이 되어있는 상태로 한다.
④ 타이어의 공기압력은 표준 공기압력으로 한다.

2. 운행자동차의 주 제동능력 측정방법

① 자동차를 제동시험기에 정면으로 대칭되도록 한다.
② 측정 자동차의 차축을 제동시험기에 얹혀 축중을 측정하고 롤러를 회전시켜 당해 차축의 제동능력·좌우 바퀴의 제동력의 차이 및 제동력의 복원상태를 측정한다.
③ ②의 측정방법에 따라 다음 차축에 대하여 반복 측정한다.

3. 운행 자동차의 주차 제동능력 측정방법

① 자동차를 제동시험기에 정면으로 대칭되도록 한다.
② 측정 자동차의 차축을 제동시험기에 얹혀 축중을 측정하고 롤러를 회전시켜 당해 차축의 주차 제동능력을 측정한다.
③ 2차축 이상에 주차 제동력이 작동되는 구조의 자동차는 ②의 측정방법에 따라 다음 차축에 대하여 반복 측정한다.

4. 제동력 시험기 정밀도에 대한 검사기준

① 좌우 제동력 지시 : ±5% 이내(차륜 구동형은 ±2% 이내)
② 좌우 합계 제동력 지시 : ±5% 이내
③ 좌우 차이 제동력 지시 : ±25% 이내
④ 중량 설정 지시 : ±5% 이내

> **참고**
> 제동 시험기 롤러는 기준 직경의 5% 이상 과도하게 손상 또는 마모된 부분이 없을 것

5. 제동력

① 전체제동력의 총합 = $\dfrac{\text{앞, 뒤, 좌, 우 제동력의 합}}{\text{차량 총중량}} \times 100$ = 차량중량의 50%이상

② 앞바퀴 제동력의 총합 = $\dfrac{\text{앞바퀴 좌,우제동력합}}{\text{앞 축중}} \times 100$ = 앞축중(전축중)의 50%이상

③ 좌우 제동력 편차 = $\dfrac{\text{큰제동력} - \text{작은제동력}}{\text{해당축중}} \times 100$ = 해당축중의 8%이하(이내)

④ 뒤바퀴 제동력의 총합 = $\dfrac{\text{뒤바퀴 좌,우제동력합}}{\text{뒤 축중}} \times 100$ = 뒤축중(후축중)의 20%이상

⑤ 주차브레이크 제동력 = $\dfrac{\text{뒤바퀴제동력합}}{\text{차량 총중량}} \times 100$ = 차량중량의 20%이상

⑥ 주차브레이크 제동력 = $\dfrac{\text{뒤바퀴제동력합}}{\text{뒤 축중량}} \times 100$ = 차량중량의 40%이상(뒤축중만 줄 경우)

4_속도계 시험기

1. 구성부품

① 지시계 : 속도 지시값은 과도한 변동이 없는 상태일 것

② 롤러 : 롤러 등 회전부는 지시계가 지시하는 최고 속도에 상당하는 회전수로 작동하는 경우라도 과도한 진동 및 이음이 없을 것
③ 판정장치 : 자동형 기기는 판정장치의 작동에 이상이 없을 것
④ 기록장치 : 자동차 검사에 사용되는 기기는 기록장치의 작동에 이상이 없을 것
⑤ 롤러 고정장치 : 자동차를 롤러에 안전하게 진입 및 퇴출시킬 수 있는 롤러 고정장치의 작동상태에 이상이 없을 것
⑥ 바퀴 이탈 방지장치 : 손상이 없는 상태에서 이상 없이 작동할 것
⑦ 리프트 : 자동차의 입·퇴출용 리프트의 작동에 이상이 없을 것
⑧ 형식 등 표시 : 속도계 시험기의 형식, 제작번호, 허용 축중(중량), 제작일자 및 제작회사가 확실하게 표시되어 있을 것

2. 속도계 시험기 사용 방법

1) 속도계 측정조건

① 자동차는 공차상태에서 운전자 1인이 승차한 상태로 한다.
② 속도계 시험기 지침의 진동은 ±3km/h 이하이어야 한다.
③ 타이어 공기압력은 표준값으로 한다.
④ 자동차의 바퀴는 흙 등의 이물질을 제거한 상태로 한다.

2) 속도계 측정 방법

① 자동차를 속도계 시험기에 정면으로 대칭이 되도록 한다.
② 구동바퀴를 시험기 위에 올려놓고 구동바퀴가 롤러 위에서 안정될 때까지 운전한다.
③ 자동차의 속도를 서서히 높여 자동차의 속도계가 40km/h에 안정되도록 한 후 속도계 시험기의 신고 버튼으로 시험기 제어 부분에 신호를 보내어 속도계 오차를 측정한다.
④ 위 ③에서 구한 실제속도를 이용하여 자동차 속도계의 오차값이 다음 계산식에서 구한 값에 적합한지를 확인한다.

> **참고**
> 속도계의 오차값
> ① 정의 오차 : $X(1+0.25) = 40km/h$
> ② 부의 오차 : $X(1-0.1) = 40km/h$

제2절 시험장비 및 검사기기

제3장 출제예상문제

01 디지털식 타이어 휠 밸런스 시험기를 사용할 때 시험기에 입력해야할 요소가 아닌 것은?

① 림의 폭 ② 림의 직경
③ 림의 간격 ④ 림의 두께

> 휠 밸런스 시험기에 입력할 사항은 림의 폭, 림의 직경, 림의 간격이다.

02 휠 얼라인먼트 시험기의 측정항목이 아닌 것은?

① 토인 ② 캐스터
③ 킹핀 경사각 ④ 휠 밸런스

> 휠 얼라인먼트 시험기로 측정할 수 있는 항목은 토인, 캐스터, 캠버, 킹핀 경사각, 셋백 등이 있다.

03 앞바퀴 얼라인먼트를 점검하기 전에 점검해야 할 사항중 거리가 먼 것은?

① 전후 및 좌우 바퀴의 흔들림
② 타이어의 마모 및 공기압
③ 뒤 스프링의 모양 및 형식
④ 조향 링키지 설치상태와 마멸

> 앞바퀴 얼라인먼트를 점검하기 전에 점검해야 할 사항
> ① 자동차는 공차상태로 하고 수평한 장소를 선택한다.
> ② 타이어의 마모 및 공기압력을 점검한다.
> ③ 섀시 스프링은 안정 상태로 하고, 전후 및 좌우 바퀴의 흔들림을 점검한다.
> ④ 조향 링키지 설치상태와 마멸을 점검한다.
> ⑤ 휠 베어링의 헐거움, 볼 이음 및 타이로드 엔드의 헐거움 등을 점검한다.

04 앞바퀴 얼라인먼트 검사를 할 때 예비점검 사항과 가장 거리가 먼 것은?

① 타이어의 공기압, 마모상태, 흔들림 상태
② 평면 마모상태
③ 휠 베어링의 헐거움, 볼 이음의 마모상태
④ 조향핸들 유격 및 차축 또는 프레임의 휨 상태

05 자동차 정기검사에서 조향장치의 검사기준 및 방법으로 틀린 것은?

① 조향 계통의 변형, 느슨함 및 누유가 없어야 한다.
② 조향바퀴 옆 미끄럼 양은 1m 주행에 5 mm 이내이어야 한다.
③ 기어박스, 로드암, 파워 실린더, 너클 등의 설치상태 및 누유 여부를 확인한다.
④ 조향핸들을 고정한 채 사이드슬립 측정기의 답판 위로 직진하여 측정한다.

06 자동차 검사용으로 사용하는 사이드슬립 측정기에 관한 설명으로 가장 적절한 것은?

① 제동력의 화·차 및 끌림 등을 시험
② 제동시의 사이드슬립 값을 측정
③ 자동차의 조향륜의 옆미끄럼량을 측정
④ 캐스터 및 킹핀각을 측정

> 사이드슬립 테스터는 조향륜의 옆미끄럼량을 측정하여 전차륜 정렬의 합성력을 시험하는 기구이다.

01 ④ 02 ④ 03 ③ 04 ② 05 ④ 06 ③

07 다음 중 사이드슬립 테스터가 어떤 것을 시험하는 지 가장 적합한 것은?

① 타이어 이상 마모
② 캐스터와 토인의 균형
③ 전차륜 정렬의 합성력
④ 캠버와 킹핀 경사의 균형

08 사이드슬립 시험기에서 지시 값이 6이라면 주행 1km에 대해 앞바퀴가 옆 방향으로 얼마나 미끄러지는가?

① 6mm
② 6cm
③ 6m
④ 6km

풀이 사이드슬립 시험기에서 지시 값이 6이라면 주행 1km에 대해 앞바퀴가 옆 방향으로 6m를 미끄러진다.

09 사이드슬립을 시험한 결과 오른쪽 바퀴가 안쪽으로 6mm, 왼쪽 바퀴는 바깥쪽으로 4mm 움직일 때 전체 미끄럼 양은?

① 안쪽으로 1mm
② 안쪽으로 2mm
③ 바깥쪽으로 2mm
④ 바깥쪽으로 1mm

풀이 $\frac{6-4}{2}$ = 1mm 따라서 전체 미끄럼 양은 안쪽으로 1mm

10 사이드슬립 시험기로 미끄럼 량을 측정한 결과 왼쪽바퀴가 in-8, 오른쪽바퀴가 out-2를 표시했다, 슬립량은?

① 2(out)
② 3(in)
③ 5(in)
④ 6(in)

풀이 사이드 슬립량 = $\frac{8-2}{2}$ = 3(in)

11 제동시험기에 검사차량을 올려놓지 않고 롤러를 회전시켰을 때 시험기의 지침이 떨리고 있다. 그 원인으로 맞는 것은?

① 지침의 0점이 순간적으로 잘못되었다.
② 모터의 전압에 변동이 생겼다.
③ 롤러의 베어링과 체인 등의 마찰력이 지시된 것이다.
④ 로드 셀의 0점 조정이 틀렸기 때문이다.

풀이 제동시험기에 검사차량을 올려놓지 않고 롤러를 회전시켰을 때 시험기의 지침이 떨리는 원인은 롤러의 베어링과 체인 등의 마찰력이 지시된 것이다.

12 제동시험기에 검사차량을 올려놓지 않고 롤러를 회전시켰을 때 시험기의 지침이 떨리고 있다. 그 원인으로 가장 적합한 것은?

① 지침의 0점이 순간적으로 잘못되었다.
② 모터의 전압에 변동이 생겼다.
③ 롤러의 베어링과 체인 등의 마찰력이 지시된 것이다.
④ 로드 셀의 0점 조정이 틀렸기 때문이다.

풀이 제동시험기에 검사차량을 올려놓지 않고 롤러를 회전시켰을 때 시험기의 지침이 떨리는 원인은 롤러의 베어링과 체인 등의 마찰력이 지시된 것이다.

07 ③ 08 ③ 09 ① 10 ② 11 ③ 12 ③

13 자동차 정기검사의 제동력 측정에서 모든 축의 제동력 합은 공차중량의 몇 퍼센트 이상이어야 하는가?

① 50 ② 60
③ 70 ④ 80

풀이 제동력

① 전체제동력의 총합
= $\dfrac{앞, 뒤, 좌, 우 제동력의합}{차량 총중량} \times 100$
= 차량중량의 50%이상

② 앞바퀴 제동력의 총합
= $\dfrac{앞바퀴 좌, 우제동력합}{앞 축중} \times 100$
= 앞축중(전축중)의 50%이상

③ 좌우 제동력 편차
= $\dfrac{큰제동력 - 작은제동력}{해당축중} \times 100$
= 해당축중의 8%이하(이내)

④ 뒤바퀴 제동력의 총합
= $\dfrac{뒤바퀴 좌, 우제동력합}{뒤 축중} \times 100$
= 뒤축중(후축중)의 20%이상

⑤ 주차브레이크 제동력
= $\dfrac{뒤바퀴제동력합}{차량 총중량} \times 100$
= 차량중량의 20%이상

⑥ 주차브레이크 제동력
= $\dfrac{뒤바퀴제동력합}{뒤축중량} \times 100$
= 차량중량의 40%이상(뒤축중만 줄 경우)

14 자동차정기검사에서 제동장치 검사기준에 대한 설명으로 틀린 것은?

① 모든 축의 제동력의 합은 공차중량의 50퍼센트 이상일 것
② 주차제동력의 합은 차량 중량의 50퍼센트 이상일 것
③ 동일 차축의 좌·우 차바퀴 제동력의 차이는 해당 축중의 8퍼센트 이내일 것
④ 각축의 제동력은 해당 축중의 50퍼센트(뒤축의 제동력은 해당 축중의 20퍼센트) 이상일 것

15 승용자동차의 손조작식 주차제동장치의 측정 시 조작력 기준은?(단, 자동차 및 자동차 부품의 성능과 기준에 관한 규칙에 의한다.)

① 70kg 이하 ② 60kg 이하
③ 50kg 이하 ④ 40kg 이하

풀이 주차제동장치의 제동능력 및 조작력 기준

구분		기준
① 측정자동차의 상태		공차상태의 자동차에 운전자 1인이 승차한 상태
② 측정시 조작력	승용 자동차	발조작식의 경우 : 60kg이하
		손조작식의 경우 : 40kg이하
	그 밖의 자동차	발조작식의 경우 : 70kg이하
		손조작식의 경우 : 50kg이하
③ 제동능력		경사각 11도30분 이상의 경사면에서 정지상태를 유지할 수 있거나 제동능력이 차량중량의 20%이상일 것

16 운행차 정기검사에서 엔진 배기소음 측정 시 검사방법에 대한 설명이다. ( )에 알맞은 것은?

> 자동차의 변속장치를 중립 위치로 하고 정지가동 상태에서 원동기의 최고 출력 시의 75% 회전속도로 ( )초 동안 운전하여 최대 소음도를 측정, 다만, 원동기 회전속도계를 사용하지 아니하고 배기 소음을 측정할 때에는 정지가동 상태에서 원동기 최고 회전속도로 배기소음을 측정

① 2 ② 3 ③ 4 ④ 5

풀이 배기소음 시험은 자동차의 변속기어를 중립위치로 하고 정지가동(아이들링) 상태에서 자동차를 원동기 최고출력시의 75%±100rpm 회전속도에서 4초 동안 운전하여 그동안 자동차로부터 배출되는 소음크기의 최대치를 측정한다. 다만, 원동기 75%의 회전속도가 5,000rpm을 초과할 경우에는 5,000rpm에서 측정하며, 원동기 회전속도계(시험자동차의 정상적인 회전속도계를 포함한다)를 사용하지 아니하고 배기소음을 측정할 때에는 정지가동상태에서 원동기 최고회전속도로 배기소음을 측정하고, 이 경우 측정치의 보정은 중량자동차의 5dB, 중량자동차외의 자동차는 7dB을 측정치에서 빼서 최종측정치로 한다. 또한 승용자동차중 원동기가 차체 중간 또는 후면에 장착된 자동차는 배기소음측정치에서 8dB을 빼서 최종측정치로 한다.

13 ① 14 ② 15 ④ 16 ③

17 자동차규칙에 의거하여 측면보호대를 설치하여야 하는 자동차는?

① 차량총중량 8톤 이상이거나 최대적재량 4톤 이상인 화물자동차
② 차량총중량 10톤 이상이거나 최대적재량 5톤 이상인 화물자동차
③ 차량총중량 8톤 이상이거나 최대적재량 5톤 이상인 화물자동차 특수자동차 및 연결자동차
④ 차량총중량 10톤 이상이거나 최대적재량 5톤 이상인 화물자동차·특수자동차 및 연결자동차

풀이 차량총중량이 8톤 이상이거나 최대적재량이 5톤 이상인 화물자동차·특수자동차 및 연결자동차는 포장노면위의 공차상태에서 측면보호대를 설치하여야 한다.

18 자동차 검사기준 및 방법에 의한 조향 장치의 검사기준으로 틀린 것은?

① 동력조향 작동유의 유량이 적정할 것
② 조향계통의 변형·느슨함 및 누유가 없을 것
③ 조향바퀴 옆미끄럼량은 1m 주행에 5mm 이내일 것
④ 클러치 페달, 변속기 레버 등이 조향 핸들 중심축으로부터 각 500㎜ 이내에 설치되어 있을 것

풀이 ④항은 조종장치의 검사기준이다.

19 자동차 및 자동차부품의 성능과 기준에 관한 규칙에서 연결자동차의 제동장치 기준으로 틀린 것은?

① 견인자동차의 공기식(공기배력유압식을 포함한다.) 제동장치를 갖춘 피견인자동차가 연결된 상태에서의 주차제동 능력은 피견인자동차의 공기식 제동장치와 연동되지 아니한 상태에서 견인자동차의 주차제동장치의 전기적인 작동만으로 주차제동이 가능할 것
② 공기식(공기배력유합식을 포함한다.) 주제동장치가 설치된 견인자동차는 견인자동차와 피견인자동차 사이의 공기라인에 고장이 발생한 경우 자동적으로 공기가 차단되는 구조일 것
③ 견인자동차의 주제동장치는 견인자동차와 피견인자동차 사이의 공기라인이 차단되는 경우 견인자동차를 정지시킬 수 있는 구조일 것
④ 견인자동차의 주제동장치는 피견인자동차의 제동장치에 고장이 발생하는 경우에는 견인자동차를 정지시킬 수 있는 구조일 것

풀이 연결자동차의 제동장치 기준
① 공기식(공기배력유압식을 포함한다.) 주제동장치가 설치된 견인자동차는 견인자동차와 피견인자동차 사이의 공기라인에 고장이 발생한 경우 자동적으로 공기가 차단되는 구조일 것
② 견인자동차의 주제동장치는 피견인자동차의 제동장치에 고장이 발생하거나 견인자동차와 피견인자동차 사이의 공기라인이 차단되는 경우에도 견인자동차를 정지시킬 수 있는 구조일 것
③ 차량총중량이 3.5톤을 초과하는 피견인자동차를 견인하는 견인자동차의 제동장치는 다음 각 목의 기준에 적합할 것

ANSWER 17 ③ 18 ④ 19 ①

가. 주제동장치의 계통 중 하나의 계통에 고장이 발생하였을 때에는 그 고장에 의하여 영향을 받지 아니하는 주제동장치의 다른 계통 등으로 피견인자동차의 제동력을 조절하여 정지시킬 수 있을 것
나. 피견인자동차와 연결된 공기라인 중 하나의 공기라인에 고장이 발생하였을 때에 피견인자동차가 자동으로 제동되거나 견인자동차에서 피견인자동차를 부분적 또는 전체적으로 제동시킬 수 있을 것
다. 스프링제동장치가 설치된 경우에는 공기압력의 손실로 인하여 스프링제동장치가 자동적으로 작동될 때 피견인자동차도 자동적으로 제동될 것
③의나. 차량총중량이 3.5톤을 초과하는 피견인자동차를 견인하는 견인자동차의 주제동장치·비상제동장치 또는 주차제동장치는 피견인자동차의 주제동장치와 동시에 연동하여 작동되는 구조일 것. 다만, 피견인자동차의 제동이 연결자동차의 안정성을 위하여 단독으로 자동작동하는 경우에는 그러하지 아니하다.
④ 견인자동차와 공기식(공기배력유압식을 포함한다.) 제동장치를 갖춘 피견인자동차가 연결된 상태에서의 주차제동능력은 피견인자동차의 공기식 제동장치와 연동되지 아니한 상태에서 견인자동차의 주차제동장치의 기계적인 작동만으로 주차제동이 가능할 것. 다만, 견인자동차의 주차제동장치의 기계적인 작동만으로 연결자동차의 주차제동이 가능하다는 사실을 운전자가 확인할 수 있는 구조를 갖추고 있는 경우에는 피견인자동차의 공기식 제동장치와 견인자동차의 주차제동장치를 연동하여 작동하게 할 수 있다.

20 전기회생제동장치가 주제동장치의 일부로 작동되는 경우에 대한 설명으로 틀린 것은? (단, 자동차 및 자동차부품의 성능과 기준에 관한 규칙에 의한다.)

① 주제동장치의 제동력은 동력 전달계통으로부터의 구동전동기 분리 또는 자동차의 변속비에 영향을 받는 구조일 것
② 전기회생제동력이 해제되는 경우에는 마찰제동력이 작동하여 1초 내에 해제 당시 요구 제동력의 75% 이상 도달하는 구조일 것
③ 주제동장치는 하나의 조종장치에 의하여 작동되어야 하며, 그 외의 방법으로는 제동력의 전부 또는 일부가 해제되지 아니하는 구조일 것
④ 주제동장치 작동 시 전기회생제동장치가 독립적으로 제어될 수 있는 경우에는 자동차에 요구되는 제동력을 전기회생제동력과 마찰제동력 간에 자동으로 보상하는 구조일 것

풀이 전기회생제동장치를 갖춘 승용자동차의 제동장치
① 전기회생제동장치가 바퀴잠김방지식 주제동장치의 작동에 영향을 주지 아니할 것
② 전기회생제동장치가 주제동장치의 일부로 작동되는 경우에는 다음 각 목의 기준에 적합한 구조를 갖출 것
가. 주제동장치 작동 시 전기회생제동장치가 독립적으로 제어될 수 있는 경우에는 자동차에 요구되는 제동력(이하 이 호에서 "요구제동력"이라 한다.)을 전기회생제동력과 마찰제동력 간에 자동으로 보상하는 구조일 것
나. 전기회생제동력이 해제되는 경우에는 마찰제동력이 작동하여 1초 내에 해제 당시 요구제동력의 75퍼센트 이상 도달하는 구조일 것
다. 주제동장치는 하나의 조종장치에 의하여 작동되어야 하며, 그 외의 방법으로는 제동력의 전부 또는 일부가 해제되지 아니하는 구조일 것
라. 주제동장치의 제동력은 동력 전달계통으로부터의 구동전동기 분리 또는 자동차의 변속비에 영향을 받지 아니하는 구조일 것

20 ①

21 자동차용 계기장치에 대한 설명으로 옳은 것은?
   ① 적산거리계에서 1의 자리 숫자는 바퀴가 100바퀴 회전할 때마다 변환된다.
   ② 매시 60km의 속도에서 자동차속도계의 지시오차를 속도계 시험기로 측정한다.
   ③ 차량속도계는 변속기의 종감속 기어에서 적산거리계는 바퀴의 휠 스피드 센서에서 각각 신호를 받아 작동된다.
   ④ 속도계의 지시오차는 정 25%, 부 10% 이내이다.

   풀이 속도계의 지시오차를 시속 40km 주행시 +25%, -10% 이하로 규정하고 있다.

22 자동차관리법 시행규칙상 기술인력의 구분·자격 및 직무에 대한 설명으로 틀린 것은?
   ① 자동차검사업무에 근무한 경력이란 자동차검사소·정비업체 또는 자동차제작회사에서 자동차의 점검 또는 검사업무에 종사하거나 자동차정비 및 검사용 기계·기구정밀도검사 업무에 종사한 기간을 말한다.
   ② 자동차정비산업기사의 국가기술자격을 가진 검사원이 자동차정비기사의 국가기술 자격을 신규 취득한 경우에는 해당 자격 취득 전 근무경력의 5분의 4를 정비기사로서 근무한 경력으로 본다.
   ③ 자동차정비기능사의 국가기술자격을 가진 검사원이 자동차정비산업기사 자격을 신규 취득한 경우 근무경력의 7분의 5를 자동차정비산업기사로서 근무한 경력으로 본다.
   ④ 자동차정비기능사의 국가기술자격을 가진 검사원이 자동차정비기사 자격을 신규 취득한 경우 근무경력의 3분의 2를 검사기사로서 근무한 경력으로 본다.

   풀이 자동차정비기능사의 국가기술자격을 가진 검사원이 자동차정비기사 자격을 신규 취득한 경우 근무경력의 5분의 4를 검사기사로서 근무한 경력으로 본다.

23 전기자동차의 최대등판능력을 시험하는 방법으로 틀린 것은?
   ① 시험은 차대동력계 롤의 회전력을 실시간으로 변경시킬 수 있는 차대동력계를 이용하여 실시한다.
   ② 시험은 완전충전상태와 배터리 잔량(SOC)이 20% 이하인 상태에서 각 2회 실시하여 평균값으로 구한다.
   ③ 최대등판능력 시험을 실시하는 동안 출력과 관련된 경보, 고장, 알림이 발생하지 않아야 한다.
   ④ 등판능력은 전기자동차가 오를 수 있는 최대출력을 의미한다.

   풀이 최대등판능력
   1. 시험방법
   ① 등판능력은 전기자동차가 오를 수 있는 최대 경사도(%)를 의미한다.
   ② 시험은 차대동력계 롤의 회전력을 실시간으로 변경시킬 수 있는 차대동력계를 이용하여 실시한다. 시험방법은 KS R 1137 전기자동차 등판시험방법 중 차대동력계시험 방법을 따른다. 다만, 총중량 3.5톤을 초과하는 차량은 차대동력계의 부하를 25% 가한 상태에서 주행 가능 여부를 시험한다.
   ③ 시험은 완전충전상태와 배터리 잔량(SOC)이 20% 이하인 상태에서 각 2회 실시하여 평균값으로 구한다. 이때 "배터리 잔량(SOC)"은 전기자동차 계기판에서 지시하는 배터리 잔량 표시값 이다.
   2. 최대등판능력 시험을 실시하는 동안 출력과 관련된 경보, 고장, 알림(고장코드 알림, 모터과열 경고 등)이 발생하지 않아야 한다.

21 ④ 22 ④ 23 ④

24 자동차규칙상 주제동장치의 제동능력 및 조작력 기준에 대한 설명으로 틀린 것은?

① 측정자동차의 상태 : 공차상태의 자동차에 운전자 1인이 승차한 상태
② 좌·우바퀴의 제동력의 차이 : 당해 축중의 5% 이하
③ 제동력의 복원 : 브레이크페달을 놓을 때에 제동력이 3초 이내에 당해 축종의 20% 이하로 감소될 것
④ 최고속도가 매시 80km미만이고 차량총중량이 차량중량이 1.5배 이하인 자동차의 각축의 제동력의 합 : 차량총중량의 40% 이상

풀이 주제동장치의 제동능력 및 조작력 기준
① 공차상태의 자동차에 운전자1인이 승차한 상태
② 최고속도가 매시 80킬로미터 이상이고 차량 총중량이 차량중량의 1.2배 이하인 자동차의 제동력의 합 : 차량총중량의 50퍼센트 이상
③ 최고속도가 매시 80킬로미터 미만이고 차량 총중량이 차량중량의 1.5배 이하인 자동차의 제동력의 합 : 차량총중량의 40퍼센트 이상
④ 기타의 자동차
　가. 각축의 제동력의 합 : 차량중량의 60퍼센트 이상
　나. 각축에 대한 제동력 : 각 축중의 60퍼센트 이상
⑤ 좌우차륜의 제동력의 차이 당해축중의 8퍼센트 이하
⑥ 제동력의 복원 브레이크페달을 놓았을 때 제동력이 3초 이내에 당해 축중의 20퍼센트 이하로 감소될 것

25 복륜 자동차의 윤간거리에 대한 설명으로 옳은 것은?

① 좌·우 바퀴가 접하는 수평면에서 내측 바퀴 중심간의 거리
② 좌·우 바퀴가 접하는 수평면에서 외측 바퀴 중심간의 거리
③ 좌·우 바퀴가 접하는 수평면에서 복륜 중심간의 거리
④ 좌·우 바퀴가 접하는 수평면에서 내측 바퀴의 최외곽 중심간의 거리

26 자동차 차대번호 등의 운영에 관한 규정상 국가공통부호 배정자 및 한국교통안전공단에서 표기하는 차대번호 중 사용연료 종류별 표기부호로 틀린 것은?

① B : 연료장치
② C : CNG
③ L : LNG
④ S : 태양열

풀이 사용연료 종류별 표기부호

부호	A	B	C	D	E	G	H	L	S	Z
사용연료	LNG	연료전지	CNG	경유	전기	휘발유	하이브리드	LPG	태양열	기타

24 ② 25 ③ 26 ③

3 PART

자동차 전기·전자

제1장 / 전기·전자 정비

제2장 / 자동차 전기전자 진단·검사

Engineer Motor Vehicles Maintenance

01 전기·전자 정비

제1절 전기·전자

1_전기·전자 일반

1. 전기의 본질

1) 전기와 물질

일반적으로 자유전자가 흐를 때 "전기가 흐른다"라고 하며, 물질 내부에서 자유전자가 자유롭게 이동하는(전기가 잘 통하는) 물질을 도체, 자유전자가 잘 흐르지 못하는(전기가 통하지 않는) 물질을 부도체, 도체와 부도체의 중간 특성을 가진 물질을 반도체라고 한다.

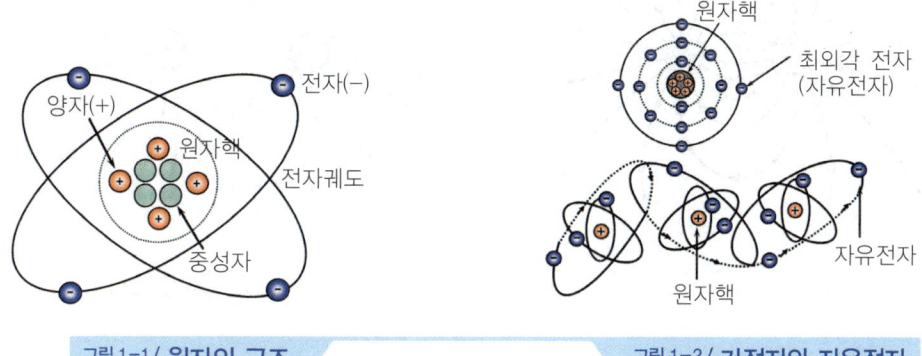

그림 1-1/ 원자의 구조   그림 1-2/ 가전자와 자유전자

2) 정전기

전하가 물질에 정지하고 있는 전기의 형태

3) 동전기

전하가 물질속을 이동하는 전기의 형태
① **직류 전기** : 시간의 경과에 대해 전압 및 전류가 일정값을 유지하고 흐름방향도 일정한 전기(예 : 축전지, 건전지)

② **교류 전기** : 시간의 경과에 대해 전압 및 전류가 계속 변화하고 흐름방향이 정방향과 역방향으로 차례로 반복되는 전기(예 : 교류발전기, 가정용전기)

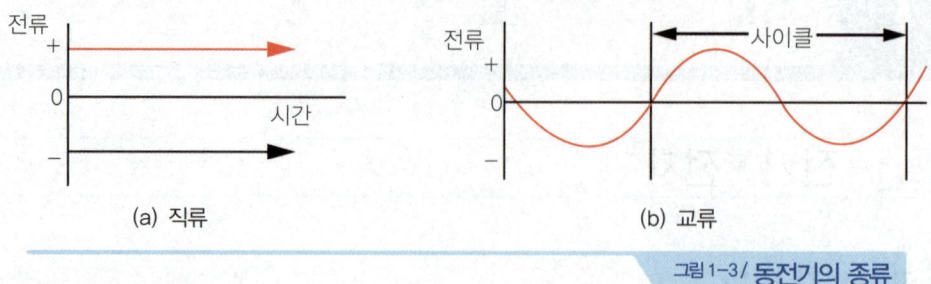

그림 1-3 / **동전기의 종류**

4) 전하와 전류

전하는 물체가 가진 속성 중 전기적인 현상을 일으키는 원인으로서, 전하와 전하 사이에 일어나는 전기력(서로 같은 극성은 척력, 서로 다른 극성은 인력) 때문에 전하를 띤 입자의 이동 현상이 일어난다.

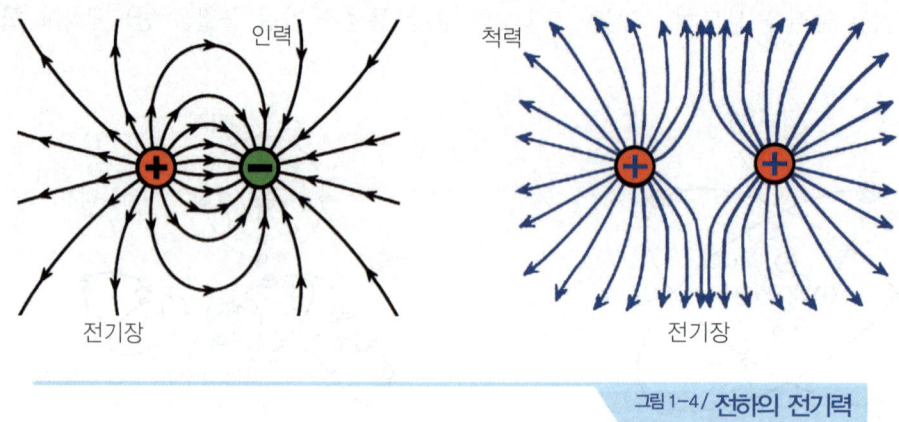

그림 1-4 / **전하의 전기력**

전하를 띤 입자에는 태생적으로 (+)극성의 전하를 띤 양자와 (-)극성의 전자 그리고 전기적으로 균형이 깨져 생긴 양이온(+극성), 음이온(-극성)이 있다. 전기적으로 중성인 원자가 균형이 깨져 전자를 잃게 되면 양이온이 되며, 전자를 얻게 되면 음이온으로 변한다.

2. 전류, 전압 및 저항

1) 전류

일반적으로 도선을 따라 흐르는 전류는 (-)전하를 띤 전자의 흐름으로서, 전류의 세기는 어떤 도체의 단면을 1초간에 통과하는 전하량으로 정의되며, 기호는 I, 단위는 A(암페어)를 사용한다.

$I = Q / t \ [A]$

여기서 Q는 전하량이며 단위는 C(쿨롱)이다.

전류는 전류계로 측정하며, 전류계는 회로 내 직렬(series)로 연결하여 사용한다. 도체나 물질 속에 전류가 흐를 때 발생하는 전류의 3대 작용은 다음과 같다.

① **발열 작용** : 도체에 전류가 흐를 때 도체의 저항으로 인해 발열되는 작용, 즉 전기에너지가 열에너지로 변환된다(예 : 시거라이터, 전구, 전열기).
② **화학 작용** : 전류가 물질 속을 흐를 때 화학 작용(화학반응, 전기분해반응)에 의해 기전력이 발생하는 작용, 즉 화학에너지가 전기에너지로 상호 변환된다(예 : 축전지, 전기도금).
③ **자기 작용** : 도체에 전류가 흐르면 자계가 형성되는 작용, 즉 전기적 에너지를 기계적 에너지로 바꾸는 것을 말한다(예 : 전동기, 솔레노이드, 릴레이, 발전기).

2) 저항

저항이란 전자가 도체 내에서 이동할 때 전자의 흐름을 방해하는 성질을 말한다. 저항의 기호는 R, 단위는 Ω(옴)을 사용한다. 전기저항은 자유전자가 도체 내를 이동 시에 원자들과 충돌하여 방해를 받으며, 전자가 저항을 지날 때 전압손실이 생긴다.

① **도체의 저항**

도체의 저항은 재료의 종류, 형상(길이, 직경), 온도 및 물리적 상태에 영향을 받는다.

㉠ 고유저항(비저항) : 20℃에서 일정 형상 도체의 재료에 따른 저항(기호 : ρ, 단위 : $\mu \Omega \cdot cm$)

재료명	고유저항($\mu \Omega \cdot cm$)	재료명	고유저항($\mu \Omega \cdot cm$)
은	1.62	니켈	6.9
구 리	1.69	철	10.0
금	2.40	강	20.6
알루미늄	2.62	주 철	57~114
황 동	5.7	니켈-크롬	100~110

㉡ 형상에 따른 저항 : 도체의 단면적에 반비례하고 길이에 비례

$R = \rho \dfrac{L}{A} [\Omega]$

A : 단면적[cm²]
L : 길이[cm]
ρ : 고유저항[$\mu \Omega \cdot cm$]

ⓒ 온도에 따른 저항
  ⓐ 온도상승 시 저항증가(대부분의 금속) : 정온도 특성(PTC)
  $$R_t = R_{20}(1 + a \triangle T)$$
  R_{20} : 20℃에서의 저항(Ω)
  a : 온도계수
  $\triangle T$: 온도차

  ⓑ 온도상승 시 저항감소(대부분의 반도체) : 부온도 특성(NTC)
ⓔ 물리적 조건
  ⓐ 절연저항 : 절연체의 저항(절연체를 통해 흐르는 미소전류를 누설전류)
  ⓑ 접촉저항 : 도체와 도체 연결 접촉부위의 형상 및 특성에 따라 발생하는 저항

② **저항의 직렬연결**
  ㉠ 합성저항은 각 저항의 합과 동일하다.
  ㉡ 각 저항에 흐르는 전류는 일정하다.
  ㉢ 각 저항에 가해지는 전압의 합은 전원의 합과 동일하다.
  ㉣ 동일 전압을 연결하면 전압은 개수의 배가되고 용량은 1개 때와 동일하다.
  ㉤ 다른 전압을 연결하면 전압은 각 전압의 합과 같고 용량은 평균값이 된다.
  ㉥ 큰 저항과 아주 작은 저항을 연결하면 아주 작은 저항은 무시된다.
  $$R = R_1 + R_2 + R_3 + \cdots\cdots + R_n$$

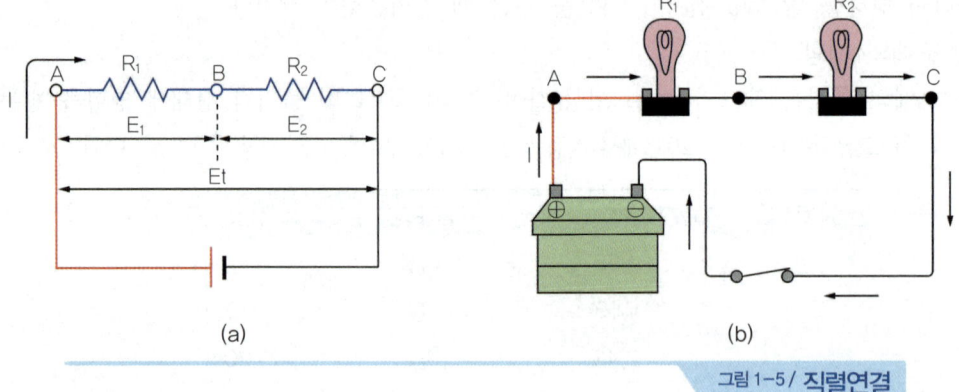

그림 1-5 / **직렬연결**

③ **저항의 병렬연결**
  ㉠ 합성저항은 각 저항의 역수의 합의 역수와 같다.
  ㉡ 각 회로에 흐르는 전류는 상승된다.
  ㉢ 각 회로의 전압은 일정하다.
  ㉣ 동일 전압을 연결하면 전압은 1개 때와 동일하고 용량은 개수의 배가 된다.

ⓜ 아주 큰 저항과 적은 저항을 연결하면 아주 큰 저항은 무시된다.

$$\frac{1}{R} = \frac{1}{R_1} + \frac{1}{R_2} + \frac{1}{R_3} + \cdots\cdots + \frac{1}{R_n}$$

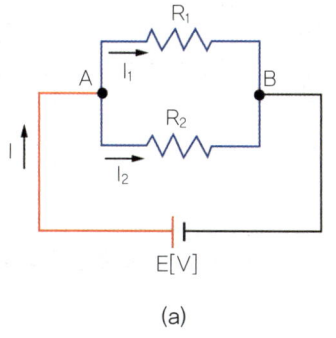
(a)

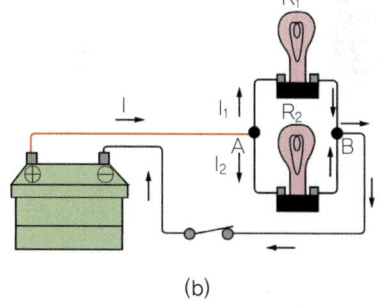
(b)

그림 1-6 / **병렬연결**

④ 직·병렬접속의 특징
  ㉠ 합성저항은 직렬 합성저항과 병렬 합성저항을 더한 값이다.
  ㉡ 전압과 전류 모두 상승한다.

$$R = R1 + \frac{R_2 \times R_3}{R_2 + R_3}$$

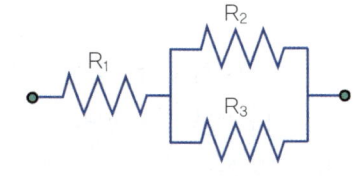

그림 1-7 / **직·병렬저항의 접속**

3) 전압

전류를 흐르게 하는 전기적인 압력을 전압이라 하며, 두 점(위치)의 전하량(전위)의 차이로 나타낸다. 전압의 기호는 E(또는 V), 단위는 V(볼트)이며, 전압계(Voltmeter)를 사용하여 회로 내 병렬로 연결하여 측정한다. 1Ω의 도체에 1A의 전류를 흐르게 할 수 있는 전기의 압력을 1V라고 한다.

① 전기회로 내의 전원

전기회로는 전원, 전선, 스위치, 부하 등을 연결해 놓은 전기적 통로로 전원부, 제어부, 작동부로 구성되어 있다.

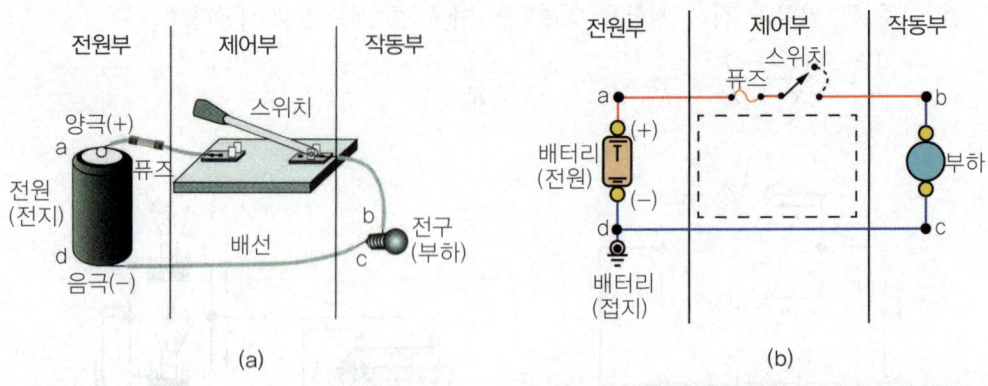

그림 1-8 / 전기회로 및 전기회로도

② **인가전압과 전압강하**
  ㉠ 인가전압 : 부하(load)를 작동시키는데 유효한 회로 내 인가된 전압으로, 공급전압(에너지) 중 측정위치에서 얼마나 에너지가 남아있는지 측정한다.
  ㉡ 전압강하 : 회로 내 대부분의 부품(부하)은 저항을 가지고 있으며, 저항을 갖는 모든 요소는 전압강하를 발생시킨다. 저항을 지나면서 얼마나 에너지를 소비했는지 측정한다.

③ **전지(전원)의 직병렬 연결**
  ㉠ 직렬연결 : 전지의 (+)와 (-)를 연결한 것으로 전압은 개수배로 상승, 전류는 1개의 양과 같다.
  ㉡ 병렬연결 : 전지의 (+)와 (+)를, (-)와 (-)를 같은 극성끼리 연결한 것으로 전압은 1개의 전압과 같고, 전류는 개수배로 상승한다.

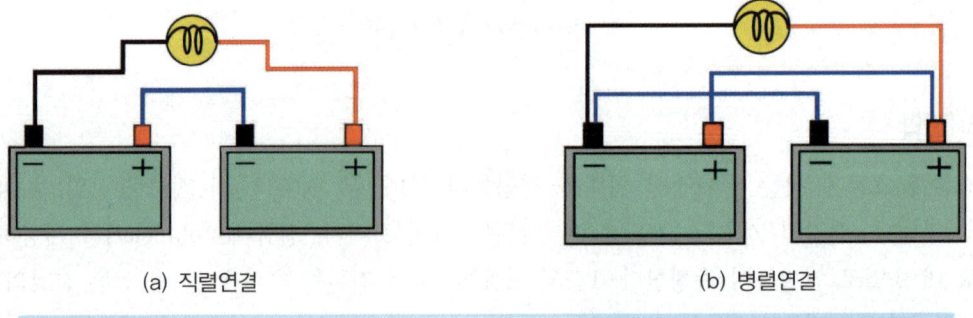

그림 1-9 / 전지의 직렬 및 병렬연결

4) 전류 · 전압 및 저항의 관계

① 전류가 크고 저항이 클수록 전압강하도 커진다.
② 각각의 회로에서 전압강하의 총합은 회로의 공급 전압과 같다.
③ 저항이 일정할 경우 전압이 높을수록 전류는 커진다.
④ 저항이 크고, 전압이 낮을수록 전류는 적게 흐른다.
⑤ 도체의 단면적이 큰 경우 저항이 적다.
⑥ 도체의 경우 온도가 높아지면 저항은 커진다.

3. 옴의 법칙

도체에 흐르는 전류의 크기(I)는 전압(E)에 비례하고, 그 도체의 저항(R)에는 반비례한다는 법칙이다.

$$I = \frac{E}{R}, \quad E = IR, \quad R = \frac{E}{I}$$

4. 키르히호프의 법칙(Kirchhoff's Law)

1) 제1법칙

전류 법칙으로 회로 내의 어떤 접속점에서도 유입하는 전류의 총합과 유출하는 전류의 총합은 같다.

$$I_1 + I_2 + I_3 = I_4 + I_5$$

$$\sum I = 0$$

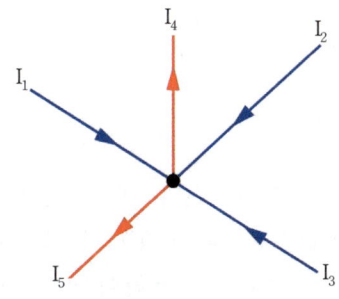

그림 1-10 / **키르히호프의 제1법칙**

2) 제2법칙

전압 법칙으로 임의의 폐회로에 있어서 기전력의 총합과 저항에서 발생하는 전압강하의 총합은 서로 같다.

$$V_T - (V_1 + V_2 + V_3) = 0, \quad \therefore \Sigma V = 0$$

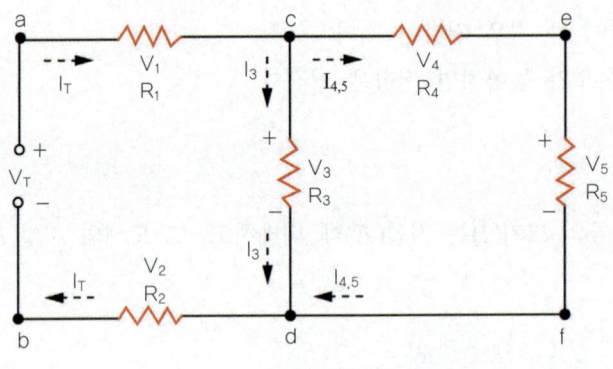

그림 1-11 / 키르히호프의 제2법칙

5. 전력과 전력량

1) 전력

전력이란 전기가 단위시간 동안에 한 일의 양이며 전등, 전동기 등에 전압을 가하여 전류를 흐르게 하면 기계적 에너지를 발생시켜 여러 가지 일을 할 수 있도록 하는 것을 말한다. 전력(P)는 전압(E)과 전류(I)를 곱한 것에 비례하고 전력의 측정단위는 와트(W)나 킬로와트(kW)를 사용한다.

$$P = EI, \quad P = I^2R, \quad P = \frac{E^2}{R}$$

P : 전력
E : 전압
I : 전류
R : 저항

2) 전력량

전력량이란 전류가 어떤 시간 동안에 한 일의 총량을 말한다. 따라서 전력(P)을 t초 동안에 사용하였을 때 전력량 W는 P×t로 표시된다. I(A)의 전류가 R(Ω)의 저항 속을 t초 동안 흐를 경우에는 W=I²Rt로 표시한다. 그리고 전력량의 측정 단위로는 WS 또는 kW/h이다.

6. 회로 보호장치

전기회로에서 절연이 파괴되어 단락이 되면, 회로 내 저항이 감소되어 과도한 전류가 흘러 전선은 물론 화재의 원인이 된다. 이것을 방지하기 위한 장치를 회로 보호장치라 한다.

1) 퓨즈

퓨즈는 단락 및 누전에 의해 과대전류가 흐르면 차단되어 전류의 흐름을 방지하는 부품이며, 전기회로에 직렬로 설치된다. 재질은 납과 주석의 합금이고, 회로에 합선이 발생하면 퓨즈가 단선되어 전류의 흐름을 차단한다.

2) 퓨즈 블링크

퓨즈 블링크는 자동차사고나 화재 시에 퓨즈 이전의 소손 발생 시에 회로를 보호하기 위해 적용되는 것으로, 축전지로부터 가까운 쪽에 설치되어 있다.

3) 서킷 브레이크

퓨즈나 퓨즈 블링크와 함께 회로를 보호하는 장치이다. 회로에 과도한 전류가 흐를 때 퓨즈처럼 용단되는 것이 아니라, 이 장치는 열에 의해 회로가 차단된 후 시간이 경과되어 어느 정도 냉각되면 다시 연결되는 On/Off 형식의 열감지 스위치로 생각할 수 있다.

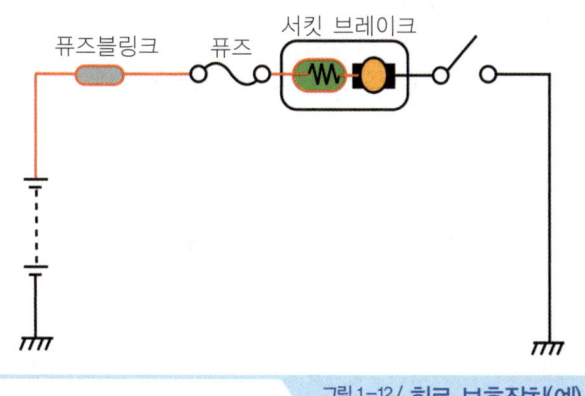

그림 1-12 / 회로 보호장치(예)

7. 콘덴서(condenser, 축전기)

콘덴서는 절연체를 사이에 두고 도체(금속)판을 평행하게 배치하여 만든 소자로서, 콘덴서에 직류전원을 가하면 양극판에는 (+)전하가, 음극판에는 (-)전하가 축적된다. 외부에서 전압을 인가하여 콘덴서에 전기에너지를 축적하는 것을 충전, 콘덴서에 축적된 전기에너지를 외부로 방출하는 것을 방전이라고 한다. 충방전 기능 외에도 직류를 차단하고 교류를 통과시키는 필터로서의 역할, 지연회로나 회로의 전기적인 노이즈를 방지하기위해 사용된다.

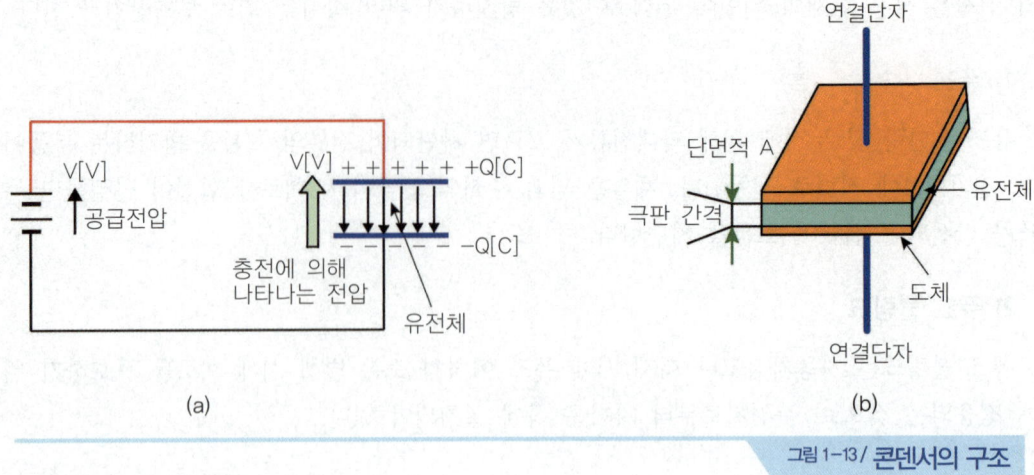

그림 1-13 / 콘덴서의 구조

1) 콘덴서의 정전용량

콘덴서에 축적되는 전하량(Q)은 인가하는 전압(V)에 비례한다.

$$Q = C \times V, \quad C = \frac{Q}{V}(F),$$

C : 정전용량, Q : 전하량
V : 전압

C는 콘덴서의 정전용량(충전능력)으로 형상 및 유전율에 따라 달라지며, 단위는 F(패럿)을 사용한다.

> **참고**
> $1\mu F = 10^{-6}F, \quad 1pF = 10^{-6}\mu F = 10^{-12}F$

$$C = \epsilon \frac{A}{d},$$

ϵ : 유전율
A : 극판의 단면적
d : 극판 사이의 거리

콘덴서(축전기)의 정전용량의 크기는 다음과 같다.
① 가해지는 전압에 반비례한다.
② 상대하는 금속판의 면적에 비례한다.
③ 금속판 사이의 절연체의 유전율에 비례한다.
④ 금속판 사이의 거리에 반비례한다.

2) 콘덴서의 직병렬 연결 시의 정전용량

① 직렬연결 : $1/C = 1/C_1 + 1/C_2 + \cdots\cdots + 1/C_n$
② 병렬연결 : $C = C_1 + C_2 + \cdots\cdots + C_n$

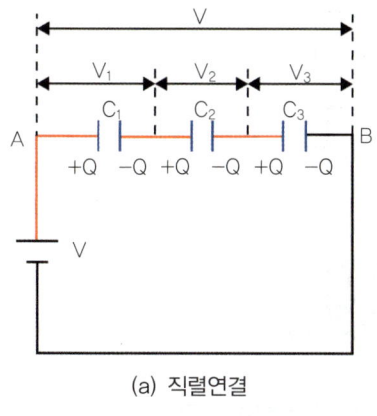
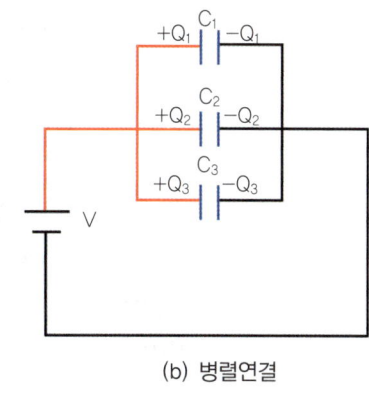

(a) 직렬연결 (b) 병렬연결

그림 1-14 / 축전기의 직렬 및 병렬연결

8. 코일(coil)

코일은 인덕터(inductor) 또는 인덕턴스(inductance)라고도 부르며, 도선을 원형의 모양이나 기타의 모양으로 감거나 두 도선을 동시에 감아 놓은 형태를 말한다. 코일의 기호는 L, 단위는 H(헨리)를 사용한다.

1) 자기성질

① 자성체란 자기유도에 의해 자화되는 물질이다.
② 자석은 자기를 가지고 있는 물체를 말한다.
③ 자석은 동종(같은 극)반발, 이종(다른 극)흡인의 성질이 있다.
④ 자성체에는 상자성체와 반자성체가 있다.
　㉠ 자성체 : 철, 니켈, 코발트, 크롬
　㉡ 반자성체 : 인, 구리, 안티몬
　㉢ 비자성체 : 알루미늄, 아연, 황동, 백금

2) 릴레이

전류의 자기 작용을 이용한 전기기기로 전자석(솔레노이드)에 직렬로 연결된 제어용 스위치를 ON하게 되면 코일에 전류가 흘러 전자석이 되며, 전자석 극부분에 위치한 가동철편은 흡착한다. 가동철편이 흡착되면 가동철편에 붙은 대전류 접점이 ON되어 부하측에 전류를 흐르게 한다. 즉, 전자석 작동을 위한 소전류로 대전류의 부하를 제어할 수 있는 것이 릴레이이다. 전체의 자속은 코일에 의한 자력선과 철심의 자화에 의한 자력선의 합이 된다.

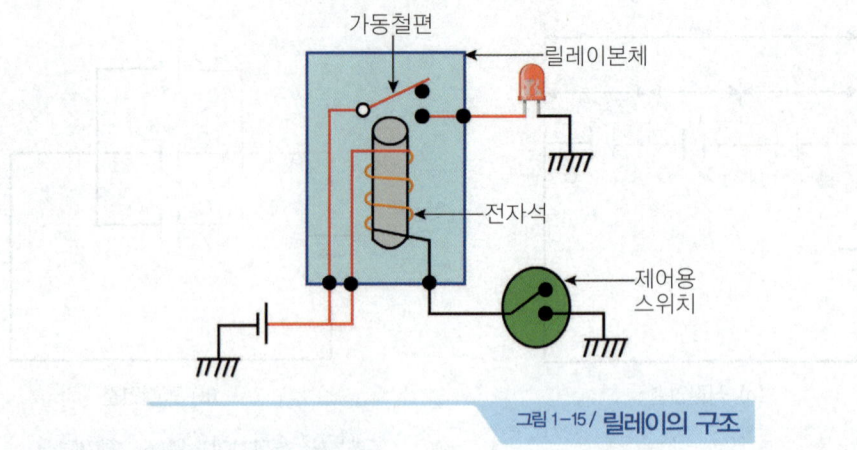

그림 1-15 / 릴레이의 구조

3) 자체 인덕턴스와 상호 인덕턴스

① 자체 인덕턴스

코일이 하나만 있는 경우에도 코일 자신에 유도 기전력이 유도되는 현상을 자체 유도라고 하며, 코일의 자체 유도 능력의 정도를 나타내는 것을 자체 인덕턴스라 한다.

② 상호 인덕턴스

두 개의 코일을 서로 가까이 하면 한쪽 코일의 전류가 변화할 때, 다른 쪽 코일에서 유도 기전력이 발생하는 현상을 상호 유도라 하고, 그 상호 유도작용의 정도를 상호 인덕턴스라고 한다.

9. 반도체(semi conductor)

1) 반도체의 개요

게르마늄(Ge)이나 실리콘(Si) 등은 도체와 절연체의 중간인 고유저항을 지닌 것이다.

반도체의 성질은 불순물의 유입에 의해 저항을 바꿀 수 있고, 빛을 받으면 고유저항이 변화하는 광전효과가 있으며, 자력을 받으면 도전도가 변하는 홀(hall)효과가 있다. 또 온도가 높아지면 저항값이 감소하는 부(負) 온도계수의 물질이다.

2) 반도체의 종류와 그 작용

불순물을 포함하고 있지 않은 순수한 반도체를 진성 반도체라 하며 실리콘(Si), 게르마늄(Ge) 등과 같은 4족 원소이고 완전한 공유결합을 이룬다. 불순물을 포함하고 있는 반도체를 불순물 반도체라 하며 P형과 N형이 있다.

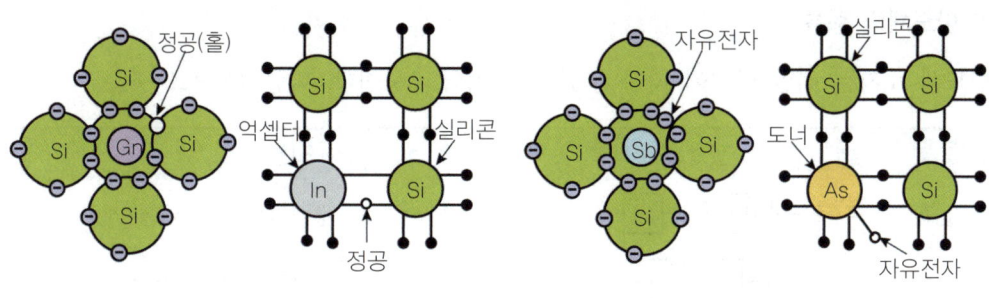

(a) P형 반도체   (b) N형 반도체

그림 1-16 / P형 반도체와 N형반도체

① P(positive)형 반도체

진성반도체 실리콘(Si, 4가) 속에 갈륨(Ga), 알루미늄(Al), 인듐(In)과 같은 3가의 원소를 첨가한 반도체이다. 가전자 1개가 부족하여 전자가 빈 곳이 생기는 자리를 정공 또는 홀(hole)이라 하며, 정공을 만들기 위한 3가의 불순물을 억셉터(acceptor)라 한다. 정공이 다수 캐리어이고, 자유전자는 소수 캐리어이다.

② N(negative)형 반도체

진성 반도체(실리콘) 속에 5가의 비소(As), 안티몬(Sb), 인(P) 등의 불순물 원소를 첨가한 반도체이다. 불순물 원자가 실리콘 원자 1개를 밀어내고 그 자리에 들어가 실리콘 원자와 공유결합을 한다.

가전자 1개가 남는 전자를 과잉전자라 하며, 과잉전자를 만드는 불순물을 도너(donor)라고 한다. 자유전자가 다수 캐리어이고, 정공은 소수 캐리어가 된다.

3) 반도체 장·단점

① 반도체의 장점
  ㉠ 매우 소형이고, 가볍다.
  ㉡ 내부 전력 손실이 매우 적다.
  ㉢ 예열시간을 요하지 않고 곧바로 작동한다.
  ㉣ 기계적으로 강하고, 수명이 길다.

② 반도체의 단점
  ㉠ 온도가 상승하면 그 특성이 매우 나빠진다(게르마늄은 85℃, 실리콘은 150℃ 이상 되면 파손되기 쉽다).
  ㉡ 역내압(역방향으로 전압을 가했을 때의 허용한계)이 매우 낮다.
  ㉢ 정격값 이상이 되면 파괴되기 쉽다.

4) 반도체의 종류

반도체 소자는 접합 방식에 따라 무접합, 단접합, 2중접합, 다중접합으로 구분된다.

구 분	접합도	적용 반도체
무접합	P N	서미스터, CdS(광검출 소자), 외형 게이지
단접합	PN	다이오드, LED(발광다이오드), 제너다이오드
이중접합	PNP NPN	트랜지스터, 포토트랜지스터
다중접합	PNPN	사이리스터(SCR), 트라이액

그림 1-17 / **반도체 접합의 종류**

① 다이오드(diode)

P형 반도체와 N형 반도체를 마주대고 접합한 것으로 PN정션(junction)이라고도 하며, 순방향으로는 전류가 흐르고 역방향으로는 전류가 흐르지 않는 특성으로 교류발전기의 정류회로 등에 활용된다.

순방향 전류가 흐르도록 외부 직류전압을 인가하는 방법을 순방향 바이어스라 하며, 순방향으로 전류가 흐르기 시작하는 시점의 인가전압을 임계전압 또는 문턱전압이라고 하며, 보통 실리콘(Si)은 0.6~0.7V, 게르마늄(Ge)은 0.3~0.4V이다.

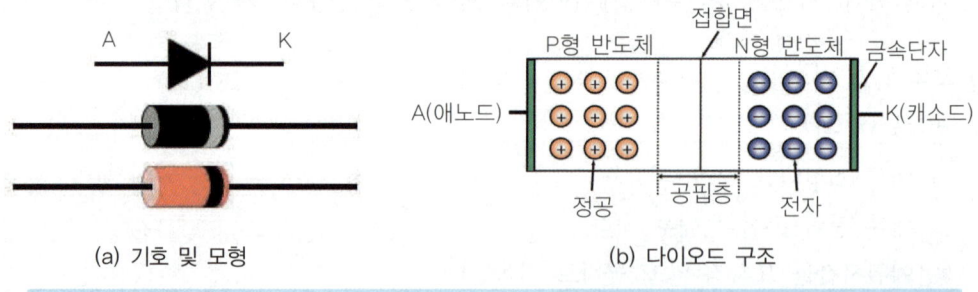

(a) 기호 및 모형   (b) 다이오드 구조

그림 1-18 / **PN 접합 다이오드의 구조**

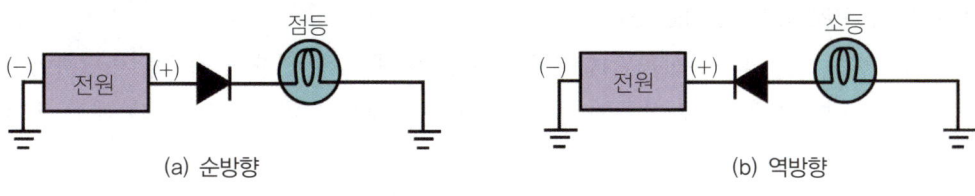

그림 1-19 / **다이오드의 순방향 결선과 역방향 결선시의 점등상태**

역방향으로 전압을 인가하면 전류가 거의 흐르지 않게 되지만, 전압이 계속 증가하게 되면 어떤 전압 이상에서는 급격히 큰 전류가 흘러 다이오드가 파괴되는데, 이때의 전압을 항복전압이라고 한다.

② 제너다이오드(zener diode)

순방향 특성은 정류 다이오드와 같으나, 역방향 특성에서 일정 이상의 전압이 가해지면 역방향으로 전류가 통할 수 있도록 제작된 것으로 정전압 다이오드라고도 하며, 발전기의 전압 조정기에서 사용된다. 역방향으로 전류가 흐르는 현상을 제너 현상, 제너 전압(브레이크다운전압)이라고 한다.

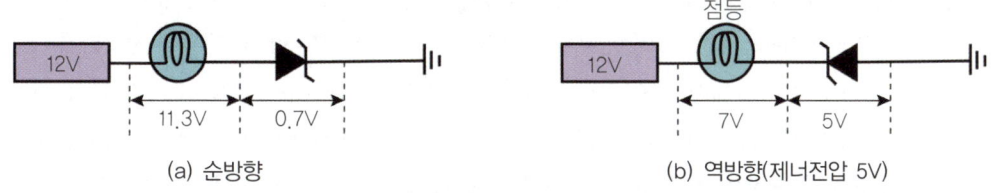

그림 1-20 / **제너다이오드의 순방향 결선과 역방향 결선시의 점등상태**

③ 발광다이오드(LED : light emission diode)

PN 접합면에 순방향 전압을 걸어 전류를 공급하면 캐리어가 가지고 있는 에너지의 일부가 빛으로 되어 외부에 방사하는 다이오드이다. 자동차에서 발광다이오드를 사용하는 부품에는 배전기식 크랭크 앵글센서, 조향 휠 각속도센서, 차고센서 등이 있다.

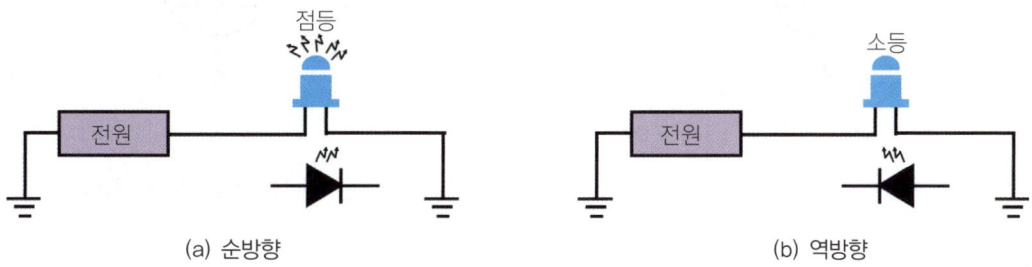

그림 1-21 / **발광다이오드의 순방향 결선과 역방향 결선 시의 점등상태**

④ 포토다이오드(photo diode)

포토다이오드는 입사광선을 접합부에 쪼이면 빛에 의해 전자가 궤도를 이탈하여 자유전자가 되어 역방향으로 전류가 흐르며, 용도는 배전기 내의 크랭크 각 센서, TDC센서, 레인센서 등에서 사용한다.

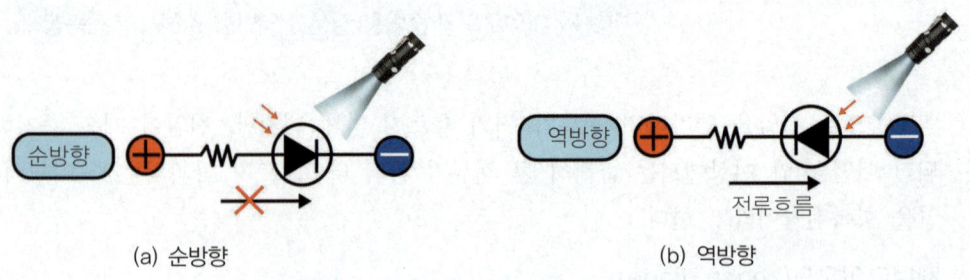

(a) 순방향　　　　　　　　　(b) 역방향

그림 1-22 / 포토다이오드의 순방향 결선과 역방향 결선시의 점등상태

⑤ 트랜지스터(transistor)

불순물 반도체 3개를 접합한 것으로 PNP형과 NPN형이 있다. 3개의 단자 중 중앙 부분을 베이스(B, base : 제어부분), 양쪽의 P형 또는 N형을 각각 이미터(E : emitter) 및 컬렉터(C : collector)라 하며, 스위칭 작용, 증폭 작용 및 발진 작용이 있다.
㉠ PNP형 : 이미터에서 베이스로 전류가 흐르면 이미터에서 컬렉터로 전류가 흐름
㉡ NPN형 : 베이스에서 이미터로 전류가 흐르면 컬렉터에서 이미터로 전류가 흐름
㉢ 스위칭작용 : 베이스에 흐르는 전류를 단속하면 이미터나 컬렉터에 전류가 단속

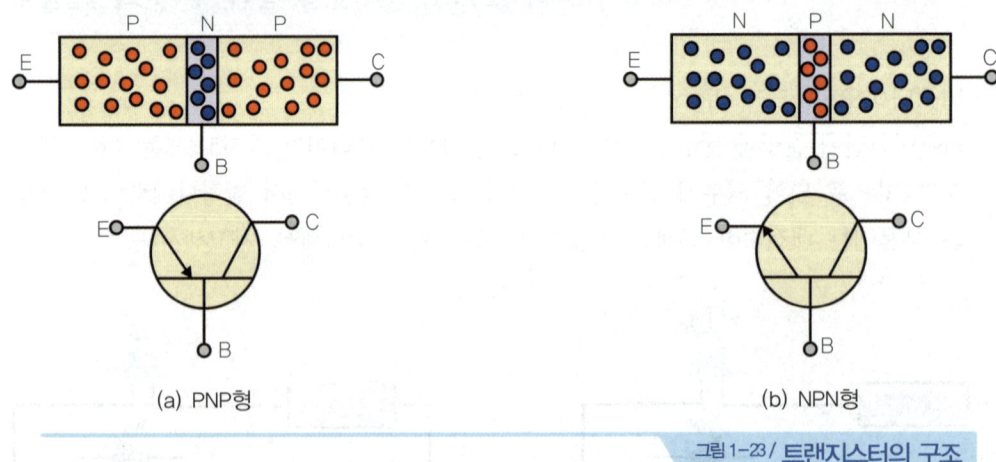

(a) PNP형　　　　　　　　　(b) NPN형

그림 1-23 / 트랜지스터의 구조

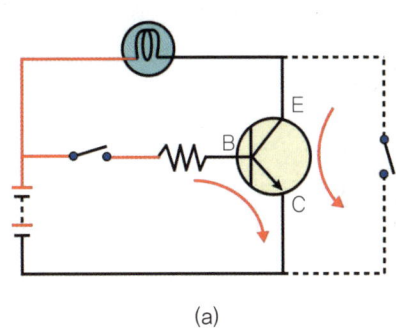
(a)

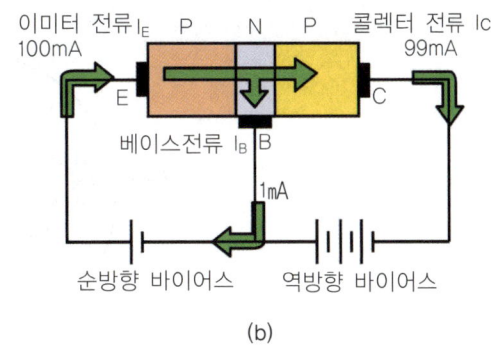
(b)

그림 1-24 / **트랜지스터의 스위칭 작용과 증폭 작용**

ⓔ 증폭 작용 : 베이스에 흐르는 전류는 총 전류의 1%로 작동이 되며 나머지 99%가 컬렉터로 흐름(작은 전류로 큰 전류를 제어)

ⓜ 포화영역(saturation region) : 트랜지스터에서 베이스-이미터(E-B) 접합, 컬렉터-베이스(C-B) 접합 모두 순방향으로 바이어스된 상태로서 펄스회로에서 이용된다.

ⓗ 활성영역(active region) : 트랜지스터에서 베이스-이미터(E-B) 접합은 순바이어스, 컬렉터-베이스(C-B) 접합은 역바이어스된 상태로서 증폭기로 가장 많이 사용된다.

⑥ **포토트랜지스터(photo transistor)**

포토트랜지스터는 PN접합부분에 빛을 가하면 빛의 에너지에 의해 발생된 정공과 전자가 외부회로에 흐르게 되며, 입사광선에 의해 정공과 전자가 발생하면 역방향전류가 증가하여 입사광선에 대응하는 출력전류가 얻어지는데 이를 광전류라 한다.

이 트랜지스터는 베이스 전극은 끌어냈으나 빛이 베이스 전류의 대용이므로 전극이 없다.

⑦ **다링톤 트랜지스터(darlington TR)**

다링톤 트랜지스터는 컬렉터에 많은 전류를 흐르게 하기 위해 2개의 트랜지스터를 1개의 반도체 결정에 집적하고, 이를 1개의 하우징에 밀봉한 것이다. 1개의 트랜지스터로 2개 분량의 증폭 효과를 발휘할 수 있다.

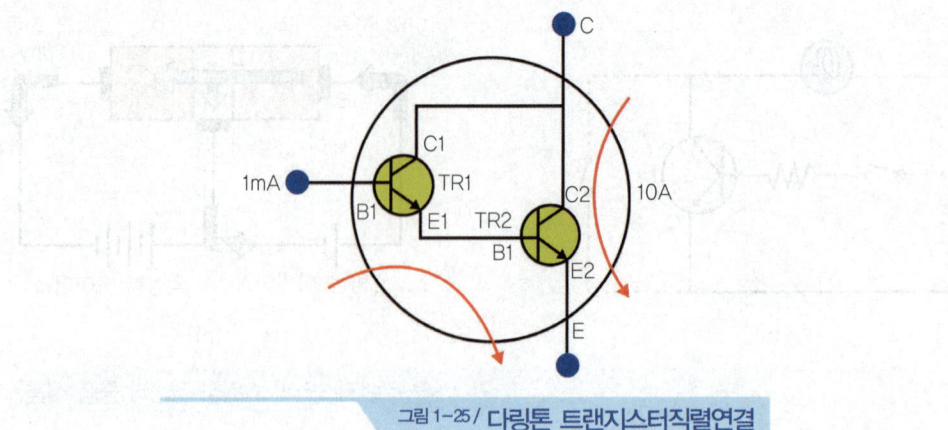

그림 1-25 / 다링톤 트랜지스터 직렬연결

⑧ 사이리스터(thyrister, SCR)

사이리스터는 SCR(silicon controlled rectifier)이라고도 하며, PN접선의 다이오드 2개를 접합한 상태로 PNPN의 형태이다. PNP형 1개와 NPN형 1개의 트랜지스터 2개를 합친 것과 같은 작용을 하며, 애노드, 캐소드, 게이트로 구성된다. 제어 단자인 게이트에는 P게이트형과 N게이트형이 있다.

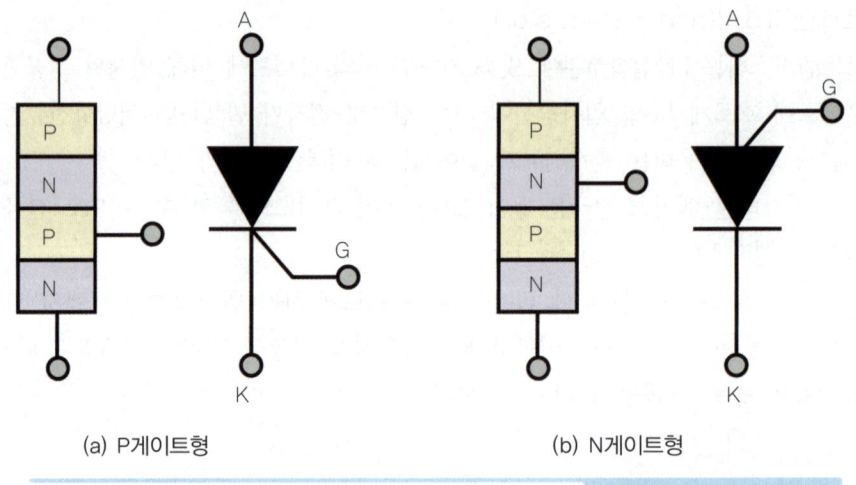

(a) P게이트형   (b) N게이트형

그림 1-26 / 사이리스터

㉠ 제어 특성
   ⓐ A(애노드)에서 K(캐소드)로 흐르는 전류가 순방향이다.
   ⓑ G(게이트)에 (+), K(캐소드)에 (-)전류를 흘려보내면 A(애노드)와 K(캐소드) 사이가 순간적으로 도통된다.

ⓒ A(애노드)와 K 사이가 도통된 것은 G(게이트)전류를 제거해도 계속 도통이 유지되며, A(애노드)전위를 0으로 만들어야 해제된다.

⑨ 홀 효과(hall effect)

2개의 영구자석 사이에 도체를 직각으로 설치하고 도체에 전류를 공급하면 도체의 한 면에는 전자가 과잉되고 다른 면에는 전자가 부족 되어 도체 양면을 가로질러 전압이 발생되는 현상이다. 차량속도 센서 등에서 사용된다.

⑩ 서미스터(thermistor)

온도가 상승하면 저항값이 감소하는 부특성(NTC) 서미스터와 온도가 상승하면 저항값도 증가하는 정특성(PTC) 서미스터가 있다. 일반적으로 서미스터라고 함은 부특성 서미스터를 의미하며, 용도는 전자회로의 온도 보상용, 수온센서, 흡기 온도센서 등에서 사용된다.

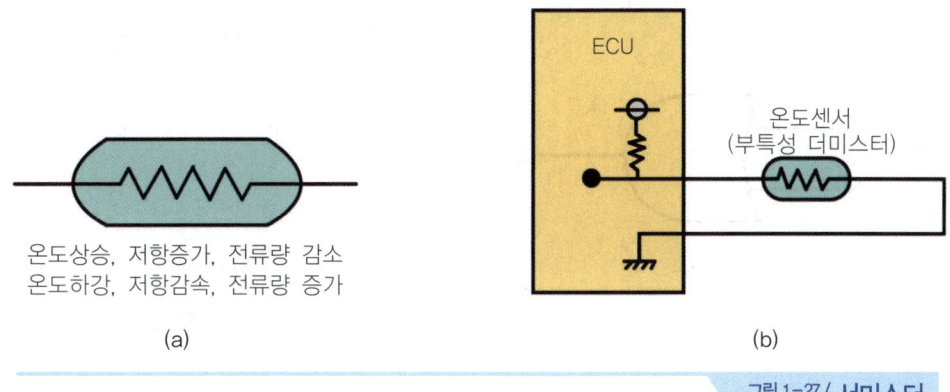

그림 1-27 / **서미스터**

⑪ 광전도셀(CdS)

빛의 밝기에 따라 저항이 변하는 소자이며, 빛이 밝아질수록 저항이 감소하고, 어두우면 저항이 증가하는 특징이 있다. 일사센서, 조도센서, 가로등제어 등에 사용된다.

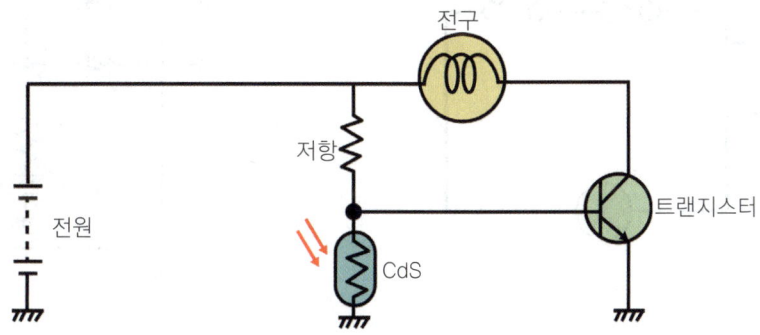

그림 1-28 / **광전도셀의 적용(오토라이트 회로 예)**

10. 논리회로

1) 논리합회로(OR회로)

논리합회로란 입력 A, B 중에서 어느 하나라도 1이면 출력 X도 1이 된다.

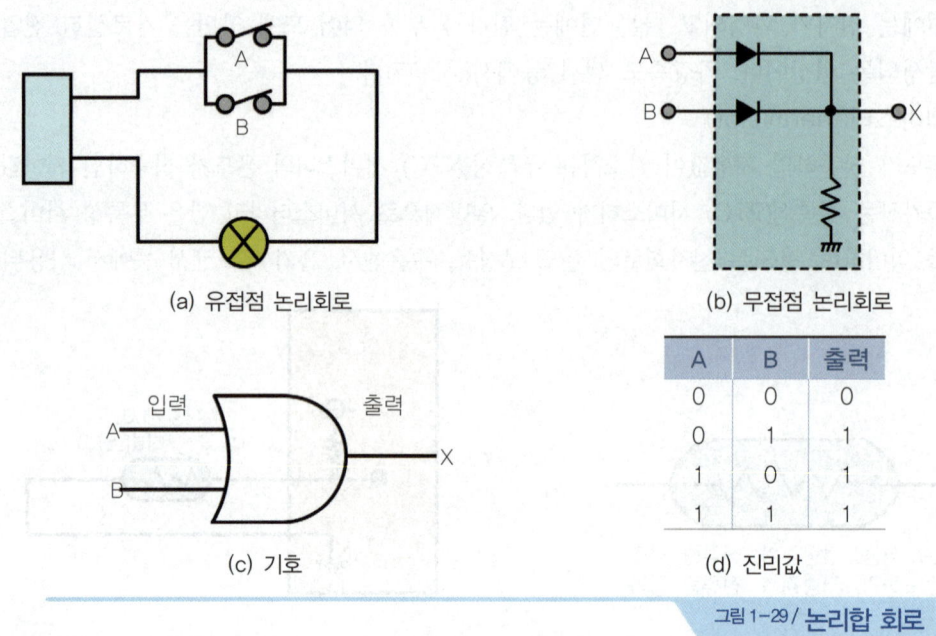

그림 1-29 / **논리합 회로**

2) 논리적 회로(AND 회로)

논리적 회로란 입력 A, B가 동시에 1이 되어야 출력 X도 1이 되며, 1개라도 0이면 출력 X는 0이 되는 회로이다.

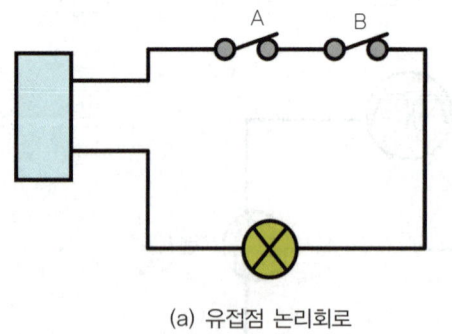
(a) 유접점 논리회로

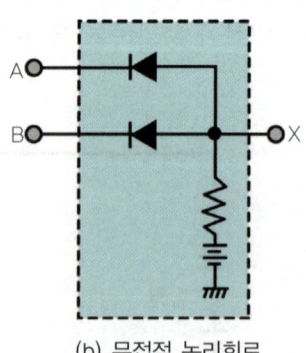
(b) 무접점 논리회로

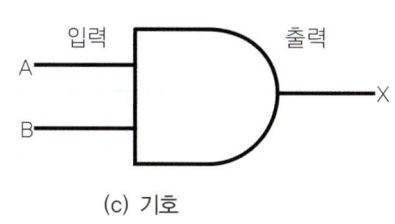

(c) 기호　　　　　　　　　　(d) 진리값

그림 1-30 / **논리적 회로**

3) 부정회로(NOT회로)

부정회로란 입력 A가 1이면 출력 X는 0이 되고 입력 A가 0일 때 출력 X는 1이 되는 회로이다.

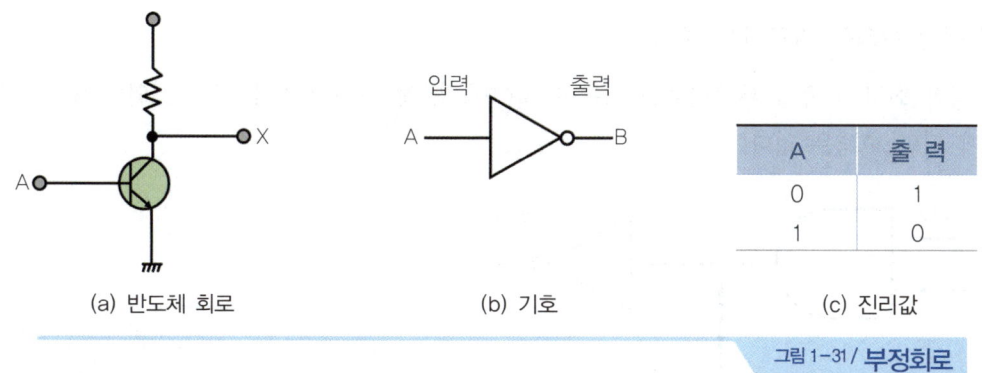

(a) 반도체 회로　　　　　(b) 기호　　　　　(c) 진리값

그림 1-31 / **부정회로**

4) 부정 논리합회로(NOR회로)

논리합회로 뒤쪽에 부정회로를 접속한 것으로, 입력 스위치 A와 입력 스위치 B가 모두 OFF되어야 출력이 된다. 그러나 입력 스위치 A 또는 입력 스위치 B 중에서 1개가 ON이 되거나 입력 스위치 A와 입력 스위치 B가 모두 0이 되면 출력은 없다.

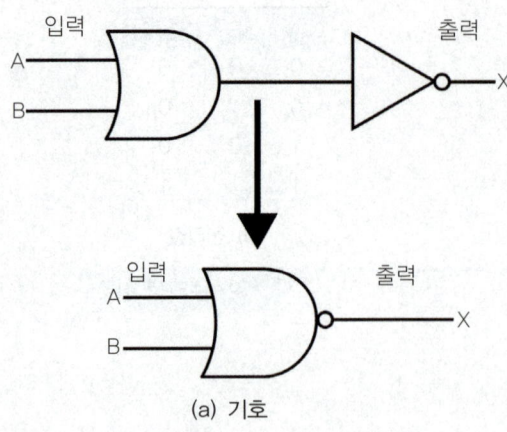

(a) 기호   (b) 진리값

그림 1-32 / **부정 논리합회로**

5) 부정 논리적 회로(NAND회로)

논리적 회로 뒤쪽에 부정회로를 접속한 것이며, 입력 스위치 A와 입력 스위치 B가 모두 ON이 되면 출력은 없다.

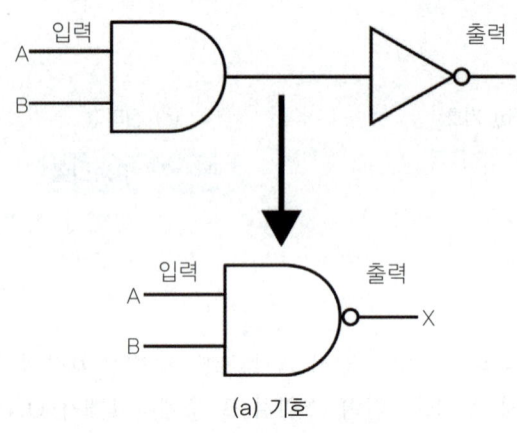

(a) 기호   (b) 진리값

그림 1-33 / **부정 논리적회로**

6) XOR회로(Exclusive OR회로)

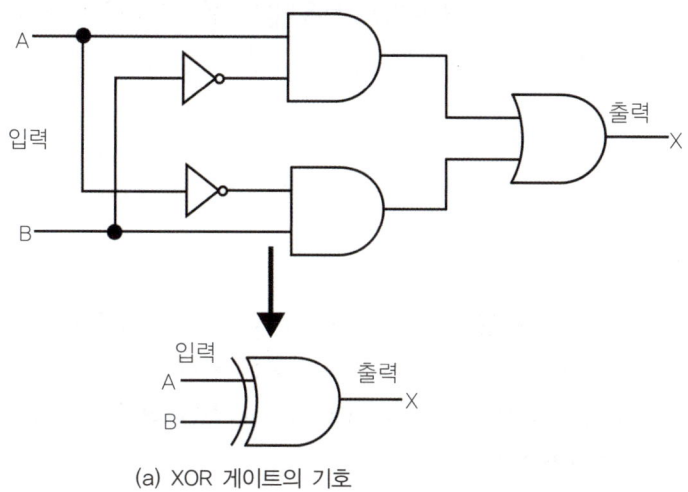

A	B	출력	
		OR	XOR
0	0	0	0
0	1	1	1
1	0	1	1
1	1	1	0

(a) XOR 게이트의 기호   (b) 진리치표

그림 1-34 / **XOR회로**

2_자동차 제어장치

1. 제어장치의 종류

제어장치에는 제어 동작에 따라 크게 개루프 제어시스템과 폐루프 제어시스템으로 분류된다. 개루프 제어시스템(open-loop control system)은 시퀀스 제어시스템으로 가장 간단한 제어시스템이고, 폐루프 제어시스템(closed-loop control system)은 피드백 제어시스템으로 정밀하고 신뢰성이 높은 제어가 필요한 곳에 사용하는 제어시스템이다. 제어 방법에 따라 연속적인 제어와 불연속적인 제어로 분류할 수 있으며, 연속적인 제어를 아날로그 제어라고 하며, 불연속적인 제어를 디지털 제어라 한다.

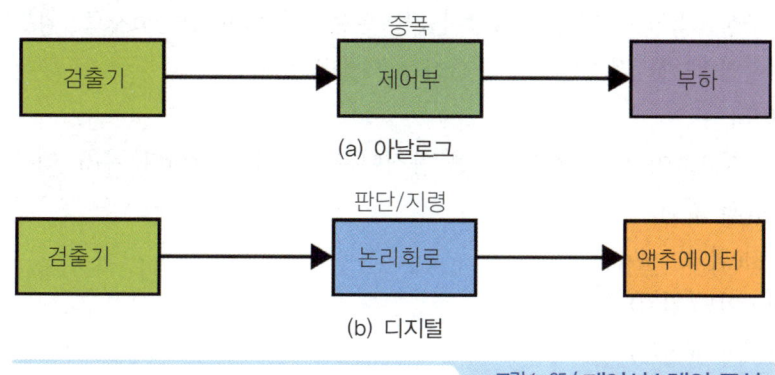

그림 1-35 / **제어시스템의 구성**

아날로그 제어는 증폭된 결과가 출력되고, 디지털 제어는 2진수 연산에 의한 논리적 결과가 출력된다. 디지털 제어시스템에 사용되는 논리회로(또는 컴퓨터)는 센서로부터 입력되는 신호를 받아서 논리적인 연산에 의해 판단하여, 액추에이터가 명령을 수행하도록 출력값을 보낸다.

2. 자동차 제어장치의 작동

1) 디지털 제어장치의 기본 작동

자동차에서 사용하는 전자제어시스템은 디지털 제어시스템이며, 구성요소는 검출기, 논리회로(ECU) 및 액추에이터이다. 주요 부분은 인간의 두뇌에 해당하는 판단기능을 수행하는 ECU이며, ECU를 중심으로 입력신호를 보내오는 센서와 ECU의 논리적인 연산에 의해 판단결과인 명령을 받아 수행하는 액추에이터이다.

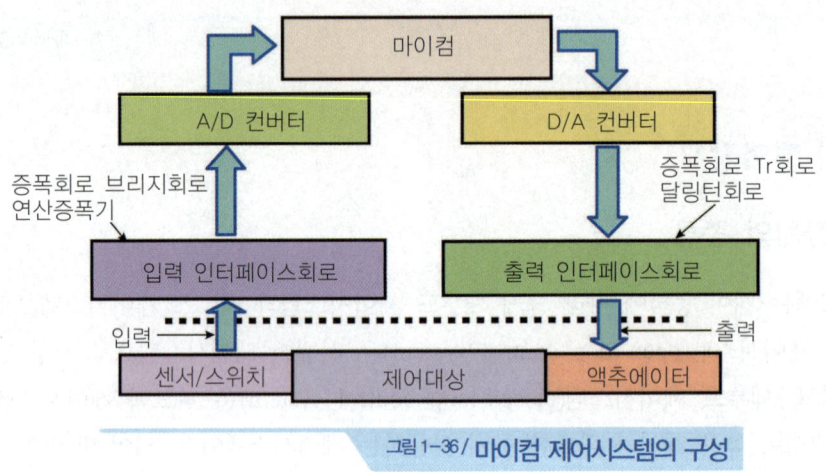

그림 1-36 / 마이컴 제어시스템의 구성

① 센서(검출기)

입력측 구성요소이며, 인간의 감각기능을 실현하기 위한 검출소자로, 외부의 아날로그 또는 디지털정보를 전기신호로 변환하는 역할을 한다.

② 액추에이터

출력측 구성요소이며, 사람의 손발을 움직이는 근육에 해당한다. 주요 액추에이터의 종류는 다음과 같다.

　㉠ 전동기(전기)
　㉡ 솔레노이드(전기)
　㉢ 리니어모터(전기)
　㉣ 실린더(유압, 공기압)

2) 제어장치의 기능

① RAM(random access memory : 일시기억장치)

RAM은 임의의 기억저장장치에 기억되어 있는 데이터를 읽거나 기억시킬 수 있다. 그러나 RAM은 전원이 차단되면 기억된 데이터가 소멸되므로 처리 도중에 나타나는 일시적인 데이터의 기억저장에 사용된다.

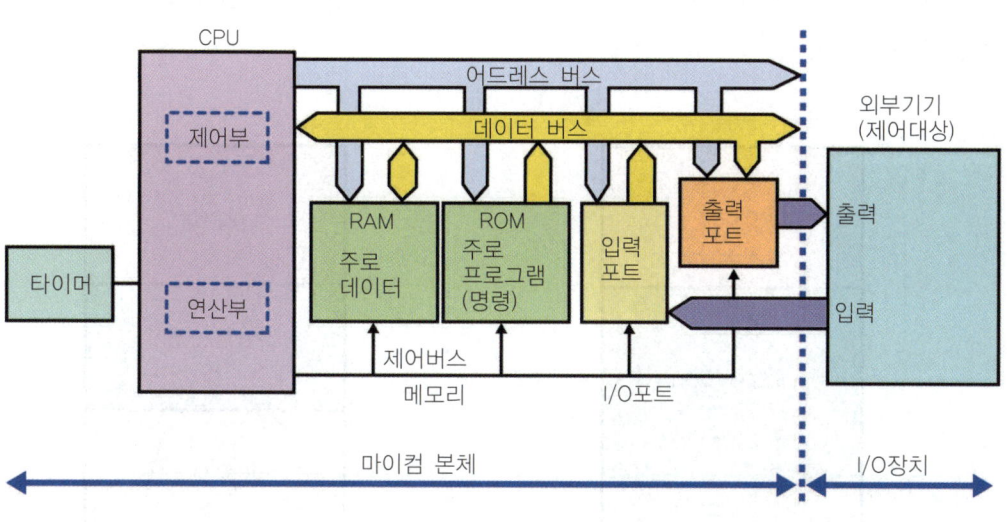

그림 1-37 / 마이크로컴퓨터의 내부구성

② ROM(read only memory : 영구기억장치)

ROM은 읽어내기 전문의 기억장치이며, 한 번 기억시키면 내용을 변경시킬 수 없다. 또 전원이 차단되어도 기억이 소멸되지 않으므로 프로그램 또는 고정 데이터의 저장에 사용된다.

③ I/O(In Put/Out Put : 입·출력장치)

입력과 출력을 조절하는 장치이며, 입·출력구멍이라고도 한다. 입·출력장치는 외부 센서들의 신호를 입력하고 중앙처리장치(CPU)의 명령으로 액추에이터로 출력시킨다.

④ 중앙처리장치(CPU : central processing unit)

데이터의 산술연산이나 논리연산을 처리하는 연산 부분, 기억을 일시 저장해두는 장소인 일시기억 부분, 프로그램 명령, 해독 등을 하는 제어 부분으로 구성되어 있다.

3. 인터페이스의 입출력신호

1) 인터페이스의 입출력신호 조건

디지털 IC 중 TTL IC와 CMOS IC가 많이 사용되고 있고, TTL IC에 사용하는 전원전압은 5[V]이며, CMOS IC에 사용하는 전원전압은 3~16[V] 사이이다. TTL IC인 경우 0.8[V] 이하이면 "0", 2.5~5[V]이면 "1"로 간주하며, CMOS IC는 12[V]의 1/3(4[V]) 이하이면 "0", 2/3(8[V]) 이상이면 "1"로 간주한다.

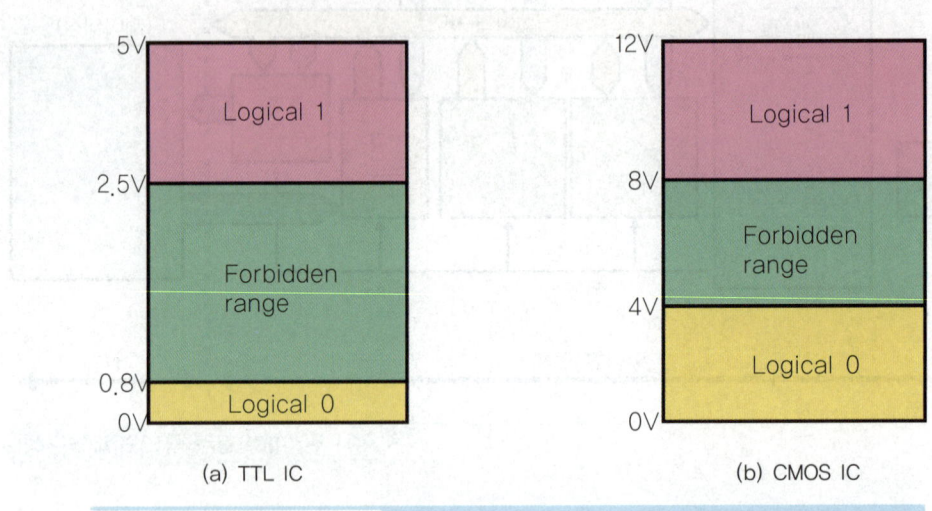

그림 1-38 / TTL IC와 CMOS IC의 입·출력신호 레벨

2) Pull Up 저항과 Pull Down 저항

스위치 입력회로에서 스위치가 ON되었을 때는 회로의 종류에 관계없이 정확한 접지전압이나 전원전압이 나타나게 되나, 스위치가 OFF되었을 때는 플로팅신호 때문에 정확한 전압이 나타나는 것을 보증할 수 없게 된다. 따라서 스위치가 OFF되었을 때 정확한 신호전압을 나타나게 하기 위하여 Pull-Up 저항 또는 Pull-Down 저항을 사용한다.

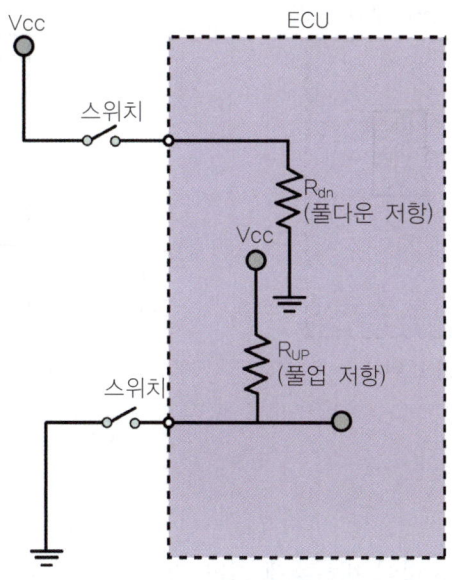

그림 1-39 / Pull-Up 저항과 Pull-Down 저항의 역할

3) ECU 입력회로

입력 요소에 따라 스위치 입력회로, 가변저항 입력회로, 브리지 입력회로 등이 많이 사용된다. 출력회로의 종류로는 Tr 출력회로가 많이 사용된다. 먼저 입력회로 중 스위치 입력회로는 다음과 같이 스위치의 ON/OFF에 따른 ECU 입력단 전압의 크기에 따라 두 종류가 있다.

① 스위치 입력회로

스위치 입력회로는 스위치의 상태에 따라 나타나는 전압에 의해 두 가지로 분류된다. 두 가지 모두 스위치를 사용하고 있지만, 스위치의 ON/OFF 상태에 따라 나타나는 ECU 입력단의 전압은 전혀 반대가 되므로 측정 시 주의해야 한다.

㉠ 풀업 저항 스위치 입력회로 : 풀업저항과 ECU 내부전원전압을 이용한 스위치 입력회로로, ECU의 입력단 전압이 스위치 OFF 시에는 Hi(5[V]), 스위치 ON 시에는 Lo(접지전압, 0[V])로 나타난다.

㉡ 풀다운 저항 스위치 입력회로 : 풀다운 저항과 전원전압을 이용한 스위치 입력회로로, ECU의 입력단 전압이 스위치 OFF 시에는 Lo(접지전압, 0[V]), 스위치 ON 시에는 Hi(12[V])로 나타난다.

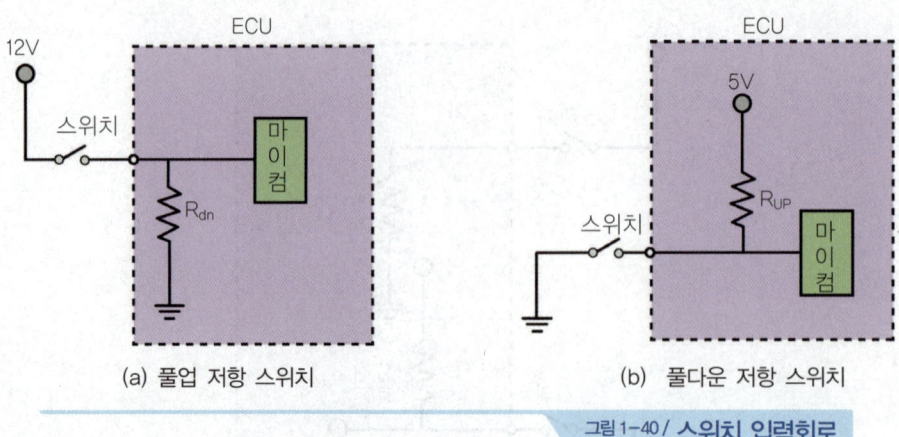

그림 1-40 / **스위치 입력회로**

② 가변저항 입력회로

가변저항 입력회로는 저항이 변하는데 따라 전압이 변하는 원리를 이용한 것으로 발생된 전압이 ECU의 입력이 된다.

③ 브리지 입력회로

브리지 입력회로는 휘스톤 브리지회로를 이용하여 신호전압을 ECU에 입력하는 방식이다. 4개의 저항 중 하나는 외부의 영향에 의해 저항이 변하는 센서를 사용한다.

c점과 d점의 전위차가 ECU에 입력된다.

브리지회로의 평형조건은 $R_1 \cdot R_4 = R_2 \cdot R_3$가 된다.

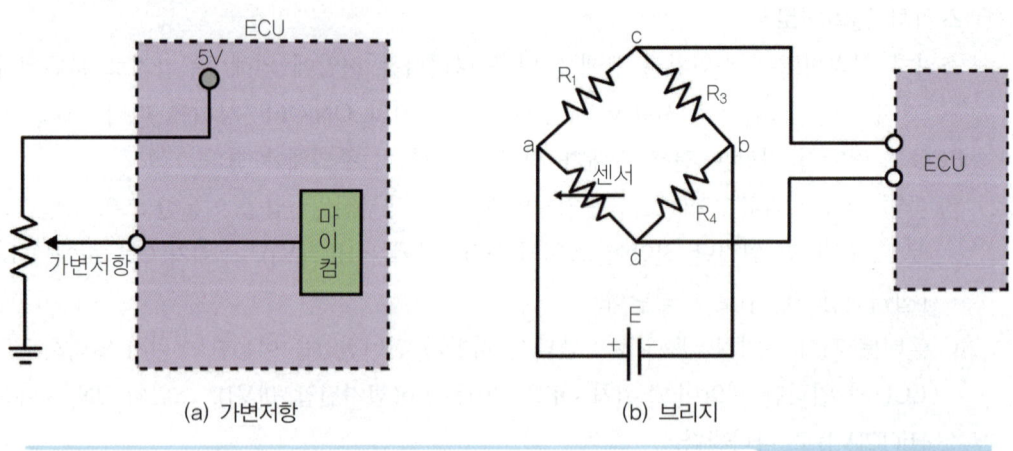

그림 1-41 / **입력회로**

4) ECU 출력회로

출력회로는 사용하는 Tr의 종류, 전원과 접지의 위치에 따라 두 종류가 있다. 출력측 Tr의 ON/OFF에 따라 ECU 출력단 전압의 크기가 다르게 나타난다.

① NPN Tr 출력회로

NPN 타입 Tr과 ECU 외부 전원전압을 이용한 출력회로로, ECU 출력단의 전압이 Tr OFF 시 Hi(12[V]), Tr ON 시 Lo(접지전압, 0[V])로 나타난다.

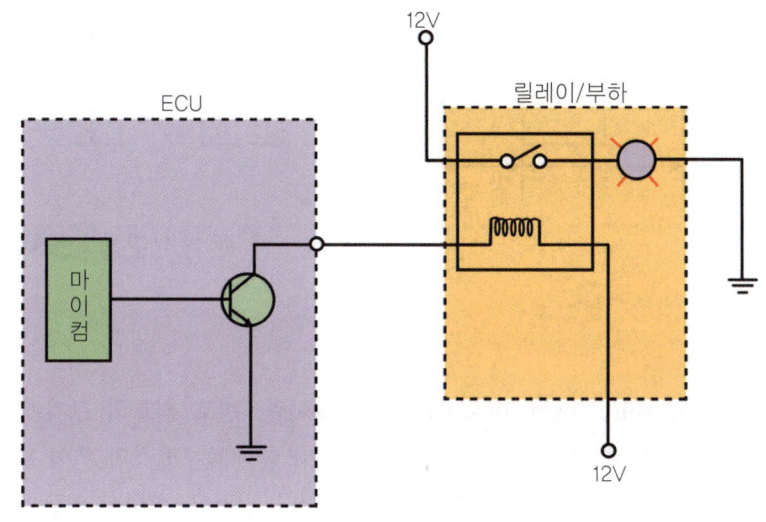

그림 1-42 / NPN 타입 Tr 출력회로

② PNP Tr 출력회로

PNP타입 Tr과 전원전압을 이용한 출력회로로, ECU 출력단의 전압이 Tr OFF시 Lo (접지전압, 0[V]), Tr ON시 Hi(12[V])로 나타난다.

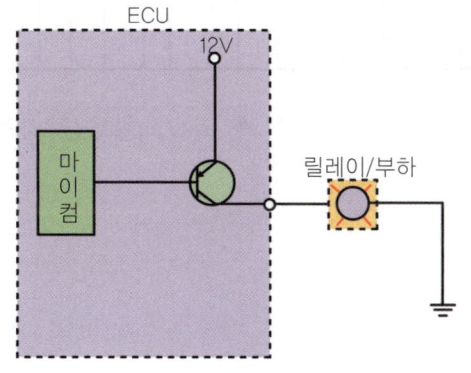

그림 1-43 / PNP타입 Tr 출력회로

4. PWM 파형과 듀티

1) 펄스

극히 짧은 시간만 계속하는 전압·전류파형을 임펄스라 하고, 이 임펄스의 반복을 펄스라고 한다. 구형파 펄스에서 펄스가 나타나는 시간 t_0를 펄스폭(펄스지속시간)이라 하고, 펄스와 펄스와의 사이의 시간 간격 T를 펄스주기(펄스간격)라고 하며, 1초당 펄스의 반복횟수를 펄스주파수라고 한다.

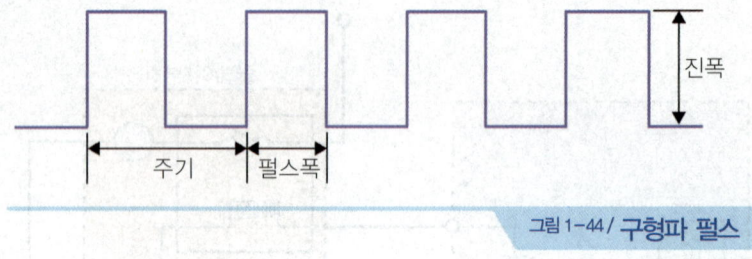

그림 1-44 / **구형파 펄스**

2) PWM 파형

PWM(펄스폭 변조, pulse width modulation) 파형이란, 변조 신호의 크기에 따라서 펄스의 폭을 변화시켜 변조하는 방식이다. 신호파의 진폭이 클 때는 펄스의 폭이 넓어지고, 진폭이 작을 때는 펄스의 폭이 좁아진다. 단, 펄스의 위치나 진폭은 변하지 않는다.

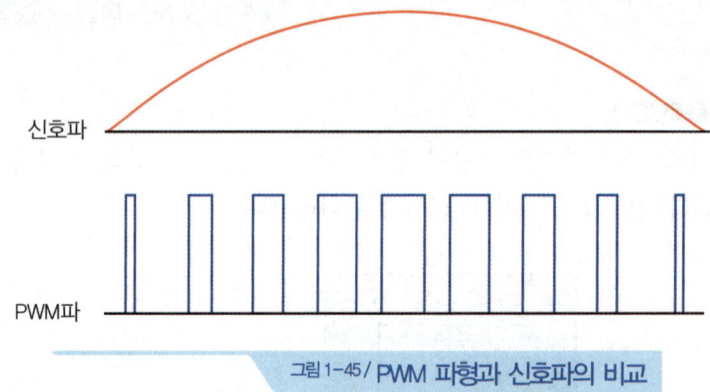

그림 1-45 / **PWM 파형과 신호파의 비교**

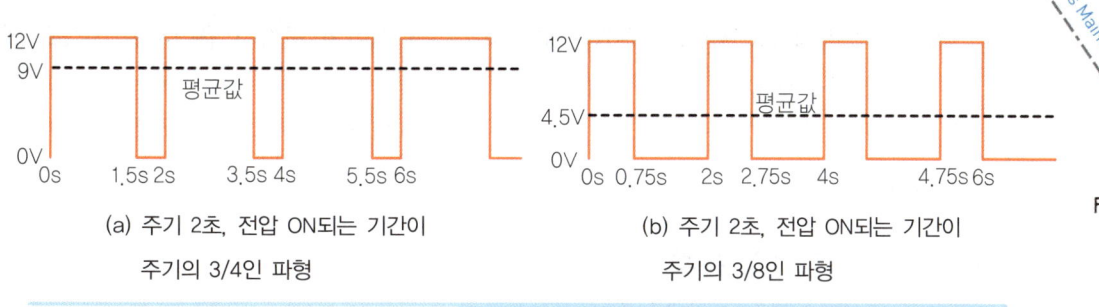

(a) 주기 2초, 전압 ON되는 기간이 주기의 3/4인 파형

(b) 주기 2초, 전압 ON되는 기간이 주기의 3/8인 파형

그림 1-46 / 전압 ON시간이 다른 두 PWM 파형의 비교

3) 듀티(duty)

듀티(duty)는 "한 주기에서 펄스가 나온 시간이 전체에서 차지하는 비율을 (+)듀티라 하고, 펄스가 나오지 않는 시간에 대한 비율을 (-)듀티"라고 정의한다. 다시 말하면 펄스신호 파형에 있어 펄스주기 T 에 대한 ON시간 t_{ON} 의 비율을 듀티비라고 한다. 듀티는 펄스주기와 펄스폭에 대한 정의이고 주파수와는 무관하다.

자동차에는 주로 (-)듀티를 이용하고 있고, (+)듀티를 사용하고 있는 것은 자동미션의 DCCSV(damper clutch control solenoid valve), PCSV(pressure control solenoid valve) 등이 있다.

$$T = t_{ON} + t_{OFF}, \quad (+)duty = \frac{t_{ON}}{T}, \quad (-)duty = \frac{t_{OFF}}{T}$$

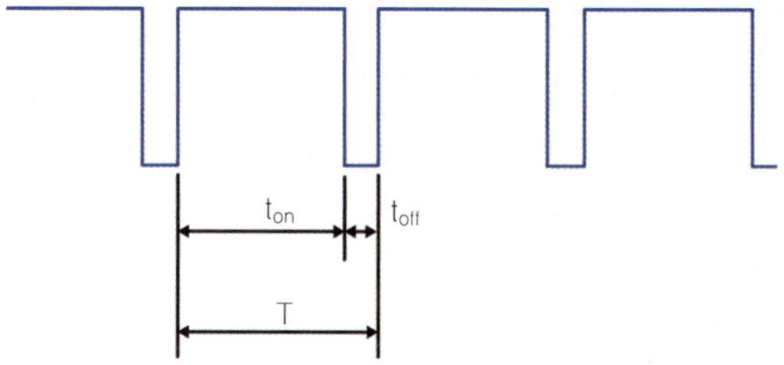

그림 1-47 / 펄스신호에 대한 듀티의 개념

3_통신장치

자동차에 통신을 사용하면 배선의 경량화, 공간의 확보, 시스템 신뢰성의 향상, 설계변경의 용이, 전기부품의 진단화 등의 장점을 갖추게 된다.

① 사용 배선의 수를 줄일 수 있어 차체의 중량을 감소시킬 수 있고, 커넥터의 접속불량, 배선의 단선과 단락 등의 고장 등이 줄어들게 되어 시스템 신뢰성이 향상된다.

② 전기장치의 설치장소 확보가 수월하게 되고 소프트웨어의 변경이 용이하여 손쉬운 설계 변경이 가능하다.
③ 자동차 전용 진단기기를 사용하여 전자제어센서와 모터 등의 상태를 점검하고 진단하여 정비성을 향상시킬 수 있다.

1. 자동차 통신장치의 분류

자동차 네트워크는 기능적인 측면에서 파워트레인제어, 섀시제어, 차체제어뿐만 아니라 자동차 내부 멀티미디어장치 제어 부분까지 확대 적용되고 있고, 속도 측면에서는 저속 및 고속의 데이터 통신으로 구분할 수 있다.

1) CAN(controller area network) 통신장치

CAN 통신은 각종 제어장치들을 직렬 통신 방식을 이용해 자동차 네트워크로 연결하기 위해 개발되었으며, ECU(엔진용 컴퓨터), TCU(자동변속기용 컴퓨터) 및 TCS(구동력 제어장치) 등 컴퓨터들 사이에 신속한 정보교환 및 전달을 목적으로 한다.

CAN은 고장방지 기능을 지원하는 Low Speed CAN과 High Speed CAN으로 두 가닥의 일반 꼬임 전선을 통하여 데이터를 다중 통신을 한다. 최대 통신속도는 1Mbps이며 125Kbps를 기준으로 Low Speed CAN(자동차 바디계)과 High Speed CAN(자동차 제어계)으로 나누어진다.

2) LIN(local interconnect network)

LIN(local interconnect network)은 CAN이 적용되는 부분 중에서 데이터 전송량이 적은 바디의 서브 통신용으로 적용되고 있으며, 한 가닥의 일반 전선으로 최대 20Kbps의 전송속도와 최대 64개의 노드를 지원할 수 있다.

3) MOST(media oriented systems transport)

MOST는 환경에 강하면서도 비용 대비 효과가 높은 통신 네트워크가 필요한 자동차 멀티미디어 네트워크용으로 광통신을 이용하여 25Mbps의 전송속도와 64개의 노드를 지원하고, 현재 150Mbps까지 전송속도를 확대하기 위한 개발을 진행 중에 있다. 그리고 상대적으로 고가인 광케이블을 대체하기 위하여 일반 전선으로도 통신이 가능하도록 개발 중에 있다.

4) FlexRay

FlexRay는 ESP, ABS, AT용 등의 Steer-by-Wire나 Brake-by-Wire 등 높은 신뢰성이 요구되는 차내 통신에 대해 주목을 끌고 있는 프로토콜로 MOST와 같이 고속의 Data를 전송

할 수 있으면서도 실시간 전송이 보장되는 새로운 통신 방식이다.

표 1-1 / **자동차 통신의 종류**

통신 방식	적용 분야	전송 속도	비 고
CAN	P/T 제어기 및 보디전장 간의 데이터전송	중저속	독립 ECM 통합 통신
KWP 2000	고장진단 장비(하이스캔 등)와의 통신	저속	
TTP/Flex Ray	X-By-Wire시스템의 고속, 고신뢰성 통신	고속	고급 차종에 적용
LIN	윈도우스위치/액추에이터 등 서브통신	저속	소규모 지역 통신
MOST	AV시스템, 내비게이션 등의 멀티미디어 통신	초고속	광통신

2. 자동차에서 사용하는 통신 방식

1) 통신 크기에 따른 분류

① **직렬통신** : 한 번에 한 개의 데이터만 전송
② **병렬통신** : 한 번에 여러 데이터를 동시에 전송

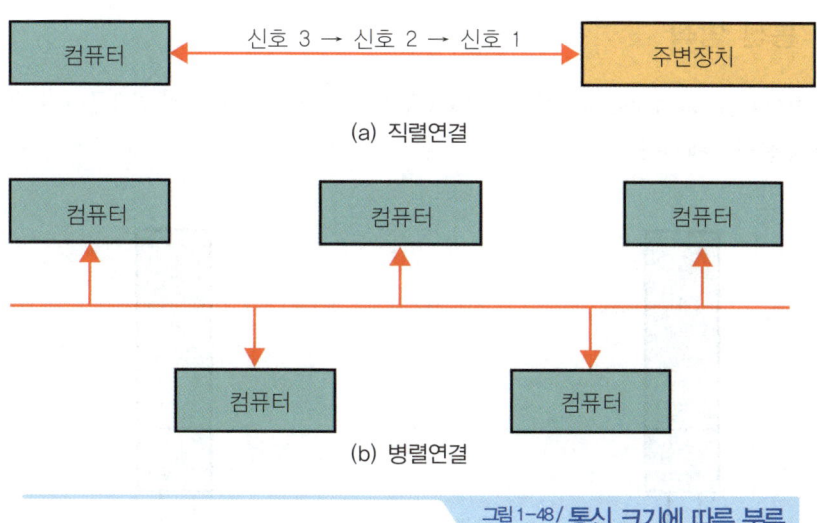

그림 1-48 / **통신 크기에 따른 분류**

표 2-2 / **직렬통신과 병렬통신의 비교**

	직렬통신	병렬통신
기능	한 번에 한 비트씩 전송	여러 개의 비트가 한 번에 전송
장점	가격이 저렴하고 거리의 제한이 적다.	직렬통신에 비해 속도가 빠르며 효과적이다.
단점	전송속도가 느리다.	거리의 제한이 있으며 전송 노선의 비용이 비싸다.
예	PWM, 시리얼통신	MUX통신, CAN통신, LAN통신

2) 통신방법에 따른 분류

① 단방향 통신 : 정보가 한 방향으로만 전달
② 양방향 통신 : 정보가 양 방향으로 동시에 전달

3) 통신 형식에 따른 분류

① 비동기 통신 : 정보를 전달할 때 고정된 속도를 갖지 않고 약정된 신호를 기준으로 속도나 시기를 맞추는 통신 방법
② 동기통신 : 송수신할 때 주파수와 위상을 맞추어서 송신하는 통신 방법

3. CAN 통신 방식

CAN(controller area network) 통신은 ECU간의 디지털 직렬통신을 제공하기 위해 자동차용 양방향 통신시스템이다.

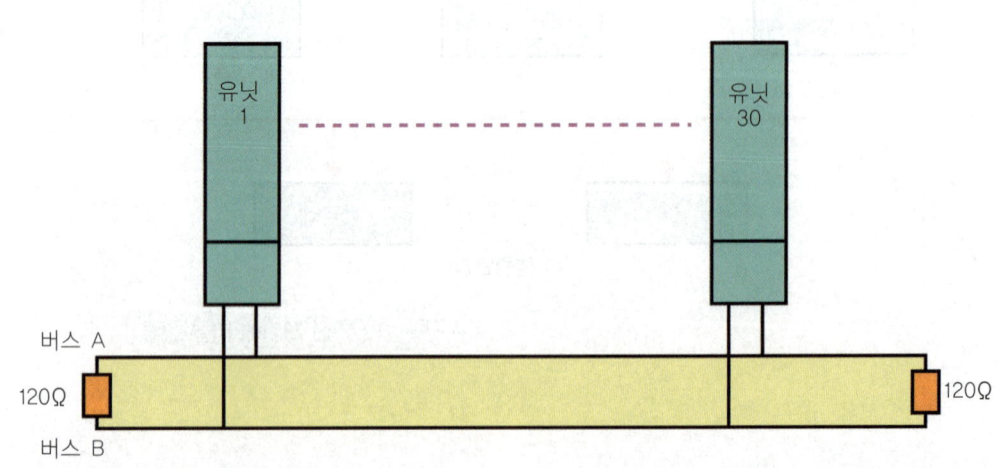

그림 1-49 / **CAN 통신시스템의 기본구성**

구성의 특징은 CAN버스와 유닛간의 거리는 0.3[m] 이내이고, 각 유닛(ECU)간 CAN버스의 길이는 1[m] 이내로 CAN버스의 전체 길이는 40[m] 이하로 한다. 또 CAN버스 양단에는 108~132[Ω] 크기의 저항을 설치하여 CAN 특성을 만족시킨다.

CAN 통신은 고온, 충격, 진동, 노즈가 많은 환경, 즉 열악한 환경에서도 잘 견디기 때문에 자동차에 적용될 수 있다. CAN 통신시스템에는 CAN 컨트롤러가 사용되는데, CAN 컨트롤러는 입력 데이터를 필터링하여 수신하고자 하는 데이터만 받아들이고, 입력 데이터에 대하여 수신확인 신호, 에러신호, 지연신호 등을 자동으로 전송하는 역할을 한다.

또한 CPU에 입력 메시지와 버스상태 및 CAN 컨트롤러의 상태를 전달하며, CPU로부터 전송할 데이터를 받아 CAN 버스에 전송하는 역할도 한다. 두 개의 통신라인(BUS-A, BUS-B)을 사용하여 서로의 정보를 전송하며 자신에게 필요한 정보만을 사용한다. CAN 통신은 HIGH SPEED CAN(BUS-A)과 LOW SPEED CAN(BUS-B)이 있다.

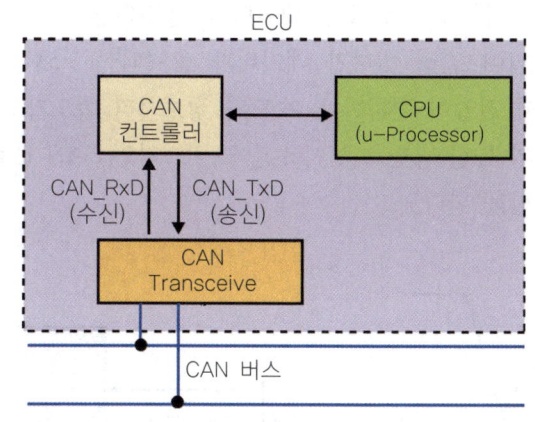

그림 1-50 / CAN 통신 시스템의 내부구성

1) HIGH SPEED CAN 통신

전압 레벨은 CAN-H(버스 A)와 CAN-L(버스 B)가 2.5V 전압을 기준으로 상승 하강을 하는 통신 방법이다. CAN 통신은 BUS A와 BUS B의 전압 차이로 데이터를 읽는다. 데이터의 전속속도, 처리속도가 매우 빠르고 정확하다. 빠른 전송으로 인해 노이즈 발생이 있어 오디오, A/V시스템에 영향을 줄 수 있다. TX로 입력된 신호를 RX로 출력하고 이에 해당하는 데이터를 CAN-L과 CAN-H로 출력한다.

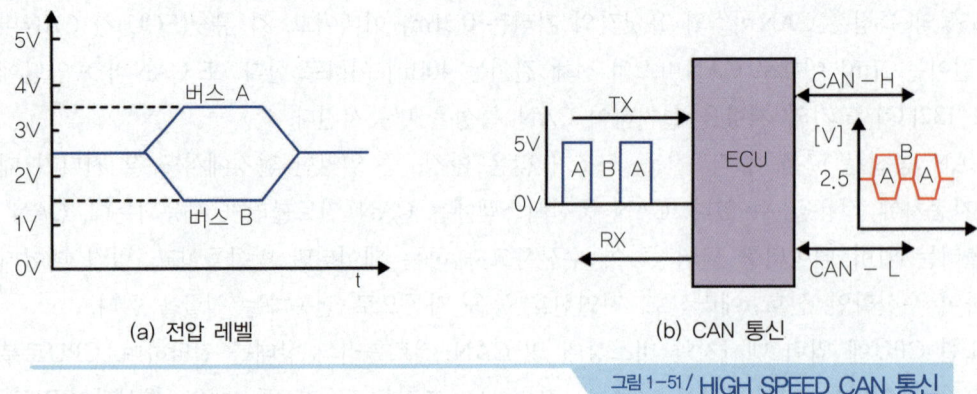

그림 1-51 / HIGH SPEED CAN 통신

2) LOW SPEED CAN 통신

CAN L은 5V의 전압이 걸려 있다가 데이터가 출력되면 1.4V의 전압으로 하강된다. CAN-H는 약 0V의 전압이 걸려 있다가 데이터가 출력되면 3.5V로 상승한다. CAN-H와 CAN-L는 같은 시점에서 전압이 변환한다. 속도와 정보처리 속도가 조금 느리지만 잡음 발생이 적어 자동차 ECU의 통신 방법으로 사용된다. 버스라인(CAN High와 CAN Low)을 통하여 데이터를 다중 통신을 한다.

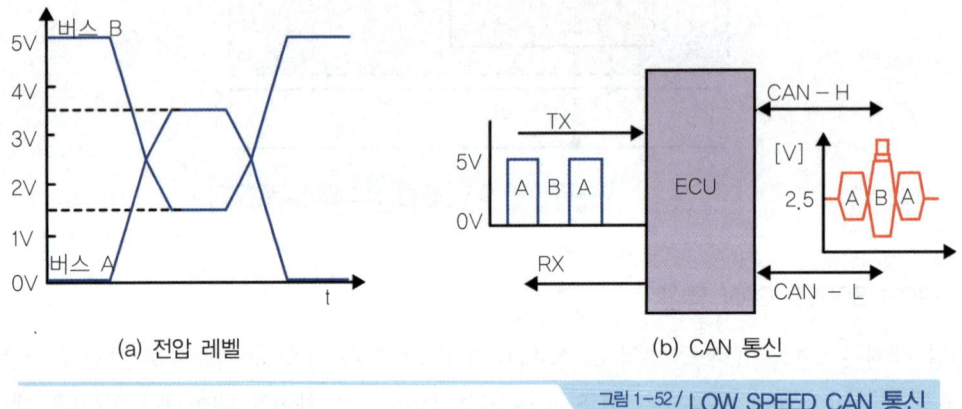

그림 1-52 / LOW SPEED CAN 통신

제1절 전기·전자

제1장 출제예상문제

01 전류의 작용을 바르게 표시한 것은?

① 발열작용, 화학작용, 자기작용
② 발열작용, 물리작용, 자기작용
③ 발열작용, 유도작용, 자기작용
④ 발열작용, 저항작용, 자기작용

풀이 전류의 3대작용에는 발열작용, 화학작용, 자기작용이 있다.

02 전류의 자기작용을 응용한 예를 설명한 것으로 틀린 것은?

① 스타터모터의 작용
② 릴레이의 작동
③ 시거라이터의 작동
④ 솔레노이드의 작동

풀이 시가라이터, 전구, 예열플러그 등에는 발열작용을 이용한다.

03 전류에 대한 설명으로 틀린 것은?

① 전기의 흐름이다.
② 단위는 A를 사용한다.
③ 직류와 교류가 있다.
④ 저항과 항상 비례한다.

풀이 전류는 전압에 비례하고 저항에 반비례한다.

04 다음 중 전기저항의 설명으로 틀린 것은?

① 전자가 이동시 물질 내의 원자와 충돌하여 발생한다.
② 원자핵의 구조, 물질의 형상, 온도에 따라 변한다.
③ 크기를 나타내는 단위는 옴(Ohm)을 사용한다.
④ 도체의 저항은 그 길이에 반비례하고 단면적에 비례한다.

풀이 도체의 저항은 그 길이에 비례하고 단면적에 반비례한다.

05 다음에서 옴의 법칙을 바르게 표현한 것은? (단, 전압은 V, 전류는 I, 저항은 R이다.)

① $R = \dfrac{I}{V}$
② $V = I \times R$
③ $R = I \times V$
④ $I = R \times V$

풀이 옴의 법칙을 표현하면 $V = I \times R$, $R = \dfrac{V}{I}$, $I = \dfrac{V}{R}$ 이다.

01 ① 02 ③ 03 ④ 04 ④ 05 ②

06 물체의 전기저항 특성에 대한 설명 중 틀린 것은?

① 단면적이 증가하면 저항은 감소한다.
② 온도가 상승하면 전기저항이 감소하는 효과를 NTC라 한다.
③ 도체의 저항은 온도에 따라서 변한다.
④ 보통의 금속은 온도상승에 따라 저항이 감소된다.

풀이 물체의 전기저항의 특성은 ①, ②, ③항 이외에 보통의 금속은 온도상승에 따라 저항이 증가하나 반도체는 감소한다.

07 자동차 전기장치의 구비조건으로 틀린 것은?

① 배선 저항은 작고, 커넥터의 접촉저항이 커야 한다.
② 고온과 저온의 온도변화에 따른 작동이 확실하여야 한다.
③ 부하의 변동에 따른 전압변동이 있어도 확실한 작동이 이루어져야 한다.
④ 진동이나 충격에 강하고 먼지, 습기, 비, 바람에 대한 내구성이 커야 한다.

풀이 커넥터의 접촉저항이 작아야 한다.

08 전압과 전류 그리고 저항에 대한 설명으로 틀린 것은?

① 반도체의 경우 온도가 높아지면 저항이 높아진다.
② 저항이 크고, 전압이 낮을수록 전류는 적게 흐른다.
③ 도체의 단면적이 클수록 저항은 낮아진다.
④ 도체의 경우 온도가 높아지면 저항은 높아진다.

풀이 반도체의 경우 온도가 높아지면 저항이 낮아진다.

09 자계와 자력선에 대한 설명으로 틀린 것은?

① 자계란 자기력이 작용하는 영역이다.
② 자기유도는 물체를 자기장 속에 두면 자화되는 현상이다.
③ 자속은 자력선이 방향과 같은 방향이며, 단위로는 Wb/m² 사용한다.
④ 자계강도는 단위자기량을 가지는 물체에 작용하는 자기력의 크기를 나타난다.

풀이 자계와 자력선에 관한 내용은 ①, ②, ④항 이외에 자속이란 자력선의 방향과 직각이 되는 단위면적 1cm²에 통과하는 전체의 자력선을 말하며 단위로는 Wb를 사용한다.

10 전자력과 자계에 대한 설명으로 틀린 것은?

① 전자력의 크기는 자계의 저항 크기에 비례한다.
② 전자력의 크기는 자계 내의 도선의 길이에 비례한다.
③ 전자력의 크기는 자계의 세기와 도선에 흐르는 전류에 비례한다.
④ 전자력의 크기는 도선이 자계의 자력선과 직각이 될 때에 최대가 된다.

풀이 전자력의 크기는 전류 I, 도선의 길이 l, 자속밀도 B에 비례하고, 도선이 자계의 자력선과 직각이 될 때에 최대가 된다.

11 전자력에 대한 설명으로 틀린 것은?

① 자계의 세기에 비례한다.
② 자력에 의해 도체가 움직이는 힘이다.
③ 도체의 길이, 전류의 크기에 비례한다.
④ 자계방향과 전류의 방향이 평행일 때 가장 크다.

풀이 두 개의 평행도선에 같은 방향의 전류가 흐르는 경우, 암페어의 주회법칙에 의해 각 도선 주위에 자계 발생되며, 평행도선 사이의 자계는 상쇄한다.

06 ④ 07 ① 08 ① 09 ③ 10 ① 11 ④

12 자화된 철편에 외부자력을 제거한 후에도 자력이 남아있는 현상은?

① 자기 포화 현상
② 상호 유도 현상
③ 전자 유도 현상
④ 자기 히스테리시스 현상

풀이 자기 히스테리시스 현상이란 자성을 지닌 금속에 자석을 가까이 하면 자성을 띠게 되고, 자석을 멀리하면 자성이 없어지는데 이를 몇 번 반복하면 자석을 금속에서 멀리한 후에도 자성을 지니게 되는 현상이다. 즉 자성에 대한 이력이 남게 되는 것을 말한다.

13 자기포화에 대한 설명으로 옳은 것은?

① 자화력을 증가시켜도 자기밀도가 거의 증가되지 않은 현상
② 잔류자기를 없애기 위해 반대방향으로 자화력이 가해지는 현상
③ 어떤 물체가 자계 내에서 자기력의 영향을 받아 자기를 띠는 현상
④ 전류가 흐르는 도체 주위에 자극을 주면 그 자극에서 발생한 자력이 작용하는 현상

풀이 자기포화
강자성체 자화 시에, 외부 자장을 점점 증가시키면 자속 밀도도 증가하는데, 어느 순간, 자성체 내 자구(磁區)들이 외부 자계 방향으로 배열하게 되면, 그때부터, 외부에서 아무리 강한 자기장을 가해도, 더이상 자성체 내의 자기장(자화)이 증가를 하지 않는 현상

14 인덕턴스의 단위에서 1[H]는?

① 1[A]의 전류에 대한 자속이 1[Wb]인 경우이다.
② 1[A]의 전류에 대한 유전율이 1[F/m]이다.
③ 1[A]의 전류가 1초 간에 변화하는 양이다.
④ 1[A]의 전류에 대한 자계가 1[AT/m]인 경우이다.

풀이 $LI = N\Phi$에서 $L = \frac{N\Phi}{I}[H]$, 1[A]의 전류에 의한 자속이 1[Wb]인 경우

15 권수가 200회이고, 자기인덕턴스가 20[mH]인 코일에 2[A]의 전류를 흘릴 때, 자속은 몇 [Wb]인가?

① 2×10^{-2}
② 4×10^{-2}
③ 2×10^{-4}
④ 4×10^{-4}

풀이 $LI = N\Phi$에서 $\Phi = \frac{LI}{N} = \frac{20 \times 10^{-3} \times 2}{200} = 2 \times 10^{-4}$

16 권수가 150회인 코일에 5A의 전류를 흐르게 하였을 때 6×10^{-2}Wb의 자속이 교체하였다면 이 코일의 자기유도 인덕턴스(H)는?

① 1.5
② 1.8
③ 2.2
④ 3.8

풀이 $H = \frac{150 \times 6^{10^{-2}}}{5} = 1.8$

12 ④   13 ①   14 ①   15 ③   16 ②

17 다음 회로에서 저항을 통과하여 흐르는 전류는 A, B, C각 점에서 어떻게 나타나는가?

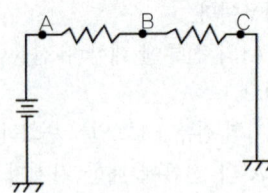

① A에서 가장 전류가 크고, B, C로 갈수록 전류가 작아진다.
② A, B, C의 전류는 모두 같다.
③ A에서 가장 전류가 작고 B, C로 갈수록 전류가 커진다.
④ B에서 가장 전류가 크고 A, C는 같다.

풀이 직렬접속 회로에서는 각 저항에 흐르는 전류가 일정하다.

18 그림에서 24V의 축전지에 저항 $R_1 = 2Ω$, $R_2 = 4Ω$, $R_3 = 6Ω$을 직렬로 접속하였을 때 흐르는 A의 전류는?

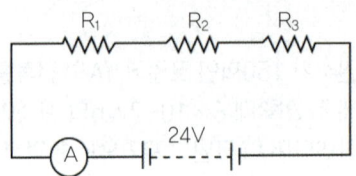

① 1[A]   ② 2[A]
③ 3[A]   ④ 4[A]

풀이 ① 직렬 합성저항
$(R) = R_1 + R_2 + R_3 + \cdots + R_n$
$= 2Ω + 4Ω + 6Ω = 12Ω$
② $I = \dfrac{E}{R} = \dfrac{24V}{12Ω} = 2A$,
I : 전류, E : 전압, R : 저항

19 회로의 합성저항은 몇 Ω인가?

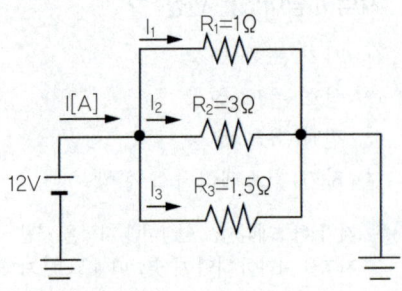

① 0.1Ω   ② 1Ω
③ 0.5Ω   ④ 5Ω

풀이 병렬 합성저항

$(R) = \dfrac{1}{\dfrac{1}{R_1} + \dfrac{1}{R_2} + \dfrac{1}{R_3} + \cdots + \dfrac{1}{R_n}}$

$= \dfrac{1}{\dfrac{1}{1} + \dfrac{1}{3} + \dfrac{1}{1.5}} = \dfrac{1}{\dfrac{6}{3}}$

$\therefore R = \dfrac{3}{6} = 0.5Ω$

20 "회로 내의 어떠한 점에 유입한 전류의 총합과 유출한 전류의 총합은 같다."에 해당되는 법칙은?
① 뉴턴의 제1법칙
② 옴의 법칙
③ 키르히호프의 제1법칙
④ 줄의 법칙

21 전력 P를 잘못 표시한 것은?(단, E : 전압, I : 전류, R : 저항)
① $P = E \cdot I$
② $P = I^2 \cdot R$
③ $P = E^2/R$
④ $P = R^2/E$

풀이 전력산출 공식에는 $P = E \cdot I$, $P = I^2 \cdot R$, $P = E^2/R$가 있다.

17 ② 18 ② 19 ③ 20 ③ 21 ④

22 전압 12V, 출력전류 50A인 자동차용 발전기의 출력(용량)은?

① 144W ② 288W
③ 450W ④ 600W

[풀이] $P = EI = 12V \times 50A = 600W$, P : 전력, E : 전압, I : 전류

23 전압 110V, 전류 65A인 발전기의 출력(PS)은?(단, 발전기의 효율은 85%이다.)

① 0.25
② 0.8
③ 7
④ 8.26

[풀이] $P = EI$, $PS = \dfrac{110 \times 65}{736} \times 0.85 = 8.26$

P : 전력, E : 전압, I : 전류, 1PS=0.736kW

24 그림과 같이 12V-12W의 전구 2개를 병렬로 연결할 때 전류계 A에 흐르는 전류는?

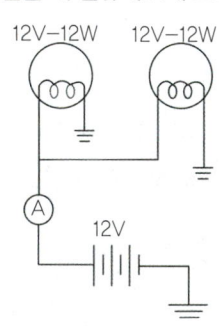

① 1A ② 2A
③ 3A ④ 4A

[풀이] $P = EI$ 에서, $I = \dfrac{P}{E} = \dfrac{12W \times 2}{12V} = 2A$

25 14V 축전지에 연결된 전구의 소비전력이 60W이다. 축전지의 전압이 떨어져 12V가 되었을 때 전구의 실제 전력은 약 몇 W인가?

① 3.27W ② 25.5W
③ 30.2W ④ 44.1W

[풀이] ① $R = \dfrac{E^2}{P} = \dfrac{14^2}{60} = 3.26\,\Omega$,

② $P = \dfrac{E^2}{R} = \dfrac{12^2}{3.26} = 44.1W$

26 전압이 100V일 때 600W의 전열기가 있다. 전압이 변화되어 80V가 되었을 때 전열기의 실제 전력을 약 몇 W인가?

① 300 ② 384
③ 424 ④ 480

[풀이] ① $R = \dfrac{E^2}{P} = \dfrac{100^2}{600} = 16.6\,\Omega$,

② $P = \dfrac{E^2}{R} = \dfrac{80^2}{16.6} = 384W$

27 그림과 같은 회로에서 가장 적합한 퓨즈의 용량은?

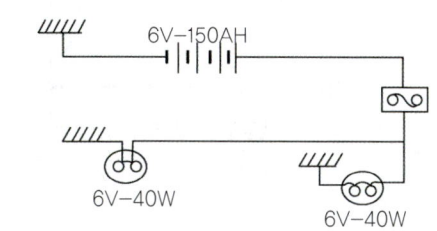

① 10A ② 15A
③ 25A ④ 30A

[풀이] $I = \dfrac{P}{E} = \dfrac{40+40}{6} = 13.3A$ 따라서 13.3A보다 약간 높은 15A의 퓨즈를 사용한다.

ANSWER 22 ④ 23 ④ 24 ② 25 ④ 26 ② 27 ②

28 배터리 전원이 12V이고 전조등 전구가 60W일 때 퓨즈용량을 몇 A로 설계 하여야 하는가?(단, 배선의 안전계수는 1.5이다.)

① 5.0　　② 7.5
③ 8.5　　④ 10.0

[풀이] $I = \dfrac{P}{E} = \dfrac{60}{12} \times 1.5 = 7.5A$

29 어느 전선의 권선 저항을 측정하였더니 0.2MΩ 이었다. 500V의 전압을 가할 때 누설전류는 몇 mA 인가?

① 0.25　　② 2.5
③ 25　　④ 250

[풀이] 누설전류$(mA) = \dfrac{전압(V)}{절연저항(\Omega)} = \dfrac{500}{0.2 \times 10^6}$
$= 0.0025(A) = 2.5mA$

30 그림과 같은 전조등 회로에서 흐르는 전류는 약 몇 A인가?

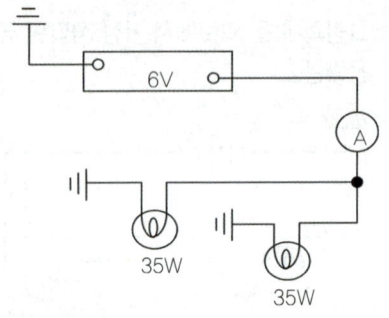

① 10.6　　② 11.6
③ 12.6　　④ 13.6

[풀이] $I = \dfrac{P}{E} = \dfrac{35+35}{6} = 11.6A$

31 그림의 회로에서 전압이 12V이고, 저항 R_1 및 R_2가 각각 3Ω이라면 A에 흐르는 전류는?

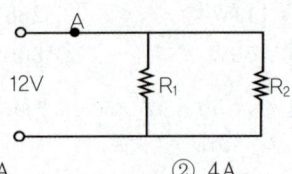

① 2A　　② 4A
③ 6A　　④ 8A

[풀이] ① 병렬회로이므로 합성저항
$(R) = \dfrac{1}{\dfrac{1}{R_1}+\dfrac{1}{R_2}} = \dfrac{1}{\dfrac{1}{3}+\dfrac{1}{3}} = \dfrac{1}{\dfrac{2}{3}}$,

따라서 $R = \dfrac{3}{2} = 1.5\Omega$

② $I = \dfrac{E}{R} = \dfrac{12V}{1.5\Omega} = 8A$

32 가솔린기관에서 기동전동기의 전류소모 시험을 하였더니 90A이였다. 이때 축전지 전압이 12V 일 때 이 엔진에 사용하는 기동전동기의 마력은?

① 0.75ps　　② 1.26ps
③ 1.47ps　　④ 1.78ps

[풀이] ① $P = EI = 12V \times 90A = 1080W = 1.08kW$,
② 1PS는 0.736kW이므로 $\dfrac{1.08}{0.736} = 1.47$마력

28 ②　29 ②　30 ②　31 ④　32 ③

33 다음 회로에서 전류(I)와 소비전력(P)은?

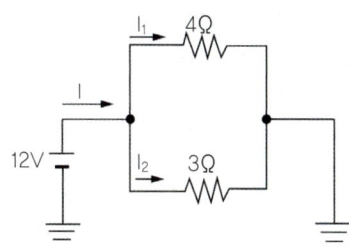

① I=0.58[A], P=5.8[W]
② I=5.8[A], P=58[W]
③ I=7[A], P=84[W]
④ I=70[A], P=840[W]

풀이 ① $R = \dfrac{1}{\dfrac{1}{4}+\dfrac{1}{3}} = \dfrac{1}{\dfrac{7}{12}} \therefore R = \dfrac{12}{7}Ω$,

② $I = \dfrac{E}{R} = \dfrac{12 \times 7}{12} = 7A$,

③ P = EI = 12V×7A = 84W

34 축전기에 12V의 전압을 인가하여 0.00003C의 전기량이 충전되었다면 축전기의 용량은?

① 2.0μF ② 2.5μF
③ 3.0μF ④ 3.5μF

풀이 $C = \dfrac{Q}{V} = \dfrac{0.00003C}{12V} = 0.0000025F$
= 2.5μF,
C : 축전기 용량, Q : 축적된 전하량,
V : 가한 전압

35 12V-0.3μF, 12V-0.6μF의 축전기를 병렬로 접속했다. 두 개의 축전기에는 얼마의 전기량이 축전되는가?

① 0.9μC ② 10.8μC
③ 13.3μC ④ 60μC

풀이 축전기 병렬접속의 전기량
$(C) = C_1 + C_2 + C_3 + \cdots + C_n$
= 0.3μF+0.6F = 0.9μC

36 기전력 2Volt 내부저항 0.2Ω의 전지 10개를 병렬로 접속했을 때 부하 4Ω에 흐르는 전류는?

① 0.333A ② 0.498A
③ 0.664A ④ 13.64A

풀이 $I = \dfrac{E}{\dfrac{r}{N}+R} = \dfrac{2}{\dfrac{0.2}{10}+4} = 0.498A$

I : 저항에 흐르는 전류, E : 기전력,
r : 내부저항, N : 전지의 개수, R : 부하의 저항

37 기전력 2.8V, 내부저항이 0.15Ω인 전지 33개를 직렬로 접속할 때 1Ω의 저항에 흐르는 전류는 얼마인가?

① 12.1A ② 13.2A
③ 15.5A ④ 16.2A

풀이 $I = \dfrac{NE}{R+Nr} = \dfrac{33 \times 2.8}{1+33 \times 0.15} = 15.5A$

I : 저항에 흐르는 전류, E : 기전력,
r : 내부저항, N : 전지의 개수, R : 부하의 저항

ANSWER 33 ③ 34 ② 35 ① 36 ② 37 ③

38 전기장치의 회로에서 과부하 작동을 대비한 회로 보호장치는?

① 증폭장치
② 스위칭 장치
③ 서징 방지장치
④ 서킷 브레이크장치

[풀이] 서킷 브레이크장치는 통전상태의 전로를 수동 또는 전기 조작에 의해 개폐할 수 있으며, 퓨즈처럼 과부하, 단로, 누전 등으로부터 전기 회로를 보호하는 안전장치다.

39 반도체의 일반적인 성질이 아닌 것은?

① 다른 금속이나 반도체와 접속하면 정류작용, 증폭작용 및 스위칭 작용을 한다.
② 열을 받으면 전기저항 값이 변화하는 제베크 효과를 나타낸다.
③ 빛을 받아도 고유저항이 변하지 않는다.
④ 압력을 받으면 전기가 발생한다.

40 반도체의 성질에 대한 설명으로 틀린 것은?

① 압력을 받으면 전기가 발생한다.
② 자력을 받으면 도전도가 변화한다.
③ 열을 받으면 전기 저항 값이 변화한다.
④ 전류가 흐르면 맴돌이 전압이 발생한다.

[풀이] 반도체(semiconductor)는 도체와 절연체의 중간적인 성질을 가지고 있는 것으로 다음과 같은 성질을 가지고 있다.
① 온도가 올라가면 전기 저항값이 감소한다.
② 다른 원자가 극히 소량이라도 섞이면 전기 저항이 크게 변화한다.
③ 열이나 빛 등을 받으면 전기 저항이 바뀐다.
④ 교류 전원에 접속하면 발광한다.
⑤ 압력을 받으면 전기가 발생한다.
⑥ 자력을 받으면 도전도가 변화한다.

41 반도체의 재료로 사용되는 물질로 옳은 것은?

① 주철, 파라핀
② 구리, 알루미늄
③ 에보나이트, 유리
④ 실리콘, 게르마늄

[풀이] 반도체 재료는 단결정 실리콘을 사용하지만 그외 사용되는 재료는 게르마늄, 갈륨비소(GaAs), 갈륨비소인, 질화갈륨(GaN), 탄화규소(SiC) 등이 있다.

42 반도체의 접합이 이중 접합인 것은?

① 광도전 셀
② 서미스터
③ 제너 다이오드
④ 발광 다이오드

[풀이] 반도체 접합의 종류

구 분	접합도	적용 반도체
무접합	P N	서미스터, CdS(광검출 소자), 외형 게이지
단접합	P N	다이오드, 제너다이오드
이중 접합	P N P — N P N	트랜지스터, 포토트랜지스터, LED(발광다이오드)
다중 접합	P N P N	사이리스터(SCR), 트라이액

43 제너다이오드에 대한 설명 중 틀린 것은?

① 순방향으로 가한 일정한 전압을 제너전압이라 한다.
② 어떤 전압 하에서는 역방향으로도 전류가 흐른다.
③ 정전압 다이오드라고도 한다.
④ 발전기의 전압조정기에 사용하기도 한다.

[풀이] 제너다이오드는 역방향으로 사용된다는 특징이 있다. 역방향에서의 항복전압을 제너전압이라 한다.

ANSWER 38 ④ 39 ③ 40 ④ 41 ④ 42 ④ 43 ①

44 역발향의 전압이 어떤 값에 도달하면 역방향 전류가 급격히 증가하여 흐르게 되는 다이오드는?

① 발광 다이오드
② 포토 다이오드
③ 제너 다이오드
④ 트리 다이오드

45 다이오드에서 순방향으로 전류를 흐르게 하였을 때 빛이 발생되는 것은?

① 포토다이오드
② 제너 다이오드
③ 발광다이오드
④ PN접합 다이오드

46 자동차에서 발광 다이오드를 사용하지 않는 부품은?

① 배전기식 크랭크 앵글센서
② 조향 휠 각속도 센서
③ 전압조정기
④ 차고센서

풀이 발전기의 전압조정기는 제너다이오드를 사용한다.

47 빛을 받으면 전류가 흐르지만 빛이 없으면 전류가 흐르지 않는 전기소자는?

① 제너 다이오드
② 발광 다이오드
③ PN접합 다이오드
④ 포토다이오드

48 수광 다이오드(photo diode)의 기호는?

①

②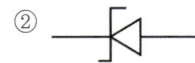

③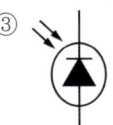

④

풀이 ① 항은 다이오드, ② 항은제너 다이오드, ④ 항은 발광다이오드

49 NPN형 트랜지스터에서 접지되는 단자는?

① 이미터
② 베이스
③ 트랜지스터 몸체
④ 컬렉터

50 트랜지스터(TR)의 일종으로 베이스가 없이 빛을 받아서 콜렉터 전류가 제어되고 광량 측정, 광스위치, 각종 sensor에 사용되는 반도체는?

① 사이리스터   ② 서미스터
③ 다링톤 T.R   ④ 포토 T.R

44 ③ 45 ③ 46 ③ 47 ④ 48 ③ 49 ① 50 ④

51. 아날로그 회로시험기를 이용하여 NPN형 트랜지스터를 점검하는 방법으로 옳은 것은?

① 베이스 단자에 흑색 리드 선을 이미터 단자에 적색 리드 선을 연결했을 때 도통이어야 한다.
② 베이스 단자에 흑색 리드 선을 TR 바디(body)에 적색 리드 선을 연결했을 때 도통이어야 한다.
③ 베이스 단자에 적색 리드 선을 이미터 단자에 흑색 리드 선을 연결했을 때 도통이어야 한다.
④ 베이스 단자에 적색 리드 선을 컬렉터에 흑색 리드 선을 연결했을 때 도통이어야 한다.

풀이) 아날로그 회로시험기를 이용하여 NPN형 트랜지스터를 점검할 때 베이스단자에 흑색 리드 선을 이미터단자에 적색 리드 선을 연결했을 때 도통이어야 한다.

52. 단방향 3단자 사이리스터(SCR)는 애노드(A), 캐소드(K), 게이트(G)로 이루어지는데, 다음 중 전류의 흐름방향을 설명한 것으로 틀린 것은?

① A에서 K로 흐르는 전류가 순방향이다.
② 순방향은 언제나 전류가 흐른다.
③ G에 (+), K에 (−)전류를 흘려보내면 A와 K사이가 순간적으로 도통된다.
④ A와 K사이가 도통된 것은 G전류를 제거해도 계속 도통이 유지되며, A전위를 0으로 만들어야 해제된다.

53. 온도에 따라 전기저항이 변하는 반도체 소자로 온도센서, 연료잔량 경고등 회로에 쓰이는 것은?

① 피에조 압전소자
② 다이오드
③ 트랜지스터
④ 서미스터

54. 두 개의 영구자석 사이에 도체를 직각으로 설치하고 도체에 전류를 흘리면 도체의 한 면에는 전자가 과잉되고 다른 면에는 전자가 부족 되어 도체 양면을 가로질러 전압이 발생되는 현상을 무엇이라고 하는가?

① 홀 효과
② 렌쯔의 현상
③ 칼만 볼텍스
④ 자기 유도

55. 자동차 라디오 잡음에 대한 감소 대책으로 틀린 것은?

① 다이오드를 사용하여 억제한다.
② 코일과 콘덴서를 사용하여 억제한다.
③ 고주파 전류를 증가시켜 잡음을 억제한다.
④ 고압선을 저항식 고장력선으로 하여 억제한다.

풀이) 고주파 전류를 증가시키면 잡음이 더욱 심해진다.

51 ① 52 ② 53 ④ 54 ① 55 ③

56 반도체의 장점이 아닌 것은?

① 극히 소형이고 가볍다.
② 내부 전력손실이 적다.
③ 수명이 길다.
④ 온도상승 시 특성이 좋아진다.

풀이 반도체 장·단점
1. 반도체의 장점
   ① 매우 소형이고, 가볍다.
   ② 내부 전력 손실이 매우 적다.
   ③ 예열시간을 요하지 않고 곧바로 작동한다.
   ④ 기계적으로 강하고, 수명이 길다.
2. 반도체의 단점
   ① 온도가 상승하면 그 특성이 매우 나빠진다(게르마늄은 85℃, 실리콘은 150℃ 이상 되면 파손되기 쉽다).
   ② 역내압(역방향으로 전압을 가했을 때의 허용한계)이 매우 낮다.
   ③ 정격값 이상이 되면 파괴되기 쉽다

57 반도체의 장점으로 틀린 것은?

① 역내압이 낮다.
② 소형이고 경량이다.
③ 내부 전력손실이 매우 적다.
④ 응답성이 빠르고 수명이 길다.

58 IC(집적회로)의 장점이 아닌 것은?

① 소형·경량이다.
② 납땜 부위가 적어 고장이 적다.
③ 대용량의 축전지 IC화에 적합하다.
④ 진동에 강하고 소비전력이 매우 적다.

59 컴퓨터 논리에서 논리적(AND)에 해당되는 것은?

①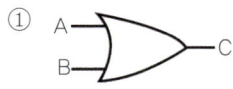
②
③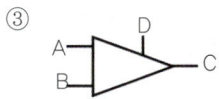
④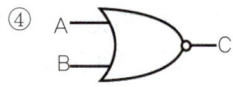

풀이 ①항은 논리합(OR), ③항은 논리 비교기, ④항은 논리합 부정(NOR)

60 12V 5W의 번호판 등이 사용되는 승용차량에 24V 3W가 잘못 장착되었을 때, 전류값과 밝기의 변화는 어떻게 되는가?

① 0.125A, 밝아진다.
② 0.125A, 어두워진다.
③ 0.0625A, 밝아진다.
④ 0.0625A, 어두워진다.

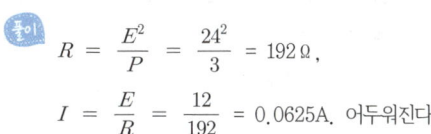

61 지름 2mm, 길이 100cm인 구리선의 저항은? (단, 구리선의 고유저항은 $1.69\mu\Omega \cdot m$이다)

① 약 0.54Ω ② 약 0.72Ω
③ 약 0.9Ω   ④ 약 2.8Ω

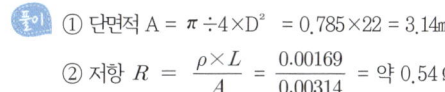

62 단면적 0.002㎠, 길이 10m인 니켈-크롬선의 전기저항(Ω)은?(단, 니켈-크롬선의 고유저항은 110μΩ 이다.)

① 45　　② 50
③ 55　　④ 60

[풀이] $R = \rho\dfrac{\ell}{A} = 110\times10^{-6} \times \dfrac{10\times100}{0.002} = 55\Omega$

R : 저항, ρ : 도체의 고유 저항.
ℓ : 도체의 길이, A : 도체의 단면적

63 자동차 전자제어 유닛(ECU)의 구성에 있어서 각종 제어장치에 관한 고정 데이터나 자동차 정비 제원 등을 장기적으로 저장하는데 이용되는 것은?

① RAM　　② ROM
③ CPU　　④ TPS

[풀이] ① ROM(read only memory) : 전원이 차단되어도 메모리가 지워지지 않는다.
② RAM(random access memory) : 센서에서 입력되는 데이터를 일시로 저장하는 메모리이며, 전원이 차단되면 데이터가 소멸된다.

64 ECU 내에서 아날로그신호를 디지털신호로 변환시키는 것은?

① A/D컨버터
② CPU
③ ECM
④ IU/O인터페이스

[풀이] A/D(analog/digital)컨버터란 센서의 아날로그 신호를 디지털신호로 변환시키는 것이다.

65 ECU에서 제어하는 접점식 릴레이에 다이오드를 부착한 이유는?

① 정밀한 제어를 위해
② 전압을 상승하기 위해
③ 점화신호 오류 방지를 위해
④ 서지전압에 의한 ECU 보호를 위해

[풀이] 접점식 릴레이는 접점이 떨어지는 순간 불꽃과 함께 서지전압이 발생하기 때문에 ECU 보호를 위해 다이오드를 부착한다.

66 OBD-II 의 기능 설명으로 맞는 것은?

① OBD-II 는 배기가스 제어 오류 점검을 목적으로 개발되었다.
② 엔진제어 유닛에서 처리되는 모든 측정값을 제공한다.
③ 통신 규격이 정해져 있어 신호 전달 규격이 모든 자동차에서 동일하다.
④ 2017년 이후 국내에서 생산되는 모든 자동차에 설치되어야 한다.

[풀이] OBD-II는 OBD-II 센서가 자동차의 ECU에 신호를 전달, ECU가 계기판에 엔진 체크등을 들어오게 하여, 배출가스 과다 배출을 사전에 감지, 엔진제어 유닛에서 처리되는 모든 측정값을 제공하여 운전자로 하여금 관리토록 하는 시스템으로 DLC(Data Link Cable) 커넥터와 통신사양, 전자제어 부품의 용어와 고장코드를 표준화시킴으로써 보다 호환성을 높였고, 2005년 1월부터는 국내에서 판매되는 모든 승용 자동차에 대하여 OBD-II 시스템의 장착이 의무화되었다.

62 ③　63 ②　64 ①　65 ④　66 ②

67 OBD(On-Board Diagnostic)에서 배기가스 시스템의 이상 유무를 판단하기 위한 모니터링에 포함하지 않는 것은?

① 촉매 모니터링
② 실화 모니터링
③ 노크센서 모니터링
④ 산소센서 모니터링

풀이) 노크센서는 배기가스 시스템의 이상 유무와 관계없다.

68 제어장치에서 2진수 연산의 논리적 결과가 출력되는 제어 방식은?

① 연속 제어
② 불연속 제어
③ 디지털 제어
④ 아날로그 제어

풀이) 디지털 제어는 0과 1을 이용한 2진수데이터로 연속적이지 않고 계단형태의 분리된 센싱된 값 혹은 지령값이 표현된다.

69 임의의 일시기억저장장치는?

① RAM
② ROM
③ IRRAM
④ IRROM

풀이) RAM(random access memory : 일시기억장치)은 임의의 기억저장장치에 기억되어 있는 데이터를 읽거나 기억시킬 수 있다. 그러나 RAM은 전원이 차단되면 기억된 데이터가 소멸되므로 처리 도중에 나타나는 일시적인 데이터의 기억저장에 사용된다.

70 데이터의 산술연산이나 논리연산을 처리하는 장치는?

① 인터페이스
② CPU
③ ROM
④ RAM

풀이) 중앙처리장치(CPU : central processing unit)는 데이터의 산술연산이나 논리연산을 처리하는 연산 부분, 기억을 일시 저장해두는 장소인 일시기억 부분, 프로그램 명령, 해독 등을 하는 제어 부분으로 구성되어 있다.

71 변조 신호의 크기에 따라서 펄스의 폭을 변화시켜 변조하는 방식은?

① PULSE
② DUTY
③ CAN
④ PWM

풀이) PWM(펄스폭 변조, pulse width modulation)란, 변조 신호의 크기에 따라서 펄스의 폭을 변화시켜 변조하는 방식이다. 신호파의 진폭이 클 때는 펄스의 폭이 넓어지고, 진폭이 작을 때는 펄스의 폭이 좁아진다. 단, 펄스의 위치나 진폭은 변하지 않는다.

72 한 주기에서 펄스가 나온 시간이 전체에서 차지하는 비율은?

① DUTY
② PULSE
③ LIN
④ PWM

풀이) 듀티(duty)는 "한 주기에서 펄스가 나온 시간이 전체에서 차지하는 비율을 (+)듀티라 하고, 펄스가 나오지 않는 시간에 대한 비율을 (-)듀티"라고 정의한다. 다시 말하면 펄스신호 파형에 있어 펄스주기 T에 대한 ON시간 t_{ON}의 비율을 듀티비라고 한다. 듀티는 펄스주기와 펄스폭에 대한 정의이고 주파수와는 무관하다.

67 ③ 68 ③ 69 ① 70 ② 71 ④ 72 ①

73 1사이클(cycle) 중 'ON' 되는 시간을 백분율로 나타낸 것은?

① 듀티율
② 피드백
③ 주파수
④ 페일 세이프

74 LAN(Local Area Network) 통신장치의 특징이 아닌 것은?

① 전장부품의 설치장소 확보가 용이하다.
② 설계변경에 대하여 변경하기 어렵다.
③ 배선의 경량화가 가능하다.
④ 장치의 신뢰성 및 정비성을 향상시킬 수 있다.

> **LAN의 특징**
> ① 단일 기관의 소유, 제한된 지역 내의 통신으로 광대역 전송 매체의 사용으로 고속 통신이 가능하다.
> ② 공유 매체를 사용하므로 경로 선택 없이 매체에 연결된 모든 장치로 데이터를 전송하여 장치의 신뢰성 및 정비성을 향상시킬 수있다.
> ③ 오류 발생률이 낮고 네트워크에 포함된 자원을 공유한다.
> ④ 전장부품의 설치장소 확보가 용이하여 네트워크의 확장이나 재배치가 쉽다.
> ⑤ 꼬임선, 동축 케이블, 광섬유 케이블을 사용하므로 배선의 경량화가 가능하다.

75 자동차에 사용되는 CAN 통신에 대한 설명으로 틀린 것은?(단, HI-Speed CAN의 경우)

① 표준화된 통신 규약을 사용한다.
② CAN 통신 종단저항은 120을 사용한다.
③ 연결된 모든 네트워크의 모듈은 종단저항이 있다.
④ CAN 통신은 컴퓨터들 사이에 신속한 정보 교환을 목적으로 한다.

> CAN 통신은 표준화된 통신 규약을 사용하며, 각종 제어장치들을 직렬 통신 방식을 이용해 자동차 네트워크로 연결하기 위해 개발되었으며, ECU(엔진용 컴퓨터), TCU(자동변속기용 컴퓨터) 및 TCS(구동력 제어장치) 등 컴퓨터들 사이에 신속한 정보교환 및 전달을 목적으로 한다. 또 CAN버스 양단에는 108~132Ω 크기의 저항을 설치하여 CAN 특성을 만족시킨다.

76 자동차에 적용하고 있는 그림의 CAN 통신 구조의 설명으로 맞는 것은?

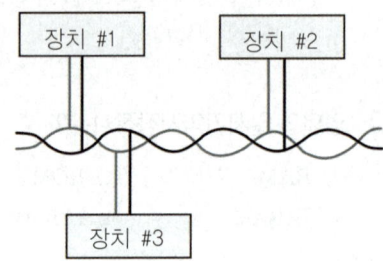

① CAN 통신은 이전의 통신 방법과 비교할 때 통신 케이블의 총 길이는 같다.
② 두 가닥 선 중 한 선이 단선일 때도 신호 전달은 문제가 없다.
③ 두 선이 구분되며, 두 선을 구분하고 규격에 맞추어 연결되어야 한다.
④ 장치가 오작동이 있는 경우 불량 여부에 대한 판단을 할 수 없다.

73 ① 74 ② 75 ③ 76 ③

77 자동차 CAN통신의 CLASS구분으로 가장 거리가 먼 것은?(단, SAE 기준이다.)

① CLASS A : 접지를 기준으로 1개의 와이어링으로 통신선을 구성하고, 진단 통신에 응용되며 K-라인 통신이 이에 해당 된다.
② CLASS B : CLASS A 보다 많은 정보의 전송이 필요한 경우에 사용되며, 바디전장 및 클러스터 등에 사용되며 저속 CAN에 적용된다.
③ CLASS C : 실시간으로 중대한 정보교환이 필요한 경우로서 1~10ms 간격으로 데이터 전송주기가 필요한 경우에 사용되며 파워트레인 계통에서 응용되고 고속 CAN통신에 적용된다.
④ CLASS D : 수백 수천 bits의 블록단위 데이터 전송이 필요한 경우에 사용되며, 멀티미디어 통신에 응용되며 FlexRay 통신에 적용된다.

풀이 CAN통신의 CLASS구분
① Class A : 통신 속도는 10Kbps 이하, 접지를 기준으로 1개의 와이어링으로 통신 선로 구성 가능, 응용 분야는 진단 통신, 바디 전장품(도어, 시트, 윈도우 등)의 구동 신호, 스위치 등의 입력 신호에 사용되며 K-Line 통신, LIN 통신에 적용된다.
② Class B : 통신 속도는 10Kbps 이상 125 Kbps 이하, Class A 통신에 비하여 보다 많은 정보의 전송이 필요한 경우, 응용 분야는 바디 전장품 간의 정보 교환, 클러스터 등에 사용되며 저속 CAN에 적용된다.
③ CLASS C : 통신 속도는 125Kbps 이상 1Mbps 이하, 실시간으로 중대한 정보 교환이 필요한 경우로써, 1~10ms 간격으로 데이터 전송 주기가 필요한 경우, 응용 분야는 엔진, 트랜스미션, 섀시 계통 간 정보 교환에서 응용되고 고속 CAN통신에 적용된다.
④ CLASS D : 통신 속도는 Mbps 이상, 수백~수천 바이트의 블록 단위의 데이터 전송이 필요한 경우, 응용 분야는 AV, CD, DVD 신호 등의 멀티미디어 통신에 적용되고 MOST통신에 적용된다.

78 자동차 CAN 통신 시스템의 종류로 125kbps 이하에 적용되며 바디전장 계통의 데이터 통신에 응용하는 것은?

① Low Speed CAN
② High Speed CAN
③ Ultra Sonic CAN
④ Super Speed CAN

풀이 Low Speed CAN은 125kbps 이하에 적용되며, High Speed CAN은 125Kbps 이상 1Mbps 이하에 적용된다.

79 다음의 CAN 통신의 데이터 구조에 대한 설명으로 틀린 것은?

| S O F | 11-BIT ARBITRATION ID | S R R | I D E | 18-BIT ARBITRATION ID | R T R | 0 | DLC | 0..8 BYTES DATA | CRC | A C K | E O K |

① 표준 CAN통신은 11bit를 사용하고, 확장 CAN 통신은 29bit를 사용한다.
② 장치구분자의 수치가 높을수록 전달 메시지의 우선순위가 높다.
③ 전달할 데이터 byte 수의 정보가 필요하고 4bit의 길이로 DLC 항목에 표시된다.
④ 데이터 영역의 길이는 0~8bytes이다.

80 자동차 데이터 통신중에 하나의 선이라도 단선되면 두 배선의 차등전압을 알 수 없어 통신불량이 발생하는 통신방식은?

① A-CAN 통신
② B-CAN 통신
③ C-CAN 통신
④ D-CAN 통신

77 ④ 78 ① 79 ② 80 ③

81 일반적인 자동차 통신에서 고속 CAN 통신이 적용되는 부분은?

① 멀티미디어 장치
② 펄스폭 변조기
③ 차체 전장부품
④ 파워 트레인

풀이) 엔진, 트랜스미션, 섀시 계통(파워 트레인) 간 정보 교환에 고속 CAN통신에 적용된다.

82 시리얼(Serial) 통신의 설명으로 틀린 것은?

① 상대적인 통신 개념이 패러럴(Parallel) 방식이다.
② 동기 방식은 클럭신호를 공유한다.
③ 비동기식 방식은 클럭신호선이 없으며, 양방향 통신에 사용된다.
④ 시리얼 통신은 장치 추가 시 다른 시리얼 통신 라인 추가로 필요하다.

풀이) 시리얼 통신은 데이터를 비트 단위로 직렬화하여 전송하는 방식을 의미한다. 데이터 비트는 0과 1로 구성되며, 전송하는 장치(송신자)와 받는 장치(수신자) 간의 통신을 가능하게 한다. 시리얼 통신은 다양한 장치 간 데이터 통신에 사용 될 수 있는데 예를 들어, 컴퓨터와 주변 장치의 통신, 마이크로컨트롤러와 센서의 통신, 네트워크 장비 간의 통신 등에 사용될 수 있다. 시리얼 통신은 상대적으로 간단하고, 저비용인 장점이 있으며, 주로 단일 장치 간의 직접적인 시리얼 케이블 연결 후 짧은 거리 통신에 사용된다. 시리얼 통신은 비동기 방식과 동기 방식으로 나눌 수 있는데 비동기 시리얼 통신은 시작 비트, 데이터 비트, 패리티 비트, 정지 비트로 구성되는 프레임을 사용하여 데이터를 전송한다. 시작 비트는 데이터 전송의 시작을 나타내고, 데이터 비트는 실제 데이터를 나타낸다. 패리티 비트는 오류 검출을 위해 상용되며, 정지 비트는 프레임의 끝을 표시한다. 동기 시리얼 통신은 시작 비트와 정지 비트 없이 데이터 비트만을 사용하여 전송하며, 외부 클럭 신호를 사용하여 동기화된다. 시리얼 통신은 UART나 RS-232와 같은 하드웨어 인터페이스를 사용하여 구현될 수 있다.

83 블루투스(Bluetooth) 통신에 대한 설명으로 틀린 것은?

① 시리얼 통신 방식에 해당된다.
② 슬레이브와 마스터장치로 구성된다.
③ 마스터와 슬레이브는 1:1로만 통신이 가능하다.
④ 슬레이브로 지정된 장치끼리는 통신할 수 없다.

풀이) 마스터 기기에는 최대 7대의 슬레이브 기기를 연결할 수 있다.

84 CAN 통신 종단 저항 측정에서 120Ω이 측정된다면 예상되는 고장은?

① 단락   ② 단선
③ 과전압 ④ 과전류

풀이) 두 라인의 끝에 각각 120Ω의 종단저항이 연결되어져 있을 때 단선이 되면 종단 저항 120Ω이 측정된다.

85 CAN 통신 측정에서 규정 종단 저항과 기준 전압은?

① 60Ω, 2.5V
② 60Ω, 2.3V
③ 120Ω, 2.5V
④ 120Ω, 5V

풀이) 두 라인의 끝에 각각 120Ω의 종단저항이 연결되어져 있을 때 두 저항은 병렬로 연결된 관계로 합성저항은 약 60Ω이 된다. 기준전압은 2.5V

86 CAN 통신 에러(Error)의 종류가 아닌 것은?

① CAN-BUS ON
② CAN-TIME OUT
③ CAN MESSAGE ERROR
④ CAN DELAYED ERROR

81 ④ 82 ④ 83 ③ 84 ② 85 ① 86 ①

87 통신 방식 채택에 따른 특징이 아닌 것은?

① 배선의 경량화
② 공간 확보성 향상
③ 설계변경이 복잡함
④ 전기 부품 진단 가능

> 풀이 통신 방식 채택에 따른 특징은 자동차에 통신을 사용하면 배선의 경량화, 공간의 확보, 시스템 신뢰성의 향상, 설계변경의 용이, 전기부품의 진단화 등의 장점을 갖추게 된다.

88 자동차에서 주로 멀티미디어 네트워크용으로 사용하는 통신 방식은?

① CAN ② LIN
③ MOST ④ FlexRay

> 풀이 CAN 통신은 각종 제어장치들을 직렬 통신 방식을 이용해 자동차 네트워크로 연결하기 위해 개발되었으다.

89 직렬통신과 병렬통신의 설명으로 틀린 것은?

① 비트 전송 방식은 동일하다.
② 직렬통신은 병렬통신에 비해 저렴하다.
③ 병렬통신은 직렬통신에 비해 속도가 빠르다.
④ 병렬통신은 거리에 제한이 있다.

> 풀이 **직렬통신과 병렬통신의 비교**
>
> | | 직렬통신 | 병렬통신 |
> |---|---|---|
> | 기능 | 한 번에 한 비트씩 전송 | 여러 개의 비트가 한 번에 전송 |
> | 장점 | 가격이 저렴하고 거리의 제한이 적다. | 직렬통신에 비해 속도가 빠르며 효과적이다. |
> | 단점 | 전송속도가 느리다. | 거리의 제한이 있으며 전송 노선의 비용이 비싸다. |
> | 예 | PWM, 시리얼통신 | MUX통신, CAN통신, LAN통신 |

90 데이터 전송 형식에 따른 데이터 버스의 종류가 아닌 것은?

① 옵틱 데이터 버스
② 와이어리스 버스 시스템
③ 3-wire 버스 시스템
④ 2-wire 버스 시스템

91 통신 상태에서 데이터 교환이 없을 경우 통신을 차단하여 전류 소비를 감소시키는 모드는?

① sleep ② wake-up
③ stand-by ④ running off

> 풀이 슬립 모드는 전력 절약 대기모드로 실행 중인 프로그램을 종료하지 않고 전력을 절약하며 대기함

92 LIN 버스 시스템에서 1개의 마스터에 슬레이브 연결 가능 개수는?

① 8 ② 16
③ 32 ④ 34

> 풀이 LIN 버스는 하나의 마스터 노드와 여러 개(최대 16개까지)의 슬레이브 노드들로 구성되어 있다.

93 CAN 데이터 버스의 특징이 아닌 것은?

① 데이터 버스 등급은 B와 C로 구별된다.
② 1개의 배선을 이용하여 데이터를 전송한다.
③ B는 단일배선 적응능력이 있다.
④ C는 단일배선 적응능력이 없다.

> 풀이 CAN 데이터 버스는 2선을 사용하여 전기적으로 차별되기 때문에 전기적 노이즈에 매우 강하다.

87 ③ 88 ① 89 ① 90 ④ 91 ① 92 ② 93 ②

94 FlexRay 시동 단계(start up)로 맞는 것은?

① 선행 콜드 스타트→추종 콜드 스타트→논-콜드 스타트
② 추종 콜드 스타트→선행 콜드 스타트→논-콜드 스타트
③ 논-콜드 스타트→선행 콜드 스타트→추종 콜드 스타트
④ 선행 콜드 스타트→논-콜드 스타트→추종 콜드 스타트

95 멀티-플렉스 버스 시스템에서 1개의 마스터에 슬레이브 연결 가능 개수는?

① 4 ② 6
③ 8 ④ 10

96 Flex-Ray 버스 시스템에서 1개의 마스터에 슬레이브 연결 가능 개수는?

① 8   ② 16
③ 32 ④ 64

94 ①　95 ②　96 ④

제2절 시동·점화 및 충전장치

1_축전지(battery)

1. 역할

① 기동전동기의 전원을 공급
② 발전기 고장시 대체 전원으로 작동
③ 발전기 출력과 부하의 언밸런스를 조정

2. 축전지의 종류

① 납산 축전지
② 알칼리 축전지
③ MF 축전지
  ㉠ 전해액을 보충 및 정비가 필요 없다.
  ㉡ 자기 방전율이 매우 작다.
  ㉢ 장시간 보관이 가능하다.
④ AGM 배터리(absorbent glass mat battery)

3. 납산 축전지의 구조

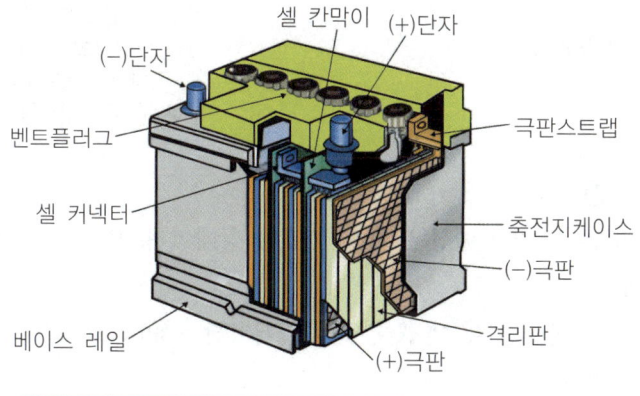

그림 1-53 / 축전지의 구조

1) 극 판

① 양극판 : PbO_2(과산화납)
② 음극판 : Pb(해면상납)
③ 음극판이 1장 더 많은 이유 : 양극판이 음극판보다 더 활성적이기 때문에 화학적 평형을 유지하기 위해서

2) 격리판

양극판과 음극판 사이에 설치되어 극판 단락을 방지

① 구비조건
  ㉠ 비전도성일 것
  ㉡ 전해액의 확산이 잘 될 것
  ㉢ 다공성일 것
  ㉣ 전해액에 부식되지 않을 것
  ㉤ 기계적 강도가 있을 것
  ㉥ 극판에 좋지 않은 물질을 내뿜지 않을 것

3) 전해액

H_2SO_4(묽은황산)를 사용

① 전해액 비중 : 표준비중 1.260~1.280(20℃)
② 전해액 비중과 온도와의 관계 : 온도가 높아지면 비중은 작아지고, 온도가 낮아지면 비중은 커진다.

$$S_{20} = St + 0.0007(t-20)$$

S_{20} : 표준 온도(20℃)로 환산한 비중
St : t℃에서의 전해액 비중
t : 전해액의 온도(℃)
0.0007 : 1℃ 변화에 대한 계수

③ 전해액 비중과 충전량
  ㉠ 전해액의 비중이 1.260 이상은 완전 충전된 상태이며, 비중이 1.200일 경우는 즉시 보충전을 실시
  ㉡ 완전 방전이 되면 극판이 영구 황산납(설페이션 : sulfation)으로 변한다.
  ㉢ 설페이션의 원인
    ⓐ 과방전되었을 때
    ⓑ 극판 단락되었을 때
    ⓒ 전해액의 비중이 너무 높거나 낮을 때

ⓓ 전해액의 부족으로 극판이 노출되었을 때
ⓔ 전해액에 불순물이 혼입되었을 때
ⓕ 불충분한 충전을 반복하였을 때

전해액의 비중	충 전 량
1.260	100%
1.210	75%
1.150	50%
1.100	25%
1.050	0

> **참고**
> **설페이션(sulfation)**
> 축전지의 방전상태가 오랫동안 진행되어 극판이 결정화되는 현상

4) 단자기둥

① 납합금으로 제작
② 양극 단자기둥은 부식되기 쉽다(양극판이 과산화납이므로).
③ 음극 단자기둥보다 양극 단자기둥의 직경이 크다.

4. 축전지의 화학작용

$$\underset{\text{황산납}}{\underset{\text{양극판}}{PbSO_4}} + \underset{\text{물}}{\underset{\text{전해액}}{2H_2O}} + \underset{\text{황산납}}{\underset{\text{음극판}}{PbSO_4}} \underset{\text{방전}}{\overset{\text{충전}}{\rightleftarrows}} \underset{\text{과산화납}}{\underset{\text{양극판}}{PbO_2}} + \underset{\text{묽은황산}}{\underset{\text{전해액}}{2H_2SO_4}} + \underset{\text{해면상납}}{\underset{\text{음극판}}{Pb}}$$

5. 축전지의 특징

① 축전지 셀당 기전력은 약 2.1V
② 방전종지 전압은 약 1.75V

1) 축전지 용량

일정 전류로 연속 방전할 때 방전 종지 전압에 이를 때까지의 용량

Ah(축전지 용량) = A(방전 전류) × h(연속 방전시간)

① 축전지 용량을 결정하는 요소
　㉠ 극판의 크기(면적)
　㉡ 극판의 수
　㉢ 전해액의 양
　㉣ 전해액의 온도
　㉤ 전해액의 비중
② 방전율(축전지 용량 표시법)
　㉠ 20시간율 : 일정 전류로 방전 종지전압이 될 때까지 20시간 사용할 수 있는 용량
　㉡ 25A율 : 80°F에서 25A의 전류로 방전하여 셀당 전압이 방전 종지전압에 이를 때까지 방전할 수 있는 총 전류
　㉢ 냉간율 : 0°F에서 300A의 전류로 방전하여 셀당 전압이 1V가 될 때까지의 소요된 시간
　㉣ 5시간율 : 방전 종지전압에 도달할 때까지 5시간이 소요되는 방전 전류의 크기

2) 자기방전
전기적인 부하 없이 시간의 경과와 함께 자연 방전이 일어나는 현상
① 자기방전 원인
　㉠ 구조상 부득이한 경우
　㉡ 단락에 의한 경우
　㉢ 불순물 혼입에 의한 경우
　㉣ 누전에 의한 경우
② 온도와 자기 방전량과의 관계

전해액의 온도	비중 저하량	방전율(1일)
30℃	0.002	1.0%
20℃	0.001	0.5%
5℃	0.0005	0.25%

3) 축전지 용량(부하)시험시 안전 및 유의사항
① 축전지 용액이 옷에 묻지 않도록 할 것
② 부하시험은 15초 이내로 할 것
③ 부하전류는 용량의 3배 이내로 할 것
④ 기름 묻은 손으로 시험기를 조작하지 말 것

4) 축전지 충전종류

① 급속충전

급속 충전기를 이용하여 축전지 용량의 50% 충전 전류로 충전

> **참고**
> **충전시 주의사항**
> ① 차에 설치한 상태로 충전할 때 터미널단자를 떼어내고 충전할 것
> ② 환기가 잘되는 곳에서 충전할 것
> ③ 전해액의 온도가 45℃를 넘지 않도록 할 것
> ④ 충전시 축전지 근처에서 불꽃 등을 일으키지 말 것
> ⑤ 충전시간은 되도록 짧게할 것

② 단별 전류충전

최초 큰 전류에서 점차 단계적으로 전류를 감소시켜 충전

③ 정전류 충전

일정한 전류로 충전
㉠ 최소 : 축전지 용량의 5%
㉡ 표준 : 축전지 용량의 10%
㉢ 최대 : 축전지 용량의 20%

④ 정전압 충전

일정한 전압으로 충전

6. MF 축전지(maintenance free battery)

MF축전지 격자의 재질은 안티몬 함량이 적은 납-저 안티몬 합금이나 납-칼슘 합금으로 자기방전 비율이 매우 적고, 장기간 보관이 가능하며, 또 전해액의 증류수를 보충하지 않아도 되는 방법으로는 전기 분해할 때 발생하는 산소와 수소가스를 촉매를 사용하여 다시 증류수로 환원시키는 촉매 마개를 사용하고 있다.

7. AGM 배터리(absorbent glass mat battery)

배터리 내에 AGM이라는 흡수성 유리 섬유 격리판에 전해액을 흡수함으로써 전해액을 비유동적으로 조절하며, 배터리 상단에 밸브를 적용하여 충전 중 발생한 가스가 전조 밖으로 빠져 나가지 못하고 방전 중에 재결합하여 전해액으로 다시 돌아가기 때문에 가스방출을 최소화시켜준다.

8. 배터리 센서(IBS : intelligent battery sensor)

배터리 상태(충전 상태, 노화 상태, 시동 능력 등)를 계산한 후 엔진 ECU로 전송하여 최종적으로 연비 향상을 위한 발전제어 시스템으로 ISG(Idle Stop &Go) 시스템에 적용되는 부품이다.

2_시동장치(starting system)

기관을 시동하기 위해 크랭크축을 회전시키는데 사용되는 장치

1. 구비조건

① 기계적인 충격에 강할 것
② 전원 소요 용량이 적을 것
③ 소형 경량이고 출력이 클 것
④ 회전력이 클 것
⑤ 먼지나 물이 들어가지 않는 구조일 것

2. 기동장치의 종류

1) 직권식 전동기

① 전기자 코일과 계자 코일이 직렬로 접속
② 기동 회전력이 크고, 부하를 크게 하면 회전속도가 낮아지고, 흐르는 전류가 커지는 장점이 있다.
③ 회전속도 변화가 큰 것이 단점이다.
④ 현재 자동차의 기동전동기로 사용

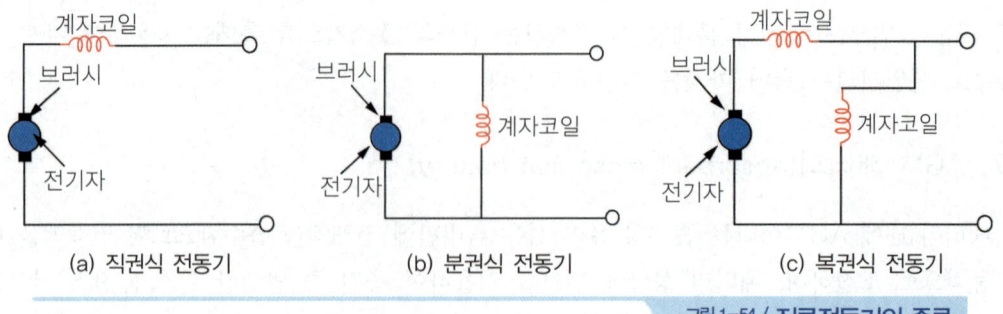

그림 1-54 / 직류전동기의 종류

2) 분권식 전동기

① 전기자 코일과 계자코일이 병렬로 접속
② 회전속도가 일정한 장점이 있으나, 회전력이 작은 단점이 있다.

3) 복권식 전동기

① 전기자 코일과 계자 코일을 직·병렬로 접속
② 기동시 회전력이 크고, 기동 후 회전속도가 일정한 장점이 있다.
③ 구조가 복잡한 단점이 있다.
④ 윈드 실드 와이퍼모터에 사용된다.

3. 기동장치의 구성 및 구조

1) 회전력을 발생하는 부분(전동기)

① 전기자(armature)
  ㉠ 전기자 축 : 특수강으로 되어 큰 회전력을 받는다.
  ㉡ 전기자 철심 : 자력선을 잘 통과시키고 맴돌이 전류를 감소시키며, 바깥 둘레의 홈은 전기자 코일을 지지하거나 냉각작용을 한다.
  ㉢ 전기자 코일 : 전기자를 회전시키는 역할
  ㉣ 정류자 : 브러시에서 공급되는 전류를 일정한 방향으로 흐르도록 하는 역할
② 계철과 계자철심
  ㉠ 계철(요크) : 원통형의 전동기 틀로 자력선의 통로 역할
  ㉡ 계자철심 : 계자코일을 지지함과 동시에 자계를 형성하는 역할
③ 계자코일
  계자철심에 전류가 흐르면 계자철심을 자화시키는 역할
④ 브러시와 브러시 홀더
  ㉠ 브러시 : 정류자와 접촉되어 전기자 코일에 전류를 유·출입시키는 역할
  ㉡ 브러시 홀더 : 브러시를 지지하며 브러시 스프링은 정류자에 브러시를 압착시키는 역할
  ㉢ 브러시 길이 : 표준 길이의 1/3 이상 마모시 교환

2) 동력전달기구

① 벤딕스식 : 원심력에 의해 피니언 기어를 링 기어에 접촉
② 피니언 섭동식 : 전자석 스위치를 이용하여 피니언 기어를 링 기어에 접촉
③ 전기자 섭동식 : 전기자를 옵셋하여 접촉

④ 오버런닝 클러치 : 기관 시동 후 기동 스위치를 끄지 않으면 링 기어가 반대로 피니언 기어를 기관 회전수의 약 10~15배로 회전시켜 전기자 및 베어링을 파손시키는데 이를 방지하는 클러치로 벤딕스식은 사용하지 않는다.

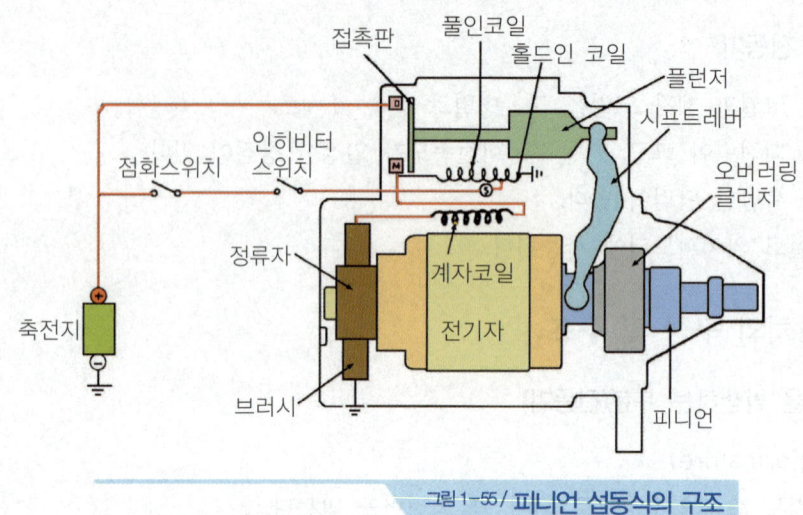

그림 1-55 / 피니언 섭동식의 구조

3) 피니언을 섭동시켜 플라이휠 링 기어에 물리게 하는 부분

① 솔레노이드 스위치

전자석을 이용하여 전동기에 전원을 공급하는 역할
  ㉠ 풀인 코일 : 플런저를 잡아당기는 역할
  ㉡ 홀드인 코일 : 당겨진 플런저를 유지하는 역할

4. 기동전동기의 시험

1) 그로울러 테스터

전기자의 단선, 단락, 접지시험을 점검

2) 기동 전동기의 계측시험

① 무부하 시험 : 무부하 상태에서 시동전동기의 전류와 회전속도를 측정
② 회전력 시험 : 부하상태에서 시동전동기의 전류와 회전력을 측정
③ 저항 시험 : 시동전동기를 고정시킨 상태에서 전류를 측정
④ 스프링 저울로 측정하며 0.5~1.0kgf/cm²이다.

3_ 점화장치

연소실 안에 압축된 혼합기를 전기불꽃으로 적절한 시기에 점화하여 연소시키는 장치

1. 축전지식 점화장치

1) 축전지식 점화장치의 구성

축전지, 점화코일, 배전기, 점화플러그 및 고압선 등

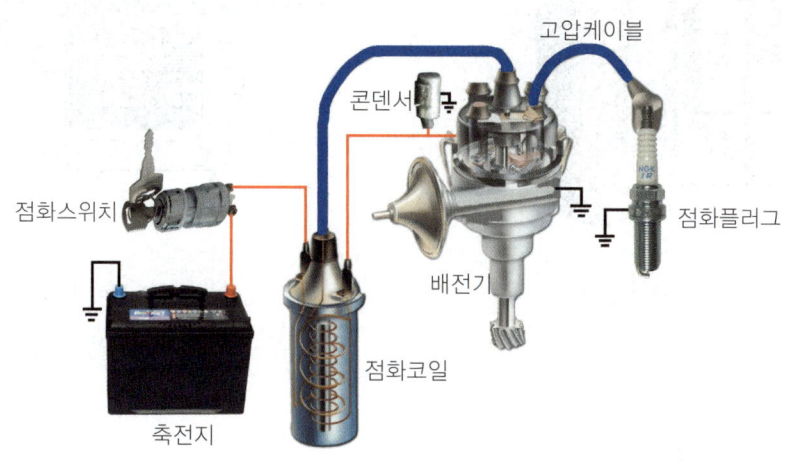

그림 1-56 / **축전지식 점화장치의 구성**

① 점화코일
  ㉠ 종류 : 개자로 철심형과 폐자로 철심형
  ㉡ 점화코일의 원리 : 1차 코일에서는 자기유도작용과 2차 코일에서는 상호유도작용을 이용
  ㉢ HEI(폐자로)코일 장점
    ⓐ 자속의 외부 방출방지
    ⓑ 구조 간단
    ⓒ 내열성, 방열성이 우수하므로 성능 저하 방지

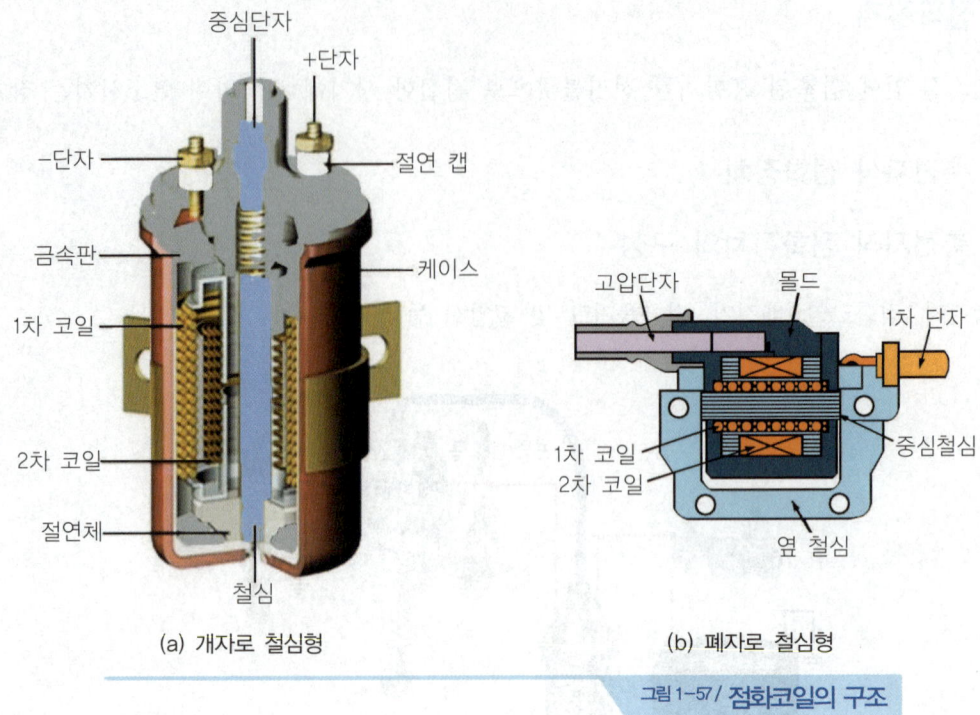

그림 1-57 / **점화코일의 구조**

② **점화코일의 구조**

    ㉠ 철심 : 얇은 규소강판을 여러 장 겹쳐서 제작

    ㉡ 1차 코일 : 0.6~1.0mm의 에나멜 절연 구리선을 200~300회 감았고, 감기시작은 (+)단자에, 감기 끝은 (-)단자에 접속, 발생되는 기전력은 약 200~250V 정도

    ㉢ 2차 코일 : 0.06~0.1mm 정도의 가는 구리로 된 2차 코일을 각층마다 절연지를 넣고 약 15,000~20,000회 정도 감았고, 발생되는 기전력은 약 15,000~30,000V 정도

    ㉣ 1차 코일과 2차 코일의 권수비(권선비)는 60~100

    ㉤ 1차 코일에 저항(밸러스트 저항)을 두는 이유는 단속기 접점의 소손 방지와 점화코일의 온도상승에 의한 성능 방지

    ㉥ 기전력의 크기는 권수비에 비례

$$\frac{E_2}{E_1} = \frac{N_2}{N_1}$$

E_1 : 1차 전압, E_2 : 2차 전압
N_1 : 1차 코일의 권수
N_2 : 2차 코일의 권수

③ **배전기**

    ㉠ 점화코일에서 유도된 고압전류를 기관의 점화순서에 따라 각 실린더의 점화플러그에 분배하는 장치

ⓛ 역할
    ⓐ 기관의 회전속도에 따라 점화시기 조절
    ⓑ 점화코일의 1차 전류를 단속하여 2차 코일에 고전압 유기
    ⓒ 점화순서에 따라 고전압을 각 점화플러그에 배분
ⓒ 단속기, 축전기, 점화 진각장치 등으로 구성
ⓔ 단속기 접점
    ⓐ 점화코일에 흐르는 1차 전류를 단속하는 스위치
    ⓑ 접점 간극은 0.5㎜ 정도이며, 필러 게이지로 측정
    ⓒ 간극이 너무 크면 점화시기가 빨라지고, 너무 작으면 점화시기가 늦어진다.
    ⓓ 단속기 암 스프링의 장력
        • 클 때 : 캠이나 러빙 블록의 마모가 빨라진다.
        • 약할 때 : 고속에서 접촉 불량으로 실화의 원인이 된다.
    ⓔ 단속기 접점을 두는 이유 : 사용전원이 직류이기 때문
ⓜ 축전기(condensor) : 단속기 접점과 병렬로 연결
    ⓐ 단속기 접점사이의 불꽃을 흡수하여 접점의 소손을 방지
    ⓑ 1차 전류의 차단시간을 단축하여 2차 전압을 높여준다.
    ⓒ 단속기 접점이 닫혔을 때 축전한 전하를 방출하여 1차 전류의 회복을 신속하게 한다.
    ⓓ 축전기 시험 : 용량시험, 누설시험, 직렬저항시험
ⓗ 캠각 또는 드웰각 : 단속기의 접점이 닫혀있는 동안 캠이 회전한 각도
    ⓐ 캠각이 클 때
        • 접점간극이 작고, 점화시기가 늦어진다.
        • 1차 전류기간이 길어 2차 전압이 높다.
        • 점화코일이 발열되고, 단속기 접점이 소손된다.
    ⓑ 캠각이 작을 때
        • 접점간극이 크고, 점화시기가 빨라진다.
        • 1차 전류 기간이 짧아 2차 전압이 낮다.
        • 고속에서 실화가 일어나기 쉽다.

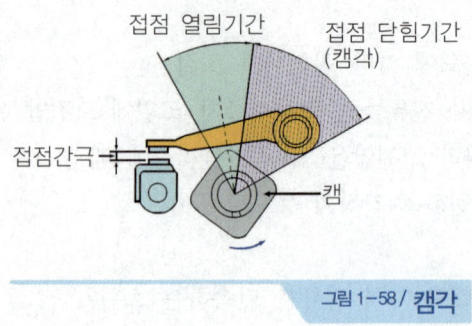

그림 1-58 / **캠각**

④ 점화파형
  ㉠ 드웰구간 : 배전기 접점이 닫혀있는 동안 캠이 회전한 각도
  ㉡ 유도불꽃선 : 점화를 유지하기 위해 필요한 전압
  ㉢ 중간구간 : 점화코일 내부에서의 잔류전압이 점차로 소멸되는 상태.
  ㉣ 점화구간 : 점화플러그에서 점화가 되고 있는 기간.
  ㉤ 용량불꽃선 : 점화코일에서 고압이 유도되어 배전기의 로터간극과 점화플러그 간극을 건너 튀는데 필요한 전압.

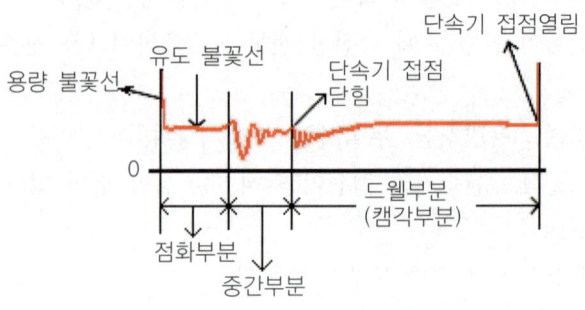

그림 1-59 / **점화 표준파형**

⑤ 점화 진각기구

기관의 회전속도나 부하에 따라서 점화플러그의 불꽃 발생시기를 자동적으로 조정하는 기구, 조정하는 이유는 효율이 가장 높게 되는 최고폭발을 상사점 후 10~12°에서 얻기 위함이다.
  ㉠ 원심력식 진각기구 : 기관의 회전수에 따른 점화시기 조정
  ㉡ 진공 진각기구 : 기관에 걸린 부하(흡기다기관에 걸린 진공)에 따른 점화시기 조정
  ㉢ 옥탄 셀렉터 : 사용연료의 옥탄가에 따른 점화시기 조정

> **참고**
> 점화지연의 3대 원인
> ① 기계적 지연
> ② 전기적 지연
> ③ 연소적 지연

⑥ 점화플러그(spark plug)

점화코일에서 유도된 고전압을 불꽃방전시켜 압축된 혼합기에 점화시키는 장치

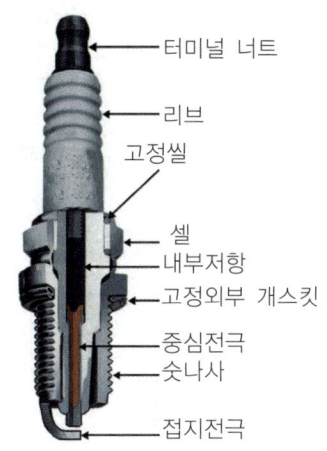

그림 1-60 / **점화플러그의 구조**

㉠ 자기 청정온도
  ⓐ 자기 청정온도 : 450~600℃
  ⓑ 성능 저하온도 : 400℃
  ⓒ 조기 점화온도 : 800~1000℃
㉡ 열값
  점화플러그의 열 발산 정도를 수치로 나타내는 값
  ⓐ 냉형 : 열 발산이 잘되며, 고속, 고압축비 기관에서 사용(열 받는 면적이 작고, 방열경로가 짧다)
  ⓑ 열형 : 열 발산이 잘 안되며, 저속, 저압축비 기관에서 사용(열 받는 면적이 많고, 방열 경로가 길다)
  ⓒ 중간형 : 냉형 + 열형

> **참고**
> **점화플러그의 구비조건**
> ① 내열성이 크고, 방열성이 좋으며, 급냉, 급열의 온도변화에 견딜 것
> ② 기계적 강도가 클 것
> ③ 내식성이 클 것
> ④ 기밀 유지
> ⑤ 전기절연성이 좋을 것
> ⑥ 전극부분의 온도는 자기 청정 온도 내에 있을 것
> ⑦ 열전도성이 좋을 것
> ⑧ 불꽃방전 성능이 우수하고 전극 소모가 적을 것

⑦ 고압케이블

전파 방해 방지를 위해 10㏀의 저항을 둔 T.V.R.S. 케이블을 사용

2. 트랜지스터식 점화장치

1) 특징

① 저속성능이 안정되고 고속성능이 향상
② 기계식 단속기구가 없으므로 신뢰성이 향상
③ 점화시기 및 캠각 제어를 정확하게 한다.

2) 반 트랜지스터식 점화장치

① 트랜지스터를 배전기의 단속기 접점으로 제어하는 점화장치
② 약간의 베이스(B) 전류(약 200㎃)로 비교적 큰 전류(6~8A)를 제어
③ 장점 : 불꽃에 의한 접점이 소손되지 않고 저속회전에서도 2차 전압의 발생이 안정
④ 단점 : 고속에서 접점의 채터링(chattering)현상이 발생하므로 2차 전압의 저하가 발생

> **참고**
> **채터링현상**
> 단속기 접점이 일정한 리듬으로 개폐하지 않고 작동이 고르지 않는 현상. 방지책으로는 단속기 암의 관성을 적게 하고, 암 스프링의 힘을 크게 함과 동시에 캠이 곡면을 완만하게 하며, 접점이 닫히는 속도를 완화하도록 설계

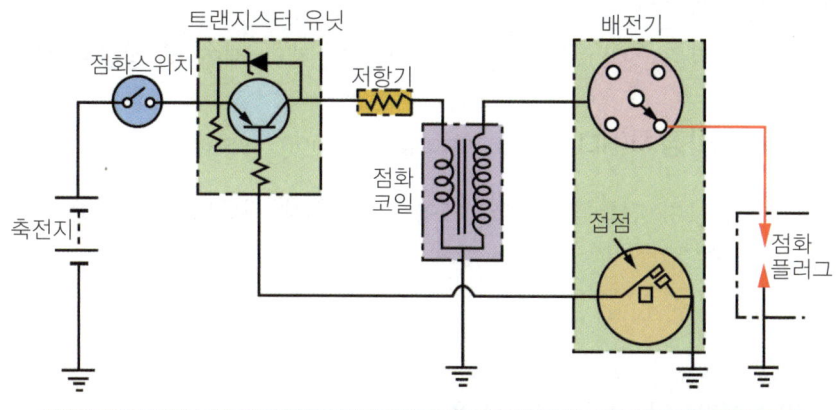

그림1-61 / **반 트랜지스터식 점화회로**

3) 전 트랜지스터식 점화장치

① **구성** : 시그널 로터, 픽업코일, 마그넷, 신호 발생기구 등
② **신호 발생기구(시그널 제너레이터)** : 마그넷 → 시그널 로터 → 픽업코일 → 브래킷 → 마그넷의 경로로 작동

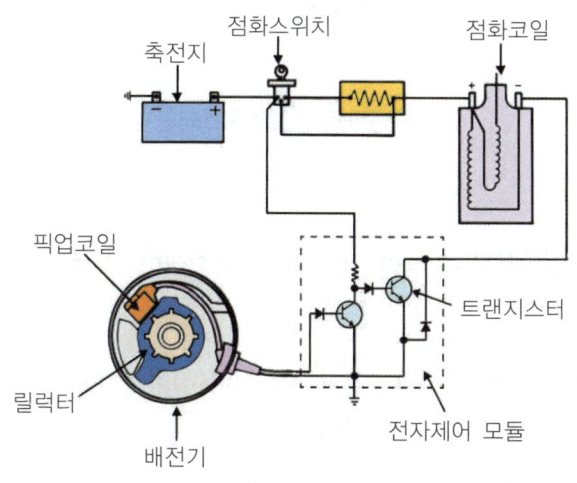

그림1-62 / **전 트랜지스터식 점화회로**

③ **점화코일** : 폐자로형 코일이 사용, 철심의 양은 많아지고, 권선의 양은 감소하므로 소형, 고성능 코일 제작이 가능
④ **이그나이터(Ignitor)**
  ㉠ 구성 : 점화코일의 1차 전류를 단속하는 부분, 유도전압 증폭 부분, 점화신호를 검출

하는 부분으로 구성
  ⓒ 기능 : 신호검출, 신호증폭, 1차 전류 단속 및 캠각 제어 및 정전류 제어

3. 고 에너지 점화장치(HEI : high energy ignition system)

점화코일에 흐르는 1차 전류를 ECU의 제어신호에 의해 작동되는 파워 트랜지스터를 이용하여 단속하는 점화장치

1) 구성

① 점화코일 : 폐자로형 점화코일을 사용
② 파워 트랜지스터 : ECU의 신호에 의해 점화코일의 1차 회로에 흐르는 전류를 단속하여 2차 코일에 고전압이 발생되도록 하는 역할
③ 점화 신호용 센서 : 크랭크각 센서, 수온센서, 대기압 센서, 1번 실린더 TDC 센서

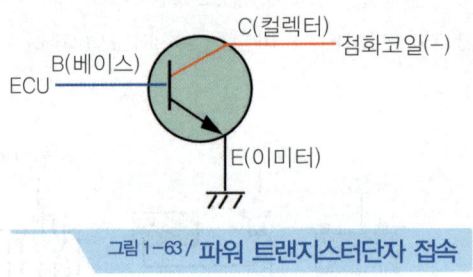

그림 1-63 / 파워 트랜지스터단자 접속

4. 다이렉트 점화장치(DIS(direct ignition system) 또는 DLI(distributorless ignition system))

2개의 실린더를 1개조로 하는 점화코일이 설치되어 점화시기에 맞는 실린더의 점화 플러그에 2차 고전압을 분배시키는 복식의 점화장치

1) 특징

① 배전기가 없으므로 전파 장해가 없고 다른 전자제어장치에도 유리하다.
② 정전류 제어방식으로 2차 전압이 안정된다.
③ 점화시기가 정확하고 점화성능이 우수하다.
④ 유효 에너지의 손실이 없어 실화가 적다.
⑤ 실린더 별로 점화시기 제어가 가능하다.

⑥ 누전의 염려가 적고, 내구성이 크다.

> **참고**
> **점화 불꽃이 발생되지 않는 원인**
> ① 파워 트랜지스터 불량
> ② 크랭크각 센서 불량
> ③ 점화코일 불량
> ④ 점화플러그 불량

> **참고**
> 기관 공회전시에 타이밍 라이트를 이용하여 점화시기를 점검한다.

4_충전장치

발전기를 중심으로 차량에 필요한 전력을 공급하는 장치

1. 충전장치의 종류 및 구조

1) 직류발전기(DC 발전기-자려자 발전기)

① 구성

계자코일, 계자철심, 전기자 코일, 정류자, 브러시 등

> **참고**
> **자려자 발전기**
> 계자철심에 남아 있는 잔류자기에 의하여 전류를 발생하는 발전기

② 직류발전기의 조정기

㉠ 컷아웃 릴레이 : 축전지에서 발전기로 역류하는 것을 방지
㉡ 전압 조정기 : 발전기의 발생전압을 일정하게 유지하기 위한 장치
㉢ 전류 조정기 : 발전기의 발생전류를 제어하여 발전기의 소손을 방지

> **참고**
> **컷인 전압**
> 발전기로부터 축전지로 충전이 시작되는 전압(약 13.8V)

2) 교류발전기(AC발전기-타려자 발전기)

① 특징
  ㉠ 저속에서도 충전이 가능하다.
  ㉡ 고속회전에 잘 견딘다.
  ㉢ 회전부에 정류자가 없어 허용 회전속도 한계가 높다.
  ㉣ 반도체(실리콘 다이오드)로 정류하므로 전기적 용량이 높다.
  ㉤ 소형, 경량이며, 브러시의 수명이 길다.
  ㉥ 전압조정기만 필요하다.

> **참고**
> **타려자 발전기**
> 따로 설치한 계자코일에 축전지 전원을 공급하여 여자하도록 하여 전류를 발생하는 발전기

② 구성
  ㉠ 로터 : 자속을 형성하는 곳으로 직류발전기의 계자코일과 계자철심에 해당

그림 1-64 / **로터의 구조**   그림 1-65 / **스테이터의 구조**

  ㉡ 스테이터 : 유도 기전력이 유기되는 곳으로 직류발전기의 전기자에 해당
    ⓐ 스테이터 결선법
      • Y결선(스타결선) : 각 코일의 한 끝을 공통점 0(중성점)에 접속하고 다른 한 끝 셋을 끌어낸 것
      • ⊿결선(델타결선) : 각 코일의 끝을 차례로 접속하여 둥글게 하고 각 코일의 접속점에서 하나씩 끌어낸 것

- Y결선은 선간전압이 각 상전압의 $\sqrt{3}$ 배이다.
- △결선은 선간전류가 각 상전류의 $\sqrt{3}$ 배이다.

ⓒ 브러시 : 전원을 받아 로터의 슬립링에 전원 공급

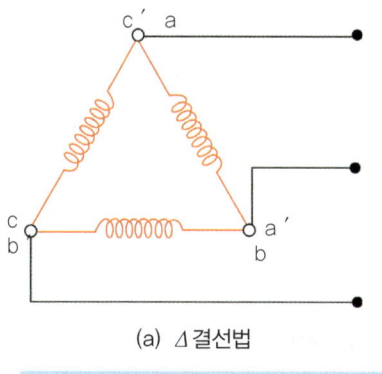 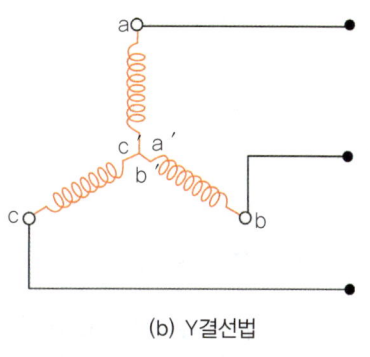

(a) △결선법   (b) Y결선법

그림 1-66 / **3상 코일 결선방법**

ⓔ 정류기(다이오드)
  ⓐ 실리콘 다이오드 사용
  ⓑ 스테이터 코일에서 발생된 교류를 직류로 정류
  ⓒ 역류방지
  ⓓ (+), (-)다이오드 각각 3개

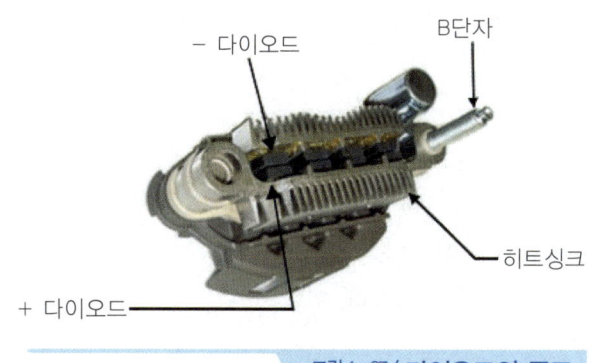

그림 1-67 / **다이오드의 구조**

3) 전압조정기

발전기의 회전속도와 관계없이 항상 일정한 전압으로 유지하는 역할로, 일반적으로 IC 전압조정기를 사용

2. 시동 발전기(HSG : hybrid starter generator)

하이브리드 자동차는 2종류의 배터리를 사용한다. 하나는 일반 차량과 같은 납산 배터리이며 나머지 하나는 리튬이온 고전압 배터리를 사용한다. 시동발전기를 사용하지 않는 차량은 납산 배터리의 전원을 이용해 스타터 모터로 시동을 걸지만 엔진과 벨트로 연결된 시동발전기 설치 차량은 고전압 배터리의 전기에너지를 이용하여 엔진 시동을 걸어주고 고전압 배터리의 충전율 저하시 엔진의 동력을 이용하여 발전하고 고압 배터리에 전기 에너지를 공급시킨다.

5_하이브리드시스템

하이브리드시스템(HEV : hybrid electric system)은 자동차에 2종류 이상의 동력원을 설치한 자동차를 말하는데, 내연기관과 전동기를 동시에 설치한 형태가 대표적이다.

1. 하이브리드시스템의 장점 및 단점

1) 장점

① 연비가 높다(연료소모 50% 감소).
② 환경 친화적이다.
③ HC, CO, NOx 배출량이 90% 정도 감소된다.
④ CO_2 배출량이 50% 정도 감소된다.

2) 단점

① 구조가 복잡해 정비가 어렵고 수리비용이 비싸다.
② 가격이 비싸다.
③ 동력전달 계통이 복잡하고 무겁다.
④ 고전압 축전지의 수명이 짧고 비싸다.

2. 하이브리드시스템의 형식

1) HEV의 모터 사용 정도 구분에 의한 분류

하이브리드 전기자동차는 모터 사용 정도에 따라 micro(mild) HEV, soft(power assist) HEV, hard(full) HEV로도 분류된다.

① Micro(mild) HEV

Micro(mild) HEV는 공회전 시 시동이 자동으로 꺼지고 출발 시 액셀러레이터를 밟으면 시동이 켜지는 idle stop & go system을 장착한 자동차로, 모터는 이때 보조역할만 하는 단순한 시스템이다. 기존의 내연엔진에 부착하거나 제약조건이 많은 소형 자동차에 적합한 방식이다.

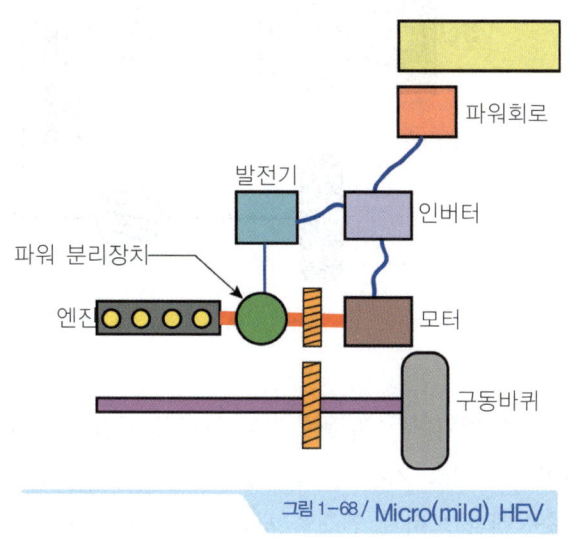

그림 1-68 / Micro(mild) HEV

② Soft HEV

Soft HEV의 경우 micro(mild) HEV 방식보다는 모터의 보조역할이 더 크다. 대부분의 병렬형 방식이 soft 타입으로 현대자동차의 아반테 LPI 하이브리드 및 혼다자동차의 시빅 하이브리드와 같이 엔진 + 전기모터 한 개, + CVT로 구성되어 있다. 이 경우 엔진과 변속기 사이에 모터가 삽입되어 있으며 모터가 엔진의 동력 보조역할을 수행하게 된다. 전기모터 단독으로 차를 움직일 수 있지만 모터는 단지 추진의 보조역할을 한다.

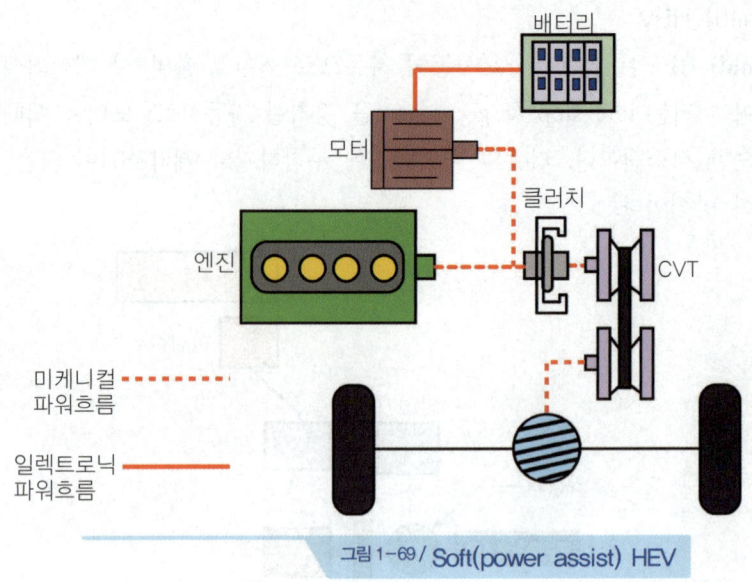

그림 1-69 / Soft(power assist) HEV

Soft 하이브리드 시스템은 전기적인 비중이 적어 가격이 저렴한 장점이 있지만, 순수 전기 모드 구현이 불가능하여 배기가스 저감 및 연비 개선에서 상대적으로 불리하게 된다. Soft 타입은 시동이나 가속순간에만 모터가 엔진을 보조하고 정속주행 시는 일반 자동차와 동일하게 엔진으로만 구동하는 타입이다. 그래서 hard 타입에 비하여 연비가 나쁜 것이다.

③ Hard(full) HEV

Hard(full) HEV은 전기모터가 출발과 가속 시에만 역할을 하는게 아니라 주행에 주되게 사용되는 방식이다. 직렬형과 혼합형(직·병렬형)이 이 방식에 속한다.

Hard 하이브리드는 엔진에 전기모터 2개를 가지고 있으며 CVT로 구성된 하이브리드 시스템이다. 이 경우 엔진, 모터, 발전기의 동력을 분할/통합하는 기구인 유성 기어를 채택하여 효율적으로 동력을 배분하고 있으며, 모터 2개가 유기적으로 작동하여 동력 보조역할도 수행하면서 순수 전기자동차로 작동도 가능하다.

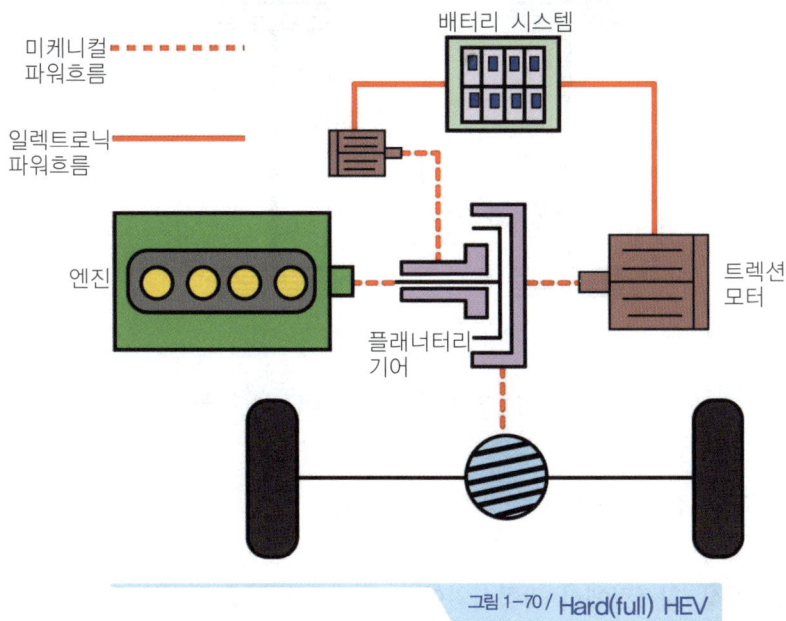

그림 1-70 / Hard(full) HEV

2) HEV의 동력전달 방식 구분에 의한 분류

하이브리드 전기자동차는 바퀴를 돌리기 위한 모터, 모터의 회전력을 바퀴에 전달하는 변속기, 모터에 전기를 공급하는 축전지 그리고 전기 또는 동력을 발생시키는 엔진으로 구성된다. 이들 중 엔진과 모터의 연결 방식에 따라 직렬형(series type), 병렬형(parallel type), 직·병렬형(series-parallel type)으로 구분된다.

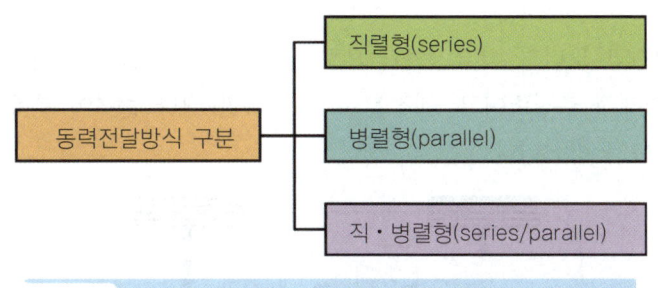

그림 1-71 / HEV의 동력전달 방식 구분에 의한 분류

① 직렬형

직렬형에 사용되는 엔진은 바퀴를 돌리기 위한 것이 아니라 축전지를 충전하기 위한 것이다. 따라서 엔진에는 발전기가 연결되고, 이 발전기에서 발생되는 전기는 축전지에 저장된다. 발생한 전기에 의해 모터가 구동축(바퀴)을 움직이는 방식이다. 엔진이 구동축에 연결되어 있지 않고 엔진과 발전기가 직접 연결되어 있어 직렬형이라고 부른다.

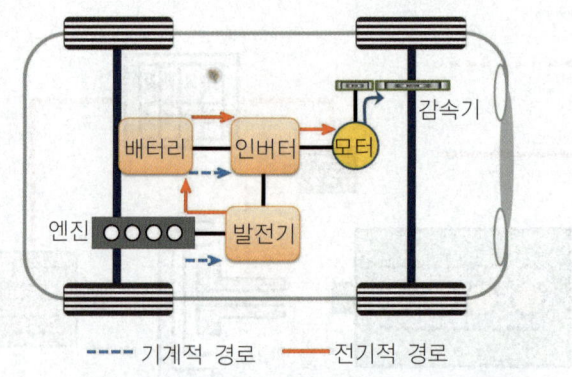

그림 1-72 / **직렬형 하이브리드 전기자동차**

직렬형 하이브리드 전기자동차의 특징은 다음과 같다.
  ㉠ 직렬형 하이브리드 전기자동차는 엔진, 발전기, 전동기가 직렬로 연결되어 있으며, 엔진을 항상 최적점에서 작동시키면서 발전기를 이용해 전력을 모터에 공급하고, 순수하게 모터의 구동력만으로 차를 주행시키는 방식이다.
  ㉡ 제어가 비교적 간단하고, 배기가스 특성이 우수하며, 별도의 변속장치가 필요 없다는 것이 장점이다.
  ㉢ 전체 시스템의 에너지 효율이 병렬형에 비해 낮고, 자동차의 주행성능을 모두 만족시킬 수 있는 고성능의 전동기 개발이 필수적이며, 동력전달구조 자체가 크게 바뀌므로 기존 자동차에 적용하기는 어렵다는 단점이 있다.

② **병렬형**

병렬형은 엔진과 모터가 각각 독립적으로 구동하는 방식을 말하며, 주 동력원은 엔진을 이용한 기계적 추진력이고, 엔진을 더욱 가속할 때나 출력이 부족할 때 주동력원을 모터가 보조하는 방식이다.

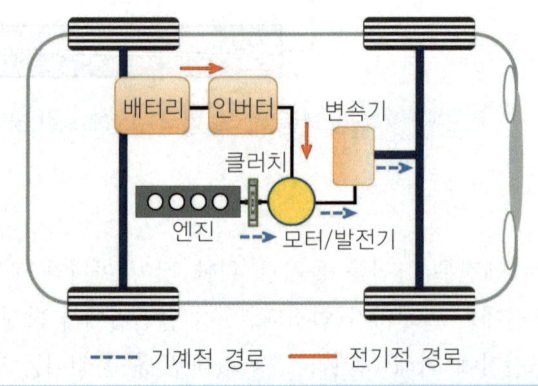

그림 1-73 / **병렬형 하이브리드 전기자동차**

병렬형 하이브리드 전기자동차의 특징은 다음과 같다.
- ㉠ 변속기의 전후에 엔진 및 전동기를 병렬로 배치하여, 주행 상황에 따라 최적의 성능과 효율을 갖게끔, 자동차 구동에 필요한 동력을 엔진과 전동기에 적절히 분배하는 방식이다.
- ㉡ 엔진의 힘이 운전자가 요구하는 동력 이상으로 발휘될 수 있을 때는 여유 동력으로 모터를 구동시켜 전기를 저장한다(모터는 발전기 역할).
- ㉢ 엔진과 모터의 힘을 합한 큰 동력 성능이 필요할 때 모터를 움직인다.
- ㉣ 병렬형은 기존 자동차의 구조를 이용 가능하므로 제조 비용면에서 직렬형에 비해 유리하다는 장점이 있으나, 동력전달 구조 및 제어가 복잡하다는 단점이 있다.
- ㉤ 도시 규모가 작은 지역에서는 전기자동차로 주행하고, 도시간의 고속주행이 요구되는 경우는 엔진 주체의 주행으로 하는 방식이다.

③ 직·병렬형

혼합형(직·병렬형)은 직렬형과 병렬형을 혼합한 방식으로 엔진과 모터가 동시에 작동되거나, 모터 단독 또는 엔진 단독으로 그리고 엔진과 회생제동을 통해 발전기를 돌려 구동축을 움직이는 방식을 말한다. 엔진 효율이 좋은 주행상태에서는 엔진으로 발전기를 돌려 축전지에 충전하여 두는 것이 주요 동작과정이다. 바퀴 회전속도를 측정하여 엔진구동이 효율적이라고 판단되면 엔진으로 바퀴를 직접 구동하도록 하고, 이 보다 엔진-발전기-모터의 효율이 좋다고 판단되면 엔진은 발전기가 된다.

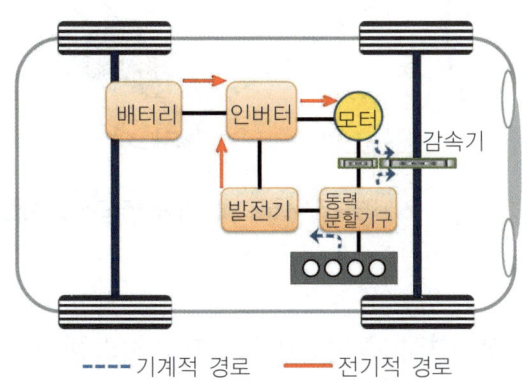

그림 1-74 / **직·병렬형 하이브리드**

혼합형 하이브리드 전기자동차 작동원리는 다음과 같다.
- ㉠ Starting or light load : 엔진이 최대 효율로 작동하지 않으므로 모터에 의해서만 자동차를 구동
- ㉡ Normal driving : 엔진이 바퀴를 구동하고, 나머지 출력은 모터 구동용 전기를 발생

- 최대 효율을 얻을 수 있도록 각 경로에 분배되는 출력비율을 제어
ⓒ Full acceleration : 엔진/모터 동시 사용. 축전지에서 모터에 전력 공급(축전지에서 모터에 전력 공급)
ⓔ Decelerating or braking : 바퀴의 관성에 의해 발전기가 구동되고, 발전기에서 발생된 전기는 축전지에 저장 역할.
ⓜ Idling : 엔진 정지. 단, 축전지의 재충전이 필요한 경우에는 가동

3) 플러그인 하이브리드 전기자동차(PHEV)

플러그인 하이브리드 전기자동차(PHEV)의 기본은 하이브리드 전기자동차이지만, 축전지 용량을 하이브리드 전기자동차와 전기자동차의 중간 크기로 하고, 비상시에는 다시 충전해 두는 것으로 단거리는 전기자동차로서 활용하는 형식이다. 가정 전원이 이용 가능하고, 어디서도 충전할 수 있다는 간편성을 염두에 둔 방식이다. 전지 코스트를 줄인 가솔린 자동차와 전기자동차의 하이브리드 방식이다.

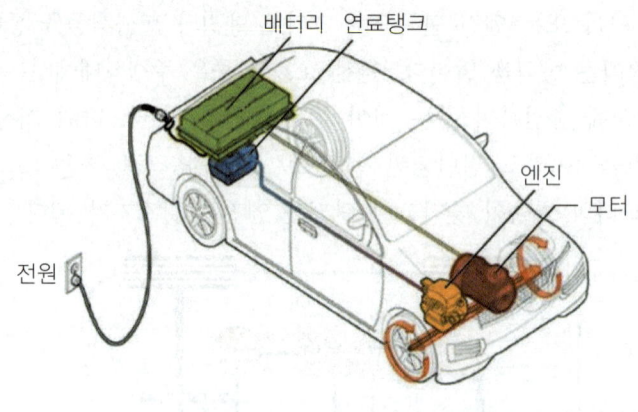

그림 1-75 / 플러그인 하이브리드 전기자동차

3. 하이브리드시스템의 형식 하이브리드(HEV) 시스템 구성

1) 하이브리드의 장·단점

① 엔진과 모터의 장점을 이용하여 효율을 증대
② 연비가 향상되고, 배기가스가 저감된다.
③ 복수의 동력을 탑재하므로 복잡하고 공간이 필요
④ 배터리, 인버터 등 부품이 증가하므로 제작비용, 중량이 증가
⑤ 대중화되어 있지 않아 비싸다.

2) 하이브리드 전기자동차 원리의 3가지 핵심

① Idle stop : 정차 시 엔진이 자동으로 정지되어 연료소모량을 줄임
② 동력 보조 : 가속 및 등판 시 엔진과 전기모터가 적절한 힘의 분배를 하여 연료소모량을 줄임
③ 감속 시 충전(회생 브레이크) : 감속 시 배터리를 자동으로 충전하여 전기에너지를 재생산

3) 하이브리드 전기자동차 기본 동력전달

① 정지 시 : 엔진이 자동으로 정지되어 연료소모량을 줄임(Idle stop)
② 정지상태에서 출발 시 : 배터리를 이용하여 전기모터를 돌려 바퀴를 구동
③ 일반 주행 시 : 엔진과 전기모터 모두가 자동차 바퀴를 움직인다. 엔진의 힘은 바퀴와 전기모터에 나누어 전달되며, 효율적인 측면에서 힘의 배분이 컨트롤된다.
④ 가속 및 고속 주행 시 : 일반 주행에 더하여 배터리 전기를 이용하여 전기모터를 구동(동력보조)
⑤ 감속 시(브레이크를 밟았을 때) : 브레이크 시 발생되는 열에너지를 전기모터가 발전기 역할을 하여 배터리를 충전(회생 브레이크)

4) 하이브리드 모터시동 금지조건

① 하이브리드 모터시동 금지조건
  ㉠ 고전압 배터리의 온도 < -10℃ 또는 배터리의 온도 > 45℃
  ㉡ MCU Inverter 온도 > 94℃
  ㉢ SOC 18% 이하
  ㉣ 엔진 냉각수 수온 -10℃ 이하
  ㉤ ECU, MCU, BMS 고장 시
② 시동 회전수(rpm)
  ㉠ ECU 아이들 RPM 이상으로 설정
  ㉡ 장시간 아이들 스톱 후 시동 시 시동 RPM 상승(CVT 유압 발생을 위하여)

5) 하이브리드 시스템의 구성

HEV 자동차는 전기 동력부품인 전기모터, 인버터, 컨버터, 배터리로 시스템이 구성되며, 자동차 구동을 지원하는 전기모터는 엔진측에 장착, 인버터, 컨버터, 배터리는 통합 패키지 형태로 자동차 후방에 탑재된다.

① 모터, 모터 발전기
  발전을 주로 하는 모터 발전기와 구동력을 담당하는 모터(발전기 역할도 함)의 두 개

를 갖추고 있으며, 영구자석이 달려 있고 브러쉬가 없으며, 로터를 전자력으로 구동해서 회전시키는 방식이다.

② **고전압 배터리**

배터리는 충전이 가능한 2차 배터리가 사용되며, 니켈 수소 배터리나 리튬 이온 배터리를 사용한다.

㉠ 배터리 종류

ⓐ 니켈 수소 배터리 : 니켈 카드뮴 배터리의 카드뮴을 수소로 변경한 것으로 1셀 단위당 전압은 1.2V가 발생한다.

ⓑ 리튬 이온 배터리 : 양극에 리튬 금속 산화물, 음극에 탄소질 재료, 전해액은 리튬염을 녹인 재료를 사용한다. 충·방전에 따라 리튬 이온이 양극과 음극 사이를 이동한다. 발생전압은 3.6~3.8V 정도이다.

ⓒ 리튬 이온 폴리머 전지 : 리튬 이온 배터리에 탑재된 전해질 대신 젤 타입의 전해질을 사용해 폭발 위험을 줄인 것이 특징이며, 셀당 DC 3.75V이다.

ⓓ 니카드 배터리 : 양극에 니켈계 물질, 음극에 카드뮴계 물질, 전해액에 알칼리 전해액을 사용한다. 셀 전압은 1.2V이다.

> **참고**
>
> **SOC(State of Charge)**
> SOC는 배터리 충전 상태를 표현한 것으로 배터리 팩이나 시스템에서의 유효한 용량으로 정격용량의 백분율로 표시한 것으로 고전압 배터리의 사용 가능 에너지를 표시한 것이다.

㉡ 캐퍼시터

전기 이중층 콘덴서를 말한다. 캐퍼시터는 짧은 시간에 큰 전류를 축적, 방출할 수 있기 때문에 발진이나 가속을 매끄럽게 한다.

㉢ 프리차저 릴레이

초기 고전압 유기에 의한 과전류 유입을 방지하기 위해 먼저 (-)릴레이와 프리차저 릴레이를 ON하고 뒤이어 (+)릴레이를 ON한다.

㉣ 메모리 효과

배터리가 완전 방전되지 않은 상태에서 충전을 되풀이함으로써 방전할 때의 전압이 표준상태보다 일시적으로 저하되는 현상을 가리키며 배터리의 수명도 짧아진다.

㉤ BMS(battery management system)

고전압 배터리 제어를 위한 컴퓨터이며, 배터리 에너지 입/출력 제어와 배터리 성능 유지를 위한 전류/전압/온도/사용 시간 등 각종 정보를 모니터링하고, 종합적으로 연산된 배터리 에너지 상태정보를 HCU 또는 MCU로 송신하는 역할을 한다.

③ 인버터, 컨버터

구동용 모터나 발전기 등은 교류를 사용하므로, 교류와 직류로 변환하는 역할을 한다. 컨버터는 점등장치나 에어컨, 오디오 등의 전기장치용 12V 전원으로 작동할 때는 구동 배터리용으로 발전한 전기를 12V로 변환하거나, 12V 배터리에 충전하는 역할을 한다. 정확하게 DC-DC 컨버터이다.

④ HEV MCU(모터 컨트롤 유닛)

고전압 배터리로부터 직류(DC) 전기를 공급받아, 3상 교류(AC) 전기를 발생시켜 모터 구동을 제어하며 구성은 인버터 어셈블리이다.

4. 하이브리드시스템의 형식 하이브리드 제어 기능

1) 하이브리드 모터 시동

시동 상황	– Key 시동(P/N 단) – 오토 스톱 해제
금지 조건	– 배터리, 모터 방전 제한값 < 엔진의 시동토크 – 배터리 온도 < 약 –10도 또는 배터리온도 > 약 45도 – SOC < 18% – 엔진수온 < –10도 – ECU, MCU, BMS fail(제어기, CAN 고장)
특이 조건	– 모터시동 금지시 는 Key 시동 시 스타터로 시동 – 오토 스톱 중 금지조건 발생 시 즉각 해제하고 모터 시동
시동 rpm	– ECU 아이들 rpm 이상으로 설정 – 장시간 오토 스톱 후 시동 시 rpm 상승(CVT 유압발생 위해)

2) 오토 스톱(auto stop)

① 자동차가 정지할 경우 연료소비를 줄이고 배기가스를 저감시키기 위해 엔진을 자동으로 정지시키는 기능(공조 시스템은 일정 시간 유지 후 정지)이다.
② 오토 스톱이 해제되면 모터 크랭킹과 연료분사를 재개하여 엔진을 재시동한다.
③ 오토 스톱이 작동되면 오토 스톱램프가 점멸하고, 해제되면 소등한다.
④ 오토 스톱 스위치가 눌려있지 않으면 오토 스톱 OFF램프가 점등한다.
⑤ IG OFF 후 IG ON하면 오토 스톱 스위치는 ON상태로 된다.

3) 브레이크 밀림방지장치(CAS : creep aid system)

① 경사로 등에서 출발 시 자동차가 밀리는 현상을 방지하기 위한 장치이다.
② 아이들 스톱 후 해제 시 엔진이 재시동되어 엔진의 creep 토크가 발생하기까지 자동차가 밀리는 현상을 최소화하기 위해 경사도에 따라 밀림 방지장치를 작동한다.

4) 브레이크 부압 보조

하이브리드자동차는 부압이 부족한 경우가 있다. 부압이 부족하다고 판단되면 아래와 같이 제어한다.

① 엔진 시동이 OFF된 경우
  오토 스톱인 경우 부압이 낮아진다. → 낮다고 판단되면 시동을 건다.
② 엔진 시동이 ON된 경우
  LDC 충전전압(12.8V)을 낮추어 부압을 확보, A/C의 부하가 클 때(ETC밸브가 열려있어 부압 저하) A/C OFF하여 부압을 확보, CVT 발진클러치 초기 출발토크 확보를 위해(ETC밸브가 열려 부압 저하) 열려있던 ETC밸브를 닫는다.

5) LDC(low DC/DC converter) 제어

HEV 자동차는 발전기 대신 LDC를 적용하여 오토 스톱 시 원활한 전장 전원공급이 가능하며, 발전기보다 효율이 높아 연비 향상에 기여한다.

6) HCU 입·출력 구성

① HCU 입·출력 기능
  ㉠ 보조 배터리 전원 : HCU는 보조 배터리(12V) 전원을 공급받아 제어기를 구동할 수 있는지를 판단한다.
  ㉡ 브레이크 스위치 : 브레이크 페달의 작동상태를 감지하며, 내부에는 브레이크 스위치와 브레이크 램프 스위치 두 가지가 장착된다.
  ㉢ 스타트 컷 릴레이
    ⓐ HCU가 스타트 컷 릴레이를 제어하면 하이브리드 모터로 시동이 가능하고, 제어하지 않으면 엔진 스타트 모터로 엔진 시동이 가능하다.
    ⓑ HCU는 시스템이 정상일 경우 스타트 컷 릴레이를 항상 접지 제어하여 하이브리드 모터로 엔진 시동이 가능하도록 제어한다.
  ㉣ 브레이크 부스터 압력센서 : 브레이크 부스터 압력을 측정하며, 부스터 내부압이 부족하여 비정상적인 브레이크 제동을 방지하기 위하여 부압이 형성되도록 제어한다.
    ⓐ 아이들 상태에서 부족할 경우 엔진의 부하 또는 토크를 감소시켜 스로틀밸브를

닫힘방향으로 제어하여 부압이 생성되도록 한다.

ⓑ 오토 스톱 상태에서 부족할 경우 오토 스톱을 해제(엔진 시동)하여 부압이 형성 되도록 한다.

ⓜ 경사각센서

ⓐ 자동차의 경사도를 측정하며, 자동차가 경사로 등에서 뒤로 밀리지 않도록 밀림 방지를 제어하는 중요한 신호로 사용한다.

ⓑ 브레이크 페달을 뗀 후에도 경사도에 따라 일정 시간동안 제동장치가 작동하도록 제어하며, 경사각센서, 브레이크 스위치, ABS 모듈, HCU 등이 필요하다.

ⓗ 알터네이터 L 릴레이

ⓐ HCU는 LDC가 정상적으로 12V를 발생시켜 보조 배터리를 충전시키는지 확인하고, 만약 LDC가 정상일 경우, HCU는 알터네이터 릴레이를 제어하여 보조 배터리 충전경고등을 점등하고, 에탁스로 신호를 보내며 에탁스는 부하가 큰 전장품을 OFF 제어한다.

ⓑ 서비스 데이터에서 알터네이터 L릴레이는 "보조전장 부하신호"로 표시한다.

ⓒ 엔진 시동이 걸려있는 상태에서 LDC가 정상적으로 보조배터리(12V)를 충전하면 "YES"를 표시하고, 엔진정지 또는 Key ON시는 "NO"를 표시한다.

ⓢ 에어백 신호 : 에어백이 전개되면 에어백 ECU에서 HCU로 전개신호를 보내고 HCU는 운전자 및 자동차의 안전을 위해서 하이브리드 고전압 시스템을 중지시킨다.

5. 하이브리드시스템의 형식 고전압 시스템 안전 진단

하이브리드자동차는 고전압 배터리를 포함하고 있어서 시스템이나 자동차를 잘못 건드릴 경우 심각한 누전이나 감전 등의 사고로 이어질 수 있다. 그러므로 고전압 시스템 작업 전에는 반드시 안전 진단을 해야 한다.

금속성 물질은 고전압 단락을 유발하여 인명과 자동차를 손상시킬 수 있으므로 작업 전에 반드시 몸에서 제거해야 하며(금속성 물질: 시계, 반지, 기타 금속성 제품 등), 고전압 시스템 관련 작업 전에는 안전사고 예방을 위해 개인 보호 장비를 착용하도록 한다. 고전압계 부품 작업 시 고전압 위험 자동차 표시를 하여 타인에게 고전압 위험을 주지시킨다.

1) 고전압 차단

① 점화스위치를 OFF하고, 보조 배터리(12V)의 (-) 케이블을 분리한다.
② 고전압 시스템을 점검하거나 정비하기 전에, 반드시 안전 플러그를 분리하여 고전압을 차단하도록 한다.

2) 잔존 전압 점검

① 인버터 커패시터 방전 확인을 위하여 인버터 단자 간 전압을 측정한다.
② 인버터의 (+) 단자와 (-) 단자 사이의 전압값을 측정한다. 측정값이 30V 이하이면 고전압회로가 정상적으로 차단된 것으로 판단하고, 30V가 초과이면 고전압회로에 이상이 있는 것으로 점검해야 한다.

6. 하이브리드시스템의 형식 하이브리드 전기자동차 엔진

가솔린엔진 자동차의 내연엔진은 전통적인 오토 사이클을 사용하고 있다. 그러나 하이브리드자동차에 탑재된 엔진의 특징은 앳킨슨 사이클과 밀러 사이클을 적절하게 혼용 및 변형하여 사용였한다. 일반적으로 오토 사이클엔진의 4행정(흡입-압축-팽창(폭발)-배기) 순서로 작동을 하게 된다.

1) 앳킨슨 사이클(Atkinson Cycle)

오토 사이클과 앳킨슨 사이클의 다른 점은 팽창비와 압축비에 있다. 일반적인 오토 사이클 가솔린엔진은 흡기과정에서 피스톤의 모든 행정 길이를 흡기에 소비한다. 즉, (행정 길이의) 팽창비와 압축비는 같다. 그러나 앳킨슨 사이클은 다르다. 1887년 제임스 앳킨슨은 흡입과정의 행정 길이를 줄이고(연료흡입량과 압축비는 감소) 폭발과정에서는 행정 길이를 늘려(팽창비는 증가) 피스톤이 더 일을 하도록 하는 방법을 고안했다. 이 방법은 흡입과 배기할 때 발생하는 손실(펌핑로스)을 줄여 높은 효율을 가져올 수 있었다.

앳킨슨 사이클은 다소 복잡한 3점 링크로 구동되며, 오토 사이클은 4행정(1사이클) 시 크랭크축이 두 번 회전하지만, 위 구조의 앳킨슨 사이클은 한 번 회전할 때 1사이클이 이루어진다. 피스톤이 한 번 올라갈 때(흡입)는 조금 올라가고, 피스톤이 다시 올라갈 때(폭발)는 더 많이 올라가게 하는 링크로 구성되어 있다.

그러나 높은 효율에도 불구하고 연결 구조가 복잡하고 고회전이 힘들다는 단점으로 자동차 엔진으로 쓰이지 않게 되었다.

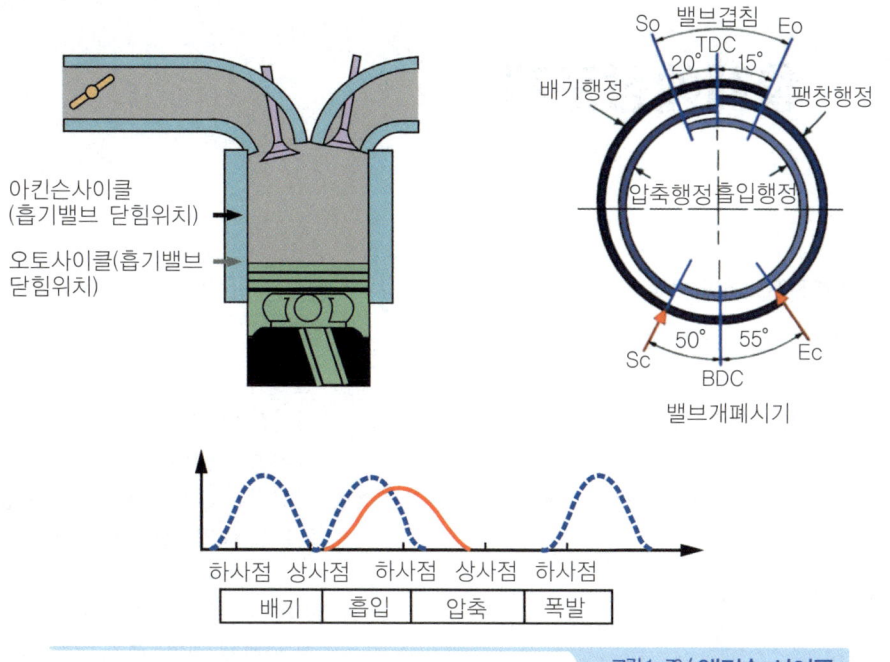

그림1-76 / 앳킨슨 사이클

2) 밀러 사이클(Miller Cycle)

밀러 사이클은 앳킨슨 사이클을 응용한 사이클이다. 복잡한 링크 구조를 "가변 밸브타이밍" 기술로 대체할 수 있게 되었다. 구조는 오토 사이클과 같으나, 밀러 사이클은 압축행정에서도 흡기밸브를 열어 놓아 닫힘 시간을 지연시키면서 실린더 안으로 들어갔던 일정량의 혼합기는 다시 흡기밸브로 되밀려 돌아가기 때문에 연료가 절약된다. 그리고 폭발 시에는 피스톤이 행정 끝까지 닫혀 있다가 늦게 열리게 하여 피스톤이 더 많은 일을 하도록 하는 앳킨슨 사이클과 같은 효과를 가져올 수 있게 되었다. 또한 압축비가 클 경우 노킹(knocking)이 발생하는데, 밀러 사이클에서는 흡기과정 일정량의 혼합기가 되돌아가므로 노킹이 발생하지 않는다. 즉, 오토 사이클보다 압축비를 크게 설정할 수 있다.

밀러 사이클의 단점은 피스톤을 끝까지 밀어 내리므로 1사이클 이후 토크는 동일 배기량의 가솔린엔진 대비 떨어지며, 저속 구간에서는 RPM의 가용범위가 좁아져 밀러 사이클은 1990년 초중반에 고안됐음에도 저속 구간(실용 구간)에서 미미한 연료절약 효과와 출력이 약해 소비자들에게 외면을 받았다. 가변밸브 타이밍 기술과 최적의 회전수를 사용할 수 있도록 CVT 변속기, 저속 구간에서는 전기모터를 가용하여 단점들을 보완하게 되면서 밀러 사이클은 현재도 직분사, 슈퍼차저, 변속기, 모터 등의 개발로 진화하여 응답성은 아직 조금 부족하지만 가속력면에서는 탁월한 효과를 보인다.

제1장 출제예상문제

제2절 시동·점화 및 충전장치

01 알칼리 축전지의 설명으로 틀린 것은?
① 과충전, 과방전 등 가혹한 조건에 잘 견딘다.
② 고율방전 성능이 매우 우수하다.
③ 출력밀도(W/kg)가 크다.
④ 극판은 납과 칼슘합금으로 구성된다.

풀이 양극판은 수산화 니켈(NiOH), 음극판은 카드뮴(Cd)로 구성되어 있다.

02 자동차용 배터리의 역할로 틀린 것은?
① 차량 시동 시 기동전동기에 전원을 공급한다.
② 발전기 고장 시 자동차의 주행을 확보하기 위해 전기를 공급한다.
③ 발전기의 작동에 상관없이 자동차 전원을 계속적으로 공급하는 역할을 한다.
④ 자동차의 주행상태에 따른 발전기의 출력과 부하와의 부조화를 조정하는 역할을 한다.

풀이 자동차용 배터리의 역할
① 기동전동기의 전원을 공급
② 발전기 고장시 대체 전원으로 작동
③ 발전기 출력과 부하의 언밸런스를 조정

03 자동차용 납산배터리에 관한 설명으로 틀린 것은?
① 설페이션 현상 – 축전지를 방전상태로 장기간 방치하면 극판이 불활성 물질로 덮이는 현상이다.
② 기전력 – 축전지의 기전력은 셀 당 약 2.1V 이지만 전해액 비중, 전해액 온도, 방전량 등에 영향을 받는다.
③ 방전종지전압 – 일정 전압 이하로 과방전을 하게 되면, 축전지의 극판을 손상시키므로 방전한계를 규정한 전압이다.
④ 용량(capacity) – 완전 충전 된 축전지를 일정전압으로 단계별 방전하여 방전종지전압까지 방전했을 때의 전기량으로 AV로 표시한다.

풀이 배터리 용량이란 배터리가 저장할 수 있는 전기의 양, 단위는 Ah이다.

04 축전지 격리판의 필요조건이 아닌 것은?
① 전도성일 것
② 다공성일 것
③ 전해액에 부식되지 않을 것
④ 전해액의 확산이 잘 될 것

풀이 축전지 격리판의 필요조건은 ②, ③, ④항 이외에 비전도성일 것, 극판에 좋지 않은 물질을 내뿜지 않을 것

01 ④ 02 ③ 03 ④ 04 ①

05 축전지 셀에 극판의 면적을 크게 하면 다음 중 옳은 것은?

① 전압이 높게 된다.
② 이용전류가 증가한다.
③ 저항이 크게 된다.
④ 전해액의 비중이 높게 된다.

풀이 축전지 셀에 극판의 면적을 크게 하면 이용전류가 증가한다.

06 축전지의 전해액 비중은 온도 1℃의 변화에 대해 얼마나 변화하는가?

① 0.0005   ② 0.0007
③ 0.0010   ④ 0.0015

07 사용 중인 축전지 전해액을 비중계로 측정하니 1.280이고, 이때 전해액의 온도가 40℃라면 표준상태(20℃)에서의 비중은 얼마인가?

① 1.234   ② 1.254
③ 1.274   ④ 1.294

풀이 $S_{20} = St + 0.0007 \times (t-20)$
 $= 1.280 + 0.0007 \times (40-20) = 1.294$
S_{20} : 20℃에서의 전해액 비중,
St : 실제 측정한 전해액 비중,
t : 측정할 때의 전해액 온도

08 기준온도가 20℃에서 비중이 1.260인 배터리를 32℉에서 측정하면 비중은?

① 1.274   ② 1.246
③ 1.426   ④ 1.352

풀이 32℉(0℃)에서의 비중은,
$1.260 = St + 0.0007 \times (0-20)$ ∴ $St = 1.274$

09 자동차용 배터리(Battery)에서 방전상태로 장기간 방치하거나 극판이 공기 중에 노출되어 양(+), 음(-)의 극판이 단락되었을 때 나타나는 현상을 무엇이라 하는가?

① 열화현상
② 다운서징 현상
③ 설페이션 현상
④ 물 때 현상

풀이 설페이션(sulfation) 현상은 축전지의 방전상태가 오랫동안 진행되어 극판이 결정화되는 현상

10 축전지 수명단축의 원인이 아닌 것은?

① 방전 전압의 감소
② 양극판 격자의 산화작용
③ 충전부족과 설페이션 현상
④ 과충전으로 인한 온도 상승, 격리판의 열화

풀이 방전 전압의 감소하면 축전지 수명이 길어진다.

11 납산배터리의 방전 시 화학 반응으로 옳은 것은?

① $PbSO_4 + 2H_2O + Pb$
② $PbSO_4 + 2H_2SO_4 + Pb$
③ $PbSO_4 + 2H_2O + PbSO_4$
④ $PbO_2 + 2H_2SO_4 + PbSO_4$

풀이 **납산배터리의 화학 반응**

양극판 전해액 음극판 충전 양극판 전해액 음극판
$PbSO_4 + 2H_2O + PbSO_4 \rightleftarrows PbO_2 + 2H_2SO_4 + Pb$
황산납 물 황산납 방전 과산화납 묽은황산 해면상납

05 ② 06 ② 07 ④ 08 ① 09 ③ 10 ① 11 ③

12. 납산축전지에서 설페이션(sulphation) 현상의 원인이 아닌 것은?
   ① 축전지의 과방전
   ② 방전상태 장시간 방치
   ③ 전해액 과다
   ④ 충전부족

   풀이 설페이션(sulphation) 현상의 원인
   ① 방전상태로 오래두거나 충전부족 상태로 장시간 사용한 경우
   ② 전해액 부족으로 극판이 공기 중에 노출된 경우
   ③ 비중이 과다하거나 불순물이 많은 경우

13. 자동차용 납산 배터리의 방전 시 일어나는 현상으로 틀린 것은?
   ① 배터리의 전해액 비중이 상승한다.
   ② 전해액의 묽은황산은 물로 변한다.
   ③ 양극판(과산화납)은 황산납으로 변한다.
   ④ 음극판(해면상납)은 황산납으로 변한다.

   풀이 납산축전지가 방전할 때 축전지 내의 변화 상태는 ②, ③, ④항 이외에 전해액의 비중은 점차 낮아진다.

14. 25℃에서 양호한 상태인 100AH 축전지는 300A의 전기를 얼마동안 발생시킬 수 있는가?
   ① 5분   ② 10분
   ③ 15분   ④ 20분

   풀이 $H = \dfrac{AH}{A} = \dfrac{100AH}{300A} = \dfrac{1}{3} = 20분$
   H : 전기를 발생시킬 수 있는 시간,
   AH : 축전지 용량, A : 방전전류

15. 완전 충전된 축전지를 방전종지 전압까지 방전하는데 20A로 5시간 걸렸고 이것을 다시 완전 충전하는데 10A로 12시간 걸렸다면 이 축전지의 AH 효율은 약 몇 %인가?
   ① 90%   ② 83%
   ③ 80%   ④ 70%

   풀이 축전지의 AH효율 = $\dfrac{20A \times 5H}{10A \times 12H} \times 100 = 83\%$

16. 60Ah의 배터리가 매일 2%의 자기방전을 할 때 이것을 보충전하기 위하여 24시간 충전을 할 때 충전기의 충전전류는 몇 A로 조정하는가?
   ① 0.01A   ② 0.03A
   ③ 0.05A   ④ 0.07A

   풀이 시간당 충전량 = $\dfrac{1일\ 방전량}{24} = \dfrac{60Ah \times 0.02}{24h}$
   $= 0.05A$

17. 완전 충전된 상태의 배터리가 방전종지전압까지 방전하는 데 걸린 전류와 시간이 20A, 5시간이고, 방전종지전압 상태에서 다시 완전 충전하는 데 걸린 전류와 시간이 15A, 8시간이라면 AH효율은 약 몇 %인가?
   ① 57   ② 83
   ③ 120   ④ 175

   풀이 $AH\ 효율 = \dfrac{방전전류 \times 방전시간}{충전전류 \times 충전시간} \times 100$
   $= \dfrac{20 \times 5}{15 \times 8} \times 100 = 83.3\%$

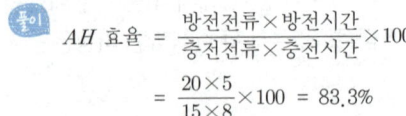

12 ③ 13 ① 14 ④ 15 ② 16 ③ 17 ②

18 축전지 용량에서 0°F에서 300A의 전류로 방전하여 셀 당 기전력이 1V 전압 강하하는 데 소요되는 시간으로 표시하는 것은?

① 20시간율
② 25암페어율
③ 냉간율
④ 20전압율

풀이 방전율(축전지 용량 표시법)
① 20시간율 : 일정 전류로 방전 종지전압이 될 때까지 20시간 사용할 수 있는 용량
② 25A율 : 80°F에서 25A의 전류로 방전하여 셀 당 전압이 방전 종지전압에 이를 때까지 방전할 수 있는 총 전류
③ 냉간율 : 0°F에서 300A의 전류로 방전하여 셀 당 전압이 1V가 될 때까지의 소요된 시간
④ 5시간율 : 방전 종지전압에 도달할 때까지 5시간이 소요되는 방전 전류의 크기

19 납산축전지에 대한 설명으로 옳은 것은?

① 12V 배터리는 12개의 셀이 직렬로 연결되어 있다.
② 배터리 용량은 전압×방전시간으로 표시되어 있다.
③ 같은 전압, 같은 용량의 배터리를 직렬로 연결하면 용량이 배가된다.
④ 극판의 개수가 많을수록 축전지 용량이 커진다.

풀이 ① 12V 배터리는 6개의 셀이 직렬로 연결되어 있다.
② 배터리 용량은 전류×방전시간으로 표시한다.
③ 같은 전압, 같은 용량의 배터리를 직렬로 연결하면 전압이 배가되고, 병렬로 연결하면 용량이 배가 된다.

20 다음 중 표현이 잘못된 것은 어느 것인가?

① 축전지의 용량은 전해액 온도가 내려가면 증가한다.
② 충전 중 전해액의 온도는 45℃를 넘지 않도록 한다.
③ 전류계로 전류를 측정할 때에는 회로에 직렬로 연결한다.
④ 충전 때 발생하는 가스는 주로 수소가스이다.

풀이 축전지의 용량은 전해액 온도가 내려가면 감소한다.

21 축전지의 자기방전에 대한 설명으로 틀린 것은?

① 자기 방전량은 전해액의 온도가 높을수록 커진다.
② 자기 방전량은 전해액의 비중이 낮을수록 커진다.
③ 자기 방전량은 전해액 속의 불순물이 많을수록 커진다.
④ 자기방전은 전해액 속의 불순물과 내부 단락에 의해 발생한다.

풀이 자기 방전량은 전해액의 비중이 높을수록 커진다.

ANSWER 18 ③ 19 ④ 20 ① 21 ②

제1장_전기·전자 정비 출제예상문제 **491**

22 배터리의 자기방전의 원인으로 가장 거리가 먼 것은?

① 충전 전압이 낮을 경우 방전된다.
② 전해액 중에 불순물이 혼입되어 국부 전지가 형성되었을 때 방전된다.
③ 배터리 케이스의 표면에 전기 회로가 형성되어 누설에 의해 방전된다.
④ 탈락한 작용물질이 극판의 아래 부분이나 측면에 퇴적되었을 때 방전된다.

풀이 자기방전 원인의 원인
① 구조상 부득이한 경우
② 단락에 의한 경우
③ 불순물 혼입에 의한 경우
④ 누전에 의한 경우

23 자동차 납산 배터리의 자기방전에 대한 설명으로 틀린 것은?

① 양극판은 과산화납으로 음극판은 해면상납으로 변하면서 방전된다.
② 전해액 중에 불순물이 혼입되어 국부전지가 형성 되었을 때 방전된다.
③ 탈락한 작용물질이 극판의 아래 부분이나 측면에 퇴적되었을 때 방전된다.
④ 배터리 케이스의 표면에 부착된 전해액이나 먼지 등에 의한 누전으로 방전된다.

24 자동차용 축전지의 충전에 대한 설명으로 틀린 것은?

① 정전압 충전은 충전시간 동안 일정한 전압을 유지하며 충전한다.
② 정전류 충전은 충전초기 많은 전류가 흘러 축전지에 손상을 줄 수 있다.
③ 정전류 충전의 충전전류는 20시간율 용량의 10%로 선정한다.
④ 급속 충전의 충전전류는 20시간율 용량의 50%로 선정한다.

풀이 축전지 충전에 대한 설명은 ①, ③, ④항 이외에 정전압 충전은 충전초기 많은 전류가 흘러 축전지에 손상을 줄 우려가 있다.

25 그림과 같이 12V 배터리 2개를 직렬로 연결하여 정전류(표준) 충전을 할 때 적합한 전압과 전류는?

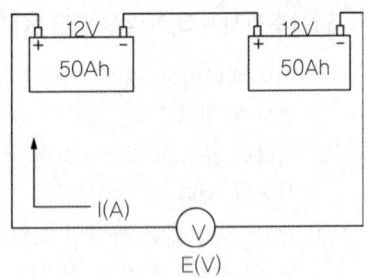

① 12V, 5A
② 24V, 5A
③ 12V, 20A
④ 24V, 20A

풀이 직렬연결 충전이므로 충전전압 24V, 축전지 용량의 10%인 5A로 충전한다.

22 ① 23 ① 24 ② 25 ②

26 배터리의 보충전 방법이 아닌 것은?

① 전전류 충번법
② 정전압 충전법
③ 단별전류 충전법
④ 단별전압 충전법

풀이 　배터리의 보충전 방법은 단별 전류충전, 정전류 충전, 정전압 충전이 있다.

27 자동차용 MF축전지의 특성 중 틀린 것은?

① 인디케이터로 충전상태를 확인할 수 있다.
② 저온시동 능력이 좋다.
③ 충전회복이 빠르고 과충전시 수명이 길다.
④ 전기저항이 낮은 격리판을 사용한다.

풀이 　MF 축전지의 특징은 ①, ②, ④항 이외에 증류수를 점검 및 보충하지 않아도 되고, 자기방전 비율이 매우 낮아 장기간 보관이 가능하다.

28 기동전동기의 작동원리는?

① 플레밍의 오른손법칙
② 렌쯔의 법칙
③ 플레밍의 왼손법칙
④ 앙페르의 법칙

29 직권 기동전동기의 전기자 코일과 계자코일의 연결은?

① 직렬과 병렬
② 병렬
③ 전기자 코일은 직렬, 계자코일은 병렬
④ 직렬

풀이 　직권 기동전동기의 전기자 코일과 계자코일은 직렬로 연결되어 있다.

30 기동전동기에 관한 설명으로 틀린 것은?

① 전기자 코일은 입력전류를 증폭하고, 계자코일은 회전력을 발생시킨다.
② 마그네틱 스위치 내 풀인 코일의 단선 시 기동전동기가 회전하지 않는다.
③ 직권식 기동전동기는 전기자 코일과 계자 코일이 직렬로 연결되어 있다.
④ 분권식 기동전동기는 전기자 코일과 계자 코일이 병렬로 연결되어 있다.

풀이 　전기자 코일은 전기자를 회전시키는 역할을 하고, 계자코일은 계자철심에 전류가 흐르면 계자철심을 자화시키는 역할을 한다.

31 자동차용 기동전동기의 특징을 열거한 것으로 틀린 것은?

① 일반적으로 직권 전동기를 사용한다.
② 부하가 커지면 회전토크는 작아진다.
③ 상시 작동보다는 순간적으로 큰 힘을 내는 장치에 적합하다.
④ 부하를 크게 하면 회전속도가 작아진다.

풀이 　기동전동기의 특징은 ①, ③, ④항 이외에 부하가 커지면 회전력은 커진다.

32 직권전동기에 대한 설명으로 맞는 것은?

① 전동기의 회전력은 전기자 전류의 제곱에 반비례한다.
② 직권전동기의 회전속도는 전압에 비례하고 계자의 세기에 반비례한다.
③ 직권전동기는 기동 회전력이 크며, 회전속도가 거의 일정하다.
④ 직권전동기는 부하가 클 때 전기자 전류는 커져 큰 회전력을 낼 수 있다.

풀이 　부하를 크게 하면 회전속도가 낮아지고, 흐르는 전류가 커지는 장점이 있다.

26 ④　27 ③　28 ③　29 ④　30 ①　31 ②　32 ④

33 직류직권식 기동전동기의 계자코일과 전기자 코일에 흐르는 전류에 대한 설명으로 옳은 것은?

① 계자코일 전류가 전기자 코일 전류보다 크다.
② 전기자 코일 전류가 계자코일 전류보다 크다.
③ 계자코일 전류와 전기자 코일 전류가 같다.
④ 계자코일 전류와 전기자 코일 전류가 같을 때도 있고 다를 때도 있다.

풀이 기동전동기의 계자코일에 흐르는 전류와 전기자 코일에 흐르는 전류의 크기는 같다.

34 자동차에서 주로 사용하는 직권식 시동 전동기의 특징으로 틀린 것은?

① 전기자 코일과 계자 코일이 직렬로 연결되었다.
② 기동 회전력이 크므로 시동 전동기에 쓰인다.
③ 부하에 따라 회전속도의 변화가 크다.
④ 전기자 전류는 코일에 발생하는 역기전력에 비례한다.

풀이 계자전류와 전기자 전류가 같다.

35 기동전동기의 시동 소요 회전력에 대한 설명으로 틀린 것은?

① 플라이휠의 링기어 잇수가 증가하면 소요회전력은 작아진다.
② 기동 전동기의 피니언 잇수가 증가하면 소요회전력은 커진다.
③ 엔진의 회전저항이 증가하면 소요회전력은 커진다.
④ 압축비가 큰 엔진일수록 소요 회전력은 작아진다.

풀이 기동전동기는 압축비가 큰 엔진일수록 소요 회전력은 커진다.

36 다음 중 기동전동기가 갖추어야할 조건이 아닌 것은?

① 기동 회전력이 커야 된다.
② 전압조정기가 있어야 된다.
③ 마력 당 중량이 작아야 한다.
④ 기계적인 충격에 견딜만한 충분한 내구성이 있어야 한다.

풀이 기동전동기 구비조건
① 기계적인 충격에 강해 충분한 내구성이 있을것
② 전원 소요 용량이 적을 것
③ 소형 경량이고 출력이 클 것
④ 회전력이 클 것
⑤ 먼지나 물이 들어가지 않는 구조일 것
⑥ 마력 당 중량이 작을 것

37 기동전동기의 주요 구성 요소가 아닌 것은?

① 회전력을 발생하는 부분
② 부하 전류를 측정하는 전류계
③ 회전력을 엔진에 전달하는 기구
④ 피니언을 링기어에 물리게 하는 부분

풀이 기동전동기의 주요 구성 요소
① 회전력을 발생하는 부분(전동기)
② 회전력을 엔진에 전달하는 동력전달기구
③ 피니언을 섭동시켜 플라이휠 링 기어에 물리게 하는 부분

38 기동전동기의 전기자 코일에 항상 일정한 방향으로 전류가 흐르도록 하기 위해 설치한 것은?

① 슬립링   ② 정류자
③ 다이오드 ④ 로터

풀이 정류자는 브러시로부터 축전지의 전류를 공급받아 전기자코일에 항상 일정한 방향으로 전류를 공급한다.

33 ③ 34 ④ 35 ④ 36 ② 37 ② 38 ②

39 기동전동기의 구성부품 중 단지 한쪽방향으로 토크를 전달하는 일명 일방향 클러치라고도 하는 것은?

① 솔레노이드
② 스타터 릴레이
③ 오버러닝 클러치
④ 시프트 레버

풀이 오버러닝 클러치는 기동전동기의 피니언과 엔진 플라이휠 링 기어가 물렸을 때 양 기어의 물림이 풀리는 것을 방지하는 키 역할을 하며, 종류에는 롤러형식, 다판클러치 형식, 스프래그 형식이 있다. 작동은 단지 한쪽 방향으로 토크를 전달하는 것으로 일방향 클러치라고도 한다.

40 기동전동기의 필요 회전력에 대한 수식은?

① 크랭크축 회전력 × $\dfrac{\text{링기어 잇수}}{\text{피니언의 잇수}}$
② 캠축 회전력 × $\dfrac{\text{피니언 잇수}}{\text{링기어의 잇수}}$
③ 크랭크축 회전력 × $\dfrac{\text{피니언 잇수}}{\text{링기어의 잇수}}$
④ 캠축 회전력 × $\dfrac{\text{링기어 잇수}}{\text{피니언의 잇수}}$

풀이 기동전동기의 필요 회전력
= 크랭크축 회전력 × $\dfrac{\text{피니언의 잇수}}{\text{링기어의 잇수}}$

41 링 기어 이의 수가 120, 피니언 이의 수가 12이고, 1500cc급 엔진의 회전저항이 6m-kgf일 때, 기동전동기의 필요한 최소 회전력은 몇 kgf·m인가?

① 0.6   ② 6
③ 60   ④ 600

풀이 $Tm = \dfrac{Pt \times Te}{Rt} = \dfrac{12 \times 6}{120} = 0.6 \text{kgf} \cdot m$
Tm : 기동전동기의 필요한 최소 회전력,
Pt : 피니언 이의 수, Te : 엔진의 회전저항,
Rt : 링 기어 이의 수

42 기동전동기의 회전력이 4N·m, 기동전동기의 기어 잇수가 8, 엔진의 플라이휠 링 기어 잇수가 112이면 엔진을 기동시키는 회전력은 약 몇 N·m인가?

① 56   ② 58
③ 60   ④ 62

풀이 엔진을 기동시키는 회전력
= $\dfrac{\text{링기어 잇수}}{\text{기동전동기 이어잇수}}$ × 기동전동기 회전력
= $\dfrac{112}{8} \times 4 = 56$

43 기동전동기의 전류소모가 80A이고, 배터리의 전압이 12V일때 출력은 약 몇 PS인가?

① 0.9   ② 1.0
③ 1.3   ④ 1.5

풀이 $P = IE = 80 \times 12 = 960$, $PS = \dfrac{960}{736} = 1.3$

44 기동전동기가 3000rpm일 때 발생한 회전력이 5kgf·m이면 기동전동기의 출력(PS)은 약 얼마인가?

① 19   ② 21
③ 23   ④ 25

풀이 PS
= $\dfrac{\text{기동전동기 회전수} \times \text{기동전동기 회전력}}{736}$
= $\dfrac{3000 \times 5}{736} = 20.3$

45 전자제어 연료 분사장치의 점화계통 회로와 거리가 먼 것은?

① 점화코일
② 파워 트랜지스터
③ 체크밸브
④ 크랭크 앵글센서

46 상호 유도 작용에 대한 설명으로 가장 적절한 것은?

① 도체에 전류를 흐르게 하면 자장이 발생하는 현상
② 자석이 아닌 물체가 자계 내에서 자기력의 영향을 받아 자기를 띠는 현상
③ 코일에 전류를 흐르게 하면 코일의 반대 방향에 유도 전압이 발생하는 현상
④ 코일에 자력선을 변화시키면 다른 코일에 자력선의 변화를 방해하려는 기전력이 발생되는 현상

> 풀이 한 코일의 전류가 변화할 때 다른 코일에 기전력이 유도되는 현상을 상호유도이라 한다.

47 배전기 방식의 점화장치에서 크랭크각과 1번 실린더 상사점을 감지하는 방식이 아닌 것은?

① 다이오드(diode) 방식
② 옵티컬(optical) 방식
③ 인덕션(induction) 방식
④ 홀 센서(hall sensor) 방식

48 트랜지스터 점화장치는 트랜지스터의 무슨 작용을 이용하여 2차 전압을 유기시키는가?

① 스위칭 작용
② 자기유도 작용
③ 충·방전 작용
④ 상호유도 작용

49 현재 운행되는 자동차에서 점화코일 1차 전류단속을 트랜지스터로 하는 이유는?

① 포인트 방식에 비해 확실하고 고속제어가 가능하기 때문에
② 고 전류에서 저 전류로 출력할 수 있기 때문에
③ 극성을 바꾸어 연결하여도 무방하기 때문에
④ 점화 진각속도가 포인트 방식에 비하여 늦기 때문에

> 풀이 점화코일 1차 전류단속을 트랜지스터로 하면 단속이 확실하고 고속제어가 가능하다.

50 가솔린 엔진용 점화코일에 대한 설명으로 틀린 것은?

① 보통 1차 코일은 2차 코일보다 권수가 적다.
② 1차 코일은 2차 코일에 비해 코일의 단면적이 크다.
③ 1차 코일의 전류를 차단하면 2차 코일에 큰 유도전압이 발생한다.
④ 1차 코일에 전류가 흐르고 있으면 2차 코일에 유도전압이 발생한다.

> 풀이 점화코일 1차 코일에 전류가 차단되어야 2차 코일에 유도전압이 발생한다.

45 ③　46 ④　47 ①　48 ①　49 ①　50 ④

51 전자제어 가솔린분사장치에서 일반적으로 사용되는 점화방식은?

① 자석식 점화방식
② 접점식 점화방식
③ 전자파 발전식
④ 고에너지 점화방식

풀이 전자제어 가솔린분사장치에서 일반적으로 사용되는 점화방식은 고에너지 점화방식(HEI)이나 전자배전방식(DLI)을 사용한다.

52 점화장치에서 점화코일에 고압의 2차 전압이 발생되는 시기로 옳은 것은?

① 파워트랜지스터가 통전 시작 전
② 파워트랜지스터가 통전 중 일 때
③ 파워트랜지스터가 'OFF'상태에서 'ON' 되는 순간
④ 파워트랜지스터가 'ON' 상태에서 'OFF' 되는 순간

풀이 파워트랜지스터가 'ON' 상태에서 'OFF'되는 순간 점화코일에 고압의 2차 전압이 발생된다.

53 고에너지 점화방식(HEI)에서 점화계통의 작동순서로 옳은 것은?

① 각종 센서→ECU→파워 트랜지스터→점화코일
② ECU→각종 센서→파워 트랜지스터→점화코일
③ 파워 트랜지스터→각종 센서→ECU→점화코일
④ 각종 센서→파워 트랜지스터→ECU→점화코일

풀이 고에너지 점화방식(HEI)에서 점화계통의 작동순서는 각종 센서 → ECU → 파워 트랜지스터 → 점화코일이다.

54 전자제어 엔진에서 점화코일의 1차 전류를 단속하는 기능을 갖는 부품은 무엇인가?

① 발광 다이오드
② 포토다이오드
③ 파워 트랜지스터
④ 크랭크 각 센서

풀이 전자제어 엔진에서는 점화코일 1차 전류의 단속을 파워 트랜지스터를 이용 한다.

55 점화장치에서 파워트랜지스터의 B(베이스)단자와 연결된 것은?

① 점화코일 (-)단자
② 점화코일 (+)단자
③ 접지
④ ECU

풀이 파워트랜지스터의 이미터는 접지단자이고, 컬렉터는 점화코일 (-)단자와 연결되며, 베이스는 ECU와 연결된다.

56 자동차 점화장치에 사용되는 파워트랜지스터(NPN형)에서 접지되는 단자는?

① 이미터
② 베이스
③ 트랜지스터 몸체
④ 컬렉터

51 ④ 52 ④ 53 ① 54 ③ 55 ④ 56 ①

57 자동차용 점화코일에서 1차 코일의 권수는 250회이고, 2차코일 권수는 30000회일 때 2차 코일에 유기되는 전압은 몇 V인가? (단, 1차코일 유기전압은 250V이고, 축전지는 12V이다)

① 25000　　② 30000
③ 35000　　④ 40000

풀이 $E_2 = \dfrac{N_2}{N_1} \times E_1 = \dfrac{30000}{250} \times 250 = 30000V$

E_2 : 2차 전압, N_1 : 1차 코일의 권수,
N_2 : 2차 코일의 권수, E_1 : 1차 전압

58 점화코일의 1차코일 유도전압이 250V, 2차코일의 유도전압이 25000V이고, 축전지가 12V인 1차코일의 권수가 250회일 경우 2차코일의 권수는 몇 회인가?

① 20000　　② 25000
③ 30000　　④ 35000

풀이 $N_2 = \dfrac{E_2}{E_1} \times N_1 = \dfrac{25000}{250} \times 250 = 25000V$

N_2 : 2차코일의 권수, E_2 : 2차코일의 유도전압,
E_1 : 1차코일 유도전압, N_1 : 1차코일의 권수

59 2개의 코일간의 상호 인덕턴스가 0.8H일 때 한쪽코일의 전류가 0.01초간에 4A에서 1A로 동일하게 변화하면 다른 쪽 코일에는 얼마의 기전력이 유도되는가?

① 100V　　② 240V
③ 300V　　④ 320V

풀이 $V = H\dfrac{I}{t} = 0.8 \times \dfrac{(4-1)}{0.01} = 240V$

V : 기전력, H : 상호 인덕턴스,
I : 전류, t : 시간(sec)

60 코일의 상호유도 인덕턴스가 1.8H이고, 1차 코일에 2A의 전류를 0.2초 동안 변화시키면, 근접한 2차 코일에 유도되는 기전력은 몇 V인가?

① 6　　② 12
③ 18　　④ 24

풀이 $V = H\dfrac{I}{t} = 1.8 \times \dfrac{2}{0.2} = 18$

61 최근 점화코일을 폐자로형 HEI(High Energy Ignition)형식을 쓰는 이유는?

① 기존코일보다 1차 코일의 저항을 증가시키기 위하여
② 코일의 굵기를 가늘게 해서 큰 전류를 통과할 수 있으므로
③ 자기유도 작용으로 생성되는 자속을 외부로 방출하는 것을 방지하기 위하여
④ 방열 효과가 좋아지기 때문에 HEI형식을 쓰지만 기존 코일보다 고전압이 발생하지 않는다.

풀이 폐자로형 HEI 형식을 사용하는 이유는 자기유도 작용으로 생성되는 자속을 외부로 방출하는 것을 방지하기 위함이다.

57 ②　58 ②　59 ②　60 ③　61 ③

62 점화장치에서 폐자로(몰드) 점화 코일의 특징으로 틀린 것은?

① 내열성이 우수하다.
② 1차 전류가 증가되며 자속이 감소한다.
③ 자속이 외부로 방출되는 것을 최소화시켰다.
④ 1차 코일의 지름을 굵게 하여 저항을 감소시켰다.

풀이 폐자로(몰드) 점화 코일의 특징
① 자속의 외부 방출방지
② 구조가 간단하고, 1차 코일의 지름을 굵게 하여 저항을 감소시켰다.
③ 내열성, 방열성이 우수하므로 성능 저하 방지

63 전자제어 엔진의 점화제어장치와 관련된 구성품이 아닌 것은?

① 점화코일
② 인젝터 드라이버
③ 파워 트랜지스터
④ 크랭크 축 위치 센서

풀이 인젝터 드라이버는 인젝터 구동 신호를 제어한다.

64 MPI기관에서 점화계통의 파워 트랜지스터가 작동하려면 ECU(컴퓨터)에서 점화순서에 의하여 전압이 나와야 한다. ECU(컴퓨터)는 어느 센서의 신호를 받아 파워 트랜지스터에 전압을 주는가?

① 크랭크 각 센서 ② 흡기온 센서
③ 냉각수온 센서 ④ 대기압 센서

풀이 크랭크 각 센서는 단위시간 당 기관 회전속도 검출하여 ECU로 입력시키면 ECU는 파워 트랜지스터에 전압을 공급하며, 기본 점화시기 및 연료 분사시기를 결정하도록 한다.

65 전자제어식 엔진에서 크랭크 각 센서의 역할은?

① 단위시간 당 기관 회전속도 검출
② 단위시간 당 점화시기 검출
③ 매 사이클 당 흡입공기량 계산
④ 매 사이클 당 폭발횟수 검출

66 기본 점화시기 및 연료 분사시기와 가장 밀접한 관계가 있는 센서는?

① 수온센서
② 대기압 센서
③ 크랭크 각 센서
④ 흡기온 센서

67 점화장치에서 점화시기를 결정하기 위한 가장 중요한 센서는?

① 크랭크 각 센서
② 스로틀 포지션 센서
③ 냉각수온도 센서
④ 흡기온도 센서

68 가솔린엔진에서 점화시기 제어 시 필요하지 않는 센서 신호는?

① 엔진 회전수
② 산소센서의 전압
③ 엔진 냉각수 온도
④ 연소실에 흡입되는 공기온도

풀이 산소센서는 자동차 엔진의 연소제어에 사용한다.

62 ② 63 ② 64 ① 65 ① 66 ③ 67 ① 68 ②

69 전자제어 가솔린 엔진에서 노킹 발생 시 점화시기 제어로 옳은 것은?

① 점화시기 고정 ② 점화시기 가속
③ 점화시기 지각 ④ 점화시기 진각

70 전자제어 점화장치에서 시동 시 초기 점화시기를 결정하기 위하여 필요한 정보를 검출하는 센서는?

① 외기온도센서 ② 대기압센서
③ 크랭크각 센서 ④ 산소센서

71 점화 플러그에 대한 설명으로 틀린 것은?

① 점화플러그의 자기청정 온도는 500~600℃이다.
② 냉형 점화플러그는 저속 저부하용 엔진에 사용된다.
③ 혼합가스의 혼합비는 점화플러그 방전 전압에 영향을 준다.
④ 일반적인 점화플러그의 전극은 니켈-망간 합금을 사용한다.

> 풀이) 냉형 점화플러그는 고속·고압축비 기관에 사용된다.

72 점화 플러그의 구비조건으로 틀린 것은?

① 기계적 강도가 클 것
② 열전도 성능이 작을 것
③ 강력한 불꽃을 발생할 것
④ 기밀 유지 성능이 양호할 것

> 풀이) 점화 플러그의 구비조건
> ① 높은 전압에도 견디는 절연성이 좋아야 한다.
> ② 2000℃ 정도의 연소열에 견디는 내열성이 커야 한다.
> ③ 열전도성이 좋아야 한다.
> ④ 폭발의 진동에 견디는 기계적 강도가 커야 한다.
> ⑤ 연소시의 고압에 견디고, 기밀이 잘 유지되어야 한다.
> ⑥ 오염에 견딜수 있어야 하고, 내구성이 좋아야 한다.
> ⑦ 강력한 아크가 생겨야 하며, 희박한 혼합기에서도 착화성이 좋아야 한다.

73 조기점화에 대한 저항력이 매우 크고, 고속·고부하용 엔진에 적합한 점화플러그 형식은?

① 열형   ② 냉형
③ 온형   ④ 보통형

> 풀이) 냉형 점화플러그는 받는 열을 쉽게 발산하고 발화부의 온도가 쉽게 높아지지 않아 조기점화에 대한 저항력이 매우크다.

74 고압축비 고속기관에 가장 많이 사용하는 점화플러그는?

① 냉형   ② 중간형
③ 열형   ④ 저속형

> 풀이) 점화플러그 열 발산의 정도를 수치로 나타낸 것을 열가(heat value)라 하며, 고속·고압축비 기관에서는 냉형 점화플러그(열 발산이 좋음)를 사용하고, 저속저압축비 기관에서는 열형 점화플러그(열 발산이 불량 함)를 사용한다.

69 ③ 70 ③ 71 ② 72 ② 73 ② 74 ①

75 점화플러그의 불꽃전압에 대한 설명으로 틀린 것은?

① 혼합기의 압력이 클수록 불꽃전압이 크다.
② 전극의 온도가 높을수록 불꽃전압이 작다.
③ 전극의 형상이 뾰족할수록 불꽃전압이 작다.
④ 중심 전극을 (+)로 하는 것이 불꽃전압이 작다.

76 점화플러그의 열가에 대한 설명으로 틀린 것은?

① 전극소모가 심한 경우는 열형 점화플러그를 사용한다.
② 열형 점화플러그는 저속에서 자기 청정 온도에 쉽게 도달한다.
③ 점화플러그 열 발산의 정도를 수치로 나타낸 것을 열가(heat value)라고 한다.
④ 열 발산이 좋은 점화플러그를 냉형(cold type), 열 발산이 나쁜 것은 열형(hot type)이라 한다.

77 저항 플러그가 보통 점화플러그와 다른 점은?

① 불꽃이 강하다.
② 플러그의 열 방출이 우수하다.
③ 라디오의 잡음을 방지한다.
④ 고속엔진에 적합하다.

> 풀이 저항플러그란 점화플러그 내에 10㏀ 정도의 저항이 들어 있어 라디오의 잡음을 방지한다.

78 점화플러그에 BP6ES라고 적혀 있을 때 6의 의미는?

① 열가   ② 개조형
③ 나사경   ④ 나사부 길이

> 풀이 BP6ES의 의미
> B : 나사부분의 지름, P : 자기돌출형,
> 6 : 열가, E : 나사부분의 길이,
> S : 구리심이 든 중심전극

79 연료의 과다한 분사로 점화플러그가 젖어 불꽃이 튀지 못하는 현상은?

① 노킹현상   ② 서징현상
③ 플라딩 현상 ④ 후크 현상

> 풀이 플라딩(flooding) 현상이란 실린더 내에 연료가 과다하게 공급되어 점화플러그가 젖어 점화불능이 되는 현상을 말한다.

80 DLI(distributor less ignition) 시스템의 장점으로 틀린 것은?

① 점화에너지를 크게 할 수 있다.
② 고전압 에너지 손실이 적다.
③ 진각(advance)폭의 제한이 적다.
④ 스파크플러그 수명이 길어진다.

> 풀이 DLI(distributor less ignition) 장점은 ①, ②, ③항 이외에
> ① 고전압 출력을 감소시켜도 방전 유효에너지 감소가 없다.
> ② 배전기에서 누전이 없다.
> ③ 내구성이 크고, 전파 방해가 없어 다른 전자제어 장치에도 유리하다.

75 ④ 76 ① 77 ③ 78 ① 79 ③ 80 ④

81 전자제어 점화장치(DLI)의 특징으로 틀린 것은?

① 실린더별 점화시기 제어가 가능하다.
② 고압 배전부가 없기 때문에 누전의 염려가 적다.
③ DLI 방식에서는 파워 TR을 사용하지 않아도 된다.
④ 배전기가 없기 때문에 점화에너지의 손실을 줄일 수 있다.

풀이 DLI 방식에서도 파워 TR을 사용하여 점화코일의 1차 전류를 단속한다.

82 전자배전 점화장치(DLI)의 특징이 아닌 것은?

① 로터와 접지전극 사이의 고전압 에너지 손실이 없다.
② 배전기에 의한 배전상의 누전이 없다.
③ 고전압 출력을 작게 하면 방전 유효에너지는 감소한다.
④ 배전기를 거치지 않고 직접 고압케이블을 거쳐 점화플러그로 전달하는 방식이다.

83 무배전기 점화장치의 구성요소가 아닌 것은?

① 점화코일
② 서미스터
③ 파워 트랜지스터
④ 크랭크 각도센서

84 DLI(distributor less ignition) 점화 방식에서 점화시기를 결정하는데 기본이 되는 것은?

① 파워트랜지스터
② 크랭크 각 센서
③ 발광다이오드
④ 시그널로터

85 무 배전기 점화(D.L.I)시스템에서 압축 상사점으로 되어 있는 실린더를 판별하는 전자적 검출방식의 신호는?

① AFS신호
② TPS신호
③ No.1 TDC신호
④ MAP신호

86 무배전기식 점화장치의 드웰 시간(dwell time)에 관한 설명으로 맞는 것은?

① 드웰시간이 길면 점화시기가 빨라진다.
② 점화시기 변화는 드웰시간과 관계없다.
③ 드웰시간에는 파워 트랜지스터의 B(베이스)단자에 ECU를 통하여 전원이 공급된다.
④ 드웰시간은 C(컬렉터)단자에서 B(베이스)단자로 전류가 차단된다.

풀이 무배전기식 점화장치의 드웰 시간(dwell time)이란 파워 트랜지스터의 B(베이스)단자에 ECU를 통하여 전원이 공급되는 것을 말한다.

87 전자제어 가솔린기관에 대한 다음 설명 중 틀린 것은?

① 흡기 온도센서 신호는 연료 증량시 보정신호로 사용된다.
② 공회전 속도제어를 위해 스텝모터를 사용하기도 한다.
③ 산소센서의 출력전압은 혼합기 농도에 따라 변화하며, 희박할 때보다 농후할 때 전압이 높다.
④ 점화시기는 점화 2차코일의 전류를 크랭크 각 센서가 제어한다.

풀이 전자제어 가솔린기관 제어는 ①,②,③ 항 이외에 점화 시기는 점화코일의 전류를 ECU가 파워 트랜지스터의 베이스 전류를 제어함으로서 이루어진다.

81 ③ 82 ③ 83 ② 84 ② 85 ③ 86 ③ 87 ④

88 가솔린 엔진에서 점화계통에 대한 설명으로 틀린 것은?

① 노킹이 발생하면 점화시기를 지각시킨다.
② 점화시기가 늦으면 연료소비율이 상승한다.
③ 혼합기가 희박하면 점화지연기간이 짧아진다.
④ 엔진회전수가 증가하면 점화시기는 진각된다.

풀이 혼합기가 희박하면 점화지연기간이 길어지고 연소율이 낮아지므로 점화시기를 진각시킬 필요가 있다.

89 기관의 점화진각에 대한 설명 중 가장 거리가 먼 것은?

① 엔진의 회전속도가 빠를수록 진각시킨다.
② 공회전시 연소를 원활히 하기 위하여 진각 시킨다.
③ 흡기다기관의 부압이 높을수록 진각 시킨다.
④ 노킹이 발생되면 지각시킨다.

풀이 기관에서 점화 시기는 회전속도가 빠를수록, 흡기다기관의 부압이 높을수록 진각 시키고, 노킹이 발생하면 지각시킨다.

90 다음 중 분자자석설에 대한 설명은?

① 자석은 동종반발, 이종흡입의 성질이 있다.
② 자속은 자극 가까운 곳의 밀도는 크고, 방향은 모두 극 쪽으로 향한다.
③ 자력은 자속이 투과하는 매질의 투과율 및 자계강도에 비례한다.
④ 강자성체는 자화되어 있지 않은 경우에도 매우 작은 분자자석으로 되어있다.

풀이 분자자석설이란 강자성체는 자화되어 있지 않은 경우에도 매우 작은 분자자석으로 되어있는 설이다.

91 코일에 전류를 인가했을 때 즉시 자력을 형성하지 못하고 지체되면서 전류의 일부가 열로 방출되는 현상을 무엇이라고 하는가?

① 자기이력 현상
② 자기포화 현상
③ 자기유도 현상
④ 자기과도 현상

풀이 자기이력 현상이란 히스테리시스라고도 부르며, 코일에 전류를 인가했을 때 즉시 자력을 형성하지 못하고 지체되면서 전류의 일부가 열로 방출되는 현상을 말한다.

92 다음에서 플레밍의 오른손 법칙을 이용한 것은?

① 축전기   ② 발전기
③ 트랜지스터 ④ 전동기

풀이 ① 발전기 : 플레밍의 오른손 법칙 이용
② 전동기 : 플레밍의 왼손 법칙 이용

93 전자석의 특징을 설명한 것으로 틀린 것은?

① 전자석은 전류의 방향을 바꾸면 자극도 반대가 된다.
② 전자석의 자력은 전류가 일정한 경우 코일의 권수에 비례한다.
③ 전자석의 자력은 공급전류에 비례하여 커진다.
④ 전자석의 자력은 영구자석의 세기에 비례하여 커진다.

풀이 전자석의 특징은 ①, ②, ③항 이외에 전자석의 자력은 자계의 세기에 비례하여 커진다.

88 ③ 89 ② 90 ④ 91 ① 92 ② 93 ④

94. 전자력에 대한 설명으로 틀린 것은?
   ① 전자력은 자계의 세기에 비례한다.
   ② 전자력은 자력에 의해 도체가 움직이는 힘이다.
   ③ 전자력은 도체의 길이, 전류의 크기에 비례한다.
   ④ 전자력은 자계방향과 전류의 방향이 평행일 때 가장 크다.

   풀이 전자력에 대한 설명은 ①, ②, ③항 이외에 전자력은 자계방향과 전류의 방향이 직각일 때 가장 크다.

95. 직류발전기와 비교한 교류발전기의 특징으로 틀린 것은?
   ① 소형경량이고 출력도 크다.
   ② 저속에서의 발전 성능이 양호하다.
   ③ 소모품이 적고 기계적 내구성이 우수하다.
   ④ 전류제한기 및 전압조정기가 필요하지 않다.

   풀이 교류발전기에도 전압조정기는 필요하다.

96. 전자유도에 의해 발생한 전압의 방향은 유도전류가 만든 자속이 증가 또는 감소를 방해하려는 방향으로 발생하는데 이 법칙은?
   ① 렌쯔의 법칙
   ② 플레밍의 오른손 법칙
   ③ 플레밍의 왼손 법칙
   ④ 자기 유도 법칙

   풀이 렌쯔의 법칙은 전자유도에 의해 발생한 전압의 방향은 유도전류가 만든 자속이 증가 또는 감소를 방해하려는 방향으로 발생한다는 법칙이다.

97. 직류발전기보다 교류발전기를 많이 사용하는 이유가 아닌 것은?
   ① 크기가 작고 가볍다.
   ② 내구성이 있고 공회전이나 저속에도 충전이 가능하다.
   ③ 출력전류의 제어작용을 하고 조정기의 구조가 간단하다.
   ④ 정류자에서 불꽃 발생이 크다.

   풀이 교류(AC)발전기의 특징은 ①, ②, ③항 이외에
   ① 소형·경량이고 출력이 크다.
   ② 속도변동에 대한 적응범위가 넓고, 브러시의 수명이 길다.
   ③ 풀리비를 크게 할 수 있다.
   ④ 정류특성이 우수하며, 출력전류의 제어작용을 한다.
   ⑤ 전압조정기만 있으면 되며, 잡음이 적다.

98. 교류발전기에 대한 설명으로 틀린 것은?
   ① 저속에서 충전성능이 우수하다.
   ② 브러시 수명이 길다.
   ③ 실리콘다이오드를 사용하여 정류특성이 우수하다.
   ④ 속도변동에 대한 적응범위가 좁다.

94 ④ 95 ④ 96 ① 97 ④ 98 ④

99 자동차의 교류발전기에 대한 설명으로 틀린 것은?

① 엔진이 공전상태에서도 발전기는 약 60% 정도의 출력이 발생해야 정상이다.
② 엔진이 회전되면서 충전할 때 배터리 단자를 분리 또는 연결하면 레귤레이터의 손상을 가져올 수 있다.
③ 배터리가 완전 충전된 상태에서도 발전기의 B단자에서 부하로 전류는 흐른다.
④ 레귤레이터는 엔진의 회전속도가 증가하면 필드전류를 감소시켜 출력전압을 일정하게 한다.

풀이) 엔진이 공전상태에서도 발전기는 약 70% 정도의 출력이 발생해야 정상이다.

100 교류 발전기의 스테이터에 대한 설명으로 가장 거리가 먼 것은?

① 스테이터 코일의 감는 방법에 따라 파권과 중권이 있다.
② 스테이터 코일은 Y결선 또는 △ 결선 방식으로 결선한다.
③ 스테이터 코일은 결선된 구리선을 철심의 홈에 끼워 넣은 구조로 되어 있다.
④ 스테이터 철심은 교류를 직류로 바꾸어 주는 역할을 한다.

풀이) 교류발전기에서 교류를 직류로 바꾸어 주는 부품은 다이오드이다.

101 자동차에 사용되는 3상 교류발전기에서 가장 많이 이용되는 결선방법은?

① Y결선　　② 델타 결선
③ 이중 결선　　④ 독립 결선

102 충전장치의 발전기에서 3상 코일의 결선 방법에 따른 설명으로 틀린 것은?(단, 각 발전기의 권수 및 크기는 동일하다고 가정한다.)

① 삼각(델타)결선 방식은 중성점의 전압을 이용할 수 있다.
② Y결선의 경우 선간 전압은 상전압의 $\sqrt{3}$ 배이다.
③ 삼각(델타)결선의 경우 선간 전류는 상전류의 $\sqrt{3}$ 배이다.
④ Y결선 방식이 삼각(델타)결선 방식보다 높은 기전력을 얻을 수 있다.

풀이) 삼각(델타)결선 방식은 중성점의 전압을 이용할 수 없다.

103 자동차에서 3상 교류발전기의 권선결선을 △결선 대신 Y결선으로 하는 이유로 가장 적합한 것은?

① 3배의 높은 전압을 얻을 수 있다.
② 3배의 높은 전력을 얻을 수 있다.
③ 선간전압은 상전압의 배 전압을 얻을 수 있다.
④ 선간 전류는 상전류보다 높은 전류를 얻을 수 있다.

풀이) Y결선의 선간전압은 상전압의 $\sqrt{3}$ 배이다.

104 Y결선과 Δ결선에 대한 설명으로 틀린 것은?

① Y결선의 선간전압은 상전압의 $\sqrt{3}$ 배이다.
② Δ결선의 선간전류는 상전류의 $\sqrt{3}$ 배이다.
③ 자동차용 교류발전기는 중성점의 전압을 이용할 수 있는 Y결선 방식을 많이 사용한다.
④ 발전기의 코일 권선수가 같으면 Δ결선 방식이 Y결선방식보다 높은 기전력을 얻을 수 있다.

풀이) 발전기의 코일 권선수가 같으면 Y결선방식이 Δ결선방식보다 높은 기전력을 얻을 수 있다.

105 다음 중 차량 발전기에서 단상 대신 3상 교류발전기를 사용하는 이유로 가장 적합한 것은?

① 전류제한기가 필요 없어진다.
② 전력송전의 선로가 절약된다.
③ DC발전기와 구조가 비슷해진다.
④ 3배의 주파수 효과를 볼 수 있다.

106 발전기 기전력에 대한 설명으로 맞는 것은?

① 로터코일을 통해 흐르는 여자전류가 크면 기전력은 작아진다.
② 로터코일의 회전이 빠르면 빠를수록 기전력 또한 작아진다.
③ 코일의 권수가 많고, 도선의 길이가 길면 기전력은 커진다.
④ 자극의 수가 많아지면 여자 되는 시간이 짧아져 기전력이 작아진다.

풀이) 발전기 기전력
① 로터코일을 통해 흐르는 여자전류가 크면 기전력은 커진다.
② 로터코일의 회전속도가 빠르면 빠를수록 기전력이 커진다.
③ 코일의 권수가 많고, 도선의 길이가 길면 기전력은 커진다.
④ 자극의 수가 많아지면 여자 되는 시간이 짧아져 기전력이 커진다.

107 발전기에서 기전력 발생요소에 대한 다음 설명 중 틀린 것은?

① 로터코일의 회전이 빠를수록 많은 기전력을 얻을 수 있다.
② 로터코일에 흐르는 전류가 클수록 기전력이 커진다.
③ 자극 수가 많은 경우 자력은 크다.
④ 권수가 많고 도선(코일)의 길이가 짧을수록 자력이 크다.

104 ④ 105 ④ 106 ③ 107 ④

108 교류 발전기의 출력 전류를 발생시키는 부분은?

① 로터
② 정류자
③ 다이오드
④ 스테이터 코일

> 풀이 스테이터는 유도 기전력이 유기되는 곳으로 직류 발전기의 전기자에 해당

109 자동차 충전장치에 대한 설명으로 틀린 것은?

① 다이오드는 교류를 직류로 변환시키는 역할을 한다.
② 배터리의 극성을 역으로 접속하면 다이오드가 손상되고 발전기 고장의 원인이 된다.
③ 발전기에서 발생하는 3상 교류를 전파 정류하면 교류에 가까운 전류를 얻을 수 있다.
④ 출력 전류를 제어하는 것은 제너다이오드이다.

> 풀이 충전장치에 대한 설명은 ①, ②, ④항 이외에 발전기에서 발생하는 3상 교류를 전파 정류하면 직류에 가까운 전류를 얻을 수 있다.

110 교류발전기의 내부구조에서 로터 철심의 역할은?

① 전압 강하방지
② 전류의 손실방지
③ 자력의 손실방지
④ 형태의 변화방지

> 풀이 로터는 자속을 형성하는 곳으로 직류발전기의 계자코일과 계자철심에 해당하고, 로터 철심은 자력의 손실을 방지한다.

111 교류 발전기에서 정류작용이 이루어지는 곳은?

① 아마추어
② 계자코일
③ 실리콘다이오드
④ 트랜지스터

112 AC 발전기의 다이오드가 하는 역할로 가장 적당한 것은?

① 교류를 정류하고 역류를 방지한다.
② 전류를 조정하고 교류를 정류한다.
③ 여자전류를 조정하고 역류를 촉진한다.
④ 전압을 조정하고 교류를 증폭 정류한다.

> 풀이 AC발전기의 다이오드는 스테이터 코일에서 발생한 교류를 직류로 바꾸어 외부로 공급하고, 축전지에서 발전기로 흐르는 역류를 방지한다.

113 자동차용 3상 교류 발전기에 대한 설명으로 옳은 것은?

① 로터는 3상 전압을 유도시켜 교류를 발생한다.
② B단자를 통해 로터부에 여자전류가 공급된다.
③ 스테이터는 자화가 되어 발전될 수 있는 자계 형성부이다.
④ 다이오드는 PN접합 반도체로 교류를 직류로 정류한다.

114 충전장치 중 IC전압조정기에서 전압을 일정하게 유지하도록 하는 제어 반도체소자는?

① 스테이터
② 정류자
③ 브러시
④ 제너다이오드

> 풀이 제너다이오드는 어떤 값에 도달하면 전류가 흐르는 성질을 이용한 반도체이며, IC전압조정기에서 전압을 일정하게 유지하도록 제어한다.

108 ④ 109 ③ 110 ③ 111 ③ 112 ① 113 ④ 114 ④

115 발전기 트랜지스터식 전압조정기(Regulator)의 제너 다이오드에 전류가 흐를 때는?

① 낮은 온도에서
② 브레이크 작동상태에서
③ 낮은 전압에서
④ 브레이크다운 전압에서

 제너다이오드에 제너전압보다 높은 역방향의 전압을 가하면 급격히 큰 전류가 흐르기 시작하는데 이를 브레이크 다운전압이라 한다.

116 외부 접지형 AC발전기에서(3개의 보조 다이오드 내장형) 로터코일 저항은 어느 단자 사이의 저항인가?

① A와 E단자
② L과 E단자
③ F와 E단자
④ L과 F단자

 3개의 보조 다이오드 내장형 외부접지 AC발전기에서 로터코일 저항은 L과 F단자 사이의 저항이다.

117 직류 발전기가 전기자 총 도체수 48, 자극수 2, 전기자 병렬회로 수 2, 각 극의 자속 0.018Wb이다. 매분 당 회전수 1,800일 때 유기되는 전압은?(단, 전기자 저항은 무시한다)

① 약 21V ② 약 23.5V
③ 약 25.9V ④ 약 28V

① $kd = \dfrac{P \cdot e}{60a} = \dfrac{48 \times 2}{60 \times 2} = 0.8$

kd : 정수, P : 전기자 총 도체 수,
a : 전기자 병렬회로 수, e : 자극 수

② $E = kd \times n \times \Phi = 0.8 \times 1800 \times 0.018$
   $= 25.9V$

E : 유기되는 전압, n : 매분 당 회전수,
Φ : 각 극의 자속

118 하이브리드 시스템에 대한 설명 중 틀린 것은?

① 직렬형 하이브리드는 소프트 타입과 하드 타입이 있다.
② 소프트 타입은 순수 EV 주행 모드가 없다.
③ 하드 타입은 소프트 타입에 비해 연비가 향상된다.
④ 플러그인 타입은 외부 전원을 이용하여 배터리를 충전한다.

 소프트 타입과 하드 타입은 HEV의 모터 사용 정도 구분에 의한 분류이고, 직렬형, 병렬형, 직·병렬형은 하이브리드 HEV의 동력전달 방식 구분에 의한 분류이다.

119 병렬형 하드 타입 하이브리드자동차에 대한 설명으로 옳은 것은?

① 배터리 충전은 엔진이 구동시키는 발전기로만 가능하다.
② 구동모터가 플라이 휠에 장착되고 변속기 앞에 엔진 클러치가 있다.
③ 엔진과 변속기 사이에 구동모터가 있는데 모터만으로 주행이 불가능하다.
④ 구동모터는 엔진의 동력보조 뿐만 아니라 순수 전기모터로도 주행이 가능하다.

 병렬형은 엔진과 모터가 각각 독립적으로 구동하는 방식을 말하며, 주 동력원은 엔진을 이용한 기계적 추진력이고, 엔진을 더욱 가속할 때나 출력이 부족할 때 주동력원을 모터가 보조하는 방식이다.

115 ④ 116 ④ 117 ③ 118 ① 119 ④

120 하이브리드자동차의 연비 향상 요인이 아닌 것은?

① 주행 시 자동차의 공기저항을 높여 연비가 향상된다.
② 정차 시 엔진을 정지(오토 스톱)시켜 연비를 향상시킨다.
③ 연비가 좋은 영역에서 작동되도록 동력 분배를 제어한다.
④ 회생제동(배터리 충전)을 통해 에너지를 흡수하여 재사용한다.

풀이) 공기저항(Air Resistance, 空氣抵抗)은 자동차가 운행 중 공기로부터 받는 저항으로 연비가 나빠진다.

121 하이브리드 자동차 용어 (KS R 0121)에서 충전시켜 다시 쓸 수 있는 전지를 의미하는 것은?

① 1차 전지　② 2차 전지
③ 3차 전지　④ 4차 전지

풀이) 2차 전지는 1차 전지와 달리 방전 후에도 다시 충전해 반복 사용이 가능한 배터리를 말한다.

122 엔진이 고전압 배터리의 충전에만 사용되고 동력전달용으로는 사용되지 않는 하이브리드 차량의 형식은?

① 직렬형　② 병렬형
③ 복합형　④ 직·병렬형

풀이) 직렬형은 엔진-발전기-모터가 직렬로 연결되고, 엔진의 동력은 모든 발전기를 구동하여 충전에만 사용한다.

123 병렬형 하이브리드자동차의 특징 설명으로 틀린 것은?

① 모터는 동력 보조만 하므로 에너지 변환 손실이 적다.
② 기존 내연기관 차량을 구동장치의 변경 없이 활용 가능하다.
③ 소프트 방식은 일반 주행 시에는 모터 구동만을 이용한다.
④ 하드 방식은 EV 주행 중 엔진 시동을 위해 별도의 장치가 필요하다.

풀이) Soft 타입은 시동이나 가속순간에만 모터가 엔진을 보조하고 정속주행 시는 일반 자동차와 동일하게 엔진으로만 구동하는 타입이다.

124 하이브리드자동차(HEV)에 대한 설명으로 거리가 먼 것은?

① 병렬형(Parallel)은 엔진과 변속기가 기계적으로 연결되어 있다.
② 병렬형(Parallel)은 구동용 모터 용량을 크게 할 수 있는 장점이 있다.
③ FMED(Flywheel Mounted Electric Device) 방식은 모터가 엔진측에 장착되어 있다.
④ TMED(Transmission Mounted Electric Device)는 모터가 변속기측에 장착되어 있다.

ANSWER　120 ①　121 ②　122 ①　123 ③　124 ②

125 병렬형 하드 타입의 하이브리드자동차에서 HEV모터에 의한 엔진 시동 금지 조건인 경우, 엔진의 시동은 무엇으로 하는가?
① HEV모터 ② 블로어모터
③ HSG ④ MCU

풀이 HSG(Hybrid Starter Generator)
① 엔진에 연결되어 엔진 시동 기능과 발전 기능을 수행한다.
② 감속 시 발생되는 운동에너지를 전기에너지로 전환하여 배터리를 충전한다.
③ EV모드에서 HEV모드로 전환 시 엔진을 시동한다.

126 하드 타입의 하이브리드차량이 주행 중 감속 및 제동할 경우 차량의 운동에너지를 전기에너지로 변환하여 고전압 배터리를 충전하는 것은?
① 가속제동 ② 감속제동
③ 재생제동 ④ 회생제동

풀이 회생제동
토크력으로 움직이고 있는 전동기가 폐회로 상태가 됐을 때의 관성력을 이용해 바퀴 등에 달려 있는 회전자를 돌려 전동기를 발전기 기능으로 작동하게 함으로써 운동 에너지를 전기 에너지로 변환해 회수하여 제동력을 발휘하는 전기 제동 방법을 통칭하는 말이다. 발전시의 회전저항을 제동력으로서 이용할 수도 있다.

127 하이브리드자동차의 동력전달 방식에 해당하지 않는 것은?
① 직렬형 ② 병렬형
③ 수직형 ④ 직병렬형

풀이 엔진과 모터의 연결 방식에 따라 동력 전달 방식은 직렬형(series type), 병렬형(parallel type), 직·병렬형(series-parallel type)으로 구분된다.

128 직렬형 하이브리드자동차의 특징에 대한 설명으로 틀린 것은?
① 병렬형보다 에너지 효율이 비교적 높다.
② 엔진, 발전기, 전동기가 직렬로 연결된다.
③ 모터의 구동력만으로 차량을 주행시키는 방식이다.
④ 엔진을 가동하여 얻은 전기를 배터리에 저장하는 방식이다.

풀이 전체 시스템의 에너지 효율이 병렬형에 비해 낮고, 동력전달구조 자체가 크게 바뀌므로 기존 자동차에 적용하기는 어렵다는 단점이 있다.

129 하이브리드자동차의 특징이 아닌 것은?
① 회생제동
② 2개의 동력원으로 주행
③ 저전압 배터리와 고전압 배터리 사용
④ 고전압 배터리 충전을 위해 LDC(저전압 직류변환장치)를 사용

풀이 하이브리드자동차의 전기 모터는 자동차의 주행 상태에 따라 전동기나 발전기 역할을 할 수도 있고, 작동하지 않을 수도 있다. 전동기 역할을 할 때는 전력을 사용하여 자동차를 움직이게 하고, 발전기 역할을 할 때는 회전 에너지를 전력으로 바꾸어 배터리를 충전한다.

125 ③ 126 ④ 127 ③ 128 ① 129 ④

130. 하이브리드 전기자동차와 일반 자동차와의 차이점에 대한 설명 중 틀린 것은?

① 하이브리드 차량은 주행 또는 정지 시 엔진의 시동을 끄는 기능을 수반한다.
② 하이브리드 차량은 정상적인 상태일 때 항상 엔진 기동전동기를 이용하여 시동을 건다.
③ 차량의 출발이나 가속 시 하이브리드모터를 이용하여 엔진의 동력을 보조하는 기능을 수반한다.
④ 차량 감속 시 하이브리드모터가 발전기로 전환되어 고전압 배터리를 충전하게 된다.

풀이 시동시 엔진이 최대 효율로 작동하지 않으므로 모터에 의해서만 자동차를 구동한다.

131. 하이브리드 자동차에서 에너지 저장 시스템의 종류로 틀린 것은?

① 펌프(pump) 저장 시스템
② 플라이휠(flywheel) 저장 시스템
③ 축압(accumulator) 저장 시스템
④ 커패시터(capacitor) 저장 시스템

풀이 하이브리드 자동차의 동력 저장 장치로 축전지 저장 시스템, 플라이 휠 저장 시스템, 대용량 커패시터 저장 시스템, 축압 저장 시스템 등이 사용된다.

132. 하드 타입 하이브리드 구동모터의 주요 기능으로 틀린 것은?

① 출발 시 전기모드 주행
② 가속 시 구동력 증대
③ 감속 시 배터리 충전
④ 변속 시 동력 차단

풀이 Hard(full) HEV은 전기모터가 출발과 가속 시에만 역할을 하는게 아니라 주행에 주되게 사용되는 방식이다. 회생제동 효율이 우수하고 연비가 좋은 장점도 갖고 있다.

133. 병렬형(Parallel) TMED(Transmission Mounted Electric Device) 방식의 하이브리드자동차의 HSG(Hybrid Starter Generator)에 대한 설명 중 틀린 것은?

① 엔진 시동 기능과 발전 기능을 수행한다.
② 감속 시 발생되는 운동에너지를 전기에너지로 전환하여 배터리를 충전한다.
③ EV모드에서 HEV모드로 전환 시 엔진을 시동한다.
④ 소프트 랜딩 제어로 시동 ON시 엔진 진동을 최소화하기 위해 엔진 회전수를 제어한다.

134. 직·병렬형 하드 타입(hard type) 하이브리드자동차에서 엔진 시동기능과 공전상태에서 충전 기능을 하는 장치는?

① MCU(Motor Control Unit)
② PRA(Power Relay Assembly)
③ LDC(Low DC-DC Convertor)
④ HSG(Hybrid Starter Generator)

130 ② 131 ① 132 ④ 133 ④ 134 ④

135 병렬형(Parallel) TMED(Transmission Mounted Electric Device) 방식의 하이브리드자동차(HEV)의 주행패턴에 대한 설명으로 틀린 것은?

① 엔진 OFF시에는 EOP(Electric Oil Pump)를 작동해 자동변속기 구동에 필요한 유압을 만든다.
② 엔진 단독 구동 시에는 엔진 클러치를 연결하여 변속기에 동력을 전달한다.
③ EV 모드 주행 중 HEV 주행모드로 전환할 때 엔진동력을 연결하는 순간 쇼크가 발생할 수 있다.
④ HEV 주행모드로 전환할 때 엔진 회전속도를 느리게 하여 HEV 모터 회전속도와 동기화되도록 한다.

[풀이] 병렬형(Parallel) TMED 방식의 하이브리드 자동차는 출발 및 저속 주행에서는 모터로만 주행하는 EV 모드로 주행한다. 그리고 고속 주행과 가속/등판 주행 시에는 모터가 엔진을 보조하여 모터와 엔진 동시에 구동하게 된다. 엔진의 효율이 좋은 구간에서는 엔진으로만 주행하고, 주행 시 배터리가 부족할 때는 엔진을 통해 배터리를 충전하면서 달릴 수 있는 모드가 있다. 그리고 브레이크 페달을 밟거나 페달을 아무것도 밟지 않을 때는 회생제동 모드로 충전을 한다. 또한 공회전 상태에서 고전압 배터리를 충전할 때는 HSG를 통해서 충전한다.

136 병렬형(Parallel) TMED(Transmission Mounted Electric Device) 방식의 하이브리드자동차(HEV)에 대한 설명으로 틀린 것은?

① 모터가 변속기에 직결되어 있다.
② 모터 단독 구동이 가능하다.
③ 모터가 엔진과 연결되어 있다.
④ 주행 중 엔진 시동을 위한 HSG가 있다.

[풀이] 병렬형(Parallel) TMED는 모터와 엔진 사이에 클러치가 장착되며, 클러치 제어를 통해 모터로만 주행하는 EV 모드가 가능하다. 엔진의 시동을 걸어 주는 HSG(Hybrid Starter Generator)가 있다.

137 하이브리드자동차에 적용하는 배터리 중 자기방전이 없고 에너지 밀도가 높으며 전해질이 젤 타입이고 내진동성이 우수한 방식은?

① 리튬 이온 폴리머 배터리(Li-Pb battery)
② 니켈수소 배터리(Ni-MH battery)
③ 니켈카드뮴 배터리(Ni-Cd battery)
④ 리튬 이온 배터리(Li-ion battery)

[풀이] 리튬 이온 폴리머 전지는 리튬 이온 배터리에 탑재된 전해질 대신 젤 타입의 전해질을 사용해 자기방전이 없고 에너지 밀도가 높으며, 내진동성이 우수하여 폭발 위험을 줄인 것이 특징이며, 셀당 DC 3.75V이다.

138 하이브리드자동차의 리튬 이온 폴리머 배터리에서 셀의 균형이 깨지고 셀 충전 및 용량 불일치로 인한 사항을 방지하기 위한 제어는?

① 셀 서지 제어
② 셀 그립 제어
③ 셀 펑션 제어
④ 셀 밸런싱 제어

[풀이] 셀 밸런싱 제어
여러 개의 셀을 직렬로 접속하는 경우 그 중 한 개의 셀이라도 균형이 깨지고 셀 충전 및 용량 불일치로 인해 고장이 나거나 열화 되면 배터리 팩 전체가 영향을 받는다. 그래서 전압 편차가 생긴 셀을 동일 전압으로 제어하여 과충전, 과방전, 과열을 막고 이들의 수명을 최적화시켜준다.

139 하이브리드자동차의 고전압 배터리의 충·방전과정에서 전압 편차가 생긴 셀을 동일 전압으로 제어하는 것은?

① 충전상태 제어
② 셀 밸런싱 제어
③ 파워 제한 제어
④ 고전압 릴레이 제어

135 ④ 136 ③ 137 ① 138 ④ 139 ②

140 하이브리드 자동차의 리튬이온 폴리머 배터리에서 셀의 균형이 깨지고 셀 충전용량불일치로 인한 사항을 방지하기 위한 제어는?

① 셀 그립 제어
② 셀 서지 제어
③ 셀 펑션 제어
④ 셀 밸런싱 제어

141 하이브리드자동차에서 리튬 이온 폴리머 고전압 배터리는 9개의 모듈로 구성되어 있고, 1개의 모듈은 8개의 셀로 구성되어 있다. 이 배터리의 전압은?(단, 셀전압은 3.75V 이다.)

① 30V   ② 90V
③ 270V   ④ 375V

> 풀이 배터리의 전압 = 셀전압×셀수×모듈수
> = 3.75×8×9 = 270V

142 하이브리드자동차에 사용되는 배터리 중에서 에너지 밀도가 가장 높은 것은?

① Li-Ion(리튬-이온) 배터리
② AGM(흡수성 유리섬유) 배터리
③ Li-Polymer(리튬-폴리머) 배터리
④ Ni-MH(니켈-수산화금속) 배터리

> 풀이 리튬 폴리머 배터리(리튬 이온 폴리머 배터리) 장점
> ① 높은 에너지 저장 밀도 –같은 크기에 더 큰 용량
> ② 높은 전압 – 3.7V로 Ni-Cd, Ni-MH 등에 비해 3배
> ③ 수은 같은 환경을 오염시키는 중금속을 사용하지 않는다.
> ④ 폴리머 상태의 전해질 사용으로 높은 안정성
> ⑤ 다양한 형상의 설계 가능

143 Ni-Cd 배터리에서 일부만 방전된 상태에서 다시 충전하게 되면 추가로 충전한 용량 이상의 전기를 사용할 수 없게 되는 현상은?

① 스웰링 현상   ② 배부름 효과
③ 메모리 효과   ④ 설페이션 현상

> 풀이 메모리 효과
> 배터리가 완전 방전되지 않은 상태에서 충전을 되풀이함으로써 방전할 때의 전압이 표준상태보다 일시적으로 저하되는 현상을 가리키며 배터리의 수명도 짧아진다. 충전상태의 80% 부근과 40% 부근을 적절히 사용하도록 제어함으로써 배터리 내구성을 확보하고 있다.

144 하이브리드자동차에서 저전압(12V) 배터리가 장착된 이유로 틀린 것은?

① 오디오 작동
② 등화장치 작동
③ 내비게이션 작동
④ 하이브리드모터 작동

> 풀이 12V 저전압 배터리는 자동차 전장 시스템에 전원을 공급한다.

145 하이브리드자동차의 보조 배터리가 방전으로 시동 불량일 때 고장원인 또는 조치 방법에 대한 설명으로 틀린 것은?

① 단시간에 방전이 되었다면 암전류 과다 발생이 원인이 될 수도 있다.
② 장시간 주행 후 바로 재시동 시 불량하면 LDC 불량일 가능성이 있다.
③ 보조 배터리가 방전이 되었어도 고전압 배터리로 시동이 가능하다.
④ 보조 배터리를 점프 시동하여 주행 가능하다.

140 ④ 141 ③ 142 ③ 143 ③ 144 ④ 145 ③

146 다음은 하이브리드자동차에서 사용하고 있는 캐패시터(Capacitor)의 특징을 나열한 것이다. 틀린 것은?

① 충전시간이 짧다.
② 출력의 밀도가 낮다.
③ 전지와 같이 열화가 거의 없다.
④ 단자전압으로 남아있는 전기량을 알 수 있다.

풀이 캐퍼시터는 전기 이중층 콘덴서를 말한다. 캐퍼시터는 전지와 같이 열화가 거의 없고 출력 밀도가 높고 충·방전 속도가 빠르며 수명이 길고, 짧은 시간에 큰 전류를 축적, 방출할 수 있기 때문에 발진이나 가속을 매끄럽게 한다.

147 하이브리드자동차 고전압 배터리 충전상태(SOC)의 일반적인 제한 영역은?

① 20~80%
② 55~86%
③ 86~110%
④ 110~140%

풀이 일반적으로 과충전, 과방전을 방지하기 위하여 SOC 20~80% 사이에서 운전영역을 제어한다.

148 하이브리드자동차에 사용되는 모터의 작동 원리는?

① 렌츠의 법칙
② 플레밍의 왼손 법칙
③ 플레밍의 오른손 법칙
④ 앙페르의 오른나사 법칙

149 하이브리드 모터의 위치 및 회전수를 검출하는 것은?

① 엔코더
② 레졸버
③ 크랭크 각센서
④ 출력축 속도센서

풀이 레졸버는 회전자(rotor)의 축에 부착된 일차권선(primary winding)과 고정자에 부착된 이차권선(secondary winding) 두개로 구성되어 모터 회전자의 위치 및 회전수를 측정하기 위한 센서이다.

150 하이브리드자동차에서 모터의 회전자와 고정자의 위치를 감지하는 것은?

① 레졸버
② 인버터
③ 경사각센서
④ 저전압 직류 변환장치

151 하이브리드 자동차에서 모터 내부의 로터 위치 및 회전수를 감지하는 것은?

① 레졸버
② 커패시터
③ 액티브 센서
④ 스피드센서

146 ② 147 ① 148 ② 149 ② 150 ① 151 ①

152 하드 방식의 하이브리드 전기자동차의 작동에서 구동모터에 대한 설명으로 틀린 것은?

① 구동모터로만 주행이 가능하다.
② 고에너지의 영구자석을 사용하며 교환 시 레졸버 보정을 해야 한다.
③ 구동모터는 제동 및 감속 시 회생제동을 통해 고전압 배터리를 충전한다.
④ 구동모터는 발전 기능만 수행한다.

풀이 Hard(full) HEV은 전기모터는 출발과 가속 시에만 역할을 하는게 아니라 주행에 주되게 사용되는 방식으로 모터는 제동 및 감속 시 회생제동을 통해 고전압 배터리를 충전하고, 영구자석이 달려 있고 브러쉬가 없으며, 로터를 전자력으로 구동해서 회전시키는 방식이다. 모터 교환시에는 레졸버 보정을 해야 한다.

153 하이브리드 모터 3상의 단자 명이 아닌 것은?

① U
② V
③ W
④ Z

154 하이브리드자동차에서 하이브리드모터 작동을 위한 전기에너지를 공급하는 것은?

① 엔진 제어기
② 고전압 배터리
③ 변속기 제어기
④ 보조배터리 충전 컨트롤 유닛

155 하이브리드자동차는 감속 시 전기에너지를 고전압 배터리로 회수(충전)한다. 이러한 발전기 역할을 하는 부품은?

① AC 발전기
② 스타팅 모터
③ 하이브리드 모터
④ 컨트롤 유닛

156 하이브리드자동차의 모터 컨트롤 유닛(MCU)에 대한 설명으로 틀린 것은?

① 고전압을 12V로 변환하는 기능을 한다.
② 회생제동 시 컨버터(AC-DC)의 기능을 수행한다.
③ 고전압 배터리의 직류를 3상 교류로 바꾸어 모터에 공급한다.
④ 회생제동 시 모터에서 발생되는 3상 교류를 직류로 바꾸어 고전압 배터리에 공급한다.

풀이 모터 컨트롤 유닛(MCU)은 온도, 모터 위치를 모니터링 하여 HCU의 지령을 받아 모터 회전수 및 토크를 제어하고, 고전압 배터리로부터 직류(DC) 전기를 공급받아, 3상 교류(AC) 전기를 발생시켜 모터 구동을 제어하며 회생제동 시 모터에서 발생되는 3상 교류를 직류로 바꾸어 고전압 배터리에 공급한다.

157 하이브리드 고전압장치 중 프리차저 릴레이 & 프리차저 저항의 기능 아닌 것은?

① 메인릴레이 보호
② 타 고전압 부품 보호
③ 메인 퓨즈, 버스바, 와이어 하네스 보호
④ 배터리 관리 시스템 입력 노이즈 저감

풀이 프리차저 릴레이 & 프리차저 저항의 기능
이그니션 ON시 MCU는 고전압 배터리 전원을 인버터로 공급하기 위해 메인 릴레이 (+)와 (-) 릴레이를 작동시키게 되는데, 프리 차저 릴레이는 메인 릴레이 (+)와 병렬로 회로가 구성되어 있다. MCU는 메인 릴레이 (+)를 작동시키기 이전에 프리 차저 릴레이를 먼저 동작시켜 고전압 배터리 (+) 전원을 인버터 측으로 인가하게 하는데, 프리 차저 릴레이가 작동되면 저항을 통해 고전압이 인버터 프리차저 릴레이 프리차저 레지스터(저항) 측으로 공급되기 때문에 순간적인 돌입 전류에 의한 인버터 손상 및 메인릴레이 보호, 타 고전압 부품 보호, 메인 퓨즈, 버스바, 와이어 하네스 보호을 방지할 수 있다.

152 ④   153 ④   154 ②   155 ③   156 ①   157 ④

158. 다음 중 파워 릴레이 어셈블리에 설치되며 인버터의 커패시터를 초기 충전할 때 충전 전류에 의한 고전압 회로를 보호하는 것은?

① 프리 차저 레지스터
② 메인 릴레이
③ 안전 스위치
④ 부스 바

159. 고전압 배터리 관리 시스템의 메인 릴레이를 작동시키기 전에 프리 차지 릴레이를 작동시키는데 프리 차지 릴레이의 기능이 아닌 것은?

① 등화장치 보호
② 고전압 회로 보호
③ 타 고전압 부품 보호
④ 고전압 메인 퓨즈, 부스바, 와이어 하네스 보호

160. 하이브리드자동차의 고전압 배터리(+) 전원을 인버터로 공급하는 구성품은?

① 전류센서
② 고전압 배터리
③ 세이프티 플러그
④ 프리차저 릴레이

161. 하이브리드자동차에서 PRA(Power Relay Assembly) 기능에 대한 설명으로 틀린 것은?

① 승객 보호
② 전장품 보호
③ 고전압 회로 과전류 보호
④ 고전압 배터리 암전류 차단

162. 하이브리드자동차의 고전압 배터리 (+)전원을 인버터로 공급하는 구성품은?

① 전류센서
② 고전압 배터리
③ 세이프티 플러그
④ 프리차지 릴레이

163. 하이브리드자동차에서 돌입전류에 의한 인버터 손상을 방지하는 것은?

① 메인 릴레이
② 프리차저 릴레이와 저항
③ 안전 스위치
④ 부스바

164. 하이브리드 자동차에서 고전압 장치 정비 시 고전압을 해제하는 것은?

① 전류 센서
② 배터리 팩
③ 프리차저 저항
④ 안전 스위치(안전 플러그)

> 풀이 고전압 배터리는 고전압 장치이기 때문에 취급 시 안전에 유의해야 한다. 세이프티 플러그(안전 플러그)는 고전압 배터리 전원을 임의로 차단시킬 수 있는 전원 분리 장치로 과전류 방지용 퓨즈를 포함하고 있다

158 ① 159 ① 160 ④ 161 ① 162 ④ 163 ② 164 ④

165 하이브리드자동차 회생제동시스템에 대한 설명으로 틀린 것은?

① 브레이크를 밟을 때 모터가 발전기 역할을 한다.
② 하이브리드자동차에 적용되는 연비향상 기술이다.
③ 감속 시 운동에너지를 전기에너지로 변환하여 회수한다.
④ 회생제동을 통해 제동력을 배가시켜 안전에 도움을 주는 장치이다.

166 하이브리드자동차의 회생제동에 의한 에너지 변환 모드의 설명으로 옳은 것은?

① 운동에너지의 일부를 열에너지로 회수
② 운동에너지의 일부를 화학에너지로 회수
③ 운동에너지의 일부를 전기에너지로 회수
④ 전기에너지의 일부를 운동에너지로 회수

> 풀이) 회생제동에 의한 에너지 변환 모드는 전동기를 발전기 기능으로 작동하게 함으로써 운동 에너지를 전기 에너지로 변환해 회수한다.

167 하이브리드 차량의 구동바퀴에서 발생하는 운동에너지를 전기적 에너지로 변환시켜 고전압 배터리로 충전하는 모드는?

① ISG 모드
② 회생제동 모드
③ 언덕길 밀림 방지 모드
④ 변속기발전 모드

168 하이브리드 차량에서 감속 시 전기모터를 발전기로 전환하여 차량의 운동에너지를 전기에너지로 변환시켜 배터리로 회수하는 시스템은?

① 회생제동 시스템
② 파워 릴레이 시스템
③ 아이들링 스톱 시스템
④ 고전압 배터리 시스템

169 하이브리드자동차에 적용된 연비 향상 기술로서 감속 또는 제동 시 모터를 발전기로 활용하여 운동에너지를 전기에너지로 변환하는 것은?

① 아이들 스탑
② 회생제동장치
③ 고전압 배터리 제어 시스템
④ 하이브리드 모터 컨트롤 유닛

170 주행 중인 하이브리드자동차에서 제동 및 감속 시 충전 불량 현상이 발생하였을 때 점검이 필요한 곳은?

① 회생제동장치
② LDC 제어장치
③ 발전 제어장치
④ 12V용 충전장치

ANSWER 165 ④ 166 ③ 167 ② 168 ① 169 ② 170 ①

171 하이브리드자동차의 컨버터(Converter)와 인버터(Inverter)의 전기특성 표현으로 옳은 것은?

① 컨버터(Converter) : AC에서 DC로 변환, 인버터(Inverter) : DC에서 AC로 변환
② 컨버터(Converter) : DC에서 AC로 변환, 인버터(Inverter) : AC에서 DC로 변환
③ 컨버터(Converter) : AC에서 AC로 승압, 인버터(Inverter) : DC에서 DC로 승압
④ 컨버터(Converter) : DC에서 DC로 승압, 인버터(Inverter) : AC에서 AC로 승압

풀이 컨버터(Converter)는 교류를 직류로 변환하는 장치이고, 인버터는 직류를 교류로 변환하는 장치이다.

172 하이브리드자동차의 동력제어장치에서 모터의 회전속도와 회전력을 자유롭게 제어할 수 있도록 직류를 교류로 변환하는 장치는?

① 컨버터   ② 레졸버
③ 인버터   ④ 커패시터

173 하이브리드자동차의 전원 제어 시스템에 대한 두 정비사의 의견 중 옳은 것은?

> 정비사 A : 인버터는 열을 발생하므로 냉각이 중요하다.
> 정비사 B : 컨버터는 고전압의 전원을 12V로 변환하는 역할을 한다.

① 정비사 A만 옳다.
② 정비사 B만 옳다.
③ 두 정비사 모두 틀리다.
④ 두 정비사 모두 옳다.

풀이 DC-DC 컨버터는 고전압 전기를 12V로 변환하거나, 12V 배터리에 충전하는 역할을 한다.

174 다음 중 하이브리드자동차에 적용된 이모빌라이저 시스템의 구성품이 아닌 것은?

① 스마트라
② 트랜스폰더
③ 안테나 코일
④ 스마트 키 유닛

175 하이브리드자동차에서 배터리 시스템의 열적, 전기적 기능을 제어 또는 관리하고 배터리 시스템과 다른 차량 제어기와의 사이에서 통신을 제공하는 전자장치는?

① SOC(State Of Charge)
② HCU(Hybrid Control Unit)
③ HEV(Hybrid Electric Vehicle)
④ BMS(Battery Management System)

풀이 BMS는 고전압 배터리 제어를 위한 컴퓨터이며, 배터리 에너지 입/출력 제어와 배터리 성능 유지를 위한 전류/전압/온도/사용 시간 등 각종 정보를 모니터링하고, 종합적으로 연산된 배터리 에너지 상태정보를 HCU 또는 MCU로 송신하는 역할을 한다.

176 하이브리드자동차에서 고전압 배터리 제어기(Battery Management System)의 역할에 대한 설명으로 틀린 것은?

① 충전상태 제어
② 파워 제한
③ 냉각 제어
④ 저전압 릴레이 제어

풀이 고전압 배터리 제어기(BMS) 역할은 배터리 셀 관리, 충전상태(SOC) 예측, 배터리의 과충전 및 과방전을 방지하는 파워 제한, 배터리 시스템의 고장진단, 냉각 제어, 고전압 배터리의 전력을 모터로 공급 및 차단하는 PRA 제어가 있다.

171 ①   172 ③   173 ④   174 ④   175 ④   176 ④

177 BMS(Battery Management System)에서 제어하는 항목과 제어 내용에 대한 설명으로 틀린 것은?

① 고장진단 : 배터리 시스템 고장 진단
② 배터리 과열 시 컨트롤 릴레이 차단
③ 셀 밸런싱 : 전압 편차가 생긴 셀을 동일한 전압으로 매칭
④ SOC(State of Charge)관리 : 배터리 전압, 전류, 온도를 측정하여 적정 SOC 영역관리

178 하이브리드자동차에서 고전압 배터리관리시스템(BMS)의 주요 제어 기능으로 틀린 것은?

① 모터 제어   ② 출력 제한
③ 냉각 제어   ④ SOC 제어

179 고전압 배터리의 셀 밸런싱을 제어하는 장치는?

① MCU(Motor Control Unit)
② LDC(Low DC-DC Convertor)
③ ECM(Electronic Control Module)
④ BMS(Battery Management System)

180 주행 중인 하이브리드자동차에서 제동 시에 발생된 에너지를 회수(충전)하는 모드는?

① 가속 모드
② 발진 모드
③ 시동 모드
④ 회생 제동 모드

181 하이브리드자동차의 고전압 배터리 관리 시스템에서 셀 밸런싱 제어의 목적은?

① 배터리의 적정 온도 유지
② 상황별 입출력 에너지 제한
③ 배터리 수명 및 에너지 효율 증대
④ 고전압 계통 고장에 의한 안전사고 예방

182 하이브리드자동차의 고전압 배터리 시스템 제어 특성에서 모터 구동을 위하여 고전압 배터리가 전기에너지를 방출하는 동작 모드로 맞는 것은?

① 제동 모드   ② 방전 모드
③ 접지 모드   ④ 충전 모드

183 하이브리드 전기자동차에서 언덕길을 내려갈 때 배터리를 충전시키는 모드는?

① 가속 모드   ② 공회전 모드
③ 회생제동 모드   ④ 정속주행 모드

184 하이브리드자동차 바퀴에서 발생되는 회전 동력을 전기에너지로 전환하여 배터리로 충전을 실시하는 모드는?

① 정속모드   ② 정지모드
③ 가속모드   ④ 감속모드

185 하이브리드자동차의 총합제어 기능이 아닌 것은?

① 오토스톱 제어
② 경사로 밀림방지 제어
③ 브레이크 정압 제어
④ LDC(DC-DC변환기) 제어

ANSWER
177 ② 178 ① 179 ④ 180 ④ 181 ③ 182 ② 183 ③ 184 ④ 185 ③

186 하이브리드자동차에서 모터제어기의 기능으로 틀린 것은?
  ① 하이브리드 모터제어기는 인버터라고도 한다.
  ② 하이브리드 통합제어기의 명령을 받아 모터의 구동전류를 제어한다.
  ③ 고전압 배터리의 교류 전원을 모터의 작동에 필요한 3상 직류 전원으로 변경하는 기능을 한다.
  ④ 감속 및 제동 시 모터를 발전기 역할로 변경하여 배터리 충전을 위한 에너지 회수 기능을 한다.

  풀이) MCU(모터 컨트롤 유닛)는 고전압 배터리로부터 직류(DC) 전기를 공급받아, 3상 교류(AC) 전기를 발생시켜 모터 구동을 제어하며 구성은 인버터 어셈블리이다.

187 하이브리드 자동차의 오토스톱(Auto Stop) 기능이 미작동하는 조건과 관계없는 것은?
  ① 고전압 배터리의 온도가 규정 온도보다 높은 경우
  ② 엔진냉각수 온도가 규정 온도보다 낮은 경우
  ③ 무단변속기 오일 온도가 규정 온도보다 낮은 경우
  ④ 에어컨이 작동 중인 경우

  풀이) 오토스톱 기능의 작동이 중지 조건
  ① Main 배터리의 SOC가 낮은 경우(18%), 12V 배터리의 전압이 낮은 경우(전기 부하가 큰 경우)
  ② 브레이크 부압이 적절하지 않을 때(250mmHg이하 ,서비스데이터에서는 680hPa 이상)
  ③ 사이드 브레이크를 사용 중 일 때
  ④ 핸들 조향 각도가 크지 않을 때
  ⑤ 차량 문이 열려있을 경우
  ⑥ 운전석 안전벨트와, 엔진후드가 정상적으로 닫혀있지 않을 때
  ⑦ 에어컨을 최대로 틀거나, 언덕길에서 제동 시, 시트 열선을 많이 사용할 경우
  ⑧ 가속 페달을 밟은 경우, 급감속시(기어비 추정 로직)
  ⑨ 외부 온도, 엔진 냉각수의 온도(50도 이하), 무단변속기 오일 온도(30도 이하), 고전압 배터리 온도가 기준치에 미치지 못할 경우
  ⑩ 하이브리드 모터 시스템이 고장인 경우
  ⑪ ABS 동작 시
  ⑫ 오토스톱 스위치가 OFF인 상태
  ⑬ 변속 레버가 'P'단 또는 'R'단인 경우

188 하이브리드에 적용되는 오토스톱 기능에 대한 설명으로 옳은 것은?
  ① 모터 주행을 위해 엔진을 정지
  ② 위험물 감지 시 엔진을 정지시켜 위험을 방지
  ③ 엔진에 이상이 발생 시 안전을 위해 엔진을 정지
  ④ 정차 시 엔진을 정지시켜 연료소비 및 배출가스 저감

  풀이) 오토스톱(AUTO STOP)
  오토스톱은 차량이 정지할 경우 연료 소비를 줄이고 배기가스를 저감시키기 위해 엔진을 자동으로 정지시키는 기능이다.(공조 시스템은 일정 시간 유지 후 정지) 오토스톱이 해제되면 모터 크랭킹과 엔진 분사를 재개하여 엔진을 재시동 시킨다. 오토스톱이 작동되면 Auto Stop 램프가 점멸하고, 오토스톱이 해제되면 Auto Stop 램프가 소등된다. 또한 Auto Stop 스위치가 눌러져 있지 않은 경우 Auto Stop OFF 램프가 점등된다. IG Off후 IG On 할 경우 Auto Stop 스위치는 ON 상태로 된다.

186 ③ 187 ④ 188 ④

189 하이브리드자동차 계기판에 있는 오토스톱(Auto Stop)의 기능에 대한 설명으로 옳은 것은?

① 배출가스 저감
② 엔진오일 온도 상승 방지
③ 냉각수 온도 상승 방지
④ 엔진 재시동성 향상

풀이 공회전 제한 장치(Idle Stop&Go)는 오토 스톱 또는 스톱 앤 고 또는 ISG라고 부른다. 이 시스템은 차량이 멈췄을 때 자동으로 엔진을 꺼버리고, 브레이크에서 발을 떼거나 엑셀을 밟아 차를 출발시킬 때 차량 시동이 자동으로 들어오게 하며 배출가스를 저감한다.

190 하이브리드자동차에서 엔진정지 금지조건이 아닌 것은?

① 브레이크 부압이 낮은 경우
② 하이브리드 모터 시스템이 고장인 경우
③ 엔진의 냉각수온도가 낮은 경우
④ D 레인지에서 차속이 발생한 경우

191 병렬(하드 방식) 하이브리드자동차에서 엔진의 스타트 & 스톱 모드에 대한 설명으로 옳은 것은?

① 주행하던 자동차가 정차 시 항상 스톱 모드로 진입한다.
② 스톱모드 중에 브레이크에서 발을 떼면 항상 시동이 걸린다.
③ 배터리 충전상태가 낮으면 스톱기능이 작동하지 않을 수 있다.
④ 스타트 기능은 브레이크 배력장치의 입력과는 무관하다.

192 배터리의 충전 상태를 표현한 것은?

① SOC(State Of Charge)
② SOH(State Of Health)
③ PRA(Power Relay Assembly)
④ BMS(Battery Management System)

풀이 SOC는 배터리 충전 상태를 표현한 것으로 배터리 팩이나 시스템에서의 유효한 용량으로 정격용량의 백분율로 표시한 것으로 고전압 배터리의 사용 가능 에너지를 표시한 것이다.

193 하이브리드 자동차와 관련하여 배터리 팩이나 시스템에서의 유효한 용량으로 정격 용량의 백분율로 표시한 것은?

① SOC(State Of Charge)
② PRA(Power Relay Assembly)
③ LDC(Low DC-DC Converter)
④ BMS(Battery Management System)

194 하이브리드자동차 고전압 배터리의 사용 가능 에너지를 표시하는 것은?

① SOC(State Of Charge)
② PRA(Power Relay Assembly)
③ LDC(Low DC-DC Convertor)
④ BMS(Battery Management System)

ANSWER 189 ① 190 ④ 191 ③ 192 ① 193 ① 194 ①

195 하이브리드자동차의 주행에 있어 감속 시 계기판의 에너지 사용표시 게이지는 어떻게 표시 되는가?

① RPM(엔진 회전수)
② Charge(충전)
③ Assist(모터 작동)
④ 배터리 용량

풀이 하이브리드자동차의 주행에 있어 감속 시 회생제동으로 배터리에 충전되므로 계기판의 에너지 사용표시 게이지는 충전으로 표시된다.

196 하이브리드 차량 엔진 작업 시 조치해야 할 사항이 아닌 것은?

① 이그니션 스위치를 OFF하고 작업한다.
② 절연장갑 착용 상태에서 12V 배터리 케이블 탈거한다.
③ 안전 스위치를 OFF하고 작업한다.
④ 고전압 부품 취급은 안전 스위치를 OFF후 1분 안에 작업한다.

풀이 고전압 부품 취급은 안전 스위치(안전 플러그)를 OFF후 인버터 내의 콘덴서에 충전되어 있는 고전압을 방전시키기 위해 5~10분 이상 지난 후 작업한다.

197 하이브리드자동차의 모터 컨트롤 유닛(MCU) 취급 시 유의사항이 아닌 것은?

① 충격이 가해지지 않도록 주의한다.
② 손으로 만지거나 전기 케이블을 임의로 탈착하지 않는다.
③ 시동키 2단(IG ON) 또는 엔진 시동상태에서는 만지지 않는다.
④ 컨트롤 유닛이 자기보정을 하기 때문에 AC 3상 케이블의 각 상간 연결의 방향을 신경 쓸 필요 없다.

풀이 MCU 취급 시 유의사항
① 고전압으로 작동되는 장치이므로 시동 키 2단(ON) 또는 엔진 시동 상태에서는 절대 만지지 않는다. (키 OFF 후 약 5분 이상 경과해야만 안전 함)
② MCU에 연결된 파워 케이블(DC 2상, AC 3상)은 감전의 우려가 있으므로 손으로 만지거나 전기 케이블을 임의로 탈착하지 않는다.
③ AC 3상 케이블의 각 상간(U, V, W) 연결이 잘못되거나 DC 케이블의 (+), (−)극성이 반대로 연결되면 부품(MCU 또는 배터리)이 손상되거나 사용자 또는 작업자의 안전에 심각한 위협을 초래할 수 있으므로 주의해야한다.
④ MCU는 충격이 가해지지 않도록 주의한다.

198 하이브리드 차량 정비 시 고전압 차단을 위해 안전 플러그(세이프티 플러그)를 제거한 후 고전압 부품을 취급하기 전 일정 시간 이상 대기시간을 갖는 이유로 가장 적절한 것은?

① 고전압 배터리 내의 셀의 안정화
② 제어 모듈 내부의 메모리 공간의 확보
③ 저전압(12V) 배터리에 서지전압 차단
④ 인버터 내 콘덴서에 충전되어 있는 고전압 방전

195 ② 196 ④ 197 ④ 198 ④

199 하이브리드 차량의 정비 시 전원을 차단하는 과정에서 안전 플러그를 제거 후 고전압 부품을 취급하기 전에 5~10분 이상 대기 시간을 갖는 이유 중 가장 알맞은 것은?

① 고전압 배터리 내의 셀의 안정화를 위해서
② 제어 모듈 내부의 메모리 공간의 확보를 위해서
③ 저전압(12V) 배터리에 서지전압이 인가되지 않기 위해서
④ 인버터 내의 컨덴서에 충전되어 있는 고전압을 방전시키기 위해서

200 하이브리드자동차에서 기동발전기(hybrid starter & generator)의 교환 방법으로 틀린 것은?

① 안전 스위치를 OFF하고 5분 이상 대기한다.
② HSG 교환 후 반드시 냉각수 보충과 공기빼기를 실시한다.
③ HSG 교환 후 진단장비를 통해 HSG 위치센서(레졸버)를 보정한다.
④ 점화스위치를 OFF하고 보조배터리의 (-)케이블은 분리하지 않는다.

[풀이] 점화스위치를 OFF하고 보조배터리의 (-)케이블도 분리해야 한다.

201 하이브리드자동차의 고전압장치 점검 시 주의 사항으로 틀린 것은?

① 조립 및 탈거 시 배터리 위에 어떠한 것도 놓지 말아야 한다.
② 이그니션 스위치를 OFF하면 고전압에 대한 위험성이 없어진다.
③ 취급 기술자는 고전압 시스템에 대한 검사와 서비스 교육이 선행되어야 한다.
④ 고전압 배터리는 고전압 주의 경고가 있으므로 취급 시 주의를 기울여야 한다.

[풀이] 고전압장치 점검 시 이그니션 스위치를 OFF하고 절연장갑 착용상태에서 12V 배터리 (-)케이블 탈거한 후 안전 스위치 OFF 후, 고전압 부품을 취급하기 전에 5~10분 이상대기 해야 한다.

202 하이브리드자동차의 하이브리드 모터 취급 시 유의사항으로 틀린 것은?

① 작업하기 전 반드시 고전압을 차단하여 안전을 확보해야 한다.
② 고전압에 대한 방전 여부를 측정할 때에는 절연장갑을 착용할 필요가 없다.
③ 차량 이그니션 키를 OFF상태로 하고 1분이 지난 후 방전이 된 것을 확인하고 작업한다.
④ 방전 여부는 파워케이블의 커넥터 커버 분리 후 전압계를 사용하여 각 상간전압이 0V인지 확인한다.

[풀이] **모터 취급 시 유의사항**
① 고전압으로 작동되는 장치이므로, 시동 키 2단(ON) 또는 엔진 시동 상태에서는 절대 만지지 않는다. (키 OFF 후 약 5분이상 경과해야만 안전 함)
② 모터에 연결된 고전압 파워 케이블(AC 3상)은 감전의 우려가 있으므로 손으로 부품을 만지거나 커버 또는 전기 케이블을 임의로 탈착하지 않는다.
③ AC 3상 케이블의 각 상간(U, V, W) 연결이 잘못되면 부품의 손상 또는 사용자나 작업자의 안전에 심각한 위협을 초래할 수 있으므로 주의한다.
④ 엔진 룸 내부 고압 세차 금지(고전압 누전에 의한 감전 또는 부품 손상 우려)

199 ④ 200 ④ 201 ② 202 ②

203 하이브리드자동차의 모터 취급 시 유의사항이 아닌 것은?

① 엔진 룸 내부를 고압 세차하여 모터에 이물질이 없도록 관리한다.
② 모터 수리작업은 반드시 안전절차에 따라 점검한다.
③ 엔진가동 중 모터에 연결된 고전압 파워케이블을 탈거하지 않는다.
④ 시동키 2단(IG ON) 또는 엔진 시동상태에서는 고전압 배선을 탈거하지 않는다.

204 하이브리드자동차에서 고전압장치 정비 시 고전압을 해제하는 것은?

① 전류센서
② 배터리팩
③ 프리차지 저항
④ 안전 스위치(안전 플러그)

풀이 안전 스위치(안전 플러그)는 안전 스위치는 파워 릴레이 어셈블리에 장착되어 있으며, 고전압 배터리의 대전류가 인가된 후 인터락 핀과 BMS의 연결을 기계적인 분리를 통하여 대전류의 흐름을 고전압 배터리 내부 회로의 연결을 차단하여 외부커넥터 탈거시 아크발생을 방지할 수 있는 장치이다.

205 하이브리드자동차의 전기장치 정비 시 반드시 지켜야 할 내용이 아닌 것은?

① 절연장갑을 착용하고 작업한다.
② 서비스 플러그(안전 플러그)를 제거한다.
③ 전원을 차단하고 일정 시간이 경과 후 작업한다.
④ 하이브리드 컴퓨터의 커넥터를 분리하여야 한다.

206 하이브리드 차량에서 화재발생 시 조치해야 할 사항이 아닌 것은?

① 화재 진압을 위해 적절한 소화기를 사용한다.
② 차량의 시동키를 OFF하여 전기 동력 시스템 작동을 차단시킨다.
③ 메인 릴레이(+)를 작동시켜 고전압 배터리 (+)전원을 인가한다.
④ 화재 초기 상태라면 트렁크를 열고 신속히 세이프티 플러그를 탈거한다.

풀이 고전압 배터리 또는 차량화재 발생 시
① 차량의 시동 키를 OFF하여 전기 동력 시스템 작동을 차단시킨다.(고전압 배터리 전기 에너지 입/출력이 금지 됨)
② 고전압 배터리 부위의 집적적인 화재가 아니거나 화재 초기 상태라면 트렁크를 열고 신속히 세이프티 플러그를 탈거한다.(화재 진행 중이라면 접근 금지)
③ 실내 또는 밀폐된 공간에서 화재가 발생되었을 경우 수소 가스의 원활한 방출을 위해 신속히 환기시킨 후 대피한다.
④ 화재 진압을 위해서는 액체 물질을 사용하지 말고 분말소화기 또는 모래를 이용한다.
⑤ 배터리에서 분출된 가스나 액체 성분이 피부 또는 눈에 침투 되었을경우 붕산 액, 소금물 또는 흐르는 물로 환부를 신속하게 세척한 후 의사의 진료를 받는다.

203 ① 204 ④ 205 ④ 206 ③

제3절 고전원 전기장치

1_구동 축전지

1. 전지 구비조건

① 전지 가격을 낮출 수 있도록 경제성이 클 것.
② 폭발 사고 등에 안전한 안전성을 갖출 것.
③ 자동차 교체 시기 전까지 전지 교환 없이 사용할 수 있도록 수명이 길 것.
④ 무게나 부피 등을 줄여 경량화가 가능하도록 집적화가 가능할 것.
⑤ 충전시간을 줄여도 충분한 충전이 가능한 구조를 가질 것.

2. 고성능 전지 조건

① 고전압
② 고용량
③ 고출력
④ 긴 사이클 수명
⑤ 적은 자기방전
⑥ 넓은 사용온도
⑦ 안전하고 높은 신뢰성
⑧ 쉬운 사용법
⑨ 낮은 가격 등이 요구된다.

3. 전기차 배터리 구성요소

① **양극(Cathode)** : 방전시, 리튬(Li) 이온이 전자를 받아 환원되는 전극
② **음극(Anode)** : 방전시, 리튬(Li) 이온이 전자를 방출해 산화되는 전극
③ **전해액(Electolyte)** : 양극, 음극의 전기화학 반응이 원활하도록 리튬(Li) 이온 이동이 일어나게 하는 매개체(탄소(Carbon)는 흑연으로, 유기용제는 유기용매로 이동이 일어나게 함)
④ **분리막(Separator)** : 양극, 음극 전기적 단락을 방지하기 위한 격리막
⑤ **케이스(Case)** : 전지구성 요소를 보호하고 있는 외장재(각형, 원통형, 파우치형)

2_전력변환 장치

1. 전지 시스템(BMS)

전지 시스템(BMS : battery management system)이란 말 그대로 축전지를 관리하는 시스템이다.

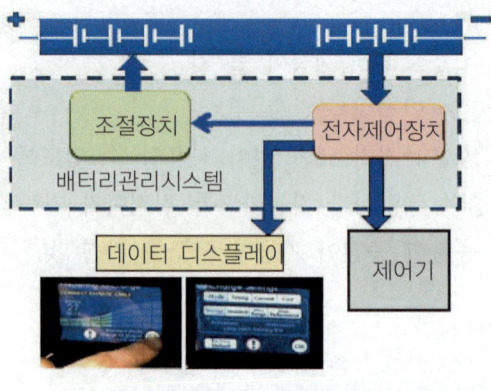

그림 1-77 / 전지시스템의 구성도

1) 전기자동차 BMS의 기능

① 축전지를 이루는 개별 셀의 상태를 모니터링
② 응급의 경우에는 축전지를 분리
③ 축전지 체인 내에서 셀 매개 변수에 있는 불균형에 대한 보상
④ 축전지 충전상태에 대한 정보 제공
⑤ 축전지상태에 대한 정보 제공
⑥ 드라이버 디스플레이 및 경보에 대한 정보를 제공
⑦ 축전지의 사용가능 범위를 예측
⑧ 관련 자동차 제어 시스템에서 지시사항을 수락하고 구현
⑨ 셀을 충전을 위한 최적의 충전 알고리즘을 제공
⑩ 제공하는 스위치와 돌입전류를 제한하는 충전이 단계 전에 부하 임피던스 테스트를 할 수 있도록 사전 충전
⑪ 개별 셀을 충전에 대한 액세스 수단을 제공
⑫ 자동차 운영 모드의 변화에 대응

2) 메모리 효과

메모리 효과는 니켈로 만든 전지에서는 활물질로 사용된 NiOH에서 OH가 떨어졌다 붙었

다 하면서 전하를 전달하는 현상이 바로 충전과 방전이라는 전기적 흐름으로 나타난다. 여기서 shallow charge-discharge를 반복하면, 즉 조금 사용하고 다시 충전하고, 조금 쓰고 또 충전하고 하면 NiOH는 고용체를 형성하게 되는데, 이 고용체의 형성은 비가역적인 반응이므로 한 번 고용체가 생성되면 다시는 되돌아가지 못하게 되어 남아있는 용량을 사용하지 못하게 된다. 이와 같이 전지가 마치 사용할 수 있는 용량의 한계를 기억하는 것과 같은 이러한 현상을 메모리 효과라고 한다.

그러나 리튬 이온 전지는 메모리 현상이 없으므로 사용자가 임의대로, 주변 환경에 따라 수시로 충전하여 사용하여도 거의 수명에 영향을 미치지 않는다. 오히려 조금 쓰고 충전하고 조금 쓰고 또 충전하고 하면 Ni-계 전지와는 정반대로 수명이 길어지는 효과가 있다. 이러한 이유 때문에 리튬 이온 전지가 Ni-계 전지보다 훨씬 비싼데도 수요가 늘어나고 사용자가 찾게 되는 것이다.

2. 인버터, 컨버터(inverter, converter)

1) 인버터(inverter)

① 인버터(Inverter)는 직류를 교류로 바꾸는 장치(DC→AC/역변환장치)로 사이러트론·수은 정류기 등이 주로 사용되었으나, 직류송전과 같은 대용량 고전압회로를 제외한 일반 인버터는 대부분 사이리스터로 바뀌었다.

② 인버터를 동작 방식으로 분류하면 자려식과 타려식이 있다. 자려식은 회로 자체의 진상장치(경류장치)에 의해 전류하고, 외부로부터는 무효전력의 보상을 받지 않는 것이며, 회로 방식에는 직렬형과 병렬형이 있다. 타려식은 외부로부터는 무효전력의 보상을 받는다. 회로로서는 단상·다상 정류회로가 그대로 인버터를 형성하고 있다.

2) 컨버터(converter)

① 컨버터(converter)는 교류를 직류로 바꾸는 장치(AC → DC)로 신호 또는 에너지의 모양을 바꾸는 장치로 회로망·변환기라고도 한다.

② 신호변환의 경우에는 흔히 트랜스듀서센서(transducer sensor)라고 하며, 전력 분야에서는 교류와 직류간의 변환, 교류의 주파수 상호변환, 상수의 변환 등을 하는 장치를 말한다.

③ 어느 주파수에서 다른 주파수로의 변환을 사이클로 컨버터(cyclo converter)라고 하여 구별한다. 이들 변환회로에는 사이리스터(thyristor) 등의 전력용 반도체를 사용하는 경우가 많다.

④ 통신·고주파 분야에서는 어느 고주파신호를 그보다 낮은 중간 주파수로 변환하는 부

분을 컨버터라고 한다. 이 밖에 직류신호를 교류로 변환하는 단속기, 진공열전쌍을 써서 교류전류를 직류전압으로 변환하는 장치 등도 컨버터라고 한다.

3) 사이클로 컨버터(cyclo converter)

어떤 주파수의 교류를 직류회로로 변환하지 않고 그 주파수의 교류로 변환하는 직접 주파수 변환장치, 사이리스터를 사용하는 것은 전력용 주파수 변환장치로서가 아니라 교류 전동기의 속도 제어용으로 사용한다. 전원 주파수와 출력 주파수 사이에 일정비의 관계를 가진 정비식 사이클로 컨버터와 출력 주파수를 연속적으로 바꿀 수 있는 연속식 사이클로 컨버터가 있다.

4) 인버터의 동작원리 및 특성

PWM이란 펄스폭 변조(pulse width modulation)의 약칭으로 평활된 직류전압의 크기는 변화시키지 않고 펄스상의 전압의 출력시간을 변화시켜 등가인 전압을 변화시킨다. 모터에 흐르는 전류가 정현파에 가까워지도록 출력 펄스의 폭을 차례로 변환시키는 방식을 정현파 펄스폭 변조라 하고, 저주파 영역의 모터 토크리플이 작으므로 최근에는 이 방식이 주류로 되어가고 있다.

PAM은 펄스높이 변조(pulse amplitude modulation)의 약칭으로 교류를 직류로 변환할 때의 직류 크기를 변환시켜 출력한다. 그래서 펄스폭 변조에 비해 고조파 성분이 적고 모터의 운전음이 작아지는 특징이 있다. 전압형 인버터는 상용전원을 컨버터로 직류로 변환한 후 콘덴서에서 평활된 전압을 인버터부에서 소정의 주파수의 교류출력으로 변환한다. 즉, 전압형 인버터는 전압의 주파수를 변환해서 모터의 회전수를 변환하는 방식이다.

전류형 인버터는 콘덴서 대신에 코일(리액터)이 있다. 컨버터에서 직류로 변환한 후 전류를 리액터로 평활해서 인버터에서 교류를 출력한다. 즉, 전류형 인버터는 전류의 주파수를 변환해서 모터의 회전수를 변환하는 방식이다. 범용 인버터는 전압형이 채용되고 있다.

표1-1 / 회로구성에 따른 인버터의 분류

구 분		동작 특성	비 고
전류형 (current source)		정류부(rectifier)에서 전류를 가변하여 평활용 reactor로 일정 전류를 만들어 인버터로 주파수를 가변한다.	대용량에 채용
전압형 (voltage source)	PAM	정류부(rectifier)에서 DC전압을 가변하여 콘덴서로 평활전압을 만들어 인버터부로 주파수를 가변한다.	초기에 사용된 기술로 현재는 단종
	PWM	정류부(rectifier)에서 일정 DC전압을 만들고 인버터로 전압과 주파수를 동시에 가변한다.	최근 대부분의 인버터에 채용

PWM : 펄스폭 변조, pulse width modulation   PAM : 펄스진폭 변조, pulse amplitude modulation

3_구동 전동기

1. 모터

전기자동차에서 모터는 구동용 모터 혹은 회생용 모터의 용도로 사용된다. 모터는 종래의 자동차엔진 혹은 트랜스미션에 상당하며, 인버터에 의한 모터 회전수 제어로 주행속도를 제어한다.

전기자동차용으로 사용되는 모터의 종류는 직류 브러시모터를 많이 사용하였으나, 최근에는 교류모터나 브러시리스모터 등을 사용하는 경향이 두드러진다.

모터는 EV 구동력을 실현하는 중요한 부품이다. 승용차의 주행용으로 사용되는 모터의 경우 출력은 10~60kW 정도가 일반적이다.

교류모터는 같은 출력을 내는 직류모터에 비하여 가격이 3배 이상 싸며, 크기에 비하여 모터의 효율이 크며, 토크가 비교적 크다. 또 보수 유지비용이 상대적으로 저렴하고, 수명이 더 길다.

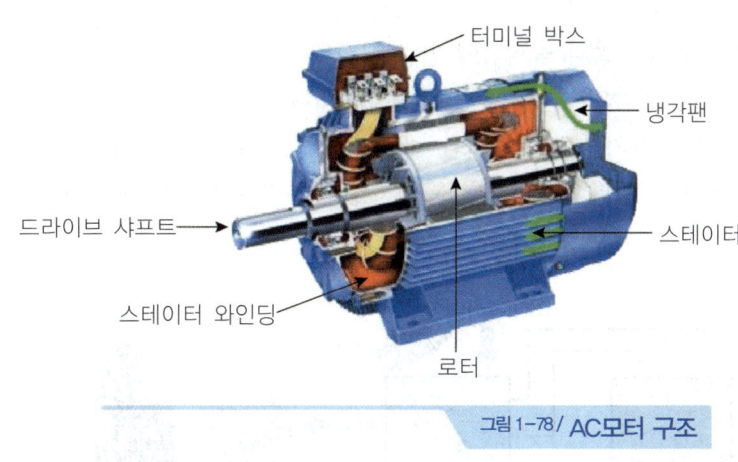

그림 1-78 / AC모터 구조

표 1-2 / 직류, 교류모터의 장단점 구분

구분	장점	단점
직류	작은 부피 빠른 속도 크기에 비해 큰 힘	부하에 따라 속도변화가 심하다. 속도가변이 힘들다. 수명이 짧다(브러시). 소음이 심하다.
교류	높은 효율 큰 힘 용이한 속도가변(주파수 변화) 수명이 길다(유지보수 비용 저렴). 저렴한 가격	회전속도는 느리다.

2. 전기자동차용 모터의 요구조건

① 전원은 축전지의 직류전원이다.
② 시동 시의 토크가 커야 한다.
③ 구조가 간단하고 기계적인 내구성이 커야 한다.
④ 속도 제어가 용이해야 한다.
⑤ 취급 및 보수가 간편하고 위험성이 없어야 한다.
⑥ 소형이고 가벼워야 한다.

3. 모터제어기

엑셀페달 조작량 및 속도를 검출해서 의도한 구동 토크 변화를 가져올 수 있도록 차속이나 부하 등의 조건에 따라 모터의 토크 및 회전속도를 제어한다. 이를 위한 시스템을 제어기라고 부른다. 운전자의 오른발의 움직임에 따라 모터의 토크와 회전속도를 제어한다. 여기서 전원은 전지이며, 일정 전압의 직류전류를 얻을 수 있다.

직류모터라면 전류의 크기를 제어하기만 하면 되지만 교류모터일 경우에는 우선 교류로 변환하고, 다시 진폭이나 주파수/위상을 바꾸어서 자동차의 주행상황을 커버할 필요가 있다.

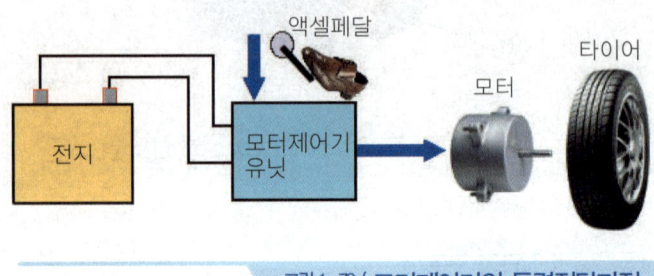

그림 1-79 / 모터제어기의 동력전달과정

1) EV의 출력제어 기본 개념

가장 기본적인 직류모터의 제어 방식은 회로 안에 넣는 저항의 크기 변화로 인하여 전류의 값을 변화한다. 여기서 저항값을 서로 다른 경로를 복수로 준비하고, 순차 전환한다. 당연히 전류의 크기는 단계적으로 변화하고, 토크도 스텝 형태로 변화하게 된다.

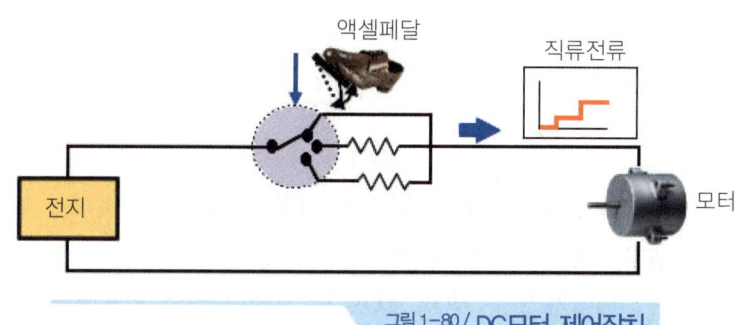

그림 1-80 / DC모터 제어장치

전류의 ON-OFF스위치 기능을 가진 반도체(트랜지스터 또는 사이리스터)에서 작게 회로를 ON-OFF하고 고주파 펄스 상태의 전류를 만들어 낸다. 여기서 일정 시간 내의 통전시간 = 펄스수를 제어해서 전류의 크기가 결정된다. 이 통전 시간률을 듀티비라고 한다. 전류를 상세히 쪼개는 것인데 제어결과는 아날로그 양이 되고, 리니어한 변화를 얻을 수 있다. 최근에는 펄스폭을 제어하는 수법도 있다.

2) 교류모터의 경우

엑셀·스트로크에 대해 교류전류의 진폭으로 자계강도 = 토크를 변화시키고, 교류전류 주파수를 바꿔서 모터 회전속도를 제어한다. 이를 위하여 스위칭소자를 1상으로 2개씩 준비해서 전류를 펄스 상태로 하고, 조밀방향을 변화시켜 교류를 만든다. 이것을 3조 사용하면 직류를 3상 교류로 전환, 진폭과 주파수를 제어할 수 있다. 이는 인버터의 기능이다. 모터의 모델을 바탕으로 컴퓨터가 세밀하게 제어하고 응답성을 향상시키는 기법을 "펙토르 제어"라고 한다.

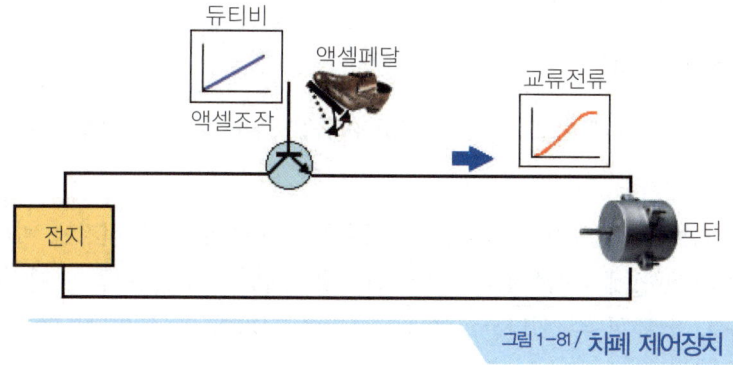

그림 1-81 / 차폐 제어장치

4_연료전지

1. 연료 전지의 특징

1) 장점

① 발전효율이 40~60%이며, 열병합 발전 시 80% 이상 가능
② 천연가스, 메탄올, 석탄가스 등 다양한 연료 사용 가능
③ 환경공해 감소 : 배기가스 중 NOx, SOx 및 분진이 거의 없으며, CO_2 발생량에 있어서도 미분탄 화력발전에 비하여 20~40% 감소
④ 회전 부위가 없어 소음이 없으며, 기존 화력발전과 같은 다량의 냉각수 불필요
⑤ 도심 부근 설치가 가능하여 송배전 시의 설비 및 전력손실 적음
⑥ 부하 변동에 따라 신속히 반응하며, 설치 형태에 따라서 현지 설치용, 분산 배치형, 중앙 집중형 등의 다양한 용도 사용 가능

2) 단점

① 초기 설치 비용이 고가
② 수소 공급, 저장 등 인프라 구축 어려움

2. 연료 전지의 종류

연료 전지는 작동 온도에 따라, 연료의 종류에 따라 그리고 사용하는 전해질의 종류에 따라 각각 구분이 가능하다. 그러나 이온이 전해질을 통과하고 교환으로 전극 사이에 전기가 흐른다는 근본 원리는 모두 같다.

1) 작동 온도에 따른 구분

연료 전지는 고온형과 저온형으로 나누어지고 이들은 다시 두 가지 유형으로 나눌 수 있다.

① 저온

저온형은 일상생활 현장에서 활용된다. 저온형은 고온형 연료 전지에 비해 훨씬 저온(섭씨 200도 이하)에서 작동된다. 저온형의 공통적인 장점은 시동이 단시간에 된다는 것과 크기를 작게 할 수 있다는 점이다. 그러나 고가의 백금전극이 필요해서 장비 비용이 높은 것이 단점이다. 인산형 연료 전지(PAFC)는 섭씨 200도 정도에서 작동한다. 전해질에는 인산 수용액을 쓴다.

고체 고분자형 연료 전지(PEFC)는 섭씨 100도 미만이라는 상온에 가까운 온도에서 작동한다. 전해질에는 수용액이 아니라 수지로 만든 얇은 막을 사용한다. 그 결과 장비

전체를 얇게 할 수 있기 때문에 소형에 적합하다.

② 고온

고온형의 연료 전지에는 용융 탄산염형 연료 전지(MCFC)와 고체 산화물형 연료 전지(SOFC) 두 가지 유형이 있다. 고온형의 연료 전지는 섭씨 500~1,000도라는 고온에서 작동한다. 고온이 되면 화학반응의 속도가 빨라지고 촉매가 필요 없게 된다. 그래서 고가인 백금을 사용하지 않아도 되는 것이 장점 중의 하나이다. 고온의 배출열도 활용할 수 있다. 또 고온인 연료 전지의 내부에서 천연가스 등의 연료가 수소로 전환되는 과정(개질)이 진행되므로 이들 연료를 수소 대신 쓸 수도 있다. 발전효율이 높고 고출력이 가능하나 워밍업을 위한 시동에 시간이 걸리는 단점이 있다.

용융 탄산염형 연료 전지(MCFC)는 섭씨 650도 전후의 고온에서 작동한다. 전해질에는 탄산염을 녹인 액체(용융 탄산염)를 쓴다. 수소 이외에 천연가스나 석탄가스 등을 연료로 쓰는 일도 있다. 고체 산화물형 연료 전지(SOFC)는 섭씨 1,000도 부근의 고온에서 작동한다. 전해질에는 고체인 세라믹을 쓴다.

2) 연료의 종류에 따른 구분

① 기체연료

연료 전지의 보편적인 연료로 사용되며 수소, 탄화수소, CO(석탄가스화) 등이 있다.

② 액체연료

부산물이 생성되어 이에 대한 부산물의 처리 문제가 발생하지만 환경오염률은 고체연료에 비해 거의 없다. 알코올(alcohol), 알데히드(aldehyde), 히드라진(N_2H_4), 석유계 탄화수소가 사용된다.

③ 고체연료

고체연료는 화학 연소반응이 환경오염에 심각한 영향을 미치는 부산물을 생성하여 이에 대한 처리 문제가 발생하지만, 연료 전지 구현이 비교적 간단한 편이어서 비용 절감을 기대할 수 있다. 석탄, 목탄, 코크스 등이 쓰인다.

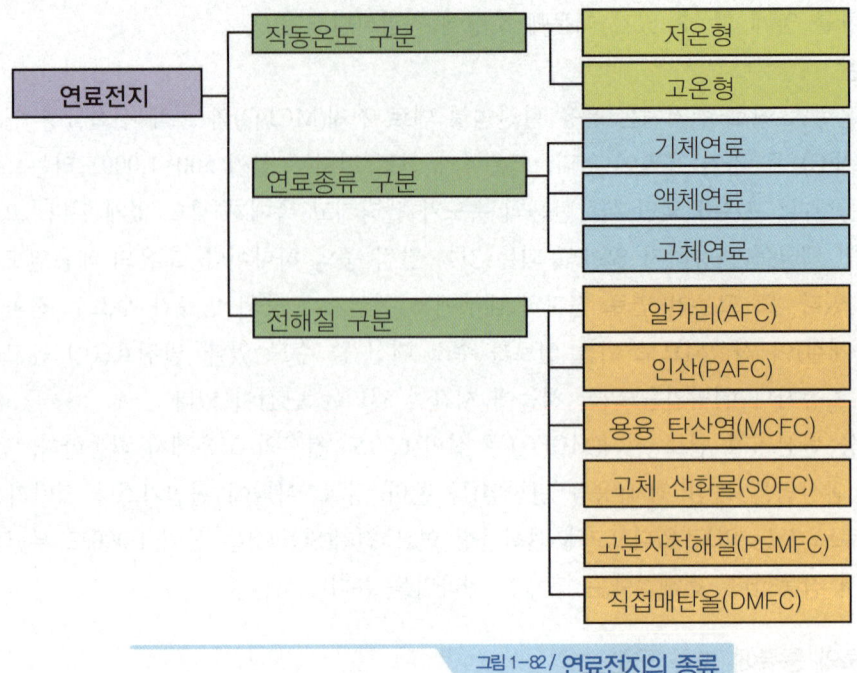

그림 1-82 / 연료전지의 종류

3. 연료 전지의 기본 원리

수소연료 전지의 기본 구조는 고분자 전해질막을 중심으로 양쪽에 다공질의 연료극(anode)과 공기극(cathode)이 부착되어 있는 형태로 되어 있다. 재료만 다를 뿐 보통의 전지 구조와 흡사하다.

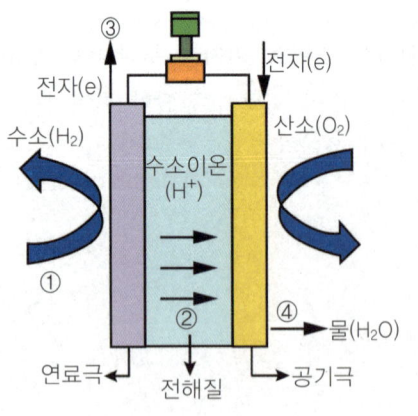

① 연료극에서 수소가 수소이온과 전자로 분해
② 수소이온은 전해질을 거쳐 공기극으로 이동
③ 전지는 외부회로를 거쳐 전류를 발생
④ 공기극에서 수소이온과 전자, 산소가 결합해 물이 된다.

(a)

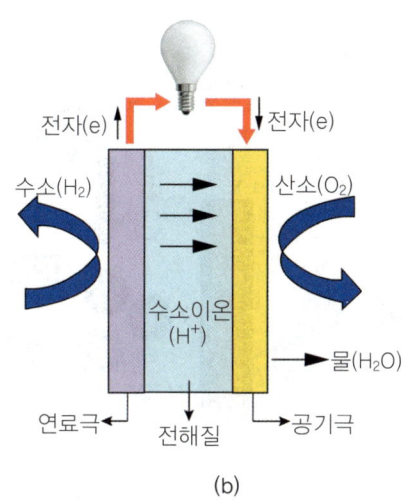

(b)

그림 1-83 / **연료전지 원리**

  양극에선 수소가 이온화되며 전자를 내놓는데, 이 전자는 중간의 전해질을 통해 음극으로 이동하고 그곳에서 공기와 반응해 물을 만든다. 이때 전자가 이동하는 과정에서 우리가 얻고자 하는 전기에너지가 발생하는 것이다. 우리가 사용하는 수소연료 전지는 양극, 음극, 전해질로 구성된 하나의 단위 전지가 여러 개 겹쳐진 적층 구조를 이루고 있다. 전류는 단위전지 면적에 따라 전압은 저장을 하고 단위 전지 개수에 따라 조절되므로 수소연료 전지는 전력을 자유자재로 결정할 수 있다는 장점도 있다.

4. 연료 전지의 화학반응

  연료 전지(fuel cell)는 수소와 산소의 화학반응으로 생기는 화학에너지를 직접 전기에너지로 변환시키는 기술을 이용한 전지이다. 즉, 연료와 산화제를 전기화학적으로 반응시켜 전기에너지를 발생시키는 장치이다. 이 반응은 전해질 내에서 이루어지며 일반적으로 전해질이 남아있는 한 지속적으로 발전이 가능하다.

$$H_2 + \frac{1}{2}O_2 \;=\; H_2O + 전기$$

양극(anode) : $H_2 \rightarrow 2H^+ + 2e^-$
음극(cathode) : $1/2O_2 + 2H^+ + 2e^- \rightarrow H_2O$
전체(overall) : $H_2 + 1/2O_2 \rightarrow H_2O + 전류 + 열$

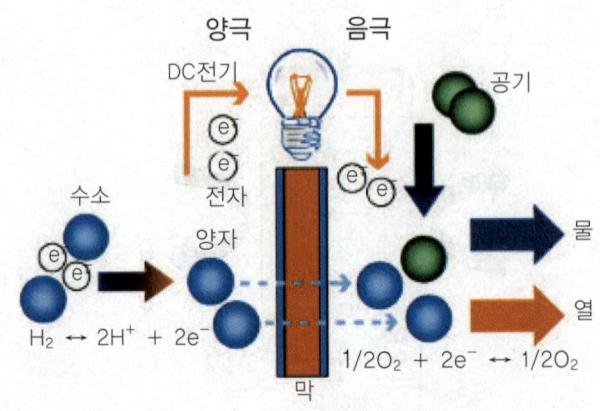

그림 1-84 / **연료전지의 원리**

연료 전지의 구조는 전해질을 사이에 두고 두 전극이 샌드위치의 형태로 위치하며, 두 전극을 통하여 수소 이온과 산소 이온이 지나가면서 전류를 발생시키고 부산물로서 열과 물을 생성한다.

① 연료극(hydrogen from tank, 양극)으로부터 공급된 수소는 수소 이온과 전자로 분리
② 수소 이온은 전해질층을 통해 공기극으로 이동하고 전자는 외부 회로를 통해 공기극으로 이동하며 전기 생성
③ 공기극(oxygen from air, 음극) 쪽에서 산소 이온과 수소 이온이 만나 반응생성물(물)을 생성

최종적인 반응은 수소와 산소가 결합하여 전기, 물 및 열을 생성한다.

연료 전지는 전지 라는 말이 붙어있기는 하지만 일반적인 전지와는 다르다. 전지는 닫힌 계에 화학적으로 전기에너지를 저장하는 반면, 연료 전지는 연료를 소모하여 전력을 생산한다. 또한 전지의 전극은 반응을 하여 충전, 방전상태에 따라 바뀌지만, 연료 전지의 전극은 촉매 작용을 하므로 상대적으로 안정하다. 생성물이 전기와 순수인 발전효율 30~40%, 열효율 40% 이상으로 총 70~80%의 효율을 갖는다.

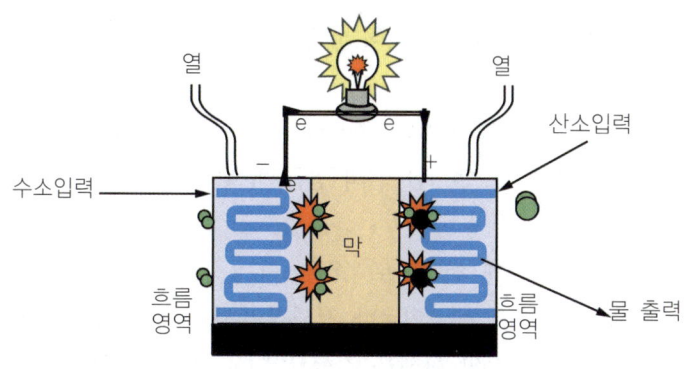

그림 1-85 / **연료전지의 전기발생원리**

5. 수소연료 전지자동차의 구조

연료 전지자동차는 연료 전지 스택, 연료 전지 주변 장치(공기압축기, 열교환기 등), 연료 공급장치, 보조동력원 그리고 모터 및 모터 제어기로 구성되어 있다.

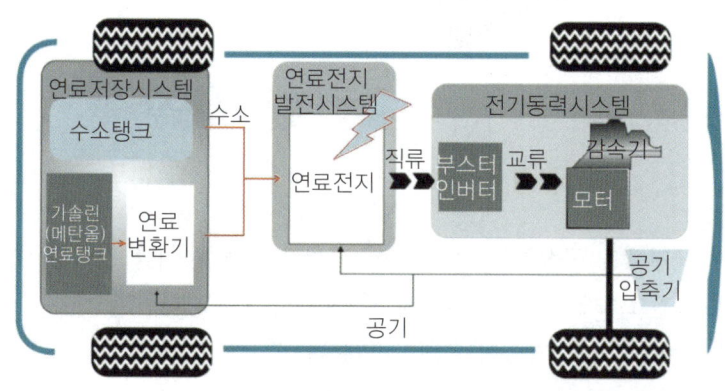

그림 1-86 / **연료 전지자동차의 구조**

1) 연료 전지 스택(고체 고분자 전해질막(PEFC))

연료 전지의 스택은 수소 원료의 화학적 에너지를 전기에너지로 직접 변환시켜 직류전류를 생성하는 발전장치로, 자동차 주행에 필요한 전원을 공급하는 역할을 한다. 원하는 전기 출력을 얻기 위해 단위 전지를 수십 장, 수백 장 직렬로 쌓아 올린 본체이며, 연료 전지 스택의 구성요소는 다음과 같다.

① 분리판 : 반응가스의 유로 제공, 전기적인 연결
② 개스킷 : 반응가스의 누출 방지
③ 극판군(MEA) : 전해질과 백금촉매의 접합체, 전기화학반응이 일어난다.
④ 스택 : 다수의 셀을 쌓은 것으로 한 셀의 음극판(cathode)은 인접 셀의 양극판(anode)과 전기적으로 연결된다.

2매의 백금전극과 거기에 끼워진 전해질로 이루어지는 연료 전지의 1단위를 단셀이라 부른다. 1개의 단셀이 발생시키는 전압은 연료나 전해질의 종류에 따라 결정되는데 단셀의 크기에 무관하게 약 1볼트이다. 복수의 단셀을 직렬로 이은 것을 스택(stack)이라 부른다.

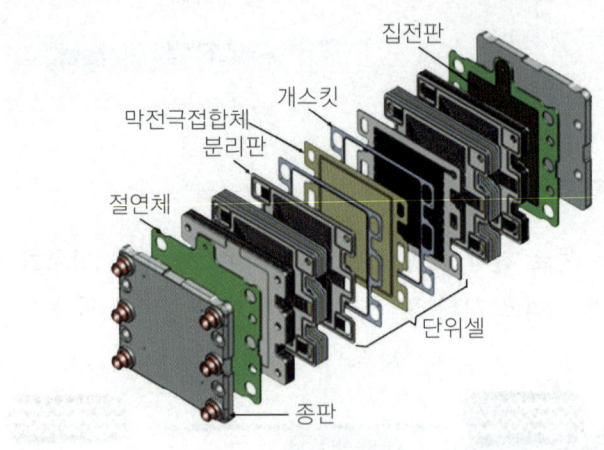

그림1-87 / 연료 전지 스택 구조

① 분리판

스택을 만들려면 단셀을 구성하는 부품 외에 단셀과 단셀 사이를 갈라놓는 부품인 분리판(separator)이 새로 필요하게 된다. 분리판의 기능은 다음과 같다.

㉠ 각 단셀 사이를 막고 가스의 혼합을 막는다.
㉡ 각 단셀에 수소가스나 공기를 공급하는 통로가 된다.
㉢ 단셀 사이를 잇는 도선(전자의 통로)으로 작용한다.

일반적으로 분리판과 전극 사이에는 가스를 균일하게 확산시키기 위한 가스 확산층이 끼워진다. 연료 전지 스택은 반응기체가 흐를 수 있도록 가공된 2개의 분리판과 그 사이에서 전기화학반응을 일으키는 막-전극 어셈블리(MEA : membrane electrode assembly), 분리판과 MEA 사이에서 기체의 흐름을 관장하는 가스 확산층과 밀봉을 위한 개스킷으로 구성되어 있다. 스택의 전압은 적층된 단위 전지의 개수에 비례하며, 전류는 MEA의 면적에 비례한다.

② 전해질막

고분자 전해질막은 전기적으로는 절연체이나 전지 작동 중에 음극으로부터 양극으로 양성자(proton)를 전달하는 매개체로 작용하며, 수화된 연료기체 또는 액체와 산화제 기체를 분리하는 역할을 동시에 수행한다. 따라서 연료 전지용 전해질막은 수소 이온 전도성이 우수해야 하고, 전기 전도성이 없어야 하며, 기체에 대한 투과도가 낮아야 하고, 기계적 강도가 높아야 하며, 화학적 안정성이 있어야 한다.

2) 주변

연료, 공기, 열회수 등을 위한 펌프류, blower, 센서 등을 말한다. 내연엔진에는 연료 및 공기공급, 냉각, 배기를 위한 장치로 구성된 엔진 운전 장치가 있듯이, 연료 전지 발전시스템에도 같은 기능을 하는 연료 전지 운전장치가 있는데, 열 및 물질 수지 개념을 중요시하는 화학공정에서는 이를 BOP라 한다.

① 공기 공급계(APS : air process system)

연료 전지 스택에 수소와 반응을 할 공기(산소)를 공급하는 시스템으로 에어클리너, 공기공급기(air blower 또는 air compressor) 등으로 구성되어 있다.

② 열 및 물 관리계(TMS : thermal management system)

전체 시스템에서 필요로 하는 물 균형을 유지하는 기능이 있으며, 반응 시 스택은 열을 발생하게 되는데 이를 적절한 온도로 유지하는 기능을 한다. 구성부품으로는 라디에이터, 물펌프, 이온제거기, 물탱크 등이 있다.

③ 수소 공급계(FPS : fuel process system)

스택에 수소를 공급하는 시스템으로 여기에는 수소탱크, 압력 조절기, 수소재순환기 등으로 구성되어 있다.

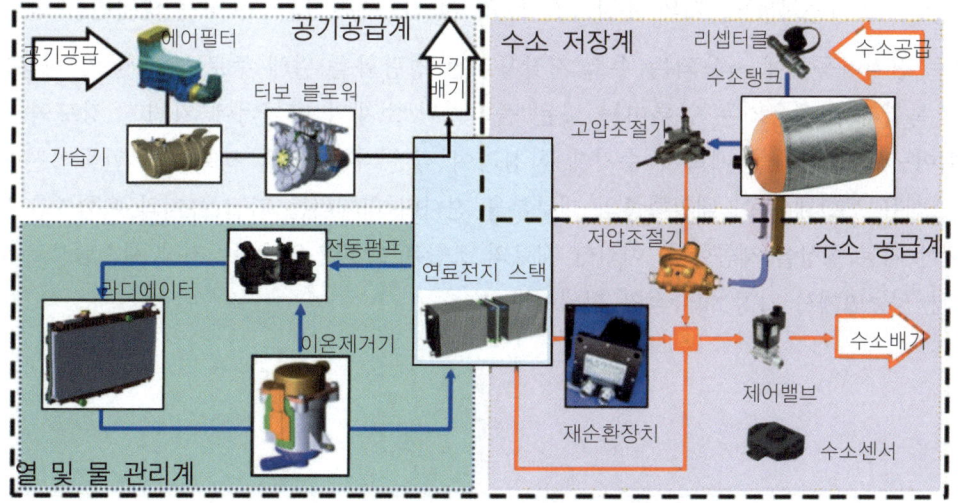

그림 1-88 / 주변 보조기기

3) 수소저장탱크

수소를 운전자가 큰 어려움 없이 경제적으로 활용하기 위해서는 수소저장이 꼭 필요하다.

압축 저장은 수소저장 기술 중 가장 보편적인 방법으로서, 수소기체를 고압으로 압축하여 제한된 체적의 용기에 저장하는 방식이다. 압력용기 내의 수소저장 밀도를 높이기 위해 높은 압력으로 가압하는데, 저장압력이 높아질수록 용기의 두께가 두꺼워져 무게가 증가하게 되므로 다른 연료에 비해 질량 효율(용기를 포함한 질량당 수소의 질량비율)이 떨어지게 된다. 그럼에도 불구하고 압축수소저장 방법은 여러 가지 수소저장 방법 중 가장 실용화에 근접한 방법인데, 저장장치의 구성이 단순하고 중량면에서 이점이 많기 때문에 수소연료 전지자동차나 기타 탑재용 수소연료저장 방법으로 가장 많이 사용되고 있다.

고압 수소기체를 저장하기 위한 압력용기는 사용 재료와 복합재료 강화 방법에 따라 다음과 같이 네 가지로 구분한다.

① 강 또는 알루미늄으로 만들어진 금속제 용기로 복합재료에 의한 구조적 강화 없이 금속 재료만으로 압력하중을 견디도록 만든 용기
② 강 또는 알루미늄으로 만들어진 금속제 라이너 위에 수지를 함침시킨 탄소섬유나 유리섬유를 원주방향으로 감아서 만든 용기이다.
③ 강 또는 알루미늄으로 만들어진 얇은 금속제 라이너 위에 수지를 함침시킨 탄소섬유나 유리섬유를 원주방향과 길이방향으로 감아서 만든 용기로, 금속제 라이너는 하중을 부담하지 않거나 극히 일부분만을 부담한다.
④ 용기의 경량화를 목적으로 비금속 재료로 만들어진 라이너 위에 수지를 함침시킨 탄소섬유나 유리섬유를 원주방향과 길이방향으로 감아서 만든 용기로 비금속재료로 만들어진 라이너는 하중을 거의 부담하지 않고, 가스가 새지 않도록 하는 역할만을 한다.

연료 전지자동차에 사용되는 수소 저장용기는 경량화를 위해 주로 ③과 ④가 사용되고 있다. 복합재 압력용기는 알루미늄 또는 플라스틱 소재의 라이너에 가볍고 강도와 강성이 뛰어난 탄소섬유를 에폭시 수지에 함침하여 감은 후 수지를 경화시켜 만들어진다.

탄소섬유 복합재 층이 내압하중의 대부분을 견디며 라이너는 기밀 유지와 복합재층을 감기 위한 기본 형상을 제공한다. 이러한 재료의 조합은 초경량 압축가스저장 시스템으로서 안전성과 성능면에서 가장 이상적인 형태이다.

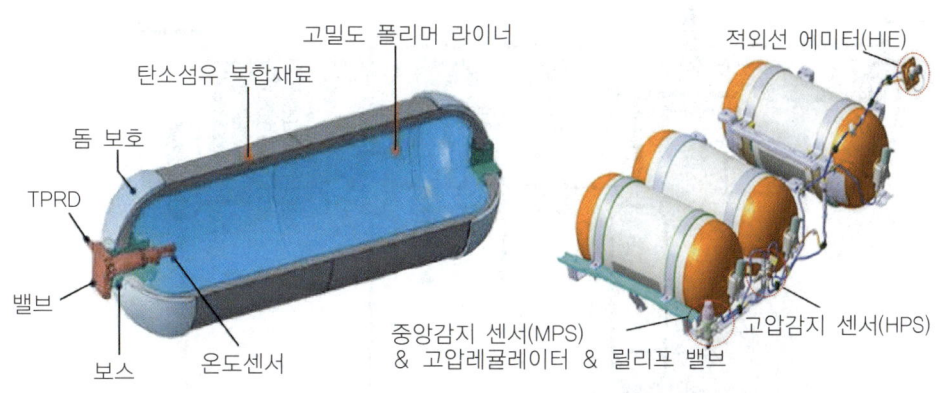

그림 1-89 / **수소연료탱크 구성**

복합재 압력용기는 기존의 금속재질의 압력용기에 비해 매우 가볍고, 더 높은 압력에 견딜 수 있으며, 반복 사용 수명이 매우 길고, 부식에 강한 우수한 특성을 갖는다. 특히 금속재질 압력용기는 결함이 발생되면 폭발 위험이 있으나, 복합재 압력용기는 폭발 전에 압력이 누출되어 폭발이 일어나지 않는 안전한 특성을 갖는다.

4) 액체수소저장탱크

액체수소저장에서는 수소를 액화온도인 -253℃까지 냉각시켜 저장탱크에 저장하는데, 냉각시키는데 수소가 가지고 있는 에너지의 약 43%를 소비해 공급 시의 손실이 크고, 10~20%가 증발해 버리고, 증발하지 않도록 단열시켜도 하루에 2~3% 정도의 액체수소가 증발하는 문제점이 있다.

5) 연료변환기(개질기: reformer)

연료변환기는 천연가스나 메탄올, 가솔린 등 탄화수소 연료를 진한 수소가스로 변환시켜 주는 장치이다. 이렇게 변환된 수소가스와 공기 중의 산소는 전류를 얻기 위해 연료 전지 스택으로 공급된다. 이는 시스템에 악영향을 주는 황(10ppb 이하), 일산화탄소(10ppm 이하) 제어 및 시스템 효율 향상을 위한 핵심 기술이다. 연료 전지에 적합한 최적의 연료는 수소지만 수소는 탄화수소 연료에 비해 생산량이 적으며 수송 및 보관이 어렵다.

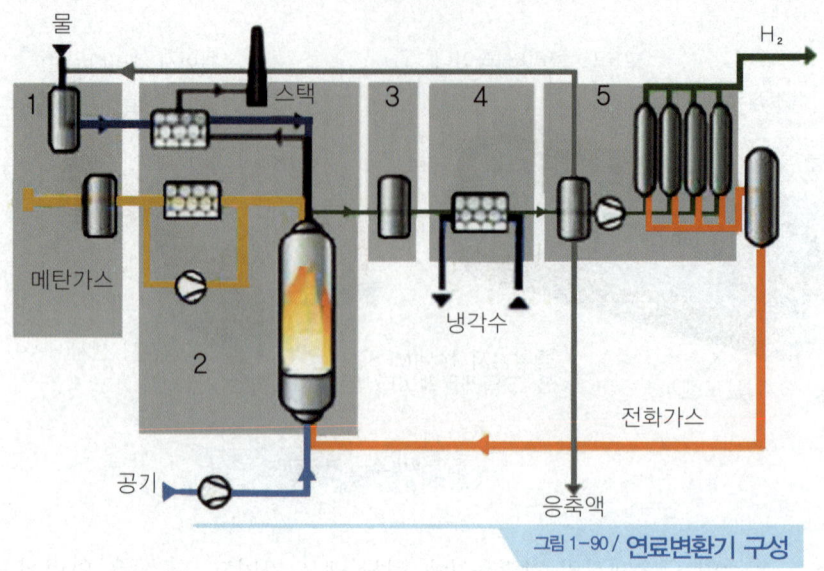

그림 1-90 / **연료변환기 구성**

연료개질 기술이 갖추어야 할 요건은 다음과 같다.
① 연료개질기의 콤팩트화 및 저중량화
② 다중 연료개질 능력(가솔린/디젤, 메탄올, 에탄올, 천연가스)
③ 높은 연료전환 효율(고순도의 수소생산 및 저 오염물질 방출) : 연료개질기에서 연료를 수소로 개질하고 연료 내의 일산화탄소와 황 등의 불순물을 제거하기 위해서는 여러 단계의 촉매공정을 거치게 된다. 따라서 연료개질에 있어서 가장 중요한 사항은 최적의 촉매 선정이라 할 수 있다.
④ 급 시동에 대한 즉각적인 대응 : 개질기에서의 촉매공정은 자동차의 촉매변환기와 같은 방식으로 운행되어야 한다. 이들은 시동 및 운전조건, 급격한 대기환경의 변화도 견딜 수 있어야 하며, 요구 부하를 일정하게 유지할 수 있어야 한다.
⑤ 제조 가격 저하 : 지난 몇 년간 개발자들은 새로운 재료를 선정하고, 연료조절기 내에서 Pt촉매의 함량을 최소화함으로써 작동 성능을 떨어뜨리지 않고도 연료 가격을 낮춰야 한다.

6) 변환기(인버터)

연료 전지 스택에서 발생한 전기는 DC 형태로서 이를 AC로 변환하기 위한 장치가 변환기이다. AC전원을 DC전원으로 변환하는 컨버터 부분과 DC전원을 재단하여 전압 및 주파수가 변화된 AC전원으로 변환하는 인버터 부분으로 복잡하게 형성되어 있으나, 간단히 인버터라 호칭하고 있다.

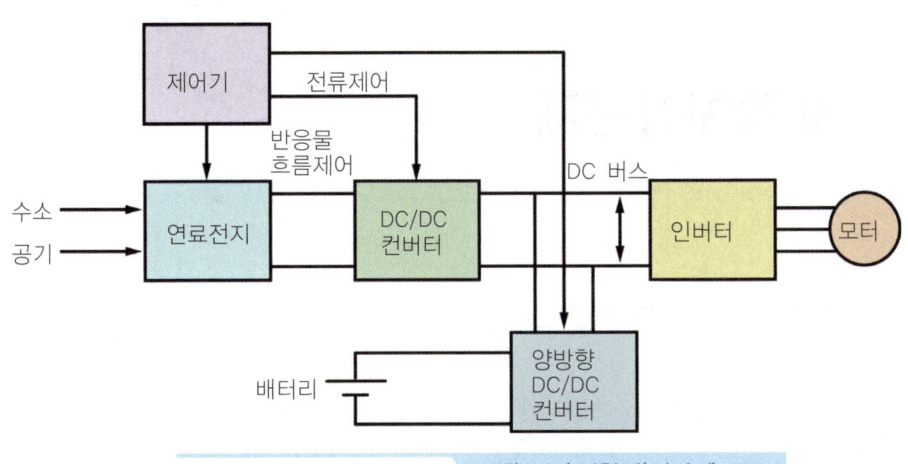

그림 1-91 / 변환기(인버터) 구조

7) 보조전원

연료 전지자동차에서 연료 전지 스택의 내구수명을 증대시키고, 주행거리와 연비 향상을 위하여 보조전원으로 2차 전지나 슈퍼 캐퍼시터 등이 사용된다.

① 2차 전지

2차 전지는 소형기기와 모바일 단말기를 중심으로 사용되고 있으나 연료 전지 시스템에서의 2차 전지는 연료 전지와 연료 전지 출력의 안정화와 비상시 예비전력으로서 중요한 역할을 담당한다. 연료 전지 시스템과의 이용에 있어서는 현재 이용되고 있는 Ni-MH, Li-폴리머 등 있다.

② 전기 축전장치(capacitor)

슈퍼커패시터는 축전용량이 대단히 큰 커패시터로 울트라 커패시터(Ultra Capacitor) 또는 초고용량 커패시터라고 부른다. 화학반응을 이용하는 배터리와 달리 전극과 전해질 계면으로의 단순한 이온의 이동이나 표면화학반응에 의한 충전 현상을 이용한다. 이에 따라 급속 방충전이 가능하고 높은 충·방전 효율 및 반영구적인 사이클 수명 특성으로 보조배터리나 배터리 대체용으로 사용되고 있다.

슈퍼커패시터의 기본구조는 양극과 음극으로 구성하는 다공성 전극(Electrode), 전해질(Electrolyte), 집전체(Currentcollector), 분리막 또는 격리막(Separator)으로 이루어져 있다. 종류는 전기 이중층 커패시터(EDLC: Electrical Double Layer Capacitor), 유사 커패시터(Pseudocapacitor), 하이브리드 슈퍼커패시터(Hybrid Supercapacitor)가 있다.

제3절 고전원 전기장치

제1장 출제예상문제

01 가상 엔진 사운드 시스템(VSS)에 관한 설명으로 틀린 것은?

① 엔진 구동 소리와 유사한 소리를 발생한다.
② 자동차의 속도가 약 40km/h 이상부터 작동한다.
③ 차량 주변 보행자 주의환기로 사고 위험성이 감소한다.
④ 전기차 모드에서 보행자가 차량을 인지할 수 있도록 작동한다.

풀이 소음이 거의 없는 친환경차인 하이브리드 자동차, 전기자동차 등에 차량 외부로부터 인위적인 전자음을 내는 시스템이다. 친환경차의 경우 전기 모터로 주행하기 때문에 소음이 적어 보행자가 파악할 수 있도록 국토교통부는 시속 30km 이하로 주행하는 상황에서 반드시 75dB 이하의 경고음을 내야 하며, 전진할 때는 속도 변화를 보행자가 알아챌 수 있도록 가상 엔진 소리의 변화를 주어야 한다고 규정하고 있다.

02 친환경자동차 모터 설계 시 고려사항이 아닌 것은?

① 안전성 제어
② 토크 발생 제어
③ 출력 특성 제어
④ 열량 발생 제어

풀이 친환경자동차 모터 설계 시 고려사항
① 높은 순시 전력, 강한 과부하 용량, 과부하 계수 3~4, 우수한 가속 성능 및 긴 수명

② 일정한 토크 영역과 정출력 영역을 포함하여 광범위한 속도 조절을 가져야 한다. 일정한 토크 영역에서 시작 및 상승 요구 사항을 충족하려면 저속에서 높은 토크가 필요하고, 정출력 영역에서는 자동차가 평평한 도로 요구 사항에서 고속으로 주행할 수 있도록 낮은 토크에서 고속이 필요하다.
③ 친환경자동차 모터는 자동차가 지연될 때 회생 제동을 실현하고 에너지를 수집하고 배터리로 다시 공급하여 전기 자동차가 내연 기관 차량에서 달성할 수 없는 더 나은 에너지 사용률을 가질 수 있어야 한다.
④ 친환경자동차 모터는 1회 충전으로 주행 거리를 향상시키기 위해 전체 작동 범위 내에서 높은 효율을 가져야 한다.
⑤ 친환경자동차 모터는 안전성, 우수한 신뢰성, 가혹한 조건에서 영구적으로 작동, 작동 중 낮은 소음, 편리한 사용 및 유지 보수가 필요하다.

03 친환경 자동차의 효율 향상 방안으로 틀린 것은?

① 엔진 다운사이징
② 밀러 사이클 적용
③ 배터리 전원의 고전압화
④ 고전압화에 따른 굵은 배선 적용

풀이 ① 엔진 다운사이징 : 엔진 다운사이징 (Engine Downsizing)이란, 엔진의 배기량이나 실린더 수를 줄여 엔진의 크기와 무게를 줄여 연료소비와 배출가스를 감소시키고 엔진에 들어가는 재료 역시 절감하자는 데 목적이 있다. 터보차저와 연료 직분사 방식 등의 기술을 결합하여 낮은 배기량의 엔진이 보다 높은 성능을 낼 수 있도록 하는 것이다.

01 ② 02 ④ 03 ④

② 밀러 사이클 적용 : 밀러 사이클(Miller cycle)은 기존 엔진 구조를 유지 하면서 흡기밸브의 닫힘 시기(IVC)만을 변화시켜 저 압축, 고 팽창 기관을 실현시킬 수 있다.

③ 배터리 전원의 고전압화 : 모터의 동작 전압이 높아지면 입력 RMS 전류, 즉 고정자 구리의 권선 손실이 감소한다. 공급전압이 800V인 경우 400V에 비해 손실이 1/4정도가 된다. 따라서 구리 권선의 직경이 작아져 전체적인 용적의 감소와 패키지의 효율화를 실현하여 모터를 소형화 할 수 있다. 배터리 전원의 고전압화가 되면 전류 요구 사항이 낮기 때문에, 모터 구리선의 손실뿐만 아니라 전체 시스템의 배선 손실도 감소하여 무게, 공간, 비용을 줄일 수 있다.

04 리튬-이온 축전지의 일반적인 특징에 대한 설명으로 틀린 것은?

① 셀당 전압이 낮다.
② 높은 출력밀도를 가진다.
③ 과충전 및 과방전에 민감하다.
④ 열관리 및 전압관리가 필요하다.

풀이 리튬이온 축전지의 일반적인 특징
① 가볍다. 리튬 금속은 다른 어느 금속보다 가볍기 때문에 이 금속을 사용한 전지도 가벼워 에너지 밀도가 매우 크다.
② 기전력이 크다. 리튬이온전지의 기전력은 3.6V이다.
③ 리튬이온전지는 관리가 쉽다. 기억효과가 없다.
④ 자가 방전에 의한 전력 손실이 매우 적다.
⑤ 온도에 민감하다. 온도가 높을수록 노화가 빨리 진행되기 때문에 열관리 및 전압관리가 필요하다.
⑥ 다른 전지에 비해 안정성이 떨어지는 편이라 과방전 시 용량 감소가 매우 크고, 과충전 및 과방전에 민감하다. 다른 전지에 비해 안정성이 떨어지는 편이라 과방전 시 용량 감소가 매우 크고, 과충전 시에는 매우 불안정해서 내부 전극에서 쇼트가 나거나 축전지에 충격을 주면 폭발할 수 있다.

05 리튬 이온 전지의 특징으로 틀린 것은?

① 리튬 이온이 분자적 화학반응이 일어난다.
② 전기화학적으로 흡장하거나 방출된다.
③ (+)극은 망간산 리튬, 코발트산 리튬이 사용된다.
④ (-)극은 흑연 또는 카본이 많이 사용된다.

풀이 리튬 이온 전지는 방전 과정에서 리튬 이온이 음극에서 양극으로 이동하는 전지이다. 충전시에는 리튬 이온이 양극에서 음극으로 다시 이동하여 제자리를 찾게 되어 전기화학적으로 흡장하거나 방출된다. 리튬 이온 전지는 크게 양극, 음극, 전해질의 세 부분으로 나눌 수 있는데, 음극 재질은 흑연 또는 카본이다. 양극에는 층상의 리튬코발트산화물(lithium cobalt oxide)과 같은 산화물, 인산철리튬(lithium iron phosphate, LiFePO$_4$)과 같은 폴리음이온, 리튬망간 산화물, 스피넬 등이 쓰인다. 음극, 양극과 전해질로 어떤 물질을 사용하느냐에 따라 전지의 전압과 수명, 용량, 안정성 등이 크게 바뀔 수 있다. 최근에는 나노기술을 응용한 제작으로 전지의 성능을 높이고 있다.

06 Ni-MH 축전지 특징으로 틀린 것은?

① 방전/충전 비출력이 크다.
② 짧은 시간 동안의 과충전/과방전 저항성이 강하다.
③ 저온에서는 충전 능력이 떨어진다.
④ 높은 에너지 스루풋이 가능하다.

풀이 Ni-MH 축전지 특징
1. 장점
① 전지전압이 1.2~1.3V로 Ni-Cd 전지와 동일하여 호환성이 있다.
② 에너지 밀도가 Ni-Cd 전지의 1.5~2배이다.
③ 급속 충방전이 가능하고 저온특성이 우수하다.
④ 밀폐화가 가능하여 과충전 및 과방전에 저항성이 강하다.
⑤ 환경오염이 물질을 거의 사용하지 않는다.
⑥ 충방전 비출력이 크다.

04 ① 05 ① 06 ③

⑦ 수지상(dendrite) 성장에 기인하는 단락이나 기억효과가 없다.
⑧ 수소이온 전도성의 고체전해질을 사용하면 고체형 전지로도 가능하다.
⑨ 충방전 싸이클 수명이 길다.

2. 단점
① Ni-Cd 전지와 비슷하게 고율방전 특성이 안좋다.
② 자기방전율이 크다.
③ 메모리효과(Memory effect)가 약간 있다.

07 리튬 이온 배터리와 비교한 리튬 폴리머 배터리의 장점이 아닌 것은?

① 폭발 가능성이 적어 안전성이 좋다.
② 패키지 설계에서 기계적 강성이 좋다.
③ 발열 특성이 우수하여 내구 수명이 좋다.
④ 대용량 설계가 유리하여 기술 확장성이 좋다.

08 전기자동차용 배터리 관리 시스템에 대한 일반 요구사항(KS R 1201)에서 다음이 설명하는 것은?

> 배터리가 정지기능 상태가 되기 전까지의 유효한 방전상태에서 배터리가 이동성 소자들에게 전류를 공급할 수 있는 것으로 평가되는 시간

① 잔여 운행시간
② 안전 운전 범위
③ 잔존 수명
④ 사이클 수명

09 배터리 에너지 밀도가 높은 순서대로 나열한 것은?

① 리튬 이온 > 납칼슘 > 니켈수소
② 리튬 이온 > 니켈수소 > 납칼슘
③ 니켈수소 > 리튬 이온 > 납칼슘
④ 니켈수소 > 납칼슘 > 리튬 이온

🔑 배터리 에너지 밀도
① 리튬 이온 전지 : 450Wh/kg 및 700Wh/kg
② 니켈수소전지 : 60~120Wh/kg
③ 납칼슘 : 80~100Wh/kg

10 리튬 폴리머 셀과 팩의 설명으로 맞는 것은?

① 1셀당 3.75V의 전압이고, 8개 셀이 모여 1모듈이 된다.
② 6개의 팩이 모여 1개의 셀이 된다.
③ 1셀당 기전력은 2.15V이다.
④ 360V를 구현할 때는 2팩을 병렬 연결한다.

🔑 리튬 폴리머 배터리는 1셀당 3.75V, 8개 셀이 모여 1모듈(30V), 6개의 모듈이 배터리 팩(180V)이 된다.

11 리튬 폴리머 전지팩 1개의 전압(V)으로 맞는 것은?

① 132   ② 172
③ 180   ④ 196

12 슈퍼 캐퍼시터의 설명으로 틀린 것은?

① 전압으로 잔류용량 파악이 가능하다.
② 소형이고 친환경적이다.
③ 수명은 길지만 에너지 밀도가 낮다.
④ 단락이나 접속 불안정이 없다.

07 ② 08 ① 09 ② 10 ① 11 ③ 12 ③

풀이 **슈퍼 커패시터(콘덴서)**

슈퍼커패시터는 활성탄소(야자수 껍질)만을 사용해 만들어진 전극으로 전기를 생성한다. 슈퍼 커패시터는 전극과 전해질 계면으로의 단순한 이온 이동이나 표면화학반응에 의한 충전현상을 이용하여 많은 에너지를 모아두었다가 수십 초, 수분동안 높은 에너지를 발산하는 에너지 저장 장치로 특징은 다음과 같다.

① 전력밀도가 높고, 배터리보다 훨씬 빠르게 에너지를 충전하고(급속 충전) 방출한다. 충방전 사이클 수명이 50만 사이클 이상으로 매우 길다.
② 셀 전압은 회로 적용에 의해 결정되며 셀 화학에 의해 제한되지 않는다.
③ 매우 높은 셀 전압, 사용 가능한 높은 전력
④ 충전 또는 전압 검출 회로가 필요하지 않다.
⑤ 화학적 작용이 없고, 과대 충전 할 수 없다.
⑥ 단락이나 접속 불안정이 없다.
⑦ 낮은 임피던스로 전기 화학 배터리와 병렬 연결하여 펄스 전류 처리를 향상시킨다.
⑧ 간단한 충전 방법으로 전압 제한 회로가자가 방전을 보상한다. 완전 충전 감지 회로가 필요하지 않다.
⑨ 유지 보수가 거의 없고 수명이 길며 수십만 사이클의 성능 저하가 거의 없다.
⑩ 부식성 전해질이 없으므로 친환경적이고, 화재 및 폭발 위험이 없어 안전성이 있다.
⑪ 보조배터리나 배터리 대체용으로 사용된다.

13 크기에 따른 슈퍼 캐퍼시터의 종류가 아닌 것은?

① 브러시형　　② 원통형
③ 코인형　　　④ 각형

풀이 슈퍼커패시터는 외형적 크기에 따라 코인형, 원통형 및 각형으로 분류할 수 있다.

14 도로 차량-전기자동차용 교환형 배터리 일반 요구사항(KS R 1200)에 따른 엔클로저의 종류로 틀린 것은?

① 방화용 엔클로저
② 촉매 방지용 엔클로저
③ 감전 방지용 엔클로저
④ 기계적 보호용 엔클로저

풀이 **엔클로저의 종류**
① 방화용 엔클로저 : 내부로부터의 화재나 불꽃이 확산되는 것을 최소화 하도록 설계된 엔클로저
② 기계적 보호용 엔클로저 : 기계적 또는 기타 물리적인 원인에 의한 손상을 방지하기 위해 설계된 엔클로저
③ 감전 방지용 엔클로저 : 위험 전압이 인가되는 부품 또는 위험 에너지가 있는 부품과의 접촉을 막기 위해 설계된 엔클로저

15 전기자동차용 전동기에 요구되는 조건으로 틀린 것은?

① 구동 토크가 커야 한다.
② 충전시간이 길어야 한다.
③ 속도제어가 용이해야 한다.
④ 취급 및 보수가 간편해야 한다.

풀이 **전기자동차용 모터의 요구조건**
① 전원은 축전지의 직류전원이다.
② 시동 시의 토크가 커야 한다.
③ 구조가 간단하고 기계적인 내구성이 커야 한다.
④ 속도 제어가 용이해야 한다.
⑤ 취급 및 보수가 간편하고 위험성이 없어야 한다.
⑥ 소형이고 가벼워야 한다.

ANSWER 13 ① 14 ② 15 ②

16 전기자동차의 영구자석 동기 전동기(Permanent Magnet Synchronous Motor)에 대한 설명 중 틀린 것은?
① 비동기 전동기와 비교해서 효율이 높다.
② 에너지 밀도가 높은 영구자석을 사용한다.
③ 대용량의 브러시와 정류자를 사용하여야 한다.
④ 전자 스위칭 회로를 이용하여 특성에 맞게 전동기를 제어한다.

풀이 영구자석 동기 전동기
① 에너지 밀도가 높은 영구자석을 사용하여 효율과 출력 밀도가 기타의 전동기 보다 우수하다.
② 회전자 구조가 매우 간단하다.
③ 계자 자속 발생을 위한 회전자의 전기적인 연결이 불필요 하다.
④ 전자 스위칭 회로를 이용하여 특성에 맞게 전동기를 제어한다.

17 전기자동차에서 직류를 교류로 변환하여 교류모터를 사용하고 있다. 교류모터에 대한 장점으로 틀린 것은?
① 효율이 좋다.
② 소형화 및 고회전이 가능하다.
③ 로터의 관성이 커서 응답성이 양호하다.
④ 브러시가 없어 보수할 필요가 없다.

풀이 교류모터는 구조가 간단하고 브러시나 정류자와 같은 기계 소모부가 없어 보수할 필요가 없고, 고속에서 순간 최대 토크를 출력할 수 있어 응답 특성이 빠르며 무게당 토크가 크므로 소형 경량화할 수 있고, 고회전이 가능한 장점이 있다. 그러나 제어 방법이 복잡하다는 단점이 있다.

18 1,500kg의 자동차가 제동 초속도 36m/s에서 제동하였을 때 회생제동 비율 80%, 전기기계 평균효율을 70%라 할 때 유효에너지(kJ)는?
① 256   ② 381
③ 425   ④ 512

풀이 ① 전체 운동에너지 : 972kJ일 때 회수 가능에너지 : 972 × 0.8 = 776.6kJ
② 유효에너지 : 776.6kJ × 0.7 × 0.7 = 381kJ

19 모터에서 회전자가 4극기에서 회전자가 1회전하면 전기각(°)은?
① 180   ② 360
③ 540   ④ 720

풀이 회전자의 극수가 4극일 때 회전자의 기계적 1회전은 권선에서 전기적으로 720°의 변화에 해당하는 정현파 전압이 유기된다.

20 전기기계의 토크에 대한 설명으로 맞는 것은?
① 회전자전압과 작용하는 자속에 직선적으로 비례한다.
② 회전자전류와 작용하는 자속에 직선적으로 비례한다.
③ 회전자전압과 작용하는 자속에 곡선적으로 비례한다.
④ 회전자전류와 작용하는 자속에 곡선적으로 비례한다.

16 ③ 17 ③ 18 ② 19 ④ 20 ②

21 전동기의 실측 효율은?

① $\dfrac{출력된\ 기계적\ 일}{입력된\ 전기적\ 일}$

② $\dfrac{입력된\ 기계적\ 일}{출력된\ 전기적\ 일}$

③ $\dfrac{출력된\ 기계적\ 일}{출력된\ 전기적\ 일}$

④ $\dfrac{입력된\ 기계적\ 일}{입력된\ 전기적\ 일}$

풀이 전동기의 실측 효율
= $\dfrac{출력된\ 기계적일}{입력된\ 전기적인일} \times 100$

22 전동기 효율과 관련된 특성이 아닌 것은?

① 전동기의 출력이 클수록 효율이 높다
② 전동기의 회전속도는 효율과 관계가 없다.
③ 냉각 방식에 따라 효율이 달라진다.
④ 전기적 손실과 기계적 손실이 발생한다.

23 전기자동차 모터에서 회전자에 영구자석이나 코일과 같은 여자 장치 없이 토크를 발생시키는 모터 형식은?

① 교류 모터
② 직류 모터
③ 스위치 릴럭턴스 모터
④ 영구자석 계자식 모터

24 전기자동차의 동기모터(PM)에서 계자 코일의 제어와 릴럭턴스 토크의 제어가 용이하며, 고속회전에 유리한 회전자는?

① 표면 자석형   ② 매입 자석형
③ 돌출 자석형   ④ 압입 자석형

풀이 IPMSM(매입형 영구자석 동기모터) 고속 회전이 가능하고, 릴럭턴스(Reluctance) 토크를 얻을 수 있으므로 계자 코일의 제어와 릴럭턴스 토크의 제어가 용이하며, 출력 밀도와 효율이 높다.

25 각 바퀴에 모터를 설치하여 개별적으로 통제하는 구동 방식은?

① 인휠모터   ② 휠업모터
③ 드라이빙모터   ④ 회생제동모터

풀이 인휠(In wheel) 모터 시스템은 구동 모터 1개로 1개의 휠을 구동한다. 각 휠마다 구동모터가 적용된다.

26 인-휠모터에 대한 설명으로 틀린 것은?

① 각 바퀴에 모터를 설치하여 개별적으로 통제한다.
② 각 바퀴가 동작하기 때문에 드라이빙 샤프트가 없다.
③ 전기에너지 공급으로 4륜 구동으로 작동이 쉽다.
④ 각 바퀴를 제어하는 종합 시스템 구성이 간단하다.

풀이 각 휠마다 구동모터가 적용되다 보니 기존의 자동차에서 사용하였던 축, 차동기어 장치 등을 제거할 수 있어 구조가 간단해지고 실내 공간 확보에도 용이하다. 또한, 축과 기어의 개수 축소에 따라 전달 효율을 향상시킬 수도 있다. 더 나아가 인휠 모터 시스템은 휠 각각의 독립적인 토크 제어가 가능하여 주행 안전성도 높아지게 된다.

27 전기자동차에 사용하는 직류모터에서 자속 밀도를 B, 2개 코일의 총 유효 길이를 L, 공급전류를 I라고 할 때 모터의 전자력 F를 구하는 공식은?

① $F = B \times I \times L$ ② $F = B \times I \times 2L$
③ $F = (B \times I)/L$ ④ $F = (B \times 2I)/L$

ANSWER
21 ① 22 ② 23 ③ 24 ② 25 ① 26 ④ 27 ①

28 AC 모터에서 회전자계와 영구자석 간의 상호작용에 의하여 전자기력을 발생시켜 중소용량(20kW 미만)에 유리하도록 설계되어 사용되는 모터는?
① 동기모터   ② 유도모터
③ 자기모터   ④ 단상모터

29 DC모터의 설명으로 틀린 것은?
① 소용량부터 대용량까지 제품 구성의 폭이 크다.
② 정류자, 브러시 등을 영구적으로 사용할 수 있다.
③ 가변전압 연결 시 제어성이 용이하다.
④ 직류 전원을 직접 사용하여 ON, OFF 구동이 쉽다.

풀이 DC 모터의 가장 큰 결점으로는 그 구조상 브러시(brush)와 정류자(commutator)에 의한 기계식 접점이 있다. 이것에 의한 영향은 전류(轉流)시의 전기불꽃(spark), 회전 소음, 브러시와 정류자 마모에 의한 수명이 제한된다.

30 전동기 4상한 구동제어가 아닌 것은?
① 역전 운전   ② 정전 운전
③ 제동 운전   ④ 회전 운전

31 모터를 발전기로 작동시키는 방법으로 전기모터로의 송전을 멈추고 구동을 정지하여 출력측의 회전을 반대로 모터에 입력하는 방식은?
① 발전제동   ② 모터제동
③ 가속제동   ④ 회전제동

32 전기자동차에 사용되는 감속기의 주요 기능에 해당하지 않는 것은?
① 감속기능 : 모터 구동력 증대
② 증속기능 : 증속 시 다운 시프트 적용
③ 차동기능 : 차량 선회 시 좌우바퀴 차동
④ 파킹기능 : 운전자 P단 조작 시 차량 파킹

33 전기차 충전 방식에서 충전 커플러에 금속 노출이 없는 방식은?
① 인덕티브   ② 컨덕티브
③ 어드레스   ④ 핀슬리브

풀이 인덕티브 충전은 높은 주파수를 이용하여 두 개의 권선 사이에 전기적 힘을 이동시키는 것이다. 하나는 충전소에서 다른 하나는 차체에 있어 충전 커플러에 금속 노출이 없다.

34 DC-DC 컨버터의 설명으로 틀린 것은?
① 커패시터-에너지 리플 성분 제어
② 인덕터 - 전압 하강 제어
③ 전력반도체 스위치 - 입·출력 에너지 제어
④ 변압기 - 입·출력 전압 조절 제어

35 DC-DC 컨버터의 특징으로 맞는 것은?
① PWM 제어가 어렵다.
② 저전류를 직류로 변환한다.
③ 고전압을 저전압으로 변환한다.
④ 교류-직류변환기이다.

풀이 DC/DC 컨버터는 DC(직류)를 DC(직류)로 변환하는 기기이다. 즉, 고전압 DC(직류)를 저전압 DC(직류)로 변환하는 장치이다.

28 ① 29 ② 30 ④ 31 ① 32 ② 33 ① 34 ② 35 ③

36 DC-DC 컨버터의 종류가 아닌 것은?

① 강압(buck) 컨버터
② 반전(inverting) 컨버터
③ 정전압(regulating) 컨버터
④ 승압(boost) 컨버터

> DC/DC 컨버터 종류에는 강압(Buck), 승압(Boost), 반전(inverting), 승강압(Buck-Boost)이 있다.

37 BMS(battery management system)의 역할이 아닌 것은?

① 전기 시스템 최적 상태 유지
② 데이터 보상 및 시스템 진단 기능
③ 전기 시스템의 안전 예방 및 경보 발생
④ 배터리 교체 예상 기간 모니터링

> BMS는 배터리를 관리하는 시스템으로 배터리의 전류, 전압, 온도 상태를 인식하는 센서에 연결되어 전기 시스템 최적 상태 유지, 데이터 보상 및 시스템 진단 기능, 배터리의 위험상태를 해결하기 위한 제어명령을 수행할 때는 릴레이나 휀(Fan)을 구동시키기도 하고, 전기 시스템의 안전 예방 및 경보 발생

38 BMS(battery management system)의 구성품이 아닌 것은?

① 안전 스위치
② 고전압 퓨즈
③ BMS 컨트롤러
④ 메인 릴레이

> BMS의 구성품은 VITM(전압, 전류, 온도 계측) 모듈, 셀 밸런싱 모듈, 방호(회로차단기(안전 스위치), 고전압 퓨즈, 리플레이, 접촉기, FET 등) 모듈, 마이크로프로세서(Micro Processor)등이 있다.

39 SOC(state of charge)의 측정 방법으로 틀린 것은?

① 저항 측정   ② 전압 측정
③ 전류 측정   ④ 압력 측정

> SOC 측정 방법
> ① 화학측정법 : 배터리 전해질의 비중이나 산도(pH)를 측정하여 계산한다. 액체 전해질에 직접 접근이 가능한 축전지에만 사용 가능한 측정 방법
> ② 전압측정법 : 배터리 전압을 측정하고 방전곡선과 대조하여 계산
> ③ 전류적분법 : 쿨럼카운팅이라고도 하며, 배터리의 전류를 측정한 후 시간에 따라 적분하여 계산
> ④ 압력측정법 : 니켈 수소 축전지의 잔존 용량을 측정하는 데 사용되며, 배터리 내부의 압력을 측정하여 계산

40 전기자동차 충전 방식의 분류가 아닌 것은?

① 급속 직접 충전 방식
② 전지 교환 시스템 방식
③ 비접촉식 충전 방식
④ 태양광 충전 방식

> 전기자동차 충전 방식에는 급속 직접 충전 방식, 완속 충전 방식, 전지교환 시스템 방식, 비접촉식 충전 방식등이 있다.

36 ③   37 ④   38 ④   39 ①   40 ④

41 유도식(inductive) 충전 시스템의 설명으로 틀린 것은?

① 변압기의 원리를 이용
② 접촉식에 비해 안전성이 높다.
③ 에너지 효율을 극대화시킬 수 있다.
④ 배터리의 크기를 작게 할 수 있다.

> **풀이** 유도식(inductive) 충전 시스템
> 기존의 주차장 바닥하부에 변압기 원리를 응용한 교류를 발생시키는 급전선로를 자성재료(코어)와 함께 매설하고, 자동차 바닥 부에는 지하에서 발생한 교류에 의한 자기장을 받아 유도전류를 발생시켜 에너지를 전달받는 집전장치가 장착되며, 집전장치에서 발생된 전류는 정류를 거쳐 배터리로 충전이 되는 방식으로 안전성이 높고, 에너지 효율을 극대화 시킬 수 있다.

42 전기자동차 충전기 설치 장소의 분류가 아닌 것은?

① 별치형　　② 휴대형
③ 급속형　　④ 탑재형

> **풀이** ① 별치형 충전기 : 충전기를 차량 외부인 주차장이나 주유소 등에 설치하는 방식
> ② 휴대형 충전기 : 휴대할 수 있도록 사용 편의성을 높인 형태
> ③ 탑재형 충전기 : 충전기를 차량에 탑재하고 이동하다가 교류전원이 있으면 충전이 가능한 충전기

43 자동차규칙에 의한 고전원전기장치 간 전기배선의 피복 색상은?(단, 보호기구 내부에 위치하는 경우는 제외한다.)

① 초록색　　② 파랑색
③ 주황색　　④ 빨강색

> **풀이** 고전원전기장치 간 전기배선(보호기구 내부에 위치하는 경우는 제외한다)의 피복은 주황색이어야 한다.

44 고전압 와이어 하니스(wiring harness)의 고려사항이 아닌 것은?

① 절연 내압이 클 것.
② 안정성이 높을 것.
③ 저항성이 클 것.
④ 전송 효율이 높을 것.

> **풀이** 고전압 와이어 하니스는 우발적인 접촉 및 합선을 방지하기 위해 절연 및 내압이 커야하고, 낮은 저항과 높은 연성 때문에 구리로 만들어진다. 단열재는 일반적으로 폴리염화비닐로 만들어진다. 고전압 와이어 하네스는 누전을 방지하여 안정성이 높아야 한다.

45 연료 전지의 특징으로 틀린 것은?

① 전기를 생산하는 에너지 변환기
② 전기화학 발전기
③ 에너지 저장장치
④ 기계식 에너지 변환 장치

> **풀이** 연료전지(fuel cell)란 연료가 가진 화학에너지를 전기화학반응을 통해 직접 전기에너지로 바꾸는 에너지 변환 장치로서, 말 그대로 연료를 사용해 전기를 만들어내는 발전기의 일종이다. 3차 전지(화학반응)로 다른 전지와 달리 기계 자체에 에너지를 저장하는 것이 아니며 연료가 에너지를 저장하는 형태이다.

41 ④　42 ③　43 ③　44 ③　45 ④

46 연료 전지의 단점이 아닌 것은?

① 촉매금속이 고가이다.
② 충전장치가 복잡하다.
③ 내연기관에 비해 효율이 낮다.
④ 큰 설치공간이 필요하다.

풀이 수소 자동차는 전기를 생산하기 위한 연료를 수소를 사용하기 때문에 가솔린 차량과 비교하여 연비가 매우 높다. 연료 전지의 단점은 ①, ②, ④외에 수소에 대한 저장 및 운송 기술이 아직 부족하고, 소음과 진동이 적어 마모가 없는 대신 부식이 있다. 충전 인프라의 부족 및 높은 차량 가격, 수소차의 수소탱크는 크고 무게가 많이 나간다. 출력밀도가 낮고, 수명이 매우 짧으며(6개월~1년 정도), 가격이 비싸다.

47 연료전지의 장점에 해당되지 않는 것은?

① 상온에서 화학반응을 하므로 위험성이 적다.
② 에너지 밀도가 매우 크다.
③ 연료를 공급하여 연속적으로 전력을 얻을 수 있으므로 충전이 필요 없다.
④ 출력밀도가 크다.

풀이 연료전지의 장점은 ①, ②, ③항 이외 친환경적이며, 높은 효율, 낮은 온도에서도 높은 성능, 고속 주행이 가능, 공기정화 효과, 발생하는 열은 난방으로 활용할 수 있다.

48 연료 전지 자동차의 장점이 아닌 것은?

① 높은 연료 전지 효율
② 높은 출력 중량(kg/kW)
③ 유해배출물질 저감
④ 공운전 소비 없음

49 KS 규격 연료전지기술에 의한 연료전지의 종류로 틀린 것은?

① 고분자 전해질 연료 전지
② 액체 산화물 연료전지
③ 인산형 연료 전지
④ 알칼리 연료 전지

풀이 연료전지의 종류
고분자 전해질 연료전지(PEMFC), 고체 산화물 연료전지(SOFC), 알칼리 연료전지(AFC), 용융 탄산염 연료전지(MCFC), 인산형 연료전지(PAFC), 직접 메탄올 연료전지(DMFC) 등으로 구분한다.

50 연료 전지의 종류가 아닌 것은?

① 고체 고분자형
② 염화 수소형
③ 고체 산화물형
④ 인산형

51 연료 전지의 전기화학적 반응으로 맞게 묶인 것은?

① 수소+산소
② 리튬+질소
③ 이온+산소
④ 인산철+질소

풀이 연료 전지(fuel cell)는 수소와 산소의 화학반응으로 생기는 화학에너지를 직접 전기에너지로 변환시키는 기술을 이용한 전지이다.

ANSWER 46 ③ 47 ④ 48 ② 49 ② 50 ② 51 ①

52 연료 전지의 특징으로 틀린 것은?
① 설치가 용이하고 소음 진동이 적다.
② 에너지의 약 80% 정도를 일로 사용한다.
③ 종합 효율이 높지만 NOx를 발생시킨다.
④ 전기화학반응에 의한 높은 발전효율을 얻는다.

풀이 연료 전지는 이산화탄소(CO_2), 질소산화물(NOx)이 현저히 적게 발생하고 황산화물(SOx), 미세먼지 등의 대기오염 물질이 거의 발생하지 않는다.

53 고분자전해질 연료 전지 대신 직접 메탄올 연료 전지를 사용할 경우에 대한 설명으로 틀린 것은?
① 메탄올을 연료 전지에 직접 공급하기 때문에 개질기가 필요 없다.
② 메탄올 산화반응 시 일산화탄소 중간체에 피독 현상이 발생한다.
③ 메탄올의 전해질막 투과 현상 때문에 전지성능이 높아진다.
④ 메탄올의 저장은 기존의 연료탱크에 보관하는 것과 같다.

풀이 직접 메탄올 연료 전지는 고분자 전해질 막을 사이에 두고 양쪽에 각각 음극과 양극이 위치한다. 음극에서는 메탄올과 물이 반응하여 수소 이온과 전자를 생성한다. 생성된 수소이온은 전해질 막을 통해 양극 쪽으로 이동하고, 양극에서는 수소 이온과 전자가 산소와 결합하여 물을 생성시킨다. 이 때 전자가 외부 회로를 통과하면서 전류를 발생시키는 것으로 DMFC(직접 메탄올 연료전지)는 PEMFC(고분자 전해질 연료전지)에 비해 출력밀도는 낮다.

54 연료 전지 자동차 구성품이 아닌 것은?
① 연료 전지 스택
② 배터리 제어기
③ 수소 재순환기
④ 오일펌프 컨트롤러

풀이 연료전지 전기자동차에는 연료전지 스택, 모터, 배터리, 배터리 제어기, 수소탱크, 수소 재순환기, 열·물 관리장치, 공조장치, 전력변환장치, 고압밸브 등이 탑재되어 있다.

55 연료 전지의 구성 단위를 나타낸 것은?
① 셀   ② 스택
③ 공극   ④ 연료극

풀이 연료전지 본체에는 층층이 많이 쌓여 있는데 이를 셀이라고 한다. 하나의 셀이 만든 전기는 약 0.7V이다. 그래서 큰 전기를 만들기 위해서는 셀을 많이 쌓아야하며 건전지를 직렬로 연결한 것과 같은 것이다.

56 연료 전지의 셀을 적층하여 전력 발생을 하는 구성품은?
① 연료 전지 스택
② 컨버터
③ 전력 변환기
④ 인버터

풀이 연료 전지 스택은 다수의 셀을 적층한 것으로 셀은 연료 전지를 만드는 단위로 단전지(單電池)라고도 한다. 한 셀의 음극판(cathode)은 인접 셀의 양극판(anode)과 전기적으로 연결된다.

52 ③ 53 ③ 54 ④ 55 ① 56 ①

57 연료 전지 촉매에 사용되는 금속은?
① 루테니움 ② 바나듐
③ 백금 ④ 니오브

풀이) 인산형 연료전지 내의 전극은 탄소 지지체의 표면적 위에 촉매로써 백금이나 백금 혼합물을 포함한다.

58 연료 전지 분리판의 역할이 아닌 것은?
① 연료가스와 공기를 차단
② 연료가스와 공기의 유로 확보
③ 화학반응에 대한 내구성 확보
④ 연료 전지 작동온도에 따른 유동성 확보

풀이) 연료전지용 분리판은 MEA(막-전극접합체), GDL(기체확산층)과 함께 스택을 구성하는 핵심부품으로서 수소연료전지 자동차용 분리판(BP : Bipolar Plate)은 연료전지에 공급되는 연료인 수소, 산소(또는 공기)를 가스흐름채널(Gas flow channels)을 통해 기체확산층(Gas Diffusion Layer, GDL)에 공급하거나, 반응의 결과 형성된 생성물인 물을 외부로 배출시키는 역할을 한다. 분리판은 연료가스와 공기를 차단하며, 음극(Anode)에서의 수소산화반응의 결과 발생한 전자를 양극(Cathode)로 전달하는 전자전도체(Electron Conductor)이자, 반응의 결과 발생한 열을 잘 전달시킬 수 있는 높은 열전도도 및 화학 반응에 대한 내구성을 가져야한다.

59 화학반응으로 수소를 흡수하고 방출하는 성질을 가진 물질을 이용하여 수소를 저장하는 방식은?
① 탄소나노기술 저장
② 수소흡장물질 저장
③ 액체수소가스 저장
④ 고압수소가스 저장

풀이) 수소흡장물질 저장은 화학반응으로 물질의 내부에 수소가 침입함으로써 수소가 저장되는 방식이다.

60 전지의 에너지밀도 단위로 맞는 것은?
① W/ℓ ② W/h
③ Wh/ℓ ④ Wkg/h

풀이) 전지의 에너지밀도는 단위는 질량 당 전력량[Wh/kg], 단위 부피 당 전력량[Wh/L]

61 메탄올 연료 전지(DMFC)는 전해질을 사이에 두고 양전극에서 각각 메탄올과 산소의 반응으로 맞는 것은?
① 산화반응 - 환원반응
② 수소 이온반응 - 캐소드반응
③ 전자 이온반응 - 아노드반응
④ 전해질 분리반응 - 이온 공유반응

풀이) 메탄올 연료 전지(DMFC)는 전해질을 사이에 두고 양전극에서 각각 메탄올과 산소의 산화반응, 환원반응을 이용한다.

62 연료 전지의 전기분해에서 수소와 산소의 생성(체적) 비율은?
① 1 : 1 ② 2 : 1
③ 1 : 2 ④ 3 : 2

풀이) 물을 전기분해하면 (+), (-)극에 각각 수소 기체와 산소 기체가 2:1의 비율로 생성된다.

63 연료 전지의 전압강하가 발생되는 손실이 아닌 것은?
① 내부 전압 ② 내부 전류
③ 농도 감소 ④ 연료 교차

64 연료 전지의 수명은 정격 출력 대비 생성 출력의 비율(%)은?
① 75 ② 80
③ 90 ④ 100

57 ③ 58 ④ 59 ② 60 ③ 61 ① 62 ② 63 ① 64 ④

65 연료 전지 성능 저하의 원인이 아닌 것은?

① 수소 부족
② 애노드측 탄소 부식
③ 가습 부족
④ 상온 시동

풀이 연료전지의 성능 감소 원인으로는 대기 중의 오염원, 운전 중 반응기체(수소, 산소)의 불충분한 공급, 작동과 멈춤의 주기적 반복, 촉매의 열화현상, 전해질 막의 퇴화, 및 애노드측 탄소 부식, 불완전한 운전조건, 가습 부족 등을 들 수 있다.

66 연료 전지에서 촉매의 오염을 방지할 수 있는 방법은?

① 화학적 공기 여과기 사용
② 연료 전지 냉각기 설치
③ 촉매 전 히팅시스템 설치
④ 캐소드측 박막 건조기 설치

67 수소연료 전지의 가역 개회로 전압(V)은?
(200℃에서 동작하고 깁스 생성 자유에너지 -220[kJ/mol]일 때)

① 0.75   ② 1.14
③ 1.82   ④ 2.12

풀이 $U_{H2\,cell} = \dfrac{\Delta \overline{g_f}}{zF} = \dfrac{220,000}{2 \times 96485} = 1.14\,V$

68 연료 전지의 효율식은?

① $\dfrac{1mol\ 연료가\ 생성하는\ 전기\ 에너지}{깁스\ 생성\ 에너지}$

② $\dfrac{1mol\ 연료가\ 생성하는\ 전기\ 에너지}{생성엔트로피}$

③ $\dfrac{2mol\ 연료가\ 생성하는\ 전기\ 에너지}{깁스\ 생성\ 에너지}$

④ $\dfrac{1mol\ 연료가\ 생성하는\ 전기\ 에너지}{생성\ 엔탈피}$

65 ④   66 ①   67 ②   68 ④

제4절 계기 및 보안장치

1_계기장치

계기장치는 운전 중 자동차의 주행상태를 나타내는 각종 정보를 운전자에게 알려, 자동차의 운전상황을 쉽게 판단하여 교통의 안전을 도모하고 쾌적한 운전을 할 수 있도록 유도하는 장치로서, 속도계, 수온계, 연료계, 유압계 등이 있다. 계기장치에 의한 정보표시 방법으로는 아날로그 방식과 디지털 방식이 있다.

1. 속도계

속도계에는 자동차의 주행속도를 1시간당의 주행거리(km/H)로 나타내는 속도 지시계와 전체 주행거리를 표시하는 적산계의 두 부분으로 되어 있으며, 수시로 0으로 되돌릴 수 있는 구간거리계를 설치한 것도 있다. 그리고 속도계는 변속기 출력축에서 속도계 구동 케이블을 통하여 구동된다.

2. 회전속도계(tachometer)

1) 발전식 회전속도계

점화신호를 검출하기 어려운 디젤엔진 자동차에 사용되며, 엔진의 구동축에 의하여 로터가 회전하게 되면 스테이터 코일에는 엔진의 회전수에 비례하는 교류전압이 유도 → 출력된 교류전압을 전파 정류하여 가동 코일형의 미터부에 보내면 엔진의 회전수를 나타낼 수 있게 된다.

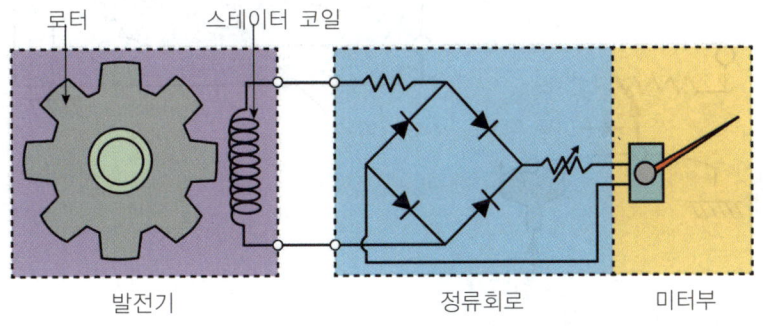

그림 1-92 / 발전식 회전속도계

2) 펄스식 회전속도계

점화신호를 펄스신호로 변환하여 엔진의 회전수를 나타낸다. 구동케이블 등의 부속품을 필요로 하지 않아 전자제어 점화 방식이 사용되고 있는 가솔린엔진용 회전속도계로서 가장 널리 사용되고 있다.

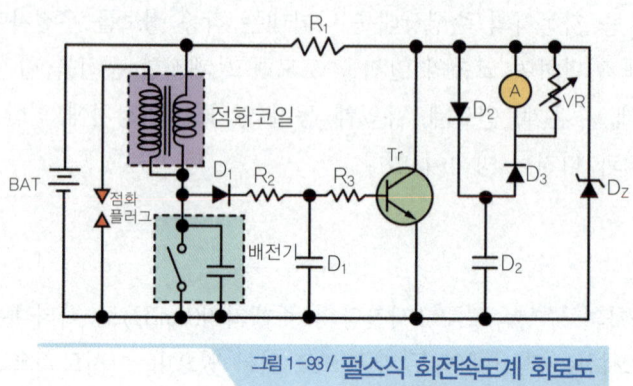

그림 1-93 / 펄스식 회전속도계 회로도

3. 유압계 및 유압 경고등

유압계는 엔진의 윤활회로 내의 유압을 측정하기 위한 계기이며, 유압 경고등은 윤활회로에 이상이 있으면 경고등을 점등하는 방식이다. 유압계의 종류에는 부든튜브 방식(bourdon tube type), 평형코일 방식, 바이메탈 방식(bimetal type) 등이 있다.

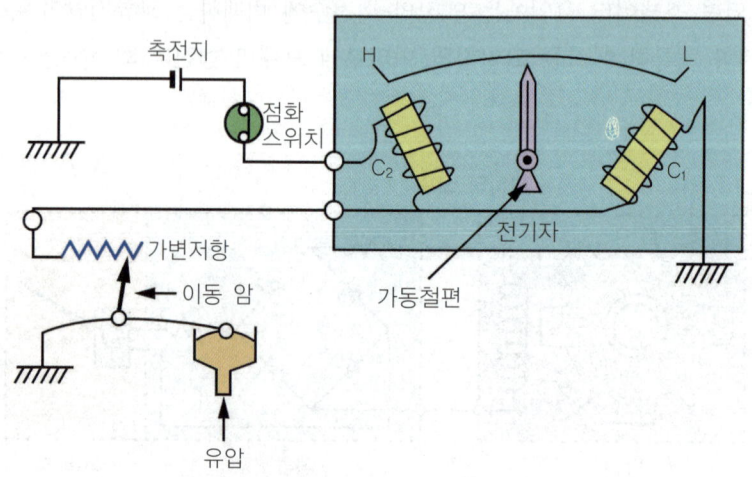

(a) 밸런싱 코일방식 유압계

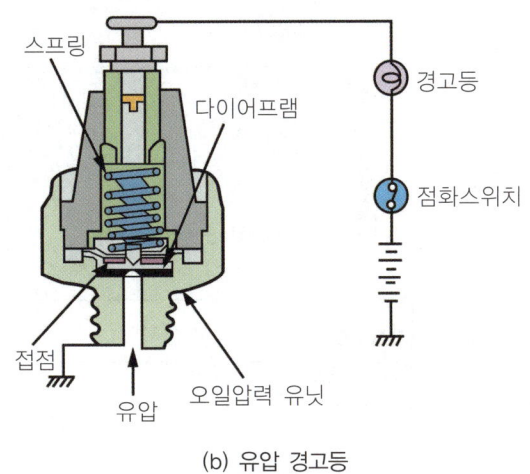

(b) 유압 경고등

그림 1-94 / **유압계 및 유압 경고등**

4. 온도계(수온계)

온도계는 실린더헤드 물재킷 내의 냉각수온도를 표시하는 것이며, 온도계의 종류에는 부든튜브 방식, 밸런싱(평형)코일 방식, 서모스탯 바이메탈 방식, 바이메탈 저항방식 등이 있다.

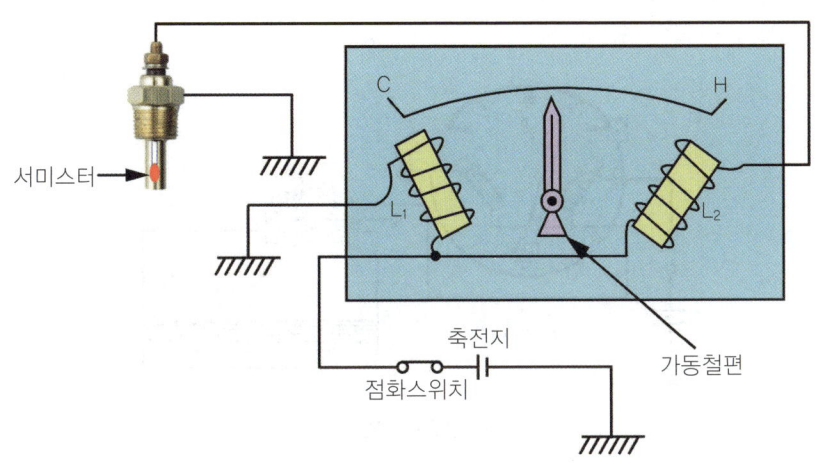

(a) 밸런싱 코일-서미스터식

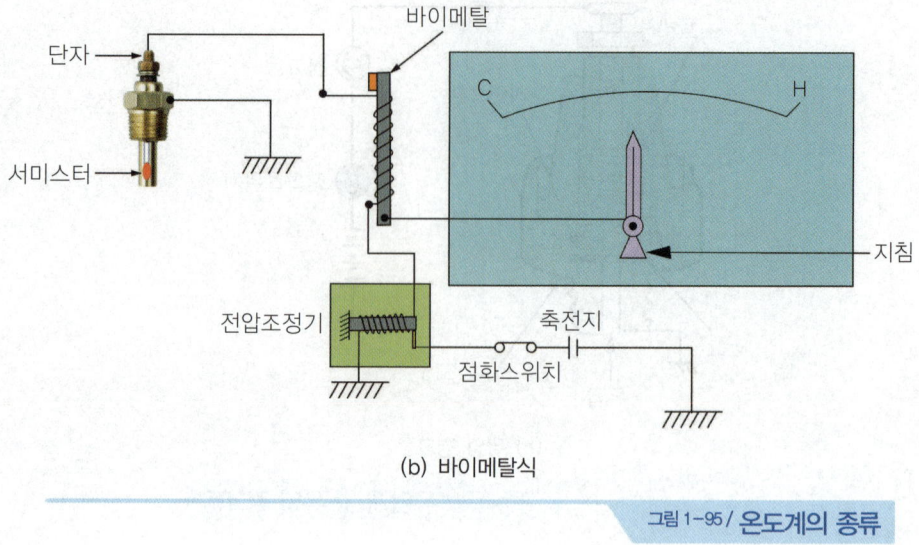

(b) 바이메탈식

그림 1-95 / **온도계의 종류**

5. 연료계

연료계는 연료탱크 내의 연료 보유량을 표시하는 계기이며, 일반적으로 전기 방식을 사용한다. 연료계에는 계기 방식인 평형코일 방식, 서모스탯 바이메탈 방식, 바이메탈 저항 방식과 연료면 표시기 방식이 있다.

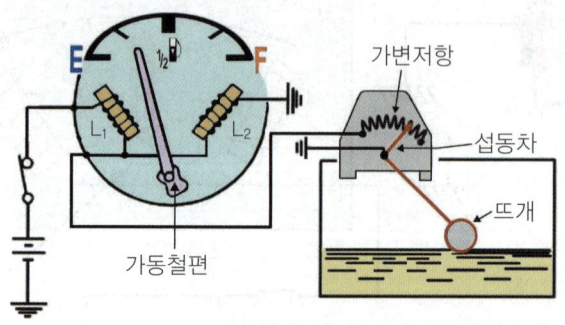

(a) 연료가 적을 때

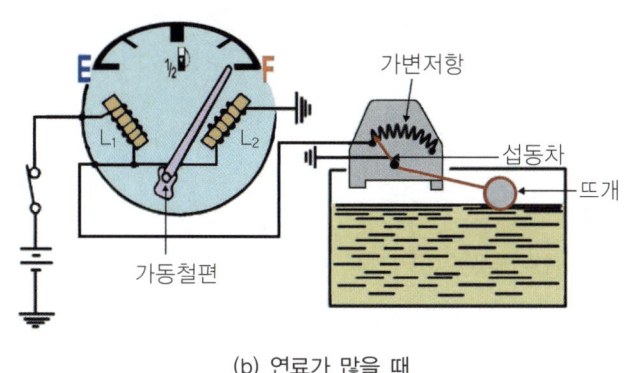

(b) 연료가 많을 때

그림1-96 / **코일 가변저항식 연료계**

6. 전류계와 충전 경고등

전류계는 축전지의 충·방전상태와 크기를 알려주는 계기이며, 영구자석과 전자석으로 조립되어 있다. 충전 경고등은 경고등의 점멸상태로 충·방전상태를 표시한다. 충전 계통이 정상이면 소등되고, 이상이 발생하면 점등된다.

7. 전자 디스플레이방식의 계기판의 특징

① 음극선관(CRT)은 전자빔의 원리로 작동하며, 동작 전압은 수 kV이다.
② 플라스마(PD)는 충돌이온으로 가스 방전시키는 원리를 이용한 것으로 동작전압은 200V 정도이다.
③ 발광다이오드(LED)는 반도체의 PN접합의 순방향에서 전하의 재결합원리를 응용한 것으로, 동작전압은 2~3V로 낮으며 적, 황, 녹, 오렌지색 등 다양한 색깔을 나타낸다.

8. 트립 정보 컴퓨터

차량의 전자장치 중 가장 널리 알려진 것으로 트립 정보장치가 있다. 이 장치는 대단히 많은 기능을 가지고 있으며 다음과 같은 유용한 정보를 표시할 수 있다.

① 현재 연료 소비율
② 평균 연료소비율
③ 평균 주행속도
④ 현재 위치(전 여행 거리에 대한)
⑤ 현재까지의 여행 시간
⑥ 연료 보유량

⑦ 주행 가능 거리
⑧ 도착 예상시간
⑨ 현재 시각
⑩ 엔진 회전속도
⑪ 엔진 냉각수 온도
⑫ 주행거리 당 평균 연료비용

2_보안장치

1. 경음기

경음기의 종류에는 전자석에 의해 진동판을 진동시키는 전기방식과 압축공기에 의하여 진동판을 진동시키는 공기방식이 있다. 전기방식 경음기는 다이어프램, 접점 및 조정너트, 진동판 등으로 구성되어 있다.

2. 윈드실드 와이퍼

윈드실드 와이퍼는 비나 눈이 올 때 운전자의 시야(視野)가 방해되는 것을 방지하기 위해 앞 창유리를 닦아내는 작용을 한다. 구조는 와이퍼 전동기, 와이퍼 암과 블레이드 등으로 구성되어 있다.

3_전기회로

1. 전기 전자회로분석

자동차의 전구를 축전지에 연결하면 전선을 통해 램프에 전류가 흘러 램프가 켜진다. 이 때 전기의 흐름을 생각하면 배터리에서 출발하여 반드시 원위치로 돌아온다. 이와 같이 전기의 흐르는 길을 전기회로(circuit)라 한다.

2. 전기회로의 구성요소

일반적으로 전기회로를 구성하는 데는 다음과 같은 요소들이 필요하다.

① 전원
② 부하
③ 전선

④ 보호장치
⑤ 스위치, 릴레이
⑥ 저항

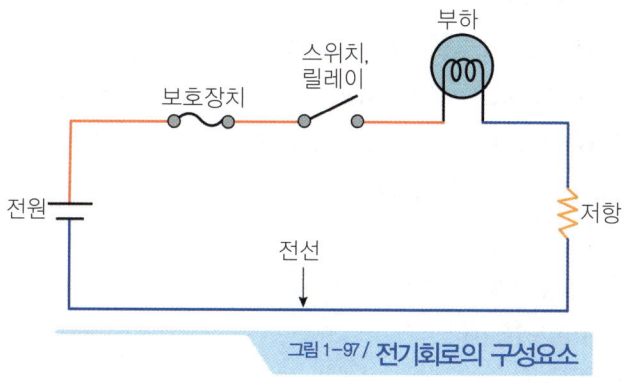

그림 1-97 / 전기회로의 구성요소

1) 전원

자동차의 각 전기장치에 전기를 공급하는 공급원이 되는 것, 예를 들면 배터리, 발전기 등이다.

① 전원회로

자동차 전기회로에서 전원(battery)으로부터 퓨즈박스(dash fuse box)까지의 회로를 전원회로(전원공급회로, power distribution circuit)라고 한다.

② 전원회로의 종류

㉠ 키 스위치의 위치에 관계없이 전기가 공급되는 회로(battery 상시전원, 예 : 미등, 비상등, 제동등, 혼)

㉡ ACC전원 : 키 스위치가 ACC 또는 ON 위치에 있을 때 전기가 공급되는 회로이다 (ST 시 전기가 공급되지 않는다. 예 : 오디오, 시가라이터, 디지털시계).

㉢ IG전원 : 키 스위치가 ON의 위치에 있을 때 전기가 공급되는 회로이다.

ⓐ IG1 : ST 시에도 전기가 공급되는 회로

ⓑ IG2 : ST 시 전기가 공급되지 않는 회로.

2) 부하

전기에너지에 의하여 일을 하는 요소이다(예 : 기동전동기, 전구, 각종 모터 등등).

3) 전선

각 전기장치에 전기에너지를 도전(導電)하여 회로를 구성하는 것이다.

① 전선의 굵기

와이어의 굵기는 전류의 크기 및 부하에 흐르는 전류의 연속성에 따라 결정된다. 전선의 굵기는 주위 온도, 진동, 기계적인 운동 등에 의해서 결정된다.

② 자동차용 전선의 색 구분

자동차 전선은 사용되는 회로의 형태에 따라 색이 지정된다.

B(Black) : 흑색, W(White) : 백색, R(Red) : 적색, G(Green) : 녹색, Y(Yellow) : 황색, L(Blue) : 청색, Br(Brown) : 다색, Lg(Light Green) : 연두색, O(Orange) : 오랜지색

전선을 구분하기 위한 전선의 색깔은 전선 피복의 바탕색, 보조 줄무늬 색깔의 순서로 표시한다.

> 예 AVX-0.6GR(Y)의 경우
> AVX : 내열 자동차용 배선
> 0.6 : 전선 단면적(0.6㎟)
> G : 바탕색(녹색)
> R : 줄무늬색(빨간색)
> Y : 튜브색(노란색)

③ 하니스

전선을 배선할 때 한선씩 처리하는 경우도 있지만 대부분 같은 방향으로 설치될 전선을 다발로 묶어 처리하는 경우가 많다. 이런 전선 묶음을 전선 하니스(wiring harness) 또는 간단히 하니스라 한다.

④ 전선의 배선 방식

배선 방법에는 단선 방식과 복선 방식이 있으며, 단선 방식은 부하의 한끝을 자동차 차체에 접지하는 것이며, 접지 쪽에서 접촉 불량이 생기거나 큰 전류가 흐르면 전압강하가 발생하므로, 작은 전류가 흐르는 부분에서 사용한다. 복선 방식은 접지 쪽에도 전선을 사용하는 것으로 주로 전조등과 같이 큰 전류가 흐르는 회로에서 사용된다.

다음은 각각의 회로들에 속한 전기장치의 종류들이다.

㉠ 시동회로 : 점화 스위치, 코일, 디스트리뷰터와 스타터
㉡ 충전회로 : 알터네이터, 레귤레이터와 워닝램프
㉢ 램프회로 : 헤드램프, 테일램프, 백업램프
㉣ 신호회로 : 혼, 스톱 램프, 비상램프
㉤ 계기회로 : 인스트루먼트와 게이지
㉥ 기타회로 : 윈드실드 와이퍼, 윈드실드 와셔, 라디오, 히터, 시가라이터
㉦ 접지회로 : 그라운드 리드

4_등화장치

1. 조명의 용어

1) 광속

광원에서 나오는 빛의 다발을 말하며, 단위는 루멘(lumen, 기호는 lm)이다.

2) 광도

빛의 세기를 말하며 단위는 칸델라(기호는 cd)이다. 1칸델라는 광원에서 1m 떨어진 1㎡의 면에 1m의 광속이 통과하였을 때의 빛의 세기이다.

3) 조도

조도란 빛을 받는 면의 밝기를 말하며, 단위는 룩스(lux)이다. 빛을 받는 면의 조도는 광원의 광도에 비례하고, 광원의 거리의 2승에 반비례한다. 광원으로부터 r(m)떨어진 빛의 방향에 수직한 빛을 받는 면의 조도를 E(Lux), 그 방향의 광원의 광도를 I(cd)라고 하면 다음과 같이 표시한다.

$$E = \frac{I}{r^2}(Lux)$$

2. 전조등

1) 전조등의 3요소

① 필라멘트
② 반사경
③ 렌즈

2) 전조등의 형식

① 실드빔형식
   필라멘트, 반사경, 렌즈가 하나의 전구로 된 형식
② 세미 실드빔형식
   렌즈와 반사경은 일체로 되어 있고, 전구는 별도로 설치된 형식

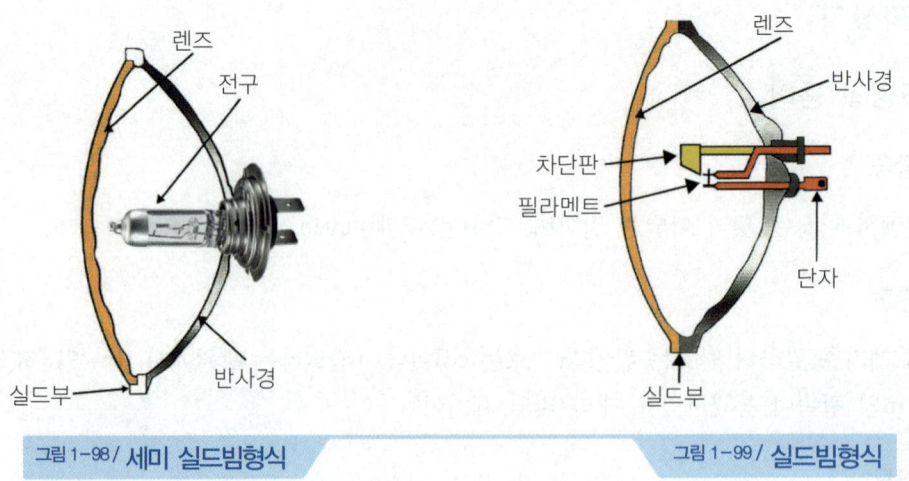

그림 1-98 / 세미 실드빔형식　　그림 1-99 / 실드빔형식

③ 할로겐 전조등
　㉠ 필라멘트가 텅스텐으로 되어 있고, 질소가스에 할로겐을 미량 혼합시킨 불활성 가스를 봉입
　㉡ 타 전조등에 비해 밝고, 수명이 길며, 광도가 안정

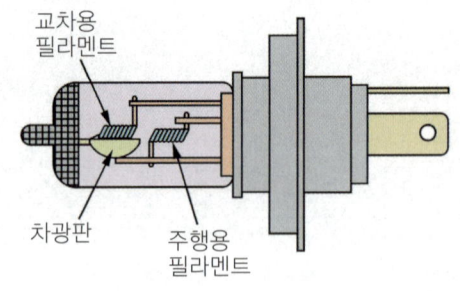

그림 1-100 / 할로겐램프

④ 방전 헤드램프(HID : hight intensity discharge)
　방전 헤드램프는 최근에 많이 사용되는데 구조는 필라멘트 대신 텅스텐 전극이 설치되어 있으며, 전구(발광 관)내에 크세논(Xe)가스, 금속 할로겐화물(metal halide)이 봉입되어 있다. 전조등 제어용 컴퓨터가 축전지로부터 12V를 받아 승압시켜 텅스텐 전극사이에 순간적으로 약 20,000V 이상의 펄스를 발생시키면 먼저 크세논가스가 활성화되면서 청백색의 빛을 발생시킨다. 이 상태에서 전구 내의 온도가 더욱 더 상승하면 수은이 증발하여 아크방전이 일어나고, 더욱 더 온도가 상승하면 금속 할로겐화물이 증발하면서 유리전자가 발생되는데, 이 유리전자가 금속원자와 충돌하면서 높은 휘도의

빛을 발생시킨다.

⑤ LED 전조등

LED 전조등은 보다 나은 시야를 확보해 주고, 눈부심 현상 감소는 물론 색온도 조작도 가능해 태양광과 거의 근접한 환경을 조성할 수 있는 기능성과 안전성을 갖고 있으며, 14W LED 램프는 65W 표준 할로겐램프와 대등한 밝기 성능을 갖고 있기 때문에 에너지 절감 측면에서도 뛰어난 성능을 가지고 있다. 또한 LED의 최대 수명이 10만 시간으로 자동차 수명보다 길고, 오랫동안 광량을 유지할 수 있는 내구성을 갖고 있어 광원을 교체할 필요도 없고, 광원의 교체를 고려한 공간 설계도 필요 없으며, 헤드램프 내부에 LED 광원을 매립해 넣을 수도 있게 되었다.

⑥ 오토라이트(auto light)

오토라이트는 운전자가 직접 라이트 스위치를 작동시키지 않아도 조도센서를 이용하여, 주위 조도변화에 따라 오토모드(auto mode)에서 자동적으로 미등 및 전조등을 점등시켜주는 장치이다. 주행 중 주위의 조도가 변화하면 작동한다. 오토라이트 장치는 크래쉬 패드 상단(조수석)에 센서와 유닛으로 주위의 조도변화를 감지한다.

3) 전조등회로

전조등회로는 퓨즈, 라이트 스위치, 디머 스위치(dimmer switch) 등으로 구성되어 있으며, 양쪽의 전조등은 하이 빔(high beam)과 로우 빔(low beam)별로 병렬로 접속되어 있다.

3. 방향지시등

방향지시등은 보행자 또는 다른 운전자에게 진행방향을 미리 알려 사고를 미연에 방지하고 교통의 흐름을 원활하게 한다. 방향지시등 스위치를 조작하였을 때 방향지시등을 점멸시키는 플래셔 유닛의 종류에는 전자 열선방식, 축전기방식, 수은방식, 스냅 열선방식, 바이메탈 방식, 열선방식 등이 있다.

전자 열선방식 플래셔 유닛은 열에 의한 열선(heat coil)의 신축(伸縮)작용을 이용한 것이며, 중앙에 있는 전자석과 이 전자석에 의해 끌어당겨지는 2조의 가동접점으로 구성되어 있다. 방향지시기 스위치를 좌우 어느 방향으로 넣으면 접점 P_1은 열선의 장력에 의해 열려지는 힘을 받는다. 따라서 열선이 가열되어 늘어나면 닫히고, 냉각되면 다시 열리며 이에 따라 방향지시등이 점멸하게 되고 접점 P_2는 파일럿 등을 점멸시킨다.

안전기준에 따르면 등광색은 황색 또는 호박색으로 1등당 광도는 50~1,050cd의 범위에 있어야 한다. 한편, 방향지시등의 점멸주기는 매분 60~120회의 일정한 주기를 가져야 한다.

4. 안개등(fog lamp)

전조등의 빛이 안개 속을 통과하면 산란되어 먼 거리까지 도달하지 못하지만, 안개등은 빛의 파장이 긴 빛을 사용하기 때문에 일반적인 빛에 비하여 산란이 적어 같은 조건에서 빛이 멀리까지 비춰지기 때문에 악천후 속에서 자신의 위치를 알리기 위한 것이다. 따라서 안개 때문에 잘 보이지 않아도, 멀리서 다가오는 상대 운전자에게는 안개등의 불빛이 보여 서로 안전하게 운행할 수 있게 한다.

5. 미등(tail lamp)

미등은 야간에 주행하거나 정지하고 있을 때 자동차가 있는 것을 뒤차에 알리는 표시등이다. 미등은 미등으로만 사용하는 단독방식과 제동등과 겸용으로 사용하는 겸용방식이 있으며, 겸용방식의 전구에는 2개의 필라멘트가 있으며, 제동등을 작동시킬 때는 그 광도가 3배 이상 증가되어야 한다.

미등작동은 라이트 스위치를 작동하면 라이트 스위치에 와 있던 전원이 접지가 되어 미등 릴레이가 작동하고 릴레이 접점이 붙어 상시 전원이 흘러 좌우측의 미등 전구에 전원을 공급하게 되어 미등 및 번호등이 작동하게 된다.

6. 번호등(license plate lamp)

번호등은 자동차의 뒷면에 설치된 번호판을 조명하는 것으로 전조등 미등 스위치의 조작 시 점등되어야 하며 광원이 눈에 직접적으로 보여서는 안 되며, 등록번호 숫자 위의 어느 부분에서도 8룩스(Lux) 이상이어야 한다.

7. 제동등(stop lamp)

제동등은 브레이크 페달을 밟았을 때 뒤차에 제동함을 알리는 것으로 제동장치의 작동에 따라 점등되며, 제동등 스위치는 브레이크 페달을 밟으면 스위치의 접점이 접속되어 점등되는 기계방식과 마스터 실린더안의 유압이 높아지면 유압에 의하여 다이어프램(diaphragm)이 밀려서 접점이 접속되는 유압방식이 있다.

제동등의 작동은 평상시 정지등 스위치에 와있던 작동 전원이 브레이크 페달을 밟으므로 제동등 스위치가 작동하게 되고 제동등 스위치에 와있던 상시전원이 뒤 좌우 콤비네이션 램프의 제동등에 전원을 공급하게 되고 제동등은 상시 작동전원에 의해 제동등은 작동하게 된다.

제동등 스위치 스위치는 브레이크페달에 의해 ON, OFF되는 스위치이다. 브레이크 페달을 밟으면 페달에 눌려 있던 스위치 푸시로드가 해방되기 때문에 접점이 연결되어 제동등을 점등하고 브레이크 페달을 놓으면 푸시로드가 눌려 접점이 차단되어 제동등이 소등된다.

8. 후진등(back up lamp)

변속기 레버를 후진 위치로 하였을 때 점등되는 후진 방향의 조명등이다. 후퇴등 이라고도 한다. 자동차가 후진하고 있음을 후속차에게 알리는 등으로 전구는 21~27W정도이다.

평상시에 후진등 스위치에 와있던 작동 전원이 변속 레버를 후진으로 하면 후진등 스위치가 작동하게 되고 후진등 스위치에 있던 상시전원은 뒤 좌·우 콤비네이션 램프의 후진등에 전원을 공급하게 되고 후진등은 상시접지와 작동 전원에 의해 후진등은 작동하게 된다.

9. 실내등

가까운 실내 천장의 중앙이나 윈드실드 가까운 장소에 설치되어 차량의 어두운 실내를 환하게 조명하기 위한 등으로, 룸 라이트 또는 룸 램프라고도 한다.

제4절 계기 및 보안장치

 출제예상문제

01 엔진 및 계기장치의 감지방식이 다른 회로는?

① 연료계
② 엔진오일 경고등
③ 냉각수 온도계
④ 연료부족 경고등

[풀이] 엔진오일 경고등은 유압계의 종류로 부든튜브 방식(bourdon tube type), 평형코일 방식, 바이메탈 방식등이 있어 있으며, ①, ③, ④항 형식은 서미스터를 이용한다.

02 계기 중에 전기식 계기에서 바이메탈을 사용하지 않고 영구자석과 전자석으로 조립되어 있는 계기는?

① 유압계   ② 전류계
③ 온도계   ④ 연료계

[풀이] 전류계는 축전지의 충·방전상태와 크기를 알려주는 계기이며, 영구자석과 전자석으로 조립되어 있다.

03 다음 계기장치 중 밸런싱 코일식을 사용하지 않는 계기장치는?

① 전류계   ② 온도계
③ 속도계   ④ 연료계

[풀이] 속도계는 회전축 붙이 영구자석, 지시 바늘이 붙은 로터, 회전력을 조정하는 헤어 스프링, 눈금판, 적산계 및 적산계를 구동하는 특수기어 등으로 구성되어 있다.

04 온도에 따라 전기저항이 변하는 반도체 소자로 온도센서, 연료잔량 경고등회로에 쓰이는 것은?

① 피에조 압전소자   ② 다이오드
③ 트랜지스터   ④ 서미스터

05 주행 중 계기판의 충전경고등이 점등될 때 고장원인으로 거리가 가장 먼 것은?

① 배터리의 노후
② 충전계통 퓨즈 단선
③ 발전기 벨트의 절손 또는 장력 부족
④ 발전기 관련 배선의 단선 또는 단락

[풀이] ②, ③, ④외에 배터리가 완전 방전으로 충전되지 않을 때, 발전기 고장으로 배터리에 충전이 안될 때

06 계기판의 TPMS 표시등에 대한 내용 중 틀린 것은?

① 표시등이 점멸 후 점등되면 시스템이 정상이다.
② 타이어의 공기압이 규정 이하로 부족한 경우 표시등이 점등한다.
③ TPMS 시스템에 이상이 없으면 점화스위치 ON시 점등 후 소등된다.
④ 주변 노이즈의 영향으로 TPMS 경고등 오작동이 발생할 수도 있다.

[풀이] TPMS 표시등 점등은 TPMS 시스템에 이상이 생겨서 이다.

ANSWER
01 ② 02 ② 03 ③ 04 ④ 05 ① 06 ①

07 전자식 디스플레이 방식의 계기판에 대한 설명으로 틀린 것은?

① 음극선관(CRT)은 전자빔의 원리로 작동하며, 동작 전압은 수 kV이다.
② 플라스마(PD)는 충돌이온으로 가스 방전시키는 원리를 이용한 것으로 동작전압은 200V 정도이다.
③ 발광 다이오드(LED)는 반도체의 PN 접합의 순방향에서 전하의 재결합원리를 응용한 것으로, 동작전압은 2~3V로 낮으며 적, 황, 녹, 오렌지 색 등 다양한 색깔을 나타낸다.
④ 액정(LCD)은 전계 내에서 액정을 이용하여 빛의 흡수와 전달을 제어하는 것으로 동작전압은 12~14V 정도이고, 색깔은 단색이지만 필터를 사용하면 여러 가지색이 가능하다.

풀이 액정은 액정의 양 끝단에 걸리는 전압에 의해 구동된다. 그리고 액정자체가 발광하는 것이 아니라 LED 뒤에 별도의 back light라는 광원이 있어 빛을 주되 가해진 전압의 세기에 따라 액정의 뒤틀림 정도에 차이가 생기고 이에 따라 액정을 통과하는 빛의 양이 달라지는데 이때 액정 위의 RGB삼원색 각각을 통과하는 빛이 섞이면서 하나의 원하는 색을 구현한다.

08 자동차 디지털 LCD 계기판의 특징으로 틀린 것은?

① 작동 시 내부의 액정에 전압이 가해지지 않을 때 빛을 투과시키는 성질을 가지고 있다.
② 마이컴에 의한 액정제어 방식으로 고밀도 제어가 가능하다.
③ 표시되는 디스플레이 자유도가 아날로그 방식보다 크다.
④ 저전압 저소비전력으로 작동된다.

09 자동차의 회로부품 중에서 일반적으로 "ACC 회로"에 포함된 것은?

① 카스테레오 ② 경음기
③ 와이퍼 모터 ④ 전조등

풀이 "ACC 회로"는 기본적으로는 자동차에 사용되는 액세서리 부품의 작동에 필요한 전원을 공급한다. 라디오, 카세트, 담배 라이터 등을 들 수 있으며, 최근에는 오디오 및 비디오 장치, 내비게이션 등에도 사용된다.

10 이그니션(IG) 키를 시동(스타트) 위치로 회전시켰을 때 이그니션(IG) 키 스위치 내부 접점단자의 연결이 옳은 것은?

① 상시전원 - IG1 - START
② 상시전원 - IG2 - START
③ 상시전원 - IG1 - IG2 - START
④ 상시전원 - ACC - IG1- START

풀이 시동(스타트) 위치로 회전시키면 상시전원에서 IG2는 스타트시 순간적으로 전기공급이 차단되고 IG1은 지속적으로 전기를 공급해서 START와 연결이 된다.

11 전기회로 정비 작업시의 설명으로 틀린 것은?

① 전기회로 배선 작업시 진동, 간섭 등에 주의하여 배선을 정리한다.
② 차량에 있는 전기장치를 장착할 때는 전원부에 반드시 퓨즈를 설치한다.
③ 배선 연결회로에서 접촉이 불량하면 열이 발생한다.
④ 연결 접촉부가 있는 회로에서 선간전압이 5V 이하시에는 문제가 되지 않는다.

풀이 선간전압은 0.6~1.2V이하가 나오면 정상이라 판단해도 되나, 선간전압 측정시 1.2V이상이 나오면 측정구간에 저항성분이 보통 차량보다 많다는 뜻으로 불량부위를 찾아야 한다.

07 ④ 08 ① 09 ① 10 ① 11 ④

12. 전기회로의 점검 방법으로 틀린 것은?
   ① 전류측정 시 회로와 병렬로 연결한다.
   ② 회로가 접촉 불량일 경우 전압강하를 점검한다.
   ③ 회로의 단선 시 회로의 저항측정을 통해서 점검할 수 있다.
   ④ 제어모듈 회로점검 시 디지털 멀티미터를 사용해서 점검할 수 있다.

   풀이) 전류측정 시 회로와 직렬로 연결한다.

13. 시동회로에서 전압강하와 관련된 현상을 설명한 것 중 틀린 것은?
   ① 배터리에서 기동전동기로 연결되는 배선이 굵은 것은 많은 전류가 흐르기 때문이다.
   ② 기동전동기에서 배터리로 연결되는 배선과 배터리(+)극과의 접촉이 좋지 않으면 전압강하가 커서 엔진이 기동되지 않을 수도 있다.
   ③ 배터리에서 기동전동기로 연결되는 배선과 기동 전동기 마그네트 스위치 (B)단자와의 접촉이 좋지 않으면 엔진이 기동되지 않을 수도 있다.
   ④ 기동전동기의 무부하 시험시 작동이 양호하면 전압강하가 크다는 것을 의미한다.

   풀이) 기동전동기의 무부하 시험을 할 때 작동이 불량하면 전압강하가 크다는 것을 의미한다.

14. 충전회로에서 발전기 L단자에 대한 설명이다. 거리가 먼 것은?
   ① L단자는 충전경고등 작동 선이다.
   ② ECS 장착차량에서는 L단자신호를 사용한다.
   ③ 엔진 시동 후 L단자에서는 13.8~14.8V로 출력된다.
   ④ L단자회로가 단선되면 충전경고등이 점등한다.

   풀이) 발전기 L단자는 충전경고등의 작동 배선이며, 엔진 시동 후 13.8~14.8V로 출력된다. ECS 장착차량에서는 L단자신호를 사용하여 엔진 가동여부를 판단한다.

15. IC조정기 부착형 교류발전기에서 로터코일 저항을 측정하는 단자는?

   ```
   IG : ignition,  F : field,  L : lamp
   B : battery,    E : earth
   ```

   ① IG단자와 F단자   ② F단자와 E단자
   ③ B단자와 L단자   ④ L단자와 F단자

   풀이) IC조정기 부착형 교류발전기에서 로터코일 저항을 측정하는 단자는 L단자와 F단자이다.

16. 교류발전기에서 충전전류를 측정하는 방법에 대한 설명 중 틀린 것은?
   ① 엔진회전수를 공회전 상태로 유지시킨 상태에서만 측정한다.
   ② 전류계가 열을 받기 전에 전류값 측정을 마치도록 한다.
   ③ 충전전류를 측정할 때에는 차량의 모든 전기장치를 작동시킨 후 측정한다.
   ④ 전류계로 측정한 전류값이 (-)이면 전류계를 반대로 설치하여 재측정한다.

   풀이) 엔진회전수를 2500RPM 으로 급가속 해야한다.

12 ① 13 ④ 14 ④ 15 ④ 16 ①

17 전기장치 작동에 대한 설명으로 틀린 것은?

① RPM이 증가함에 따라 타코미터는 흐르는 전류에 비례하여 감소한다.
② 바이메탈식 연료 게이지는 큰 전류가 흐르게 되면 계기의 지침은 F를 가리킨다.
③ 송풍기 모터의 속도조절은 저항 또는 파워TR을 이용하여 저속, 중속으로 속도조절을 한다.
④ 코일식 수온계는 서미스터(thermistor)를 사용하여 저항값이 변화하는 성질을 이용한 것이다.

풀이) 타코미터는 자기력을 이용하는 방식은 영구자석이나 전자석을 이용하여 전자기 유도 효과를 이용하여 전압이 타코에 비례한다.

18 아날로그 회로시험기를 이용하여 NPN형 트랜지스터를 점검하는 방법으로 맞는 것은?

① 베이스 단자에 흑색 리드선을 이미터 단자에 적색 리드선을 연결했을 때 도통이어야 한다.
② 베이스 단자에 흑색 리드선을 TR 바디(body)에 적색 리드선을 연결했을 때 도통이어야 한다.
③ 베이스 단자에 적색 리드선을 이미터 단자에 흑색 리드선을 연결했을 때 도통이어야 한다.
④ 베이스 단자에 적색 리드선을 컬렉터에 흑색 리드선을 연결했을 때 도통이어야 한다.

풀이) 아날로그 회로시험기를 이용하여 NPN형 트랜지스터를 점검할 때 베이스단자에 흑색 리드선을 이미터단자에 적색 리드선을 연결했을 때 도통이어야 한다.

19 암 전류를 측정하는 방법을 설명한 것 중 틀린 것은?

① 점화스위치를 OFF한 상태에서 점검한다.
② 전류계를 배터리와 병렬로 연결한다.
③ 암 전류 규정치는 약 20~40mA이다.
④ 암 전류과다는 배터리와 발전기의 손상을 가져온다.

풀이) 암 전류를 측정하는 방법은 ①, ③, ④항 이외에 전류계는 배터리와 직렬로 접속하여 측정한다.

20 전조등 4핀 릴레이를 단품 점검하고자 할 때 적합한 시험기는?

① 암페어 시험기
② 축전기 시험기
③ 회로 시험기
④ 전조등 시험기

풀이) 릴레이를 단품 점검할 때에는 회로 시험기가 적합하다.

21 자동차의 도난방지장치에 전원을 연결하기 위한 작업방법으로 가장 적절한 것은?

① 방향지시등과 병렬로 연결한다.
② 전조등 배선과 직렬로 연결한다.
③ 브레이크 및 미등과 직렬로 연결한다.
④ 배터리에서 공급되는 선과 직접 연결한다.

ANSWER 17 ① 18 ① 19 ② 20 ③ 21 ④

22 다음 그림은 멀티시험기에 의한 파워 TR의 시험 방법이다. 어떤 시험을 하고 있는 것인가?

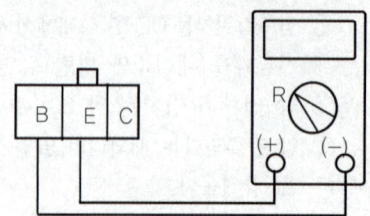

① B단자와 E단자간의 역방향 저항시험
② B단자와 E단자간의 역방향 전압시험
③ B단자와 E단자간의 순방향 저항시험
④ B단자와 E단자간의 순방향 전압시험

23 회로가 그림과 같이 연결되었을 때 멀티미터가 지시하는 전류값은 몇 A인가?

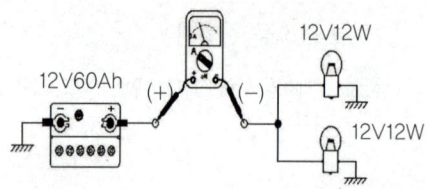

① 1 ② 2
③ 4 ④ 12

[풀이] $I = \dfrac{P}{E} = \dfrac{12 \times 2}{12} = \dfrac{24}{12} = 2$

24 그림과 같은 회로에서 전구의 용량이 정상일 때 전원 내부로 흐르는 전류는 몇 A인가?

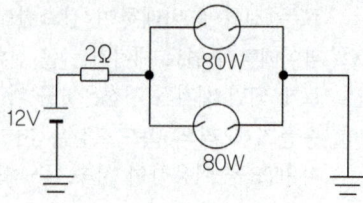

① 2.14 ② 4.13
③ 6.65 ④ 13.32

[풀이] $R = \dfrac{E^2}{P} = \dfrac{12^2}{80 \times 2} = \dfrac{144}{160} = 0.9$,

합성저항 = 0.9 + 2 = 2.9,

$I = \dfrac{E}{R} = \dfrac{12}{2.9} = 4.13$

25 그림과 같은 회로에서 스위치가 OFF되어 있는 상태로 커넥터가 단선되었다. 이 회로를 테스트램프로 점검하였을 때 테스트램프의 점등상태로 옳은 것은?

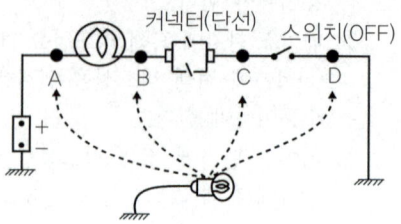

① A : OFF, B : ON, C : OFF, D : OFF
② A : ON, B : OFF, C : OFF, D : OFF
③ A : ON, B : ON, C : OFF, D : OFF
④ A : ON, B : ON, C : ON, D : OFF

[풀이] 커넥터가 단선이므로 A : ON, B : ON, 커넥터를 지나서 C : OFF, D : OFF가 된다.

22 ③ 23 ② 24 ② 25 ③

26 다음 회로에서 전압계 V_1과 V_2를 연결하여 스위치를 ON, OFF하면서 측정결과로 맞는 것은?

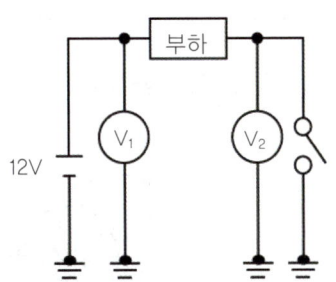

① V_1 - 스위치 ON : 12V, 스위치 OFF : 12V, V_2 - 스위치 ON : 12V, 스위치 OFF : 0V
② V_1 - 스위치 ON : 12V, 스위치 OFF : 0V 이상, V_2 - 스위치 ON : 0V, 스위치 OFF : 12V 이하
③ V_1 - 스위치 ON : 12V, 스위치 OFF : 12V, V_2 - 스위치 ON : 0V, 스위치 OFF : 12V 이하
④ V_1 - 스위치 ON : 12V, 스위치 OFF : 12V, V_2 - 스위치 ON : 0V 이상, 스위치 OFF : 0V 이상

풀이 전압계 V1과 V2를 연결하여 스위치를 ON, OFF하면 V1-스위치 ON : 12V, 스위치 OFF : 12V, V2-스위치 ON : 0V, 스위치 OFF : 12V 이하이다.

27 회로에서 포토 TR에 빛이 인가될 때 점 A의 전압은?(단, 전원의 전압은 5V이다)

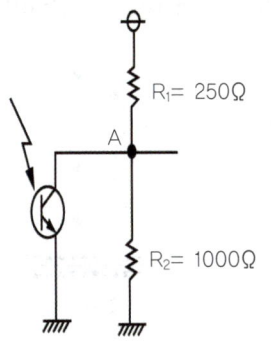

① 0V   ② 2.5V
③ 4V   ④ 5V

풀이 포토트랜지스터가 ON상태이기 때문에 전압은 0V 이다.

28 아래 회로를 보고 작동상태를 바르게 설명한 것은?

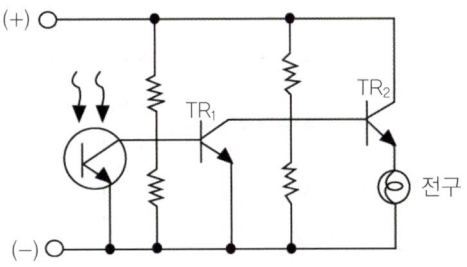

① 열을 가하면 전구가 작동한다.
② 어두워지면 전구가 점등한다.
③ 환해지면 전구가 점등한다.
④ 열을 가하면 전구가 소등한다.

풀이 포토트랜지스터를 이용한 회로이므로 포토트랜지스터가 빛을 받으면 TR1과 TR2가 통전되어 전구가 점등된다.

26 ③ 27 ① 28 ③

제1장_전기·전자 정비 출제예상문제

29 그림과 같이 캔(CAN) 통신회로가 접지 단락되었을 때 고장진단 커넥터에서 6번과 14번 단자의 저항을 측정하면 몇 Ω인가?

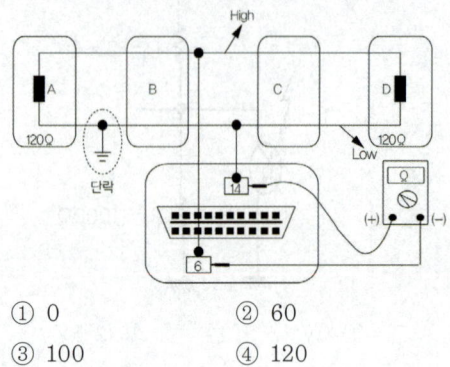

① 0
② 60
③ 100
④ 120

풀이 종단저항이 병렬연결인 관계로 약 60Ω이 나온다.

30 다음 회로에서 스위치를 ON하였으나 전구가 점등되지 않아 테스트램프(LED)를 사용하여 점검한 결과 i점과 j점이 모두 점등되었을 때 고장원인으로 옳은 것은?

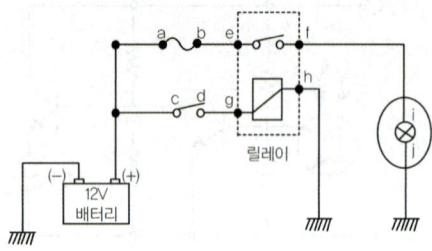

① 퓨즈 단선
② 릴레이 고장
③ h와 접지선 단선
④ j와 접지선 단선

풀이 j와 접지선이 단선이므로 i점과 j점에서 테스트램프(LED)에 전원과 접지가 연결되어 점등된다.

31 그림과 같이 R1과 R2가 고정저항이고, R3이 NTC 수온센서인 회로에 대한 설명으로 틀린 것은?

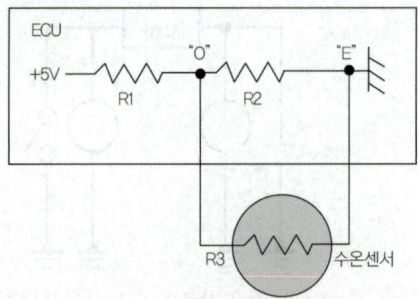

① 냉각수 온도가 높을수록 "O~E"에 걸리는 전압이 낮아진다.
② 냉각수 온도가 낮을수록 "O~E"에 걸리는 저항이 작아진다.
③ 수온센서(R3)가 단선되면 "O~E"에 걸리는 전압은 높아진다.
④ 수온센서(R3)가 단락되면 "O~E"에 걸리는 전압은 낮아진다.

풀이 냉각수 온도가 낮을수록 "O~E"에 걸리는 전압이 높아진다.

29 ② 30 ④ 31 ②

32 자동차의 충전장치 회로에서 아날로그형 멀티미터로 트리오 다이오드를 점검한 내용으로 옳은 것은?

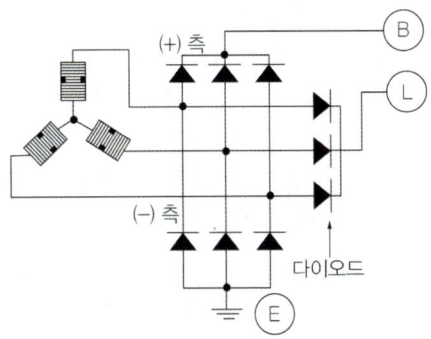

① 시험기의 적색, 흑색단자를 교대해서 다이오드 (+), (-) 단자에 점검했을 때 양방향 모두 비통전이면 정상이다.
② 시험기의 적색, 흑색 단자를 교대해서 다이오드 (+), (-) 단자에 점검했을 때 한쪽 방향만 통전되면 단락된 것이다.
③ 시험기의 적색, 흑색단자를 교대해서 다이오드 (+), (-) 단자에 점검했을 때 한쪽 방향만 통전되면 단선된 것이다.
④ 시험기에 적색, 흑색단자를 교대해서 다이오드 (+), (-) 단자에 점검했을 때 양방향 모두 통전되면 단락된 것이다.

33 멀티미터의 전압계를 이용하여 그림과 같이 송풍기 회로의 이상 유무를 점검하는 방법으로 틀린 것은?

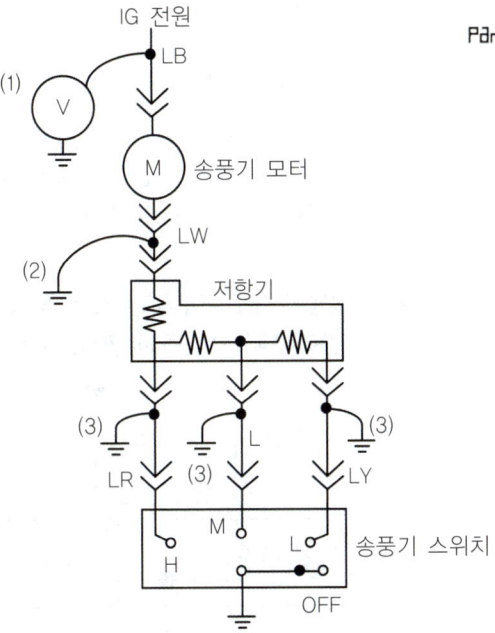

① (1)번과 같이 전압계로 측정할 때 전압이 걸리지 않으면 배터리, 퓨즈, 점화 스위치, 배선의 문제이다.
② 저항기가 모두 단선되면 (3)번과 같이 점프선을 차체에 접지시킨 경우 송풍기가 회전하지 않는다.
③ (1)번에서 정상전압이 걸리고 (2)번과 같이 점프선을 차체에 연결할 경우 송풍기 모터는 회전해야 한다.
④ 송풍기 스위치를 그림과 같이 OFF한 상태에서 (3)번 위치와 같이 회로를 강제 접지시킬 경우 (1)위치에서 전압을 측정하면 전압이 걸리지 않아야 정상이다.

풀이 (3)번 위치와 같이 회로를 강제 접지시킬 경우 (1) 위치에서 전압을 측정하면 전압이 걸려야 한다.

32 ④ 33 ④

34 다음 중 전조등의 성능을 유지하기 위한 방법으로 가장 좋은 방법인 것은?

① 가는 배선을 여러 가닥 엮어 연결한다.
② 단선식으로 한다.
③ 굵은 선으로 한다.
④ 복선식으로 한다.

풀이 복선식은 접지 쪽에도 전선을 사용하여 확실히 접지하는 방식으로, 전조등 회로와 같이 비교적 큰 전류가 흐르는 곳에 사용된다.

35 다음 그림과 같이 우측 후진등을 점검할 때, R09 커넥터 3번 단자에 연결된 배선 색상은?

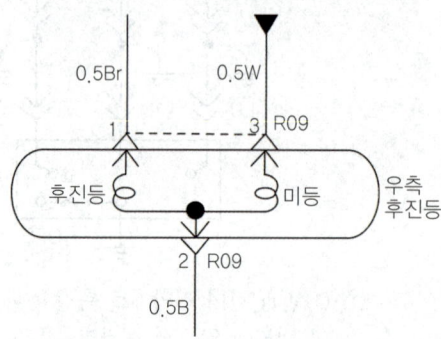

① 갈색 ② 흰색
③ 검정색 ④ 파랑색

풀이 R09 커넥터 3번 단자 배선색이 0.5W이므로 흰색이다. B(Black) : 흑색, W(White) : 백색, R(Red) : 적색, G(Green) : 녹색, Y(Yellow) : 황색, L(Blue) : 청색, Br(Brown) : 다색, Lg(Light Green) : 연두색, O(Orange) : 오랜지색

36 자동차 전기 배선에 대한 설명으로 틀린 것은?

① 배선의 지름이 증가하면 저항 값은 줄어든다.
② 배선의 길이가 2배로 증가하면 저항 값도 2배로 증가한다.
③ 배선의 지름을 2배로 증가시키면 저항 값은 1/3로 감소한다.
④ 보통의 금속(구리)은 일반적으로 온도 상승에 따라 저항도 증가한다.

풀이 전선의 직경 (D)가 2 배가되면, 저항의 크기 (R)은 $\frac{1}{2^2}$ = 1/4배 가 된다.

37 자동차 전장회로도에서 확인할 수 없는 것은?

① 배선의 색상
② 부품의 품번
③ 퓨즈의 용량
④ 커넥터의 핀 번호

38 등화장치에서 조명과 관련된 설명으로 틀린 것은?

① 일정한 방향의 빛의 세기를 광도라 한다.
② 광속의 단위는 루멘(lm)이라 한다.
③ 광도의 단위는 칸델라(cd)라 한다.
④ 피조면의 밝기를 조도라 하고 단위는 데시벨이라 한다.

풀이 피조면의 밝기를 조도라 하고 단위는 룩스(Lux)이다.

34 ④ 35 ② 36 ③ 37 ② 38 ④

39 빛과 조명에 관한 단위와 용어의 설명으로 틀린 것은?

① 광속(luminous flux)이란 빛의 근원, 즉 광원으로부터 공간으로 발산되는 빛의 다발을 말하는데, 단위는 루멘(lm : lumen)을 사용한다.
② 광밀도(luminance)란 어느 한 방향의 단위 입체각에 대한 광속의 방향을 말하며, 단위는 칸델라(cd : candela)이다.
③ 조도(illuminance)란 피조면에 입사되는 광속을 피조면 단면적으로 나눈 값으로서, 단위는 룩스(lx)이다.
④ 광효율(luminous efficiency)이란 방사된 광속과 사용된 전기에너지의 비로서, 100W 전구의 광속이 1,380lm이라면 광효율은 1,380lm/100W = 13.8lm/W가 된다.

풀이 cd(칸델라)는 광도의 단위로 일정방향에 대한 빛의 세기이다.

40 전조등의 광도 측정단위는?

① cd   ② W
③ Lux ④ lm

풀이 cd-광도의 단위, Lux-조도의 단위, lm-광속의 단위

41 일정방향에 대한 빛의 세기를 의미하며, 단위로 cd(칸델라)를 사용하는 용어는?

① 광원   ② 광속
③ 광도   ④ 조도

풀이 광도는 빛의 세기를 말하며 단위는 칸델라(기호는 cd)이다

42 자동차 전조등 조명과 관련된 설명 중 ( )안에 알맞은 것은?

광원에서 빛의 다발이 사방으로 방사된다. 운전자의 눈은 방사된 빛의 다발 일부를 빛으로 느끼는데, 이 빛의 다발을 ( )(이)라 한다. 따라서 ( )이 (가) 많이 나오는 광원은 밝다고 할 수 있다. ( )의 단위는 Lm이며, 단위시간당에 통과하는 광량이다.

① 광속, 광속, 광속
② 광도, 광속, 조도
③ 광속, 광속, 조도
④ 광속, 조도, 광도

풀이 빛의 다발을 광속이라 하며, 광속이 많이 나오는 광원은 밝다. 광속의 단위는 루멘(Lm)이며, 단위시간당에 통과하는 광량이다.

43 15000cd의 광원에서 10m 떨어진 위치의 조도는?

① 1500Lux   ② 1000Lux
③ 500Lux   ④ 150Lux

풀이 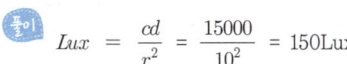 $Lux = \dfrac{cd}{r^2} = \dfrac{15000}{10^2} = 150Lux$

ANSWER 39 ② 40 ① 41 ③ 42 ① 43 ④

44 헤드라이트를 작동하면 엔진 회전속도가 증가하는 이유는 무엇인가?(단, 공전상태일 때)

① 전기부하를 받기 때문에 엔진 컴퓨터에서 전기신호를 받아 공연비를 조정한다.
② 가속페달의 액추에이터가 진공에 의해서 엔진 회전속도가 증가한다.
③ 진공스위치에 의해서 엔진 회전속도가 증가한다.
④ TPS값이 증가하면서 엔진 회전속도가 증가한다.

풀이 공전상태에서 헤드라이트를 작동하면 엔진 컴퓨터에서 전기신호를 받아 공연비를 조정하기 때문 엔진 회전속도가 증가한다.

45 자동차의 자동전조등이 갖추어야 할 조건 설명으로 틀린 것은?

① 야간에 전장 100m 떨어져 있는 장애물을 확인할 수 있는 밝기를 가져야 한다.
② 승차인원이나 적재하중에 따라 광축의 변함이 없어야 한다.
③ 어느 정도 빛이 확산하여 주위의 상태를 파악할 수 있어야 한다.
④ 교행 할 때 맞은 편에서 오는 차를 눈부시게 하여 운전의 방해가 되어서는 안 된다.

46 자동차 전조등 형식 중 할로겐 전조등의 특징으로 틀린 것은?

① 전구의 효율이 높아 밝기가 크다.
② 할로겐 사이클로 흑화 현상이 생긴다.
③ 색온도가 높아 밝은 백색광을 얻을 수 있다.
④ 교행용 필라멘트 아래의 차광판에 의해 눈부심이 적다.

풀이 할로겐 전조등은 필라멘트가 텅스텐으로 되어 있고, 질소가스에 할로겐을 미량 혼합시킨 불활성 가스를 봉입되어 타 전조등에 비해 밝고, 색온도가 높아 밝은 백색광을 얻을 수 있고, 수명이 길며, 광도가 안정, 할로겐 사이클에 의해 효율이 높다.

47 전조등 시스템의 오토 레벨링에 대한 설명이 아닌 것은?

① 커브를 선회할 때 전조등이 선회한 방향으로 움직이는 기능이 있다.
② 화물적재, 상차 등 차량 정적 조건에 따른 보상 기능이 있다.
③ 차량의 기울기 조건에 대한 헤드램프 로우 빔의 보상 기능이 있다.
④ 급제동, 급가속 등 차량 동적인 조건에 따른 보상 기능이 있다.

풀이 오토 헤드램프 레벨링 시스템은 차량의 주행 환경과 적재 상태에 따라 전조등의 조사 방향을 자동으로 조절하여 운전자의 가시거리를 확보하고, 상대방 운전자의 눈부심을 방지하여, 운행상의 안전성 향상을 목적으로 한다. 여러 명의 승객이 승·하차 한다든지 화물을 적재하여 차량의 자세가 세팅 위치에서 벗어났을 때 작동한다. 차량의 기울기 조건에 대한 헤드램프 로우 빔의 보상 기능이 있으며, 급제동, 급가속 등 차량 동적인 조건에 따른 보상 기능이 있다.

48 HID(고휘도 방전램프) 전조등의 구성품으로 틀린 것은?

① 전구   ② 밸러스트
③ 세미 실드   ④ 이그나이터

풀이 HID(고휘도 방전램프) 전조등의 구성품
① 전구
② 밸러스트 : 방전형 램프이기 때문에 헤드램프의 스위치를 ON과 동시에 약 24000V로 전압을 0.3~0.5촉간 안전하게 상승시켜주는 기능을 한다.
③ 이그나이터 : 밸러스트로부터 전류를 받고, 모든 환경에서 아크라이트를 점등하기 위해 승압시키는 전자기 변압기

44 ① 45 ③ 46 ② 47 ① 48 ③

49 HID 전조등에 대한 설명으로 틀린 것은?

① 얇은 캡슐 형태의 방전관 내에 크세논 가스, 수은 가스, 금속 할로겐 성분 등이 있다.
② 플라즈마 방전으로 빛이 발생된다.
③ 형광등과 같은 구조이다.
④ 필라멘트가 설치되어 있다.

[풀이] HID헤드 램프는 필라멘트가 없으며 형광등과 같은 구조로 되어 있다. 얇은 캡슐형태의 방전관내에는 Xenon Gas, 수은 Gas, 금속 할로겐 성분 등이 들어 있다.

50 자동차 오토 라이트 시스템의 특성에 대한 설명으로 옳은 것은?

① 전조등은 ACC전원만 사용한다.
② 하이빔과 로빔의 회로는 직렬회로이다.
③ 전조등의 좌·우측 등화의 회로는 직렬회로이다.
④ 자동차 주위의 밝기를 감지하여 전조등을 제어한다.

[풀이] 오토 라이트는 조도 센서를 이용하여 주위의 조도 변화에 따라 운전자가 라이트 스위치를 조작하지 않아도 오토 모드(auto mode)에서 자동으로 미등 및 전조등을 ON시켜주는 장치이다.

51 전조등을 자동으로 점등 및 소등시키는 오토라이트 장치에 적용된 소자로 조사되는 빛에 따라서 내부 저항이 변화하는 것은?

① 서미스터   ② 광전도셀
③ 사이리스터   ④ 제너 다이오드

[풀이] 광전도셀은 조사광에 따라서 내부저항이 변화하는 일종의 저항기이다.

52 오토라이트(auto light)에 대한 설명으로 틀린 것은?

① 조도센서 내의 저항이 낮을 때는 주위가 어두울 때이다.
② 조도센서 내의 광전도 셀 주위 밝기에 따라 저항 값이 변화하는 특성을 가지고 있다.
③ 조도센서 내의 광전도 셀을 이용하여 미등과 전조등을 자동으로 점등 및 소등시키는 장치이다.
④ 제어릴레이 내부에는 미등과 전조등의 회로를 구성하는 2개의 비교기가 변환소자의 전압과 회로의 기준전압을 비교한다.

[풀이] 빛이 강할 경우에는 저항값이 감소하고, 빛이 약할 경우에는 저항값이 증가하는 특성을 갖는다.

53 등화장치에서 방향지시등의 종류에 속하지 않는 것은?

① 전자열선식   ② 축전기식
③ 기계식   ④ 반도체식

[풀이] 방향지시등의 종류에는 전자 열선방식, 축전기방식, 수은방식, 스냅 열선방식, 바이메탈 방식, 열선방식, 반도체방식 등이 있다.

ANSWER 49 ④ 50 ④ 51 ② 52 ① 53 ③

제5절 안전 및 편의장치

1_안전 장치

1. 에어백(air bag) 시스템(SRS)

에어백 시스템은 자동차 충돌 시 전면부 및 측면부와의 충돌로부터 승객을 보호하는 장치이다.

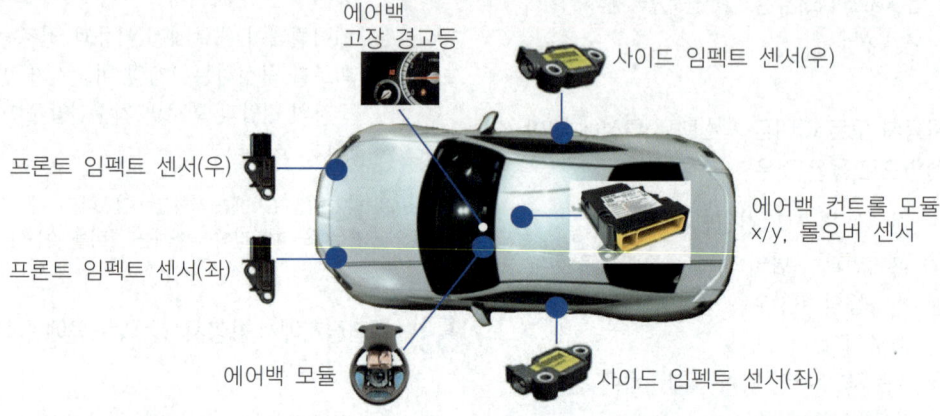

그림 1-101 / 에어백 시스템의 구성요소

1) 제어 모듈

① 충격센서, 스퀴브, 와이어링 하니스, 콘덴서, 축전지전압 등을 검출, 결함 발생 시 에어백 경고등을 점등한다.
② 축전지전압이 차단된 경우 콘덴서로부터 스퀴브에 점화에너지를 공급한다.
③ 에어백 시스템에 결함 발생 시 운전자에게 경고한다.

2) 충격센서

① 자동차 충돌 시 자동차의 감속도를 제어 모듈에 입력한다.
② 앞 충격센서와 세이핑 충격센서로 구성되어 있다.
③ 중력센서(G센서)는 롤러, 롤 스프링, 가동접점, 고정접점, 베이스, 금속 케이스로 구성되어 있다.
④ 앞 충격센서는 자동차의 센터, 좌, 우 사이드 멤버 하단에, 세이핑 충격센서는 제어 모듈에 설치되어 있다.

⑤ 앞 충격센서는 병렬결선, 세이핑 충격센서는 직렬결선으로 연결되어 있다.

3) 에어백 모듈

① 인플레이터, 에어백, 패드 커버 등으로 구성되어 있다.
② 분해가 불가능하며, 작동 후에는 전체를 교환한다.
③ 인플레이터에는 질소 가스가 충진되어 있고, 작동 시 에어백으로 질소가스를 공급한다.

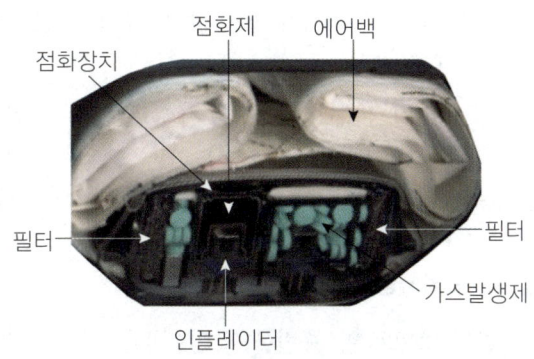

그림 1-102 / 에어백 모듈의 구조

4) 클록 스프링

① 인플레이터 내의 스퀴브에 점화신호를 공급하는 장치
② 에어백 모듈과 조향 칼럼 사이에 설치

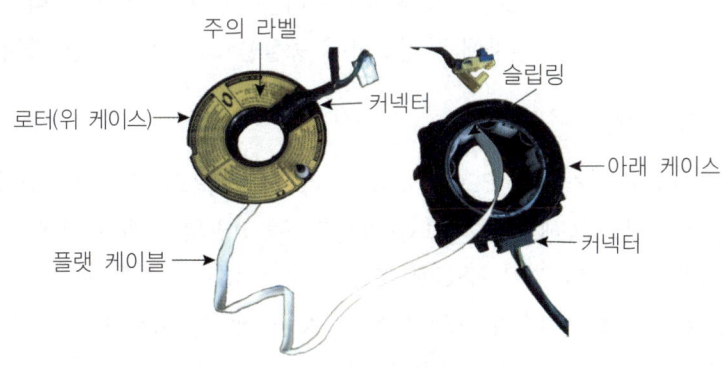

그림 1-103 / 클록 스프링의 구조

5) 에어백 경고등

점화 스위치 ON 시나 주행 중에 에어백 시스템을 점검, 진단하여 결함 발생 시 운전자에게 경고한다.

6) 에어백의 작동과정

① 자동차가 충돌할 때 에어백을 순간적으로 팽창시켜 승객의 부상을 줄여준다.
② 에어백의 컨트롤 모듈은 충격 에너지가 규정값 이상이 되면 전기신호를 인플레이터(inflater, 팽창기구)에 보낸다.
③ 인플레이터에서는 공급된 전기적 신호에 의해 가스 발생제가 연소되어 에어백을 팽창시킨다.
④ 질소가스가 백을 부풀리고 벤트 홀로 배출된다.

7) 에어백(air bag)작업 시 주의사항

① 스티어링휠 장착 시 클록 스프링의 중립을 확인할 것
② 에어백 관련 정비 시 축전지 (-)단자를 떼어놓을 것
③ 바디 도장 시 열처리를 요할 때는 인플레이터를 탈거할 것
④ 인플레이터의 저항값을 측정하지 말 것

2. 전방충돌방지 시스템(FCA : Forward Collision Avoidance assist)

FCA 시스템은 전방 자동차 또는 보행자와의 거리를 인식하고 충돌 위험 단계에 따라 경고문 표시와 경고음 등으로 운전자에게 경고하여 충돌을 회피하기 위한 장치이다.

1) FCA 시스템의 구성

FCA 시스템은 레이더, 카메라, ESC, PCM, 클러스터 등으로 구성되어 있다. 레이더는 카메라 정보와 센서 퓨전을 통해 자동차 또는 보행자 등 전방의 잠재적 장애물의 유무를 판단하고, FCA의 작동이 필요할 경우 ESC에 자동차 제어 요구 신호를 보낸다.

ESC는 제어 정보에 따라 엔진의 토크 제어 및 제동 제어를 실시하며, 동시에 브레이크 램프를 점등시킨다.

① 클러스터의 FCA 경고등

FCA 경고등은 IG On 또는 시동 On 상태일 때 점등되며, 자기진단 후 시스템에 이상이 없으면 3초 후에 소등된다.

② FCA 기능 설정

FCA On/Off 스위치는 클러스터 사용자 설정에서 3단계(느리게, 보통, 빠르게)로 선택할 수 있으며, 사용자의 설정에 의해 저장된 경보 시점은 시동 On/Off 여부와 관계없이 이전 상태를 유지한다. 단 사용자 설정은 P단 이동 후 설정을 변경해야 한다.

2) 시스템 제어

FCA는 잠재적인 충돌 위험이 감지되면 1단계로 시각 및 청각 경고를 수행한다. 충돌 위험이 2단계로 높아지면 엔진 토크가 떨어지고, 3단계로 올라가면 제동력은 충돌 위험도에 따라 자동 제동을 수행하며, 자동 제동을 통하여 자동차가 정지하면 제동장치는 2초 동안 제동력을 유지한 후 제동 제어를 해제한다. 그러나 FCA에 의한 자동 제동제어 중일지라도 운전자에 의한 회피 거동을 인지하면 제동 제어는 즉시 해제된다.

운전자가 가속 페달을 밟고 있다고 하더라도 APS값이 60% 미만이면 FCA는 충돌위험 단계에 따라 3단계로 구분되어 작동된다. 또한 FCA 작동 중에 ABS의 작동 조건 충족될 경우에는 FCA와 ABS는 협조 제어를 할 수 있다.

3) 감지 및 제어원리

FCA 시스템은 레이더와 멀티 펑션 카메라를 통해 전방의 사물을 인지하고 위험 상황을 판단하여 자동차 추돌을 방지하거나 충돌 속도를 낮춤으로써 운전자를 보호한다.

레이더는 77㎓의 전파를 이용하여 선행 자동차에서 반사되어 돌아오는 시간과 주파수 차이를 통해 거리와 상대속도를 계산하고 앞차와의 거리와 사물을 인식한다. 하지만 그것이 자동차인지 보행자인지 식별할 수 없기 때문에 반드시 카메라를 통해 보행자를 인식하고 센서 퓨전을 통해 필요 정보를 주고받는다.

3. 차선이탈경보 및 차선이탈방지 시스템(LDW & LKA)

1) 개요

차로이탈경고(LDW : Lane Departure Warning System)는 전방 주행 영상을 촬영하여 차선을 인식하여 운전자의 의도하지 않은 차로이탈 검출 시 경고하는 시스템이다. 자동차의 전면 유리 상부에 장착이 되어 있는 카메라장치는 유효한 정보를 근거로 차선의 유형, 차와 차선 간의 거리 등을 판단하여 안전이 위협받는 상황일 경우 운전자에게 메시지, 경보, 진동을 통해 상황을 경고한다.

차로이탈방지보조(LKA : Lane Keeping Assist)는 차로이탈 경고 기능과 주행차로를 벗어나지 않도록 하는 기능이 포함되어 있으며, 카메라 모듈과 MDPS 모듈이 지속적으로 CAN

통신을 통해 요구 토크량 및 현재 토크 정보를 주고받는다.

시각이나 청각과 관련된 인간의 아날로그적인 인지의 세계와 컴퓨터나 통신의 디지털을 처리하는 기계의 세계를 연결하는 인터페이스를 말한다.

기본적으로 LKA 시스템이 탑재된 자동차는 LDW 시스템 기능을 포함하고 있으며, 운전자는 클러스터 USM(User Setting Mode 또는 User Setting Menu)을 통해 LDW 기능만을 사용할지, LKA 기능까지 사용할지 선택할 수 있다. LKA 시스템의 경우 자동차가 차로를 벗어나게 되면 MDPS의 토크 제어를 통해 자동차가 최대한 정상 차로로 주행할 수 있도록 돕는 역할을 한다.

2) 시스템 구성

LDW/LKA 시스템은 제어 조건 판단을 담당하는 카메라 모듈을 중심으로 입력 부분에 해당하는 인지 영역과 출력 부분에 해당하는 제어 영역으로 구분된다.

3) 멀티펑션카메라(MFC) 모듈

MFC 모듈은 영상의 입력뿐만 아니라 입력된 영상에서 유의미한 정보를 추출하여 실시간으로 출력 모듈로 전달한다.

4) 시스템 제어

LDW/LKA 시스템은 기본적으로 운전자가 작동 스위치를 On으로 설정한 이후 지정된 속도(약 60km/h) 이상에서 차선이 감지된 경우 차로이탈경고 및 차로이탈방지보조 제어가 작동되고, 지정된 속도(약 55km/h)보다 느린 경우 시스템이 해제된다.

차로이탈경고 작동 중에는 운전자의 의지에 의해 차선 변경이 가능하고, 차로이탈방지보조 기능 작동 중에는 운전자의 조향 오버라이드(운전자 조향력 유지)가 가능하며 시스템은 이를 파악하여 자동 해제된다. 뿐만 아니라 실시간 상황 판단을 통한 경보 및 제어를 위해 카메라로부터 수집된 도로 데이터와 자동차의 주행 데이터를 바탕으로 자동차의 주행 차선 변경 판단, 차로이탈 판단, 차선 중심 영역 진입 판단, 제어 및 경보 시간 초과 판단, 운전자의 조향핸들 파지 상황 판단 및 차선 데이터의 유효성 판단을 수행한다.

① 작동 조건

LDW 시스템은 작동 스위치가 On이더라도 차속이 60km/h에 도달하지 않으면 경보를 시작하지 않으며, 경보 동작 조건의 차속에 들어오더라도 실제 차선을 인식하지 못할 경우 경보 동작은 비활성화된다.

② 차로 이탈의 판정

LDW/LKA 시스템에서 차로이탈의 판단 기준은 기본적으로 좌우 차선의 안쪽 에지라인을 기준으로 자동차의 최좌·우측 부위가 닿을 경우 차로이탈경고를 시작하게 되며, LKA 기능의 제어 영역은 LDW 경보 영역보다 조금 더 넓어서 주행차로의 약간 안쪽까지 설정한다.

③ LKA 제어

LKA 제어는 자동차가 차로를 이탈하려고 할 때 MDPS를 이용하여 이탈하려는 반대 방향으로 보조 토크를 부가한다.

④ LKA 핸즈 오프 감지

LKA 시스템 On 상태에서 운전자가 조향핸들을 잡지 않고 일정 시간 운행 시 경보음이 발생되며, 이후 5초간 운전자의 조향이 감지되지 않으면 LKA 시스템이 해제된다. MDPS의 토크센서와 조향각센서 그리고 카메라의 영상 및 차속값 등으로 감지하며, 운전자 미조향 조건이 약 12~20초 정도 지속될 경우 경보음을 발생시킨다.

4. 후측방충돌경고 시스템(BCW : Blind-Spot Collision Warning)

1) 개요

후측방충돌경고 시스템(BCW)은 레이더센서를 이용해 주행 중 운전자의 후방 사각 지역에서 자차에 근접하는 이동 물체를 능동적으로 감지하여 운전자에게 경보함으로써 안전한 차선 변경 및 후방 추돌 사고를 예방하는 첨단 주행 안전 시스템이다.

2) 시스템 구성

BCW의 모든 제어는 리어 패널이나 리어 범퍼에 장착되어 있는 일체형 레이더 모듈에서 담당하고 있으며, 레이더는 후방 자동차를 감지하는 역할을 한다. 좌우 모듈에서 감지된 신호는 L-CAN을 통해 서로 상태를 주고받으며, 타 시스템과는 C-CAN 통신을 통해 각 모듈과 통신한다. 그리고 경보신호는 경보등(아웃사이드 미러, 계기판)을 통한 시각적 방법과 경보음(오디오 앰프)을 통한 방법으로 운전자에게 경고한다.

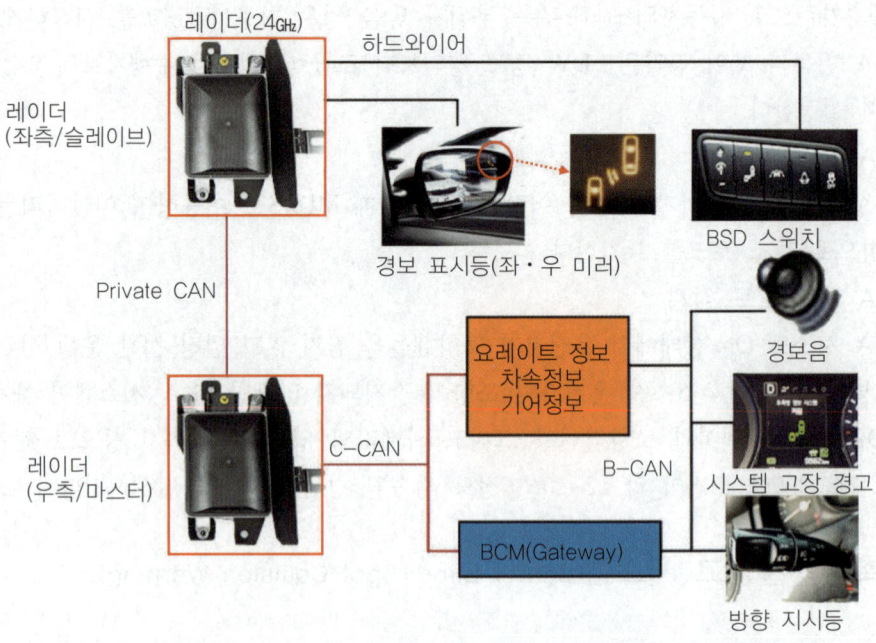

그림 1-104 / 후 측방 경보 시스템 구성부품

① 후방 레이더
  ㉠ 레이더 감지 범위
    감지 범위는 각 모드에 따라 변경되도록 되어 있는데 BCW/LCA 모드일 때는 후측방 자동차의 감지를 위해 후방측 감지 거리를 최대한 넓게 감지하며, 후방교차충돌 경고(RCCW, Rear Cross-Traffic Collision Warning) 모드일 때는 후방 및 측방 모두 넓게 감지하도록 되어 있다. 이렇게 감지된 신호는 내부 모듈에서 상대 자동차의 거리, 각도 및 상대 속도를 연산하고 경보 유무를 결정한다.
  ㉡ 레이더 각도 보정
    레이더는 스스로 학습을 통해 감지 범위를 자동으로 수정하도록 되어 있으며, 설정 각도 이상으로 위치가 틀어지게 되면 스스로 이를 감지하고 경고 메시지 및 DTC를 출력한다.
② 스위치와 계기판
  조향핸들 좌측에 적용된 BCW 스위치를 누르면 시스템 켜짐/꺼짐이 반복되며 계기판을 통해 현재 상태를 표시해준다. 이외에도 계기판을 통해 몇 가지 정보를 제공하는데, 레이더 부위가 오염되어 신호를 송수신할 수 없을 경우 시스템이 해제되며 계기판을 통해 경고한다.

③ 경보등과 경보음
   ㉠ 경보등 및 경보음의 출력 특징
      경보등과 경보음은 좌우 별도로 출력되며, 좌측 후측방에서 자동차가 감지되면 좌측 아웃사이드 미러와 좌측 스피커에서 경보하고, 우측 후측방에서 자동차가 감지되면 우측 아웃사이드 미러와 우측 스피커에서 경보한다.
   ㉡ RCCW 작동 중 PDW 물체 감지 시 동작
      만약 RCCW 작동 중에 PAS에서 물체를 감지하게 되면 RTCA 경보음은 꺼지고 PDW 경보음이 작동하게 된다. 물론 PDW 경보가 해제되면 RCCW 경보가 계속 이어진다.

5. 스마트크루즈컨트롤과 스탑 & 고 시스템

1) 스마트크루즈컨트롤(Smart Cruise Control)과 스탑 & 고(Stop & Go) 시스템의 개요

SCC/S&G 시스템은 운전자가 가속 및 브레이크 페달 조작 없이 자동차 전방에 장착된 레이더를 이용하여 선행 자동차와 적절한 거리를 유지한 상태로 정차하고 재출발할 수 있는 Stop & Go 기능을 제공한다.

① 크루즈컨트롤(CC : Cruise Control) 시스템
   크루즈컨트롤(CC) 시스템은 운전자가 설정한 속도로 자동차가 자동 주행하도록 하는 장치이다.
② 스마트크루즈컨트롤(SCC : Smart Cruise Control) 시스템
   스마트크루즈컨트롤(SCC) 시스템은 전면에 장착된 레이더를 통해 자동차 주변 상황에 대해 능동적으로 대처하면서 주행할 수 있도록 설정된 시스템이다. 그러나 SCC는 Stop & Go 기능은 없으며, 정차하거나 10km/h 미만(차종별 상이)의 저속 주행 시에는 제어가 불가능하다.
③ 스마트크루즈컨트롤과 스탑 & 고 시스템(SCCw/S&G)은 SCC 시스템을 업그레이드하여 선행 자동차를 따라 후방에 정차한 후 재출발할 수 있는 Stop & Go(스탑 & 고) 기능이 추가된 시스템이다.

2) SCCw/S&G 시스템의 구성

SCCw/S&G 시스템은 전자식 주행안정장치(ESC, Electronic Stability Control)를 중심으로 주행 중 위험 상황을 페달의 진동으로 경고하는 지능형 가속 페달(IAP)과 위험 상황 직전에 시트벨트를 당겨 탑승자를 보호하는 프리세이프시트벨트(PSB), 전자식파킹브레이크(EPB), SCCw/S&G 유닛, 각종 센서, 시스템의 제어 상황을 알려주는 클러스터 그리고 시스템 제어를 위한 스위치로 구성되어 있다.

2_보조장치

1. 냉·난방장치

1) 냉·난방장치의 역할

자동차에서 냉·난방장치는 탑승원이 쾌적하게 느끼는 실내 환경을 만들어내기 위해 실내 공기의 온도, 습도, 풍량, 풍향 등을 조절하고, 공기 중에 포함되어 있는 먼지 제거 및 앞 유리창의 서리 등을 방지하여 운전자의 시야 확보를 포함하는 것으로, 일명 공기조화장치 혹은 HVAC(heating,ventilating,airconditioning)라 부른다.

① 자동차 실내의 쾌적 조건

인간의 쾌적성을 좌우하는 조건으로는 온도, 습도, 풍속 등 3가지 요소가 있으며, 여름철에는 온도와 습도를 중요시 여긴다. 차 실내의 온도 및 습도에 대한 인간의 쾌적 정도는 건구온도 25℃가 쾌적대의 중심이나 자동차에 따라 복사열의 영향이 크게 차이가 난다.

한랭상태에서는 실내온도 25~28℃, 습도 55~70%, 한여름에는 실내온도 23~26℃, 습도 60~75%가 최대 쾌적 조건으로 보고되고 있다. 또한 쾌적한 환경을 위해서는 여름철보다 겨울철의 실내온도를 5~6℃ 정도 높이는 것이 좋으며, 상반신과 하반신의 온도 차이도 5~8℃ 정도 상반신에 접하는 온도가 낮은 것이 좋다.

② 자동차의 열부하

자동차의 공기조화장치의 능력을 결정하는 데에는 자동차의 열부하가 중요한 변수가 된다. 열부하는 다음과 같이 분류된다.

㉠ 열전도에 의한 부하 : 차실측면, 천장, 바닥, 대시보드, 창유리
㉡ 열복사에 의한 부하 : 창유리를 통한 직사광선, 복사열, 방사열 등
㉢ 환기에 의한 부하 : 자연 환기(차체의 틈새에서 나오는 바람, 외풍), 강제 환기
㉣ 탑승자로부터의 발열(난방에서는 열원)
㉤ 보조 기구들에 의한 발생 열(난방에서는 열원) : 공기조화장치는 상기와 같은 열부하와 차 실내 환기 등을 고려하여 난방 및 냉방장치, 송풍장치, 청정기 및 환기장치, 유리창 디프로스트(성애 제거)장치들이 설치된다.

2) 난방장치(heating system)

수냉식 엔진이 장착된 자동차용 난방장치는 엔진냉각수 열원을 이용한 온수식, 엔진의 배기열을 이용한 배기식, 독립된 연소장치를 가진 연소식이 있으며, 일부 국부적 난방을 위한 보조히터로 전기저항 발열을 이용한 전기식 등이 있다.

난방용 공기를 도입시키는 방법에 따라 외기식, 내기식, 내·외기 변환식으로 분류된다. 대부분의 자동차용 난방장치로는 온수식을 사용하고 있다. 구조는 히터유닛(heater unit), 송풍기, 냉각수 관로, 밸브, 공기 통로 등으로 구성되어 있다.

온수식 히터는 가열된 엔진 냉각수를 히터유닛으로 보내어 여기서 공기를 데운 다음, 데워진 공기를 송풍기로 차 실내와 디프로스터로 공급하여 난방을 시킨다.

① 히터유닛

히터유닛은 엔진의 물재킷으로부터 유입된 온수를 유닛 내부의 코어(core)를 통과하도록 되어 있고, 각 코어 사이에는 방열효과를 높일 수 있는 방열 핀(corrugate fin)이 부착되어 있다. 히터코어 사이를 통과하여 더워진 공기는 실내 및 디프로스터에 보내진다.

② 송풍기(blower)

송풍기는 히터유닛에서 발생되는 열을 차 실내로 공급시킬 수 있도록 하는 것으로, 팬이 부착된 직류 직권 전동기를 사용하고 있다. 송풍기장치는 히터유닛과 일체로 되어 있는 일체형과 별도로 되어 있는 분리식이 있으나 분리식을 많이 사용하고 있다.

③ 파이프 및 덕트(pipe & duct)

온수가 순환하는 파이프에는 온수량을 조절하거나 사용을 정지하기 위한 밸브가 설치되어 있다. 덕트는 외기 도입용, 디프로스터용, 실내 공급용 등으로 나뉘어져 있어 이들을 통과하는 공기량을 조절하거나 전환하기 위한 밸브가 설치되어 있다.

④ 난방장치의 열부하

　㉠ 관류부하 : 차실 벽, 바닥 또는 창면으로부터의 이동

　㉡ 복사부하 : 직사광선에 의한 열

　㉢ 승원(인원)부하 : 승객에 의한 발열

　㉣ 환기부하 : 자연 또는 강제 환기

3) 냉방장치(air conditioner)

① 냉방의 원리

액체가 기체로 변하는데 열(증발잠열)이 필요하며 이 열을 빼앗긴 주변은 냉각되게 된다 냉방장치는 이러한 원리를 사용한 것으로 냉방을 하려면 저열원이 필요하며, 저열원으로는 암모니아, 프레온과 같은 냉매를 사용한다.

최근에는 프레온 가스에 의한 성층권의 오존층 파괴로 유해 자외선이 지구에 직접 도달하여, 농작물의 피해, 피부암 발생 등의 피해를 저감시키기 위하여 새로운 냉매(R-134a)가 개발되어 사용되고 있다. 냉매를 사용하여 연속적으로 저열원을 얻기 위해서는 일단 기화한 냉매를 다시 액화할 필요가 있으며, 이러한 액화, 기화를 반복하는 방식으로 냉방을 시키게 되는데, 이를 냉동 사이클이라 한다.

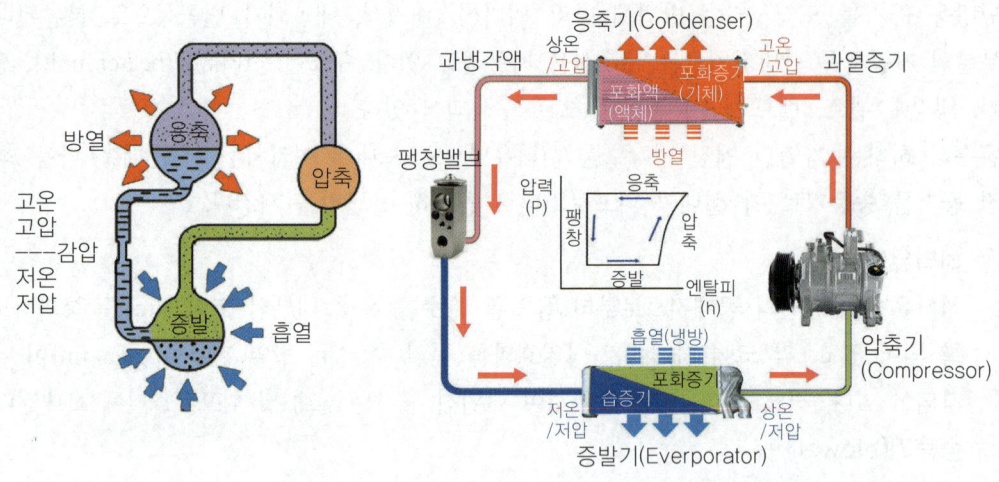

그림 1-105 / **냉방의 원리**

② 냉방장치의 구성

자동차용 냉방장치의 구성은 압축기(compressor), 응축기(condenser), 팽창밸브(expansion valve), 증발기(evaporator), 리시버드라이어(receiver drier) 등으로 구성되어 있다. 냉매가 필요하며, 냉동 사이클은 증발 → 압축 → 응축 → 팽창의 4가지 작용을 순환 반복한다.

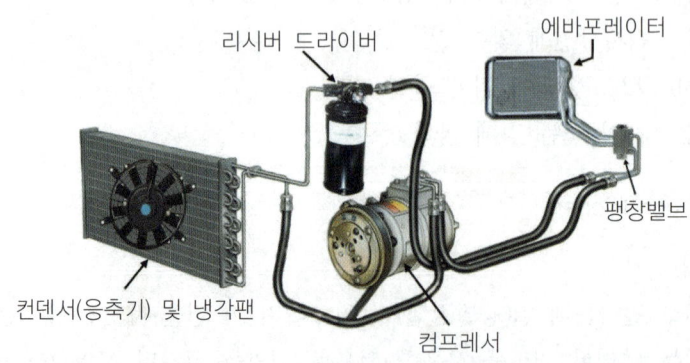

그림 1-106 / **자동차 냉방장치의 구성요소**

㉠ 냉매(refrigerant)

냉매란 냉동에서 냉동효과를 얻기 위해 사용하는 물질이며, 최근에는 R-134a를 사용한다. 구비조건은 다음과 같다.

ⓐ 무색, 무취, 무미일 것

ⓑ 가연성, 폭발성 및 사람이나 가축에 무해할 것
ⓒ 저온과 대기압 이상에서 증발하고 여름철 외부 온도의 저압에서도 액화가 쉬울 것
ⓓ 증발잠열이 크고, 비체적이 적을 것
ⓔ 임계온도가 높고, 응고점이 낮을 것
ⓕ 화학적으로 안정되고, 금속의 부식성이 없을 것
ⓖ 사용온도 범위가 넓을 것
ⓗ 냉매가스의 누출을 쉽게 발견할 수 있을 것

ⓛ 압축기(compressor)

압축기는 증발기에서 저압 기체로 된 냉매를 고압으로 압축하여 응축기로 보내는 작용을 한다. 압축기의 종류에는 크랭크 방식, 사판 방식, 베인 방식 등이 있다.

ⓒ 마그넷 클러치(magnetic clutch)

마그넷 클러치는 에어컨 스위치의 ON신호에 의해 압축기를 구동하는 기구이며, 고정형은 풀리 안쪽에 있는 슬립링과 접촉하는 브러시를 통해 전류를 코일에 전달하는 방식으로, 최대한의 전자력을 얻기 위해 최소한의 에어갭이 있어야 한다. 그리고 회전형 클러치는 몸체의 축(shaft)을 중심으로 마그넷 코일이 설치되어 있는 방식이다.

ⓔ 응축기(condenser)

응축기는 라디에이터 앞쪽에 설치되며, 압축기로부터 오는 고온의 기체 냉매의 열을 대기 중으로 방출시켜 액체 냉매로 변화시킨다.

ⓜ 건조기(리시버 드라이어 : receiver-dryer)
　　ⓐ 액체 냉매 저장기능
　　ⓑ 냉매 수분 제거기능
　　ⓒ 압력 조정기능
　　ⓓ 냉매량 점검기능
　　ⓔ 기포 분리기능

ⓑ 팽창밸브(expansion valve)

냉방장치가 정상적으로 작동하는 동안 냉매는 중간 정도의 온도와 고압의 액체상태에서 팽창밸브로 유입되어 오리피스밸브를 통과하여 저온·저압이 된다. 이 액체상태의 냉매가 공기 중의 열을 흡수하여 기체상태로 되어 증발기를 빠져나간다.

ⓢ 증발기(evaporator)

팽창밸브를 통과한 냉매가 증발하기 쉬운 저압으로 되어 안개상태의 냉매가 증발기 튜브를 통과할 때 송풍기에 의해서 불어지는 공기에 의해 증발하여 기체로 된다.

ⓞ 에어컨 라인압력 점검
　　ⓐ 장갑과 보안경을 착용한 상태에서 신냉매(R-134a) 매니폴드게이지의 고압과 저

압용 피팅 양쪽 핸드밸브를 시계방향으로 모두 잠그고 냉매가 유출되는 것을 방지한다.

ⓑ 매니폴드게이지의 충전 호스를 에어컨 라인의 서비스 포트에 설치한다. 이때 파란색 저압 호스는 저압 정비구(상대적으로 두꺼운 냉매 파이프에 있는 점검구)에, 빨간색 고압 호스는 고압 정비구(상대적으로 가는 냉매 파이프에 있는 점검구)에 연결하고 호스 너트를 손으로 조인다.

ⓒ 시동을 걸어 엔진을 워밍업시킨 후 실내 온도를 최저로 설정하고, 블로워 모터의 단수를 최고로 한 다음, 엔진 회전수를 2,000rpm으로 유지시킨 상태에서 압축기가 작동했을 때의 고압값과 저압값을 측정한다.

③ 냉방장치의 제어

자동차의 냉방장치가 그 기능을 충분히 발휘하여 차 실내를 쾌적한 상태로 유지하기 위해서는 온도와 바람의 강도를 조절하고, 조절된 바람이 기분 좋게 느껴지도록 취출구를 변환하는 것이 필요하다. 따라서 냉방장치의 기본 제어로는 온도 제어, 바람의 양 및 바람의 방향 제어, 압축기 제어 등이 있다.

㉠ 온도 제어

자동차용 공조장치의 온도 제어에는 에어믹스 방식(air mix type)과 리히터 방식(reheater type)이 있으나 대부분 에어믹스 방식을 사용하고 있다.

에어믹스 방식은 히터코어로 재가열하는 바람의 양 배합을 조정하는 에어믹스 도어(air mix door)를 이용하여 요구하는 온도를 제어한다. 리히터 방식은 증발기를 통과한 냉각된 공기를 다시 히터코어를 거치게 하여 온도를 조절하는 방식으로, 온도 제어를 위한 온수 유량 제어밸브가 필요하다.

㉡ 바람의 양 및 바람의 방향 제어

바람의 양 제어는 송풍기 팬의 회전수를 제어하여 덕트로 나오는 바람의 세기를 조절하는 것으로, 저항변환 방식, 파워 트랜지스터 전압제어 방식, 파워 트랜지스터 PWM 제어(pulse width modulation control) 방식이 있다.

바람의 방향 제어는 각 취출구에서 최적의 공조 바람이 나올 수 있도록 제어하는 것으로 대시패널 내의 통풍 덕트에 장착된 여러 개의 도어(door)를 작동시킴으로써 이루어진다. 바람의 방향 및 바람의 양 배분의 결정 방법은 다음과 같다.

ⓐ 내·외기 모드(inside/outside mode) : 내기순환, 외기순환
ⓑ 페이스 모드(face mode) : 냉난방, 환기
ⓒ 바이레벨 모드(bi-level mode) : 중간기
ⓓ F모드(foot mode) : 냉난방

ⓔ F/D모드(foot defrost mode) : 난방, 방무
ⓕ DEF모드(defrost mode) : 서리제거, 안개제거

4) 자동 냉난방장치(FATC : Full Automatic Temperature Control)

자동 냉·난방장치는 운전자가 컨트롤 패널의 온도 설정 버튼을 통해 원하는 온도를 설정하면 에어컨(FATC) ECU가 엔진 ECU와 연계하여 각종 센서의 입력신호를 근거로 가장 쾌적한 공간을 조성하여 주는 장치이다. 회로의 고장 발생 시 컨트롤 패널의 조작으로 디스플레이창에 표시하는 자기진단 출력 자동차가 많았는데, 최근에는 통신의 발달로 자기진단기(스캐너)로 회로의 고장 코드 및 입·출력 데이터, 강제 구동 기능을 이용하여 정비에 활용할 수 있게 되었다.

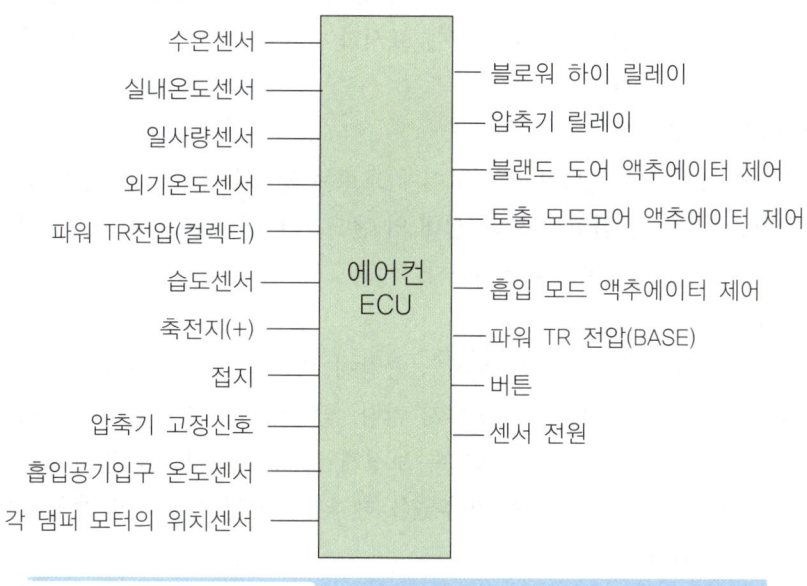

그림 1-107 / 전자동 에어컨의 입력 및 출력도

① 입력신호
  ㉠ 핀서모(pinthermo)센서
    부특성 서미스터(NTC)를 사용하는 핀서모센서는 계속되는 냉방으로 증발기가 빙결되는 것을 예방하는 데 목적이 있다. 증발기 코어의 온도를 감지하여 약 0.5~1.0℃ 이하일 경우 A/C릴레이 출력 전원을 차단하여 압축기의 작동을 정지시키며, 약 3~4℃ 이상이 되면 다시 압축기의 구동을 위해 A/C 릴레이를 작동시킨다.
② 실내 온도센서(in car sensor)
  실내 온도센서(NTC)는 에어컨 컨트롤 패널에 장착되며 자동차의 실내 온도를 감지하

여 에어컨 ECU에 전달한다. 자동모드 시 블로워모터 속도, 온도 조절 액추에이터 및 내·외기 전환 액추에이터의 위치를 보정해준다. 실내 공기의 온도를 정확히 측정하기 위하여 별도의 DC모터를 장착하거나 송풍기 작동 시 생기는 부압을 이용할 수 있도록 에어흡입관을 이용하기도 하는데, 센서가 감지하는 온도의 오차를 줄이고 실내의 온도를 정확히 검출하는 데 목적이 있으며, 최근에는 습도센서와 같은 곳에 장착된 경우도 많다.

③ 외기 온도센서(AMB sensor)
라디에이터 전면부에 장착되어 있으며, 외부 공기 온도를 측정하는 부특성 서미스터(NTC)가 내장되어 있어 온도가 올라가면 저항이 내려가고, 온도가 내려가면 저항이 올라가는 특성으로 온도를 감지한다. 에어컨 ECU에 전달되면 ECU는 토출 온도와 풍량이 운전자가 선택한 온도에 근접하도록 보정을 해주고, AMB 버튼을 눌렀을 때 외기 온도를 컨트롤패널 디스플레이창에 표시하여 주는데, 최근에는 AQS센서와 일체형으로 장착되기도 한다.

④ 냉각수 온도센서
히터코어에 장착되어 있으며, 히터코어에 흐르는 냉각수의 온도를 감지하여 냉·난방장치 ECU로 전송하면 설정 온도와 실내·외 온도 차이를 비교하여 난방 가동 제어가 되도록 제어하는 부특성(NTC) 센서이다.

⑤ 일사량센서(photo sensor)
포토센서라고 불리며 메인 크레시패드 중앙에 위치한다. 광기전성 다이오드를 내장하고 있어 별도의 센서 전원이 필요하지 않다. 발생되는 기전력에 따라 토출 온도와 풍량이 선택한 온도에 근접할 수 있도록 보정해 준다. 자기진단을 통해 고장이 검출되지 않는 센서이기 때문에 작업등을 비추었을 때 약 0.8V의 기전력이 발생되면 센서는 정상이라고 판정한다.

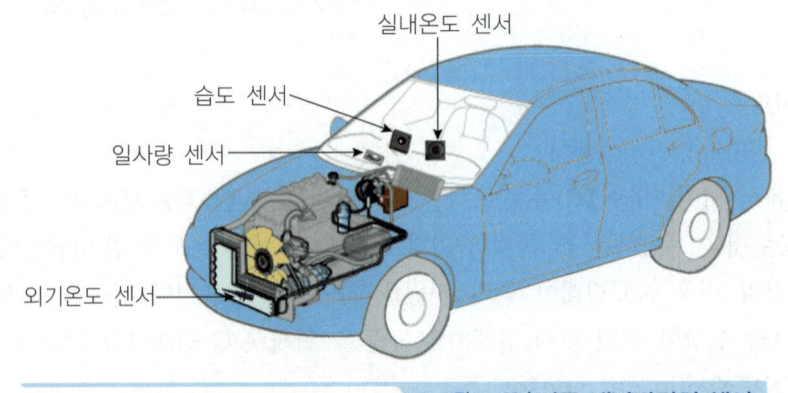

그림 1-108 / 자동 냉난방장치 센서

⑥ 트리플압력 스위치(triple pressure switch)

트리플 스위치는 압축기와 팽창밸브 사이, 즉 고압라인에 설치되며 기존 듀얼압력 스위치(저압과 고압 스위치)에 MIDDLE 스위치를 포함한다. 듀얼압력 스위치에서 저압 스위치는 약 2.1kg/㎠에서 스위치가 ON, 2.0kg/㎠에서 OFF되고, 고압 스위치는 32kg/㎠에서 OFF, 26kg/㎠에서 ON되는데 저압과 고압의 스위치가 모두 ON이 되어야 압축기가 작동할 수 있는 조건이 된다.

냉매의 충전량이 부족하여 저압 스위치가 OFF되면 압축기의 작동이 멈추며, 압축기의 작동 중 고압 스위치가 OFF되면 또한 압축기의 작동이 멈추도록 되어 있다. 고압측 냉매압력 상승 시 MIDDLE 스위치 접점이 ON되어 엔진 ECU로 작동신호가 입력되면 엔진 ECU는 냉각팬을 고속으로 작동시켜 냉매의 압력 상승을 방지한다.

⑦ APT(automotive pressure transducer)센서

기존의 트리플압력 스위치를 대체하는 센서로서, 연속적으로 냉매의 압력을 감지하여 연비 향상과 더불어 변속감을 향상시켰다. 냉매압력에 따라 최적의 (압축기, 냉각팬) 제어를 위하여 엔진 ECU로 입력되며, 냉방장치가 정상적으로 작동 중일 때 약 2.5V 정도의 전압이 출력된다.

⑧ AQS(air quality system)센서

NO(산화질소), NOx(질소산화물), SO₂(이산화황), CxHy(하이드로카본), CO(일산화탄소) 등 인체에 유해한 가스가 실내로 유입되지 못하도록 AQS센서가 범퍼 안쪽 응축기 부근에 설치되어, 공기 오염 시 내기모드로 전환되고 외부 공기가 청정하면 외기모드로 자동 전환되는 시스템이다. 오염 감지 시 약 5V, 오염 미감지 시 약 0V의 전압이 출력된다.

⑨ 습도센서(humidity sensor)

실내 공기의 상대습도를 측정하여 자동차 내부의 온도에 따른 습도를 최적으로 유지하며, 저온에서 발생되는 유리 습기로 인한 운전 장애를 제거한다. 고분자 타입의 임피던스 변화형 센서를 사용하기 때문에 구조가 간단하고 신속한 응답성을 갖는다. 습도센서에 수분이 잔류하면 에어컨이 계속 작동할 수 있는 데 습도센서의 커넥터를 탈거하여 에어컨이 작동하지 않으면 전등이나 햇빛으로 센서를 말려준다. 습도량과 출력 주파수는 반비례 관계에 있으며 최근에는 실내 온도센서와 같은 곳에 장착되기도 한다.

⑩ 에어컨 스위치

A/C스위치를 누르면 신호가 에어컨 ECU로 입력되고 이는 다시 엔진 ECU로 전달되는데, 트리플압력 스위치 혹은 APT신호와 증발기의 온도센서의 조건이 만족될 때 엔진 ECU는 에어컨 릴레이에게 구동 명령을 내리게 된다.

3_편의장치

1. 에탁스(ETACS ; electronic, time, alarm, control, system)

1) 에탁스의 기능

에탁스는 자동차 전기장치 중 시간에 의하여 작동되는 장치와 경보를 발생시켜 운전자에게 알려주는 장치 등을 종합한 장치라 할 수 있다. 제어되는 기능은 다음과 같다.

① 와셔연동 와이퍼 제어
② 간헐와이퍼 및 차속감응 와이퍼 제어
③ 점화 스위치 키 구멍 조명 제어
④ 파워윈도우 타이머 제어
⑤ 안전벨트 경고등 타이어 제어
⑥ 열선 타이머 제어(사이드 미러 열선 포함)
⑦ 점화 스위치 회수 제어
⑧ 미등 자동소등 제어
⑨ 감광방식 실내등 제어
⑩ 도어 잠금 해제 경고 제어
⑪ 자동 도어 잠금 제어
⑫ 중앙 집중방식 도어 잠금장치 제어
⑬ 점화 스위치를 탈거할 때 도어 잠금(lock)/잠금 해제(unlock) 제어
⑭ 도난경계 경보 제어
⑮ 충돌을 검출하였을 때 도어 잠금/잠금 해제 제어
⑯ 원격 관련 제어
　㉠ 원격시동 제어
　㉡ 키리스(keyless) 엔트리 제어
　㉢ 트렁크 열림 제어
　㉣ 리모컨에 의한 파워윈도 및 폴딩 미러 제어

2) 에탁스 입·출력신호 종류

전장제어 ECU 관련 기능의 작동불량 시 전장 제어 ECU 자체의 단품의 고장보다는 입·출력요소의 고장률이 훨씬 높다. 따라서 입력과 출력에 관여하는 스위치 및 액추에이터의 감지전압 및 작동 전압레벨, 액추에이터는 언제 구동되는지 등의 사전 지식을 가지고 있어야 한다. 회로도를 완벽하게 이해하며 회로도를 참고하여 고장을 추적하는 습관을 가져야 한다.

최근에는 전장제어 ECU의 입력 스위치를 감지하기 위하여 출력하는 5V 신호가 정전압 방식에서 스트로브 방식으로 바뀌었다.

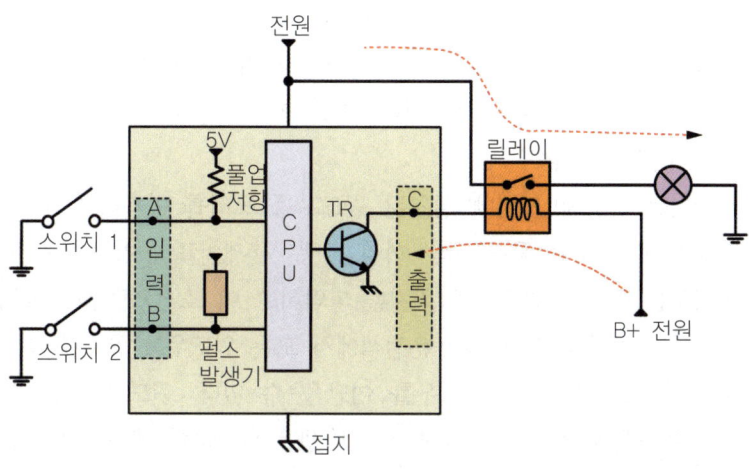

그림 1-109 / 에탁스 기본원리(예)

3) 편의장치 기능 및 특성 제어

① 점화 키홀 조명 제어
   ㉠ 점화 키 OFF상태에서 운전석 도어를 열었을 때 키홀 조명은 점등된다(T1 = ma).
   ㉡ 키홀 조명이 점등된 상태로 운전석 도어를 닫을 경우 키홀 조명은 10초간 ON상태로 유지 후 소등된다.
   ㉢ 키홀 조명 제어 중 점화키가 ON되면 키홀 조명을 즉각 OFF한다.

② 감광식 룸램프 제어
   ㉠ 도어 열림 시 실내등을 점등한다.
   ㉡ 도어 닫힘 시 즉시 75% 감광 후 서서히 5~6초 후에 완전히 소등한다.
   ㉢ 도어 스위치 ON 시간이 0.1초 이하인 경우에는 감광동작을 하지 않는다.
   ㉣ 감광 동작 중 점화키 ON시 즉시 감광동작은 저지된다.

③ 열선 제어
   ㉠ 발전기 L단자에서 12V 출력 시 열선 스위치를 누르면 열선 릴레이를 15분간 ON 한다.
   ㉡ 열선 작동 중 열선 스위치를 누르면 열선 릴레이는 OFF된다.
   ㉢ 열선 작동 중 발전기 L단자의 출력이 없을 경우에도 열선 릴레이는 OFF된다.

④ 파워윈도우 타이머 제어
  ㉠ 점화 스위치가 ON되면 파워윈도우 릴레이를 즉시 ON하여 시스템에 전원을 공급한다.
  ㉡ 점화 스위치가 OFF되면 일정 시간동안(30s) 릴레이 출력을 유지하므로 점화 스위치 OFF 상태에서도 파워윈도우가 작동된다.
  ㉢ 타이머 제어 중 운전석 또는 조수석 도어가 열리면 출력은 즉시 OFF되나 차종에 따라 30초간 연장되는 자동차도 있다(30초 연장 자동차).

⑤ 파워윈도우 세이프티 기능
  파워윈도우장치는 자동차 도어에 설치된 윈도우를 모터를 이용하여 여닫는 장치이다. 운전석 오토-업 기능 구동 중 물체의 끼임 발생 시 세이프티 기능을 수행한다. 윈도우 동작 시 발생하는 펄스로 윈도우의 위치를 파악하고 이 조건으로부터 물체 감지 및 힘을 계산하여 반전 여부를 판단한다. 운전석에서 모든 윈도우를 통제할 수 있고 각 위치의 윈도우 스위치를 이용해서 윈도우를 여닫을 수 있다. 윈도우가 올라가는 중 최대 100N의 힘이 윈도우에 가해지기 전에 끼임 발생을 판단하여 세이프티 기능을 수행한다.

⑥ 오토 도어록 제어
  자동도어의 잠금 조작기구에는 모터나 솔레노이드를 이용한 파워 도어 잠금장치가 있다. 1회의 스위칭으로 전 도어의 잠금(lock)이나 풀림(unlock)이 가능하게 한다. 그리고 설정 차속 이상이 되었을 때 자동으로 전 도어를 잠기게 하고 있다.
  ㉠ 차속이 40km/h 이상의 상태를 2~3초 이상 계속 유지하고 전 도어 중 하나라도 언록상태일 경우 도어록 릴레이를 ON한다.
  ㉡ 40km/h 이상에서 오토 도어록 제어 중 언록이 감지되면 2~3초 후 다시 도어록 릴레이를 ON한다.
  ㉢ 만약 계속해서 언록이 감지되면 0.5초 ON/OFF 주기로 3회 동안 도어록 릴레이를 ON하며 3회 작동 중 록신호가 감지되면 즉시 출력을 멈춘다.

⑦ 중앙집중식 잠금 제어
  ㉠ 운전석 도어 모듈의 도어 록/언록 스위치에 의한 작동은 모든 차종이 동일하다.
  ㉡ 운전석/조수석 도어 노브에 의한 록/언록은 도난방지시스템 미적용 자동차는 차종에 관계없이 모두 록/언록된다. 도난방지 적용 자동차는 록은 작동되나 언록은 작동되지 않는다.
  ㉢ 운전석/조수석 도어키에 의한 록/언록은 차종에 관계없이 모두 록/언록된다.

⑧ 리모트 도어(remote door)
  이 장치는 도어의 잠김/풀림을 키 실린더에 키를 삽입하지 않고 원격조작으로 작동시키는 장치이다. 리모트 키로부터 미약 전파를 발신시켜 자동차 안테나에서 수신하고 ECU가 수신 코드를 식별하여 도어 개폐용 액추에이터(솔레노이드 또는 모터)를 작동

시킨다.

송신기로부터 식별코드 신호가 FM 변조 방식에 따라 발신된 후 자동차 안테나로 수신되어 수신기에서 코드 식별한 후 액추에이터를 작동시켜 도어를 개폐시키도록 되어 있다.

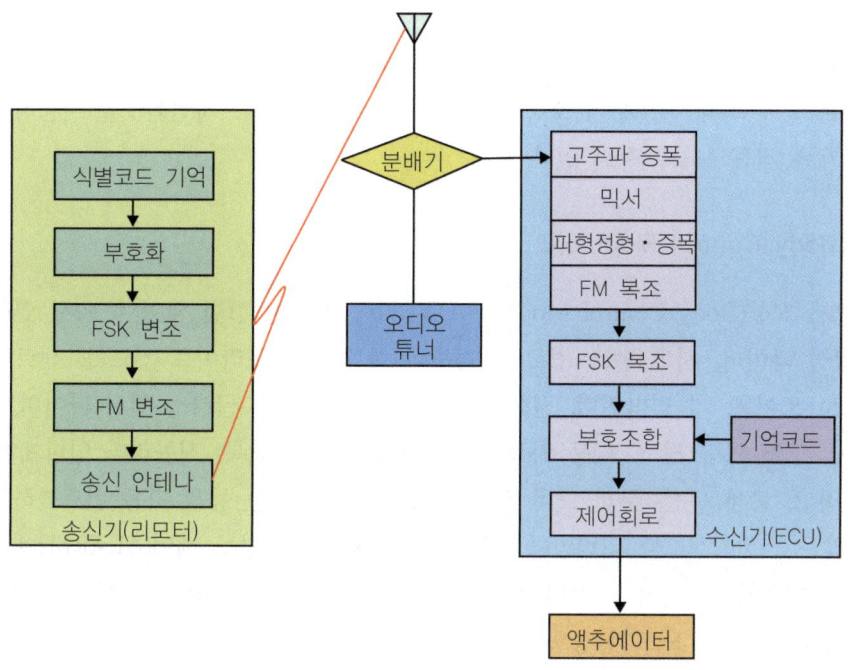

그림 1-110 / 리모트 도어 송수신 신호처리 다이어그램

⑨ 간헐와이퍼 제어
  ㉠ 점화키 ON시 인트 스위치를 작동시키면 T1 후에 와이퍼 릴레이를 ON한다.
  ㉡ 간헐와이퍼 작동 중 와이퍼가 재작동하는 주기는 인트 볼륨 설정에 따라 T3 시간만큼 차이가 발생한다.
⑩ 오토 라이트(auto light)
  오토 라이트는 주위의 밝기에 따라 변환되는 조도센서 내의 광전변환소자인 CdS(황화카드뮴)를 이용하여 미등(small lamp)과 전조등(head lamp)을 자동적으로 점등 및 소등을 시키는 장치이다. 이 장치는 전조등 스위치가 오토(auto) 위치에 있을 때 작동하게 되며, 조도센서는 앞유리창 아래쪽에 설치되어 주위의 밝기에 따라 어두워지면 저항값이 커지고, 밝으면 저항값이 작아지는 특성이 있다. 즉, CdS 양단전압은 어두울 때 크고, 밝을 때 작게 되며, 이 전압 변화를 이용하여 램프를 점등하거나 소등하게 된다. 제어 릴레이 내부에는 미등회로와 전조등회로를 구성하는 2개의 비교기가 있어 CdS의 전압과 각 회로의 기준전압을 비교한다. CdS전압이 클 경우에는 회로가 ON상태가 되

어 램프가 점등하고, 작을 경우에는 OFF상태가 되어 램프는 소등하게 된다. 2개의 비교기는 각기 다른 전압값으로 작동하여 약간 어두울 때는 미등이 점등되고, 이보다 더 어두워지면 전조등도 동시에 점등한다. 소등할 때에는 점등할 때보다 약간 더 밝은 시점에서 소등되도록 조정되어 있다.

야간에 전조등이 점등된 상태에서 가로등과 같은 밝은 곳을 주행할 경우에는 순간적으로 밝은 빛에 의해 전조등이 소등될 수 있으므로, 콘덴서나 지연회로를 이용하여 전조등이 계속 점등되도록 하고 있다.

2. BCM(Body Control Module)

바디 컨트롤 모듈(Body Control Module, A)은 차속 감응형 간헐 와이퍼, 와셔 연동 와이퍼, 리어 열선 타이머, 시트 벨트 경고등, 감광식 룸램프, 오토라이트 컨트롤, 센트럴 도어록/언록, 오토 도어록, 키 리마인더, 점화키 홀 조명, 윈드 쉴드 글라스 열선 타이머, 파워윈도우 타이머, 도어 열림 경고, 미등 자동 소등, 크래쉬 도어 언록, 시큐리티 인디게이터, 파킹 스타트 경고, 모젠 통신, 무선 도어 잠금 및 도난 경보 기능 등을 자동 컨트롤하는 시스템으로, 수많은 스위치신호를 입력받아 시간 제어(TIME) 및 경보 제어(ALARM)에 관련된 기능을 출력 제어하는 장치이다. 바디 컨트롤 고장 발생 시 고장 원인에 대한 자기진단 기능을 수행하며, 강제 구동 모드 설정으로 임의의 입력으로 출력을 검사할 수 있다.

1) 근접 경고 시스템(back sonar system)

근접 경고 시스템은 약 40KHz의 초음파를 이용하여 자동차가 전·후진할 때 사각에 위치한 장애물의 거리와 위치를 램프나 경고음으로 운전자에게 알리는 장치로써 초음파 송신기 및 수신기, 컨트롤유닛, 경고등 또는 디스플레이부로 구성되어 있다. 초음파 송신기 및 발신기는 전, 후 범퍼 내에 각각 2개 이상씩 장착되어 있다.

2) 초음파센서(송수신기)

초음파 송수신기는 형상은 같으나 초음파 마이크로폰 특성이 다르다. 초음파 마이크로폰은 전계를 가하면 기계적 변형을 발생시키는 피에조 압전소자를 사용하며, PZT($PbZrO_3$ — $PbTiO_3$: 질콘 — 티탄산납)라 부른다.

PZT 자기(磁器)에 교류전압을 인가하면 어느 주파수에서 진동을 발생시키며, 반대로 기계적인 진동을 발생시키면 어느 진동수의 교류전압을 발생시키므로 수신기로 사용된다. 송신기로부터 일정 주파수(매 초당 약 15회)의 초음파를 발사시키고 초음파가 장해물에 도달하여 반사될 때까지의 시간을 계측하면 장해물까지의 거리를 계산할 수 있다.

3) 감지영역 및 경고

초음파센서는 전·후 범퍼면에 설치되어 있으며 센서를 중심으로 거의 반구 범위의 영역을 감지할 수 있다. 장애물까지의 거리 표시는 몇 단계(예 : 0.5m 이내, 0.5~1m, 1~2m)로 나누어 경고등 및 부저로 운전자에게 알려주도록 하고 있다.

장애물과의 거리가 약 50cm가 되면 표시등을 점등시킴과 동시에 일정 간격으로 부저를 울리며 20cm 이내로 되면 연속적으로 부저를 울린다.

4) 내비게이션 시스템(navigation system)

내비게이션(항법) 시스템은 항공기나 선박과 같은 이동 물체가 어떤 목적지까지 안전하게 도달할 수 있도록 현재의 자기 위치를 측정하고 이동속도 등의 정보로 최적의 경로를 결정하여 운행할 수 있도록 하는 것을 말한다. 내비게이션 기술은 선박이나 항공기의 운항기술 분야에서 발전되어 현재 자동차에까지도 응용되었다.

자신의 위치를 파악하기 위한 내비게이션 방법으로는 태양과 별을 이용한 천문항법과 위성을 이용한 전파항법이 있으나, 현재는 악천후에 관계없는 전파항법을 사용하고 있다.

전파항법이란 2개소 이상의 전파 발신원으로부터 전파를 수신하여 전파의 도달 시간차, 위상차, 도플러 쉬프트 등에 의해 전파 발신원으로부터의 거리를 계산하여 현재의 위치를 파악하는 기술이다. 자동차에 적용되는 내비게이션으로는 GPS 방식과 비콘(beacon) 방식이 있다.

5) IMS(Integrated Memory System, 시트 메모리 유닛)

운전자가 설정한 운전석 시트와 핸들의 위치를 포지션센서에 의해 시트 및 틸트 & 텔레스코프 컨트롤유닛에 기억시켜 시트와 핸들의 위치가 변해도 IMS 컨트롤 스위치 및 리모컨으로 운전자가 설정한 위치에 복귀되도록 하는 장치이다. 이를 재생 동작이라고 한다.

파워 시트 컨트롤 유닛과 파워윈도우간에는 CAN 통신을 행한다. 안정상 주행 시의 재생 동작을 금지하고 있으며, 재생 동작을 긴급 정지하는 기능도 가지고 있다.

6) 버튼 엔진 시동시스템

버튼 엔진 시동 시스템은 운전자에게 기존 기계식 키를 이용하는 대신 간단하게 시동 버튼(SSB, Start Stop Button)을 누름으로써 자동차의 시동을 거는 장치이다.

이것은 특정 작업 없이도 스티어링 컬럼(ESCL, Electronic Steering Column Lock) 잠금과 해제를 실행한다. 만일 운전자가 브레이크를 밟고 SSB를 누르면 FOB 키 인증 및 전송 상태는 충족되게 되고, 버튼 엔진 시동 시스템(BES) 스티어링 컬럼 잠금/해제 기능, 단자 스위치 제어 그리고 엔진 크랭킹 등을 진행하게 된다.

이모빌라이저 인증 후에 시스템은 스타터 모터를 작동할 것이고 스타터 해제를 위한 엔진 작동 상태를 확인하기 위해 EMS와 통신을 하게 된다. 자동차를 멈춘 상태에서 SSB 버튼을 한 번 누르면 엔진은 꺼진다. 만일 엔진이 작동 중일 경우에 자동차 시동을 끄고 싶을 때는 SSB 버튼을 길게 누르거나 3회 연속 누르면 시동이 꺼지게 된다. 그리고 SSB 버튼을 누르는 것이 감지되거나 유효 FOB 키가 인증된 동안에 엔진 크랭킹 조건이 충족되지 않았다면, 자동차 전원 상태를 IGN ON상태로 변경한다. 버튼 엔진 시동 시스템의 구성은 스마트키 유닛, 전원 공급 모듈(PDM : Power Distribution Module), FOB 키홀더, 외장 리시버, 단자 및 스타터 릴레이, 시동 정지 버튼(SSB : Start Stop Button), 전자식 스티어링 컬럼 록(ESCL : Electronic Steering Column Lock), EMS(Engine Management System) 등으로 구성되어 있다.

7) 이모빌라이저(Immobilizer) 시스템

이모빌라이저 시스템은 스마트키 방식과 전자칩이 들어있는 트랜스폰더 키(Transponder Key) 방식이 있으며, 기계적인 일치뿐만 아니라 무선으로 이루어진 암호 코드가 일치할 경우에만 시동이 걸리는 도난 방지 시스템이다. 따라서 자동차에 입력되어 있는 암호와 시동키에 입력된 암호가 일치해야만 시동이 걸리게 되므로 해당 자동차의 고유키가 아니면 연료 공급이 차단되어 시동이 걸리지 않는다.

제5절 안전 및 편의장치

제1장 출제예상문제

01 다음 중 에어백의 재료가 아닌 것은?
① 나일론 ② 폴리에스테르
③ 폴리우레탄 ④ 비닐

> 에어백의 재료로 나일론, 폴리에스테르, 폴리우레탄 소재가 사용된다.

02 에어백(Air Bag)의 구성부품이 아닌 것은?
① 옆면 충격 검출 센서
② 클럭 스프링
③ 프리 텐셔너
④ 요레이트 센서

> 충돌센서(충격 검출 센서), ACU(Airbag Control Unit), 인플레이터(Inflator), 백(Bag), 프리텐셔너(Pretensioner), 클럭 스프링(clock spring), G 센서, 세핑 센서(safing sensor)등으로 구성되어 있다.

03 스마트 에어백의 구성부품이 아닌 것은?
① 프리크러쉬 센서(pre-crach sensor)
② 충돌감도 센서(crash severity sensor)
③ 요 레이트 센서(yaw rate sensor)
④ 시트위치 센서(seat position sensor)

> 스마트 에어백의 구성부품에는 프리크러쉬 센서(precrash sensor), 충돌감도 센서(Crash severity Sensor), 무게 센서(Weight Sensor), 승객존재 센서(Presence Sensor), 시트위치 센서(Seat Position Sensor)등이 있다.

04 에어백 시스템을 설명한 것으로 옳은 것은?
① 충돌이 생기면 무조건 전개되어야 한다.
② 프리텐셔너는 운전석 에어백이 전개된 후에 작동한다.
③ 에어백 경고등이 계기판에 들어와도 조수석 에어백은 작동된다.
④ 에어백이 전개되려면 충돌감지센서의 신호가 입력되어야 한다.

05 자동차 에어백에 대한 설명으로 틀린 것은?
① 에어백 시스템은 좌석벨트의 보조 장치로서 운전자를 보호하기 위한 안전장치이다.
② 자동차가 정면 충돌 시 요레이트 센서가 이를 감지하여 에어백이 작동한다.
③ 에어백 모듈은 가스발생기, 에어백, 클록 스프링 등으로 구성된다.
④ 에어백 경고등은 점화스위치를 'ON' 시키면 일정 시간 동안 점등되었다가 소등된다.

> 자동차가 정면충돌 시 정면충돌감지 센서가 이를 감지하여 에어백이 작동한다.

01 ④   02 ④   03 ③   04 ④   05 ②

06 차량의 정면에 설치된 에어백에 관한 내용으로서 틀린 것은?

① 차량의 전면에서 강한 충격력을 받으면 부풀어 오른다.
② 부풀어 오른 에어백은 즉시 수축되면 안 된다.
③ 차량의 측면, 후면 충돌 시에는 작동하지 않는다.
④ 운전자의 안면부 충격을 완화시킨다.

풀이 에어백에 관한 내용은 ①, ③, ④항 이외에 부풀어 오른 에어백은 즉시 수축되어야 한다.

07 자동차 에어백에 대한 설명으로 옳은 것은?

① 충돌감지 센서는 차량 측면에만 설치되어 있다.
② 부풀어 오른 에어백은 계속 그 상태를 유지해야 한다.
③ 일정 이상의 충격이 가해지면 충돌감지 센서의 신호로 전개된다.
④ 전방 에어백의 이상으로 경고등이 점등되어도 큰 충격이 가해지면 작동된다.

풀이 충돌감지 센서는 전방충격을 감지해주는 EFS와 측면충격을 감지해주는 SIS가 있고, 부풀어 오른 에어백은 즉시 수축된다. 에어백의 이상으로 경고등이 점등되면 에어백은 작동을 안한다.

08 에어백 시스템의 충돌할 때 시스템 작동에 관한 설명으로 틀린 것은?

① 에어백은 질소가스에 의해 부풀려 있는 상태를 지속시킨다.
② 충격에 의해 센서가 작동하여 인플레이터에 전기신호를 보낸다.
③ 인플레이터가 작동하면 질소가스가 발생한다.
④ 질소가스가 백을 부풀리고 벤트 홀로 배출된다.

풀이 에어백의 작동원리
① 충돌 센서와 전자 제어 장치가 차량 충돌 시 전달되는 충경력을 감지한다.
② 충돌 센서와 전자제어 장치는 충돌 과정에서 자동차의 감속 변화에 따른 가속도의 값을 분석하여 자동차의 충격량을 검출한다.
③ 값이 충격 한계 이상일 경우 전자 제어 장치가 인플레이터로 신호를 보낸다.
④ 발생된 질소 가스로 인해 에어백은 순식간에 팽창하게 된다.
⑤ 질소가스가 백을 부풀리고 벤트 홀로 배출된다.

09 에어백 인플레이터(inflater)의 역할로 맞는 것은?

① 에어백의 작동을 위한 전기적인 충전을 하여 배터리가 없을 때에도 작동시키는 역할을 한다.
② 점화장치, 질소가스 등이 내장되어 에어백이 작동할 수 있도록 점화 역할을 한다.
③ 충돌할 때 충격을 감지하는 역할을 한다.
④ 고장이 발생하였을 때 경고등을 점등한다.

풀이 인플레이터는 공급된 전기적 신호에 의해 가스 발생제가 연소되어 에어백을 팽창시킨다.

10 자동차 에어백 구성품 중 인플레이터 역할에 대한 설명으로 옳은 것은?

① 충돌 시 충격을 감지한다.
② 에어백 시스템 고장발생 시 감지하여 경고등을 점등한다.
③ 질소가스, 점화회로 등이 내장되어 에어백이 작동될 수 있도록 점화장치 역할을 한다.
④ 에어백 작동을 위한 전기적인 충전을 하여 배터리 전원이 차단되어도 에어백을 전개시킨다.

ANSWER 06 ② 07 ③ 08 ① 09 ② 10 ③

11 에어백 시스템에서 화약 점화제, 가스 발생제, 필터 등을 알루미늄 용기에 넣은 것으로, 에어백 모듈 하우징 안쪽에 조립되어 있는 것은?

① 인플레이터
② 에어백 모듈
③ 디퓨저 스크린
④ 클록 스프링 하우징

풀이 인플레이터에는 화약, 점화제, 가스 발생기, 디퓨저 스크린 등을 알루미늄제 용기에 넣은 것으로 에어백 모듈 하우징에 장착된다.

12 자동차의 에어백 장치에서 에어백 컨트롤 유닛에 입력되는 신호가 아닌 것은?

① 버클 센서 신호
② 가속도 센서 신호
③ 충돌 감지 센서 신호
④ 브레이크 압력 센서 신호

13 에어백 제어 모듈의 주요 기능이 아닌 것은?

① 충돌 시 축전지 고장에 대비한 비상 전원 기능
② 발전기 고장에 대비한 전압상승 기능
③ 자기진단 기능
④ 충돌감지 및 충돌량 계산 기능

14 에어백장치에서 인플레이터는 에어백 컨트롤유닛으로부터 충돌신호를 받아 에어백 팽창을 위한 가스를 발생시키는 장치이다. 에어백 모듈을 제거한 상태일 때 인플레이터의 오작동이 발생되지 않도록 단자의 연결부에 설치된 것은?

① 단락바
② 클램핑
③ 디퓨저
④ 클럭킹

15 차량으로부터 탈거된 에어백 모듈이 외부 전원으로 인해 폭발(전개)되는 것을 방지하는 구성품은?

① 클록 스프링
② 단락바
③ 방폭 콘덴서
④ 인플레이터

16 에어백 시스템에서 모듈 탈거 시 각종 에어백 점화회로가 외부 전원과 단락되어 에어백이 전개될 수 있다. 이러한 사고를 방지하는 안전장치는?

① 단락바
② 프리 텐셔너
③ 클록 스프링
④ 인플레이터

17 에어백장치에서 승객의 안전벨트 착용 여부를 판단하는 것은?

① 시트부하 스위치
② 충돌센서
③ 버클 스위치
④ 안전센서

18 에어백 PPD(Passenger Presence Detect)센서가 감지하지 않는 것은?

① 승객 있음
② 승객 없음
③ PPD 센서 고장
④ 벨트 프리텐셔너 고장

풀이 PPD센서는 승객감지센서로 조수석에 사람이 있을 때만 조수석 에어백과 측면 에어백을 작동시킨다.

11 ① 12 ④ 13 ② 14 ① 15 ② 16 ① 17 ③ 18 ④

제1장_전기·전자 정비 출제예상문제

19 에어백이 장착된 차량의 계기판에 에어백 경고등이 점등되는 원인으로 틀린 것은?

① 클럭 스프링 단선
② 점화 스위치 불량
③ 충돌감지 센서 불량
④ 에어백 모듈 제어선 단락

풀이 에어백 경고등이 점등되는 원인은 에어백 자체의 단락이나 모듈에 문제, 센서에 문제 발생, 클럭 스프링 단선, 안전벨트 센서에 문제가 생기거나 오작동 됐을 때, 시트 부하 감지 센서가 고장 났을 때 점등

20 승객보호장치 중 에어백 시스템에 관한 정비 작업 시 주의할 점으로 맞는 것은?

① 축전지 전원과는 무관하다.
② 축전지 터미널 설치상태에서 작업한다.
③ 축전지 (-)터미널 분리 후 즉시 작업한다.
④ 축전지 (-)터미널 분리 후 일정 시간이 지나면 작업한다.

풀이 에어백 시스템을 정비 작업할 때에는 반드시 축전지 (-)터미널 분리 후 일정 시간이 지난 다음 작업한다.

21 에어백(air bag) 작업 시 주의사항으로 틀린 것은?

① 스티어링 휠 장착 시 클럭 스프링의 중립을 확인할 것
② 에어백 관련 정비 시 배터리 (-)단자를 떼어놓을 것
③ 바디 도장 시 열처리를 요할 때는 인플레이터를 탈거할 것
④ 인플레이터의 저항은 멀티 테스터기로 측정할 것

풀이 에어백 정비 작업을 할 때 주의할 사항은 ①, ②, ③항 이외에 인플레이터의 저항값을 측정하여서는 안 된다.

22 자차, 타차의 교통, 도로환경 등의 상황에서 위험 정도가 증대될 때 운전자를 보호해 주는 첨단 안전기술장치는?

① 고장진단(Diagnostics)
② LSD(Limited Slip Differential)
③ ASV(Advanced Safety Vehicle)
④ 페일세이프

풀이 ASV(Advanced Safety Vehicle)란 자차, 타차의 교통, 도로환경 등의 상황에서 위험 정도가 증대될 때 운전자를 보호해 주는 첨단 안전기술장치가 장착된 것이다.

23 차체 자세제어장치에서 사용되는 센서가 아닌 것은?

① 조향 핸들 각속도 센서
② 마스터 실린더 압력 센서
③ 요-레이트 센서
④ PPD 센서(승객감지 센서)

풀이 PPD 센서(승객감지 센서)는 에어백에 사용되는 센서이다.

24 차체 자세제어시스템의 요 모멘트 제어와 관련된 사항으로 틀린 것은?

① 오버스티어링 시에 제어한다.
② 언더스티어링 시에 제어한다.
③ 자기진단기를 이용한 강제구동 시 제어한다.
④ 요 모멘트가 일정값 이상 발생하면 제어한다.

풀이 차체 자세제어시스템의 요 모멘트 제어는 스핀, 언더, 오버 스티어링이 발생하거나 요 모멘트가 일정값 이상 발생하면 제어한다.

19 ② 20 ④ 21 ④ 22 ③ 23 ④ 24 ③

25 VDC(Vehicle Dynamic Control)시스템에 사용되는 센서가 아닌 것은?

① 노크 센서 ② 조향각 센서
③ 휠 속도 센서 ④ 요레이트 센서

풀이) VDC시스템에 사용되는 센서는 휠 스피드 센서, 조향 각센서, Yaw/roll 가속도 센서, 마스터 실린더 압력 센서 등

26 차량 안전운전 보조장치의 주요 구성품에 대한 설명으로 틀린 것은?

① 자동주차 보조장치(SPAS)는 초음파 센서, 전자식 조향모터 등으로 구성
② 차선이탈 경고장치(LDWS)는 초음파 센서와 전자식 조향모터 등으로 구성
③ 정속 주행장치(ACC)는 전방감지센서, 엔진제어유닛, 전자식 제동유닛 등으로 구성
④ 차선유지 보조장치(LKAS)는 전방 카메라, 조향각 센서, 전자식 조향모터 등으로 구성

풀이) 차선이탈 경고장치(LDWS)는 차량 전방에 장착된 카메라로 주행중인 차로의 차선을 인식하여 운전자의 차선변경 의지(방향지시 자동여부) 없이 차선을 이탈 하였을 때 운전자에게 경고하는 장치이다.

27 후진 경고 장치의 주요 구성부품은?

① 레인 센서 ② 조도 센서
③ 블루투스 ④ 초음파 센서

28 각종 전자제어 주행 안전장치에 사용되는 센서 및 장치로 거리가 가장 먼 것은?

① 차압 센서
② 전면 카메라
③ 전방 레이더 센서
④ 후측방 초음파 센서

풀이) 차압센서는 차량 배기 미세입자 필터의 미세입자 누적량을 산출하기 위해 필터 전/후단 간의 압력 차이를 측정하는 센서

29 주행 조향 보조 시스템(LKAS)에 대한 구성 요소별 역할에 대한 설명으로 틀린 것은?

① 클러스터 : 동작 상태 알림
② 레이더 센서 : 전방 차선, 광원, 차량
③ LKAS 스위치 : 운전자에 의한 시스템 ON/OFF제어
④ 전동식 파워스티어링 : 목표 조향 토크에 따른 조향력 제어

풀이) 레이더센서는 주행 중 운전자의 후방 사각 지역에서 자차에 근접하는 이동 물체를 능동적으로 감지

30 후진경보장치에서 물체에 부딪혀 되돌아오는 시간을 측정하여 물체와의 거리를 측정하는 센서는?

① 적외선 센서
② 와전류 센서
③ 광전도 셀
④ 초음파 센서

풀이) 초음파 센서는 거리측정을 위한 센서로 송신부와 수신부로 나뉘어져 있으며, 송신부에서 일정한 시간의 간격을 둔 짧은, 초음파 펄스를 방사하고, 대상물에 부딪혀 돌아온 에코 신호를 수신부에서 받아, 이에 대한 시간차를 기반으로 거리를 산출한다. 이를 통해 장애물의 유무, 물체의 거리 또는 속도 등을 측정할 수 있다.

25 ① 26 ② 27 ④ 28 ① 29 ② 30 ④

31 카메라로 주행차량의 전방영상을 촬영한 뒤 영상처리를 거쳐 차선을 인식하여 경보해주는 장치는?

① 위험속도 방지장치
② 적응순항 제어장치
③ 차간거리 경보장치
④ 차선이탈 경보방지

32 주행안전장치에서 AFLS(Adaptive Front Lighting System)의 주요 제어 기능에 관한 설명으로 적절하지 않은 것은?

① Dynamic Bending – 곡선 도로에서 차량 진행 방향에 최적의 조명 제공
② Auto Leveling – 차량의 기울기 조건에 대한 헤드램프 로우 빔의 현상
③ Around View Monitoring – 운전자가 원하는 주변 부분 감지
④ 페일 세이프 – 시스템 고장 및 오동작 감지 시에 안전모드 동작

풀이) 어라운드 뷰 모니터링(AVM : Around view monitoring)은 운전석에 앉아서 자동차 주변의 360도를 살펴볼 수 있도록 도와주는 편의 및 안전 기능이다. 주차 시 운전자의 후방 시야 확보는 물론, 사각지대 없이 전·후·측방을 감지할 수 있다는 장점이 있다. 어라운드 뷰 모니터링은 전방과 후방의 카메라, 그리고 양측 사이드미러 아랫부분의 광각카메라들이 촬영한 영상을 하나의 영상으로 합성하여 운전자가 차량을 위에서 내려다보는 듯 탑 뷰(top view)로 보여줘 운전자의 시야 확보에 도움을 준다.

33 운전 중 제동 시점이 늦거나 제동력이 충분히 확보되지 않아 발생할 수 있는 사고에 대한 충돌이나 피해를 경감하기 위한 시스템은?

① 자동 긴급 제동 시스템
② 긴급 정지신호 시스템
③ 안티 록 브레이크 시스템
④ 전자식 파킹 브레이크 시스템

풀이) 자동 긴급 제동 시스템(AEB)는 첨단 주행보조장치의 일종으로 이름에서 볼수 있듯이 전방추돌상황이 감지되는 상황에서 운전자가 부주의하거나 반응을 못해서 브레이크를 잡지 않아도 차량이 경고를 울리며 직접 감속시켜주거나 브레이크를 잡아주는 장치이다.

34 차량의 실내는 외부나 내부에서 여러 가지 열부하가 가해지는데 냉방장치의 능력에 영향을 주는 열부하가 아닌 것은?

① 승차인원부하   ② 증발부하
③ 환기부하   ④ 복사부하

풀이) 차량의 열부하에는 승차인원부하(승원부하), 복사부하, 관류부하, 환기부하가 있다.

35 자동차의 냉난방장치에 대한 열부하의 분류이다. 이에 대한 설명으로 잘못 짝지어진 것은?

① 관류부하 – 각종 관류의 열
② 복사부하 – 직사광선에 의한 열
③ 승원부하 – 승객에 의한 발열
④ 환기부하 – 자연 또는 강제 환기

풀이) 관류부하는 차실 벽, 바닥 또는 창면으로부터의 이동

36 에어컨의 냉매에 쓰이는 가스가 인체에 영향을 미치는 것을 방지하기 위하여 사용되고 있는 에어컨 냉매는?

① R-11
② R-12
③ R-134a
④ R-13

풀이) 최근에 사용하고 있는 에어컨 냉매는 R-134a이다.

31 ④ 32 ③ 33 ① 34 ② 35 ① 36 ③

37 에어컨 냉매(R-134a)의 구비조건으로 옳은 것은?

① 비등점이 적당히 높을 것
② 냉매의 증발 잠열이 작을 것
③ 응축 압력이 적당히 높을 것
④ 임계 온도가 충분히 높을 것

풀이 냉매(R-134a)의 구비조건
① 무색, 무취, 무미일 것
② 가연성, 폭발성 및 사람이나 가축에 무해할 것
③ 저온과 대기압 이상에서 증발하고 여름철 외부 온도의 저압에서도 액화가 쉬울 것
④ 증발잠열이 크고, 비체적이 적을 것
⑤ 임계온도가 높고, 응고점이 낮을 것
⑥ 화학적으로 안정되고, 금속의 부식성이 없을 것
⑦ 사용온도 범위가 넓을 것
⑧ 냉매가스의 누출을 쉽게 발견할 수 있을 것

38 자동차 에어컨 냉매의 구비조건으로 틀린 것은?

① 응축압력이 적당히 낮을 것
② 비등점이 적당히 낮을 것
③ 증기의 비체적이 작을 것
④ 증발잠열이 작을 것

39 공조장치에서 R-134a 냉매의 특징으로 틀린 것은?

① 가연성이다.
② 오존을 파괴하는 염소가 없다.
③ R-12와 유사한 열역학적 성질을 가지고 있다.
④ 다른 물질과 쉽게 반응하지 않는 안정된 분자구조로 되어 있다.

풀이 R-134a 특징

장점	단점
① 오존층을 파괴하는 Cl이 없는 R-12의 대체 냉매	① R-12와 같은 응축온도에서의 냉동력 저하
② 안정된 분자구조(다른 물질과 반응을 잘하지 않음)	② NITRILE 호스 재질(현재질)과 투과성 문제
③ R-12와 유사한 열역학적 구조	③ 고무제품과 PLASTIC 제품의 사용성 문제
④ 불연성 및 독성이 없는 유일한 오존 비파괴 냉매	④ R-12와 COMPRESSOR OIL과 불용해성 문제
	⑤ 온실효과가 있어 향후 회수 및 재생문제
	⑥ R-134a의 흡수성 문제

40 에어컨가스가 지구 환경보호 차원에서 신냉매로 대체되었다. 이 신냉매(R-134a)를 주입한 에어컨에서 주의할 정비 항목과 관계없는 것은?

① 냉매 취급
② 수리 정비 시 사용될 호스와 실링
③ 냉매충전 및 수분문제
④ 에어컨 가스통

41 자동차의 공조장치에서 에어컨 냉매 충전법은?

① 양(무게) 충전법과 압력 충전법
② 진공 충전법과 고압 충전법
③ 진공 충전법과 저압 충전법
④ 저압 충전법과 고압 충전법

풀이 에어컨 냉매를 충전하는 방법에는 양(무게) 충전법과 압력 충전법이 있다.

42 냉방장치에서 냉매가스 저압라인의 압력이 너무 높은 원인은?

① 리시버 탱크 막힘
② 팽창밸브 막힘
③ 팽창밸브 감온통 가스누출
④ 팽창밸브의 온도 감지밸브 밀착 불량

풀이 팽창밸브의 온도감지밸브의 밀착이 불량하면 냉방장치에서 냉매가스 저압라인의 압력이 상승한다.

37 ④ 38 ④ 39 ① 40 ④ 41 ① 42 ④

43 에어컨 냉매회로의 점검 시에 저압측이 높고 고압측은 현저히 낮았을 때의 결함 원인은?

① 냉매회로 내 수분혼입
② 팽창밸브가 닫힌 채 고장
③ 냉매회로 내 공기혼입
④ 압축기 내부결함

풀이 압축기 내부에 결함이 있으면 저압 쪽은 높고, 고압 쪽은 현저하게 낮다.

44 에어컨 시스템에서 매니폴드 게이지를 연결하여 이상 유무를 판단한 것으로 맞는 것은?

① 컴프레서 불량 : 고압게이지-낮다, 저압게이지-높다.
② 냉매가스 부족 : 고압게이지-낮다, 저압게이지-높다.
③ 공기 유입 : 고압게이지-낮다, 저압게이지-낮다.
④ 냉매가스 과다 : 고압게이지-높다, 저압게이지-낮다.

풀이
① 냉매가스 부족 : 고압게이지-낮다, 저압게이지-낮다.
② 공기 유입 : 고압게이지-높다, 저압게이지-높다.
③ 냉매가스 과다 : 고압게이지-높다, 저압게이지-높다.

45 자동차용 냉방장치에서 냉매사이클의 순서로 옳은 것은?

① 증발기 → 압축기 → 응축기 → 팽창밸브
② 증발기 → 응축기 → 팽창밸브 → 압축기
③ 응축기 → 압축기 → 팽창밸브 → 증발기
④ 응축기 → 증발기 → 압축기 → 팽창밸브

46 자동차의 냉방회로에 사용되는 기본 부품의 구성품은?

① 압축기, 리시버, 히터, 증발기, 블로어모터
② 압축기, 응축기, 리시버, 팽창밸브, 증발기
③ 압축기, 냉온기, 솔레노이드밸브, 응축기, 리시버
④ 압축기, 응축기, 리시버, 팽창밸브, 히터

47 에어컨 압축기에서 마그넷(magnet) 클러치의 설명으로 맞는 것은?

① 고정형은 회전하는 풀리가 코일과 정확히 접촉하고 있어야 한다.
② 고정형은 최대한의 전자력을 얻기 위해 최소한의 에어갭이 있어야 한다.
③ 회전형 클러치는 몸체의 샤프트를 중심으로 마그넷 코일이 설치되어 있다.
④ 고정형은 풀리 안쪽에 있는 슬립링과 접촉하는 브러시를 통해 전류를 코일에 전달하는 방법이다.

풀이 마그넷 클러치는 에어컨 스위치의 ON신호에 의해 압축기를 구동하는 기구이며, 고정형은 풀리 안쪽에 있는 슬립링과 접촉하는 브러시를 통해 전류를 코일에 전달하는 방식으로, 최대한의 전자력을 얻기 위해 최소한의 에어갭이 있어야 한다. 그리고 회전형 클러치는 몸체의 축(shaft)을 중심으로 마그넷 코일이 설치되어 있는 방식이다

43 ④ 44 ① 45 ① 46 ② 47 ②

48 압축기로부터 들어온 고온·고압의 기체 냉매를 냉각시켜 액화시키는 기능을 하는 부품은?

① 증발기
② 응축기
③ 리시버드라이어
④ 듀얼 프레셔 스위치

풀이 응축기(condenser)는 라디에이터 앞쪽에 설치되며, 압축기로부터 오는 고온의 기체 냉매의 열을 대기 중으로 방출시켜 액체 냉매로 변화시킨다.

49 에어컨 시스템에서 기화된 냉매를 액화하는 장치는?

① 컴프레서
② 콘덴서
③ 리시버 드라이어
④ 익스팬션 밸브

50 자동차 에어컨에서 팽창밸브 기능에 대한 설명으로 옳은 것은?

① 냉매를 기화하며 응축시킨다.
② 냉매를 고체화하여 팽창시킨다.
③ 냉매를 기화하여 증발기에 보낸다.
④ 냉매를 액화하며 압력을 상승시킨다.

51 에어컨의 냉방 사이클에서 고온·고압의 액냉매를 저온·저압의 무상 냉매로 변화시켜 주는 부품은?

① 컴프레서
② 콘덴서
③ 팽창밸브
④ 증발기

풀이 팽창밸브(expansion valve)는 냉방장치가 정상적으로 작동하는 동안 냉매는 중간 정도의 온도와 고압의 액체상태에서 팽창밸브로 유입되어 오리피스밸브를 통과하여 저온·저압이 된다. 이 액체상태의 냉매가 공기 중의 열을 흡수하여 기체상태로 되어 증발기를 빠져나간다.

52 자동차 냉방시스템에서 CCOT(Clutch Cycling Orifice Tube) 형식의 오리피스 튜브와 동일한 역할을 수행하는 TXV (Thermal Expansion Valve) 형식의 구성부품은?

① 컨덴서
② 팽창밸브
③ 핀센서
④ 리시버 드라이어

풀이 오리피스 튜브 (Orifice tube)는 에어컨 장치에서 냉매 흐름을 제어하는 밸브로 팽창밸브와 동일한 역할을 한다.

53 자동차 에어컨에서 익스팬션밸브(expansion valve)의 역할은?

① 냉매를 팽창시켜 고온·고압의 기체로 만들기 위한 밸브이다.
② 냉매를 급격히 팽창시켜 저온 저압의 에어졸(무화) 상태의 냉매로 만든다.
③ 냉매를 압축하여 고압으로 만든다.
④ 팽창된 기체상태의 냉매를 액화시키는 역할을 한다.

풀이 익스팬션밸브(expansion valve)는 팽창밸브이다.

54 자동차 에어컨에서 압축기 출구의 냉매 상태는?

① 고온 고압 액체상태
② 고온 고압 기체상태
③ 저온 저압 액체상태
④ 저온 저압 기체상태

풀이 압축기는 증발기에서 저압 기체로 된 냉매를 고온 고압 기체로 압축하여 응축기로 보내는 작용을 한다.

ANSWER 48 ② 49 ② 50 ③ 51 ③ 52 ② 53 ② 54 ②

55 에어컨 시스템에 사용되는 에어컨 릴레이에 다이오드를 부착하는 이유는?

① ECU신호에 오류를 없애기 위해
② 서지전압에 의한 ECU 보호
③ 릴레이 소손을 방지하기 위해
④ 정밀한 제어를 위해

풀이 에어컨 릴레이에 다이오드를 부착하는 이유는 서지전압에 의한 ECU를 보호하기 위함이다.

56 자동차의 에어컨에서 냉방효과가 저하되는 원인이 아닌 것은?

① 냉매량이 규정보다 부족할 때
② 압축기 작동시간이 짧을 때
③ 압축기의 작동시간이 길 때
④ 냉매주입 시 공기가 유입되었을 때

풀이 냉방효과가 저하되는 원인
① 냉매량이 규정보다 부족할 때
② 압축기 작동시간이 짧을 때
③ 냉매주입 시 공기가 유입되었을 때

57 자동차의 에어컨 중 냉방효과가 저하되는 원인으로 틀린 것은?

① 압축기 작동시간이 짧을 때
② 냉매량이 규정보다 부족할 때
③ 냉매주입 시 공기가 유입되었을 때
④ 실내 공기순환이 내기로 되어 있을 때

58 에어컨 라인압력 점검에 대한 설명으로 틀린 것은?

① 시험기 게이지에는 저압, 고압, 충전 및 배출의 3개 호스가 있다.
② 에어컨 라인압력은 저압 및 고압이 있다.
③ 에어컨 라인압력 측정 시 시험기 게이지 저압과 고압핸들밸브를 완전히 연다.
④ 엔진 시동을 걸어 에어컨압력을 점검한다.

풀이 에어컨 라인압력을 점검할 때에는 ①, ②, ④ 항 이외에 에어컨 라인의 압력을 점검하는 경우에는 매니폴드 게이지의 저압호스를 저압라인의 피팅에, 고압호스는 고압라인의 피팅에 연결하며, 저압과 고압의 핸들밸브는 잠근 상태에서 점검한다.

59 에어컨 시스템이 정상작동 중일 때 냉매의 온도가 가장 높은 곳은?

① 압축기와 응축기 사이
② 응축기와 팽창밸브 사이
③ 팽창밸브와 증발기 사이
④ 증발기와 압축기 사이

60 에어컨 구성부품 중 응축기에서 들어온 냉매를 저장하여 액체상태의 냉매를 팽창밸브로 보내는 역할을 하는 것은?

① 온도조절기
② 증발기
③ 리시버 드라이어
④ 압축기

61 자동차 에어컨 장치의 구성품 중 어큐뮬레이터 드라이어의 기능으로 틀린 것은?

① 수분 흡수 기능
② 냉매 압축 기능
③ 이물질 제거 기능
④ 냉매와 오일의 분리 기능

풀이 리시버 드라이어는 TXV 타입에서 고압축에 설치되는데 반하여 어큐뮬레이터는 CCOT TYPE에서 저압측에 위치하는 점에서 다르나 어큐뮬레이터의 주요 기능은 리시버 드라이어와 유사하다.

55 ② 56 ③ 57 ④ 58 ③ 59 ① 60 ③ 61 ②

62 전자동 에어 컨디셔닝 시스템의 구성부품 중 응축기에서 보내온 냉매를 일시 저장하고 항상 액체상태의 냉매를 팽창밸브로 보내는 역할을 하는 장치는?

① 익스팬션 밸브
② 리시버드라이어
③ 컴프레서
④ 에버포레이터

풀이 리시버 드라이어의 기능
① 액체 냉매 저장기능
② 냉매 수분 제거기능
③ 압력 조정기능
④ 냉매량 점검기능
⑤ 기포 분리기능

63 공기조화장치에서 저압과 고압 스위치로 구성되어 있으며, 리시버 드라이어에 주로 장착되어 있는데 컴프레서의 과열을 방지하는 역할을 하는 스위치는?

① 듀얼압력 스위치
② 콘덴서압력 스위치
③ 어큐뮬레이터 스위치
④ 리시버드라이어 스위치

풀이 듀얼 압력스위치는 일반적으로 고압측의 RECRIBE DRIER에 설치되며, 두 개의 압력 설정치(저압 및 고압)를 갖고 한 개의 스위치로 두 가지의 기능을 수행한다.
① HIGH SIDE LIW PRESSUER : A/CON SYSTEM내에 냉매가 없거나 외기온도가 0℃ 이하인 경우, S/W를 "OPEN" 시켜 COMPRESSOR CLUTCH로의 전원 공급을 차단하여 COMPRESSOR의 파손을 예방한다.
② HIGH PRESSURE CUT-OUT: 고압측 냉매압력을 감지, 압력이 규정치 이상으로 올라가면 스위치를 접점을 "OPEN" 시켜 전원 공급을 차단하여 A/CON SYSTEM을 이상 고압으로부터 보호한다.

64 냉방장치의 구성품으로 압축기로부터 들어온 고온·고압의 기체 냉매를 냉각시켜 액체로 변화시키는 장치는?

① 증발기 ② 응축기
③ 건조기 ④ 팽창밸브

65 냉·난방장치에서 블로워 모터 및 레지스터에 대한 설명으로 옳은 것은?

① 최고 속도에서 모터와 레지스터는 병렬 연결된다.
② 블로워 모터 회전속도는 레지스터의 저항값에 반비례한다.
③ 블로워 모터 레지스터는 라디에이터 팬 앞쪽에 장착되어 있다.
④ 블로워 모터가 최고속도로 작동하면 블로워 모터 퓨즈가 단선될 수도 있다.

66 에어컨이나 히터에서 블로워 모터가 1단 (저속)은 작동되는데 2단이 작동하지 않을 때 결함 가능성이 있는 부품은?

① 블로워 스위치 ② 블로워 저항
③ 블로워 모터   ④ 퓨즈

풀이 블로워(송풍기) 저항이 불량하면 블로워 모터가 1단에서는 작동되는데 2단이 작동하지 않는다.

67 자동 공조장치에 대한 설명으로 틀린 것은?

① 파워 트랜지스터의 베이스 전류를 가변하여 송풍량을 제어한다.
② 온도 설정에 따라 믹스 액추에이터 도어의 개방 정도를 조절한다.
③ 실내 및 외기온도센서신호에 따라 에어컨 시스템의 제어를 최적화한다.
④ 핀서모센서는 에어컨 라인의 빙결을 막기 위해 콘덴서에 장착되어 있다.

62 ② 63 ① 64 ② 65 ② 66 ② 67 ④

68. 전자제어 오토 에어컨의 컨트롤 유닛에 입력되는 부품이 아닌 것은?
   ① 콘덴서센서(condenser sensor)
   ② 외기센서(ambient sensor)
   ③ 냉각수온 스위치(water thermo switch)
   ④ 일사센서(sun load sensor)

   풀이) 전자제어 오토 에어컨의 컨트롤 유닛에 입력되는 부품에는 외기센서, 수온 스위치, 일사센서, 내기센서, 습도센서, AQS센서, 핀서모센서, 모드선택 스위치 등이다.

69. 전자제어 냉·난방장치(FATC)에 사용되는 입력요소로 틀린 것은?
   ① AQS 센서   ② 핀서모 센서
   ③ 일사량 센서   ④ 초음파 센서

70. 전자제어 에어컨장치에서 컨트롤 유닛에 입력되는 요소가 아닌 것은?
   ① 외기온도센서   ② 일사량센서
   ③ 습도센서   ④ 블로워센서

71. 자동차 전자제어 에어컨시스템에서 제어모듈의 입력요소가 아닌 것은?
   ① 산소센서   ② 외기온도센서
   ③ 일사량센서   ④ 증발기온도센서

72. AQS(Air Quality System)에 대한 설명으로 옳은 것은?
   ① 실내·외 온도를 일정하게 유지
   ② 내부 공기를 일정한 세기로 순환
   ③ 내부 공기를 밖으로 배출되는 것을 방지
   ④ 유해 가스를 감지하여 차량 실내로 유입되는 것을 방지

   풀이) AQS는 차량 운행 중 차량 외부공기의 오염도를 감지하여 유해한 배기가스가 차량 실내로 유입되는 것을 차단해 주고 깨끗한 공기만을 유입하는 시스템이다.

73. 전자제어 자동 에어컨장치에서 전자제어 컨트롤 유닛에 의해 제어되지 않는 것은?
   ① 냉각수온 조절밸브
   ② 블로워 모터
   ③ 컴프레서 클러치
   ④ 내·외기 절환 댐퍼 모터

74. 전자제어 에어컨장치에서 증발기를 통과하여 나오는 공기(Outlet Air)의 온도를 제어하기 위한 센서가 아닌 것은?
   ① 자동차 실내온도센서
   ② 증발기(Evaporator)온도센서
   ③ 엔진 흡기온도센서
   ④ 자동차 외부온도센서

75. 전자제어 에어컨에서 자동차의 실내온도와 외부온도 그리고 증발기의 온도를 감지하기 위하여 쓰이는 센서의 종류는?
   ① 서미스터   ② 퍼텐쇼미터
   ③ 다이오드   ④ 솔레노이드

68 ① 69 ④ 70 ④ 71 ① 72 ④ 73 ① 74 ③ 75 ①

76 자동온도 조절장치(ATC)의 부품과 그 제어 기능을 설명한 것으로 틀린 것은?

① 실내센서 : 저항치 변화
② 인테이크 액추에이터 : 스트로크 변화
③ 일사센서 : 광전류의 변화
④ 에어믹스 도어 : 저항치의 변화

77 자동온도 조절장치(FATC)의 센서 중에서 포토다이오드를 이용하여 전류로 컨트롤하는 센서는?

① 일사센서   ② 내기온도센서
③ 외기온도센서   ④ 수온센서

풀이 일사센서는 광전도 특성을 지닌 포토다이오드를 이용하여 자동차 실내로 들어오는 햇빛의 양을 검출하여 컴퓨터로 입력시키는 작용을 한다.

78 전자제어 오토 에어컨 시스템의 난방 기동 제어에서 히터코어의 온도가 몇 ℃(도) 이하이면 히터팬을 작동시키지 않는가?

① 40   ② 30
③ 20   ④ 10

풀이 전자제어 오토 에어컨 시스템의 난방 기동제어에서 히터코어의 온도가 30℃ 이하이면 히터팬을 작동시키지 않는다.

79 전자동 에어컨(FATC) 시스템에서 블로워 모터가 4단까지는 작동이 되나 5단만 작동이 되지 않는다. 점검해야 할 부품은?

① 블로워 릴레이
② 블로워 하이 릴레이
③ 파워 TR
④ 에어믹스 도어 모터

풀이 블로워 모터가 4단까지는 작동이 되나 5단만 작동이 되지 않으면 블로워 하이 릴레이를 점검한다.

80 전자제어 냉·난방에장치(FATC)에서 압축기의 작동이 컷 오프(cut off)제어되는 경우로 틀린 것은?

① 냉방 효과를 높이기 위해
② 가속 성능을 높이기 위해
③ 등판 성능을 향상시키기 위해
④ 급출발 성능을 향상시키기 위해

81 전자동 에어컨 시스템에서 제어 모듈의 출력요소로 틀린 것은?

① 블로워 모터
② 냉각수밸브
③ 내·외기 도어 액추에이터
④ 에어믹스 도어 액추에이터

82 자동차 에어컨(FATC) 작동 시 바람은 배출되나 차갑지 않고, 컴프레서 동작음이 들리지 않는다. 다음 중 고장원인과 가장 거리가 먼 것은?

① 블로우 모터 불량
② 핀 서모센서 불량
③ 트리플 스위치 불량
④ 컴프레서 릴레이 불량

83 에어컨 자동 온도조절장치(FATC)에서 제어 모듈의 출력요소로 틀린 것은?

① 블로어 모터
② 에어컨 릴레이
③ 엔진 회전수 보상
④ 믹스 도어 액추에이터

76 ④ 77 ① 78 ② 79 ② 80 ① 81 ② 82 ① 83 ③

84 에어컨 스위치 회로에 대한 설명으로 옳은 것은?

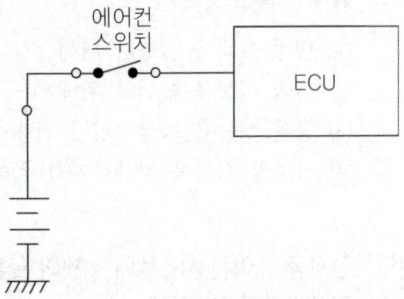

① 입력신호는 아날로그 회로이다.
② ECU 내부는 TTL 회로 방식이다.
③ ECU 내부는 풀업 저항이 걸려 있다.
④ ECU 내부는 CMOS형 회로 방식이다.

85 자동차의 편의장치(일명 : ETACS) 장착 차량에서 제외되는 항목은?

① 실내등 제어
② 간헐와이퍼제어
③ 차고 제어
④ 시트벨트경보 제어

> **풀이** 편의장치(ETACS) 제어 항목
> 실내등 제어, 간헐 와이퍼 제어, 안전띠 미착용 경보, 열선 스위치 제어, 각종 도어 스위치 제어, 파워윈도우 제어, 와셔 연동 와이퍼 제어, 주차 브레이크 잠김 경보 등이 있다.

86 일반적으로 종합제어장치(에탁스)에 포함된 기능이 아닌 것은?

① 에어백 제어기능
② 파워윈도우 제어기능
③ 안전띠 미착용 경보기능
④ 뒷유리 열선 제어기능

> **풀이** 에탁스에 제어되는 기능
> ① 와셔연동 와이퍼 제어
> ② 간헐와이퍼 및 차속감응 와이퍼 제어
> ③ 점화 스위치 키 구멍 조명 제어
> ④ 파워윈도우 타이머 제어
> ⑤ 안전벨트 경고등 타이어 제어
> ⑥ 열선 타이머 제어(사이드 미러 열선 포함)
> ⑦ 점화 스위치 회수 제어
> ⑧ 미등 자동소등 제어
> ⑨ 감광방식 실내등 제어
> ⑩ 도어 잠금 해제 경고 제어
> ⑪ 자동 도어 잠금 제어
> ⑫ 중앙 집중방식 도어 잠금장치 제어
> ⑬ 점화 스위치를 탈거할 때 도어 잠금(lock)/잠금 해제(unlock) 제어
> ⑭ 도난경계 경보 제어
> ⑮ 충돌을 검출하였을 때 도어 잠금/잠금 해제 제어
> ⑯ 원격 관련 제어

87 차량의 종합경보장치(에탁스)에서 입력요소가 아닌 것은?

① 도어 열림
② 시트벨트 미착용
③ 주차 브레이크 잠김
④ 승객석 과부하 감지

84 ④ 85 ③ 86 ① 87 ④

88 리모콘으로 록(LOCK) 버튼을 눌렀을 때 문은 잠기지만 경계상태로 진입하지 못하는 현상이 발생하는 원인과 가장 거리가 먼 것은?

① 후드 스위치 불량
② 트렁크 스위치 불량
③ 파워윈도우 스위치 불량
④ 운전석 도어 스위치 불량

풀이 파워윈도우 스위치 불량은 자동 도어 잠금 불량 원인이 아니다.

89 도난 경계 모드 진입에 필요한 조건으로 틀린 것은?

① 후드 스위치가 닫혀 있을 것
② 각 도어 스위치가 닫혀 있을 것
③ 프런트 윈도우 닫힘 신호가 있을 것
④ 각 도어 잠금 스위치가 잠겨 있을 것

풀이 도난경계모드 진입조건
① 후드 스위치가 닫혀있을 것
② 트렁크 스위치가 닫혀있을 것
③ 도어 스위치가 모두 닫혀 있을 것
④ 도어 잠금 스위치가 잠겨 있을 것

90 도난방지 차량에서 경계상태가 되기 위한 입력요소가 아닌 것은?

① 후드 스위치
② 트렁크 스위치
③ 도어 스위치
④ 차속 스위치

91 타임차트(Time chart)에 대한 설명으로 옳게 짝지어진 것은?

> ㄱ. 타임차트는 시간의 변화에 따른 제어를 그래프화 시킨 것이다.
> ㄴ. 한 개 또는 여러 개의 입력신호를 조합하여 타임 및 각종 기능을 제어하는 것을 나타낸다.
> ㄷ. 각종 장치의 기능파악이 쉽고, 장치를 이해하는데 상당히 중요한 부분을 차지하고 있다.

① ㄱ, ㄴ
② ㄱ, ㄷ
③ ㄴ, ㄷ
④ ㄱ, ㄴ, ㄷ

풀이 타임차트(time chart)는 시간이 지남에 따라 신호나 장치의 작동이 어떻게 달라지는지를 나타내는 도표. 각 부품의 작동 순서와 설정된 접점이 작동하는 시간의 상호 관계 따위를 나타낸다.

92 자동차 편의장치인 와이퍼시스템에서 사용되는 모터의 종류가 아닌 것은?

① 공압식
② 분권식
③ 복권식
④ 영구자석식

93 전자제어 와이퍼 시스템에서 레인 센서와 구동 유닛의 작동 특성으로 틀린 것은?

① 레인 센서는 LED와 포토다이오드로 비의 양을 검출한다.
② 비의 양은 레인 센서에서 감지, 구동유닛은 와이퍼 속도와 구동시간을 조절한다.
③ 레인센서 및 구동유닛은 다기능스위치의 통제를 받지 않고 종합제어장치 회로와 별도로 작동한다.
④ 유리 투과율을 스스로 보정하는 서보회로가 설치되어 있어 앞 창유리의 투과율에 관계없이 일정하게 빗물을 검출하는 기능이 있다.

풀이 레인센서가 작동 하려면 와이퍼 스위치를 AUTO에 설정해야 한다.

88 ③ 89 ③ 90 ④ 91 ④ 92 ① 93 ③

94. 자동차 정속주행(크루즈 컨트롤)장치에 적용되어 있는 스위치와 가장 거리가 먼 것은?

① 세트(set) 스위치
② 리드(reed) 스위치
③ 해제(cancel) 스위치
④ 리줌(resume) 스위치

풀이 정속주행(크루즈 컨트롤)장치에 적용되는 스위치에는 정속주행 차속을 컴퓨터에 입력시키는 셋트 스위치(set SW), 정속주행 셋트 속도를 해제하는 해제 스위치, 해제된 차속을 다시 복원시키는 리줌 스위치(resume SW)가 있다.

95. 바디 컨트롤 모듈(BCM)에서 타이머 제어를 하지 않는 것은?

① 파워윈도우 ② 후진등
③ 감광 룸램프 ④ 뒤 유리 열선

풀이 바디 컨트롤 모듈에서 타이머 제어 종류
① 와이퍼 & 와셔제어
② 램프류 제어
③ 부저 제어
④ 점화키 홀 조명 제어
⑤ 뒷유리 & 앞유리 열선 타이머 제어
⑥ 감광식 룸 램프 및 리모컨 언록 타이머 제어
⑦ 파워 윈도우 타이머 제어
⑧ 중앙 집중식 도어 록, 언록 제어
⑨ 트렁크 열림 제어
⑩ ATM SHIFT LOCK 제어(자동 변속기)
⑪ 스캐너와 통신

94 ② 95 ②

02 자동차 전기전자 진단 · 검사

제1절 고장분석

1_크랭킹속도가 느려지는 원인

① 기관오일의 점도가 너무 높다.
② 축전지 용량이 저하되었다.
③ 기온저하로 시동부하가 증가되었다.
④ 전기자 코일 및 계자코일이 단락되었다.
⑤ 축전지단자와 케이블의 접속이 불량하다.

2_2차 점화파형의 점화전압이 높은 원인

① 배전기 캡 내 단자가 부식된 때
② 점화플러그 간극이 클 때
③ 실린더 내의 압축압력이 높을 때
④ 점화플러그 전극부분의 온도가 낮을 때
⑤ 공연비가 희박할 때
⑥ 점화 2차회로의 저항 값이 높을 때

3_방향지시등 고장진단 및 원인 분석

1. 방향지시등의 점멸주기가 규정보다 어느 한쪽이 빨라지는 원인

① 한쪽 방향지시등 회로에 저항이 커졌을 경우
② 한쪽 전구 접지선이 단선된 경우
③ 한쪽 전구를 규정보다 어두운 것으로 장착하였을 경우

2. 점멸 횟수가 너무 빠를 때 원인

① 램프의 필라멘트 단선되었다.
② 램프의 정격용량이 규정보다 크다.
③ 램프 용량에 맞지 않는 릴레이를 사용하였다.
④ 플래셔 유닛이 불량하다.

4_에어백(air bag)작업시 주의사항

① 스티어링 휠 장착시 클럭 스프링의 중립을 확인할 것
② 에어백 관련 정비시 배터리 (-)단자를 떼어놓을 것
③ 보디 도장시 열처리를 요할 때는 인플레이터를 탈거 할 것
④ 인플레이터의 저항 값을 측정하지 말 것

5_에어컨 라인압력 점검

① 시험기 게이지에는 저압, 고압, 충전 및 배출의 3개 호스가 있다.
② 에어컨 라인압력은 저압 및 고압이 있다.
③ 에어컨 라인의 압력을 점검하는 경우에는 매니폴드 게이지의 저압호스를 저압라인의 피팅에, 고압호스는 고압라인의 피팅에 연결하며, 저압과 고압의 핸들밸브는 잠근 상태에서 점검한다.
④ 기관 시동을 걸어 에어컨 압력을 점검한다.

제2절 시험장비 및 검사기기

1_타이밍라이트 사용방법

① 타이밍라이트의 적색클립을 축전지(+)단자에, 흑색클립은 축전지(-)단자에 연결다.
② 타이밍라이트의 픽업 클램프를 1번 점화플러그 고압케이블에 화살표방향이 점화플러그 쪽으로 향하도록 하여 연결한다.
③ 타이밍라이트의 흑색 또는 녹색 부트 리드 선을 점화코일 (-)단자에 연결한다.

2_경음기시험기 사용방법

1. 측정장소의 선정

① 가능한 주위로부터 음의 반사와 흡수 및 암소음에 의한 영향을 받지 않는 개방된 장소로서 마이크로폰 설치 중심으로부터 반경 3m 이내에는 돌출 장애물이 없는 아스팔트 또는 콘크리트 등으로 평탄하게 포장되어 있어야 하며, 주위 암소음의 크기는 자동차로 인한 소음의 크기보다는 가능한 10㏈ 이하이어야 한다.

② 마이크로폰 설치의 높이에서 측정한 풍속(風速)이 2m/sec 이상일 때에는 마이크로폰에 방풍 망을 부착하여야 하고, 10m/sec 이상일 때에는 측정을 삼가야 한다.

2. 소음시험기

① 소음시험기는 KSC-1502에서 정한 보통 소음계 또는 이와 동등한 성능 이상을 가진 것을 사용하고, 지시계의 동특성은 빠름(fast) 동특성을 사용하여 측정한다.

② 자동기록 장치는 소음측정기에 연결된 상태에서 정밀도 및 동특성 등의 성능이 보통(지시)소음시험기 이상의 성능을 가진 것이어야 하며, 동특성을 선택할 수 있는 경우에는 빠름(fast) 동특성에 준하는 상태에서 사용하여야 한다.

③ 소음시험기는 제작자 사용설명서에 준하여 조작하고 측정 전에 충분한 예열 및 교정을 실시하여야 한다.

1) 경적소음 측정방법

① 자동차의 기관을 가동시키지 않은 정차 상태에서 경음기를 5초 동안 작동시켜 그 동안에 경음기로부터 배출되는 소음 크기의 최댓값을 측정하며, 2개의 경음기가 연동하여 음을 발하는 경우에는 연동하는 상태에서 측정하고, 축전지는 측정 개시 전에 완전 충전된 상태이어야 한다. 다만, 교류식 경음기를 장치한 경우에는 원동기 회전속도가 3,000±100rpm인 상태에서 측정하여야 한다.

② 마이크로폰 설치 : 마이크로폰 설치위치는 경음기가 설치된 위치에서 가장 소음도가 크다고 판단되는 자동차의 면에서 전방으로 2m 떨어진 지점을 지나는 연직선으로부터 수평 거리가 0.05m 이하인 동시에 지상 높이가 1.2±0.05m(이륜자동차, 측차부 이륜자동차 및 원동기부 자전거는 1±0.05m)인 위치로 하고 그 방향은 당해 자동차를 향하여 차량 중심선에 평행하여야 한다.

2) 측정값 산출

① 측정항목 별로 자동차로 인한 소음의 크기는 소음시험기 지시 값(자동기록 장치를 사

용한 경우에는 자동기록 장치의 기록 값)의 최댓값을 측정값으로 하며, 암소음의 크기는 소음시험기 지시 값의 평균값으로 한다.

② 자동차로 인한 소음 크기의 측정은 자동기록 장치를 사용하여 기록하는 것을 원칙으로 하고 측정항목 별로 2회 이상 실시하여야 하며, 각 측정값의 차이가 2dB를 초과할 때에는 각각의 측정값은 무효로 한다.

③ 암소음 크기의 측정은 각 측정항목 별로 측정실시의 직전 또는 직후에 연속하여 10초 동안 실시하며, 순간적인 충격음 등은 암소음으로 취급하지 아니한다.

④ 자동차로 인한 소음과 암소음의 측정값의 차이가 3dB 이상 10dB 미만인 경우에는 자동차로 인한 소음의 측정값으로부터 아래 표의 보정 값을 뺀 값을 최종 측정값으로 하고, 차이가 3dB 미만일 경우에는 측정값을 무효로 한다.

자동차 소음과 암소음의 측정값 차이	3	4~5	6~9
보정 값	3	2	1

⑤ 자동차로 인한 소음의 2회 이상 측정값(보정한 것을 포함한다.) 중 가장 큰 쪽의 값을 측정의 성적으로 한다.

3_전조등시험기 사용방법

1. 운행자동차 등화장치의 광도 측정 방법

① 자동차는 적절히 예비운전되어 있는 공차상태의 자동차에 운전자 1인이 승차한 상태로 한다.
② 자동차의 축전지는 충전한 상태로 한다.
③ 자동차 엔진은 공회전 상태로 한다.
④ 타이어 공기압력은 표준값으로 한다.
⑤ 자동차는 측정기와 직각된 상태로 진입하여 측정한다.
⑥ 측정은 변환(하향) 빔을 켜고 측정한다.

2. 측정 기준값

광도(하향-변환빔)		3,000cd 이상
측정높이	설치높이≤1m	−0.5%~−2.5%
	설치높이>1m	−1.0%~−3.0%

제2장 출제예상문제

Part 3

01 산소센서가 비정상일 경우 발생할 수 있는 현상이 아닌 것은?

① 연료소비가 감소한다.
② 주행 중 가속력이 떨어진다.
③ 공회전할 때 기관 부조현상이 있다.
④ 배기가스 중 유해물질의 발생량이 늘어난다.

풀이 산소센서는 가솔린 엔진의 연료 분사장치와 배출가스 유해물질 제어를 가능하게 하는 장치로 공기와 연료 비율을 적합하게 제어하는데 핵심적인 역할을 한다. 산소센서에 이상이 발생할 경우 엔진 제어장치(ECU)는 정확한 공연비를 감지할 수 없게 되고 결국 추정치에 의존하게 되어 정확한 공연비 감지가 불가능해지면 차량의 연료소비가 증가하고, 성능감소와 유해 배출가스 증가 및 공회전할 때 기관 부조현상이 발생한다.

02 디젤엔진에서 예열플러그가 단선되는 주요 원인으로 틀린 것은?

① 엔진 출력이 감소될 때
② 예열시간이 너무 길 때
③ 규정값 이상의 과대전류가 흐를 때
④ 예열플러그 릴레이 접점이 고착되었을 때

03 디젤엔진에서 매연 발생이 심한 원인으로 틀린 것은?(단, 터보장착 차량이다.)

① 에어클리너가 막혔다.
② 분사노즐에서 후적이 심하다.
③ 오일 필터가 불량이다.
④ 기관의 연소온도가 너무 낮다.

풀이 디젤차에서 많이 발생하는 검은 매연(PM 또는 Soot)은 농후한 혼합 가스로 엔진이 연료를 불완전 연소하는 경우이다. 기관의 연소온도가 너무 낮거나 엔진의 고장이며 에어필터, 인테이크 센서, 연료분사 장치 고장이 주원인이다.

04 자동차규칙상 타이어 공기압 경고장치의 성능기준에 대한 아래 설명에서 ( ) 안의 내용이 순서대로 짝지어진 것은?

> 자동차에 장착된 타이어 중 ( ) 타이어의 "운행 공기압"이 ( )가 감소된 공기압에 도달한 후 60분의 누적주행시간 이내에 "타이어 공기압 경고장치 자동표시기"의 식별부호를 점등시킬 것

① 2개, 20% ② 4개, 20%
③ 2개, 30% ④ 4개, 30%

풀이 자동차에 장착된 타이어 중 4개 타이어의 "운행공기압"이 20%가 감소된 공기압에 도달한 후 60분의 누적주행시간이내에 "타이어공기압경고장치 자동표시기"의 식별부호를 점등시킬 것.
① "운행공기압"이란 자동차를 운행하는 동안 각 타이어의 "추천냉간팽창공기압"이 온도영향으로 증가된 타이어팽창공기압을 말한다.
② "추천냉간팽창공기압"이란 해당 자동차의 속도 및 하중 등 사용조건에 따라 제작자가 각 위치의 타이어에 대하여 권장하는 타이어공기압(타이어공기압 표찰 또는 취급설명서에 표시)을 말한다.

01 ① 02 ① 03 ③ 04 ②

05 전기자를 시험하고자 한다. 어떤 시험기가 필요한가?
   ① 전류계
   ② 오실로스코프
   ③ 회로시험기
   ④ 그로울러 시험기

   풀이) 그로울러 시험기로 전기자 코일의 단선, 단락, 접지에 대해 시험한다.

06 가솔린기관에 사용되는 일반적인 타이밍라이트(Timing Light)를 사용하려고 한다. 다음 내용 중 틀린 것은?
   ① 타이밍라이트의 적색클립을 배터리 (+)단자에, 흑색 클립을 배터리 (-)단자에 물린다.
   ② 타이밍라이트의 픽업 클램프를 1번 점화플러그 고압케이블에 화살표방향이 점화플러그 쪽으로 향하게 하여 물린다.
   ③ 전류측정 픽업 클램프를 배터리 (+)단자에 물린다.
   ④ 타이밍라이트의 흑색 또는 녹색 부트리드 선을 점화코일 (-)단자에 물린다.

07 기동전동기 크랭킹 전류소모 시험에 따른 결과에서 회전력이 부족하고 전류값이 규정보다 떨어졌을 때의 고장원인은?
   ① 메인접점 소손
   ② 정류자의 단락 절연 불량
   ③ 정류자와 브러시 접촉저항이 큼
   ④ 전기자 코일 또는 계자 코일이 단락

08 차량 시동시 시동전동기는 작동되어도 크랭킹 속도가 느려 시동이 되지 않는 경우에 대한 이유로 가장 적합한 것은?
   ① 피니언 기어가 링 기어에 잘 물리지 않았을 때
   ② 솔레노이드 스위치의 작동 불량
   ③ 링 기어나 피니언 기어의 불량
   ④ 축전지 케이블 접속 불량

   풀이) 시동전동기는 작동되어도 크랭킹 속도가 느려 시동이 되지 않는 경우는 전기자 코일의 접지 상태 불량, 정류자 상태 불량, 축전지 방전, 축전지 케이블 접속 불량으로 전압이 낮아져서 이다.

09 기동전동기 회전이 느려지는 원인으로 틀린 것은?
   ① 점화 스위치의 결함일 때
   ② 정류자의 상태가 불량할 때
   ③ 배터리 방전으로 전압이 낮을 때
   ④ 전기자 코일의 접지 상태가 불량할 때

10 기관 크랭킹시 축전지 (-)단자와 기동전동기 하우징사이에 전압 강하량이 0.2V 이상일 때의 현상은?
   ① 기동전동기 회전력이 커진다.
   ② 기동전동기 회전저항이 적어진다.
   ③ 기동전동기 회전속도가 느려진다.
   ④ 기동전동기 회전속도가 빨라진다.

   풀이) 전압 강하량이 0.2V이상이면 기동전동기를 회전시키는 전압이 감소되기 때문에 기동전동기 회전속도가 느려진다.

05 ④ 06 ③ 07 ③ 08 ④ 09 ① 10 ③

11 크랭크축은 회전하나 기관이 시동되지 않는다. 원인으로 적합하지 않는 것은?

① No.1 TDC 센서의 불량
② 냉각수의 부족
③ 점화장치 불량
④ 연료펌프의 작동불량

풀이 크랭크축은 회전하나 기관이 시동되지 않는 원인은 No.1 TDC센서의 불량, 크랭크 각 센서 불량, 점화장치 불량, 연료펌프 작동불량 등이다.

12 기동전동기는 정상 회전하나 엔진이 크랭킹 되지 않을 때 고장 원인으로 가장 적합한 것은?

① 점화코일 불량
② 컨트롤 릴레이 불량
③ 인히비터 스위치 불량
④ 플라이휠의 링 기어 파손

풀이 플라이휠의 링 기어 파손 되면 기동전동기의 피니언 기어가 플라이휠의 링 기어를 회전시키지 못한다.

13 전자제어 가솔린엔진에서 크랭킹은 되나 시동이 안 되는 원인 중 맞지 않은 사항은?

① 파워 트랜지스터(Power TR)의 결함
② 발전기 다이오드의 결함
③ 점화 1차 코일의 단선
④ ECU의 결함

풀이 전자제어 가솔린 엔진에서 크랭킹은 되나 시동이 안 되는 원인은 파워 트랜지스터의 결함, 점화 1차 코일의 단선, ECU의 결함 등이다.

14 스파크 플러그의 그을림 오손의 원인과 거리가 먼 것은 어느 것인가?

① 점화시기 진각
② 장시간 저속운전
③ 플러그 열가 부적당
④ 에어클리너 막힘

풀이 스파크플러그의 그을림 오손의 원인은 점화시기 지각, 장시간 저속운전, 혼합기가 너무 농후, 점화 플러그 열가 부적당, 점화 플러그 불꽃이 약할 때, 에어 클리너 막힘 등이다.

15 점화플러그에 카본이 심하게 퇴적되어 있는 원인으로 틀린 것은?

① 장시간 저속 주행
② 점화 플러그의 과냉
③ 혼합기가 너무 희박함
④ 연소실에 오일이 올라옴

16 전자제어 가솔린 엔진의 점화장치에서 점화플러그 전극부위가 지나치게 그을렸을 때 그 원인으로 거리가 먼 것은?

① 피스톤 링의 마모
② 혼합기가 희박할 때
③ 점화시기가 규정보다 늦을 때
④ 점화코일 및 고압케이블의 노화

ANSWER 11 ② 12 ④ 13 ② 14 ① 15 ③ 16 ②

17. 가솔린엔진에서 한 개의 실린더에서만 점화 2차 전압의 피크값이 높게 나타난다. 고장원인으로 가장 적절한 것은?

① 혼합비가 너무 농후하다.
② 압축압력이 상대적으로 너무 낮다.
③ 고압 케이블의 저항이 상대적으로 너무 작다.
④ 점화플러그 전극 간극이 상대적으로 너무 크다.

[풀이] 점화 전압이 높은 경우는 점화 플러그 간극이 넓은 경우 방전에 필요한 전압이 높아지고, 배전기 캡 내 단자 간극이 넓거나 단자가 부식된 경우 이다. 점화 전압이 낮은 경우는 점화 플러그 간극이 좁은 경우이다.

18. 다음 중 2차 점화파형의 점화전압이 높을 수 있는 원인은?

① 2차 점화 회로 내 저항이 감소한 경우
② 실린더 내 압축 압력이 감소하는 경우
③ 배전기 캡 내 단자가 부식되는 경우
④ 연소실내 혼합기가 농후한 경우

19. 크랭크 각 센서가 고장이 나면 어떤 현상이 발생하는가?

① 시동은 되나 부조현상이 발생한다.
② 시동이 불가능하다.
③ 스타트에서만 시동이 가능하다.
④ 시동과 무관하다.

[풀이] 크랭크 각 센서가 고장이 나면 시동이 불가능하다.

20. 전자제어 가솔린엔진의 점화장치에서 크랭킹시 점화코일에 고전압이 유기되지 않을 경우 가장 먼저 점검해야 할 부품은?

① 노크 센서
② 캠축 포지션 센서
③ 크랭크 포지션 센서
④ 매니폴드 압력 센서

[풀이] 크랭크 포지션 센서는 엔진의 회전속도를 검출하여 기본분사량을 결정하고, 피스톤의 위치를 검출하여 연료분사시기와 점화시기를 결정하는데 사용되므로 점화장치에서 크랭크 포지션 센서 고장시 크랭킹시 점화코일에 고전압이 유기되지 않는다.

21. 전자 배전 점화장치(DLI)의 고장부위 점검 사항으로 틀린 것은?

① 크랭크 각 센서를 점검한다.
② 타이밍 로터의 에어캡을 점검한다.
③ 점화 1차, 2차 코일의 출력을 점검한다.
④ rpm 신호가 ECU로 입력되는지 점검한다.

[풀이] 전자 배전 점화장치(DLI)는 배전기가 없기 때문에 타이밍 로터가 설치되지 않는다.

22. 점화플러그 부하시험을 할 때 2차 점화 파형에서 점화전압이 1개 이상 높을 때의 원인이 아닌 것은?

① 점화플러그 간극 과대
② 점화플러그 저항선 단선
③ 점화플러그 절연체 파손
④ 2차회로 불량

[풀이] 점화전압이 1개 이상 높은 원인은 점화플러그 간극 과대, 점화플러그 저항선 단선, 2차회로 불량 등이다.

17 ④ 18 ③ 19 ② 20 ③ 21 ② 22 ③

23 기관 시험 장비를 사용하여 점화코일의 1차 파형을 점검한 결과 그림과 같다면 파워 TR이 ON 되는 구간은?

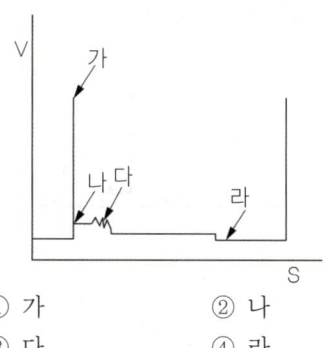

① 가　　　　② 나
③ 다　　　　④ 라

24 점화 2차회로 절연상태를 파악하기 위해서는 스코프 파형의 어느 부분을 관찰하여야 하는가?

① 2차 파형의 1차 감쇄진동 부분
② 2차 파형의 2차 감쇄진동 부분
③ 코일 최대 출력파형의 상향부분
④ 코일 최대 출력파형의 하향부분

풀이 점화 2차회로 절연상태를 파악하기 위해서는 스코프 파형은 코일 최대 출력 파형의 하향부분을 관찰하여야 한다.

25 점화시기 조정이 가능한 배전기 타입의 가솔린엔진에서 초기 점화시기의 점검 및 조치 방법으로 옳은 것은?

① 점화시기 점검은 300rpm 이상에서 한다.
② 3번 고압케이블에 타이밍 라이트를 설치하고 점검한다.
③ 공회전 상태에서 기본 점화시기를 고정한 후 타이밍 라이트로 확인한다.
④ 크랭크 풀리의 타이밍 표시가 일치하지 않을 때는 타이밍 벨트를 교환해야 한다.

풀이 리드 와이어를 점화시기 조정용 커넥터에 연결하고 다른 한쪽은 접지를 하여 점화시기를 고정한다.

26 다음 그림 중 그림 (가)는 정상적인 점화 이차 파형이다. 그림 (나)와 같은 파형이 나올 경우의 설명은?

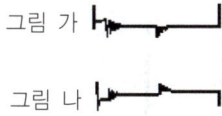

① 점화플러그 선이 바뀌었음
② 점화코일 1차 극성이 바뀌었음
③ 점화플러그가 파손 됐음
④ 점화 2차코일 내부 절연이 파괴됐음

풀이 점화코일 1차 극성이 바뀌면 파형이 반대로 나온다.

27 점화 2차 파형의 그림이다. 그림 2는 정상이고, 그림 1은 비정상이다. 비정상 원인은?

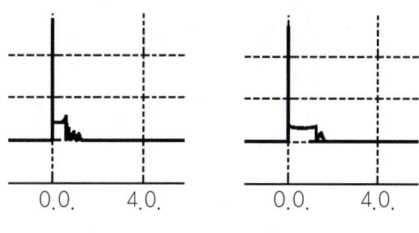

[그림 1. 비정상]　　[그림 2. 정상]

① 압축압력이 규정보다 낮다.
② 점화시기가 늦다.
③ 점화 2차 라인에 저항이 과대하다.
④ 점화플러그 간극이 규정보다 작다.

ANSWER　23 ④　24 ④　25 ③　26 ②　27 ③

28 다음 그림의 점화 2차 파형 각 구간별 설명 중 틀린 것은?

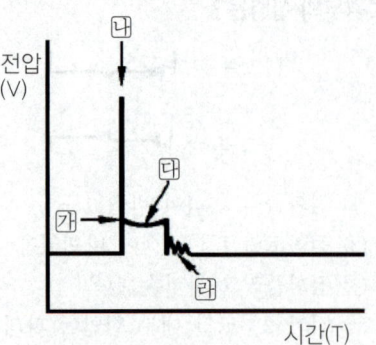

① 연소선 전압규정(2~3kV) 높으면 : 점화 2차라인 저항 과대
② 점화 서지전압 규정(6~12kV) 공전에서 높으면 : 점화 2차라인 저항 과대
③ 연소시간 규정(1ms 이상) 작을 때 : 점화 2차 라인의 저항감소 또는 공연비가 진할 경우
④ 점화코일 진동수(규정 1~2개) : 진동수가 거의 없다면 점화코일 결함이다.

🔵 연소시간 규정(1ms 이상) 작을 때는 방전되는 전기 에너지가 연료의 분자가 분리되면서 방출 된 열 전자를 통해 방전이 잘 안 되고 있는 것으로, 결국 점화를 하고자 하는 전기 에너지는 연료의 연소를 위해 이루어지는 것이 아니고 플러그 애자 부분 등을 통해 방전 되는 현상으로 연소 실 내부에서는 실화 등이 발생한다.

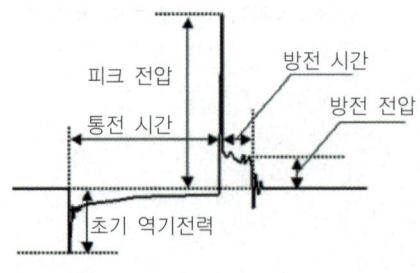

29 다음은 DOHC DLI 동시점화방식의 점화 2차 파형을 측정하기 위해 1번 고압케이블에만 스코프 프로브를 연결한 그림이다. 이에 대한 판단의 설명 중 맞는 것은?

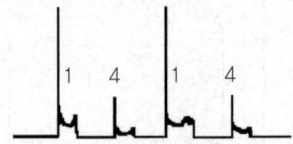

① 1, 4 순서이므로 4번이 불량이다.
② 1번은 역 극성이므로 높고, 낮은 것은 정 극성이기 때문이다.
③ 1번은 압축 상사점이고 4번은 배기 행정이기에 차이가 난 것이다.
④ 높은 것은 1번이므로 정 극성이고 낮은 4번은 역 극성이기 때문이다.

🔵 DLI 동시 점화방식의 제1번 실린더 파형은 실린더 내의 압력이 높은 압축 상사점이므로 점화전압이 높게 나오고, 제4번 실린더 파형은 배기 행정이므로 점화전압이 낮게 나온다.

30 자동차 충전장치의 충전경고등이 점등된 원인과 거리가 먼 것은?

① 배터리 방전
② IC 레귤레이터 결함
③ 스테이터 코일 결함
④ 충전회로와 연결된 전선의 결함

🔵 충전장치의 충전경고등은 배터리가 문제 있을 때 켜지는 것이 아니라 알터네이터에서 자동차에 전기를 충분하게 공급하지 못할 때 켜진다.

28 ③ 29 ③ 30 ①

31 교류발전기에서 B단자(출력단자)를 연결하지 않은 상태로 엔진을 장시간 고속 회전하였을 때 발생되는 현상은?

① 과충전이 일어난다.
② 로터 코일이 단선된다.
③ 충전 경고등이 점등된다.
④ 충전이 안 되지만 이상은 없다.

풀이 B단자(출력단자)를 연결 하지 않으면 전기를 공급하지 못하여 배터리 충전이 불량해지고 자동차 전기장치에 전기를 공급하지 못하기 때문에 충전 경고등이 점등된다.

32 자동차 발전기의 출력신호를 측정한 결과이다. 이 발전기는 어떤 상태인가?

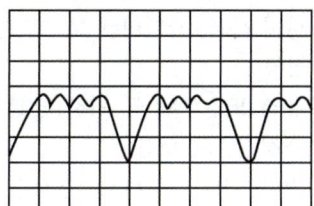

① 정상 다이오드 파형
② 다이오드 단선 파형
③ 스테이터 코일 단선 파형
④ 로터코일 단선 파형

풀이 그림의 발전기 파형은 다이오드 단선 파형이다.

33 스코프를 통하여 발전기의 출력 파형 시험을 하였다. 다이오드 2개(같은 상)가 단락된 경우는?

①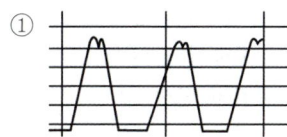

②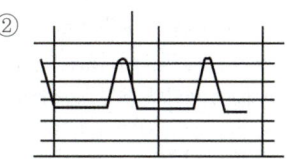

③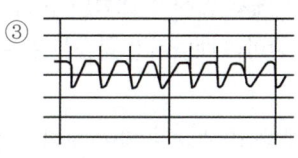

④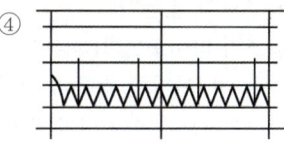

34 오실로스코프를 사용한 교류 발전기 출력 파형이 [보기]와 같이 나타났을 때, 다이오드와 스테이터 코일의 이상 유무를 판정한 것으로 틀린 것은?

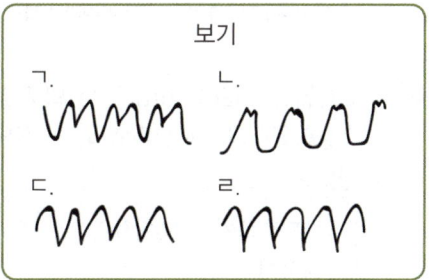

① ㄱ: 다이오드 1개 단락
② ㄴ: 다이오드 1개 단선
③ ㄷ: 스테이터 코일 1상 단선
④ ㄹ: 스테이터 코일 1상 단락

31 ③ 32 ② 33 ② 34 ②

35 교류 발전기에서 출력이 낮은 원인으로 틀린 것은?

① 스테이터 코일의 단선
② 정류 다이오드의 단선
③ 충전 경고등의 단선
④ 로터 코일의 단선

> 풀이 교류 발전기에서 출력이 낮은 원인
> ① 전압 조정기회로가 불량하다.
> ② 스테이터 코일, 정류 다이오드, 로터 코일 단선
> ③ 브러시와 슬립링의 접촉이 불량하다.

36 충전장치에서 발전기 내부의 IC레귤레이터가 불량하여 배터리가 과충전 될 수 있는 경우는?

① 트랜지스터가 파손되어 로터코일에 전류가 흐르지 않는다.
② 여자(조정)다이오드가 파손되어 배터리에서 스테이터로 전류가 흐른다.
③ 제너 다이오드가 파손되어 로터코일에 전류가 계속 흐르게 한다.
④ 로터코일이 단락되어 자화 효과가 커지면서 스테이터에서 과전류가 출력된다.

> 풀이 제너 다이오드는 IC레귤레이터에서 전압을 일정하게 유지하도록 하고 제어하는 역할을 한다. 제너 다이오드가 파손되면 전압 제어를 하지 못하여 로터코일에 전류가 계속 흘러 배터리가 과충전 된다.

37 교류발전기 로터(rotor)코일의 저항 값을 측정하였더니 200Ω이었다. 어 경우의 설명으로 옳은 것은?

① 로터회로가 접지되었다.
② 정상이다.
③ 저항과대로 불량 코일이다.
④ 전기자 회로의 접지불량이다.

> 풀이 교류발전기 로터(rotor)코일의 저항 값은 4~5Ω이며, 200Ω이 측정된 경우는 저항 값이 너무 과대하다.

38 충전장치 정비 시 안전사항과 거리가 먼 것은?

① B단자를 분리한 후 엔진을 고속 회전하지 않는다.
② 배터리를 자동차에 장착 시 극성이 바뀌지 않도록 한다.
③ 충전기를 사용하여 충전 시 시동키를 OFF한 후 배터리(-)를 분리한다.
④ 엔진가동 상태에서 배터리(-)를 분리하여 발전기의 발전 상태를 확인한다.

> 풀이 엔진가동 상태에서 배터리(-)를 분리하면 발전기가 손상될 수 있다.

39 발전기에서 소음이 발생되는 원인으로 가장 적합한 것은?

① 다이오드와 스테이터 코일 단선에 의한 접촉
② 퓨즈 또는 퓨즈블 링크 단선
③ 조정전압의 낮음
④ 전압조정기 전압설정 부적절

> 풀이 발전기에서 소음 발생 원인
> ① 발전기 베어링의 마모
> ② 다이오드와 스테이터 코일 단선에 의한 접촉
> ③ 발전기 슬립링이나 브러시가 과다한 마모

40 윈드 실드 와셔의 전동기는 작동하나 액이 분출하지 않는 원인은?

① 와이퍼 스위치 불량
② 흡입펌프 불량
③ 퓨즈 단선
④ 브러시 마모

> 풀이 흡입펌프가 불량하면 윈드 실드 와셔의 전동기는 작동하나 액이 분출하지 않는다.

35 ③ 36 ③ 37 ③ 38 ④ 39 ① 40 ②

41 방향지시등 한 개가 계속 꺼져있다. 가장 알맞은 것은?

① 발전기 충전전압이 너무 높게 걸려있는 상태이다.
② 한 개 이상의 램프 필라멘트가 끊어졌거나 접지 불량이다.
③ 전압이 낮거나 회로 내에 저항이 크다.
④ 퓨즈나 스위치 연결부위 불량이다.

풀이 한 개 이상의 램프 필라멘트가 끊어졌거나 접지가 불량하면 방향지시등 한 개가 계속 꺼져있게 된다.

42 방향지시등 회로에서 뒤 좌측 방향지시등 전구의 필라멘트가 단선되었을 때의 변화는?

① 앞 좌측 전구에 가해지는 전압이 높아진다.
② 전구의 단선과 회로의 저항변화는 무관하다.
③ 좌측 방향지시등 회로의 저항이 감소한다.
④ 좌측 방향지시등 회로의 저항이 증가한다.

43 좌측과 우측 중 방향지시등의 점멸주기가 규정보다 어느 한쪽이 빨라지는 원인이 아닌 것은?

① 양쪽 전구를 규정보다 밝은 것으로 장착하였을 경우
② 좌측 방향지시등 회로에 저항이 커졌을 경우
③ 뒤 좌측의 전구 접지선이 단선된 경우
④ 우측 전구를 규정보다 어두운 것으로 장착하였을 경우

44 비상등은 정상 작동되나 좌측 방향지시등이 작동하지 않을 때 관련 있는 부품은?

① 시그널 릴레이
② 비상등 스위치
③ 시그널 스위치
④ 시그널 전구

45 방향지시등 램프의 점멸 횟수가 너무 빠를 때의 원인이 아닌 것은?

① 램프의 단선 여부
② 램프의 정격용량 여부
③ 스위치의 작동여부
④ 램프 용량에 맞는 릴레이의 여부

풀이 방향지시등의 점멸횟수가 너무 빠를 때 원인
① 램프의 필라멘트 단선되었다.
② 램프의 정격용량이 규정보다 크다.
③ 램프 용량에 맞지 않는 릴레이를 사용하였다.
④ 플래셔 유닛이 불량하다.

46 방향지시등이 깜박거리지 않고 점등된 채로 있다면 예상되는 고장원인으로 적당한 것은?

① 전구의 용량이 크다.
② 퓨즈 또는 배선의 접촉 불량
③ 플래셔 유닛의 접지불량
④ 전구의 접지불량

풀이 플래셔 유닛의 접지가 불량하면 방향지시등이 점등된 채로 있다.

47 자동차의 전조등 회로에서 한쪽 전조등의 조도가 부족한 원인 중 가장 거리가 먼 것은?

① 전구의 열화
② 배터리의 용량 부족
③ 반사경이 흐려졌을 때
④ 전구의 설치 위치가 바르지 않을 때

41 ② 42 ④ 43 ① 44 ③ 45 ③ 46 ③ 47 ②

48 경음기가 완전 작동하지 않는다. 고장원인으로 적절하지 않은 것은?

① 혼 진동판 균열
② 배터리 터미널의 탈거
③ 혼 스위치 커넥터 탈거
④ 메인 휴즈 또는 혼 퓨즈 불량

풀이 혼 진동판 균열되면 작동은 되나 경음기 음이 고르지 못하다.

49 에어컨의 고장 현상과 원인의 연결이 적절하지 않은 것은?

① 풍량 부족 - 벨트 헐거움
② 시원하지 않음 - 냉매 부족
③ 콘덴서 팬이 회전하지 않음 - 모터 불량
④ 냉매압축기 작동하지 않음 - 압축기클러치 불량

풀이 에어컨 풍량 부족원인은 블로워 모터의 불량이다.

50 에어컨 장치에서 컴프레서 마그네틱 클러치의 작동불량 원인이 아닌 것은?

① 냉매압력 불량
② 블로워 모터 불량
③ 냉매압력 스위치 불량
④ 클러치 필드코일 불량

풀이 블로워 모터 불량은 에어컨 풍량과 관계가 있다.

51 다음 중 에어컨 작동 시 압력을 측정한 결과 고압은 정상보다 낮고 저압은 높게 측정되었다면 결함사항으로 옳은 것은?

① 압축기의 압축 불량이다.
② 냉매 충전량이 너무 많다.
③ 에어컨 시스템에 공기가 혼입되었다.
④ 에어컨 시스템에 수분이 혼입되었다.

52 에어백 시스템에 대한 설명으로 틀린 것은?

① 안전벨트 프리텐셔너는 충돌 시 에어백보다 먼저 동작된다.
② 고장 진단을 위해 배터리를 체결한 상태에서 교환 점검을 해야 한다.
③ 사고 충격이 크지 않다면 에어백은 미전개 되며 프리텐셔너만 작동할 수도 있다.
④ 커넥터 탈거 시 폭발이 일어나는 것을 방지하기 위해 단락바가 설치되어 있다.

풀이 에어백 시스템을 정비 작업할 때에는 반드시 축전지 (-)단자에서 케이블을 분리 후 일정시간이 지난 다음 작업한다.

53 승객보호장치 중 에어백 시스템에 관한 정비 작업 시 주의할 점으로 맞는 것은?

① 축전지 전원과는 무관하다.
② 축전지 터미널 설치상태에서 작업한다.
③ 축전지 (-)터미널 분리 후 즉시 작업한다.
④ 축전지 (-)터미널 분리 후 일정 시간이 지나면 작업한다.

풀이 에어백 시스템을 정비 작업할 때에는 반드시 축전지 (-)터미널 분리 후 일정 시간이 지난 다음 작업한다.

54 에어백(air bag) 작업 시 주의사항으로 틀린 것은?

① 스티어링 휠 장착 시 클럭 스프링의 중립을 확인할 것
② 에어백 관련 정비 시 배터리 (-)단자를 떼어놓을 것
③ 바디 도장 시 열처리를 요할 때는 인플레이터를 탈거할 것
④ 인플레이터의 저항은 멀티 테스터기로 측정할 것

풀이 에어백 정비 작업을 할 때 주의할 사항은 ①, ②, ③항 이외에 인플레이터의 저항값을 측정하여서는 안 된다.

48 ① 49 ① 50 ② 51 ① 52 ② 53 ④ 54 ④

55 에어백 시스템의 인플레이터(에어백 모듈) 정비 시 유의사항으로 틀린 것은?

① 차량 도장건조 작업 시에는 탈거 후에 하는 것이 좋다.
② 인플레이터의 배선 측이 위로 가도록 보관한다.
③ 취급 시 충격을 가하지 않도록 한다.
④ 화기 근처에 놓지 말아야 한다.

풀이 인플레이터는 공급된 전기적 신호에 의해 가스 발생제가 연소되어 에어백을 팽창시키기 때문에 인플레이터의 배선 측이 위로 가면 안된다.

56 오실로스코프의 점화 파형에 의해 판독 할 수 없는 것은?

① 드웰 각도　② 점화전압
③ 점화전류　④ 점화시간

풀이 점화전류는 오실로스코프의 점화파형으로 판독 할 수 없다.

57 디지털 오실로스코프에 대한 설명으로 틀린 것은?

① AC전압과 DC전압 모두 측정이 가능하다.
② X축에서는 시간, Y축에서는 전압을 표시한다.
③ 빠르게 변화하는 신호를 판독이 편하도록 트리거링할 수 있다.
④ UNI(unipolar)모드에서 Y축은 (+), (-) 영역을 대칭으로 표시한다.

58 홀센서 방식 차량 속도센서의 파형 측정 및 분석 방법은?

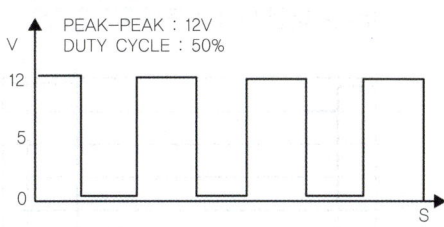

① 차속에 비례한 전류값의 변화를 확인한다.
② 저속에서 고속으로 변속하며 주파수 변화를 확인한다.
③ 차량의 속도를 0km/h에서 측정하면서 주파수 변화를 확인한다.
④ 피크-피크 전압의 변화는 차속에 비례하기 때문에 측정 시는 배터리를 새것으로 교환하고 측정한다.

풀이 차량 속도센서의 파형 측정 및 분석 방법
시동을 걸고 기어를 전진 기어에 넣고 가속과 감속을 반복해 보면서 속도센서 규정 전압이 나오는지 점검한다. 주파수는 회전체의 회전속도에 비례한다.

59 다음 접지(-) 제어형 가솔린 인젝터 파형에서 아래쪽 화살표가 가리키는 곳의 설명으로 옳은 것은?

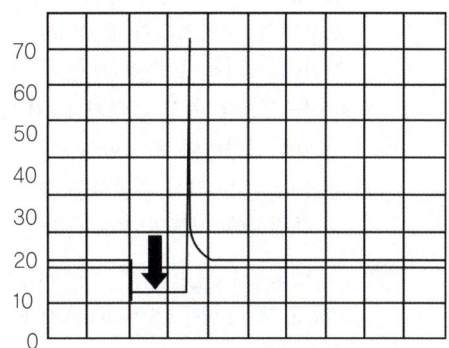

① 드웰 구간이다.
② 연료 분사구간이다.
③ 역기전력에 의한 서지전압 구간이다.
④ 점화 1차 코일에 전류가 흐르는 구간이다.

ANSWER   55 ②　56 ③　57 ④　58 ②　59 ②

60 다음 그림은 4행정 가솔린 기관에서 배전기 축이 1회전 하는 동안의 파형 변화 이다. 이 파형은 어떤 센서의 출력 파형인가?

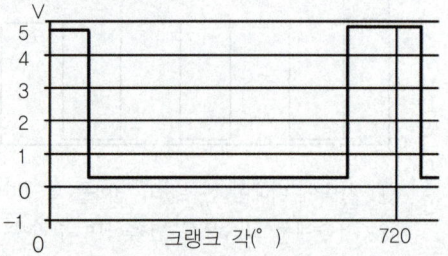

① 1번 실린더 TDC 센서
② 대기압 센서
③ 산소 센서
④ 수온 센서

61 운행자동차의 경적소음 측정 시 마이크로폰 설치 방법 중 틀린 것은?

① 마이크로폰 설치 위치는 경음기가 설치된 위치에서 가장 소음도가 크다고 판단되는 자동차의 면에서 전방 2m 떨어진 지점에서 측정한다.
② 마이크로폰은 자동차의 면에서 전방으로 2m 떨어진 지점을 지나는 연직선으로부터의 수평거리가 0.05m 이하인 지점에 설치하여 측정한다.
③ 마이크로폰은 지상 높이가 1±0.5m인 지점에 설치하여 측정한다.
④ 마이크로폰은 시험 자동차를 향하여 차량 중심선에 평행하여야 한다.

[풀이] 마이크로폰 설치 방법은 ①, ②, ④항 이외에 마이크로폰은 지상 높이가 1.2±0.5m인 지점에 설치하여 측정한다.

62 2000년 이후 제작된 승용자동차 경음기에 대한 경적음 크기의 운행차 기준으로 맞는 것은?

① 차체전방 2m 거리에서 지상높이 1.2 ± 0.05m 높이가 되는 지점에서 측정한 값이 90dB 이상, 110dB 이하
② 차체전방 2m 거리에서 지상높이 1.2 ± 0.05m 높이가 되는 지점에서 측정한 값이 95dB 이상, 110dB 이하
③ 차체전방 2m 거리에서 지상높이 1.2 ± 0.05m 높이가 되는 지점에서 측정한 값이 95dB 이상, 120dB 이하
④ 차체전방 2m 거리에서 지상높이 1.2 ± 0.05m 높이가 되는 지점에서 측정한 값이 112dB 이상, 125dB 이하

[풀이] 경적음 크기는 차체전방 2m 거리에서 지상높이 1.2±0.05m 높이가 되는 지점에서 측정한 값이 90dB 이상, 110dB 이하이다.

63 운행차 정기검사에서 경음기의 검사기준 및 방법에 관한 설명으로 틀린 것은?

① 승인받지 않은 경음기가 추가로 부착되지 않아야 한다.
② 자동차의 원동기를 가동시키지 아니한 정차 상태에서 측정한다.
③ 자동차의 경음기를 3초 동안 작동시켜 최대 소음도를 측정한다.
④ 2개 이상의 경음기가 장치된 자동차는 경음기를 동시에 작동시킨 상태에서 측정한다.

[풀이] 자동차의 경음기를 3초 이상 작동시켜 최대 소음도를 측정한다.

60 ① 61 ③ 62 ① 63 ③

64 운행차 정기검사 방법 중 소음도 측정에 관한 사항으로 맞는 것은?

① 경적소음은 자동차의 원동기를 가동시키지 아니한 정차상태에서 자동차의 경음기를 3초 동안 작동시켜 최대 소음도를 측정한다.
② 2개 이상의 경음기가 장치된 자동차에 대하여는 경음기를 동시에 작동시킨 상태에서 측정한다.
③ 자동차 소음의 3회 이상 측정치(보정한 것을 포함한다)의 평균 측정치로 한다.
④ 자동차의 소음과 암소음의 측정치 차이가 3dB일 때의 보정치는 2dB이다.

풀이 운행자동차 경적소음 시험 방법은 ①, ③, ④항 이외에 2개 이상의 경음기가 연동하여 음을 발하는 경우에는 연동하는 상태에서 측정한다.

65 운행차 정기검사 시 경적소음 측정 방법으로 맞는 것은?

① 자동차의 원동기가 공회전상태에서 측정
② 경음기를 3초 동안 작동시켜 최저 소음도 측정
③ 경음기를 5초 동안 작동시켜 최대 소음도 측정
④ 경음기가 2개 이상이 장치된 경우에는 1개만 작동시켜 측정

풀이 자동차의 엔진을 가동시키지 않은 정차상태에서 경음기를 5초 동안 작동시켜 그동안에 경음기로부터 배출되는 소음 크기의 최댓값을 측정한다.

66 운행차 정기검사에서 소음도 측정 시 측정치의 산출방법으로 틀린 것은?(단, 소음·진동관리법령상에 의한다.)

① 암소음은 소음측정기 지시치의 최대치를 측정
② 소음측정은 자동기록장치를 사용하는 것을 원칙
③ 암소음 측정은 직전 또는 직후에 연속하여 10초 동안 측정
④ 배기소음의 경우 2회 이상 실시하여 차이가 2dB 초과 시 무효로 하고 다시 측정

67 암소음이 84dB을 나타내는 장소에서 경음기의 음량을 측정한 결과 측정 대상음과 암소음 차이가 1dB이 되었다. 측정음은?

① 80dB   ② 83dB
③ 측정치 무효   ④ 85dB

풀이 자동차 소음과 암소음의 측정치의 차이가 3dB 이상 10dB 미만인 경우에는 자동차로 인한 소음의 측정치로부터 보정치를 뺀 값을 최종 측정치로 하고, 차이가 3dB 미만일 때에는 측정치를 무효로 한다.

68 자동차소음과 암소음의 측정치 차이가 5dB인 경우 보정치로 적절한 것은?

① 1dB   ② 2dB
③ 3dB   ④ 4dB

풀이 보정값

음의 차이	3	4	5	6	7	8	9	비고
보정값	3	2	2	1	1	1	1	음의 차이= 측정값 경음기 음-측정값 암소음

64 ② 65 ③ 66 ① 67 ③ 68 ②

69 운행차의 소음측정기에 있어서 지시계는 어떤 특성을 가진 것을 사용하여 측정하여야 하는가?

① 빠른 동특성
② 느린 동특성
③ 측정 후 바늘이 정지되어 있는 특성
④ 4초 이내에 음량을 가리킬 수 있는 특성

> 풀이) 소음시험기는 KSC-1502에서 정한 보통 소음계 또는 이와 동등한 성능 이상을 가진 것을 사용하고, 지시계의 동특성은 빠름(fast) 동특성을 사용하여 측정한다.

70 소음·진동관리법 시행규칙에 의한 운행차 정기검사의 소음기준 및 방법에 관한 설명으로 옳은 것은?

① 자동차소음의 2회 이상 측정치 중 가장 큰 값을 최종 측정치로 한다.
② 자동차의 원동기를 가동시킨 정차상태에서 자동차의 경음기를 5초 동안 작동시켜 측정한다.
③ 암소음 측정은 각 측정 항목별로 측정 직전 또는 직후에 연속하여 5초 동안 실시하며, 순간적인 충격음 또한 암소음으로 취급한다.
④ 자동차의 변속장치를 파킹 위치로 하고 정지가동상태에서 원동기의 최고 출력 시의 50% 회전속도로 5초 동안 운전하여 최대소음도를 측정한다.

> 풀이) 자동차의 변속장치를 중립 위치로 하고 정지가동상태에서 원동기의 최고 출력 시의 75%회전속도로 4초 동안 운전하여 최대소음도를 측정.

71 자동차종합검사규칙상 자동차검사 전산정보처리조직과 실시간으로 통신이 가능하고 측정 결과등이 실시간으로 자동입력되어야 하는 종합검사시설이 아닌 것은?

① 검사장면 촬영용 카메라
② 전자장치 진단기
③ 전조등 시험기
④ 소음 측정기

72 전조등 시험기 측정시 관련사항으로 틀린 것은?

① 공차상태에서 서서히 진입하면서 측정한다.
② 타이어 공기압을 표준공기압으로 한다.
③ 4등식 전조등의 경우 측정하지 않는 등화는 발산하는 빛을 차단한 상태로 한다.
④ 엔진은 공회전상태로 한다.

> 풀이) 전조등의 광도 및 광축 측정조건
> ① 엔진은 시동을 건 상태로 한다.
> ② 타이어 공기압을 표준공기압으로 한다.
> ③ 축전지는 완전충전 상태로 한다.
> ④ 운전자 1인이 승차 한 상태에서 측정한다.
> ⑤ 4등식의 전조등의 경우에는 측정하지 아니하는 등화에서 발산하는 빛을 차단한 상태로 한다.

73 전조등 변환빔(하향등)은 몇 cd 이상이어야 하는가?

① 14000cd 이상
② 8000cd 이상
③ 5000cd 이상
④ 3000cd 이상

> 풀이) 전조등 검사기준
>
> | 설치높이≤ 1.0m | 설치높이> 1.0m | 광도 |
> |---|---|---|
> | -0.5%~-2.5% | -1.0%~-3.0% | 3000cd이상 |

69 ① 70 ① 71 ④ 72 ① 73 ④

74 전조등 변환빔(하향등)의 진폭은 10m 위치에서 설치높이≤1.0m일 때 몇 %이내이어야 하는가?

① -2.0~-3.0% 이내
② -1.0~-3.0% 이내
③ -0.5~-2.5% 이내
④ 1.0~2.0% 이내

풀이 설치높이≤1.0m일 때는 -0.5~-2.5% 이내이고 설치높이＞1.0m일 때는 -1.0~-3.0% 이내이어야 한다.

75 비사업용 자동차의 정기검사 중 등화장치 검사기준에 대한 설명으로 틀린 것은? (단, 자동차관리법령상에 의한다.)

① 변환빔의 광도는 3천칸델라 이상일 것
② 정위치에 견고히 부착되어 작동에 이상이 없을 것
③ 컷오프선의 연장선은 좌측 하향일 것
④ 설치 높이가 1m 초과일 경우 변환빔의 진폭은 -1.0~-3.0% 이내일 것

76 전조등시험기의 정밀도에 대한 검사기준 중 허용오차 범위로 옳은 것은? (단, 자동차관리법 시행규칙에 의한다.)

① 광축편차는 ±1/3도 이내
② 광도지시는 ±20퍼센트 이내
③ 광축의 판정정밀도는 ±1/3도 이내
④ 광도의 판정정밀도는 ±1000칸델라 이내

풀이 정밀도에 대한 검사기준

전조등시험기의 광도지시·광축편차 및 판정정밀도는 설정값에 대하여 다음의 허용오차 범위이내일 것
① 광도지시 : ±15퍼센트 이내
② 광축편차 : ±29/174밀리미터(1/6도) 이내
③ 판정정밀도
 ㉮ 광도 : ±1,000칸델라 이내
 ㉯ 광축 : ±29/174밀리미터(1/6도) 이내

77 전조등 검사 시 전조등의 주광축이 틀러지는 원인으로 틀린 것은?

① 타이어 공기압 부족
② 전조등 설치부의 스프링 마모
③ 전구의 장시간 사용에 따른 열화
④ 시험기와 차량 중심이 직각이 아닐 경우

78 자동차 정기검사에서 등화장치 검사 시 광도 및 광축 측정을 위한 조건으로 틀린 것은?

① 충전장치가 정상인 상태
② 원동기가 최고 회전인 상태
③ 타이어 공기압이 적정한 상태
④ 운전자 1인이 승차한 공차상태

풀이 운행자동차 등화장치의 광도 측정 방법
① 자동차는 적절히 예비운전되어 있는 공차상태의 자동차에 운전자 1인이 승차한 상태로 한다.
② 자동차의 축전지는 충전한 상태로 한다.
③ 자동차 엔진은 공회전 상태로 한다.
④ 타이어 공기압력은 표준값으로 한다.
⑤ 자동차는 측정기와 직각된 상태로 진입하여 측정한다.
⑥ 측정은 변환(하향) 빔을 켜고 측정한다.

79 자동차관리법령상 전조등 시험기의 검사기준에서 광축편차 판정정밀도 허용오차 기준은?

① ±5% 이내
② ±15% 이내
③ ±$\frac{1}{4}$°이내
④ ±$\frac{1}{6}$°이내

74 ③   75 ③   76 ④   77 ③   78 ②   79 ④

80 자동차법규상 방향지시등 설치 및 광도기준에 관한 내용으로 틀린 것은?

① 방향지시등은 1분간 90±30회로 점멸하는 구조일 것
② 견인자동차와 피견인자동차의 방향지시등은 개별로 작동하는 구조일 것
③ 방향지시기를 조작한 후 1초 이내에 점등되어야 하며, 1.5초 이내에 소등할 것
④ 하나의 방향지시등에서 합선 외의 고장이 발생된 경우 다른 방향지시등은 작동되는 구조일 것

풀이 방향지시등 설치기준
① 방향지시등은 1분간 90±30회로 점멸하는 구조일 것
② 방향지시기를 조작한 후 1초 이내에 점등되어야 하며, 1.5초 이내에 소등될 것
③ 견인자동차와 피견인자동차의 방향지시등은 동시에 작동하는 구조일 것
④ 한 개의 방향지시등에서 합선 외의 고장이 발생된 경우 다른 방향지시등은 작동되는 구조일 것. 이 경우 점멸회수는 변경될 수 있다.

81 자동차규칙에 의한 자동차의 앞면에 적색의 등화 및 방향지시등과 혼동하기 쉬운 점멸등화의 설치가 가능한 경우로 틀린 것은?

① 긴급자동차에 설치하는 등화
② 화약류를 운송하는 경우에 사용하는 적색 등화
③ 버스 및 어린이운송용 승합자동차의 윗부분에 설치하는 표시등
④ 고압가스 탱크로리 앞면에 설치하는 적색의 등화

풀이 자동차의 앞면에는 적색의 등화, 반사기 또는 방향지시등과 혼동하기 쉬운 점멸하는 등화를 설치하여서는 아니 된다. 다만, 화약류를 운송하는 경우에 사용하는 적색등화, 버스 및 어린이운송용 승합자동차의 윗부분에 설치하는 표시등 및 긴급자동차에 설치하는 등화의 경우에는 그러하지 아니하다.

82 자동차의 앞면에 적색의 등하, 반사기 또는 방향지시등과 혼동하기 쉬운 점멸 하는 등화를 설치할 수 없는 자동차는?

① 긴급자동차
② 화약류 운송용 자동차
③ 어린이 운송용 승합자동차
④ 다목적(RV) 승용자동차

83 자동차의 안전기준에서 각 등화장치별 등광색 기준으로 틀린 것은?

① 번호등 - 황색
② 후미등 - 적색
③ 후퇴등 - 백색
④ 제동등 - 적색

풀이 번호등 등광색은 백색이다

84 번호등에 대한 설치기준으로 틀린 것은? (단, 자동차 및 자동차부품의 성능과 기준에 관한 규칙에 의한다.)

① 등광색은 황색일 것
② 번호등은 등록번호판을 잘 비추는 구조일 것
③ 번호등의 휘도기준은 측정점별 최소 2.5cd/㎡ 이상일 것
④ 후미등·차폭등·옆면표시등·끝단표시등과 동시에 점등 및 소등되는 구조일 것

80 ② 81 ④ 82 ④ 83 ① 84 ①

85 보조제동등의 설치기준으로 틀린 것은?

① 너비 방향 : 보조제동등의 기준점은 수직 종단면에 최대 150mm 이하에 설치 할 것
② 너비 방향 : 보조제동등의 기준점은 자동차의 중앙 수직 종단면에 위치 할 것
③ 높이 방향 : 보조제동등의 발광면 최하단 수평면은 제동등의 발광면 최상단 수평면보다 낮게 설치할 것
④ 높이 방향 : 보조제동등의 발광면 최하단 수평면은 뒷면 창유리 노출면 최하단 아래 방향으로 150mm 이하이거나 지상에서 850mm 이상일 것

풀이 보조제동등의 설치기준

1. 너비 방향
① 보조제동등의 기준점은 자동차의 중앙 수직 종단면에 위치할 것. 다만, 2개의보조제동등이 설치된 경우에는 중앙 수직 종단면에 가깝게 양쪽에 설치하여야 한다.
② 보조제동등의 기준점은 수직 종단면에서 최대 150mm 이하에 설치 할 것

2. 높이 방향
① 보조제동등의 발광면 최하단 수평면은 뒷면 창유리 노출면 최하단 아래 방향으로 150mm 이하이거나 지상에서 850mm 이상일 것
② 보조제동등의 발광면 최하단 수평면은 제동등의 발광면 최상단 수평면보다 높게 설치할 것

86 자동차규칙 중 후미등의 설치 및 광도기준에서 ( )안에 알맞은 것은?

> 후미 등의 발광면은 공차상태에서 지상 350mm이상 ( )mm이내일 것. 다만, 자체구조상 불가능한 경우에는 2100mm 이내에 설치할 수 있다.

① 1200　　② 1500
③ 1700　　④ 2000

풀이 후미등의 설치기준

1. 너비 방향
① 후미등의 발광면 외측 끝은 자동차 최외측으로부터 400mm 이하일 것. 다만, 추가로 부착되는 경우는 제외한다.
② 승용자동차와 차량총중량 3.5톤 이하 화물자동차 및 특수자동차를 제외하고, 기준축 방향에서 후미등의 발광면 간 설치거리는 600mm 이상일 것. 다만, 너비가 1,300mm 미만인 자동차는 400mm 이상이어야 한다.

2. 높이 방향
① 후미등의 발광면은 공차상태에서 지상 350mm 이상 1,500mm 이하일 것. 다만, 차체구조상 불가능한 경우에는 2,100mm 이하에 설치할수있다.
② 후미등이 추가로 설치된 경우 가)에 적합하도록 좌·우 대칭으로 설치되어야하고, 의무적으로 설치된 후미등과의 수직거리는 600mm이상일 것

87 자동차규칙상 앞면창유리에 설치하는 창 닦이기 장치에 대한 설명으로 틀린 것은? (단, 초소형자동차는 제외한다.)

① 작동주기의 종류는 2가지 이상일 것
② 최고작동주기와 다른 하나의 작동주기의 차이는 매분당 20회 이상일 것
③ 작동을 정지시킨 경우 자동적으로 최초의 위치로 복귀되는 구조일 것
④ 최저작동주기는 매분당 20회 이상이고, 다른 하나의 작동주기는 매분당 45회 이상일 것

풀이 자동차(초소형자동차는 제외한다)의 앞면창유리에 설치하는 창 닦이기 기준
① 작동주기의 종류는 2가지 이상일 것
② 최저작동주기는 매분당 20회 이상이고, 다른 하나의 작동주기는 매분당 45회 이상일 것
③ 최고작동주기와 다른 하나의 작동주기의 차이는 매분당 15회 이상일 것
④ 작동을 정지시킨 경우 자동적으로 최초의 위치로 복귀되는 구조일 것

85 ③　86 ②　87 ②

88 자동차규칙에 의한 최고속도제한장치의 공통적인 구조기준으로 틀린 것은?

① 임의적인 개조가 곤란한 구조일 것
② 외부의 전자파에 영향을 받지 아니할 것
③ 변속장치의 작동에 영향을 주는 구조일 것
④ 정상적으로 주행하는 자동차의 진동에 견딜 수 있을 것

> **풀이** 최고속도제한장치의 공통적인 구조기준
> ① 정상적으로 주행하는 자동차의 진동에 견딜 수 있을 것
> ② 외부의 전자파에 영향을 받지 아니할 것
> ③ 임의적인 개조가 곤란한 구조일 것
> ④ 최고속도제한장치의 제어장치·작동장치 및 연결장치에 봉인을 할 것. 다만, 엔진전자장치 진단기를 사용하지 않고서는 기능 변경을 하지 못하는 구조인 경우에는 그러하지 아니하다.
> ⑤ 주제동장치를 사용하지 않는 구조일 것. 다만, 승용자동차와 차량총중량 3.5톤 이하 화물자동차, 차량총중량 3.5톤 이하 특수자동차는 그러하지 아니하다.
> ⑥ 변속장치의 작동에 영향을 미치지 아니하는 구조일 것

89 자동차 계기장치에서 식별부호는 그림과 같으며, 식별색상이 황색인 표시장치는? (단, 제작사가 별도로 정하는 경우는 제외하며 자동차관련 법령상에 의한다.)

① 브레이크 라이닝 마모상태 자동표시기
② 제동장치 고장자동표시기
③ 주차제동장치 자동표시기
④ 원동기 고장자동표시기

90 전기자동차 및 플러그인하이브리드자동차의 복합 1회 충전 주행거리(km) 산정방법으로 옳은 것은?(단, 자동차의 에너지소비효율 및 등급표시에 관한 규정에 의한다.)

① 0.55×도심주행 1회충전 주행거리+0.45×고속도로주행 1회 충전 주행거리
② 0.45×도심주행 1회충전 주행거리+0.55×고속도로주행 1회 충전 주행거리
③ 0.5×도심주행 1회충전 주행거리+0.5×고속도로주행 1회 충전 주행거리
④ 0.6×도심주행 1회충전 주행거리+0.4×고속도로주행 1회 충전 주행거리

> **풀이** 플러그인하이브리드자동차의 1회 충전 주행거리(km) 산정방법
> ① 복합 1회충전 주행거리 = 0.55 × 도심주행 1회충전 주행거리 + 0.45 × 고속도로주행 1회충전 주행거리
> ② 도심주행 1회충전 주행거리 = 0.7 × FTP-75 모드에서 시가자동력계 주행시험계획(UDDS)에 따라 반복 주행하면서 구한 1회충전 주행거리, 단, 플러그인하이브리드자동차는 CD모드의 최초 시험 시작 지점에서 자동차의 엔진에 시동이 걸린 지점까지를 1회충전주행거리로 본다.
> ③ 고속도로주행 1회충전 주행거리 = 0.7 × HWFET 모드를 반복 주행하면서 구한 1회충전 주행거리

88 ③ 89 ① 90 ①

91 수소연료전지차의 에너지소비효율 라벨에 표시되는 항목이 아닌 것은?(단, 자동차의 에너지소비효율 및 등급표시에 관한 규정에 의한다.)

① CO_2 배출량
② 1회 충전 주행거리
③ 도심주행 에너지소비효율
④ 고속도로주행 에너지소비효율

수소연료전지차의 에너지소비효율 라벨에 표시 항목은 CO_2 배출량, 복합 에너지소비효율, 도심주행 에너지소비효율, 고속도로주행 에너지소비효율

91 ②

4 PART

일반기계공학

제1장 / 기계재료
제2장 / 기계요소
제3장 / 기계공작법
제4장 / 유압공 기계
제5장 / 재료역학

Engineer Motor Vehicles Maintenance

01 기계재료

제1절 재료의 기계적 성질

① **강도** : 재료가 외부의 작용력에 대한 저항력을 나타내는 것이다.
② **연성** : 재료가 늘어나는 성질이다.
③ **전성** : 재료를 눌렀을 때 넓게 퍼지는 성질이다.
④ **취성(메짐)** : 여린 성질, 즉 외부작용을 가했을 때 재료가 부스러지는 정도를 나타내는 성질이다.
　㉠ 적열취성(red shortness) : 황(S)을 많이 함유한 강이 적열 상태에서 취성을 일으키는 성질이다.
　㉡ 청열 취성(blue shortness) : 강이 200~300℃ 정도에서 취성을 일으키는 성질이다.
　㉢ 고온 취성(hot shortness) : 황(S)이 황화철로 되어 결정립계에 분포하여 그 재질이 외부 작용력에 대한 저항이 약해지므로 서 융점이 낮아져 고온에서 강의 가공성을 저하시키는 성질이다
⑤ **인성** : 질긴 성질, 즉 충격에 대한 재료의 저항을 나타내는 성질이다.
⑥ **소성** : 재료에 가한 힘이 크면 변형을 일으키며 이때 힘을 제거하여도 원래의 상태로 완전히 복귀되지 않고 변형이 남게 되는 성질이다.
⑦ **탄성** : 재료에 가한 힘이 적은 경우에는 외부의 작용력을 제거하면 늘어났던 길이가 완전히 원래의 상태로 복귀되어 아무런 변형이 없는 성질이다.
⑧ **가소성** : 재료 탄성한도 이상의 응력을 가하면 응력을 제거하여도 변형이 원래의 상태로 되돌아오지 않고 그 형태를 유지하는 성질이다.

제2절 금속의 변태

① 자기변태는 원자의 배열에는 변화가 없으나 768℃부근에서는 급격히 자기(磁氣)의 크기에 변화를 일으킨다.
② 동소변태는 고체 내에서 결정격자의 형상 즉, 원자의 배열이 변화되는 것이며, 예를 들면 순철(pure iron)에서는 α, γ, δ 의 3개의 동소체가 있다. α 철은 910℃이하에서는 체심 입방격자이고, γ철은 910℃에서 1400℃사이에서 면심입방격자이며, δ 철은 1400℃에서 1530℃사이에서는 체심 입방격자이다. 순철의 변태점은 다음과 같다.

A_0 변태점 : 210℃
A_1 변태점 : 720℃,
A_2 변태점(자기 변태점) : 768℃
A_3 변태점(동소변태점) : 910℃
A_4 변태점 : 1400℃

제3절 철과 강

1_제철법과 제강법

1. 제철법

용광로에서 철광석을 용해 환원시켜 선철(2.5~4.5%C)이 생산된다. 그리고 용광로의 크기 표시는 24시간 동안 산출된 선철의 무게(ton)로 한다.

2. 제강법

선철 중의 불순물을 제거하고 탄소 함유량을 0.02~1.7%으로 감소시켜 강을 제조하는 방법이다. 제강법에는 평로 제강법, 전로 제강법(산성 내화물을 사용하는 베세머법과 염기성 내화물을 이용하는 토마스법이 있다), 전기로 제강법, 도가니로 제강법 등이 있다. 노의 종류는 다음과 같다.

① 큐폴라(용선로) : 주철을 용해할 때 사용되는 노이다.
② 전기로 : 전극사이의 아크열을 이용하여 선철, 파쇠 등을 용해하여 강이나 합금강을 제조하는 것이며, 크기는 1회 용해할 수 있는 무게(ton)로 표시한다.
③ 반사로 : 노의 천장과 옆벽으로부터 반사열을 이용하여 금속을 용해하여 정련하는 노이며, 용해 온도가 낮은 구리, 황동, 청동 등 비철금속을 용해시키는데 주로 사용된다.
④ 평로 : 바닥이 낮고 편평한 반사로를 이용하여 선철을 용해시키며, 고철, 철광석 등을 첨가하여 용강을 만드는 것이다. 용량은 1회당 용해할 수 있는 쇳물의 무게를 톤(ton)으로 표시하며, 산성법과 염기성법이 있다.

2_주철

1. 주철의 특성

탄소 함유량이 2.5~4.5%인 주조용 철이며 그 특징은 다음과 같다.

① 융점이 낮고, 유동성이 좋다.
② 압축 강도는 크나 인장 강도가 부족하다.
③ 가단성, 전·연성이 적고, 취성이 크다.
④ 마찰저항이 크며, 값이 싸다.
⑤ 녹이 잘생기지 않는다.
⑥ 내마모성이 크고, 절삭 성능이 좋다.
⑦ 가공은 가능하나, 용접성이 불량하다.

2. 주철의 종류

① 회주철 : 주철 중에서 유리(遊離)된 탄소와 Fe_3C가 혼재하고 있는 주철이다.
② 백주철 : 백색의 탄화철(Fe_3C)이다.
③ 가단주철 : 주철에 인성을 증가시키기 위하여 주철을 가열한 후 노속에서 천천히 냉각시켜 만든 것으로 인장 강도가 높아 차량의 프레임이나 캠 및 기어용 부품 등에 적합하다.
④ 칠드 주철 : 주물의 필요한 부분만 금형에 접촉시켜 급랭하여 표면에서 어느 깊이까지는 매우 단단하고 내부는 서서히 냉각되어 연하며, 강인한 성질을 갖는다.

3_탄소강

1. 탄소강의 특징

① 실용되는 탄소강의 탄소 함유량은 0.05~1.7%까지가 일반적이다.
② 저탄소강은 연질이어서 가공이 용이하나, 담금질효과가 거의 없다.
③ 고 탄소강은 경질이어서 가공이 어려우나, 담금질효과가 매우 좋다.
④ 탄소강에 탄소 함유량이 많아질수록 연신율이 감소하며, 경도 증가, 항복점 증가, 충격 값 감소 등이 일어난다.

2. 탄소강에 함유된 성분과 영향

① 인(P) : 강의 결정입자를 거칠게 하며, 상온 취성(냉간 취성)을 일으킨다.
② 황(S) : 적열(고온) 취성을 일으키며, 인장강도, 연신율, 충격값이 저하된다.
③ 망간(Mn) : 황의 피해를 제거하며, 고온 가공을 쉽게 한다.
④ 규소(Si) : 강의 경도, 탄성한계, 인장강도가 증가된다. 연신률 및 충격 값을 감소시킨다. 상온에서 가단성, 전성을 감소시키며, 결정입자가 거칠어진다.
⑤ 가스 : 산소, 질소, 수소 등이 있으며, 산소는 적열 취성을 일으키고 질소는 경도와 강도를 증가시키며, 수소는 헤어 크랙(균열)의 원인이 된다.

3. 탄소 함유량에 따른 분류

① 아공석강 : 0.85%C 이하인 페라이트와 펄라이트의 공석강
② 공석강 : 0.85%C인 펄라이트 조직
③ 과공석강 : 0.855C 이상의 시멘타이트와 펄라이트의 공석강

4. 특수강

1) 구조용 특수강

① 니켈 강(Ni steel) : 니켈을 첨가하면 조작아 치밀해지고, 강도가 커져 내부식성, 내마멸성이 증가한다. 기어, 스핀들, 크랭크축, 추진축 등에서 사용된다.
② 크롬 강(Cr steel) : 크롬을 첨가하면 경도가 증가하고 인성이 향상되어 내마멸성, 내부식성, 내열성 등이 증가한다. 킹핀, 조향 기어, 차동 기어 등에서 사용된다.
③ 니켈-크롬 강(Ni-Cr steel) : 강인하고, 탄성한계가 높으며 담금질 효과가 크다. 또한 내마멸성, 내열성이 크며, 용접은 가능하지만 주조성이 불량하다. 크랭크축, 커넥팅로드

등에서 사용된다.

④ 크롬-몰리브덴 강(Cr-Mo steel) : 고온 강도가 크고, 용접성이 좋다. 크랭크축, 차축, 내열용 부품(500℃ 이하), 기어 등에서 사용된다.

⑤ 스테인리스강 : 니켈-크롬강의 일종이며, 내부식성, 내산성은 크나 절삭성이 불량하다. 스테인리스강의 분류는 다음과 같다.

　㉠ 13크롬 강 : 강에 크롬을 12~13% 첨가한 것이며, 담금질에 의해 경화되는 특성이 있다.

　㉡ 18크롬 강 : 강에 크롬을 17~20% 첨가한 것이며, 내부식성이 우수하여 해수용(海水用) 펌프 및 밸브 재료로 사용된다.

　㉢ 18-8 크롬-니켈 강 : 강에 크롬 18%, 니켈 8%를 첨가한 것이며, 비자성이며, 질이 질기기 때문에 전성이 크며, 가공 경화가 잘 된다.

⑥ 텅스텐 강 : 경도가 크고, 내마멸성, 고온 강도가 크기 때문에 공구, 내열용 재료로 사용된다.

⑦ 스프링 강 : 탄성 한계가 높고, 피로에 대하여 강력함이 요구되므로 탄성 한계를 높이는 망간 강, 규소 망간 강 등을 사용한다.

⑧ 인바(invar)강 : 온도가 상승하더라도 길이의 변화가 적은 것으로 불변강이라고도 부른다. 철에 니켈 36%, 망간 0.4%이 함유된 것이며, 최근에는 니켈 32%, 코발트 5%, 철 63의 초인바강(super invar steel)도 사용된다. 용도는 줄자, 경합금 피스톤의 보강 재료, 시계의 진자, 바이메탈 등이다.

2) 공구강 및 공구재료

① 탄소 공구강 : 탄소 함유량이 0.7% 이상인 강으로 면도 날, 도끼 등에 사용된다.

② 합금 공구강 : 탄소 공구강에 크롬, 텅스텐 등을 첨가한 것으로 펀치, 끌, 쇠톱, 줄 등에 사용된다.

③ 고속도강 : 텅스텐(W) 18%, 크롬(Cr) 4%, 바나듐(V) 1%형과 텅스텐(W) 14%, 크롬(Cr) 4%, 바나듐(V) 1%형이 있으며, 바이트, 탭, 다이스, 니들밸브, 밸브 시트 등에 사용된다.

④ 스텔라이트(stellite, 주조 합금 공구재료) : 주조한 상태의 것을 연마하여 사용하는 공구이며, 열처리를 하지 않아도 충분한 경도를 지닌다. 스텔라이이트의 주성분은 코발트, 크롬, 텅스텐(몰리브덴), 철이다.

⑤ 초경합금 : 코발트(Co), 텅스텐(W), 크롬(Cr) 등의 분말형의 탄화물을 프레스로 성형하여 소결시킨 것이다.

⑥ 세라믹(ceramic) : 알루미나($Al2O5$)를 주성분으로 결합제를 사용하지 않고 소결시킨 공구이다.

제4절 / 비철금속 및 합금

1_구리

1. 구리의 특성

① 전기 및 열의 전도성이 매우 우수하다.
② 아연(Zn), 주석(Sn), 니켈(Ni), 은(Ag) 등과 쉽게 합금을 만들 수 있다.
③ 아름다운 광택과 귀금속 적인 성질이 우수하다.
④ 표면에 녹색의 염기성 탄산구리의 녹이 생겨 보호 피막의 역할로 내부식성이 크다.
⑤ 유연하고 전성과 연성이 커 가공이 쉽다.

2. 구리 및 합금

1) 황동

① 황동의 특징
 ㉠ 황동은 구리와 아연의 합금이다.
 ㉡ Zn이 5% 함유된 황동은 예로부터 화폐, 메달 등에 사용되었기 때문에 gilding metal이라고 하였다.
 ㉢ Zn이 10% 정도의 황동은 색이 청동과 비슷하므로 청동 대용으로도 사용되었다.
 ㉣ Zn 20%의 황동은 황금색의 아름다운 색을 띠게 되므로 순금의 모조품, 장식용 제품, 악기 등에 사용된다.

② 황동의 종류
 ㉠ 7-3황동 : 구리 70%, 아연 30%이며 냉간 가공성이 좋다.
 ㉡ 6-4황동 : 구리 60%, 아연 40%이며, 주조성, 열간 가공성이 좋다.
 ㉢ 톰 백(tam bac) : 구리 85%, 아연 15%인 황동이다.
 ㉣ 네이벌 황동 : 6-4황동에 주석 1%를 첨가한 황동이다.

2) 청동

청동은 구리와 주석의 합금이 그 종류는 다음과 같다.
① 인청동 : 청동에 인을 첨가한 것이며 내부식성, 내마모성, 인성, 내피로성이 크기 때문에 베어링, 기어, 펌프 부품, 선박용 부품 등에 사용된다.
② 포금 : 구리(88%), 주석(10%), 아연(2%)의 합금이다.

③ 납(연)청동 : 청동에 납을 40% 첨가한 것으로 주로 베어링 합금으로 사용된다.
④ 알루미늄 청동 : 인장강도, 내식성, 내열성, 내마모성, 내피로성은 황동이나 청동보다 우수하지만 단조성, 가공성, 용접성이 떨어지므로 특수 화학기기, 선박, 항공기, 자동차 부품에만 사용된다.
⑤ 규소 청동 : 청동에 규소를 1.53.0%를 첨가한 것으로 인청동과 거의 비슷한 기계적 성질을 갖으며, 산에 대한 내식성도 양호하고 또 주조 합금으로서 이용되고 있다.

2_알루미늄 및 합금

1. 알루미늄의 특징

① 두랄루민은 비강도가 연강의 약 3배 정도이다.
② 비중이 2.7로 작고, 용융점이 600℃ 정도이다.
③ 열전도성, 전기 전도성이 좋다.
④ 표면에 산화막이 형성되어 있어 내식성이 우수하다.

2. 알루미늄합금의 종류

① 하이드로날륨 : 알루미늄에 마그네슘 4~7%를 함유한 것이다.
② 두랄루민 : 알루미늄, 구리, 마그네슘의 합금이며, 시효 경화를 일으킨다.
③ 초 두랄루민 : 알루미늄, 구리, 망간에 마그네슘을 0.5~1.5% 정도 첨가한 것이다.
④ 로 엑스 : 알루미늄, 규소, 니켈, 구리의 합금이며 내열성이 크고 열팽창 계수가 적어 피스톤의 재료로 사용된다.
⑤ 실루민 : 알루미늄에 규소를 첨가시킨 것이며 주조성, 내식성, 기계적성질이 우수하다.
⑥ Y합금 : 알루미늄, 구리, 마그네슘, 니켈의 합금이며 내열성이 커 피스톤, 실린더 헤드의 재료로 사용한다.
⑦ 라우탈 : 알루미늄, 구리, 규소의 합금이며, 주조성, 기계적 성질, 열처리 효과가 우수하다.

3_마그네슘 및 합금

마그네슘은 은백색의 가벼운 금속이며 녹는점은 650°C, 끓는점은 1090°C이다. 밀도는 1.738g/cm³이다. 결정 구조는 육방 밀집 구조이며, 연성과 전성이 있어 얇은 박 또는 철사 등으로 뽑을 수 있다. 또, 낮은 밀도에 비해 단단하여 구조재로 사용되며 특히 알루미늄, 아연, 망가니즈, 철 등과의 합금은 낮은 밀도에 비해 경도가 높고 내식성이 뛰어나 항공기, 자동차

등 다양한 분야에서 사용된다. 공기 중에서는 잘 발화하지 않지만 미세한 분말이나 얇은 선으로 만들면 자외선 영역의 빛을 포함하는 밝은 흰색 불꽃을 내며 연소하며, 이 때 불꽃의 온도는 3,100°C에 이를 수 있다. 이러한 특성을 이용하여 카메라 조명이나 불꽃놀이, 섬광탄 등에 사용되며, 소이탄에 첨가되기도 하였다.

4_니켈 합금

① 모넬 메탈 : 니켈, 구리, 철의 합금이다.
② 양은 : 구리, 아연, 니켈의 합금이며 내열성, 내부식성, 가공성이 우수하다.
③ 콘스탄탄 : 40~50% 정도의 니켈을 함유한 니켈-구리 계열 합금으로 전기 저항이 크고, 온도계수가 작아서 전기 저항선이나 열전대로 많이 사용된다.

5_베어링합금의 구비조건 및 종류

① 마찰계수가 적을 것
② 내마모성이 클 것
③ 내부식성이 클 것
④ 열전도성이 클 것
⑤ 베어링 합금재료에는 화이트 메탈, 배빗메탈, 켈밋 합금, 인 청도, 연 청동 등이 있다.

제5절 / 비금속재료

1_합성수지의 특징

① 가볍고 튼튼하며, 비중과 강도의 비율인 비강도가 비교적 높다.
② 전기 절연성이 우수하지만 열에는 약하다.
③ 가공성이 크기 때문에 성형이 간단하여 대량 생산이 가능하다.
④ 산, 알칼리, 오일, 화학약품에 강하다.
⑤ 투명하여 채색이 자유롭고 내구성이 크다.

2_수지의 용도

① 페놀 수지 : 페놀류와 포름알데히드의 축합에 의해 얻어지는 합성수지로 용제에 용해되지 않는 것을 베클라이트라 하며, 열경화성의 대표적인 것으로서 전기기구, 절연재료, 기어, 용기 등에 사용된다.
② 아크릴 수지 : 아크릴산이나 아크릴산유도체를 중합하여 만든 열가소성수지로 투명도가 높고 단단하며, 방풍 유리, 광학 렌즈 등에 사용된다.
③ 에폭시 수지 : 에피클로로히드린과 비스페놀 A를 중합하여 만든 것이 대표적이며, 에폭시 수지를 단독으로 사용하는 일은 없으며, 아민, 산 등에 의해서 경화시킨 열경화성 수지로 페인트, 접착제, 주형품 등에 사용된다.
④ 베이클라이트 : 페놀계 수지로 종이, 면, 석면 등의 적층품은 베어링 재료나 기어재료 등으로 사용된다.

제6절 / 표면처리 및 열처리

1_탄소강의 조직

1. 탄소강의 표준조직

① 페라이트(ferrite) : 탄소를 고용한 α 고용체이며, 상온에서는 강자성체이고 768℃에서 자기변태를 일으킨다.
② 펄라이트(pearlite) : 페라이트와 시멘타이트(α 고용체와 Fe_3C)의 공석정이다.
③ 시멘타이트(cementite) : 고용 한계 이상으로 탄소가 고용되면 탄소와 철이 화합하여 탄화철(Fe_3C)이 된다.

2. 탄소강의 담금질 조직

① 오스테나이트(austenite) : γ철에 1.7% 이하의 탄소를 고용(금속의 결정격자 사이에 다른 금속의 원자가 침투하는 현상)한 것이다.
② 마르텐사이트(martensite) : 탄소강을 수중(水中)에서 급랭시켰을 때 금속의 중앙에 발생하는 조직이며, 경도가 매우 높다.
③ 트루스타이트(troostite) : 유중(油中)이나 온탕에서 급랭시켰을 때 금속의 중앙에 발생하며, α 철과 시멘타이트가 혼재된 조직이다.

④ 솔바이트(sorbite) : 유중에서 트루스 타이트 보다 냉각속도가 느릴 때 발생하는 조직이다.

> **참고**
> 각 조직의 경도 순서는 시멘타이트 〉 마르텐사이트 〉 트루스타이트 〉 솔바이트 〉 펄라이트 〉 오스테나이트 〉 페라이트이다.

2_강의 열처리 방법

1. 담금질(quenching)

강을 A_1변태점 이상으로 가열하여 기름이나 수중(水中)에서 급랭시켜 강도와 경도를 증가시킨다.

2. 뜨임(tempering)

담금질한 강에 인성을 주기 위하여 A_1변태점 이하의 적당한 온도로 가열한 후 서서히 냉각시킨다.

3. 불림(normalizing)

금속을 A_3변태점 이상에서 30~60℃의 온도로 가열한 후 대기 중에서 서서히 냉각시켜 조직을 미세화하고 내부 응력을 제거한다.

4. 풀림(annealing)

A_3, A_1이상에서 20~50℃의 온도로 가열한 후 노(爐) 속에서 서서히 냉각시키는 열처리이며, 풀림의 목적은 열처리로 가공된 재료의 연화, 가공 경화된 재료의 연화, 가공 중의 내부 응력제거 등이다. 또 풀림 중 재결정 풀림은 냉간 가공한 재료를 가열하면 600℃ 정도에서 응력이 감소하며 재결정이 발생하며, 재결정은 결정 입자의 크기, 가공 정도, 석출물, 순도 등에 큰 영향을 받는다.

5. 표면경화 방법

1) 침탄방법

저탄소강의 표면에 탄소를 침투시켜 고 탄소강으로 만든 후 담금질하는 것이다.

2) 질화방법

암모니아가스 속에 강을 넣고 장시간 가열하여 철과 질소가 작용하여 질화 철이 되게 하는 방법이다.

3) 청화방법

NaCN, KCN 등의 청화 물질이 철과 작용하여 금속 표면에 질소와 탄소가 동시에 침투되게 하는 방법이다.

4) 화염 경화방법

산소-아세틸렌 불꽃으로 강의 표면만 가열하여 열이 중심부에 전달하기 전에 급랭시키는 방법이다.

5) 고주파 경화방법

금속 표면에 코일을 감고 고주파 전류로 표면만 고온으로 가열 후 급랭시키는 방법이다.

제7절 재료시험 방법

1_인장시험

인장시험의 목적은 인장 강도, 항복점, 연신율, 단면 수축률 등을 측정한다.

2_경도시험 방법

1. 브리넬 경도 시험기

고 탄소강 강구(ball)에 일정한 하중을 걸어서 시험편의 시험 면에 30초 동안 눌러 주어 이때 시험 면을 눌러 생긴 오목 부분의 단면적으로 나누어 경도를 나타낸다. 가공하기 전 재료의 경도를 시험하는데 많이 사용된다.

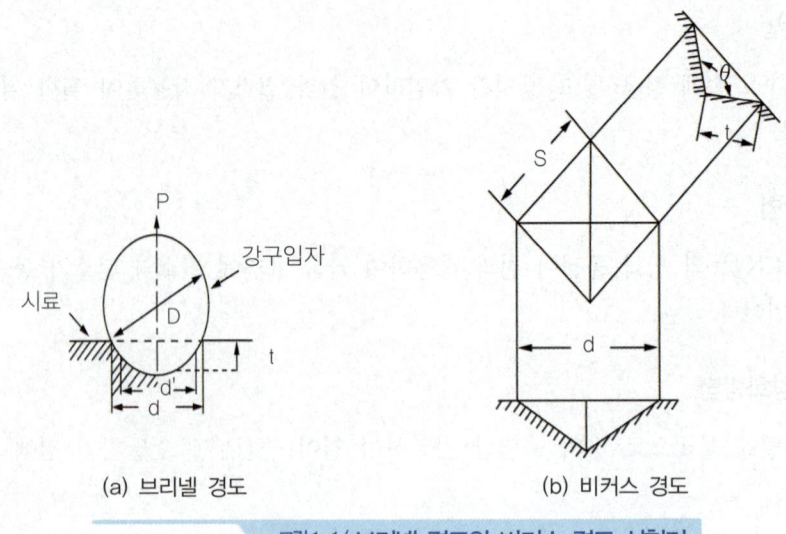

(a) 브리넬 경도　　　　　(b) 비커스 경도

그림 1-1/ 브리넬 경도와 비커스 경도 시험기

2. 비커스 경도 시험기

다이아몬드 사각뿔형(대면 각 136°) 압입자를 사용하여 시험편을 눌러 생긴 피라미드 모양의 오목부분의 대각선을 측정하여 표로서 경도를 구한다. 단단한 강이나 정밀가공의 부품 등에 사용된다.

3. 로크웰 경도 시험기

B스케일(1/16inch 강구 : 100kgf의 시험하중))과 C스케일(다이어몬드 원추 꼭지각 120° : 150kgf의 시험하중)을 사용하여 시험 면에 우선 10kgf의 기본하중을 작용시키고 이것에 하중을 증가시켜 시험하중으로 한 후 다시 기본 하중을 만들었을 때 기본 하중과 시험하중으로 인하여 생긴 자국의 깊이 차이로 경도를 표시한다.

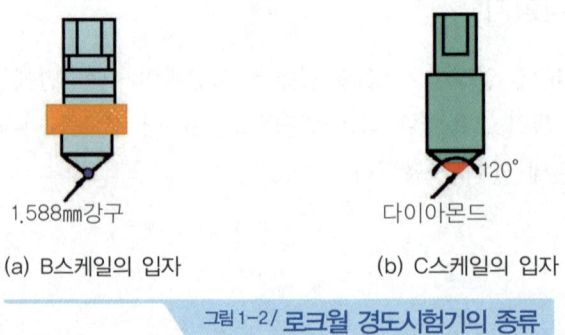

(a) B스케일의 입자　　　　　(b) C스케일의 입자

그림 1-2/ 로크웰 경도시험기의 종류

4. 쇼어 경도 시험기

경도 시험기 중 현장에서 사용되는 것으로 하중을 충격적으로 가하였을 때 얼마나 반발되어 튀어 올라오는 가의 높이로 경도를 나타내는 것이다. 이 시험은 롤러, 다이스, 기어 등 눈에 잘 띄지 않는 자국이 남는 재료의 시험에 사용된다.

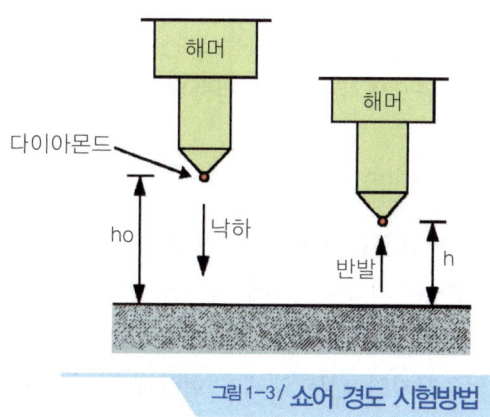

그림 1-3/ 쇼어 경도 시험방법

3_충격시험

충격시험은 금속재료의 인성을 알아보는 시험이며 샬피방식과 아이조이드 방식이 있다.

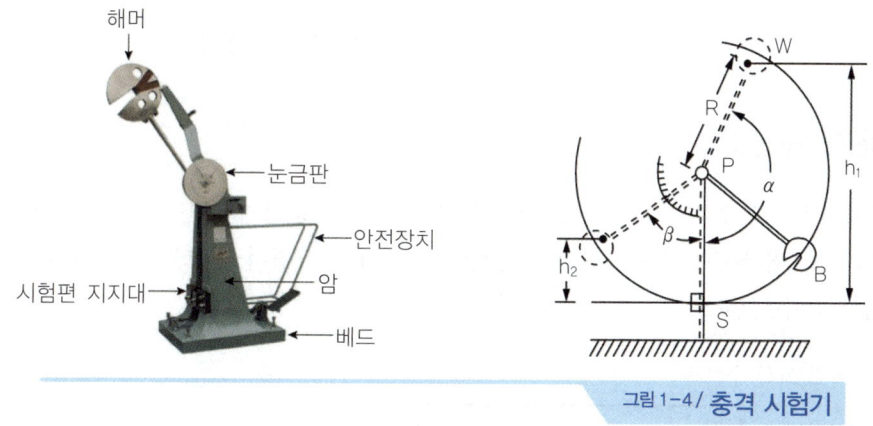

그림 1-4/ 충격 시험기

4_비파괴검사

1. 자기탐상법(magnetic inspection)

강이나 주철의 표면 또는 표면 부근에 결함이 있을 경우에는 그 재료를 자화시키면 결함이 있는 부분에서 자력선이 누출된다.

이와 같이 자화된 부분에 산화철 가루에 기름 또는 물을 탄 액체를 바르면 자력선이 누출되는 부분에 산화철 가루가 붙으면서 결함이 검출된다.

2. 침투 탐상시험(penetration inspection)

제품의 표면에 나타나는 결함이 적거나 보이지 않는 곳에 있는 경우에 시험할 제품에 염료나 형광을 발하는 액체를 뿜어주거나 그 속에 시험할 제품을 담가서 액체를 결함이 있는 곳에 충분히 침투시키고, 표면에 묻은 여분의 액체를 잘 닦은 다음 여기에 백색 가루를 알코올로 녹인 현상제를 뿜어 건조시키면 침투 액체가 현상제에 비쳐 나와 결함 부분이 확대된다.

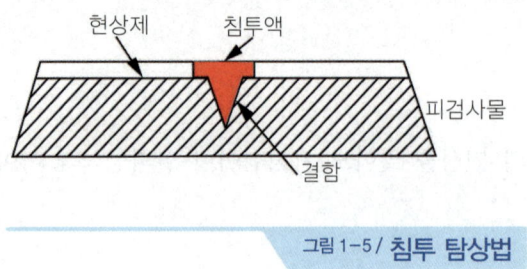

그림 1-5 / **침투 탐상법**

3. 초음파 탐상법

초음파를 재료 중에 투사하면 초음파는 결함이 있는 부분과 끝 면에서 반사한다. 이 반사파를 전압으로 변환시켜 증폭하여 브라운관에 나타내면 파형이 나오기 때문에 결함의 위치와 크기를 알 수 있다.

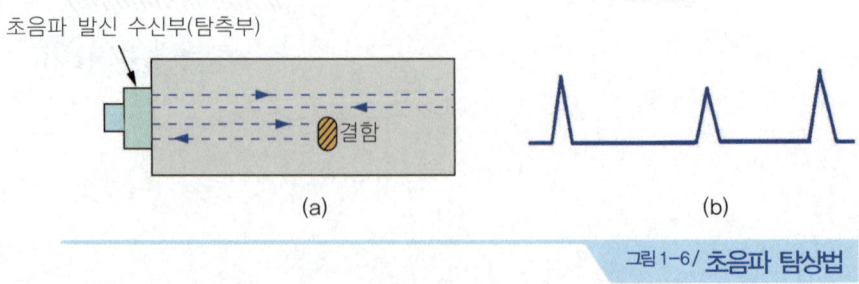

그림 1-6 / **초음파 탐상법**

4. 방사선 탐상법

X-선 또는 코발트 60에서 나오는 방사선은 금속 재료 속을 통과하는 능력이 있다. 재료 속을 통과한 X-선이나 방사선을 사진 필름에 감광시켜 현상하면 기포가 있는 부분 또는 깨진 부분에는 진하게 나타나므로 내부 결함을 검출할 수 있다.

제1장 출제예상문제

01 다음 중 질긴 성질, 즉 충격에 대한 재료의 저항을 나타내는 성질은?
① 인성 ② 전성
③ 연성 ④ 탄성

풀이) 인성이란 금속재료의 질긴 성질, 즉 충격에 대한 재료의 저항을 나타내는 성질을 말한다.

02 다음 금속 중 열전도성이 가장 우수한 것은?
① 주철 ② 알루미늄
③ 구리 ④ 연강

풀이) 열전도성은 은(Ag) → 구리(Cu) → 금(Au) → 알루미늄(Al) → 니켈(Ni) → 철(Fe)순서이다.

03 금속재료의 물리적 성질이 아닌 것은?
① 비중 ② 열전도율
③ 취성 ④ 선팽창계수

풀이) 금속재료의 물리적 성질에는 색깔, 비중, 비열, 열전도율, 선팽창 계수, 전기 전도율, 자성 등이 있다.

04 철(Fe)이 상온에서 나타나는 결정격자는?
① 조밀육방격자
② 체심입방격자
③ 면심입방격자
④ 사방입방격자

풀이) 철(Fe)이 상온에서 나타나는 결정격자는 체심입방격자이다.

05 온도변화에 의해 금속의 결정격자가 다른 결정격자로 변하는 현상은?
① 동형변태 ② 동소변태
③ 자기변태 ④ 소성변형

풀이) 동소변태란 온도변화에 의해 금속의 결정격자가 다른 결정격자로 변화하는 현상을 말한다.

06 탄소강의 A_1변태점은 몇 도인가?
① 684℃ ② 723℃
③ 768℃ ④ 941℃

풀이) 순철의 변태점은 A_0변태점 : 210℃, A_1변태점 : 723℃, A_2변태점(자기변태점) : 768℃, A_3변태점(동소변태점) : 910℃, A_4변태점 : 1400℃

07 용해온도가 낮은 동, 황동, 청동 등 비철금속을 용해시키는데 주로 사용하는 용해로는?
① 큐폴라(cupola)
② 전기로(electronic furnace)
③ 반사로(reservatory furnace)
④ 평로(open heat furnace)

풀이) 반사로(reservatory furnace)는 많은 금속을 값싸게 용해할 수 있으며, 대형 주물 및 고급 주물을 용해할 때나 특수 배합의 주물을 사용할 때 이용된다. 주로 주철, 구리, 청동, 황동을 용해할 때 주로 사용된다.

ANSWER 01 ① 02 ③ 03 ③ 04 ② 05 ② 06 ② 07 ③

08 다음 중 도가니로의 규격은 어떻게 표시하는가?

① 시간당 용해 가능한 구리의 중량(kgf)
② 시간당 용해 가능한 구리의 부피(m^3)
③ 한번에 용해 가능한 구리의 중량(kgf)
④ 한번에 용해 가능한 구리의 부피(m^3)

풀이 도가니로의 규격은 한 번에 용해 가능한 구리의 중량(kgf)으로 표시한다.

09 탄소강에 첨가되어 있는 원소 중에서 선철 및 탈산제에 첨가되며 강의 경도, 탄성 한계, 인장력을 높여주지만 신도(伸度)와 충격값을 감소시키는 원소는?

① 망간 ② 규소
③ 인   ④ 황

풀이 규소(Si)는 선철 및 탈산제에 첨가되며 강의 경도, 탄성 한계, 인장력을 높여주지만 신도(伸度)와 충격 값을 감소시키는 원소이다.

10 탄소강에서 적열취성을 일으키는 원소는?

① 탄소(C)   ② 실리콘(Si)
③ 인(P)   ④ 황(S)

풀이 황(S)은 적열(고온) 취성을 일으키는 원소이다.

11 탄소강에 어떤 성분을 결합하면 연신율을 그다지 감소시키지 않고 강도 및 소성을 증가시키고, 황에 의한 취성을 방지하는가?

① P   ② Mn
③ Si   ④ S

풀이 망간(Mn)은 탄소강에 어떤 성분을 결합하면 연신율을 그다지 감소시키지 않고 강도 및 소성을 증가시키고, 황에 의한 취성을 방지한다.

12 강철 재료를 순철, 강 및 주철의 3종류로 분류할 때 순철로 구분되는 재료의 탄소 함유량으로 적합한 것은?

① 0.01% 이하   ② 0.1% 이하
③ 0.02% 이하   ④ 0.2% 이하

풀이 순철의 탄소 함유량은 0~0.02% 이하이며, 전성과 연성이 풍부하여 기계재료로서는 적당하지 못하나 전기재료로는 적합하다.

13 주철 중에서 유리(遊離)된 탄소와 Fe_3C가 혼재하고 있는 주철은 어느 것인가?

① 백주철   ② 회주철
③ 반주철   ④ 적주철

풀이 회주철은 유리된 탄소와 Fe_3C가 혼재하고 있는 주철이며, 흑연을 많이 석출하여 파단면이 회색이며 질이 무르다.

14 다음 주철 중 인장강도가 높아 차량의 프레임이나 캠 및 기어용 부품 등에 적합한 것은?

① 회주철   ② 칠드주철
③ 백주철   ④ 가단주철

풀이 가단주철은 백주철을 풀림 처리하여 탈탄 또는 흑연화에 의해 가단성을 준 것이며 인장강도가 높아 차량의 프레임이나 캠 및 기어용 부품 등에 적합하다.

15 다음 중 인장강도가 가장 높은 주철은?

① 합금 주철   ② 가단 주철
③ 고급 주철   ④ 구상흑연 주철

풀이 구상흑연 주철의 인장강도가 가장 높다.

ANSWER 08 ③ 09 ② 10 ④ 11 ② 12 ③ 13 ② 14 ④ 15 ④

16 탄소량 0.85%에서 생기는 펄라이트 조직만의 탄소강을 무엇이라 부르는가?
① 공석강 ② 아공석강
③ 과공석강 ④ 시멘타이트

> 풀이: 공석강이란 0.85%C인 펄라이트 조직을 말한다.

17 탄소강에 하나 또는 여러 종류의 합금 원소를 첨가하여 여러 가지의 목적에 적합하도록 성질을 개선한 강을 무엇이라 하는가?
① 과공석강 ② 고탄소강
③ 합금강 ④ 중금속

> 풀이: 탄소강에 하나 또는 여러 종류의 합금원소를 첨가하여 여러 가지의 목적에 적합하도록 성질을 개선한 강을 합금강 또는 특수강이라 부른다.

18 절삭, 단조, 주조 및 용접 등이 용이하며 열처리로 재질을 개선시킬 수 있어 볼트, 너트, 축계 및 치차류의 용도로 다양하게 사용할 수 있는 강으로 가장 적합한 것은?
① 연강 ② 반연강
③ 경강 ④ 고탄소강

> 풀이: 반연강은 절삭, 단조, 주조 및 용접 등이 용이하며 열처리로 재질을 개선시킬 수 있어 볼트, 너트, 축계통 및 기어(치차)의 용도로 다양하게 사용할 수 있다.

19 다음 재료 중 수중에서의 내식성이 가장 좋은 것은?
① 일반 구조용 압연 강재
② 열간 압연 강판
③ 기계 구조용 압연 강재
④ 스테인리스강

> 풀이: 스테인리스강이 수중(水中)에서 내식성이 가장 좋다.

20 18-8 스테인리스강에서 18-8의 표준성분은?
① 규소 18%, 니켈 8%
② 니켈 18%, 크롬 8%
③ 규소 18%, 크롬 8%
④ 크롬 18%, 니켈 8%

> 풀이: 18-8 스테인리스강은 크롬 18%, 니켈 8%를 함유한 것이다.

21 다음 중 열처리 방법으로 급랭시켜 재질을 경화시키는 방법은?
① 불림 ② 풀림
③ 담금질 ④ 뜨임

> 풀이: 담금질은 강의 경도 또는 강도를 증가시키기 위하여 A_1 또는 A_3 변태점 보다 30~50℃ 높게 가열한 후 급랭하여 재료를 경화시키는 열처리이다.

22 강의 경도를 높이기 위한 방법으로 730~800℃로 가열한 후 물이나 기름 속에서 급랭시키는 열처리는?
① 풀림 ② 불림
③ 담금질 ④ 뜨임

23 경도가 큰 재료에 인성만 부여 할 목적으로 A_1 변태점 이하로 가열하여 서냉하는 열 처리법은?
① 담금질 ② 고온 풀림
③ 뜨임 ④ 저온 풀림

> 풀이: 뜨임은 경도가 큰 재료에 인성만 부여할 목적으로 A_1변태점 이하로 가열하여 서서히 냉각하는 열처리 방법이다.

16 ① 17 ③ 18 ② 19 ④ 20 ④ 21 ③ 22 ③ 23 ③

24 뜨임이란 열처리의 용어 설명으로 가장 적합한 것은?

① 담금질한 것을 풀림하기 위해 가열하여 서냉한 것을 뜻한다.
② 경도를 높게 하기 위하여 가열 냉각하는 조작을 말한다.
③ 담금질한 강철에 인성이 필요할 때 A_1점 이하의 적당한 온도로 가열하여 인성을 증가시키는 것이다.
④ 경도는 약간 후퇴시키더라도 취성을 주기 위하여 가열 처리한 것이다.

25 강을 열처리하는 방법 중에서 풀림의 일반적인 목적이 아닌 것은?

① 가공에서 생긴 내부 응력을 저하시킨다.
② 조직을 균일화, 미세화 한다.
③ 담금질한 강을 강화시킨다.
④ 열처리로 인하여 경화된 재료를 연화시킨다.

풀이 : 풀림의 목적은 가공에서 생긴 내부 응력을 저하시키고, 조직을 균일화, 미세화 하며, 열처리로 인하여 경화된 재료를 연화시킨다.

26 마찰부분이 많아 내마모성과 인성이 풍부한 강을 만들기 위한 열처리 방법에 속하지 않는 것은?

① 침탄법   ② 산화법
③ 화염 경화법   ④ 고주파 경화법

풀이 : 강의 표면경화 방법에는 침탄법(탄소 침투), 질화법(질소 침투), 청화법(탄소와 질소를 동시에 침투), 화염 경화법, 고주파 경화법 등이 있다.

27 열처리 방법에서 일반적인 표면경화법이 아닌 것은?

① 저주파 경화법   ② 청화법
③ 고체 침탄법   ④ 질화법

28 강의 표면 경화하는 침탄법과 질화법의 특징 설명으로 틀린 것은?

① 질화법은 담금질할 필요가 없다.
② 경화층이 얇으나 경도는 침탄한 것보다 크다.
③ 질화법은 마모 및 부식에 대한 저항이 작다.
④ 질화법은 변형이 적으나 경화시간이 많이 걸린다.

풀이 : 질화법의 특징은 침탄법보다 경도가 높으며, 질화한 후의 열처리가 필요 없고, 경화에 의한 변형이 적으며, 질화층이 여리다. 또 질화 후 수정이 불가능하며, 고온으로 가열을 하여도 경도가 낮아지지 않는다.

29 강을 가열했을 때 나타나는 조직으로 910~1,400℃사이 γ철에 탄소를 잘 고용하는 γ고용체는?

① 오스테나이트
② 페라이트
③ 펄라이트
④ 시멘타이트

풀이 : 오스테나이트는 강을 가열했을 때 나타나는 조직으로 910~1,400℃사이 γ철에 탄소를 잘 고용하는 γ고용체이다.

24 ③   25 ③   26 ②   27 ①   28 ③   29 ①

30 오스테나이트(austenite)를 상온 가공하였을 때 얻어지며 강의 담금질 조직 중 가장 경하며 자성이 강하고 상온에서 불안정한 조직인 것은?

① 베나이트(banite)
② 펄라이트(pearlite)
③ 트루스타이트(troostite)
④ 마르텐사이트(martensite)

풀이 마르텐사이트(martensite)는 오스테나이트(austenite)를 상온 가공하였을 때 얻어지며 강의 담금질 조직 중 가장 경도가 높으며 자성이 강하고 상온에서 불안정한 조직이다.

31 탄소강의 담금질조직에서 경도가 가장 높은 것은?

① 오스테나이트
② 마르텐사이트
③ 트루스타이트
④ 솔바이트

풀이 각 조직의 경도 순서는 시멘타이트 > 마르텐사이트 > 트루스타이트 > 솔바이트 > 펄라이트 > 오스테나이트 > 페라이트

32 강의 조직 중 경도가 가장 낮은 것은?

① 오스테나이트 ② 시멘타이트
③ 마르텐사이트 ④ 펄라이트

33 고용한계 이상으로 탄소가 고용되면 탄소와 철이 화합하여 탄화철(Fe_3C)이 되며, 특징은 백색이고 매우 단단하며 여린 결정이고, 210℃에서 자기변태를 일으키는 탄소강의 조직은?

① 페라이트 ② 펄라이트
③ 시멘타이트 ④ 오스테나이트

풀이 시멘타이트 조직의 특징은 고용한계 이상으로 탄소가 고용되면 탄소와 철이 화합하여 탄화철(Fe_3C)이 되며, 백색이고 매우 단단하며 여린 결정이다. 또 210℃에서 자기변태를 일으키며, Fe-C 상태도에서 탄소가 약 6.67% 함유되었을 때 나타나는 조직으로 강(鋼)조직 중에서 경도가 가장 크다.

34 다음 중 Fe-C 상태도에서 탄소가 약 6.67% 함유되었을 때 나타나는 조직은?

① 시멘타이트 ② 페라이트
③ 오스테나이트 ④ 펄라이트

35 담금질 강의 냉각조건에 따른 변화 조직이 아닌 것은?

① 마르덴사이트 ② 트루스타이트
③ 솔바이트 ④ 시멘타이트

36 다음 강(鋼)조직 중에서 경도가 가장 큰 것은?

① 페라이트 ② 오스테나이트
③ 시멘타이트 ④ 펄라이트

30 ④ 31 ② 32 ① 33 ③ 34 ① 35 ④ 36 ③

37 동 및 동합금에 대한 다음 설명 중 올바른 것은?

① 황동은 구리와 주석의 합금이다.
② 전기 전도율이 은(Ag)다음으로 크다.
③ 청동은 구리와 아연의 합금이다.
④ 인청동은 내마멸성이 나쁘며, 베어링으로 사용할 수 없다.

풀이 동과 동합금의 특징
① 황동은 구리(Cu)와 아연(Zn)의 합금이다.
② 전기 전도율이 은(Ag)다음으로 크다.
③ 청동은 구리(Cu)와 주석(Sn)의 합금이다.
④ 인청동은 구리나 청동에 인(P)을 첨가한 것이며, 내마멸성과 내부식성이 커 베어링 재료로 사용된다.

38 동과 동 합금에 관한 설명 중 틀린 것은?

① 황동은 구리와 아연의 합금이다.
② 인청동은 내식성, 내마모성을 필요로 하는 펌프 부품, 캠축, 베어링 등에 사용된다.
③ 청동은 구리와 주석의 합금이다.
④ 전기 전도율이 알루미늄 다음으로 크다.

39 비철금속 중 황동(놋쇠)은 Cu와 어떤 원소를 첨가하여야 하는가?

① Zn   ② Si
③ Fe   ④ Al

풀이 황동(놋쇠)은 구리(Cu)+아연(Zn)의 합금이다.

40 황동에는 7:3 황동과 6:4 황동이 있다. 황동의 주성분으로 가장 적당한 것은?

① 구리(Cu)+망간(Mn)
② 구리(Cu)+아연(Zn)
③ 구리(Cu)+니켈(Ni)
④ 구리(Cu)+규소(Si)

41 6·4 황동에 1~2%의 철을 첨가한 것으로 강도가 크고 내식성이 좋아 광산, 선박, 화학기계에 쓰이는 것은?

① 7·3황동   ② 톰백
③ 델타메탈   ④ 인청동

풀이 델타 메탈은 6·4 황동에 1~2%의 철을 첨가한 것으로 강도가 크고 내식성이 좋다.

42 Ag, Cu 및 Mg로 구성된 합금으로 인장강도가 크고 시효경화를 일으키는 고력(고강도) 알루미늄 합금은?

① 두랄루민   ② 로우엑스
③ 실루민   ④ Y합금

풀이 두랄루민은 알루미늄(Al)-구리(Cu)-마그네슘(Mg)-아연(Mn)으로 구성된 합금으로 인장강도가 크고 시효경화를 일으키는 고력(고강도) 알루미늄 합금이다.

43 다음 중 알루미늄 합금인 것은?

① 포금(건 메탈)   ② 다우메탈
③ 델타메탈   ④ 두랄루민

44 다음 금속의 합금 중 시효경화를 일으킬 수 있는 것은?

① 동 합금   ② 알루미늄 합금
③ 마그네슘 합금   ④ 니켈 합금

풀이 시효경화(時效硬化)는 금속재료를 일정한 시간 적당한 온도 하에 놓아두면 단단해지는 현상이다. 시효경화가 일어나는 합금은 여러 종류가 있으나 상온에서 일어나는 것은 알루미늄합금·납합금·두랄루민 등 녹는점이 낮은 금속의 합금이다.

37 ② 38 ④ 39 ① 40 ② 41 ③ 42 ① 43 ④ 44 ②

45 다음 중 시효경화(時效硬化)가 가장 잘 일어나는 금속은?

① Y 합금
② 두랄루민
③ 배빗 메탈
④ 고속도강

46 다음 중 Al 합금으로 자동차나 항공기의 실린더에 많이 사용되는 합금은?

① 고속도강
② KS강
③ 실루민
④ Y합금

풀이 Y합금은 알루미늄(Al)+구리(Cu)+마그네슘(Mg)+니켈(Ni)의 합금이며, 내열성이 커 실린더헤드나 피스톤의 재료로 사용된다.

47 베어링 합금의 구비조건으로 적합한 성질은?

① 마찰계수가 클 것
② 내마모성이 적을 것
③ 내부식성이 적을 것
④ 열전도성이 클 것

풀이 베어링 합금의 구비조건은 마찰계수가 작을 것, 내마모성이 클 것, 내부식성이 클 것, 열전도성이 클 것 등이다.

48 다음의 비철금속 중 베어링 합금재료로 부적당한 것은?

① 화이트메탈
② 배빗메탈
③ 켈밋합금
④ 서멧

풀이 베어링 합금재료에는 화이트메탈, 배빗메탈, 켈밋합금, 인청동 등이 있다.

49 다음은 화이트메탈(white metal)에 대한 설명이다. 틀린 것은?

① Pb, Sn을 주성분으로 하고 여기에 적당한 양의 Sb, Cu 등을 첨가한 합금이다.
② Sn, Cu, Sb를 주성분으로 한 베어링 합금이다.
③ Babbit metal 이라고도 한다.
④ Cu에 Pb 25~40% 첨가한 합금으로서 항공기, 자동차의 main bearing에 사용한다.

풀이 화이트메탈(white metal)은 납(Pb), 주석(Sn)을 주성분으로 하고 여기에 적당한 양의 Sb, Cu 등을 첨가한 합금이며, 배빗메탈(Babbitt metal)이라고도 한다.

50 Kelmet 메탈을 옳게 설명한 것은?

① 동에 주석을 30~40% 가한 것이다.
② 동에 철물 30~40% 가한 것이다.
③ 동에 인을 30~40% 가한 것이다.
④ 동에 납을 30~40% 가한 것이다.

풀이 Kelmet 메탈은 동(구리)에 납을 30~40% 첨가한 것이다.

51 금속재료의 시험에서 인장시험에 의해서 산출하는 것이 아닌 것은?

① 항복강도
② 연신율
③ 단면수축율
④ 피로강도

풀이 금속재료의 시험에서 인장시험에 의해서 산출하는 것은 항복강도, 연신율, 단면 수축율 등이다.

45 ② 46 ④ 47 ④ 48 ④ 49 ④ 50 ④ 51 ④

52 인장시험 편에서 변형량에 관한 설명으로 올바른 것은?

① 하중에 반비례한다.
② 단면적에 비례한다.
③ 길이의 제곱에 반비례한다.
④ 탄성계수에 반비례한다.

> 풀이 인장시험 편에서 변형량은 탄성계수에 반비례한다.

53 금속재료와 대체할 수 있는 기계재료 중에서 합성수지의 공통된 성질이 아닌 것은 무엇인가?

① 가볍고 튼튼하다.
② 비중과 강도의 비인 비강도는 비교적 낮다.
③ 전기 절연성이 좋다.
④ 가공성이 크고 성형이 간단하다.

> 풀이 합성수지의 공통된 성질은 가볍고 튼튼하며, 전기 절연성이 좋고, 가공성이 크고, 성형이 간단하다.

54 열경화성 수지(성형하여 굳어지면 다시 가열하여도 연화되거나 용융되지 않고 연소하는 성질을 가진 수지)가 아닌 것은?

① 페놀수지 ② 아크릴수지
③ 요소수지 ④ 멜라민 수지

> 풀이 열경화성 수지의 종류에는 페놀수지, 멜라민수지, 에폭시수지, 요소수지 등이 있다.

55 플라스틱으로 경화된 수지로서 수축이 적고, 양호한 화학적 저항, 우수한 전기적 특성, 강한 물리적 성질을 가지고 있으며, 관재제작, 용기성형, 페인트, 접착제 등으로 사용되는 열경화성 수지는?

① 에폭시수지
② 페놀수지
③ 비닐수지
④ 아크릴수지

> 풀이 에폭시수지는 플라스틱으로 경화된 수지로서 수축이 적고, 양호한 화학적 저항, 우수한 전기적 특성, 강한 물리적 성질을 가지고 있으며, 판재제작, 용기성형, 페인트, 접착제 등으로 사용되는 열경화성 수지이다.

56 자동차 스프링 등에 응용되는 섬유강화 플라스틱의 특징이 아닌 것은?

① 비중은 강의 약 1/3~1/4 정도이다.
② 비탄성 에너지가 크다.
③ 내식성이 우수하다.
④ 층간 전단강도가 높다.

> 풀이 섬유강화 플라스틱은 비중은 강의 약 1/3~1/4 정도로 경량이며, 비탄성 에너지가 크고, 내식성이 우수하며, 설계 자유도가 큰 장점이 있으며, 섬유로 강화되기 때문에 섬유방향만 강화되는 이방성이고, 피로강도가 낮으며, 층간 전단강도, 가로탄성계수, 내열강도가 낮으며, 내마모성이 적고, 판스프링의 경우 구멍부분의 강도가 떨어지는 단점이 있다.

ANSWER 52 ④ 53 ② 54 ② 55 ① 56 ④

57 강화유리란 보통판 유리를 600℃ 정도의 가열온도로 열처리한 것인데 다음 중 그 특징이라고 볼 수 없는 것은?

① 유리파편의 결정질이 크다.
② 유리의 강도가 크다.
③ 곡선유리의 자유화가 쉽다.
④ 안전성이 높다.

풀이 강화유리의 특징은 유리의 강도가 크며, 곡선유리의 자유화가 쉽고, 안전성이 높다.

58 천연고무와 비슷한 성질을 가진 합성고무로 천연고무보다 내유성, 내산성, 내열성이 더 우수하여 가스켓 재료로 많이 사용되는 것은?

① 모넬메탈
② 글라스 울
③ 네오프렌
④ 세크라 울

풀이 네오프렌는 천연고무와 비슷한 성질을 가진 합성고무로 천연고무보다 내유성, 내산성, 내열성이 더 우수하여 가스켓 재료로 많이 사용된다.

57 ① 58 ③

02 기계요소

제1절 결합용 기계요소

1_ 나사(screw)

1. 리드와 피치

나사를 1회전시켰을 때 나사산의 1점이 축 방향으로 진행한 거리를 리드(lead)라고 하며, 서로 인접한 나사산의 축 방향 거리를 피치(pitch)라고 한다. 즉 ℓ = nP이다.

2. 나사의 분류

1) 체결용 나사

체결용 나사는 나사산의 단면이 삼각형인 삼각나사이며, 미터나사(나사산의 각도 60°), 유니 파이 나사(나사산의 각도 60°), 휘트워드 나사(나사산의 각도 55°) 등이 있다.

2) 동력 전달용 나사

① **사각나사** : 나사산의 형상이 사각형이며, 마찰저항이 적고 나사 효율이 좋아 잭(jack), 나사 프레스, 선반의 이송 나사 등의 동력 전달용으로 사용된다.

② **사다리꼴나사(애크미 나사)** : 단면이 사다리꼴 모양의 나사이며, 가공이 쉽고 정밀도가 높으며, 마모에 의한 조정이 쉬워 공작 기계의 이송용으로 사용된다. 나사산의 각도는 미터 계가 30°, 인치 계가 29°이다.

③ **톱니나사** : 힘이 한쪽 방향으로 작용하는 압착기, 바이스 등에 사용되며 나사산의 각도는 30°와 45°가 있다.

④ **둥근나사(너클 나사)** : 산과 골 부분이 둥글게 되어 있어 격동하는 힘이 작용되는 부분이나 전구의 이음 부분과 같은 곳에 사용되며, 먼지나 모래 등이 나사산에 들어갈 염려가 있는 곳에서 사용된다.

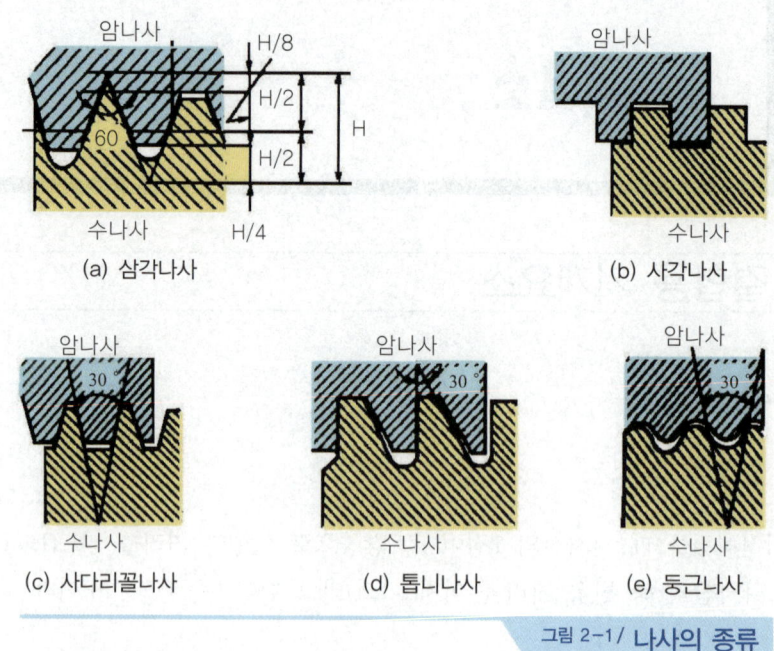

그림 2-1 / 나사의 종류

3) 나사의 자립 조건

마찰 각(ρ)이 리드 각(α)보다 커야하는 관계 즉 $\rho > \alpha$ 를 말하며, 나사가 자립 상태를 유지하는 나사의 효율은 50% 이하여야 하며, 나사가 스스로 풀리지 않는 자립 상태의 한계는 $\rho = \alpha$ 이어야 한다.

2_ 키(key), 핀(pin), 코터(cotter)

1. 키(key)

키는 전단력을 받기 때문에 축 보다 약간 강한 것을 사용한다.

1) 키의 종류

① 안장키(saddle key, 새들키) : 축에는 키 홈을 파지 않고 보스(boss)에만 키 홈을 파고 키를 박아 마찰력에 의하여 회전력 전달하는 것이다.
② 평키(flat key) : 키가 닿는 축을 편평하게 깎아내고 보스에 홈을 판 것이다.
③ 묻힘 키(sunk key, 성크 키) : 키는 축과 보스에 모두 키 홈을 판 것이다.
④ 접선키(tangential key) : 역회전이 가능하도록 하기 위해 120°각도를 두고 2개소에 키를 둔 것이다.

⑤ 페더 키(feather key) : 회전력 전달과 동시에 보스를 축 방향으로 미끄럼 시킬 필요성이 있을 때 사용한다.

⑥ 스플라인(spline) : 축과 보스의 원 둘레에 4~20개의 요철을 두고 회전력을 전달함과 동시에 보스를 축 방향으로 이동시키고자 할 때 사용한다.

⑦ 반달 키(woodruff key, 우드러프 키) : 축에 홈을 깊게 파서 강도가 약해지는 결점이 있으나 키와 키 홈의 가공이 쉽고 키가 자동적으로 자리를 쉽게 잡을 수 있어 테이퍼 축에서 많이 사용한다.

⑧ 세레이션(seration) : 축과 보스에 작은 삼각형의 키와 홈을 판 후 고정시키는 것이다.

⑨ 원뿔 키(con key) : 축과 보스에 키 홈을 파지 않고 축 구멍을 테이퍼 구멍으로 하여 속이 빈 원뿔을 박아서 마찰만으로 밀착시키는 키이며, 바퀴가 편심되지 않고 축의 어느 위치에서나 설치할 수 있다.

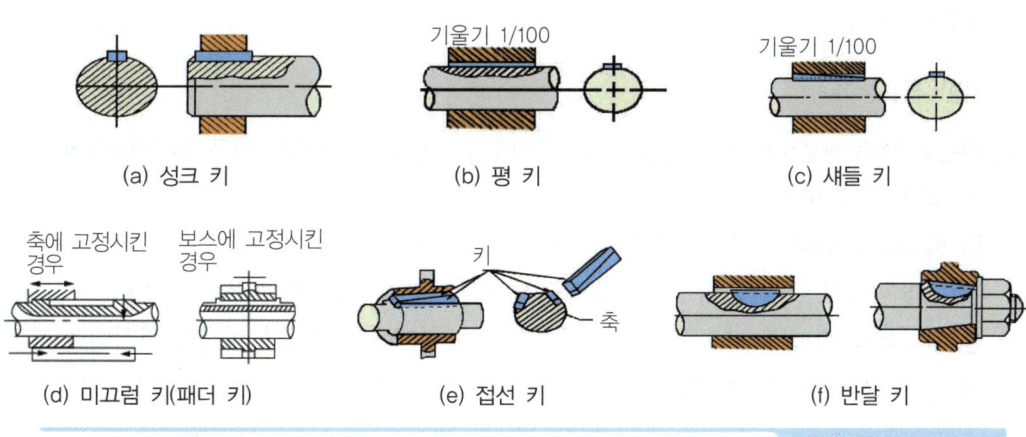

그림 2-2 / 키의 종류

2) 키의 전단 응력

$$\tau = \frac{2T}{b\ell d}$$

τ : 전단응력(kgf/cm²), T : 전달 회전력(kgf-cm)
b : 키의 폭(cm), ℓ : 키의 길이(cm), d : 축의 지름(cm)

2. 핀(pin)

핀은 2개 이상의 기계 부품 결합용이나 보조용으로 사용되며, 하중이 작은 부분의 부품 설치 및 분해·조립을 하는 부품의 위치 결정에 주로 사용된다.

① 평행 핀(dowel pin) : 굵기가 고른 핀이며 기계 부품의 조립 및 고정할 때 부품의 위치를 결정하는데 사용된다.

② 테이퍼 핀(taper pin) : 1/50의 테이퍼를 지닌 핀이며, 축에 보스를 고정시킬 때 사용된다. 작은 쪽의 지름을 호칭 지름으로 나타낸다.

③ 분할 핀(split pin) : 두 가닥을 접어서 만든 핀이며, 끼운 후 펼쳐서 풀림 방지에 사용된다.

④ 스프링 핀(spring pin) : 세로방향으로 갈라져 있어 구멍의 크기가 정확하다.

3. 코터(cotter)

코터는 축방향으로 인장 또는 압축이 작용하는 두 축을 연결하는 것으로 주로 분해할 필요가 있을 때 사용한다.

3_ 볼트와 너트(bolt & nut)

1. 볼트(bolt)

1) 일반 볼트

① 관통볼트(through bolt) : 연결할 두 부분에 구멍을 뚫고 볼트를 끼운 후 반대쪽에 너트로 조이는 것이다.

② 탭 볼트(tap bolt) : 관통을 시킬 수 없는 경우 한쪽에만 구멍을 뚫고 다른 한쪽에는 중간 정도까지만 구멍을 뚫은 후 탭으로 나사산을 파고 볼트를 끼우는 것이다.

③ 스터드 볼트(stud bolt) : 자주 분해 조립하는 부분에서 사용하며, 양끝에 나사산을 파고 나사 구멍에 끼우고 연결할 부품을 관통시켜 합친 후 너트로 조인 것이다.

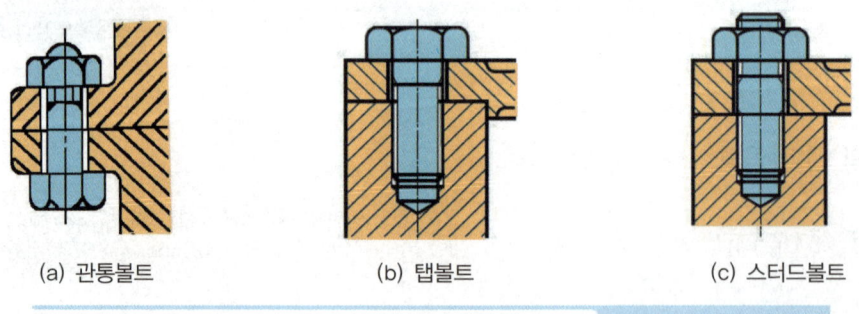

(a) 관통볼트   (b) 탭볼트   (c) 스터드볼트

그림 2-3 / 일반볼트

2) 특수 볼트

① 기초 볼트(foundation bolt) : 기계 구조물의 토대 고정용이다.

② 스테이 볼트(stay bolt) : 기계의 부품을 일정한 간격을 두고 고정할 때 사용한다.

③ 아이(eye) 볼트 : 물건을 들어올릴 때 사용하는 볼트이다.

④ T볼트 : T형의 홈에 볼트 머리를 끼우고 위치를 이동하면서 임의의 위치에 물체를 고정할 수 있다.

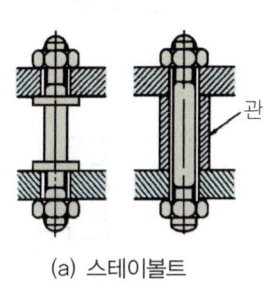 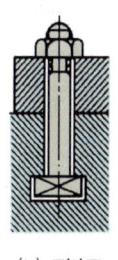 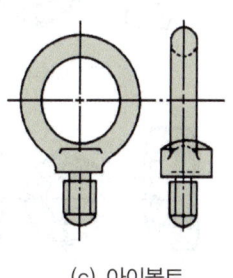

　(a) 스테이볼트　　　　　(b) T볼트　　　　　(c) 아이볼트

그림 2-4 / **특수 볼트**

3) 볼트의 설계

① 축 하중(인장 하중)만 받는 경우의 볼트 지름 : $d = \sqrt{\dfrac{2W}{\sigma}}$

② 인장 하중과 수평 하중을 동시에 받는 경우 : $d = \sqrt[2]{\dfrac{W_s}{\pi \tau_a}}$

2. 너트(nut)

너트는 볼트와 함께 물체를 고정하는데 사용하는 것이며, 종류와 너트의 풀림 방지 방법은 다음과 같다.

1) 너트의 종류

① **육각 너트** : 관통볼트의 머리와 같은 정육각형의 너트이며, 가장 널리 사용된다.
② **둥근 너트** : 외형이 둥근 것이며, 바깥둘레나 윗면에 홈이나 구멍을 뚫고 여기에 죔공구가 걸리도록 되어 있다.
③ **사각 너트** : 머리 모양이 사각이며, 주로 목재에 사용된다.
④ **플랜지 너트** : 육각 너트의 대각선보다 큰 자리 면이 부착된 너트이며, 볼트의 구멍이 클 때, 접촉면이 거칠 때, 큰 면압을 피하려고 할 때 사용된다.
⑤ **캡너트(cap nut)** : 너트의 한 끝이 막힌 것이며, 유체가 흘러나오는 것을 방지한다.
⑥ **홈붙이 너트** : 너트에 분할 핀을 꽂아 너트의 풀림 방지에 사용된다.
⑦ **아이 너트(eye nut)** : 머리에 링(ring)이 달린 것이며 아이 볼트와 같은 목적으로 사용된다.
⑧ **나비너트** : 손으로 조일 수 있도록 나비 모양의 손잡이가 달린 것이다.

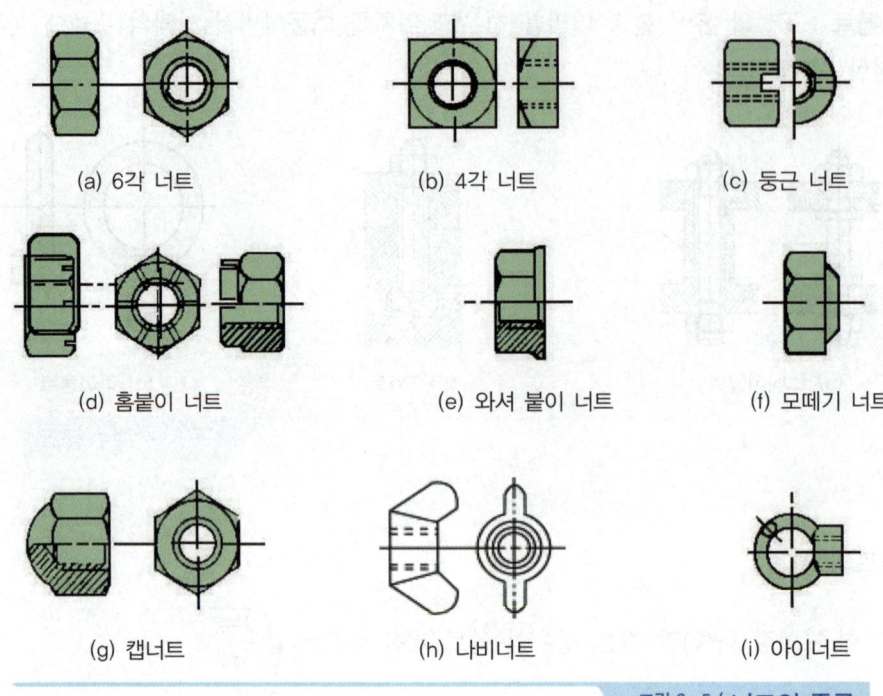

(a) 6각 너트	(b) 4각 너트	(c) 둥근 너트
(d) 홈붙이 너트	(e) 와셔 붙이 너트	(f) 모떼기 너트
(g) 캡너트	(h) 나비너트	(i) 아이너트

그림 2-5 / **너트의 종류**

2) 너트의 풀림 방지방법

① 로크 너트를 사용한다.
② 분할 핀을 사용한다.
③ 세트 스크루를 사용한다.
④ 와셔를 사용한다.
⑤ 자동 죔 너트를 사용한다.
⑥ 핀, 작은 나사 또는 세트 스크루 등을 사용한다.
⑦ 철사를 사용한다.

그리고 너트의 높이는 다음과 같이 산출한다.

$$H = nP = \frac{4WP}{\pi d_e hq}$$

W : 하중(kgf)
P : 피치(mm)
d_e : 유효 지름(mm)
h : 나사산이 걸리는 곳의 높이(mm)
q : 허용 접촉면의 압력(kgf/mm²)

4_와셔

와셔는 볼트 구멍이 볼트 지름보다 너무 클 때, 볼트 자리 표면이 거칠 때, 접촉면이 기울어져 있을 때, 또는 목재나 고무와 같이 압축에 대해서 약한 것을 조일 때와 볼트의 풀림 방지용으로 볼트에 끼워 사용하는 부품이다. 재료로는 일반적으로 연강 판이 사용되며, 경강이나 황동, 인청동도 사용된다.

5_리벳(rivet)

1. 리벳의 개요

보일러나 철교, 철골 구조물 등의 강판이나 형강을 영구적으로 연결 및 접합하는 이음을 리벳이음이라 한다.

2. 리벳의 장점 및 단점

1) 리벳이음의 장점

① 용접이음과 달리 고열에 의한 잔류응력이 발생하지 않으므로 취성파괴가 일어나지 않는다.
② 대형구조물일 경우 현장조립을 할 때 용접이음보다 쉽다.
③ 경합금 등 용접이 곤란한 재료에도 신뢰성이 크다.

2) 리벳이음의 단점

① 기밀을 요하는 결합에는 부적합하다.
② 이음부분 판제의 두께에 제한을 받는다.
③ 이음부분이 겹쳐져야 하므로 모재의 낭비가 있으며, 무게가 무거워진다.

3. 리벳(rivet) 작업순서

① 드릴링 : 강판이나 형강에 리벳이 들어갈 구멍을 뚫는다.
② 리밍 : 뚫린 구멍을 리머로 정밀하게 다듬는다.
③ 리벳팅 : 리벳을 구멍에 넣고 양쪽에 스냅을 대고 때려서 머리 부분을 만든다.
④ 코킹(cauking) : 보일러와 같이 용기를 리벳이음으로 제작한 후 강판의 가장자리를 끌과 같은 공구로 기밀을 유지하기 위하여 행하는 작업이다. 즉, 리벳팅이 끝난 뒤에 리벳머리 주위나 강판의 가장자리를 정으로 때려 그 부분을 밀착시켜서 틈을 없애는 작

업이다.

⑤ 플러링(fullering) : 5㎜ 이상의 강판 리벳이음에서 코킹 작업이 끝난 후 더욱 더 기밀을 안전하게 유지하기 위하여 강판을 공구로 때려 붙이는 작업이다. 즉 리벳팅에서 기밀을 요할 때 리벳팅 후 냉각상태에서 판의 끝을 75~85° 정도로 깎아준 후 코킹작업을 하여 판을 밀착시킨 다음 더욱 기밀을 유지하기 위해 하는 작업이다.

$$리벳 효율 \eta = \frac{\pi d^2 \tau}{4pt\sigma}$$

n : 1피치내의 전단면 수
P : 피치(mm)
σ : 강판 재료의 허용 인장응력(kgf/㎟)
t : 강판 두께(mm)
d : 리벳 지름(mm)
τ : 리벳의 허용 전단응력(kgf/㎟)이다.

1줄 겹치기 리벳이음에서 강판의 인장응력

$$\sigma a = \frac{W}{t \times (p-d)}$$

σa : 강판의 인장응력(kgf/㎟)
W : 하중(kgf)
t : 판의 두께(mm)
p : 피치(mm)
d : 리벳의 지름(mm)

제2절 축(shaft)관계 기계요소

1_축(shaft)

1. 작용하는 힘에 의한 분류

① 차축(axle) : 주로 휨을 받는 회전축 또는 정지축이다.
② 스핀들(spindle) : 주로 비틀림 작용을 받으며, 모양이나 치수가 정밀하고 변형량이 짧은 회전축이다.
③ 전동축 : 주로 비틀림과 휨을 받으며, 주축(main shaft), 선축(line shaft), 중간축(counter shaft)으로 분류된다.

2. 모양에 따른 분류

① 직선축 : 일반적으로 사용하는 곧은 축이다.
② 크랭크축 : 왕복운동 기관의 직선운동을 회전운동으로 바꾸는데 사용된다.
③ 플렉시블축(flexible shaft) : 축의 방향이 자유롭게 변화할 수 있는 축이며, 주로 작은 동력 전달용으로 사용된다.

3. 축에 관련된 공식

① 비틀림 모멘트만을 받는 축의 지름 : $d = \sqrt[3]{\dfrac{16T}{\pi\tau}} = \sqrt[3]{\dfrac{5.1T}{\tau}} = 1.72\sqrt[3]{\dfrac{T}{\tau}}$

② 축의 전달 마력 : $H_{ps} = \dfrac{2\pi NT}{75 \times 60}$

③ 축 토크 : $T = \dfrac{71620 \times H_{ps}}{N}$

2_커플링(coupling : 축 이음)

1) 슬리브 커플링

슬리브 커플링(머프 커플링)은 주철제 원통 속에 2개의 축을 양쪽에서 각각 밀어 넣고 키로 고정시킨 방식이다.

2) 플랜지 커플링

플랜지 커플링은 양쪽 위 축 끝에 주철이나 강으로 만든 플랜지를 고정하고 볼트로 조인 것이다.

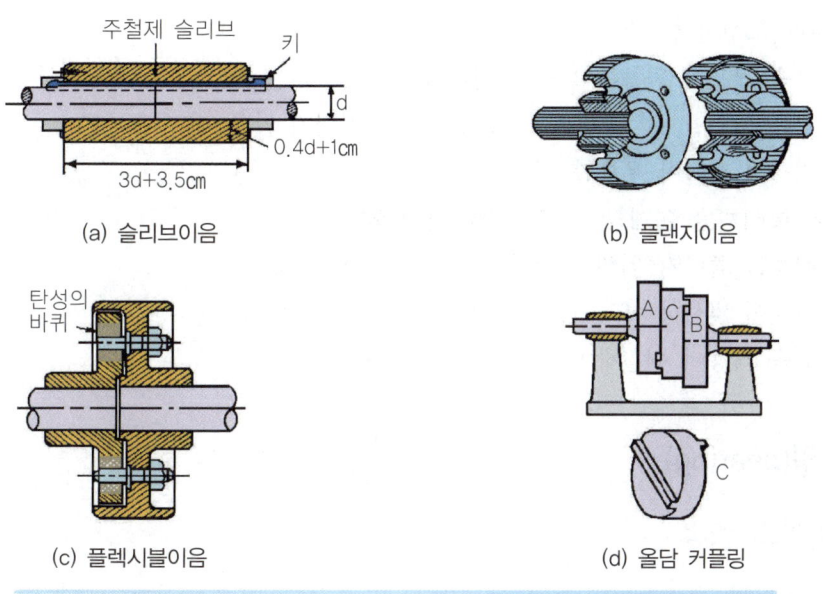

(a) 슬리브이음 (b) 플랜지이음

(c) 플렉시블이음 (d) 올담 커플링

그림 2-6 / 커플링의 종류

3) 플랙시블 커플링

플랙시블 커플링은 2축의 중심선이 어느 정도 어긋났거나 경사가 있을 때 사용하며 결합부에 합성고무, 가죽, 스프링 등의 탄성 재료를 사용하여 양 축 사이의 토크를 이들을 통하여 전달하도록 한다.

4) 올드 함 커플링(oldham' coupling)

올드함 커플링은 두 축이 평행하고 축의 중심이 어긋나 있을 때 사용하며, 양 축 끝에 설치한 플랜지 사이에 90°의 각도로 키 모양의 돌출부가 양쪽에 있는 원판이 있으며, 이 돌출부가 플랜지의 홈에 끼워져 전동할 수 있도록 한다.

5) 자재이음(universal joint)

자재이음은 두 축이 30° 미만의 각도로 교차한 상태로 토크를 전달한다.

6) 클러치(clutch)

클러치는 운전 중 회전력을 단속 할 수 있는 축 이음이다.

① 클러치 마찰재료의 구비조건
  ㉠ 마찰계수가 클 것
  ㉡ 내마모성이 클 것
  ㉢ 단속 작용이 원활하고 균형 상태를 유지할 것
  ㉣ 고온에 견딜 수 있어야 하고, 장시간 변질되지 않을 것
  ㉤ 기계적 성질이 우수할 것

② 마찰 클러치를 설계할 때 고려해야할 사항
  ㉠ 관성을 줄이기 위해 소형이어야 하며 가벼울 것
  ㉡ 마멸이 발생하여도 이를 알맞게 수정할 수 있을 것
  ㉢ 단속 작용이 원활하여야 한다.

3_베어링(bearing)

1. 베어링의 종류

1) 하중 작용 방향에 따른 베어링의 분류

① 레이디얼 베어링(radial bearing) : 축에 직각방향으로 하중을 받는 베어링이다.
② 스러스트 베어링(thrust bearing) : 축 방향으로 하중을 받는 베어링이다.

③ 원뿔 베어링(conical bearing) : 축 방향과 축 직각방향으로 하중을 동시에 받는 베어링이다.

2) 접촉방법에 따른 분류

① 미끄럼 베어링(sliding bearing) : 축과 베어링 면이 직접 접촉하며 미끄럼 운동을 하는 베어링이다.
② 구름 베어링(rolling bearing) : 축과 베어링 면 사이에 전동체인 롤러나 볼을 끼워 구름 운동을 하는 베어링이다.

2. 미끄럼 베어링(슬라이딩 베어링)의 특징

1) 끄럼 베어링의 장점

① 구조가 간단하고, 값이 싸다
② 베어링 수리가 쉽다.
③ 충격에 견디는 힘이 크다.
④ 베어링에 작용하는 하중이 클 때 사용한다.

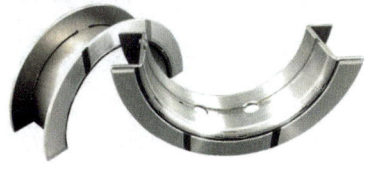
(a) 분할형

(b) 부시형(부싱)

그림 2-7 / 미끄럼 베어링

2) 미끄럼 베어링의 단점

① 시동할 때 마찰저항이 크다.
② 급유에 주의하여야 한다.

3. 구름 베어링(롤링 베어링)의 특징

1) 구름 베어링의 장점

① 마찰저항이 적어 동력 손실이 적다.
② 급유가 편리하고 밀봉 장치의 교정이 쉽다.

③ 베어링 저널의 길이를 짧게 할 수 있다.
④ 과열의 위험이 적고, 기계를 소형화 할 수 있다.
⑤ 축의 중심을 정확히 유지할 수 있다.

　(a) 더블 볼 베어링　　　　(b) 니들베어링　　　　(c) 원통베어링

　(d) 앵귤러 볼 베어링　　　(e) 테이퍼 베어링　　　(f) 볼 베어링

그림 2-8 / **구름 베어링의 종류**

2) 구름 베어링의 단점

① 값이 비싸고, 충격에 약하다.
② 축 사이가 매우 짧은 곳에서는 사용할 수 없다.

3) 구름 베어링의 수명시간

① 볼 베어링 : $Lh = 500(\frac{C}{P})^3 \times \frac{33.3}{N} = \frac{16670}{N} \times (\frac{C}{P})^3$

② 롤러 베어링 : $Lh = 500(\frac{C}{P})^{\frac{10}{3}} \times \frac{33.3}{N} = \frac{16670}{N} \times (\frac{C}{P})^{\frac{10}{3}}$

4) 구름 베어링의 호칭 번호

| 형식번호 | 치수기호(나비와 지름기호) | 안지름 번호 | 조합기호
틈새기호
실드기호
등급기호 |

기본기호 — 보조기호

① 형식번호(첫번째 숫자)

　1 : 복렬 자동 조심형

　2, 3 : 복렬 자동 조심형(큰 너비)

　6 : 단열 홈형

　7 : 단열 앵귤러 접촉형

　N : 원통 롤러형

② 치수 기호(두번째 숫자)

　0, 1 : 특별 경하중형

　2 : 경 하중형

　3 : 중간 하중형

③ 안지름 번호(세번째, 네 번째 숫자)

　00 : 안지름 10mm

　01 : 안지름 12mm

　02 : 안지름 15mm

　03 : 안지름 17mm

　안지름 20mm 이상 500mm 미만은 안지름을 5로 나눈 수가 안지름 번호(2자리)이다.

④ 등급 기호(다섯째 이후의 기호)

　무 기호 : 보통급

　H : 상급

　P : 정밀급

　SP : 초정밀급

[보기]

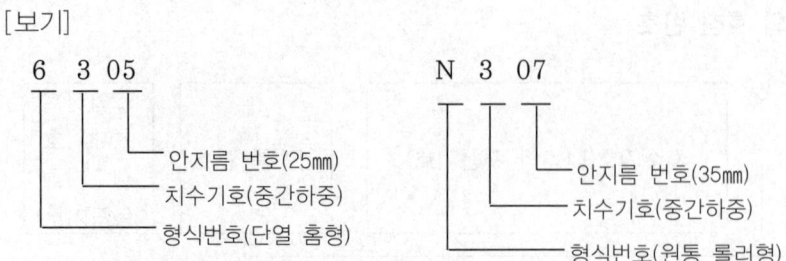

제3절 전동용 기계요소

1_기어(gear)

1. 기어의 특징

① 동력 전달이 확실하고, 큰 동력을 전달할 수 있다.
② 축 압력이 작으며, 동력 전달 효율이 높다.
③ 회전비가 정확하고 큰 감속을 얻을 수 있다.
④ 충격음을 흡수하는 성질이 약하므로 소음과 진동이 발생된다.

2. 기어의 종류

1) 두 축이 서로 평행한 기어

① 스퍼 기어(spur gear) : 기어 이가 축과 평행한 것이다.
② 내접(인터널)기어 : 회전방향이 같고, 큰 감속비를 필요로 할 때 사용한다.
③ 헬리컬 기어 : 이가 축에 경사진 것이며, 여러 개의 이를 물릴 수 있어 충격, 소음, 진동이 적으며 큰 토크를 전달할 수 있으나 축이 측압을 받는 결점이 있다.
④ 더블 헬리컬 기어 : 방향이 서로 반대인 헬리컬 기어를 같은 축에 일체로 한 것이며 축 방향의 압력을 제거할 수 있다.
⑤ 래크와 피니언 : 래크는 직선운동을 하고, 피니언은 회전운동을 하는 것이며, 래크는 기어의 지름이 무한대(∞)이다.

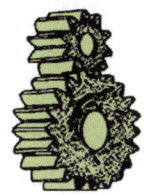    

(a) 스퍼기어   (b) 헬리컬기어   (c) 더블 헬리컬기어   (d) 직선 베벨기어   (e) 스큐 베벨기어

(f) 하이포이드기어   (h) 스파이럴 베벨기어   (i) 스크루기어   (g) 웜기어

그림 2-9 / **기어의 종류**

2) 두 축이 만나는 기어

① 베벨 기어 : 기어 면이 원뿔형이며, 토크를 직각으로 전달하고자 할 때 사용한다. 즉 두 축이 직각으로 교차하여 맞물려 회전한다.

3) 두 축이 만나지도 평행하지도 않는 기어

① 하이포이드 기어 : 기어의 이가 쌍곡선으로 되어 있으며, 피니언이 중심선 상 아래쪽에 설치된 것이다.
② 스크루(screw) 기어 : 헬리컬 기어의 축을 엇갈리게 한 것이다.
③ 웜과 웜 기어 : 웜은 1~2줄 이상의 줄 수를 가진 나사 모양의 것이며, 이것과 물리는 것이 웜 기어이다. 특징은 소형이고 큰 감속비를 얻을 수 있으며, 물림이 조용하고, 원활하며, 역회전이 불가능하다. 그러나 전동 효율이 낮다.

3. 기어의 이 크기를 표시하는 방법

① 모듈(module, M) : 피치원의 지름(D)을 잇수(Z)로 나눈 값이며, 같은 기어에서 모듈이 클수록 잇수는 적어지고, 이는 커진다. 즉, $M = \dfrac{D}{Z}$ 이다.

② 지름 피치(diameter pitch, D.P) : 모듈과 반대되는 것이며 피치원의 지름(지름 피치의 경우는 피치원의 지름을 inch로 나타낸다.)으로 잇수를 나눈 값이다.

$$D.P = \frac{25.4}{M} = \frac{25.4Z}{D}$$

③ 원주 피치(circular pitch, C.P) : 피치원 상에서 이에서 서로 인접하고 있는 이까지의 거리이다.

$$C.P = \frac{\pi D}{Z}$$

4. 치형의 간섭

1) 이의 간섭

서로 맞물리고 있는 기어의 한쪽 끝이 상대 기어의 이 뿌리 부에 닿아 정상적인 회전을 방해하는 것이며 방지 방법은 다음과 같다.

① 이의 높이(어뎀덤)를 낮춘다.
② 압력 각을 20° 이상으로 크게 한다.
③ 치형의 이끝 면을 깎아낸다.
④ 피니언의 반지름 방향의 이뿌리 면을 파낸다.

2) 언더컷(under cut)

이의 간섭으로 이끝부분이 이뿌리 부분에 파고 들어갈 때 깎여지는 현상이며, 언더컷을 방지하기 위한 한계 잇수는 압력 각을 크게 하거나 이끝 높이를 표준 보다 낮게 하여야 한다.

3) 전위 기어

잇수가 적은 기어를 제작할 때 언더 컷을 방지하기 위해 래크 공구의 표준 피치 선과 절삭 기어의 피치 선을 일치시키지 아니하고 약간 어긋나게 절삭하는 기어이며, 사용 목적은 다음과 같다.

① 중심거리를 자유롭게 변화시키고자 할 때
② 언더컷을 방지하고 할 때
③ 이의 강도를 개선하고자 할 때

5. 기어의 바깥지름과 중심거리

1) 바깥지름(Do)

바깥지름은 표준 기어에서 이끝 높이의 2배를 피치원의 지름에 합한 것이다.

$$D_O = M(2+Z) = \frac{(2+Z)}{D.P}$$

2) 기어의 중심거리(C)

$$C = \frac{D_1 + D_2}{2} = \frac{M(Z_1 + Z_2)}{2}$$

2_ 벨트(belt)

벨트 전동은 2축사이의 거리가 멀거나 또는 정확한 속도비를 필요로 하지 않는 곳의 동력 전달에 사용된다. 벨트 전동장치의 특징은 다음과 같다.

① 벨트와 벨트 풀리 사이의 마찰력에 의해 동력을 전달한다.
② 비교적 정숙한 운전이 가능하다.
③ 작은 크기의 토크를 전달하는 데 쓰인다.
④ 정확하고 일정한 속도비를 얻을 수 없다.
⑤ 벨트 풀리는 벨트가 벗겨지는 것을 방지하기 위하여 벨트 풀리의 바깥 면을 편평하게 하지 않고 중앙을 볼록하게 하여야 한다.

1) 평 벨트 폭 산출공식

$$b = \frac{T}{\sigma \eta t}$$

b: 벨트의 폭
T : 벨트 장력
t : 벨트의 두께
σ : 벨트에 생기는 응력
η : 이음 효율

2) 평벨트 길이 산출 공식

① 평행 걸기의 경우

$$L = 2C + \frac{\pi}{2}(D_2 + D_1) + \frac{(D_2 - D_1)^2}{4C}$$

② 십자 걸기(엇걸기)의 경우

$$L = 2C + \frac{\pi}{2}(D_2 + D_1) + \frac{(D_2 + D_1)^2}{4C}$$

C : 벨트의 중심거리
D_1, D_2 : 두 풀리의 지름

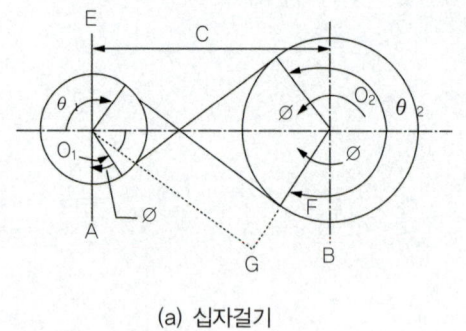
(a) 십자걸기

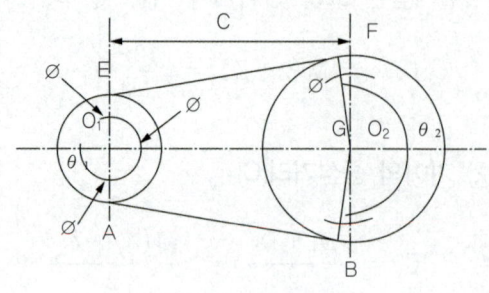
(b) 평행걸기

그림 2-10 / 벨트 거는 방법

3) V-벨트의 특징

V벨트의 크기는 단면의 크기와 전체 길이로 나타내는데 벨트의 굵기는 단면 각 부분의 치수로 나타내며, 각 부분 치수에 의해서 M, A, B, C, D, E의 6가지 형식이 있으며 M에서 E 쪽으로 갈수록 크다.

① 미끄럼이 적고, 속도비가 크다.
② 고속 회전을 시킬 수 있다.
③ 장력이 작아, 베어링에 가해지는 부담이 적다.
④ 운전이 정숙하고, 벨트가 풀리에서 벗겨지는 일이 없다.
⑤ 이음이 없어 전체가 균일한 강도를 지닌다.

3_체인과 로프(chain & rope)

1. 체인전동의 특징

① V벨트 길이보다는 체인길이를 쉽게 조절할 수 있다.
② 미끄럼이 없어 속도비가 일정하다.
③ 큰 동력을 전달할 수 있으며, 전동 효율(95% 이상)이 높다.
④ 유지 및 수리가 쉽다.
⑤ 내유성, 내열성, 내습성이 크다.

⑥ 어느 정도 충격을 흡수할 수 있다.

2. 로프 전동의 특징

① 축간 거리가 비교적 먼 곳에서 사용한다.
② 벨트에 비해 미끄럼이 많고, 수명이 짧다.
③ 전동 효율은 80~90% 정도이다.

4_마찰차(friction wheel)

원통형, 원뿔형 바퀴를 서로 밀어붙여서 양쪽 바퀴의 마찰력으로 동력을 전달하는 것이며, 종류에는 원통 마찰차, 원뿔 마찰차, 홈 붙이 마찰차, 변속 마찰차(에반스 마찰차) 등이 있으며 마찰차의 사용 범위는 다음과 같다.

① 전달할 토크가 비교적 적은 곳
② 일정 속도비가 요구되지 않는 곳
③ 회전속도가 큰 곳
④ 기어를 사용하기가 곤란한 곳
⑤ 양 축 사이를 자주 단속할 필요성이 있는 곳

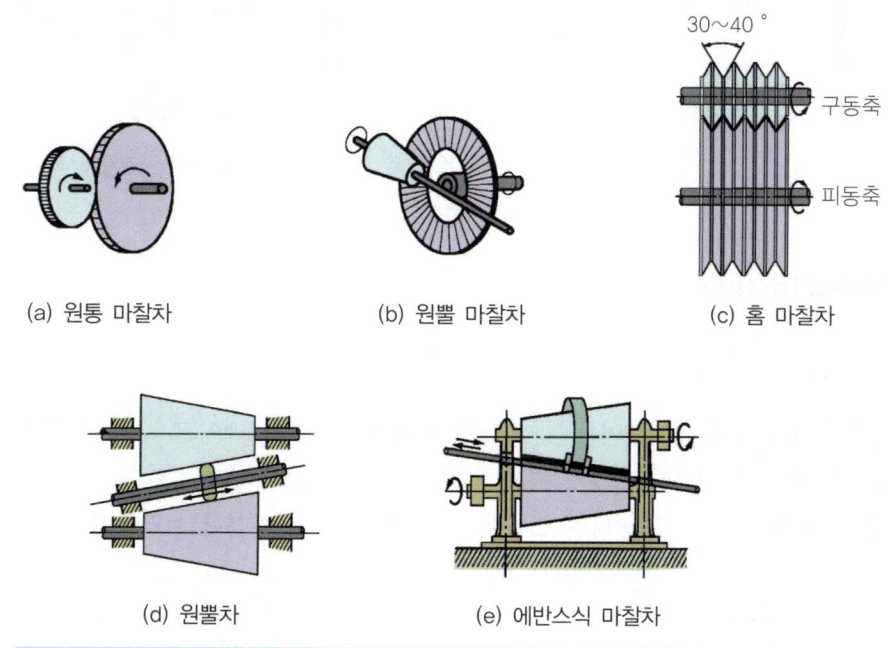

(a) 원통 마찰차 (b) 원뿔 마찰차 (c) 홈 마찰차

(d) 원뿔차 (e) 에반스식 마찰차

그림 2-11 / **마찰차의 종류**

제4절 제어용 기계요소

1_스프링(spring)

1. 스프링의 휨과 하중

1) 스프링 하중

스프링에 하중을 가하면 하중에 비례하여 인장 또는 압축, 휨 등이 발생한다. 지금 하중을 W[kgf], 변위량을 δ[mm]라 하면 $W = k\delta$(여기서, k는 스프링 상수)

2) 스프링 상수 k_1, k_2의 2개를 접속할 때 스프링 상수 k는

- 병렬일 경우 : $k = k_1 + k_2$
- 직렬일 경우 : $\dfrac{1}{k} = \dfrac{1}{k_1} + \dfrac{1}{k_2}$

(a) 직렬연결   (b) 병렬연결

그림 2-12 / 스프링 상수

2_브레이크(brake)

1. 브레이크의 종류

① 반지름 방향으로 밀어붙이는 것 : 블록 브레이크, 밴드브레이크, 내부 확장 브레이크
② 축 방향으로 밀어붙이는 것 : 원판 브레이크, 원추 브레이크
③ 자동적으로 걸리는 것 : 나사 브레이크, 캠 브레이크, 원심력 브레이크

2. 브레이크 토크

$$T = f\dfrac{D}{2} = \dfrac{\mu WD}{2}$$

T : 브레이크 토크[kgf·mm]
f : 제동력[kgf]
D : 브레이크 드럼의 지름[mm]
μ : 드럼과 블록 사이의 마찰계수
W : 드럼과 블록 사이의 작용력[kgf]

 출제예상문제

01 피치 3mm인 2줄 나사의 리드는?

① 1.5mm ② 2mm
③ 3mm   ④ 6mm

풀이 $L = nP = 2 \times 3mm = 6mm$

02 두줄나사의 피치가 0.75mm일 때 5회전시키면 축 방향으로 몇 mm 이동하는가?

① 1.5   ② 7.5
③ 3.75   ④ 37.5

풀이 $L = nPR = 2 \times 0.75mm \times 5 = 7.5mm$,
R : 회전수

03 리드가 36mm인 3줄 나사가 있다. 이 나사의 피치는 몇 mm인가?

① 3   ② 12
③ 24   ④ 108

풀이 $P = \dfrac{L}{n} = \dfrac{36}{3} = 12mm$

04 다음은 나사에 대한 설명이다. 틀린 것은?

① 나사를 1회전시켰을 때 축 방향으로 진행한 거리를 리드라고 한다.
② 오른나사는 시계방향으로 회전할 때 전진하는 나사이다.
③ 유효지름은 수나사의 최대 지름이며, 나사의 크기를 나타낸다.
④ 사각나사는 힘이 작용하는 방향이 축선과 평행하며, 나사효율이 좋다.

풀이 유효지름이란 수나사와 암나사가 접촉하고 있는 부분의 평균지름, 즉 나사산의 두께와 골의 틈새가 같은 가상 원통의 지름을 말한다.

05 나사(screw thread)에 대해서 기술한 것으로 틀린 것은?

① 미터나사에서 나사산의 각도는 60°이다.
② 리드라는 것은 나사가 한 바퀴 돌 때 축 방향으로 이동한 거리이다.
③ 나사 외경이 같다면 피치가 달라도 유효반경은 같다.
④ 피치라는 것은 서로 이웃하는 나사산과 나사산 사이의 축방향 거리이다.

06 다음 중 나사산 단면이 3각형 형태가 아닌 것은?

① 미터나사   ② 휘트워드 나사
③ 유니 파이 나사 ④ 애크미 나사

풀이 나사산 단면이 3각형 형태인 것에는 미터나사, 휘트워드 나사, 유니파이 나사 등이 있다.

01 ④ 02 ② 03 ② 04 ③ 05 ③ 06 ④

07 나사 중 기계부품의 결합 등 주로 체결용으로 사용되는 것은 어떤 것인가?

① 사각나사   ② 관용나사
③ 사다리꼴나사   ④ 볼나사

08 좌 2줄 M50×2-6H로 표시된 나사의 호칭 설명으로 올바른 것은?

① 오른나사, 2줄
② 미터보통나사, 수나사
③ 호칭지름 50mm, 피치 2mm
④ 바깥지름 25mm, 공차 등급 6급

[풀이] M50×2-6H로 표시된 나사는 호칭지름 50mm, 피치 2mm이다.

09 나사를 사용목적에 따라 결합용 나사와 운동용 나사로 분류할 때 운동용 나사가 아닌 것은?

① 사각나사   ② 사다리꼴나사
③ 톱니나사   ④ 유니파이 나사

10 체결용 나사와 운동용 나사로 분류할 때, 운동용 나사로 분류되는 것은?

① 사다리꼴나사   ② 미터나사
③ 유니파이 나사   ④ 관용나사

11 추력이 한 방향으로만 작용할 때 사용되는 것으로 주로 바이스, 압착기 등에 사용되는 나사로 가장 적합한 것은?

① 톱니나사   ② 너클 나사
③ 볼나사   ④ 삼각나사

12 시멘트 기계와 같이 모래·먼지 등이 들어가기 쉬운 부분에 주로 사용되는 나사는?

① 유니파이 나사   ② 톱니나사
③ 둥근나사   ④ 관용나사

13 바깥지름 24mm인 4각 나사의 피치 6mm, 유효지름 22.051mm, 마찰계수가 0.1 이라면 나사의 효율은 몇 %인가?

① 30   ② 45
③ 60   ④ 75

[풀이]
① $\tan\alpha = \dfrac{p}{\pi d_e} = \dfrac{6}{3.14 \times 22.051}$
$= 0.0866 = \tan^{-1} 0.0866 = 4.95°$
② $\tan\rho = \mu = \tan^{-1} 0.1 = 5.7°$
③ $\eta = \dfrac{\tan\alpha}{\tan\alpha + \rho}$ 에서,
$\eta = \dfrac{4.95}{4.95 + 5.7} \times 100 = 45\%$

14 결합용 나사의 리드 각(λ)과 마찰 각(ρ)의 관계에서 자립(self locking) 상태를 바르게 표현한 것은?

① $\lambda \leq \rho$ ② $\lambda = 0.5\rho$
③ $\lambda > \rho$ ④ $\lambda = 2\rho$

[풀이] 마찰 각(ρ)이 리드(경사) 각(λ)보다 커야 하는데 이것을 나사의 자립조건이라 한다.

15 나사의 마찰각을 ρ, 경사각을 α라고 할 때 나사의 자립조건을 표시하고 있는 것은 어느 것인가?

① $\alpha \geq \rho$ ② $\alpha \leq \rho$
③ $\alpha = \rho$ ④ $\alpha \geq 2\rho$

07 ③   08 ③   09 ④   10 ①   11 ①   12 ③   13 ②   14 ①   15 ②

16 허용 인장응력이 10kgf/mm²인 아이볼트에 축 방향으로 1ton의 하중이 작용하는 경우, 허용 인장응력을 고려한 아이볼트로 다음 중 가장 적합한 것은?

① M12　　② M16
③ M24　　④ M28

 $d = \sqrt{\dfrac{2W}{\sigma a}} = \sqrt{\dfrac{2 \times 1000}{10}} = 14.14$,

따라서 M16을 선택한다.

d : 볼트의 지름,　W : 하중,　σa : 허용 인장응력

17 허용응력이 5kgf/mm²인 훅 볼트가 하중 4톤을 지지하고 있을 때 볼트 나사부의 호칭지름은 몇 mm인가?

① 20　　② 35
③ 40　　④ 55

$d = \sqrt{\dfrac{2W}{\sigma a}} = \sqrt{\dfrac{2 \times 4000}{5}} = 40\text{mm}$

18 안지름이 1m인 압력용기에 5kgf/cm²의 내압이 작용하고 있다. 압력용기의 뚜껑을 18개의 볼트로 체결 할 경우 볼트의 지름은 얼마로 설정해야 하는가?(단, 볼트지름 방향의 허용 인장응력은 1000kgf/cm²이고, 볼트에는 인장 하중만 작용한다)

① 16.7mm, M18　　② 21.7mm, M22
③ 26.7mm, M27　　④ 31.7mm, M33

① 뚜껑에 작용하는 전체하중
　$P = 0.785D^2 p = 0.785 \times 100^2 \times 5$
　　$= 39250\text{kgf}$,　D : 안지름, p : 내압

② 볼트 1개에 작용하는 하중
　$W = \dfrac{P}{n} = \dfrac{39250\text{kgf}}{18} = 2181\text{kgf}$,
　n : 볼트의 개수

③ 볼트 지름 $d = \sqrt{\dfrac{4W}{\pi \times \sigma a}}$
　　　　　　　$= \sqrt{\dfrac{4 \times 2181}{3.14 \times 1000}} = 1.67\text{cm}$
　　　　　　　$= 16.7\text{mm}$

19 15ton의 인장하중을 받는 볼트 호칭지름으로 다음 중 가장 적합한 것은?(단, 안전율 3, 재료 인장강도는 5400kgf/cm²이며, 골 지름/바깥지름(d_1/d) = 0.62로 가정한다)

① M30　　② M36
③ M42　　④ M48

① 인장응력
　$\sigma a = \dfrac{\sigma t}{S} = \dfrac{5400}{3} = 1800\text{kgf/cm}^2$,
　σt : 인장강도, S : 안전율]

② 호칭지름(d0) $= \sqrt{\dfrac{W}{\dfrac{\pi}{4} \times \left(\dfrac{d_1}{d}\right) \times \sigma a}}$
　　　　　　　　　$= \sqrt{\dfrac{15000}{0.785 \times 0.62 \times 1800}}$
　　　　　　　　　$= 4.14\text{cm} = 41.4\text{mm}$

∴ M42를 선택한다.

20 나사의 접촉면 사이의 틈이나 나사면을 따라 증기나 기름 등이 누출되는 것을 방지하는데 주로 사용하는 너트는?

① 홈붙이너트　　② 캡 너트
③ 플랜지 너트　　④ 원형 너트

캡 너트는 나사의 접촉면 사이의 틈이나 나사면을 따라 증기나 기름 등이 누출되는 것을 방지하는데 주로 사용한다.

16 ②　17 ③　18 ①　19 ③　20 ②

21 사용목적이 마모된 암나사를 재생하거나 강도가 불충분한 재료의 나사 체결력을 강화시키는데 사용되는 기계요소인 것은?

① 로크너트(Lock nut)
② 분할 핀(Split pin)
③ 세트 스크루(Set screw)
④ 헬리 서트(Heli sert)

풀이 헬리 서트(Heli sert)는 마모된 암나사를 재생하거나 강도가 불충분한 재료의 나사 체결력을 강화시키는데 사용되는 기계요소이다.

22 너트의 이완방지 방법 중 잘못된 것은?

① 이중너트를 사용
② 고정나사(set screw)를 사용
③ 스프링 와셔를 사용
④ 개스킷을 사용

23 2개의 너트를 사용하여 충분히 쥔 다음 2개의 스패너를 사용하여 바깥쪽 너트를 스패너로 고정한 후 너트를 다른 스패너로 풀리는 방향으로 돌려 조여 너트의 풀림을 방지하는 것은?

① 자동 쥠 너트에 의한 방법
② 로크너트에 의한 방법
③ 멈춤 나사에 의한 방법
④ 톱니붙이 와셔에 의한 방법

풀이 로크너트에 의한 방법이란 2개의 너트를 사용하여 충분히 쥔 다음 2개의 스패너를 사용하여 바깥쪽 너트를 스패너로 고정한 후 너트를 다른 스패너로 풀리는 방향으로 돌려 조여 너트의 풀림을 방지하는 것이다.

24 와셔의 사용목적으로 적합하지 못한 것은?

① 볼트의 구멍의 지름이 볼트보다 너무 클 때
② 볼트가 받는 전단응력을 감소시키려 할 때
③ 볼트 시트 면의 재료가 약해서 넓은 면으로 지지하여야 할 때
④ 진동이나 회전이 있는 곳의 볼트나 너트의 풀림 방지

풀이 와셔의 사용목적
① 볼트의 구멍의 지름이 볼트보다 너무 클 때
② 볼트 시트 면의 재료가 약해서 넓은 면으로 지지하여야 할 때
③ 진동이나 회전이 있는 곳의 볼트나 너트의 풀림 방지

25 자동차나 소형 전자부품 조립시 많이 사용하고 있으며 스프링작용을 할 수 있는 톱니에 의하여 체결볼트와 너트의 풀림을 방지할 수 있고, 여러 번 사용할 수 있는 이점이 있는 와셔는?

① 혀달린 와셔 ② 평 와셔
③ 고무 와셔   ④ 톱니 와셔

풀이 톱니 와셔는 자동차나 소형 전자부품을 조립할 때 많이 사용하며 스프링 작용을 할 수 있는 톱니에 의하여 체결볼트와 너트의 풀림을 방지할 수 있고, 여러 번 사용할 수 있는 이점이 있다.

26 축에는 키 홈이 없고, 축의 원호에 접할 수 있도록 하며, 보스에 만 키 홈을 파는 경하중용에 사용하는 키는?

① 안장키   ② 접선키
③ 평키   ④ 반달 키

풀이 안장키(새들 키)는 축에는 키 홈이 없고, 축의 원호에 접할 수 있도록 하고 보스에 만 키 홈을 파는 경하중용에 사용하는 키이다.

21 ④ 22 ④ 23 ② 24 ② 25 ④ 26 ①

27 아주 큰 회전력을 전달하거나 양방향으로 회전하는 축에 120° 또는 180°의 각도로 두 곳에 설치하는 키는?

① 접선키
② 원뿔 키
③ 미끄럼 키
④ 안장키

풀이 접선키는 큰 회전력을 전달하거나 양방향으로 회전하는 축에 120° 또는 180° 각도로 두 곳에 키를 설치하여 축의 접선방향으로 높은 압축력을 전달하기 위해 사용한다.

28 접선 키(key)는 2개의 키를 동시에 끼우는 것으로 축 동력을 전달하는 목적이 옳은 것은?

① 축의 접선방향으로 낮은 회전력을 전달하기 위해서
② 축의 반지름방향으로 낮은 인장력을 전달하기 위해서
③ 축의 접선방향으로 높은 압축력을 전달하기 위해서
④ 축의 반지름방향으로 낮은 굽힘력을 전달하기 위해서

29 일명 미끄럼 키라고도 하며, 회전토크를 전달함과 동시에 보스가 축 방향으로 이동할 수 있는 키는?

① 새들 키   ② 평 키
③ 페더 키   ④ 반달 키

30 큰 토크를 축에서 보스로 전달시키려면 1개의 키(key)만으로 전달시키는 것은 불가능하므로 4개~수십 개의 키를 같은 간격으로 축과 일체로 만든 것은?

① 스플라인 축   ② 미끄럼키
③ 접선키   ④ 성크키

풀이 스플라인 축은 큰 토크를 축에서 보스로 전달시키려면 1개의 키(key)만으로 전달시키는 것은 불가능하므로 4개~수십 개의 키를 같은 간격으로 축과 일체로 만든 것이다.

31 보스와 축 사이의 윗면과 아랫면을 죄고 측면에 틈새를 둔 끼워 맞춤으로 키의 상단과 하단 면에 압축응력이 발생하는 키의 종류가 아닌 것은?

① 경사키   ② 평키
③ 평행키   ④ 성크키

풀이 보스와 축 사이의 윗면과 아래 면을 죄고 측면에 틈새를 둔 끼워 맞춤으로 키의 상단과 하단 면에 압축응력이 발생하는 키의 종류에는 경사키, 평키, 성크키 등이 있다.

32 키가 전달할 수 있는 토크의 크기가 큰대서 작은 순으로 된 것은?

① 성크키, 스플라인, 새들키, 평키
② 스플라인, 성크키, 평키, 새들키
③ 평키, 새들키, 성크키, 스플라인
④ 세레이션, 성크키, 스플라인, 평키.

풀이 토크의 크기가 큰대서 작은 순서는 스플라인 → 성크키 → 평키 → 새들키이다.

27 ①　28 ③　29 ③　30 ①　31 ③　32 ②

33 축에 끼운 링이 빠지는 것을 방지하기 위하여 사용하여 끝 부분을 두 갈래로 벌려 굽혀 빠지지 않도록 하는 기계요소인 것은?

① 테이퍼 핀　② 코터
③ 분할 핀　　④ 코킹

34 세로방향으로 쪼개져 있어 구멍의 크기가 핀보다 작아도 망치로 때려 박을 수 있는 핀으로 충격이나 진동을 받는 곳에 사용하며 지지력이 매우 큰 장점이 있는 핀은?

① 스냅(snap) 핀
② 스프링(spring) 핀
③ 평행(parallel) 핀
④ 테이퍼(taper) 핀

> 풀이 스프링(spring) 핀은 세로방향으로 쪼개져 있어 구멍의 크기가 핀보다 작아도 망치로 때려 박을 수 있는 핀으로 충격이나 진동을 받는 곳에 사용하며 지지력이 매우 큰 장점이 있다.

35 한쪽 또는 양쪽에 기울기를 갖는 평판 모양의 쐐기로서 인장력이나 압축력을 받는 2개의 축을 연결하는 기계요소를 무엇이라 하는가?

① 소켓　　② 너클 핀
③ 코터　　④ 커플링

> 풀이 코터는 한쪽 또는 양쪽에 기울기를 갖는 평판 모양의 쐐기이며, 축의 토크를 전달하기 보다는 인장력이나 압축력을 받는 2개의 축을 연결하는 기계요소이다.

36 기계요소 중에서 축의 토크를 전달하기 보다는 주로 인장력이나 압축력을 받는데 사용하는 것은?

① 코터　　　② 키
③ 스플라인　④ 커플링

37 코터이음(Cotter joint)을 하기에 가장 적합한 곳은?

① 리벳연결을 해야 할 부분
② 배관이음을 설치할 부분
③ 인장이나 압축력이 축에 수직방향으로 작용하면서 회전하는 부분
④ 축방향의 인장이나 압축을 받는 2개의 봉을 연결하는 것으로 분해 가능한 부분

38 리벳이음을 용접이음과 비교한 설명으로 틀린 것은?

① 용접이음과는 달리 초기응력에 의한 잔류변형이 생기지 않으므로 취약파괴가 일어나지 않는다.
② 구조물 등에서 현장 조립할 때에는 용접이음보다 쉽다.
③ 경합금을 이용할 때에는 용접이음보다 신뢰성이 떨어진다.
④ 용접이음과 같이 강판 등을 영구적으로 접합할 때 사용한다.

33 ③　34 ②　35 ③　36 ①　37 ④　38 ③

39 리벳팅이 끝난 뒤에 리벳머리 주위나 강판의 가장자리를 정으로 때려 그 부분을 밀착시켜서 틈을 없애는 작업은?

① 코킹 ② 호닝
③ 랩핑 ④ 클러칭

40 리벳이음에서 1피치 내의 리벳 전단면의 수가 증가함에 따라 리벳의 효율은?

① 증가한다.
② 감소한다.
③ 관계없다.
④ 반비례한다.

풀이) 리벳이음에서 1피치 내의 리벳 전단면의 수가 증가함에 따라 리벳의 효율은 증가한다.

41 리벳이음에서 리벳효율을 나타낸 공식으로 옳은 것은?(단, 리벳효율은 전단 파괴에 의하여 구하며, n : 1피치 내의 리벳의 전단면수, P 피치(mm), σ : 강판 재료의 허용 인장 응력(kgf/cm²), t : 강판의 두께(mm), d : 리벳의 지름(mm), τ : 리벳의 허용 전단 응력(kgf/cm²)이다.)

① $\eta = 1 - \dfrac{d}{P}$ ② $\eta = \dfrac{4Pt\sigma}{\pi d^2 \tau}$
③ $\eta = 1 - \dfrac{P}{d}$ ④ $\eta = \dfrac{n\pi d^2 \tau}{4Pt\sigma}$

풀이) 리벳 이음에서 리벳 효율을 나타내는 공식은 $\eta = \dfrac{n\pi d^2 \tau}{4Pt\sigma}$ 이다.

42 판의 두께 15mm, 리벳의 지름 16mm, 리벳 구멍의 지름 17mm, 피치 65mm인 1줄 리벳 겹치기이음에서 1 피치마다 1500kgf의 하중이 작용할 때 판의 효율은?

① 73.8% ② 75.4%
③ 76.9% ④ 77.5%

풀이) $\eta = \dfrac{p-d}{p} \times 100 = \dfrac{65-17}{65} \times 100 = 73.8\%$

η : 판의 효율, p : 피치(mm), d : 리벳의 지름(mm)

43 강판의 두께 12mm, 리벳의 지름 20mm, 피치 50mm의 1줄 겹치기 리벳이음에서 1피치당 하중이 1,200kgf일 경우, 강판의 인장 응력은 몇 kgf/mm²인가?

① 3.33 ② 6.42
③ 7.53 ④ 8.61

풀이) 인장응력 $\sigma a = \dfrac{W}{(p-d)t} = \dfrac{1200}{(50-20) \times 12}$
$= 3.3 \text{kgf/mm}^2$

W : 하중, p : 피치, d : 리벳지름,
t : 강판 두께

44 직선 왕복운동을 회전운동으로 변화시키는 축의 명칭은?

① 플렉시블 축 ② 직선축
③ 크랭크축 ④ 중간축

45 주로 굽힘작용을 받으면서 회전력은 거의 전달하지 않는 축으로 가장 적당한 것은?

① 차축
② 프로펠러 샤프트
③ 기어 축
④ 공작기계의 주축

풀이) 차축은 주로 굽힘작용을 받으면서 회전력은 거의 전달하지 않는 축이다.

39 ① 40 ① 41 ④ 42 ① 43 ① 44 ③ 45 ①

46 축의 설계와 관련되는 용어에서 임계속도란 무엇인가?
① 축이 회전 가능한 최대의 회전속도
② 축의 회전속도가 축의 공진 진동수와 일치할 때의 속도
③ 축의 이음부분이 마모되기 시작하는 때의 회전수
④ 진동축에서 안전율이 10일 때의 회전수

풀이 축의 임계속도(위험속도)란 회전속도가 축의 공진 진동수와 일치할 때의 회전속도이다.

47 회전수 2000rpm에서 최대토크가 35kgf·m로 계측된 축의 축마력은 약 몇 PS 인가?
① 97.76
② 71.87
③ 116.0
④ 118.0

풀이 $H_{PS} = \dfrac{TR}{716} = \dfrac{35 \times 2000}{716} = 97.76 PS$

H_{PS} : 축마력, T : 토크(회전력), R : 회전수

48 회전수 2000rpm에서 최대 토크가 35N·m로 계측된 축의 전달마력은 약 몇 kW인가?
① 7.3
② 10.3
③ 15.3
④ 20.3

풀이 $H_{kW} = \dfrac{TR}{974} = \dfrac{35 \times 2000}{974 \times 10} = 7.187 kW$

49 100rpm으로 5kW를 전달하는 축에 작용하는 토크는 몇 N·m인가?
① 478
② 578
③ 678
④ 778

풀이 $T = \dfrac{974 \times H_{kW} \times 9.8}{R} = \dfrac{974 \times 5 \times 9.8}{100}$
$= 477.26 N \cdot m$

T : 축의 전달토크, H_{Kw} : 전달마력, R : 회전수

50 속이 찬 회전축의 전달마력이 7kW인 축에 350rpm으로 작동한다면 축의 전달 토크는 약 몇 N·m인가?
① 101
② 151
③ 191
④ 231

풀이 $T = \dfrac{974 \times H_{Kw} \times 9.8}{R} = \dfrac{974 \times 7 \times 9.8}{350}$
$= 191 N \cdot m$

51 300rpm으로 2.5kW를 전달시키고 있는 축의 비틀림 모멘트는 몇 kgf·mm인가?
① 5240
② 7120
③ 8120
④ 2420

풀이 $T = \dfrac{974000 \times H_{kW}}{R} = \dfrac{974000 \times 2.5}{300}$
$= 8120 kgf \cdot mm$

52 2500rpm으로 회전하면서 25kW를 전달하는 전동축이 있다. 이 전동축의 비틀림 모멘트는 몇 N·m인가?
① 7.5
② 9.6
③ 70.2
④ 95.5

풀이 $T = \dfrac{974 \times H_{kW} \times 9.8}{R} = \dfrac{974 \times 25kW \times 9.8}{2500}$
$= 95.5 N \cdot m$

53 축의 지름 d, 축 재료에 걸리는 전단응력이 τ일 때 비틀림 모멘트 T는?
① $\dfrac{\pi}{32}d^4\tau$
② $\dfrac{\pi}{32}d^3\tau$
③ $\dfrac{\pi}{16}d^4\tau$
④ $\dfrac{\pi}{16}d^3\tau$

풀이 비틀림 모멘트 $T = \dfrac{\pi}{16}d^3\tau$

54 중공단면축의 바깥지름 d_0 = 5cm, 안지름 d_1 = 3cm, 허용 전단응력 W = 300kgf/cm² 일 때 비틀림 모멘트는?

① 4528kgf·cm²
② 5510kgf·cm²
③ 6406kgf·cm²
④ 7405kgf·cm²

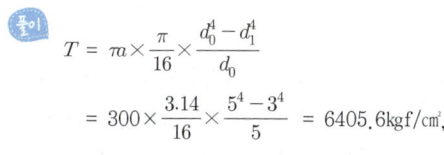

$$T = \tau a \times \frac{\pi}{16} \times \frac{d_0^4 - d_1^4}{d_0}$$

$$= 300 \times \frac{3.14}{16} \times \frac{5^4 - 3^4}{5} = 6405.6 \text{kgf/cm}^2,$$

τa : 허용전단 응력

55 비틀림 만 받는 축에서 다른 조건은 같게 하고 축 지름을 2배로 늘리면 허용토크는 몇 배 증가하는가?

① 4   ② 6
③ 8   ④ 10

비틀림 만 받는 축에서 다른 조건은 같게 하고 축 지름을 2배로 늘리면 허용토크는 8배 증가한다.

56 휨만을 받는 속이 찬 차축에서 축에 작용하는 굽힘 모멘트가 3000kgf-mm이고, 축의 허용 굽힘응력이 10kgf/mm²일 때 필요한 축 외경의 최소값은?

① 55.3mm   ② 7.4mm
③ 14.5mm   ④ 13.2mm

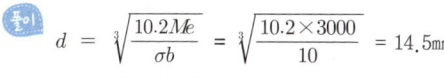

$$d = \sqrt[3]{\frac{10.2 Me}{\sigma b}} = \sqrt[3]{\frac{10.2 \times 3000}{10}} = 14.5\text{mm}$$

d : 축의 외경 최솟값, Me : 굽힘 모멘트,
σb : 허용 굽힘 응력

57 축의 허용전단 응력이 3N/mm²이고, 축의 비틀림 모멘트가 3.0×10⁵N·mm일 때 축의 지름은?

① 63.4mm
② 72.6mm
③ 79.9mm
④ 83.4mm

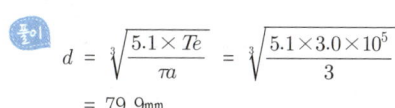

$$d = \sqrt[3]{\frac{5.1 \times Te}{\tau a}} = \sqrt[3]{\frac{5.1 \times 3.0 \times 10^5}{3}}$$

= 79.9mm

d : 축의 지름, Te : 축의 비틀림 모멘트,
τa : 축의 허용전단 응력

58 두 축의 중심선이 어느 정도 어긋났거나 경사졌을 때 사용하며, 결합부분에 합성고무, 가죽, 스프링 등의 탄성재료를 사용하여 회전력을 전달하는 축이음은?

① 슬리브(sleeve)이음
② 플랜지(flange)이음
③ 플렉시블(flexible)이음
④ 올덤 커플링(oldham's coupling)

플렉시블 커플링은 두 축의 중심선을 완전히 일치시키기 어려운 경우나 충격 및 진동을 방지할 때 사용하며, 가죽이나 고무 등 탄성이 있는 물체를 축 사이에 넣고 축을 연결한다.

---

54 ③   55 ③   56 ③   57 ③   58 ③

59 그림과 같이 하중이 작용하는 차축의 지름은 몇 mm인가?(단, 축에 작용하는 하중은 3000kgf, 축 길이는 800mm, 허용 휨 응력은 5kgf/mm²이다)

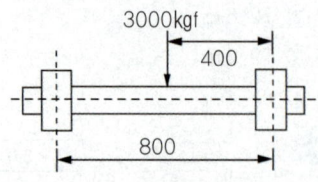

① 86
② 98
③ 101
④ 107

풀이
① $M = \dfrac{W\ell}{4} = \dfrac{3000 \times 800}{4} = 600000 \text{kgf} \cdot \text{mm}$
M : 휨 모멘트, W : 축에 작용하는 하중, ℓ : 축 길이

② $d = \sqrt[3]{\dfrac{10.2M}{\sigma a}} = \sqrt[3]{\dfrac{10.2 \times 600000}{5}} = 107\text{mm}$
d : 축의 지름, σa : 허용 휨 응력

60 내면이 원추형인 원통에 2개의 원추 키 모양의 슬릿을 가진 원추를 넣고 3개의 볼트로 죄어 두 축을 연결하는 것은?

① 슬리브 커플링
② 분할 머프커플링
③ 셀러 커플링
④ 플랜지 커플링

풀이 셀러 커플링은 내면이 원추형인 원통에 2개의 원추 키 모양의 슬릿을 가진 원추를 넣고 3개의 볼트로 죄어 두 축을 연결하는 것이다.

61 두 축이 평행하고, 두 축의 중심선이 약간 어긋났을 경우에 각속도의 변화 없이 토크를 전달시키려고 할 때 사용하는 커플링은?

① 머프 커플링
② 플랜지 커플링
③ 올덤 커플링
④ 유니버설 커플링

62 일명 자재이음이라고도 하고 두 축이 같은 평면상에 있으며, 그 중심선이 어느 각도로 교차하고 있을 때 사용되는 축 이음은?

① 마찰 클러치
② 올드햄 커플링
③ 유니버설 조인트
④ 유체 커플링

풀이 유니버설 커플링(자재이음)은 훅 조인트라고도 하며, 두 축이 같은 평면 내에 있으면서 그 중심선이 30° 이하의 각도로 교차한 상태로 토크를 전달한다.

63 동력전달용 커플링에서 두 축의 중심선이 보통 30° 이하로 교차하고 있을 때 가장 적합한 축 이음은?

① 고정 커플링
② 올덤 커플링
③ 유니버설 커플링
④ 플렉시블 커플링

64 유니버설 이음(Universal joint) 설명으로 올바른 것은?

① 2축이 평행하고 있을 때에 사용하는 클러치이다.
② 2축이 직교할 때에 사용되고 운전 중 단속할 수 있다.
③ 2축이 교차하고 있을 때에 사용하는 크랭크축이다.
④ 2축이 교차하는 경우에 사용되는 커플링의 일종이다.

유니버설 이음(Universal joint)은 2축이 교차하는 경우에 사용되는 커플링의 일종이다.

65 필요에 따라 한 축에서 다른 축으로 운전을 단속을 할 필요가 있을 때 사용되는 축 이음은?

① 유니버설 조인트
② 올덤 커플링
③ 맞물림 클러치
④ 플렉시블 커플링

66 다음 중 마찰클러치의 장점이 아닌 것은?

① 주동축의 운전 중에도 단속이 가능하다.
② 무단 변속에도 적은 충격으로 단속시킬 수 있다.
③ 토크가 걸리면 미끄럼이 일어나 안전장치의 작용을 한다.
④ 클러치의 재료는 온도상승에 의한 마찰계수 변화가 커야한다.

67 단판 마찰클러치의 접촉면 평균지름이 80mm, 전달토크 494kgf·mm, 마찰계수 0.2인 경우에 토크를 전달시키려면 몇 kgf의 힘이 필요한가?

① 44.8   ② 51.8
③ 61.8   ④ 73.8

$P = \dfrac{T}{r\mu} = \dfrac{494}{40 \times 0.2} = 61.8 \text{kgf}$
P : 전달하는 힘, T : 토크,
r : 반지름, μ : 마찰계수

68 바깥지름 300mm, 안지름 250mm, 클러치를 미는 힘 500kgf, 마찰계수가 0.2라고 할 경우 클러치 전달토크(torque)는 몇 kgf·mm인가?

① 11390   ② 27500
③ 17530   ④ 18275

$T = \left(\dfrac{D_1 + D_2}{2}\right) P\mu = \left(\dfrac{300 + 250}{2}\right) \times 500 \times 0.2$
$= 27500$
T : 전달토크, D_1 : 바깥지름, D_2 : 안지름,
P : 클러치를 미는 힘, μ : 마찰계수

69 전동축이 회전할 때 축에 직각방향으로 만 힘이 작용하는 축에 사용하는 베어링으로 가장 적합한 것은?

① 레이디얼 볼 베어링
② 원추 롤러 베어링
③ 스러스트 볼 베어링
④ 피봇 저널 베어링

레이디얼 볼 베어링은 전동축이 회전할 때 축에 직각방향으로 만 힘이 작용하는 축에 사용하는 베어링으로 가장 적합하다.

ANSWER 64 ④ 65 ③ 66 ④ 67 ③ 68 ② 69 ①

70 반지름 방향과 축방향의 하중이 동시에 작용할 때 가장 적당한 베어링은?

① 니들 베어링
② 스러스트 베어링
③ 테이퍼 베어링
④ 레이디얼 베어링

풀이 테이퍼 베어링은 반지름 방향과 축방향의 하중이 동시에 작용할 때 적합하다.

71 미끄럼 베어링 재료가 구비하여야 할 성질이 아닌 것은?

① 열에 녹아 붙음이 일어나기 어려울 것
② 마멸이 적고 면압 강도가 클 것
③ 피로한도가 작을 것
④ 내식성이 높을 것

72 구름 베어링과 비교한 미끄럼 베어링의 장점이 아닌 것은?

① 내충격성이 크다.
② 유막에 의한 감쇠력이 우수하다.
③ 일반적으로 구조가 간단하다.
④ 표준형 양산품으로 호환성이 높다.

73 미끄럼 베어링과 비교한 구름베어링의 특징이 아닌 것은?

① 폭은 작으나 지름이 크게 된다.
② 충격흡수력이 우수하다.
③ 기동토크가 적다.
④ 표준형 양산품으로 호환성이 높다.

74 구름 베어링을 미끄럼 베어링과 비교한 특징을 설명한 것이다. 다음 중 틀린 것은?

① 마찰계수가 적다.
② 시동저항이 크다.
③ 충격흡수력이 적다.
④ 일반적으로 소음이 크다.

75 다음은 베어링의 규격을 나타낸다. 규격표시가 틀린 것은?

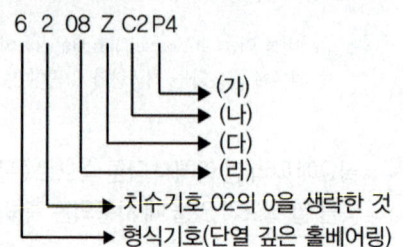

① P4 : 등급기호
② C2 : 틈새기호
③ Z : 실드기호
④ 08 : 테이퍼구멍 번호

풀이 08 : 안지름 번호이다.

76 볼 베어링의 번호가 6008일 때 베어링의 안지름은 몇 mm인가?

① 8   ② 20
③ 30 ④ 40

풀이 볼 베어링의 호칭치수 6008의 경우 6 : 형식번호(단열), 0 : 지름번호(특별 경하중용), 08 : 안지름 번호, 안지름 20mm 이상 500mm 미만은 안지름을 5로 나눈 수가 안지름 번호이다. 따라서 08×5 = 40mm

70 ③ 71 ③ 72 ④ 73 ② 74 ② 75 ④ 76 ④

77 #6306 레이디얼 볼베어링의 안지름은?

① 6㎜ ② 30㎜
③ 12㎜ ④ 36㎜

78 베어링에 오일 실을 사용하는 가장 중요한 이유는?

① 접촉이 잘 되도록 하기 위하여
② 마찰 면이 적고 열 발산을 위하여
③ 유막이 끊기지 않도록 하기 위하여
④ 기름이 새는 것과 먼지 등의 침입을 막기 위하여

79 기본부하 용량이 2400kgf인 볼베어링이 베어링 하중 200kgf을 받고, 500rpm으로 회전할 때, 이 베어링의 수명은 약 몇 시간이 되는가?

① 57540시간 ② 78830시간
③ 87420시간 ④ 98230시간

풀이
$L_h = 500 \times \left(\dfrac{C}{P}\right)^3 \times \dfrac{33.3}{N}$
$= 500 \times \left(\dfrac{2400}{200}\right)^3 \times \dfrac{33.3}{500} = 57542.4$ 시간
L_h : 베어링의 수명, C : 기본부하 용량,
P : 베어링 하중, N : 회전속도

80 500rpm으로 회전하고 있는 볼베어링에 500kgf의 레이디얼 하중이 작용하고 있다. 이 베어링의 기본 동적 부하용량이 3000kgf일 때, 베어링의 정격수명은?(단, 하중계수는 1로 한다)

① 6400시간 ② 7200시간
③ 8400시간 ④ 9600시간

풀이
$L_h = 500 \times \left(\dfrac{3000}{500}\right)^3 \times \dfrac{33.3}{500} = 7200$시간

81 크랭크축의 회전수가 200rpm, 축지름 40㎜, 저널길이 80㎜, 수직하중이 800N일 때 발생하는 베어링 압력은 몇 N/㎟인가?

① 0.10 ② 0.15
③ 0.20 ④ 0.25

풀이
$P_b = \dfrac{W}{d \times l} = \dfrac{800}{40 \times 80} = 0.25$
P_b : 베어링 압력, W : 하중, l : 저널길이, d : 축지름

82 평행한 두 축 사이에 회전운동을 전달하고 기어 이(톱니)의 줄이 축에 평행한 기어(gear)는?

① 스퍼기어 ② 헬리컬 기어
③ 베벨기어 ④ 웜기어

풀이 스퍼기어(spur gear)는 평행한 두축사이에 회전운동을 전달하고 기어 이(톱니)의 줄이 축에 평행한 기어이다.

83 기어의 종류를 분류할 때 두 축의 상태위치가 평행이 아닌 것은?

① 스퍼기어 ② 베벨기어
③ 래크 ④ 헬리컬기어

풀이 두축이 서로 평행한 기어의 종류에는 스퍼기어, 내접기어, 헬리컬 기어, 더블 헬리컬 기어, 래크와 피니언 등이 있으며, 베벨기어는 두 축이 직각으로 교차하여 맞물려 회전한다.

84 회전운동을 직선운동으로 변환시키는 기어는?

① 스큐기어 ② 래크와 피니언
③ 인터널 기어 ④ 크라운 기어

풀이 래크와 피니언은 래크의 직선운동을 피니언의 회전운동으로 바꾸거나 그 반대로 작용한다.

77 ② 78 ④ 79 ① 80 ② 81 ④ 82 ① 83 ② 84 ②

85. 평행한 두 축 사이에 회전을 전달하는 기어는?

① 원통 웜기어
② 헬리컬 기어
③ 직선 베벨기어
④ 하이포이드 기어

풀이) 헬리컬 기어는 이가 축에 경사진 것이며, 여러 개의 이를 물릴 수 있어 충격, 소음, 진동이 적고, 큰 회전력을 전달할 수 있으나 축이 측압을 받는 결점이 있다.

86. 두 축이 만나지도 평행하지도 않는 경우 사용하는 것으로 자동차의 뒤 차축용 등에 사용되는 기어는?

① 하이포이드 기어
② 헬리컬 베벨기어
③ 랙과 피니언 기어
④ 더블 헬리컬기어

풀이) 두 축이 만나지도 평행하지도 않는 경우 사용하는 기어로는 하이포이드 기어, 스크루 기어, 웜과 웜 기어가 있다.

87. 기어의 각 부 명칭에 대한 설명 중 틀린 것은?

① 피니언 : 서로 물리는 2개의 기어 중 작은 것
② 원주 피치 : 피치 원주에서 측정한 하나의 이에서 다음 이까지의 거리
③ 모듈 : 피치원 지름을 잇수로 나눈 값
④ 지름 피치 : 기어의 잇수를 이뿌리원으로 나눈 값

풀이) 지름피치는 피치원의 지름(지름피치의 경우는 피치원의 지름은 inch 단위로 나타냄)으로 잇수를 나눈 값

88. 기어의 각부명칭 중 피치원의 둘레를 잇수로 나눈 값을 무엇이라 하는가?

① 원주피치   ② 모듈
③ 지름피치   ④ 물림 길이

89. 표준 스퍼기어에서 모듈이 3일 때, 기어의 원주피치는 약 몇 mm 인가?

① 3   ② 3.14
③ 6.28   ④ 9.42

풀이) $CP = \pi M = 3.14 \times 3 = 9.42$
CP : 원주피치, M : 모듈

90. 표준 평기어의 잇수가 100개이고 피치원의 지름이 400mm인 경우 이 기어의 모듈은?

① 2   ② 3
③ 4   ④ 5

풀이) $M = \dfrac{D}{Z} = \dfrac{400}{100} = 4$
M : 기어의 모듈, D : 피치원의 지름,
Z : 기어의 잇수

91. 표준 스퍼기어에서 기어의 잇수가 25개, 피치원의 지름이 75mm일 때 모듈은 얼마인가?

① 3   ② 9.42
③ 0.33   ④ 6

풀이) $M = \dfrac{D}{Z} = \dfrac{75}{25} = 3$
M : 기어의 모듈, D : 피치원의 지름,
Z : 기어의 잇수

92 기어에서 언더컷 현상이 일어나는 원인은?

① 잇수비가 아주 클 때
② 잇수가 많을 때
③ 이 끝이 둥글 때
④ 이 끝 높이가 낮을 때

[풀이] 언더컷은 작은 기어의 잇수가 매우 적거나 또는 잇수비가 클 때 발생한다.

93 전위기어를 사용하는 이유 설명으로 틀린 것은?

① 언더컷을 피하려고 할 때
② 이의 강도를 개선하려고 할 때
③ 중심거리를 변화시키려고 할 때
④ 축 방향의 하중을 제거하려고 할 때

94 회전수 1500rpm인 3줄 웜이 잇수 30개인 웜휠(웜 기어)에 물려 돌고 있다면 이 때 웜휠의 회전수는?

① 50rpm
② 150rpm
③ 180rpm
④ 280rpm

[풀이] $W_n = \dfrac{R \times n}{Z} = \dfrac{1500 \times 3}{30} = 150$

W_n : 웜휠의 회전수, R : 회전수,
n : 웜의 줄 수, Z : 웜의 잇수

95 그림과 같은 기어전동 장치에서 기어수가 $Z_1 = 30$, $Z_2 = 40$, $Z_3 = 20$, $Z_4 = 30$인 경우 Ⅰ축이 300rpm으로 우회전하면 Ⅲ축은 어느 방향으로 몇 회전하는가?(단, Z_2는 Ⅰ축의 기어와 맞물린 기어이고, Z_3는 Ⅲ축 기어와 맞물린 기어 잇수이다)

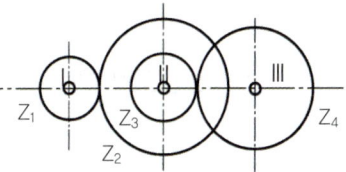

① 300 우회전
② 300 좌회전
③ 150 우회전
④ 150 좌회전

[풀이]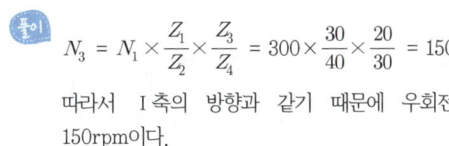

따라서 Ⅰ축의 방향과 같기 때문에 우회전 150rpm이다.

96 기어 Ⅰ이 500rpm으로 회전하고 있다. 기어 잇수 $Z_A = 60$, $Z_B = 90$, $Z_C = 30$, $Z_D = 50$일 때 기어 Ⅲ의 회전수는 몇 rpm인가?

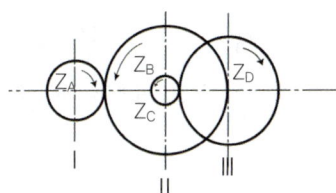

① 100
② 150
③ 200
④ 250

[풀이]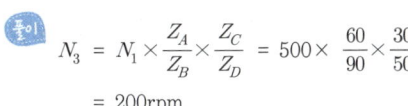
$= 200\text{rpm}$

ANSWER 92 ① 93 ④ 94 ② 95 ③ 96 ③

97 스퍼기어의 원동축 피니언이 3000rpm으로 잇수가 20개 일 때, 1000rpm으로 감속하려면 종동축 기어의 잇수는?

① 30개
② 60개
③ 90개
④ 120개

풀이 $Z_2 = \dfrac{R_2 \times Z_1}{R_1} = \dfrac{3000 \times 20}{1000} = 60$

98 그림과 같은 기어 열에서 각 기어의 잇수가 $Z_1 = 40$, $Z_2 = 20$, $Z_3 = 40$일 때 O_1기어를 시계방향으로 1회전시켰다면 O_3기어는 어느 방향으로 몇 회전하는가?

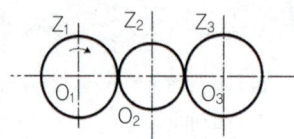

① 시계방향으로 1회전
② 시계방향으로 2회전
③ 시계 반대방향으로 1회전
④ 시계 반대방향으로 2회전

풀이 $O_3 = O_1 \times \dfrac{Z_1}{Z_3} = 1 \times \dfrac{40}{40} = 1$, O_1의 회전 방향과 같기 때문에 시계방향으로 1회전이다.

99 그림과 같이 4개의 기어로 1200rpm을 100rpm으로 감속하려 한다. 이 감속기의 잇수가 $Z_1 = 20$, $Z_2 = 80$, $Z_3 = 20$일 경우에 Z_4의 잇수는 몇 개인가?

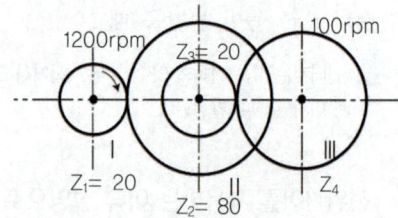

① 20개
② 40개
③ 60개
④ 80개

풀이 $N_1 \times \dfrac{Z_1}{Z_2} \times \dfrac{Z_3}{Z_4} = 1200 \times \dfrac{20}{80} \times \dfrac{20}{Z_4} = 100$,

∴ $Z_4 = \dfrac{6000}{100} = 60$

100 잇수가 40개, 모듈 4인 표준기어를 깎고자 할 때 기어 바깥지름은 몇 mm인가?

① 84
② 120
③ 160
④ 168

풀이 OD = $M(Z+2) = 4 \times (40+2) = 168$mm
OD : 기어 바깥지름, M : 기어의 모듈, Z : 기어의 잇수

101 잇수 $Z = 24$, 모듈 $M = 2$의 표준 평기어의 바깥지름은?

① 52
② 48
③ 42
④ 26

풀이 OD = $2 \times (24+2) = 52$

102. 모듈 6, 기어의 이가 22개, 97개인 한 쌍의 표준평기어가 외접하여 물려있을 때 중심거리는 얼마인가?
① 132mm ② 357mm
③ 450mm ④ 714mm

$C = \dfrac{M(Z_1 + Z_2)}{2} = \dfrac{6(22+97)}{2} = 357mm$
C : 중심거리, M : 모듈,
Z_1, Z_2 : 기어의 잇수

103. 외접한 한 쌍의 표준 평치차의 중심거리가 100mm이고, 한쪽 기어의 피치원 지름이 80mm일 때 상대기어의 피치원 지름은?
① 40mm ② 90mm
③ 120mm ④ 160mm

$D_2 = (2 \times C) - D_1 = (2 \times 100) - 80 = 120mm$
D_2 : 상대기어의 피치원 지름, C : 중심거리.
D_1 : 한쪽 기어의 피치원 지름

104. 모듈이 8인 외접한 한 쌍의 표준 스퍼기어의 잇수가 각각 21, 73일 때 중심거리는 몇 mm인가?
① 188 ② 376
③ 752 ④ 1504

$C = \dfrac{8 \times (21+73)}{2} = 376$

105. 표준 스퍼기어에서 모듈이 3, 잇수가 40개이고, 압력각이 14.5°일 때 기어의 피치원 지름은 몇 mm인가?
① 60 ② 120
③ 180 ④ 360

$D = \dfrac{ZM}{\cos\beta} = \dfrac{40 \times 3}{\cos 14.5°} = \dfrac{120}{0.968} = 123.9$
D : 피치원 지름, Z : 잇수, $\cos\beta$: 압력각도

106. 피치원 지름이 40mm, 잇수가 20인 표준 스퍼기어의 이 끝 높이는 약 몇 mm인가?
① 0.64 ② 2
③ 3.14 ④ 6.28

$H = \dfrac{D}{Z} = \dfrac{40}{20} = 2mm$
H : 이 끝 높이, D : 피치원 지름, Z : 잇수

107. 잇수 $Z = 24$, 모듈 $M = 2$의 표준기어가 있다. 피치원의 반지름 R은 얼마인가?
① 52 ② 12
③ 48 ④ 24

$R = \dfrac{MZ}{2} = \dfrac{2 \times 24}{2} = 24mm$

108. 중심거리가 900mm인 한 쌍의 표준 스퍼기어의 회전비가 1 : 3일 때 피니언의 피치원 지름은 몇 mm인가?
① 450 ② 750
③ 1050 ④ 1350

① $C = \dfrac{D_1 + D_2}{2}$, $i = \dfrac{D_1}{D_2} = \dfrac{N_2}{N_1} = \dfrac{1}{3}$
② $D_1 + D_2 = 2C = 2 \times 900 = 1800mm$
③ $\dfrac{1}{3}D_2 + D_2 = 1800 = \dfrac{1}{3}D_2 + \dfrac{3}{3}D_2$
$= \dfrac{4}{3}D_2 = 1800, \therefore D_2 = \dfrac{5400}{4} = 1350mm$
④ $D_1 = \dfrac{1}{3}D_2 = \dfrac{1}{3} \times 1350 = 450mm$

102 ② 103 ③ 104 ② 105 ② 106 ② 107 ④ 108 ①

109. 잇수가 60개와 23개인 헬리컬 기어의 치직각 모듈이 3, 압력 각 20°, 비틀림 각 30°일 때 중심거리(mm)는?

① 124.50 ② 143.76
③ 150.99 ④ 166.00

풀이
$$C = \frac{(Z_1 + Z_2)M}{2 \times \cos\beta} = \frac{(60+23) \times 3}{2 \times \cos 30°} = 143.76$$
C : 중심거리, Z_1, Z_2 : 잇수,
M : 치직각 모듈, $\cos\beta$: 비틀림 각

110. 평벨트 풀리를 벨트와의 접촉면 중앙을 약간 높게 하는 이유는?

① 강도를 크게 하기 위하여
② 외관 상 보기 좋게 하기 위하여
③ 축간 거리를 맞추기 위하여
④ 벨트의 벗겨짐을 방지하기 위하여

풀이 평벨트 풀리를 벨트와의 접촉면 중앙을 약간 높게 하는 이유는 벨트의 벗겨짐을 방지하기 위함이다.

111. 평벨트에서 십자걸기(엇걸기)를 할 때의 벨트의 길이 계산공식으로 가장 적합한 것은?(단, C는 벨트의 중심거리, D_1, D_2는 두 풀리의 지름)

① $L = 2C + \frac{\pi}{2}(D_2 + D_1) + \frac{(D_2 - D_1)^2}{4C}$

② $L = 2C + \frac{\pi}{2}(D_2 + D_1) + \frac{(D_2 + D_1)^2}{4C}$

③ $L = 2C + \frac{\pi}{2}(D_2 - D_1) + \frac{(D_2 + D_1)^2}{4C}$

④ $L = 2C + \frac{\pi}{2}(D_2 - D_1) + \frac{(D_2 - D_1)^2}{4C}$

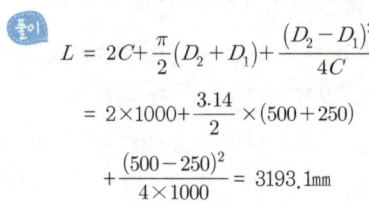

① 평행(바로)걸기의 벨트길이
$$L = 2C + \frac{\pi}{2}(D_2 + D_1) + \frac{(D_2 - D_1)^2}{4C}$$
② 십자걸기의 벨트길이
$$L = 2C + \frac{\pi}{2}(D_2 + D_1) + \frac{(D_2 + D_1)^2}{4C}$$

112. 평벨트 바로걸기의 경우 축의 중심거리가 1000mm, 원동차의 지름 D_1 = 250mm, 종동차의 지름 D_2 = 500mm일 때 평벨트의 길이는?

① 2193.7mm ② 2318.7mm
③ 3193.7mm ④ 3318.7mm

풀이
$$L = 2C + \frac{\pi}{2}(D_2 + D_1) + \frac{(D_2 - D_1)^2}{4C}$$
$$= 2 \times 1000 + \frac{3.14}{2} \times (500 + 250)$$
$$+ \frac{(500-250)^2}{4 \times 1000} = 3193.1\text{mm}$$

113. 벨트 풀리의 지름이 D_1 = 100mm, D_2 = 200mm이고, 축간거리가 400mm일 때 십자걸이의 벨트의 길이는 약 몇 mm인가?

① 877.5 ② 927.5
③ 1277.5 ④ 1327.2

풀이 십자걸이의 벨트길이
$$L = 2C + \frac{\pi}{2}(D_2 + D_1) + \frac{(D_2 + D_1)^2}{4C}$$
$$= 2 \times 400 + \frac{3.14}{2} \times (200 + 100) + \frac{(200+100)^2}{4 \times 400}$$
$$= 1327.25\text{mm}$$

109 ② 110 ④ 111 ② 112 ③ 113 ④

114 평벨트 전동장치에서 벨트의 원주 속도 V = 10m/sec, 긴장측의 장력이 T_1 = 150 kgf, 이완측의 장력은 T_2 = 30kgf일 때 유효장력은?

① 30kgf ② 120kgf
③ 150kgf ④ 180kgf

풀이) 유효장력 $T_e = T_1 - T_2$ = 150kgf−30kgf = 120kgf

115 평벨트 전동장치에서 긴장측의 장력이 T_1이 이완측의 장력 T_2의 2배인 경우, 긴장측의 장력을 150kgf이라 할 때 유효장력은 몇 kgf인가?

① 75 ② 80
③ 150 ④ 300

풀이) $T_e = \dfrac{(T_1 \times 2) - T_1}{2} = \dfrac{(150 \times 2) - 150}{2}$
= 75kgf

116 벨트 전동장치에서 유효장력을 P라 할 때 벨트에 작동하는 초기장력은 대략 P의 몇 배로 하면 되는가?(단, 장력비 $e^{\mu\theta}$ = 2 이고 초기장력은 긴장측 장력에 이완측 장력을 합산한 값의 반으로 한다)

① 1.25P ② 1.5P
③ 1.75P ④ 2P

풀이) 벨트 전동장치에서 유효장력을 P라 할 때 벨트에 작동하는 초기장력은 대략 P의 1.5배로 하면 된다.

117 4m/sec의 속도로 회전하는 평벨트의 긴장측의 장력을 114kgf, 이완측 장력을 45kgf이라 하면 전달동력은 약 몇 마력(PS)인가?

① 2.7 ② 3.7
③ 4.5 ④ 6.1

풀이) $H_{PS} = \dfrac{(T_1 - T_2) \times V}{75} = \dfrac{(114 - 45) \times 4}{75}$
= 3.7PS

H_{PS} : 마력(PS), T_1 : 긴장측 장력,
T_2 : 이완측 장력, V : 속도

118 4m/s의 속도로 전동하고 있는 벨트의 긴장측의 장력이 125N, 이완측의 장력이 50N이라고 하면 전동하고 있는 동력(kW)은?

① 0.3 ② 0.5
③ 300 ④ 500

풀이) $H_{kW} = \dfrac{(T_1 - T_2) \times V}{102} = \dfrac{(125 - 50) \times 4}{102 \times 10}$
= 0.29kW

119 직경 300mm의 V벨트 풀리가 300rpm으로 회전하고 있을 때 V벨트의 속도는 약 몇 m/s인가?

① 3.5 ② 4.7
③ 2.1 ④ 5.5

풀이) $V = \dfrac{\pi DN}{1000} = \dfrac{3.14 \times 300 \times 300}{1000 \times 60} = 4.7$m/s
V : V벨트의 속도(m/s), D : 풀리의 직경,
N : 풀리의 회전속도(rpm)]

ANSWER 114 ② 115 ① 116 ② 117 ② 118 ① 119 ②

120 감아 걸기 전동장치인 V벨트에 관한 내용으로 옳지 않은 것은?

① 형식은 M, A, B, C, D, E의 6가지가 있다.
② 크기는 단면의 크기와 전체 길이로 나타낸다.
③ 풀리의 호칭지름은 피치원 지름으로 나타낸다.
④ 길이는 단면의 바깥을 지나는 둘레의 호칭번호이다.

풀이 V벨트의 길이는 두께의 가운데 부분의 길이(유효둘레를 인치로 표시)로 나타내나 때로는 바깥둘레나 안 둘레의 길이로 나타내기도 한다.

121 벨트전동에서 평벨트 전동과 비교했을 때 V벨트 전동의 특징이 아닌 것은?

① 속도비를 크게 할 수 있다.
② 벨트가 끊어졌을 때 쉽게 접합할 수 있다.
③ 미끄럼이 적고 효율이 좋다.
④ 주행상태가 원활하고 정숙하다.

122 동일한 동력을 전달하는 평 벨트 전동과 비교한 V벨트 전동의 특징이 아닌 것은?

① 미끄럼이 적고 속도비가 크다.
② 벨트 이음부 없이 운전이 가능하여 정숙하다.
③ V홈이 있어 벨트가 벗겨질 염려가 없다.
④ 장력이 크므로 베어링에 걸리는 부하가 크다.

123 평벨트와 비교한 V벨트 전동의 특징에 대한 설명으로 틀린 것은?

① 미끄럼이 작다.
② 운전이 정숙하다.
③ 끊어지면 접합이 불가능하다.
④ 십자걸기로도 사용이 가능하다.

124 일반용 고무벨트의 종류가 A이고 호칭번호가 30인 V벨트가 있다. 여기에서 A와 30의 설명으로 옳은 것은?

① 단면이 A형이고, 유효둘레가 30인치이다.
② 단면이 A형이고, 유효둘레가 30mm이다.
③ 직경이 30cm이고, 재료가 A호이다.
④ 단면의 두께가 30mm이고, A는 제작번호이다.

풀이 V벨트의 크기는 단면의 중앙을 지나는 유효둘레를 호칭번호로 나타낸다. 따라서 A 30의 V벨트는 단면이 A형이고, 유효둘레가 30인치이다.

125 V벨트의 속도를 5m/s로 하여 20kW를 전달하려면 인장측의 장력은 몇 kgf인가?(단, 인장측의 장력은 이완측의 장력의 2배이다)

① 408   ② 816
③ 1124 ④ 1632

 ① 유효장력 $T_e = \dfrac{102 \times H_{kW}}{V} = \dfrac{102 \times 20}{5}$
$= 408 \text{kkgf}$

H_{kW} : 전달동력, V : V 벨트의 속도

② 인장측의 장력

$T_1 = T_e \times \dfrac{e^{\mu\theta}}{e^{\mu\theta} - 1}$

$= 408 \times \dfrac{2}{2-1} = 816 \text{kgf}$

120 ④   121 ②   122 ④   123 ④   124 ①   125 ②

126 구동축과 피동축 간의 거리가 멀 경우 동력을 전달하는 간접 전동장치인 것은?

① 원통 마찰차에 의한 전동
② 원추 마찰차에 의한 구동
③ 기어에 의한 전동
④ 체인에 의한 전동

127 V벨트 전동과 비교한 체인전동의 특성 설명으로 틀린 것은?

① V벨트 길이보다는 체인길이를 쉽게 조절할 수 있다.
② 미끄럼이 없어 속도비가 일정하다.
③ 고속회전에 적합하다.
④ 전동효율이 높다.

128 체인의 특성이 아닌 것은?

① 미끄럼을 일으키지 않고 정확한 속도비를 얻을 수 있다.
② 전동효율은 롤러 체인이 95%이상이다.
③ 2축이 평행하지 않아도 전동이 가능하다.
④ 유지 및 수리가 쉽다.

129 체인의 원동차 잇수(Z_1)가 20개, 회전수(N_1) 300rpm이고, 종동차 잇수(Z_2)가 30개일 때 종동차의 회전수(N_2)와 종동차의 속도(V_2)는 각각 얼마인가?(단, 종동차의 피치는 15mm이다)

① N_2= 200rpm, V_2= 1.5m/s
② N_2= 200rpm, V_2= 2.5m/s
③ N_2= 400rpm, V_2= 1.5m/s
④ N_2= 450rpm, V_2= 2.25m/s

 ① 종동차의 회전수(N_2)
$= \dfrac{Z_1 \times N_1}{Z_2} = \dfrac{20 \times 300}{30} = 200\text{rpm}$

② 종동차의 속도(V_2)
$= \dfrac{N_2 \times P \times Z_2}{60 \times 1000} = \dfrac{200 \times 15 \times 30}{60 \times 1000} = 1.5\text{m/s}$,
P : 종동차의 피치

130 체인의 평균속도가 3m/s, 전달동력이 6kW일 때 체인에 걸리는 하중은 몇 kgf인가?

① 18   ② 54
③ 108 ④ 204

$W = \dfrac{102 \times H_{kW}}{V} = \dfrac{102 \times 6}{3} = 204\text{kgf}$

W : 체인에 걸리는 하중,
H_{kW} : 전달동력,
V : 체인의 평균속도

ANSWER 126 ④ 127 ③ 128 ③ 129 ① 130 ④

131 3kW, 1800rpm인 전동기로 300rpm인 펌프를 회전시킬 경우 두 축간거리가 600mm인 V벨트 전동장치에서 원동풀리의 지름이 120mm일 때 펌프에 설치하는 종동풀리의 지름은?

① 360mm ② 480mm
③ 720mm ④ 900mm

[풀이] $D_2 = \dfrac{Mn \times D_1}{Pn} = \dfrac{1800 \times 120}{300} = 720\text{mm}$

D_2 : 종동풀리의 지름, Mn : 전동기의 회전속도,
D_1 : 원동풀리의 지름, Pn : 펌프의 회전속도

132 원통 마찰차 전동장치에서 원동차 지름이 180mm이고 속도비가 1/3일 때 두 축의 중심거리는?(단, 미끄럼이 없는 것으로 가정한다.)

① 120mm ② 100mm
③ 360mm ④ 420mm

[풀이] 원동차 지름이 180mm이고, 속도비가 1/3이므로 종동차 지름은 540mm이다.

$C = \dfrac{D_1 + D_2}{2} = \dfrac{180 + 540}{2} = 360\text{mm}$,

C : 중심거리, D_1, D_2 : 마찰차의 지름

133 원동차 지름이 200mm, 종동차 지름이 350mm인 원통 마찰차에서 원동차가 12분 동안 630회전을 할 때 종동차는 20분 동안 몇 회전을 하는가?

① 300 ② 400
③ 500 ④ 600

[풀이] ① $N_1 = \dfrac{630}{12} = 52.6\text{rpm}$

② $N_2 = N_1 \times \dfrac{D_1}{D_2} = 52.5 \times \dfrac{200}{350} = 30\text{rpm}$

③ 20분 동안에는 20분×30rpm = 600rpm

134 두 축간거리가 200mm, 속도비 3인 외접 원뿔 마찰차에서 지름이 작은 마찰차의 지름을 몇 mm로 하면 되겠는가?

① 100 ② 155
③ 200 ④ 300

[풀이] ① $\dfrac{N_B}{N_A} = \dfrac{D_A}{D_B} = 3$ ∴ $D_A = 3D_B$

② $2C = D_A + D_B = 3D_B + D_B = 4DB$
  $= 2 \times 200 = 400$

③ $D_B = \dfrac{400}{4} = 100$

135 축간거리가 600mm이고, 회전수가 N_1=200rpm, N_2=100rpm인 외접 원통 마찰차의 지름 D_1, D_2는 각각 몇 mm인가?

① $D_1 = 400\text{mm}, D_2 = 600\text{mm}$
② $D_1 = 400\text{mm}, D_2 = 800\text{mm}$
③ $D_1 = 600\text{mm}, D_2 = 600\text{mm}$
④ $D_1 = 600\text{mm}, D_2 = 400\text{mm}$

[풀이] $C = \dfrac{D_1 + D_2}{2}$ 와 $\dfrac{N_2}{N_1} = \dfrac{D_1}{D_2}$ 에서

① $\dfrac{D_1}{D_2} = \dfrac{100}{200} = \dfrac{1}{2} = 0.5$

② $D_1 = 0.5 D_2$

③ $C = \dfrac{0.5 D_2 + D_2}{2}$, $1.5 D_2 = 2C$,
  $1.5 D_2 = 2 \times 600$ ∴ $D_2 = \dfrac{2 \times 600}{1.5}$
  $= 800$

④ $D_1 = 0.5 D_2 = 0.5 \times 800 = 400$

131 ③ 132 ③ 133 ④ 134 ① 135 ②

136 원동차의 지름이 125mm이고, 종동차의 지름은 350mm인 원통 마찰 전동장치에서 접촉면의 마찰계수가 0.2일 때 200kgf의 힘으로 서로 밀어붙일 경우 최대 전달토크는 몇 kgf-mm인가?

① 3500 ② 7000
③ 14000 ④ 28000

 $T = \dfrac{\mu P D_2}{2} = \dfrac{0.2 \times 200 \times 350}{2}$
= 7000kgf-mm

T : 전달토크, μ : 마찰계수,
P : 미는 힘, D_2 : 종동차의 지름

137 원통마찰 전동장치에서 원동차의 지름이 125mm이고, 종동차의 지름은 350mm이고, 접촉면의 마찰계수가 0.2일 때, 200N의 힘으로 서로 밀어 붙일 경우 최대 전달토크는 몇 N·cm인가?

① 350 ② 700
③ 1400 ④ 2800

 $T = \dfrac{\mu P D_2}{2} = \dfrac{0.2 \times 200 \times 350}{2 \times 10} = 700$

T : 전달토크, μ : 마찰계수, P : 미는 힘,
D_2 : 종동차의 지름

138 원통 마찰차에서 원동차의 지름이 130mm이고, 종동차의 지름은 400mm이다. 이때 마찰차의 마찰계수가 0.2이고 서로밀어 붙이는 힘은 2kN일 때 최대 전달토크는 몇 N·m인가?

① 50 ② 60
③ 80 ④ 120

 $T = \dfrac{\mu P D_2}{2} = \dfrac{2 \times 2000N \times 0.04m}{2} = 80$

139 스프링 재료로서 갖추어야 할 가장 중요한 성질은?

① 소성 ② 탄성
③ 가단성 ④ 전성

풀이 스프링 재료로서 갖추어야 할 가장 중요한 성질은 탄성이다.

140 스프링의 평균지름(D)을 소선의 지름(d)으로 나눈 비는?

① 스프링 상수
② 스프링 지수
③ 스프링의 종횡비
④ 코일의 유효 감김수

풀이 스프링 지수란 스프링의 평균지름(D)을 소선의 지름(d)으로 나눈 비율을 말한다.

141 스프링에 작용하는 진동수가 스프링의 고유 진동수와 같거나 공진하는 현상을 무엇이라 하는가?

① 스프링의 완화현상
② 스프링의 지수현상
③ 스프링의 피로현상
④ 스프링의 서징현상

풀이 스프링에 작용하는 진동수가 스프링의 고유진동수와 같거나 공진하는 현상을 스프링의 서징현상이라 한다.

136 ②　137 ②　138 ③　139 ②　140 ②　141 ④

142 그림과 같은 스프링에 무게 W의 추를 달았더니 δ만큼 늘어났다. 이 계의 스프링상수 (k)는 얼마인가?(단, g는 중력가속도이다)

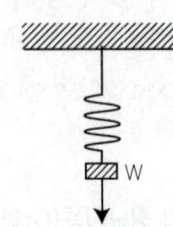

① $\dfrac{W}{g}$ ② $\dfrac{W}{\delta}$

③ $\dfrac{g}{W}$ ④ $\dfrac{\delta}{W}$

143 스프링 상수가 5N/cm인 코일스프링에 30N의 하중을 작용시키면 처짐은 몇 mm인가?

① 10 ② 30
③ 60 ④ 90

풀이) $\delta = \dfrac{W}{k} = \dfrac{30N}{5N/cm} = 6cm = 60mm$

δ : 스프링의 처짐량, W : 하중, k : 스프링상수

144 압축 코일스프링에서 유효 감김수 만을 2배로 하면 축하중에 대하여 처짐은 몇 배가 되는가?

① 2 ② 4
③ 8 ④ 16

145 아래와 같은 코일스프링 장치에서 W는 작용하는 하중이고, 스프링상수를 k_1, k_2라 할 경우 합성 스프링상수 k를 나타내는 식은?

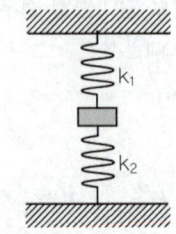

① $k = \dfrac{1}{k_1 + k_2}$ ② $k = k_1 + k_2$

③ $k = \dfrac{1}{\dfrac{1}{k_1} + \dfrac{1}{k_2}}$ ④ $k = \dfrac{k_1 + k_2}{k_1 \cdot k_2}$

풀이) ① 직렬연결의 합성 스프링 상수 $k = \dfrac{1}{k_1 + k_2}$

② 병렬연결의 합성 스프링 상수 : $k = k_1 + k_2$

146 그림에서 스프링상수가 k_1 = 0.4kgf/mm, k_2 = 0.2kgf/mm일 때 전체 스프링상수는 몇 kgf/mm인가?

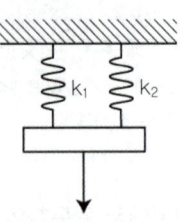

① 0.16 ② 0.4
③ 0.6 ④ 0.13

풀이) 병렬연결이므로 전체 스프링상수 $k = k_1 + k_2$
= 0.4kgf/mm + 0.2kgf/mm = 0.6kgf/mm이다.

147 그림과 같은 스프링장치에서 스프링 상수가 k_1=10N/cm, k_2=20N/cm일 때, 무게 W에 의하여 스프링이 길이가 위쪽 스프링은 2cm 늘어나고, 아래쪽의 스프링은 2cm 압축되었다면 추의 무게 W는 몇 N인가?

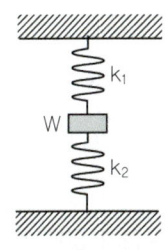

① 13.3 ② 33.3
③ 40 ④ 60

풀이 ① 병렬연결이므로 합성 스프링상수
$k = k_1 + k_2 = $ 10N/cm+20N/cm = 30N/cm
② 위쪽 스프링은 2cm늘어났으므로 추의 무게는
30N/cm×2cm = 60N

148 그림과 같은 스프링장치에 인장하중 P = 100kgf일 때 이 스프링장치의 하중방향의 처짐은 얼마인가?(단, 각 스프링의 스프링상수는 k_1 = 20kgf/cm이고, k_2 = 10kgf/cm이다)

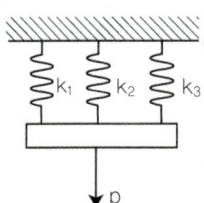

① 1.67cm ② 2cm
③ 2.5cm ④ 20cm

풀이 ① 병렬연결이므로 $k = k_1 + k_2 + k_1$ = 20kgf/cm +10kgf/cm+20kgf/cm = 50kgf/cm
② $\delta = \dfrac{W}{k} = \dfrac{100\text{kgf}}{50\text{kgf/cm}}$ = 2cm

149 그림과 같이 3개의 스프링을 조합하여 연결하였을 때 조합된 스프링상수는 몇 N/mm인가?(단, 스프링상수 k_1=20N/mm, k_2=30N/mm, k_3=40N/mm이다)

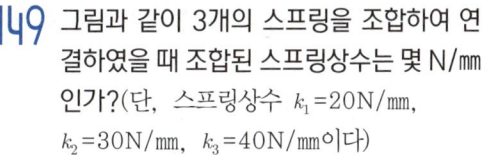

① 22.22 ② 44.44
③ 66.67 ④ 266.67

풀이 ① 병렬연결 합성 스프링상수
$k = k_1 + k_2 = $ 20N/mm+30N/mm = 50N/mm
② 직렬연결 합성 스프링상수
$k = \dfrac{1}{k_1 + k_2} = \dfrac{1}{50} + \dfrac{1}{40} = \dfrac{40}{2000} + \dfrac{50}{2000}$
$= \dfrac{90}{2000}$ ∴ $k = \dfrac{2000}{90}$ = 22.22

150 코일스프링에서 코일의 평균지름 D=50mm이고, 유효권수가 10, 소선지름이 d=6mm이면 축방향 하중 10N이 작용할 때 비틀림에 의한 전단응력은 약 몇 MPa인가?

① 1.5 ② 3.0
③ 5.9 ④ 58.9

풀이 $\tau b = \dfrac{8WD}{\pi d^3} = \dfrac{8 \times 10 \times 50}{3.14 \times 6^3}$ = 5.89MPa

τb : 비틀림 응력, W : 축방향 하중,
D : 코일의 평균지름, d : 소선지름

ANSWER 147 ④ 148 ② 149 ① 150 ③

151 마찰 면을 축 방향으로 눌러 제동하는 브레이크는?

① 밴드 브레이크(band brake)
② 원심 브레이크(centrifugal brake)
③ 원판 브레이크(disk brake)
④ 블록 브레이크(block brake)

152 그림과 같은 단식블록 브레이크에서 브레이크에 가해지는 힘 F를 나타내는 식으로 옳은 것은?(단, W는 브레이크 드럼과 브레이크 블록사이에 작용하는 힘, μ는 마찰계수, f는 마찰력이다)

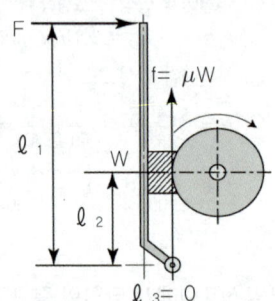

① $F = \dfrac{\mu W \ell_1}{\ell_1}$ ② $F = \dfrac{W \ell_1}{\ell_1}$
③ $F = \dfrac{W \ell_2}{\ell_1}$ ④ $F = \dfrac{\mu W \ell_1}{\ell_2}$

153 브레이크 드럼의 지름이 450mm, 브레이크 드럼에 작용하는 수직방향 힘이 250 N인 경우 드럼에 작용하는 토크는 몇 N·m인가?(단, 브레이크 블록과 드럼의 마찰계수 μ는 0.3이다)

① 8.43   ② 12.6
③ 16.8   ④ 17.5

풀이 $T = \mu \mathrm{Pr} = \dfrac{0.3 \times 250 \times 450}{2 \times 1000} = 16.8$

T : 드럼에 작용하는 토크, μ : 마찰계수,
P : 드럼에 작용하는 힘, r : 드럼의 반지름

154 드럼의 지름이 40mm인 브레이크 드럼에 브레이크 블록을 미는 힘 280N이 작용하고 있을 때 브레이크의 제동력은 얼마인가? (단, 마찰계수는 0.15이다)

① 42N   ② 60N
③ 8400N   ④ 16800N

풀이 $f = \mu W = 0.15 \times 280N = 42N$
f : 제동력, μ : 마찰계수,
W : 브레이크 블록을 미는 힘

155 브레이크 드럼에 5000N·cm의 토크가 작용하고 있는 축을 정지시키는데 필요한 최소 제동력은 몇 N인가?(단, 브레이크 드럼의 지름은 50cm이고, 마찰계수는 0.1이다)

① 10   ② 20
③ 100   ④ 200

풀이 $f = \dfrac{2T}{D} = \dfrac{2 \times 5000}{50} = 200N$
f : 제동력, T : 드럼에 작용하는 토크,
D : 드럼의 지름

156 베어링과 축, 피스톤과 실린더 등과 같이 서로 접촉하면서 운동하는 접촉면에 마찰을 적게 하기 위해 사용되는 것으로 가장 적합한 것은?

① 냉매   ② 절삭유
③ 윤활유 ④ 냉각수

157 윤활유의 사용 목적이 아닌 것은?

① 밀폐작용   ② 밀봉작용
③ 청정작용   ④ 보온작용

풀이 윤활유의 작용에는 마찰감소 및 마멸방지작용, 충격완화(응력방지)작용, 냉각작용, 부식방지작용, 청정(세척)작용 등이 있다.

151 ③ 152 ③ 153 ③ 154 ① 155 ④ 156 ③ 157 ④

158. 그림과 같은 브레이크 드럼에 25000N·mm의 토크가 우회전으로 작용할 때 브레이크 레버에 가해지는 힘은?
(단, c < 0, D = 700mm, a = 1700mm, b = 500mm, C = 80mm, μ = 0.2로 한다)

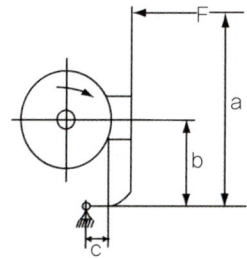

① 408.5N ② 308.4N
③ 208.6N ④ 101.7N

① $T = \dfrac{\mu WD}{2} = \dfrac{2 \times 25000}{0.2 \times 700} = 357N$

T : 브레이크 드럼에 작용하는 토크
μ : 마찰계수
W : 브레이크 드럼과 브레이크 블록사이에 작용하는 힘
D : 브레이크 드럼의 지름에서 $W = \dfrac{2T}{\mu D}$

② $F = \dfrac{W}{a}(b - \mu c) = \dfrac{357}{1700} \times (500 - 0.2 \times 80)$
$= 101.64N$

159. 기계의 작동유가 갖추어야 할 일반적인 특성이 아닌 것은?

① 윤활성 ② 유동성
③ 기화성 ④ 내산성

158 ④ 159 ③

03 기계공작법

제1절 주조

1_주조 가공

1. 목형 제작상 주의사항

1) 수축여유

용융된 금속이 냉각, 응고할 때 수축이 생기게 되므로 목형을 제작할 때 이 수축에 해당하는 수축 여유 값을 두어야 하는데 이 수축 여유는 주물 자에 나타내게 된다. 주물자는 금속의 수축을 고려하여 그 수축 량만큼 크게 만든 자를 말한다.

2) 목형 기울기(구배)

목형에는 수직한 면에 1/4~1° 정도의 기울기를 붙이는데 이것은 주형에서 목형을 뺄 때 주형을 파손을 방지하기 위함이다.

3) 라운딩(rounding)

라운딩이란 금속이 응고할 때 모서리가 있으면 주조 조직의 경계가 생겨서 약해지므로 이를 피하기 위하여 모서리에 살 붙임을 하여 둥글게 만드는 것이다.

4) 덧쇳물

덧쇠물(feeder)은 주형 내에서 쇳물이 응고될 때 수축으로 쇳물의 부족을 보급하며, 수축공이 없는 치밀한 주물을 만들기 위한 것으로 덧쇳물의 위치는 주물이 두꺼운 부분이나 응고가 늦은 부분 위에 설치한다.

5) 코어 받침대

코어 받침대는 코어의 자중, 쇳물의 압력이나 부력(浮力)으로 코어가 주형 내의 일정 위치 있기 곤란한 때, 코어의 양단을 주형 내에 고정시키기 위해 받침대를 붙이는데, 받침대는 쇳물에 녹아버리도록 주물과 같은 재질의 금속으로 만든다.

2. 목형의 종류

1) 현형

현형은 제작할 제품과 동일한 형상으로 다듬질 여유 및 수축 여유를 첨가한 목형이며, 단체 목형, 분할 목형, 부분 목형 등이 있다.

① **단체 목형** : 주물 모양이 간단할 때 1개로 제작한 목형이다.
② **분할 목형** : 목형에서 주형을 빼내기 쉽게 하기 위해 2개로 분할된 목형이다.
③ **부분 목형** : 기어와 같이 형상이 대칭으로 되어 있는 것은 일부분만 목형을 만들어 목형을 모래 위에 놓고 중심선을 축으로 차례로 돌려가면서 전체의 주형을 만든다.

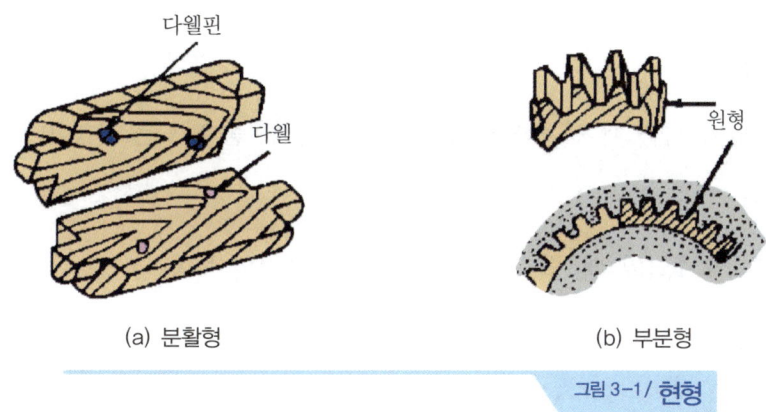

(a) 분활형　　　　　(b) 부분형

그림 3-1 / **현형**

2) 판형

주조 제품이 회전 단면을 지니거나 단면이 같을 경우에는 그 단면의 모양에 따라 필요한 윤곽을 지닌 판을 만들고 이것을 모래 위에서 돌리거나 움직여 주형을 만드는 것이다. 종류에는 회전 목형과 긁기형 모형이 있다.

① **회전목형** : 제품이 회전체로 되어 있을 때 판재로 주물 단면의 일부분을 만들어 목형 중심축에 대하여 회전시켜 주형을 만드는 목형이다.
② **긁기형 목형** : 단면이 고르고 긴 것에 적합하며, 안내판에 따라 긁기 판을 움직여 만드는 목형이다.

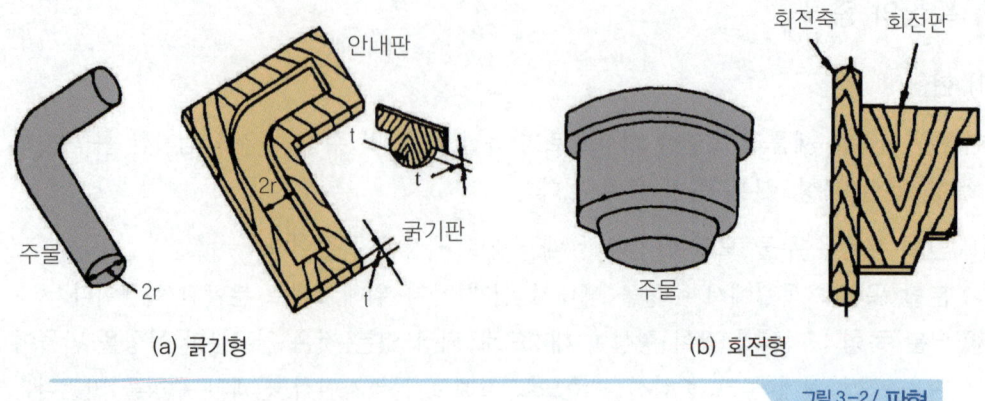

(a) 굵기형　　　　　　　　(b) 회전형

그림 3-2 / 판형

3) 골조 목형

대형이고 수량이 적을 때 사용하며, 중요 부분의 골격만을 만드는 목형이다.

4) 코어 목형

중공(속이 빈)의 주물일 때 중공 부분을 메우는 모래형의 목형이다.

3. 주물사

1) 주물사의 구비 조건

① 내화성이 크고, 화학적 변화가 없을 것
② 통기성이 좋을 것
③ 값이 싸고 구입이 쉬울 것
④ 적당한 강도를 지녀 쉽게 파손되지 않을 것
⑤ 주형 제작이 쉬울 것

2) 주물사의 시험

① **내열성시험** : 제게르 콘과 같이 삼각뿔로 만들어 고온에 두어 연화 굴곡 온도를 제게르 콘으로 측정한다.
② **성형성(강도와 경도)시험** : 압축시험으로 한다.
③ **통기도시험** : 주형 내에서 발생된 가스나 증기를 외부로 배출시키는 정도로서 일정 압력의 공기가 흐르는 속도로 나타낸다.

4. 특수 주조 방법

1) 원심 주조

원심 주조는 고속으로 회전하는 원통형의 주형 내부에 용융된 쇳물을 주입하면 원심력에 의해서 쇳물은 원통 내면에 균일하게 붙게 되며 이때 그대로 냉각시키면 중공의 주물이 되는 방법이다.

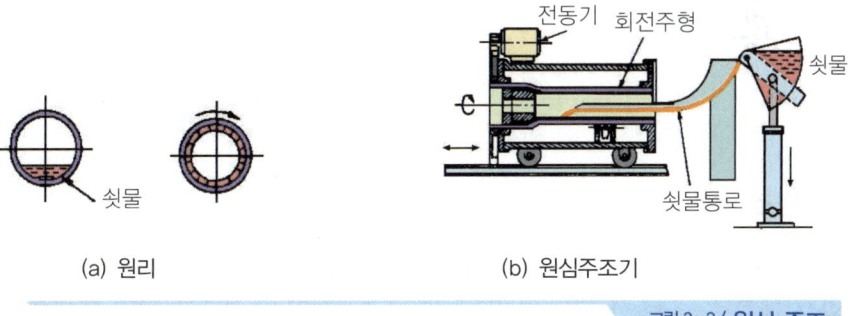

(a) 원리   (b) 원심주조기

그림 3-3 / 원심 주조

2) 칠드 주조

칠드 주조는 용융된 쇳물을 금형 속에 주입하면 금형에 접촉하는 부분은 급랭되어 표면은 경도가 높아지고, 내부는 서서히 냉각된 관계로 연한 주물이 되는 주물이다.

3) 셀 몰딩 법

셀 몰딩 법은 높은 정밀도로 제작한 금형을 200~300℃로 가열한 후 규사와 열 경화성 수지의 혼합물을 뿌려 덮으면 원형 둘레에 약 4㎜ 정도의 층이 생기며 밀착한다. 그 다음 300℃에서 3분 정도 가열하면 수지는 경화한다. 이 셀 틀을 맞추어 접착시켜 주형을 만들어 주조하는 방법이다.

4) 다이캐스팅 법

다이캐스팅 법은 용융 금속을 강철로 만든 금속 주형에 넣어 대기 압력 이상의 압력을 가하여 표면이 매끈하고 정밀한 주물을 주조할 수 있는 주조 방법이며, 치수 정밀도가 높고, 제품이 균일하게 되므로 다듬질이 전혀 필요 없고, 다량의 주조가 가능하며, 주조 속도가 빨라 대량생산에 적합하다.

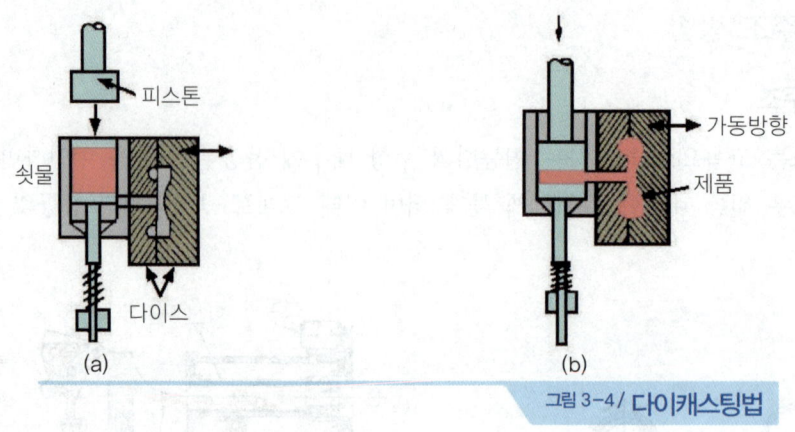

그림 3-4 / 다이캐스팅법

5) 인베스트먼트 법

인베스트먼트 법은 모형을 왁스(wax), 합성수지와 같은 용융점이 낮은 것으로 만들고 그 주위를 내화성 재료로 피복 한 후 모형을 용해 유출시켜서 주형으로 하고 주탕하여 주물을 만드는 주형방법을 말한다.

제2절 측정 및 손 다듬질

1_측정기 종류 및 측정법

1) 버니어캘리퍼스(vernier calipers)

버니어캘리퍼스는 내경, 외경, 길이, 깊이 등을 측정하는 기구로서 어미자의 한 눈금 미만의 작은 치수는 아들자를 이용하여 읽을 수 있는 측정기구이다.

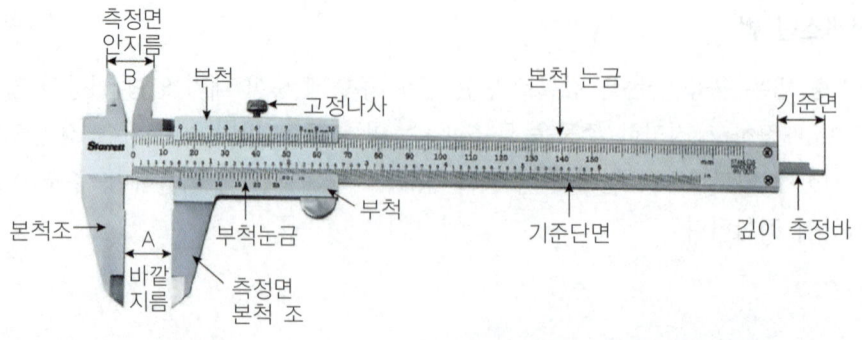

그림 3-5 / 버니어캘리퍼스의 구조

2) 마이크로미터(micrometer)

마이크로미터는 외경, 내경을 측정하는 기구로서 피치가 정확한 나사의 끼워 맞춤을 이용하여 치수를 측정하는 측정기구이다.

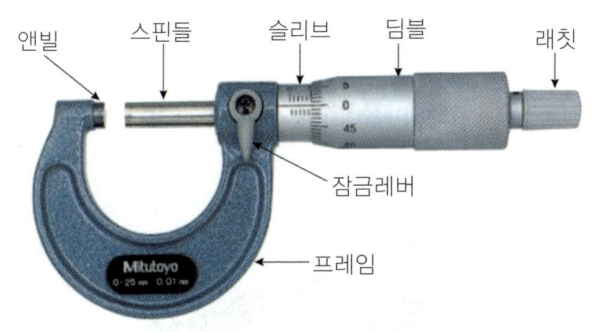

그림 3-6 / **외경마이크로미터의 구조**

3) 다이얼 게이지(dial gauge)

다이얼게이지는 비교측정기로서 회전축의 흔들림, 기어의 백래시, 축방향 흔들림, 평면도 검사 가공면(원통면, 평면)검사 등에 사용된다.

4) 블록게이지(block gauge)

블록게이지는 여러개의 블록을 1조로하며 비교측정기의 대표적인 게이지이다. 횡단면이 직사각형으로 각 면이 매우 정밀하게 다듬질되어 있으며, 비교측정의 표준이 된다.

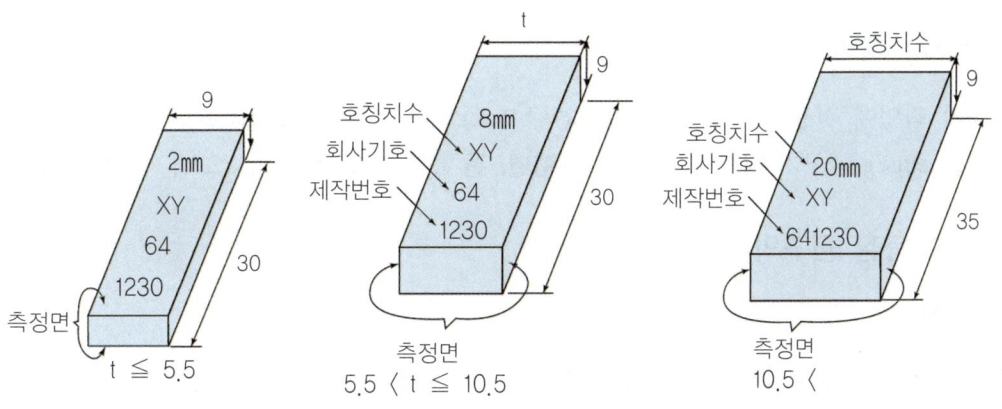

그림 3-7 / **블록 게이지**

5) 사인바(sine bar)

직각 삼각형 2변의 길이로 삼각함수에 의하여 각도를 구하는 게이지로서 롤러의 중심사이의 거리를 L, 블록게이지의 높이를 h, H라 하면 각도 θ는 다음 공식으로 구한다.

$$\sin\theta = \frac{H-h}{L}$$

사인 바로 각도를 측정할 때 45° 이상 되면 오차가 커지기 쉽다.

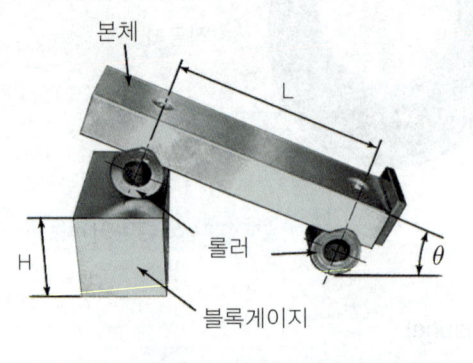

그림 3-8 / **사인 바의 구조와 원리**

2_손 다듬질 공구 및 특징

정, 줄, 스크레이퍼 등의 수공구를 이용하여 절삭작업을 행하는 것을 손 다듬질이라 하며, 손 다듬질에는 금긋기, 정, 줄, 스크레이퍼, 탭 작업 등이 있다.

1. 금긋기 작업

금긋기 작업에 사용되는 공구는 V블록(V-block), 금긋기용 바늘(scriber), 서피스 게이지(surface gauge), 금긋기 평형대, 컴퍼스, 트램멜, 펀치, 직각자, 각도기, 스크루 잭 등이 있다.

2. 손 다듬질 공구의 용도

1) 정 작업

정은 패널을 절단하거나 용접 패널을 떼어낼 때 사용하는 도구이며, 장방형(長方形)으로 한쪽에 날이 서 있어서 반대편을 두드려 사용하며 정의 종류에는 평정, 캡정, 홈정이 있다.

2) 스크레이퍼

스크레이퍼는 기계가공이나 줄 작업 후 더욱 정밀하게 다듬는 공구로서 평면 절삭에 사용하는 평면 스크레이퍼와 큰 절삭력으로 곡면을 절삭하는 곡면 스크레이퍼로 분류한다.

3) 탭 작업

탭은 암나사를 가공할 때 사용하는 공구이며, 다이스는 수나사를 가공할 때 사용하는 공구이다.

4) 리머

리머는 드릴로 뚫은 구멍을 다듬질하는 공구이다.

5) 줄

줄의 호칭은 자루를 제외한 길이로 나타낸다.

제3절 소성가공법

1_소성가공의 기초

소성을 가진 재료에 소성 변형을 주어 목적하는 제품을 만드는 것을 말하며 소성가공에 이용되는 성질은 가단성, 연성, 가소성, 전성 등이다.

2_재결정 온도

소성가공을 할 때 열간 가공과 냉간 가공을 구분하는 온도를 재결정 온도라 한다. 재결정 온도는 다음과 같다.

① 재결정이 시작되는 가장 낮은 온도를 말한다.
② 결정 입자가 파괴되어 점차로 미세한 결정 입자로 된다.
③ 상온 이하의 재결정 온도를 가지는 금속도 있다.
④ 일반적으로 금속 중에서 텅스텐의 재결정 온도가 가장 높다.

3_소성가공의 종류

1. 소성가공 방법

소성가공 방법에는 냉간 가공과 열간 가공으로 분류되며 재결정 온도 이하의 낮은 온도에서의 가공을 냉간 가공, 재결정 온도이상의 높은 온도에서의 가공을 열간 가공이라 한다.

1) 냉간가공의 특징

① 가공 면이 아름답고 정밀한 형상의 가공 면을 얻는다.
② 가공 경화로 한층 경도가 증가되며, 연신률이 감소한다.

2) 열간가공의 특징

① 재결정 온도 이상으로 가열하므로 가공이 쉽다.
② 거친 가공에 적합하다.
③ 표면이 가열되어 있기 때문에 산화로 인해 정밀한 가공은 어렵다.

2. 소성가공의 종류

1) 인발가공

인발가공은 다이 구멍에 재료를 통과시켜서 잡아당기면 단면적이 감소되어 다이 구멍의 형상과 같은 단면의 봉, 선, 파이프 등을 만드는 가공 방법이다.

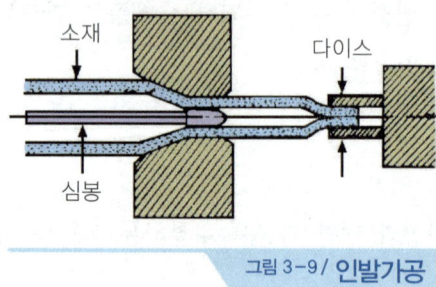

그림 3-9 / **인발가공**

$$\text{단면 감소율} = \frac{A - A_1}{A} \times 100$$

A : 인발 전의 단면적
A_1 : 인발 후의 단면적

2) 압출가공

컨테이너 속에 있는 재료를 램(ram)으로 눌러 빼내는 가공이며 봉, 선, 파이프 등을 만드는 가공 방법이다.

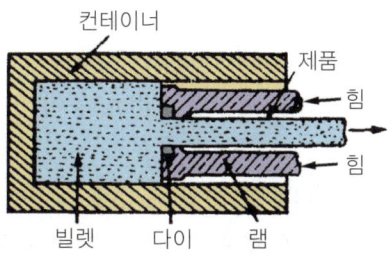

그림 3-10 / **압출가공**

3) 압연가공

압연가공은 회전하는 롤러 사이에 재료를 통과 시켜 판재, 형재 등을 성형하는 가공 방법이며, 롤러가 해머와 같이 연속적으로 타격을 가하는 것과 같다.

$$압하율\ k = \frac{H_0 - H_1}{H_0} \times 100$$

H_0 : 압연전의 두께
H_1 : 압연후의 두께

4) 전조가공

전조가공은 다이 또는 롤러를 사용하여 소재를 회전시켜서 부분적으로 압력을 가하여 변형시켜서 제품을 만드는 가공 방법이다.

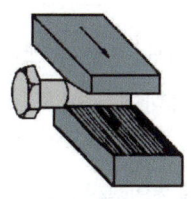  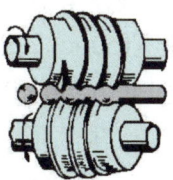

(a) 나사전조　　　　　(b) 전조 섬유조직　　　　　(c) 볼의 전조

그림 3-11 / **전조 가공**

5) 단조가공

단조가공은 소재를 적당한 온도로 가열하고 힘을 가해 소요의 형상으로 변형시키며, 조직이나 성질을 개선하기 위해 행하는 작업이다. 단조에는 열간 단조와 냉각 단조가 있다.

① 열간 단조의 종류

열간 단조에는 해머 단조(hammer forging), 프레스 단조(press forging), 업셋 단조(upset forging), 회전형 단조(Massec roll rolling)등이 있다.

② 냉간 단조의 종류

㉠ 헤딩(heading) : 볼트나 리벳의 머리 모양을 성형하는 가공방법이다.
㉡ 스웨이징(swaging) : 테이퍼의 제작 또는 파이프의 지름을 축소시키는 가공방법이다.
㉢ 코이닝(coining) : 동전이나 메달 등을 만드는 가공 방법이다.

6) 프레스가공

프레스가공은 회전에 의한 운동에너지를 여러 가지 기구를 거쳐 직선적인 운동 에너지로 변화시켜 펀치와 다이사이에서 압축 가공하는 기계이며, 기계(동력) 프레스에는 크랭크 프레스, 너클 조인트 프레스, 마찰 프레스, 유압 프레스 등이 있으며, 인력으로 조작하는 프레스에는 스크루 프레스, 엑센트릭 프레스, 아버 프레스 , 풋 프레스 등이 있다.

7) 전단가공

전단가공은 판재를 형틀에 의해서 목적하는 형상으로 변형 가공하는 것이다. 전단 작업의 종류는 다음과 같다.

① 블랭킹(blanking) : 판재를 펀치와 다이를 사용하여 필요한 형상으로 뽑아내고 남는 것이 제품이 된다.
② 펀칭(punching) : 자유 단조작업으로 구멍을 뚫는 작업으로 뽑아낸 부분이 제품이 된다.
③ 전단(shearing) : 판재를 공구와 펀치, 다이 또는 전단기를 사용하여 필요로 하는 형상으로 잘라 내거나 뚫어내거나 단을 붙이는 등의 작업이다.
④ 트리밍(triming) : 프레스 가공이나 주조 가공 등으로 생산된 제품의 불필요한 테두리나 핀 등을 잘라 내거나 따내어 제품을 깨끗이 정형하는 작업이다.
⑤ 세이빙(shaving) : 뽑기나 구멍 뚫기를 한 제품의 가장 자리에 붙어 있는 파단면 등이 편평하지 못하므로 제품의 끝을 약간 깎아 다듬질하는 작업이다.

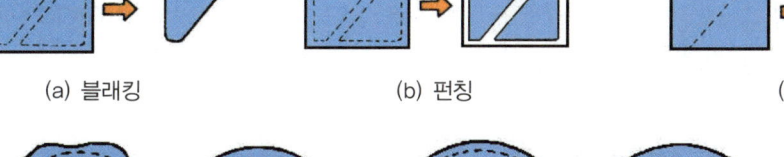

(a) 블래킹   (b) 펀칭   (c) 전단

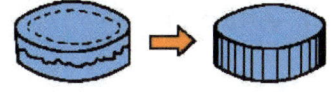

(d) 트리밍   (e) 세이빙

그림 3-12 / **전단작업**

제4절 공작기계의 종류 및 특성

1_빌드 업 에지(built up edge : 구성인선)

금속재료를 절삭할 때 칩과 공구 경사면이 고압, 큰 마찰저항 및 절삭 열에 의하여 칩의 일부가 가공 경화되어 절삭날 끝에 부착되어 절삭 날과 함께 절삭하므로 바이트의 경사면과 여유 면의 마모를 촉진시키고 가공을 거칠게 하는 현상이다. 빌드 업 에지가 발생하는 원인은 다음과 같다.

① 경사각이 적을 때
② 절삭속도가 30~50m/min 이하일 때
③ 절삭깊이가 깊을 때
④ 이송이 적을 때
⑤ 날 끝 경사각이 거칠 때
⑥ 절삭유가 부적당하거나 날 끝의 온도가 상승하여 융착 온도가 되었을 때

2_절삭 동력과 절삭 속도

1) 절삭 동력

$$Nc = \frac{PV}{75 \times 60}$$

Nc : 절삭 동력(ps)
P : 절삭 저항(kgf)
V : 절삭 속도(m/min)

2) 절삭속도

$$V = \frac{\pi DN}{1000} (m/min)$$

D : 공작물의 지름(mm)
N : 회전속도(rpm)

3_절삭유의 작용과 구비조건

1) 절삭유의 작용

① 냉각작용을 한다.
② 마찰 감소작용을 한다.
③ 칩 제거작용을 한다.
④ 방청작용을 한다.

2) 절삭유의 구비 조건

① 마찰계수가 적을 것
② 유막의 내압 면적이 클 것
③ 절삭유의 표면장력이 적을 것
④ 칩의 생성 부분까지 침투가 잘 될 것

4_선반(lathe)

선반은 공작물이 회전운동을 하고, 바이트에는 직선 이송을 주어 절삭가공을 하는 기계이며, 기어(gear)절삭은 하지 못한다. 선반에서 가공할 수 있는 작업은 외경 절삭, 끝면 절삭, 정면 절삭, 절단, 테이퍼 절삭, 곡면 절삭, 구멍 뚫기, 보링 작업, 너링 작업, 나사 절삭 등이 있다.

그림 3-13 / **선반의 구조**

1) 선반의 크기 표시

베드(bed)의 스윙과 양 센터 사이의 최대 거리로 표시하는 방법과 센터의 높이와 베드의 길이로 표시하는 방법이 있다.

2) 선반의 테이퍼 절삭방법

① 복식 공구대를 사용하는 방법
② 심압대를 편위 시키는 방법
③ 테이퍼 절삭장치를 사용하는 방법
④ 총형 바이트를 사용하는 방법

5_세이퍼, 플레이너, 슬로터

급속 귀환 운동을 하는 절삭 기계이며 세이퍼의 절삭 속도와 램의 왕복 회전수는 다음과 같이 계산한다.

$$N = \frac{1000aV}{\ell} \text{ 또는 } V = \frac{N\ell}{1000a}$$

N : 1분간 바이트의 왕복 횟수
a : 바이트의 1왕복 시간에 대한 절삭 행정시간의 비율
V : 절삭 속도(m/min)
ℓ : 행정

6_밀링머신

원판이나 원통의 둘레에 돌기가 많은 날을 가진 밀링 커터를 회전시켜 공작물을 이송시키면서 절삭하는 기계이다.

1) 상향 절삭의 특징

① 밀링 커터의 회전 방향과 공작물의 이송방향이 서로 반대인 때의 절삭이다.
② 칩은 커터에 의해 가공된 면에 떨어지므로 절삭을 방해하지 않는다.
③ 이송기구의 백래시가 자연히 제거된다.
④ 커터가 공작물을 들어올리는 것과 같은 작용을 하기 때문에 공작물의 설치를 확실히 하여야 한다.
⑤ 커터의 수명이 짧고 동력의 손실이 크다.

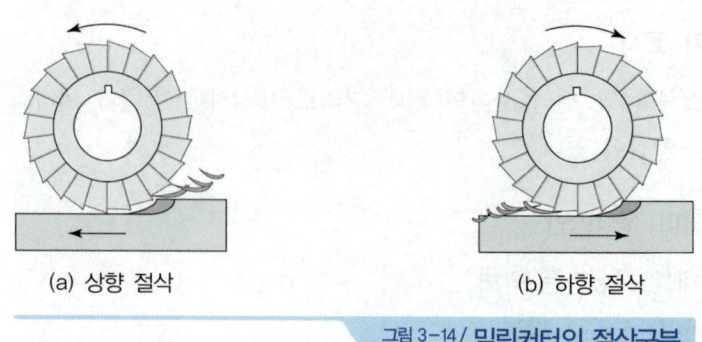

(a) 상향 절삭   (b) 하향 절삭

그림 3-14 / 밀링커터의 절삭구분

2) 하향 절삭의 특징

① 밀링 커터의 회전방향과 동일한 방향으로 이송을 주는 절삭이다.
② 칩이 커터와 공작물 사이에 끼여 절삭을 방해한다.
③ 백래시가 커지고 공작물이 날에 끌려오기 때문에 떨림이 나타나 공작물과 커터를 손상시킨다.
④ 커터가 공작물을 아래로 누르는 것과 같이 작용하기 때문에 공작물의 설치가 간단하다.
⑤ 커터의 마멸이 적다

밀링 커터의 분당 이송량

$$f = f_z \times z \times n, \quad V = \frac{\pi DN}{1000}$$

f : 분당 이송량(m/min)
f_z : 날 1개당 이송(mm)
z : 커터의 날 수
N : 회전수(rpm)
V : 절삭속도(m/min)
D : 지름(mm)

7_연삭숫돌

1. 연삭숫돌의 자생작용

연삭숫돌이 연삭 과정 중에 입자가 마멸 → 파쇄 → 탈락 → 생성의 과정을 반복하여 새로운 입자가 생성되어 커터와 바이트 같이 연삭하지 않아도 되는 현상을 말한다.

2. 연삭숫돌의 수정

1) 글레이징(glazing)

숫돌바퀴의 입자가 탈락하지 않고 마멸에 의해 납작하게 된 현상이며 원인과 결과는 다음과 같다.

① 연삭숫돌의 결합도가 높다.

② 연삭숫돌의 회전속도가 너무 빠르다.
③ 숫돌의 재료가 공작물의 재료에 부적합하다.
④ 연삭 성능이 불량하고 가공물이 발열한다.
⑤ 연삭 소실이 발생한다.

2) 로딩(loading)

연삭작업 중 숫돌 입자의 표면이나 기공에 칩이 차있는 상태이며 원인과 결과는 다음과 같다.

① 숫돌 입자가 너무 잘다.
② 조직이 너무 치밀하다.
③ 연삭 깊이가 깊다.
④ 숫돌차의 회전속도가 너무 느리다.
⑤ 연삭 성능이 불량하고 다듬면이 거칠다.
⑥ 다듬면에 상처가 발생한다.
⑦ 숫돌입자가 마멸되기 쉽다.

3) 드레싱(dressing)

숫돌 면의 표면층을 깎아 떨어뜨려서 절삭 성능이 나빠진 숫돌 면을 새롭고 날카로운 입자를 발생시켜 주는 수정방법이다.

4) 트루잉(truing)

숫돌의 연삭면을 숫돌과 축에 대하여 평행 또는 일정한 형태로 성형시키는 수정하는 방법이다.

3. 연삭숫돌의 요소

GC 36 K m V 로 표시 된 경우

GC : 숫돌 입자
36 : 입도
K : 결합도
m : 조직
V : 결합제

8_정밀입자 가공

1) 초음파 가공

초음파(16~25㎐ 주파수)를 이용하여 단단한 금속 또는 도자기 등을 가공하는 것으로 가공하고자 하는 형의 금속 공구를 만들어 이것을 가공물에 대고 공구에 10~30μ 정도의 상하

진폭을 주면 공작물 사이에 있는 연삭 입자가 공구의 진동으로 인해 충격적으로 가공물이 부딪쳐 정밀하게 다듬는 가공방법이다.

2) 호닝

고운 입자의 막대형 숫돌을 방사선상으로 배치한 혼(hone)을 회전시킴과 동시에 왕복 운동을 하면서 보링 머신의 바이트 자국을 없애는 작업이다. 즉, 보링, 리밍 및 연삭 가공을 끝낸 원통의 내면을 정밀하게 다듬질하는 것이다.

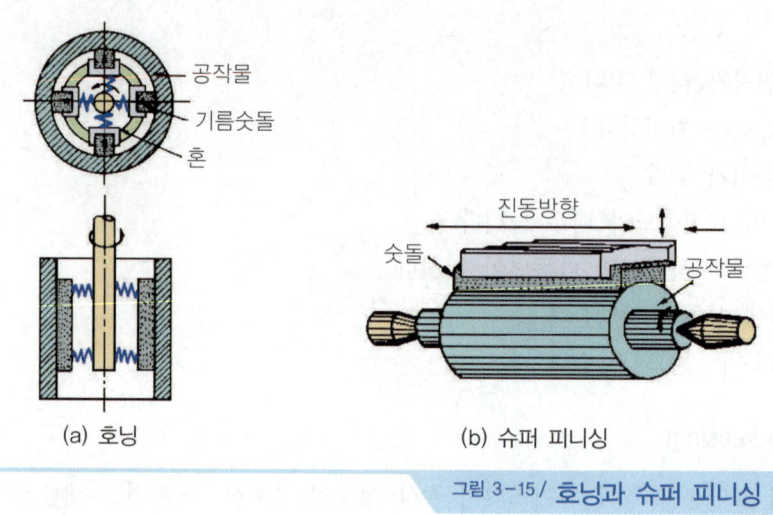

그림 3-15 / 호닝과 슈퍼 피니싱

3) 슈퍼 피니싱(super finishing)

입도가 작고 결합도가 작은 숫돌을 공작물에 가볍게 누르고 매분 500~2000회 정도의 진동수로 진동을 주면서 왕복운동을 시킴과 동시에 공작물에도 회전을 주어 가공 면을 단시간에 매우 편평한 면으로 초정밀 가공하는 것이다.

9_드릴링 머신의 기본 작업

① **드릴링** : 드릴링이란 드릴로 구멍을 뚫는 작업이다.
② **스폿 페이싱** : 스폿페이싱이란 너트가 닿는 부분을 절삭하여 자리를 만드는 작업이다.
③ **카운터 보링** : 카운터 보링이란 작은 나사, 둥근 머리 볼트의 머리를 공작물에 묻히게 하기 위해 턱 있는 구멍을 뚫는 가공이다.
④ **카운터 싱킹** : 카운터 싱킹이란 접시 머리 볼트의 머리 부분이 묻히도록 원뿔자리를 파는 작업이다.
⑤ **보링** : 보링이란 뚫린 구멍이나 주조한 구멍을 넓히는 작업이다.

⑥ 리밍 : 리밍이란 뚫린 구멍을 리머로 다듬는 작업이다.

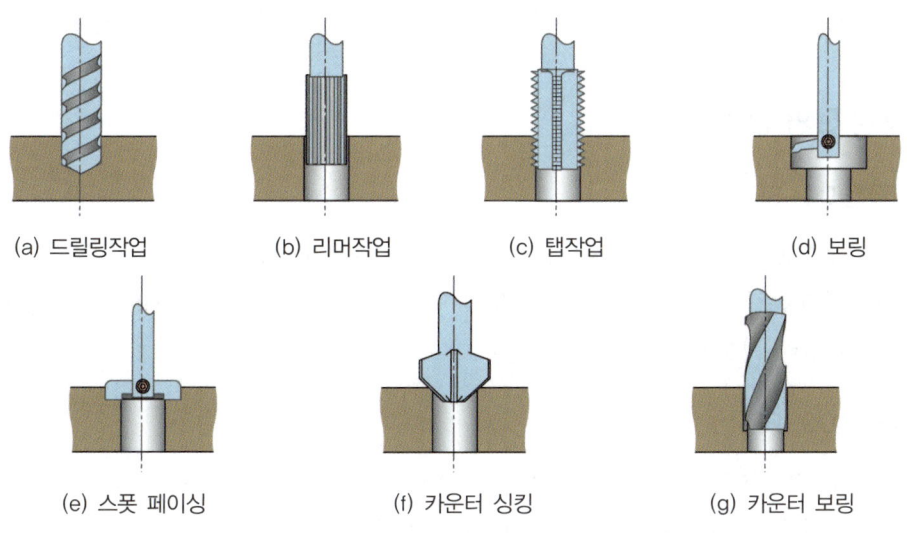

그림 3-16 / 드릴작업의 종류

제5절 / 용접(welding)

1_용접의 특징

① 기밀 유지성이 좋다.
② 재료와 경비를 절감시킬 수 있다.
③ 가공 모양을 자유롭게 할 수 있다.
④ 공정수가 감소된다.
⑤ 성능과 수명이 향상된다.
⑥ 열로 인한 잔류응력으로 균열이 발생하기 쉽다.
⑦ 열로 인해 재질이 변화할 염려가 있다.

2_용접의 종류

① **가스용접** : 산소-아세틸렌 용접, 공기-아세틸렌 용접, 산소-수소 용접 등이 있다.
② **아크용접** : 피복 아크용접, 불활성가스 아크용접, 이산화탄소 아크용접, 원자-수소 용접,

서브머지드 아크용접 등이 있다.

③ 전기저항 용접 : 점용접, 심 용접, 프로젝션 용접, 맞대기 용접 등이 있다.

3_아크용접의 극성

1) 정극성(DC, SP)

모재를 (+)극에, 용접봉을 (-)극에 연결하는 방식으로 (+)극에서 발생열이 많은 관계로 용접봉의 용융속도는 늦고 모재쪽의 용융속도가 빠르기 때문에 모재의 용입이 깊어 두꺼운 판재의 용접에 널리 사용된다.

2) 역극성(DC, RP)

모재에 (-)극을, 용접봉에 (+)을 연결하는 방식으로 용접봉의 용융속도가 빠르고 모재의 용입이 얕은 관계로 얇은 판, 비철금속, 주철 등의 용접에 사용된다.

3) 아크용접의 이상현상

① 오버랩(over lap) : 용융된 금속이 모재와 잘 융합되지 않고 표면에 덮여 있는 상태이며 용접 전류가 낮고, 용접속도가 늦을 때 발생한다.
② 스패터(spatter) : 용접 중에 비산되는 슬래그 및 금속입자가 모재에 부착된 것이며, 고전압, 용융속도가 빠를 때, 아크의 길이가 길 때 일어난다.
③ 용입 불량 : 모재의 용융속도가 용접봉의 용융속도보다 느릴 때 일어나며 저전압, 저속도 일 때 발생한다.
④ 언더 컷 : 용접 경계부분에서 생기는 홈이며, 용접 전류가 크고, 용접속도가 빠를 때 일어난다.

4_불활성가스 아크용접

① TIG 용접 : 불활성가스 분위기 속에서 전극으로 텅스텐 봉을 사용하는 용접이다.
② MIG 용접 : 불활성가스 분위기 속에서 전극으로 금속 비피복 봉을 사용하는 용접이다.

5_전기저항 용접

전기저항 용접을 압접이라 부르며, 줄의 법칙을 이용한다. 종류에는 점(spot)용접, 심(seam)용접, 맞대기 용접, 플래시 용접 등이 있다.

1) 점(스폿) 용접

2개의 모재를 겹쳐 전극사이에 끼워 놓고 전류를 공급하여 접촉면이 전기 저항에 의해 발열되어 용융될 때 압력을 가하여 접합하는 용접 방법이다. 점용접의 장점은 다음과 같다.

① 재료가 절약된다.
② 표면이 편평하고 외관이 아름답다.
③ 변형의 발생이 적다.
④ 구멍을 가공할 필요가 없다.

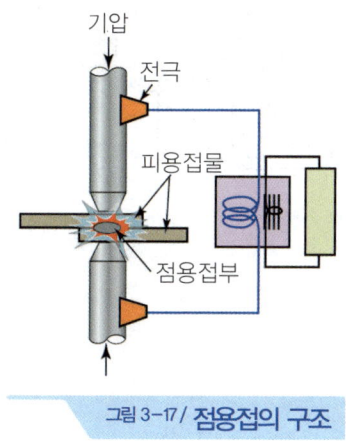

그림 3-17 / 점용접의 구조

2) 심(seam) 용접

원판상의 전극에 재료를 끼워 압력을 가하면서 전류를 통하게 하여 접합하는 용접 방법이다.

3) 프로젝션 용접

스폿용접을 변형시킨 것으로 용접부분에 돌기를 전류를 집중시켜 압력을 가하여 접합시키는 용접방법이다.

4) 맞대기 용접

2개의 모재를 용접기에 설치하여 맞대고 전류를 통해서 접촉부를 용융시켜 접합하는 용접 방법이다.

6_가스용접(gas welding)

가스용접은 가연성 가스와 산소를 혼합 연소시켜 고온의 불꽃을 용접부분에 대어 용접부분을 용융시켜 접합하는 방법이다.

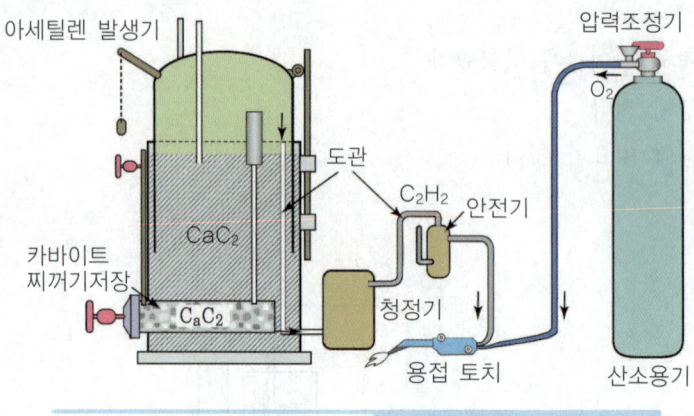

그림 3-18 / **가스용접 장치**

제3장 출제예상문제

01 주조형 목형(원형)을 실물치수보다 크게 만드는 이유로 다음 중 가장 중요한 것은?

① 수축여유와 가공여유를 고려하기 때문이다.
② 잔형을 덧붙임 하여야 하기 때문이다.
③ 코어를 넣어야 하기 때문이다.
④ 주형의 치수가 크기 때문이다.

[풀이] 주조형 목형(원형)을 실물치수보다 크게 만드는 이유는 용융된 금속이 응고할 때 수축이 발생하게 되므로 수축여유와 가공여유를 고려하기 때문이다.

02 속이 빈 모양의 목형을 주형 내부에서 지지할 수 있도록 목형에 덧붙여 만든 돌출부를 무엇이라고 하는가?

① 라운딩(rounding)
② 덧붙임(stop off)
③ 코어 프린트(core print)
④ 목형 기울기(draft taper)

[풀이] 코어 프린트는 속이 빈 모양의 목형을 주형 내부에서 지지할 수 있도록 목형에 덧붙여 만든 돌출부를 말한다.

03 주형에서 코어(core)받침대가 사용되는 주요 이유가 아닌 것은?

① 코어의 자중
② 주형의 자중
③ 쇳물의 부력
④ 쇳물의 압상력(押上力)

[풀이] 주형에서 코어(core)받침대를 사용하는 목적은 코어의 자중, 쇳물의 부력, 쇳물의 압상력 때문이다.

04 목형의 종류에서 현형에 속하는 것이 아닌 것은?

① 단체형(one piece pattern)
② 분할형(split pattern)
③ 조합형(built up pattern)
④ 회전형(sweeping pattern)

05 목형이 대단히 크고, 대칭 형상을 갖는 주조 부품의 목형으로 다음 중 가장 적합한 것은?

① 현형
② 부분목형
③ 골조목형
④ 코어목형

[풀이] 목형이 매우 크고, 대칭형상이며, 동일한 형상이 연속적으로 이루어질 때 부분목형이 적합하다.

ANSWER 01 ① 02 ③ 03 ② 04 ④ 05 ②

06 목형의 중량이 15kgf일 때 주물의 중량은 몇 kgf인가?(단, 주물의 비중은 7.2이고, 목형의 비중은 0.5이다)

① 7.5   ② 108
③ 180   ④ 216

풀이 $W_m = \dfrac{S_m}{S_p} W_p = \dfrac{7.2 \times 15}{0.5} = 216\,kgf$

W_m : 주물의 중량, S_m : 주물의 비중,
S_p : 목형의 비중, W_p : 목형의 중량

07 목형의 중량이 3.0kgf일 때 6·4 황동 주물의 중량은 몇 kgf인가?(단, 목형의 비중은 0.4, Cu의 비중은 8.9, Zn의 비중은 7.0이다)

① 54.13   ② 58.22
③ 61.05   ④ 67.05

풀이 $W_m = \dfrac{S_m}{S_p} W_p$

$= \dfrac{(8.9 \times 0.6) + (7.0 \times 0.4)}{0.4} \times 3.0$

$= 61.05\,kgf$

08 다음 중 주물사의 시험항목에 들지 않는 것은?

① 강도   ② 건조도
③ 경도   ④ 통기도

풀이 주물사의 시험 항목에는 강도, 경도, 통기도 등이 있다.

09 축열실과 반사로를 사용하여 장입물을 용해 정련하는 방법으로 우수한 강을 얻을 수 있고 다량생산에 적합한 용해로는?

① 도가니로   ② 전로
③ 평로   ④ 전기로

풀이 평로(open-hearth furnace)는 노에서 나오는 가스를 이용하여 공기를 가열하는 축열실(蓄熱室)을 노 밑에 갖추고 1,800℃의 고온을 얻어, 선철을 강으로 만들 수 있다.

10 용해온도가 낮은 동, 황동, 청동 등 비철금속을 용해시키는데 주로 사용하는 용해로는?

① 큐폴라(cupola)
② 전기로(electronic furnace)
③ 반사로(reservatory furnace)
④ 평로(open heat furnace)

풀이 반사로(reservatory furnace)는 많은 금속을 값싸게 용해할 수 있으며, 대형주물 및 고급 주물을 용해할 때나 특수배합의 주물을 사용할 때 이용된다. 구리, 청동, 황동 등 비철금속을 용해할 때 주로 사용한다.

11 도가니로의 규격은 어떻게 표시하는가?

① 시간당 용해 가능한 구리의 중량(kgf)
② 시간당 용해 가능한 구리의 부피(m^3)
③ 한 번에 용해 가능한 구리의 중량(kgf)
④ 한 번에 용해 가능한 구리의 부피(m^3)

풀이 도가니로의 규격은 한 번에 용해 가능한 구리의 중량(kgf)으로 표시한다.

06 ④ 07 ③ 08 ② 09 ③ 10 ③ 11 ③

12. 주물에서 기공(blow hole)의 유무를 검사하기 위한 비파괴시험 방법에 속하지 않는 것은?
   ① 자기 탐상법   ② 현미경 탐상법
   ③ 초음파 탐상법   ④ 방사선 탐상법

   풀이) 주물에 기공(blow hole)의 유무를 검사하는 방법에는 자기 탐상법, 방사선 탐상법, 초음파 탐상법 등이 있다.

13. 용융금속을 금속주형에 고속, 고압으로 주입하여 정밀도가 높은 알루미늄 합금 주물을 다량 생산하고자 할 때 가장 적합한 주조 방법은?
   ① 칠드주조   ② 원심주조법
   ③ 다이캐스팅   ④ 셀 주조

14. 정밀금속 주형에 Al합금, Cu합금, Zn합금, Mg합금 등의 용융금속을 고속, 고압으로 주입하여 주물을 얻는 방법의 주조법은?
   ① 원심주조법   ② 셀몰드법
   ③ 다이캐스팅   ④ 인베스트먼트법

15. 시험주조에 비교한 다이캐스팅의 장점 설명으로 틀린 것은?
   ① 주물의 형상이 정확하고 끝손질할 필요가 거의 없다.
   ② 아연, 알루미늄합금의 대량 생산용으로 사용한다.
   ③ 대형주물의 주조에 적합하다.
   ④ 단면이 얇은 주물의 주조가 가능하다.

   풀이) 다이캐스팅의 장점은 ①, ②, ④항이며, 대형주물의 주조에는 부적합하다.

16. 다음 측정기 중 아들자와 어미자로 되어 있지 않은 것은?
   ① 버니어캘리퍼스   ② 마이크로미터
   ③ 하이트 게이지   ④ 다이얼 게이지

17. 어미자 1눈금이 0.5mm일 때, 12mm를 25등분하여 아들자의 눈금으로 사용하는 버니어 캘리퍼스는 몇 mm까지 읽을 수 있는가?
   ① 12.5mm   ② 6mm
   ③ 0.2mm   ④ 0.02mm

   풀이) 버니어 캘리퍼스의 눈금은
   $0.5mm - \frac{12}{25} = 0.02mm$까지 읽을 수 있다.

18. 버니어캘리퍼스의 어미자에 새겨진 1mm의 19눈금(19mm)을 아들자에서 20등분할 때 어미자와 아들자의 1눈금 크기의 차이는?
   ① 1/50mm   ② 1/20mm
   ③ 1/24mm   ④ 1/25mm

   풀이) 어미자와 아들자의 1눈금 크기의 차이
   $= 1 - \frac{19}{20} = \frac{20}{20} - \frac{19}{20} = \frac{1}{20}$

19. 어미자의 최소눈금이 1mm이고, 어미자 49mm를 50등분한 아들자 버니어캘리퍼스의 최소 측정값은?
   ① 0.01mm   ② 0.02mm
   ③ 0.025mm   ④ 0.05mm

   풀이) 최소 측정값 : $1 - \frac{49}{50} = 0.02mm$

12 ②   13 ③   14 ③   15 ③   16 ④   17 ④   18 ②   19 ②

20 다음 그림과 같이 측정 된 버니어 캘리퍼스의 측정값은?(단, 아들자의 최소눈금은 1/50mm이다)

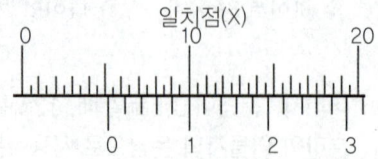

① 5.01mm ② 5.05mm
③ 5.10mm ④ 5.15mm

21 사용하는 측정기의 최소 측정단위가 1μm이면 몇 mm까지 측정이 가능한가?

① $\frac{1}{100}$ ② $\frac{1}{1000}$
③ $\frac{1}{10000}$ ④ $\frac{1}{100000}$

풀이 사용하는 측정기의 최소 측정단위가 1μm이면 $\frac{1}{1000}$ mm까지 측정이 가능하다.

22 마이크로미터 스핀들 나사의 피치가 0.5mm이고, 딤블의 원주눈금이 50등분되어 있으면 최소 측정값은 몇 mm인가?

① 0.01 ② 0.05
③ 0.001 ④ 0.005

풀이 마이크로미터에서 나사의 피치와 딤블의 눈금은 피치가 0.5mm 이고, 딤블은 50등분이 되어 있으면 $\frac{0.5\text{mm}}{50}$ = 0.01mm이다.

23 마이크로미터에서 스핀들 나사의 피치가 0.5mm이고, 딤블을 100등분하였다면 측정 가능한 정밀도는 몇 mm인가?

① 0.01mm ② 0.05mm
③ 0.001mm ④ 0.005mm

풀이 마이크로미터에서 나사의 피치와 딤블의 눈금은 피치가 0.5mm이고, 딤블은 100등분이 되어 있으면 $\frac{0.5\text{mm}}{100}$ = 0.005mm이다.

24 0.01mm를 측정할 수 있는 마이크로미터의 딤블을 2눈금 회전시켰을 때 스핀들의 움직인 양은 몇 mm인가?(단, 마이크로미터 딤블의 원주는 50등분 되어 있고, 피치는 0.5mm이다)

① 0.02 ② 0.025
③ 0.5 ④ 0.1

풀이 마이크로미터에서 나사의 피치와 딤블의 눈금은 피치가 0.5mm이고, 딤블은 50등분이 되어 있으면 $\frac{0.5\text{mm}}{50}$ = 0.01mm이며, 이때 딤블을 2회전시켰으므로 0.02mm이다.

25 외측 마이크로미터에서 측정력을 일정하게 하는 것은?

① 딤블 ② 앤빌
③ 래칫 스톱 ④ 클램프

20 ③ 21 ② 22 ① 23 ④ 24 ① 25 ③

26 나사 마이크로미터는 나사의 무엇을 측정하는가?
① 암나사의 안지름
② 수나사의 골지름
③ 수나사의 유효지름
④ 암나사의 골지름

풀이 나사 마이크로미터는 수나사의 유효지름을 측정한다.

27 나사에서 3침법의 측정이 가장 적합한 것은?
① 유효지름 ② 피치
③ 골지름 ④ 외경

풀이 나사의 유효지름은 3침법으로 측정하는 것이 가장 적합하다.

28 비교 측정의 표준이 되는 게이지는?
① 한계 게이지
② 마이크로미터
③ 블록 게이지
④ 센터 게이지

29 마이크로미터의 측정 면이나 블록 게이지의 측정 면과 같이 비교적 작고, 정밀도가 높은 측정물의 평면도검사에 사용하는 측정기로 다음 중 가장 적합한 것은?
① 윤곽 투영기(profile projector)
② 오토 콜리메이타(auto-collimator)
③ 컴비네이션 세트(combination set)
④ 옵티컬 플랫(optical flat)

풀이 옵티컬 플랫(optical flat)은 마이크로미터의 측정 면이나 블록 게이지의 측정 면과 같이 비교적 작고, 정밀가 높은 측정물의 평면도검사에 사용하는 측정기구이다.

30 회전축의 흔들림 검사에 가장 적합한 측정기는?
① 게이지 블록
② 버니어 캘리퍼스
③ 마이크로미터
④ 다이얼 게이지

31 다음 중 다이얼 게이지로 측정하는 것이 가장 적합한 것은?
① 캠축의 휨
② 피스톤의 외경
③ 나사의 피치
④ 피스톤과 실린더의 간극

32 L = 50mm의 사인바(sine bar)에 의하여 경사각 θ = 20°를 만드는 데 필요한 게이지 블록의 높이 차이(h)는 약 몇 mm로 조합하여야 하는가?

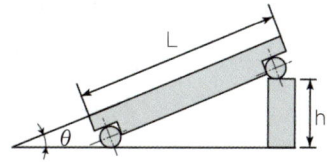

① 16.40 ② 17.10
③ 18.20 ④ 19.30

풀이 $H = L \times \sin\theta = 50\text{mm} \times \sin 20° = 17.10\text{mm}$
H : 게이지 블록의 높이차이,
L : 사인 바의 길이, $\sin\theta$: 경사각도

33 길이 측정기가 아닌 것은?
① 사인 바
② 마이크로미터
③ 하이트 게이지
④ 버니어 캘리퍼스

26 ③ 27 ① 28 ③ 29 ④ 30 ④ 31 ① 32 ② 33 ①

34 암나사를 수기가공으로 작업을 할 때 사용되는 공구는?

① 탭(tap)
② 리머(reamer)
③ 다이스(dies)
④ 스크레이퍼(scraper)

> 풀이: 탭(tap)은 암나사를 손으로 가공작업을 할 때 사용되는 공구이며, 다이스는 수나사 가공에 사용된다.

35 선삭가공이나 드릴로 뚫어진 구멍의 형상과 치수를 정밀하게 다듬질하는 작업을 하는 것은?

① 탭핑
② 다이스 작업
③ 리밍
④ 스크레이퍼작업

> 풀이: 리밍은 드릴이나 선반으로 뚫은 구멍을 정밀한 형상과 치수로 다듬질하는 공구이다.

36 기계의 분진이나 쇠 부스러기를 청소하기 위해서 사용하는 공구로 다음 중 가장 적당한 것은?

① 줄
② 스크레이퍼
③ 정
④ 브러시

37 다음 중 소성가공에 해당되지 않는 것은?

① 압연가공
② 단조가공
③ 주조가공
④ 인발가공

38 철, 구리, 황동 등의 금속 소성가공에서 냉간가공 중에 나타날 수 있는 현상은?

① 풀림
② 변태
③ 재결정
④ 가공경화

> 풀이: 가공경화란 금속의 소성가공에서 냉간가공 중에 나타날 수 있는 현상이며, 금속을 가공·변형시켜 금속의 경도를 증가시키는 방법으로 변형경화(變形硬化)라고도 한다.

39 소성가공 할 때 열간가공과 냉간가공을 구분하는 온도와 가장 관계가 있는 것은?

① 재결정온도
② 용융온도
③ 등소변태 온도
④ 임계온도

40 다음 중 재결정온도가 가장 낮은 금속은?

① Fe
② Ni
③ W
④ Al

> 풀이: 금속의 재결정온도
> Fe : 450℃, Ni : 600℃, W : 1200℃, Al : 150℃

41 냉간가공의 특징이 아닌 것은?

① 가공 면이 매끄럽고 곱다.
② 가공도가 크다.
③ 연신율이 작아진다.
④ 제품의 치수가 정확하다.

42 냉간가공에 대한 설명으로 틀린 것은?

① 가공 면이 깨끗하고 정확한 치수가공이 가능하다.
② 열간가공에 비해 짧은 시간 내에 강력한 가공이 가능하다.
③ 재료의 변형저항이 크므로 동력소모가 많다.
④ 재료내부에 응력이 잔류하게 되어 자연균열(season crack)이 발생할 수 있다.

34 ① 35 ③ 36 ④ 37 ③ 38 ④ 39 ① 40 ④ 41 ② 42 ②

43 소성가공법 중 냉간가공과 비교한 열간가공의 특징이 아닌 것은?

① 가공 면이 아름답고 정밀한 형상의 가공 면을 얻는다.
② 재결정온도 이상으로 가열하므로 가공이 쉽다.
③ 거친 가공에 적합하다.
④ 표면이 가열되어 있어 산화로 인해 정밀가공이 어렵다.

44 다음 중 상온(냉간)가공에 비교되는 고온(열간)가공에 관련된 설명으로 올바른 것은?

① 미세결정의 형성이 끝나는 재결정온도보다 다소 높은 온도에서 작업한다.
② 강에서는 임계범위보다 높은 온도에서 작업한다.
③ 가공경화를 일으켜 강도와 경도가 증가한다.
④ 강의 경우 보통 1040℃이며, 재결정 온도보다 낮아야 한다.

45 다음 중 소성가공에서 인발(drawing)을 바르게 설명한 것은?

① 회전하는 2~3개의 롤러 사이에 넣고 가공하는 방법
② 일정한 틈을 통과시켜 잡아당겨 늘리는 가공방법
③ 재료를 통속에 넣고 압축하며 뽑아내는 가공방법
④ 판재를 형틀에 의하여 변형시켜 가공하는 방법

[풀이] 인발(drawing)은 드로잉이라고도 하며 다이(die) 구멍에 재료를 통과시켜 잡아당기면 단면적이 감소되어 다이 구멍의 형상과 같은 단면의 봉(棒), 선(線), 파이프 등을 만드는 가공 방법이다. 인발의 가공도는 단면감소율로 나타낸다.

46 일명 드로잉이라고도 하며 소재를 테이퍼 다이스(taper dies)를 통과시켜 봉재, 선재, 관재를 가공하는 방법은?

① 단조   ② 압연
③ 인발   ④ 전단

47 인발에 영향을 미치는 조건과 거리가 먼 것은?

① 단면감소율   ② 다이(die)의 각도
③ 윤활방법   ④ 펀치의 각도

48 시험 전 시험편 지름이 Φ40이었고, 시험 후의 시험편 지름이 Φ30이었다. 이 경우의 단면수축률(%)은?

① 25.0   ② 43.75
③ 65.0   ④ 75.25

[풀이]
$$\Phi = \frac{A_0 - A_1}{A_0} \times 100$$
$$= \frac{(0.785 \times 4^2) - (0.785 \times 3^2)}{0.785 \times 4^2} \times 100$$
$$= 43.75\%$$

Φ : 단면수축률(%), A_0 : 시험 전 단면적(cm²),
A_1 : 시험 후 단면적(cm²)

49 압출가공에 대한 설명이다. 거리가 먼 것은?

① 속이 빈 용기를 만드는 데는 충격압출이 적합하다.
② 압출에 의한 표면결함은 소재온도가 가공속도를 늦춤으로써 방지할 수 있다.
③ 단면의 형태가 다양한 직선, 곡선 제품의 생산이 가능하다.
④ 납 파이프나 건전지 케이스를 생산하는 데 적합하다.

[풀이] 압출가공은 컨테이너 속에 있는 재료를 램으로 눌러 빼는 가공방법으로 봉, 선, 파이프 등의 제작에서 사용된다.

43 ① 44 ① 45 ② 46 ③ 47 ④ 48 ② 49 ③

50 2개의 회전하고 있는 롤러사이에 소재를 통과시켜 단면적을 감소시켜 길이를 늘이는 소성가공 방법은?

① 압출 ② 인발
③ 압연 ④ 단조

풀이 압연은 상온 또는 고온에서 회전하는 2개의 롤러 사이에 소재를 통과시켜 단면적을 감소시켜 길이를 늘이는 소성가공 방법이다.

51 다음 중 다이나 롤러를 사용하여 재료를 회전시키면서 압력을 가하여 제품을 만드는 가공방법으로 나사 등의 가공에 가장 적합한 가공방법은?

① 압연가공(rolling)
② 압출가공(extruding)
③ 프레스가공(press working)
④ 전조가공(form rolling)

풀이 전조가공(form rolling)은 다이나 롤러를 사용하여 소재를 회전시키면서 부분적으로 압력을 가하여 변형시켜 제품을 만든 가공 방법이다. 전조가공에서는 주로 나사, 기어, 볼 등을 만든다.

52 소성 가공법에서 판금가공의 종류가 아닌 것은?

① 굽힘 가공 ② 타출가공
③ 압출가공   ④ 전단가공

풀이 판금가공의 종류에는 블랭킹, 펀칭, 전단, 굽힘, 트리밍, 세이빙 등이 있다.

53 다음은 전단가공의 종류에 대한 설명이다. 틀린 것은?

① 블랭킹(blanking) : 펀치로 판재를 필요한 치수의 모양으로 따내는 작업
② 전단(shearing) : 판재를 필요한 길이의 치수로 절단하는 작업
③ 세이빙(shaving) : 드로잉을 한 제품의 귀 또는 단조부품의 거스러미를 제거하는 작업
④ 피어싱(piercing) : 필요한 치수 모양으로 구멍을 만드는 작업

풀이 세이빙(shaving)은 뽑기나 구멍 뚫기를 한 제품의 가장자리에 붙어 있는 파단면 등이 편평하지 못하므로 제품의 끝을 약간 깎아 다듬질하는 작업을 말한다.

54 프레스 가공을 분류할 때 전단가공의 종류에 속하지 않는 것은?

① 엠보싱(embossing)
② 블랭킹(blanking)
③ 트리밍(trimming)
④ 세이빙(shaving)

풀이 엠보싱은 압축가공에 속하며, 얇은 재료를 한 쌍의 펀치로 다이의 요철이 서로 반대가 될 수 있게 하여 성형하는 가공방법

50 ③ 51 ④ 52 ③ 53 ③ 54 ①

55 두께 2mm의 탄소 강판에 지름 20mm의 구멍을 펀칭할 때 펀칭력은 약 몇 kgf 이상이 필요한가?(단, 판의 전단응력은 30kgf/㎟이다)

① 1800　　② 3770
③ 5655　　④ 18850

풀이 $P = \pi dt\tau = 3.14 \times 20 \times 2 \times 30 = 3768kg$
P : 펀칭력, d : 구멍의 지름, t : 판의 두께, τ : 연강 판의 전단 파괴강도

56 액압 프레스의 용량을 Q, 단조물의 유효 단면적을 A, 단조시 프레스 효율을 σ_e라 할 때 재료의 변형저항 σ_e를 나타내는 식은?

① $\sigma_e = \dfrac{Q\eta}{A}$　　② $\sigma_e = \dfrac{A\eta}{Q}$
③ $\sigma_e = \dfrac{AQ}{\eta}$　　④ $\sigma_e = \dfrac{\eta}{AQ}$

57 유압프레스에서 용량이 5kN이고, 프레스 효율이 80%, 단조물의 유효단면적이 300㎟ 일 때, 단조재료의 변형저항은 약 몇 N/㎟인가?

① 10.3　　② 13.3
③ 15.3　　④ 16.7

풀이 $R = \dfrac{Q}{A} \times \eta = \dfrac{5 \times 1000N}{300mm^2} \times 0.8 = 13.3N/mm^2$
R : 변형저항, Q : 프레스 용량, A : 유효단면적, η : 프레스 효율

58 스프링 백 현상은 다음 어느 작업할 때 가장 많이 발생하는가?

① 용접　　② 프레스
③ 절삭　　④ 열처리

풀이 스프링 백(spring back)이란 소성재료를 굽힘 가공을 할 때 재료를 굽힌 후 힘을 제거하면 판재의 탄성으로 인하여 탄성변형 부분이 원래의 상태로 복귀하여 그 굽힘 각도나 굽힘 반지름이 열려 커지는 현상이며, 프레스 작업이나 판금가공에서 주로 발생한다.

59 동전제작 시 사용되는 방법으로 다이에 요철을 만들어 압축하는 가공은?

① 사이징(sizing)
② 압인가공(coining)
③ 컬링(curling)
④ 엠보싱(embossing)

풀이 압인가공(coining)은 소재 표면에 필요한 모양이나 무늬가 있는 형 공구(型工具)로 눌러서, 비교적 얕은 요철이 생기게 하는 것인데 동전이외에 메달·스푼·나이프·포크·장식품·금속부품 등의 가공에 이용된다.

60 연강 재료의 절삭가공 시 절삭저항이 가장 적고 절삭가공 면이 매끈한 칩의 형식은?

① 전단형　　② 유동형
③ 균열형　　④ 열단형

풀이 유동형 칩은 칩이 계속 길게 연결되어 흘러가듯 나오는 것으로, 절삭작용이 원활하고 다듬질 면이 양호할 때 발생한다. 즉 연성재료를 절삭가공 할 때 절삭저항이 가장 적고, 절삭가공 면이 매끈한 칩의 형식이다.

61 절삭가공에서 발생하는 칩의 일반적인 형태가 절삭력으로 가공된 면이 뜯어낸 것과 같은 형태의 표면이나 땅을 파는 것과 같이 불규칙한 면으로 가공되는 일명 열단형 칩 이라고도 하는 칩은?

① 유동형 칩　　② 경작형 칩
③ 전단형 칩　　④ 균열형 칩

55 ②　56 ①　57 ②　58 ②　59 ②　60 ②　61 ②

62 점성이 큰 가공물을 경사각이 적은 절삭공구로 가공할 때 칩이 경사면에 점착되어 원활하게 흘러나가지 못하고 절삭공구의 전진에 따라 압축되어 가공재료 일부에 터짐 현상이 발생하는 칩의 형태는?

① 유동형 칩   ② 경작형 칩
③ 전단형 칩   ④ 균열형 칩

63 선반작업에서 발생하는 구성인선(Built up edge)의 감소대책으로 옳은 것은?

① 절삭 깊이를 깊게 한다.
② 상면 경사각을 작게 한다.
③ 절삭속도를 고속으로 한다.
④ 마찰저항이 큰 공구를 사용한다.

64 공작기계로 공작물을 절삭할 때는 절삭저항이 발생하는데 절삭저항에 해당되지 않는 것은?

① 주분력
② 배분력
③ 횡분력(이송분력)
④ 치핑(chipping)

65 선반의 3분력의 크기가 순서대로 된 것은?

① 주분력 > 배분력 > 이송분력
② 주분력 > 이송분력 > 배분력
③ 배분력 > 주분력 > 이송분력
④ 배분력 > 이송분력 > 주분력

66 선반작업에서 공작물의 지름을 D(mm), 1분간의 회전수를 N(rpm)이라 할 때, 절삭속도 V는 몇 m/min 인가?

① $V = \pi DN$ ② $V = \dfrac{\pi DN}{1000}$
③ $V = \dfrac{\pi D}{1000N}$ ④ $V = \dfrac{\pi N}{1000D}$

풀이 절삭속도 $V = \dfrac{\pi DN}{1000}$

67 선반에서 지름 5cm인 연강의 둥근 막대를 절삭할 때 주축의 회전수가 120rpm이라고 하면 절삭속도는 몇 m/min인가?

① 9.4   ② 18.8
③ 19.6   ④ 37.6

풀이 $V = \dfrac{\pi DN}{100} = \dfrac{3.14 \times 5 \times 120}{100} = 18.84 \text{m/min}$

V : 절삭속도, D : 공작물의 지름,
N : 공작물의 회전속도

68 지름이 100mm인 탄소강재를 선반가공 할 때 1회 가공 소요시간은 약 몇 초인가?(단, 회전수는 400rpm이고, 이송은 0.3mm/rev이며, 탄소강재의 길이는 50mm이다)

① 20초   ② 25초
③ 30초   ④ 40초

풀이
① $V = \dfrac{\pi DN}{1000} = \dfrac{3.14 \times 100 \times 400}{1000}$
   $= 125.6 \text{m/min}$
② $t = \dfrac{\pi D \ell}{V \times f \times 1000} = \dfrac{3.14 \times 100 \times 50}{125.6 \times 0.3 \times 1000}$
   $= 0.417 \text{min} = 25 \text{sec}$

t : 절삭시간, D : 지름, ℓ : 탄소강재의 길이,
V : 절삭속도, f : 이송속도

62 ② 63 ③ 64 ④ 65 ① 66 ② 67 ② 68 ②

69 절삭공구 재료가 갖추어야 할 성질이 아닌 것은?

① 취성
② 강인성
③ 내마모성
④ 피삭재에 비하여 충분한 고온경도

> **풀이** 공구재료의 필요한 성질
> ① 강성과 인성이 커야 한다.
> ② 내마멸성이 커야 한다.
> ③ 피삭재에 비하여 충분한 고온경도가 있어야 한다.

70 절삭공구의 수명이 종료되어 공구를 다시 연삭하거나 새로운 절삭공구로 바꾸기 위한 공구수명 판정방법이 아닌 것은?

① 가공 면에 광택이 있는 색조나 반점이 생길 때
② 공구인선의 마모가 일정량에 도달하였을 때
③ 완성치수의 변화량이 일정량에 도달했을 때
④ 절삭저항의 이송분력과 배분력이 급격히 감소할 때

71 절삭공구 인선의 파손 중에서 공구 인선의 일부가 미세하게 탈락되는 현상을 무엇이라고 하는가?

① 크레이터 마모
② 플랭크 마모
③ 치핑
④ 구성인선

> **풀이** 치핑(chipping)
> 절삭공구 인선의 파손 중에서 공구 인선의 일부가 미세하게 탈락되는 현상, 즉 절삭 날의 강도가 절상저항에 견딜 수 없어 절삭 날 끝이 떨어지는 현상이며, 절삭속도가 낮을 때 일어나기 쉽다.

72 선반에서 일반적으로 할 수 있는 작업은?

① 나사 절삭
② 사각 추 가공
③ 기어 절삭
④ 묻힘 키 홈 가공

> **풀이** 선반에서 가공할 수 있는 작업은 바깥지름(외경) 절삭, 끝 면 절삭, 정면절삭, 절단, 테이퍼 절삭, 곡면절삭, 구멍 뚫기, 보링 작업, 너링 작업, 나사 절삭 등이 있다.

73 대형의 가공물이나 불규칙한 가공물을 편리하게 가공할 수 있는 가장 적당한 선반은?

① 공구선반(tool lathe)
② 탁상선반(bench lathe)
③ 보통선반(engine lathe)
④ 수직선반(vertical lathe)

> **풀이** 수직선반(vertical lathe)은 주축이 수직으로 되어 있으며, 대형의 가공물이나 불규칙한 가공물 가공에 사용된다. 공작물은 수평면에서 회전하는 테이블 위에 설치하고, 공구대는 크로스 레일(cross rail) 또는 칼럼을 이송 운동한다. 지름이 크고, 너비가 짧은 공작물을 가공하는데 적합하다. 보링가공이 가능하므로 수직 보링머신이라고도 한다.

74 선반의 베드를 가능한 한 짧게 하여 주로 공작물의 면(面) 절삭에 쓰이는 것으로 직경이 큰 공작물의 가공에 주로 쓰이는 것은?

① 수직선반
② 터릿선반
③ 정면선반
④ 모방선반

> **풀이** 정면선반(face lathe)은 선반의 베드를 가능한 한 짧게 하여 주로 공작물의 면(面) 절삭에 쓰이는 것으로 직경이 큰 공작물의 가공에 주로 쓰인다. 즉 바깥지름은 크고, 길이가 짧은 공작물의 정면을 깎는다. 면판이 크고, 공구대가 주축에 직각으로 광범위하게 이동하는 선반이다. 일반적으로 공구대가 2개이며, 리드 스크루가 없다.

69 ①   70 ④   71 ③   72 ①   73 ④   74 ③

75 보통선반을 구성하고 있는 주요 구성부분에 해당되지 않는 것은?
① 주축대 ② 테이블
③ 베드   ④ 심압대

76 다음 중 선반의 4대 주요 구성부분에 속하지 않는 것은?
① 심압대 ② 주축대
③ 바이트 ④ 왕복대

77 다음 공작기계 중 부속장치로 척, 센터, 돌림판, 돌리개, 심봉, 방진구 등이 있는 것은?
① 선반   ② 플레이너
③ 보링머신 ④ 밀링머신

풀이) 선반의 부속장치에는 척, 센터, 돌림판, 돌리개, 심봉, 방진구 등이 있다.

78 선반의 부속장치로 심압대에 꽂아서 사용하는 것으로 선단이 원뿔형이고, 대형 가공물에 사용되며, 자루부는 테이퍼 되어 있는 것은?
① 척(chuck)
② 센터(center)
③ 심봉(mandrel)
④ 돌림판(driving plate)

79 선반의 부속장치 중 구멍이 있는 공작물에서 그 구멍을 기준으로 하여 가공할 때 사용하는 부속품은?
① 돌리개(dog)
② 심봉(mandrel)
③ 방진구(work rest)
④ 면판(face plate)

80 지름 75mm의 앤드 밀 커터가 매분 60회전하며 절삭할 때 절삭속도는 약 몇 m/min 인가?
① 14   ② 20
③ 26   ④ 32

풀이) $V = \dfrac{\pi DN}{1000} = \dfrac{3.14 \times 75 \times 60}{1000} = 14.13mm$

V : 절삭속도, D : 공작물의 지름,
N : 공작물의 회전속도

81 정육면체의 외형 평면가공에 다음 중 가장 적합한 공작기계는?
① 선반   ② 드릴링머신
③ 밀링머신 ④ 보링머신

82 다음은 공작기계의 특성을 나열한 것이다. 이 중에서 잘못 설명한 것은?
① 공작물의 회전과 그 회전축을 포함하는 평면 내에서 공구의 선 운동에 의해서 공작물을 원하는 형태로 절삭하는 것을 선삭 가공이라 한다.
② 밀링머신은 회전하는 공작물에 절삭공구를 이송하여 원하는 형상으로 가공하는 공작기계이다.
③ 드릴작업은 일반적으로 드릴 주축을 회전시켜 작업하지만 정확을 요하는 깊은 구멍작업에는 가공물을 회전시킨다.
④ 연삭숫돌을 공구로 사용하고 가공물에 상대운동을 시켜 정밀하게 가공하는 작업을 연삭이라 한다.

풀이) 밀링 머신은 커터가 회전하고 공작물은 테이블에 고정되어 있다.

75 ② 76 ③ 77 ① 78 ② 79 ② 80 ① 81 ③ 82 ②

83 다음 공작기계 중 평면절삭을 하려고 할 때 가장 적합한 기계는?

① 보링 머신 ② 선반
③ 드릴링 머신 ④ 세이퍼

풀이) 세이퍼는 비교적 소형 공작물을 평면 절삭하는데 적합하며, 프레임, 램, 공구대, 테이블 구동 및 변속장치 등으로 되어 있다.

84 드릴가공에 대한 일반적인 설명 중 틀린 것은?

① 재료에 기공이 있으면 가공이 용이하다.
② 드릴의 날 끝 각은 공작물의 재질에 따라 다르다.
③ 겹쳐진 구멍을 뚫을 때는 먼저 뚫은 구멍에 같은 종류의 재료를 메우고 구멍을 뚫는다.
④ 탭이 파손될 경우에는 나사 뽑기 기구를 사용한다.

85 다음 중 드릴링 머신 작업의 종류에 속하지 않는 것은?

① 보링 ② 리밍
③ 카운터보링 ④ 브로우칭

86 가공방법 중에서 6각 구멍붙이 볼트의 머리를 표면에 보이지 않게 묻기 위한 가공법은?

① 카운터 보링 ② 보링
③ 카운터 싱킹 ④ 리밍

87 다음 중 일반적으로 황동에 구멍 뚫기 작업에 사용하는 드릴의 날끝 각으로 가장 알맞은 것은?

① 90~120° ② 118°
③ 100° ④ 60°

풀이) 황동에 구멍뚫기 작업에 사용하는 드릴의 날끝 각은 118°가 알맞다.

88 드릴자루가 테이퍼인 드릴의 끝 부분을 납작하게 한 부분으로 드릴이 미끄러져 헛돌지 않고, 테이퍼 부분이 상하지 않도록 하면서 회전력을 주는 부분의 명칭은?

① 탱(tang) ② 몸체(body)
③ 마진(margin) ④ 사심(dead center)

풀이) 드릴 자루가 테이퍼인 드릴의 끝 부분을 납작하게 한 부분으로 드릴이 미끄러져 헛돌지 않고, 테이퍼 부분이 상하지 않도록 하면서 회전력을 주는 부분을 탱(tang)라 한다.

89 드릴이 용이하게 재료를 파고 들어갈 수 있도록 드릴의 절삭 날에 주어진 각의 명칭은?

① 날 여유각 ② 보링 각
③ 평면가공 각 ④ 홈 절삭각

풀이) 드릴이 용이하게 재료를 파고 들어갈 수 있도록 드릴의 절삭날에 주어진 각을 날 여유각이라 한다.

90 한꺼번에 여러 개의 구멍을 뚫거나 공정수가 많은 구멍을 가공할 때 가장 적합한 드릴링 머신은?

① 탁상 드릴링 머신
② 레이디얼 드릴링 머신
③ 다축 드릴링 머신
④ 직립 드릴링 머신

풀이) 다축 드릴링 머신은 한꺼번에 여러 개의 구멍을 뚫거나 공정수가 많은 구멍을 가공할 때 가장 적합하다.

83 ④ 84 ① 85 ④ 86 ① 87 ② 88 ① 89 ① 90 ③

91 지름 20㎜의 드릴로 연강 판에 구멍을 뚫을 때, 회전수가 200rpm 이면 절삭속도는 약 몇 m/min 인가?

① 12.6　　② 15.5
③ 17.6　　④ 75.3

 $V = \dfrac{\pi DN}{1000} = \dfrac{3.14 \times 20 \times 200}{1000} = 12.6 \text{m/min}$

V : 절삭속도,　D : 공작물의 지름,
N : 공작물의 회전속도

92 고속도강으로 만든 지름 16㎜인 드릴로 연강재인 일감에 구멍을 뚫을 때, 드릴링 머신의 스핀들의 회전수(rpm)는?(단, 절삭속도는 20m/min로 한다.)

① 199　　② 398
③ 769　　④ 1250

 $N = \dfrac{1000V}{\pi D} = \dfrac{1000 \times 20}{3.14 \times 16} = 398 \text{rpm}$

93 연삭숫돌은 연삭이 계속 진행되면 자동적으로 입자가 탈락되면서 새로운 예리한 입자에 의해서 연삭이 진행하게 되는데 이 현상을 무엇이하 하는가?

① 자생작용　　② 트루잉
③ 글레이징　　④ 드레싱

자생작용이란 연삭숫돌이 자동적으로 닳아 떨어져 나가서 새로운 날을 형성하므로 커터와 바이트처럼 연삭하지 않아도 되는 현상이다. 즉 연삭과정에서 입자가 마멸 → 파쇄 → 탈락 → 생성을 반복하여 새로운 입자가 생성되는 현상이다.

94 연삭숫돌의 작업과 관련된 용어 설명 중 맞는 것은?

① glazing이란 숫돌차를 정형하는 작업이다.
② truing이란 숫돌입자의 자생작용이 잘 안되어 입자가 마모되는 현상이다.
③ loading이란 숫돌입자의 표면이나 기공에 칩이 끼어 연삭성이 나빠지는 현상이다.
④ dressing이란 연삭 휠에서 결합제가 숫돌입자를 지지하고 있는 힘이다.

① 트루잉(truing)이란 숫돌의 연삭 면을 숫돌과 축에 대하여 평행 또는 일정한 형태로 성형시키는 것이다.
② 드레싱(dressing)이란 연삭숫돌 표면에 무디어진 입자나 기공을 메우고 있는 칩을 제거하여 본래의 형태로 숫돌을 수정하는 방법이다.

95 연삭숫돌의 결함에서 숫돌 입자의 표면이나 기공에 칩(chip)이 끼어 연삭성이 나빠지는 현상은?

① 트루잉　　② 로딩
③ 글레이징　　④ 드레싱

96 연삭숫돌 표면에 무디어진 입자나 기공을 메우고 있는 칩을 제거하여 본래의 형태로 숫돌을 수정하는 방법은?

① 로딩(loading)
② 글레이징(glazing)
③ 웨이팅(weighting)
④ 드레싱(dressing)

91 ①　92 ②　93 ①　94 ③　95 ②　96 ④

97 원통의 내면을 보링, 리밍, 연삭 등의 가공을 한 후에 공구를 회전 및 직선왕복 운동시켜 진원도, 진직도, 표면 거칠기 등을 더욱 향상시키기 위한 가공방법은?

① 래핑 ② 초음파 가공
③ 숏피닝 ④ 호닝

풀이) 호닝은 원통의 내면을 보링, 리밍, 연삭 등의 가공을 한 후에 공구를 회전 및 직선왕복 운동시켜 진원도, 진직도, 표면 거칠기 등을 더욱 향상시키기 위한 가공방법이다.

98 절삭 및 비절삭 가공 중에서 절삭가공에 속하는 것은?

① 주조 ② 단조
③ 판금 ④ 호닝

99 매우 작은 입자의 숫돌표면에 극히 작은 압력으로 가압하면서 가공물의 표면을 따라 축방향으로 진동을 주면서 원통의 내면, 외면 및 평면을 가공하는 방법은?

① 래핑 ② 호닝
③ 브로칭 ④ 슈퍼피니싱

풀이) 슈퍼피니싱은 연삭숫돌에 비해 매우 입도가 작은 다듬질용 숫돌을 사용하여 행정에 진동을 주고 동시에 공작물에 회전운동을 준다. 숫돌은 가압장치에 의해 공작물에 밀착됨과 동시에 이동하면서 공작물의 표면에서 미세한 칩을 깎아내어 매끈한 면과 높은 치수정밀도를 얻는 다듬질 법이다.

100 슈퍼피니싱에 사용하는 숫돌입자의 재질은?

① Si ② MgO
③ NaCl ④ Al_2O_3

풀이) 슈퍼피니싱에 사용하는 숫돌입자의 재질은 Al_2O_3이다.

101 나사모양의 커터를 회전시키면서 각종기어를 절삭하는 기계는?

① 보링머신 ② 셰이퍼
③ 호닝 ④ 호빙머신

풀이) 호빙머신(hobbing machine)은 창성으로 평기어·헬리컬기어 및 웜기어 등의 기어를 절삭할 수 있는 가장 일반적인 기어 절삭용 공작기계이다.

102 창성법으로 기어의 이를 절삭하는 기어 절삭용 전용 공작기계는?

① 셰이퍼 ② 보링머신
③ 브로우치 ④ 호빙 머신

103 쇼트 피닝(shot peening)에 관한 설명으로 틀린 것은?

① 쇼트라는 작은 덩어리를 가공품에 분사한다.
② 피닝 효과는 열응력을 향상시킨다.
③ 자동차용 코일 또는 판스프링 가공에 쓰인다.
④ 두께가 큰 재료는 효과가 적고 균열의 원인이 될 수 있다.

풀이) 쇼트 피닝은 작은 볼(ball)의 쇼트를 40~50m/sec의 고속으로 공작물 표면에 분사하여 표면을 매끈하게 하는 동시에 0.2mm의 경화 층을 얻게 되며, 쇼트가 해머와 같은 작용을 하며, 피로강도나 기계적 성질을 향상시킨다.

104 가공제품을 숏 피닝(short peening)하는 가장 중요한 이유는?

① 취성을 높이기 위해
② 담금질 효과를 얻기 위해
③ 피로강도를 높이기 위해
④ 절삭성을 향상시키기 위해

97 ④ 98 ④ 99 ④ 100 ④ 101 ④ 102 ④ 103 ② 104 ③

105 아크용접에서 용접 입열이란 무엇을 말하는가?
① 용접봉에서 모재로 용융금속이 옮겨가는 상태
② 단위시간 당 소비되는 용접봉의 중량
③ 용접봉이 녹기 시작하는 온도
④ 용접부에 외부에서 주어지는 열량

풀이 용접 입열이란 용접부분에 외부에서 주어지는 열량을 말한다.

106 용접봉에서 피복제의 역할이 아닌 것은?
① 아크를 안정시킨다.
② 용착금속의 급냉을 방지한다.
③ 용착금속의 탈산·정련작용을 한다.
④ 용융점이 높은 무거운 슬래그를 만든다.

107 피복 금속아크 용접봉에서 피복제의 역할이 아닌 것은 어느 것인가?
① 용융금속의 용적을 미세화하여 용착효율을 높인다.
② 용착금속의 냉각속도를 빠르게 하고 탈산을 방지한다.
③ 산화, 질화 등의 해를 방지하여 용착금속을 보호한다.
④ 슬래그 제거를 쉽게 하고, 파형이 고운 비드를 만든다.

108 다음 전기 용접 봉의 피복제 중 내 균열성이 가장 좋은 것은?
① 철분산화철계 ② 저수소계
③ 일미나이트계 ④ 고산화티탄계

풀이 저수소계는 수소량이 적어 내균열성이 우수한 용접부분을 얻을 수 있다. 또, 강력한 탈산효과가 있어 기공발생도 적고 인성이 우수한 용접금속이 생성되므로, 피복아크용접봉 중에서는 가장 신뢰성이 우수한 용접부분이 얻어진다.

109 다음은 피복금속 아크 용접봉에 대한 설명이다. 설명 내용이 틀린 것은?
① 피복제가 연소한 후 생성된 물질이 용접부를 보호하는 방법에는 가스 발생식과 슬래그 생성식이 있다.
② 심선은 모재와 동일한 재질을 사용하고 불순물이 적어야 한다.
③ 피복제는 아크를 안정시키고 융착 금속을 공기로부터 보호하여 산화와 질화 현상을 억제한다.
④ 피복 배합제의 아크 안정제로는 탄산바륨($BaCO_3$), 셀룰로스가 사용된다.

풀이 피복금속 아크 용접봉에 대한 설명은 ①, ②, ③항 이외에 아크 안정제에는 산화티탄, 규산나트륨, 석회석, 규산칼륨 등이 사용된다.

110 용접봉은 사용 전 건조기에 넣어 건조시켜 사용해야 한다. 저수소계 용접봉의 적합한 건조온도는?
① 120~150℃ ② 200~230℃
③ 300~350℃ ④ 400~430℃

풀이 저수소계 용접봉의 건조온도는 300~350℃ 정도가 적당하다.

105 ④ 106 ④ 107 ② 108 ② 109 ④ 110 ③

111 두께가 같은 10mm인 강판의 겹치기이음의 전면 필렛용접에서 작용하중이 5000 N이면, 용접부의 허용응력이 6N/㎟일 때 용접부 유효길이는 약 몇 mm 이상이어야 하는가?

① 50 ② 59
③ 64 ④ 72

풀이 $\ell = \dfrac{0.707\,W}{t \times \sigma} = \dfrac{0.707 \times 5000}{10 \times 6} = 58.9\,mm$

ℓ : 용접부 유효길이, W : 작용하중,
t : 두께, σ : 용접부의 허용응력

112 아크용접에서 언더컷의 발생 원인으로 틀린 것은?

① 아크길이가 너무 길 때
② 부적당한 용접봉을 사용했을 때
③ 용접전류가 너무 낮을 때
④ 용접봉 선택이 불량했을 때

113 아크용접에서 언더컷(under cut)은 다음 어느 조건에서 가장 많이 나타나는가?

① 고 전압, 고 용접속도
② 전류부족, 저 용접속도
③ 고 용접속도, 전류과대
④ 저 용접속도, 전류과대

114 다음 용접부분의 검사 중 비파괴 검사법에 해당하는 것은?

① 인장시험   ② 피로시험
③ 화학분석   ④ 침투검사

풀이 용접부분의 비파괴 검사방법에는 침투검사, 외관 검사, 내압 검사, 자기검사, X선 검사, 초음파 탐상법 등이 있으며, 파괴검사에는 금속 조직검사, 분석검사 등이 있다.

115 용접부의 결함이 생기는 그 원인을 설명한 것으로 틀린 것은?

① 기공 : 용접봉에 습기가 있다.
② 언더 컷 : 운봉속도가 불량하다.
③ 오버랩 : 전류가 과대했다.
④ 슬래그 섞임 : 슬래그 유동성이 좋았다.

116 화염온도가 가장 높고 발열량에 비하여 가격도 저렴하여 가스용접에 많이 사용하는 가스는?

① 수소   ② 프로판
③ 일산화탄소 ④ 아세틸렌

117 가스용접에서 용제(Flux)를 사용하지 않아도 되는 것은?

① 주철   ② 연강
③ 반경강 ④ 구리합금

풀이 연강은 가스용접을 할 때 용제(Flux)를 사용하지 않아도 된다.

118 다음 중에서 가스절단이 가장 쉬운 금속은?

① 구리   ② 알루미늄
③ 주철   ④ 연강

풀이 가스절단이 되는 정도
① 절단이 잘되는 금속 : 연강, 순철, 주강
② 절단이 조금 어려운 금속 : 경강, 합금강, 고속도강
③ 절단이 어느 정도 곤란한 금속 : 주철
④ 절단이 되지 않는 금속 : 구리, 황동, 청동, 알루미늄, 납, 주석, 아연, 스테인리스강

ANSWER 111 ② 112 ③ 113 ③ 114 ④ 115 ③ 116 ④ 117 ② 118 ④

119. 일명 가스 따내기라고 하며 가공물의 일부를 용융시켜 불어내어 홈을 만드는 가공방법은?

① 수중 절단법
② 가스 가우징
③ 분말혼합 절단법
④ 아크 절단법

풀이) 가스 가우징(가스 따내기)은 가스 불꽃과 산소분출로 하는 홈파기 가공이다.

120. 잠호 용접이라고도 하며 전자동 용접으로 용접부에 용제를 쌓아두고 그 속에 전극 와이어를 넣어 모재와의 사이에 아크를 발생시켜 용제와 모재를 용융시켜 용접하는 방식의 용접은?

① 불활성가스 아크용접
② 탄산가스 아크용접
③ 서브머지드 아크용접
④ 일렉트로 슬래그 용접

풀이) 서브머지드 아크용접(submerged arc welding)은 이음의 표면에 쌓아올린 미세한 입상의 용제 속에 비피복 전극와이어를 넣고, 모재와의 사이에서 발생하는 아크열로 용접하는 방법을 말한다.

121. 서브머지드 아크용접의 특징 설명으로 틀린 것은?

① 용접 홈의 가공 정밀도가 좋아야 한다.
② 일정 조건하에서 용접이 시공되므로 강도가 크고 신뢰도가 높다.
③ 열에너지의 손실이 적고 용접속도가 수동용접과 비교하여 10배정도 이상이다.
④ 비드가 불규칙할 경우와 하양용접 이외의 경우에도 매우 적합한 자동용접이다.

122. 알루미늄 분말, 산화철 분말과 점화제의 혼합반응으로 열을 발생시켜 용접하는 방법은?

① 테르밋 용접
② 일렉트로 슬랙 용접
③ 피복 아크용접
④ 불활성가스 아크용접

풀이) 테르밋 반응이란 산화금속과 알루미늄 사이의 탈산반응의 총칭이며, 이들의 반응은 다 같이 강렬한 발열반응이며 용융상태의 환원금속이 얻어져 슬래그로서 산화알루미늄을 만든다.

123. 전기 저항용접의 종류가 아닌 것은?

① 점(spot)용접
② 심(seam)용접
③ 프로젝션(projection)용접
④ 플라즈마(plasma)용접

풀이) 전기 저항용접의 종류에는 점용접, 심용접, 프로젝션(projection) 용접, 맞대기 용접 등이 있다.

124. 다음 중 용접의 종류 중 압접(Pressure welding)에 해당하는 것은?

① 미그용접 ② 스폿용접
③ 레이저용접 ④ 원자수소용접

125. 자동차 제작시 자동화가 용이해서 자동차 차체 용접에 가장 많이 사용되는 용접은?

① 산소용접 ② 아크용접
③ 레이저 용접 ④ 스폿 용접

119 ② 120 ③ 121 ④ 122 ① 123 ④ 124 ② 125 ④

126. 자동차 산업 등에 널리 이용되고 있는 점용접(Spot welding)의 특징이 아닌 것은?
① 표면이 평평하고 외관이 아름답다.
② 재료가 절약된다.
③ 구멍을 가공할 필요가 없다.
④ 변형발생이 크다.

풀이 점용접의 특징
① 표면이 평평하고 외관이 아름답다.
② 재료가 절약된다.
③ 변형발생이 작다.
④ 구멍을 가공할 필요가 없다.
⑤ 로봇을 이용한 자동화가 용이하다.

127. 다음 중 스폿(spot)용접에 관한 설명으로 맞는 것은?
① 알루미늄 용접이 불가능하다.
② 가스용접의 일종이다.
③ 가압력이 필요 없다.
④ 로봇을 이용한 자동화가 용이하다.

128. 점용접(spot welding)의 3대 요소가 아닌 것은?
① 가압력   ② 통전시간
③ 전도율   ④ 용접전류

풀이 점용접의 3대 요소는 용접전류, 통전시간, 가압력이다.

129. 전기저항 용접으로 원판상의 전극에 재료를 끼워 가압하면서 전류를 통하게 하여 접합하는 용접방법은?
① 프로젝션 용접   ② 심 용접
③ 맞대기 용접   ④ 테르밋 용접

풀이 심(seam)용접은 전기저항 용접의 한가지이며, 원판상의 전극에 재료를 끼워 가압하면서 전류를 통하게 하여 접합하는 용접방법이다. 이 용접방법은 수밀(水密)이나 기밀(氣密)을 필요로 하는 용기의 이음에서 많이 사용되며, 점용접의 연속이라 할 수 있어 용접조건도 점용접과 같다.

130. 두 재료를 천천히 가까이 접촉시키면 접촉점에 단락 대전류가 흘러 접촉저항과 대전류 밀도에 의하여 국부적으로 발열하여 잠시 과열 용융되어 불꽃이 비산하면서 용접되는 방법은?
① 플래시 용접   ② 아크용접
③ 프로젝션 용접 ④ 시임 용접

풀이 플래시 용접(flash welding)은 맞대기 저항용접의 일종으로 전류를 처음 통할 때에는 큰 압력을 가하지 않고 접촉부분을 불꽃으로 용융 비산시키도록 하여 그동안 접합부분 전체를 충분히 가열한 후에 큰 압력을 가하여 맞댄 면을 접합시키는 용접방법이다.

126 ④ 127 ④ 128 ③ 129 ② 130 ①

131 심 용접법에서 모재를 맞대어 놓고 이음부에 동일재질의 얇은 박판을 대고 가압하는 용접은 무엇인가?

① 맞대기 심 용접 ② 매시 심 용접
③ 포일 심 용접 ④ 인터랙 심 용접

풀이 포일 심 용접(foil seam welding)은 피용접재의 단면을 서로 마주보게 한 상태에서 맞대기 면의 표면에 두께 0.1~0.5mm, 폭 3~5mm의 포일을 깔고 심용접하는 방법이다. 이때 포일은 접합부분에 전류를 집중 공급하고 용접부분으로부터 전극으로의 열전도를 감소시키며, 스패터 발생을 방지한다. 또 용접부분의 발열을 증가시키고 용접부분의 오목자국을 작게 한다. 이 용접방법은 맞대기 이음을 얻을 수 있고 전극과 피용접재가 간접적으로 접촉하는 특징이 있다.

132 저항 점용접 법은 사용이 간편하고 용접 자동화가 용이하므로 자동차 산업현장에서 널리 이용되고 있다. 이러한 점용접의 품질을 평가하는 방법이 아닌 것은?

① 피로시험 ② 마멸시험
③ 비틀림 시험 ④ 인장시험

131 ③ 132 ②

04 유공압 기계

제1절 유체기계 기초 이론

1_유체기계의 분류

1. 펌프(pump)의 종류

1) 터보형 펌프의 종류

① 원심펌프 : 벌류트 펌프, 터빈펌프
② 사류펌프(diagonal flow pump)
③ 축류펌프(axial flow pump)

2) 용적형 펌프의 종류

① 왕복형 : 피스톤 펌프, 플런저 펌프
② 회전형 : 기어펌프, 베인펌프

3) 특수펌프의 종류

특수펌프의 종류에는 마찰펌프, 분사펌프(제트펌프), 기포펌프, 수격펌프 등이 있다.

2. 원심펌프(centrifugal pump)의 특성

원심펌프는 1개 또는 여러 +개의 회전하는 임펠러(회전차)에 의해 액체의 펌프작용, 즉 액체의 이송작용을 하거나 압력을 발생하는 펌프이다.

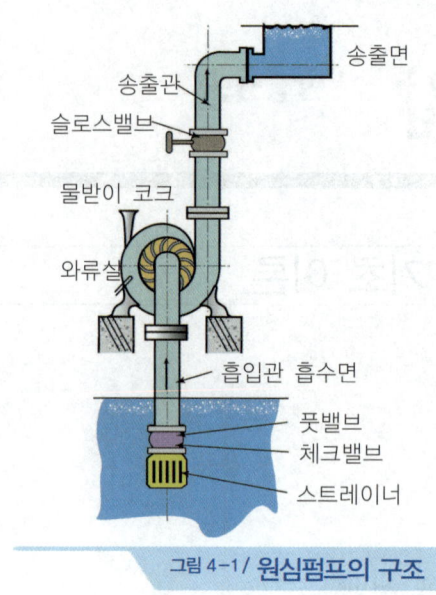

그림 4-1 / 원심펌프의 구조

1) 유량(流量)

일정한 유량으로 유체가 흐를 때 파이프의 지름을 2배로 하면 유속은 1/4배가된다.

$$Q = Av, \quad A = \frac{Q}{v}$$

Q : 유량(㎥/sec)
v : 유속(m/sec)
A : 단면적(㎡)

2) 양정(揚程, lift)

양정이란 펌프입구와 출구에서 액체의 단위무게가 가지는 에너지의 차이를 말한다.

① 실양정(actual head)

$$H_a = H_s + H_d$$

H_a : 실양정
H_s : 흡입 실양정
H_d : 유출 실양정

② 전양정(total head) : 전양정이란 실제양정과 손실수두를 합친 양정을 말한다. 즉, 전양정 = 흡입양정+송출양정이다.

3) 마찰 손실수두

마찰 손실수두란 관속을 흐르는 물이 그 점성 때문에 생기는 마찰로 잃게 되는 수두를 말하며, 또 수두란 높은 곳에 있는 물이 가지는 기계적 에너지, 압력, 속도 등을 물의 높이로 나타낸 값이다.

$$H_f = \lambda \frac{l}{d} \cdot \frac{v^2}{2g}$$

H_f : 마찰 손실수두
λ : 관의 마찰계수
l : 파이프길이
d : 파이프 안지름
v : 흐름 속도
g : 중력 가속도(9.8m/s²)

4) 펌프의 축동력

① 마력(PS)인 경우

$$H_{PS} = \frac{\gamma QH}{75 \times 60 \times \eta}$$

② 전력(kW)인 경우

$$H_{kW} = \frac{\gamma QH}{102 \times 60 \times \eta}$$

H_{PS} : 축동력(PS)
γ : 물의 비중량(kgf/m³)
Q : 송출유량(m³/min)
H : 전양정(총양정)
η : 펌프의 효율

5) 펌프에서 발생하는 이상 현상

① 캐비테이션(공동현상)

캐비테이션은 물이 파이프 속을 흐르고 있을 때 흐르는 물속의 어느 부분의 정압(static pressure)이 그때 물의 온도에 해당하는 증기압력(vapor pressure) 이하로 되면 부분적으로 증기가 발행하는 현상이며, 방지대책은 다음과 같다.

㉠ 펌프의 설치높이와 회전속도를 낮게 한다.
㉡ 단흡입 펌프이면 양흡입 펌프를 사용한다.
㉢ 흡입 비속도와 흡입양정을 낮게 한다.
㉣ 2대 이상의 펌프를 사용한다.
㉤ 임펠러(회전차)가 물속에 완전히 잠기도록 한다.

② 서징(surging)현상

서징현상은 한숨을 쉬는 것과 같은 현상으로 소음과 진동을 내는 펌프의 운전 중에 발생하는 현상이다. 즉, 펌프를 운전할 때 출구와 입구의 압력변동이 생기고 유량이 변하는 현상이다. 서지(surge)압력의 크기 변화에 직접적인 영향을 주는 것으로는 관로의 깊이, 관의 관성, 기름의 압축성 등이다.

3. 왕복펌프(reciprocating pump)

왕복펌프는 펌프의 케이싱 내에 왕복운동을 하는 피스톤(piston) 또는 플런저(plunger)가 움직임에 따라 체적변화를 일으켜 물을 흡상하는 원리를 이용한 것이다.

왕복펌프는 양정과 효율(80~90%)이 비교적 높고 설계제작이 간편하나 밸브기구를 가지고 있어, 구조가 다소 복잡하며 배수량이 조절이 곤란하기 때문에 배출상태를 균일하게 하려면 특수 장치가 필요한 결점이 있다. 왕복펌프의 손실은 주로 마찰에 의해 일어나기 때문에 마찰성 물질이 포함된 유체나 부식성 물질에는 사용할 수 없다.

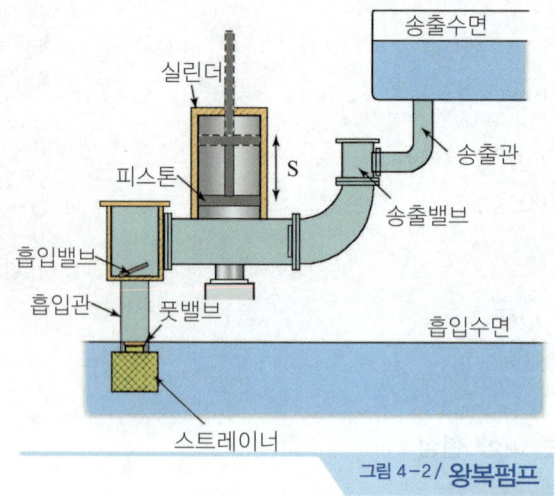

그림 4-2 / 왕복펌프

1) 왕복펌프의 공기실

왕복펌프는 피스톤 또는 플런저에서 송출되는 유량변동을 일정하게 하기 위해 실린더 바로 뒤쪽에 공기실을 설치한다.

2) 왕복펌프의 밸브 구비요건

① 밸브의 개폐가 정확할 것
② 물이 밸브를 통과 할 때 저항을 가능한 한 최소한으로 할 것
③ 누설을 정확하게 방지할 것
④ 밸브의 무게가 가벼울 것
⑤ 내구성이 있을 것
⑥ 밸브의 닫힘과 열림이 원활할 것

4. 수차(hydraulic turbine)

1) 중력수차(gravity hydraulic turbine)

중력수차는 물이 낙하할 때 중력에 의해 움직이는 것이다.

2) 충격수차(impulse hydraulic turbine)

충격수차는 물이 가지는 에너지 중에 속도에너지에 의해 발생하는 물의 충격으로 수차를

회전시키는 것이다. 펠톤 수차가 여기에 속한다.

그림 4-3 / 펠톤수차의 구조

3) 반동수차(reaction hydraulic turbine)

반동수차는 물이 임펠러를 통과하는 사이에 물이 가지는 압력과 속도 에너지를 수차에 주어 수차를 회전시키는 것이다. 프란시스수차, 프로펠러수차, 카플란수차 등이 여기에 속한다.

2_유압 기초 및 일반사항

1. 파스칼의 원리

파스칼의 원리란 밀폐된 용기 내에 액체를 가득 채우고, 그 용기에 힘을 가하면 그 내부의 압력은 용기의 각 면에 작용하여 용기 내의 어느 곳이든지 동일한 압력이 작용한다는 원리이다.

2. 유압의 특징

① 작은 장치로 큰 출력을 얻을 수 있다.
② 힘과 속도를 자유롭게 변속시킬 수 있다.
③ 에너지 축적이 가능하다.
④ 힘의 전달 및 증폭이 용이하다.
⑤ 충격을 완화할 수 있어 장시간 사용할 수 있다.
⑥ 과부하에 대한 안전장치가 필요하다.
⑦ 열의 냉각장치(오일냉각기)를 필요로 한다.

3_유압장치의 구성 및 유압유

1. 유압장치의 구성

유압장치의 구성은 구동장치(엔진이나 전동기 등), 유압 발생장치(유압펌프), 유압 제어장치 등으로 되어 있다.

2. 유압유

유압장치에서 사용되는 유압유의 구비조건은 다음과 같다.
① 비압축성이고, 냉각작용이 있어야 한다.
② 장시간 사용하여도 화학적으로 안정되어야 한다.
③ 외부로부터 침입한 불순물을 침전 분리시킬 수 있어야 한다.
④ 물리적 및 화학적 안정성이 커야 한다.
⑤ 열전달 율이 높고, 열팽창 계수가 작아야 한다.
⑥ 증기압이 낮고, 비점이 높아야 한다.

제2절 유공압기기

1_유공압 펌프 및 모터

1. 유공압 펌프

유공압펌프는 기관의 기계적 에너지를 받아서 유압 에너지로 변환시키는 것이며, 유공압 펌프에는 토출되는 유량의 변환 여부에 따라 정용량(고정형)형식과 가변용량 형식이 있다.

정용량 형식은 펌프가 1사이클을 작동할 때 토출되는 유량이 일정하며, 유량을 변화시키려면 펌프의 회전속도를 바꾸어야 한다. 이에 대하여 가변용량 형식은 작동 중 펌프를 조절하여 회전속도를 바꾸지 않아도 유량을 변환시킬 수 있다. 유공압펌프의 종류에는 기어펌프, 트로코이드(로터리) 펌프, 나사펌프, 베인펌프, 플런저(피스톤) 펌프 등이 있다.

2. 유공압 모터

유공압 모터는 유압 에너지를 이용하여 연속적으로 회전운동을 시키는 기구이며, 그 기구는 유압펌프와 비슷하지만 구조는 다른 점이 많다. 그 종류에는 기어 모터, 플런저 모터, 베인 모터 등 3가지로 구분한다. 유공압 모터의 장점은 다음과 같다.

① 무단변속이 용이하다.
② 소형·경량으로서 큰 출력을 낼 수 있다.
③ 변속·역회전 제어도 용이하다.
④ 속도나 방향의 제어가 용이하다.

2_유공압 밸브

1. 압력제어밸브

압력제어밸브의 종류에는 릴리프밸브, 감압(리듀싱)밸브, 시퀀스밸브, 무부하(언로더)밸브, 카운터 밸런스밸브 등이 있다.

1) 릴리프밸브(relief valve)

릴리프밸브는 유압회로에서 유압이 규정 값에 도달하면 밸브가 열려서 작동유의 일부 또는 전체 양을 복귀하는 쪽으로 탈출시켜 회로 압력을 일정하게 하거나 최고 압력을 규제하여 유압기기를 보호하는 작용을 한다.

2) 감압밸브(리듀싱 밸브 : reducing valve)

감압밸브는 유압회로에서 입구압력을 감압하여 출구설정 유압으로 유지하며, 분기회로에서 사용된다.

3) 시퀀스밸브(sequence valve : 순차밸브)

시퀀스밸브는 2개 이상의 분기회로가 있을 때 순차적인 작동을 하기 위한 압력 제어밸브이다.

4) 무부하 밸브(unload valve : 언로드밸브)

무부하 밸브는 유압회로의 압력이 설정압력에 도달하였을 때 유압펌프로부터 전체유량을 오일탱크로 복귀시키는 밸브이다.

5) 카운터 밸런스밸브(counter balance valve)

카운터 밸런스밸브는 유압실린더 등이 중력에 의한 자유낙하를 방지하기 위해 배압을 유지하는 압력제어 밸브이다.

2. 방향제어밸브

방향 제어밸브의 종류에는 스풀밸브, 체크밸브, 디셀러레이션 밸브, 셔틀밸브 등이 있다.

1) 스풀(spool)밸브

스풀밸브는 1개의 회로에 여러 개의 밸브 면을 두고 직선운동이나 회전운동으로 작동유의 흐름방향을 변환시킨다.

2) 체크밸브(check valve)

체크밸브는 한쪽방향으로의 흐름은 자유로우나 역 방향의 흐름을 허용하지 않는 밸브이다.

3) 디셀러레이션 밸브(deceleration valve)

디셀러레이션 밸브는 유압 실린더를 행정 맨 끝에서 실린더의 속도를 감속하여 서서히 정지시키고자할 때 사용되는 밸브이다.

4) 셔틀밸브(shuttle valve)

셔틀밸브는 1개의 출구와 2개 이상의 입구를 지니고 있으며, 출구가 최고 압력 쪽 입구를 선택하는 기능을 가진 밸브이다.

3. 유량제어밸브

유량제어밸브의 종류에는 교축밸브, 분류밸브(dividing valve), 니들밸브(needle valve), 오리피스 밸브(orifice valve) 등이 있다.

1) 교축밸브(throttle valve)

교축밸브는 점도가 달라져도 유량이 그다지 변화하지 않도록 하기 위해 설치한 밸브이다.

2) 분류밸브(flow dividing valve)

분류밸브는 유압원으로부터 2개 이상의 유압관로를 분류할 때 각각의 유압 회로의 압력에 관계없이 일정한 비율로 유량을 나누어서 흐르도록 하는 밸브이다.

3) 니들밸브(needle valve)

니들밸브는 안지름이 작은 파이프에서 미세한 유량을 조정하는데 사용되는 밸브이다.

4) 오리피스 밸브(orifice valve)

오리피스 밸브는 면적을 감소시킨 통로에서 그 길이가 단면적 치수에 비하여 비교적 짧은 경우의 흐름을 교축하는 밸브를 말한다.

3_유공압 실린더와 부속기기

1. 유공압 실린더

유압실린더는 유압에너지를 이용하여 직선운동의 기계적인 일을 하는 장치를 말한다. 유압 실린더의 종류에는 단동형과 복동형이 있다. 단동형은 한쪽 방향에 대해서만 유효한 일을 하고, 복귀는 중력이나 복귀스프링에 의해 작동하는 형식이다.

복동형은 실린더의 양쪽 방향에서 유효한 일을 한다. 따라서 유압이 작동되는 반대쪽의 유압유는 오일탱크로 되돌아간다. 또, 복동형은 피스톤 양쪽에서 유압이 작용하기 때문에 피스톤과 로드에 실(seal)이 끼워져 누출을 방지한다.

2. 부속기기

1) 스트레이너와 오일필터

스트레이너(strainer)는 오일탱크 내의 유압펌프 입구 쪽에 설치하는 것으로 케이스를 사용하지 않고 엘리먼트를 직접 탱크 내에 부착하는 구조로 되어 있다. 그리고 필터의 여과 입도가 너무 조밀하면(여과 입도수(mesh)가 너무 높으면) 캐비테이션(공동현상)이 발생하기 쉽다.

2) 축압기(어큐뮬레이터)

축압기는 유압펌프에서 발생한 유압을 저장하고 맥동을 소멸시키는 장치이며, 그 기능은 압력보상, 체적변화 보상, 에너지 축적, 유압회로 보호, 맥동 감쇠, 충격압력 흡수, 일정압력 유지 등이다.

3) 유압 파이프와 호스

유압 파이프는 강철 파이프를 사용하며, 호스는 플렉시블 호스(철심 고압호스)를 사용하며, 연결 부분에는 유니언 조인트(피팅)가 마련되어 있다.

제3절 유공압회로

1_기본 유압회로

1. 개방회로(open circuit)

개방회로는 유압유가 탱크에서 유압펌프로 흡입·배출되어 유압 제어밸브를 거쳐 액추에이터에서 일한 후 다시 유압 제어밸브를 거쳐 유압유 탱크로 복귀되는 회로이며, 가장 많이 이용되고 있다.

2. 밀폐회로(closed circuit)

밀폐회로는 유압펌프에서 배출된 유압유가 유압 제어밸브를 거쳐 액추에이터에서 일을 한 후 유압 제어밸브를 거쳐 유압펌프로 복귀하며 유압유 탱크로는 되돌아가지 않는 회로이다. 이 회로는 유압펌프나 모터에서 손실로 인하여 작동유가 부족하게 되므로 이를 보충하기 위하여 공급회로를 별도로 필요로 하므로 공급펌프를 설치하기도 한다.

2_속도제어 회로

유압회로의 속도 제어회로에는 미터-인 회로, 미터-아웃 회로, 브리드 오프 회로가 있다.

1) 미터-인 회로(meter-in circuit)

미터-인 회로는 유압 액추에이터의 입력 쪽에 유량 제어밸브를 직렬로 연결하여 액추에이터로 유입되는 유량을 제어하여 속도를 제어하는 회로이다.

2) 미터-아웃 회로(meter-out circuit)

미터-아웃 회로는 유압 액추에이터의 출력 쪽에 유량 제어밸브를 직렬로 연결하여 액추에이터로 유입되는 유량을 제어하여 속도를 제어하는 회로이다.

3) 브리드 오프 회로(bleed off circuit)

브리드 오프 회로는 유압 액추에이터로 유입되는 유량의 일부를 오일탱크로 바이패스 시키고, 이 관로에 부착된 유량 제어밸브에 의해 유량을 제어하여 액추에이터의 속도를 제어하는 회로이다.

제4장 출제예상문제

01 다음 중에서 터보형(Turbo type) 펌프에 속하지 않는 것은?
① 왕복식 펌프 ② 원심식 펌프
③ 축류식 펌프 ④ 사류식 펌프

풀이) 터보형 펌프의 종류에는 원심펌프(centrifugal pump), 사류펌프(diagonal type pump), 축류펌프(axial type pump)가 있다.

02 볼류트 펌프(volute pump)나 디퓨저 펌프(diffuser pump)는 어떤 펌프형식에 속하는가?
① 원심펌프 ② 축류펌프
③ 왕복펌프 ④ 회전펌프

풀이) 원심펌프의 종류에는 볼류트 펌프와 디퓨저 펌프(터빈펌프)가 있다.

03 터보형 원심식 펌프의 한 종류로서 회전자의 바깥둘레에 안내 깃이 없는 펌프는?
① 플런저펌프 ② 볼류트 펌프
③ 베인펌프 ④ 터빈펌프

풀이) 볼류트 펌프는 안내 깃이 없는 와류형 펌프 중에서 가장 간단한 것으로 스크루형으로 되어 있는 방과 프로펠러로 되어 있다. 프로펠러를 고속도로 회전시켜 그 원심력을 이용하여 물을 송출하는 것으로 소형으로 되어 있기 때문에, 양수 고도가 30m 이하의 경우에 가장 널리 사용된다.

04 원심펌프에서 케이싱(casing)을 스파이럴(spiral)로 만드는 가장 중요한 이유는?
① 손실을 적게 하기 위하여
② 축 추력을 방지하기 위하여
③ 축을 모터와 직결하기 위하여
④ 공동현상(cavitation)을 적게 하기 위하여

풀이) 원심펌프의 케이싱을 스파이럴로 만드는 이유는 손실을 적게 하기 위함이다.

05 축류펌프의 구성요소가 아닌 것은?
① 회전차 ② 안내 깃
③ 축 ④ 피스톤

풀이) 축류펌프(axial flow pump)는 회전차, 축, 안내 깃, 몸체, 베어링으로 되어있다.

06 펌프 중에서 왕복운동으로 압력을 활용하는 펌프는?
① 제트펌프 ② 원심펌프
③ 피스톤펌프 ④ 기어펌프

풀이) 왕복형 펌프의 종류에는 피스톤 펌프와 플런저 펌프가 있다.

01 ① 02 ① 03 ② 04 ① 05 ④ 06 ③

07 용적형 펌프에 해당하는 피스톤 펌프는 어느 형식에 속하는 펌프인가?
① 왕복식 펌프   ② 원심식 펌프
③ 사류펌프   ④ 회전식 펌프

08 왕복펌프에서 공기실의 가장 주된 역할은?
① 밸브의 개폐를 쉽게 한다.
② 밸브의 닫혀있을 때 누설이 없게 한다.
③ 송출되는 유량의 변동을 적게 한다.
④ 피스톤(또는 플런저)의 운동을 원활하게 한다.

09 다음 중 왕복펌프의 밸브 구비요건이 아닌 것은?
① 밸브의 개폐가 정확해야 한다.
② 물이 밸브를 지날 때의 저항이 최대한 커야 한다.
③ 누설이 정확하게 방지되어야 한다.
④ 내구성이 양호해야 한다.

10 분사펌프(jet pump)는 다음 중 어느 분류에 해당하는가?
① 사류형 펌프   ② 용적식형 펌프
③ 특수형 펌프   ④ 베인형 펌프

[풀이] 분사펌프는 특수펌프에 속한다.

11 다음 특수펌프 중 고속 분류로서 액체 또는 기체를 수송하는 것으로 분류펌프 또는 분사펌프라고도 하는 것은?
① 재생펌프   ② 기포펌프
③ 수격펌프   ④ 제트펌프

[풀이] 제트펌프는 특수펌프 중 고속 분류로서 액체 또는 기체를 수송하는 것으로 분류펌프 또는 분사펌프라고도 한다.

12 양수관의 하단에 압축공기를 보내서 이때 물보다 가벼운 물과 공기의 혼합체를 만들어 이 혼합체의 비중량이 물의 비중량보다 가벼워지는 것을 이용하여 양수하는 펌프는?
① 기포펌프   ② 제트펌프
③ 수격펌프   ④ 점성펌프

[풀이] 기포펌프는 양수관의 하단에 압축공기를 보내서 이때 물보다 가벼운 물과 공기의 혼합체를 만들어 이 혼합체의 비중량이 물의 비중량보다 가벼워지는 것을 이용하여 양수한다.

13 일정 유량으로 유체가 흐를 때, 관의 지름을 두 배로 하면 유속은 몇 배인가?
① 1/4   ② 1/2
③ 2   ④ 4

[풀이] 일정 유량으로 유체가 흐를 때, 관의 지름을 2배로 하면 유속은 1/4배로 된다.

07 ① 08 ③ 09 ② 10 ③ 11 ④ 12 ① 13 ①

14. 50℃의 물을 30m 높은 곳으로 양수하자면 펌프의 전양정을 몇 m로 하면 되는가?(단, 흡수 면에는 대기압이 작용하고 송수면 출구에서는 39.2N/cm²의 압력이 작용한다. 전 손실수두는 6m이며, 흡입관과 송출관의 지름은 같고 50℃ 물의 비중량은 γ = 9800N/m³이다.)

① 36 ② 40
③ 76 ④ 84

풀이
$$H = \frac{P_2 - P_1}{\gamma} + Ha = Hi + \frac{v_2^2 - v_1^2}{2g}$$
$$= \frac{39.2 \times 10^4}{9800} + 30 + 6 + 0 = 76m$$

H : 전양정,　P_2 : 출구압력,　P_1 : 입구압력,
Ha : 양수하고자 하는 높이
γ : 물의 비중량,　Hi : 전손실수두,
v_1, v_2 : 유속,　g : 중력가속도

15. 어떤 펌프가 매분 3000회전으로 전양정 150m에 대하여 0.3m³/s인 수량(水量)을 방출한다. 이것과 상사(相似)인 것으로 치수가 2배인펌프가 매분 2000회전이고 다른 것은 동일한 상태로 운전될 때 전양정은 약 몇 m인가?

① 201 ② 224
③ 243 ④ 267

풀이
$$H_2 = H_1 \left(\frac{N_2}{N_1}\right)^2 \times \left(\frac{D_2}{D_1}\right)^2$$
$$= 150 \times \left(\frac{2000}{3000}\right)^2 \times \left(\frac{2}{1}\right)^2 = 267m$$

16. 직관 내의 유체유동에서 마찰에 의한 손실수두와 다른 요인과의 관계를 바르게 설명한 것은?

① 중력가속도에 비례한다.
② 관의 지름에 반비례한다.
③ 관의 길이에 반비례한다.
④ 유속의 제곱에 반비례한다.

풀이 손실수두는 관의 지름에 반비례한다.

17. 안지름 50cm의 파이프로 1.7m/sec의 물을 흘러가게 할 때 파이프의 길이가 50m일 때의 마찰 손실수두는?(단, 관 마찰계수 λ = 0.03이다.)

① 0.442m ② 0.523m
③ 0.785m ④ 0.973m

풀이
$$Hf = \lambda \frac{\ell}{d} \times \frac{V^2}{2g} = 0.03 \times \frac{50}{0.5} \times \frac{1.7^2}{2 \times 9.8}$$
$$= 0.44m$$

λ : 관의 마찰계수,　ℓ : 파이프 길이,
d : 파이프 안지름,　V : 흐름속도,
g : 중력 가속도(9.8m/s²)

18. 펌프에서 관의 길이 ℓ[m], 마찰계수 f, 유체의 평균유속 V[m/sec]일 때 관의 마찰 손실수두 hf를 구하는 공식은?(단, 관은 한 변이 b[m]인 정사각형이며, Rh는 수력반지름이고, 원관의 지름 d[m] 이다.)

① $hf = f \dfrac{\ell}{d} \dfrac{V^2}{2g}$　② $hf = f \dfrac{d}{\ell} \dfrac{V}{2g}$

③ $hf = f \dfrac{4\ell}{Rh} \dfrac{V^2}{2g}$　④ $hf = \dfrac{f}{4} \dfrac{\ell}{Rh} \dfrac{V^2}{2g}$

풀이 관의 마찰손실 수두 $hf = \dfrac{f}{4} \dfrac{\ell}{Rh} \dfrac{V^2}{2g}$

ANSWER
14 ③　15 ④　16 ②　17 ①　18 ④

19 유효낙차 100m이고, 유량 200㎥/sec인 수력 발전소의 수차에서 이론출력을 계산하면 몇 kW 인가?

① 412×10^3 ② 326×103
③ 196×10^3 ④ 116×10^3

풀이 $H_{kW} = \dfrac{QH}{102} = \dfrac{100 \times 200 \times 10^3}{102} = 196 \times 10^{3kW}$

H_{kW} : 출력, Q : 유량, H : 양정

20 펌프의 송출압력이 90N/㎠, 송출량이 60 ℓ/min인 유압펌프의 펌프동력은 몇 W인가?

① 700 ② 800
③ 900 ④ 1000

풀이 $H_{kW} = \dfrac{PQ}{102 \times 60} = \dfrac{90 \times 60 \times 1000}{102 \times 60 \times 100 \times 9.8}$
$= 0.9 \text{kW} = 900\text{W}$

H_{kW} : 출력, P : 펌프의 송출압력, Q : 유량

21 수면에서 5m 높이에 설치된 펌프가 펌프로부터 높이 30m인 곳에 매초 1㎥의 물을 보내려면 이론상 동력은 약 몇 kW가 필요한가?

① 245 ② 294
③ 343 ④ 400

풀이 ① $H = Ha + H_1 + H_2 = 5\text{m} + 30\text{m} = 35\text{m}$
② $H_{kW} = \dfrac{\gamma QH}{102} = \dfrac{1000 \times 1 \times 35}{102} = 343\text{kW}$

H_{kW} : 출력, γ : 유체의 비중, Q : 유량,
H : 총 양정

22 총 양정이 3m, 공급유량 2.5㎥/min인 펌프의 동력은 약 몇 kW가 필요한가?(단, 유체의 비중은 0.82이고, 펌프효율은 0.9이다.)

① 0.56 ② 1.12
③ 2.24 ④ 4.48

풀이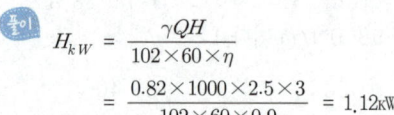
$= \dfrac{0.82 \times 1000 \times 2.5 \times 3}{102 \times 60 \times 0.9} = 1.12\text{kW}$

H_{kW} : 출력, γ : 유체의 비중, Q : 유량,
H : 양정, η : 펌프효율

23 유량이 20㎥/sec인 사류펌프의 양정이 5m이면 이 펌프의 동력은 얼마인가?(단, 이 유체의 비중량은 9800N/㎥으로 한다.)

① 98kW ② 980kW
③ 9800kW ④ 98000kW

풀이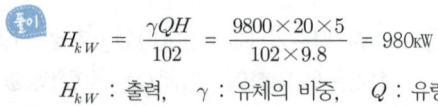

H_{kW} : 출력, γ : 유체의 비중, Q : 유량,
H : 양정

24 급수펌프의 전 양정이 30m이고, 유량이 5 ㎥/min, 효율은 82%이다. 이 펌프를 구동시키는데 필요한 전동기의 축 동력은 약 몇 kW인가?(단, 물의 비중량은 9800 N/㎥이다.)

① 25 ② 30
③ 35 ④ 50

풀이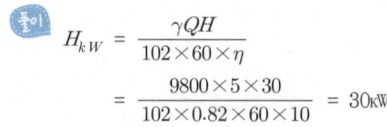

19 ③ 20 ③ 21 ③ 22 ② 23 ② 24 ②

25 펌프의 양수량이 0.6㎥/min이고, 관로의 전 수두손실이 5m인 펌프가 펌프중심으로부터 1m 아래에 있는 물을 20m의 송출액면에 양수하는 펌프의 축 동력은 약 몇 kW인가?(단, 펌프의 효율은 85%이다.)

① 2.54
② 3.0
③ 5.85
④ 8.4

풀이 ① $H = Ha + H_1 + H_2 = 5+1+20 = 26m$

② $H_{kW} = \dfrac{\gamma QH}{102 \times 60 \times \eta} = \dfrac{1000 \times 0.6 \times 26}{102 \times 60 \times 0.85}$
  $= 3\text{kW}$

26 원심펌프 송출유량이 0.3㎥/min 이고, 관로의 손실수두가 8m이다. 펌프 중심에서 1.5m 아래 있는 저수지에서 물을 흡입하여 펌프 중심에서 15m의 높이의 탱크로 양수 할 때, 펌프의 동력은 몇 kW 인가?

① 1
② 1.2
③ 2
④ 2.2

풀이 ① $H = Ha + H_1 + H_2 = 8m + 1.5m + 15m$
  $= 24.5m$

② $H_{kW} = \dfrac{\gamma QH}{102 \times 60 \times \eta}$
  $= \dfrac{1000 \times 0.3 \times 24.5}{102 \times 60} = 1.2\text{kW}$

H_{kW} : 출력, γ : 유체의 비중, Q : 유량, H : 양정, η : 펌프효율

27 유량이 6㎥/min, 손실양정 6m, 실양정 30m인 급수펌프를 1750rpm으로 운전할 때 소요 동력은 약 몇 kW인가?(단, 펌프효율은 0.88이다.)

① 20
② 30
③ 35
④ 40

풀이 $H_{kW} = \dfrac{\gamma QH}{102 \times 60 \times \eta} = \dfrac{1000 \times 6 \times (6+30)}{102 \times 0.88 \times 60}$
  $= 40\text{kW}$

γ : 유체의 비중, Q : 공급유량, H : 총양정, η : 펌프효율

28 펌프의 전 효율(η)을 구하는 식은?(단, ηm : 기계효율, ηv : 체적효율, ηh : 수력효율 이다.)

① $\eta = \eta m \cdot \eta v \cdot \eta h$
② $\eta = \dfrac{\eta m \cdot \eta v}{\eta h}$
③ $\eta = \eta m + \eta v + \eta h$
④ $\eta = \dfrac{1}{\eta m \cdot \eta v \cdot \eta h}$

29 원심펌프에서 전 효율이 80%, 송출유량이 2㎥/min이다. 이 펌프의 수력효율이 90%, 기계효율이 90%일 때 체적효율은 약 몇 %인가?

① 92
② 95
③ 97
④ 99

풀이 전효율(η) = 기계효율(η_m)×체적효율(η_v)
  ×수력효율(η_h)에서

$\eta_v = \dfrac{\eta}{\eta_m \times \eta_h} = \dfrac{0.8}{0.9 \times 0.9} \times 100 = 98.765\%$

ANSWER 25 ② 26 ② 27 ④ 28 ① 29 ④

30 수력기계에서 공동현상(Cavitation)이 발생하는 근본 원인은?

① 특정 공간에서 유체의 저속 흐름이 원인이다.
② 낮은 대기압이 원인이다.
③ 특정 공간에서 발생하는 고압이 원인이다.
④ 특정 공간에서 발생하는 저압이 원인이다.

풀이 수력기계에서 공동현상이 발생하는 주원인은 특정 공간에서 발생하는 저압 때문이다.

31 펌프에서 캐비테이션이 발생하였을 때 나타나는 현상이 아닌 것은?

① 소음이 발생한다.
② 양정과 유량이 감소한다.
③ 침식 및 부식현상이 발생한다.
④ 기포가 발생하여 마모를 방지한다.

풀이 캐비테이션 현상은 공동현상이라고도 부르며, 유압이 진공에 가까워짐으로서 기포가 발생하며 이로 인해 국부적인 고압이나 소음과 진동이 발생하고, 양정과 유량 및 효율이 저하되며, 침식 및 부식 현상이 발생한다.

32 펌프에서 공동현상(cavitation)의 방지책이 아닌 것은?

① 펌프의 설치위치를 낮춘다.
② 흡입관의 직경을 크게 한다.
③ 단 흡입이면 양 흡입으로 한다.
④ 펌프의 회전수를 증가시킨다.

풀이 펌프의 공동현상(캐비테이션)방지방법
① 펌프의 설치높이와 회전속도를 낮게 한다.
② 단 흡입펌프이면 양 흡입펌프를 사용한다.
③ 흡입 비속도와 흡입양정을 낮게 한다.
④ 2대 이상의 펌프를 사용한다.
⑤ 임펠러(회전차)가 물속에 완전히 잠기도록 한다.

33 펌프를 운전할 때 출구와 입구의 압력 변동이 생기고 유량이 변하는 현상을 무엇이라고 하는가?

① 수격현상 ② 공동현상
③ 서징현상 ④ 유체고착 현상

풀이 서징(surging)현상이란 펌프를 운전할 때 출구와 입구의 압력 변동이 생기고 유량이 변하는 현상이다.

34 유압펌프의 입구와 출구에서 진공계 또는 압력계의 지침이 크게 흔들리고 송출량이 급변하는 현상은?

① 수격현상 ② 언로더 현상
③ 서징현상 ④ 캐비테이션

35 관로 내의 흐름을 급격히 정지시키면 유체 속도의 급격한 변화에 따라 유체압력이 크게 상승하는 현상을 무엇이라 하는가?

① 퍼컬레이션 ② 캐비테이션
③ 수격현상 ④ 서징현상

풀이 수격현상(water hammering)이란 관로 내의 흐름을 급격히 정지시키면 유체속도의 급격한 변화에 따라 유체압력이 크게 상승하는 현상이다.

36 다음 중 반동수차가 아닌 것은?

① 프란시스 수차
② 펠톤 수차
③ 프로펠러 수차
④ 카플란수차

풀이 반동수차(reaction hydraulic turbine)의 종류에는 프란시스 수차, 프로펠러 수차, 카플란수차 등이 있다.

30 ④ 31 ④ 32 ④ 33 ③ 34 ③ 35 ③ 36 ②

37 1N의 힘은 몇 kg중 인가?

① 1/9.8 ② 1/980
③ 980 ④ 9.8

풀이) 1N의 힘은 1/9.8kg중 이다.

38 표준 대기압을 나타낸 것 중 틀린 것은?

① 1atm ② 760mmHg
③ 14.7PSI ④ 10.0332kgf/㎠

풀이) 표준 대기압 = 760torr(토리첼리) = 760mmHg
= 10,332mmH₂O = 1.0332(kgf/㎠)
= 14.5PSI = 101,332N/㎡
= 1,013.25hPa = 1,013mbar

39 70m의 물속의 수압은 수은주의 높이로 약 몇 m인가?

② 0.68 ② 36.4
③ 3.68 ④ 5.15

풀이) 수은의 비중이 13.6이므로 $\frac{70m}{13.6}$ = 5.15m

40 공작물을 단면적 100㎠인 유압실린더로 1분에 2m의 속도로 이송시키기 위해 필요한 유량은 몇 L/min인가?

① 10 ② 20
③ 30 ④ 40

풀이) $Q = AV = \frac{100cm^2 \times 200cm/min}{1000}$ = 20L/min

Q : 유량, A : 단면적, V : 흐름속도(유속)

41 내경이 40mm인 관을 통하여 40m/s의 속도로 유압유가 흘렀다면 이때의 유량(ℓ/min)은?

① 201.4 ② 251.7
③ 301.1 ④ 351.7

풀이) $Q = AV = \frac{0.785 \times 4^2 \times 400 \times 60}{1000}$
= 301.4 l/min

42 관로 내를 흐르는 유체의 평균유속이 3m/sec이고, 유량이 9.9㎥/sec일 때 관의 단면적은?

① 3.3㎡ ② 29.7㎡
③ 0.3㎡ ④ 1.65㎡

풀이) $Q = AV$에서,
$A = \frac{Q}{V} = \frac{9.9m^3/sec}{3m/sec}$ = 3.3㎡

43 실린더 피스톤의 단면적이 100㎠이고, 로드의 단면적이 50㎠인 유압실린더에 분당 20L의 유압유가 공급될 때 공작물의 후진속도는 몇 m/min인가?

① 0.4 ② 4
③ 40 ④ 4000

풀이) $V = \frac{Q}{A_1 - A_2} = \frac{20L}{(100cm^2 - 50cm^2)} \times 10$
= 4m/min

V : 공작물의 후진속도, Q : 유압유의 공급유량,
A_1 : 피스톤의 단면적, A_2 : 피스톤 로드의 단면적

ANSWER
37 ① 38 ④ 39 ④ 40 ② 41 ③ 42 ① 43 ②

44 다음 중 유압의 기초적인 원리라 할 수 있는 파스칼의 원리에 대한 설명이 아닌 것은?

① 유체의 압력은 면에 직각으로 작용한다.
② 각 점에서의 압력은 모든 방향으로 같다.
③ 가한 압력은 유체 각부에 같은 세기로 전달된다.
④ 유체의 압력은 압력을 직접 받는 면이 가장 크다.

풀이 파스칼의 원리
"유압기기의 압력은 밀폐된 공간이어서 유체의 일부에 압력을 가하면, 그 압력은 유체 내의 모든 곳에 같은 크기로 전달된다."
① 유체의 압력은 면에 직각으로 작용한다.
② 각 점에서의 압력은 모든 방향으로 같다.
③ 가한 압력은 유체 각부에 같은 세기로 전달된다.

45 밀폐된 용기에 넣은 정지 유체의 일부에 가해지는 압력은 유체의 모든 부분에 동일한 힘으로 전달된다는 유압장치의 기초가 되는 것은?

① 뉴턴의 제1법칙
② 보일·샤를의 법칙
③ 파스칼의 원리
④ 아르키메데스 원리

46 유압의 장점에 대한 설명이 잘못된 것은?

① 힘과 속도를 자유롭게 변속시킬 수 있다.
② 열의 냉각장치를 취할 필요가 없다.
③ 과부하에 대한 안전장치가 필요하다.
④ 적은 장치로 큰 출력을 얻을 수 있다.

47 기계의 작동유가 갖추어야 할 일반적인 특성으로 옳지 않은 것은?

① 윤활성   ② 유동성
③ 기화성   ④ 내산성

풀이 작동유가 갖추어야 할 성질은 윤활성, 유동성, 내산성, 부식방지성, 내마모성, 소포성 등이다.

48 유압유의 구비조건이 아닌 것은?

① 비압축성일 것
② 적당한 점도가 있을 것
③ 열을 흡수·기화할 수 있을 것
④ 녹이나 부식을 방지할 수 있을 것

풀이 유압유(작동유)의 구비조건
① 열전달율이 높고, 열팽창 계수가 작을 것
② 점도지수가 크고, 화학적으로 안정될 것
③ 비압축률(비압축성)이 높을 것
④ 증기압이 낮고, 비점이 높을 것
⑤ 마찰 면에 윤활성이 좋을 것
⑥ 이물질을 신속히 분리할 수 있을 것
⑦ 적정한 점도가 있을 것
⑧ 산화에 대하여 안정성이 있을 것
⑨ 유압장치에 사용되는 재료에 대하여 불활성일 것

49 유압작동유가 구비하여야 할 조건으로 옳지 않은 것은?

① 접동부의 마모가 적을 것
② 운전조건 범위에서 휘발성이 적을 것
③ 넓은 온도 범위에서 점도변화가 적을 것
④ 유압장치에 사용되는 재료에 대하여 활성일 것

44 ④ 45 ③ 46 ② 47 ③ 48 ③ 49 ④

50 유압유의 점도가 너무 높을 때 발생되는 현상으로 거리가 먼 것은?

① 캐비테이션 발생
② 장치의 관내저항에 의한 압력증대
③ 작동유의 비활성으로 응답성 저하
④ 내부 및 외부 누설증대

풀이 유압유의 점도가 낮으면 누설이 증대된다.

51 유압펌프의 종류 중 회전식이 아닌 것은?

① 피스톤 펌프   ② 기어펌프
③ 베인 펌프   ④ 나사 펌프

풀이 회전펌프의 종류에는 기어펌프, 베인 펌프, 나사 펌프 등이 있다.

52 구동 회전수에 의해 결정되는 토출량이 부하압력에 관계없이 거의 일정한 용적형 펌프는?

① 기어펌프   ② 터빈펌프
③ 축류펌프   ④ 볼류트 펌프

풀이 기어펌프는 구동 회전수에 의해 결정되는 토출량이 부하압력에 관계없이 거의 일정한 용적형 펌프이다.

53 베인펌프(vane pump)의 형식은?

① 원심식   ② 왕복식
③ 회전식   ④ 축류식

54 유압펌프는 크게 용적형 펌프와 비용적형 펌프로 분류할 수 있고, 또 용적형 펌프에는 회전펌프와 피스톤 펌프로 분류할 수 있다. 이때 회전펌프에 속하는 것은?

① 터빈펌프   ② 벌류트펌프
③ 축류펌프   ④ 베인 펌프

55 원통형 케이싱 안에 편심 회전자가 있고 그 회전자의 홈 속에 판 모양의 깃이 원심력 또는 스프링 장력에 의하여 벽에 밀착하면서 회전하여 액체를 압송하는 펌프는?

① 피스톤펌프   ② 나사펌프
③ 베인 펌프   ④ 기어펌프

풀이 베인 펌프는 둥근 케이싱 속에 편심 된 로터(회전자)가 설치되어 있으며, 로터의 홈 속에 베인(깃, 날개)을 설치하고 베인이 케이싱 벽에 밀착하면서 회전하여 액체를 압송하는 형식이다.

56 베인펌프의 특징에 관한 설명으로 틀린 것은?

① 작동유의 점도에 제한이 있다.
② 비교적 고장이 적고 수리 및 관리가 용이하다.
③ 베인의 마모에 의한 압력저하가 발생되지 않는다.
④ 기어펌프나 피스톤 펌프에 비해 토출압력의 맥동현상이 적다.

57 유압펌프를 처음 시동할 경우 작동방법에 관한 설명으로 옳지 않은 것은?

① 시동 시 펌프가 차가울 경우 뜨거운 작동유를 사용하여 펌프온도를 상승시킨다.
② 신품인 베인 펌프는 압력을 걸어 시동하고 최초 5분 정도는 간헐적으로 작동시켜 길들이는 것이 좋다.
③ 시동 전에 회전상태를 검사하여 플렉시블 캠링의 회전방향과 설치위치를 정확히 해둔다.
④ 작동유는 적절한 정도로 맑고 깨끗하게 사용해야 한다.

50 ④　51 ①　52 ①　53 ③　54 ④　55 ③　56 ①　57 ①

58 단동 피스톤펌프에서 실린더 직경 20cm, 행정 20cm, 회전수 80rpm, 체적효율 90%이면 토출유량(㎥/min)은?

① 0.261
② 0.271
③ 0.452
④ 0.502

풀이 $Q = \eta_v ALN = 0.9 \times 0.785 \times 0.2^2 \times 0.2 \times 80$
  $= 0.452 \text{m}^3/\text{min}$
Q : 토출유량, η_v : 체적효율,
A : 실린더 단면적, L : 행정, N : 회전속도

59 유압제어 밸브를 기능상 크게 3가지로 분류할 때 여기에 속하지 않는 것은?

① 압력제어 밸브
② 온도제어 밸브
③ 유량제어 밸브
④ 방향제어 밸브

풀이 유압제어 밸브의 종류
  ① 일의 크기를 결정하는 압력제어 밸브
  ② 일의 속도를 결정하는 유량제어 밸브
  ③ 일의 방향을 결정하는 방향제어 밸브

60 다음 밸브 중 압력제어 밸브가 아닌 것은?

① 릴리프밸브(relief valve)
② 감압밸브(reducing valve)
③ 시퀀스밸브(sequence valve)
④ 체크밸브(check valve)

풀이 압력제어 밸브의 종류에는 릴리프밸브, 감압(리듀싱)밸브, 시퀀스밸브, 무부하(언로더)밸브, 카운터밸런스 밸브 등이 있다.

61 압력제어밸브 중에서 릴리프밸브(relief valve)의 설명으로 맞는 것은?

① 회로의 일부에 배압을 발생시키고자 할 때 사용하는 밸브
② 회로내의 최고 압력을 낮추어 압력을 일정하게 하는 밸브
③ 두 개 이상의 분기회로를 가진 회로 내에서 작동순서를 제어하는 밸브
④ 유량이나 입구 측의 압력크기와는 관계없이 미리 설정 한 2차측 압력을 일정하게 해주는 밸브

62 회로 내의 압력상승을 제한하여 설정된 압력의 오일을 공급하는 것은?

① 릴리프 밸브
② 방향제어 밸브
③ 유량제어 밸브
④ 유압 구동기

63 방향제어밸브를 분류하는 방법이 아닌 것은?

① 밸브의 기능에 의한 분류
② 포트의 크기에 의한 분류
③ 밸브의 구조에 의한 분류
④ 밸브의 설계방식에 의한 분류

64 유체를 한쪽 방향으로만 흐르게 하여 역류를 방지하는 밸브는?

① 슬루스 밸브
② 스톱밸브
③ 볼 밸브
④ 체크밸브

풀이 체크밸브는 역류를 방지하며, 유체를 한쪽 방향으로만 흐르게 한다.

58 ③ 59 ② 60 ④ 61 ② 62 ① 63 ④ 64 ④

65 유압제어밸브의 기능에 따른 분류 중 유량 제어밸브는?

① 스로틀밸브 ② 릴리프밸브
③ 시퀀스밸브 ④ 카운터밸런스밸브

풀이 유량제어밸브의 종류에는 스로틀밸브(throttle valve, 교축밸브), 분류밸브(dividing valve), 니들밸브(needle valve), 오리피스 밸브(orifice valve), 속도제어밸브, 급속배기밸브 등이 있다.

66 유량제어 밸브가 아닌 것은?

① 교축(throttle)밸브
② 체크밸브
③ 속도제어 밸브
④ 급속 배기밸브

67 다음 유압기기의 구성요소 중 유압 액추에이터인 것은?

① 유압펌프   ② 유압실린더
③ 제어밸브   ④ 유압 조절밸브

풀이 유압펌프에서 보내준 유압에너지를 기계적 에너지로 변환하는 것을 액추에이터라 하며, 종류에는 회전운동을 하는 유압모터와 직선왕복 운동을 하는 유압실린더가 있다.

68 안지름이 16cm, 추력 F = 5ton, 피스톤의 속도 V = 40m/min인 유압실린더에서 필요로 하는 유압은 몇 kgf/cm²인가?

① 14.3   ② 24.9
③ 31.2   ④ 46.7

풀이 $P = \dfrac{F}{A} = \dfrac{5000}{0.785 \times 16^2} = 24.88$ kgf/cm²

P : 유압, F : 추력, A : 유압실린더의 단면적

69 그림의 실린더 A부분 단면적이 4000mm², 축 d부분을 뺀 B부분 단면적 3000mm²일 때 압력 P_1 = 30kgf/cm², P_2 = 5kgf/cm²이면 추력 F는 몇 kgf인가?

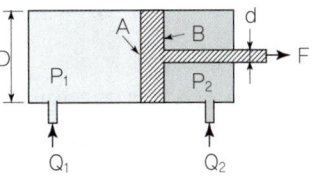

① 850   ② 1050
③ 1200 ④ 1350

풀이 $F = 0.785 \times D^2 \times P_1 - 0.785 \times (D^2 - d^2) \times P_2$
$= (40\text{cm}^2 \times 30\text{kgf/cm}^2) - (30\text{cm}^2 \times 6\text{kgf/cm}^2)$
$= 1050$ kgf

70 유압모터로 어떤 물체를 300N·m의 토크로 분당 1000회전시키려고 한다. 이때 모터에 필요한 동력은 몇 kW인가?(단, 효율은 100%이다.)

① 31.4   ② 41.9
③ 314   ④ 419

풀이 $H_{kW} = \dfrac{TR}{974 \times 9.8} = \dfrac{300 \times 1000}{974 \times 9.8} = 31.4$ kW

H_{kW} : 동력, T : 토크, R : 회전속도

71 흡입관 하부에 스트레이너(strainer)를 설치하는 이유로 다음 중 가장 적합한 것은?

① 불순물 침투방지
② 유량조절
③ 양정을 높이기 위해
④ 역류 방지

풀이 스트레이너는 오일탱크에 설치되어 있으며, 펌프가 유압유를 흡입할 때 불순물이 침투되는 것을 방지한다.

ANSWER 65 ① 66 ② 67 ② 68 ② 69 ② 70 ① 71 ①

72 유압장치에 사용되는 유압유 저장용의 용기로 어큐뮬레이터라고도 하는 유압 부속기기는?

① 축압기　② 유압 필터
③ 증압기　④ 유압 유닛

73 유압기기의 부속장치 중 유압에너지 압력에 대해 맥동제거, 압력보상, 충격완화 등의 역할을 하는 것은?

① 스트레이너　② 패킹
③ 어큐뮬레이터　④ 필터 엘리먼트

[풀이] 어큐뮬레이터(축압기)는 유압유 저장용의 용기이며, 그 기능은 유압에너지 압력의 맥동제거, 압력보상, 충격완화, 에너지 저장 등이다.

74 유압회로 중 속도제어 회로인 것은?

① 무부하 회로
② 미터 인 회로(meter-in circuit)
③ 로킹 회로
④ 일정 모터 구동회로

[풀이] 속도제어 회로에는 미터 인회로, 미터 아웃회로, 블리드 오프회로(bleed-off circuit)가 있다.

75 유압회로 중 속도제어를 위한 것으로 유량제어 밸브를 실린더 입구 측에 설치한 회로는?

① 무부하 회로
② 미터 인 회로
③ 로킹 회로
④ 일정 토크구동 회로

76 4포트 3위치 방향전환밸브의 중간위치 형식 중 센터 바이패스형 이라고도 하며, 중립위치에서 펌프를 무부하 시킬 수 있고 실린더를 임의의 위치에 고정시킬 수 있는 것은?

① ABR 접속형　② 오픈 센터형
③ 탠덤 센터형　④ 클로즈 센터형

[풀이]
① 오픈 센터형 : 중립일 때 모든 포트가 통해져 있기 때문에 펌프를 무부하로 하여 실린더는 수동으로 자유로이 움직일 수 있다.
② ABR 접속형 : 1개의 펌프로 여러 개의 실린더를 작동시킬 수 있고, 실린더를 수동으로 자유롭게 움직일 수 있다. 또 전자 파일럿 전환 밸브의 파일럿용 솔레노이드 밸브로 자주 사용된다.
③ 클로즈 센터형 : 중립일 때 모든 포트가 서로 막혀 있기 때문에 1개의 펌프로 여러 개의 실린더를 작동시킬 수 있고 또한 실린더의 위치 정하거나 고정도 할 수 있다.

77 다음 유압 회로도에서 품번 ①은 무엇을 나타내는가?

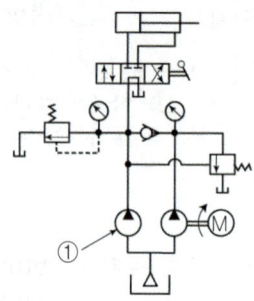

① 유압모터　② 공압 모터
③ 유압펌프　④ 공압 펌프

72 ①　73 ③　74 ②　75 ②　76 ③　77 ③

78 일반적으로 공기압축기의 사용압력이 1N/㎠ 이상부터 10N/㎠ 미만인 경우에 사용되는 공기압 발생장치는?

① 컴프레서(compressor)
② 펌프(pump)
③ 블로어(blower)
④ 팬(fan)

풀이 공기압 발생장치의 종류
① 컴프레서(compressor) : 10N/㎠ 이상의 압력을 발생시키는 공기압 발생장치
② 블로어(blower, 송풍기) : 1N/㎠ 이상부터 10N/㎠ 미만인 경우에 사용되는 공기압 발생장치
③ 팬(fan) : 1N/㎠ 미만의 압력을 발생시키는 공기압 발생장치

79 공압 기기에서 일반적인 압력에 의한 압축기(compressor)의 분류기준이 되는 토출 공기압으로 다음 중 가장 적합한 것은?

① 0.1N/㎠ 이상
② 1.0N/㎠ 이상
③ 10N/㎠ 이상
④ 100N/㎠ 이상

80 공기기계를 압력에 따라 분류할 때 배출압력 10kPa 미만의 공기기계에 대한 일반적인 호칭으로 가장 적합한 것은?

① 송풍기   ② 블로어
③ 펌프   ④ 압축기

81 기계에 작동하는 기체를 저압식과 고압식으로 나눌 때 고압식에 포함되는 것으로만 이루어져 있는 것은?

① 진공펌프, 회전형 압축기
② 원심 압축기, 팬
③ 축류 송풍기, 왕복형 압축기
④ 압축공기 기계, 송풍기

풀이 ① 저압형 공기기계에는 송풍기(blower), 풍차(wind mill)가 있다.
② 고압형 공기기계에는 압축기(compressor), 진공펌프(vacuum pump), 압축 공기기계가 있다.

82 유압장치에 비교한 공기압 장치의 특징에 대한 설명으로 틀린 것은?

① 사용 에너지 매체를 쉽게 구할 수 있다.
② 에너지로서 저장성이 있다.
③ 방청과 윤활이 자동적으로 이루어진다.
④ 폭발과 인화의 위험이 없다.

풀이 공압의 장·단점
1. 공압의 장점
① 에너지 축적이 용이하다.
② 화재나 폭발의 위험이 적어 안정성이 좋다.
③ 배관을 통하여 먼 거리까지의 이송이 가능하다.
④ 제어가 용이하다.
⑤ 속도가 빠르다.

2. 공압의 단점
① 유압에 비해 출력이 작다.
② 효율이 좋지 못하고 배기소음이 크다.

78 ③   79 ③   80 ①   81 ①   82 ③

83 공기압의 조정유닛 구성요소에 속하지 않는 것은?

① 필터(filter)
② 압력조절밸브(pressure regulation valve)
③ 윤활기(lubricator)
④ 어큐뮬레이터(accumulator)

84 공기(空氣)기계는 작동유체가 액체가 아닌 기체이기 때문에 다음과 같은 점에 주의할 필요가 있다. 틀린 것은?

① 기체는 압축성이 있다는 것
② 팽창할 때에는 온도 변화가 따른다는 것
③ 기체는 단위 체적 당 중량이 액체에 비하여 대단히 작다는 것
④ 유로 및 관로에서의 경제 유속을 물에 비하여 1/10배 정도로 낮게 해야 한다는 것

풀이 공기기계를 사용할 때 고려할 사항
① 기체는 압축성이 있다는 것
② 팽창할 때에는 온도변화가 따른다는 것
③ 기체는 단위체적 당 중량이 액체에 비하여 대단히 작다는 것

85 압력비를 가장 높게 할 수 있는 압축기는?

① 송풍기   ② 축류압축기
③ 왕복압축기   ④ 회전압축기

풀이 왕복압축기는 대표적인 용적형 압축기이며, 실린더 내에서 피스톤을 왕복 운동시켜 비교적 소량의 기체를 높은 압력비로 압축하는 압축기이다.

86 공압기계에서 왕복 압축기의 특징에 관한 설명으로 옳지 않은 것은?

① 대풍량에 적합하지 않다.
② 압력비가 원심식보다 높다.
③ 기계적 접촉부분이 적고, 회전속도가 높다.
④ 풍량이 압력변화에 따라 거의 변화하지 않는다.

풀이 왕복 압축기의 특징
① 압력비가 높다.
② 풍량이 압력변화에 따라 거의 변화하지 않는다.
③ 기계적 접촉부분이 많고, 회전속도가 낮다.
④ 송출량이 맥동적이므로 공기탱크가 필요하다.
⑤ 대풍량에는 부적합하다.

87 공기압 발생장치인 압축기의 일반적인 설치 조건으로 가장 적합하지 않은 것은?

① 습기제거를 위해 직사광선이 있는 곳에 설치한다.
② 저온·저습 장소에 설치하여 드레인 발생을 적게 한다.
③ 지반이 견고한 장소에 설치하여 소음·진동을 예방한다.
④ 빗물·바람 등에 보호될 수 있도록 지붕이나 보호벽을 설치한다.

풀이 압축기의 일반적인 설치조건은 ②, ③, ④항 이외에 직사광선이 없는 곳에 설치한다.

83 ④ 84 ④ 85 ③ 86 ③ 87 ①

88 공기압축기에서 생산된 압축공기를 탱크에 저장하는 경우에 공기탱크의 압력이 설정압력에 도달하면 압축공기를 토출하지 않는 무부하운전이 되게 하는 것은?

① 언로드 밸브(unload valve)
② 릴리프 밸브(relief valve)
③ 시퀀스 밸브(sequence valve)
④ 카운터밸런스 밸브(counter balance valve)

89 공기압 회로에서 다수의 에어 실린더나 액추에이터를 사용할 때, 각 작동순서를 미리 정해두고 그 순서에 따라 움직이고 싶은 경우 사용하는 밸브로 가장 적합한 것은?

① 언로딩 밸브   ② 공기밸브
③ 공기 리베터   ④ 시퀀스 밸브

풀이 시퀀스 밸브는 2개 이상의 분기회로를 가지는 회로 중에서 그 작동순서를 회로의 압력에 의하여 제어하는 밸브이다.

90 유압회로에서 어떤 부분회로의 압력을 주회로의 압력보다 저압으로 해서 사용하고자 할 때 사용하는 밸브는?

① 릴리프밸브
② 리듀싱밸브
③ 체크밸브
④ 카운터밸런스 밸브

풀이 리듀싱(감압)밸브는 회로일부의 압력을 릴리프 밸브의 설정압력(메인 유압) 이하로 하고 싶을 때 사용하며 입구(1차 쪽)의 주 회로에서 출구(2차 쪽)의 감압회로로 유압유가 흐른다. 상시 개방상태로 되어 있다가 출구(2차 쪽)의 압력이 감압밸브의 설정압력보다 높아지면 밸브가 작용하여 유로를 닫는다.

91 공압실린더와 연결되어 스로틀밸브를 조정하여 정밀한 속도제어를 위해 사용되는 것은?

① 어큐뮬레이터
② 루브리케이터
③ 속도제어 밸브
④ 하이드로 체크유닛

풀이 하이드로 체크유닛은 공압 실린더와 연결되어 스로틀 밸브를 조정하여 정밀한 속도제어를 위해 사용된다.

92 공기탱크와 압축기사이에 설치한 클램프 상태에 있는 회로에서 압력저하에 따른 위험방지 목적으로 압축기 정지시 역류방지용 등에 사용되는 밸브는?

① 스톱(stop)밸브
② 체크(check)밸브
③ 셔틀(shuttle)밸브
④ 스로틀(throttle) 밸브

풀이
① 스톱밸브 : 밸브시트에 밀착할 수 있는 밸브본체를 나사 봉에 설치하고, 이것에 핸들을 설치하고 밸브본체의 상·하 움직임이 가능하도록 하여 유체의 흐름을 개폐한다. 입구와 출구가 일직선상에 있어 유체의 흐름이 같은 방향인 글러브 밸브와 유체의 흐름 방향이 90°로 바뀌는 앵글밸브가 있다.
② 체크밸브 : 역류를 방지하며 유체를 한쪽 방향으로만 흐르도록 한다.
③ 셔틀밸브 : 두 개 이상의 입구와 한 개의 출구가 설치되어 있으며, 출구가 최고 압력의 입구를 선택하는 기능을 한다.
④ 스로틀밸브 : 원판을 회전시켜 관로를 개폐시켜 유체와의 마찰에 의하여 유체의 압력을 낮추는 데 사용한다.

88 ① 89 ④ 90 ② 91 ④ 92 ②

93 공압모터의 일반적인 장점에 관한 설명으로 틀린 것은?

① 폭발성이 없다.
② 속도조절이 자유롭다.
③ 역전 시 충격발생이 적다.
④ 공기의 압축성 때문에 제어성이 좋고, 배출소음이 적다.

94 전동기나 유압모터와 공기압 모터를 비교했을 때 일반적으로 공기압 모터의 특징에 대한 설명으로 거리가 먼 것은?

① 과부하시의 위험성이 낮다.
② 폭발의 위험성이 있는 환경에서 사용할 수 있다.
③ 기동, 정지, 역전시에 쇼크의 발생 없이 자연스럽다.
④ 부하에 따른 회전수 변동이 적어 일정한 회전수를 유지할 수 있다.

> **풀이** 공기압 모터의 특징
> ① 마모 등에 의한 주기적 부품 교환이 필요 없다.
> ② 내구성이 좋고 유지보수가 편리하다.
> ③ 회전방향의 전환이 용이하고 설치가 간단하다.
> ④ 다양한 회전수와 토크 범위로 인해 별도의 감속기 등이 필요 없다.
> ⑤ 성능의 저하가 적다.
> ⑥ 과부하시의 위험성이 낮다.
> ⑦ 폭발의 위험성이 있는 환경에서 사용할 수 있다.
> ⑧ 기동, 정지, 역전 등에서 충격발생 없이 자연스럽다.

95 공압모터의 종류에 속하지 않은 것은?

① 회전 날개형   ② 피스톤형
③ 기어형   ④ 분권형

> **풀이** 공압모터의 종류에는 회전 날개형, 피스톤형, 기어형, 터빈형이 있다.

96 다음 중 압축기 뒤에 설치되어 압축공기를 저장하는 공기탱크에 관한 설명으로 옳지 않은 것은?

① 맥동을 방지하거나 평준화한다.
② 압력용기이므로 법적 규제를 받는다.
③ 비상시에도 일정시간 운전을 가능하게 한다.
④ 다량의 공기소비 시 급격한 압력상승을 방지한다.

> **풀이** 공기탱크의 기능은 맥동을 방지하가 평준화하고, 비상시에도 일정시간 운전을 가능하게 하며, 압력용기이므로 법적 규제를 받는다.

97 공기압 회로 중 압축공기 필터에 대한 설명으로 틀린 것은?

① 수분·먼지가 침입하는 것을 방지하기 위해 설치한다.
② 필터는 공기 배출구에 설치한다.
③ 드레인 여과방식으로 수동식과 자동식이 있다.
④ 오염의 정도에 따라 필터의 엘리먼트를 선정할 필요가 있다.

> **풀이** 압축공기 필터에 대한 설명은 ①, ③, ④항 이외에 필터는 공기 흡입구에 설치한다.

93 ④   94 ④   95 ④   96 ④   97 ②

98 공압에서 속도조절 방식 중 공급공기 조절 방식(meter in system)의 특징으로 적합하지 것은?

① 실린더의 초기운동에 안정감이 있다.
② 피스톤의 진행방향으로의 부하에 대해 적용할 수 없다.
③ 체적이 작은 실린더에서 제한적으로 사용된다.
④ 부하의 방향에 큰 영향을 받지 않으므로 복동 실린더의 속도조절에 주로 사용된다.

풀이 공급공기 조절방식(meter in system)의 특징
① 실린더의 초기운동에 안정감이 있다.
② 피스톤의 진행방향으로의 부하에 대해 적용할 수 없다.
③ 체적이 작은 실린더에서 제한적으로 사용된다.

99 공기가 흐르는 통로의 크기를 가감시켜서 공기의 흐르는 양을 조절하는 것으로 니들형, 격판형 등이 있는 밸브를 무엇이라고 하는가?

① 셔틀 밸브   ② 체크밸브
③ 차단밸브   ④ 유량제어 밸브

풀이 유량제어 밸브는 공기가 흐르는 통로의 크기를 가감시켜서 공기의 흐르는 양을 조절하는 것으로 니들형, 격판형 등이 있다.

100 공압에서 속도조절 방식 중 배기 조절방식(meter out system)의 특징이 아닌 것은?

① 부하의 방향에 큰 영향을 받지 않으므로 복동 실린더의 속도조절에 주로 사용된다.
② 실린더의 초기운동에 안정감이 있다.
③ 실린더의 초기운동에 약간의 동요가 있다.
④ 초기상태를 제외하고는 안정감이 있다.

풀이 배기 조절방식(meter out system)의 특징
① 부하의 방향에 큰 영향을 받지 않으므로 복동 실린더의 속도조절에 주로 사용된다.
② 초기상태를 제외하고는 안정감이 있다.
③ 실린더의 초기운동에 약간의 동요가 있다.

101 FLIP-FLOP 회로에 대한 설명으로 옳은 것은?

① 입력 A가 ON되면 출력이 전환되고, 입력 A가 OFF되어도 입력 B가 ON 될 때까지 출력이 그대로 유지되는 회로이다.
② 입력 A가 OFF되면 출력이 전환되고, 입력 A가 OFF되어도 입력 B가 ON 될 때까지 출력이 그대로 유지되는 회로이다.
③ 입력 A가 ON되면 출력이 전환되고, 입력 A가 ON되어도 입력 B가 OFF 될 때까지 출력이 그대로 유지되는 회로이다.
④ 입력 A가 OFF 되면 출력이 전환되고, 입력 A가 ON되어도 입력 B가 OFF 될 때까지 출력이 그대로 유지되는 회로이다.

풀이 FLIP-FLOP 회로는 메모리(memory)회로라고도 부르며, 입력 A가 ON되면 출력이 전환되고, 입력 A가 OFF되어도 입력 B가 ON될 때까지 출력이 그대로 유지되는 회로이다.

98 ④ 99 ④ 100 ② 101 ①

102 공압기계에서 이슬점 온도란 무엇을 말하는가?

① 공기 또는 가스 등에 포함된 수증기가 압축되기 시작하는 온도를 말한다.
② 공기 또는 가스 등에 포함된 수증기가 팽창하기 시작하는 온도를 말한다.
③ 공기 또는 가스 등에 포함된 수증기가 응축되기 시작하는 온도를 말한다.
④ 공기 또는 가스 등에 포함된 수증기가 폭발되기 시작하는 온도를 말한다.

풀이 이슬점 온도란 공기 또는 가스 등에 포함된 수증기가 응축되기 시작하는 온도를 말한다.

103 원심 송풍기의 전압이 250mmAq, 회전수 960rpm, 풍량이 16㎥/min일 때 이 송풍기의 회전수를 1400rpm으로 증가시키면 풍량은 몇 ㎥/min인가?

① 19.32　　② 23.33
③ 34.03　　④ 49.62

풀이 $Q_2 = \dfrac{Q_1 \times N_2}{N_1} = \dfrac{16 \times 1400}{960} = 23.33\text{m}^3$

Q_2 : 회전수를 증가시킨 후의 풍량,
N_2 : 증가시킨 회전수, N_1 : 송풍기의 처음 회전수

102 ③　103 ②

05 재료역학

제1절 응력과 변형 및 안전율

1. 응력과 변형 및 안전율, 탄성계수

1. 하중(load)

어떤 물체가 외부로부터 힘의 작용을 받았을 때 그 힘을 외력이라 하며 이때 가해진 외력을 하중이라 한다. 하중은 작용하는 방법이나 속도에 따라 다음과 같이 분류한다.

1) 하중이 작용하는 방향에 따른 분류

① 인장하중(tensile load) : 재료의 축 방향으로 늘어나게 하는 하중

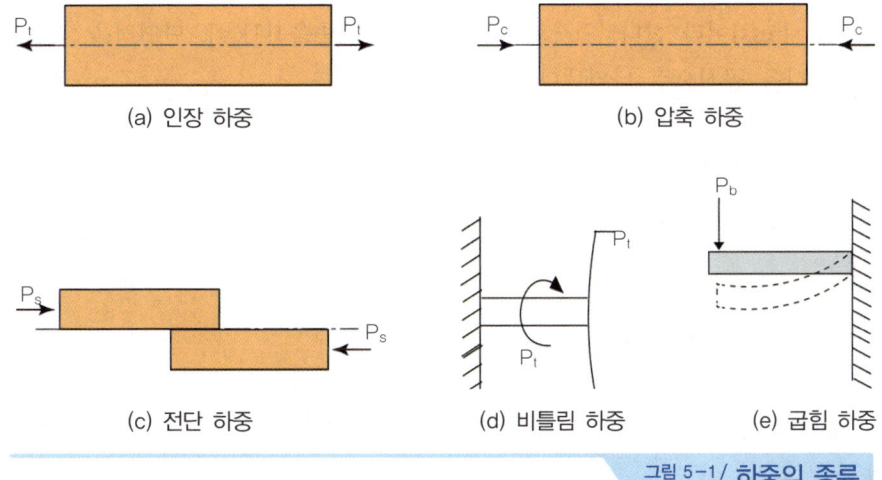

그림 5-1 / **하중의 종류**

② 전단하중(shearing load) : 물체 내의 접근한 평행 2면에 크기가 같고 방향이 반대로 작용하는 하중
③ 굽힘하중(bending load) : 재료의 축선에 수직으로 작용하여 굽힘을 일으키는 하중
④ 비틀림하중(twisting load) : 축에 비틀림을 일으키는 하중

2) 하중이 걸리는 속도에 따른 분류

① **정하중**(static load) : 하중의 크기와 방향이 시간에 따라 변화하지 않고 하중의 크기 및 방향이 일정한 하중
② **동하중**(dynamic load) : 하중의 크기와 방향이 시간에 따라 변화하는 하중
　㉠ 교번하중 : 하중의 크기와 방향이 주기적으로 변화하는 하중
　㉡ 반복하중 : 하중의 크기는 끊임없이 변화하나 같은 방향으로 반복하여 작용하는 하중
　㉢ 충격하중 : 시간에 대한 하중의 크기의 변화가 극단적으로 큰 하중
　㉣ 이동하중 : 물체위를 이동하면서 작용하는 하중

2. 응력(stress)

어떠한 재료에 외력을 가하면 변형과 동시에 물체 내부에 저항이 발생하는데 이 저항력을 내력이라 하고 작용한 외력과 평형을 이룬다. 이 저항력을 단위면적으로 나눈 것을 응력이라고 한다. 단면에 수직으로 작용하는 응력을 수직응력(normal stress), 이것에는 인장하중에 따라 발생하는 인장응력(tensile stress)과 압축하중에 따라 발생하는 압축응력(compressive stress)이 있다.

또 리벳이 전단 하중을 받을 때 발생하는 응력과 같이 단면에 따라 발생하는 응력을 전단응력(shearing stress)이라 한다. 인장과 압축의 경우 하중을 W[kgf], 단면적을 A[mm²]라 하면 수직응력 σ는 다음 공식으로 나타낸다.

$$\sigma = \frac{W}{A} [\text{kgf/mm}^2]$$

전단하중을 W_s[kgf], 전단응력이 발생한 단면적을 A[mm²]라 하면 전단응력 τ는 다음 공식으로 나타낸다.

$$\tau = \frac{W_s}{A} [\text{kgf/mm}^2]$$

그리고 봉에 비틀림 모멘트가 작용할 경우 봉에 발생하는 전단응력 τa은 다음 공식으로 나타낸다.

$$\tau a = \frac{16T}{\pi d^3}$$

T : 비틀림 모멘트[kgf-cm]
d : 봉의 지름[cm]

3. 변형률

물체에 외력을 작용하면 그 내부에 응력의 발생과 더불어 변형이 발생하며 단위 길이에 대한 변형량을 변형률이라 한다. 인장 또는 압축에서 λ만큼 늘어나거나 또는 줄어들었다고 하면 λ를 본래의 길이 l로 나눈 것을 세로 변형률이라 하며 ϵ로 나타낸다.

$$\epsilon = \frac{\lambda}{l} \quad \text{또는} \quad \epsilon = \frac{l'-l}{l}$$

l' : 변형 후 길이
l : 본래의 길이

4. 후크의 법칙(Hook's law)

대부분의 재료에서 그 재료에 따라 정해진 일정한 응력의 범위 안에서 응력과 변형률이 서로 비례한다. 이것을 후크의 법칙이라 한다.

인장과 압축에서는

$$E = \frac{\sigma}{\epsilon} \quad \text{또는} \quad \sigma = E\epsilon$$

이고, 전단에서는

$$G = \frac{\tau}{\gamma} \quad \text{또는} \quad \tau = G\gamma$$

이다. 여기서, E, G는 비례상수이며, E를 세로탄성계수, G를 가로 탄성계수라 한다. 그리고 하중을 $W[\text{kgf}]$, 단면적을 $A[\text{mm}^2]$, 길이를 $l[\text{mm}]$라 할 때 변형량(신장량)λ은 다음 공식으로 나타낸다.

$$\lambda = \frac{Wl}{AE}$$

5. 포와송 비(poisson's ratio)

포와송 비란 재료에 축방향으로 하중을 가하면 세로변형과 가로변형이 발생한다. 이 때 탄성한도 내에서는 세로 변형률과 가로 변형율과의 비율은 일정한 관계를 갖고 있다. 이 비율을 포와송 비라 한다.

$$\text{포와송 비} = \frac{\text{가로변형률}}{\text{세로변형률}}$$

6. 재료의 강도와 허용응력

1) 응력-변형률 선도

재료의 응력과 변형률의 관계를 알아보기 위하여 KS규격에 맞는 시편을 제작하여 인장시험기에 설치하고 인장 하중을 가하면 이에 비례하여 변형이 발생한다. 이러한 하중과 변형을 선도로 표시한 것이 하중-변형량 선도이고 하중 대신 응력으로, 변형량 대신 변형률로 표시한 것이 응력-변형률 선도라고 한다.

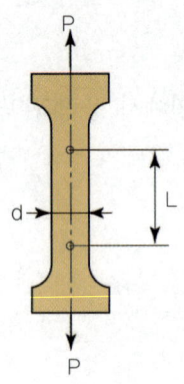 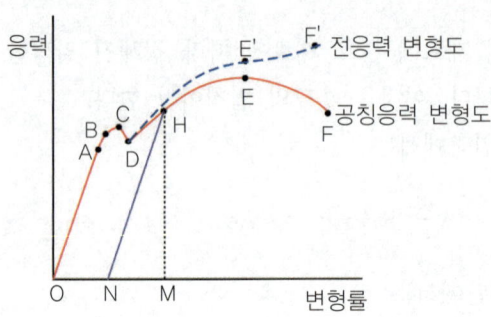

A : 비례한도(proportional limit)
B : 탄성한도(elastic limit)
C : 상 항복점(upper yield point)
D : 하 항복점(lower yield point)
E : 극한강도(ultimate strength)
F' : 실제 파괴강도(actual rupture strength)
F : 파괴강도(rupture strength)
NM : 탄성변형(elastic strain)
ON : 잔류변형(residual strain)

그림 5-2 / 응력 변형률 선도

2) 안전율

재료의 인장강도(극한강도)와 허용응력과의 비율을 안전율이라고 한다.

$$안전율 = \frac{극한강도}{허용응력}$$

제2절 보의 응력과 처짐

1_보(beam)의 종류 및 반력

1. 보의 종류

1) 정정보

정 역학적 평형조건을 이용하여 미지수의 반력을 구할 수 있는 보를 말한다.

① 외팔보 : 보의 한쪽 끝만을 고정한 것이며, 고정된 끝을 고정단, 다른 쪽을 자유단이라 한다.
② 단순보 : 양끝에서 받치고 있는 보이며, 양단 지지보라고도 한다.
③ 돌출보 또는 내다지보 : 지점의 바깥쪽에 하중이 걸리는 보이다.

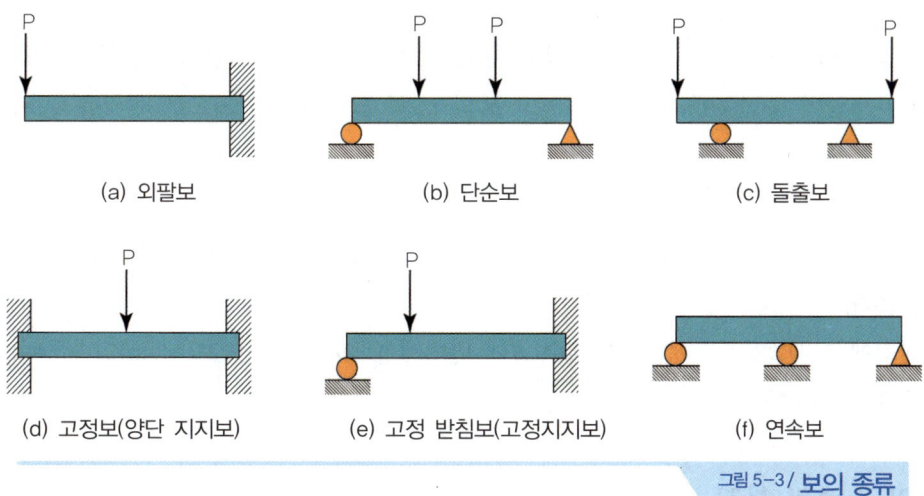

그림 5-3 / 보의 종류

2) 부정정보

정 역학적 평형 조건만으로 미지수의 반력을 구할 수 없는 보를 말한다.

① 고정보 : 양끝을 모두 고정한 보이며, 가장 튼튼하다.
② 고정 받침보 : 한쪽 끝은 고정이 되고, 다른 쪽 끝은 받쳐져 있는 보이다.
③ 연속보 : 3개 이상의 지점, 즉 2개 이상의 스팬을 가진 보이다.

2. 보의 반력

1) 굽힘 모멘트

자유단 a에 하중 W를 걸면, 자유단에서 x의 거리에는 단면 c에 작용하는 하중의 W모멘트는 다음 공식과 같다.

$$M = Wx$$

이것을 단면 c의 굽힘 모멘트라 한다. 이 공식에서 굽힘 모멘트는 거리에 비례하므로 굽힘 모멘트는 자유단에서 0, 고정단에서 최대가 되므로 최대 굽힘 모멘트 M_{max}는 다음 공식과 같다.

$$M_{max} = W\ell$$

또, 굽힘모멘트의 방향에는 2가지가 있으므로 이것을 (+)와 (-)의 부호로 구별하도록 한다.

2) 굽힘 응력

인장 쪽의 최대응력은 그 바깥의 응력 σ_t이며, 압축 쪽의 최대응력은 그 바깥쪽 응력 σ_c이다. 단면의 모양이 중립축에 대해 대칭이면 σ_t와 σ_c의 크기가 같아지므로 이것을 σ_b로 하면

$$\sigma_c = \frac{M}{Z}$$

여기서, Z는 단면계수라 하고, 그 값은 단면의 모양과 치수에 따라 결정되며, 길이의 3승 단위를 쓴다.

위 공식에서 바깥응력 σ_b는 단면계수 Z에 반비례하므로 Z가 큰 보(beam)일수록 굽힘 작용에 대해 강해진다.

2_보의 응력과 처짐

① 단순보의 한 지지 점으로부터 스팬 길이의 1/3되는 점에 한 개의 집중 하중이 작용할 때 최대 처짐이 생기는 위치는 중앙점 부근이다.
② 단순보의 전 길이(L)에 걸쳐 균일 분포하중이 작용할 때 최대 굽힘 모멘트는 중앙 ($\frac{1}{2}L$)지점에서 일어난다.
③ 균일분포 하중을 받는 단순보의 처짐
  ㉠ 처짐량은 보의 길이의 4제곱에 비례한다.
  ㉡ 처짐량은 단면 2차 모멘트에 반비례한다.

ⓒ 처짐량은 종탄성계수에 반비례한다.
④ 단면이 사각형인 단순보의 중앙에 집중하중이 작용할 때 최대 처짐
  ㉠ L(지지점 사이의 거리)의 3승에 비례한다.
  ㉡ 하중에 정비례한다.
  ㉢ 보의 폭에 반비례한다.

제3절 / 비틀림

1_원형 단면축의 비틀림

$$\gamma = \tan\phi = \phi = \frac{BB'}{AB} = \frac{r\theta}{l}$$

전단 변형률에 의해 생기는 전단 응력 τ는 가로 탄성계수를 G로 하면

$$\tau = G\phi = G\frac{r\theta}{l}, \text{ 또는 } \tau = G\frac{\theta}{l}r$$

> **참고**
> 축을 어떤 각도에서 비틀림 시켰을 때 $\dfrac{G \cdot \theta}{l}$는 일정한 값이 되며 비틀림 응력 τ는 반지름 r에 비례한다. 비틀림 응력은 축 중심에서는 0, 표면에서는 최대가 되며 직선적으로 증가한다.

2_극 단면계수

직각 단면의 중심 O에서 3축 XX, YY, ZZ가 서로 직각으로 교차한다. 중심 O로부터 임의의 거리 ρ에 미소 면적 dA를 취하고, ZZ축에 대한 극 단면 2차 모멘트 I_P는

$$I_P = \int_A \rho^2 dA = \int_A (x^2 + y^2) dA = \int_A x^2 dA + \int_A y^2 dA = I_X + I_Y$$

이므로 단면을 원형으로 하면 $I_X = I_Y = \dfrac{\pi d^4}{64}$가 되어

$$I_P = 2I = 2 \times \frac{\pi d^4}{64} = \frac{\pi d^4}{32}$$

단면을 중공(中空)으로 하고, 바깥지름을 d_2, 안지름을 d_1으로 하면

$$I_P = \frac{\pi}{32}(d_2^4 - d_1^4)$$

그리고 극 단면계수 $Z_P = \dfrac{I_P}{r}$ 이므로 원형 단면은

$$Z_P = \frac{\dfrac{\pi d^4}{32}}{\dfrac{d}{2}} = \frac{\pi d^3}{16}$$

중공 원 단면은 $Z_P = \dfrac{\dfrac{\pi}{32}(d_2^4 - d_1^4)}{\dfrac{d}{2}} = \dfrac{\pi}{16}\left(\dfrac{d_2^4 - d_1^4}{d_2}\right)$ 이다.

3_축의 강도와 지름

원형축의 비틀림 모멘트 및 비틀림 응력은 다음과 같다.

$$T = \tau Z_P = \tau \frac{\pi d^3}{16} \text{에서} \quad \tau = \frac{16T}{\pi d^3}, \quad \therefore d = \sqrt[3]{\frac{16T}{\pi \tau}}$$

그리고 중공축의 경우에는

$$T = \tau \cdot Z_p = \tau \frac{\pi}{16}\left(\frac{d_2^4 - d_1^4}{d_2}\right) \text{에서} \quad \tau = \frac{16Td_2}{\pi(d_2^4 - d_1^4)}$$

 # 제5장 출제예상문제

01 같은 재료에서도 하중의 상태에 따라 안전율을 정해야 하는데, 다음 중 안전율을 가장 크게 정해야 하는 하중은?

① 충격하중　② 반복하중
③ 교하중　　④ 정하중

풀이　충격하중의 안전율을 가장 크게 하여야 한다.

02 엘리베이터(elevator)의 로프와 같이 하중의 크기와 방향이 일정하게 되풀이 작용하는 하중은?

① 집중하중　② 분포하중
③ 반복하중　④ 충격하중

풀이　하중의 크기와 방향이 일정하게 되풀이 작용하는 하중을 반복하중이라 한다.

03 노치, 구멍, 필렛, 키 홈 등과 같이 단면의 형상이 급변하는 부분에 하중이 작용할 때 국부적으로 대단히 큰 응력이 발생하는 현상은?

① 잔류응력　② 공칭응력
③ 응력집중　④ 국부응력

풀이　단면의 형상이 급변하는 부분에 하중이 작용할 때 국부적으로 대단히 큰 응력이 발생하는 현상을 응력집중이라 한다.

04 단면적 5㎠인 막대에 수직으로 20kgf의 압축하중이 작용한다면 이때의 압축응력은 몇 kgf/㎠인가?

① 1　② 2
③ 4　④ 8

풀이　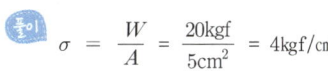
σ : 응력,　W : 하중,　A : 단면적

05 지름이 50[mm]인 원형 단면 봉에 축하중 P = 1000[kgf]의 압축 하중이 작용할 때 이 봉에 발생하는 압축응력은 몇 kgf/㎠인가?

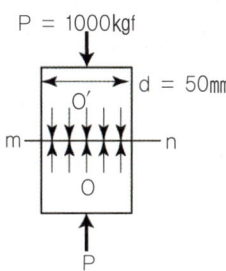

① 51.0　② 59.0
③ 65.0　④ 70.0

풀이　$\sigma = \dfrac{W}{A} = \dfrac{1000}{0.785 \times 5^2} = 51\text{kgf/cm}^2$

ANSWER 01 ①　02 ③　03 ③　04 ③　05 ①

06 단면적이 25㎠인 원형기둥에 10kN의 압축하중을 받을 때 기둥 내부에 생기는 압축응력은 몇 MPa인가?

① 0.4　　② 4
③ 40　　④ 400

풀이 $\sigma = \dfrac{W}{A} = \dfrac{10kN}{25cm^2} \times 10 = 4MPa$

σ : 응력, W : 하중, A : 단면적

07 지름 10mm, 길이 1m인 연강 환봉이 하중 1ton을 받아 0.6㎜ 신장했다고 한다. 이 봉에 발생하는 응력은 약 몇 MPa인가?

① 1.25　　② 12.5
③ 125　　④ 1250

풀이 $\sigma = \dfrac{W}{A} = \dfrac{1000}{0.785 \times 10^2} \times 9.8 = 124.84MPa$

08 가로 a, 세로 b인 직사각형의 단면을 갖는 봉이 하중 P를 받아 인장되었다. 이 봉에 작용한 인장응력은 얼마인가?

① $(a \cdot b^2)/P$　　② $P/(a \cdot b2)$
③ $(a \cdot b)/P$　　④ $P/(a \cdot b)$

09 그림과 같이 로프로 고정하여 A점에 1000N의 무게를 매달 때 AC로프에 생기는 응력은 약 몇 N/㎠인가?(단, 로프 지름은 3cm이다)

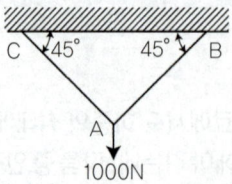

① 100　　② 210
③ 431　　④ 640

풀이 $\sigma = \dfrac{W}{A} \times \cos\alpha = \dfrac{1000}{0.785 \times 3^2} \times \cos 45°$
$= 100N/cm^2$

10 지름이 구간에 따라 일정하지 않은 봉의 최대지름이 50㎜이고, 최소지름이 25㎜이다. 5000kgf의 인장하중이 작용할 때 봉에 작용하는 최대 인장응력은 약 몇 kgf/㎟인가?

① 2.55　　② 10.2
③ 20.4　　④ 40.8

풀이 $\sigma = \dfrac{W}{A} = \dfrac{5000}{0.785 \times (50-25)^2}$
$= 10.19 kgf/㎟$

11 압축하중 2400kgf를 받고 있는 연강 축에 발생하는 압축응력이 960kgf/㎠일 경우 축의 지름은 약 몇 mm인가?

① 9.28　　② 10.24
③ 17.85　　④ 30.36

풀이 $\sigma = \dfrac{W}{A}$에서 $d = \sqrt{\dfrac{W}{0.785 \times \sigma}}$
$= \sqrt{\dfrac{2400}{0.785 \times 960}} = 1.785cm = 17.85mm$

06 ②　07 ③　08 ④　09 ①　10 ②　11 ③

12 두께 5mm, 안지름 300mm인 관에 3MPa의 원주방향 압력이 작용할 때 관 벽에 발생하는 응력은 몇 MPa인가?

① 45　　② 90
③ 125　　④ 250

풀이 $\sigma t = \dfrac{PD}{2t} = \dfrac{3 \times 300}{200 \times 5} = 90 \text{MPa}$

σt : 관 벽에 작용하는 응력, P : 원주방향 압력
D : 안지름, t : 두께

13 동일한 크기의 전단응력이 작용하는 원형 단면보의 지름을 2배로 하면 전단응력은 얼마로 감소하는가?

① 1/16　　② 1/8
③ 1/4　　④ 1/2

풀이 동일한 크기의 전단응력이 작용하는 원형 단면보의 지름을 2배로 하면 전단응력은 1/4로 감소한다.

14 같은 전단응력이 작용하는 보에서 원형단면의 지름을 2배로 하면 전단응력(τ)은 얼마인가?

① $\dfrac{\tau}{2}$　　② $\dfrac{\tau}{4}$
③ $\dfrac{\tau}{8}$　　④ $\dfrac{\tau}{16}$

15 지름이 4cm인 봉에 20kgf-m의 비틀림 모멘트가 작용하고 있다. 봉에 발생되는 최대 전단응력은 몇 kgf/cm²인가?

① 185　　② 163
③ 159　　④ 127

풀이 $\tau a = \dfrac{16T}{\pi d^3} = \dfrac{16 \times 20}{3.14 \times 4^3} = 159 \text{kgf/cm}^2$

τa : 전단응력, T : 비틀림 모멘트, d : 지름

16 3000N·m의 비틀림 모멘트가 작용하는 지름 10mm 환봉 축의 최대 전단응력은 약 몇 N/mm²인가?

① 13.42　　② 15.28
③ 17.59　　④ 21.28

풀이 $\tau a = \dfrac{16T}{\pi d^3} = \dfrac{16 \times 3000}{3.14 \times 10^3} = 15.28 \text{N/mm}^2$

17 길이 1000mm, 지름 6mm인 둥근 축에 2000N·mm의 비틀림 모멘트가 작용할 때 축에 생기는 최대 전단응력은 몇 N/mm²인가?

① 23.6　　② 47.2
③ 141.6　　④ 283.2

풀이 $\tau a = \dfrac{16T}{\pi d^3} = \dfrac{16 \times 2000}{3.14 \times 6^3} = 47.2 \text{N/mm}^2$

18 단면계수가 10m³인 원형 봉의 최대 굽힘 모멘트가 2000N·m일 때 최대 굽힘 응력은 몇 N/m³인가?

① 20000　　② 2000
③ 200　　④ 20

풀이 $\sigma a = \dfrac{Me}{Ae} = \dfrac{2000 \text{N} \cdot \text{m}}{10 \text{m}^3} = 200 \text{N/m}^3$

σa : 굽힘 응력, Me : 굽힘 모멘트
Ae : 단면계수

19 50000N·cm의 굽힘 모멘트를 받는 단순보의 단면계수가 100cm³이면 이 보에 발생되는 굽힘 응력은 몇 N/cm²인가?

① 250　　② 500
③ 750　　④ 1000

풀이 $\sigma a = \dfrac{Me}{Ae} = \dfrac{50000}{100} = 500 \text{N/mm}^2$

ANSWER 12 ② 13 ③ 14 ② 15 ③ 16 ② 17 ② 18 ③ 19 ②

20 100N·m의 굽힘 모멘트를 받는 단순보가 있다. 이 단순보의 단면이 직사각형이며 폭이 20㎜, 높이가 40㎜일 때 최대 굽힘 응력은 약 몇 N/㎟인가?

① 12.4   ② 15.6
③ 18.8   ④ 20.2

풀이 $\sigma a = \dfrac{6M}{bh^2} = \dfrac{6 \times 100 \times 1000}{20 \times 40^2} = 18.75 \text{N/㎟}$

σa : 굽힘 응력, M : 굽힘 모멘트,
b : 폭, h : 높이

21 다음 중 변형률(ε)의 단위로 맞는 것은?

① kgf   ② kgf/cm
③ kgf/㎠   ④ 단위 없음

풀이 변형률은 단위가 없다.

22 단면적 20㎠의 재료에 6000kgf의 전단하중이 작용하고 있을 때 이 재료의 전단 변형률은?(단, $G = 0.8 \times 10^6 \text{kgf/㎠}$이다)

① 2.81×10^{-4} ② 3.75×10^{-4}
③ 2.81×10^{-3} ④ 3.75×10^{-3}

풀이 ① 전단응력 $\tau a = \dfrac{W}{A} = \dfrac{6000}{20} = 300 \text{kgf/㎠}$

② 전단변형률

$\tau_\epsilon = \dfrac{\tau a}{G} = \dfrac{300}{0.8 \times 10^6} = 3.75 \times 10^{-4}$,

G : 횡탄성계수

23 길이가 300㎜의 봉이 인장력을 받아 1.5㎜ 늘어났을 때 길이 방향 변형률은?

① 5.0×10^{-3} ② 5.0×10^{-2}
③ 1.33×10^{-3} ④ 1.33×10^{-2}

풀이 $\epsilon = \dfrac{l'}{l} = \dfrac{1.5}{300} = 0.005 = 5 \times 10^{-3}$

ϵ : 변형률, l' : 늘어난 길이, l : 본래의 길이

24 지름 30㎜, 길이 200㎜ 둥근 봉에 인장하중이 작용하여 길이가 200.12㎜로 늘어났다. 세로 변형률은 얼마인가?

① 15×10^{-2} ② 15×10^{-3}
③ 6×10^{-3} ④ 6×10^{-4}

풀이 $\epsilon = \dfrac{l' - l}{l} = \dfrac{200.12 - 200}{200} = 0.0006$
$= 6 \times 10^{-4}$

ϵ : 변형률, l' : 늘어난 길이, l : 본래의 길이

25 길이가 1.5m인 봉에 인장하중을 작용시켜 변형 후 길이가 1.5009m로 되었다면 세로변형률은?

① 0.0003   ② 0.0006
③ 0.003   ④ 0.006

풀이 $\epsilon = \dfrac{l' - l}{l} = \dfrac{1.5009 - 1.5}{1.5} = 0.0006$

20 ③   21 ④   22 ②   23 ①   24 ④   25 ②

26 시편 지름이 D = 14mm, 평행부가 60mm, 표점거리는 50mm, 인장하중이 P = 9930N일 때 인장응력 σ (N/mm²) 및 연신율 ε (%)는 약 얼마인가?(단, 절단 후의 표점거리 ℓ = 64.3mm이다)

① σ = 64.5, ε = 28.6
② σ = 64.5, ε = 38.6
③ σ = 54.5, ε = 38.6
④ σ = 54.5, ε = 28.6

풀이 ① $\sigma = \dfrac{W}{A} = \dfrac{9930}{0.785 \times 14^2} = 64.5 \text{N/mm}^2$

② $\epsilon = \dfrac{l' - l}{l} = \dfrac{64.3 - 50}{50} \times 100 = 28.6\%$

27 포와송 비(poisson's ratio)에 대하여 옳게 설명한 것은?

① 종 변형률과 횡 변형률의 곱이다.
② 수직응력과 종탄성계수를 곱한 값이다.
③ 횡 변형률을 종 변형률로 나눈 값이다.
④ 전단응력과 횡 탄성계수의 곱이다.

풀이 포와송 비(poisson's ratio)란 횡(가로)변형률을 종(세로)변형률로 나눈 값이다.

28 재료의 성질 중에서 포아송 비(poisson's ratio)를 바르게 표시한 것은?

① $\dfrac{\text{세로변형율}}{\text{가로변형율}}$
② $\dfrac{\text{가로변형율}}{\text{세로변형율}}$
③ $\dfrac{\text{세로변형율}}{\text{전단변형율}}$
④ $\dfrac{\text{전단변형율}}{\text{세로변형율}}$

29 지름 2cm, 길이 4m인 봉이 축 인장력 400kg을 받아 지름이 0.001mm 줄어들고 길이는 1.05mm 늘어났다. 이 재료의 포아송 수 m은 얼마인가?

① 3.25   ② 4.25
③ 5.25   ④ 6.25

풀이 ① 포아송 비(μ)
$= \dfrac{1}{m} = \dfrac{\epsilon'}{\epsilon} = \dfrac{\delta/d}{\lambda/l} = \dfrac{\delta l}{\delta \lambda}$
$= \dfrac{0.001 \times 4000}{20 \times 1.05} = \dfrac{4}{21}$

② 포아송 수 $m = \dfrac{21}{4} = 5.25$

30 탄소강의 응력 변형곡선에서 항복점을 나타내는 점은?

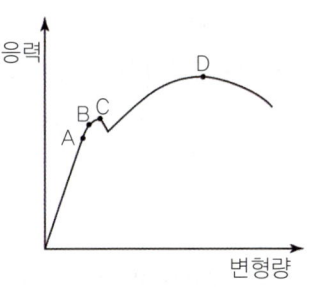

① A   ② B
③ C   ④ D

풀이 A : 비례한계, B : 탄성한계, C : 항복점,
D : 인장강도

31 응력과 변형률에 관한 설명 중 바른 것은?
① 탄성한계 내에서 변형률과 응력은 반비례한다.
② 포와송 비는 세로변형률과 가로변형률의 곱으로 나타낸다.
③ 응력은 단위 부피당 내력의 크기를 말한다.
④ 변형률은 응력이 작용하여 발행한 변형량과 변형 전 상태량과의 비를 말한다.

32 조립된 기계 부품의 세부항목에 대한 안전율을 결정하는 데는 여러 가지 변수가 있다. 안전율을 결정하는 요소가 아닌 것은?
① 재료의 품질
② 하중과 응력계산의 정확성
③ 공작기계의 정도
④ 하중의 종류에 따른 응력의 성질

풀이) 안전율을 결정하는 요소에는 재료의 품질, 하중과 응력계산의 정확성, 하중의 종류에 따른 응력의 성질 등이 있다.

33 탄성한도 내에서 인장하중을 받는 봉의 허용응력이 2배가되면 안전율은 처음에 비해 몇 배가 되는가?
① 1/2배   ② 2배
③ 1/4배   ④ 4배

풀이) 탄성한도 내에서 인장하중을 받는 봉의 허용응력이 2배가되면 안전율은 처음에 비해 1/2배가된다.

34 강 구조물 재료에서 인장강도(σu), 허용응력(σa), 사용응력(σw)과의 관계로 다음 중 적합한 것은?
① $\sigma u > \sigma a \geqq \sigma w$ ② $\sigma u > \sigma w \geqq \sigma a$
③ $\sigma w > \sigma u \geqq \sigma a$ ④ $\sigma w > \sigma a \geqq \sigma u$

풀이) 인장강도, 허용응력, 사용응력의 관계는 $\sigma u > \sigma a \geqq \sigma w$이다.

35 인장강도가 4200kgf/㎟인 연강 봉이 있다. 안전율이 10이면 허용응력은 몇 kgf/㎟인가?
① 42000   ② 42
③ 280   ④ 420

 $\sigma a = \dfrac{\sigma u}{S} = \dfrac{4200}{10} = 420 \text{kgf/㎟}$
σa : 허용응력, σu : 인장강도, S : 안전율

36 인장강도가 430N/㎟인 주철의 안전율이 10이면 허용응력은 몇 N/㎟인가?
① 4300   ② 21.5
③ 2150   ④ 43.0

 $\sigma a = \dfrac{\sigma u}{S} = \dfrac{430}{10} = 43.0 \text{N/㎟}$

31 ④ 32 ③ 33 ① 34 ① 35 ④ 36 ④

37 그림과 같이 주어진 구조물에 인장하중이 작용할 때 구조물의 자중을 고려해서 최대 응력이 발생하는 지점은?

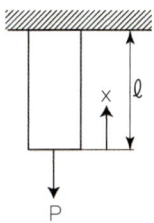

① $x = 0$
② $x = \ell/2$
③ $x = \ell$
④ 모든 위치에서 동일

38 열응력에 관한 설명으로 가장 적합한 것은?

① 열을 가해 온도가 올라갈 때 늘어나면서 생기는 내부응력
② 온도가 내려가면 재료가 수축하여 생기는 외부응력
③ 높은 온도에서 급냉 할 때만 발생하는 잔류응력
④ 온도 변화에 의한 신축이 방해되었기 때문에 생기는 응력

풀이 열응력이란 온도변화에 의한 신축이 방해되었기 때문에 발생하는 응력이다.

39 재료의 성질에서 열응력과 가장 관계 깊은 인자는?

① 경도   ② 전단강도
③ 피로한도   ④ 선팽창계수

풀이 열응력과 가장 깊은 관계가 있는 인자는 선팽창계수이다.

40 열응력에 대한 다음 설명 중 틀린 것은?

① 세로탄성계수와 관계있다.
② 재료의 단면치수에 관계있다.
③ 온도 차이에 관계있다.
④ 재료의 선팽창계수에 관계있다.

풀이 열응력은 세로탄성계수, 온도차이, 재료의 선팽창계수에 관계있다.

41 10℃에서 양 끝을 고정한 연강봉이 온도 30℃로 되었을 때 재료내부에 생기는 열응력은 약 몇 N/㎠인가?(단, 연강봉의 세로탄성계수 $E = 2.1 \times 10^6 N/㎠$, 선팽창계수 $a = 0.000012/℃$로 한다)

① 252   ② 353
③ 454   ④ 504

풀이 $\sigma h = E \times \alpha \times (t_2 - t_1)$
      $= 2.1 \times 10^6 \times 0.000012 \times (30-10)$
      $= 504 N/㎠$

42 15℃에서 양끝을 고정한 봉이 35℃가 되었다면 이 봉의 내부에 생기는 열응력은 어떤 응력이고 몇 kgf/㎠ 인가?(단, 봉의 세로탄성계수는 $E = 2.0 \times 10^6 kgf/㎠$이고 선팽창계수는 $\alpha = 12 \times 10^{-6}/℃$이다)

① 인장응력 : 480
② 인장응력 : 240
③ 압축응력 : 480
④ 압축응력 : 240

풀이 열응력
$E\alpha = (t_2 - t_1) = 2.0 \times 10^6 \times 12 \times 10^{-6} (35-15)$
$= 480 kgf/㎠$ 따라서 압축응력 : $480 kgf/㎠$ 이다.

ANSWER 37 ③ 38 ④ 39 ④ 40 ② 41 ④ 42 ③

43 한 변의 길이가 8cm인 정4각 단면의 봉에 온도를 20℃상승시켜도 길이가 늘어나지 않도록 하는데 28000N이 필요하다면 이 봉의 선팽창 계수는?(단, 탄성계수 (E)는 $2.1 \times 10^6 \text{N/cm}^2$이다)

① $1.14 \times 10^{-5}/℃$
② $1.04 \times 10^{-5}/℃$
③ $1.14 \times 10^{-6}/℃$
④ $1.04 \times 10^{-4}/℃$

풀이 $a = \dfrac{W}{E \times A \times t} = \dfrac{28000N}{2.1 \times 10^6 \times 8 \times 8 \times 20}$
$= 1.04 \times 10^{-5}/℃$
a : 선팽창 계수, E : 탄성계수, t : 온도,
W : 길이가 늘어나지 않도록 하는데 필요한 힘

44 재료의 성질을 나타내는 세로 탄성계수(영률 E)의 단위가 맞는 것은?

① N   ② N/cm^2
③ N·m   ④ N/cm

풀이 재료의 성질을 나타내는 세로 탄성계수(영률 E)의 단위는 N/cm²이다.

45 길이가 2m이고, 직경이 1cm인 강선에 작용하는 인장하중 1600kgf/cm²일 때 강선의 늘어난 길이는?(단, 탄성계수(E) = 2.1×10^5 kgf/cm²이다)

① 0.1941cm   ② 0.1814cm
③ 0.1579cm   ④ 0.1327cm

풀이 $\delta = \dfrac{P\ell}{AE} = \dfrac{1600 \times 200}{0.785 \times 1^2 \times 2.1 \times 10^6} = 0.1941cm$
δ : 늘어난 길이, P : 하중, ℓ : 길이,
A : 단면적, E : 세로탄성 계수

46 부정정보는 어느 것인가?

① 연속보   ② 단순보
③ 돌출보   ④ 외팔보

풀이 ① 정정보의 종류에는 외팔보, 단순보, 돌출보 등이 있다.
② 부정정보의 종류에는 고정보, 고정 받침보, 연속보 등이 있다.

47 받침점의 반력을 힘의 평형과 모멘트의 평형으로 구할 수 있는 보는?

① 고정보   ② 내다지보
③ 연속보   ④ 고정지지보

풀이 내다지보는 받침점의 반력을 힘의 평형과 모멘트의 평형으로 구할 수 있는 보이다.

48 재료역학에서의 보에 대한 설명이다. 틀린 것은?

① 정정보는 보의 지점반력을 정역학적 평형조건을 이용하여 구할 수 있는 보이다.
② 외팔보는 보의 한쪽 끝만 고정한 것이며, 단순보라고도 한다.
③ 돌출보는 보가 지점 밖으로 돌출한 보이다.
④ 양단고정보는 양끝이 고정된 보를 말한다.

풀이 외팔보는 보의 한쪽 끝만 고정한 것이며, 단순보는 양끝에서 받치고 있는 보이며, 양단 지지보라고도 한다.

49 일반적으로 보를 설계할 때 주로 고려하는 응력은?

① 인장응력   ② 굽힘 응력
③ 전단응력   ④ 압축응력

43 ② 44 ② 45 ① 46 ① 47 ② 48 ② 49 ②

50 50,000kgf-cm의 굽힘 모멘트를 받는 단순보의 단면계수가 100cm³이면 이 보에 발생되는 굽힘 응력(kgf/cm²)은?

① 250 ② 500
③ 750 ④ 1000

풀이) $\sigma b = \dfrac{W}{A} = \dfrac{50000}{100} = 500 \text{kgf/cm}^2$

51 폭 8cm, 높이 15cm의 사각형단면 보에 굽힘 모멘트 M= 15,000kgf·cm가 작용했을 때 생기는 굽힘 응력 σb는 몇 kgf/cm²인가?

① 50 ② 100
③ 150 ④ 200

풀이) $\sigma b = \dfrac{6M}{bh^2} = \dfrac{6 \times 15000}{8 \times 15^2} = 50 \text{kgf/cm}^2$

M : 굽힘 모멘트, b : 보의 폭, h : 보의 높이

52 그림과 같은 외팔보에서 단면의 폭×높이= b×h일 때, 최대 굽힘 응력(Q_{max})을 구하는 식은?

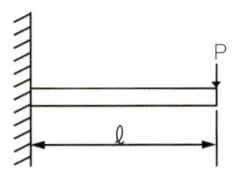
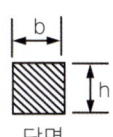
단면

① $\dfrac{6p\ell}{bh^2}$ ② $\dfrac{12p\ell}{bh^2}$
③ $\dfrac{6p\ell}{b^2h}$ ④ $\dfrac{12p\ell}{b^2h}$

53 폭이 5cm, 높이가 10cm의 단면을 갖는 보에 굽힘 모멘트 10000kgf·cm가 작용할 때 보에 생기는 굽힘 응력 σb은 약 몇 kgf/cm²인가?

① 120 ② 240
③ 340 ④ 480

풀이) $\sigma b = \dfrac{6M}{bh^2} = \dfrac{6 \times 10000}{5 \times 10^2} = 120 \text{kgf/cm}^2$

54 그림과 같은 단면을 가진 외팔보에 등분포 하중이 작용할 때 보에 발생하는 최대 굽힘 응력은 약 몇 N/cm²인가?

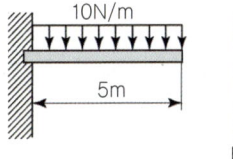
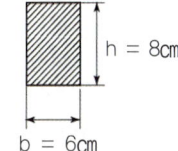

① 95 ② 145
③ 195 ④ 245

풀이)
① $M_{max} = \dfrac{Wl^2}{2} = \dfrac{10 \times 5^2}{2} = 125 \text{N/m}$
$= 12500 \text{N/cm}$

M_{max} : 최대 굽힘 모멘트(N·cm),
W : 등분포 하중(N), l : 보의 길이(m)

② $\sigma_{max} = \dfrac{M_{max} \times 6}{b \times h^2} = \dfrac{12500 \times 6}{6 \times 8^2}$
$= 195.3 \text{N/cm}^2$

σ_{max} : 최대 굽힘 응력(N/cm²), b : 폭(cm), h : 높이(cm)

55 그림과 같이 균일분포 하중을 받는 단순보에서 최대 굽힘 응력은?

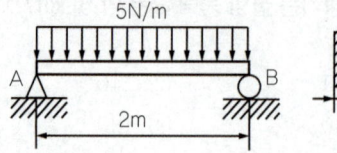 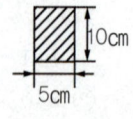

① 3MPa   ② 4MPa
③ 6MPa   ④ 8MPa

$\sigma_{max} = \dfrac{M_{max}}{Z} = \dfrac{\dfrac{Pl}{4}}{\dfrac{bh^2}{6}} = \dfrac{6Pl}{4bh^2}$

$= \dfrac{6 \times 5 \times 2}{4 \times 0.05 \times 0.1^2} = 30000 \text{N/m}^2$

$= 3\text{MPa}$

σ_{max} : 최대 굽힘 응력(N/m²),
M_{max} : 최대 굽힘 모멘트(N·m),
P : 하중(N), l : 스팬의 길이(m),
b : 너비(m), h : 높이(m), $1Pa = 1\text{N/m}^2$

56 100N·m의 굽힘 모멘트를 받는 단순보가 있다. 이 단순보의 단면이 직사각형이며, 폭이 20mm, 높이가 40mm일 때 최대 굽힘 응력은 약 몇 N/mm²인가?

① 12.4   ② 15.6
③ 18.8   ④ 20.2

$\sigma_{max} = \dfrac{6Pl}{bh^2} = \dfrac{6M}{bh^2} = \dfrac{6 \times 100 \times 1000}{20 \times 40^2}$

$= 18.8 \text{N/mm}^2$

σ_{max} : 최대 굽힘 응력(N/mm²), P : 하중(N),
l : 스팬의 길이(m)
b : 너비(m), h : 높이(m),
M : 최대 굽힘 모멘트(N·m)

57 그림과 같은 균일 분포하중 ω(kgf/m)가 받는 외팔보의 자유단에 반력 P(kgf)를 작동시켜 처짐이 0이 되도록 하려면 이때의 하중은?

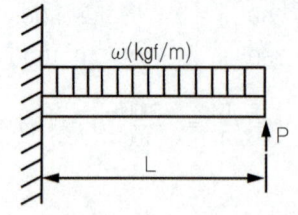

① $P = \dfrac{8\omega l}{3}$ ② $P = \dfrac{3\omega l}{8}$

③ $P = \dfrac{3\omega l}{48}$ ④ $P = \dfrac{48\omega l}{3}$

58 다음과 같은 외팔보에서 A지점의 반력 R_A는?

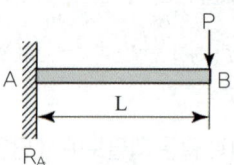

① 0   ② P
③ L   ④ P/L

55 ① 56 ③ 57 ② 58 ②

59 그림과 같은 보에서 지점 B가 5N까지의 반력을 지지할 수 있다. 하중 12N은 A점에서 몇 m까지 이동할 수 있는가?

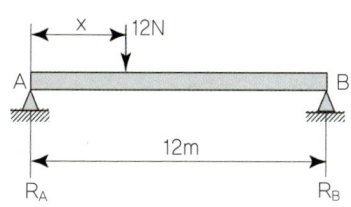

① 2
② 3
③ 4
④ 5

풀이 $P = 12N$, $R_B = 5N$, $\sum M_A = 0$에 의해
$R_B \times l + Px = 0$ $x = \dfrac{R_B \times l}{P} = \dfrac{5N \times 12m}{12N}$
$= 5m$

60 그림과 같은 단순보의 R_A, R_B의 값으로 적당한 것은?

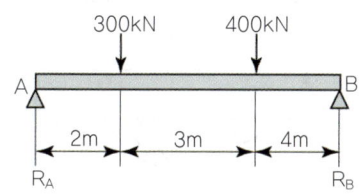

① $R_A = 467.4kN$, $R_B = 232.6kN$
② $R_A = 432.3kN$, $R_B = 267.7kN$
③ $R_A = 411.1kN$, $R_B = 288.9kN$
④ $R_A = 396.8kN$, $R_B = 303.2kN$

풀이 ① $R_A = \dfrac{300kN \times (3m + 4m) + 400kN \times 4m}{9m}$
$= 411.1kN$
② $R_B = 300kN + 400kN - R_A = 288.9kN$

61 단순보의 전 길이(L)에 걸쳐 균일분포 하중이 작용할 때 최대 굽힘 모멘트는 보의 어느 지점에서 일어나는가?

① 중앙($\frac{1}{2}L$) 지점
② 양끝에서 $\frac{1}{3}L$ 되는 지점
③ 양끝 지점
④ 양끝에서 $\frac{1}{4}L$ 되는 지점

풀이 단순보의 전 길이(L)에 걸쳐 균일 분포하중이 작용할 때 최대 굽힘 모멘트는 중앙($\frac{1}{2}L$)지점에서 일어난다.

62 보의 전 길이에 걸쳐서 균일분포 하중을 받는 단순보가 있다. 처짐에 관한 설명 중 잘못된 것은?

① 처짐량은 보의 길이의 4제곱에 비례한다.
② 처짐량은 단면 2차 모멘트에 반비례한다.
③ 처짐량은 종탄성계수에 반비례한다.
④ 처짐 각은 보의 길이의 4제곱에 비례한다.

풀이 균일분포 하중을 받는 단순보의 처짐
① 처짐량은 보의 길이의 4제곱에 비례한다.
② 처짐량은 단면 2차 모멘트에 반비례한다.
③ 처짐량은 종탄성계수에 반비례한다.

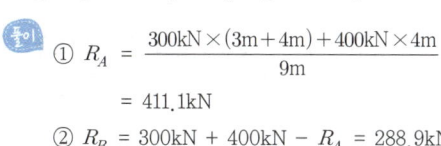

59 ④   60 ③   61 ①   62 ④

63 단면이 사각형인 단순보의 중앙에 집중하중이 작용할 때 최대 처짐에 대한 설명 중 틀린 것은?(단, 지지점 사이의 거리를 L이라 한다)

① 보의 높이의 제곱에 반비례한다.
② L의 3승에 비례한다.
③ 하중에 정비례한다.
④ 보의 폭에 반비례한다.

풀이 단면이 사각형인 단순보의 중앙에 집중하중이 작용할 때 최대 처짐
① L(지지점 사이의 거리)의 3승에 비례한다.
② 하중에 정비례한다.
③ 보의 폭에 반비례한다.

64 단순보의 한 지지 점으로부터 스팬 길이의 1/3되는 점에 한 개의 집중 하중이 작용할 때 최대 처짐이 생기는 위치는?

① 지지점과 하중이 작용하는 점의 중간점
② 하중이 작용하는 지점
③ 중앙점 부근
④ 양단 지지점

풀이 단순 보의 한 지지 점으로부터 스팬 길이의 1/3되는 점에 한 개의 집중 하중이 작용할 때 최대 처짐이 생기는 위치는 중앙점 부근이다.

65 중앙에 집중하중 P를 받는 길이 l 의 단순보에 대한 설명 중 틀린 것은?(단, 보의 자중은 무시하고 굽힘 강성은 EI로 한다)

① 보의 최대 처짐은 중앙에서 일어난다.
② 보의 양 끝단에서의 굽힘 모멘트는 0(zero)이다.
③ 보의 최대 처짐을 나타내는 값은 $\dfrac{Pl^3}{3EI}$ 이다.
④ 보의 한 지점에서의 반력은 P/2이다.

풀이 중앙에 집중하중 P를 받는 길이 l 의 단순보
① 보의 최대 처짐은 중앙에서 일어난다.
② 보의 양 끝단에서의 굽힘 모멘트는 0(zero)이다.
③ 보의 한 지점에서의 반력은 P/2 이다.

66 그림과 같이 길이 l 인 단순보의 중앙에 집중하중 W를 받는 때 최대 굽힘 모멘트(M_{max} 점)는 얼마인가?

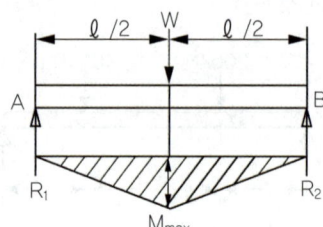

① $\dfrac{Wl}{4}$ ② $\dfrac{Wl}{2}$
③ $\dfrac{Wl^2}{4}$ ④ $\dfrac{Wl^2}{2}$

67 스팬 l 인 양단지지 보의 중앙에 집중 하중 P가 작용하는 경우 최대 굽힘 모멘트 M_{max} 는?

① $\dfrac{Pl}{4}$ ② $\dfrac{Pl^2}{4}$
③ $\dfrac{Pl^2}{2}$ ④ $\dfrac{Pl}{2}$

풀이 스팬 l 인 양단지지 보의 중앙에 집중 하중 P가 작용하는 경우 최대 굽힘 모멘트 $M_{max} = \dfrac{Pl}{4}$ 이다.

63 ① 64 ③ 65 ③ 66 ① 67 ①

68 한 변의 길이가 9cm인 정사각형 외팔보의 최대 굽힘 응력이 120kgf/cm²일 때 최대 몇 kgf·cm까지의 굽힘 모멘트에 견디는가?

① 12540　② 14580
③ 16720　④ 18420

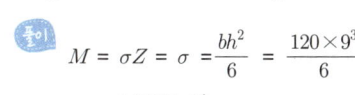

69 도면과 같이 자유단에 집중하중을 받고 있는 외팔보의 굽힘 모멘트 선도로 가장 적합한 것은?

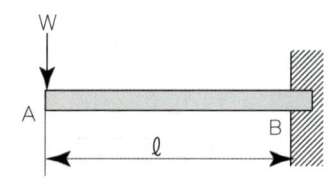

① A▬B
② A▬B
③ A▬B
④ A▬B

70 굽힘 모멘트 M : 4000kgf·cm이고, 굽힘 강성계수 $E_1 = 2.0 \times 10^5$kgf/cm²일 때 곡률반경은 몇 m인가?

① 3　② 4
③ 5　④ 6

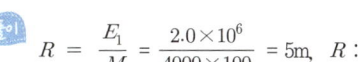

71 최대 전단응력설에 의한 상당 비틀림 모멘트(Te)는?(단, M : 굽힘 모멘트, T : 비틀림 모멘트이다)

① $\sqrt{M^2+T^2}$　② $\sqrt{M+T}$
③ $\frac{1}{2}(M+\sqrt{M^2+T^2})$　④ $\frac{1}{2}(M+T)$

72 10kN·m의 비틀림 모멘트와 20kN·m의 굽힘 모멘트를 동시에 받는 축의 상당 굽힘 모멘트는 약 몇 kN·m인가?

① 2.18　② 21.18
③ 211.8　④ 230

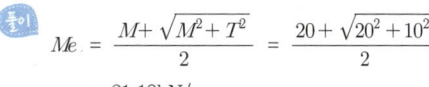

73 비틀림이 작용할 때 재료의 단면에 생기는 응력은?

① 인장　② 압축
③ 전단　④ 굽힘

풀이 비틀림이 작용할 때 재료의 단면에 생기는 응력은 전단응력이다.

ANSWER 68 ②　69 ②　70 ③　71 ①　72 ②　73 ③

74 비틀림을 받는 원형 봉에서의 최대 전단응력을 구하는 식은?

① (비틀림 모멘트×봉의 지름)/극관성 모멘트
② (비틀림 모멘트×봉의 반지름)/극관성 모멘트
③ (비틀림 모멘트×봉의 지름)/극단면계수
④ (비틀림 모멘트×봉의 반지름)/극단면계수

풀이) 비틀림을 받는 원형 봉에서의 최대 전단 응력을 구하는 공식 = $\dfrac{\text{비틀림모멘트} \times \text{봉의 반지름}}{\text{극관성모멘트}}$

75 비틀림 모멘트를 받는 원형단면 축에 발생되는 최대 전단응력에 대한 설명으로 옳은 것은?

① 축 지름이 증가하면 최대 전단응력은 감소한다.
② 단면계수가 감소하면 최대 전단응력은 감소한다.
③ 축의 단면적이 감소하면 최대 전단응력은 증가한다.
④ 가해지는 토크가 증가하면 최대 전단응력은 감소한다.

76 비틀림 모멘트 T와 극관성 모멘트 Ip가 일정할 때, 길이 ℓ 을 갖는 축의 단위길이 당 비틀림 각($\varphi\ell$)은?(단, φ 는 길이 ℓ 의 축에 발생하는 전체 비틀림 각이고, G는 축의 전단 탄성계수이다)

① $\dfrac{T^2}{GIp}$ ② $\dfrac{GIp}{T}$
③ $\dfrac{T}{GIp}$ ④ $\dfrac{GIp}{T^2}$

77 축의 비틀림 강도를 고려하여 원형축에 비틀림 모멘트(T)를 가했을 때 비틀림 각(θ)를 구할 수 있다. 비틀림 각(θ)에 관한 설명 중 틀린 것은?

① 비틀림 각은 극관성모멘트에 비례한다.
② 축의 길이가 증가할수록 비틀림 각은 증가한다.
③ 횡탄성계수가 작을수록 비틀림 각은 증가한다.
④ 비틀림 모멘트와 비틀림 각은 비례한다.

78 그림과 같이 한 변이 20㎝인 정사각형에 직경 $\varnothing$8㎝의 구멍이 뚫린 단면의 도심 축에 대한 단면 2차 모멘트는 몇 ㎝⁴인가?

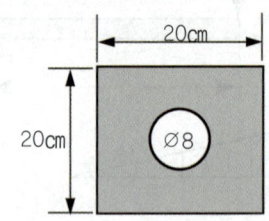

① 13132 ② 14132
③ 151321 ④ 161321

풀이) $M = \dfrac{bh^3}{12} - \dfrac{\pi d^4}{64} = \dfrac{20 \times 20^3}{12} - \dfrac{3.14 \times 8^4}{64}$
= 13132.34㎝

74 ② 75 ① 76 ③ 77 ① 78 ①

PART 5

기계열역학

제1장 / 열역학의 기본사항
제2장 / 순수물질의 성질
제3장 / 일과 열
제4장 / 열역학의 법칙
제5장 / 각종 사이클

Engineer Motor Vehicles Maintenance

01 열역학의 기본사항

제1절 기본개념

1_열역학의 정의

열역학(thermodynamic)은 열과 일의 관계 및, 열과 일에 관계를 갖는 물질의 성질을 다루는 과학이라 정의할 수 있다. 열에너지를 효율적으로 기계적 에너지로 변환하는 방법을 연구하는 학문으로써 열이 일로 변환되는 과정 및 이 과정이 반복되는 주기 즉, 사이클을 통해 열에너지를 효율적으로 이용할 수 있다.

2_물질의 상태와 상태량

1. 동작물질

동작물질(working substance)이란 작업유체라고도 하며 에너지를 저장하거나 운반하는 물질이다. 예를 들면 자동차 엔진에서는 연료와 공기의 혼합기, 증기 터빈에서는 증기, 냉동 사이클에서는 냉매가 곧 동작물질이다.

2. 계, 주위, 경계

그림 1-1에서와 같이 실린더 내에 상하로 움직이는 피스톤이 있고 밀폐된 실린더 내에 어떤 기체가 들어있다고 가정할 때, 피스톤을 상승시켜 압축하면 점선 내의 기체의 온도, 압력, 밀도 등이 증가한다. 반대로 피스톤을 하강시켜 팽창시키면 점선 내의 기체의 온도, 압력, 밀도 등이 감소한다.

따라서 이와 같이 증가 또는 감소의 대상이 되는 공간이나 물질(기체, 액체)을 열역학적 계(System)라 한다. 계는 해석하고자 하는 영역에 따라 그 대상을 자유로이 가정할 수 있으며 계에는 다음과 같이 밀폐계, 개방계, 고립계가 있다.

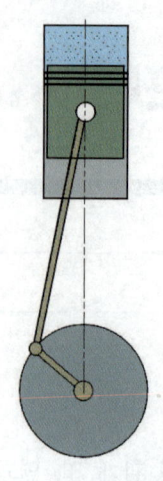

그림 1-1 / 계와 상태량

① **밀폐계(closed system)** : 계 내의 동작물질이 계의 경계를 통하여 주위로 이동할 수는 없으나 열이나 일등 에너지의 이동은 존재하는 계로서 비유동계(Nonflow system)라고도 한다. 피스톤-실린더 내의 공간은 밀폐계의 예이다.
② **개방계(open system)** : 동작물질이 계의 경계를 통하여 주위로 이동하고 열이나 일등 에너지의 이동이 있는 계이다. 유동계(flow system)라고도 한다(펌프, 터빈).
③ **고립계(isolated system)** : 계의 경계를 통해서 물질이나 에너지의 이동이 전혀 없는 계이다. 주위와 아무런 상호작용을 하지 않으며 절연계라고도 한다.

3. 상태량

상태량(property)이란 관측이 가능한 값으로서 물질의 상태(state)를 규정하는 량을 말한다. 상태량은 성질이라고도 하며 계의 상태만으로 정하여지는 것으로서 그 상태로 되는 데까지의 과정(process)이나 경로(path)에는 무관하다.

따라서 상태량은 점함수(point function)이다. 이와는 달리 열이나 일등의 에너지는 상태량이 아니며 과정이나 경로에 따라 값이 결정되므로 경로함수 또는 도정함수(path function)라 한다.

① **강도성 상태량(intensive property)** : 나누어도 변화가 없는 상태량으로 물질이 가지는 질량의 크기에 관계없는 상태량으로 온도(T), 압력(P) 등이 있다.
② **종량성 상태량(extensive property)** : 나누면 변화가 있는 상태량으로 물질의 질량에 따라서 값이 변하는 상태량이다. 체적(V), 내부에너지(U), 엔탈피(H), 엔트로피(S)등이 있다.
③ **비상태량(specific property)** : 물질의 종량성 상태량을 질량으로 나눈 값이다. 즉, 단위

질량당의 종량성 상태량을 비상태량이라 한다. 비상태량은 물질의 량에 따라 결정되지 않는다는 점에서 강도성 상태량과 같이 취급할 수는 있으나 엄밀한 의미에서는 강도성 상태량이 아니며 단지 比를 나타내는 비상태량일 뿐이다.

$$\text{비체적 } v = \frac{V}{m}, \quad \text{비엔탈피 } h = \frac{H}{m}, \quad \text{비 엔트로피 } s = \frac{S}{m}$$

4. 평형상태

평형상태(equilibrium state)란 계의 상태가 시간적으로 불변이고 어떠한 유동상태도 일어나지 않을 때의 상태를 의미한다. 보통 밀폐계에서 평형상태가 되기 위하여서는 계와 주위의 강도성 상태량의 차이가 없어야 한다. 즉, 계와 주위의 온도가 같을 때에는 열평형(thermal equilibrium)이 되었다고 하고, 힘 또는 압력이 같을 때에는 역학적 평형(mechanical equilibrium)이 되었다고 한다. 또 화학적 조성이 같을 때에는 화학적 평형(chemical equilibrium)이 되었다고 한다. 이 세 가지가 모두 만족되었을 때 우리는 열역학적 평형상태(thermodynamic equilibrium)라고 한다.

3_ 과정과 사이클

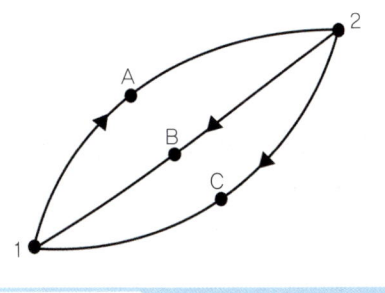

그림 1-2 / **과정과 사이클**

과정(process)이란 계의 상태가 변하는 것을 나타내는 말이다. 과정은 단지 계의 상태가 변화되었음을 말하는 것으로서 초기상태인 1에서 나중상태인 2로 변화되었음을 나타낸다. 그러나 경로(path)는 상태 1에서 상태 2로 진행하는 어느 특정한 과정을 의미한다. 따라서 한 상태에서 다른 상태로 가는 과정은 수많은 경로를 설정할 수 있다.

열역학에서 사이클(cycle)이라 함은 계가 어느 과정을 겪은 다음 다시 최초의 상태로 되돌아가기까지의 과정을 말한다. 사이클을 이루는 과정이 어느 경로를 택하느냐에 따라 사이클은 달라지게 된다. 그림 1-2에서 1-A-2-B-1과 1-A-2-C-1은 다른 사이클임을 알 수 있다.

제2절 용어와 단위계

1_단위

단위		길이	질량	시간	힘	일	동력	비고
절대 단위	M.K.S	m	kg	sec	1N=1kgm/s²	1J=1N·m	W=1J/sec	1kW=102kgf·m/s
	C.G.S	cm	g	sec	dyne	erg	W, kW	
공학 단위	중력 단위	m cm	kgs²/m	sec	kgf	kgf·m	Hps	1ps=75kgf·m/s

인자	접두어	기호	인자	접두어	기호
10^{12}	tera	T	10^{-3}	milli	m
10^9	giga	G	10^{-6}	micro	μ
10^6	mega	M	10^{-9}	nano	n
10^3	kilo	k	10^{-12}	pico	p

2_비체적, 밀도, 비중량

1) 비체적(v)

비체적(specific volume)은 비상태량으로서 체적(V)을 질량(m)으로 나눈 값이다. 즉, 단위 질량당 그 물질이 차지하는 체적을 말한다.

$$v = \frac{V}{m} \ [m^3/kg]$$

2) 밀도(ρ)

밀도(density)는 질량을 체적으로 나눈 값으로 비체적의 역수이다.

$$\rho = \frac{m}{V} = \frac{1}{v}[kg/m^3]$$

3) 비중량(γ)

비중량(specific weight)은 중량(W)을 체적으로 나눈 값이다. 즉, 단위체적당 중량이다.

$$\gamma = \frac{W}{V} = \rho g\,[N/m^3,\ kg_f/m^3]$$

3_압력

1) 압력 : 단위면적당 작용하는 힘 $P = \frac{F}{A}$

① 표준대기압

  1atm = 760mmHg = 1.0332kg/cm² = 10.332mAg = 1.0135bar = 101325Pa

② 국소대기압 = 게이지압 Zero = 진공도 Zero

③ 절대압 시작 = 완전진공상태 = 진공도100%

④ 압력의 관계

  Pabs = $P_0 + P_G$ = $P_0 - P_V$ = $P_0 + xP_0$ = $P_0(1-x)$

  Pabs : 절대압, PV : 진공압 = 부압, PG : 게이지 압 = 정압

  P_0 : 국소대기압, x : 진공도

2) 공학기압(ata)

압력의 단위로서 사용하는 1kgf/cm²을 1공학기압이라 하며 1ata 또는 1at로 표시한다. 공학기압은 기술현장에서 많이 사용한다.

  1ata = 1at = 1kgf/cm²

4_온도(temperature)

① 섭씨온도(Celsius temperature) : 1atm하에서 물의 3중점을 0℃, 물의 비등점을 100℃로 하여 구간을 100등분한 것.

② 화씨온도(Fahrenheit temperature) : 1atm하에서 물의 3중점을 32°F, 물의 비등점을 212°F로 하여 구간을 180등분한 것.

③ 켈빈온도(Kelvin degree) : 절대 0도를 0K로 하고 물의 3중점을 273.15K로 한 것. 눈금 간격은 섭씨온도와 같다.

④ 랭킨온도(Rankine degree) : 절대 0도를 0°R로 하고 1K=1.8°R로 한 것. 눈금 간격은 화씨온도와 같다.

표1-1 / **각 온도의 차이**

온도 항목	절대온도	섭씨온도	랭킨(rankine) 온도	화씨온도
단위계	SI 계	MKS 계		foot-pound 계
단위기호	[K]	[℃]	[R]	[℉]
수식기호	T	t	T_R	t_F
영점	0[K]	−273.15[℃]	0[R]	−459.67[℉]
빙점	273.15[K]	0[℃]	491.67[R]	+32[℉]
비등점	373.15[K]	100[℃]	671.67[R]	212[℉]
상. 하 정점간의 눈금수	섭씨와 동일	100	화씨와 동일	180
계산식	t+273.15	$\frac{5}{9}(t_F - 32)$	t_F +459.67	$\frac{5}{9}(t_F + 32)$

> **참고**
>
> **열역학 제 0법칙**
>
> 열역학 제0법칙은 물체들의 평형과 관련이 있다. "어떤 계의 물체 A와 B가 열적 평형상태에 있고, B와 C가 열적 평형상태에 있으면, A와 C도 열평형 상태에 있다." 이것은 온도의 존재를 주장하는 것과 같으며 모든 열역학 법칙의 기본이 된다.

제1장 출제예상문제

01 다음 중 15℃ 표준대기압하에서 열량의 단위인 kcal를 정의한 것으로 맞는 것은?

① 순수한 물 1kg을 14.5℃로부터 15.5℃까지 올리는데 필요한 열량
② 순수한 물 1lb를 15℃로부터 1℃ 올리는데 필요한 열량
③ 순수한 물 1kg을 15℃로부터 1℃ 올리는데 필요한 열량
④ 순수한 물 1kg을 0℃로부터 100℃까지 올리는데 필요한 열량

풀이 ① 비열의 정의 : 어떤 물질의 질량 1kg을 1℃ 높이는데 필요한 열량
② 1kcal란 표준대기압 상태에서 순수한 물 1kg의 온도를 15℃의 근처 (14.5~15.5은)에서 1℃ 높이는데 필요한 열량이다.

02 78℃는 화씨로 고치면 몇 도인가?

① 154.4 °F　② 172.4 °F
③ 164.6 °F　④ 184.4 °F

풀이 $t_C = \frac{5}{9}(t_F - 32)$, $78 = \frac{5}{9} \times (t_F - 32)$, $t_F = 172.4°F$

03 섭씨온도계의 절대온도 T_C K 과 화씨온도계의 절대온도 T_F R 사이의 관계로 다음 중 맞는 것은?

① $T_C = \frac{9}{5}(T_F - 32)$
② $T_C = \frac{9}{5}T_F$
③ $T_C = \frac{5}{9}(T_F - 32)$
④ $T_C = \frac{5}{9}T_F$

풀이 켈빈의 절대온도와 랭킨의 절대온도의 관계는 273K = 492R
$$\frac{T_C[K] - 273}{100} = \frac{T_F[R] - 492}{180},$$
$T_C = \frac{5}{9}T_F$ 이다.

04 비열에 대한 설명으로 다음 중 맞지 않는 것은?

① 비열이란 어떤 물질 1kg을 온도 1℃ 높이는데 필요한 열량으로 단위는 kcal/kg℃이다.
② 물질이 고체와 액체인 경우 비열은 온도에 따라 변화는 것이 보통이다.
③ 물질이 기체인 경우는 압력과 온도에 따라 변화하는 것이 일반적이다.
④ 물질에 따라 비열은 보통 일정한 값을 가지지만 압력 변화가 발생하면 반드시 변화하는 경향을 보인다.

01 ① 　02 ② 　03 ④ 　04 ④

05 150kg의 물을 18℃에서 100℃로 가열하는데 필요한 열량 몇 kJ인가?

① 32100　　② 45230
③ 51660　　④ 63400

풀이) $Q = mC\Delta T = 150 \times 4.2 \times (100-18) = 51660$ [kJ]

06 온도 80℃, 무게 30g의 금속공을 15℃, 72g의 물속에 넣었더니 수온이 8℃ 상승하였다. 이 금속공의 비열(J/g℃)로 다음 중 맞는 것은?

① 1.41　　② 1.62
③ 1.84　　④ 2.12

풀이) $\sum Q = 0$
$Q_{연} = Q_{잃}$,
$m_w C_w (T_m - T_w) = m_{mb} C_{mb} (T_{mb} - T_m)$
$72 \times 4.2 \times 8 = 30 \times C_{mb} \times (80-23)$,
$C_{mb} = 1.41$ [J/g℃]

07 출력 125,000kW의 화력 발전소에서 연소하는 석탄의 발열량이 6,000 kcal/kg, 발전소의 열효율이 30%라면 1시간당 석탄의 필요량은 몇 kg_m인가?

① 40600　　② 48400
③ 50400　　④ 59524

풀이) $\eta = \dfrac{L_o}{L_i} = \dfrac{L_o}{H_L \cdot \dot{m}}$,
$0.3 = \dfrac{125000}{6000 \times 4.2 \times \dot{m}}$,
$\dot{m} = 16.53 [kg_m/sec] = 59524 [kg_m/hr]$

08 중량 29.4 N의 철제 그릇에 22℃의 물이 0.03m³ 들어 있다. 이 물 그릇에 200℃의 알루미늄 덩어리 39.2N을 넣었더니 열평형을 이룬 후 온도가 30℃이었다. 다음 중 알루미늄의 비열로 맞는 것은?(단, 철의 비열은 0.4452KJ/kg℃이다.)

① $C_a = 0.498$ [kJ/kg℃]
② $C_a = 1.498$ [kJ/kg℃]
③ $C_a = 2.498$ [kJ/kg℃]
④ $C_a = 3.498$ [kJ/kg℃]

풀이) $\sum Q = 0$, $Q_{연} = Q_{잃}$,
$m_w C_w (T_m - T_w) + m_{iv} C_{iv} (T_m - T_{iv}) = m_a C_a (T_a - T_m)$
$m_w = \rho_w V$, $m_{iv} = \dfrac{W_{iv}}{g}$, $m_a = \dfrac{W_a}{g}$
$1000 \times 0.03 \times 4.2 \times (30-22) + \dfrac{29.4}{9.8} \times 0.4452$
$\times (30-22) = \dfrac{39.2}{9.8} \times C_a \times (200-30)$
$C_a = 1.498 [kJ/kg℃]$

09 매시 19.4kg의 가솔린을 소비하는 출력 85PS인 열기관의 열효율로 다음 중 맞는 것은?(단, 가솔린의 저위발열량은 43680 KJ/kg이다.)

① 26.54%　　② 32.78%
③ 38.67%　　④ 42.12%

풀이) $\eta = \dfrac{L_o}{L_i} = \dfrac{L_o}{H_L \cdot \dot{m}}$,
$\eta = \dfrac{85 \times 0.735 \times 3600}{43680 \times 19.4} \times 100 = 26.54 [\%]$

ANSWER 05 ③ 06 ① 07 ④ 08 ② 09 ①

10 압력변화 없이 4kg의 공기를 16℃로부터 32℃까지 가열하는데 필요한 열량으로 다음 중 맞는 것은?
(단, 비열 C = 1.005kJ/kg℃ 이다.)

① 49.31kJ ② 56.72kJ
③ 64.32kJ ④ 78.90kJ

풀이 $Q = mC(T_2 - T_1) = 4 \times 1.005 \times (32-16)$
$= 64.32[kJ]$

11 600W의 전열기로 3.5kg의 물을 14.5℃에서 100℃까지 가열하는데 걸리는 시간은 몇 분(min)인가?

① 29.65min ② 34.91min
③ 42.45min ④ 56.20min

풀이 가열하는데 걸린 시간을 T_m 이라 하고, 물을 가열할 때 600W로서 발생시킬 수 있는 열량은 다음과 같다.
$Q = mC\Delta T = L \cdot T_m$,
$3.5 \times 4.2 \times (100-14.5) = 600 \times 10^{-3} \times T_m$
$T_m = 2094.75[sec] = 34.91[min]$

12 20℃, 1L의 바닷물을 14.5℃로 냉각시키기 위해서는 몇 kg의 얼음을 넣어야 하겠는가?(단, 바닷물의 비열은 4.189KJ/kg℃로 한다.)

① 0.0256kg ② 0.0424kg
③ 0.0506kg ④ 0.0583kg

풀이 $\sum Q = 0$
$Q_{얻} = Q_{잃}$,
$q_i \cdot m_i + m_i C_w (T_m - T_i) = m_{sw} C_{sw} (T_{sw} - T_m)$
$m_i \times [335 + 4.189 \times (14.5-0)]$
$= (1000 \times 1 \times 10^{-3}) \times 4.189 \times (20-14.5)$
$m_i = 0.0583[kg]$

13 액체 A의 온도 50℃, 액체 B의 온도 30℃ 그리고 액체 C의 온도 15℃인 3종의 액체가 있다. A와 B를 동일 질량씩 혼합하면 41℃가 되고, A와 C를 같은 질량으로 혼합하면 24℃가 된다면 B와 C를 동일한 무게로 섞으면 그 온도는 몇 도가 되겠는가?

① $T_{BC} = 16.76℃$ ② $T_{BC} = 18.37℃$
③ $T_{BC} = 20.23℃$ ④ $T_{BC} = 21.79℃$

풀이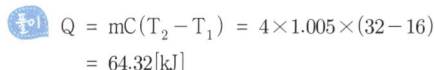
$T_{AB} = 41℃, T_{AC} = 24℃$
$m_A C_A (50 - T_{AB}) = m_B C_B (T_{AB} - 30)$,
$\dfrac{C_A}{C_B} = \dfrac{(41-30)}{(50-41)} = 1.22$
$m_A C_A (50 - T_{AC}) = m_C C_C (T_{AC} - 15)$,
$\dfrac{C_A}{C_C} = \dfrac{(24-15)}{(50-24)} = 0.35$
$m_B C_B (30 - T_{BC}) = m_C C_C (T_{BC} - 15)$,
$\dfrac{C_B}{C_C} = \dfrac{(T_{BC} - 15)}{(30 - T_{BC})}$
$\dfrac{C_B}{C_C} = \dfrac{(T_{BC} - 15)}{(30 - T_{BC})} = 0.29$,
$T_{BC} = 18.37℃$

14 500W의 전열기로 2L의 물을 12℃로부터 100℃까지 가열할 경우 전열기의 발생 열량 중 47%가 유용하게 이용된다면 가열하는데 걸리는 시간으로 다음 중 맞는 것은?

① 약 38.96min ② 약 46.42min
③ 약 49.42min ④ 52.43min

풀이 $Q = mC\Delta T = L \cdot T_m \cdot \eta$
$1000 \times 2 \times 10^{-3} \times 4.2 \times (100-12)$
$= 500 \times 10^{-3} \times T_m \times 0.47$
$T_m = 3145.53[sec] = 52.43[min]$

ANSWER 10 ③ 11 ② 12 ④ 13 ② 14 ④

15 수증기 1kg당 출력이 1000kJ인 증기기관의 증기소비율은 몇 kg/kWh인가? (단, 이 증기기관의 열효율은 28%이다.)

① 0.898　　② 1.008
③ 2.316　　④ 4.672

풀이
$\eta = \dfrac{L_o}{L_i} = \dfrac{L_o}{H_L \cdot \dot{m}}$

$SR = \dfrac{1}{H_L \cdot \dot{m}} = \dfrac{3600\eta}{L_o} = 3600 \times \dfrac{0.28}{1000}$
$= 1.008 [kg/kWh]$

16 질량 1.2kg의 강구를 55m 높이에서 자유낙하 시킬 때 발생하는 위치에너지의 변화가 전부 강구의 온도를 높이는데 사용되었다면 강구의 온도상승은 몇 ℃인가? (단, 강구의 비열은 0.419KJ/kg℃이다.)

① 1.83　　② 1.56
③ 1.29　　④ 1.09

풀이
$mg\Delta y = mC\Delta T$,
$9.8 \times 55 \times 10^{-3} = 0.419 \times \Delta T$,
$\Delta T = 1.29 [℃]$

17 어떤 물질의 비열 C가 다음과 같이 온도의 함수로 주어졌을 때, 이 물질 3kg$_m$을 10℃에서 110℃까지 가열하였을 때 평균비열을 구하면 다음 중 어느 것인가? (단, 비열 $C = 0.2 + 0.002t$ KJ/kg℃이다.)

① 0.32　　② 0.43
③ 0.56　　④ 0.69

풀이
$C_m = \dfrac{1}{t_2 - t_1} \displaystyle\int_1^2 C(t) dt$
$= \dfrac{1}{(110-10)} \displaystyle\int_{10}^{110} (0.2 + 0.002t) dt$
$= \dfrac{1}{(110-10)} \times$
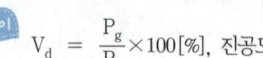
$\left(0.2 \times (110-10) + \dfrac{0.002}{2} \times (110^2 - 10^2)\right)$
$= 0.32 [kJ/kg℃]$

18 다음 중 진공도가 90%면 그때 절대압력은 몇 Pa인가?

① 10132.5　　② 1013.25
③ 101.325　　④ 10.1325

풀이
$V_d = \dfrac{P_g}{P_o} \times 100 [\%]$, 진공도가 90%이면 표준대기압중 10%만이 절대압력이다.
$P_a = 101325 - 101325 \times 0.9 = 10132.5 [Pa]$

19 무게가 4900N인 동작물질의 체적이 600L라면 이 동작물질의 비중으로 다음 중 맞는 것은 어느 것인가?

① 0.56　　② 0.69
③ 0.83　　④ 0.97

풀이 이 동작물질의 비중량을 구하면 다음과 같다.
$\gamma = \dfrac{W}{V} = \dfrac{4900}{600 \times 10^{-3}} = 8166.67 [N/m^3]$,
$S = \dfrac{\gamma}{\gamma_w} = \dfrac{8166.67}{9800} = 0.833$

20 대기압이 1atm이고 게이지압이 150mmHg라면 절대압력은 몇 bar인가?

① 0.21323　　② 1.21323
③ 2.21323　　④ 3.21323

풀이
$P_a = P_o + P_g = 1.01325 + \dfrac{150}{760} \times 1.01325$
$= 1.21323 [bar]$

15 ②　16 ③　17 ①　18 ①　19 ③　20 ②

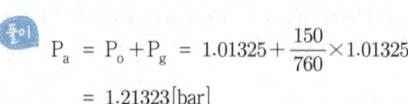

21 0℃의 얼음 110g을 55℃의 물 420g에 넣으면 몇 ℃가 되겠는가?(단, 얼음의 융해열은 80cal/g, 비열은 1이다.)

① 24.58℃   ② 26.98℃
③ 30.26℃   ④ 32.48℃

풀이
$\sum Q = 0$
$Q_{열} = Q_{잃}$,
$q_l \cdot m_i + m_i C_w (T_m - T_i) = m_w C_w (T_w - T_m)$
$= 80 \times 110 + 110 \times 1 \times (T_m - 0)$
$= 420 \times 1 \times (55 - T_m)$,
$T_m = 26.98[℃]$

22 200kg의 물을 24℃에서 112℃까지 가열하는데 요구되는 열량은 몇 kcal인가?

① 32100   ② 23400
③ 17600   ④ 11400

풀이 $Q = GC\Delta T[kcal]$, 여기서, G는 물의 중량 $[kg_f]$이고 C는 물의 비열 1[kcal/kg℃]이다.
$Q = 200 \times 1 \times (112 - 24) = 17600[kcal]$

23 1.5kW의 전열식 온수기로 2L의 물을 12℃로부터 120℃까지 가열할 경우 온수기의 발생 열량 중 43%가 유용하게 이용되었다면 가열하는데 걸린 시간은?

① 2.41hr   ② 1.34hr
③ 0.39hr   ④ 0.18hr

풀이 $Q = GC\Delta T = L \cdot T_m \cdot \eta$,
$1000 \times 2 \times 10^{-3} \times 1 \times (120 - 12)$
$= 1.5 \times 860 \times T_m \times 0.43$,
$T_m = 0.39[hr]$

24 두께 12mm인 강판의 두 면의 온도가 각각 150℃와 60℃이고 전열면적은 2㎡이라면 전달되는 열량은 몇 kJ/h인가?(단, 열전달계수는 45kJ/mh℃이다.)

① 675000   ② 67500
③ 6750   ④ 675

풀이 $\dot{Q} = KA\dfrac{\Delta T}{\Delta x} = 45 \times 2 \times \dfrac{(150-60)}{0.012}$
$= 675000[kJ/h]$

25 가솔린 기관에 있어서 1kWh당 가솔린 소비율이 0.31kg이면 이 가솔린 기관의 열효율은 얼마인가?(단, 가솔린의 발열량은 46200KJ/kg이다.)

① 25.14%   ② 23%
③ 28.7%   ④ 32.5%

풀이 $\eta = \dfrac{L_o}{L_i} = \dfrac{L_o}{H_L \cdot \dot{m}} = \dfrac{1 \times 3600}{46200 \times 0.31} \times 100$
$= 25.14[\%]$

26 두께 10mm, 열전도율 45kJ/mh℃인 강판의 두 면의 온도가 각각 300℃, 50℃일 때 전열면 1㎡당 1시간에 전달되는 열량은?

① 1625000[kJ/h]
② 925000[kJ/h]
③ 1425000[kJ/h]
④ 1125000[kJ/h]

풀이 $\dot{Q} = KA\dfrac{\Delta T}{\Delta x} = 45 \times 1 \times \dfrac{(300-50)}{0.01}$
$= 1125000[kJ/h]$

21 ②   22 ③   23 ③   24 ①   25 ①   26 ④

27 중량 3kg, 온도 350℃인 철(鐵)을 온도 15℃인 물에 넣어 평형상태가 된 후의 온도가 20℃가 되었다. 열손실이 없다면 물의 양은 몇 kg인가? (단, 철의 비열은 0.47KJ/kgK이다.)

① 5.21 ② 10.83
③ 17.42 ④ 22.16

풀이 열역학 제0법칙을 적용시킨다.
$\sum Q = 0$: 철이 열을 잃어버린 만큼 물은 열을 얻는다.
$m_w C_w (t_m - t_w) = m_i C_i (t_i - t_m)$
$m_w \times 4.2 \times (20-15) = 3 \times 0.47 \times (350-20)$,
$m_w = 22.16 [kg]$

28 7kg, 온도 600℃의 구리를 20℃, 8kg의 물속에 넣으면 물의 온도는 약 몇 ℃ 상승되겠는가? (단, 구리의 비열은 0.3843KJ/kg℃, 물의 비열은 4.2KJ/kg℃이다.)

① 43℃ ② 54℃
③ 36℃ ④ 72℃

풀이 열역학 제0법칙을 적용시킨다. $\sum Q = 0$: 구리가 열을 잃어버린 만큼 물은 열을 얻는다.
$m_w C_w (t_m - t_w) = m_c C_c (t_c - t_m)$,
$8 \times 4.2 \times (t_m - 20) = 7 \times 0.3843 \times (600 - t_m)$
$36.29 t_m = 2286.06$, $t_m = 62.99[℃]$,
물의 상승 온도 : $\Delta t = 62.99 - 20 = 42.99[℃]$

29 60W의 전등을 매일 7시간 사용하는 집이 있다. 1개월(30일간) 동안 몇 MJ를 사용하게 되는가?

① 45.36 ② 15.02
③ 17.42 ④ 19.22

풀이 $\dot{W} = 60 \times 7 \times 30 \times 3600 \times 10^{-6} = 45.36[MJ]$

30 출력 10000kW의 터빈 플랜트의 매시 연료 소비량이 5000kg이다. 이 플랜트의 열효율은 몇 %인가? (단, 연료의 발열량은 33600KJ/kg이다.)

① 25 ② 21.4
③ 10.9 ④ 40

풀이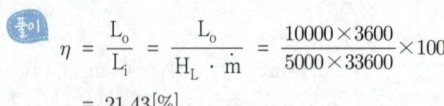
$= 21.43[\%]$

31 공기는 압력이 일정할 때 그 비열비 $C_p = 0.2405 + 0.000019t$ kJ/kg℃라고 하면 공기 5kg을 0℃에서 100℃까지 가열하는데 필요한 열량은?

① 129.25kJ ② 24.14 kJ
③ 24.05kJ ④ 120.73kJ

풀이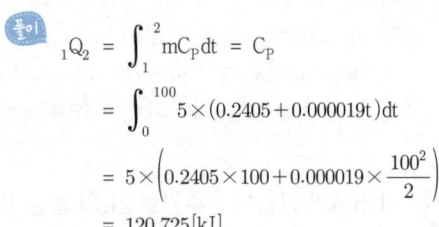
$= 120.725[kJ]$

27 ④ 28 ① 29 ① 30 ② 31 ④

32 점함수(point function)란 무엇을 말하는가?

① 일과 같은 것을 말한다.
② 열과 같은 것을 말한다.
③ 계의 상태량을 말한다.
④ 상태 변화의 경로(path)에 관계되는 것을 말한다.

풀이 점함수는 경로에 따라서 값의 변화가 없는 함수이다. 즉, 어떤 상태의 그 점에 주어지는 값만을 갖는 함수이다. 예를 들면, 압력, 온도, 비체적 등의 상태량이 점함수이다. 도정함수는 경로에 따라서 변화하는 함수로 예를 들면, 열량과 일량이 있다. 열량과 일량은 반드시 상태변화가 발생해야지만 계산이 가능한 물리량이다.

33 무게 1kg의 강구를 50m 높이에서 낙하시킬 때 운동에너지는 전부 강구의 온도를 높여준다고 할 때 강구의 온도상승은 몇 ℃가 되겠는가?(단, 강구의 비열은 0.42KJ/kg℃이다.)

① 1.17   ② 11.7
③ 20.67 ④ 21.85

풀이 낙하시 운동에너지는 중력 포텐셜에너지와 같으므로 에너지 보존 개념을 적용시켜 강구의 온도상승을 구한다.
$V_g = {}_1Q_2$, $mgh = mC_s \Delta t$,
$9.8 \times 50 \times 10^{-3} = 0.42 \times \Delta t$,
$\Delta t = 1.17[℃]$

34 다음 보기의 항들 중 상태량과 관련이 없는 것은?

① 점함수   ② 온도
③ 내부에너지 ④ 일

풀이 상계의 상태를 규정하는 물리량으로 그 상태에 이르는 경로에는 의존하지 않는다. 압력, 온도, 용적, 내부 에너지, 엔트로피, 엔탈피 등은 모두 상태량이며 순수물질의 닫힌계에서는 이것들은 독립적으로 변화하지 않고 2개의 독립적인 상태량의 값이 정해지면 다른 값도 정해진다. 이들에 대하여 열량, 작업 등을 경로에 의존하는 양이며, 상태량은 아니다. 계의 감위 질량당의 상태량을 비상태량이라고 한다.

35 수직으로 세워진 노즐에서 30℃의 물이 15m/s의 속도로 15℃의 공기중에 뿜어진다면 약 몇 m 올라가겠는가?(단, 외부와의 마찰에 의한 에너지 손실은 무시한다.)

① 5.8   ② 0.8
③ 23   ④ 11.5

풀이 $\frac{1}{2}mV^2 = mgh$,
$h = \frac{15^2}{2 \times 9.8} = 11.48[m]$

ANSWER 32 ③ 33 ① 34 ④ 35 ④

02 순수물질의 성질

제1절 물질의 성질과 상태

1_순수물질(Pure substance)

원자가 모여 분자를 이루면 분자는 일단 안정된 구조를 가지며 여간해서는 다시 원자로 분해되지 않는다. 어느 온도 및 압력의 범위에서 분자의 상태는 액체 또는 기체로 존재하게 된다. 보통 단일성분으로 되어있는 물질은 혼합물이 아니며 또한 화학적으로 안정되어 있을 때 이를 순수물질로 본다.

예를 들어서 물은 상온에서 액체로 존재하며 이를 동일한 압력하에서 가열하면 수증기로 된다. 그러나 물이 가지는 화학적 평형은 지속되어서 항상 H_2O의 상태로 된다. 따라서 물은 순수물질이다.

보통 액화나 기화가 용이하여 cycle의 동작물질로 삼을 때 액화 및 기화를 되풀이 반복하는 순수물질을 증기(vapor)라 하고, 내연기관의 연소가스처럼 액화나 기화가 쉽게 일어나지 않는 물질(순수물질이 아니더라도 좋다)을 가스(gas)라 하며 증기와 뚜렷이 구별한다. 일반적으로 증기는 순수물질로 취급하며 상온에서 액체의 상태로 존재할 수 있는 물질이 기화된 것을 지칭한다.

> **참고**
> 습증기의 상태량 $v_x = v' + x(v'' - v')$
> v_x : 습증기의 상태량, v' : 포화수의 상태량, v'' : 포화증기의 상태량
> 건도 $x = \dfrac{증기의\ 중량}{전체중량}$

2_포화액체, 포화증기, 포화온도 및 잠열

포화란 어느 한 물질의 액상(액체상태)과 기상(기체상태)이 평형이 되어서 공존하는 상태를 말하며 순수물질인 경우에는 포화액체와 포화증기는 항상 공존하게 된다. 만일 압력이 일정하게 유지된다면 양상(兩相)의 비율은 변화하여도 온도는 일정하다. 이 온도가 되어서는

더 이상 온도가 올라가지 않고 일정해지며 증발이 시작된다. 이 때 증발이 시작되기 직전의 액체상태를 포화액이라고 하며 이때까지 공급된 열량을 감열 또는 현열(sensible heat)이라고 한다. 증발이 시작되면 온도는 변화하지 않으나 포화액체로부터 포화증기로 변화하는데 공급되는 열량을 잠열(latent heat)이라 한다. 잠열은 보통 r로 표시하며 엔탈피의 차로 나타내어진다.

즉, 증발잠열 = 포화증기의 比엔탈피 - 포화액체의 比엔탈피

증발잠열 $r = h'' - h' = u'' - u' + P(v'' - v')$

h'' : 포화증기의 엔탈피
h' : 포화수의 엔탈
v'' : 포화증기의 비체적
v' : 포화수의 비체적
v" : 포화증기의 ~비체적

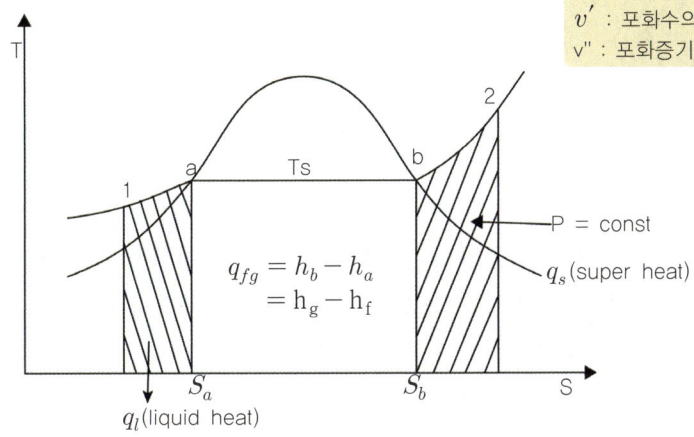

TS(Saturated temperature) : 포화온도, q_l (lipuid heat or sensible heat) : 액체열, 감열, 현열
q_{fg} (latent heat) : 증발잠열, q_s (super heat) : 과열

그림 2-1 / 정압 하에서의 증기의 상태변화

포화액과 포화증기가 공존하는 온도를 포화온도라 하며 압력에 따라 그 값은 변하지만 일단 압력이 주어지면 바로 그 압력에 대한 포화온도는 항상 일정하다. 예를 들면 물은 대기압하에서 100℃의 포화온도는 항상 일정하다.

포화증기에서 1kg의 포화액을 등압하에서 건포화 증기가 될 때까지 가열하는데 필요한 열량, 즉 증발잠열 r는 $\delta q = du + p\,dv$ 또는 $\delta q = dh + v\,dp$ 에서

$r = \int \delta q = u'' - u' + p(v'' - v') = h'' - h'$

이 때 첨자 ′ 는 포화액에서 포화증기로 변환될 때의 상태 즉, 위의 그림에서 a점을 의미하며 첨자 ″ 는 포화증기에서 과열증기로 변환될 때 즉, 위의 그림에서 b점을 의미한다.

또한 $u'' - u' = \rho$: 내부증발열, $v'' - v' = \psi$: 외부증발열 로 표시할 때
$r = \rho + \psi$ 이다.

3_증기의 건도

포화액체와 포화증기의 혼합물 중에서 액체의 중량을 G_l, 증기의 중량을 G_g 라하고 포화액체의 비체적을 v', 포화증기의 비체적을 v'' 라 할 때 혼합물의 평균적인 비체적 v 는

$$(G_l + G_g)v = G_l v' + G_g v''$$에서

$$v = \frac{G_l}{(G_l + G_g)} v' + \frac{G_g}{(G_l + G_g)} v''$$ 이다.

여기서 증기의 건도(dryness fraction) 또는 질(quality)을 x라 하면

$$x = \frac{G_g}{G_l + G_g}$$ 로 정의되고 위식은 다음과 같이 표현되어 진다.

$$v = (1-x)v' + xv'' \left(\because x = \frac{G_l}{G_l + G_g} = \frac{G_l + G_g - G_g}{G_l + G_g} \text{ 이므로} \right)$$

$$\therefore v = v' + x(v'' - v')$$

보일러 등의 증기발생장치로부터 나오는 포화증기 속에는 미세한 비말형(飛沫形)의 포화수가 함유되어 있는데 이와 같은 증기를 습증기(wet steam)라 하고 건도(질)로서 그 정도를 표시한다. 이에 대하여 포화수를 전혀 포함하지 않는 포화증기를 건포화증기(dry saturated steam)라 한다. 따라서 포화액의 상태(a 또는 ′)에서는 건도 x = 0 이고 포화증기상태(b 또는 ″)에서는 건도 $x = 1$이 된다.

일반적으로 기체·액체 혼합증기의 비상태량은

$$v = v' + x(v'' - v')$$
$$u = u' + x(u'' - u')$$
$$h = h' + x(h'' - h')$$
$$S = S' + x(S'' - S')$$로 된다.

4_임계점(critical point)

포화증기에서 압력을 높이면 증발잠열이 작아지고 결국에는 0이 되는 곳이 있다. 즉 액상과 기상과의 사이에 엔탈피의 변화가 없어지고 이와 동기에 비체적의 변화도 없어진다. 액상과 기상과의 사이에 확실한 구별이 없어짐을 의미한다. 이러한 한계상태를 임계점이라고 하며 임계점에서의 압력을 임계압력, 온도를 임계온도라 한다.

보통 물질은 액화의 조건은 임계압력 이상의 압력을 가하고 임계온도 이하로 온도를 낮출

때 일어난다. 따라서 기화의 조건은(보통 증발) 임계압력 이하의 압력하에서 임계온도 이상으로 열량을 공급할 때 일어난다.

증기에서 건도 x 이 상태에서 계속 열을 가하면 건도는 증가하여 x = 1 인 상태(건포화증기)가 된다. 이 때 더욱 열을 가하면 온도가 상승하며 포화온도 이상으로 증가하게 된다. 이러한 증기를 과열증기라 한다. 과열증기의 상태는 압력과 온도 여하에 따라 다르며 어떤 상태에서의 과열증기와 포화온도의 차를 과열도라 한다. 과열증기의 상태는 압력과 온도여하에 따라 다르며 어떤 상태에서의 과열증기와 포화온도의 차를 과열도라 한다. 증기는 이상기체가 아니기 때문에 $Pv = RT$를 만족하지 못하지만 과열도가 커짐에 따라 이상기체의 성질에 가까워진다. 보통 임계점 이상에서 거의 완전가스(이상기체)라 볼 수 있다.

5_증기표와 증기선도

어느물질의 액상으로부터 기상에 걸친 상태량 사이의 함수관계를 수치로 나타낸 것을 증기표라고 한다. 증기표는 v만이 아니고 h나 S도 함께 기재되어 있어서 계산하지 않고도 쉽게 알수있다.

증기표의 종류로는 포화증기표와 압축액체, 과열증기표로 나누어진다. 물의 포화증기표는 압력을 변수로 취한 것과 온도를 변수로 취한것이 있고 각 상태량의 값에서 포화수는 v', h', u', S' 로 포화증기는 v'', h", u", S"등으로 표시한다.

증기표에서는 3중점의 물의 상태 즉 0.01℃, 0.001㎥/kg 인 포화수의 상태를 기준으로 그 상태량을 표시한다.

액체·증기계의 상태량의 변화과정을 간단한 선도로 표시한 것이 증기선도이다. 증기선도로서는 P-v선도, T-S선도 및 h-S선도(몰리에르 선도), p-h선도(냉매선도) 등이 쓰이고 있다.

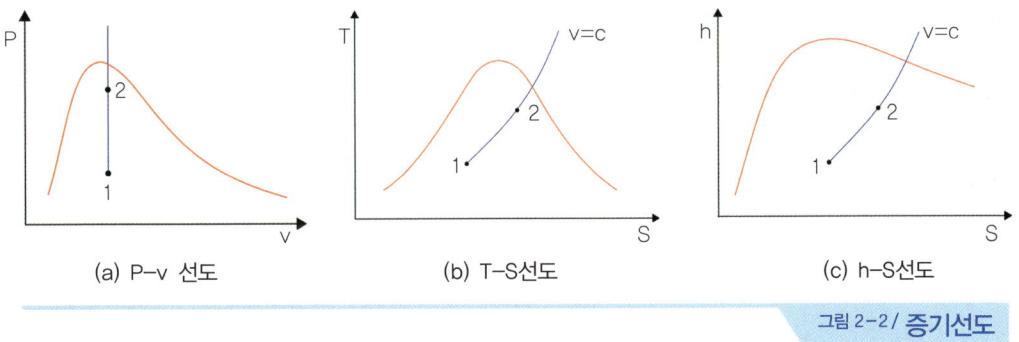

(a) P-v 선도 (b) T-S선도 (c) h-S선도

그림 2-2 / 증기선도

6_증기의 상태변화

1. 정적변화

1) 상태변화

$$v = v_1 = v_2 = c$$

등적변화후의 건도가 x_1에서 x_2로 될 때(습증기 구역, 내에서 변화)

$$v_1 = v_1{}' + x_1(v_1{}'' - v_1{}')$$
$$v_2 = v_2{}' + x_2(v_2{}'' - v_2{}')$$
$$v_1 = v_2 \text{ 이므로}$$
$$v_1{}' + x_1(v_1{}'' - v_1{}') = v_2{}' + x_2(v_2{}'' - v_2{}')$$
$$\therefore x_2 = \frac{v_1{}' - v_2{}'}{v_2{}'' - v_2{}'} + x_1\frac{v_1{}'' - v_1{}'}{v_2{}'' - v_2{}'} = x_1\frac{v_1{}'' - v_1{}'}{v_2{}'' - v_2{}'}$$

2) 열량

$$\delta q = du + Pdv, \quad {}_1q_2 = u_2 - u_1, \quad u_2 = u_2{}' + x(u_2{}'' - u_2{}'),$$
$$u_1 = u_1{}' + x(u_1{}'' - u_1{}')$$
$$\delta q = dh + vdp$$
$${}_1q_2 = h_2 - h_1 - v(P_2 - P_1), \quad h_2 = h_2{}' + x(h_2{}'' - h_2{}'),$$
$$h_1 = h_1{}' + x(h_1{}'' - h_1{}')$$

3) 절대일

$$\delta w = Pdv, \quad {}_1w_2 = 0$$

4) 공업일

$$\delta w_t = -vdp, \quad w_P = -v(P_2 - P_1)$$

2. 정압변화

1) 상태변화

$$P = P_1 = P_2 = c, \, dP = 0$$

2) 열량

$$\delta q = du + P dv$$
$$_1q_2 = u_2 - u_1 + P(v_2 - v_1) = h_2 - h_1 = r(x_2 - x_1)$$
$$h_2 = h_2' + x_2(h_2'' - h_2'), \, h_1 = h_1' + x_1(h_1'' - h_1')$$
$$h_1' = h_2', \, h_1 = h_2''$$

3) 내부에너지 변화

$$\int_1^2 = u_2 - u_1 = (x_2 - x_1)\rho, \, u_2 = u_2' + x_2(u_2'' - u_2'),$$
$$u_1 = u_1' + x_1(u_1'' - u_1')$$
$$\rho = u_1'' - u_1' = u_2'' - u_2', \, u_1' = u_2', \, u_1'' = u_2''$$

4) 절대일

$$_1w_2 = P(v_2 - v_1) = P(x_2 - x_1)(v'' - v')$$
$$v_2 = v_2' + x_2(v_2'' - v_2'), \, v_1 = v_1' + x_1(v_1'' - v_1')$$
$$v_1' = v_2', \, v_1'' = v_2''$$

5) 공업일

$$\delta w_t = -v\, dp = 0, \, w_t = 0$$

3. 등온변화

1) 열량

$$_1q_2 = T(S_2 - S_1) = T(x_2 - x_1)(S'' - S') = r(x_2 - x_1)$$
$$(\because S'' - S' = \frac{r}{T})$$

$$S_2 = S_2' + x(S_2'' - S_2')$$
$$S_1 = S_1' + x(S_1'' - S_1')$$

2) 절대일

$$_1w_2 = \int_1^2 \delta q - \int_1^2 du = {}_1q_2 - (u_2 - u_1) = (x_2 - x_1)r - (x_2 - x_1)\rho$$
$$= (x_2 - x_1)\psi = P(x_2 - x_1)(v'' - v')$$
$$u_2 = u_2' + x_2(u_2'' - u_2'),\ u_1 = u_1' + x_1(u_1'' - u_1'),\ \rho = u'' - u'$$
$$\psi = P(v'' - v'),\ r = h'' - h'$$

3) 공업일

$$w_t = \int_1^2 \delta q - \int_1^2 dh = {}_1q_2 - (h_2 - h_1)$$

4. 단열변화

1) 상태변화

$$\delta q = 0,\ {}_1q_2 = 0$$

변화후의 건조도

$$S_1 = S_1' + x_1(S_1'' - S_1'),\ S_2 = S_2' + x_2(S_2'' - S_2')$$

$$\delta q = 0 \ \text{이므로}\ \frac{dS = \delta q}{T} = 0,\ \therefore S_2 = S_1$$

$$S_1' + x_1(S_1'' - S_1') = S_2' + x_2(S_2'' - S_2')$$

$$\therefore x_2 = \frac{S_1' - S_2'}{S_2'' - S_2'} + x_1 \frac{S_1'' - S_1'}{S_2'' - S_2'}$$

2) 열량

$$_1q_2 = 0$$

3) 절대일

$$_1w_2 = -(u_2 - u_1)$$

4) 공업일

$$w_t = -(h_2 - h_1)$$

5. 교축변화(등엔탈피 변화)

정상류 에너지식

$$\dot{Q} = \dot{m}\left[(h_2 - h_1) + \frac{1}{2}(c_2^2 - c_1^2) + g(z_2 - z_1)\right] + \dot{W}$$

$$\therefore h_2 = h_1$$

교축변화시 압력강화가 발생한다.

* 교축열량계 : 교축과정을 이용하여 건도를 측정한다.

$$h_2 = h_1$$
$$h_1 = h_1' + x_1(h_1'' - h_1')$$
$$h_2 = h_2' + x_2(h_2'' - h_2')$$
$$\therefore h_1 = h_2' + x_2(h_2'' - h_2'), \quad h_2 = h_1' + x_1(h_1'' - h_1')$$
$$= h_2' + x_2 r_2 \qquad\qquad = h_1' + x_1 r_1$$
$$\therefore x_2 = \frac{h_1 - h_2'}{r_2}, \quad \therefore x_1 = \frac{h_2 - h_1'}{r_1}$$

제2절 이상기체

1_이상기체의 상태식

기체에 대한 상태식은 여러 가지가 있지만 가장 일반적인 것은 이상기체의 상태식이다. 이것은 한 상태의 압력, 체적, 온도 및 질량에따라 결정되어진다. 기체가 어떤 상태에서 평형을 이루고 있을 때, 이상기체의 상태식은 다음과 같이 표현된다.

$$PV = mRT$$

여기서 p는 절대압력, V는 계의 전체 체적, m은 질량, T는 절대온도이며 R은 그 기체의 기체상수이다. 위 식을 m으로 나누면

$$Pv = RT$$ 이다.

아보가드로의 법칙(Avogadro's law)에 따르면 "모든 기체는 표준상태에서 1몰(mol)당 22.4 l 의 체적을 가지며 6.023×10^{23} 개의 분자수를 가진다". $22.4 l/mol$, 6.023×10^{23} 개$/mol$ 1몰(mol)이란 분자량을 나타내는 값에 그램(g) 단위를 붙인 것이다. 어떤 기체의 분자량(molecular mass)이 M이라고 하면 Mg/mol을 의미한다. 또 $1l = 10^3 cc = 10^{-3} m^3$ 이고 $1 kmol = 10^3 mol$ 이므로 아보가드로 법칙에서, $22.4 m^3/kmol$, $M kg/kmol$ 기체의 몰비체적(1kmol당 가지는 체적)을 $\bar{v}$ 라 하면 $Mv = \bar{v}$ 가 되며 식으로부터

$$P\bar{v} = MRT$$

이상기체 상태식에서 기체상수를 보다 일반화한 값으로 표시할 수 있다.

$MR = \bar{R}$ 라 하면, $p\bar{v} = \bar{R}T$

로 되고 여기서 $\bar{R}$ 는 일반기체상수(universal gas constant)라 한다. 일반기체상수는 기체의 종류에 상관없이 항상 일정한 값을 갖는다.

$$\bar{R} = 8.3143 [kJ/kmol \ K]$$

또 기체의 질량 = 몰수 × 분자량 (m = nM)이므로 식에서

$$PV = nMRT = n\bar{R}T$$

중력단위계를 사용할 때는 위에서 유도한 모든 식에 m대신 G를 대입하면 된다. 이 때 kg은 질량이 아니라 중량이며 기체상수 R의 단위는 [kg·m/kg·K]이다. 일반가스상수 $\bar{R}$ 는, $\bar{R} = 848 [Kgm/KmolK]$ 이다.

2_보일의 법칙과 샤를의 법칙

1. 보일의 법칙

$$P_1 v_1 = RT_1$$
$$P_2 v_2 = RT = RT_1, \quad P_1 v_1 = P_2 v_2 = 일정$$

이러한 관계를 제일 처음 깨달은 사람이 보일(Robert Boyle)이었다. 따라서 이 관계식을 보일의 법칙(Boyle's law)이라 부른다. 보일의 법칙은 "온도가 일정할 때 기체의 압력은 체

적에 반비례한다"는 것을 말한다.

2. 샤를의 법칙

압력이 일정할 때 기체의 체적은 절대온도에 비례한다.

$$P_1 = \frac{RT_1}{v_1} = P_2 = \frac{RT_2}{v_2},$$

$$\frac{T_2}{v_2} = \frac{T_1}{v_1} = \frac{T}{v} = C$$

체적이 일정할 때 기체의 압력은 절대온도에 비례한다.

$$v_1 = \frac{RT_1}{P_1} = v_2 = \frac{RT_2}{P_2},$$

$$\frac{T_2}{P_2} = \frac{T_1}{P_1} = \frac{T}{P} = C$$

샤를의 법칙(Charles' law)이라고 한다.

3. 보일-샤를의 법칙

기체의 압력은 절대온도에 비례하고 체적에 반비례한다.

$$\frac{P_1v_1}{T_1} = \frac{P_2v_2}{T_2} = 일정$$

보일-샤를의 법칙은 이상기체의 상태식이 된다.

3_이상기체의 비열

1. 정적비열과 주울의 실험

이상기체의 정적비열(specific heat at constant colume), c_v는 다음과 같이 정의된다.

$$c_v = \left(\frac{\partial u}{\partial T}\right)_v [\text{kJ/kg} \cdot \text{K}]$$

열량의 출입이 없었으므로 $\delta Q = 0$, 기계가 한 일이 물의 온도를 변화시키지 못하였으므로 결국 일을 하지 않은 것이 된다.

$\delta W = 0$. 따라서 내부에너지의 변화가 없다. 즉, 체적이 변하여도 온도가 변하지 않으면 내부에너지도 변함이 없다. 내부에너지는 상태량이며 온도와 비체적의 함수로 표시하면

$$u = u(v, T)$$
$$du = \left(\frac{\partial u}{\partial v}\right)_T dv + \left(\frac{\partial u}{\partial T}\right)_v dT$$

$\left(\frac{\partial u}{\partial v}\right)_T = 0$ 이므로, $du = \left(\frac{\partial u}{\partial T}\right)_v dT$, $du = c_v dT$, $dU = mc_v dT$

이상기체의 내부에너지는 온도만의 함수로서 체적에는 무관하다.

$$u = u(T)$$

정적비열 c_v 는 $c_v \left(\frac{\partial u}{\partial T}\right)_v = \left(\frac{\partial q}{\partial T}\right)_v$ 로 정하여지는 것으로서 이상기체일 때는 온도만의 함수가 된다. 정적과정에서 1법칙 식은 $\delta W = PdV = 0$ 이므로

$$\delta Q = dU$$
$$Q = \int_1^2 \delta Q = \int_1^2 dU = U_2 - U_1$$

이상기체일 때

$$U_2 - U_1 = \int_1^2 mc_v dT$$

여기서 질량이 일정하고 비열이 온도범위에 따른 평균값으로 생각될 때는

$$U_2 - U_1 = \Delta U = mc_v(T_2 - T_1)$$
$$u_2 - u_1 = \Delta u = mc_v(T_2 - T_1) \text{이다.}$$

2_정압비열

이상기체의 정압비열(specific heat at constant pressure), c_p 는 다음과 같이 정의된다.

$$c_p = \left(\frac{\partial h}{\partial T}\right)_p [\text{kJ/kg} \cdot \text{K}] \ [\text{kcal/kg} \cdot \text{K}]$$

이상기체의 엔탈피는

$$h = u + pv = u + RT = u(T)$$

로 표현될 수 있다. 즉, 이상기체의 엔탈피도 내부에너지와 마찬가지로 온도만의 함수가 된다. 따라서 이상기체의 엔탈피도 온도만의 함수이다.

$$c_p = \frac{dh}{dT}, \quad dh = c_p dT, \quad dH = mc_p dT$$

정압변화에서의 제1법칙 식은

$$\delta q = du + pdv = du + d(pv) = dh$$
$$\text{따라서 } \delta Q = dH = mc_p dT$$
$$\delta Q = dH = mc_p dT$$

4_비열비와 기체상수

이상기체의 비열은 온도만의 함수이다. 정적비열 c_v와 정압비열 c_p와의 차는 기체상수 R과 같다. 이상기체의 엔탈피를 미분형으로 표시하고 $dh = du + RdT$

$$c_p dT = c_v dT + RdT$$
$$c_p - c_v = R$$

중력단위계에서는 $c_p - c_v = AR$

이상기체의 정압비열과 정적비열의 비를 비열비(specific heat ratio), k라 한다.

$$k = \frac{c_p}{c_v}$$

$$c_v = \frac{1}{k-1}R, \quad c_p = \frac{k}{k-1}R \quad \text{를 얻는다.}$$

중력단위계에서는 $c_v = \frac{1}{k-1}AR, \quad c_p = \frac{k}{k-1}AR$

5_이상기체의 상태변화

1. 정적변화

정적변화(constant volume change)란 일정한 체적을 유지하면서 상태가 변화하는 가역과정을 의미한다.

1) 상태

$$\nu = \text{const}, \quad \nu_1 = \nu_2 = \nu = const : dv = 0,$$
$$\frac{p}{T} = const, \quad \frac{p_1}{T_1} = \frac{p_2}{T_2} = \frac{p}{T} = c$$

2) 절대일(밀폐계) : w

$$\delta w = pdv = 0, \quad \therefore \,_1w_2 = 0,$$

3) 공업일(개방계) : w_m

$$\delta w_m = -vdp, \quad w_m = -\int_1^2 vdp = -v(p_2-p_1) = v(p_1-p_2)$$

4) 내부에너지 : u

$$du = c_v dT, \quad c_v = const$$

$$u_2 - u_1 = c_v(T_2 - T_1) = \frac{R}{R-1}(T_2 - T_1) = \frac{1}{k-1}(p_2 v_2 - p_1 v_1)$$
$$= \frac{v}{k-1}(p_2 - p_1)$$

5) 엔탈피 : h

$$dh = c_p dT, \quad c_p = const$$
$$h_2 - h_1 = c_p(T_2 - T_1) = \frac{k}{k-1}R(T_2 - T_1) = \frac{k}{k-1}v(p_2 - p_1)$$

6) 열량 : q

$$\delta q = du + \delta w = du$$
$$_1q_2 = u_2 - u_1 = c_v(T_2 - T_1) = \frac{R}{k-1}(T_2 - T_1) = \frac{v}{k-1}(p_2 - p_1)$$

2. 정압변화

정압변화(constant pressure change)란 압력이 일정하게 유지되어 변화하는 과정이다.

1) 상태

$$p = const, \; p_1 = p_2 = p = const, \; dp = 0, \; \frac{v}{T} = const,$$

$$\frac{v_1}{T_1} = \frac{v_2}{T_2} = \frac{v}{T} = c$$

2) 절대일(밀폐계) : w

$$\delta w = pdv, \quad \therefore {}_1w_2 = p(v_2 - v_1)$$

3) 공업일(개방계) : w_m

$$w_m = -\int_1^2 vdp = 0$$

4) 내부에너지 : u

$$du = c_v dT, \ c_v = const$$

$$u_2 - u_1 = c_v(T_2 - T_1) = \frac{R}{k-1}(T_2 - T_1) = \frac{p}{k-1}(v_2 - v_1)$$

5) 엔탈피 : h

$$dh = c_p dT, \ c_p = const$$

$$h_2 - h_1 = c_p(T_2 - T_1) = \frac{k}{k-1}R(T_2 - T_1) = \frac{k}{k-1}v(p_2 - p_1)$$

6) 열량 : q

$$\delta q = dh - vdp = dh, \quad {}_1q_2 = h_2 - h_1$$

정압변화에서는 가열량이 모두 엔탈피의 증가로 되나 팽창할 때 일을 하므로 정적변화의 경우보다 온도상승이 작게 된다.

정압변화에서 엔탈피, 내부에너지, 일량, 열량, 비열비는 다음과 같은 관계를 가진다.

$$\frac{\Delta h}{\Delta u} = k, \quad ({}_1w_2/{}_1q_2) = \frac{k-1}{k}$$

3. 등온변화

등온변화(constant temperature)란 온도를 일정하게 유지하며 변화하는 과정이다.

1) 상태

$$T = const, \ T_1 = T_2 = T = const, \ dT = 0$$

$$pv = const, \ p_1v_1 = p_2v_2 = pv = c$$

2) 절대일(밀폐계) : w

$$_1W_2 = \int_1^2 pdv = \int_1^2 \frac{p_1 v_1}{v} dv$$
$$= p_1 v_1 \int_1^2 \frac{dv}{v} = p_1 v_1 \ln\frac{v_2}{v_1} = p_1 v_1 \ln\frac{p_1}{p_2} = RT\ln\frac{v_2}{v_1} = RT\ln\frac{p_1}{p_2}$$

3) 공업일(개방계) : w_m

$$W_m = -\int_1^2 vdp = -\int_1^2 \frac{p_1 v_1}{p} dp$$
$$= -p_1 v_1 \int_1^2 \frac{dp}{p} = -p_1 v_1 \ln\frac{p_2}{p_1} = p_1 v_1 \ln\frac{p_1}{p_2} = RT\ln\frac{p_1}{p_2} = RT\ln\frac{v_2}{v_1}$$

4) 내부에너지 : u

$$du = c_v dT = 0, \quad u_2 - u_1 = 0, \quad u = const$$

5) 엔탈피 : h

$$dh = c_p dT = 0, \quad h_2 - h_1 = 0, \quad h = const$$

6) 열량 : q

$$\delta q = du + \delta w = \delta w, \quad _1q_2 = {_1w_2}$$

등온변화에서는 절대일, 공업일, 열량의 크기가 모두 같다.

$$_1w_2 = w_m = {_1q_2}$$

등온변화에서는 가열량이 모두 일로 변환될 수 있으며, 압축의 경우에는 압축에 필요한 일량에 해당하는 열을 외부로 방출시켜야 한다. 등온변화에서는 내부에너지와 엔탈피의 변화가 없어 일정한 값을 유지한다.

4. 단열변화

단열변화(adiabatic change)란 계와 주위와의 사이에 열교환이 없고 마찰등에 의한 열의 유출이 없을 때의 변화를 말하며 피스톤에 의한 기체의 압축, 팽창등에서 볼 수 있다.

1) 상태

$$\delta q = 0$$

2) 절대일 (밀폐계) : $_1W_2$

$$\begin{aligned}
_1W_2 &= \int_1^2 pdv = \int_1^2 \frac{p_1 v_1^k}{v} dv \\
&= p_1 v_1^k \int_1^2 v^{-k} dv = p_1 v_1^k [\frac{v^{1-k}}{1-k}]_1^2 = p_1 v_1^k \frac{1}{1-k}(v_2^{1-k} - v_1^{1-k}) \\
&= \frac{1}{k-1} p_1 v_1^k (v_1^{1-k} - v_2^{1-k}) = \frac{1}{k-1}(p_1 v_1^k v^{1-k} - p_2 v_2^k v^{1-k}) \\
&= \frac{1}{k-1}(p_1 v_1 - p_2 v_2) = \frac{1}{k-1} p_1 v_1 (1 - \frac{p_2 v_2}{p_1 v_1}) = \frac{1}{k-1} p_1 v_1 (1 - \frac{T_2}{T_1}) \\
&= \frac{1}{k-1} RT_1 (1 - \frac{T_2}{T_1}) = \frac{1}{k-1} R(T_1 - T_2) \\
&= c_v (T_1 - T_2) \frac{1}{k-1} p_1 v_1 [1 - (\frac{p_2}{p_1})^{\frac{k-1}{k}}]
\end{aligned}$$

3) 공업일 (개방계) : $_1W_{t\,2}$

$$\begin{aligned}
_1W_{t\,2} &= -\int_1^2 vdp = \int_1^2 \frac{p_1^{1/k} v_1}{p^{1/k}} dp = -p_1^{\frac{1}{k}} v_1 \int_1^2 p^{-\frac{1}{k}} dp \\
&= -p_1^{\frac{1}{k}} v_1 \frac{k}{k-1}(p_2^{\frac{k-1}{k}} - p_1^{\frac{k-1}{k}}) = \frac{k}{k-1} p_1^{\frac{1}{k}} v_1 (p_1^{\frac{k-1}{k}} - p_2^{\frac{k-1}{k}}) \\
&= \frac{k}{k-1}(p_1 v_1 - p_2 v_2) = \frac{k}{k-1} R(T_1 - T_2) = c_p(T_1 - T_2) \\
&= \frac{k}{k-1} RT_1 (1 - \frac{T_2}{T_1}) = \frac{k}{k-1} RT_1 [1 - (\frac{v_1}{v_2})^{k-1}] \\
&= \frac{k}{k-1} RT_1 [1 - (\frac{p_2}{p_1})^{\frac{k-1}{k}}] = \frac{k}{k-1} p_1 v_1 [1 - \frac{T_2}{T_1}] \\
&= \frac{k}{k-1} p_1 v_1 [1 - (\frac{v_1}{v_2})^{k-1}] = \frac{k}{k-1} p_1 v_1 [1 - (\frac{p_2}{p_1})^{\frac{k-1}{k}}]
\end{aligned}$$

공업일은 절대일의 k 배이다.

4) 내부에너지 : u

$$du = c_v dT, \ c_v = const, \ u_2 - u_1 = c_v(T_2 - T_1) = {}_1w_2$$

5) 엔탈피 : h

$$c_p = c_p dT, \ c_p = const, \ h_2 - h_1 = c_p(T_2 - T_1) = {}_1w_2$$

단열변화에서는 기체의 변화량만큼 외부에 일을 하는 것이 되므로 온도는 강하된다.

6) 열량 : q

$1q2 = 0 = u_2 - u_1 + {}_1w_2 \quad \therefore u_2 - u_1 = -{}_1w_2$

$1q2 = 0 = h_2 - h_1 + wm \quad \therefore h_2 - h_1 = \text{-wm}$

5. 폴리트로우프 변화

폴리트로우프 변화(polytropic change)란 단열변화를 보다 일반화하여 열의 출입이 있는 것으로 간주하여 단열변화시의 지수(비열비) k를 n으로 대치시킨 변화과정을 말한다. 이 때 지수 n을 폴리트로우프 지수라 하고 -∞< n <∞의 값을 갖는 것으로 한다.

1) 상태

$$pv^n = const, \ p_1v_1^n = p_2v_2^n = pv^n = c$$
$$Tv^{n-1} = const, \ T_1v_1^{n-1} = T_2v_2^{n-1} = Tv^{n-1} = c$$
$$\frac{T_2}{T_1} = \left(\frac{v_1}{v_2}\right)^{n-1} = \left(\frac{p_2}{p_1}\right)^{\frac{n-1}{n}}$$

2) 절대일 : ${}_1W_2$

$$_1W_2 = \int_1^2 pdv = \int_1^2 \frac{p_1v_1^n}{v^n}dv = p_1v_1\int_1^2 v^{-n}dv = p_1v_1^n\left[\frac{1}{1-n}v^{1-n}\right]$$

$$= \frac{1}{n-1}(p_1v_1 - p_2v_2) = \frac{1}{n-1}R(T_1 - T_2) = \frac{1}{n-1}RT_1\left[1 - \frac{T_2}{T_1}\right]$$

$$= \frac{1}{n-1}p_1v_1\left[1 - \left(\frac{v_1}{v_2}\right)^{n-1}\right] = \frac{1}{n-1}p_1v_1\left[1 - \left(\frac{p_2}{p_1}\right)^{\frac{n-1}{n}}\right]$$

3) 공업일(개방일) : $_1W_{t\,2}$

$$_1w_{t\,2} = -\int_1^2 vdp = -\int_1^2 \frac{p_1^{\frac{1}{n}}v_1}{p^{\frac{1}{n}}}dp = -p_1^{\frac{1}{n}}v_1\int_1^2 p^{-\frac{1}{n}}dp$$

$$= -p_1^{\frac{1}{n}}v_1\frac{n}{n-1}(p_2^{-\frac{1}{n}+1} - p_2^{-\frac{1}{n}+1}) = \frac{n}{n-1}p_1v_1[1-(\frac{v_1}{v_2})^{n-1}]$$

$$= \frac{n}{n-1}p_1v_1[1-(\frac{p_2}{p_1})^{\frac{n-1}{n}}] = \frac{n}{n-1}p_1v_1[1-\frac{T_2}{T_1}] = \frac{n}{n-1}R(T_1 - T_2)$$

절대일과 공업일의 관계 : $_1W_{t\,2} = n_1W_2$, 공업일은 절대일의 n배이다.

4) 내부에너지 : u

$$du = c_v dT$$

$$u_2 - u_1 = c_v(T_2 - T_1) = \frac{R}{k-1}(T_2 - T_1), \quad _1W_2 = \frac{R}{n-1}(T_1 - T_2)$$

$$\therefore u_2 - u_1 = -\frac{n-1}{k-1}\,_1w_2$$

5) 엔탈피 : h

$$h_2 - h_1 = c_p(T_2 - T_1) = \frac{k}{k-1}R(T_2 - T_1) = -\frac{k(n-1)}{k-1}\,_1w_2$$

6) 열량 : q

$$_1q_2 = u_2 - u_1 = \,_1w_2, \quad _1w_2 = \frac{R}{n-1}(T_1 - T_2)$$

$$_1q_2 = c_v(T_2 - T_1) + \frac{R}{n-1}(T_1 - T_2) = c_v(T_2 - T_1) + \frac{k-1}{n-1}c_v(T_1 - T_2)$$

$$= c_v(1 - \frac{k-1}{n-1})(T_2 - T_1) = c_v\frac{k-1}{n-1}(T_2 - T_1) = c_n(T_2 - T_1)$$

여기서 C_n을 폴리트로우프 비열이라 정의한다.

$$C_n = c_v\frac{n-k}{n-1}$$

폴리트로우프 변화에서 공급열량과 절대일과의 관계는 다음과 같다.

$$_1q_2/_1w_2 = \frac{k-n}{k-1} = \frac{-k}{1-k}$$

6. 폴리트로우프 지수와 이상기체의 상태량

1) 폴리트로우프 지수에 따른 상태변화

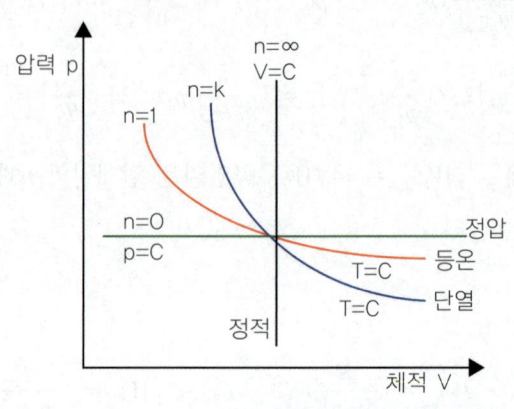

그림 2-3 / **폴리트로우프 지수**

폴리트로픽 과정의 일반식 $Pv^n = c$

폴리트로픽 지수 n = 0이면 p = c : 정압과정

n = 1 이면 pv = c,   ∴ T = c : 등온과정

n = k 이면 pvk = c 단열과정

n = ∞ 이면 pv∞ = c 정적과정

2) 폴리트로우프 지수에 따른 비열관계

식에서 $C_n = c_v \dfrac{n-k}{n-1}$

n = 0이면 $C_n = C_v$, $k = C_p$: 정압비열 : 정압과정

n = 1이면 $C_n = C_v$, ∞ = ∞ : 등온과정

n = k이면 $C_n = C_v$, 0 = 0 : 단열과정

n = ∞이면 $C_n = C_v \dfrac{1-\dfrac{k}{\infty}}{1-\dfrac{1}{\infty}} = C_v$: 정적비열 : 정적과정

3) 폴리트로우프 지수 구하는 법

선도가 그려져 있는 경우에는 면적의 비로 구한다.

$$pv^n = c, \ d(pv^n) = v^n에 + nv^{n-1}pdv = 0$$

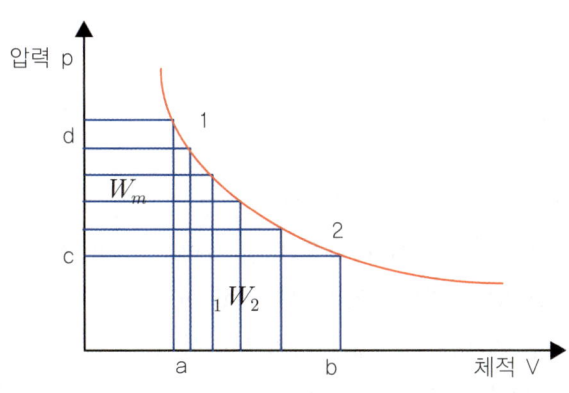

그림 2-4 / 폴리트로우프 선도

$$nv^{n-1}pdv = -v^n dp, \quad npdv = -\frac{v^n}{v^{n-1}}dp = -vdp$$

$$\therefore n = -\frac{vdp}{pdv} = \frac{\delta w_m}{\delta w} = \frac{w_m}{_1w_2} = \frac{면적 12cd}{면적 12ab}$$

만일 상태점 1,2로 주어질 때에는

$$p_1v_1^n = p_2v_2^n, \ \ln p_1 + n\ln v_1 = \ln p_2 + n\ln v_2, \ n(\ln v_1 - \ln v_2) = \ln p_2 - \ln p_1$$

$$\therefore n = \frac{\ln p_2 - \ln p_1}{\ln v_1 - \ln v_2} = \frac{\ln\frac{p_2}{p_1}}{\ln\frac{v_1}{v_2}}$$

또는 $T_1v_1^{n-1} = T_2v_2^{n-1}, \ \ln T_1 + (n-1)\ln v_1 = \ln T_2 + (n- = 1)\ln v_2,$
$(n-1)(\ln v_1 - \ln v_2) = \ln T_2 - \ln T_1$

$$\therefore n = 1 + \frac{\ln T_2 - \ln T_1}{\ln v_1 - \ln v_2} = \frac{\ln\frac{p_2}{p_1}}{\ln\frac{v_1}{v_2}}$$

4) pv^n의 대수좌표

$$\ln p + n\ln v = \ln c = c, \text{ 그림에서} \tan\alpha = \frac{c}{\frac{c}{n}} = n = \frac{\ln p}{\ln v}$$

7. 비가역 단열 변화

기체의 내부에 마찰이나 와류 현상의 발생을 동반하여서 역학적 열적인 불평형의 상태를 포함하는 변화를 비가역 변화라 한다.

기체가 급격히 압축되거나 팽창될 때에는 기체 내부에 난동이 생겨서 기체와 외부와의 상이에 열교환이 없어도 내부의 마찰이나 와류 현상 등에 의하여 일이 손실되면서 열을 발생하고 그 열이 기체에 흡수되어 내부적으로 단열적이 아닌 것으로 되는데 이와 같은 변화를 비가역 단열 변화라 한다. 기체는 마찰에 이기기 위하여 일을 하게 되고 그것이 열로 변환되어서 다시 기체에 가하여지므로 에너지의 식으로는 다음과 같이 표현된다.

$$\delta Q + \delta Q_f = dU + \delta W + \delta W_f$$

여기서 W_f는 마찰로 인한 손실일이고, Q_f는 그것에 의하여 생긴 열량이다.

따라서

$$\delta Q_f = \delta W_f \text{ 이고}$$

단열변화에서는 $\delta Q = 0$이므로

$$dU + \delta W = 0$$
$$W_{irr} = U_1 - U_2 = mC_v(T_1 - T_2)_{irr} \quad \cdots\cdots\cdots\cdots ①$$

로 되어 가역변화의 경우와 같은 형태를 갖는다.

지금 처음의 상태 (p_1, T_1)로부터 압력 p_2까지 가역 단열변화시킨 경우의 일량은

$$W_{rev} = U_1 - U_{2,rev} = mC_v(T_1 - T_{2,rev}) \quad \cdots\cdots\cdots\cdots ②$$

식 ①과 ②를 비교하여 보면 비가역단열변화(첨자 irr)의 경우는 가역단열변화(첨자 rev)일 때보다 온도가 높아지므로

$$T_{2,irr} > T_{2,rev}$$

따라서

$$W_{irr} < W_{rev}$$

로 되어서 일량은 가역단열변화인 경우보다 작아지게 된다.

8. 교축과정

기체가 유동하는 도중에 콕이나 밸브 혹은 다공질의 플러그 등이 있어서 통로를 좁히게 되는 경우가 있으면 그곳에서는 속도가 빨라지고 압력은 낮아지게 된다. 따라서 가스가 그곳을 통과하면 운동에너지가 마찰이나 와류의 발생으로 소비되어서 압력이 회복되지 못하고 떨어진 그대로 된다. 이러한 과정은 비가역적이므로 유동방향을 역으로 하면 지금까지 압력이 높았던 상류가 이제는 하류가 되어 압력이 저하된다. 이런 과정을 교축과정(throttling process)이라 한다.

교축과정에서 유체는 언제나 유동방향으로 압력강하를 가져온다. 기체의 상태를 p_1, v_1, T_1 이라 하고 그 후의 상태를 p_2, v_2, T_2 라 하면 기체가 한 일은 $p_2v_2 - p_1v_1$ 이다.

$$U_2 - U_1 + (p_2v_2 - p_1v_1) = 0$$

따라서

$$H_2 - H_1 = 0, \quad \therefore H_1 = H_2$$

교축과정은 엔탈피가 일정한 등엔탈피 과정이다. 동작물질이 이상기체인 경우에는 등엔탈피 변화는 등온변화가 되므로 이상기체의 교축과정은 등엔탈피 변화이면서 또한 동시에 등온변화과정이 된다. 그러나 실제기체의 교축과정은 등엔탈피변화는 온도가 변화한다.

 출제예상문제

01 포화액과 포화증기의 구분이 없어지는 상태의 기체의 경우 고온, 고압에서 나타난다. 이들의 상태를 무엇이라고 부르는가?

① 삼중점 ② 포화점
③ 임계점 ④ 비점

02 다음 온도의 포화수 중 증발열이 가장 많이 소요되는 것은?

① 200℃ ② 25℃
③ 0℃   ④ -20℃

[풀이] 온도가 낮을수록 증발열이 크다.

03 다음 $T-S$ 선도에서 액체열을 나타내는 면적은?

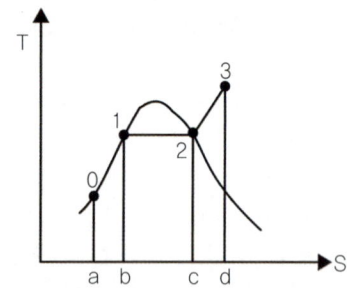

① $1-2-c-b-1$
② $0-1-b-a-0$
③ $2-3-d-c-2$
④ $0-1-2-c-a-0$

[풀이] ① 액체열 : $0 \rightarrow 1 \rightarrow b \rightarrow a$,
② 증발열 : $1 \rightarrow 2 \rightarrow b \rightarrow c$

04 습증기를 가역단열압축하면 건도는 어떻게 변하는가?

① 감소 또는 증가
② 감소
③ 증가
④ 불변

05 물 1kg이 압력 294KPa에서 증발할 때 증가한 체적이 0.8㎥이었다면, 이 때의 외부증발열은 얼마나 되겠는가?

① 235.2KJ/kg
② 127.2KJ/kg
③ 260.4KJ/kg
④ 370KJ/kg

[풀이] 외부증발열
$\varnothing = P(V_2 - V_1) = 294 \times 10^3 \times 0.8 = 235.2$KJ

06 일정 압력하에서 0℃의 물에 540KJ/kg의 열을 가하여 압력이 8KPa인 증기의 건조도는?(단, 8KPa의 $h' = 171.35$KJ/kg, $h'' = 660.8$KJ/kg이다.)

① 약 0.753 ② 약 0.558
③ 약 0.952 ④ 약 0.884

[풀이] $h_x = 540 = 171.35 \times x(660.8 - 171.35)$,
$x = 0.753$

07 압력 $600 KPa$의 물의 포화온도는 274℃, 건포화 증기의 비체적은 $0.033 m^3/Kg$이다. 이 압력하에서 건포화 증기의 상태로부터 75℃만큼 과열되면, 비체적은 $0.043 m^3/Kg$가 된다. 과열의 열량은 몇 $KJ/Kg\cdot °K$인가?(단, 이때 평균 정압비열은 $3.4 KJ/Kg\cdot °K$로 한다.)

① 255　　② 227
③ 194　　④ 150

풀이 (정압과정에서의 열량의 변화)
$_1q_2 = C_p \cdot \Delta t = 3.4 \times 75 = 255 KJ/Kg\cdot °K$

08 1kg의 물을 등압하에서 가열할 때의 상태변화를 나타내는 P-V선도는 다음 그림과 같다. 이 그림에서 압축수를 나타내는 점은?

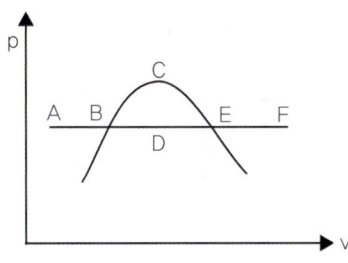

① C점　　② E점
③ A점　　④ F점

풀이 ① AB구간 : 압축수, ② BE구간 : 습증기,
③ EF구간 : 과열증기

09 습증기의 건도가 X라면 이 증기의 엔트로피 S는 어떻게 표시되겠는가?(단, S'', S'는 각각 포화증기, 포화액체의 엔트로피이다.)

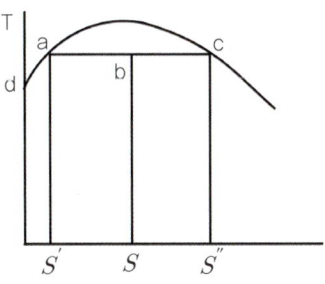

① $S = S'' + X(S'' - S')$
② $S = S' + X(S'' - S')$
③ $S = S' + X(S' - S'')$
④ $S = S'' + X(S' - S'')$

풀이 $h_x = h' + x(h'' - h')$

10 몰리에르(Mollier)선도는 종축과 횡축에 무엇을 표시한 선도인가?

① 엔탈피-엔트로피선도
② 압력-비체적선도
③ 체적-엔트로피선도
④ 온도-엔탈피선도

07 ①　08 ③　09 ②　10 ①

11 1MPa 300℃에서 50m/sec의 속도로 엔트로피가(Sc) 7.1229KJ/kg℃인 습포화 수증기가 터빈에 공급된다. 150KPa에서 200m/sec의 속도로 배출된다. 과정은 가역단열 과정으로 가정할 때 배출되는 수증기에는 몇 %의 포화물이 포함되어 있는가?(단, 유속변화에 의한 에너지 손실은 무시한다. Sg(포화수증기의 엔트로피) = 7.2233KJ/kg℃ Sf(포화액의 엔트로피) = 5.7897KJ/kg℃)

① 201%   ② 7%
③ 1.2%   ④ 18.5%

[풀이] $S_c = S_f + x(S_g - S_f)$,
$x = \dfrac{S_c - S_f}{S_g - S_f} = \dfrac{7.1229 - 5.7897}{7.2233 - 5.7897}$
$= 0.93$,
(습도)$y = 1 - 0.93 = 7\%$

12 다음 그림은 물, 수증기에 대한 T-S선도이다. 여기에서 곡선 *abcd*는 정압선인 경우, 증발의 잠열(증발열)을 표시하는 면적은 어떻게 나타나겠는가?

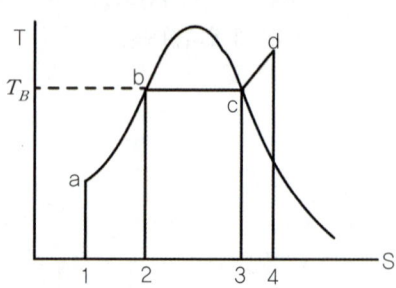

① ab21a   ② bc32b
③ cd43c   ④ abc31a

[풀이] ① ab21a : 액체열, ② bc32b : 증발잠열
③ cd43c : 과열의 열

13 포화수가 갖는 열량(액체열)은?

① 포화수가 갖는 엔탈피와 같다.
② 포화수가 갖는 내부에너지보다 크다.
③ 포화수의 엔탈피보다 작다.
④ 잠열량과 같다.

[풀이] 엔탈피는 역학적 에너지를 제외한 전체 열에너지이므로 포화수의 열량은 포화수의 엔탈피와 같다.

14 물의 상태변화를 표시하는 다음의 P-V 선도에서 상태변화 1→2가 등온변화를 나타내는 것은?

①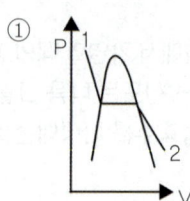

②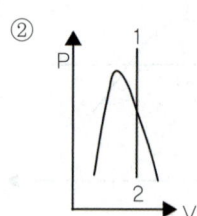

③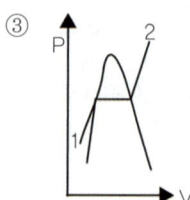

④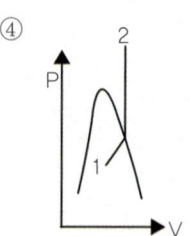

11 ② 12 ② 13 ① 14 ①

15 몰리에르 선도(mollier chart)는?

① 종축에 엔탈피 h, 횡축에 엔트로피 S를 취한 증기표에 대한 선도이다.
② 종축에 엔탈피 h, 횡축에 온도 T를 취한 증기표에 대한 선도이다.
③ 종축에 엔트로피 S, 횡축에 온도 T를 취한 증기표에 대한 선도이다.
④ 종축에 온도 T, 횡축에 엔트로피 S를 취한 증기표에 대한 선도이다.

풀이) 몰리에르 선도는 $h-s$ 선도이다.

16 건포화 증기를 단열 압축하면 어떻게 되는가?

① 압력이 높아지고 습도가 증가한다.
② 온도는 변하지 않는다.
③ 온도가 낮아지며 습증기가 된다.
④ 온도가 높아지며 과열증기가 된다.

17 몰리에르(Molier)선도는 종축과 횡축에 무엇을 표시한 선도인가?

① 엔탈피-엔트로피선도
② 압력-비체적선도
③ 체적-엔트로피선도
④ 온도-엔탈피선도

18 1MPa 압력의 습증기를 교축 열량계를 통과하여 압력이 100MPa, 123℃의 과열증기가 되었다. 이 습증기의 건도는 얼마인가?(단, 1MPa에서 포화증기 및 포화수의 엔탈피는 각각 2784KJ/kg이고, 100KPa에서 123℃의 과열증기의 엔탈피는 2730KJ/kg이다.)

① 0.033   ② 0.273
③ 0.733   ④ 0.973

풀이) $h_1 = h_x = 2730 = 760 + x(2784-760)$,
$x = \dfrac{2730-760}{2784-760} = 0.973$

19 프레온 12를 냉매로 하는 표준 냉동 사이클에서 증발온도 -15℃, 응축온도 30℃일 때 성능계수는?

① 4.23   ② 5.96
③ 6.47   ④ 3.86

풀이) $_1\epsilon_2 = \dfrac{T_L}{T_H - T_L}$
$= \dfrac{273-15}{30-(-15)} = \dfrac{268}{45} = 5.96$

20 공기 1kg이 압력 102kPa, 체적 0.9m³ 인 상태에서 온도 310℃인 상태로 변화하였다. 이 동안의 온도 증가량은 몇 ℃인가?(단, 공기의 가스상수는 287J/kgK이다.)

① 319.86   ② 253.14
③ 234.67   ④ 212.78

풀이) $P_1 V_1 = mRT_1$,
$T_1 = \dfrac{102 \times 10^3 \times 0.9}{1 \times 287} = 319.86 [K]$
$\Delta T = T_2 - T_1 = 300 - (319.86 - 273)$
$= 253.14 [℃]$

21 어떤 타이어 튜브의 체적이 15,000cm³이다. 15℃에서 410kPa의 공기가 차 있다면 그 때의 튜브 속 질량은 몇 kg인가?

① 0.057kg   ② 0.067kg
③ 0.074kg   ④ 0.086kg

풀이) $m = \dfrac{P_1 V_1}{RT_1} = \dfrac{410 \times 10^3 \times 15000 \times 10^{-6}}{287 \times (15+273)}$
$= 0.074 [kg_m]$

ANSWER   15 ①   16 ④   17 ①   18 ④   19 ②   20 ②   21 ③

22 정압비열이 0.9156KJ/kg℃, 정적비열이 0.6552 KJ/kg℃인 0.3kg의 가스가 압력 310Pa, 온도 20℃ 하에서 체적 몇 m³ 인가?

① 55.1   ② 66.7
③ 73.84   ④ 82.45

풀이
$$PV = m(C_P - C_V)T$$
$$V = \frac{m(C_P - C_V)T}{P}$$
$$= \frac{0.3 \times (0.9156 - 0.6552) \times 10^3 \times (20 + 273)}{310}$$
$$= 73.84 [m^3]$$

23 평균분자량이 28.5인 완전가스의 압력이 200Pa이고 온도가 105℃이면 이 완전가스의 비체적은 몇 m³/kg_m 인가?

① 755.24   ② 675.5
③ 551.35   ④ 457.89

풀이
$$Pv = \frac{\overline{R}}{M}T$$
$$v = \frac{\overline{R}T}{MP} = \frac{8314 \times (105 + 273)}{28.5 \times 200}$$
$$= 551.35 [m^3/kg_m]$$

24 어떤 완전가스 15kg을 250℃만큼 온도를 상승시키는데 필요한 열량을 압력 일정일 경우와 체적 일정일 경우 670kJ의 차가 생긴다면 이 가스의 기체상수는 몇 J/kgK인가?

① 123.5   ② 134.7
③ 157.9   ④ 178.7

풀이
$$Q_P - Q_V = m(C_P - C_V)\Delta T = mR\Delta T$$
$$670 \times 10^3 = 15 \times R \times 250$$
$$R = 178.67 J/kgK$$

25 0.723KJ/kg℃인 완전가스가 폴리트로프 변화를 할 때 $C_P/C_V = 1.4$이면 폴리트로프 비열은 몇 KJ/kg℃인가?(단, 폴리트로프 지수 n=1.3이다.)

① -0.241   ② -0.324
③ -0.432   ④ -0.521

풀이
$$C_n = C_V \frac{n-k}{n-1} = 0.723 \times \frac{1.3-1.4}{1.3-1}$$
$$= -0.241 [kJ/kg℃]$$

26 탱크 속에 2.94kPa, 5℃의 완전가스가 들어 있다. 이것을 110℃까지 가열하였을 때 압력상승은 몇 kPa인가?

① 4.05   ② 3.12
③ 2.47   ④ 1.11

풀이
$$V = const$$
$$\frac{P_2}{P_1} = \frac{T_2}{T_1}, \frac{P_2}{2.94} = \frac{110+273}{5+273},$$
$$P_2 = 4.05 [kPa]$$
$$\Delta P = P_2 - P_1 = 4.05 - 2.94 = 1.11 [kPa]$$

27 내부에너지가 420kJ 증가하면서 일정 압력하에서 외부에 0.42kJ의 일을 하는 어떤 완전가스가 있다. 그 변화 사이에 엔탈피 변화는 몇 kJ인가?

① 258.5   ② 420.4
③ 538.7   ④ 656.3

풀이
$$P = const$$
$$_1Q_2 = \Delta H = \Delta U + {_1W_2} = 420 + 0.42$$
$$= 420.42 [kJ]$$

22 ③ 23 ③ 24 ④ 25 ① 26 ④ 27 ②

28 체적이 8㎥인 탱크 속에 채워질 완전가스의 온도가 25℃, 압력이 2ata이다. 이 가스의 온도를 32℃ 올리는데 필요한 열량은 몇 kJ인가?(단, 가스상수와 정적비열은 각각 198J/kgK, 0.82KJ/kg℃이다.)

① 478.4　　② 567.24
③ 697.31　　④ 768.2

풀이 $V = \text{const}$

$$_1Q_2 = mC_V \Delta T = \frac{P_1 V_1}{RT_1} C_V \Delta T$$
$$= \frac{2 \times 9.8 \times 10^4 \times 8}{198 \times (25+273)} \times 0.82 \times 32$$
$$= 697.31 [kJ]$$

29 850Pa인 압력을 일정하게 유지하면서 0.55㎥의 공기가 팽창하여 그 체적이 2.5배로 되었다. 공기가 팽창하면서 외부에 한 일량은 몇 kJ인가?

① 0.701　　② 0.47
③ 4.71　　　④ 47.1

풀이
$$_1W_2 = P(V_2 - V_1)$$
$$= 850 \times 10^{-3} \times (2.5 \times 0.55 - 0.55)$$
$$= 0.701 [kJ]$$

30 온도 160℃인 공기 1kg을 198kPa로부터 392kPa까지 등온압축 할 때, 이 공기로부터 제거해야할 열량은 몇 kJ인가?

① 0.187　　② -0.196
③ 0.212　　④ 0.282

풀이 $T = \text{const}, \ _1Q_2 = \ _1W_2 = W_t$

$$_1Q_2 = mRT_1 \ln\left(\frac{P_1}{P_2}\right)$$
$$= 1 \times 0.287 \times \ln\left(\frac{198}{392}\right)$$
$$= -0.196 [kJ]$$

31 640Pa, 0.45㎥의 공기 1kg이 등온팽창하여 압력이 350Pa로 되었다. 공기가 팽창하면서 외부에 한 일은 몇 kJ인가?

① 0.483　　② 0.361
③ 0.279　　④ 0.174

풀이 $T = \text{const}$

$$_1W_2 = P_1 V_1 \ln\left(\frac{P_1}{P_2}\right)$$
$$= 640 \times 10^{-3} \times 0.45 \times \ln\left(\frac{640}{350}\right)$$
$$= 0.174 [kJ]$$

32 압력 98kPa, 15℃의 공기가 1㎥을 일정한 체적하에 100℃까지 가열할 때 내부에너지 변화는 몇 kJ인가?(단, 공기의 정적비열 0.7224KJ/kg℃이다.)

① 43.12　　② 56.79
③ 61.64　　④ 72.8

풀이
$$_1Q_2 = \Delta U = mC_V (T_2 - T_1)$$
$$= \frac{P_1 V_1}{RT_1} C_V (T_2 - T_1)$$
$$_1Q_2 = \frac{98000 \times 1}{287 \times (15+273)} \times 0.7224 \times (100-15)$$
$$= 72.8 [kJ]$$

33 Pa인 공기가 정압에서 680kJ의 열을 받으면서 팽창하였다. 이 사이의 내부에너지의 변화가 178kJ이면 체적의 증가량은 몇 ㎥인가?

① 1444.39　　② 1394.44
③ 1945.33　　④ 2134.55

풀이 $P = \text{const}$
$$_1Q_2 = \Delta H = \Delta U + \Delta P \cdot V = \Delta U + P \Delta V$$
$$680 \times 10^3 = 178 \times 10^3 + 360 \times \Delta V,$$
$$\Delta V = 1394.44 [m^3]$$

28 ③　29 ①　30 ②　31 ④　32 ④　33 ②

34 435kPa, 1.2㎥인 공기가 단열팽창하여 47kPa, 체적은 5배로 되었으면 외부에 행한 일량은 몇 kJ인가?(단, 공기의 비열비는 1.4이다.)

① 200 ② 350
③ 600 ④ 750

풀이 $Pv^k = \text{const}$

$_1W_2 = \dfrac{1}{k-1}(P_1V_1 - P_2V_2)$

$= \dfrac{1}{1.4-1} \times (435 \times 1.2 - 47 \times 5 \times 1.2)$

$= 600[kJ]$

35 온도 160℃의 공기 1kg이 $v_1 = 0.25$ ㎥/kg으로부터 $v_2 = 0.5$㎥/kg으로 될 때까지 단열팽창하였다. 비내부에너지의 변화는 몇 KJ/kg인가?(단, 정압비열 $C_P = 0.721kJ/kg℃$, 비열비 $k = C_P/C_V = 1.4$이다.)

① -45 ② -54
③ 54   ④ 45

풀이 $T_2 = T_1\left(\dfrac{v_1}{v_2}\right)^{k-1}$

$= (160+273) \times \left(\dfrac{0.25}{0.5}\right)^{(1.4-1)}$

$= 328.15[K]$,

$T_2 = 55.15[℃]$

$\Delta u = C_V(T_2 - T_1) = \dfrac{C_P}{k}(T_2 - T_1)$

$= \dfrac{0.721}{1.4} \times (55.15 - 160) = -54[kJ]$

36 비열비 k = 1.3, 가스상수가 271J/kgK일 때 정적비열은 몇 J/kgK인가?

① 903.33 ② 887
③ 759.23 ④ 632.46

풀이 이상기체라고 보면 정적비열은 다음과 같다.

$C_V = \dfrac{R}{k-1} = \dfrac{271}{0.3} = 903.33[J/kgK]$

37 단열지수 1.4, 폴리트로픽 지수가 1.3일 때 정적비열이 0.655KJ/kg℃이면 이 가스의 폴리트로픽 비열은 얼마인가?

① -0.118 ② -0.218
③ -0.331 ④ -0.381

풀이 $C_n = C_V\dfrac{n-k}{n-1} = 0.655 \times \dfrac{1.3-1.4}{1.3-1}$

$= -0.218[kJ/kg℃]$

38 어떤 기체가 압력 0.12MPa, 체적 0.18㎥에서 체적이 0.58인 상태로 단열된 실린더 내에서 팽창한다. 이 때 엔탈피 감소량과 일량은 몇 kJ인가?(단, 이 기체의 정압비열은 0.444KJ/kg℃이고, 정적비열은 0.333 KJ/kg℃, 기체상수는 114J/kgK이다.)

① $\Delta H = 20.8[kJ]$, $_1W_2 = 27.65[kJ]$
② $\Delta H = 27.65[kJ]$, $_1W_2 = 10.7[kJ]$
③ $\Delta H = 36.7[kJ]$, $_1W_2 = 20.8[kJ]$
④ $\Delta H = 27.65[kJ]$, $_1W_2 = 20.8[kJ]$

풀이 $k = \dfrac{C_P}{C_V} = \dfrac{0.444}{0.333} = 1.33$,

$P_2 = P_1\left(\dfrac{V_1}{V_2}\right)^k = 0.12 \times \left(\dfrac{0.18}{0.58}\right)^{1.33}$

$= 0.025[MPa]$

$\Delta H = mC_P(T_2 - T_1) = C_P\dfrac{P_2V_2 - P_1V_1}{R}$

$= 0.444 \times \dfrac{0.025 \times 10^6 \times 0.58 - 0.12 \times 10^6 \times 0.18}{114}$

$= -27.65[kJ]$

$_1W_2 = \dfrac{P_1V_1 - P_2V_2}{k-1}$

$= -\dfrac{\Delta H}{k} = \dfrac{27.65}{1.33} = 20.8[kJ]$

34 ③ 35 ② 36 ① 37 ② 38 ④

39 어떤 기체가 압력 9MPa인 상태에서 변화하여 내부에너지가 13kJ이 증가하였다. 비열비 k = 1.4이고 폴리트로픽지수 n = 1.3이었을 때 요구된 열량은 몇 kJ인가?

① −3.00 ② −3.33
③ −4.00 ④ −4.33

풀이
$$_1Q_2 = mC_n\Delta T = mC_V\frac{n-k}{n-1}\Delta T = \frac{n-k}{n-1}\Delta U$$
$$= \frac{1.3-1.4}{1.3-1}\times 13 = -4.33[kJ]$$

40 절대압력 100kPa, 온도 18℃의 어떤 물질 1kg이 가역 폴리트로픽 변화를 거쳐 2.5kJ의 열을 방출하고 온도 103℃로 되었다. 이 경우 폴리트로픽 지수 n은 얼마인가?(단, 물질의 비열비는 1.4이고 정적비열은 0.172KJ/kg℃이다.)

① 1.246 ② 1.342
③ 1.583 ④ 1.624

풀이
$$_1Q_2 = mC_n(T_2-T_1) = mC_V\frac{n-k}{n-1}(T_2-T_1)$$
$$-2.5 = 1\times 0.172\times\frac{n-1.4}{n-1}\times(103-18),$$
$$-2.5(n-1) = 14.62(n-1.4), \ n = 1.342$$

41 어떤 기체의 압력 30kPa, 온도 15℃ 상태에서 엔탈피 H = 4.15TkJ의 함수로 표현할 수 있을 때 일정압력하에서 온도가 145℃까지 가열하는데 필요한 공급열량은 몇 kJ인가?

① 540 ② 450
③ 350 ④ 250

풀이 P = const
$$_1Q_2 = \Delta H = 4.15(T_2-T_1)$$
$$= 4.15\times(145-15) = 539.5[kJ]$$

42 일정 압력하에서 공기 1kg에 가한 열량이 16.22kJ이라면 공기가 얻은 일량은 몇 kJ이겠는가?

① 2.64 ② 3.45
③ 4.62 ④ 5.39

풀이
$$_1W_2 = P(V_2-V_1) = mR(T_2-T_1)$$
$$= {_1Q_2}\frac{R}{C_P} = 16.22\times\frac{0.287}{1.008}$$
$$= 4.618[kJ]$$

43 산소 3kg를 325℃에서 $PV^{1.2}$ = Const에 따라 785kJ의 일을 하였을 때 변화 후의 온도 T_2는 몇 ℃가 되겠는가?

① 24 ② 124
③ 156 ④ 172

풀이
$$R = \frac{\overline{R}}{M} = \frac{8314}{32} = 260[J/kgK]$$
$$_1W_2 = \frac{P_1V_1-P_2V_2}{n-1} = \frac{mR}{n-1}(T_1-T_2)$$
$$785\times 10^3 = 3\times\frac{260}{1.2-1}\times(325-T_2),$$
$$T_2 = 123.72℃$$

39 ④ 40 ② 41 ① 42 ③ 43 ②

44 압력 0.45MPa, 35℃의 공기 4kg이 폴리트로픽 변화를 하여 370kJ의 열량을 방출시켜 185℃가 되었다면 그 때 압력은 몇 MPa로 변했겠는가?(단, 비열비 k=1.4, 정압비열 $C_P = 1.005 kJ/kg℃$, 정적비열은 $C_V = 0.712 kJ/kg℃$ 이다.)

① 1.275 ② 2.274
③ 3.274 ④ 4.273

풀이
$$_1Q_2 = mC_n(T_2-T_1) = mC_V \frac{n-k}{n-1}(T_2-T_1)$$
$$-370 = 4 \times 0.712 \times \frac{n-1.4}{n-1} \times (185-35)$$
$$-370(n-1) = 427.2(n-1.4), \ n = 1.214$$
$$\frac{T_2}{T_1} = \left(\frac{P_2}{P_1}\right)^{\frac{n-1}{n}},$$
$$\frac{(185+273)}{(35+273)} = \left(\frac{P_2}{0.45}\right)^{\frac{0.214}{1.214}},$$
$$P_2 = 4.273 \ [MPa]$$

45 온도 20℃, 압력 1MPa 상태의 공기 3kg이 그릇에 들어있다. 얼마 후 그릇 내부의 상태가 온도 10℃, 압력 0.5MPa로 변화했다면 몇 kg의 공기가 빠져나가겠는가?

① 1.23 ② 1.46
③ 1.64 ④ 1.76

풀이
$$P_1V_1 = m_1RT_1$$
$$V_1 = \frac{m_1RT_1}{P_1} = \frac{3 \times 287 \times (20+273)}{1 \times 10^6}$$
$$= 0.25 [m^3]$$
$$V = const = V_1 = V_2$$
$$m_2 = \frac{P_2V_2}{RT_2} = \frac{0.5 \times 10^6 \times 0.25}{287 \times (10+273)}$$
$$= 1.54 [kg]$$
$$m_1 - m_2 = 3 - 1.54 = 1.46 [kg]$$

46 분자량이 4 정도인 헬륨의 기체상수는 몇 kg-m/kg K인가?

① 424 ② 212
③ 29.92 ④ 1545

풀이 중력단위에서 일반기체상수는
$848 kg_f - m/kmol \ K$ 이다.
$$R = \frac{848}{M} = \frac{848}{4} = 212 [kg_f - m/kg \ K]$$

47 어느 가스탱크에 10℃, 490kPa의 공기 10kg이 채워져 있다. 온도가 37℃로 상승한 경우, 탱크의 체적 변화가 없다면 압력증가는 몇 kPa인가?

① 24.74 ② 30.71
③ 50.48 ④ 46.75

풀이 $V = Const$
$$\frac{T_2}{T_1} = \frac{P_2}{P_1}, \ \frac{37+273}{10+273} = \frac{P_2}{490},$$
$$P_2 = 536.75 [kPa]$$
$$\Delta P = P_2 - P_1 = 536.75 - 490 = 46.75 [kPa]$$

48 어느 완전가스 1kg을 체적 일정하에 20℃로부터 100℃로 가열하는데 200kJ의 열량이 소요되었다. 이 가스의 분자량이 2라고 한다면 정적비열은 얼마인가?

① $C_V = 0.5 [kJ/kg℃]$
② $C_V = 1.5 [kJ/kg℃]$
③ $C_V = 2.5 \ [kJ/kg℃]$
④ $C_V = 3.5 [kJ/kg℃]$

풀이 $V = Const$
$$_1Q_2 = mC_V(T_2-T_1) :$$
$$200 = 1 \times C_V \times (100-20),$$
$$C_V = 2.5 [kJ/kg℃]$$

ANSWER 44 ④ 45 ② 46 ② 47 ④ 48 ③

49 어느 가스 1kg이 압력 98kPa, 온도 30℃의 상태에서 체적 0.8m³를 점유한다. 이 가스의 가스상수는 몇 J/kg K인가?

① 285.75　　② 299.65
③ 357.16　　④ 410.24

풀이 $R = \dfrac{PV}{mT} = \dfrac{98 \times 10^3 \times 0.8}{1 \times (30+273)}$
$= 258.75 [J/kgK]$

50 어떤 가스 3kg을 온도 30℃에서 100℃까지 정적가열하는데 63kJ의 열량이 필요하다. 가역 폴리트로프 비열은 얼마인가?(단, 비열비 k = 1.4, 폴리트로프 지수 n = 1.3이다.)

① $C_n = -0.1$ [kJ/kg℃]
② $C_n = 0.075$ [kJ/kg℃]
③ $C_n = 0.15$ [kJ/kg℃]
④ $C_n = -0.4$ [kJ/kg℃]

풀이 $_1Q_2 = mC_V(T_2 - T_1)$,
$63 = 3 \times C_V \times (100 - 30)$,
$C_V = 0.3 [kJ/kg℃]$
$C_n = C_V \dfrac{n-k}{n-1} = 0.3 \times \dfrac{1.3-1.4}{1.3-1}$
$= -0.1 [kJ/kg℃]$

51 체적 0.1m³, 압력 196kPa의 이상기체인 공기가 체적 0.25m³까지 등온팽창할 때 수행한 일은 약 몇 kJ인가?

① 8.96　　② 14.96
③ 15.96　　④ 17.96

풀이 $T = const$,
$_1W_2 = P_1V_1 \ln\left(\dfrac{V_2}{V_1}\right) = 196 \times 0.1 \times \ln\left(\dfrac{0.25}{0.1}\right)$
$= 17.96 [kJ]$

52 산소의 정압비열 C_P 와 정적비열 C_V 를 구하면 얼마인가?(단, 산소는 2원자이므로 k = 1.4이고 기체상수 R = 259.7J/kg K이다.)

① $C_V = 0.649 [kJ/kg℃]$, $C_P = 0.909 [kJ/kg℃]$
② $C_V = 0.827 [kJ/kg℃]$, $C_P = 1.018 [kJ/kg℃]$
③ $C_V = 0.712 [kJ/kg℃]$, $C_P = 0.893 [kJ/kg℃]$
④ $C_V = 0.177 [kJ/kg℃]$, $C_P = 0.241 [kJ/kg℃]$

풀이 $C_V = \dfrac{R}{k-1} = \dfrac{259.7 \times 10^{-3}}{1.4-1}$
$= 0.649 [kJ/kg℃]$
$C_P = kC_V = 1.4 \times 0.649 = 0.909 [kJ/kg℃]$

53 이상기체의 등온과정에서 입력이 증가하면 엔탈피는?

① 증가 또는 감소　　② 증가
③ 불변　　④ 감소

풀이 $T = Const$, $T_1 = T_2$,
$\Delta h = C_P(T_2 - T_1) = 0$

54 다음 중 폴리트로프 과정에서 내부에너지 변화가 30kJ이다. 압력 0.1MPa에서 0.5MPa로 변할 때 공급열량은 몇 kJ인가? (단, k = 1.4, n = 1.3이다.)

① -10　　② 10
③ 30　　④ -30

풀이 $_1Q_2 = mC_n(t_2 - t_1) = mC_V \dfrac{n-k}{n-1}(t_2 - t_1)$
$= \dfrac{n-k}{n-1} \Delta U = \dfrac{1.3-1.4}{1.3-1} \times 30 = -10 [kJ]$

ANSWER 49 ①　50 ①　51 ④　52 ①　53 ③　54 ①

55 압력 P_1 = 0.2MPa, 온도 t_1 = 20℃의 공기를 체적 0.2m³의 용기에 넣어 압력 P_2 = 1MPa까지 압축할 때 이 변화가 가역 등온 변화라면, 압축 소요 일량은 얼마인가?(단, 공기의 가스 상수 R = 287J/kg K이다.)

① 약 -2.79[kJ]
② 약 -49.56[kJ]
③ 약 -5.73[kJ]
④ 약 -64.38[kJ]

[풀이] T = const
$W_t = P_1V_1\ln\left(\dfrac{P_2}{P_1}\right)$
$= 0.2 \times 10^3 \times 0.2 \times \ln\left(\dfrac{1}{0.2}\right)$
$= 64.38[kJ]$

56 압력 500kPa, 온도 135℃인 암모니아 가스의 비체적이 0.4m³/kg이라면 암모니아 가스상수 R은?

① 약 0.27[KJ/kg K]
② 약 0.34[KJ/kg K]
③ 약 0.43[KJ/kg K]
④ 약 0.49[KJ/kg K]

[풀이] Pv = RT, 500×0.4 = R×(135+273),
R = 0.49[KJ/kg K]

57 초온 t_1 = 32℃인 3kg의 공기가 단열 팽창하여 59kJ의 일을 했다면 변화 후의 온도는?(단, 정적비열 C_V = 0.72kJ/kg℃이다.)

① 3.6℃
② 4.02℃
③ 4.6℃
④ 5.7℃

[풀이] $_1W_2 = \dfrac{mR(t_1-t_2)}{k-1}$,
$59 \times 10^3 = \dfrac{3 \times 287 \times (32-t_2)}{1.4-1}$,
$t_2 = 4.59[℃]$

58 68kg인 아르곤(분자량40)을 온도 18℃, 체적 2.8m³인 탱크 속에 봉입하려고 한다. 압축시킬 압력은 약 몇 MPa인가?

① 6
② 9
③ 1.2
④ 1.47

[풀이] $PV = mRT = m\dfrac{\overline{R}}{M}T$
$P \times 2.8 = 68 \times \dfrac{8314}{40} \times (18+273)$,
$P = 1.47 \times 10^6[Pa]$

59 CO_2 의 분자량이 44라면 기체상수는 몇 J/kg K인가?

① 약 132
② 약 19.3
③ 약 188.95
④ 약 225

[풀이] $R = \dfrac{\overline{R}}{M} = \dfrac{8314}{44} = 188.95[J/kgK]$

60 온도가 400K, 압력이 500kPa, 비체적이 0.4m³/kg인 이상기체가 같은 압력하에서 비체적이 0.3m³/kg으로 되었다면 온도는 몇 도가 되겠는가?

① 900K
② 570K
③ 300K
④ 230K

[풀이] P = Const
$\dfrac{T_2}{T_1} = \dfrac{v_2}{v_1}$, $\dfrac{T_2}{400} = \dfrac{0.3}{0.4}$, $T_2 = 300[K]$

55 ④ 56 ④ 57 ③ 58 ④ 59 ③ 60 ③

61 압력 300kPa, 온도 60℃인 상태에 있는 산소의 비체적은 몇 ㎥/kg인가?(단, 기체상수 R = 260J/kg K이다.)

① 0.254 ② 0.277
③ 0.289 ④ 0.343

풀이 $Pv = RT$,
$300 \times 10^3 \times v = 260 \times (60+273)$,
$v = 0.289 [m^3/kg]$

62 다음 그림과 같이 압축된 이상기체 용기와 동일 부피의 진공용기를 밸브로 연결시켰다. 온도가 평형이 되었을 때 밸브를 열어 팽창시킨다. 팽창 후에도 온도의 변화가 없었다면 내부에너지는 어떻게 되겠는가?

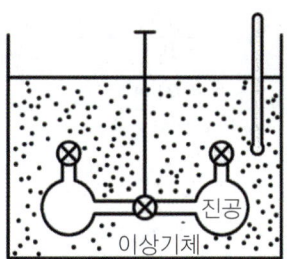

① 변화가 없다.
② 배로 증가한다.
③ 반으로 감소한다.
④ 증가하나 그 양을 계산하기에는 자료가 불충분하다.

풀이 이상기체의 경우 내부에너지는 온도변화가 있을 때 변화한다. 그러므로 온도변화 없이 체적의 변화가 이루어졌을 지라도 내부에너지 변화는 없다.

63 압력 일정하에서 -50℃ 수소가스가 10℃로 변화했을 때 체적은 몇 배로 변화하는가?

① 1.16 ② 1.22
③ 1.27 ④ 1.31

풀이 $P = Const$
$\dfrac{T_2}{T_1} = \dfrac{V_2}{V_1}$, $\dfrac{10+273}{-50+273} = \dfrac{V_2}{V_1}$,
$V_2 = 1.27V_1$

64 분자량 40인 아르곤 50kg을 27℃에서 용적 3㎥의 탱크 속에 넣으려면 압력이 얼마이어야 되겠는가?

① 1.04 MPa ② 10.4 MPa
③ 1.54 Mpa ④ 15.4 MPa

풀이 $PV = mRT = m\dfrac{\overline{R}}{M}T$,
$P \times 3 = 50 \times \dfrac{8314}{40} \times (27+273)$,
$P = 1.04 \times 10^6 [Pa]$

65 어느 완전가스가 등온하에서 외부에 대하여 상태 1에서 상태 2에서 627.69kJ의 일을 하였다. 이 일을 열량으로 환산하면 얼마인가?(단, k = 1.4이다.)

① 313.84 kJ ② 627.69 kJ
③ 300 kJ ④ 200kJ

풀이 등온 변화시에 가열량 또는 방열량은 절대일과 공업일의 크기와 같다. $_1Q_2 = {}_1W_2 = W_t$

66 압력 80kPa, 체적 0.37㎥을 차지하고 있는 완전가스를 등온 팽창시켰더니 체적이 2.5배로 팽창하였다. 외부에 대해서 한 일은 얼마인가?

① 0.2712 kJ ② 2.712kJ
③ 27.12 kJ ④ 271.2 kJ

풀이 $T = Const$
$_1W_2 = P_1V_1 \ln\left(\dfrac{V_2}{V_1}\right) = 80 \times 0.37 \times \ln 2.5$
$= 27.12 [kJ]$

61 ③ 62 ① 63 ③ 64 ① 65 ② 66 ③

67 이상기체가 등온변화하여 체적이 감소할 때 엔탈피 변화는?

① 불변이다.
② 감소한다.
③ 증가한다.
④ 상황에 따라 다르다.

[풀이] $T = \text{Const}, T_1 = T_2,$
$\Delta h = C_P(T_2 - T_1) = 0$

68 폴리트로프(Polytrope) 변화에 대한 표현식이 $PV^n = C$일 때, 다음의 상태 변화에 대한 설명으로 잘못된 것은 어느 것인가?

① n=0일 때 정압 변화이다.
② n=1일 때 등압 변화이다.
③ n=∞일 때 정적 변화이다.
④ n=k일 때 등온 및 정압 변화이다.

[풀이] n = k일 때는 단열 변화(등엔트로피 변화)이다.

69 어떤 이상기체가 폴리트로프 변화에 의하여 처음 상태에서는 압력 P_1, 체적이 V_1이었는데 끝 상태에서는 압력 P_2, 체적 V_2로 되었다. 이 기체의 폴리트로프 지수 n은 얼마인가?

① $n = \dfrac{\ln\left(\dfrac{P_2}{P_1}\right)}{\ln\left(\dfrac{V_1}{V_2}\right)}$ ② $n = \dfrac{\ln\left(\dfrac{V_1}{V_2}\right)}{\ln\left(\dfrac{P_2}{P_1}\right)}$

③ $n = \dfrac{\ln\left(\dfrac{P_2}{P_1}\right)}{\ln\left(\dfrac{V_2}{V_1}\right)}$ ④ $n = \dfrac{\ln\left(\dfrac{V_2}{V_1}\right)}{\ln\left(\dfrac{P_2}{P_1}\right)}$

[풀이] $PV_n = \text{Const}$
$\dfrac{V_1}{V_2} = \left(\dfrac{P_2}{P_1}\right)^{\frac{1}{n}}$에서 양변에 ln를 취하면

$\ln\left(\dfrac{V_1}{V_2}\right) = \dfrac{1}{n}\ln\left(\dfrac{P_2}{P_1}\right)$이다. 여기서 n을 구하면

다음과 같다. $n = \dfrac{\ln\left(\dfrac{P_2}{P_1}\right)}{\ln\left(\dfrac{V_1}{V_2}\right)}$

70 공기 6kg이 온도 $t_1 = 25℃$, 압력 $P_1 = 0.98\text{MPa}$로서 용기에 들어 있었는데 얼마 후 용기 중의 상태가 온도 $t_2 = 15℃$, 압력 $P_2 = 0.49\text{MPa}$로 되었다면 몇 kg의 공기가 새어 나갔겠는가?

① 4.1   ② 3.1
③ 3.9   ④ 2.9

[풀이] $P_1V_1 = m_1RT_1$
$V_1 = \dfrac{m_1RT_1}{P_1} = \dfrac{6 \times 287 \times (25+273)}{0.98 \times 10^6}$
$= 0.524[\text{m}^3]$
$V = \text{const} = V_1 = V_2,$
$m_2 = \dfrac{P_2V_2}{RT_2} = \dfrac{0.49 \times 10^6 \times 0.524}{287 \times (15+273)}$
$= 3.11[\text{kg}]$
$m_1 - m_2 = 6 - 3.11 = 2.89[\text{kg}]$

71 $C_P = 1.848\text{kJ/kg℃}$, $C_V = 1.386\text{kJ/kg℃}$의 이상기체가 단열된 실린더 내에서 팽창한다. 처음의 압력 $P_1 = 0.98\text{MPa}$, 체적 $V_1 = 0.111\text{m}^3$이었다면, 이 기체 0.5kg, 가스상수 $R = 460.6\text{Nm/kg K}$이라 할 때, 용적이 0.3m^3으로 될 때까지 행하여진 일량은 얼마 정도나 되겠는가?

① 71.4 kJ   ② 8.31 kJ
③ 92.4 kJ   ④ 7.31 kJ

67 ① 68 ④ 69 ① 70 ④ 71 ③

[풀이] $k = \dfrac{C_P}{C_V} = \dfrac{1.848}{1.386} = 1.33$

$\left(\dfrac{P_2}{P_1}\right)^{\frac{1}{k}} = \dfrac{V_1}{V_2}, \ \dfrac{P_2}{0.98} = \left(\dfrac{0.111}{0.3}\right)^{1.33},$

$P_2 = 0.261[\text{MPa}]$

$_1W_2 = \dfrac{1}{k-1}(P_1V_1 - P_2V_2)$

$= \dfrac{(0.98 \times 0.111 - 0.261 \times 0.3) \times 10^3}{1.33 - 1}$

$= 92.36[\text{kJ}]$

72 초기온도와 압력이 50℃, 600kPa인 단위질량의 질소가 100kPa까지 가역 단열팽창하였다. 이 때 온도는 몇 K인가?(단, 비열비 k = 1.4이다.)

① 194 K ② 294 K
③ 467 K ④ 539 K

[풀이]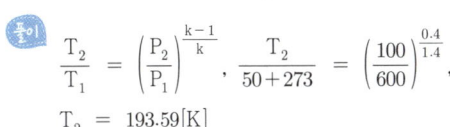

$T_2 = 193.59[K]$

73 분자량이 44인 완전기체의 절대압력이 196kPa, 온도가 100℃일 때 비체적은 몇 m³/kg인가?

① 0.32 ② 0.36
③ 0.42 ④ 0.47

[풀이] $Pv = RT = \dfrac{\overline{R}}{M}T$

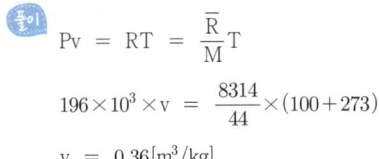

$v = 0.36[\text{m}^3/\text{kg}]$

74 이상기체를 단열팽창시키면 온도는 어떻게 되는가?

① 내려간다.
② 올라간다.
③ 변화하지 않는다.
④ 증가하였는지 감소하였는지 알 수 없다.

[풀이] 카르노사이클을 이해하고 있으면 쉽게 이해할 수 있을 것이다. 단열팽창하게 되면 온도와 압력은 감소하고 비체적은 증가한다. 반대로 단열압축 변화를 하게 되면 온도와 압력은 상승하고 비체적은 감소한다.

75 이상기체의 가역과정에서 등온과정의 전열량(Q)은?

① 0이다.
② 무한대이다.
③ 비유동 과정의 일과 같다.
④ 정상류 과정의 일과 같다.

[풀이] $T = \text{Const}$

$\delta q = du + \delta_1 w_2 = dh + \delta w_t,$

$du = C_V dT = 0, \ dh = C_P dT = 0$

$\delta q = \delta_1 w_2 = \delta w_t$

등온과정에서는 내부에너지 변화와 엔탈피의 변화가 0이므로 등온과정의 전열량은 절대일의 크기와 같다. 공업일의 크기와 같다. 절대일은 비유동일, 팽창일, 밀폐계일이라고도 하고 공업일은 압축일, 유동일, 개방계일이라고도 한다.

76 정압비열이 1.004KJ/kg℃이고, 기체상수가 287J/kg K인 완전기체의 정적비열은 몇 KJ/kg℃인가?

① 0.413 ② 0.617
③ 0.318 ④ 0.717

[풀이] $C_P - C_V = R, \ 1.004 - C_V = 0.287,$

$C_V = 0.717[\text{kJ/kg℃}]$

72 ① 73 ② 74 ① 75 ③ 76 ④

77 절대압력 98kPa, 온도 20°C인 물질 1kg이 가역 폴리트로프 변화에 따라 2.4kJ의 열을 방출하여 온도 100°C로 되었다면, 이 경우의 폴리트로프 지수는?(단, 물질의 비열비는 1.4, 물질의 정적비열은 0.17KJ/kg°C이다.)

① 1.63 ② 0.91
③ 1.48 ④ 1.12

풀이
$_1Q_2 = mC_n(T_2-T_1) = mC_V \dfrac{n-k}{n-1}(T_2-T_1)$

$2.4 = 1 \times 0.17 \times \dfrac{n-1.4}{n-1} \times (100-20)$,

$0.176 = \dfrac{n-1.4}{n-1}$, $n = 1.485$

78 0°C, 98kPa의 상태에서 가스 1kmol의 체적은?

① $16 m^3/kg$ ② $22.8 m^3/kg$
③ $24 m^3/kg$ ④ $32 m^3/kg$

풀이 $Pv = RT$, $PMv = \overline{R}T$
$98 \times 10^3 \times Mv = 8314 \times (0+273)$,
$Mv = 23.16 [m^3/kmol]$

79 상온에서 비열비(C_P/C_V)를 1.4로 보아서는 안 될 가스는 다음 중 어느 것인가?

① He ② CO
③ N_2 ④ O_2

풀이 ① 1원자가 가스의 비열비k는 약 1.66으로 He, Ne, Ar 등
② 2원자가 가스의 비열비k는 약 1.4로 H_2, O_2, N_2, 공기, CO 등
③ 3원자가 가스의 비열비k는 약 1.33으로 H_2O, CO_2, NH_3 등

80 이상기체의 내부에너지 및 엔탈피는?

① 압력만의 함수이다.
② 체적만의 함수이다.
③ 온도만의 함수이다.
④ 온도 및 압력의 함수이다.

풀이 $du = C_V dt$, $u_2 - u_1 = C_V(t_2 - t_1)$,
$dh = C_P dt$, $h_2 - h_1 = C_P(t_2 - t_1)$

81 온도 30°C, 최초압력 98kPa인 공기 1kg를 단열적으로 980kPa까지 압축할 경우 압축일을 구하면 그 값은?

① 283.27kJ ② 210kJ
③ 67kJ ④ 314kJ

풀이
$W_t = \dfrac{k}{k-1}(P_1V_1 - P_2V_2)$
$= \dfrac{kmR}{k-1}(T_1 - T_2)$

$\dfrac{T_2}{T_1} = \left(\dfrac{P_2}{P_1}\right)^{\frac{k-1}{k}}$,

$\dfrac{T_2}{30+273} = \left(\dfrac{980}{98}\right)^{\frac{0.4}{1.4}}$, $T_2 = 312°C$

$W_t = \dfrac{1.4 \times 1 \times 0.287}{0.4} \times (312-30)$
$= 283.27 [kJ]$

82 폴리트로프 열량은 내부에너지의 몇 배인가?

① n배 ② k배
③ n-1배 ④ $\dfrac{n-k}{n-1}$ 배

풀이
$_1Q_2 = mC_n(T_2-T_1)$
$= mC_V \dfrac{n-k}{n-1}(T_2-T_1) = \dfrac{n-k}{n-1}\Delta U$

77 ③ 78 ② 79 ① 80 ③ 81 ① 82 ④

83. 공기 10kg이 압력 196kPa, 체적 5m³인 상태에서 압력 392kPa, 온도 300℃인 상태로 변했다면 체적의 변화는?(단, 기체상수 R = 287J/kg K이다.)

① 약 +0.6m³ ② 약 +0.8m³
③ 약 -0.6m³ ④ 약 -0.8m³

풀이 $P_2V_2 = mRT_2$:
$392 \times 10^3 \times V_2 = 10 \times 287 \times (300 + 273)$,
$V_2 = 4.2[m^3]$
$\Delta V = V_2 - V_1 = 4.2 - 5 = -0.8[m^3]$

84. 비열비 $k = C_P/C_V$의 값은?

① 1보다 작다.
② 1보다 크다.
③ 1보다 크기도 하고 작기도 하다.
④ 1이다.

풀이 $C_P - C_V = R : C_P > C_V$

85. 봄베(bomb) 열량계의 봄베 내에 연료와 산소를 채우고 연소실험을 하였다. 실험도중 수조내의 물의 온도가 상승함을 관찰할 수 있었다. 봄베 내의 연료와 산소의 혼합물을 열역학적 계로 생각할 때 계의 내부에너지는?

① 증가하였다.
② 감소하였다.
③ 변하지 않았다.
④ 증가하였는지 감소하였는지 알 수 없다.

풀이 봄베 열량계란 물질을 밀폐된 용기 속에서 급속히 연소시켜 그때에 발생하는 열량을 측정하는 장치이다. 화학반응열, 특히 고체 및 액체연료의 발열량, 식품의 연소열 등의 측정에 널리 사용되는데, 펌프열량계 또는 폭발열량계라고도 한다. 구조는 스테인레스강으로 만든 내열용기 속에 점화장치를 가진 백금 또는 석영제의 연소접시를 매달아 놓았다. 시료물질을 접시에 얹고, 약 20~25 기압 정도가 될 때까지 산소를 넣고, 전체를 물열량계에 담고 점화장치에 전류를 흘려 점화하여 연소시킨다. 연소에 따르는 열은 물에 흡수되어 물열량계의 온도가 올라가므로, 그 온도의 상승에서 물체의 연소율이 산출된다. 물의 온도 상승으로 인하여 내부에너지는 증가한다.

86. 공기 1kg를 정적변화 밑에서 40℃에서 120℃까지 가열하고. 다음에 정압변화 밑에서 120℃에서 220℃까지 가열한다면, 전체 가열에 필요한 열량은? (단, C_P = 1.004kJ/kg℃, C_V = = 0.72kJ/kg℃ 이다.)

① 158KJ/kg ② 182KJ/kg
③ 194KJ/kg ④ 200KJ/kg

풀이 $Q_H = {}_1Q_2 + {}_2Q_3$
$= mC_V(t_2 - t_1) + mC_P(t_3 - t_2)$
$= 1 \times 0.72 \times (120 - 40) + 1 \times 1.004 \times (220 - 120)$
$= 158[kJ/kg]$

87. 다음 중 이상기체의 상태방정식이 가장 정확히 적용될 수 있는 경우는?

① 높은 온도, 높은 압력
② 높은 온도, 낮은 압력
③ 낮은 온도, 높은 압력
④ 낮은 온도, 낮은 압력

풀이 실제기체라 하여도 압력이 낮고 온도가 높으며 비체적이 큰, 원자수가 작은 기체이면 이상기체로 취급할 수 있다

83 ④ 84 ② 85 ① 86 ① 87 ②

88 단열지수와 폴리트로프지수가 각각 1.4, 1.3일 때 정적비열이 0.655KJ/kg℃이면 이 가스의 폴리트로프 비열은 몇 KJ/kg℃인가?

① -0.034 ② -0.049
③ -0.218 ④ -0.028

풀이 $C_n = C_v \dfrac{n-k}{n-1} = 0.655 \times \dfrac{1.3-1.4}{1.3-1}$
$= -0.218 [kJ/kg℃]$

89 2kg의 산소를 327℃에서 $PV^{1.2} = C$에 따라 784000J의 일을 하였다. 변화 후의 온도는 몇 ℃에 가까운가?(단, R = 259.6 J/kg K이다.)

① 20 ② 25
③ 30 ④ 35

풀이 $_1W_2 = \dfrac{(P_1V_1 - P_2V_2)}{n-1} = \dfrac{mR}{n-1}(T_1 - T_2)$
$784000 = 2 \times \dfrac{259.6}{0.2} \times (327 - T_2)$,
$T_2 = 25℃$

90 실린더/피스톤 시스템에 분자량이 24인 이상기체가 100kPa, 25℃ 상태로 10kg이 들어있다. 이 시스템의 온도를 일정하게 유지하며 추를 더 올려놓아 압력을 2배로 증가시킬 때 체적(㎥)은 얼마가 되겠는가?

① 4.27 ② 5.16
③ 8.55 ④ 10.33

풀이 $P_1V_1 = mRT_1 = m\dfrac{\overline{R}}{M}T_1$
$100 \times 10^3 \times V_1 = 10 \times \dfrac{8314}{24} \times (25+273)$,
$V_1 = 10.32 [m^3]$
$T = Const : \dfrac{P_2}{P_1} = \dfrac{V_1}{V_2} : \dfrac{200}{100} = \dfrac{10.32}{V_2}$,
$V_2 = 5.16 [m^3]$

91 정압과정에서 전달열량은?

① 내부에너지의 변화량과 같다.
② 이루어진 일량과 같다.
③ 체적의 변화량과 같다.
④ 엔탈피 변화량과 같다.

풀이 에너지 기초 방정식에서 압력의 변화가 없으면 그때 이루어진 열량은 엔탈피 변화량과 같음을 알 수 있다. $\delta q = dh - vdP = dh$, $P_1 = P_2$

92 에너지 소비없이 연속적으로 동력을 발생시키는 기계가 있다면 이 기계는 어떤 종류인가?

① 증기 원동소 ② 오토 기관
③ 제1종 영구기관 ④ 카르노 기관

풀이 제1종 영구기관이란 어떤 계가 다른 형태로 에너지 소비 없이 계속해서 동력을 발생시키는 기관으로 열역학 제1법칙에 위배된다.

88 ③ 89 ② 90 ② 91 ④ 92 ③

03 일과 열

제1절 일과 동력

1_일의 정의

힘 F가 작용하여 힘의 방향으로 변위 x가 일어날 때 일은 다음과 같이 정의한다.

$$W = \int_1^2 F dx$$

위 식은 매우 유용한 식으로서 추를 들어 올리거나, 철사를 늘리거나, 혹은 전자장 내에서 전하를 움직이는 데 필요한 일을 계산할 수 있다.

그러나 거시적 관점에서 열역학 해석을 할 때에는 시스템, 상태량 및 과정에 대한 개념과 연관하여 일을 정의하는 것이 도움이 된다. 따라서 다음과 같이 일을 정의한다. 즉, 시스템으로부터 주위(시스템을 둘러싸고 있는 모든 것)에 대한 유일한 영향이 추를 들어 올리는 것과 같다고 할 수 있을 때 그 시스템은 일을 하였다고 한다. 추를 들어 올리는 것은 실제로 힘이 일정 거리에 걸쳐 작용하였음을 의미한다는 점에 유의할 필요가 있다.

또한 일의 정의가 추가 실제로 들어 올려 졌거나 또는 힘이 실제로 일정거리에 걸쳐 작용하였다는 것을 의미하지 않는다는 것에 유의해야 한다. 시스템이 일을 할 때 그 일을 양수(Positive)로 표시하며 시스템에 일이 가해지면 그 일을 음수(Negative)로 나타낸다. 기호 W는 시스템이 한 일을 나타낸다. 일반적으로 일(Work)은 에너지의 일종이라고 한다.

2_일의 단위

시스템이 한 일, 즉 팽창하는 기체가 피스톤을 밀면서 한 일은 양수, 기체를 압축하는 피스톤이 한 일은 음수이다. 즉 양의 일은 에너지가 시스템에서 빠져나가는 것을 의미하며 음은 에너지가 시스템에 더해지는 것을 의미한다.

일은 정의할 때 추를 들어 올린다는 것은 단위 거리 1[m]와 작용하는 단위 힘 1[N]의 곱의 의미가 내포되어 있다. SI단위계에서 일의 단위는 Joule[J]이라고 한다.

$$1[J] = 1[N \cdot m]$$

3_에너지

고전열역학에서 매우 중요한 개념 중의 하나가 에너지이다. 에너지는 질량이나 힘과 같은 기본 개념이다. 그러한 개념의 경우에 정의하기가 매우 어렵다. 에너지는 효과를 유발할 수 있는 능력이라고 정의하였다. 에너지는 시스템 안에 저장될 수 있고(예를 들어 열과 같이) 한 시스템에서 다른 시스템으로 전달될 수 있다.

열역학을 공부할 때에도 에너지가 저장되는 방식을 이해하는 것이 도움이 되기 때문에 여기서 간단히 소개한다. 압력용기나 탱크 안에 주어진 온도, 압력으로 저장되어 있는 기체를 시스템으로 생각하자. 분자 관점에서 생각하면 세 가지 일반적인 형태의 에너지를 확인할 수 있다.

① 분자사이에 작용하는 힘과 관련된 분자 위치에너지
② 분자의 병진운동과 관련된 분자 운동에너지
③ 분자구조와 원자구조 및 이와 관계된 힘과 관련된 분자 내부 에너지

첫 번째 형태인 분자 위치에너지는 임의의 순간에 분자간의 힘의 크기와 분자 상호간의 위치에 따라 변한다. 이 에너지의 크기를 정확하게 결정하는 것은 불가능하다. 왜냐하면 임의의 순간에 분자들의 배열이나 방향 또는 분자간 위치 함수, 그 어느 것도 정확하게 알지 못하기 때문이다.

병진 에너지는 분자의 질량과 속도에만 의존하므로 양자 역학(Quantum mechanics)이나 고전역학의 식을 이용하여 계산할 수 있다. 분자 내부 에너지는 일반적으로 많은 요인에 의하여 생기므로 계산하기가 더 어렵다.

헬륨과 같은 간단한 단원자 분자를 고려해 보자. 각 분자는 하나의 헬륨 원자로 구성되어 있다. 이러한 원자에는 핵 주위를 돌고 있는 전자의 궤도운동에 의한 각운동량과 자신의 축을 중심으로 하는 자전에 의한 각운동량 모두에 의해 생기는 전자 에너지가 있다.

이 전자 에너지는 병진 에너지에 비하면 매우 작다(핵에너지도 있으며 핵반응이 일어나는 경우 외에는 일정하다. 여기서 핵에너지는 고려하지 않는다). 두세 개의 원자로 구성된 좀더 복잡한 분자일 경우에는 몇 가지 요인을 더 고려하여야 한다. 전자 에너지 이외에 분자는 자신의 무게 중심을 축으로 회전운동을 할 수 있으므로 회전 에너지(Rotational energy)가 있다. 더욱이 원자들이 서로 상대적으로 진동하므로 회전 에너지와 진동 에너지(Vibrational energy)가 있으며 상황에 따라서는 회전과 진동의 상호작용도 고려하여야 한다. 에너지는 일을 할 수 있는 능력으로 일과 같은 단위를 사용하며, 에너지란 용어는 1917년 요한 베르누이(Jhann bernoulli)에 의하여 사용되었다.

역학적 에너지에는 위치에너지(Potential energy)와 운동에너지(Kinetic energy)가 존재한다. 위치에너지는 E_p로 표기하며, 질량 m[kg]의 물체가 z[m] 높이에 있을 때 $E_p = mgz$

[J]로, 질량 m[kg]의 물체가 w[m/s]의 속도로 움직일 때 운동에너지 E_k는

$$E_k = \frac{1}{2}mw^2 \text{ [J]}$$

로 표기된다.

> **참고**
> 위치에너지를 나타내는 Potential은 잠재적이란 뜻으로 라이프니츠의 사력(死力)과 같이 숨겨져 있으나 평형이 깨지면 어느 순간 모습을 나타내어 운동에너지로 변한다는 뜻이다. 위치에너지는 위치만으로는 정할 수 없는 경우가 많으므로 부정확한 단어이다.

동력(Power)은 단위 시간당 이루어진 일량으로 정의한다. SI단위에서는 [W : Watt]를 사용하여 표기하며, 공학단위에서는 [kgf·m/s] 또는 [HP : Horse power], [PS : Pferde starke])를 사용한다.

$$1[\text{N·m}] = 1[\text{J}], \ 1[\text{W}] = 1[\text{J/s}]$$

$$1\text{마력}(1[\text{PS}]) = 735.5[\text{W}] = 75\,\text{kgf·m/s}$$

$$1[\text{HP}] = 0.746[\text{kW}]$$

$$1[\text{kW}] = 1.36[\text{PS}] = 102\,\text{kgf·m/s}$$

제2절 열전달

1_열량(Quantity of heat)

열(Heat)은 시스템의 경계를 통과하여 보다 낮은 온도에 있는 다른 시스템(혹은 주위)으로, 두 시스템간의 온도차에 의하여 전달되는 에너지의 한 형태라고 정의한다. 즉, 열은 고온시스템에서 저온시스템으로 전달된다. 열전달은 두 시스템간의 온도차에 의해서만 일어난다.

이와 같은 열에 대한 정의를 다른 관점에서 본다면 물체는 열을 지닐 수 없고 열은 경계를 통과할 때에만 식별된다. 따라서 열은 과도적인 현상이다. 뜨거운 구리 덩어리를 한 개의 시스템으로 비커 속의 차가운 물은 다른 한 개의 시스템으로 보면 두 시스템 모두 시스템간에 열적 교류를 시키면, 평형온도에 이를 때까지 구리로부터 물로 열이 전달된다. 평형에 도

달하면 온도차가 없으므로 더 이상 열이 전달되지 않는다. 이 과정의 최종 단계에서는 어느 시스템도 열을 지니고 있지 않다. 열은 시스템 경계를 통하여 전달되는 에너지라고 정의되었으므로 시스템의 경계에서만 식별된다고 할 수 있다.

공업열역학(Technical thermodynamics)에서는 열이 이동하는 형태를 열에너지라고 하며, 열에너지를 물리량으로서 취급할 때 특히 열량(Quantity of heat)이라고 한다.

공학단위계에서는 종래부터 열량의 단위로서 킬로칼로리(Kilocalorie)가 사용되고 있으며 [kcal]로 표시한다. [kcal]는 기준온도에 따라 다르므로 다음과 같은 표시방법이 있다.

① **평균 kcal** : 1기압하에 순수한 물 1[kg]를 0[℃]에서 100[℃]까지 상승시키는데 필요한 열량의 1/100

② **15℃ kcal** : 1기압하에서 순수한 물 1[kg]를 14.5[℃]에서 15.5[℃]까지 1[℃] 높이는데 필요한 열량.

$$1[\text{kcal}15°] = 4185.5[\text{J}]$$

특히 온도의 지정이 없을 때에는 국제 [kcal]을 사용한다.

1[Btu](British thermal unit)는 1기압 하에 순수 1[lbf]를 39[℉]에서 40[℉]까지 1[℉]만큼 상승시키는데 필요한 열량이다. 절대 단위계 및 SI단위에서는 열량의 단위에 [J](Joule)를 사용한다. 이것은 1[N]([Newton)의 힘을 작용시켜서 1[m]의 변위가 일어나게 하는 1[N·m]의 일(Work)에 상당한다.

따라서 공학단위에서의 열량의 단위 [kcal]와는 다음과 같은 관계가 있다. 열량이란 어떤 물체의 온도를 변화시킬 수 있는 에너지를 말하며 기호는 Q, 단위는 [cal], [kcal] 또는 [J], [kJ]을 사용하며, 혼용 단위로 [Btu]나 [Chu]도 사용한다.

$$1[\text{J}] = \frac{1}{4186}[\text{kcal}] = 9.478 \times 10^{-4}[\text{Btu}][\text{kcal}]$$

$$1[\text{kgf} \cdot \text{m}] = 9.8[\text{J}] = \frac{1}{427}[\text{kcal}]$$

여기서, [Chu](Centigrade heat unit)는 1[lbf]의 순수한 물을 1[℃]만큼 올리는데 필요한 열량으로 정의하고 있다.

표 3-1 / **열량과 단위 비교**

[kcal]	[Btu]	[Chu]	[kJ]
1	3.968	2.205	4.18673
0.252	1	0.5556	1.05504
0.4536	1.8	1	1.89908
0.23885	0.94783	0.52657	1

2_ 비열(Specific heat)

비열(Specific heat)은 단위질량인 1[kg]의 어떤 물질을 1[℃]만큼 높이는데 필요한 열량으로 정의하며, 단위는 [kcal/kg·℃](공학단위) 또는 [KJ/kg·K](SI단위)로 표기한다.

어떤 물체에 열량 $dQ \propto mdt$ 되므로 비례상수를 C라 하면

$$dQ = mcdt$$

로 쓸 수 있다.

비례상수 C는 물질에 따라 정해지는 정수로서 이것을 비열이라 한다. 예를 들면 물의 비열은 앞의 열량의 정의에 따라 1[kcal/kg·℃] = 4.186[KJ/kg·K] = 4.2[KJ/kg·K]이다. 물체에 열량 Q를 가하여 1의 상태에서 2의 상태로 변화시켰을 때 그 동안의 가열량을 위 식을 이용하여 나타내면

$$\int_1^2 dQ = \int_1^2 mCdt$$

$$Q = m\int_1^2 Cdt$$

위 식은 C값에 따라 다음의 두 가지 경우로 생각할 수 있다.

① 비열 C가 온도와 관계없이 일정할 때

$$Q = mC\int_1^2 dt = mC(t_2 - t_1)$$

② 비열 C가 온도의 함수일 때 $C = f(t)$로 놓으면

$$Q = m\int_1^2 Cdt = m\int_1^2 f(t)dt$$

1. 평균비열(Mean Specific heat)

평균비열(Mean Specific heat)을 C_m이라면 $Q = mC_m(t_2 - t_1)$이므로 평균비열을 구하면 다음과 같다.

$$C_m = \frac{1}{t_2 - t_1}\int_1^2 f(t)dt$$

2. 열평형

위의 식들을 이용하면 서로 다른 여러 가지의 물질을 혼합했을 때의 평균온도를 구할 수 있다. 두 물체의 중량을 m_1, m_2라 하고 비열을 C_1, C_2라 하고 온도가 각각 t_1, t_2인 물체를 혼합했을 때 t_m을 아래와 같이 정의할 수 있다. 단, $t_1 > t_2$이며 화학적 변화와 열손실이 없다고 가정한다. 혼합 후의 평형온도를 t_m이라 하면

$$t_m = \frac{m_1 C_1 t_1 + m_2 C_2 t_2}{m_1 C_1 + m_2 C_2}$$

비열은 물체에 열이 가해지는 조건 및 그 때의 상태에 따라 달라진다.

기체의 경우는 액체나 고체와는 달리 열이 가해지는 조건에 절대적인 영향을 받는다. 이 절에서는 조성이 일정한 물질의 균일상(Homogeneous phase)만 다루고자 한다. 상은 고체, 액체 또는 기체일 수 있으나 상변화(Phase change)는 일어나지 않는다.

단위 질량의 물질의 온도를 1도 올리는데 필요한 열량을 비열이라고 정의한다. 다른 열역학 변수와 비열의 관계를 살펴보면 유익한 결과를 얻을 수 있다.

$$\delta Q = dU + \delta W = dU + PdV$$

이 식을 두 가지의 특수한 경우에 대하여 해석해 보자

① 정적과정, 즉 (PdV)항의 일이 0이므로 정적과정의 비열은 다음과 같다.

$$C_V = \frac{1}{m}\left(\frac{\delta Q}{\delta T}\right)_V = \frac{1}{m}\left(\frac{\partial U}{\partial T}\right)_V = \left(\frac{\partial u}{\partial T}\right)_v$$

② 정압과정 즉, 일을 적분하여 결과로 나오는 PV의 초기상태와 최종상태에 각각 내부에너지를 더하면 열전달량은 엔탈피 변화량으로 표시된다. 따라서 정압과정의 비열은 다음과 같다.

$$C_P = \frac{1}{m}\left(\frac{\delta Q}{\delta T}\right)_P = \frac{1}{m}\left(\frac{\partial H}{\partial T}\right)_P = \left(\frac{\partial h}{\partial T}\right)_p$$

압력이 일정한 정압인 상태에서의 비열을 정압비열 C_p이라 하며, 체적이 일정한 상태 즉, 정적상태의 비열을 정적비열 C_v라 하고 일반적으로 $C_p > C_v$이다. 또한, C_p와 C_v의 비를 비열비(Ratio of specific heat)라 하며 k로 표기한다.

$$k = \frac{C_p}{C_v} > 1$$

3_잠열과 감열(현열)

액체에 열을 가하면 그 열은 액체의 온도를 상승시키고 일부는 체적의 팽창에 이용된다. 이와 같이 물체의 온도상승에 이용되는 열량을 현열(sensible heat)이라 하고 증발열, 융해열과 같이 가열하더라도 온도변화가 생기지 않는 열을 잠열(latent heat)이라 한다. 액체에 계속해서 열을 가하면 그 물질의 증기점에 도달하여 증발이 시작되고 온도상승이 멈추게 된다. 이때 가한 열에너지는 내부에너지의 증가와 체적팽창에 필요한 에너지로 소비된다.

일정한 압력하에서 1[kg]의 액체를 전부 증발시키는 데 필요한 열량을 증발열 또는 증발잠열(latent heat of vaporization)이라 한다. 얼음을 물로 변화시키는 것과 같이 고체를 액체로 만드는 융해에도 융해열 또는 융해잠열이 필요하다.

특히 드라이아이스(dry ice)와 같이 고체를 직접 기체로 변화시키는 현상을 승화(sublimation)라 하고 이때 소요되는 열을 승화열이라 한다. 또한 감열, 잠열, 승화열의 단위는 [kcal/kg] 또는 [KJ/kg]이다.

제3절 / 열효율(efficiency)

열효율(efficiency)은 열기관에 공급된 열량 중 유용하게 사용되어진 일량의 비를 열효율이라 한다. 열효율로서 열기관의 경제성 여부를 판단할 수 있다. 이는 열 기관의 급기온도와 배기온도와의 차가 클수록 높다.

$$\eta = \frac{정미열량}{공급열량} = \frac{동력([kW] \text{ 또는 } [PS])}{연료의\ 저위발열량 \times 연료소비율}$$

$$\eta = \frac{632.3 \times H[PS]}{H_\ell \times G} \times 100[\%] = \frac{860 \times H[kW]}{H_\ell \times G} \times 100[\%]$$

H_ℓ : 저위발열량[kcal/kg]
G : 연료 소비량[kg/h]
H : 동력([PS], [kW])

제4절 과정(process)과 사이클(cycle)

1_과정

열역학적 계에서 동작물질이 한 상태에서 다른 상태로 변화하는 경로를 과정이라 한다.

① 가역과정(reversible process) : 열역학적 계에서 상태변화시 마찰이라든지 화학반응 등을 무시하여 손실이 없다고 본 과정으로 상태변화 이전으로 돌아왔을 때 원상태와 똑같은 상태량을 갖게 된다.

② 비가역과정(irreversible process) : 열역학적 계에서 상태변화시 마찰이라든지 화학반응 등이 일어나 손실이 존재하는 실제과정이다. 지구상에 존재하는 계에는 가역과정은 없으며 전부 비가역과정으로 봐야 한다. 비가역 변화의 예로 물체의 영구변형, 마찰을 수반하는 일로부터 열로의 에너지 전환, 고온물체로부터 저온물체로의 열이동 등을 들 수 있다.

2_함수(function)

열역학적으로 함수에는 점함수(point function)와 도정함수(path function)가 있다. 점함수는 경로에 따라서 값의 변화가 없는 함수이다. 즉, 어떤 상태의 그 점에 주어지는 값만을 갖는 함수이다. 예를 들면, 압력, 온도, 비체적 등의 상태량이 점함수이다. 점함수를 미분하면 완전 미분식으로 표현되며 도정함수는 경로에 따라서 변화하는 함수로 예를 들면, 열량과 일량이 있다. 열량과 일량은 반듯이 상태변화가 발생해야지만 계산이 가능한 물리량이다. 도정함수를 미분하면 불완전 미분식으로 표현되며 경로함수라고도 한다.

① 점함수의 적분 표현식

$$\int_1^2 dP = P_2 - P_1 = \Delta P$$

② 도정함수의 적분 표현식

$$\int_1^2 \delta Q \neq Q_2 - Q_1 \neq \Delta Q$$

$$\int_1^2 \delta Q = {}_1Q_2 = Q_{12}$$

3_사이클(cycle)

열역학적 과정이 되풀이되는 순환 과정에서 초기 상태로부터 몇 개의 상이한 과정을 거쳐 다시 최초 상태로 돌아왔을 때까지를 사이클이라 하고 사이클을 이룬 계의 모든 성질(상태량)들은 최초 상태의 값과 동일하여야 한다. 한 사이클이 가역과정만으로 이루어졌다면 가역 사이클(reversible cycle)이 되고 비가역과정만으로 이루어졌다면 비가역사이클(irreversible cycle)이 된다. 사이클을 이루는 방향은 시계방향이며 반 시계방향은 역사이클이라 한다. 가역과정으로 이루어진 가역사이클은 역사이클이 가능하며, 기계동력 사이클은 시계방향으로 돌고 냉동기 사이클은 반 시계방향으로 회전한다.

제3장 출제예상문제

01 열량(heat)과 일량(work)에 관한 다음 설명 중 옳지 않은 것은?

① 계의 상태변화 과정에서 나타난다.
② 계의 경계에서 관찰된다.
③ 도정함수(path function) 이다.
④ 항상 두 양의 합은 일정하다.

풀이 일과 이동열량은 경로함수이므로 열역학 제1법칙에 의하여 공급한 열량 총화는 이루어진 일의 총화와 같다.

02 점함수(point function)란 무엇을 말하는가?

① 일과 같은 것을 말한다.
② 열과 같은 것을 말한다.
③ 계의 상태량을 말한다.
④ 상태 변화의 경로(path)에 관계되는 것을 말한다.

03 높이가 80[m]인 탑 위에 3ton의 물이 저장되어 있다. 물이 갖는 위치 에너지는 얼마인가?

① $2.352 \times 10^4 [J]$
② $2.352 \times 10^6 [J]$
③ $1.352 \times 10^4 [J]$
④ $1.352 \times 10^4 [J]$

풀이 $E_p = mgz = 3 \times 10^3 \times 9.8 \times 80 = 2.352 \times 10^6 [J]$ (SI단위)

04 무게 1kg의 강구를 50m 높이에서 낙하시킬 때 운동에너지는 전부 강구의 온도를 높여준다고 할 때 강구의 온도상승은 얼마인가? (단, 강구의 비열은 0.42KJ/kg℃이다.)

① 0.585℃
② 0.854℃
③ 8.54℃
④ 1.17℃

풀이 $mgh = mC\Delta t$,
$\Delta t = \dfrac{9.8 \times 50}{0.42 \times 10^3} = 1.17℃$

05 정원 9명인 엘리베이터에 무게가 600[N]인 사람을 태우고 100[m/min]의 등속도로 운전할 경우 소요동력은 몇 [PS]인가?

① 12.24[PS]
② 9[PS]
③ 54[PS]
④ 90[PS]

풀이 $P = \dfrac{W}{t} = \dfrac{F \cdot S}{t} = F \cdot w$,
$F = 9 \times 600 = 5400[N]$
$P = F \cdot w = 5400 \times \dfrac{100}{60}$
$= 9,000[N \cdot m/s] = 9,000[W] = 9[kW] = 9 \times 1.36 = 12.24[PS]$

01 ④ 02 ① 03 ② 04 ④ 05 ①

06 200[kg]의 쇠 덩어리를 20[℃]에서 100[℃]까지 가열하는 데 필요한 열량은 몇 [kcal]인가?(단, 쇠 덩어리의 비열은 0.609[kcal/kg·K]이다)

① 9,744[kcal]   ② 8,750[kcal]
③ 8,974[kcal]   ④ 9,944[kcal]

풀이 $Q = Cm(t_2 - t_1) = 0.609 \times 200 \times (100 - 20)$
= 9,744[kcal]

07 물 3[ℓ]를 0.5[kW]의 전열기로 15[℃]에서 100[℃]까지 가열할 때 걸리는 시간은 몇 분이 되는가?(단, 전열기에서 발생하는 열은 40[%]가 물의 상승온도에 이용된다고 한다.)

① 172[min]   ② 255[min]
③ 88.9[min]   ④ 1.473[min]

풀이 물을 가열하는데 필요한 열량 : Q_1,
전열기에서 나오는 열량 : Q_2
$Q_1 = mC(t_2 - t_1) = 3 \times 1 \times (100 - 15)$
= 255[kcal]
$Q_2 = 0.5 \times 860 \times 0.4 = 172$[kcal/h],
(1[kW] = 860[kcal/h] 이므로)
∴ $\dfrac{Q_1}{Q_2} = \dfrac{255[kcal]}{172[kcal/h]}$ =1.473[hr]= 88.9[min]

08 공기는 정압상태에서 C_p = 1.0101+ 0.0000798t[KJ/kg·K]이다. 이 경우 5[kg] 공기를 0[℃]에서 200[℃]까지 높이는데 필요한 열량과 평균 비열은 얼마인가?

① 1018.08[KJ/kg·K]
② 101.808[KJ/kg·K]
③ 10.1808[KJ/kg·K]
④ 1.01808[KJ/kg·K]

풀이
$Q = m\int_{1}^{2} Cdt$
$= 5\int_{1}^{2}(1.0101 + 0.0000798t)dt$
= 1018.08[kJ]
$C_m = \dfrac{Q}{m(t_2 - t_1)} = \dfrac{1018.08}{5(200-0)}$
= 1.01808[KJ/kg·K]

09 100[ℓ]의 순수 물에 500[℃]되는 알루미늄 5[kg]를 넣었더니, 열평형 후 온도가 20[℃]가 되었다. 이 때 물의 온도 변화량은 얼마인가?(단, 알루미늄의 비열은 0.15[kcal/kg·℃]이고, 용기의 영향은 없는 것으로 한다.)

① 36[℃]   ② 3.6[℃]
③ 25[℃]   ④ 2.5[℃]

풀이 알루미늄의 방출열량 = 물의 흡열량이므로,
$mC\Delta t_{Al} = mC\Delta t_물$에서
$5 \times 0.15 \times (500-20) = 100 \times 1 \times \Delta t$,
∴ $\Delta t = 3.6$[℃]

10 저위발열량이 6,500[kcal/kg]인 기관이 연료의 연소열 중에서 70[%]만 유효하게 동력으로 전환하여 110[PS]를 발생시켰다면 이 기관의 단위시간당 연료소비량은 얼마인가?

① 152.9[kg/h]   ② 14.29[kg/h]
③ 13.29[kg/h]   ④ 15.29[kg/h]

풀이 $m = \dfrac{632.3 \times [PS]}{\eta \times H_\ell} = \dfrac{632.2 \times 110}{0.7 \times 6,500}$
= 15.29[kg/h]

ANSWER 06 ① 07 ③ 08 ④ 09 ② 10 ④

04 열역학의 법칙

제1절 열역학 제1법칙

열과 일은 에너지의 이동 형태를 지칭하는 말이다. 이동의 형태만을 나타내는 것이므로, 예를 들어서 어느 물체가 열이나 일을 보유하고 있다는 관용적인 표현은 엄밀한 뜻에서 올바른 표현이 아니다.

어느 2개의 계 사이에서 에너지의 이동이 일어나는 것은 그 2개의 계 사이에 어떤 종류의 강도성 상태량의 차가 존재할 때이며 어떤 종류의 강도성 상태량인가에 따라서 에너지의 이동 형태는 달라진다. 힘의 차에 의한 경우는 역학적인 일로서 에너지가 이동하고, 전위차에 의한 경우는 전기적인 일로서 에너지가 이동한다. 온도차에 의한 경우는 열의 형태로 에너지가 이동하는 것이다.

열이나 일은 같은 에너지로서 다만 그 이동할 때의 겉보기 형태만이 다를 뿐이므로 양자는 같은 단위로 표시할 수 있다. 이 양자가 상호 전환될 수 있다는 개념이야말로 열역학에서 가장 기본적인 것으로 생각할 수 있으며 이것이 바로 열역학 제1법칙(the first law of thermodynamics)이고, 열을 포함하는 경우의 에너지 보존의 법칙이다.

1_ 질량보존의 법칙(conservation of mass)

어떤 물체(또는 물질)의 속도가 빛의 속도(광속 : $3 \times 10^8 m/s$)와 비교하여 무시할 수 있는 크기라면 운동 중에 있는 상태라도 그 질량은 변화 없이 일정한 값을 갖게 된다.

밀폐계에서는 질량은 보존된다. 그러나 개방계에서는 계가 공간에 고정되는 것이므로 계와 주위의 경계를 통하여 질량의 출입이 있게 되며 개방계에서 그 계가 차지하는 공간을 검사 체적(control volume)이라 하는데 이 검사 체적을 통해 단위 시간당 유입되는 질량($\dot{m}_{in}$)과 유출되는 질량($\dot{m}_{out}$)의 차는 분명 계의 질량 증가율을 의미한다.

즉, $\Delta \dot{m} = \dot{m}_{in} - \dot{m}_{out}$ 이며, 이 것이 곧 개방계에서의 질량 보존을 나타내는 식이다.
여기서 단위 시간당 질량을 질량 유동율(mass flow rate)이라 정의한다.

$$dm/dt = \dot{m}[kg/s]$$

만일, 정상상태(steady state) 1차원 흐름이라면 식은 0이 된다.

$$\Delta \dot{m} = 0, \quad \therefore \dot{m}_{in} = \dot{m}_{ou}$$

보통 유체의 밀도ρ, 비체적v, 단면적A, 속도V라 할 때 질량 유동율은

$$\dot{m} = \frac{\rho A}{v} = \rho A V = 일정$$

이 되고 이것을 연속방정식(continuity equation)이라고 부른다.

2_에너지의 형태와 제1법칙

열역학 제1법칙은 다음과 같이 요약할 수 있다. "열과 일은 동일한 에너지의 이동 형태이고 열은 일로 일은 열로 상호 전환될 수 있다."

$$열 \Leftrightarrow 일(Q \Leftrightarrow W)$$

에너지보존의 법칙은 어떤 기계적 일을 행하는 기계를 계속하여 작동시키려면 그에 상응하는 다른 에너지를 지속적으로 보충해서 공급해야함을 나타내는 원리를 말한다. 따라서 에너지의 보급 없이도 영구히 운동을 계속하는 기관이 제1종 영구 기관은 열역학 제1법칙에 위배되므로 실현 불가능하다는 것을 알 수 있다.

열과 일이 본질적으로 같은 에너지이기 때문에 그 단위 또한 같아야 한다. SI단위에서 이들의 단위는 J, kJ이다. 그러나 관용적으로 열은 kcal로 표시하고 일은 $kgf \cdot m$로 나타내기 때문에 이 둘의 단위를 맞춰 줄 필요가 생기게 된다. 1kcal = $427 kgf \cdot m$임을 알기 때문에 열과 일의 등가계수를 다음과 같이 정의할 수 있다.

$$J = 427 kgf \cdot m/Kcal \Rightarrow J(열의\ 일상당량)$$

$$A = \frac{1}{427} Kcal/kgf \cdot m \Rightarrow A(일의\ 열상당량)$$

여기서 J를 열에 대한 일의 등가계수-열의 일당량(mechanical equivalent of heat)이라 하고, A를 일에 대한 열의 등가계수-일의 열당량(thermal equivalent of work)이라 한다.

$$Q = AW$$
$$W = JQ$$

SI단위계에서는 A나 J를 병기하지 않음이 물론이다.

3_가역과정과 비가역과정

1. 가역과정

물체가 열역학적으로 평형상태를 유지하면서 변하고 있을 때의 과정을 가역과정(reversible process)이라 한다. 가역변화에서 상태가 변화할 때는 일시적으로 평형을 잃게 되나 그 변화가 극히 완만히 진행되어 속도가 무한히 작을 경우에는 언제나 평형상태를 유지하면서 변화한다고 생각할 수 있다. 이와 같은 변화에 있어서는 임의의 시간에 그 변화의 방향을 역으로 바꾸어도 평형상태를 잃는 일 없이 앞에서와 꼭 같은 역의 변화를 이룰 수 있으며 이러한 변화를 하는 과정을 가역과정이라 한다.

2. 비가역과정

상태가 변화할 때 평형이 깨어져 가역변화를 하지 못하고 반드시 에너지 손실이 발생하는 변화를 하는 과정을 비가역과정(irreversible process)이라 한다.

4_밀폐계에서의 제1법칙

밀폐계에서 에너지 보존 법칙은 다음과 같이 된다.

나중상태의 에너지 - 처음상태의 에너지 = 계에 공급된 에너지

$$E_2 - E_1 = Q - W$$

여기서 열과 일은 모두 계에 공급되는 량이므로 (+Q), (-W)로 표기된다. 또한 상태점에서의 에너지 E는 운동에너지 E_k, 위치에너지 E_p, 그리고 내부에너지 U의 합으로 나타난다.

$$E = U + \frac{mv^2}{2} + mgz \ [J]$$

단위 질량당 에너지로는 질량 m으로 나누어

$$e = u + \frac{v^2}{2} + gz \ [J/kg]$$

내부에너지(internal energy)는 물체내의 개개의 분자가 갖는 에너지의 총합이다. 분자들의 병진운동에너지, 진동에너지, 회전운동에너지, 위치에너지 등등을 거시적으로 살펴서 내부에너지로 표기한다. 비내부에너지(specific internal energy)는 단위질량당 갖는 내부에너지를 말하며 u로 표기한다.

$$u = \frac{U}{m} \ [J/kg]$$

5_사이클과 제1법칙

사이클에서는 계의 상태가 변화 전후에서 같은 값을 갖게 된다. 즉, $E_1 = E_2$가 되어 다음과 같이 쓸 수 있다.

$$Q_{in} + W_{in} = Q_{out} + W_{out}$$
$$Q_{in} - Q_{out} = W_{out} - W_{in}$$
$$\sum Q = \sum W$$

이것을 사이클 적분으로 표시하면, $\oint \delta Q = \oint \delta W$, 어느 사이클에서나 $\oint \delta Q - \oint \delta W = 0$, 또한 $\delta Q - \delta W = dE$, 따라서 $\oint \delta Q - \oint \delta W = \oint dE = 0$

이것은 계가 사이클을 이루어 변화하면 그 상태량의 차는 0이 됨을 의미한다.

$$\oint dU = \oint d(K.E.) = \oint d(P.E.) = 0$$

계가 사이클을 이루어 변화할 때 그 순간방향에 따라 열과 일의 부호를 결정할 수 있다. 사이클이 시계방향으로 순환할 때를 +값으로 하고, 반시계방향으로 순환할 때를 -값으로 한다.

6_개방계에서의 제1법칙

질량유동이 있는 계인 개방계(open system)를 생각해보자. 개방계에서는 계를 이루는 공간 즉 검사체적 또는 제어체적(control volume)이 고정되며 여기를 동작물질이 에너지와 함께 유입 유출되는 것으로 유동계(flow system)라고도 한다. 제트엔진에서 공기는 엔진에 유입되어 다시 유출된다. 증기터빈에서도 증기가 터빈 입출구에서 유입 유출된다. 이 두 경우에 모두 일이 수행되고 열이 교환되며 따라서 에너지 변환이 있게 된다.

단위시간당 정미유동일은

$$W_{flow} = (pvm)_{out} - (pvm)_{in} \text{ 이다.}$$

단위시간당 계의 일량은 공업일과 유동일의 합이므로

$$\dot{W} = \dot{W}_{in} + \dot{W}_{flow}$$
$$\frac{dE_{cv}}{dt} = \dot{Q} - \dot{W}_m + (e+pv)_{in}\dot{m}_{in} - (e+pv)_{out}\dot{m}_{out}$$
$$= \dot{Q} - \dot{W}_m + (u+pv+e_k+e_p)_{in}\dot{m}_{in} - (u+pv+e_k+e_p)_{out}\dot{m}_{out}$$

이것이 곧 개방계에서의 1법칙을 표현하는 일반식이다.

개방계에는 유동과정에 따라 정상류동과정(steady flow process)와 비정상류동과정(unsteady flow process)의 2경우로 구분된다. 정상유동이란 계 내의 임의의 한 점이 갖는 상태값의 시간적 변화율이 없는 과정을 말하며 비정상유동이란 시간에 따라 각 상태량의 값이 변하는 유동을 말한다.

계에 유입되는 상태점을 1, 유출되는 상태점을 2로 표기한다면 정상유동과정에서는

$dE_{cv}/dt = 0$ 이고 $\dot{m}_{in} = \dot{m}_{out} = \dot{m}$ 이므로

$\dot{Q} + \dot{m}[u_1 + p_1v_1 + e_{k1} + e_{p1}] = \dot{m}[u_2 + p_2v_2 + e_{k2} + e_{p2}] + \dot{W}_m$

단위시간당 질량 $\dot{m}$ 으로 나누면

$q = \Delta u + \Delta(pv) + \Delta e_k + \Delta e_p + w_m$

$q + u_1 + p_1v_1 + e_{k1} + e_{p1} = u_2 + p_2v_2 + e_{k2} + e_{p2} + w_m$

$\delta q = du + d(pv) + de_k + de_p + \delta w_m$

여기서 u+pv를 하나의 상태량으로 정의할 수 있는 데 이것을 엔탈피(enthalpy), h,라고 정의한다.

h = u + pv

H = U + pV

엔탈피는 상태량의 하나로 내부에너지와 같은 단위를 가지며 특히 유동과정에서 중요한 량이다. 정상유동에서의 제1법칙은 다음과 같이 정리할 수 있다.

$\dot{Q} + \dot{m}[u_1 + p_1v_1 + \dfrac{v_1^2}{2} + gZ_1] = \dot{m}[u_2 + p_2v_2 + \dfrac{v_2^2}{2} + gZ_2] + \dot{W}_m$

$\dot{Q} + \dot{m}[h_1 + \dfrac{v_1^2}{2} + gZ_1] = \dot{m}[h_2 + \dfrac{v_2^2}{2} + gZ_2] + \dot{W}_m$

$q + u_1 + p_1v_1 + \dfrac{v_1^2}{2} + gZ_1 = u_2 + p_2v_2 + \dfrac{v_2^2}{2} + gZ_2 + w_m$

$q + h_1 + \dfrac{v_1^2}{2} + gZ_1 = h_2 + \dfrac{v_2^2}{2} + gZ_2 + w_m$

$\delta q = dh + de_k + de_p + \delta w_m$

로 쓸 수 있고 밀폐계에서의 1법칙 식

$\delta q = du + pdv$

엔탈피의 정의로부터

$$dh = du + pdv + vdp$$

그러므로

$$dh = \delta q + vdp$$
$$\delta w = -vdp - de_k - de_p$$

만일 운동에너지와 위치에너지의 변화를 무시하다면

$$\delta w = -vdp$$
$$W = -\dot{m}\int vdp$$

이것이 유동계에서의 공업일 또는 기계장치로부터 얻을 수 있는 동력이다. 비정상 유동에서는

$$\dot{Q} + \dot{m}_1[h_1 + \frac{v_1^2}{2} + gZ_1] = \frac{dE}{dt} + \dot{m}_2[h_2 + \frac{v_2^2}{2} + gZ_2] + \dot{W}_m$$

제2절 열역학 제2법칙(the second law of thermodynamics)

열역학 제2법칙의 목적은 에너지 변환 과정에 대한 방향을 제시하는 것이다. "에너지가 변환될 때 에너지는 보존되지만 에너지 레벨은 보존되지 않으며 자연계에서는 항상 낮은 에너지 레벨로 감소하는 방향을 갖는다." 제2법칙은 또 다음과 같은 표현으로도 서술 될 수 있다.

1) Kelivn-Plank의 표현

자연계에 어떠한 변화도 남기지 않고 일정온도인 어느 열원의 열을 계속하여 열로 변환시키는 기계를 만드는 것은 불가능하다. 즉, 하나의 열원에서 열을 받고 또한 동시에 버리면서 열을 일로 바꿀 수는 없다.

열기관이 동작유체에 의하여 일을 발생시키려면 공급열원보다 더 낮은 열원이 필요하다. 따라서 단일 열원에서 열을 주고받는다면 이는 열이 100% 일로 변환된다는 뜻이므로 열효율 100%인 기관은 만들 수 없다는 표현이다.

2) Clausis의 표현

자연계에 어떠한 변화도 남기지 않고 열을 저온의 물체로부터 고온의 물체로 이동시키는 기계를 만드는 것은 불가능하다. 즉, 열은 그 자신으로는 다른 물체에 아무런 변화도 주지 않고 저온의 물체에서 고온의 물체로 이동하지 않는다. 이 표현은 성능계수가 무한대인 냉동기는 만들 수 없다는 의미이다

1_카르노 사이클

그림에 도시한 p-v선도 상의 폐곡선 1-2-3-4-1은 동작유체가 1사이클당 발생하는 일의 양을 표시한다. 즉, 면적은 w_{net} 이며 사이클에서의 내부에너지는 변화가 없다.

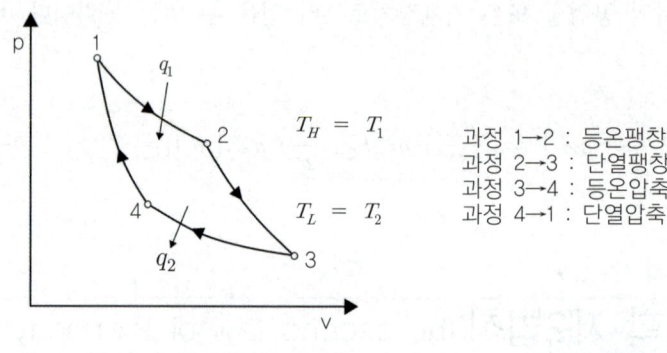

과정 1→2 : 등온팽창
과정 2→3 : 단열팽창
과정 3→4 : 등온압축
과정 4→1 : 단열압축

그림 4-1

제1법칙에서, $q_1 - q_2 = w_{net}$
카르노 사이클의 열효율 η_c 는

$$\eta_c = \frac{w}{q_1} = \frac{q_1 - q_2}{q_1} = 1 - \frac{q_2}{q_1} = 1 - \frac{T_2}{T_1}$$

과정 1→2, 3→4 : 등온과정이므로,

$$q_1 = \int_1^2 \delta q = \int_1^2 p dv = RT_1 \int_1^2 \frac{dv}{v} = RT_1 \ln \frac{v_2}{v_1},$$

$$-q_2 = \int_3^4 \delta q = \int_3^4 p dv = RT_2 \int_3^4 \frac{dv}{v} = RT_2 \ln \frac{v_4}{v_3}$$

과정 2→3, 4→1 : 단열과정이므로

$$\frac{T_2}{T_1} = (\frac{v_2}{v_3})^{k-1} = (\frac{v_1}{v_4})^{k-1} \text{에서}, \quad \frac{v_2}{v_1} = \frac{v_1}{v_4}$$

$$\therefore -\frac{q_2}{q_1} = \frac{RT_2 \ln \frac{v_4}{v_3}}{RT_1 \ln \frac{v_2}{v_1}} = \frac{-T_2 \ln \frac{v_1}{v_4}}{T_1 \ln \frac{v_2}{v_1}} = -\frac{T_2}{T_1}$$

$$\therefore \eta_c = 1 - \frac{q_2}{q_1} = 1 - \frac{T_2}{T_1}$$

카르노 사이클의 열효율은 동작물질의 종류에 관계없이 양 열원의 절대온도에만 관계있고, 카르노 사이클은 열기관의 이상적 사이클로서 최고의 열효율을 갖는다. 같은 두 열원에서 작동하는 모든 가역 사이클은 열효율이 같다. 카르노 사이클은 동작유체의 온도를 열원의 온도와 같게 한 것으로 실제로는 불가능하다.

2_비가역과정

가역과정은 열역학에서 이상적인 과정이고, 실제 자연계는 비가역과정이라 할 수 있다. 비가역과정의 정의는

① 주위에 변화의 흔적을 남기지 않고서는 원래 상태로 되돌릴 수 없는 과정
② 비가역변화란 자발적으로 한쪽 방향으로만 일어나는 변화이다. 즉 특정 순서로만 일어나고 역방향으로는 절대 일어나지 않는 일방 통행식 변화이다

3_엔트로피(Entropy)

상태 1과 2를 순환하는 계에서

$$\oint \frac{\delta Q}{T} = 0 = \int_{1 \to a}^{2} \frac{\delta Q}{T} + \int_{2 \to b}^{1} \frac{\delta Q}{T} \quad \cdots\cdots\cdots ①$$

$$\oint \frac{\delta Q}{T} = 0 = \int_{1 \to a}^{2} \frac{\delta Q}{T} + \int_{2 \to c}^{1} \frac{\delta Q}{T} \quad \cdots\cdots\cdots ②$$

①-② : $\int_{2 \to b}^{1} \frac{\delta Q}{T} = \int_{2 \to c}^{1} \frac{\delta Q}{T}$ 즉, $\int \frac{\delta Q}{T}$ 값이 경로에 무관한 량이다.

여기서, $\frac{\delta Q}{T} = dS$

$$\therefore dS = \frac{\delta Q}{T}[KJ/K], \quad ds = \frac{\delta q}{T}[KJ/Kg\,K]$$

4_완전가스의 엔트로피 식

1. T와 v의 함수

$$\text{1st law} : \delta q = du + pdv = C_v dT + \frac{RT}{v}dv$$

$$\therefore ds = \frac{\delta q}{T} = C_v \frac{dT}{T} + R\frac{dv}{v}$$

$$\therefore \Delta S = S_2 - S_1 = C_v \ln\frac{T_2}{T_1} + R\ln\frac{v_2}{v_1} \quad \cdots\cdots\cdots \text{①}$$

2. T와 p의 함수

$$\text{1st law} : \delta q = dh - vdp = C_p dT - \frac{RT}{p}dp$$

$$\therefore ds = \frac{\delta q}{T} C_v \frac{dT}{T} + R\frac{dv}{v}$$

$$\therefore \Delta S = S_2 - S_1 = C_p \ln\frac{T_2}{T_1} - R\ln\frac{p_2}{p_1} \quad \cdots\cdots\cdots \text{②}$$

3. p와 v의 함수

$C_p - C_v = R$이므로 ①식 또는 ②식에서

$$\Delta S = C_p \ln\frac{T_2}{T_1} - (C_p - C_v)\ln\frac{p_2}{p_1} = C_p\left(\ln\frac{T_2}{T_1} - \ln\frac{p_2}{p_1}\right) + C_v\ln\frac{p_2}{p_1} = C_p \ln\frac{T_2}{T_1} \cdot \frac{p_1}{p_2} + C_v\ln\frac{p_2}{p_1}$$

여기서 이상기체 $pv = RT$에서 $\frac{p_1}{T_1} = \frac{R}{v_1}$, $\frac{p_2}{T_2} = \frac{R}{v_2}$ 이므로,

$$= C_p \ln\frac{v_2}{v_1} + C_v \ln\frac{p_2}{p_1} \quad \cdots\cdots\cdots \text{③}$$

> **참고**
>
> **이상기체의 엔트로피 상태식**
>
> $\Delta S = S_2 - S_1 = C_v \ln\frac{T_2}{T_1} + R\ln\frac{v_2}{v_1}$, $\Delta S = S_2 - S_1 = C_p \ln\frac{T_2}{T_1} - R\ln\frac{p_2}{p_1}$,
> $\Delta S = S_2 - S_1 = C_p \ln\frac{v_2}{v_1} + C_v \ln\frac{p_2}{p_1}$

5_엔트로피 증가의 원리

1. 비가역 변화

비가역 과정의 엔트로피 변화 그림에서 Ⅰ과정을 비가역 사이클(역기관)로 하고 Ⅱ과정을 가역사이클(냉동기)로 하면, 비가역 사이클의 열효율을 η', 가역사이클의 열효율을 η라 하면 가역사이클의 열효율이 크다.

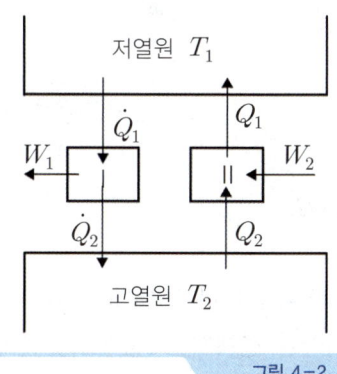

그림 4-2

$\eta' < \eta$

$\therefore \dfrac{Q_1 - Q_2'}{Q_1} < \dfrac{Q_1 - Q_2}{Q_1}$

$\therefore Q_2' > Q_2$

가역사이클(Ⅱ기관)에서 $\dfrac{-Q_1}{T_1} = \dfrac{Q_2}{T_2}$(유입, 유출)에서

$\dfrac{Q_1}{T_1} + \dfrac{Q_2}{T_2} = 0, \quad \therefore \oint \dfrac{\delta Q}{T} = 0$

비가역 사이클 (Ⅰ기관)에서 $\dfrac{Q_1}{T_1} = \dfrac{-Q_2'}{T} - \alpha$(유입, 유출)에서 α는 $Q_2' > Q_2$이므로 등식을 만족시키기 위한 보정량이다. 따라서 비가역 변화에서는

$\dfrac{Q_1}{T_1} + \dfrac{Q_2'}{T_2} = -\alpha \quad$ 즉, $\quad \dfrac{Q_1}{T_1} + \dfrac{Q_2'}{T_2} < 0$

$\therefore \oint \dfrac{\delta Q}{T} < 0$(비가역변화의 클라우시스의 폐적분(clausius integral))

2. 엔트로피 증가의 원리

이제 비가역 사이클에서

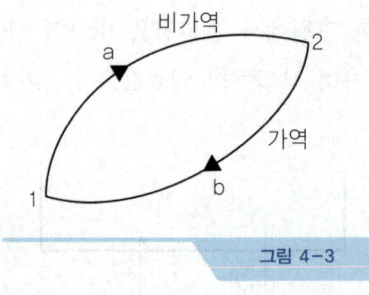

그림 4-3

$$\oint \frac{\delta Q}{T} = \int_{1 \to a}^{2} \frac{\delta Q}{T} + \int_{2 \to b}^{1} \frac{\delta Q}{T} < 0$$

지금 1 → a → 2 → b → 1 과정이 비가역이므로, 이때 1 → a → 2과정은 비가역 과정이고 2 → b → 1은 가역 과정이라면 전체계는 비가역을 만족하게 된다. 따라서 가역과정인 2 · b · 1은

$$\int_{2 \to b}^{2} \frac{\delta Q}{T} < S_2 - S_1 \text{ 으로 된다.}$$

이것은 비가역변화인 1 → a → 2 경로를 따라 $\frac{\delta Q}{T}$ 를 적분한 값이 변화 전 후의 상태에 대한 엔트로피의 차보다 작아지는 것을 의미한다. 여기서 $S_2 - S_1 = dS$로 생각하면

$$\frac{\delta Q}{T} < dS \quad \text{or} \quad \frac{\delta q}{T} < dS$$

$$\delta Q < TdS \quad \text{or} \quad \delta q < TdS$$

만일 단열 변화를 할 때 $\delta Q = 0$ 이므로 가역단열 변화 일 때는 $dS = 0$이 되어 엔트로피가 변화하지 않으나 비가역 단열변화 일 때 $dS > 0$이 되어 엔트로피는 반드시 증가한다.

계내에서 모든 변화가 가역적으로 이루어지면 그 사이에 증감된 엔트로피의 총합은 0이 되지만 그들의 변화 중 어느 하나라도 비가역 변화가 있으면 계전체의 엔트로피는 반드시 증가한다. 즉 자연계에서는 항상 엔트로피가 증가하면 그 증가하려는 방향은 평형상태 쪽이다(엔트로피 증가의 법칙).

6_비가역 변화의 실례 - 엔트로피 증가

비가역 변화의 예로 열이동, 마찰, 교축, 혼합 등이 있다.

1. 열 이동

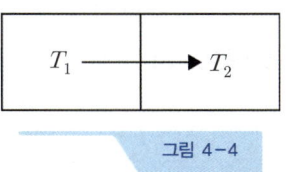

그림 4-4

고온체(T_1)과 저온체(T_2)의 두 물체를 접촉하면 열 이동이 생긴다. 열평형에 도달되기까지 열의 이동은 계속 될 것이며 이 변화로 인해 생긴 엔트로피의 변화는 고온물체의 엔트로피 변화량 $\Delta S_1 = \dfrac{-Q}{T_1}$, 저온물체의 엔트로피 변화량 $\Delta S_2 = \dfrac{+Q}{T_2}$ 이다. 따라서 계전체의 엔트로피 변화는 $\Delta S = \Delta S_1 + \Delta S_2 = Q\left(\dfrac{1}{T_1} - \dfrac{1}{T_2}\right)$ 로 표현되어지고 여기서 $T_1 > T_2$ 이므로 $\Delta S > 0$ 이다. 열 이동에 의하여 생긴 변화에서 계전체의 엔트로피는 증가한다.

2. 마찰

변화과정 중에 마찰을 동반하는 경우에는 마찰로 인하여 생기는 열(마찰열) Q_f가 발생 되어지고 이 Q_f가 계에 공급되어진다. 계와 외부가 단열되어진다 하더라도 이 내부에서 발생되어지는 마찰열로 인하여 계의 엔트로피는 증가하게 된다. 즉, $\Delta S = \dfrac{Q_f}{T} > 0$, ($\because Q_f > 0$) 단열재로 싸여있는 관로를 흐르는 유체의 상태에서도 적용된다.

3. 교축

Joule-Thomson의 교축 실험과 같은 교축상태나 좁은 목 부분을 갖는 관로(Valve, joint 류)의 교축흐름에서 비가역 변화의 예이다.

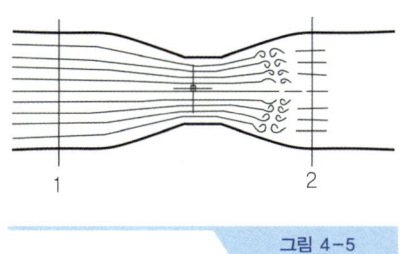

그림 4-5

교축 전후에서 엔탈피는 일정하므로 온도차가 없이 일정하고, 압력은 강하된다.

$$k_1 = k_2, \quad p_1 > p_2$$

엔트로피의 관계식 p와 T의 함수에서 $T_1 = T_2$이므로

$$\Delta S = C_p \ln \frac{T_2}{T_1} = R \ln \frac{p_2}{p_1} = 0 - R \ln \frac{p_2}{p_1} = R \ln \frac{p_1}{p_2} > 0, \quad (\therefore p_1 > p_2)$$

교축과정에서도 $\Delta S > 0$이므로 엔트로피가 증가함을 알 수 있다.

> **참고**
> ① 자연계에서 실제 변화과정은 비가역 변화과정이므로 항상 엔트로피는 증가한다. 자연계에서는 에너지는 모두 열로 변환하려는 경향이 있으며 그 열은 온도를 평균하려는 방향으로 움직인다. 즉 우주계에서는 엔트로피가 증가되는 방향으로 변화한다. 따라서 온 우주계는 모두 같은 온도가 될 때까지 무한히 변화하려고 한다.
> ② 자연계에서 일어나는 물리적 현상에서는 그 체계의 에너지 총합은 일정 불변이지만(제 1법칙), 엔트로피는 항상 증가의 방향을 가진다(제2법칙).

제4장 출제예상문제

01 다음 중 열역학 제1법칙을 나타내고 있는 식은 어느 것인가?(단, U는 내부에너지(kJ), Q는 열량(kJ), $_1W_2$ 는 일(kJ)이다.)

① $Q = (U_2 - U_1) + {_1W_2}$
② $Q = (U_2 - U_1) - {_1W_2}$
③ $Q = (U_2 - U_1) + A{_1W_2}$
④ $Q = (U_2 - U_1) - A{_1W_2}$

풀이) $\delta q = du + \delta_1 w_2 = dh - \delta w_t$,
$_1Q_2 = (U_2 - U_1) + {_1W_2} = (H_2 - H_1) - \delta W_t$

02 120마력의 전동기가 3분 동안 한 일의 열당량으로 다음 중 맞는 것은?

① 21076kJ ② 15876kJ
③ 12615kJ ④ 10274kJ

풀이) $W = Q = L \cdot T_m$
여기서, T_m은 전동기가 작동하고 있는 동안의 시간이다.
$Q = 120 \times 0.735 \times 3 \times 60 = 15876[kJ]$

03 가스가 87.45kJ 열량을 흡수하여 78400J의 팽창일을 하였을 때 내부 에너지의 증가를 구한 것으로 다음 중 맞는 것은?

① 27kJ ② 14kJ
③ 9.05kJ ④ 7.8kJ

풀이) $_1Q_2 = (U_2 - U_1) + {_1W_2}$
$87.45 = \Delta U + 78400 \times 10^{-3}$,
$\Delta U = 9.05[kJ]$

04 매분 20,000kg-m의 일을 하는 기계의 동력으로 다음 중 맞는 것은?

① 8.1PS ② 6.7PS
③ 5.6PS ④ 4.45PS

풀이) $L = \dfrac{W}{T_m} = \dfrac{20000}{75 \times 60} = 4.45[PS]$

05 다음은 절대일과 공업일 그리고 그 관계에 대한 설명들이다. 이것들 중 잘못된 것은 어느 것인가?

① 엔탈피의 변화와 내부에너지의 변화의 차는 절대일과 공업일의 합과 같다.
② 절대일과 공업일의 크기는 항상 다르다.
③ 공업일은 $\int vdP$ 로 계산된다.
④ 절대일은 $\int Pdv$ 로 계산된다.

풀이) 이상기체의 상태 변화 중 등온변화시 절대일과 공업일의 크기는 같다.

06 압력 270Pa, 부피 0.35㎥인 공기가 일정 압력 하에서 0.55㎥으로 팽창하였을 때 공기가 한 일(kJ)량은 얼마인가?

① 54 ② 0.54
③ 0.054 ④ 0.0054

풀이) $_1W_2 = \int_1^2 PdV = P(V_2 - V_1)$
$270 \times (0.55 - 0.35) \times 10^{-3} = 0.054[kJ]$

ANSWER 01 ① 02 ② 03 ③ 04 ④ 05 ② 06 ③

07 공업일 W_t 와 절대일 $_1W_2$ 와의 관계를 바르게 표시하고 있는 식은 다음 중 어느 것인가?

① $W_t = {}_1W_2 + P_1V_1 - P_2V_2$
② $W_t = {}_1W_2 + P_1V_1 + P_2V_2$
③ $W_t = {}_1W_2 - P_1V_1 - P_2V_2$
④ $W_t = {}_1W_2 - P_1V_1 + P_2V_2$

풀이 $_1Q_2 = \Delta U + {}_1W_2 = \Delta H + W_t$,
$_1W_2 - W_t = \Delta H - \Delta U$

절대일은 정(+)이고 공업일은 부(-)이므로 절대일과 공업일의 합은 엔탈피의 변화와 내부에너지의 변화의 차와 같다. 또한 엔탈피 변화는 내부에너지 변화의 합과 유동에너지 변화의 합이므로
$_1W_2 - W_t = \Delta H - \Delta U = \Delta(PV)$
$W_t = {}_1W_2 - \Delta(PV) = {}_1W_2 - (P_2V_2 - P_1V_1)$
$W_t = {}_1W_2 + P_1V_1 - P_2V_2$

08 최초의 온도 $t_1 = 21℃$ 인 1kg의 동작물질이 열을 받아 정적 변화를 하여 외부에 일 7510kg-m를 하고 온도 $t_2 = 50℃$로 되었다. 내부에너지의 변화는 몇 kJ인가? (단, 변화 중의 유체의 평균비열은 1.344KJ/kg℃이다.)

① -23.22   ② -34.6
③ -45.7   ④ -52.4

풀이 $_1Q_2 = \Delta U + {}_1W_2 = mC_m(T_2 - T_1)$
$\Delta U + 7510 \times 9.8 \times 10^{-3} = 1 \times 1.344 \times (50-21)$,
$\Delta U = -34.622[kJ]$

09 내부에너지 168kJ을 보유하는 물체에 열을 가하였더니 내부에너지가 210kJ까지 증가하고 외부에 대하여 6700J의 일을 하였다. 이 때 가해진 열량은 몇 kJ인가?

① 75.4   ② 69.3
③ 57.9   ④ 48.7

풀이 $_1Q_2 = \Delta U + {}_1W_2$
$= (210 - 168) + 6700 \times 10^{-3} = 48.7[kJ]$

10 수동력계를 사용하여 동력을 측정하였더니 380PS이었고, 이 때 물의 유량은 매시 6㎥이었다. 계가 한 일이 모두 열로 바뀌었다면 수온 상승은 몇 도인가?(단, 마찰손실은 무시한다.)

① 31.4℃   ② 35.4℃
③ 39.9℃   ④ 43.3℃

풀이 $L = \dot{W} = \dot{Q} = \dot{m}C\Delta T [kW]$
$380 \times 0.735 = \dfrac{1000 \times 6}{3600} \times 4.2 \times \Delta T$,
$\Delta T = 39.9℃$

11 200kPa, 체적 0.2㎥인 공기가 압력이 일정한 상태에서 체적이 0.8㎥로 팽창하였다. 내부에너지가 2200kJ 만큼 증가하였다면 팽창시 요구되는 열량은 몇 kJ인가?

① 2320   ② 2579
③ 2830   ④ 3120

풀이 $_1Q_2 = \Delta U + {}_1W_2 = \Delta U + \int_1^2 PdV$
$= 2200 + 200 \times (0.8 - 0.2) = 2320[kJ]$

12 증기가 노즐 내를 단열적으로 흐를 때, 노즐 내의 임의의 단면에서의 유속 V를 구하는 식은 다음 중 어느 것인가?(단, h_1, h는 노즐 입구 및 임의의 단면에서의 엔탈피[J/kg]이고, 노즐 입구의 속도는 무시한다.)

① $V = \sqrt{2gA(h_1 - h)}$ ② $V = \sqrt{\dfrac{2g}{A}(h_1 - h)}$
③ $V = \sqrt{2g(h_1 - h)}$ ④ $V = \sqrt{2(h_1 - h)}$

07 ① 08 ② 09 ④ 10 ③ 11 ① 12 ④

13. 단면 확대 노즐 내를 건포화 증기가 단열적으로 흐르는 사이에 엔탈피가 496KJ/kg 만큼 감소하였다. 입구의 속도를 무시할 수 있을 경우 노즐 출구의 속도는 몇 m/sec인가?

① 782m/sec ② 968m/sec
③ 972m/sec ④ 996m/sec

풀이) $V_2 = \sqrt{2(h_1-h_2)} = \sqrt{2 \times 496 \times 10^3}$
$= 996 [m/sec]$

14. 단면 확대 노즐 내를 건포화 증기가 단열적으로 흘러 출구의 속도가 996m/sec일 때 유량이 0.3kg/sec, 출구에서의 비체적을 6.45㎥/kg이라 하면 노즐 출구의 단면적은 몇 ㎠인가?

① 14.5cm² ② 17.8cm²
③ 19.5cm² ④ 21.6cm²

풀이) $\dot{m} = \rho AV = \frac{AV}{v}$,
여기서, V는 속도이고 v는 비체적이다.
$A = \frac{\dot{m}v}{V} = \frac{0.3 \times 6.45}{996} = 0.001943 [m^2]$
$= 19.43 [cm^2]$

15. 증기터빈에 50bar, 500℃의 증기가 0.3 kg/sec의 정상유동상태로 2bar까지 유출될 때 열손실이 9kJ/sec이라면 이 터빈에서 얻을 수 있는 출력은 몇 kW인가?(단, 압력 50bar에서 엔탈피 h_1 = 3360kJ/kg이고 2bar에서 엔탈피 h_2 = 2700kJ/kg이다.)

① 106 ② 207
③ 287 ④ 370

풀이) $_1\dot{Q}_2 = \Delta \dot{H} + \dot{W}_t$
$\dot{W}_t = {_1\dot{Q}_2} - \Delta \dot{H} = {_1\dot{Q}_2} - \dot{m}(h_2 - h_1)$
$= 9 - 0.3 \times (2700 - 3360) = 207 [kW]$

16. 압력 P가 11+22V bar로 주어지는 밀폐계가 있다. 이 밀폐계가 체적이 0.1㎥에서 0.4㎥까지 팽창하였다면 밀폐계가 한 일은 몇 kJ인가?

① 270 ② 495
③ 568 ④ 689

풀이) $_1W_2 = \int_1^2 PdV = \int_1^2 (11+22V)dV$
$= 11(V_2 - V_1) + 11(V_2^2 - V_1^2)$
$= 11 \times 10^2 \times (0.4 - 0.1)$
$+ 11 \times 10^2 \times (0.4^2 - 0.1^2) = 495 [kJ]$

17. 그림과 같은 P-V선도에서 1kg의 공기가 압력 2bar, 체적 0.1㎥에서 압력 1bar, 체적 0.3㎥까지 1차 직선으로 변화했을 때 공업일의 크기는 몇 kJ인가?

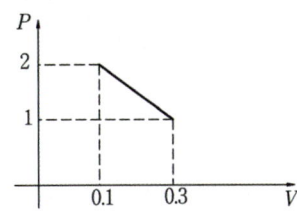

① 5   ② 10
③ 15 ④ 20

풀이) 그림은 P-V선도이므로 절대일과 공업일의 크기는 면적으로 계산해줄 수 있다.
$W_t = (2-1) \times 10^5 \times 0.1$
$+ \frac{1}{2} \times (2-1) \times 10^5 \times (0.3 - 0.1)$
$= 20000 [N \cdot m] = 20 [kJ]$
$_1W_2 = 1 \times 10^5 \times (0.3 - 0.1)$
$+ \frac{1}{2} \times 1 \times 10^5 \times (0.3 - 0.1)$
$= 30000 [N \cdot m] = 30 [kJ]$

13 ④ 14 ③ 15 ② 16 ② 17 ④

18 어떤 열역학적 계에서 내부에너지가 150kJ, 압력이 4.5bar, 체적이 3.5m³일 때 엔탈피를 계산 한 것으로 다음 중 맞는 것은?

① 1275kJ　② 1725kJ
③ 172.5kJ　④ 17.25kJ

풀이 $H = U + PV = 150 + 4.5 \times 10^2 \times 3.5$
$= 1725[kJ]$

19 압력 2.4MPa, 450℃인 과열증기를 0.16MPa로 단열적으로 분출할 경우 출구의 속도가 1050m/sec이었다. 이 때의 속도계수는 얼마인가?(단, 입구의 속도는 무시하고 0.16MPa에서 엔탈피는 2694KJ/kg, 2.4MPa에서 엔탈피는 3351KJ/kg이다.)

① 0.916　② 0.925
③ 0.938　④ 0.946

풀이 출구의 이론속도를 구하면 다음과 같다.
$V_2 = \sqrt{2(h_1 - h_2)}$
$= \sqrt{2 \times (3351 - 2694) \times 10^3}$
$= 1146.3[m/sec]$
$\phi = \dfrac{실제출구속도}{이론출구속도} = \dfrac{1050}{1146.3} = 0.916$

20 0.35kg/sec의 증기가 공급되어 250kW의 출력을 발생시키는 증기터빈이 있다. 이 터빈의 열손실(kW)은 얼마인가?(단, 입구의 엔탈피와 속도는 $h_1 = 3100kJ/kg$, $V_1 = 750m/sec$이고 출구의 엔탈피와 속도는 $h_2 = 2400kJ/kg$, $V_2 = 150m/sec$이다.)

① 65.76　② 79.2
③ 89.5　④ 94.5

풀이 $\dot{Q} = \dot{m}(h_2 - h_1) + \dfrac{\dot{m}}{2}(V_2^2 - V_1^2) + \dot{W}$
$= 0.35 \times (2400 - 3100)$
$\quad + \dfrac{0.35 \times 10^{-3}}{2}(150^2 - 750^2) + 250$
$= -89.5[kW]$

21 120마력의 전동기가 2분 동안 한 일의 열당량으로 다음 중 맞는 것은?

① 2529 kcal　② 1587 kcal
③ 1261 kcal　④ 1027 kcal

풀이 $W = Q = L \cdot T_m$, 여기서, T_m 은 전동기가 작동하고 있는 동안의 시간이다.
$Q = 120 \times 632.3 \times \dfrac{2}{60} = 2529.2[kcal]$

22 가스가 20.82kcal 열량을 흡수하여 8000kg-m의 팽창일을 하였을 때 내부 에너지의 증가를 구한 것으로 다음 중 맞는 것은?

① 2.08 kcal　② 1.4 kcal
③ 0.5 kcal　④ 1.8 kcal

풀이 $_1Q_2 = (U_2 - U_1) + {_1W_2}$,
$20.82 = \Delta U + \dfrac{8000}{427}$, $\Delta U = 2.08[kcal]$

23 압력 24.49kg_f/cm², 450℃인 과열증기를 1.63kg_f/cm² 로 단열적으로 분출할 경우 출구의 속도는 몇 m/sec인가? (단, 입구의 속도는 무시하며 1.63kg_f/cm²에서 엔탈피는 641.43kcal/kg이고 24.49kg_f/cm²에서 엔탈피는 797.86kcal/kg이다.)

① 1144.2　② 1925
③ 2938　④ 3946

풀이 $V_2 = \sqrt{2g \dfrac{(h_1 - h_2)}{A}}$
$= \sqrt{2 \times 9.8 \times (797.86 - 641.43) \times 427}$
$= 1144.2\ [m/sec]$

18 ②　19 ①　20 ③　21 ①　22 ①　23 ①

24 어떤 액체 1몰을 P_1 atm으로부터 P_2 atm으로 T℃에서 등온가역압축한다. 이 범위에서 등온압축률(Isothermal compressibility) K와 비체적(Specific Volume) v가 일정하다고 할 때 이 액체상의 한 일 W를 구하는 식으로 다음 중 맞는 것은?

① $_1W_2 = Kv(P_1^2 - P_2^2)$
② $_1W_2 = -K^2v(P_1^2 - P_2^2)$
③ $_1W_2 = \dfrac{Kv}{T}(P_1 - P_2)$
④ $_1W_2 = \dfrac{Kv}{2}(P_1^2 - P_2^2)$

풀이 압축률이란 상태 변화시 압력 변화량에 대한 체적 변화율로써 정의되고 수식으로 표현하면
$K = \dfrac{-dv}{vdP}$, 여기서, $dv = -KvdP$이다.
$_1W_2 = \int_1^2 Pdv = -\int_1^2 KvPdP$
$= -Kv\dfrac{P^2}{2}\big|_1^2 = \dfrac{Kv}{2}(P_1^2 - P_2^2)$

25 어떤 가스가 25kJ의 열을 받고 15kJ의 일을 하였다. 이 때의 내부에너지 변화량은 얼마인가?

① 10kJ ② 5kJ
③ $\sqrt{10}$ kJ ④ $\sqrt{5}$ kJ

풀이 $_1Q_2 = \Delta U + _1W_2 = \Delta U + 15 = 25$,
$\Delta U = 10[kJ]$

26 압력 196kPa, 용적 1.66㎥의 상태에 있는 기체를 정압하에서 용적을 반감시켰다. 이 때 내부에너지의 증가가 407kJ이라고 하면 가해진 열량은 얼마인가?

① -97kJ ② 58kJ
③ -58kJ ④ 244.3kJ

풀이 $_1Q_2 = \Delta U + _1W_2 = \Delta U + P(V_2 - V_1)$

$_1Q_2 = 407 + 196 \times (0.83 - 1.66) = 244.32[kJ]$

27 1kg의 공기가 압력 36kPa, 체적 0.3㎥의 상태에서 정압 팽창하여 체적이 로 되었다면, 이 때 공기가 한 일은 얼마인가?

① 9.8kJ ② 10.8kJ
③ 11.8kJ ④ 12.8kJ

풀이 $_1W_2 = P(V_2 - V_1) = 36 \times (0.6 - 0.3)$
$= 10.8[kJ]$

28 80kPa인 압력을 일정하게 유지하면서 0.6㎥의 공기가 팽창하여 그 체적이 2배가 되었다면 외부에 대한 일량은 얼마인가?

① 38kJ ② 48kJ
③ 42kJ ④ 36kJ

풀이 $_1W_2 = P(V_2 - V_1) = 80 \times (1.2 - 0.6) = 48[kJ]$

29 100N의 물체가 해발 60m에 떠 있다. 이 물체의 위치에너지는 수면기준으로 몇 kJ인가?

① 73.4kJ ② 52.4kJ
③ 23.5kJ ④ 6kJ

풀이 $V_g = mgh\ \ 100 \times 60 = 6000[J]$

30 어떤 열역학적 계가 초기 상태에서 최종 상태로 변하는 동안 외부로부터 10J의 열을 받고 외부에 10J의 일을 하였다. 계의 내부에너지 변화는?

① 20J 증가하였다.
② 10J 증가하였다.
③ 변하지 않았다.
④ 10J 감소하였다.

풀이 $_1Q_2 = \Delta U + _1W_2,\ \ 10 = \Delta U + 10$,
$\Delta U = 0$

ANSWER 24 ④ 25 ① 26 ④ 27 ② 28 ② 29 ④ 30 ③

31 열량(Heat)과 일량(Work)에 관한 다음 설명 중 옳지 않은 것은 어느 것인가?

① 계의 상태변화 과정에서 나타난다.
② 계의 경계에서 관찰된다.
③ 도정함수이다.
④ 항상 두 양의 합은 일정하다.

[풀이] 열과 일은 도정함수이며, 경계현상과 전이현상 즉, 일은 열로 열은 일로 가역상태에서 전이가 가능한 량이다. $\delta Q - \delta W = dE$

32 압력 196kPa, 체적 0.4㎥인 공기가 정압하에서 체적이 0.6㎥로 팽창하였다. 팽창 중에 내부에너지가 210kJ만큼 증가하였다면 팽창에 필요한 열량은 몇 kJ인가?

① 210 ② 221
③ 249.2 ④ 539

[풀이] $_1Q_2 = \Delta U + {_1W_2} = \Delta U + P\Delta V$
$= 210 + 196 \times (0.6 - 0.4) = 249.2 [kJ]$

33 Q = 열량 KJ/kg, P = 압력(MPa), v = 비체적(㎥/kg), U = 내부에너지(KJ/kg)일 때 열역학 제1법칙으로 맞는 표현은?

① $\delta Q = dU + Pdv$ ② $\delta Q = dU - dP$
③ $\delta Q = dU - Pdv$ ④ $\delta Q = dU + Pv$

[풀이] 밀폐계의 열역학 제1법칙
$\delta Q - \delta W = dE = dU$,
$\delta W = \delta_1 W_2 = PdV$
단위 질량당 밀폐계 에너지 기초 방정식
$\delta q = du + Pdv$

34 1kg의 기체로서 구성되는 정지계가 50KJ/kg의 열을 받아 15KJ/kg의 일을 했을 때의 내부에너지 변화는 몇 KJ/kg인가?

① 65 ② 26
③ 15 ④ 35

[풀이] $\delta Q = dU + \delta W$, $50 = \Delta U + 15$,
$\Delta U = 35 kJ/kg$

35 물체가 외부에 대하여 행하는 일량을 dL, 압력을 P, 체적을 V라고 할 때 다음 관계식 중 옳은 것은?

① $dL = VdP$ ② $dL = V + dP$
③ $dL = PdV$ ④ $dL = P + dV$

[풀이] 물체가 외부에 행한 일은 절대일이다.

36 유체가 상태 1에서 상태 2로 가역 압축될 때 하는 일을 나타내는 식은?

① $W = \int_1^2 P \cdot dV$ ② $W = -\int_1^2 P \cdot dV$
③ $W = \int_1^2 V \cdot dP$ ④ $W = -\int_1^2 V \cdot dP$

[풀이] 가역 압축될 때 하는 일이면 압축일이고 계산했을 때 – 값을 갖는다. 즉, 압축일은 – 일량으로 수식으로 표현하거나 계산된 값을 선택할 때는 양의 값을 골라야 한다.

37 어느 내연기관에서 피스톤의 흡입운동으로 실린더 속에 0.2kg의 기체가 들어 있다. 이것을 압축할 때 15kJ의 일이 필요하였고 10kJ의 열을 방출하였다고 한다면, 이 기체 1kg당 내부에너지의 증가는 몇 kJ/kg인가?

① 10 ② 25
③ 50 ④ 5

[풀이] $_1Q_2 = \Delta U + {_1W_2} = m\Delta u + {_1W_2}$
$-10 = 0.2 \times \Delta u - 15$, $\Delta u = 25 [kJ/kg]$

31 ④ 32 ③ 33 ① 34 ④ 35 ③ 36 ③ 37 ②

38 내부에너지가 35kJ인 물체에 열을 가하여 내부에너지가 55kJ로 증가하는 동시에 외부에 대하여 15kJ의 일을 하였다. 이 물체에 가해진 열량은?

① 15kJ ② 25kJ
③ 35kJ ④ 65kJ

풀이 $_1Q_2 = (U_2 - U_1) + _1W_2 = (55-35) + 15 = 35[kJ]$

39 어떤 계(system)의 내부에너지가 400kJ 증가하면서 주위로 300kJ의 일을 행하였다. 다음 중 옳은 설명은?

① 계에서 주위로 700kJ의 열이 전달된다.
② 주위에서 계로 700kJ의 열이 전달된다.
③ 계에서 주위로 100kJ의 열이 전달된다.
④ 주위에서 계로 100kJ의 열이 전달된다.

풀이 에너지 기초 방정식으로 열량을 계산한다.
$_1Q_2 = \Delta U + _1W_2 = 400 + 300 = 700[kJ]$
내부에너지 증가에 계에서 주위로 일이 이루어졌으므로 열이동은 주위에서 경계를 통하여 계로 전달된 것으로 판단된다.

40 압력 2kg/cm²인 공기가 정압하에서 500kcal의 열을 받으면서 팽창하였다. 이 사이에 내부에너지 변화가 350kcal였다면 체적 변화량(m³)은?

① 1.2 ② 2.2
③ 3.2 ④ 4.2

풀이 $_1Q_2 = \Delta U + P\Delta V$
$500 = 350 + 2 \times \frac{10^4}{427} \times \Delta V$,
$\Delta V = 3.2[m^3]$

41 계가 정적과정으로 상태 1에서 상태 2로 변화할 때 열역학 제1법칙을 바르게 설명한 것은?

① $_1Q_2 = (U_1 - U_2)$
② $(U_2 - U_1) = _1W_2$
③ $(U_1 - U_2) = _1W_2$
④ $_1Q_2 = (U_2 - U_1)$

풀이 $_1Q_2 = (U_2 - U_1) + P(V_2 - V_1)$,
$V_2 - V_1 = 0$

42 다음 중 카르노 사이클의 열효율을 구하는 식으로 맞는 것은?(단, T_1은 고열원이고 T_2는 저열원이다.)

① $1 - \frac{T_2}{T_1}$ ② $1 - \frac{T_1}{T_2}$
③ $1 - T_2 T_1$ ④ $\frac{T_1}{T_2} - 1$

풀이 $\eta_C = 1 - \frac{Q_저}{Q_고} = 1 - \frac{Q_L}{Q_H}$
$= 1 - \frac{T_L}{T_H} = 1 - \frac{T_2}{T_1}$

ANSWER 38 ③ 39 ② 40 ③ 41 ④ 42 ①

43 고열원 500℃, 저열원 20℃사이에서 작용하는 카르노 사이클의 한 사이클 당의 방열량이 11kJ이면 사이클마다의 정미일은 몇 kJ인가?

① 10.3 ② 18
③ 29   ④ 30.9

풀이
$$\eta_C = \frac{W}{Q_H} = 1 - \frac{Q_L}{Q_H} = 1 - \frac{T_L}{T_H}$$
$$\frac{Q_L}{Q_H} = \frac{T_L}{T_H},$$
$$Q_H = Q_L \frac{T_H}{T_L} = 11 \times \frac{(500+273)}{(20+273)}$$
$$= 29.02[kJ]$$
$$W = Q_H - Q_L = Q_H\left(1 - \frac{T_L}{T_H}\right)$$
$$= 29.02 \times \left(1 - \frac{293}{773}\right) = 18.02[kJ]$$

44 고열원 500℃, 저열원 20℃사이에서 작용하는 카르노 사이클에서 사이클당 발열량이 2.5kJ이면 사이클당 유효일은 얼마인가?

① 4.74 ② 5.67
③ 7.76 ④ 8.32

풀이
$$Q_L = Q_H \frac{T_L}{T_H} = 12.5 \times \frac{(20+273)}{(500+273)}$$
$$= 4.74[kJ]$$
$$W = Q_H - Q_L = 12.5 - 4.74 = 7.76[kJ]$$

45 완전가스 4.5kg이 320℃에서 120℃까지 $PV^{1.3} = $ const 에 따라 변화하였다. 엔트로피의 변화는 몇 kJ/K인가?(단, 이 가스의 정적비열은 0.655KJ/kg℃이고, 단열지수는 1.4이다.)

① 0.4   ② 0.45
③ 0.54 ④ 0.5

풀이
$$\Delta S = mC_n \ln\left(\frac{T_2}{T_1}\right) = mC_V \frac{n-k}{k-1} \ln\left(\frac{T_2}{T_1}\right)$$
$$= 4.5 \times 0.655 \times \frac{1.3-1.4}{1.3-1} \times \ln\left(\frac{120+273}{320+273}\right)$$
$$= 0.4[kJ/K]$$

46 표준대기압 상태에서 물 1kg이 100℃로부터 전부 열기로 변화하는 데 필요한 열량이 0.652kJ이다. 이 증발 과정에서의 엔트로피의 증가량은 몇 J/K인가?

① 1.75 ② 2.75
③ 3.75 ④ 4.75

풀이
$$\Delta S = \frac{{}_1Q_2}{T} = \frac{0.652}{100+273} = 0.00175[kJ/K]$$

47 질소 5kg이 정적하 12℃로부터 가열되어 415.2kJ의 열을 공급받았다. 이 때 엔트로피의 증가는 몇 kJ/K이 되겠는가?(단, 질소의 정적비열은 0.744KJ/kg℃이다.)

① 123   ② 12.3
③ 1.23 ④ 0.23

풀이
$${}_1Q_2 = mC_V(T_2 - T_1),$$
$$415.2 = 5 \times 0.744 \times (T_2 - 12),$$
$$T_2 = 123.61℃$$
$$\Delta S = mC_V \ln\left(\frac{T_2}{T_1}\right)$$
$$= 5 \times 0.744 \times \ln\left[\frac{(123.61+273)}{(12+273)}\right]$$
$$= 1.23[kJ/K]$$

48 1kg의 공기를 650kPa, 310℃의 상태로부터 135kPa, 0.55㎥의 상태로 변화하였다. 이 때 엔트로피의 변화는 몇 KJ/kg K인가?

① 0.37   ② -0.45
③ 0.45   ④ -0.37

43 ② 44 ③ 45 ① 46 ① 47 ③ 48 ④

[풀이]
$$T_2 = \frac{P_2V_2}{mR} = \frac{135\times 10^3 \times 0.55}{1\times 287}$$
$$= 258.71[K]$$
$$\Delta S = mC_P \ln\left(\frac{T_2}{T_1}\right) - mR\ln\left(\frac{P_2}{P_1}\right)$$
$$= mC_V \ln\left(\frac{T_2}{T_1}\right) + mR\ln\left(\frac{V_2}{V_1}\right)$$
$$= 1\times 1.008 \times \ln\left(\frac{258.71}{310+273}\right)$$
$$-1\times 0.287 \times \ln\left(\frac{135}{650}\right)$$
$$= -0.37[kJ/kgK]$$

49 온도 16℃, 압력 101kPa에서 1㎥의 용기 내의 공기에 열을 공급하여 엔트로피를 0.25KJ/kg K 증가시켰다. 이 때 공급한 열량은 몇 kJ인가?

① 512 ② 410.2
③ 268.22 ④ 106

[풀이]
$$m = \frac{P_1V_1}{RT_1} = \frac{101\times 10^3 \times 1}{287\times(16+273)} = 1.22[kg]$$
$$\Delta s = C_V \ln\left(\frac{T_2}{T_1}\right),$$
$$0.25 = 0.714 \times \ln\left[\frac{T_2}{(16+273)}\right],$$
$$T_2 = 410.17[K]$$
$${}_1Q_2 = mC_V(T_2 - T_1)$$
$$= 1.22 \times 0.714 \times (410.17 - 16 - 273)$$
$$= 105.55[kJ]$$

50 압력이 일정한 상태에서 공기에 공급한 열량이 일로 변화했다면 이론 열효율은 몇 %인가?(단, 공기의 비열비는 1.4이다.)

① 100 ② 50
③ 28.6 ④ 0

[풀이]
$$\eta = \frac{{}_1W_2}{{}_1Q_2} = \frac{P(V_2-V_1)}{C_P \frac{P(V_2-V_1)}{R}}$$

$$= \frac{R}{C_P} = 1 - \frac{1}{k}$$
$$= \left(1-\frac{1}{1.4}\right)\times 100 = 28.6[\%]$$

51 4kg의 공기를 온도 16℃에서 일정체적으로 가열하여 엔트로피가 3.4kJ/K 증가 하였다. 가열 후의 온도 T_2는 몇 ℃인가?(단, 공기의 정적비열은 0.714KJ/kg℃이다.)

① 677.42 ② 577.42
③ 477.42 ④ 377.42

[풀이]
$$\Delta S = mC_V \ln\left(\frac{T_2}{T_1}\right)$$
$$3.4 = 4\times 0.714 \times \ln\left[\frac{T_2}{(16+273)}\right],$$
$$T_2 = 677.42[K]$$

52 어떤 1kg의 완전가스의 기체상수가 294J/kg K이고 압력 11kPa, 온도 300K인 상태에서 압력 120kPa 까지 $Pv^{1.24}=const$ 에 의하여 압축되었다. 이 때 엔트로피의 변화는 몇 KJ/kg K인가?(단, 단열지수는 1.4이다.)

① 0.23 ② -0.23
③ 0.45 ④ -0.45

[풀이]
$$\frac{T_2}{T_1} = \left(\frac{P_2}{P_1}\right)^{\frac{n-1}{n}},$$
$$T_2 = T_1\left(\frac{P_2}{P_1}\right)^{\frac{n-1}{n}} = 300\times\left(\frac{120}{11}\right)^{\frac{0.24}{1.24}}$$
$$= 476.41[K]$$
$$\Delta s = C_n \ln\left(\frac{T_2}{T_1}\right) = C_V \frac{n-k}{n-1}\ln\left(\frac{T_2}{T_1}\right)$$
$$= \frac{R}{k-1}\frac{n-k}{n-1}\ln\left(\frac{T_2}{T_1}\right)$$
$$= \frac{0.294}{1.4-1}\times\frac{1.24-1.4}{1.24-1}\times\ln\left(\frac{476.41}{300}\right)$$
$$= -0.23[kJ/kgK]$$

49 ④ 50 ③ 51 ① 52 ②

53 120℃의 열원으로 물에 120kJ의 열을 가하여 물의 엔트로피가 0.4kJ/K 만큼 증가하였다. 대기온도가 30℃일 때 무용에너지 손실은 몇 kJ인가?

① 120 ② 155.64
③ 163.45 ④ 176.89

풀이 무용에너지란 열기관에 공급된 열량 중 유효일로 사용할 수 없는 에너지로 가용에너지라고도 한다.

$$Q_2 = Q_1 \times \left(\frac{T_2}{T_1}\right) = 120 \times \left[\frac{(120+273)}{(30+273)}\right]$$
$$= 155.64 [kJ]$$

54 산소 2.5kg이 정압하에서 체적이 0.55m³에서 2.0m³으로 변화했다면 엔트로피의 증가량은 얼마인가?(단, 산소의 정압비열 $C_P = 0.914kJ/kg℃$ 이다.)

① 1kJ/K ② 2kJ/K
③ 3kJ/K ④ 4kJ/K

풀이 산소를 이상기체로 가정하면 엔트로피의 변화는 다음과 같다.

$P = const$
$$\Delta S = mC_P \ln\left(\frac{T_2}{T_1}\right) = mC_P \ln\left(\frac{V_2}{V_1}\right)$$
$$= 2.5 \times 0.914 \times \ln\left(\frac{2}{0.55}\right) = 2.95 [kJ/K]$$

55 22kW의 전동기(motor)를 1시간 동안 제동하였을 때 발생한 마찰열이 25℃의 주위에 전달되었다면 엔트로피의 증가는 몇 kJ/K인가?

① 266 ② 287
③ 295 ④ 792

풀이 $W = Q = L \cdot t = 22 \times 3600 = 79200 [kJ]$
$$\Delta S = \frac{Q}{T} = \frac{79200}{25+273} = 265.77 [kJ/K]$$

56 어떤 기체 1kg을 정적하에서 온도 25℃로부터 325℃까지 가열할 때 엔트로피 증가량은 몇 KJ/kgK인가?(단, 이 기체의 비내부에너지 u = 4.44TKJ/kg이다.)

① 0.12 ② 1.45
③ 2.56 ④ 3.1

풀이 $u = C_V T = 4.44T$
$$\Delta s = C_V \ln\left(\frac{T_2}{T_1}\right) = 4.44 \times \ln\left(\frac{325+273}{25+273}\right)$$
$$= 3.1 [kJ/kgK]$$

57 공기 2.5kg을 온도 298K에서 612K까지 가열할 때 체적은 0.15m³에서 0.75m³까지 변화했다. 이 때 엔트로피의 증가량은 몇 kJ/K인가?

① 0.04 ② 0.43
③ 1.44 ④ 2.44

풀이
$$\Delta S = mC_P \ln\left(\frac{T_2}{T_1}\right) - mR \ln\left(\frac{P_2}{P_1}\right)$$
$$= mC_V \ln\left(\frac{T_2}{T_1}\right) + mR \ln\left(\frac{V_2}{V_1}\right)$$
$$= 2.5 \times 0.714 \times \ln\left(\frac{612}{298}\right) + 2.5 \times 0.287 \times \ln\left(\frac{0.75}{0.15}\right)$$
$$= 2.44 [kJ/K]$$

58 어떤 완전가스 1kg이 절대온도와 체적이 2.5배 씩 변화했다면 비엔트로피의 변화량은?(단, 이 가스의 정적비열을 C_V, 정압비열을 C_P라 한다.)

① $C_V \ln1.5$ ② $C_P \ln1.5$
③ $C_P \ln2.5$ ④ $C_V \ln2.5$

풀이
$$\Delta s = C_V \ln\left(\frac{T_2}{T_1}\right) + R \ln\left(\frac{V_2}{V_1}\right)$$
$$= C_V \ln(2.5) + (C_P - C_V)\ln(2.5) = C_P \ln2.5$$

53 ② 54 ③ 55 ① 56 ④ 57 ④ 58 ③

59 0℃의 물 0.06kg과 100℃의 물 0.03kg이 대기압하에서 혼합될 때 엔트로피의 변화량은 몇 kJ/K인가?(단, 물의 비열은 4.187KJ/kg℃이다.)

① 0.0042　　② 0.042
③ 0.42　　　④ 0.00042

풀이 혼합시 열평형온도를 구하면 다음과 같다.
$0.06 \times 4.187 \times (T_m - 0) = 0.03 \times 4.187 \times (100 - T_m)$
$T_m = 33.33℃$
$\Delta S = 0.06 \times 4.187 \times \ln\left(\dfrac{306.33}{273}\right)$
$\qquad + 0.03 \times 4.187 \times \ln\left(\dfrac{306.33}{373}\right)$
$\qquad = 0.0042 [kJ/K]$

60 공기 7kg이 압력 0.55MPa로부터 0.015MPa까지 등온팽창하여 1330.71kJ의 일을 하였다. 이 때 엔트로피의 증가량은 몇 kJ/K인가?

① 8.74　　② 7.24
③ 8.45　　④ 9.12

풀이 $\Delta S = -mR\ln\left(\dfrac{P_2}{P_1}\right) = mR\ln\left(\dfrac{V_2}{V_1}\right)$
$\qquad = -7 \times 0.287 \times \ln\left(\dfrac{0.015}{0.55}\right) = 7.24 [kJ/K]$

61 A, B 두 열원의 고온 열저장조의 온도 관계는 $T_{HA} > T_{HB}$이고 저온 열저장조의 온도는 $T_L = T_{LA} = T_{LB}$이라면 두 열기관의 열효율의 관계는 어떻게 표현되겠는가? (단, 공급열량 $Q_H = Q_{HA} = Q_{HB}$이다.)

① $\eta_A < \eta_B$　　② $\eta_A = \eta_B$
③ $\eta_A > \eta_B$　　④ $\eta_A \geqq \eta_B$

풀이 $\eta_A = 1 - \dfrac{Q_{LA}}{Q_{HA}} = 1 - \dfrac{T_{LA}}{T_{HA}}$,

$\dfrac{Q_{LA}}{Q_{HA}} = \dfrac{T_{LA}}{T_{HA}}$

$\eta_B = 1 - \dfrac{Q_{LB}}{Q_{HB}} = 1 - \dfrac{T_{LB}}{T_{HB}}$,

$\dfrac{Q_{LB}}{Q_{HB}} = \dfrac{T_{LB}}{T_{HB}}$

$T_{HA} > T_{HB}$, $T_L = T_{LA} = T_{LB}$로부터 효율의 관계는 $\eta_A > \eta_B$이고
$Q_H = Q_{HA} = Q_{HB}$로부터 방출 열량의 관계는 $Q_{LA} < Q_{LB}$이다.

62 비열비 1.4인 공기를 정압하에서 공급한 열량 중 45%가 일로 전환하였다면 이론 열효율은 몇 %인가?

① 12.87　　② 24.89
③ 36.26　　④ 45.74

풀이 $\eta = \dfrac{_1W_2}{_1Q_2} = \dfrac{0.45 \times P(V_2 - V_1)}{C_P \dfrac{P(V_2 - V_1)}{R}}$

$\qquad = \dfrac{0.45R}{C_P} = 0.45 \times \left(1 - \dfrac{1}{k}\right)$

$\qquad = 0.45 \times \left(1 - \dfrac{1}{1.4}\right) \times 100 = 12.87[\%]$

63 카르노 사이클 기관에서 사이클 당 250kJ의 일을 얻기 위해서 필요로 하는 열량이 427kJ, 저열원의 온도가 15℃라면 고열원의 온도는 몇 ℃가 되는가?

① 421.8　　② 594.8
③ 694.8　　④ 721.8

풀이 $\eta_C = \dfrac{W}{Q_H} = 1 - \dfrac{Q_L}{Q_H} = 1 - \dfrac{T_L}{T_H}$

$\dfrac{250}{427} = 1 - \dfrac{(15+273)}{T_H}$, $T_H = 694.78[K]$

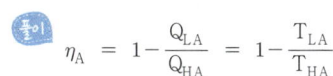
59 ①　60 ②　61 ③　62 ①　63 ③

64 출력이 10kW인 기관을 2시간 제동 실험하여 생긴 마찰열이 전부 실내의 공기에 전달된다면 엔트로피의 증가는 몇 kJ/K인가? (단, 이때 실온은 20℃이다.)

① 214.3　　② 245.73
③ 418.2　　④ 520.4

풀이) $_1Q_2 = L\Delta t = 10 \times 2 \times 3600 = 72000[kJ]$
$\Delta S = \dfrac{_1Q_2}{T} = \dfrac{72000}{20+273} = 245.73[kJ/K]$

65 비가역과정(Irreversible Process)에서 엔트로피는 어떠한가?

① 항상 일정하다.
② 항상 감소한다.
③ 항상 증가한다.
④ 때로는 증가하고 때로는 감소한다.

풀이) 비가역 변화시 엔트로피가 항상 증가한다.

66 임의의 가역 사이클에서 클라우시우스의 적분으로 옳은 것은?

① $\oint \dfrac{\delta Q}{T} > 0$　　② $\oint \dfrac{\delta Q}{T} < 0$
③ $\oint \dfrac{\delta Q}{T} = 0$　　④ $\oint \dfrac{\delta Q}{T} \geq 0$

풀이) 클라우시우스의 적분식, $\oint \dfrac{\delta Q}{T} \leq 0$

67 완전가스를 가역단열압축하는 경우 엔트로피는?

① 증가한다.
② 일정하다.
③ 감소한다.
④ 증가할 수도 있고 감소할 수도 있다.

풀이) $\Delta S = \int \dfrac{\delta Q}{T}$에서 단열변화이면 $\delta Q = 0$이므로 $\Delta S = 0$이다. 가역 이상 열기관 사이클인 카르노사이클의 T-s 선도에서 단열압축과 단열팽창시 엔트로피의 변화가 일정하다는 것을 확인할 수 있다. 그래서 단열변화를 등엔트로피 변화라고도 한다.

68 한 공학자가 가정용 냉장고를 이용하여 겨울에 난방을 할 수 있다고 주장하였다면 이 주장은 이론적으로 열역학법칙과 어떠한 관계를 갖는가?

① 열역학 제1법칙에 위배된다.
② 열역학 제2법칙에 위배된다.
③ 열역학 제1, 2법칙에 위배된다.
④ 열역학 제1, 2법칙에 위배되지 않는다.

풀이) 열역학 제1법칙은 에너지 보존법칙으로 열은 일로 일은 열로 전이할 수 있음을 설명한 것이고 열역학 제2법칙은 열에너지의 방향성과 비가역성을 명시한 법칙이다. 냉장고가 가동되면서 발생한 일은 전부 열로 전이되어 주위 공기로 열전달이 이루어짐으로 열역학 제1, 2법칙의 기본 개념에 위배되지 않는다.

69 4kg의 공기를 온도 15℃에서 일정체적으로 가열하여 엔트로피가 3.35kJ/K 증가하였다. K로 계산한 가열 후의 온도는 어느 것에 가장 가까운가?(단, 공기의 정적비열은 0.71KJ/kg℃이다.)

① 936.86　　② 337.86
③ 535.76　　④ 483.76

풀이) V = Const
$\Delta S = mC_V \ln\left(\dfrac{T_2}{T_1}\right)$,
$3.35 = 4 \times 0.71 \times \ln\left(\dfrac{T_2}{15+273}\right)$,
$T_2 = 936.86[K]$

64 ②　65 ③　66 ③　67 ②　68 ④　69 ①

70 어떤 작용유체가 550K의 고열원으로부터 15kJ의 열량을 공급받아 250K의 저열원에 12kJ의 열량을 방출 할 때 이 사이클은?

① 가역이다.
② 비가역이다.
③ 가역 또는 비가역이다.
④ 가역도 비가역도 아니다.

풀이 카르노사이클의 열효율 공식으로부터 가역과 비가역 사이클을 구분할 수 있다.

$\eta_c = 1 - \dfrac{Q_L}{Q_H} = 1 - \dfrac{T_L}{T_H}$ 이면 가역 열기관 사이클이고 아니면 비가역 열기관 사이클이다.

$\eta_c = 1 - \dfrac{Q_L}{Q_H} = 1 - \dfrac{12}{15} = 0.2$,

$\eta_c = 1 - \dfrac{T_L}{T_H} = 1 - \dfrac{250}{550} = 0.55$

71 대기압 상태에서 1kg의 공기를 27℃에서 177℃까지 가열하는데 변화하는 공기의 엔트로피의 변화량은 얼마인가?(단, 공기의 정압비열은 1.004KJ/kg K이고 ln1.5 = 0.405, ln6.56 = 1.88이다.)

① 0.407kJ/K
② 0.404kJ/K
③ 0.402kJ/K
④ 0.4kJ/K

풀이 $\Delta S = mC_P \ln\left(\dfrac{T_2}{T_1}\right)$

$= 1 \times 1.004 \times \ln\left(\dfrac{177+273}{27+273}\right)$

$= 1 \times 1.004 \times \ln 1.5$

$= 1 \times 1.004 \times 0.405 = 0.407 [kJ/K]$

72 카르노사이클(Carnot cycle)에서 열이 방출되는 과정은?

① 등온팽창   ② 단열팽창
③ 등온압축   ④ 단열압축

풀이 카르노사이클(Carnot cycle)에서 상태 변화
① 1-2과정 : 등온팽창-열 공급 과정
② 2-3과정 : 단열팽창
③ 3-4과정 : 등온압축-열 방출 과정
④ 4-1과정 : 단열압축

73 R = 294J/kg K, k = 1.4인 완전가스 1kg을 10kPa, 288K의 상태에서 압력 100kPa까지 $PV^{1.25} = C$에 의하여 압축하였다. 이 때 엔트로피(entropy)의 변화는 몇 KJ/kg K인가?

① −0.028   ② −0.054
③ −0.203   ④ −0.011

풀이 $PV^n = \text{Const}$, n=1.25

$\dfrac{T_2}{T_1} = \left(\dfrac{P_2}{P_1}\right)^{\frac{n-1}{n}} = \left(\dfrac{100}{10}\right)^{\frac{1.25-1}{1.25}} = 1.583$

$\Delta S = mC_n \ln\left(\dfrac{T_2}{T_1}\right) = mC_v \dfrac{n-k}{n-1} \ln\left(\dfrac{T_2}{T_1}\right)$

$= 1 \times \dfrac{0.294}{1.4-1} \times \dfrac{1.25-1.4}{1.25-1} \times \ln 1.583$

$= -0.203 [kJ/K]$

74 공기 1kg이 정압하에서 공급한 열량의 90%가 일로 변했다면 효율은 얼마인가?

① 90%   ② 75%
③ 25.71%   ④ 51.4%

풀이 $P = \text{Const}$

$_1Q_2 = mC_P(T_2 - T_1) = m\dfrac{kR}{k-1}(T_2 - T_1)$

$_1W_2 = P(V_2 - V_1) = mR(T_2 - T_1)$

$\eta = \dfrac{출력}{입력} = \dfrac{0.9 \times {_1W_2}}{{_1Q_2}} = \dfrac{0.9(k-1)}{k}$

$= \dfrac{0.9 \times 0.4}{1.4} \times 100 = 25.71 [\%]$

ANSWER 70 ② 71 ① 72 ③ 73 ③ 74 ③

75 열량 ΔQ 가 출입할 때 온도 $T(K)$가 일정하면 엔트로피의 변화 ΔS 는?

① $\Delta S = \dfrac{T}{\Delta Q}$ ② $\Delta S = \dfrac{Q}{\Delta T}$
③ $\Delta S = \dfrac{\Delta Q}{T}$ ④ $\Delta S = \dfrac{\Delta T}{Q}$

풀이
$T = \text{Const}$
$dS = \dfrac{\delta Q}{T}$ 을 적분하면
$\Delta S = S_2 - S_1 = \dfrac{Q_2}{T}$ 이다.

76 완전기체의 엔탈피 i와 엔트로피 s사이에 성립하는 관계식은?(단, T는 절대온도, v는 비체적, P는 압력이다.)

① $Tds = di + AvdP$
② $Tds = di - AvdP$
③ $Tds = di + APdv$
④ $Tds = di - APdv$

풀이 개방계 에너지 기초 방정식과 비엔트로피의 정의를 조합하여 SI단위에서 표현하면 다음과 같다.
$\delta q = di - vdP,\ ds = \dfrac{\delta q}{T}$
$\delta q = di - vdP = Tds$
이것을 중력단위로 표현했을 때는 일의 열상당량 A를 고려하여 표현하면 다음과 같이 SI단위에서도 일의 열상당량 A=1로 놓는다면 아래와 같이 표현할 수 있다.
$\delta q = di - AvdP = Tds$

77 과정에서 엔트로피는 어떻게 되는가?

① 증가한다.
② 변하지 않는다.
③ 감소한다.
④ 경우에 따라 증가 또는 감소한다.

풀이 $\Delta S = \int \dfrac{\delta Q}{T}$ 에서 단열변화이면 $\delta Q = 0$이므로 $\Delta S = 0$이다.

78 교축과정(Throttling Process)에서 처음 상태와 최종 상태의 엔탈피는?

① 처음 상태가 크다.
② 최종 상태가 크다.
③ 같다.
④ 경우에 따라 다르다.

풀이 교축밸브는 비가역 등엔탈피과정의 대표적인 열 유체 요소이다.

79 일정한 정적비열 C_V 와 정압비열 C_P 를 가진 이상기체 1kg의 절대온도와 체적이 각각 2배로 되었을 때 엔트로피 변화량을 바르게 표시한 것은?

① $C_V \ln 2$ ② $C_P \ln 2$
③ $(C_P - C_V)\ln 2$ ④ $(C_P + C_V)\ln 2$

풀이
$\Delta S = mC_V \ln\left(\dfrac{T_2}{T_1}\right) + mR\ln\left(\dfrac{V_2}{V_1}\right)$
$T_2 = 2T_1,\ V_2 = 2V_1$
$\Delta S = C_V \ln 2 + R\ln 2 = C_P \ln 2$

80 카르노사이클(Carnot cycle)에 관한 사항 중 올바른 것은?

① 2개의 정온변화와 2개의 정적변화로 이루어진다.
② 2개의 정온변화와 2개의 단열변화로 이루어진다.
③ 2개의 정온변화와 1개의 정적변화로 이루어진다.
④ 2개의 정온변화와 2개의 정압변화로 이루어진다.

풀이 카르노사이클(Carnot cycle)에서 상태 변화
① 1-2과정 : 등온팽창-열 공급 과정
② 2-3과정 : 단열팽창
③ 3-4과정 : 등온압축-열 방출 과정
④ 4-1과정 : 단열압축

75 ③ 76 ② 77 ② 78 ③ 79 ② 80 ②

81 0℃의 물 50g과 100℃의 물 20g이 대기압하에서 혼합될 때 엔트로피의 변화량은 얼마인가?(단, 물의 비열은 4.2KJ/kg℃ 이다.)

① 4.98J/K 증가
② 4.25J/K 증가
③ 3.04J/K 증가
④ 9.23J/K 증가

풀이 열역학 0법칙과 엔트로피의 정의로부터 구한다.
① $\sum Q = 0$, 0℃ 물이 얻은 열량은 100℃ 물이 잃은 열량과 같다.
$m_1 C(T_m - T_1) = m_2 C(T_2 - T_m)$
$50 \times (T_m - 0) = 20 \times (100 - T_m)$,
$T_m = 28.57[℃]$

② $\Delta S = \int \frac{\delta Q}{T} = \int \frac{mCdT}{T}$ 로부터 식을 세우면 다음과 같다.
$\Delta S = m_1 C \ln\left(\frac{T_m}{T_1}\right) + m_2 C \ln\left(\frac{T_m}{T_2}\right)$
$\Delta S = 0.05 \times 4.2 \times \ln\left(\frac{28.57 + 273}{273}\right)$
$\quad + 0.02 \times 4.2 \times \ln\left(\frac{28.57 + 273}{100 + 273}\right)$
$= 0.00304 [kJ/K]$

82 이상기체의 엔탈피가 변하지 않는 과정은?

① 가역단열과정
② 비가역단열과정
③ 교축과정
④ 등적과정

풀이 이상기체가 교축 변화를 하면 교축 전·후의 엔탈피와 온도는 항상 일정하고 압력은 강하한다. 엔트로피의 변화량은 항상 0보다 크다.

83 공기를 동작유체로 하는 카르노 사이클 기관을 설계하는데 저열원의 온도는 15℃이다. 이 기관의 열효율을 70% 이상이 되게 하려면, 고열원의 온도를 어떻게 하는 것이 좋은가?

① 288℃ 이상
② 687℃ 이상
③ 288℃ 이하
④ 687℃ 이하

풀이 $\eta_C = 1 - \frac{Q_L}{Q_H} = 1 - \frac{T_L}{T_H}$,
$0.7 = 1 - \frac{15 + 273}{T_H}$, $T_H = 960[K]$

열효율을 70% 이상이 되게 하려면 고열원의 온도를 687℃ 이상이 되도록 해야 한다.

ANSWER 81 ③ 82 ③ 83 ②

05 각종 사이클

제1절 동력사이클

1_랭킨 사이클

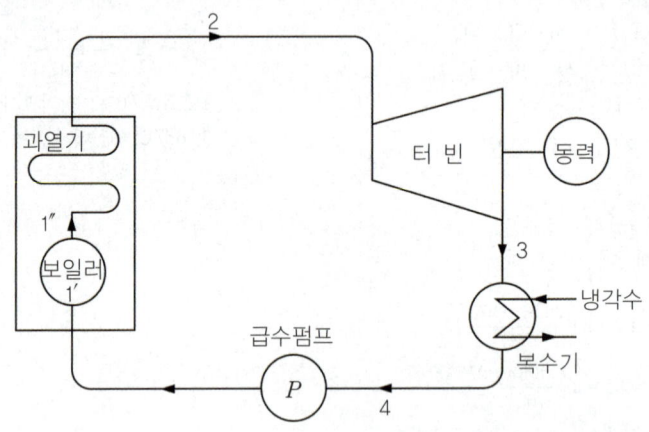

그림 5-1 / 랭킨사이클의 계통도

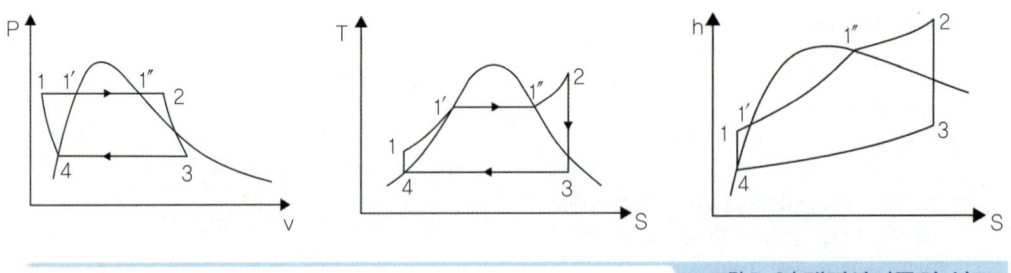

그림 5-2 / 랭킨사이클의 선도

급수된 물이 급수펌프에 의해 보일러에 포화증기가 되어 과열기로 들어간다. 과열기에서 높은 열을 함유한 과열증기가 되어 터빈을 돌린다. 이 때 고온 고압의 과열증기가 팽창하면서 터빈을 돌려 터빈으로부터 발생되는 일이 발전기, 기타 소요의 부하를 구동하게 된다. 터빈에서 배출된 폐증기는 복수기에 유입되어 응축된다. 이때 복수기는 진공상태이므로 배압이 낮아 증기가 다시 팽창되므로 외부의 찬 물이 들어와 식혀주도록 된다. 이러한 사이클은 1854년 Rankine이 제창하였다.

위의 그림에서 2개의 단열변화와 2개의 정압변화로 이루어진 사이클로 이해할 수 있고 이때 1→2(정압가열), 2→3(단열팽창), 3→4(정압방열), 4→1(단열 or 정정압축)과정이다.

우선 복수기(condencer)에서 나온 포화수 4는 급수펌프에 의하여 증기보일러에 압입된다. 이때 4→1 변화는 단열압축 과정인바 유체가 물인 경우 체적의 변화가 없다고 보아도 무방하므로 이 과정은 등적과정이기도 하다. 따라서 1의 상태는 압축수 이므로 사실상 포화액이며 P축에 평행한 수직선으로 된다. (P-v선도)또한 이 과정은 T-S선도상에서는 엄밀히 생각될 때 4와 1의 두 점은 서로 다르나 실제 그림 상에서는 거의 일치한다.

보일러에 유입된 물 1은 등압가열되면 포화수 "1가 되어 증발이 개시되고 계속 가열되어 (보일러에서) 소요의 증발잠열을 흡열하고 건포화 증기 1"가 된다. 건포화 증기는 과열기(super heater)에서 같은 압력하의 소요의 과열증기 2가 된다. 이 때 압력 P1인 과열증기는 터빈에서 상태 P3까지 단열팽창하고 복수기에서 대기온도 가까이까지 냉각되어 응축한다. 따라서 원래의 상태인 4의 상태에 포화수가 된다. 각 과정별로 상태를 살펴보면 다음과 같다.

① 4→1 과정 : 포화수를 보일러 압력까지 압축하여 송입하는 단열압축이며 이동안에 급수펌프가 1kg의 물을 압송하는데 소비하는 일, 즉 펌프일을 w_P라 하면

$$w_P = (h_1 - h_4) = v'(P_1 - P_4)$$

② 1→2 과정 : 보일러에 송입된 물이 과열증기가 되는 동안 1kg당 가열한 열량을 q_1이라 하면

$$q_1 = h_2 - h_1 = h_2 - h_4$$

③ 2→3 과정 : 터빈에서 단열팽창과정이며 이 때 증기 1kg당 발생한 일을 w_t라 하여 터빈 일이라 하면

$$w_t = h_2 - h_3$$

④ 3→4 과정 : 복수기 속에서 복수되는 상태이며 1kg당 방출되는 열량을 q_2이라 하면

$$q_2 = h_3 - h_4$$

따라서 Rankine cycle로 작동되는 증기원동소의 1사이클 당 얻어지는 유효일 w_{net}는 $q_1 - q_2$이고 또한 $w_t - w_P$이다.

$$w_{net} = q_1 - q_2 = (h_2 - h_1) - (h_3 - h_4)$$
$$= w_t - w_P = (h_2 - h_3) - (h_1 - h_4) = (h_2 - h_1) - (h_3 - h_4)$$

Rankine cycle의 열효율 η_R 은

$$\eta_R = \frac{q_1 - q_2}{q_1} = \frac{w_{net}}{q_1} = \frac{(h_2 - h_1) - (h_3 - h_4)}{h_2 - h_1}$$

여기서 h1-h4 즉 펌프일 w_P 는 압력 P1이 극히 높지 않는 한 터빈 일 w_t 에 비해 무시해도 무방하다. 즉, h1 = h4로 생각하여 랭킨 사이클의 열효율은

$$\eta_R = \frac{(h_2 - h_3) - (h_1 - h_4)}{(h_2 - h_4) - (h_1 - h_4)} = \frac{h_2 - h_3}{h_2 - h_4}$$

로 계산되어지고 이상의 결과에서 랭킨사이클의 열효율은 터빈의 전후에서 초압 및 초온이 높을수록, 배압이 낮을수록 커진다는 사실을 알 수 있다.

2_재열사이클(Reheat cycle)

열효율을 높이기 위하여 터빈 입구의 압력을 높이면 터빈 속에서 증기가 단열팽창을 할 경우 터빈 출구에 가까이 올수록 습분이 증가하여 터빈 날개의 마모 및 부식 등의 장애를 가져온다. 이것을 방지 또는 감소시키기 위해서는 증기의 건도를 높일 필요가 있으며 팽창도중의 증기를 전부 뽑아내어 재열기(Reheater)로 보내 재열한 후 다시 다음 단계의 터빈으로 보내는 재열 사이클이 고안되었다.

재열사이클의 주 목적은 열효율 증대가 아니라 터빈의 수명을 길게 하는데 있다. 즉 터빈 출구에서의 증기의 건도를 높여 터빈의 수명 증가와 부수적으로 열효율 개선도 함께 이룰 수 있는 advance된 증기 원동소 사이클이다.

① 보일러에 가해진 열량 : $q_1' = h_2 - h_1$
② 재열기에 가해진 열량 : $q_1'' = h_4 - h_3$

    총 공급 열량 : $q_1 = q_1' + q_1'' = (h_2 - h_1) + (h_4 - h_3)$

③ 고압 터빈에서 발생한 일량 : $w_{T_1} = h_2 - h_3$
④ 저압 터빈에서 발생한 일량 : $w_{T_2} = h_4 - h_5$
⑤ 급수펌프에서 발생한 일량 : $w_P = h_1 - h_6$

    ∴ 발생한 정미일량 $w_{net} = w_{T_1} + w_{T_2} - w_P$

Reheat cycle의 열효율 η_{Reh} 은

$$\eta_{Reh} = \frac{w_{net}}{q_1} = \frac{(h_2-h_3)+(h_4-h_5)-(h_1-h_6)}{(h_2-h_1)+(h_4-h_3)}$$

보통 펌프일 w_P를 무시하면($h_1 = h_6$)

$$\eta_{Reh} = \frac{(h_2-h_3)+(h_4-h_5)}{(h_2-h_6)+(h_4-h_3)}$$

재열사이클에서의 열효율이 랭킨사이클의 경우보다 얼마나 개선되었는가를 알기 위하여 개선율

$$개선율 = \frac{\eta_{Reh}-\eta_R}{\eta_R} \times 100(\%)$$

3_재생사이클(Regenerative cycle)

복수기에서 배출하는 열량이 많기 때문에 열손실이 크다. 이 열손실을 감소시키기 위하여 터빈에서 단열팽창도중의 동작유체의 일부를 추출하여 이 증기의 잠열로서 보일러에 공급되는 물을 예열하고 복수기에서 방출되는 폐기의 일부열량을 급수에 재생(Regeneration)한다.

즉, 재생사이클은 증기터빈의 팽창도중에 증기를 추출하여 급수를 가열하도록 하여 사이클 효율을 개선시킨 증기원동소 사이클이다.

① **가열량** : $q_1 = h_2 - h_1 = h_2 - h_{10}$

② **터어빈에서 한 일** w_T

$$\begin{aligned} w_T &= (h_2-h_3) + (1-m_1)(h_3-h_4) + (1-m_1-m_2)(h_4-h_5) \\ &= (h_2-h_5) - \{m_1(h_3-h_5) + m_2(h_4-h_5)\} \end{aligned}$$

③ **재생사이클의 열효율** η_{Reg}

$$\begin{aligned} \eta_{Reg} &= \frac{w_T}{q_1} = \frac{(h_2-h_5) - m_1(h_3-h_5) + m_2(h_4-h_5)}{h_2-h_{10}} \\ &= \frac{(h_2-h_3)+(1-m_1)(h_3-h_4)+(1-m_1-m_2)(h_4-h_5)}{h_2-h_{10}} \end{aligned}$$

④ **추기량 m1**

m1이 잃은 열량 = (1 - m1)이 얻은 열량

$$m_1(h_3-h_{10}) = (1-m_1)(h_{10}-h_8) = (h_{10}-h_8) - m_1(h_{10}-h_8)$$
$$m_1\{(h_3-h_{10})(h_{10}-h_8)\} = h_{10}-h_8$$

$$\therefore m_1 = \frac{h_{10} - h_8}{h_3 - h_8}$$

⑤ 추기량 m_2

m_2가 잃은 열량 = $(1 - m_1 - m_2)$가 얻은 열량

$$m_2(h_4 - h_8) = (1 - m_1 - m_2)(h_8 - h_6)$$

$$\therefore m_2 = \frac{(1-m_1)(h_8 - h_6)}{h_4 - h_6} = \frac{h_3 - h_{10}}{h_3 - h_8} \times \frac{h_8 - h_6}{h_4 - h_6}$$

4_재열, 재생 사이클(Reheat & Regenerative cycle)

전술한 바와 같이 재생사이클은 현저한 열효율의 증가를 가져와 열역학적으로 큰 이익을 주는 사이클이고, 재열사이클은 열역학적인 이익보다는 습증기를 피하여 터빈 속에서의 마찰 손실 및 기계수명을 증가시키는 기계적 차원의 이익을 가져다 준다.

재생의 효과와 재열의 효과를 동시에 만족시켜주기 위해 서로 저촉이 되지 않으면서 상보적으로 결합시킨 사이클을 재열, 재생사이클이라 한다.

① 터빈 일(Turbine work)

$$w_T = (h_2 - h_3) + (h_4 - h_5) + (1 - m_1)(h_5 - h_6) + (1 - m_1 - m_2)(h_6 - h_7)$$

② 펌프일 (pump work)

$$w_T = (1 - m_1 - m_2)(h_9 - h_8) + (1 - m_1)(h_{11} - h_{10}) + (h_1 - h_{12})$$

③ 가열량 : $q_{in} = (h_2 - h_1) + (h_4 - h_3)$

④ 재생사이클의 열효율 : $\eta_{reh-reg} = \dfrac{w_t - w_P}{q_{in}} = \dfrac{w_{net}}{q_{in}}$

⑤ 추기량 계산

$$h_{12} = m_1 h_5 + (1 - m_1)h_{11}$$

$$\therefore m_1 = \frac{h_{12} - h_{11}}{h_5 - h_{11}} \text{ 제 2단 열교환기 추출 증기량}$$

$$(1 - m_1)h_{10} = m_2 h_6 + (1 - m_1 - m_2)h_9$$

$$\therefore m_2 = \frac{(1 - m_1)(h_{10} - h_9)}{h_6 - h_9} \text{ 제 1단 열교환기 추출 증기량}$$

5_증기소비율과 열소비율

1. 증기소비율

1kWh 또는 1psh당 소비되는 증기의 량을 kg으로 표시한 것.
1kWh = 860kcal,   1psh = 632.2kcal

증기소비율 Sth = $\dfrac{860}{w_{net}}$ = $\dfrac{860}{h}$ kg/kWh

Sth = $\dfrac{632.2}{w_{net}}$ = $\dfrac{632.2}{h}$ kg/psh

단, h 는 단열 열낙차
$h = (h_2 - h_3) - (h_1 - h_4) = h_2 - h_3$

2. 열소비율

1kWh 또는 1 psh당의 증기에 의하여 소비되는 열량

열소비율 H_{th} = $\dfrac{860}{\eta_{th}}$ kcal/kw

H_{th} = $\dfrac{632.2}{\eta_{th}}$ kcal/psh

또, 1 사이클당 증기 1kg이 소비하는 열량을 qC 라 하면

$\eta_{th} = q_c \cdot S_{th}$

∴ $\eta_{th} = \dfrac{860}{H_{th}} = \dfrac{860}{q_c \cdot S_{th}}$

$\eta_{th} = \dfrac{632.3}{H_{th}} = \dfrac{632.2}{q_c \cdot S_{th}}$

6_내연기관 사이클

내연기관은 연소과정에 따라서 오토, 디젤, 사바데 사이클 등으로 분류할 수 있으며 각각에 대한 공기표준 사이클의 이론 열효율과 열효율의 영향인자들이 존재한다. 내연기관의 작동유체는 연소 전에는 공기와 연료의 혼합물로 잔류가스와의 혼합가스이며, 연소 후에는 연소 생성가스가 된다.

이들은 복잡한 변화를 일으키지만 여기서는 열역학적 기본성질을 파악하는 것이 목적이므로, 작동유체를 이상기체로 취급하는 공기로 생각하면 아주 단순화된 사이클이 된다. 이러한

사이클을 공기표준 사이클이라 하며 다음과 같은 가정 하에 해석한다.

① 작동유체는 이상기체로 취급하는 공기이며, 비열은 일정하다.
② 연소과정은 고열원에서 열을 공급받는 과정으로, 배기과정은 저 열원으로 열을 방출하는 과정으로 대치하고 밀폐 사이클을 형성한다.
③ 각 과정은 모두 가역과정이다.
④ 압축 및 팽창은 등엔트로피(단열)과정이다.
⑤ 연소 중 열해리 및 기체유동 중 와류현상 및 열손실이 없는 것으로 가정한다.

1. 오토사이클(Otto cycle)

오토사이클은 전기점화기관의 기본 사이클로서 가솔린이나 LP가스를 주 연료로 하기 때문에 가솔린 또는 정적 사이클(Constant volume cycle)이라고도 한다. 이 사이클은 그림 5-3에 표시된 P-v선도와 T-s선도와 같이 열량 공급을 정적기간 중 행하는 사이클이며, 2개의 정적과정과 2개의 단열과정으로 구성된 사이클이다. 이 사이클에서는 압축비가 클수록 열효율이 좋아진다.

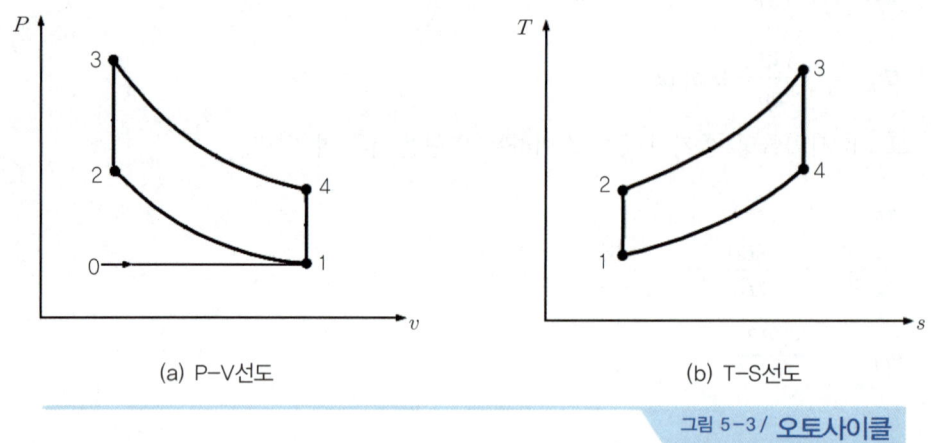

(a) P-V선도   (b) T-S선도

그림 5-3 / **오토사이클**

1) 이론 열효율

1[kg]의 혼합가스가 우선 정압변화 0→1에 따라서 실린더 속에 흡입되어 단열변화 1→2를 한 다음 점화폭발로 일정한 체적하에서 2→3으로 압력이 상승되며, 곧이어 단열팽창 3→4를 한 다음 변화 4→1→0에 따라 배기된다. 이 중에서 변화 0→1, 1→0의 흡입 및 배기는 T-s선도 상에는 나타나지 않으며 기본 사이클에서는 무시해도 관계없다. 즉, 일정량의 가스가 사이클 1→2→3→4→1을 반복한다고 생각한다.

오토 사이클에서는 가스 1[kg]에 대해 변화 2→3사이에 열량 q_1이 공급되며, 변화 4→1사이에 열량 q_2가 방출된다고 생각할 수 있다. 이 때 각각의 열량을 공급열량, 방출열량이라면 구하는 식은 다음과 같다.

$$q_1 = C_v(T_3 - T_2), \quad q_2 = C_v(T_4 - T_1) \quad \cdots\cdots\cdots ①$$

유효일에 해당하는 일량은 $Aw = q_1 - q_2$이므로 이론열효율은

$$\eta_o = \frac{Aw}{q_1} = 1 - \frac{q_2}{q_1} = 1 - \frac{T_4 - T_1}{T_3 - T_2} \quad \cdots\cdots\cdots ②$$

1 → 2 및 3 → 4과정은 단열변화이므로

$$T_2 = T_1\left(\frac{v_1}{v_2}\right)^{k-1}, \quad T_3 = T_4\left(\frac{v_4}{v_3}\right)^{k-1} \quad \cdots\cdots\cdots ③$$

이 되며, 여기서 $\frac{v_1}{v_2}, \frac{v_4}{v_3}$을 압축비(compression ratio)라고 하며 $\frac{v_1}{v_2} = \frac{v_4}{v_3} = \epsilon$가 된다. 식 3을 식 2에 대입하면 다음과 같이 이론열효율을 구할 수 있다.

$$\eta_0 = 1 - \frac{T_4 - T_1}{T_4\epsilon^{k-1} - T_1\epsilon^{k-1}} = 1 - \frac{1}{\epsilon^{k-1}} \quad \cdots\cdots\cdots ④$$

오토사이클의 열효율은 압축비만의 함수이며, 압축비가 커질수록 열효율은 증가한다.

실제기관에서는 압축비를 크게 하여 열효율을 증가시킬 수 있으나 압축비를 지나치게 크게 하면 노킹(Knocking)이라는 이상폭발현상을 일으켜 기관의 정상운전이 어려우므로 압축비를 제한한다. 보통 가솔린기관의 경우 압축비는 5~10정도로 한다.

2) 평균 유효압력

기관의 성능을 비교하는 경우, 단순히 출력만을 비교하면 기관의 출력은 실린더 체적의 크기에 영향을 받는다. 따라서 기관의 크기와는 관계없이 비교하는 기준이 필요하다. 즉 실린더 체적 당 기관의 출력을 고려하여 성능을 비교하면 된다. 1사이클 중의 압력변화의 평균치, 즉 1사이클 중에 이루어지는 일을 행정체적으로 나눈 값을 평균 유효압력(Mean effective pressure)이라 하는데, 이것을 P_{mo}로 표시하면 다음과 같이 계산된다.

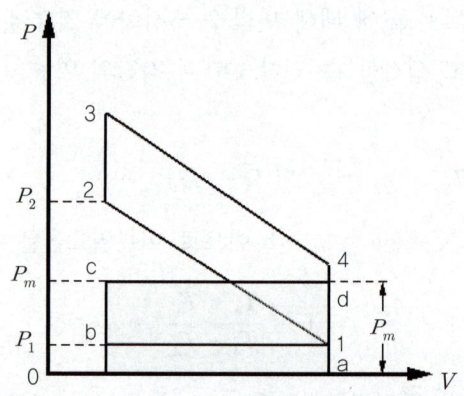

그림 5-4 / **오토사이클의 평균유효압력**

$$p_{mo} = \frac{w}{v_1 - v_2} = \eta_0 \frac{q_1}{A(v_1 - v_2)} = \frac{C_v(T_3 - T_2 - T_4 - T_1)}{Av_1(1 - 1/\epsilon)}$$

$$= P_1 \frac{(\alpha - 1)(\epsilon^k - \epsilon)}{(k-1)(\epsilon - 1)} \quad \cdots\cdots\cdots \text{⑤}$$

2. 디젤 사이클(Diesel cycle)

 독일의 기술자 디젤(R. Diesel)에 의하여 1892년에 제안된 디젤 사이클은 오토사이클의 정적가열 과정을 정압가열 과정으로 바꾸어 놓은 사이클로서 정압하에서 연소가 이루어지므로 정압 사이클이라고도 말한다. 이 사이클은 저속 디젤 사이클의 기본 사이클이다.

 디젤기관은 가솔린기관과 달리 처음에 공기만을 흡입하고 급격히 고압으로 압축하면 압축 후의 공기온도는 500~600[℃] 정도로 올라간다. 여기에 발화점이 350[℃]인 경유나 중유를 분사하면 자연 발화하여 연소한다.

 이 사이클은 그림 5-5에 표시된 P-v선도와 T-s선도와 같이 연소에 의한 열량공급이 정압 기간 중에 이루어지므로 정압 사이클이라고도 하며, 2개의 단열(등엔트로피)과정, 1개의 정압과정, 1개의 정적과정으로 이루어진 사이클이다. 이 사이클은 주로 저속 디젤기관에 적용한다.

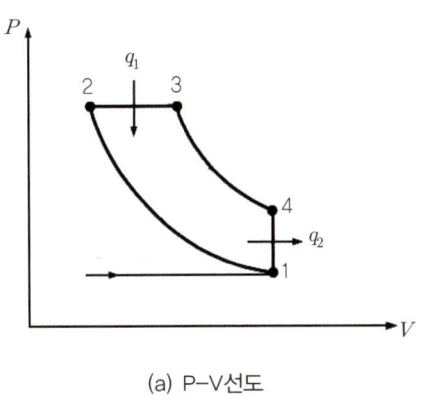
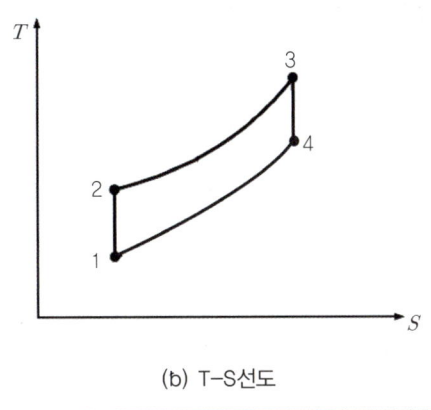

(a) P-V선도 (b) T-S선도

그림 5-5 / **디젤 사이클**

1) 이론 열효율

디젤 사이클은 오토사이클과 다른 점은 2→3의 기간에 연료가 노즐에 의해 안개상태로 분사되어 압력이 일정한 상태에서 연소가 되는 것으로 이론상 압력이 일정한 상태로 사이클의 열량 q_1이 공급되고 방출열량 q_2는 정적 사이클과 같이 행해진다고 생각한다.

이 때 각각의 열량을 공급열량, 방출열량이라면 구하는 식은 다음과 같다.

$$q_1 = C_p(T_3 - T_2), \quad q_2 = C_v(T_4 - T_1) \cdots\cdots ⑥$$

유효 일에 해당하는 일량은 $Aw = q_1 - q_2$이므로 이론 열효율은

$$\eta_D = \frac{Aw}{q_1} = 1 - \frac{q_2}{q_1} = 1 - \frac{C_v(T_4 - T_1)}{C_p(T_3 - T_2)}$$

$$= 1 - \frac{(T_4 - T_1)}{k(T_3 - T_2)} \cdots\cdots ⑦$$

이 되며, 단열변화 1→2과정에서

$$T_2 = T_1\left(\frac{v_1}{v_2}\right)^{k-1} = T_1\epsilon^{k-1} \cdots\cdots ⑧$$

이 되며, 정압변화 2→3과정에서는 아래와 같이 쓸 수 있다.

$$T_3 = T_2\frac{v_3}{v_2} = T_1\epsilon^{k-1}\sigma \cdots\cdots ⑨$$

여기서, $\sigma = v_3/v_2$을 차단비(단절비, 정압 팽창비, 체절비)라며, 연료의 분사계속시간을 나타내고 있다.

단열변화 3→4과정에서는 아래와 같다.

$$T_4 = T_3\left(\frac{v_3}{v_4}\right)^{k-1} = T_3\left(\frac{v_3}{v_2} \cdot \frac{v_2}{v_4}\right)^{k-1}$$

$$= T_1\epsilon^{k-1}\sigma\left(\sigma \cdot \frac{1}{\epsilon}\right)^{k-1} = T_1\sigma^k \cdots\cdots\cdots ⑩$$

식 8, 식 9 및 식 10을 식 7에 대입하면 다음과 같이 이론열효율을 구할 수 있다.

$$\eta_D = 1 - \frac{\sigma^k T_1 - T_1}{k(\sigma\epsilon^{k-1}T_1 - \epsilon^{k-1}T_1)} = 1 - \frac{1}{\epsilon^{k-1}} \cdot \frac{\sigma^k - 1}{k(\sigma - 1)} \cdots\cdots\cdots ⑪$$

디젤 사이클의 이론열효율은 비열비, 압축비 및 차단비의 함수이며, 보통 $\sigma > 1$이므로 $\frac{\sigma^k - 1}{k(\sigma - 1)} > 1$로 되어 압축비가 같을 때 오토사이클의 열효율에 비해 떨어진다. 그러나 연료특성상 노킹 염려가 없으므로 열효율을 크게 할 수 있다.

실제로, 오토기관의 압축비(ϵ_o)가 5~10정도인데 비하여 디젤기관은 압축비가 16~20정도이므로 열효율이 가솔린기관에 비해 높다.

2) 평균 유효압력

디젤 사이클의 평균 유효압력은 사이클에서의 압력의 평균치이므로 P_{md}로 표시하면 다음과 같이 계산된다.

$$p_{md} = \frac{w}{v_1 - v_2} = \frac{q_1 - q_2}{Av_1(1 - 1/\epsilon)}$$

$$= P_1\frac{\epsilon^k k(\sigma - 1) - \epsilon(\sigma^k - 1)}{(k-1)(\epsilon - 1)} \cdots\cdots\cdots ⑫$$

이것을 다시 쓰면

$$p_{md} = \oint \frac{pdv}{v_1 - v_2} \cdots\cdots\cdots ⑬$$

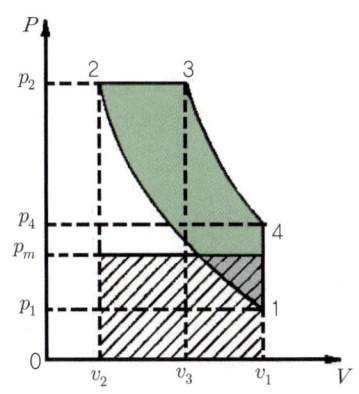

그림 5-6 / 디젤 사이클의 평균 유효압력

그림 5-6의 면적에서 생각하면 식 13의 분자는 면적 1-2-3-4에 상당하며 평균유효압력 p_m은 면적 1-2-3-4-1과 같은 면적의 장방형(그림의 빗금친 부분)의 높이에 상당한다.

> **참고**
>
> **디젤 사이클의 열효율과 비열비**
>
> 정압 사이클은 정적 사이클의 경우와 마찬가지로 공기표준 사이클로서 $k = 1.40$이 사용된다. 실제 정압 사이클은 연소가스 사이클이며 그 온도수준은 300~2600[K] 이므로 그 평균치는 $k = 1.28$이 된다. 이론열효율의 계산으로는 타당한 값이지만 최초 압력의 계산 등에는 $k = 1.37$이 적당하다.
> 연료절감을 위한 열효율의 향상을 위해서 저속 디젤 기관이 사용되는 선박용 주 기관에서는 긴 행정(Long stroke)의 설계가 사용되고 있다. 이것은 팽창의 행정을 증가시켜 배기가스행정의 손실을 줄이고 또 스크루 효율이 향상되도록 회전수를 저하시키는 등 에너지 절약을 위한 선택의 실현에 기여하고 있으며 약 10[%]의 연료소비 감소를 도모하고 있다.

3. 사바테 사이클(Sabathe cycle)

사바테 사이클은 디젤기관이 운전 중에 실제 발생되는 정적 및 정압 폭발과정을 고려하여 열량공급 기간에 정압과정과 정적과정을 합성한 사이클이며 중, 고속 디젤기관의 기본 사이클이다. 즉, 오토 사이클과 디젤 사이클을 합성한 사이클이라고 보아도 좋다.

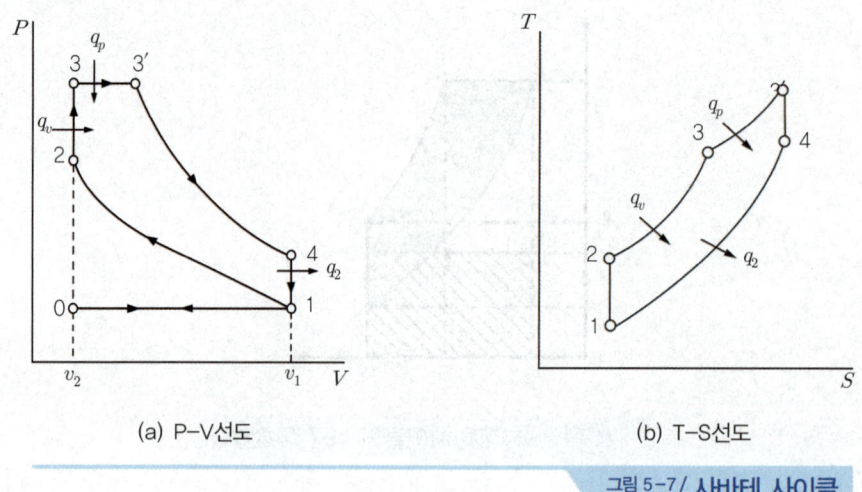

(a) P-V선도 (b) T-S선도

그림 5-7 / **사바테 사이클**

1) 이론 열효율

그림 5-7에 표시된 P-v 선도와 T-s 선도와 같이 열은 정적과정 2→3에서 q_v가, 정압과정 3→3′에서 q_p가 공급되어, 정적과정 4→1에서 열량 q_2를 방출한다. 이 때 각각의 열량을 공급열량, 방출열량이라면 구하는 식은 다음과 같다.

$$q_1 = q_v + q_p = C_v(T_3 - T_2) + C_p(T_3' - T_3)$$
$$q_2 = C_v(T_4 - T_1) \cdots\cdots ⑭$$

유효일에 해당하는 일량은 $Aw = q_1 - q_2$이므로 이론열효율은

$$\eta_s = \frac{Aw}{q_1} = 1 - \frac{q_2}{q_1} = 1 - \frac{C_v(T_4 - T_1)}{C_v(T_3 - T_2) + C_p(T_3' - T_3)}$$
$$= 1 - \frac{(T_4 - T_1)}{(T_3 - T_2) + k(T_3' - T_3)} \cdots\cdots ⑮$$

이 되며, 단열변화 1→2과정에서

$$T_2 = T_1\left(\frac{v_1}{v_2}\right)^{k-1} = T_1\epsilon^{k-1} \cdots\cdots ⑯$$

이 되며, 정적변화 2→3과정에서

$$T_3 = T_2\left(\frac{P_3}{P_2}\right) = T_2\alpha = T_1\epsilon^{k-1}\alpha \cdots\cdots ⑰$$

여기서, P_3/P_2을 압력상승비(폭발비) α라 한다. 정압변화 3→3′ 과정에서

$$T_3' = T_3\left(\frac{v_3'}{v_3}\right) = T_1\alpha\epsilon^{k-1}\sigma \quad \cdots\cdots\cdots \text{⑱}$$

단열변화 3′ →4과정에서

$$T_4 = T_3'\left(\frac{v_3'}{v_4}\right)^{k-1} = T_3'\left(\frac{v_3'}{v_3}\cdot\frac{v_2}{v_1}\right)^{k-1}$$

$$= T_1\alpha\epsilon^{k-1}\sigma\left(\sigma\cdot\frac{1}{\epsilon}\right)^{k-1} = T_1\alpha\sigma^k \quad \cdots\cdots\cdots \text{⑲}$$

식 16, 식 17, 식 18 및 식 19을 식 15에 대입하면 다음과 같이 이론 열효율을 구할 수 있다.

$$\eta_s = 1 - \frac{1}{\epsilon^{k-1}}\cdot\frac{\alpha\sigma^k - 1}{(\alpha-1)+k\alpha(\sigma-1)} \quad \cdots\cdots\cdots \text{⑳}$$

사바데 사이클의 열효율은 압축비, 차단비, 압력비, 비열비의 함수로 비열비가 일정할 때 ε 과 α가 크고 σ가 작을수록 열효율이 높다. 그리고 σ = 1이면 오토사이클, α= 1이면 디젤 사이클과 같다.

2) 평균 유효압력

사바데 사이클의 평균 유효압력을 P_{ms}로 표시하면 다음과 같이 계산된다.

$$p_m s = \frac{w}{v_1 - v_2} = \frac{q_1 - q_2}{Av_1(1 - 1/\epsilon)}$$

$$= P_1\frac{\epsilon^k[(\alpha-1)+k\alpha(\sigma-1)-\epsilon(\alpha\sigma^k-1)]}{(k-1)(\epsilon-1)} \quad \cdots\cdots\cdots \text{㉑}$$

7_가스터빈 사이클(브레이톤 사이클(Brayton cycle))

공기 표준 가스 터빈 사이클로 정압 연소 과정을 갖는다. 브레이톤 사이클의 형식에는 개 방형과 밀폐형이 있다.

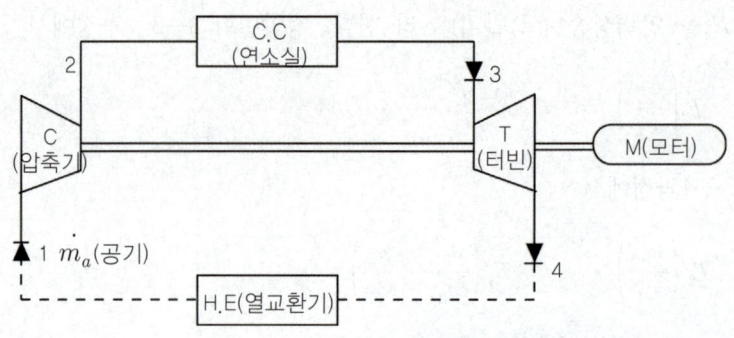

그림 5-8 / 브레이톤 사이클의 계통도

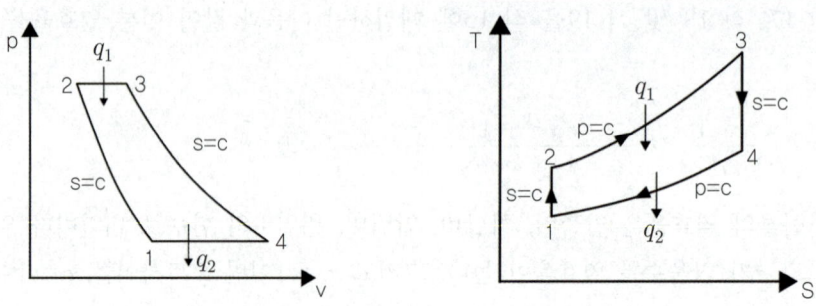

1→2 : 공기압축기의 압축과정, 2→3 : 연소기내에서 정압연소과정,
3→4 : 터빈의 단열팽창, 4→1 : 터빈 출구로부터 압축기입구까지의 정압방열과정

그림 5-9 / 밀폐형 사이클

① 공급열량 $q_1 = C_p(T_3 - T_2)$

② 방열량 $q_2 = C_p(T_4 - T_1)$

③ 열효율 $\eta_B = 1 - \dfrac{q_2}{q_1} = 1 - \dfrac{T_4 - T_1}{T_3 - T_2} = 1 - \dfrac{T_4}{T_3} = 1 - \dfrac{T_1}{T_2}$

과정 1→2, 과정 3→4 : 단열 변화

$$\dfrac{T_2}{T_1} = \left(\dfrac{v_1}{v_2}\right)^{K-1} = \left(\dfrac{P_2}{P_1}\right)^{\frac{K-1}{K}}$$

$$\therefore T_2 = T_1 \cdot \epsilon^{K-1} = \gamma^{\frac{K-1}{K}}$$

$\epsilon = \dfrac{v_1}{v_2}$: 압축비, $\gamma = \dfrac{P_2}{P_1}$: 압력비

$$\therefore \eta_B = 1 - \left(\dfrac{1}{\gamma}\right)^{\frac{k-1}{k}}$$

실제의 가스터빈 기관의 T-s 선도는 터빈은 3→4′, 압축기는 1→2′ 상태로 된다.

④ 터빈의 단열효율 $\eta_t = \dfrac{h_3 - h_4'}{h_3 - h_4} = \dfrac{T_3 - T_4'}{T_3 - T_4}$

⑤ 압축기의 단열효율 $\eta_c = \dfrac{h_2 - h_1}{h_2' - h_1} = \dfrac{T_2 - T_1}{T_2' - T_1}$

⑥ 실제 사이클의 열효율 η_{actual}

$$\eta_{act} = \dfrac{w'}{q_1'} = \dfrac{(h_3 - h_4') - (h_2' - h_1)}{h_3 - h_2'} = \dfrac{(T_3 - T_4') - (T_2' - T_1)}{T_3 - T_2'}$$

제2절 / 냉동 사이클(Refrigeration Systems)

1_역 카르노 사이클

열역학 제2법칙에 대한 Clausius의 표현은 "저열원으로부터 고열원쪽으로 열을 이동시키려면 반드시 외부로부터 도움이 있어야 한다."이다. 냉동사이클에서는 사이클의 목적을 달성하기 위하여 외부의 도움인 동력을 냉매가 받아 저열원으로부터 고열원으로 열을 이동시킨다. 역 카르노사이클은 그림 5-10과 같이 2개의 단열과정과 2개의 등온과정으로 구성된 이상적인 냉동사이클이다.

역 냉동사이클의 구성은 기본적으로 압축기(Compressor), 응축기(Conden sor), 팽창기(Expander), 증발기(Evaporator)로 되어 있다.

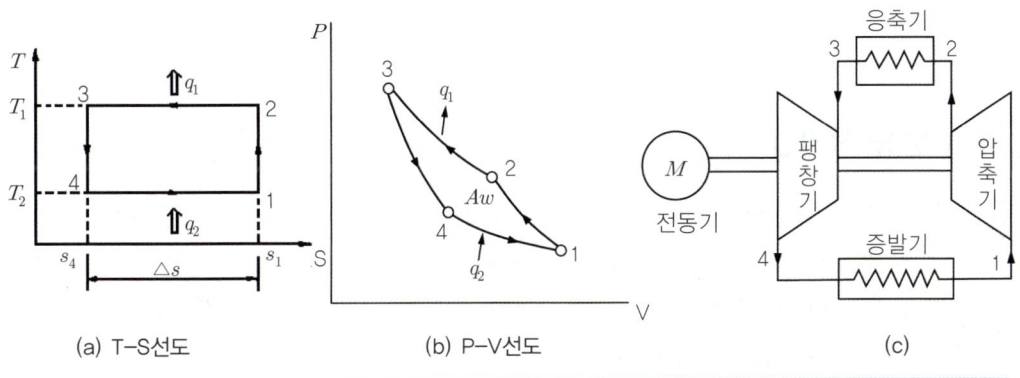

그림 5-10 / 역 카르노 사이클

1. 변화과정

① 1 → 2과정 : 압축기에 의해 단열 압축하는 과정이다.
② 2 → 3과정 : 응축기에 의해 등온압축(고열원으로 q_1을 방출)하는 과정이다.
③ 3 → 4과정 : 팽창기에 의해 단열 팽창하는 과정이다.
④ 4 → 1과정 : 증발기에 의해 등온팽창(저열원으로부터 q_2를 흡수)하는 과정이다.

2. 성적계수(성능계수)

저열원에서 흡수한 열량을 q_2(냉동효과), 고열원으로 방출한 열량을 q_1라고하면 열역학 제1법칙으로부터 유효일은 $Aw = q_1 - q_2$가 성립된다. 따라서 성적계수는 냉동효과 q_2에 대한 유효일 A_w(일의 소비량, 외부에서 받는 일)의 비로서 정의되며 다음과 같이 구할 수 있다.

$$\epsilon_c = \frac{q_2}{A_w} = \frac{q_2}{q_1 - q_2} = \frac{ART_2 \ln \frac{v_2}{v_1}}{ART_1 \ln \frac{v_3}{v_4} - ART_2 \ln \frac{v_2}{v_1}}$$

$$= \frac{T_2}{T_1 - T_2}$$

열펌프(Heat pump)는 고온의 열원에 방출하는 열량 q_1을 이용하는 것인데 상온 T_2에서 열량 q_2을 흡수하고 고온 T_1이 열량 q_1을 방출해서 난방 등에 이용한다. 따라서 성적계수는 방출열량 q_1에 대한 일의 소비량 A_w의 비로서 정의되며 다음과 같다.

$$\epsilon_H = \frac{q_1}{A_w} = \frac{q_1}{q_1 - q_2} = \frac{T_1}{T_1 - T_2}$$

그리고 냉동기의 성적계수 ϵ_R와 열펌프의 성적계수 ϵ_H의 관계식은 다음과 같이 성립된다.

$$\epsilon_H = \epsilon_R + 1$$

2_공기 냉동 사이클

공기 냉동 사이클(Air refrigerating cycle)은 공기를 냉매로 사용하며 사이클 중에 액화 또는 증발이 일어나지 않으므로 가스 사이클에 속하며 이 원리는 이상 냉동사이클의 역 카르노 사이클로 실현하기 어렵기 때문에 정온과정의 수열 및 방열을 정압과정으로 수행하는 역 브레이톤(Brayton) 사이클로서 실현시키고 있다.

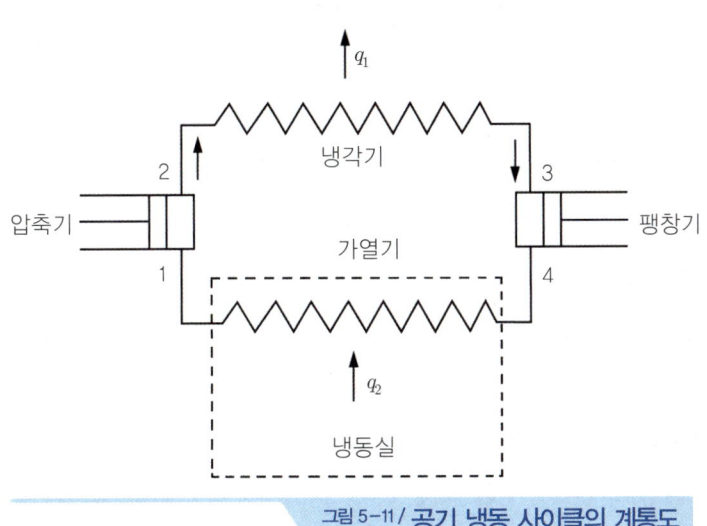

그림 5-11 / **공기 냉동 사이클의 계통도**

공기 냉동 사이클의 계통도는 그림 5-11과 같이 기본적으로 압축기, 냉각기, 팽창기, 가열기로 구성되어 있으며 사이클 선도는 그림 8-3의 P-v선도와 T-s선도와 같이 2개의 단열과정과 정압과정을 이룬다.

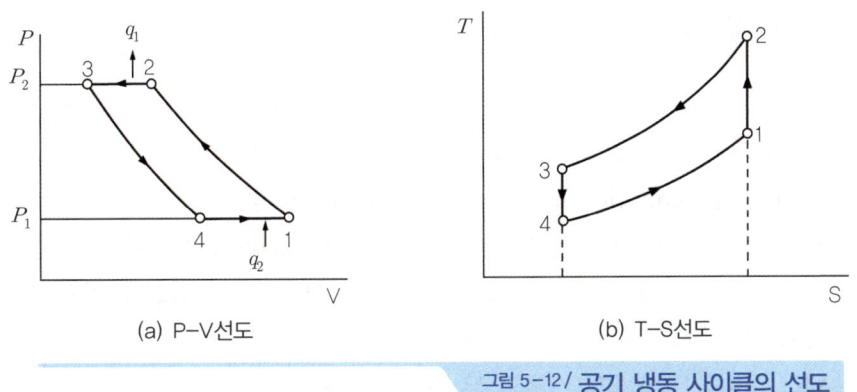

(a) P-V선도   (b) T-S선도

그림 5-12 / **공기 냉동 사이클의 선도**

1. 변화과정

① 1→2과정 : 압축기에 의해 단열 압축하는 과정이다.
② 2→3과정 : 냉각기에 의해 정압압축(고열원으로 q_1을 방출)하는 과정이다.
③ 3→4과정 : 팽창기에 의해 단열 팽창하는 과정이다.
④ 4→1과정 : 가열기에 의해 정압팽창(저열원으로부터 q_2를 흡수)하는 과정이다.

2. 성적계수

압축기 및 팽창기에 단열변화를 한다고 보고 냉동기가 소비하는 이론상의 일 Aw는 압축기에서 소비되는 일과 팽창기에서 발생하는 일의 차이이므로 공기의 순환량 1[kgf]라고 하면

$$Aw = Aw_c - Aw_e = C_p(T_2 - T_1) - C_p(T_3 - T_4)$$
$$= C_p(T_2 - T_3) - C_p(T_1 - T_4) = q_2 - q_1$$

여기서 냉각기로 버리는 열량은 $q_1 = C_p(T_2 - T_3)$이고 냉동기의 냉동효과는 $q_2 = C_p(T_1 - T_4)$이다.

따라서 성적계수는 다음과 같다.

$$\epsilon_B = \frac{q_2}{Aw} = \frac{T_1 - T_4}{(T_2 - T_1) - (T_3 - T_4)}$$
$$= \frac{T_1}{T_2 - T_1} = \frac{T_4}{T_3 - T_4} = \frac{1}{\left(\dfrac{P_2}{P_1}\right)^{\frac{k-1}{k}} - 1}$$

3_증기 압축 냉동 사이클

냉동기는 작동원리에 따라 증기압축 냉동기(Vapor compression refrigerat ing machine), 흡수 냉동기(Absorption refrigerating machine), 증기분사 냉동기(Ateam jet refrigerating machine), 열전냉동기(Thermoelectric refrigerating machine) 등으로 분류된다.

여기서는 냉매(Refrigerant) 증기를 압축하는 증기압축 냉동기의 사이클에 대해서 생각하자. 이 경우 냉동사이클 중에서는 액상 기상 혹은 기상 액상으로의 변화가 있으므로 냉매는 증기로서 취급되어야 한다.

증기압축 냉동 사이클은 액체와 기체의 두 상으로 변화하는 물질을 냉매로 하는 냉동사이클을 말하며 이 사이클은 역카르노 사이클 중에서 실현이 곤란한 단열과정 즉, 등엔트로피 팽창과정은 교축팽창을 이용하여 실용화한 것으로 역 랭킨(Rankine) 사이클이라고도 할 수 있다. 실제의 냉동기의 사이클에서 가장 널리 사용된다.

그림 5-13은 건식 압축법을 이용한 1단 압축냉동기의 계통도이고 그림 5-14는 냉동사이클 선도를 나타내고 있다.

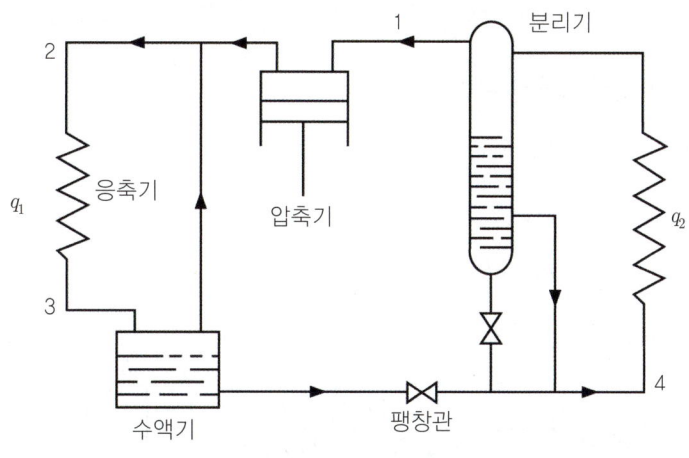

그림 5-13 / **1단 압축냉동기의 계통도**

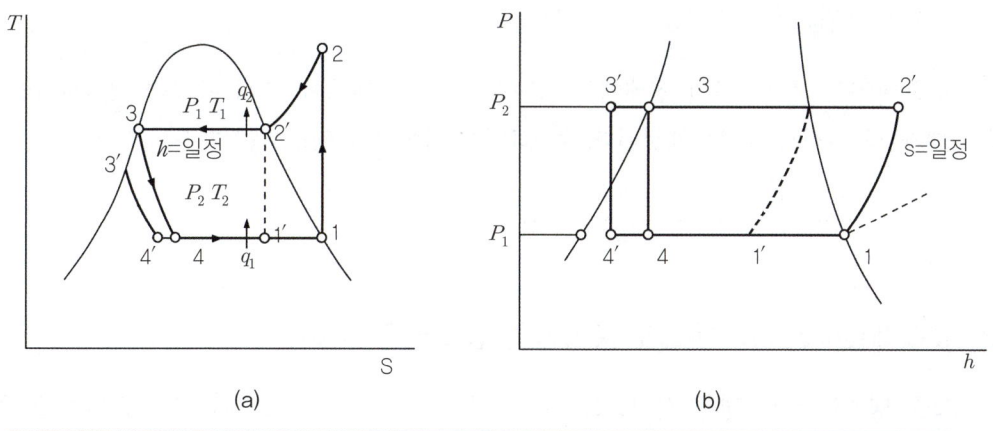

그림 5-14 / **1단 압축냉동 사이클의 선도**

1. 변화과정

① 1→2과정 : 압축기에 의해 단열 압축하는 과정이다.
② 2→3과정 : 응축기에 의해 정압압축(고열원으로 q_1을 방출)하는 과정이다.
③ 3→4과정 : 팽창밸브에 의해 교축 팽창하는 과정이다.
④ 4→1과정 : 증발기에 의해 정압팽창(저열원으로부터 q_2를 흡수)하는 과정이다.

2. 성적계수

냉매의 순환량 1[kg]당 냉동효과는 q_2는

$$q_2 = h_1 - h_4 = h_1 - h_3$$

이며 응축기의 방출열량 q_1은

$$q_1 = h_2 - h_3 = h_2 - h_4$$

이다. 압축기에 필요한 일 Aw는

$$Aw = q_1 - q_2 = h_2 - h_1 = \frac{kART_1}{k-1}\left[\left(\frac{P_2}{P_1}\right)^{\frac{k-1}{k}} - 1\right]$$

이므로 성적계수는 다음과 같다.

$$\epsilon = \frac{q_2}{Aw} = \frac{h_1 - h_4'}{h_2 - h_1} = \frac{h_1 - h_3'}{h_2 - h_1}$$

그림 5-14에서 포화액 3의 상태에서 과냉각시켜 3'상태에서 P_1까지 교축 변화시키면 4'의 상태가 되고 성적계수는 개선된다. 이 과냉각 사이클의 경우 성적계수는

$$\epsilon = \frac{h_1 - h_4'}{h_2 - h_1} = \frac{h_1 - h_3'}{h_2 - h_1})$$이 된다.

3. 몰리에르(Mollier) 선도와 증기압축 압축냉동 사이클

R-22를 냉매로 하는 냉동 사이클을 살펴보면, 일반적으로 냉동기의 기준이 되는 표준은 과냉각 사이클로 정의된다. 먼저 압축기의 상태 1에서부터 구해보자.

그림 5-15에서와 같이 R-22의 몰리에르 선도의 포화곡선(곡선 $B - B'$ 또는 $A - A'$) 상에는 온도 눈금이 표기되어 있다. 따라서 -15[℃]의 눈금을 지나는 세로축의 압력이 일정한 등압선을 긋는다(포화역에서는 등압선과 등온선은 일치한다). 그리고 건포화곡선($A - A'$)과의 교점을 점 1로 한다.

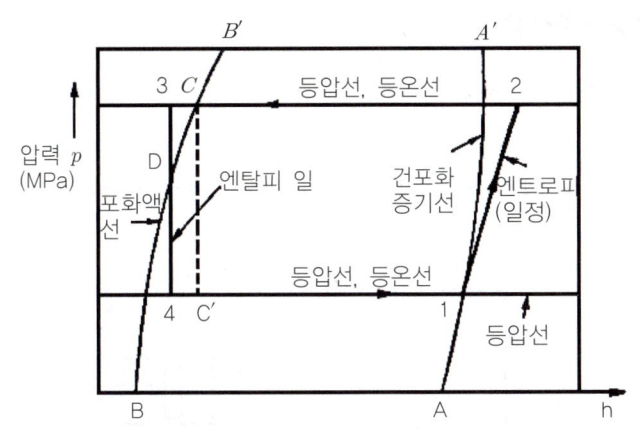

그림 5-15 / 몰리에르(Mollier) 선도와 증기압축 압축냉동 사이클

    마찬가지로 포화곡선(그림의 $B-B'$)상의 30[℃]의 온도눈금을 지나는 등압선을 긋고 포화액선과의 교점을 점 C로 한다. 점 1근방의 등엔트로피 곡선(파선)과 평행이 되도록 점 1을 지나는 엔트로피가 일정한 곡선을 긋고, 점 C를 지나는 등압선과의 교점을 점 2로 한다.

    다음에 팽창밸브전의 냉매 온도가 25[℃](과냉각 온도는 5[℃])이므로 포화액선($B-B'$)상의 온도눈금에 따라 25[℃]의 점 D를 취한다. 점 D를 지나는 엔탈피가 일정한 직선(가로축 일정)과 점 1을 지나는 등압선과의 교점을 점 4로하고 직선 4-D의 연장과 직선 2-C의 연장과의 교점이 점 3이 된다. 이상에서 점 1~4가 결정된다. 각점의 비엔탈피는 R-22의 몰리에르 선도에서 읽으면 다음과 같다.

$$h_1 = 618.7,\ h_2 = 656.4,\ h_3 = h_4 = 449.6 [KJ/kg]$$

이상의 값에서

    냉동효과 $q_1 = h_1 - h_4 = 169.1 [KJ/kg]$

    성적계수 $\epsilon = 4.49$

역 카르노 사이클은

$$T_2 = 303[K],\ T_1 = 258[K],\ \epsilon = 5.73$$

ϵ과 역 카르노 사이클의 ϵ_c와의 비를 구하면 다음과 같다.

$$\epsilon/\epsilon_c = 0.784$$

이 조건에서 과냉각하지 않을 때는 $h_3 = 457.1[KJ/kg]$가 되며 q_1, ϵ는 다음 값이 된다.

$$q_2 = 161.6[KJ/kg],\ \ \epsilon = 4.28$$

따라서 과냉각된 사이클에서는 냉동효과를 증가시키면 성적계수가 향상된다.

4_다단 압축 냉동 사이클

냉동기의 온도한계의 폭이 넓어지고 냉매의 증발온도가 낮아지면 압축비가 크게 되어 압축기 출구의 증기상태의 냉매온도가 높게 되고 그 때문에 체적효율이 저하되며 냉동효과가 감소된다. 이와 같은 경우 냉매증기의 압축조작을 2-3단으로 나누어서 행한다.

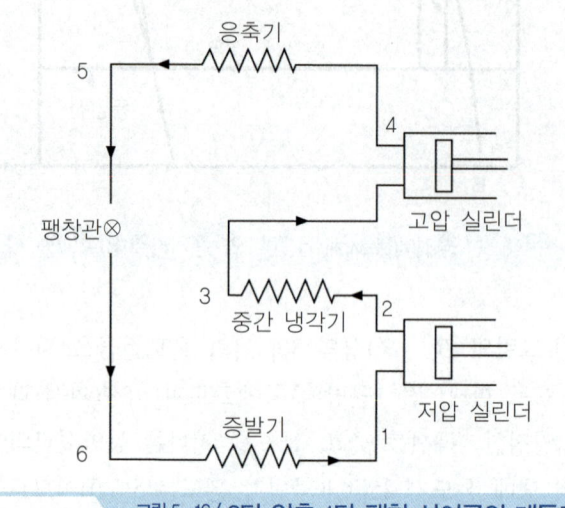

그림 5-16 / **2단 압축 1단 팽창 사이클의 계통도**

각 단에서 압축조작을 할 때 증기상태 냉매를 중간냉각 할 경우도 있으나 중간냉각은 냉각수 혹은 저온에서 증발하는 냉매에 따라 행해진다. 각 단계에서의 압력비는 보통 7이하로 하지만 전 압력비가 높을 때에는 팽창 쪽도 다단으로 행하고 냉매효과를 증가시키도록 한다. 그림 5-16은 2단 압축 1단 팽창 사이클의 계통도이고 그림 5-17은 2단 압축 1단 팽창 사이클의 선도이다.

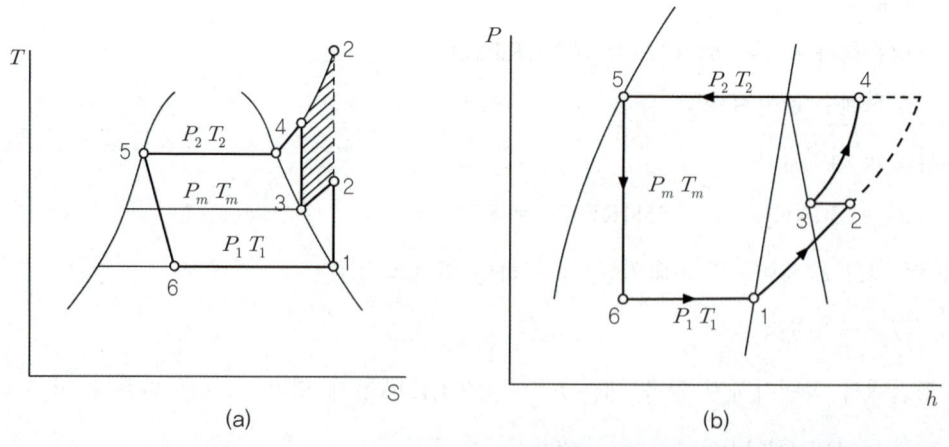

그림 5-17 / **2단 압축 1단 팽창 사이클의 선도**

1. 변화과정

① 1→2과정 : 저압실린더에 의해 중간압력까지 단열 압축하는 과정이다.
② 2→3과정 : 중간냉각기에 의해 정압 냉각하는 과정이다.
③ 3→4과정 : 고압실린더에 의해 단열 압축하는 과정이다.
④ 4→5과정 : 응축기에 의해 정압압축(고열원으로 q_2를 방출)하는 과정이다.
⑤ 5→6과정 : 팽창밸브에 의해 교축 팽창하는 과정이다.
⑥ 6→1과정 : 증발기에 의해 정압팽창(저열원으로부터 q_1를 흡수)하는 과정이다.

2. 성적계수

냉매의 순환량 1[kg]당 냉동효과 q_2는

$$q_2 = h_1 - h_6$$

이며, 응축기의 방출열량 q_1은

$$q_1 = h_4 - h_5 = h_4 - h_6$$

이고 압축기에 필요한 일 Aw는

$$Aw = Aw_{C_1} + Aw_{C_2} = (h_2 - h_1) + (h_4 - h_3)$$

이므로 성적계수는 다음과 같다.

$$\epsilon = \frac{q_2}{Aw} = \frac{h_1 - h_6}{(h_2 - h_1) + (h_4 - h_3)}$$

이때 중간압력은 $P_M = \sqrt{P_1 \cdot P_2}$ 이다.

제5장 출제예상문제

01 다음 중 랭킨 사이클의 열효율식으로 맞는 것은?(단, 펌프일은 무시한다.)

① $\eta_R = \dfrac{h_3 - h_5}{h_4 - h_6}$

② $\eta_R = \dfrac{h_4 - h_5}{h_4 - h_1}$

③ $\eta_R = \dfrac{h_4 - h_5}{h_4 - h_6}$

④ $\eta_R = \dfrac{h_5 - h_6}{h_4 - h_6}$

02 초압 5.88MPa의 포화증기를 배압 4.9 kPa까지 단열팽창시킬 경우 보일러 내에서의 수열량은 얼마인가?(단, 급수펌프일을 무시 할 때 h_2 = 136.71 kJ/kg, h_3 = 2794.26kJ/kg, h_4 = 1806kJ/kg이다.)

① 1669.29KJ/kg
② 988.26KJ/kg
③ 2520.85KJ/kg
④ 2657.56KJ/kg

풀이 $q_1 = h_3 - h_2 = 2794.26 - 136.7$
       $= 2657.56[kJ/kg]$

03 랭킨 사이클에서 터빈 출구 증기는 습증기가 되는 것이 보통이다. 효율을 개선시키기 위하여 초온이 주어졌을 때, 초압을 올리게 되면 최종증기(터빈출구 증기)의 상태는 어떻게 되는가?

① 건도가 증대한다.
② 건도가 감소한다.
③ 비체적이 커진다.
④ 엔트로피가 증대된다.

풀이 초온이 일정한 상태에서 초압이 상승하면 터빈 출구 증기의 엔트로피 감소 및 비체적 감소로 이어진다.

04 초압 2.94MPa, 응축기 압력이 4.9kPa일 경우 펌프일은 몇 KJ/kg인가?(단, 포화액의 비체적 v' = 0.001m³/kg이다.)

① 2.94
② 1.95
③ 0.97
④ 0.48

풀이 급수펌프는 단열압축과정 또는 정적과정으로 가정할 수 있다.
$w_P = v'(P_1 - P_2) = 0.001 \times (2.94 \times 10^3 - 4.9)$
$= 2.94[kJ/kg]$

여기서, P_1은 보일러의 압력(초압)이고 P_2는 응축기의 압력(배압)이다.

05 랭킨 사이클에서 터빈 입·출구에서의 증기의 엔탈피가 각각 3541.86KJ/kg, 2102.94KJ/kg일 때 이론 증기소비율은 몇 kg/kWh인가?

① 2.5
② 2.7
③ 2.9
④ 3.2

풀이 $SR = \dfrac{3600}{w_T} = \dfrac{3600}{h_2 - h_3}$
$= \dfrac{3600}{3541.86 - 2102.94} = 2.5[kg/kWh]$

01 ③ 02 ④ 03 ② 04 ① 05 ①

06 일단 추기 재생사이클에서 추기점 압력하에서 포화수의 엔탈피가 535.08KJ/kg, 추기 엔탈피가 2688KJ/kg, 터빈의 단열 열낙차는 1365KJ/kg이었다. 터빈 입구에서의 증기 엔탈피 3540.6KJ/kg이고 추기량은 0.154일 때 재생사이클의 열효율을 펌프일을 무시하고 구하면 얼마인가?

① 34.67%   ② 45.42%
③ 56.23%   ④ 66.89%

 포화수(펌프입구) 엔탈피 h_1, 추기 엔탈피 h_3, 터빈입구 엔탈피 h_2, 터빈출구 엔탈피 h_4,
단열 열낙차 : $h_2 - h_3 + (1-m_1)(h_3 - h_4)$
$$\eta = \frac{h_2 - h_3 + (1-m_1)(h_3 - h_4)}{h_2 - h_1}$$
$$= \frac{1365}{3540.6 - 535.08} \times 100 = 45.42[\%]$$

07 랭킨 사이클의 각 점의 엔탈피는 다음과 같을 때, 이론 열효율은 몇 %인가?

보일러 입구 : 291.48KJ/kg
보일러출구 : 3488.52KJ/kg
터빈출구 : 2630.88KJ/kg
복수기출구 : 288.12KJ/kg

① 22.78   ② 26.72
③ 28.45   ④ 31.03

$$\eta = \frac{(터빈입구 - 터빈출구) - (급수펌프입구 - 급수펌프출구)}{보일러출구 - 보일러입구}$$
$$= \frac{(3488.52 - 2630.88) - (291.48 - 288.1)}{3488.52 - 291.48} \times 100 = 26.72[\%]$$

08 사이클의 고온측에서 이상적 특성을 갖는 작업물질을 사용하여 작동압력을 높이지 않고도 작동 유효온도범위를 증가시킬 수 있는 사이클로 다음 중 맞는 것은?

① 카르노 사이클
② 랭킨 사이클
③ 재열 사이클
④ 2유체 사이클

09 증기소비율이 2.5kg/kWh이고 터빈입구에서 엔탈피가 3354.88KJ/kg, 응축기 출구에서의 엔탈피가 119.95KJ/kg, 펌프일이 11.72KJ/kg인 랭킨 사이클에서 열소비율은 몇 kJ/kWh인가?

① 6341.97   ② 7252.73
③ 8124.58   ④ 9345.12

$SR = \dfrac{3600}{w_T}$,

$w_T = \dfrac{3600}{2.5} = 1440[kJ/kg]$

$w_P =$ 펌프출구 엔탈피 − 펌프입구 엔탈피
펌프출구 엔탈피 $= 11.72 + 119.95$
$= 131.67[kJ/kg]$

$\eta_R = \dfrac{w_T - w_P}{보일러출구\ 엔탈피 - 보일러입구\ 엔탈피}$
$= \dfrac{1440 - 11.72}{3354.88 - 131.67} \times 100 = 44.31[\%]$

$HR = \dfrac{3600}{\eta_R} = \dfrac{3600}{0.4431} = 8124.58[kJ/kWh]$

ANSWER 06 ② 07 ② 08 ④ 09 ③

10. 그림은 랭킨 사이클의 온도-엔트로피($T-S$) 선도이다. 각 점의 엔탈피(KJ/kg)가
$h_1 = 45.4$, $h_2 = 46$, $h_3 = 216$, $h_4 = 669$, $h_5 = 776$, $h_6 = 580$
일 때 이 사이클의 열효율은 다음 중 어느 것에 가장 가까운가?

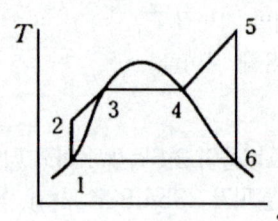

① 27% ② 35%
③ 43% ④ 52%

풀이
$$\eta_R = 1 - \frac{복수기에서\ 버린열량}{보일러에서\ 가한열량}$$
$$= 1 - \frac{h_6 - h_1}{h_5 - h_2} = 1 - \frac{580 - 45.4}{776 - 46} = 0.2676$$

11. 건포화증기를 정적하에서 압력을 낮추면 건도는 어떻게 되는가?

① 증가한다.
② 감소한다.
③ 불변이다.
④ 증가할 수도 감소할 수도 있다.

풀이 건포화증기를 정적하에서 압력을 낮추면 습증기가 되므로 건도 감소한다.

12. 1MPa 압력의 습증기를 교축 열량계를 통과하여 압력이 100kPa, 123℃의 과열 증기가 되었다. 이 습증기의 건도는 얼마인가?
(단, 1MPa에서 포화증기 및 포화수의 엔탈피는 각각 2784KJ/kg, 760KJ/kg이고, 100kPa에서 123℃의 과열증기의 엔탈피는 2730KJ/kg이다.)

① 0.033 ② 0.273
③ 0.733 ④ 0.973

풀이 $h_1 = h_x = 2730 = 760 + x(2784 - 760)$,
$$x = \frac{2730 - 760}{2784 - 760} = 0.973$$

13. 엔탈피 126KJ/kg인 물을 보일러에서 가열하여 엔탈피 2952KJ/kg인 증기 (질량 유량) $\dot{m}$ = 10000kg/h를 만들고, 이것을 증기터빈에 송입하였더니 출구엔탈피가 1583KJ/kg이었다. 이 경우 보일러에서의 가열량을 구하면 그 값은?(단, 보일러에서는 정압가열이며 터빈에서는 단열팽창이다.)

① 7850kW ② 6742kW
③ 640kW   ④ 570kW

풀이 (보일러에서 단위시간당 가한열량)
$$Q = \dot{m}(h_2 - h_1) = 10000 \times (2952 - 126)$$
$$= 2.826 \times 10^7 KJ/h = 7850 KJ/s = 7850 KW$$

10 ① 11 ② 12 ④ 13 ①

14 복수기(응축기)에서 10kPa, 건도 $x = 0.96$인 수증기를 매시 1000㎏ 응축시키는데 필요한 냉각수의 유량은?(단, 냉각수는 15℃에서 들어오고 25℃에서 나간다. 그리고 10KPa의 포화액과 포화증기의 엔탈피는 각각 $h' = 191.83KJ/kg$, $h'' = 2584.7KJ/kg$이며, 물의 비열은 4.2KJ/kg℃이다.)

① 약 27400kg/h　② 약 34800kg/h
③ 약 54700kg/h　④ 약 75500kg/h

풀이 (복수기가 시간당잃은열량)Q_c
= (냉각수가 시간당얻은열량)Q_L 1000
$\times (h' + x(h'' - h') - h') = \dot{m} \times c \times \Delta T$
∴ (보내주어야할 냉각수의 질량유량)$\dot{m}$
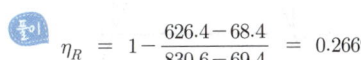
= 54694.17Kg/hr

15 랭킨 사이클의 각 점의 증기 엔탈피는 다음과 같다. 보일러 입구 : 69.4KJ/kg, 복수기 입구 : 626.4KJ/kg, 복수기 출구 : 68.4KJ/kg인 사이클의 효율은?(단, 펌프일은 무시한다.)

① 27.85%　② 29.58%
③ 26.69%　④ 28.82%

풀이 $\eta_R = 1 - \dfrac{626.4 - 68.4}{830.6 - 69.4} = 0.2669$

16 다음의 기본 랭킨 사이클에서 2→2′→3′의 상태변화는?

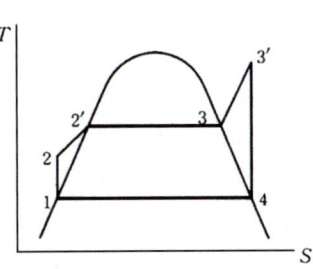

① 단열압축　② 등압냉각
③ 단열팽창　④ 등압가열

풀이 Boiler의 등압가열

17 재열 랭킨 사이클은 주로 어떤 목적에 사용되는가?

① 펌프일을 감소시킨다.
② 복수기 압력을 감소시킨다.
③ 터빈 출구 습증기의 질(건도)을 높인다.
④ 이론 열효율을 증가시키는 것이 목적이다.

풀이 재열 사이클의 주목적은 터빈 출구의 건도를 향상시키므로 침식을 방지하여 그 목적은 효율의 상승 효과가 나온다.

18 증기터빈의 저압단에서의 증기의 건도를 높이는데 가장 큰 효과가 있는 사이클은?

① 포화증기를 사용하는 랭킨 사이클
② 과열증기를 사용하는 랭킨 사이클
③ 재열 사이클
④ 재생 사이클

풀이 ① 재열 사이클 : 증기 건도 증가
② 재생 사이클 : 연료 절감

ANSWER　14 ③　15 ③　16 ④　17 ④　18 ③

19 압력 20bar, 온도 400℃인 증기를 배기압 0.5bar까지 단열팽창시킬 때 랭킨 사이클의 열효율을 구하면?(단, 펌프일은 무시하고 h_1 = 3247.6KJ/kg, h_2 = 2480KJ/kg, h_3 = 340.47KJ/kg이다. 여기서 첨자 1은 터빈의 입구, 첨자 2는 터빈 출구, 첨자 3은 펌프에서의 상태를 뜻한다.)

① 26.4% ② 43.2%
③ 58.2% ④ 72.2%

풀이 Rankine cycle의 각점
$$\eta_R = \frac{3247.6 - 2480}{3247.6 - 340.47} = 0.264 = 26.4\%$$

20 이상기체를 단열팽창 시키면 온도는 어떻게 되는가?

① 내려간다.
② 올라간다.
③ 변화하지 않는다.
④ 알수 없다.

풀이 이상기체를 단열팽창 시키면 압력 및 온도가 내려간다. (엔탈피, 내부에너지 감소)

21 엔탈피 126KJ/kg인 물을 보일러에서 가열하여 엔탈피 2952KJ/kg인 증기 (질량유량)$\dot{m}$ = 10000kg/h를 만들고, 이것을 증기터빈에 송입하였더니 출구엔탈피가 1583KJ/kg이었다. 이 경우 보일러에서의 가열량을 구하면 그 값은?(단, 보일러에서는 정압가열이며 터빈에서는 단열팽창이다.)

① 7850kW ② 6742kW
③ 640kW   ④ 570kW

풀이 (보일러에서 단위시간당 가한열량)
$Q' = \dot{m}(h_2 - h_1) = 10000 \times (2952 - 126)$
$= 2.826 \times 10^7 KJ/h = 7850KJ/s = 7850KW$

22 재생 사이클의 근본 목적은?

① 배열을 감소시켜 열효율 증가
② 터빈의 건도를 증가시켜 부식을 방식
③ 압력을 높여 열효율 증가
④ 공급열량을 증가시켜 열효율감소

23 랭킨 사이클의 각 점의 증기 엔탈피는 다음과 같다. 보일러 입구 69.4kJ/kg, 보일러 출구 830.6kJ/kg, 복수기 입구 626.4 kJ/kg 복수기 출구 68.4kJ/kg인 사이클의 효율은?(단, 펌프일은 무시한다.)

① 27.85% ② 29.58%
③ 26.79% ④ 28.82%

풀이 $\eta_R = \dfrac{터빈입구 - 터빈출구}{보일러출구 - 펌프입구}$
$= \dfrac{830.6 - 626.4}{830.6 - 68.4} \times 100 = 26.79[\%]$

24 다음의 기본 랭킨 사이클에서 2→2′→3→3′의 상태변화는?

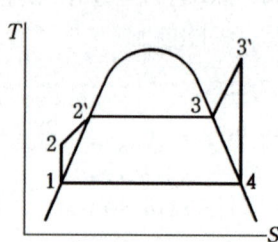

① 단열압축   ② 등압냉각
③ 단열팽창   ④ 등압가열

풀이 선도에서 2→2′→3→3′는 보일러로 정압가열 과정이다.

19 ① 20 ① 21 ① 22 ① 23 ③ 24 ④

25. 다음 사이클 중에서 동작유체 단위질량당의 팽창일에 비하여 압축일이 가장 적게 소요되는 사이클은?

① 브레이튼 사이클
② 오토 사이클
③ 랭킨 사이클
④ 디젤 사이클

풀이 브레이튼, 오토, 디젤 사이클은 공기표준사이클로 동작유체가 공기이고 랭킨 사이클은 동작유체가 증기로 급수펌프에서 압축일이 소요되는데 급수펌프에서 동작유체는 물이므로 공기보다는 상대적으로 쉽게 압축이 가능하여 급수펌프의 압축일은 무시하기도 한다.

26. 수증기를 사용하는 재열 사이클에서 수증기를 재열함으로써 얻어지는 가장 큰 장점은 무엇인가?

① 효율소득이 커진다.
② 배열이 감소한다.
③ 터빈 저압단에서 습분 함유량을 안전한 값으로 감소시킨다.
④ 펌프일을 감소시키므로 사이클 일을 증가시킨다.

풀이 재열 사이클이란 랭킨 사이클의 터빈에서 단열팽창 도중에 있는 증기를 재가열하여 터빈일을 증가시키고 터빈 출구의 건도를 높이는 목적의 사이클이다.

27. 엔탈피 126KJ/kg인 물을 보일러에서 가열하여 엔탈피 2952KJ/kg인 증기 m = 10ton/h를 만들고, 이것을 증기터빈에 송입하였더니 출구엔탈피가 2583KJ/kg이었다. 이 경우 보일러에서의 가열량을 구하면 그 값은?(단, 보일러에서는 정압가열이며 터빈에서는 단열팽창이다.)

① 7850kW ② 6742kW
③ 640kW   ④ 570kW

풀이
$$_1\dot{Q}_2 = \Delta \dot{H} = \dot{m}\Delta h$$
$$= \frac{10 \times 10^3}{3600} \times (2952 - 126)$$
$$= 7850[kW]$$

28. 증기를 가역 단열과정을 거쳐 팽창시키면 증기의 엔트로피는?

① 증가한다.
② 감소한다.
③ 변하지 않는다.
④ 경우에 따라 증가도 하고, 감소도 한다.

풀이 증기 원동소 이상 사이클인 랭킨 사이클의 T-s 선도나 h-s 선도에서 단열압축과 단열 팽창시 엔트로피의 변화가 일정하다는 것을 확인할 수 있다. 단열변화는 등엔트로피 변화이다.

29. 다음 중 랭킨 사이클(Rankine Cycle)에 관한 사항으로 부적당한 것은?

① 복수기의 압력이 낮아지면 방출열량이 적어진다.
② 복수기의 압력이 낮아지면 열효율이 증가한다.
③ 터빈의 배기온도를 낮추면 터빈 효율은 증가한다.
④ 터빈의 배기온도를 낮추면 터빈 날개가 부식한다.

풀이 터빈의 배기온도를 낮추어 습증기를 배출하게 되면 터빈 날개가 부식될 위험이 있으며 결과적으로 터빈 효율은 감소하게 될 것이다.

25 ③   26 ③   27 ①   28 ③   29 ③

30 랭킨 사이클에서 보일러 압력과 온도가 일정하고 복수기 압력이 낮을수록 어떤 현상이 발생하겠는가?

① 열효율이 증가한다.
② 터빈 효율이 증가한다.
③ 열효율이 감소한다.
④ 터빈 출구의 증기의 건도가 높아진다.

풀이 랭킨 사이클 선도에서 복수기 압력을 감소시키면 방열량의 감소로 이론적인 열효율은 증가한다. 그러나 터빈 날개의 부식 위험이 있기 때문에 복수기 압력을 낮추는데는 한계가 있다.

31 다음 사항 중 틀린 것은?

① 랭킨 사이클의 열효율은 터빈 입구의 과열증기 상태와 복수기의 진공도에 의해서 거의 결정된다.
② 랭킨 사이클의 열효율을 열역학적으로 개선한 것이 재생 랭킨 사이클이다.
③ 증기 터빈에서 복수기의 배압은 냉각수의 온도에 의해서 정해지므로 자유로이 바꿀 수는 없다.
④ 랭킨 사이클의 열효율은 터빈의 입구 압력, 입구 온도의 영향만을 받는다.

풀이 증기 원동소의 이상 사이클인 랭킨 사이클의 열효율을 증가시키는 방법은 보일러의 초압을 높이고 복수기의 배압을 낮추면 된다. 이것은 이론적인 방법이고 실제로는 보일러의 폭발의 위험과 터빈 날개의 부식 때문에 제한적으로 사용되는 방법이고 터빈일을 증가시켜 열효율을 증가시킨 재생사이클이 있고 공급열을 감소시켜 열효율을 증가시키는 재열사이클 그리고 재생·재열 혼합사이클 등이 있다.

32 증기터빈의 입구증기는 과열증기이고 터빈 출구의 증기는 습증기이다. 터빈에서 단열팽창할 때 터빈의 열효율이 커지면 어떠한 현상이 발생하는가?

① 터빈 출구의 온도가 올라간다.
② 터빈 출구의 온도가 떨어진다.
③ 터빈 출구의 습증기의 건도가 감소한다.
④ 터빈 출구의 습증기의 건도가 증가한다.

풀이 터빈에서 단열팽창으로 터빈일을 증가시켜 열효율 상승을 가져올 수 있지만 터빈 출구의 습증기가 늘어나 터빈 날개를 부식시킬 수 있다. 습증기의 양이 커진다는 것은 건도가 감소하고 습도가 증가한다는 의미이다.

33 다음의 기본 랭킨 사이클에서 보일러에서 물이 가열되는 열량을 엔탈피의 값으로 표시하였을 때 올바른 것은?(단, h는 비엔탈피이다.)

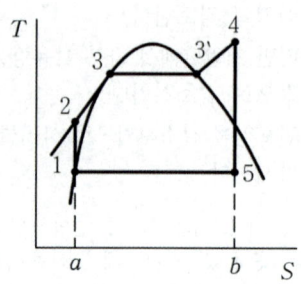

① $h_5 - h_1$ ② $h_4 - h_5$
③ $h_4 - h_2$ ④ $h_2 - h_1$

풀이 랭킨사이클 선도에서 보일러의 공급열량을 보일러 출구와 입구의 비엔탈피 차로 표현하면 $q_1 = h_4 - h_2$ 이고 복수기에서 방출 열량은 $q_2 = h_5 - h_1$ 이다.

30 ① 31 ④ 32 ③ 33 ③

34 재열 랭킨 사이클에서 재열의 주목적은?

① 펌프일을 감소시킨다.
② 복수기 압력을 감소시킨다.
③ 터빈 출구 습증기의 질(건도)을 높인다.
④ 이론 열효율을 증가시키는 것이 목적이다.

풀이) 재열 사이클은 랭킨 사이클의 터빈에서 단열팽창 도중에 있는 증기를 재가열하여 터빈 일을 증가시키고 터빈 출구의 건도를 높이는 것이 주 목적이다.

35 다음은 증기 사이클의 P-V 선도이다. 이는 어떤 종류의 사이클인가?

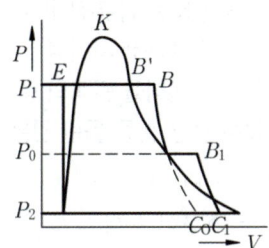

① 재생 사이클
② 재생·재열 사이클
③ 재열 사이클
④ 급수가열 사이클

풀이) 정압과정의 보일러에서 재열과정이 존재하고 단열팽창 과정의 터빈일을 증가시킨 사이클이다.

36 랭킨 사이클의 각점 증기 엔탈피는 다음과 같다. 보일러 입구 69.4KJ/kg, 보일러 출구 830.6KJ/kg, 복수기 입구 626.4KJ/kg, 복수기 출구 68.4KJ/kg이다. 이 사이클의 효율은?(단, 펌프일은 무시한다.)

① 27.85% ② 29.85%
③ 26.69% ④ 28.82%

풀이) $\eta_R = \dfrac{\text{터빈입구 비엔탈피} - \text{터빈출구 비엔탈피}}{\text{보일러출구 비엔탈피} - \text{펌프입구 비엔탈피}}$

$= \dfrac{830.6 - 626.4}{830.6 - 68.4} \times 100 = 26.79[\%]$

37 다음 중 단열과정과 정압과정만으로 이루어지는 사이클은?

① 랭킨 사이클 ② 오토 사이클
③ 디젤 사이클 ④ 카르노 사이클

풀이)
① 랭킨 사이클 : 2개의 단열과정과 2개의 정압과정으로 구성
② 오토 사이클 : 2개의 단열과정과 2개의 정적과정으로 구성
③ 디젤 사이클 : 2개의 단열과정과 1개의 정압 1개의 정적과정으로 구성
④ 카르노 사이클 : 2개의 단열과정과 2개의 등온과정으로 구성

38 증기터빈의 저압단에서의 증기의 건도를 높이는데 가장 큰 효과가 있는 사이클은 다음 중 어느 것인가?

① 포화증기를 사용하는 랭킨 사이클
② 과열증기를 사용하는 랭킨 사이클
③ 재열 사이클
④ 재생 사이클

풀이) 재열 사이클이란 랭킨 사이클의 터빈에서 단열팽창 도중에 있는 증기를 재가열하여 터빈일을 증가시키고 터빈 출구의 건도를 높이는 것이 목적인 사이클이다.

34 ③ 35 ③ 36 ③ 37 ① 38 ③

39 랭킨 사이클(Rankine cycle)의 각 점의 증기 엔탈피는 다음과 같다. 이 때 사이클의 열효율은 몇 %인가?

> 보일러 입구 : 69.4 KJ/kg,
> 보일러 출구 : 830.6kJ,
> 터빈 출구 : 626.4KJ/kg,
> 복수기 출구 : 68.6KJ/kg

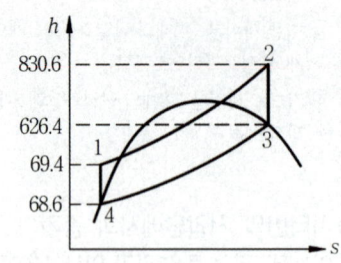

① 16.4 ② 20.6
③ 26.8 ④ 30.4

풀이
$$\eta_R = \frac{(h_2 - h_3) - (h_1 - h_4)}{h_2 - h_1}$$
$$= \frac{(830.6 - 626.4) - (69.4 - 68.6)}{830.6 - 69.4} \times 100$$
$$= 26.72[\%]$$

40 열효율이 25%이고 수증기 1kg당의 출력이 800kJ/인 증기기관의 증기소비율은 몇 kg/h인가?

① 1.13 ② 4.5
③ 800   ④ 18

풀이 증기소비율이란 증기터빈에서 1kWh당 소비되는 증기량이다.
$$SR = \frac{3600}{W_T} = \frac{3600}{800} = 4.5[kg/kWh]$$

41 랭킨 사이클(Rankine cycle)에서 보일러 압력과 온도가 일정할 때 복수기 압력이 높을수록 열효율은 어떻게 되는가?

① 감소한다.
② 증가한다.
③ 불변이다.
④ 증가하고 감소도 한다.

풀이 보일러 압력과 온도가 일정할 때 복수기 압력이 증가하면 방출량이 늘어나 터빈일량이 줄어들고 결과적으로 열효율이 감소하게 된다.

42 랭킨 사이클을 터빈 입구 상태와 응축기 압력을 그대로 두고 재생 사이클로 바꾸었다. 재생 사이클의 특징을 원래의 랭킨 사이클에 비교해서 말한 것 중 틀린 것은?

① 터빈일이 크다.
② 사이클 효율이 높다.
③ 응축기의 방열량이 작다.
④ 보일러에서 가해야 할 열량이 작다.

풀이 재생사이클은 터빈에서 팽창도중의 증기를 일부 추출하여 보일러에 공급된 물을 예열하고 복수기에서 방출되는 증기의 일부 열량을 급수 가열에 이용하는 사이클이다.

39 ③ 40 ② 41 ① 42 ①

43 Rankine 사이클로 작동되는 단순증기 원동기의 열효율을 바르게 나타낸 것은?

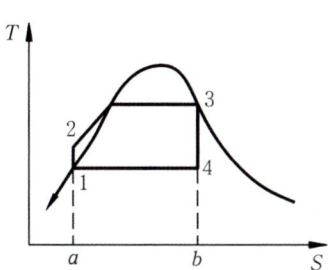

① $\dfrac{\text{면적 } 14ba1}{\text{면적 } 123ba1}$ ② $\dfrac{\text{면적 } 12341}{\text{면적 } 123ba1}$

③ $\dfrac{\text{면적 } 12341}{\text{면적 } 14ba1}$ ④ $\dfrac{\text{면적 } 14ba1}{\text{면적 } 12341}$

풀이 $\eta = \dfrac{W}{_1Q_2} = \dfrac{\text{면적 } 12341}{\text{면적 } 123ba1}$

44 공기를 동일 압력까지 압축시 비가역 단열 압축 후의 온도는 가역단열 압축 후의 온도에 비하여 어떠한가?

① 높다.
② 낮다.
③ 동일
④ 경우에 따라 다르다.

풀이 비가역변화시 마찰이 수반되어 마찰열이 동작물질에 부가됨으로 온도는 증가한다.

45 복합사이클(Sabathe cycle)의 이론 열효율은 $\eta = 1 - \left(\dfrac{1}{\epsilon}\right)^{k-1} \dfrac{\rho\sigma^k - 1}{(\rho-1) + \rho k(\sigma-1)}$ 이다. 어떠할 때 디젤사이클의 이론 열효율과 일치되는가?(단, ϵ은 압축비, ρ는 압력비, σ는 연료단절비, k는 비열비이다.)

① $\rho = 1$ ② $k = 1$
③ $\epsilon = 1$ ④ $\sigma = 1$

풀이 $\rho = 1$이면 $\eta_s = \eta_D$이고 $\sigma = 1$이면 $\eta_s = \eta_o$이다.

46 공기표준 브레이튼(Brayton) 사이클에서 최저 압력이 98MPa이고, 최고 압력이 392MPa이며 최고 온도가 700℃라고 하면 이론 열효율은?(단, k = 1.4라 한다.)

① 0.327 ② 0.335
③ 0.355 ④ 0.375

풀이 $\gamma = \dfrac{P_2}{P_1} = \dfrac{392}{98} = 4$

$\eta_B = 1 - \left(\dfrac{1}{\gamma}\right)^{\frac{k-1}{k}} = 1 - \left(\dfrac{1}{4}\right)^{\frac{0.4}{1.4}} = 0.327$

47 다음은 디젤 사이클에 대한 설명이다. 틀린 것은 어느 것인가?

① 일정한 압력하에서 열이 공급된다.
② 일정한 체적하에서 열이 방출된다.
③ 저·중속 디젤기관의 표준 이론 사이클이다.
④ 사이클의 이론 열효율은 cut-off-ratio만의 함수이다.

풀이 $\eta_D = 1 - \left(\dfrac{1}{\epsilon}\right)^{k-1} \dfrac{\sigma^k - 1}{k(\sigma-1)}$

위의 디젤 사이클의 효율 공식에서 보듯이 체절비와 압축비의 함수이다.

ANSWER 43 ② 44 ① 45 ① 46 ① 47 ④

48 오토사이클에 있어서 압축비의 값을 6에서 8로 올리면 그 이론 열효율은 약 몇 % 증가하는가?

① 10%   ② 8%
③ 6%   ④ 4%

풀이 오토사이클의 열효율 공식 : $\eta_O = 1 - \left(\dfrac{1}{\epsilon}\right)^{k-1}$

① $\epsilon = 6$일 때,
$\eta_O = 1 - \left(\dfrac{1}{6}\right)^{1.4-1} = 0.512$

② $\epsilon = 8$일 때,
$\eta_O = 1 - \left(\dfrac{1}{8}\right)^{1.4-1} = 0.565$

압축비의 값을 6에서 8로 올리면 이론 열효율은 $(0.565-0.512) \times 100 = 5.3\%$ 증가한다.

49 20kW 디젤기관에서 마찰손실이 그 출력의 15%일 때 손실에 의해서 발생되는 열량은 얼마인가?

① 6.4kW   ② 6kW
③ 4kW   ④ 3kW

풀이 출력이 20kW이므로 마찰손실에 의해 발생하는 열량은 그 출력의 15%이다.
$Q_f = 20 \times 0.15 = 3[kW]$

50 다음은 오토(Otto) 사이클의 온도-엔트로피(T-S) 선도이다. 이 사이클의 열효율을 온도의 항으로 표현한 것으로 옳은 것은?

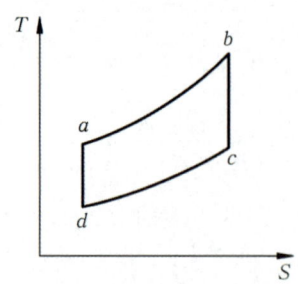

① $\eta_O = 1 - \dfrac{(T_c - T_d)}{(T_b - T_a)}$

② $\eta_O = 1 - \dfrac{(T_b - T_a)}{(T_c - T_d)}$

③ $\eta_O = 1 - \dfrac{(T_a - T_d)}{(T_b - T_c)}$

④ $\eta_O = 1 - \dfrac{(T_b - T_c)}{(T_a - T_d)}$

풀이 $\eta_O = 1 - \dfrac{Q_2}{Q_1} = 1 - \dfrac{mC_V(T_c - T_d)}{mC_V(T_b - T_a)}$
$= 1 - \dfrac{(T_c - T_d)}{(T_b - T_a)}$

51 작업유체(working substance)를 단열압축하여 고온고압으로 하면 점화하지 않아도 분사된 연료는 자연착화되어 일정한 압력하에서 연소하는 사이클(Cycle)은 다음 중 어느 것인가?

① Diesel cycle   ② Otto cycle
③ Sabathe cycle ④ Brayton cycle

풀이 ① Otto cycle : 전기점화(불꽃점화) 기관의 이상 사이클
② Diesel cycle : 압축착화 기관의 이상사이클, 저속디젤기관의 기본 사이클
③ Sabathe cycle : 고속 디젤기관이 기본사이클
④ Brayton cycle : 가스터빈기관의 기본 사이클

48 ③ 49 ④ 50 ① 51 ①

52 이론사이클을 행하는 가스터빈에 있어서 흡입공기의 온도 20℃, 압력 1bar, 터빈의 입구온도 580℃, 압력비를 7이라고 하면 압축기 출구온도는?(단, k = 1.4로 한다.)

① 231[K]　② 225[K]
③ 238K]　④ 511[K]

▶ 브레이튼 사이클의 12과정 압축기는 단열압축과정으로 가정한다.

$$\gamma = \left(\frac{P_2}{P_1}\right) = \left(\frac{T_2}{T_1}\right)^{\frac{k}{k-1}},$$

$$7 = \left(\frac{T_2}{20+273}\right)^{\frac{1.4}{0.4}}, \; T_2 = 510.89[K]$$

53 정압연소로서 가스터빈의 표준 사이클이 되는 사이클은?

① 랭킨(Rankine) 사이클
② 브레이튼(Brayton) 사이클
③ 냉동(refrigerator) 사이클
④ 재열(reheating) 사이클

▶ ① 랭킨(Rankine) 사이클 : 증기원동소의 기본 사이클
② 브레이튼(Brayton) 사이클 : 가스터빈 이상 사이클, 정압연소 사이클
③ 냉동(refrigerator) 사이클 : 역카르노 사이클, 역브레이튼 사이클, 증기압축 냉동 사이클 등이 있다.
④ 재열(reheating) 사이클 : 랭킨 사이클의 터빈에서 단열팽창 도중에 있는 증기를 재가열하여 터빈일을 증가시키고 터빈 출구의 건도를 높이기 위한 증기원동소 사이클이다.

54 브레이튼 사이클(Brayton cycle)의 열공급 및 방출은?

① 정적하에서 열이 들어오고, 정적하에서 열이 나간다.
② 정압하에서 열이 들어오고, 정적하에서 열이 나간다.
③ 정압하에서 열이 들어오고, 정압하에서 열이 나간다.
④ 정적 및 정압하에서 열이 들어오고, 정적하에서 열이 나간다.

▶ 브레이튼 사이클은 2개의 정압과정과 2개의 단열과정으로 구성된다. 단열변화란 열의 입·출입이 차단된 상태변화이므로 정압과정에서 열의 입·출입이 이루어진다.

55 브레이튼 사이클(Brayton cycle)은 다음 무슨 사이클에 가장 적합한가?

① 정적연소 사이클
② 정압연소 사이클
③ 등온연소 사이클
④ 합성연소 사이클

▶ 브레이튼(Brayton) 사이클 : 가스터빈의 이상 사이클이며 흡열과정이 정압과정에서 이루어지기 때문에 정압연소 사이클이라고도 부른다.

ANSWER 52 ④　53 ②　54 ③　55 ②

56 다음 사항 중 틀린 것은?

① 원자로에서 가스를 가열하는 경우는 밀폐사이클이 된다.
② 가스터빈 사이클의 기본형은 브레이튼(Brayton) 사이클이다.
③ 브레이튼 사이클의 이론 열효율은 압력비와 가스의 비열비에 의해서 정해진다.
④ 제트기관의 사이클은 스터링(Stirling) 사이클과 동일하다.

[풀이] ① 스털링(Stirling) 사이클 : 2개의 정적과정과 2개의 등온과정으로 구성된 사이클로 열효율은 카르노 사이클과 같고 역 스터링 사이클은 He를 냉매로하는 극저온용의 기체 냉동기 기준 사이클이 된다.
② 르누아(Lenoir) 사이클 : 정적, 정압, 단열과정으로 구성된 사이클로 펄스제트 추진 계통의 사이클과 유사하다.

57 오토 사이클에서 열효율을 55%로 하려면 압축비를 얼마로 하면 되겠는가?(단, k = 1.4라고 한다.)

① 약 6.7 ② 약 7.8
③ 약 7.4 ④ 약 8.5

[풀이]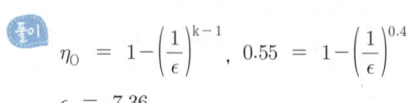
$\epsilon = 7.36$

58 오토 사이클과 디젤 사이클에 있어서 최고 압력과 최고 온도가 동일하다면 두 사이클의 압축비는?

① 디젤 사이클의 압축비가 크다.
② 오토 사이클의 압축비가 크다.
③ 두 사이클의 압축비가 같다.
④ 이 조건만으로 비교할 수 없다.

[풀이] 단열압축 초의 조건이 같은 상태에서 최고 압력과 최고 온도가 동일한 지점까지 단열압축 후 체적을 비교해 보면 디젤사이클의 체적이 오토 사이클의 체적보다 작다. 압축비는 단열압축 후의 체적이 작을수록 크다.

59 고속 디젤기관에 사용되는 사이클은 다음 중 어느 사이클인가?

① 정적 사이클(Otto cycle)
② 정압 사이클(Diesel cycle)
③ 합성 사이클(Sabathe cycle)
④ 카르노 사이클(Carnot cycle)

[풀이] ① Otto cycle : 전기점화(불꽃점화) 기관의 이상 사이클, 정적 사이클
② Diesel cycle : 압축착화 기관의 이상사이클, 저속디젤기관의 기본 사이클, 정압 사이클
③ Sabathe cycle : 고속 디젤기관이 기본사이클, 합성(복합) 사이클
④ Carnot cycle : 가역 이상 열기관 사이클

60 효율이 85%인 터빈에 들어갈 때의 증기의 엔탈피가 3390KJ/kg이고, 가역 단열과정에 의해 팽창할 경우에 출구에서의 엔탈피가 2135KJ/kg이 된다고 한다. 이 터빈의 실제일은 몇 KJ/kg인가?

① 1476 ② 1255
③ 1067 ④ 906

[풀이] 터빈의 단열효율 $\eta_T = \dfrac{실제일(W)}{가역터빈일(W_{th})}$

$0.85 = \dfrac{W}{3390 - 2135}$, $W = 1066.75[kJ/kg]$

56 ④ 57 ③ 58 ① 59 ③ 60 ③

61 다음은 이론 공기 사이클인 오토 사이클(η_{tho}), 디젤 사이클(η_{thd}), 사바데 사이클(η_{ths})을 비교하여 설명한 것이다. 이 중 맞지 않는 것은?

① 오토 사이클에 있어서 공급열량에는 관계없이 압축비의 증가만으로써 효율은 높아진다.
② 디젤 사이클에 있어서 압축비의 증가와 더불어 효율은 높아지나 반대로 차단비의 증가와 더불어 효율은 감소함으로 공급열량에 관계된다.
③ 사바데 사이클에 있어서 압축비 및 압력비의 증가와 더불어 효율은 높아진다.
④ 공급열량 및 최대 압력이 일정할 때 각 효율의 크기는 $\eta_{tho} < \eta_{thd} < \eta_{ths}$ 이다.

[풀이]
① 오토 사이클의 효율은 압축비만의 함수이다.
② 디젤 사이클의 효율은 압축비와 연료단절비만의 함수이다.
③ 사바데 사이클의 효율은 압축비, 연료단절비, 압력비 만의 함수이다.
④ 최고 압력이 일정할 때 효율의 크기 : $\eta_{thd} < \eta_{ths} < \eta_{tho}$

62 디젤기관의 압축비가 16일 때 압축전의 공기 온도가 90℃라면, 압축후의 공기의 온도는 얼마인가?(단, 공기의 비열비 k=1.4이다.)

① 1100.41[K] ② 798.12[K]
③ 808.45[K] ④ 827.17[K

[풀이] 디젤 사이클의 1-2과정이 단열압축과정으로 이 변화에서 압축비를 체적으로 계산한다.

$\epsilon = \dfrac{V_1}{V_2} = 16$, $\dfrac{T_2}{T_1} = \left(\dfrac{V_1}{V_2}\right)^{k-1}$

$\dfrac{T_2}{90+273} = 16^{0.4}$, $T_2 = 1100.41[K]$

63 그림에서 $T_1 = 561K$, $T_2 = 1010K$, $T_3 = 690K$, $T_4 = 383K$인 공기를 작업유체로 하는 브레이튼 사이클(Brayton cycle)의 이론 열효율은?(단, 공기의 정압비열은 $C_P = 1.004kJ/kg℃$ 이다.)

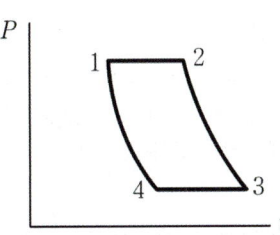

① 0.39 ② 0.43
③ 0.32 ④ 0.42

[풀이]
$\gamma = \dfrac{P_1}{P_4} = \left(\dfrac{T_1}{T_4}\right)^{\frac{k}{k-1}}$

$\eta_B = 1 - \left(\dfrac{1}{\gamma}\right)^{\frac{k-1}{k}} = 1 - \left(\dfrac{T_4}{T_1}\right)$

$= 1 - \left(\dfrac{383}{561}\right) = 0.32$

64 압축비 5인 가솔린 기관이 k=1.3인 고온 공기로 작동되고 있다. 기계효율 86%, 기관효율 70%이라면 제동 열효율은?

① 0.196 ② 0.231
③ 0.253 ④ 0.286

[풀이] 가솔린 기관의 기본 사이클은 오토 사이클이다.
$\eta_b = \eta_{th} \times \eta_m \times \eta_e$
여기서, η_b는 제동효율, η_{th}는 이론열효율, η_m는 기계효율 그리고 η_e는 기관효율이다.

$\eta_b = \eta_{th} \times \eta_m \times \eta_e = \left[1-\left(\dfrac{1}{\epsilon}\right)^{k-1}\right] \times \eta_m \times \eta_e$

$= \left[1-\left(\dfrac{1}{5}\right)^{1.3-1}\right] \times 0.86 \times 0.7 = 0.231$

ANSWER 61 ④ 62 ① 63 ③ 64 ②

65 다음 중 가솔린 기관의 기본 사이클은 어느 것인가?

① 정적사이클
② 복합 사이클
③ 정적·정압사이클
④ 정압사이클

풀이) 오토 사이클이 가솔린 기관은 기본 사이클이다. 오토 사이클은 정적과정에서 흡열이 이루어지기 때문에 정적사이클이라고도 한다.

66 압축비가 7인 Otto 사이클 기관의 이론 열효율은 몇 %인가?(단, k = 1.3이다.)

① 23.56   ② 34.67
③ 44.22   ④ 50.39

풀이) $\eta_O = 1 - \left(\frac{1}{\epsilon}\right)^{k-1} = 1 - \left(\frac{1}{7}\right)^{1.3-1}$
$= 0.4422 \times 100 = 44.22[\%]$

67 실린더의 간극체적이 행정체적의 22%일 때 오토 사이클의 열효율은 몇 %인가?(단, k = 1.4이다.)

① 96.43   ② 88.76
③ 64.38   ④ 49.62

풀이) $V_c = 0.22 V_s$,
$\epsilon = \frac{V_c + V_s}{V_c} = 1 + \frac{V_c}{0.22 V_c} = 5.55$
$\eta_O = 1 - \left(\frac{1}{\epsilon}\right)^{k-1} = 1 - \left(\frac{1}{5.55}\right)^{1.4-1}$
$= 0.4962 \times 100 = 49.62[\%]$

68 이상적인 냉동 사이클의 기본 사이클은 다음 중 어느 것인가?

① 카르노 사이클
② 브레이튼 사이클
③ 역브레이튼 사이클
④ 역카르노 사이클

69 응축기 온도 42℃, 증발기온도 -22℃의 이상 냉동 사이클의 성능계수로 다음 중 맞는 것은?

① 2.19   ② 2.54
③ 3.92   ④ 4.91

풀이) 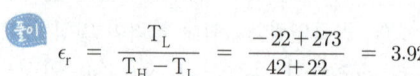 $\epsilon_r = \frac{T_L}{T_H - T_L} = \frac{-22 + 273}{42 + 22} = 3.92$

70 온도 T_L인 저온체에서 흡구한 열량을 q_L, 온도 T_H인 고온체에서 버린 열량을 q_H라 할 때 열펌프 성능계수로 맞는 것은?

① $\frac{q_H}{q_H - q_L}$ ② $\frac{T_L}{T_H - T_L}$
③ $\frac{q_L}{q_H - q_L}$ ④ $\frac{T_H - T_L}{T_H}$

풀이) 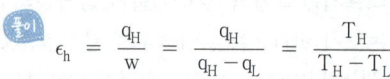 $\epsilon_h = \frac{q_H}{w} = \frac{q_H}{q_H - q_L} = \frac{T_H}{T_H - T_L}$

71 증발기 입구의 엔탈피를 h_4, 출구에서의 엔탈피를 h_1, 응축기 입구의 엔탈피를 h_2, 응축기 출구의 엔탈피를 h_3라 할 때 냉동효과 q_2를 나타내는 식으로 다음 중 맞는 것은?

① $q_2 = h_3 - h_2$ ② $q_2 = h_1 - h_4$
③ $q_2 = h_3 - h_1$ ④ $q_2 = h_2 - h_1$

72 다음 냉동기의 냉동능력을 표시하는 방법 중 잘못된 것은?

① 냉동톤의 능력을 나타내는 냉매의 순환량
② 1시간에 냉동기가 흡수하는 열량
③ 냉매 1kg이 흡수하는 열량
④ 압축기 입구에서 증기의 단위 체적당 흡수열량

73 공기 냉동기에서 압축기 입구의 온도가 -5℃, 압축기 출구의 온도가 105℃, 팽창기 입구의 온도가 10℃, 팽창기 출구에서 온도가 -70℃라면 냉동기 성적계수는 얼마인가?

① 1.78　② 2.17
③ 2.87　④ 3.24

풀이　$q_2 = C_P(T_2 - T_1) = 1.005 \times (-5 + 70)$
$= 65.33 [\text{kJ/kg}]$
$q_1 = C_P(T_3 - T_4) = 1.005 \times (105 - 10)$
$= 95.48 [\text{kJ/kg}]$
$\epsilon_r = \dfrac{q_2}{w} = \dfrac{q_2}{q_1 - q_2} = \dfrac{65.33}{95.48 - 65.33}$
$= 2.17$

74 이론 증기 압축 냉동 사이클에서 등엔탈피 과정은 다음의 어느 곳에서 발생하는가?

① 증발기　② 응축기
③ 팽창밸브　④ 압축기

풀이　증발기-정압(등온) 변화, 응축기-정압변화, 압축기-단열압축(등엔트로피변화)

75 냉동용량이 6RT인 냉동기의 성적계수가 3.5라면 이 냉동기를 작동시키기 위한 동력은 몇 kW인가?

① 3.12　② 4.67
③ 5.38　④ 6.31

풀이　$\epsilon_r = \dfrac{\dot{Q}_L}{\dot{W}}$, $\dfrac{6 \times 3.68}{\dot{W}} = 3.5$,
$\dot{W} = 6.31 [\text{kW}]$

76 냉동기가 0℃ 물로 0℃의 얼음 2ton을 만드는데 15.75×10^4kJ의 일이 소요된다면 이 냉동기의 성적계수는 얼마인가?

① 3.4　② 4.3
③ 5.6　④ 6.7

풀이　얼음의 융해잠열이 1kg당 336kJ이므로 냉동효과는 다음과 같다.
$Q_L = 2 \times 10^3 \times 336 = 672000 \text{kJ}$
$\epsilon_r = \dfrac{Q_L}{W} = \dfrac{672000}{157500} = 4.3$

77 증기 냉동기에서 냉매가 순환되는 경로를 올바르게 나타낸 것은?

① 증발기→압축기→응축기→수액기→팽창밸브
② 증발기→응축기→수액기→팽창밸브→압축기
③ 압축기→수액기→응축기→증발기→팽창밸브
④ 압축기→증발기→팽창밸브→수액기→응축기

풀이　증기 압축 냉동사이클 선도에서 동작물질의 순환은 증발기로 열을 흡입하여 건포화증기가 된 것을 압축기로 가압하여 과열증기로 만들고 응축기에서 열을 방출하여 포화액 상태가 된 것이 수액기를 거쳐 팽방밸브로 이동이 이루어진다.

72 ①　73 ②　74 ③　75 ④　76 ②　77 ①

78. 이상적인 냉동사이클의 기본 사이클은 다음 중 어느 것인가?

① 카르노 사이클
② 브레이튼 사이클
③ 랭킨 사이클
④ 역카르노 사이클

풀이 냉동사이클에는 가역이상 냉동사이클인 역카르노 사이클이고, 공기표준 냉동사이클인 역브레이튼 사이클 그리고 증기압축 냉동사이클 등이 있다.

79. 역카르노 사이클로 작동하는 냉동기가 30 kW 일을 받아서 저온체로부터 84kJ/s의 열을 흡수한다면 고온체로 방출하는 열량은 몇 kJ/s인가?

① 147
② 227
③ 2530
④ 114

풀이 역카르노 사이클은 가역이상 냉동사이클이고 유효일(실제일)은 고열원의 방열량에서 저열원의 흡열량의 차로 결정된다. 그러므로 단위 시간당 고열원의 방열량은 다음과 같이 구한다.
$\dot{Q}_1 = \dot{W} + \dot{Q}_2 = 30 + 84 = 114 \; [kJ/s]$

80. 다음 냉동기 사이클에 대한 설명으로 틀린 것은?

① 냉동 사이클의 경우 저열원으로부터 흡수한 열량이 클수록 경제성이 높다고 할 수 있다.
② 1냉동톤은 0℃의 물 1톤을 1시간에 0℃의 얼음으로 만드는 냉동능력을 말한다.
③ 냉매에 관한 증기선도는 압력-엔탈피 선도를 이용한다.
④ 냉동 사이클은 등엔탈피 과정을 포함한다.

풀이 1냉동톤이란 0℃의 물 1톤을 24시간에 0℃의 얼음으로 만들 수 있는 능력을 말하고 증기압축 냉동사이클은 증기선도의 P-h 선도를 이용하며 구성요소 중 팽창밸브는 등엔탈피로 변화한다.

81. 다음 그림은 임의의 냉동사이클이다. Q_1은 냉매가 고열원 방출하는 열량, Q_2는 냉매가 흡수하는 열량이라할 때 성적계수 COP는? (단, W = 공급에너지이다.)

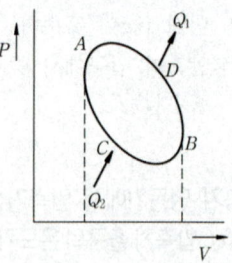

① $COP = \dfrac{Q_1 - Q_2}{Q_1}$
② $COP = \dfrac{AW}{Q_2}$
③ $COP = Q_2 \cdot AW$
④ $COP = \dfrac{Q_2}{Q_1 - Q_2}$

풀이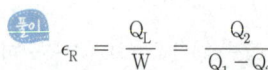

82. 다음 그림과 같은 습(증기)압축 냉동 사이클에서 성적계수(COP)를 표시하는 식은 다음 중 어느 것인가?(단, h는 엔탈피, T는 절대온도, S는 엔트로피이다.)

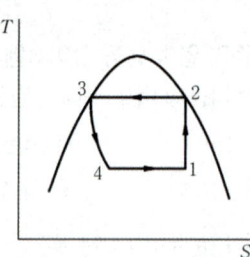

① $\epsilon_R = \dfrac{h_4 - h_1}{h_2 - h_3}$
② $\epsilon_R = \dfrac{h_2 - h_1}{h_3 - h_2}$
③ $\epsilon_R = \dfrac{h_2 - h_1}{h_1 - h_4}$
④ $\epsilon_R = \dfrac{h_1 - h_4}{h_2 - h_1}$

풀이 그림의 T-S선도 1-2과정은 압축기, 2-3과정은 응축기, 3-4과정은 팽창밸브, 4-1과정은 증발기이다.
$\epsilon_R = \dfrac{h_1 - h_4}{h_2 - h_1}$

78 ④   79 ④   80 ②   81 ④   82 ④

83 단위시간당 60000kJ를 흡수하는 냉동기의 용량은 몇 냉동톤인가?

① 13.3   ② 17.07
③ 4.32   ④ 18.07

 $\dfrac{60000}{3600 \times 3.86} = 4.32 RT$

84 과열과 과냉이 없는 증기압축 냉동 사이클에서 응축온도가 일정할 때 증발온도가 높을수록 성능계수는?

① 증가한다.
② 감소한다.
③ 증가할 수도 있고, 감소할 수도 있다.
④ 증발온도는 성능계수와 관계없다.

풀이 응축기 온도가 일정한 상태가 유지되면서 증발온도가 올라가면 증발기 흡열량이 커지므로 냉동기 성능계수는 증가한다. $\epsilon_R \propto Q_2$

85 증기압축 냉동 사이클을 구성하고 있는 다음의 기기들 중에서 냉매의 엔탈피가 일정한 값을 유지하는 것은?

① 압축기   ② 응축기
③ 증발기   ④ 팽창밸브

풀이 ① 증발기 : 정압 흡열과정(등온과정)
② 압축기 : 단열압축과정
③ 응축기 : 정압 방열과정
④ 팽창밸브 : 등엔탈피과정

86 압력 P_1 및 P_2 사이에서 $(P_1 > P_2)$ 작용하는 이상 공기 냉동기의 성능계수는 얼마인가? (단, $P_2/P_1 = 0.5$, $k = 1.4$이다.)

① 1.22   ② 3.32
③ 4.57   ④ 5.57

풀이 역브레이튼 사이클의 성능계수를 구하는 문제

$\dfrac{T_2}{T_1} = \left(\dfrac{P_2}{P_1}\right)^{\frac{k-1}{k}} = 0.5^{\frac{0.4}{1.4}} = 0.82$

$\epsilon_R = \dfrac{Q_2}{W} = \dfrac{T_2}{T_1 - T_2} = \dfrac{T_2/T_1}{1 - T_2/T_1}$

$= \dfrac{0.82}{1 - 0.82} = 4.56$

87 완전히 단열된 밀실에서 냉장고를 계속 가동시키고 있다. 만일 냉장고의 문이 열려 있고 밀실 내에서 이상적인 교반이 이루어지고 시간당 2kW의 전력을 냉장고가 소모한다고 한다면, 다음 중 옳은 것은?

① 밀실내의 온도는 일정하게 유지된다.
② 밀실내의 온도는 올라간다.
③ 밀실내의 온도가 내려간다.
④ 온도가 올라갔다 내려갔다 한다.

풀이 밀실과 문이 열린 냉장고의 두 열원 사이의 열 이동으로 열평형을 이루어 갈 것이고 냉장고는 시간당 2kW의 전력을 소모할 때 발생하는 일량이 전부 열량으로 바뀌어 밀실로 열 이동이 발생하므로 밀실내의 온도는 상승하게 된다. 즉, 냉동기는 냉매(冷媒)를 압축순환시켜 냉장고 내의 열을 흡수하여 외부로 발산시킴으로써, 냉장고 안을 저온으로 유지하는 작용을 한다

 83 ③   84 ①   85 ④   86 ③   87 ②

88 그림과 같은 냉동 사이클의 성능계수는 얼마인가?(단 $h_1 = 184.62 \text{kJ/kg}, h_2 = 217.2 \text{kJ/kg}, h_3 = 59.6 \text{kJ/kg}, h_4 = 59.6 \text{kJ/kg}$이다.)

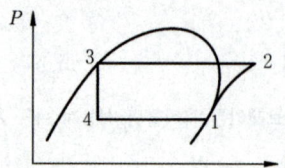

① 4.82　　② 0.26
③ 3.84　　④ 0.21

풀이 $\epsilon_R = \dfrac{h_1 - h_4}{h_2 - h_1} = \dfrac{184.62 - 59.6}{217.2 - 184.62} = 3.84$

88 ③

부록
PART

실전테스트문제

Engineer Motor Vehicles Maintenance

1차 실전 테스트 문제

제1과목 일반기계 공학

01. 유압기기 요소에서 길이가 단면 치수에 비해서 비교적 긴 죔 구를 의미하는 용어는?

① 램
② 초크
③ 오리피스
④ 스풀

02. 그림과 같은 균일분포하중이 작용하는 보의 최대 처짐량을 구하는 식으로 옳은 것은?(단, W : 균일분포하중, L : 보의 길이, E : 세로탄성계수, I : 단면 2차 모멘트이다.)

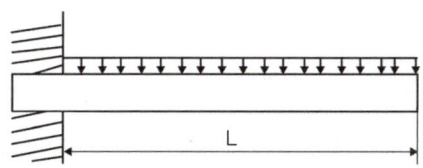

① $\dfrac{WL^3}{3EI}$
② $\dfrac{WL^4}{8EI}$
③ $\dfrac{WL^3}{216EI}$
④ $\dfrac{5WL^4}{384EI}$

03. 실린더 피스톤의 단면적이 100㎠이고, 로드의 단면적이 50㎠인 유압실린더에 분당 20L의 유압유가 공급될 때 공작물의 후진속도는 몇 m/min인가?

① 0.4
② 4
③ 40
④ 4000

풀이
$$V = \dfrac{Q}{A_1 - A_2} = \dfrac{20L}{(100\text{cm}^2 - 50\text{cm}^2)} \times 10$$
$$= 4\text{m/min}$$

V : 공작물의 후진속도
Q : 유압유의 공급유량
A_1 : 피스톤의 단면적
A_2 : 피스톤 로드의 단면적

04. 그림과 같이 하중이 작용하는 차축의 지름은 몇 ㎜인가?(단, 축에 작용하는 하중은 3000kgf, 축 길이는 800㎜, 허용 휨 응력은 5kgf/㎟이다)

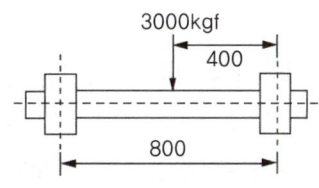

① 86
② 98
③ 101
④ 107

정답 1 ② 2 ② 3 ② 4 ④

풀이

① $M = \dfrac{Wl}{4} = \dfrac{3000 \times 800}{4}$

　　$= 600000 \text{kgf} \cdot \text{mm}$

M : 휨 모멘트
W : 축에 작용하는 하중
l : 축 길이

② $d = \sqrt[3]{\dfrac{10.2M}{\sigma a}} = \sqrt[3]{\dfrac{10.2 \times 600000}{5}}$

　　$= 107 \text{mm}$

d : 축의 지름
σa : 허용 휨 응력

05 철강 시험편은 오스테나이트화한 후 시험편의 한 쪽 끝에 물을 분사하여 퀜칭하는 표준 시험법은?

① 붕화　　　　② 복탄
③ 조미니　　　④ 마르에이징

06 축에 직각인 하중을 지지하는 베어링은?

① 피벗 베어링
② 칼라 베어링
③ 레이디얼 베어링
④ 스러스트 베어링

07 두 축이 만나지도 않고, 평행하지도 않는 기어는?

① 웜과 웜 기어　　② 베벨 기어
③ 헬리컬 기어　　　④ 스퍼 기어

08 호칭 지름이 50mm, 피치가 2mm인 미터 가는 나사가 2줄 왼나사로 암나사 등급이 6일 때 KS 나사 표시방법으로 옳은 것은?

① 왼 2줄 M50×2-6g
② 왼 2줄 M50×2-6H
③ 2줄 M50×2-6g
④ 2줄 M50×2-6H

09 한 변의 길이가 8cm인 정4각 단면의 봉에 온도를 20℃상승시켜도 길이가 늘어나지 않도록 하는데 28000N이 필요하다면 이 봉의 선팽창 계수는?(단, 탄성계수 (E)는 $2.1 \times 10^6 \text{N/cm}^2$이다)

① $1.14 \times 10^{-5}/℃$
② $1.04 \times 10^{-5}/℃$
③ $1.14 \times 10^{-6}/℃$
④ $1.04 \times 10^{-4}/℃$

 풀이

$a = \dfrac{W}{E \times A \times t} =$

$\dfrac{28000N}{2.1 \times 10^6 \times 8 \times 8 \times 20} = 1.04 \times 10^{-5}/℃$

a : 선팽창 계수
E : 탄성계수
t : 온도
W : 길이가 늘어나지 않도록 하는데 필요한 힘

정답　5 ③　6 ③　7 ①　8 ②　9 ②

10 다음 중 버니어 캘리퍼스로 측정할 수 없는 것은?

① 구멍의 내경
② 구멍의 깊이
③ 축의 편심량
④ 공작물의 두께

11 드릴링 머신에서 너트나 볼트의 머리와 접촉하는 면을 평면으로 파는 작업은?

① 리밍　　② 보링
③ 태핑　　④ 스폿 페이싱

12 리벳이음에서 리벳의 지름이 d, 피치가 p일 때 판 효율을 구하는 식으로 옳은 것은?

① $1-\dfrac{d}{p}$　　② $1-\dfrac{p}{d}$
③ $\dfrac{d}{p}-1$　　④ $\dfrac{p}{d}-1$

13 일반적으로 단면이 각형이며 스터핑 박스에 채워 넣어 사용되어지는 패킹의 총칭은?

① 브레이드 패킹
② 코튼 패킹
③ 금속박 패킹
④ 글랜드 패킹

14 정밀 주조법의 일종으로 정밀한 금형에 용융금속을 고압, 고속으로 주입하여 주물을 얻는 방법으로 Al합금, Mg합금 등에 주로 사용되는 주조법은?

① 원심주조법
② 다이캐스팅
③ 셸 몰드법
④ 연속주조법

15 알루미늄 합금인 두랄루민의 표준성분에 해당하지 않는 원소는?

① Co　　② Cu
③ Mg　　④ Mn

16 비틀림을 받는 원형 단면 봉에서 발생하는 비틀림 각에 대한 설명으로 옳은 것은?

① 봉의 길이에 반비례한다.
② 전단 탄성계수에 반비례한다.
③ 비틀림 모멘트에 반비례한다.
④ 극단면 2차 모멘트에 반비례한다.

정답: 10 ③　11 ④　12 ①　13 ④　14 ②　15 ①　16 ④

17 그림과 같이 용접이음을 하였을 때 굽힘응력을 계산하는 식으로 옳은 것은?(단, L : 용접 길이, t : 용접치수(용접 판두께), ℓ : 용접부에서 하중 작용선까지 거리, W : 작용하중이다.)

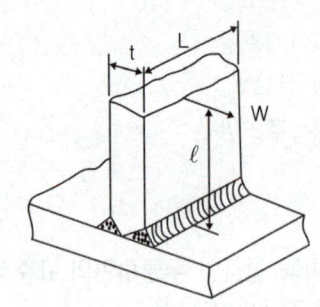

① $\dfrac{6W\ell}{tL^2}$ ② $\dfrac{12W\ell}{tL^2}$
③ $\dfrac{6W\ell}{t^2L}$ ④ $\dfrac{12W\ell}{t^2L}$

18 유압 회로 구성에 사용되는 어큐물레이터의 용도가 아닌 것은?

① 주 동력원
② 비상동력원
③ 누설 보상기
④ 유압 완충기

19 다음 중 나사산을 가공하는데 적합한 가공법은?

① 전조 ② 압출
③ 인발 ④ 압연

20 하중을 물체에 작용하는 상태에 따라 분류할 때 해당하지 않는 것은?

① 인장하중 ② 압축하중
③ 전단하중 ④ 교번하중

제2과목 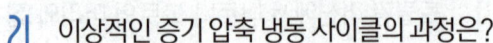 기계 열역학

21 이상적인 증기 압축 냉동 사이클의 과정은?

① 정적방열과정 → 등엔트로피 압축과정 → 정적증발과정 → 등엔탈피 팽창과정
② 정압방열과정 → 등엔트로피 압축과정 → 정압증발과정 → 등엔탈피 팽창과정
③ 정적증발과정 → 등엔트로피 압축과정 → 정적방열과정 → 등엔탈피 팽창과정
④ 정압증발과정 → 등엔트로피 압축과정 → 정압방열과정 → 등엔탈피 팽창과정

22 오토사이클에 있어서 압축비의 값을 6에서 8로 올리면 그 이론 열효율은 약 몇 % 증가하는가?

① 10% ② 8%
③ 6%   ④ 4%

풀이 오토사이클의 열효율 공식

$\eta_O = 1 - \left(\dfrac{1}{\epsilon}\right)^{k-1}$

① $\epsilon = 6$일 때
$\eta_O = 1 - \left(\dfrac{1}{6}\right)^{1.4-1} = 0.512$

② $\epsilon = 8$일 때
$\eta_O = 1 - \left(\dfrac{1}{8}\right)^{1.4-1} = 0.565$

정답 17 ③ 18 ① 19 ① 20 ④ 21 ④ 22 ③

압축비의 값을 6에서 8로 올리면 이론 열효율은 $(0.565-0.512) \times 100 = 5.3\%$ 증가한다.

23 어떤 기체가 압력 0.12MPa, 체적 $0.18m^3$에서 체적이 0.58인 상태로 단열된 실린더 내에서 팽창한다. 이때 엔탈피 감소량과 일량은 몇 kJ인가?(단, 이 기체의 정압비열은 0.444 kJ/kg℃이고, 정적비열은 0.333kJ/kg℃, 기체상수는 114J/kgK이다.)

① $\Delta H = 20.8[kJ]$, $_1W_2 = 27.65[kJ]$
② $\Delta H = 27.65[kJ]$, $_1W_2 = 10.7[kJ]$
③ $\Delta H = 36.7[kJ]$, $_1W_2 = 20.8[kJ]$
④ $\Delta H = 27.65[kJ]$, $_1W_2 = 20.8[kJ]$

$k = \dfrac{C_P}{C_V} = \dfrac{0.444}{0.333} = 1.33$,

$P_2 = P_1 \left(\dfrac{V_1}{V_2}\right)^k = 0.12 \times \left(\dfrac{0.18}{0.58}\right)^{1.33}$
$= 0.025[MPa]$

$\Delta H = mC_P(T_2 - T_1)$
$= C_P \dfrac{P_2V_2 - P_1V_1}{R}$
$= 0.444 \times \dfrac{0.025 \times 10^6 \times 0.58 - 0.12 \times 10^6 \times 0.18}{114}$
$= -27.65[kJ]$

$_1W_2 = \dfrac{P_1V_1 - P_2V_2}{k-1} = \dfrac{\Delta H}{k} = \dfrac{27.65}{1.33}$
$= 20.8[kJ]$

24 어떤 기체가 압력 9MPa인 상태에서 변화하여 내부에너지가 13kJ이 증가하였다. 비열비 k=1.4이고 폴리트로픽지수 n=1.3 이었을 때 요구된 열량은 몇 kJ인가?

① -3.00   ② -3.33
③ -4.00   ④ -4.33

$_1Q_2 = mC_n\Delta T = mC_v \dfrac{n-k}{n-1}\Delta T = \dfrac{n-k}{n-1}\Delta U$
$= \dfrac{1.3-1.4}{1.3-1} \times 13 = -4.33[kJ]$

25 다음 압력값 중에서 표준대기압(1 atm)과 차이(절대값)가 가장 큰 압력은?

① 1 MPa   ② 100 kPa
③ 1 bar   ④ 100 hPa

26 역카르노 사이클로 작동하는 냉동기가 30 kW 일을 받아서 저온체로부터 84kJ/s의 열을 흡수한다면 고온체로 방출하는 열량은 몇 kJ/s인가?

① 147   ② 227
③ 2530   ④ 114

역카르노 사이클은 가역이상 냉동사이클이고 유효일(실제일)은 고열원의 방열량에서 저열원의 흡열량의 차로 결정된다. 그러므로 단위 시간당 고열원의 방열량은 다음과 같이 구한다.
$\dot{Q}_1 = \dot{W} + \dot{Q}_2 = 30 + 84 = 114\ [kJ/s]$

정답 23 ④   24 ④   25 ①   26 ④

27 그림과 같은 냉동 사이클의 성능계수는 얼마인가?(단, $h_1=184.62kJ/kg$, $h_2=217.2kJ/kg$, $h_3=59.6kJ/kg$, $h_4=59.6kJ/kg$이다.)

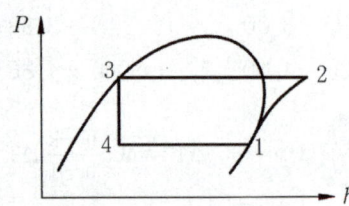

① 4.82　　② 0.26
③ 3.84　　④ 0.21

풀이 $\epsilon_R = \dfrac{h_1-h_4}{h_2-h_1} = \dfrac{184.62-59.6}{217.2-184.62} = 3.84$

28 열교환기를 흐름 배열(flow arrangement)에 따라 분류할 때 그림과 같은 형식은?

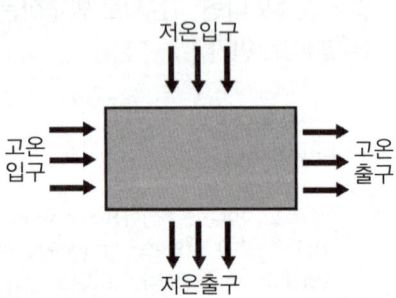

① 평행류　　② 대향류
③ 병행류　　④ 직교류

29 압력 80kPa, 체적 $0.37m^3$을 차지하고 있는 완전가스를 등온 팽창시켰더니 체적이 2.5배로 팽창하였다. 외부에 대해서 한 일은 얼마인가?

① 0.2712 kJ　　② 2.712 kJ
③ 27.12 kJ　　④ 271.2 kJ

풀이 T = Const
$_1W_2 = P_1V_1\ln\left(\dfrac{V_2}{V_1}\right) = 80 \times 0.37 \times \ln 2.5$
　　　$= 27.12[kJ]$

30 초기온도와 압력이 50℃, 600kPa인 단위 질량의 질소가 100kPa까지 가역 단열 팽창하였다. 이 때 온도는 몇 K인가?(단, 비열비 k=1.4이다.)

① 194 K　　② 294 K
③ 467 K　　④ 539 K

풀이 $\dfrac{T_2}{T_1} = \left(\dfrac{P_2}{P_1}\right)^{\frac{k-1}{k}}$,

$\dfrac{T_2}{50+273} = \left(\dfrac{100}{600}\right)^{\frac{0.4}{1.4}}$, $T_2 = 193.59[K]$

31 중량 29.4 N의 철제 그릇에 22℃의 물이 $0.03m^3$ 들어 있다. 이 물 그릇에 200℃의 알루미늄 덩어리 39.2N을 넣었더니 열 평형을 이룬 후 온도가 30℃이었다. 다음 중 알루미늄의 비열로 맞는 것은?(단, 철의 비열은 0.4452kJ/kg℃이다.)

① $C_a = 0.498[kJ/kg℃]$

정답　27 ③　28 ④　29 ③　30 ①　31 ②

② $C_a = 1.498[kJ/kg℃]$
③ $C_a = 2.498[kJ/kg℃]$
④ $C_a = 3.498[kJ/kg℃]$

풀이 $\sum Q = 0$, $Q_{원} = Q_{일}$:
$m_w C_w(T_m - T_w) + m_{iv} C_{iv}(T_m - T_{iv})$
$= m_a C_a (T_a - T_m)$
$m_w = \rho_w V$, $m_{iv} = \dfrac{W_{iv}}{g}$, $m_a = \dfrac{W_a}{g}$
$1000 \times 0.03 \times 4.2 \times (30-22)$
$+ \dfrac{29.8}{9.8} \times 0.4452 \times (30-22)$
$= \dfrac{39.2}{9.8} \times C_a \times (200-30)$
$C_a = 1.498[kJ/kg℃]$

32 압력변화 없이 4kg의 공기를 16℃로부터 32℃까지 가열하는데 필요한 열량으로 다음 중 맞는 것은?(단, 비열 C = 1.005 kJ/kg℃ 이다.)

① 49.31kJ ② 56.72kJ
③ 64.32kJ ④ 78.90kJ

풀이 $Q = mC(T_2 - T_1) = 4 \times 1.005 \times (32-16)$
$= 64.32[kJ]$

33 500W의 전열기로 2L의 물을 12℃로부터 100℃까지 가열할 경우 전열기의 발생 열량 중 47%가 유용하게 이용된다면 가열하는데 걸리는 시간으로 다음 중 맞는 것은?

① 약 38.96min
② 약 46.42min
③ 약 49.42min
④ 52.43min

풀이 $Q = mC\Delta T = L \cdot T_{m \cdot \eta}$
$1000 \times 2 \times 10^{-3} \times 4.2 \times (100-12)$
$= 500 \times 10^{-3} \times T_m \times 0.47$
$T_m = 3145.53 \ [sec] = 52.43[min]$

34 그림과 같이 선형 스프링으로 지지되는 피스톤-실린더 장치 내부에 있는 기체를 가열하여 기체의 체적이 V_1에서 V_2로 증가하였고, 압력은 P_1에서 P_2로 변화하였다. 이때 기체가 피스톤에 행한 일을 옳게 나타낸 식은?(단, 실린더와 피스톤 사이에 마찰은 무시하며 실린더 내부의 압력(P)은 실린더 내부 부피(V)와 선형관계(P = aV, a는 상수)에 있다고 본다.)

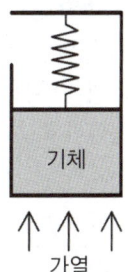

① $P_2V_2 - P_1V_1$
② $P_2V_2 + P_1V_1$
③ $\dfrac{1}{2}(P_2 + P_1)(V_2 - V_1)$
④ $\dfrac{1}{2}(P_2 + P_1)(V_2 + V_1)$

정답 32 ③ 33 ④ 34 ③

35 완전가스 4.5kg이 320℃에서 120℃까지 $PV^{1.3}$ = const 에 따라 변화하였다. 엔트로피의 변화는 몇 kJ/K인가?(단, 이 가스의 정적비열은 0.655kJ/kg℃이고, 단열지수는 1.4이다.)

① 0.4 ② 0.45
③ 0.54 ④ 0.5

풀이
$$\Delta S = mC_n \ln\left(\frac{T_2}{T_1}\right) = mC_V \frac{n-k}{k-1} \ln\left(\frac{T_2}{T_1}\right)$$
$$= 4.5 \times 0.655 \times \frac{1.3-1.4}{1.3-1} \times \ln\left(\frac{120+273}{320+273}\right)$$
$$= 0.4 [kJ/K]$$

36 질량이 m으로 동일하고, 온도가 각각 T1, T2(T1 > T2)인 두 개의 금속덩어리가 있다. 이 두 개의 금속덩어리가 서로 접촉되어 온도가 평형상태에 도달하였을 때 엔트로피 변화량(△S)은?(단, 두 금속의 비열은 c로 동일하고, 다른 외부로의 열교환은 전혀 없다.)

① $mc \times \ln \dfrac{T_1 - T_2}{2\sqrt{T_1 T_2}}$

② $mc \times \ln \dfrac{T_1 - T_2}{\sqrt{T_1 T_2}}$

③ $2mc \times \ln \dfrac{T_1 + T_2}{2\sqrt{T_1 T_2}}$

④ $2mc \times \ln \dfrac{T_1 + T_2}{\sqrt{T_1 T_2}}$

37 0℃의 얼음 110g을 55℃의 물 420g에 넣으면 몇 ℃가 되겠는가?(단, 얼음의 융해열은 80cal/g, 비열은 1이다.)

① 24.58℃ ② 26.98℃
③ 30.26℃ ④ 32.48℃

풀이
$\sum Q = 0$
$Q_{얻} = Q_{잃}$,
$q_{l'}\ m_i + m_i C_w (T_m - T_i) = m_w C_w (T_w - T_m)$
$80 \times 110 + 110 \times 1 \times (T_m - 0)$
$= 420 \times 1 \times (55 - T_m)$,
$T_m = 26.98 [℃]$

38 두께 10mm, 열전도율 45kJ/mh℃인 강판의 두 면의 온도가 각각 300℃, 50℃일 때 전열면 1m²당 1시간에 전달되는 열량은?

① 1625000[kJ/h]
② 925000[kJ/h]
③ 1425000[kJ/h]
④ 1125000[kJ/h]

풀이
$$\dot{Q} = KA \frac{\Delta T}{\Delta x} = 45 \times 1 \times \frac{(300-50)}{0.01}$$
$$= 1125000 [kJ/h]$$

39 랭킨 사이클에서 터빈 입·출구에서의 증기의 엔탈피가 각각 3541.86kJ/kg, 2102.94kJ/kg일 때 이론 증기소비율은 몇 kg/kWh인가?

① 2.5 ② 2.7
③ 2.9 ④ 3.2

정답 35 ① 36 ③ 37 ② 38 ④ 39 ①

풀이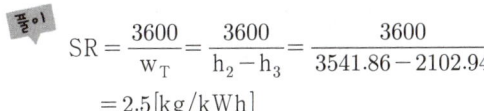

40 밀폐 시스템에서 가역정압과정이 발생할 때 다음 중 옳은 것은?(단, U는 내부에너지, Q는 열량, H는 엔탈피, S는 엔트로피, W는 일량을 나타낸다.)

① dH=dQ
② dU=dQ
③ dS=dQ
④ dW=dQ

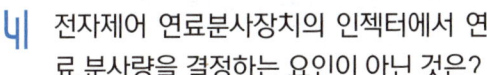

41 전자제어 연료분사장치의 인젝터에서 연료 분사량을 결정하는 요인이 아닌 것은?

① 노즐의 지름
② 연료의 압력
③ 인젝터의 재질
④ 니들밸브가 열려 있는 시간

42 전자제어 디젤엔진의 연료분사 중 엔진의 소음과 진동을 줄이고 연소압력의 완만한 상승을 위한 분사는?

① 부분분사
② 예비분사
③ 순차분사
④ 주분사

43 터보 과급 장치에서 타임래그(time lag)에 대한 설명으로 옳은 것은?

① 터보가 작동되는 동안 터빈의 회전수와 압축기의 회전수의 차이를 말한다.
② 공회전에서는 터보가 작동되지 않고 고속 주행 중에만 작동되는 현상을 말한다.
③ 가속페달을 밟았을 때 배기가스가 터빈과 압축기를 돌려 출력이 발생하는 시점까지의 시간차를 말한다.
④ 가속페달을 밟고 난 후에 터보에 작동되어 가속페달을 밟지 않았는데도 출력효과가 나타나는 현상을 말한다.

44 실린더 벽 마모량을 측정할 때 사용하는 측정기로 적절하지 않은 것은?

① 다이얼 게이지
② 내측 마이크로미터
③ 실린더 보어 게이지
④ 텔레스코핑 게이지와 외측 마이크로미터

45 피스톤 링의 플러터(flutter) 현상을 방지하는 방법으로 틀린 것은?

① 고온·고압에 견딜 수 있도록 내열성이 양호할 것
② 실린더 벽에 상처를 주지 않도록 장력이 낮을 것
③ 실린더와의 접촉을 견딜 수 있도록 내마멸성이 양호할 것
④ 연소열을 실린더 벽으로 전달하여 열전도가 양호할 것

 40 ① 41 ③ 42 ② 43 ③ 44 ① 45 ②

46 4행정 사이클 엔진에서 실린더 내에 흡입되는 흡입공기량이 감소하는 이유로 틀린 것은?

① 흡입 및 배기 밸브의 개폐시기 조정이 불완전할 때
② 흡입 및 배기의 관성이 피스톤 운동을 따르지 못할 때
③ 피스톤 링, 밸브 등의 마모에 의하여 가스누설이 발생할 때
④ 흡입압력이 대기압력보다 높고, 실린더 온도가 대기온도보다 낮을 때

47 실린더 안지름이 73mm, 행정이 74mm인 4행정 사이클 4실린더 기관이 6,300rpm으로 회전하고 있을 때 밸브 구멍을 통과하는 가스의 속도는 몇 m/sec인가?(단, 밸브 면의 평균 지름은 30mm이고, 밸브 스템의 굵기는 무시한다)

① 62m/sec ② 72m/sec
③ 82m/sec ④ 92m/sec

① $S = \dfrac{2NL}{60} = \dfrac{2 \times 6300 \times 74}{60 \times 1000}$
$= 15.54 \text{m/s}$

N : 기관 회전속도
L : 피스톤 행정

② $d = D\sqrt{\dfrac{S}{V}}$,
$V = \dfrac{D^2 \times S}{d^2} = \dfrac{73^2 \times 15.54}{30^2}$
$= 92.01 \text{m/s}$

d : 밸브지름
D : 실린더 안지름
S : 피스톤 평균속도
V : 가스 흐름속도

48 디젤엔진에서 착화지연에 영향을 주는 요소로 거리가 먼 것은?

① 공연비
② 연료 입자의 크기
③ 연료의 분무 상태
④ 연소실 내 공기의 온도와 압력

49 연료 저위발열량이 10500kcal/kgf인 연료를 사용하는 가솔린기관의 연료소비율이 180g/PS · h라면 이 기관의 열효율은 약 얼마인가?

① 16.3%   ② 21.9%
③ 26.2%   ④ 33.5%

$\eta_B = \dfrac{632.3}{H_l \times fe} \times 100$
$= \dfrac{632.3}{10500 \times 0.18} \times 100 = 33.5\%$

η_B : 제동열효율
H_l : 연료의 저위발열량(kcal/kgf)
fe : 연료소비율(g/PS · h)

50 가솔린엔진의 파워밸런스 시험을 할 때 판정방법으로 옳은 것은?

① 진공도의 변화는 각 실린더간에 10% 이내의 차이여야 한다.
② HC의 변화는 각 실린더간에 10% 이내의 차이여야 한다.
③ O_2의 변화는 각 실린더간에 5% 이내의 차이여야 한다.
④ 엔진회전수의 변화는 각 실린더간에 3% 이내의 차이여야 한다.

46 ④ 47 ④ 48 ① 49 ④ 50 ④

51 LPG 자동차에서 안전밸브가 장착된 충전 밸브의 역할이 아닌 것은?

① 연료의 충전
② 과충전 방지
③ 과류 방지
④ 용기의 파열 및 폭발 방지

52 디젤 연료의 착화성을 나타내는 세탄가는?

① 세탄과 이소헵탄의 체적혼합비
② 노말 헵탄과 이소헵탄의 체적혼합비
③ α-미텔나프탈렌과 이소옥탄의 체적혼합비
④ 세탄과 [α-메틸나프탈렌+세탄]의 체적혼합비

53 전자제어 가솔린엔진 연료 분사장치에서 연료계통에 대한 설명으로 틀린 것은?

① 인젝터는 ECU에 의해 제어된다.
② 연료펌프는 DC모터를 많이 사용한다.
③ 자동차 주행속도에 따라 연료압력 조절기의 압력을 변화시킨다.
④ 연료펌프의 체크밸브는 연료라인에 잔압을 형성시킨다.

54 자동차 기관에서 단행정 기관의 장점이 아닌 것은?

① 흡·배기 밸브의 지름을 크게 할 수 있어 흡·배기 효율을 높일 수 있다.
② 피스톤의 평균속도를 높이지 않고 기관의 회전속도를 빠르게 할 수 있다.
③ 기관의 높이를 낮게 할 수 있다.
④ 직렬형 기관인 경우 기관의 길이가 짧아진다.

55 크랭크각 센서에서 포토 다이오다가 ON 될 때 단자 출력 전압(V)은 약 얼마인가?

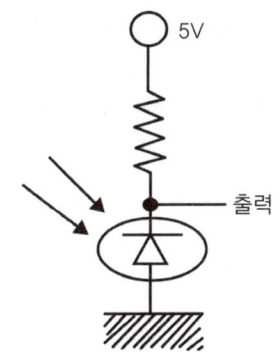

① 0
② 5
③ 10
④ 12

정답 51 ③ 52 ④ 53 ③ 54 ④ 55 ①

56 캐니스터에 포집된 연료증발가스를 조절하는 장치는?

① PCSV(Purge Control Solenoid Valve)
② PCV(Positive Crankcase Ventilation)
③ EGR(Exhaust Gas Recirculation)
④ ACV(Air Control Valve)

57 가솔린엔진의 유해 배출가스인 질소산화물 발생 농도에 관한 설명으로 틀린 것은?

① 기관의 압축비가 낮은 편이 발생농도가 낮다.
② 냉각수 온도가 낮은 편이 발생농도가 낮다.
③ 혼합비가 농후한 편이 발생농도가 낮다.
④ 점화시기가 빠른 편이 발생농도가 낮다.

58 기관의 제동마력이 380PS, 시간당 연료소비량이 80kgf, 연료 1kgf당 저위발열량이 10000kcal일 때 제동열효율은 얼마인가?

① 13.3% ② 30%
③ 35%   ④ 60%

$$\eta_B = \frac{632.3 \times PS}{H_l \times F} \times 100$$

$$= \frac{632.3 \times 380}{10000 \times 80} \times 100 = 30\%$$

η_B : 제동열효율
PS : 기관 출력
F : 연료소비량
H_l : 가솔린 저위발열량

59 전자제어 가솔린엔진에서 지르코니아 방식 산소센서에 대한 설명으로 틀린 것은?

① 지르코니아 소자에 백금으로 코팅되어 있다.
② 배기가스 중에 산소가 적으면 약 900mV 정도의 전압이 출력된다.
③ 배기가스 중에 공연비가 희박하면 약 1~4.5V의 전압이 출력된다.
④ 산소 농도를 검출하기 위해서는 일반적으로 산소센서의 온도가 약 300℃ 이상이 되어야 한다.

60 기관의 냉각장치에서 부동액의 구비조건으로 틀린 것은?

① 냉각수와 잘 혼합할 것
② 비등점이 낮을 것
③ 침전물이 없을 것
④ 부식성이 없을 것

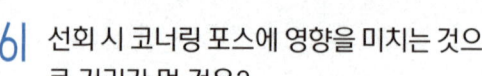

제4과목 자동차 섀시

61 선회 시 코너링 포스에 영향을 미치는 것으로 거리가 먼 것은?

① 제동능력
② 현가방식
③ 타이어의 분담하중
④ 현가스프링의 롤링 강성

56 ① 57 ④ 58 ② 59 ③ 60 ② 61 ①

62 ABS 제어채널 방식 중 주로 후륜구동 차량에 적합하며, 후륜 측의 유압을 동시에 제어하는 것은?

① 4센서 1채널　② 2센서 2채널
③ 4센서 3채널　④ 3센서 4채널

63 고속주행 시미(shimmy)현상이 발생하는 주요 원인으로 옳은 것은?

① 스프링 정수가 적을 때
② 링키지 연결부가 헐거울 때
③ 타이어의 공기압력이 낮을 때
④ 타이어가 동적 불평형일 때

64 도로 차량-하이브리드 자동차 용어(KS R 0121)의 동력 전달 구조에 따른 분류에서 다음이 설명하는 것은?

> 하이브리드 자동차의 두 개의 동력원이 공통으로 사용되는 동력 전달 장치를 거쳐 각각 독립적으로 구동축을 구동시키는 방식의 구조를 갖는 하이브리드 자동차

① 직렬형　② 병렬형
③ 동력분기형　④ 복합형

65 ABS(Anti-lock Brake System) 제동장치는 제동 시 휠 스피드 센서와 유압장치를 이용하여 무엇을 전자적으로 조절할 수 있는가?

① 변속비　② 종감속비
③ 슬립율　④ 전달율

66 부동 캘리퍼형 디스크 브레이크의 단점이 아닌 것은?

① 피스톤의 이동량을 크게 하여야 한다.
② 먼지 등에 의해 이동이 원활하지 않게 되기 쉽다.
③ 실린더가 통풍이 잘되는 위치에 있어 베이퍼 록 현상이 없다.
④ 패드의 편마멸이 되기 쉽다.

67 단순 유성기어 장치에서 링기어가 출력, 선기어가 구동, 캐리어가 고정되었다면 링기어의 회전 상태는?

① 증속　② 감속
③ 역방향 증속　④ 역방향 감속

68 자동차 차대번호 등의 운영에 관한 규정성 국가공통부호 배정자 및 한국교통안전공단에서 표기하는 차대번호 중 사용연료 종류별 표기부호로 틀린 것은?

① B : 연료장치　② C : CNG
③ L : LNG　④ S : 태양열

62 ③　63 ④　64 ②　65 ③　66 ③　67 ④　68 ③

69 공기식 현가장치의 특징이 아닌 것은?

① 구조가 간단하고 정비하기 쉽다.
② 하중에 상관없이 차체의 높이를 항상 일정하게 유지할 수 있다.
③ 하중에 상관없이 스프링의 고유 진동수를 일정하게 유지할 수 있다.
④ 공기 스프링 자체에 감쇄성이 있어 작은 진동을 흡수하는 효과가 있다.

70 자동변속기 오일펌프 상태 및 클러치의 슬립 등의 이상 유무를 유압계로 측정하여 판정하는데 사용하는 압력은?

① 릴리프 압력   ② 매뉴얼 압력
③ 거버너 압력   ④ 라인 압력

71 유압식 전자제어 동력조향장치의 특성에 대한 설명으로 틀린 것은?

① 차속센서가 고장일 경우 중속 조건으로 조향력을 일정하게 유지한다.
② 자동차가 고속일수록 조향력을 가볍게 하여 운전성을 향상시킨다.
③ 정차 시 조향력을 가볍게 하여 조향 성능을 향상시킨다.
④ 중속 이상에서 급조향 시 발생되는 순간적 조향 휠 걸림(catch up) 현상을 방지한다.

72 자동차에서 동력을 전달하는 변속기의 필요성이 아닌 것은?

① 엔진 시동 시 무부하 상태로 한다.
② 엔진의 회전속도를 변환시켜 전달한다.
③ 엔진의 연료소비율을 증대시킨다.
④ 구동륜의 회전방향을 변환시킨다.

73 변속기 입력축과 물리는 카운터 기어의 잇수가 45개, 출력축 2단 기어의 잇수가 29개, 입력축 기어 잇수가 32개, 출력과 물리는 카운터 기어의 잇수가 25개이다. 이 변속기의 변속비는?

① 1.63 : 1   ② 1.99 : 1
③ 2.77 : 1   ④ 3.05 : 1

변속비 = $\dfrac{\text{카운터 기어의 잇수}}{\text{출력축 기어의 잇수}}$
$\times \dfrac{\text{출력축 기어의 잇수}}{\text{카운터 기어의 잇수}}$
$= \dfrac{45}{32} \times \dfrac{29}{25} = 1.63$

74 타이어 펑크 시 응급적으로 주행 가능한 안전 타이어는?

① 편평 타이어
② 스노우 타이어
③ 런 플랫 타이어
④ 레이디얼 타이어

정답 69 ① 70 ④ 71 ② 72 ③ 73 ① 74 ③

75. 엔진의 회전속도가 일정할 때 토크컨버터의 회전력이 가장 큰 경우는?

① 터빈속도가 느릴 때
② 펌프의 속도가 느릴 때
③ 펌프와 터빈의 속도가 같을 때
④ 스테이터가 회전하고 있을 때

76. 차량중량 850kgf, 후축중 400kgf인 자동차가 제동력 검사를 받을 때 주차 브레이크 제동력 계산 값과 판정 결과로 옳게 짝지어진 것은?(단, 후륜 좌측제동력 100kgf, 후륜 우측제동력 120kgf 이다.)

① 2.35%, 불량
② 5.00%, 불량
③ 25.88%, 양호
④ 55.00%, 양호

주차~브레이크 제동력
$= \dfrac{\text{후륜 좌측제동력} + \text{후륜 우측제동력}}{\text{차량중량}} \times 100$
$= \dfrac{100+120}{850} \times 100 = 25.88\%$
주차브레이크의 제동력은 차량중량의 20%이상이므로 양호이다.

77. 유압식 브레이크장치에서 베이퍼 록 방지 대책이 아닌 것은?

① 마스터 실린더의 피스톤 리턴스프링을 교환하여 잔압을 올린다.
② 비등점이 낮은 브레이크 오일을 사용한다.
③ 브레이크 드럼과 라이닝 간극을 조정한다.
④ 가급적 긴 내리막같은 엔진 브레이크를 사용한다.

78. 수동변속기 차량에서 변속을 할 때마다 기어 충돌 소음이 발생하는 원인으로 옳은 것은?

① 싱크로나이저의 결함
② 클러치판의 과대 마모
③ 2~3단 변속기어의 손상
④ 포핏 스프링의 장력부족 및 볼의 마모

79. 조향장치에서 드래그 링크에 대한 설명으로 옳은 것은?

① 볼 이음과의 접속부가 헐거우면 조향 휠의 유격이 크게 된다.
② 드래그 링크의 결함이 불량하면 캠버가 틀어지게 된다.
③ 조향 휠에 유격이 생기는 것을 방지하는 작용을 한다.
④ 드래그 링크에 굽힘이 있으면 조향휠의 유격이 크다.

80. 전자제어 구동력 조절장치(TCS)에서 트랙션 컨트롤 유닛(TCU)의 기능으로 틀린 것은?

① 선회하면서 가속 시 트레이스 제어
② 미끄러운 노면에서 제동 시 슬립 제어
③ 미끄러운 노면에서 가속 시 슬립 제어
④ 미끄러운 노면에서 출발 시 슬립 제어

정답   75 ①   76 ③   77 ②   78 ①   79 ①   80 ②

제5과목 자동차 전기

81 자동차에서 주로 사용하는 직권식 시동 전동기의 특징으로 틀린 것은?

① 전기자 코일과 계자 코일이 직렬로 연결되었다.
② 기동 회전력이 크므로 시동 전동기에 쓰인다.
③ 부하에 따라 회전속도의 변화가 크다.
④ 전기자 전류는 코일에 발생하는 역기전력에 비례한다.

82 하이브리드 자동차의 컨버터(Converter)와 인버터(Inverter)의 전기특성 표현으로 옳은 것은?

① 컨버터(Converter) : AC에서 DC로 변환, 인버터(Inverter) : DC에서 AC로 변환
② 컨버터(Converter) : DC에서 AC로 변환, 인버터(Inverter) : AC에서 DC로 변환
③ 컨버터(Converter) : AC에서 AC로 변환, 인버터(Inverter) : DC에서 DC로 변환
④ 컨버터(Converter) : DC에서 DC로 변환, 인버터(Inverter) : AC에서 AC로 변환

83 비사업용 자동차의 정기검사 중 등화장치 검사기준에 대한 설명으로 틀린 것은?(단, 자동차관리법령상에 의한다.)

① 변환빔의 광도는 3천칸델라 이상일 것
② 정위치에 견고히 부착되어 작동에 이상이 없을 것
③ 컷오프선의 연장선은 좌측 하향일 것
④ 설치 높이가 1m 초과일 경우 변환빔의 진폭은 -1.0~-3.0% 이내일 것

84 운행차 정기검사에서 소음도 측정 시 측정치의 산출방법으로 틀린 것은?(단, 소음·진동관리법령상에 의한다.)

① 암소음은 소음측정기 지시치의 최대치를 측정
② 소음측정은 자동기록장치를 사용하는 것을 원칙
③ 암소음 측정은 직전 또는 직후에 연속하여 10초 동안 측정
④ 배기소음의 경우 2회 이상 실시하여 차이가 2dB 초과 시 무효로 하고 다시 측정

85 전자제어 가솔린 엔진의 점화장치에서 점화플러그 전극부위가 지나치게 그을렸을 때 그 원인으로 거리가 먼 것은?

① 피스톤 링의 마모
② 혼합기가 희박할 때
③ 점화시기가 규정보다 늦을 때
④ 점화코일 및 고압케이블의 노화

81 ④ 82 ① 83 ③ 84 ① 85 ②

86 그림과 같은 전조등 회로에 흐르는 전류 (A)는 약 얼마인가?

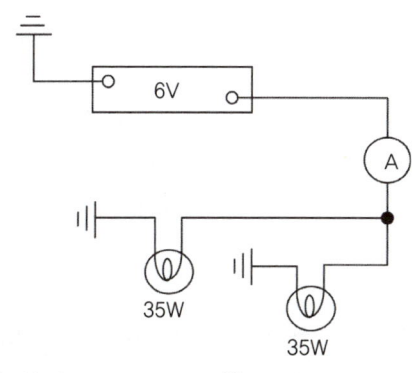

① 10.6
② 11.6
③ 12.6
④ 13.6

$I = \dfrac{P}{E} = \dfrac{35+35}{6} = 11.6A$

87 충전장치에서 발전기 내부의 IC레귤레이터가 불량하여 배터리가 과충전 될 수 있는 경우는?

① 트랜지스터가 파손되어 로터코일에 전류가 흐르지 않는다.
② 여자(조정)다이오드가 파손되어 배터리에서 스테이터로 전류가 흐른다.
③ 제너 다이오드가 파손되어 로터코일에 전류가 계속 흐르게 한다.
④ 로터코일이 단락되어 자화 효과가 커지면서 스테이터에서 과전류가 출력된다.

88 자동차 CAN통신의 CLASS구분으로 가장 거리가 먼 것은?(단, SAE 기준이다.)

① CLASS A : 접지를 기준으로 1개의 와이어링으로 통신선을 구성하고, 진단 통신에 응용되며 K-라인 통신이 이에 해당 된다.
② CLASS B : CLASS A 보다 많은 정보의 전송이 필요한 경우에 사용되며, 바디전장 및 클러스터 등에 사용되며 저속 CAN에 적용된다.
③ CLASS C : 실시간으로 중대한 정보 교환이 필요한 경우로서 1~10 ms 간격으로 데이터 전송주기가 필요한 경우에 사용되며 파워트레인 계통에서 응용되고 고속 CAN통신에 적용된다.
④ CLASS D : 수백 수천 bits의 블록단위 데이터 전송이 필요한 경우에 사용되며, 멀티미디어 통신에 응용되며 FlexRay 통신에 적용된다.

89 에어백이 장착된 차량의 계기판에 에어백 경고등이 점등되는 원인으로 틀린 것은?

① 클럭 스프링 단선
② 점화 스위치 불량
③ 충돌감지 센서 불량
④ 에어백 모듈 제어선 단락

86 ② 87 ③ 88 ④ 89 ②

90 자동차종합검사규칙상 자동차검사 전산정보처리조직과 실시간으로 통신이 가능하고 측정 결과등이 실시간으로 자동입력되어야 하는 종합검사시설이 아닌 것은?

① 검사장면 촬영용 카메라
② 전자장치 진단기
③ 전조등 시험기
④ 소음 측정기

91 공조장치에서 R-134a 냉매의 특징으로 틀린 것은?

① 가연성이다.
② 오존을 파괴하는 염소가 없다.
③ R-12와 유사한 열역학적 성질을 가지고 있다.
④ 다른 물질과 쉽게 반응하지 않는 안정된 분자구조로 되어 있다.

92 하이브리드 자동차의 특징이 아닌 것은?

① 회생제동
② 2개의 동력원으로 주행
③ 저전압 배터리와 고전압 배터리 사용
④ 고전압 배터리 충전을 위해 LDC(저전압 직류변환장치)를 사용

93 AQS(Air Quality System)에 대한 설명으로 옳은 것은?

① 실내·외 온도를 일정하게 유지
② 내부 공기를 일정한 세기로 순환
③ 내부 공기를 밖으로 배출되는 것을 방지
④ 유해 가스를 감지하여 차량 실내로 유입되는 것을 방지

94 다음 회로에서 전류(I)와 소비전력(P)은?

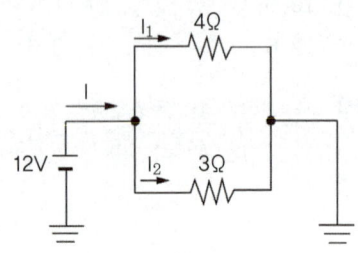

① I=0.58[A], P=5.8[W]
② I=5.8[A], P=58[W]
③ I=7[A], P=84[W]
④ I=70[A], P=840[W]

① $R = \dfrac{1}{\dfrac{1}{4}+\dfrac{1}{3}} = \dfrac{1}{\dfrac{7}{12}}$ ∴ $R = \dfrac{12}{7} \Omega$,

② $I = \dfrac{E}{R} = \dfrac{12 \times 7}{12} = 7A$

③ P=EI=12V×7A=84W

정답 90 ④ 91 ① 92 ④ 93 ④ 94 ③

95. 완전 충전된 축전지를 방전종지 전압까지 방전하는데 20A로 5시간 걸렸고 이것을 다시 완전 충전하는데 10A로 12시간 걸렸다면 이 축전지의 AH 효율은 약 몇 %인가?

① 90% ② 83%
③ 80% ④ 70%

축전지의 AH효율 $= \dfrac{20A \times 5H}{10A \times 12H} \times 100$
$= 83\%$

96. 엔진 회전수를 감지하는 센서의 종류로 틀린 것은?

① 전위차계
② 홀 센서
③ 전자 유도식 회전센서
④ 광학식 회전센서

97. 역발향의 전압이 어떤 값에 도달하면 역방향 전류가 급격히 증가하여 흐르게 되는 다이오드는?

① 발광 다이오드 ② 포토 다이오드
③ 제너 다이오드 ④ 트리 다이오드

98. 전자제어 가솔린 엔진에서 노킹 발생 시 점화시기 제어로 옳은 것은?

① 점화시기 고정 ② 점화시기 가속
③ 점화시기 지각 ④ 점화시기 진각

99. IC(집적회로)의 장점이 아닌 것은?

① 소형·경량이다.
② 납땜 부위가 적어 고장이 적다.
③ 대용량의 축전기 IC화에 적합하다.
④ 진동에 강하고 소비전력이 매우 적다.

100. 자동차용 납산배터리에 관한 설명으로 틀린 것은?

① 설페이션 현상 - 축전지를 방전상태로 장기간 방치하면 극판이 불활성 물질로 덮이는 현상이다.
② 기전력 - 축전지의 기전력은 셀 당 약 2.1V 이지만 전해액 비중, 전해액 온도, 방전량 등에 영향을 받는다.
③ 방전종지전압 - 일정 전압 이하로 과방전을 하게 되면, 축전지의 극판을 손상시키므로 방전한계를 규정한 전압이다.
④ 용량(capacity) - 완전 충전 된 축전지를 일정전압으로 단계별 방전하여 방전종지전압까지 방전했을 때의 전기량으로 AV로 표시한다.

정답 95 ② 96 ① 97 ③ 98 ③ 99 ③ 100 ④

2차 실전 테스트 문제

제1과목 일반기계 공학

01 주철의 물리적, 기계적 성질에 대한 설명으로 틀린 것은?

① 절삭성 및 내마모성이 우수하다.
② 강에 비해 일반적으로 인장강도와 충격값이 우수하다.
③ 탄소함유량이 약 2~6.7% 정도인 것을 주철이라 한다.
④ 주조성이 우수하여 복잡한 형상으로 제작이 가능하다.

02 셀 몰드법(Shell mold process)에 대한 설명으로 틀린 것은?

① 미숙련공도 작업이 가능하다.
② 작업공정을 자동화하기 쉽다.
③ 보통 소량생산 방식에 사용된다.
④ 짧은 시간 내에 정도가 높은 주물을 만들 수 있다.

03 연강인 공작물 재질에 드릴작업을 하려고 할 때 가장 적합한 드릴의 선단각은?

① 70° ② 118°
③ 130° ④ 150°

04 바깥지름 24mm인 4각 나사의 피치 6mm, 유효지름 22.051mm, 마찰계수가 0.1 이라면 나사의 효율은 몇 %인가?

① 30 ② 45
③ 60 ④ 75

 풀이

① $\tan\alpha = \dfrac{\rho}{\pi de} = \dfrac{6}{3.14 \times 22.051}$
  $= 0.0866 = \tan^{-1} 0.0866$
  $= 4.95°$
② $\tan\rho = \mu = \tan^{-1} 0.1 = 5.7°$
③ $\eta = \dfrac{\tan\alpha}{\tan\alpha + \rho}$ 에서,
  $\eta = \dfrac{4.95}{4.95 + 5.7} \times 100 = 45\%$

05 Ti의 특성에 대한 설명으로 틀린 것은?

① 열전도율이 높다.
② 내식성이 우수하다.
③ 비중은 약 4.5 정도이다.
④ Fe 보다 가벼운 경금속에 속한다.

06 탄성한도 이내에서 가로 변형률과 세로 변형률과의 비를 의미하는 용어는?

① 곡률 ② 세장비
③ 단면수축률 ④ 프와송 비

 정답

1 ② 2 ③ 3 ② 4 ② 5 ① 6 ④

07 냉간가공의 특징으로 틀린 것은?

① 정밀한 형상의 가공면을 얻을 수 있다.
② 가공경화로 강도가 증가한다.
③ 가공면이 아름답다.
④ 연신율이 증가한다.

08 목형의 중량이 3.0kgf일 때 6·4 황동 주물의 중량은 몇 kgf인가?(단, 목형의 비중은 0.4, Cu의 비중은 8.9, Zn의 비중은 7.0이다)

① 54.13
② 58.22
③ 61.05
④ 67.05

 풀이

$$W_m = \frac{S_m}{S_p} W_p$$
$$= \frac{(8.9 \times 0.6)+(7.0 \times 0.4)}{0.4} \times 3.0$$
$$= 61.05 \text{kgf}$$

09 용접부의 시험을 파괴시험과 비파괴시험으로 분류할 때 비파괴시험이 아닌 것은?

① 인장시험
② 음향시험
③ 누설시험
④ 형광시험

10 0.01㎜까지 측정할 수 있는 마이크로미터에서 나사의 피치와 딤블의 눈금에 대한 설명으로 옳은 것은?

① 피치는 0.25㎜이고, 딤블은 50등분이 되어 있다.
② 피치는 0.5㎜이고, 딤블은 100등분이 되어 있다.
③ 피치는 0.5㎜이고, 딤블은 50등분이 되어 있다.
④ 피치는 1㎜이고, 딤블은 50등분이 되어 있다.

11 주응력에 대한 설명으로 틀린 것은?

① 주응력은 전단응력이다.
② 평면응력에서 주응력은 2개이다.
③ 주평면 상태하의 응력을 의미한다.
④ 주응력 상태에서 수직응력은 최대와 최소를 나타낸다.

12 유압 및 공기압 용어(KS B 0120)와 관련하여 다음이 설명하는 것은?

> 체크 밸브, 릴리프 밸브 등에서 압력이 상승하고 밸브가 열리기 시작하여 어느 일정한 흐름의 양이 인정되는 압력

① 크래킹 압력
② 리시트 압력
③ 오버라이드 압력
④ 서지 압력

정답 7 ④ 8 ③ 9 ① 10 ③ 11 ① 12 ①

13 안지름이 16cm, 추력 F = 5ton, 피스톤의 속도 V = 40m/min인 유압실린더에서 필요로 하는 유압은 몇 kgf/cm²인가?

① 14.3 ② 24.9
③ 31.2 ④ 46.7

$$P = \frac{F}{A} = \frac{5000}{0.785 \times 16^2} = 24.88 \text{kgf/cm}^2$$
P : 유압
F : 추력
A : 유압실린더의 단면적

14 균일 단면 봉재에 작용하는 수직응력에 대한 탄성에너지를 구하는 식으로 옳은 것은?(단, 탄성에너지 U, 인장하중 P, 봉재 길이 L, 세로탄성계수 E, 변형량 δ, 단면적은 A 이다.)

① $U = \dfrac{P^2 L}{2EA}$ ② $U = \dfrac{PL}{2EA}$

③ $U = \dfrac{2EA\delta}{L}$ ④ $U = \dfrac{EA\delta}{2L}$

15 체결용 기계요소인 코터에 대한 설명으로 틀린 것은?

① 코터의 자립조건에서 마찰각을 ρ, 기울기를 α 라 할 때에 한쪽 기울기의 경우는 $\alpha \leq 2\rho$ 이어야 한다.
② 코터의 기울기는 한쪽 기울기와 양쪽 기울기가 있다.
③ 코터이음에서 코터는 주로 비틀림 모멘트를 받는다.
④ 코터는 로드와 소켓을 연결하는 기계 요소이다.

16 표준 스퍼기어에서 모듈이 3일 때, 기어의 원주피치는 약 몇 mm 인가?

① 3 ② 3.14
③ 6.28 ④ 9.42

$$CP = \pi M = 3.14 \times 3 = 9.42$$
CP : 원주피치
M : 모듈

17 제동장치에서 단식 블록 브레이크의 제동력에 대한 설명으로 옳은 것은?

① 제동 토크에 반비례한다.
② 마찰 계수에 반비례한다.
③ 브레이크 드럼의 지름에 비례한다.
④ 브레이크 드럼과 블록사이의 수직력에 비례한다.

18 나사에서 리드각은 나사의 골지름, 유효지름 및 바깥지름에서 각각 다르고 골지름에서 가장 크다. 나사의 비틀림각이 30° 이면 리드각은?

① 30° ② 45°
③ 60° ④ 90°

19 공기압 기술에 대한 특징으로 틀린 것은?

① 작동 매체를 쉽게 구할 수 있다.
② 정밀한 위치 및 속도제어가 가능하다.
③ 동력 전달이 간단하며 장거리 이송이 쉽다.
④ 폭발과 인화의 위험이 적으며 환경오염이 없다.

13 ② 14 ① 15 ③ 16 ④ 17 ④ 18 ③ 19 ②

20 크거나 두꺼운 재료를 담금질했을 때 외부는 냉각속도가 빠르고 내부는 냉각속도가 느려서 재료의 내부로 들어갈수록 경도가 저하되는 현상은?

① 노치효과 ② 질량효과
③ 파커라이징 ④ 치수효과

제2과목 기계 열역학

21 카르노 사이클 기관에서 사이클당 250KJ의 일을 얻기 위해서 필요로 하는 열량이 427KJ, 저열원의 온도가 15℃라면 고열원의 온도는 몇 ℃가 되는가?

① 421.8℃ ② 594.8℃
③ 694.8℃ ④ 721.8℃

$\eta = \dfrac{w}{Q_1} = 1 - \dfrac{T_2}{T_1}$,

$\eta = \dfrac{w}{Q_1} = \dfrac{250}{427} = 1 - \dfrac{15+273}{T_1}$

∴ $T_1 = 694.8°K = 421.8°C$

22 대기압 상태에서 1kg의 공기를 27℃에서 177℃까지 가열하는데 변화하는 공기의 엔트로피의 변화량은?(단, 공기의 정압비열은 1.004KJ/kg K)

① $0.4 KJ/K$ ② $0.45 KJ/K$
③ $3.6 KJ/K$ ④ $36 KJ/K$

$P = C$, $dq = dh$, $ds = \dfrac{C_p \, dT}{T}$,

∴ $\Delta S = C_p \ln \dfrac{T_2}{T_1} = 1.004 \times \ln \dfrac{450}{300}$
$= 0.407 KJ/K$

23 출력이 10kW인 기관을 2시간 제동 실험하여 생긴 마찰열이 전부 실내의 공기에 전달된다면 엔트로피의 증가는 몇 KJ/K인가?(단, 이때 실온은 20℃이다.)

① 214.3 ② 245.7
③ 418.2 ④ 520.4

$\Delta S = \dfrac{_1Q_2}{T} = \dfrac{10 \times 2 \times 3600}{293}$
$= 245.7 KJ/K$

24 다음의 물리량 중 물질의 최초, 최종상태뿐 아니라 상태변화의 경로에 따라서도 그 변화량이 달라지는 것은?

① 일 ② 내부에너지
③ 엔탈피 ④ 엔트로피

25 고열원 500℃와 저열원 35℃ 사이에 열기관을 설치하였을 때, 사이클당 10MJ의 공급열량에 대해서 7MJ의 일을 하였다고 주장한다면, 이 주장은?

① 열역학적으로 타당한 주장이다.
② 가역기관이라면 타당한 주장이다.
③ 비가역기관이라면 타당한 주장이다.
④ 열역학적으로 타당하지 않은 주장이다.

20 ② 21 ① 22 ① 23 ② 24 ① 25 ④

26 수직으로 세워진 노즐에서 30℃의 물이 15m/sec의 속도로 15℃의 공기 중에 뿜어 올려진다면 물은 얼마나 올라가겠는가?(단, 외부와의 마찰에 의한 에너지 손실은 없다.)

① 약 5.8m   ② 약 0.8m
③ 약 0.4m   ④ 약 11.5m

풀이 (속도수두) $h = \dfrac{V^2}{2g} = 11.5m$

27 초기온도와 압력이 50℃, 600 KPa인 단위중량의 질소가 100 KPa까지 가역 단열 팽창하였다. 이 때 온도는 몇 °K인가? (단, 비열비 $k=1.4$이다.)

① 194   ② 294
③ 467   ④ 539

풀이 $T_2 = T_1 (\dfrac{P_2}{P_1})^{\frac{k-1}{k}}$ 에서,

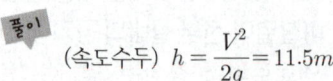
$T_2 = (273+50)(\dfrac{100}{600})^{\frac{1.4-1}{1.4}} = 193.58\,°K$

28 Van der Waals 상태 방정식은 다음과 같이 나타낸다. 이 식에서 a/v2, b는 각각 무엇을 의미하는 것인가?(단, P는 압력, v는 비체적, R은 기체상수, T는 온도를 나타낸다.)

$$(P + \dfrac{a}{v^2}) \times (v - b) = RT$$

① 분자간의 작용력, 분자 내부 에너지
② 분자 자체의 질량, 분자 내부 에너지
③ 분자간의 작용력, 기체 분자들이 차지하는 체적
④ 분자 자체의 질량, 기체 분자들이 차지하는 체적

29 암모니아를 냉매로 하는 냉동기에서 응축기의 온도 30℃, 증발기의 온도 -30℃일 때 성적계수를 구하면?(단, 암모니아 $p-h$선도에서 $h_1 = 391.9\,KJ/kg$, $h_2 = 474.4\,KJ/kg$, $h_3 = 136.1\,KJ/kg$이다.)

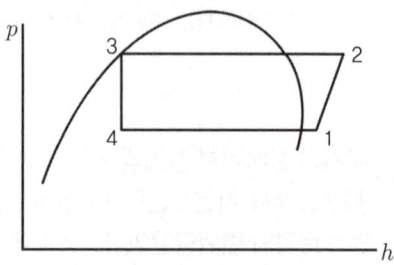

① 1.5   ② 3.1
③ 5.2   ④ 7.9

풀이 $\epsilon_R = \dfrac{h_1 - h_4}{h_2 - h_1} = \dfrac{391.9 - 136.1}{474.4 - 391.9} = 3.1$

여기서, $h_3 = h_4$이다.

정답 26 ④ 27 ① 28 ③ 29 ②

30 축소확대 노즐 속을 포화증기가 가역단열 과정으로 흐르는 동안 엔탈피의 감소가 418.6KJ/kg이다. 입구에서의 속도를 무시한다면 출구에서의 속도는 얼마인가?

① 874.6m/sec ② 915m/sec
③ 964.5m/sec ④ 994.7m/sec

$V_2 = \sqrt{2\Delta h} = \sqrt{2 \times 418.6 \times 10^3}$
$= 914.98 m/s \approx 915 m/s$

31 어느 내연기관에서 피스톤의 흡입운동으로 실린더 속에 0.2kg의 기체가 들어 왔다. 이것을 압축할 때 15kJ의 일이 필요하였고 10kJ의 열을 방출하였다고 한다면, 이 기체 1kg당의 내부 에너지의 변화는?

① 10kJ/kg ② 25kJ/kg
③ 50kJ/kg ④ 5kJ/kg

$_1Q_2 = \Delta U + _1W_2$ 에서
$-10 = \Delta U - 15, \ \Delta U = 5kJ$
∴ kg당 내부에너지는 $\frac{5}{0.2} = 25 kJ/kg$

32 물질의 양을 1/2로 줄이면 강도성(강성적) 상태량(intensive properties)은 어떻게 되는가?

① 1/2로 줄어든다.
② 1/4로 줄어든다.
③ 변화가 없다.
④ 2배로 늘어난다.

33 100℃의 열원으로 물에 100kJ의 열을 가하여 물의 엔트로피가 0.3kJ/K만큼 증가했다. 대기 온도가 27℃일 때 가용에너지의 손실은 몇 kJ인가?

① 100 ② 90
③ 80.4 ④ 9.6

$\frac{Q_H}{T_H} = \frac{Q_L}{T_L}$

∴ $Q_L = Q_H \times \frac{T_L}{T_H} = 100 \times \frac{300}{373}$
$= 80.4 kJ$

34 이상기체의 엔탈피가 변하지 않는 과정은?

① 가역단열과정
② 비가역 단열과정
③ 교축과정
④ 등적과정

정답
30 ② 31 ② 32 ③ 33 ③ 34 ③

35 절대압력 98KPa, 온도 20℃의 물질 1kg이 가역 폴리트로프 변화에 따라 2.4KJ의 열교환하여 온도 100℃로 되었다면, 이 경우의 폴리트로프 지수는?(단, 물질의 비열비는 1.4, 물질의 정적비열은 0.17KJ/kg·℃이다.)

① 1.53　　② 0.91
③ 1.48　　④ 1.12

 풀이
$\delta q = C_n dt$,
$C_n = \dfrac{_1q_2}{T_2 - T_1} = \dfrac{2.4}{(373-293)} = 0.03$
$C_n = \left(\dfrac{n-k}{n-1}\right)C_v = \left(\dfrac{n-1.4}{n-1}\right) \times 0.17 = 0.3$,
∴ $n = 1.4857$

36 이상기체의 상태변화에서 내부에너지가 일정한 상태 변화는?

① 등온 변화　　② 정압 변화
③ 단열 변화　　④ 정적 변화

37 랭킨 사이클의 각 점의 증기 엔탈피는 다음과 같다. 보일러 입구 : 69.4KJ/kg, 복수기 입구 : 626.4KJ/kg, 복수기 출구 : 68.4KJ/kg인 사이클의 효율은?(단, 펌프일은 무시한다.)

① 27.85%　　② 29.58%
③ 26.69%　　④ 28.82%

 풀이
$\eta_R = 1 - \dfrac{626.4 - 68.4}{830.6 - 69.4} = 0.2669$

38 어떤 증기 터빈에 0.4kg/s로 증기가 공급되어 160kW의 출력을 낸다. 입구의 증기 엔탈피 및 속도는 각각 $h_1 = 3000kJ/kg$, $v_1 = 720m/s$, 출구의증기 엔탈피 및 속도는 각각 $h_2 = 2500kJ/kg$, $v_2 = 120m/s$이면 이 터빈의 열손실은 몇 kW가 되는가?

① 15kW　　② 40kW
③ 20kW　　④ 104kW

 풀이
(이론~터빈발생동력)ϵ_T
= 질량유량 × (터빈입구의 엔탈피 - 터빈출구의 엔탈피)
= $0.4 \times (3000 - 2500) = 200 KW$
∴ (터빈의 열손실) = 200-160 = 40kW

39 다음은 증기 사이클의 $P-V$ 선도이다. 이는 어떤 종류의 사이클인가?

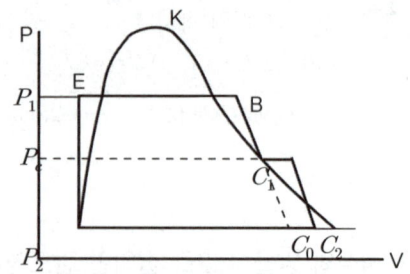

① 재생 사이클
② 재생재열 사이클
③ 재열 사이클
④ 급수가열 사이클

정답 35 ③ 36 ① 37 ③ 38 ② 39 ③

40 1MPa 압력의 습증기를 교축 열량계를 통과하여 압력이 100kPa, 123℃의 과열증기가 되었다. 이 습증기의 건도는 얼마인가?(단, 1MPa에서 포화증기 및 포화수의 엔탈피는 각각 2784kJ/kg, 760kJ/kg이고, 100kPa에서 123℃의 과열증기의 엔탈피는 2730kJ/kg이다.)

① 0.033
② 0.273
③ 0.733
④ 0.973

 풀이
$h_1 = h_x = 2730 = 760 + x(2784 - 760)$,
$x = \dfrac{2730 - 760}{2784 - 760} = 0.973$

제3과목 자동차 기관

41 디젤엔진의 기계식 연료분사장치에서 연소과정에 영향을 주는 변수와 가장 거리가 먼 것은?

① 분사 방향
② 무효 분사 시간
③ 연료 분사 시기
④ 분사지속 기간과 분사율

42 실린더 안지름이 73mm, 행정이 74mm인 4행정 사이클 4실린더 기관이 6,300rpm으로 회전하고 있을 때 밸브 구멍을 통과하는 가스의 속도는 몇 m/sec인가?(단, 밸브 면의 평균 지름은 30mm이고, 밸브 스템의 굵기는 무시한다)

① 62m/sec
② 72m/sec
③ 82m/sec
④ 92m/sec

 풀이
① $S = \dfrac{2NL}{60} = \dfrac{2 \times 6300 \times 74}{60 \times 1000}$
$= 15.54 \text{m/s}$
N : 기관 회전속도
L : 피스톤 행정
② $d = D\sqrt{\dfrac{S}{V}}$,
$V = \dfrac{D^2 \times S}{d^2} = \dfrac{73^2 \times 15.54}{30^2} = 92.01 \text{m/s}$
d : 밸브지름
D : 실린더 안지름
S : 피스톤 평균속도
V : 가스 흐름속도

43 일산화탄소 및 탄화수소 분석기의 측정 전 준비사항으로 틀린 것은?

① 분석기는 형식 승인된 기기로서 최근 2년 이내에 정도검사를 필한 것이어야 한다.
② 분석기는 충분히 예열시켜 안정화시킨 후에 사용한다.
③ 일반적으로 영점조정은 분석기를 충분히 예열시킨 후 측정농도 범위에서 영점을 맞춘다.
④ 표준가스 주입은 측정농도 범위에 해당하는 표준가스 주입구를 통하여 지시값이 안정될 때까지 주입한다.

정답 40 ④ 41 ② 42 ④ 43 ①

44 디젤연료 첨가제 중 연소 소음과 유해 배기가스의 저감, 연료소비율 향상에 가장 적합한 첨가제는?

① 유동성 향상제　② 유성 향상제
③ 세정제　　　　④ 착화 촉진제

45 자동차용 왕복 피스톤기관의 이론 사이클에 대한 설명으로 틀린 것은?

① 압축비가 증가함에 따라 정적, 정압, 복합 사이클의 이론열효율은 모두 증가한다.
② 압축비의 증가폭과 이론열효율의 증가폭은 서로 정비례한다.
③ 압축비가 같을 경우 이론열효율은 정적>복합>정압 사이클의 순서가 된다.
④ 복합사이클의 이론열효율에서 압력비가 1이면 정압 사이클의 이론열효율이 된다.

46 커먼레일 디젤엔진에서 파일럿 분사의 주요 목적으로 옳은 것은?

① 엔진을 냉각시킨다.
② DPF를 활성화시킨다.
③ 착화지연시간을 길게 한다.
④ 엔진의 진동을 저감시킨다.

47 일로 변환된 에너지 중 동력손실을 제외하고 실제 크랭크 축에서 동력으로 사용할 수 있는 마력은?

① 지시마력　② SAE마력
③ 연료마력　④ 정미마력

48 자동차 배출가스 저감장치와 처리 가능한 배출가스 성분과의 연결이 틀린 것은?

① EGR 장치 - NOx 저감
② 증발가스 제어장치 - HC 저감
③ 블로바이 가스 제어장치 - NOx 저감
④ 삼원 촉매 장치 - CO, HC, NOx 저감

49 가솔린 기관의 실린더 벽 두께를 4mm로 만들고자 한다. 이때 실린더의 직경은?(단, 폭발압력은 40kgf/cm²이고, 실린더 벽의 허용응력이 360kgf/cm²이다.)

① 62mm　② 72mm
③ 82mm　④ 92mm

실린더벽 두께(t) = $\dfrac{P \times d}{2 \times \sigma_a}$,

$d = \dfrac{2 \times \sigma_a \times t}{P} = \dfrac{2 \times 300 \times 4}{40} = 72$mm

P : 폭발압력(kgf/cm²)
d : 실린더 지름(mm)
σ_a : 허용응력(kgf/cm²)
t : 실린더벽 두께(mm)

정답　44 ④　45 ②　46 ④　47 ④　48 ③　49 ②

50 전자제어 가변 밸브장치에서 운전 상태에 따른 CVVT(Continuously Variable Valve Timing)와 OCV(Oil Control Valve)의 듀티율에 대한 설명으로 틀린 것은?

① 목표 위치가 최대 지각 상태 : CVVT는 0%의 듀티율이 출력된다.
② 흡기 밸브를 진각 시킬 때 : 초기에 OCV는 100%의 듀티율로 출력되며 목표위치에 도달하면 CVVT는 50%의 듀티율이 출력된다.
③ 목표 위치가 최대 진각 상태 : CVVT는 100%의 듀티율이 출력된다.
④ 공회전 상태일 때 : OCV는 50% CVVT는 50%의 듀티율이 출력된다.

51 LPG(Liquefied Petroleum Gas)연료에서 증기압력에 대한 내용으로 틀린 것은?

① 액체량은 증기압력에 영향을 많이 받는다.
② 프로판과 부탄의 혼합비율에 따라 변한다.
③ 온도가 높게 되면 증기압력도 높다.
④ 프로판 성분이 많으면 증기압력이 높게 된다.

52 전자제어 가솔린엔진에서 비동기 분사에 대한 설명으로 옳은 것은?

① 산소센서의 신호에 따라 분사하는 방식이다.
② 엔진 회전수와 흡입 공기량에 비례하여 분사하는 것을 말한다.
③ 크랭크 각에 상관없이 급가속 시에 분사되는 일시적인 분사이다.
④ 급감속할 때 연료를 차단하여 연료를 절약하기 위한 보조 분사이다.

53 자동차 엔진의 성능곡선에서 A, B, C가 의미하는 것은?(단, F는 연료소비율, P는 축출력, T는 축토크이다.)

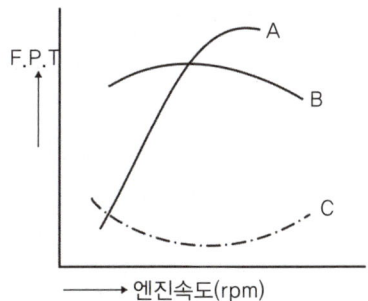

① A : F곡선, B : T곡선, C : P곡선
② A : T곡선, B : P곡선, C : F곡선
③ A : T곡선, B : F곡선, C : P곡선
④ A : P곡선, B : T곡선, C : F곡선

정답 50 ④ 51 ① 52 ③ 53 ④

54 점화순서가 1-3-4-2이고, 두 개의 점화 코일을 사용하는 DL1 시스템 기관에서 2번 실린더가 점화할 때 동시에 점화되는 실린더는?

① 1번 실린더
② 3번 실린더
③ 4번 실린더
④ 1, 3, 4번 실린더

55 전자제어 가솔린엔진에서 냉각수온 센서에 대한 설명으로 옳은 것은?

① 온도에 따라 저항이 변화하는 부특성 서미스터이다.
② 실린더 헤드에 부착되어 냉각 수온을 간접계측한다.
③ 냉각수온 센서는 전기저항과 관계가 없다.
④ 냉각수온 센서 신호에 의해 냉각수의 온도가 일정하게 유지된다.

56 전자제어 가솔린 연료분사 엔진에서 연료 압력 조정기의 리턴호스가 꺾였을 때의 현상을 설명한 것으로 가장 적합한 것은?

① 주행 중 시동이 즉시 꺼지게 된다.
② 과도한 연료 압력상승 시 체크밸브가 작동하여 연료압력을 조정한다.
③ 연료압력 상승억제를 위해 릴리프 밸브가 열린다.
④ 시동이 전혀 걸리지 않는다.

57 밸브 스프링 장력이 클 때 발생하는 현상이 아닌 것은?

① 밸브 및 시트의 마멸 촉진
② 캠축의 캠 마멸 촉진
③ 서징현상 발생
④ 엔진 출력 손실

58 엔진 베어링 재료로 사용되고 있는 켈밋합금에 대한 설명으로 틀린 것은?

① 주석 80~90%, 안티몬 3~12%, 구리 3~7%가 표준 조성이다.
② 고온, 고속, 고하중에 잘 견딘다.
③ 내부식성이 낮다.
④ 열전도성이 좋다.

59 가솔린엔진, 자동변속기, 현가장치 등이 모두 전자제어식 차량일 때 공통으로 필요한 센서는?

① G 센서
② 차속센서
③ 수온센서
④ 휠 스피드 센서

60 윤활유가 갖추어야 할 조건으로 틀린 것은?

① 점도가 적당할 것
② 인화점 및 자연 발화점이 낮을 것
③ 열과 산에 대하여 안정성이 있을 것
④ 카본 생성에 대한 저항력이 클 것

54 ② 55 ① 56 ③ 57 ③ 58 ① 59 ② 60 ②

제4과목 자동차 섀시

61 차량 자세제어 장치가 주로 제어하는 것은?

① 롤링
② 피칭
③ 바운싱
④ 요 모멘트

62 일반적인 직렬형 하이브리드 자동차의 동력전달 과정으로 옳은 것은?

① 엔진 → 전동기 → 변속기 → 축전지 → 발전기 → 구동바퀴
② 엔진 → 변속기 → 축전지 → 발전기 → 전동기 → 구동바퀴
③ 엔진 → 변속기 → 발전기 → 축전지 → 전동기 → 전동바퀴
④ 엔진 → 발전기 → 축전지 → 전동기 → 변속기 → 구동바퀴

63 자동차 주행저항을 계산하는 식에서 자동차 중량이 요구되지 않는 것은?

① 구름저항
② 구배저항
③ 가속저항
④ 공기저항

64 앞 차축과 조향 너클의 설치방식에 대한 설명으로 옳은 것은?

① 엘리옷형 : 앞차축의 양끝 부분이 요크로 된 형식이며 이 요크에 조향 너클이 끼워지고 킹핀은 조향너클에 고정된다.
② 역 엘리옷형 : 앞차축 윗부분에 조향 너클이 설치되며 킹핀이 아래쪽으로 돌출되어 있다.
③ 마몬형 : 앞차축 아래 부분에 조향 너클이 설치되며 킹핀이 위쪽으로 돌출되어 있다.
④ 르모앙형 : 조향너클에 요크가 설치된 형식이며 킹핀은 앞차축에 고정되고 조향너클과는 부싱을 사이에 두고 있다.

65 캐스터에 대한 설명으로 틀린 것은?

① 주행 중 조향 바퀴에 방향성을 부여한다.
② 조향된 바퀴를 직진 방향이 되도록 복원력을 준다.
③ 좌·우 바퀴의 캐스터가 다른 경우 차량의 쏠림이 발생한다.
④ 동일 차축에서 한 쪽 차륜이 반대 쪽 차륜보다 앞 또는 뒤로 처져있는 정도이다.

66 공기 브레이크에서 브레이크 페달에 의해 개폐되며 페달이 이동된 양에 따라 공기탱크 내의 압축공기를 도입하여 제동력을 조절하는 것은?

① 브레이크 밸브
② 퀵 릴리스 밸브
③ 릴레이 밸브
④ 언로더 밸브

61 ④ 62 ④ 63 ④ 64 ① 65 ④ 66 ①

67 전자제어 자동변속기의 제어모듈(TCU)에 입력되는 신호가 아닌 것은?

① 입·출력 속도 센서
② 인히비터 스위치
③ 연료 온도 센서
④ 브레이크 스위치

68 승용차 타이어의 규격이 "P205/60R 15 96H"일 경우 타이어의 단면 높이(mm)는?

① 205
② 123
③ 60
④ 15

69 전자제어 자동변속기 차량에서 토크 컨버터의 유체를 통해 동력을 전달시키지 않고 펌프와 터빈을 직접 구동하는 기능은?

① 홀드(hold)기능
② 록업(lock up)기능
③ 토션 댐퍼(torsion damper)기능
④ 터빈 브레이커(turbine breaker)기능

70 진공 부스터식 브레이크 장치를 시험기 없이 시험하는 방법과 판정에 대한 내용으로 틀린 것은?

① 엔진시동을 정지한 상태에서 브레이크 페달을 몇 번 밟아주고, 밟은 상태에서 엔진 시동을 걸어서 페달이 약간 내려가면 진공부스터의 기능은 정상이다.
② 엔진을 시동하여 1~2분 후에 시동을 끄고, 페달을 1~4회 밟을 때 첫 회의 페달행정과 4회의 페달행정이 변하지 않고 일정하면 진공부스터의 기밀기능은 정상이다.
③ 엔진을 시동하여 1~2분 후에 페달을 밟은 상태에서 시동을 끄고 30초 정도 페달을 밟은 상태로 유지하여 페달 높이가 변화하지 않으면 진공부스터의 부하기밀기능은 정상이다.
④ 엔진을 시동하여 1~2분 후에 페달을 밟은 상태에서 시동을 끄고 10초 정도 페달을 밟은 상태로 유지하여 페달 높이가 내려가면 마스터 실린더 또는 진공부스터 이상이다.

71 브레이크 오일의 구비조건에 대한 설명으로 옳은 것은?

① 빙점이 높아야 한다.
② 비윤활성이어야 한다.
③ 점도지수가 낮아야 한다.
④ 비등점이 높아야 한다.

72 자동변속기 차량에서 크랭킹이 안 되는 원인으로 틀린 것은?

① 킥다운 스위치 단선 시
② 변속레버 D위치 선택 시
③ P, N스위치 접점 소손 시
④ 인히비터 스위치 커넥터 탈거 시

정답 67 ③ 68 ② 69 ② 70 ② 71 ④ 72 ①

73 전자식 케이블타입 주차브레이크(Electronic Parking Brake)의 구성품 중 케이블의 장력을 측정하여 자동차의 조건 및 경사도에 따라 적절한 제동력이 가해지도록 하는 것은?

① TCU
② EPB 스위치
③ 제동력 감지센서
④ 주차 케이블 구동기어

74 수동변속기 클러치 디스크에서 비틀림 코일스프링의 주요 역할로 옳은 것은?

① 클러치판의 파손방지
② 클러치스프링의 장력 보완
③ 클러치 접속 시 회전충격 흡수
④ 클러치 면이 미끄러지는 것을 방지

75 유압식 브레이크 장치에서 잔압의 유지 목적으로 거리가 먼 것은?

① 캐비테이션 방지
② 브레이크 작동 지연 방지
③ 회로 내에 공기 침입을 방지
④ 휠 실린더 내 오일 누출 방지

76 종감속 기어의 구동 피니언 잇수가 8, 링 기어의 잇수가 48 인 자동차가 직선으로 달릴 때, 추진축의 회전수가 1800rpm이다. 이 자동차가 회전할 때 안쪽바퀴가 250rpm 하면 바깥 바퀴는 몇 회전하는가?

① 150rpm ② 250rpm
③ 350rpm ④ 450rpm

 풀이

① $Rf = \dfrac{Pt}{Rt} = \dfrac{48}{8} = 6$

② $Tn_1 = \dfrac{En}{Rt \times Rf} \times 2 - Tn_2$

$= \dfrac{1800}{6} \times 2 - 250 = 350\text{rpm}$

Tn : 바퀴 회전수
En : 엔진 회전수
Rt : 변속비
Rf : 종감속비

77 조향핸들의 유격이 커지는 원인으로 틀린 것은?

① 조향기어 백래시의 조정 불량
② 스티어링 기어의 마모 증대
③ 조향 링키지의 마모
④ 타이어 트레드 마모

78 바퀴의 미끄럼 및 구동력과 관련하여 미끄럼률을 구하는 식은?(단, V : 자체의 주행 속도, Vw : 바퀴의 회전속도이다.)

① $\dfrac{V - V_W}{V} \times 100\%$

② $\dfrac{V_W - V}{V_W} \times 100\%$

③ $\dfrac{V_W}{V_W - V} \times 100\%$

④ $\dfrac{V}{V - V_W} \times 100\%$

 정답

73 ③ 74 ③ 75 ① 76 ③ 77 ④ 78 ①

79 복륜 자동차의 윤간거리에 대한 설명으로 옳은 것은?

① 좌·우 바퀴가 접하는 수평면에서 내측 바퀴 중심간의 거리
② 좌·우 바퀴가 접하는 수평면에서 외측 바퀴 중심간의 거리
③ 좌·우 바퀴가 접하는 수평면에서 복륜 중심간의 거리
④ 좌·우 바퀴가 접하는 수평면에서 내측 바퀴의 최외곽 중심간의 거리

80 자동차규칙상 주제동장치의 제동능력 및 조작력 기준에 대한 설명으로 틀린 것은?

① 측정자동차의 상태 : 공차상태의 자동차에 운전자 1인이 승차한 상태
② 좌·우바퀴의 제동력의 차이 : 당해 축중의 5% 이하
③ 제동력의 복원 : 브레이크페달을 놓을 때에 제동력이 3초 이내에 당해 축종의 20% 이하로 감소될 것
④ 최고속도가 매시 80km 미만이고 차량총중량이 차량중량이 1.5배 이하인 자동차의 각축의 제동력의 합 : 차량총중량의 40% 이상

제5과목 **자동차 전기**

81 ECU에서 제어하는 접점식 릴레이에 다이오드를 부착한 이유는?

① 정밀한 제어를 위해
② 전압을 상승하기 위해
③ 점화신호 오류 방지를 위해
④ 서지전압에 의한 ECU 보호를 위해

82 전기자동차 및 플러그인하이브리드자동차의 복합 1회 충전 주행거리(km) 산정방법으로 옳은 것은?(단, 자동차의 에너지소비효율 및 등급표시에 관한 규정에 의한다.)

① 0.55×도심주행 1회충전 주행거리 +0.45×고속도로주행 1회충전 주행거리
② 0.45×도심주행 1회충전 주행거리 +0.55×고속도로주행 1회충전 주행거리
③ 0.5×도심주행 1회충전 주행거리 +0.5×고속도로주행 1회충전 주행거리
④ 0.6×도심주행 1회충전 주행거리 +0.4×고속도로주행 1회충전 주행거리

 79 ③　80 ②　81 ④　82 ①

83 차체 자세제어시스템의 요 모멘트 제어와 관련된 사항으로 틀린 것은?

① 오버스티어링 시에 제어한다.
② 언더스티어링 시에 제어한다.
③ 자기진단기를 이용한 강제구동 시 제어한다.
④ 요 모멘트가 일정값 이상 발생하면 제어한다.

84 수소연료전지차의 에너지소비효율 라벨에 표시되는 항목이 아닌 것은?(단, 자동차의 에너지소비효율 및 등급표시에 관한 규정에 의한다.)

① CO_2 배출량
② 1회충전 주행거리
③ 도심주행 에너지소비효율
④ 고속도로주행 에너지소비효율

85 점화플러그에 카본이 심하게 퇴적되어 있는 원인으로 틀린 것은?

① 장시간 저속 주행
② 점화 플러그의 과냉
③ 혼합기가 너무 희박함
④ 연소실에 오일이 올라옴

86 하이브리드 자동차에서 에너지 저장 시스템의 종류로 틀린 것은?

① 펌프(pump) 저장 시스템
② 플라이휠(flywheel) 저장 시스템
③ 축압(accumulator) 저장 시스템
④ 커패시터(capacitor) 저장 시스템

87 하이브리드 자동차의 연비 향상 요인이 아닌 것은?

① 주행 시 자동차의 공기저항을 높여 연비가 향상된다.
② 정차 시 엔진을 정지(오토 스톱)시켜 연비를 향상시킨다.
③ 연비가 좋은 영역에서 작동되록 동력 분배를 제어한다.
④ 희생 제동(배터리 충전)을 통해 에너지를 흡수하여 재사용한다.

88 스마트 에어백의 구성부품이 아닌 것은?

① 프리크러쉬 센서(pre-crach sensor)
② 충돌감도 센서(crash severity sensor)
③ 요 레이트 센서(yaw rate sensor)
④ 시트위치 센서(seat position sensor)

정답 83 ③ 84 ② 85 ③ 86 ① 87 ① 88 ③

89 자동차 에어백에 대한 설명으로 틀린 것은?

① 에어백 시스템은 좌석벨트의 보조 장치로서 운전자를 보호하기 위한 안전장치이다.
② 자동차가 정면 충돌 시 요레이트 센서가 이를 감지하여 에어백이 작동한다.
③ 에어백 모듈은 가스발생기, 에어백, 클록 스프링 등으로 구성된다.
④ 에어백 경고등은 점화스위치를 "ON" 시키면 일정 시간 동안 점등되었다가 소등된다.

90 기동전동기의 시동 소요 회전력에 대한 설명으로 틀린 것은?

① 플라이휠의 링기어 잇수가 증가하면 소요회전력은 작아진다.
② 기동 전동기의 피니언 잇수가 증가하면 소요회전력은 커진다.
③ 엔진의 회전저항이 증가하면 소요회전력은 커진다.
④ 압축비가 큰 엔진일수록 소요 회전력은 작아진다.

91 방향지시등 회로에서 뒤 좌측 방향지시등 전구의 필라멘트가 단선되었을 때의 변화는?

① 앞 좌측 전구에 가해지는 전압이 높아진다.
② 전구의 단선과 회로의 저항변화는 무관하다.
③ 좌측 방향지시등 회로의 저항이 감소한다.
④ 좌측 방향지시등 회로의 저항이 증가한다.

92 자동차 데이터 통신 중에 하나의 선이라도 단선되면 두 배선의 차등전압을 알 수 없어 통신 불량이 발생하는 통신방식은?

① A-CAN 통신   ② B-CAN 통신
③ C-CAN 통신   ④ D-CAN 통신

93 에어백 시스템의 인플레이터(에어백 모듈) 정비 시 유의사항으로 틀린 것은?

① 차량 도장건조 작업 시에는 탈거 후에 하는 것이 좋다.
② 인플레이터의 배선 측이 위로 가도록 보관한다.
③ 취급 시 충격을 가하지 않도록 한다.
④ 화기 근처에 놓지 말아야 한다.

94 하이브리드 자동차에서 리튬 이온 폴리머 고전압 배터리는 9개의 모듈로 구성되어 있고, 1개의 모듈은 8개의 셀로 구성되어 있다. 이 배터리의 전압은?(단, 셀 전압은 3.75V이다.)

① 30V   ② 90V
③ 270V   ④ 375V

모듈 개수×셀 개수×셀 전압
= 9×8×3.75 = 270V

정답 89 ② 90 ④ 91 ④ 92 ③ 93 ② 94 ③

95. 그림과 같이 12V 배터리 2개를 직렬로 연결하여 정전류(표준) 충전을 할 때 적합한 전압과 전류는?

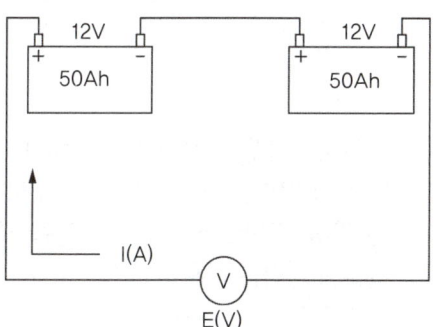

① 12V, 5A ② 24V, 5A
③ 12V, 20A ④ 24V, 20A

96. 엔진이 고전압 배터리의 충전에만 사용되고 동력전달용으로는 사용되지 않는 하이브리드 차량의 형식은?

① 직렬형 ② 병렬형
③ 복합형 ④ 직·병렬형

97. 권수가 200회이고, 자기인덕턴스가 20[mH]인 코일에 2[A]의 전류를 흘릴 때, 자속은 몇 [Wb]인가?

① 2×10^{-2} ② 4×10^{-2}
③ 2×10^{-4} ④ 4×10^{-4}

 $LI = N\Phi$ 에서 $\Phi = \dfrac{LI}{N} = \dfrac{20 \times 10^{-3} \times 2}{200}$
$= 2 \times 10^{-4}$

98. 전압과 전류 그리고 저항에 대한 설명으로 틀린 것은?

① 반도체의 경우 온도가 높아지면 저항이 높아진다.
② 저항이 크고, 전압이 낮을수록 전류는 적게 흐른다.
③ 도체의 단면적이 클수록 저항은 낮아진다.
④ 도체의 경우 온도가 높아지면 저항은 높아진다.

99. 교류신호를 측정한 그림에서 디지털 멀티테스터로 측정한 값이 80V라고 할 때 오실로스코프로 측정한 P-P 전압은?

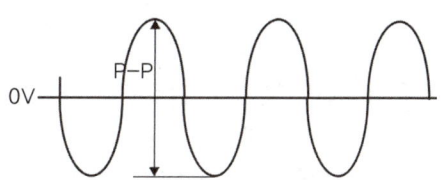

① 약 110V ② 약 150V
③ 약 180V ④ 약 226V

 80V의 교류전압의 피크전압
$= (80+80) \times 1.414 = 226V$

100. 고압축비 고속기관에 사용되는 점화플러그는?

① 열형 ② 냉형
③ 중간형 ④ 초냉형

 95 ② 96 ① 97 ③ 98 ① 99 ④ 100 ②

3차 실전 테스트 문제

제1과목 일반기계 공학

01 유압제어 회로에 사용되는 밸브 중 압력 제어 밸브가 아닌 것은?

① 카운터 밸런스 밸브
② 릴리프 밸브
③ 시퀀스 밸브
④ 교축 밸브

02 마우러 조직도에서 탄소와 함께 주철의 조직 관계를 나타내고 원소이며, 주철의 결정입자를 조대화하고 유동성을 좋게 하는 것은?

① 인
② 황
③ 규소
④ 망간

03 지름 d, 길이 Z인 환봉이 압축하중 P가 작용하여 지름이 d0로 변했을 때 이 환봉의 포아송 비는?(단, E는 세로탄성계수이다.)

① $\dfrac{E\pi d(d_0-d)}{4P}$
② $\dfrac{E\pi d(d_0-d)}{2P}$
③ $\dfrac{E\pi d^2(d_0-d)}{P}$
④ $\dfrac{E\pi d^2(d_0-d)}{2P}$

04 지름이 D인 원형축의 중심에 높이 h, 폭 6인 직사각형 단면인 구멍이 축의 도심에 뚫린 경우, 단면 도심축에 대한 단면 2차 모멘트를 구하는 식은?

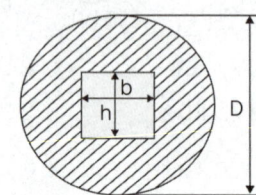

① $\dfrac{\pi D^3}{16}-\dfrac{bh^2}{6}$
② $\dfrac{\pi D^4}{32}-\dfrac{bh^3}{12}$
③ $\dfrac{\pi D^4}{64}-\dfrac{bh^3}{12}$
④ $\dfrac{\pi D^4}{128}-\dfrac{bh^3}{12}$

05 일반적으로 베어링 재료로 사용하지 않는 것은?

① 켈밋 합금
② 배빗 메탈
③ 인바
④ 화이트 메탈

06 부재에 작용하는 수직응력에 의한 탄성에너지(kJ)를 구하는 식은?(단, P : 하중, L : 길이, A : 단면적, E : 세로탄성계수이다.)

① $\dfrac{P^2L}{2AE}$
② $\dfrac{P^2E}{2AL}$
③ $\dfrac{PL^2}{2AE}$
④ $\dfrac{PL}{2AE}$

 1 ④ 2 ③ 3 ① 4 ③ 5 ③ 6 ①

07 유체기계 관련 이론 중 베르누이 방정식이 적용되는 가정으로 틀린 것은?

① 적용되는 임의의 2점은 같은 유선상에 있다.
② 점성력이 존재하는 유체 흐름이다.
③ 정상상태의 유체 흐름이다.
④ 비압축성 유체 흐름이다.

08 나사의 효율(η)을 나타내는 식은?(단, α : 리드각, ρ : 마찰각이다.)

① $\eta = \dfrac{\tan\alpha}{\tan(\alpha+\rho)}$
② $\eta = \dfrac{\tan(\alpha+\rho)}{\tan\alpha}$
③ $\eta = \dfrac{\tan(\alpha+\rho)}{\alpha}$
④ $\eta = \dfrac{\alpha+\rho}{\alpha}$

09 축계 기계요소 중 축과 보스에 작은 삼각형의 키와 홈을 판 후 고정시킨 것은?

① 케네디 키
② 우드러프 키
③ 세례이션
④ 스플라인

10 선반에서 사용하는 단동척에 대한 설명으로 옳은 것은?

① 조(jaw)가 각각 움직이므로 불규칙한 형상의 공작물 고정에 편리하다.
② 조(jaw)가 동시에 움직이는 구조로서 원형이나 육각형의 공작물 고정에 편리하다.
③ 콜릿을 이용하여 자동선반, 터릿선반, 시계선반 등에 사용되는 척이다.
④ 전자석을 이용하여 장·탈착이 쉽도록 하며 대량생산에 주로 사용되는 척이다.

11 압연공정에서 압하율을 크게 하기 위한 방법으로 틀린 것은?

① 지름이 작은 롤을 사용한다.
② 롤 회전수를 늦춘다.
③ 압연재를 뒤에서 밀어준다.
④ 압연재의 온도를 높여준다.

12 보의 처짐량을 구하는 일반적인 방법이 아닌 것은?

① 중첩법을 이용하는 방법
② 탄성에너지를 이용하는 방법
③ 면적모멘트를 이용하는 방법
④ 처짐곡선의 비선형방정식을 이용하는 방법

13 코일 스프링에서 소선의 지름을 d, 코일의 평균 반지름을 R이라 할 때, 2R/d이 의미하는 것은?

① 스프링 상수
② 스프링 지수
③ 스프링 부하계수
④ 스프링 수정계수

정답 7 ② 8 ① 9 ③ 10 ① 11 ① 12 ④ 13 ②

14 주조품을 제조하기 위한 모형 중 코어 모형을 사용해야 하는 주물로 적합한 것은?
① 골격형 주물
② 크기가 큰 주물
③ 외형이 복잡한 주물
④ 내부가 비어있는 주물

15 4m/s의 속도로 전동하고 있는 벨트의 긴장측의 장력이 125N, 이완측의 장력이 50N이라고 하면 전동하고 있는 동력(kW)은?
① 0.3
② 0.5
③ 300
④ 500

$$H_{kW} = \frac{(T_1 - T_2) \times V}{102} = \frac{(125-50) \times 4}{102 \times 10}$$
$$= 0.29 \text{kW}$$

16 용접할 2개의 금속 단면을 적당한 거리에 놓고 서서히 접근 시키면서 대전류를 통하여 강한 압력으로 용접하는 것은?
① 시임 용접
② 업셋 용접
③ 프로젝션 용접
④ 플래시 용접

17 내부식성과 내마모성이 우수하며 베어링, 선박용 부품 및 스프링 재료로 사용이 가능한 구리합금은?
① 6-4황동
② 인청동
③ 하이드로날륨
④ 두랄루민

18 체인의 원동차 잇수(Z_1)가 20개, 회전수(N_1) 300rpm이고, 종동차 잇수(Z_2)가 30개일 때 종동차의 회전수(N_2)와 종동차의 속도(V_2)는 각각 얼마인가?(단, 종동차의 피치는 15mm이다)
① N_2= 200rpm, V_2= 1.5m/s
② N_2= 200rpm, V_2= 2.5m/s
③ N_2= 400rpm, V_2= 1.5m/s
④ N_2= 450rpm, V_2=2.25m/s

① 종동차의 회전수(N_2)
$$= \frac{Z_1 \times N_1}{Z_2} = \frac{20 \times 300}{30} = 200\text{rpm}$$
② 종동차의 속도(V_2)
$$= \frac{N_2 \times P \times Z_2}{60 \times 1000} = \frac{200 \times 15 \times 30}{60 \times 1000}$$
$$= 1.5\text{m/s}$$
P : 종동차의 피치

19 터보형 펌프 중 원심 펌프와 축류 펌프의 중간적인 형상을 하고 있으며 소형 경량으로 할 수 있고 양정의 변화가 심한 경우에도 유량의 변화가 적은 펌프는?
① 사류 펌프
② 특수 펌프
③ 왕복 펌프
④ 회전 펌프

20 연삭가공에서 숫돌 면의 표면층을 깎아 떨어뜨려서 절삭성이 불량해진 숫돌면에 새롭고 날카로운 날 끝을 발생시키는 작업은?
① 로딩
② 글레이징
③ 트루잉
④ 드레싱

14 ④ 15 ① 16 ② 17 ② 18 ① 19 ① 20 ④

제2과목 기계 열역학

21 엔탈피 126KJ/kg인 물을 보일러에서 가열하여 엔탈피 2952KJ/kg인 증기 (질량유량) $\dot{m}$ = 10000kg/h를 만들고, 이것을 증기터빈에 송입하였더니 출구엔탈피가 1583KJ/kg이었다. 이 경우 보일러에서의 가열량을 구하면 그 값은?(단, 보일러에서는 정압가열이며 터빈에서는 단열팽창이다.)

① 7850kW ② 6742kW
③ 640kW   ④ 570kW

 (보일러에서 단위시간당 가한열량) Q
$= \dot{m}(h_2 - h_1) = 10000 \times (2952 - 126)$
$= 2.826 \times 10^7 KJ/h = 7850 KJ/s = 7850 KW$

22 어느 발명가가 바닷물로부터 매시간 1800kJ의 열량을 공급받아 0.5kW 출력의 열기관을 만들었다고 주장한다면, 이 사실은 열역학 제 몇 법칙에 위배되는가?

① 제0법칙 ② 제1법칙
③ 제2법칙 ④ 제3법칙

23 냉동용량이 10냉동톤인 어느 냉동기의 성적계수가 4.8이라면 이 냉동기를 작동하는데 필요한 동력은 약 몇 kW 인가?

① 8kW ② 6kW
③ 5kW ④ 4kW

 $\epsilon_k = \dfrac{Q_2}{W}$,

$\therefore W = \dfrac{Q_2}{\epsilon_R} = \dfrac{10 \times 3.86}{4.8} = 8.04 kW$

24 외부에서 받은 열량이 모두 내부에너지 변화만을 가져오는 완전가스의 상태변화는?

① 정적변화 ② 정압변화
③ 등온변화 ④ 단열변화

25 질량이 m이고 한 변의 길이가 a인 정육면체 상자 안에 있는 기체의 밀도가 ρ 이라면 질량이 2m이고 한 변의 길이가 2a인 정육면체 상자 안에 있는 기체의 밀도는?

① ρ ② $\dfrac{1}{2}\rho$
③ $\dfrac{1}{4}\rho$ ④ $\dfrac{1}{8}\rho$

26 시속 30km로 주행하고 있는 중량 3060N의 자동차가 브레이크를 밟았더니 8.8m에서 정지했다. 베어링 마찰을 무시하고 브레이크에 의해서 제동된 것으로 보았을 때 브레이크로 부터 발생한 열량은 몇 KJ인가?(단, 차륜(車輪)과 도로면의 마찰계수는 0.4로 한다.)

① 약 5.4 KJ
② 약 8.4 KJ
③ 약 9.61 KJ
④ 약 10.77 KJ

 발생열량 = 마찰일,
$Q = \mu \cdot W \cdot S = 0.4 \times 3060 \times 8.8$
$= 10771.2 = 10.77 KJ$

 21 ① 22 ③ 23 ① 24 ① 25 ③ 26 ④

27 온도가 -23℃인 냉동실로부터 기온이 27℃인 대기중으로 열을 뽑아내는 가역 냉동기가 있다. 이 냉동기의 성능계수는?

① 3 ② 4
③ 5 ④ 6

 $\epsilon_R = \dfrac{T_2}{T_1 - T_2} = \dfrac{250}{300-250} = 5$

28 어떤 냉동기에서 0℃의 물로 0℃의 얼음 2000kg을 만드는 데 50kW·h의 일이 소요된다면 이 냉동기의 성능계수는?(단, 얼음의 융해잠열은 334KJ/kg)

① 1.05 ② 2.31
③ 2.67 ④ 3.71

 (냉동효과) Q_L = 334KJ/Kkg × 2000kg
  = 668000KJ,
(공급된 일) W = 50kW × 3600sec
  = 180000KJ,
∴ $\epsilon_R = \dfrac{Q_L}{W} = 3.711$

29 다음 그림은 이상적인 오토사이클의 압력(P)-부피(V)선도이다. 여기서 "ㄱ"의 과정은 어떤 과정인가?

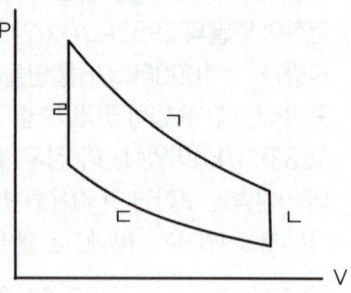

① 단열 압축과정
② 단열 팽창과정
③ 등온 압축과정
④ 등온 팽창과정

30 카르노 열펌프와 카르노 냉동기가 있는데, 카르노 열펌프의 고열원 온도는 카르노 냉동기의 고열원 온도와 같고, 카르노 열펌프의 저열원 온도는 카르노 냉동기의 저열원 온도와 같다. 이때 카르노 열펌프의 성적계수(COP_{HP})와 카르노 냉동기의 성적계수(COP_R)의 관계로 옳은 것은?

① $COP_{HP} = COP_R + 1$
② $COP_{HP} = COP_R - 1$
③ $COP_{HP} = \dfrac{1}{COP_R + 1}$
④ $COP_{HP} = \dfrac{1}{COP_R - 1}$

27 ③ 28 ④ 29 ② 30 ①

31 4kg의 공기를 온도15°에서 일정체적으로 가열하여 엔트로피가 3.35KJ/°K증가하였다. °K로 계산한 가열 후의 온도는 어느 것에 가장 가까운가?(단, 공기의 정적 비열은 0.71KJ/kg℃이다.)

① 937 °K   ② 337 °K
③ 535 °K   ④ 483 °K

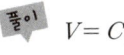 $V = C$,
$$\Delta S = \int \frac{mCdt}{T} = mC_v \ln \frac{T_2}{T_1}$$
$$= 4 \times 0.71 \times \ln \frac{T_2}{288} = 3.35$$
$$\therefore \frac{T_2}{288} = e^{\frac{3.35}{4 \times 0.71}}, \quad \therefore T_2 = 937°\text{K}$$

32 초온 t_1 = 32℃인 3kg의 공기가 단열 팽창하여 59KJ의 일을 했다면 변화 후의 온도는?(정적비열 C_v = 0.72 KJ/kg℃이다.)

① 3.57℃   ② 4.02℃
③ 4.7℃   ④ 5.6℃

 $_1W_2 = -\Delta u = -mC_v(T_2 - T_1)$,
$$T_2 = T_1 - \frac{_1W_2}{m \times C_v} = 32 - \frac{59}{3 \times 0.72} = 4.77℃$$

33 80KPa인 압력을 일정하게 유지하면서 0.6m³의 공기가 팽창하여 그 체적이 2배가 되었다면 외부에 대한 일량은?

① 38000N·m   ② 48000N·m
③ 42000N·m   ④ 36000N·m

 $_1W_2 = P(V_2 - V_1)$
$$= 80 \times 10^3 \times (2 \times 0.6 - 0.6)$$
$$= 48000\text{N}\cdot\text{m}$$

34 출력 10000KW의 터빈 플랜트의 매시 연료소비량이 5000Kg/hr이다. 이 플랜트의 열효율은?(단, 연료의 발열량은 33600 KJ/Kg이다.)

① 25%   ② 21.4%
③ 10.9%   ④ 40%

 $\eta = \frac{출력}{입력} = \dfrac{10000}{33600 \times 5000 \times \frac{1}{3600}} = 0.214$

35 카르노 사이클 (carnot cycle)로 작동되는 열기관이 동작유체로 공기를 사용해서 고열원의 온도 750℃, 저열원의 온도 15℃일 때 사이클당 수열량이 8 KJ라면 정미일(network)은 얼마인가?

① 1.425 KJ   ② 5.22 KJ
③ 3.055 KJ   ④ 5.747 KJ

 $\eta = \dfrac{W}{Q} = 1 - \dfrac{T_2}{T_1}$,
$$W = 8 \times (1 - \frac{288}{1023}) = 5.747 KJ$$

정답 31 ① 32 ③ 33 ② 34 ② 35 ④

36 이론 사이클을 행하는 가스 터빈에 있어서 흡입공기의 온도 20℃, 흡입 압력 1bar, 이고 력비를 7이라고 하면 압축기 출구 온도는?(단, $k=1.4$로 한다.)

① 약 231℃ ② 약 225℃
③ 약 238℃ ④ 약 511℃

풀이
$$\frac{T_2}{T_1} = \left(\frac{P_2}{P_1}\right)^{\frac{k-1}{k}} = \gamma^{\frac{k-1}{k}},$$
$$\therefore T_2 = T_1 \times \gamma^{\frac{k-1}{k}}$$
$$= (273+20) \times 7^{\frac{1.4-1}{1.4}}$$
$$= 510.9 ≒ 511°K = 238℃$$

37 압축비 $\epsilon=16$, 체적비 $\sigma=2.0$, 압력비 $\rho=1.5$인 복합 사이클(sabathe cycle : 공기표준 사이클)의 열효율은? (단 비열비는 1.4이다)

① $\eta$the = 32.4%
② $\eta$the = 50.4%
③ $\eta$the = 78.3%
④ $\eta$the = 62.5%

풀이
$$\eta_s = 1 - \left(\frac{1}{\epsilon}\right)^{k-1} \cdot \frac{\rho\sigma^{k-1}}{(\rho-1)+k\rho(\sigma-1)}$$
$$= 1 - \left(\frac{1}{16}\right)^{0.4} \times \frac{1.5 \times 2^{1.4}-1}{(0.5+1.4 \times 1.5 \times 1)}$$
$$= 0.6246 = 62.5\%$$

38 임계압력이 0℃에서 760mmHg인 때의 공기의 임계속도는 약 몇 m/s인가?(단 공기의 기체상수 287Nm /Kg °k)

① 323 ② 331
③ 314 ④ 347

풀이
(음속 = 음계속도)a
$= \sqrt{k \cdot R \cdot T_c}$
$= \sqrt{1.4 \times 287 \times 273} = 331 m/s$

39 어떤 가스 3kg을 온도 30℃에서 100℃까지 정적가열하는데 63kJ의 열량이 필요하다. 가역 폴리트로프 비열은 얼마인가? (단, 비열비 k=1.4, 폴리트로프 지수 n=1.3이다.)

① $C_n = -0.1[kJ/kg℃]$
② $C_n = 0.075[kJ/kg℃]$
③ $C_n = 0.15[kJ/kg℃]$
④ $C_n = -0.4[kJ/kg℃]$

풀이
$_1Q_2 = mC_V(T_2-T_1),$
$63 = 3 \times C_V \times (100-30), C_V = 0.3[kJ/kg℃]$
$C_n = C_V \frac{n-k}{n-1} = 0.3 \times \frac{1.3-1.4}{1.3-1} = -0.1[kJ/kg℃]$

40 냉동용량이 10냉동톤인 어느 냉동기의 성능계수가 4.8이라면, 이 냉동기를 작동하는데 필요한 동력은 몇 kW 인가?

① 약 8kW ② 약 9kW
③ 약 7kW ④ 약 5kW

풀이
$\epsilon_R = \frac{Q_2}{W},$
$W = \frac{Q_L}{\epsilon_R} = \frac{10 \times 3.86}{4.8} = 8KW$

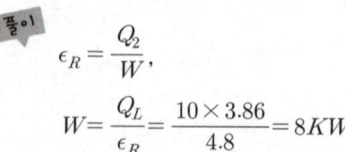

36 ③ 37 ④ 38 ② 39 ① 40 ①

제3과목 자동차 기관

41. 압축천연가스(CNG)의 특징으로 틀린 것은?

① 옥탄가가 낮아 연소효율이 향상된다.
② 전 세계적으로 매장량이 풍부하다.
③ 분진 및 유황이 거의 없다.
④ 질소산화물의 발생이 적다.

42. 연소실에서 일어나는 혼합기 와류에 대한 구분으로 틀린 것은?

① 연소 초기의 압력차에 의한 와류
② 피스톤 형상에 의해 형성되는 와류
③ 흡입 시 발생되는 전류에 의한 와류
④ 흡기행정 중 공기가 유입될 때 형성되는 와류

43. 크랭킹은 가능하지만 엔진 시동이 어렵다면 그 원인은?

① 크랭크각 센서 결함
② 흡입공기량 센서 결함
③ 산소 센서 결함
④ 흡기온도 센서 결함

44. 가솔린엔진의 유해 배출가스인 탄화수소(HC) 발생 농도에 대한 설명으로 틀린 것은?

① 혼합비가 일정할 때 점화시기가 늦은 편이 발생농도가 낮다.
② 혼합비가 일정할 때 냉각수 온도가 높은 편이 발생농도가 낮다.
③ 점화시기가 일정할 때 기관의 회전속도가 느린 편이 발생농도가 낮다.
④ 기관 연소실의 체적에 대한 표면적 비율이 작은 편이 발생농도가 낮다.

45. 연료 저위발열량이 10500kcal/kgf인 연료를 사용하는 가솔린기관의 연료소비율이 180g/PS·h이라면 이 기관의 열효율은 약 얼마인가?

① 16.3%   ② 21.9%
③ 26.2%   ④ 33.5%

 풀이

$$\eta_B = \frac{632.3}{H_l \times fe} \times 100$$
$$= \frac{632.3}{10500 \times 0.18} \times 100 = 33.5\%$$

η_B : 제동열효율
H_l : 연료의 저위발열량(kcal/kgf)
fe : 연료소비율(g/PS·h)

정답 41 ① 42 ③ 43 ① 44 ③ 45 ④

46 어떤 기관의 제동 연료소비율은 300g/kW·h이다. 연료의 저위발열량이 42000 kJ/kgf일 경우, 이 기관의 제동열효율은?

① 약 23.3%   ② 약 71.4%
③ 약 28.6%   ④ 약 1.4%

풀이
$$\eta_B = \frac{3600}{H_l \times fe} \times 100$$
$$= \frac{3600}{42000 \times 0.3} \times 100 = 28.57\%$$

η_B : 제동열효율
H_l : 연료의 저위발열량(kJ/kgf)
fe : 연료소비율(g/kW·h)

47 배기가스의 배출 특성에 대한 설명으로 틀린 것은?

① 이론 공연비보다 농후하면 NOx는 감소하고, CO와 HC가 증가한다.
② 이론 공연비보다 약간 희박하면 NOx는 증가하고, CO와 HC는 감소한다.
③ 엔진을 감속하였을 때 NOx는 감소하고, CO와 HC는 증가한다.
④ 엔진의 온도가 낮을 때에는 CO와 HC는 감소하고, NOx는 증가한다.

48 자동차 엔진과 관련하여 엔진오일의 기능 중에서 가장 중요한 것은?

① 냉각
② 방청 및 방식
③ 마찰손실과 마모 저감
④ 충격압력의 분산과 흡수

49 연소실 설계 시 고려사항으로 틀린 것은?

① 인체에 유해한 성분이 발생되지 않도록 설계한다.
② 압축행정 말기에 강한 와류가 형성되도록 설계한다.
③ 화염 전파거리를 최대한 짧게 할 수 있는 위치에 인젝터가 설치되도록 설계한다.
④ 연소실 내의 표면적을 최대화하여 열효율을 높일 수 있도록 설계한다.

50 전자제어 가솔린엔진에서 연료차단(fuel cut)을 실행하는 목적이 아닌 것은?

① 연비의 개선
② 유해 배출가스의 저감
③ 부조 및 공전속도 조정
④ 고회전 시 기관 손상 방지

정답 46 ③ 47 ④ 48 ③ 49 ④ 50 ③

51. 디젤엔진의 기계식 연료분사 펌프에서 딜리버리 밸브의 기능이 아닌 것은?

① 후적 방지
② 연료의 역류 방지
③ 분사의 확실한 단속
④ 연료 분사량의 가감

52. 배출가스 저감장치의 저감효율 기준에서 제3종 배출가스 저감장치에 해당하는 저감효율 기준은?(단, 대기환경보전법령상에 의한다.)

① 입자상물질 또는 질소산화물 5% 이상
② 입자상물질 또는 질소산화물 25% 이상
③ 입자상물질 또는 질소산화물 50% 이상
④ 입자상물질 또는 질소산화물 80% 이상

53. 흡입공기량 검출방식 중 직접 계측방식이 아닌 것은?

① 에어 플로우 미터식
② 흡입부압 감지식
③ 칼만 와류식
④ 핫 필름식

54. 지르코니아 산소센서의 주요 구성 물질은?

① 지르코니아+강
② 지르코니아+망간
③ 지르코니아+백금
④ 지르코니아+주석

55. 어떤 화물자동차가 평탄한 도로를 정속도로 2km주행하였다. 이때 바퀴에서의 구동력의 합은 2.9kN이었다. 2km 주행하는 동안 이 자동차가 한 일을 Nm, kWh로 구하면?

① 5,800,000Nm, 16.11kWh
② 5,800,000Nm, 1.611kWh
③ 580,000Nm, 16.11kWh
④ 58,000Nm, 16.11kWh

 풀이

① (Nm) = $2.9 \times 1000 \times 2000$
= 5,800,000Nm

② kWh = $\dfrac{2.9 \times 2000}{3600}$ = 1.611kWh

56. 오토 사이클의 이론열효율에 대한 설명으로 틀린 것은?

① 압축비가 증가하면 열효율이 증가한다.
② 단열비가 증가하면 열효율이 증가한다.
③ 가열 열량은 열효율에 영향을 미치지 않는다.
④ 등압 팽창비가 1 이상이면 열효율은 증가 한다.

정답 51 ④ 52 ② 53 ② 54 ③ 55 ② 56 ④

57 디젤연료의 착화성 향상제가 아닌 것은?
① 초산아밀 ② 초산에틸
③ 질산에틸 ④ 노말헵탄

58 피스톤 링의 역할로 틀린 것은?
① 피스톤의 직선운동을 회전운동으로 변환 시킨다.
② 실린더 벽면의 엔진 오일을 긁어내린다.
③ 피스톤과 실린더 사이를 밀봉시킨다.
④ 피스톤 헤드가 받은 열을 실린더 벽에 전달한다.

59 자동차 복합에너지소비효율(km/L)에 따른 등급 부여 기준에서 2등급의 범위는? (단, 경형 및 플러그인하이브리드, 전기, 수소연료전지 자동차는 제외한다.)
① 11.5~9.4 ② 13.7~11.6
③ 15.9~13.8 ④ 20.0~16.0

60 디젤엔진의 노크방지 방법이 아닌 것은?
① 압축비를 높게 한다.
② 옥탄가가 높은 연료를 사용한다.
③ 연소실 벽 온도를 높게 유지한다.
④ 착화지연기간 중에 연료의 분사량을 적게 한다.

제4과목 자동차 섀시

61 자동차 제동 시에 발생하는 차륜의 상하 운동은?
① 브레이크 홉 ② 브레이크 팝
③ 브레이크 저더 ④ 브레이크 스퀵

62 ABS 제어 컴퓨터의 입력요소로 옳은 것은?
① 프런트 차고 센서
② 휠 스피드 센서
③ 유압조절 솔레노이드
④ 상하감지용 G센서

63 차량중량 1000kgf, 최고속도 140km/h의 자동차를 브레이크 시험한 결과 주제동력이 총 720kgf이었다. 이 자동차가 50km/h에서 급제동하였을 때, 정지거리는 몇 m인가?(단, 공주시간은 0.1초, 회전부분 상당중량은 차량중량의 5%이다)
① 1.574 ② 15.74
③ 7.87 ④ 78.7

$$S_2 = \frac{V^2}{254} \times \frac{W+W'}{F} + \frac{Vt}{3.6}$$
$$= \frac{50^2}{254} \times \frac{1000+(1000 \times 0.05)}{720} + \frac{50 \times 0.1}{3.6}$$
$$= 15.74 \text{m}$$

S_2 : 정지거리(m)
V : 제동초속도(km/h)
W : 차량중량(kgf)
W' : 회전부분상당중량(kgf)
F : 제동력(kgf)
t : 공주시간(sec)

 57 ④ 58 ① 59 ③ 60 ② 61 ② 62 ② 63 ②

64 차체 자세제어장치의 제어모듈(ECU)로 입력되는 신호가 아닌 것은?

① 과급 압력 센서
② 휠 스피드 센서
③ 가속 페달 위치 센서
④ 마스터 실린더 압력 센서

65 휠 얼라인먼트 요소에 대한 설명으로 가장 거리가 먼 것은?

① 캠버는 조향 핸들의 조작을 가볍게 한다.
② 캐스터는 하중을 받을 때 앞바퀴의 아래쪽이 벌어지는 것을 방지한다.
③ 캐스터는 주행 중 조향바퀴에 방향성을 부여한다.
④ 캠버는 수직방향의 하중에 의한 앞 차축의 휨을 방지한다.

66 차동기어 구성품에서 평탄한 도로를 직진 주행할 때 공전만 하는 것은?

① 링기어
② 차동 피니언
③ 구동 피니언 기어
④ 차동기어 케이스

67 자동차용 수동변속기 클러치의 동력 전달 효율에 대한 설명으로 틀린 것은?

① 엔진의 회전수에 비례한다.
② 클러치에서 나온 동력에 비례한다.
③ 클러치로 들어간 동력에 반비례한다.
④ 클러치의 출력 회전수에 비례한다.

68 지정된 조건에서 자동차를 운행하되 작동 한계상황 등 필요한 경우 운전자의 개입을 요구하는 자율주행시스템은?(단, 자동차 규칙에 의한다.)

① 부분 자율주행시스템
② 조건부 완전자율주행시스템
③ 완전 자율주행시스템
④ 선택적 자율주행시스템

69 자동변속기 차량의 히스테리시스(hysteresis)에 대한 내용으로 옳은 것은?

① 최고속도가 되면 자동으로 변속이 이루어 지는 현상
② 스로틀 개도가 일정각도 이상이 되면 자동으로 변속이 이루어지는 현상
③ 주행 시 변속점 경계구간에서 변속이 빈번하게 일어나는 현상
④ 주행속도가 일정속도 이상이 되면 자동으로 변속이 이루어지는 현상

정답 64 ① 65 ② 66 ② 67 ① 68 ① 69 ③

70 고무로 피복된 코드를 여러 겹 겹친 층에 해당되며 타이어 골격을 이루는 부분은?
① 카커스   ② 트레드
③ 숄더   ④ 비드

71 하이브리드 자동차가 주행 중 감속 또는 제동상태에서 모터를 발전모드로 전환 시켜서 제동에너지의 일부를 전기에너지로 변환하는 모드는?
① 발진가속모드   ② 제동전기모드
③ 회생제동모드   ④ 주행전환모드

72 무단변속기의 장점에 대한 설명으로 틀린 것은?
① 무게 증가로 인한 안정성 향상
② 가속성능이 우수
③ 연료소비율 향상
④ 변속충격 감소

73 자동차가 고속으로 주행할 때 발생하는 상·하로 떨리는 앞바퀴의 진동 현상은?
① 완더   ② 스쿼트
③ 트램핑   ④ 노스다운

74 전동식 조향장치(MDPS)의 종류 중 칼럼 구동식 조향장치의 장점으로 틀린 것은?
① 조향 특성의 튜닝이 용이하다.
② 토크가 커서 중·대형차에 적용이 가능하다.
③ 에너지 소비가 적으며 구조가 간단하다.
④ 엔진 룸 레이아웃 설정 및 모듈화가 쉽다.

75 자동차관리법 시행규칙상 기술인력의 구분·자격 및 직무에 대한 설명으로 틀린 것은?
① 자동차검사업무에 근무한 경력이란 자동차검사소·정비업체 또는 자동차제작회사 에서 자동차의 점검 또는 검사 업무에 종사하거나 자동차정비 및 검사용 기계·기구정밀도검사 업무에 종사한 기간을 말한다.
② 자동차정비산업기사의 국가기술자격을 가진 검사원이 자동차정비기사의 국가기술 자격을 신규 취득한 경우에는 해당 자격 취득 전 근무경력의 5분의 4를 정비기사로서 근무한 경력으로 본다.
③ 자동차정비기능사의 국가기술자격을 가진 검사원이 자동차정비산업기사 자격을 신규 취득한 경우 근무경력의 7분의 5를 자동차정비산업기사로서 근무한 경력으로 본다.
④ 자동차정비기능사의 국가기술자격을 가진 검사원이 자동차정비기사 자격을 신규 취득한 경우 근무경력의 3분의 2를 검사기사로서 근무한 경력으로 본다.

70 ① 71 ③ 72 ① 73 ③ 74 ② 75 ④

76 타이어 트레드 한쪽 면이 편마모 되는 원인으로 거리가 먼 것은?

① 휠의 런 아웃 발생
② 허브 베어링의 마모
③ 타이어 공기압력의 과다
④ 브레이크 디스크의 런 아웃 발생

77 전기자동차의 최대등판능력을 시험하는 방법으로 틀린 것은?

① 시험은 차대동력계 롤의 회전력을 실시간으로 변경시킬 수 있는 차대동력계를 이용하여 실시한다.
② 시험은 완전충전상태와 배터리 잔량(SOC)이 20% 이하인 상태에서 각 2회 실시하여 평균값으로 구한다.
③ 최대등판능력 시험을 실시하는 동안 출력과 관련된 경보, 고장, 알림이 발생하지 않아야 한다.
④ 등판능력은 전기자동차가 오를 수 있는 최대출력을 의미한다.

78 브레이크 드럼과 슈의 마찰열이 축적되어 마찰계수 저하로 제동력이 감소되면서 제동 시 라이닝과 드럼이 미끄러지는 현상은?

① 베이퍼록 현상 ② 슬립 현상
③ 홀드 현상   ④ 페이드 현상

79 축간거리 2.5m인 차량을 우회전할 때 우측바퀴의 조향각은 33°, 좌측바퀴의 조향각은 30°이라면 최소 회전반경은?(단, 킹핀 옵셋은 무시한다)

① 4m   ② 5m
③ 5.15m   ④ 6m

 $R = \dfrac{L}{\sin a} = \dfrac{2.5m}{\sin 30°} = 5m$

80 ABS에서 고장이 발생하여 경고등이 점등되었을 때 제동 관계 장치들의 작동상태에 대한 설명으로 옳은 것은?

① ABS가 고장 나더라도 일반 제동은 가능하게 함
② ABS가 고장 나더라도 EBD는 정상 작동되게 함
③ 시동 후 일정시간만 경고등을 점등하게 함
④ 유압회로가 누유 되지 않도록 차단함

76 ③ 77 ④ 78 ④ 79 ② 80 ①

자동차 전기

81. 자동차용 점화코일에서 1차 코일의 권수는 250회이고, 2차코일 권수는 30000회일 때 2차 코일에 유기되는 전압은 몇 V인가?(단, 1차코일 유기전압은 250V이고, 축전지는 12V이다)

① 25000 ② 30000
③ 35000 ④ 40000

풀이

$$E_2 = \frac{N_2}{N_1} \times E_1 = \frac{30000}{250} \times 250$$
$$= 30000V$$

E_2 : 2차 전압
N_1 : 1차 코일의 권수
N_2 : 2차 코일의 권수
E_1 : 1차 전압

82. 에어컨 장치 정비 시 냉매의 원활한 작동과 수명연장을 위한 주의사항으로 틀린 것은?

① 연결부를 분리하기 전에 연결부의 먼지 및 오일을 깨끗이 닦아 낸다.
② 에어컨의 분해된 부품은 필요 이상으로 공기 중에 노출시키지 않는다.
③ 연결부를 분리하였을 경우 캡, 플러그 및 테이프 등으로 연결부를 밀봉한다.
④ 합성(PAG) 냉동유를 사용할 경우에 광물성 오일을 혼합하여 컴프레셔의 작동을 원활하게 한다.

83. OBD(On-Board Diagnostic)에서 배기가스 시스템의 이상 유무를 판단하기 위한 모니터링에 포함하지 않는 것은?

① 촉매 모니터링
② 실화 모니터링
③ 노크센서 모니터링
④ 산소센서 모니터링

84. 자동차 관련 용어 정의에서 틀린 것은?(단, 자동차 및 자동차부품의 성능과 기준에 관한 규칙에 의한다.)

① 자율주행시스템이란 운전자 또는 승객의 조작 없이 주변 상황과 도로 정보 등을 스스로 인지하고 판단하여 자동차를 운행할 수 있게 하는 자동화 장비, 소프트웨어 및 이와 관련한 일체의 장치
② 자동차안정성제어장치란 자동차의 주행 중 급제동 시 제동감속도에 따라 자동으로 경고를 주는 장치
③ 비상자동제동장치란 주행 중 전방 충돌 상황을 감지하여 충돌을 완화하거나 회피할 목적으로 자동차를 감속 또는 정지시키기 위하여 자동으로 제동장치를 작동시키는 장치
④ 차로이탈경고장치란 자동차가 주행하는 차로를 운전자의 의도와는 무관하게 벗어 나는 것을 운전자에게 경고하는 장치

 81 ② 82 ④ 83 ③ 84 ②

85 멀티미터의 전압계를 이용하여 그림과 같이 송풍기 회로의 이상 유무를 점검하는 방법으로 틀린 것은?

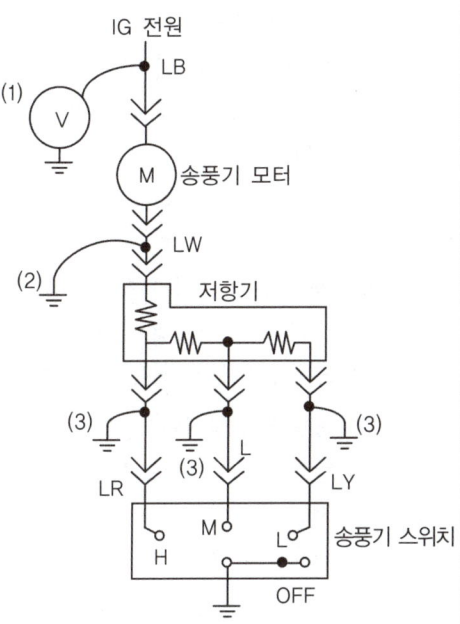

① (1)번과 같이 전압계로 측정할 때 전압이 걸리지 않으면 배터리, 퓨즈, 점화스위치, 배선의 문제이다.
② 저항기가 모두 단선되면 (3)번과 같이 점프선을 차체에 접지시킨 경우 송풍기가 회전하지 않는다.
③ (1)번에서 정상전압이 걸리고 (2)번과 같이 점프선을 차체에 연결할 경우 송풍기 모터는 회전해야 한다.
④ 송풍기 스위치를 그림과 같이 OFF한 상태에서 (3)번 위치와 같이 회로를 강제 접지시킬 경우 (1)위치에서 전압을 측정하면 전압이 걸리지 않아야 정상이다.

86 자동차 냉방장치 정비 시 매니폴드 게이지 연결에 대한 설명으로 옳은 것은?

① 매니폴드 게이지 중앙의 황색커플링은 진공펌프 또는 냉매 봄베에 연결한다.
② 매니폴드 게이지 적색커플링은 에어컨장치 저압 측 서비스밸브에 연결한다.
③ 매니폴드 게이지 청색커플링은 에어컨장치 고압 측 서비스밸브에 연결한다.
④ R-134a용 냉매용기와 R-12용 냉매용기의 연결 니플(nipple)은 동일한 크기가 사용 된다.

87 기동전동기 회전이 느린 경우의 원인으로 옳은 것은?

① 기동전동기 계자코일이 단락되어 자력이 커졌다.
② 배터리 (+)단자의 접촉이 불량하여 많은 전류가 흐른다.
③ 기동전동기 B단자의 접촉이 불량하여 전압강하가 크다.
④ 기동전동기 마그네틱 스위치의 풀인 코일에 전류가 많이 흐른다.

정답 85 ④ 86 ① 87 ③

88 자동차 디지털 LCD 계기판의 특징으로 틀린 것은?
① 작동 시 내부의 액정에 전압이 가해지지 않을 때 빛을 투과시키는 성질을 가지고 있다.
② 마이컴에 의한 액정제어 방식으로 고밀도 제어가 가능하다.
③ 표시되는 디스플레이 자유도가 아날로그 방식보다 크다.
④ 저전압 저소비전력으로 작동된다.

89 12V의 기전력이 인가된 회로에서 저항이 10Ω인 경우 10초 동안의 전력량이 모두 열로 소비되었을 때의 열량(cal)은 약 얼마인가?
① 17.28 ② 26.28
③ 34.56 ④ 46.46

90 직·병렬형 하드타입 하이브리드 자동차에서 엔진 시동기능과 공전 상태에서 충전기능을 하는 장치는?
① MCU(Motor Control Unit)
② PRA(Power Relay Assembly)
③ LDC(Low DC-DC Converter)
④ HSG(Hybrid Starter Generator)

91 전자 배전 점화장치(DLI)의 고장부위 점검 사항으로 틀린 것은?
① 크랭크 각 센서를 점검한다.
② 타이밍 로터의 에어캡을 점검한다.
③ 점화 1차, 2차 코일의 출력을 점검한다.
④ rpm 신호가 ECU로 입력되는지 점검한다.

92 번호등에 대한 설치기준으로 틀린 것은?
(단, 자동차 및 자동차부품의 성능과 기준에 관한 규칙에 의한다.)
① 등광색은 황색일 것
② 번호등은 등록번호판을 잘 비추는 구조일 것
③ 번호등의 휘도기준은 측정점별 최소 2.5cd/m² 이상일 것
④ 후미등·차폭등·옆면표시등·끝단표시등과 동시에 점등 및 소등되는 구조일 것

93 하이브리드 자동차의 오토스톱(Auto Stop) 기능이 미작동하는 조건과 관계없는 것은?
① 고전압 배터리의 온도가 규정 온도보다 높은 경우
② 엔진냉각수 온도가 규정 온도보다 낮은 경우
③ 무단변속기 오일 온도가 규정 온도보다 낮은 경우
④ 에어컨이 작동 중인 경우

88 ① 89 ③ 90 ④ 91 ② 92 ① 93 ④

94 제너 다이오드에 대한 설명으로 틀린 것은?

① 정전압 다이오드라고도 한다.
② AC 발전기의 전압조정기에 사용하기도 한다.
③ 특정 전압 이상에서는 역방향으로 전류가 흐른다.
④ 순방향으로 가한 일정 전압을 제너 전압이라고 한다.

95 교류발전기에서 기전력 발생 요소에 대한 설명으로 틀린 것은?

① 로터 코일의 회전이 빠를수록 많은 기전력을 얻을 수 있다.
② 로터 코일에 흐르는 전류가 클수록 기전력이 커진다.
③ 자극의 수가 많은 경우 기전력의 변화를 적게 할 수 있다.
④ 권수가 많고 도선(코일)의 길이가 짧을수록 자력이 크다.

96 하이브리드 자동차와 관련하여 배터리 팩이나 시스템에서의 유효한 용량으로 정격용량의 백분율로 표시한 것은?

① SOC(State Of Charge)
② PRA(Power Relay Assembly)
③ LDC(Low DC-DC Converter)
④ BMS(Battery Management System)

97 권수가 200회이고, 자기인덕턴스가 20[mH]인 코일에 2[A]의 전류를 흘릴 때, 자속은 몇 [Wb]인가?

① 2×10^{-2}
② 4×10^{-2}
③ 2×10^{-4}
④ 4×10^{-4}

풀이 $LI = N\Phi$ 에서
$$\Phi = \frac{LI}{N} = \frac{20 \times 10^{-3} \times 2}{200}$$
$$= 2 \times 10^{-4}$$

98 자동차 계기장치에서 식별부호는 그림과 같으며, 식별색상이 황색인 표시장치는? (단, 제작사가 별도로 정하는 경우는 제외하며 자동차관련 법령상에 의한다.)

① 브레이크 라이닝 마모상태 자동표시기
② 제동장치 고장자동표시기
③ 주차제동장치 자동표시기
④ 원동기 고장자동표시기

99 자동차 에어컨 장치의 구성품 중 어큐뮬레이터 드라이어의 기능으로 틀린 것은?

① 수분 흡수 기능
② 냉매 압축 기능
③ 이물질 제거 기능
④ 냉매와 오일의 분리 기능

정답 94 ④ 95 ④ 96 ① 97 ② 98 ① 99 ②

100 디젤엔진에서 코일식 예열 플러그에 대한 설명으로 틀린 것은?

① 히트 코일이 노출되어 있어 적열 시간이 짧다.
② 저항값이 작아 직렬로 결선 한다.
③ 예열 플러그 저항기를 두어야 한다.
④ 코일을 보호 금속 튜브 속에 넣은 형식이다.

100 ④

4차 실전 테스트 문제

제1과목 일반기계 공학

01 중실축에서 동일한 비틀림 모멘트를 작용시킬 때 지름이 2d에서 저장되는 탄성에너지가 E_2, 지름이 d에서 저장되는 탄성에너지가 E_1 일 때, E_1과 E_2의 관계로 옳은 것은?(단, 지름 외의 조건은 동일하다.)

① $E_2 = \frac{1}{2}E_1$ ② $E_2 = \frac{1}{4}E_1$
③ $E_2 = \frac{1}{8}E_1$ ④ $E_2 = \frac{1}{16}E_1$

02 왕복 펌프의 과잉 배수(송출) 체적비에 대한 설명으로 옳은 것은?

① 배수곡선의 산수가 많으면 많을수록 과잉 배수 체적비의 값은 크다.
② 과잉 배수 체적비가 크다는 것은 유량의 맥동이 작다는 것을 의미한다.
③ 평균 배수량을 넘어서 배수되는 양과 행정용적과의 곱으로 정의한다.
④ 배수량 변동의 정도를 나타내는 척도이다.

03 주물에 사용되는 주물사의 구비조건으로 틀린 것은?

① 내화성이 클 것
② 통기성이 좋을 것
③ 열전도성이 높을 것
④ 주물 표면에서 이탈이 용이할 것

04 펌프나 관로에서 숨을 쉬는 것과 비슷한 진동과 소음이 발생하는 현상으로 송출압력과 유량 사이에 주기적인 변화가 발생하는 것은?

① 서징   ② 채터링
③ 베이퍼록   ④ 캐비테이션

05 코일 스프링의 처짐량에 관한 설명으로 옳은 것은?

① 코일 스프링 권수에 반비례한다.
② 코일 스프링의 전단탄성계수에 반비례한다.
③ 코일 스프링에 작용하는 하중의 제곱에 비례한다.
④ 코일 스프링 소선 지름의 제곱에 비례한다.

 1 ④ 2 ④ 3 ③ 4 ① 5 ②

06 서브머지드 아크 용접에 대한 설명으로 옳은 것은?
① 아크가 보이지 않는 상태에서 용접이 진행
② 불활성 가스 대신에 탄산가스를 이용한 용극식 방식
③ 텅스텐, 몰리브덴과 같은 대기에서 반응 하기 쉬운 금속도 용접 기능
④ 아크열에 의한 순간적인 국부 가열이므로 용접 응력이 대단히 작음

07 드릴로 뚫은 구멍의 내면을 매끈하고 정밀하게 가공하는 것은?
① 줄 가공
② 탭 가공
③ 리머 가공
④ 다이스 가공

08 다음 중 각도 측정기는?
① 사인바
② 마이크로미터
③ 하이트게이지
④ 버니어캘리퍼스

09 유압 펌프 중 용적형 펌프가 아닌 것은?
① 기어 펌프
② 베인 펌프
③ 터빈 펌프
④ 피스톤 펌프

10 합금원소 중 구리(Cu)가 탄소강의 성질에 미치는 영향으로 틀린 것은?
① 내식성을 향상시킨다.
② A1변태점을 저하시킨다.
③ 결정입자를 조대화 시킨다.
④ 인장강도, 경도, 탄성한도 등을 증가시킨다.

11 축 설계에 있어서 고려할 사항이 아닌 것은?
① 강도
② 응력집중
③ 열응력
④ 전기 전도성

12 전위기어에 대한 설명으로 틀린 것은?
① 이의 강도를 개선한다.
② 이의 언더컷을 막는다.
③ 중심거리를 조절할 수 있다.
④ 기준 래크의 기준 피치선이 기어의 기준 피치원에 접하는 기어이다.

13 단면계수가 10㎥인 원형 봉의 최대 굽힘 모멘트가 2000N·m일 때 최대 굽힘 응력은 몇 N/㎥인가?
① 20000
② 2000
③ 200
④ 20

$$\sigma a = \frac{Me}{Ae} = \frac{2000\text{N} \cdot \text{m}}{10\text{m}^3} = 200\text{N/m}^3$$
σa : 굽힘 응력
Me : 굽힘 모멘트
Ae : 단면계수

 6 ① 7 ③ 8 ① 9 ③ 10 ③ 11 ④ 12 ④ 13 ③

14 비절삭 가공에 해당하는 것은?
① 주조　　② 호닝
③ 밀링　　④ 보링

15 나사의 종류 중 정밀기계 이송나사에 사용되는 것은?
① 4각나사　　② 볼나사
③ 너클나사　　④ 미터가는나사

16 새들 키 라고도 하며, 축에 키 홈 가공을 하지 않고 보스에만 키 홈을 가공한 것은?
① 묻힘 키　　② 반달 키
③ 안장 키　　④ 접선 키

17 6·4 황동에 Sn을 1% 정도 첨가한 합금으로 선박 기계용, 스프링용, 용접용 재료 등에 많이 사용되는 특수 황동은?
① 쾌삭 황동
② 네이벌 황동
③ 고강도 황동
④ 알루미늄 황동

18 두 축이 평행하고 축의 중심선이 약간 어긋났을 때 각속도의 변동 없이 토크를 전달하는데 사용하는 축 이음은?
① 올덤 커플링
② 머프 커플링
③ 유니버설 조인트
④ 플렉시블 커플링

19 한 변의 길이가 8cm인 정4각 단면의 봉에 온도를 20℃상승시켜도 길이가 늘어나지 않도록 하는데 28000N이 필요하다면 이 봉의 선팽창 계수는?(단, 탄성계수 (E)는 $2.1 \times 10^6 N/cm^2$이다)
① $1.14 \times 10^{-5}/℃$　　② $1.04 \times 10^{-5}/℃$
③ $1.14 \times 10^{-6}/℃$　　④ $1.04 \times 10^{-4}/℃$

$$a = \frac{W}{E \times A \times t} = \frac{28000N}{2.1 \times 10^6 \times 8 \times 8 \times 20}$$
$$= 1.04 \times 10^{-5}/℃$$

a : 선팽창 계수
E : 탄성계수
t : 온도
W : 길이가 늘어나지 않도록 하는데 필요한 힘

20 인장강도가 200N/㎡인 연강봉을 안전하게 사용하기 위한 최대허용응력(Pa)은?
(단, 봉의 안전율은 4로 한다.)
① 20　　② 50
③ 100　　④ 200

허용응력 = 인장강도 × $\frac{1}{안전율}$
$= 200 \times \frac{1}{4} = 50$

14 ①　15 ②　16 ③　17 ②　18 ①　19 ②　20 ②

기계 열역학

21 10냉동톤의 능력을 갖는 역카르노 냉동기의 방열온도가 25℃, 흡열기의 온도가 -20℃이다. 이 냉동기를 운전하기 위하여 필요한 이론 마력은 몇 kW 인가?

① 6.86kW　② 11.25kW
③ 13.25kW　④ 14.6kW

$\epsilon_R = \dfrac{T_L}{T_H - T_L} = \dfrac{273-20}{25-(-20)} = 5.622$
$= \dfrac{Q_L}{W_C}$,
$W_C = \dfrac{Q_L}{\epsilon_R} = \dfrac{3.86 \times 10}{5.622} = 6.86 KW$

22 산소 3kg과 질소 2kg이 혼합되어 체적 2㎥의 용기에 온도가 80℃의 상태로 있을 때 이 용기내의 압력은 다음 중 어느 것에 가장 가까운가?(단, 산소와 질소는 완전기체로 취급하고 산소와 질소의 기체상수는 각각 0.2598kJ/kg·K, 0.2969kJ/kg·K이다.)

① 54.8kPa　② 109.8kPa
③ 121.5kPa　④ 242.3kPa

 (혼합기체의 기체상수)
$R = \dfrac{3 \times 0.2598 + 2 \times 0.2969}{3+2} = 0.27464$,
$\therefore P = \dfrac{mRT}{V} = \dfrac{5 \times 0.27464 \times 353}{2}$
$= 242.36 KPa$

23 어느 완전 가스 1kg을 체적 일정 하에 20℃로부터 100℃로 가열하는데 200KJ의 열량이 소요 되었다. 이 가스의 분자량이 2라고 한다면 정적비열은 얼마인가?

① 약 0.5KJ/kg℃
② 약 1.5KJ/kg℃
③ 약 2.5KJ/kg℃
④ 약 3.5KJ/kg℃

$_1Q_2 = \Delta u = m\ C_v\ \Delta t$,
$C_v = \dfrac{200}{80 \times 1} = 2.5 KJ/kg \cdot ℃$

24 카르노 사이클(carnot cycle)로 작동되는 열기관이 동작유체로 공기를 사용해서 고열원의 온도 750℃, 저열원의 온도 15℃일 때 사이클당 수열량이 8KJ라면 정미일(network)은 얼마인가?

① 1.425KJ　② 5.747KJ
③ 3.055KJ　④ 5.522KJ

$\eta = \dfrac{W}{Q} = 1 - \dfrac{T_2}{T_1}$,
(정미일 = 한일)
$W = 8 \times (1 - \dfrac{288}{1023}) = 5.747 KJ$

정답 21 ① 22 ④ 23 ③ 24 ②

25 압력 19.6 KPa, 체적 0.4㎥인 공기가 압력을 일정하게 하면서 체적이 0.6㎥로 팽창하였다. 이 팽창 중에 내부에너지가 100KJ 만큼 증가하였다면 팽창에 필요한 열량은 얼마인가?

① 100KJ ② 112KJ
③ 103.92KJ ④ 121.4KJ

풀이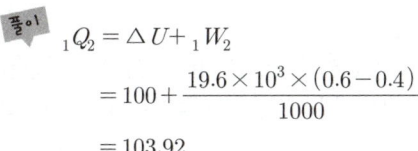
$_1Q_2 = \triangle U + _1W_2$
$= 100 + \dfrac{19.6 \times 10^3 \times (0.6-0.4)}{1000}$
$= 103.92$

26 어느 왕복동 내연기관에서 실린더 안지름이 6.8cm, 행정이 8cm일 때 평균유효압력은 1200kPa이다. 이 기관의 1행정당 유효 일은 약 몇 kJ인가?

① 0.09   ② 0.15
③ 0.35   ④ 0.48

평균유효압력 = $\dfrac{1행정당\ 유효일}{실린더의\ 행정체적}$,
$1200 = \dfrac{1행정당\ 유효일}{\dfrac{\pi(0.068)^2}{4} \cdot (0.08)}$
1행정당 유효일
$= \dfrac{\pi(0.068)^2}{4}(0.08) \times 1200 = 0.35$

27 10℃에서 160℃ 까지의 공기의 평균 정적비열은 0.73KJ/℃이다. 이 온도 범위에서 공기 1kg의 내부에너지의 변화는 몇 KJ/kg인가?

① 126.27   ② 128.92
③ 125.69   ④ 109.5

풀이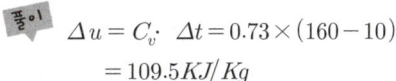
$\Delta u = C_v \cdot \Delta t = 0.73 \times (160-10)$
$= 109.5 KJ/Kg$

28 완전히 단열된 실린더 안의 공기가 피스톤을 밀어 외부로 일을 하였다. 이때 외부로 행한 일의 양과 동일한 값(절대값 기준)을 가지는 것은?

① 공기의 엔탈피 변화량
② 공기의 온도 변화량
③ 공기의 엔트로피 변화량
④ 공기의 내부에너지 변화량

29 오토 사이클로 작동되는 기관에서 실린더의 극간 체적(clearance volume)이 행정 체적(stroke volume)의 15%라고 하면 이론 열효율은 약 얼마인가?(단, 비열비 k = 1.4이다.)

① 39.3%   ② 45.2%
③ 50.6%   ④ 55.7%

풀이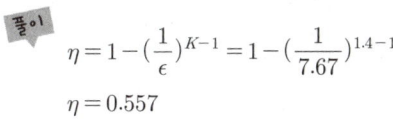
$\eta = 1 - (\dfrac{1}{\epsilon})^{K-1} = 1 - (\dfrac{1}{7.67})^{1.4-1}$,
$\eta = 0.557$

정답 25 ③ 26 ③ 27 ④ 28 ④ 29 ④

30 이상적인 오토사이클의 열효율이 56.5% 이라면 압축비는 약 얼마인가? (단, 작동 유체의 비열비는 1.4로 일정하다.)

① 7.5   ② 8.0
③ 9.0   ④ 9.5

풀이) $\eta = 1 - (\frac{1}{\epsilon})^{K-1}$, $0.565 = 1 - (\frac{1}{\epsilon})^{1.4-1}$,
$\epsilon = 8.013$

31 어떤 냉동기의 능력이 80냉동톤으로서 -5℃와 15℃ 사이에서 작동된다고 하면, 이 냉동기의 성적계수는 얼마인가?

① 12.2   ② 13.4
③ 14.8   ④ 15.3

풀이) $\epsilon_R = \dfrac{T_L}{T_H - T_L} = \dfrac{268}{288 - 268} = 13.4$

32 두께 10㎜, 열전도율 45KJ/m·h·℃ 인 강판의 두면의 온도가 각각 300℃, 50℃일 때 전열면 1㎡당 1시간에 전달되는 열량은?

① 1125000kJ   ② 1425000kJ
③ 925000kJ   ④ 1625000kJ

풀이) (전도에 의한 열 전열량)
$Q = \dfrac{k \cdot A \cdot \Delta t}{t} = \dfrac{45 \times 250 \times 1}{10^{-2}}$
$= 1125000 KJ$

33 열역학 제2법칙과 관계된 설명으로 가장 옳은 것은?

① 과정(상태변화)의 방향성을 제시한다.
② 열역학적 에너지의 양을 결정한다.
③ 열역학적 에너지의 종류를 판단한다.
④ 과정에서 발생한 총 일의 양을 결정한다.

34 유리창을 통해 실내에서 실외로 열전달이 일어난다. 이때 열전달량은 약 몇 W인가? (단, 대류열전달계수는 50W/(㎡·K), 유리창 표면온도는 25℃, 외기온도는 10℃, 유리창 면적은 2㎡이다.)

① 150   ② 500
③ 1500   ④ 5000

풀이) 열전달율
= 대류열전달계수 × 유리창면적
  × (유리창 표면온도 - 외기온도),
열전달율
= 50 W/㎡K × 2㎡ × (25℃ - 10℃)
= 1500W

정답) 30 ② 31 ② 32 ① 33 ① 34 ③

35 실린더에 밀폐된 8kg의 공기가 그림과 같이 압력 P_1 = 800kPa, 체적 V_1 = 0.27 m³에서 P_2 = 350kPa, V_2 = 0.80m³으로 직선 변화하였다. 이 과정에서 공기가 한 일은 약 몇 kJ인가?

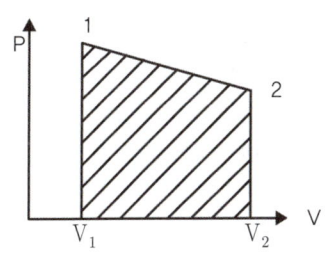

① 305   ② 334
③ 362   ④ 3901

풀이 공기가 한일
$= \dfrac{(800+350) \times (0.8-0.27)}{2}$
$= \dfrac{1150 \times 0.53}{2} = 304.75$

36 상태 1에서 경로 A를 따라 상태 2로 변화하고 경로 B를 따라 다시 상태 1로 돌아오는 가역사이클이 있다. 아래의 사이클에 대한 설명으로 틀린 것은?

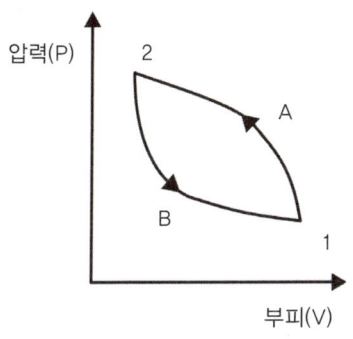

① 사이클 과정 동안 시스템의 내부에너지 변화량은 0이다.
② 사이클 과정 동안 시스템은 외부로부터 순(net) 일을 받았다.
③ 사이클 과정 동안 시스템의 내부에서 외부로 순(net) 열이 전달되었다.
④ 이 그림으로 사이클 과정 동안 총 엔트로피 변화량을 알 수 없다.

37 기체의 초기 압력은 $196 KPa$, 체적은 0.1 m³이다. PV = 일정인 과정으로 체적이 0.3m³로 변했을 때의 KJ로 계산한 일량에 가장 가까운 것은?

① 2200   ② 954
③ 22   ④ 400

풀이 $PV = C$에서,
$_1W_2 = \int PdV = \int \dfrac{CdV}{V} = C \cdot \ln \dfrac{V_2}{V_1}$
$= PV_1 \ln \dfrac{V_2}{V_1}$,
$= 196 \times 10^3 \times 0.1 \times \ln \dfrac{0.3}{0.1} = 21.532 KJ$

정답 35 ① 36 ④ 37 ③

38 그림과 같은 Rankine 사이클로 작동하는 터빈에서 발생하는 일은 약 몇 kJ/kg인가?(단, h는 엔탈피, s는 엔트로피를 나타내며, $h_1 = 191.8 kJ/kg$, $h_2 = 193.8 kJ/kg$, $h_3 = 2799.5 kJ/kg$, $h_4 = 2007.5 kJ/kg$이다.)

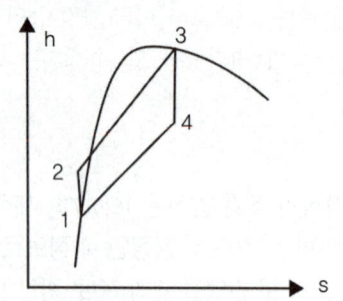

① 2.0kJ/kg   ② 792.0kJ/kg
③ 2605.7kJ/kg   ④ 1815.7kJ/kg

(엔탈피 차이)
$\triangle h = h_3 - h_4 = 2799.5 - 2007.5 = 792$

39 냉동기 냉매의 일반적인 구비조건으로서 적합하지 않은 것은?

① 임계 온도가 높고, 응고 온도가 낮을 것
② 증발열이 작고, 증기의 비체적이 클 것
③ 증기 및 액체의 점성(점성계수)이 작을 것
④ 부식성이 없고, 안정성이 있을 것

40 다음 4가지 경우에서 ( ) 안의 물질이 보유한 엔트로피가 증가한 경우는?

ⓐ 컵에 있는 (물)이 증발하였다.
ⓑ 목욕탕의 (수증기)가 차가운 타일 벽에서 물로 응결되었다.
ⓒ 실린더 안의 (공기)가 가역 단열적으로 팽창되었다.
ⓓ 뜨거운 (커피)가 식어서 주위온도와 같게 되었다.

① ⓐ   ② ⓑ
③ ⓒ   ④ ⓓ

제3과목 자동차 기관

41 전자제어 가솔린엔진에서 가속 및 감속 시에 연료량 보정을 하지 않았을 때 공연비에 대한 설명으로 옳은 것은?

① 가속 및 감속 시 모두 희박해진다.
② 가속 및 감속 시 모두 농후해진다.
③ 가속 시는 농후해지고, 감속 시는 희박해 진다.
④ 가속 시는 희박해지고, 감속 시는 농후해 진다.

38 ②   39 ②   40 ①   41 ④

42 자동차 엔진이 과냉되었을 때에 대한 설명으로 틀린 것은?

① 연료가 쉽게 기화하지 못한다.
② 연료의 응결로 연소가 불량해진다.
③ 엔진 오일의 점도가 높아져 시동할 때 회전저항이 커진다.
④ 냉각수의 순환이 불량해지고 금속의 산화가 촉진된다.

43 기관 연소 해석 장치의 압력파형으로부터 얻을 수 있는 정보가 아닌 것은?

① 열 발생률
② 연료의 옥탄가
③ 평균가스 온도
④ 최대 압력 상승률

44 자동차 엔진의 가변 흡입 장치에 대한 설명으로 틀린 것은?

① 저속과 고속에서의 기관 회전력을 향상시킨다.
② 고속에서는 제어밸브를 열어 흡기다기관의 길이를 길게 한다.
③ 저속에서는 제어밸브를 조정하여 공기의 관성력을 크게 한다.
④ 기관 회전속도에 따라 흡입공기 흐름의 회로를 자동으로 조정하는 것이다.

45 디젤 사이클의 이론 열효율에 대한 설명으로 옳은 것은?(단, 비열비는 일정하다고 가정한다.)

① 압축비가 커질수록 열효율은 감소한다.
② 압축비가 일정할 때 차단비가 커질수록 열효율은 크게 된다.
③ 압축비는 작아지고 차단비가 커질수록 열효율은 크게 된다.
④ 압축비가 일정할 때 차단비가 작을수록 열효율은 크게 된다.

46 전자제어 디젤 엔진의 연료장치 중 고압 연료 펌프에서 공급된 높은 압력의 연료가 저장되는 부분은?

① 프라이밍 펌프 ② 연료 필터
③ 1차 연료펌프   ④ 커먼레일

47 크랭크축의 기능으로 틀린 것은?

① 엔진의 좌·우 진동을 감소시킨다.
② 커넥팅로드에서 전달되는 힘을 회전모멘트로 변화시킨다.
③ 동력행정 이외의 행정 시에는 역으로 피스톤에 운동을 전달한다.
④ 회전모멘트의 일부를 이용하여 오일펌프, 밸브기구, 발전기 등을 구동시킨다.

정답 42 ④ 43 ② 44 ② 45 ④ 46 ④ 47 ①

48. 엔진 컴퓨터에 흡입 공기량 신호를 보내어 기본 연료 분사량을 결정하게 해주는 것은?

① 산소 센서
② 공기 유량 센서
③ 가스 압력 센서
④ 공기 온도 센서

49. 전자제어 가솔린엔진의 연료장치에서 인젝터 유효 분사시간에 대한 설명으로 옳은 것은?

① 전류가 가해지고 나서 인젝터가 닫힐 때까지 소요된 총시간
② 인젝터에 전류가 가해지고 나서 분사하기 직전까지 소요된 시간
③ 전체 분사시간 중 인젝터 니들이 완전히 열릴 때까지 도달하는데 걸린 시간을 뺀 나머지 시간
④ 인젝터에 가해진 분사시간이 끝난 후 인젝터 자력선이 완전히 사라질 때까지 걸리는 시간

50. 전자제어 가솔린엔진에 대한 설명으로 틀린 것은?

① 공회전 속도 제어를 위해 스텝모터를 사용하기도 한다.
② 흡기 온도 센서의 신호는 연료 증량 시 보정 신호로 사용된다.
③ 점화시기는 점화 2차 코일의 전류에 의해 결정되며 크랭크 각 센서가 제어한다.
④ 지르코니아 산소센서의 출력전압은 혼합기 농도에 따라 변화하는데 희박할 때보다 농후할 때 전압이 높다.

51. 휘발유, 알코올 또는 가스를 사용하는 자동차 배출가스의 종류에 해당하지 않는 것은?(단, 대기환경보전법 시행령에 의한다.)

① 일산화탄소   ② 암모니아
③ 입자상물질   ④ 매연

52. 어떤 기관에서 비중 0.75, 저위발열량 10500kcal/kg의 연료를 사용하여 0.5시간 시험하였더니 연료 소비량은 5L이었다. 이 기관의 연료 마력(PS)은 약 얼마인가?

① 100   ② 125
③ 1500   ④ 7500

$$PHP = \frac{60CW}{632.3t} = \frac{CW}{10.5t}$$
$$= \frac{10500 \times 5 \times 0.75}{10.5 \times 30} = 125$$

53. 실린더 안지름 75mm, 행정 80mm, 엔진의 회전속도가 4500rpm일 때, 밸브를 통과하는 가스의 속도가 40m/s이면 이 기관의 밸브지름(mm)은 약 얼마인가?

① 12   ② 25
③ 35   ④ 41

$$S = \frac{2NL}{60} = \frac{2 \times 4500 \times 80}{60 \times 1000} = 12,$$
$$d = D\sqrt{\frac{S}{V}} = 75\sqrt{\frac{12}{40}} = 41$$

d : 밸브지름
D : 실린더 안지름
S : 피스톤 평균속도
V : 가스 흐름속도

48 ② 49 ③ 50 ③ 51 ② 52 ② 53 ④

54 LPI(Liquid Petroleum Injection) 연료장치의 특징이 아닌 것은?

① 가스 온도 센서와 가스 압력 센서에 의해 연료조성비를 알 수 있다.
② 연료압력 레귤레이터에 의해 일정 압력을 유지하여야 한다.
③ 믹서에 의해 연소실로 연료가 공급된다.
④ 연료펌프가 있다.

55 수냉식 냉각장치의 주요 구성부품 중 구동 벨트 장력이 헐거울 때에 대한 설명으로 틀린 것은?

① 발전기의 출력이 저하된다.
② 각 풀리의 베어링 마멸이 촉진된다.
③ 물 펌프 회전속도가 느려 엔진이 과열되기 쉽다.
④ 소음이 발생하며, 구동 벨트의 손상이 촉진 된다.

56 티타니아 산소센서에 대한 설명으로 옳은 것은?

① 산소 분압에 따라 전기저항 값이 변화하는 성질을 이용한다.
② 산소 분압에 따라 전류 값이 변화하는 성질을 이용한다.
③ 산소 분압에 따라 전압 값이 변화하는 성질을 이용한다.
④ 산소 분압에 따라 전자 값이 변화하는 성질을 이용한다.

57 GDI엔진에서 연소실 내부의 온도를 낮추어 질소산화물(NOx)생성을 감소시키는 것과 관계있는 것은?

① DPF
② 리드 밸브
③ EGR 밸브
④ 2차 공기 공급 밸브

58 자동차 엔진의 출력성능을 향상시키는 이론적 방법으로 틀린 것은?(단, 엔진설계 관점에서만 고려한다.)

① 엔진 회전속도 증가
② 기통수 증가
③ 배기량 축소
④ 평균유효압력 증가

59 자동차 가솔린 엔진에서 평균유효압력을 증가시키는 일반적인 방법으로 틀린 것은?

① 배압 증가   ② 충전율 증가
③ 압축비 증가 ④ 흡기온도 저하

60 2행정 사이클 엔진에서 소기방식의 종류로 틀린 것은?

① 점진식   ② 횡단식
③ 루프식   ④ 단류식

54 ③ 55 ② 56 ① 57 ③ 58 ③ 59 ① 60 ①

제4과목 자동차 섀시

61 자동변속기의 토크 컨버터 구성요소가 아닌 것은?

① 터빈 ② 쿨러
③ 펌프 ④ 스테이터

62 제4속 감속비가 1이고, 종 감속비가 6인 자동차의 엔진을 1800rpm으로 회전시켰다. 이때 왼쪽 바퀴는 고정시키고, 오른쪽 바퀴만 회전시킬 때 오른쪽 바퀴의 회전수(rpm)는?

① 300 ② 600
③ 1200 ④ 1800

 오른쪽 바퀴 회전수
$= \dfrac{\text{엔진회전수}}{\text{총감속기}} \times 2 = \dfrac{1800}{1 \times 6} \times 2 = 600$

63 자동차용 BCM(Body Control Module)이 일반적으로 제어하지 않는 것은?

① 주행 모드
② 도난 경보 기능
③ 점화 키 홀 조명
④ 파워 윈도우 타이머

64 고압 타이어의 안지름이 20인치, 바깥지름이 32인치, 폭 6인치, 플라이수(PR) 10인 경우 호칭치수를 바르게 표시한 것은?

① 32×6-10PR
② 20×6-10PR
③ 6.0-32-10PR
④ 6.0-20-10PR

65 자동변속기 장착 차량의 토크 컨버터(torque converter) 스톨 시험방법 및 판단 으로 옳은 것은?

① 시험 전 반드시 자동변속기 오일은 냉각된 상태이어야 한다.
② 스톨 시험은 연속적으로 3회 실시하여 그 평균값의 회전수로 판단한다.
③ rpm 측정값이 규정치 이하이면 엔진의 출력 부족이거나 토크 컨버터 고장이다.
④ 선택 레버는 P 또는 N에 위치하고 가속 페달을 50% 정도 밟아서 엔진의 회전수를 점검한다.

66 자동변속기에 사용하는 오버드라이브 유성기어의 주요 구성품은?

① 선 기어, 스퍼 기어, 유성 기어
② 선 기어, 유성 기어, 프리 휠 링
③ 링 기어, 선 기어, 유성 기어, 유성 기어 캐리어
④ 선 기어, 유성 기어, 유성 기어 축, 유성 기어 캐리어

 61 ② 62 ② 63 ① 64 ① 65 ③ 66 ③

67 타이어 트레드의 내측에 편마모가 일어나게 되는 주요 원인으로 옳은 것은?

① 캠버가 과소
② 공기압이 과대
③ 토 인(toe-in)이 과대
④ 토 아웃(toe-out)이 과대

68 유압식 동력조향장치에서 조향 휠을 한쪽으로 완전히 돌렸을 때 엔진의 회전수가 500rpm 정도로 떨어지는 원인으로 가장 적절한 것은?

① 파워 스티어링 기어의 유격 과대
② 파워 스티어링 오일의 점도 상승
③ 파워 스티어링 펌프 구동 벨트장력 이완
④ 파워 스티어링 오일압력 스위치 접촉 불량

69 어떤 단판클러치의 마찰 면 외경이 30cm, 내경이 18cm 전 스프링의 힘이 400kgf이고 압력판 마찰계수가 0.34이다. 전달토크는 얼마인가?

① 3264kgf-cm
② 2856kgf-cm
③ 1428kgf-cm
④ 714kgf-cm

 풀이

$Tc = \dfrac{(D+d)P\mu}{2}$

$= \dfrac{(30+18) \times 400 \times 0.34}{2}$

$= 3264 \text{kgf-cm}$

70 자동차용 계기장치에 대한 설명으로 옳은 것은?

① 적산거리계에서 1의 자리 숫자는 바퀴가 100바퀴 회전할 때마다 변환된다.
② 매시 60km의 속도에서 자동차속도계의 지시오차를 속도계 시험기로 측정한다.
③ 차량속도계는 변속기의 종감속 기어에서 적산거리계는 바퀴의 휠 스피드 센서에서 각각 신호를 받아 작동된다.
④ 속도계의 지시오차는 정 25%, 부 10% 이내이다.

71 ABS(Anti-lock Brake System)에서 하이드 롤릭 유닛은 최종적으로 어느 부분의 압력을 조절하는가?

① 오일 탱크
② 오일 펌프
③ 휠 실린더
④ 마스터 실린더

72 제동 안전장치 중 후륜 쪽의 브레이크 유압을 적재 하중에 따라 조절하는 것은?

① 릴리프 밸브
② 이너셔 밸브
③ 탠덤 마스터 실린더
④ 로드 센싱 프로포셔닝 밸브

정답 67 ④ 68 ④ 69 ① 70 ② 71 ③ 72 ④

73. 차륜정렬에서 셋백(set back)의 정의로 옳은 것은?
① 동일차축에서 한쪽 차륜이 반대쪽 차륜보다 앞 또는 뒤로 처져 있는 정도
② 자동차를 옆에서 보았을 때 수직선에 대하여 타이어를 회전시키는 조향축이 이루 는 각
③ 자동차를 앞에서 보았을 때 수직선에 대해서 바퀴의 상부가 안쪽이나 바깥쪽으로 기울어진 각도
④ 바퀴를 위에서 보았을 때 차의 앞부분에 서의 타이어 중심거리와 뒷부분과의 중심 거리의 차

74. 자동변속기 제어에서 부드럽고 응답성이 좋은 변속을 위해 마찰요소에 작용하는 유압의 과도특성과 변속 타이밍을 제어하는 것은?
① 라인압 제어
② 변속 지령 제어
③ 변속 충격 경감제어
④ 록업 클러치 작동제어

75. 전자제어 현가장치(ECS)의 장점으로 틀린 것은?
① 급제동할 때 노스 업(nose up)을 방지한다.
② 노면으로부터 자동차 높이를 제어할 수 있다.
③ 노면의 상태에 따라 승차감을 제어할 수 있다.
④ 급선회할 때 원심력에 대한 차체의 기울임을 방지한다.

76. 현가장치에서 일체식 차축의 종류가 아닌 것은?
① 밴조 액슬 형식
② 위시본 형식
③ 토션빔 형식
④ 트레일링 암 형식

77. 공기 브레이크에서 공기탱크의 압력이 규정값 이하가 되면 압축기를 가동하여 공기를 압송시켜 공기탱크의 압력을 일정 하게 유지시켜 주는 밸브는?
① 릴레이 밸브   ② 언로더 밸브
③ 브레이크 밸브   ④ 퀵릴리스 밸브

78. 브레이크가 작동하지 않는 원인으로 틀린 것은?
① 브레이크 드럼과 슈의 간격이 너무 과다 할 때
② 브레이크 오일 회로에 공기가 들어있을 때
③ 휠 실린더의 피스톤 컵이 손상되었을 때
④ 캐스터가 고르지 않을 때

79. 조향장치에서 조향기어의 백래시가 클 때 발생할 수 있는 현상으로 옳은 것은?
① 조향기어비가 커진다.
② 최소회전반경이 작아진다.
③ 조향 휠의 좌·우 유격이 커진다.
④ 조향 휠의 축방향 유격이 작아진다.

73 ①   74 ③   75 ①   76 ②   77 ②   78 ④   79 ③

80 전자 주차 브레이크(EPB)의 제어 기능에 해당되지 않는 것은?

① 스포츠 기능
② 비상 제동 기능
③ 안전 클러치 기능
④ 자동 차량 홀드 기능

제5과목 자동차 전기

81 기동전동기의 회전력이 4N·m, 기동전동기의 기어 잇수가 8, 엔진의 플라이휠 링 기어 잇수가 112이면 엔진을 기동시키는 회전력은 약 몇 N·m인가?

① 56
② 58
③ 60
④ 62

 엔진을기동시키는 회전력
$= \dfrac{\text{링기어 잇수}}{\text{기동전동기 이어잇수}} \times \text{기동전동기 회전력}$
$= \dfrac{112}{8} \times 4 = 56$

82 충전장치의 발전기에서 3상 코일의 결선 방법에 따른 설명으로 틀린 것은?(단, 각 발전기의 권수 및 크기는 동일하다고 가정한다.)

① 삼각(델타)결선 방식은 중성점의 전압을 이용할 수 있다.
② Y결선의 경우 선간 전압은 상전압의 $\sqrt{3}$ 배이다.
③ 삼각(델타)결선의 경우 선간 전류는 상전류의 $\sqrt{3}$ 배이다.
④ Y결선 방식이 삼각(델타)결선 방식보다 높은 기전력을 얻을 수 있다.

83 교류 발전기의 출력 전류를 발생시키는 부분은?

① 로터
② 정류자
③ 다이오드
④ 스테이터 코일

84 자동차규칙에 의한 고전원전기장치 간 전기배선의 피복 색상은?(단, 보호기구 내부에 위치하는 경우는 제외한다.)

① 초록색
② 파랑색
③ 주황색
④ 빨강색

85 자동차규칙에 의한 자동차의 앞면에 적색의 등화 및 방향지시등과 혼동하기 쉬운 점멸등화의 설치가 가능한 경우로 틀린 것은?

① 긴급자동차에 설치하는 등화
② 화약류를 운송하는 경우에 사용하는 적색 등화
③ 버스 및 어린이운송용 승합자동차의 윗부분에 설치하는 표시등
④ 고압가스 탱크로리 앞면에 설치하는 적색의 등화

86 후진경보장치에서 물체에 부딪혀 되돌아오는 시간을 측정하여 물체와의 거리를 측정하는 센서는?

① 적외선 센서
② 와전류 센서
③ 광전도 셀
④ 초음파 센서

 80 ① 81 ① 82 ① 83 ④ 84 ③ 85 ④ 86 ④

87 점화장치에서 점화플러그의 구비조건으로 틀린 것은?

① 전기적 절연 성능이 양호할 것
② 자기청정온도가 높을 것
③ 기계적 강도가 클 것
④ 내열성이 클 것

88 자동차 에어컨 구성부품 중 고온·고압의 기체 상태의 냉매를 액체 상태로 만드는 역할을 하는 것은?

① 압축기   ② 응축기
③ 팽창밸브   ④ 증발기

89 도로 차량-전기자동차용 교환형 배터리 일반 요구사항(KS R 1200)에 따른 엔클로저의 종류로 틀린 것은?

① 방화용 엔클로저
② 촉매 방지용 엔클로저
③ 감전 방지용 엔클로저
④ 기계적 보호용 엔클로저

90 자동차용 납산 배터리의 방전 시 일어나는 현상으로 틀린 것은?

① 배터리의 전해액 비중이 상승한다.
② 전해액의 묽은 황산은 물로 변한다.
③ 양극판(과산화납)은 황산납으로 변한다.
④ 음극판(해면상납)은 황산납으로 변한다.

91 다음 그림은 4행정 가솔린 기관에서 배전기 축이 1회전 하는 동안의 파형 변화이다. 이 파형은 어떤 센서의 출력 파형인가?

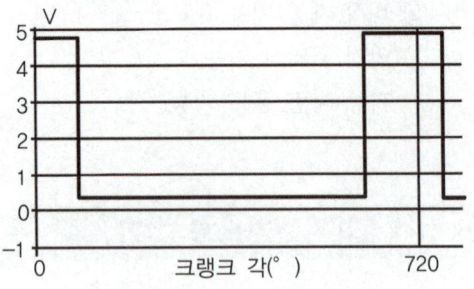

① 1번 실린더 TDC 센서
② 대기압 센서
③ 산소 센서
④ 수온 센서

92 자동차 전조등 형식 중 할로겐 전조등의 특징으로 틀린 것은?

① 전구의 효율이 높아 밝기가 크다.
② 할로겐 사이클로 흑화 현상이 생긴다.
③ 색온도가 높아 밝은 백색광을 얻을 수 있다.
④ 교행용 필라멘트 아래의 차광판에 의해 눈부심이 적다.

93 반도체의 성질에 대한 설명으로 틀린 것은?

① 압력을 받으면 전기가 발생한다.
② 자력을 받으면 도전도가 변화한다.
③ 열을 받으면 전기 저항 값이 변화한다.
④ 전류가 흐르면 맴돌이 전압이 발생한다.

정답 87 ② 88 ② 89 ② 90 ① 91 ① 92 ② 93 ④

94 전기자동차용 배터리 관리 시스템에 대한 일반 요구사항(KS R 1201)에서 다음이 설명하는 것은?

> 배터리가 정지기능 상태가 되기 전까지의 유효한 방전상태에서 배터리가 이동성 소자들에게 전류를 공급할 수 있는 것으로 평가되는 시간

① 잔여 운행시간
② 안전 운전 범위
③ 잔존 수명
④ 사이클 수명

95 자기 인덕턴스 0.5H의 코일에 0.01초 동안 3A의 전류가 변화하였을 때 이 코일에 유도되는 기전력(V)은?

① 5
② 10
③ 15
④ 150

유도기전력 $= -L \times \dfrac{dI}{dT}$

$= 0.5 \times \dfrac{3}{0.01} = 150$

96 전조등시험기의 정밀도에 대한 검사기준 중 허용오차 범위로 옳은 것은?(단, 자동차관리법 시행규칙에 의한다.)

① 광축편차는 ±1/3도 이내
② 광도지시는 ±20퍼센트 이내
③ 광축의 판정정밀도는 ±1/3도 이내
④ 광도의 판정정밀도는 ±1000칸델라 이내

97 자동차규칙에 의한 최고속도제한장치의 공통적인 구조기준으로 틀린 것은?

① 임의적인 개조가 곤란한 구조일 것
② 외부의 전자파에 영향을 받지 아니할 것
③ 변속장치의 작동에 영향을 주는 구조일 것
④ 정상적으로 주행하는 자동차의 진동에 견딜 수 있을 것

98 에어백 시스템에 대한 설명으로 틀린 것은?

① 안전벨트 프리텐셔너는 충돌 시 에어백보다 먼저 동작된다.
② 고장 진단을 위해 배터리를 체결한 상태에서 교환 점검을 해야 한다.
③ 사고 충격이 크지 않다면 에어백은 미 전개 되며 프리텐셔너만 작동할 수도 있다.
④ 커넥터 탈거 시 폭발이 일어나는 것을 방지하기 위해 단락바가 설치되어 있다.

99 교류 발전기에서 출력이 낮은 원인으로 틀린 것은?

① 스테이터 코일의 단선
② 정류 다이오드의 단선
③ 충전 경고등의 단선
④ 로터 코일의 단선

100 기동전동기 크랭킹 전류소모 시험에 따른 결과에서 회전력이 부족하고 전류값이 규정보다 떨어졌을 때의 고장원인은?

① 메인접점 소손
② 정류자의 단락 절연 불량
③ 정류자와 브러시 접촉저항이 큼
④ 전기자 코일 또는 계자 코일이 단락

94 ① 95 ④ 96 ④ 97 ③ 98 ② 99 ③ 100 ③

5차 실전 테스트 문제

 일반기계공학

01 바깥지름 300mm, 안지름 250mm, 클러치를 미는 힘 500kgf, 마찰계수가 0.2라고 할 경우 클러치 전달토크(torque)는 몇 kgf·mm인가?

① 11390　　② 27500
③ 17530　　④ 18275

$$T = \left(\frac{D_1 + D_2}{2}\right) P\mu$$
$$= \left(\frac{300 + 250}{2}\right) \times 500 \times 0.2 = 27500$$

T : 전달토크
D_1 : 바깥지름
D_2 : 안지름
P : 클러치를 미는 힘
μ : 마찰계수

02 너트의 풀림을 방지하는 방법으로 틀린 것은?

① 스프링 와셔를 사용
② 로크너트를 사용
③ 자동 좸 너트를 사용
④ 캡 너트를 사용

03 축 추력 방지방법으로 옳은 것은?

① 수직 공을 설치
② 평형 원판을 설치
③ 전면에 방사상 리브(Lib)를 설치
④ 다단 펌프의 회전차를 서로 같은 방향으로 설치

04 원형 단면축의 비틀림 모멘트를 구할 때 관계없는 것은?

① 수직응력　　② 전단응력
③ 극단면계수　④ 축 직경

05 금속에 외력이 가해질 때, 결정격자가 불완전하거나 결함이 있어 이동이 발생하는 현상은?

① 트윈　　② 변태
③ 응력　　④ 전위

06 교차하는 두 축의 운동을 전달하기 위하여 원추형으로 만든 기어는?

① 웜 기어　　② 베벨 기어
③ 스퍼 기어　④ 헬리컬 기어

 1 ② 　2 ④ 　3 ② 　4 ① 　5 ④ 　6 ②

07 고온에 장시간 정하중을 받는 재료의 허용 응력을 구하기 위한 기준강도로 가장 적합한 것은?
① 극한 강도 ② 크리프 한도
③ 피로 한도 ④ 최대 전단응력

08 TIG용접에 대한 설명으로 틀린 것은?
① GTAW라고도 부른다.
② 전자세의 용접이 가능하다.
③ 피복제 및 플럭스가 필요하다.
④ 용가재와 아크발생이 되는 전극을 별도로 사용한다.

09 유체기계에서 물속에 용해되어 있던 공기가 기포로 되어 펌프와 수차 등의 날개에 손상을 일으키는 현상은?
① 난류 현상 ② 공동 현상
③ 멕동 현상 ④ 수격 현상

10 보(beam)의 처짐 곡선 미분방정식을 나타낸 것은?(단, M : 보의 굽힘응력, V : 보의 전단응력, EI : 굽힘강성계수이다.)
① $\frac{d^2y}{dx^2}=\pm\frac{EI}{M}$ ② $\frac{d^2y}{dx^2}=\pm\frac{M}{EI}$
③ $\frac{d^2y}{dx^2}=\pm\frac{EI}{V}$ ④ $\frac{d^2y}{dx^2}=\pm\frac{V}{EI}$

11 연삭숫돌 결합도에 대한 설명으로 틀린 것은?
① 결합도 기호는 알파벳 대문자로 표시한다.
② 결합도가 약하면 눈메움(loading)현상이 발생하기 쉽다.
③ 결합도는 입자를 결합하고 있는 결합제의 결합상태 강약의 정도를 표시한다.
④ 가공물의 재질이 연질일수록 결합도가 높은 숫돌을 사용하는 것이 좋다.

12 금속재료를 압축하여 눌렀을 때 넓게 퍼지는 성질은?
① 인성 ② 연성
③ 취성 ④ 전성

13 다이얼 게이지의 보관 및 취급 시 주의사항으로 틀린 것은?
① 교정주기에 따라 교정 성적서를 발행한다.
② 측정 시 충격이 가지 않도록 한다.
③ 스핀들에 주유하여 보관한다.
④ 측정자를 잘 선택해야 한다.

정답 7 ② 8 ③ 9 ② 10 ② 11 ② 12 ④ 13 ③

14. 용기 내의 압력을 대기압력 이하의 저압으로 유지하기 위해 대기압력 쪽으로 기체를 배출하는 것은?
   ① 진공펌프   ② 압축기
   ③ 송풍기   ④ 제습기

15. 브레이크라이닝의 구비조건으로 틀린 것은?
   ① 내마멸성이 클 것
   ② 내열성이 클 것
   ③ 마찰계수 변화가 클 것
   ④ 기계적 강성이 클 것

16. 금속을 용융 또는 반용융하여 금속주형 속에 고압으로 주입하는 특수주조법?
   ① 다이캐스팅   ② 원심주조법
   ③ 칠드주조법   ④ 셀주조법

17. 지름 22mm인 구리선을 인발하여 20mm가 되었다. 구리의 단면을 축소시키는데 필요한 응력을 303kgf/cm²라고 할 때 이 인발에 필요한 인발력(kgf)은 약 얼마인가?
   ① 100   ② 200
   ③ 300   ④ 400

$$P = \frac{P\pi(d^2 - d_1^2)}{4} = \frac{303 \times \pi \times (2.2^2 - 2^2)}{4}$$
$$= 199.7$$

18. 황동을 냉간 가공하여 재결정온도 이하의 낮은 온도로 풀림하면 가공 상태보다 오히려 경화되는 현상은?
   ① 석출 경화   ② 변형 경화
   ③ 저온풀림 경화   ④ 자연풀림 경화

19. 보스에 홈을 판 후 키를 박아 마찰력을 이용하여 동력을 전달하는 키로서 큰 힘을 전달하는데 부적당한 것은?
   ① 평 키   ② 반달 키
   ③ 안장 키   ④ 둥근 키

20. 치수가 동일한 강봉과 동봉에 동일한 인장력을 가하여 생기는 신장률 εs, εc가 8 : 17이라고 하면, 이때 탄성계수(Es/Ec)의 비는?
   ① 5/6   ② 6/5
   ③ 8/17   ④ 17/8

제2과목 기계 열역학

21. 계가 정적 과정으로 상태 1에서 상태 2로 변화할 때 단순압축성 계에 대한 열역학 제1법칙을 바르게 설명한 것은?(단, U, Q, W는 각각 내부에너지, 열량, 일량이다.)
   ① $U_1 - U_2 = Q_{12}$
   ② $U_2 - U_1 = W_{12}$
   ③ $U_1 - U_2 = W_{12}$
   ④ $U_2 - U_1 = Q_{12}$

14 ①   15 ③   16 ①   17 ②   18 ③   19 ③   20 ④   21 ④

22 온도 20℃에서 계기압력 0.183MPa의 타이어가 고속주행으로 온도 80℃로 상승할 때 압력은 주행 전과 비교하여 약 몇 kPa 상승하는가?(단, 타이어의 체적은 변하지 않고, 타이어 내의 공기는 이상기체로 가정하며, 대기압은 101.3kPa이다.)

① 37kPa ② 58kPa
③ 286kPa ④ 445kPa

풀이
$PV = mRT$, $\dfrac{mR}{V} = \dfrac{P}{T} =$ 일정

절대압력 = 183+101.3 = 284.3kPa,

∴ $\dfrac{P_1}{T_1} = \dfrac{P_2}{T_2}$, $\dfrac{183+101.3}{20+273} = \dfrac{P_2}{80+273}$,

∴ $P_2 = 342.52$kPa,

$P_2 - P_1 = 342.52 - 284.3 = 58 kPa$

23 증기터빈에서 질량유량이 1.5kg/s이고, 열손실률이 8.5kW이다. 터빈으로 출입하는 수증기에 대한 값은 아래 그림과 같다면 터빈의 출력은 약 몇 kW인가?

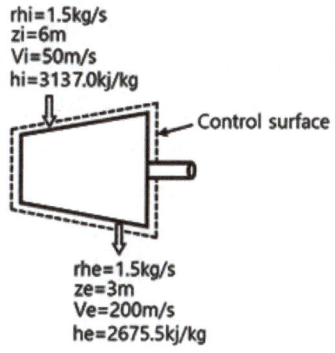

① 273kW ② 656kW
③ 1357kW ④ 2616kW

풀이
$Q = W_t + \dfrac{\dot{m}(V_2^2 - V_1^2)}{2} + \dot{m}(h_2 - h_1)$
$\quad + \dot{m}g(z_2 - z_1)$,

$-8.5 = W_t + \dfrac{(1.5)(200^2 - 50^2)}{2 \times 1000}$
$\quad + (1.5)(2675.5 - 3137)$
$\quad + \dfrac{(1.5)(9.81)(3-6)}{1000}$,

∴ $W_t = 656$kW

24 어느 완전가스 1kg을 체적 일정하에 20℃로부터 100℃로 가열하는데 200KJ의 열량이 소요되었다. 이 가스의 분자량이 2라고 한다면 정적비열은 얼마인가?

① 약 0.5KJ/kg℃
② 약 1.5KJ/kg℃
③ 약 2.5KJ/kg℃
④ 약 3.5KJ/kg℃

풀이
$_1Q_2 = \Delta u = m\ Cv\ \Delta T$,

$Cv = \dfrac{200}{80 \times 1} = 2.5 KJ/kg \cdot$ ℃

25 완전가스의 내부에너지(u)는 어떤 함수인가?

① 압력과 온도의 함수이다.
② 압력만의 함수이다.
③ 체적과 압력의 함수이다.
④ 온도만의 함수이다.

정답 22 ② 23 ② 24 ③ 25 ④

26 밀폐용기에 비내부에너지가 200kJ/kg인 기체가 0.5kg 들어있다. 이 기체를 용량이 500W인 전기가열기로 2분 동안 가열한다면 최종상태에서 기체의 내부에너지는 약 몇 kJ인가?(단, 열량은 기체로만 전달된다고 한다.)

① 20kJ   ② 100kJ
③ 120kJ   ④ 160kJ

 $Q = \triangle V + W$,
$5(12)kJ = (V_2 - (200)(0.5))$,
∴ $V_2 = 160 kJ$

27 증기를 가역 단열과정을 거쳐 팽창시키면 증기의 엔트로피는?

① 증가한다.
② 감소한다.
③ 변하지 않는다.
④ 경우에 따라 증가도 하고, 감소도 한다.

28 계가 비가역 사이클을 이룰 때 클라우지우스(Clausius)의 적분을 옳게 나타낸 것은?(단, T는 온도, Q는 열량이다.)

① $\oint \frac{\delta Q}{T} < 0$ ② $\oint \frac{\delta Q}{T} > 0$
③ $\oint \frac{\delta Q}{T} \geq 0$ ④ $\oint \frac{\delta Q}{T} \leq 0$

29 역카르노 사이클로 작동하는 냉동기가 30kW 일을 받아서 저온체로부터 84KJ/s의 열을 흡수한다면 고온체로 방출하는 열량은 몇 KJ/s인가?

① 147   ② 227
③ 2530   ④ 114

 $W = Q_1 - Q_2$,   ∴
$Q_1 = W + Q_2 = 30 + 84 = 114 KW$

30 1kgf의 수소(H_2)가 완전연소할 때 9kgf의 H_2O가 생성된다면, 필요한 최소 산소량은 몇 kgf 인가?

① 26   ② 8
③ 16   ④ 32

 $H_2 + \frac{1}{2} O_2 = H_2O$,   2kg+16kg = 18kg,
1kg+8kg = 9kg, ∴ 산소량은 8kg이다.

31 1MPa 압력의 습증기를 교축 열량계를 통과하여 압력이 100MPa, 123℃의 과열증기가 되었다. 이 습증기의 건도는 얼마인가?(단, 1MPa에서 포화증기 및 포화수의 엔탈피는 각각 2784KJ/kg 이고, 100KPa에서 123℃의 과열증기의 엔탈피는 2730KJ/kg이다.)

① 0.033   ② 0.273
③ 0.733   ④ 0.973

 $h_1 = h_x = 2730 = 760 + x(2784 - 760)$,
$x = \dfrac{2730 - 760}{2784 - 760} = 0.973$

 26 ④ 27 ③ 28 ① 29 ④ 30 ② 31 ④

32 산소 2kg과 질소 6kg으로 된 혼합기체의 정압비열은?(단, 산소의 정압비열은 0.9216 $kJ/kg \cdot K$, 질소의 정압 비열은 1.0416 $kJ/kg \cdot K$ 이다.)

① 약 $0.952 kJ/kg \cdot K$
② 약 $0.240 kJ/kg \cdot K$
③ 약 $0.937 kJ/kg \cdot K$
④ 약 $1.012 kJ/kg \cdot K$

 (평균비열)
$$C = \frac{m_1 C_1 + m_2 C_2}{m_1 + m_2}$$
$$= \frac{2 \times 0.9216 + 6 \times 1.0416}{2+6}$$
$$= 1.0116 kJ/kgK$$

33 어떤 이상기체가 압력 294KPa, 비체적 0.6㎥/kg인 상태의 등온하에서 압력이 882KPa인 상태로 변화하였다면 비체적은 얼마로 변화되겠는가?

① 약 0.2㎥/kg
② 약 0.3㎥/kg
③ 약 0.4㎥/kg
④ 약 0.5㎥/kg

 $P_1 v_1 = P_2 v_2$,
$v_2 = \dfrac{P_1 v_1}{P_2} = \dfrac{294 \times 0.6}{882} = 0.2 ㎥/kg$

34 증기동력 사이클의 종류 중 재열사이클의 목적으로 가장 거리가 먼 것은?

① 터빈 출구의 습도가 증가하여 터빈 날개를 보호한다.
② 이론 열효율이 증가한다.
③ 수명이 연장된다.
④ 터빈 출구의 질(quality)을 향상시킨다.

35 한 밀폐계가 190kJ의 열을 받으면서 외부에 20kJ의 일을 한다면 이 계의 내부에너지의 변호는 약 얼마인가?

① 210kJ 만큼 증가한다.
② 210kJ 만큼 감소한다.
③ 170kJ 만큼 증가한다.
④ 170kJ 만큼 감소한다.

 $Q = \triangle V + W$, $190 = \triangle V + 20$,
$\triangle V = +170$

36 다음 중 가장 낮은 온도는?

① 104℃
② 287°F
③ 410K
④ 684R

 ① 104℃는 $104 + 273.15 = 377.15K$
② 287°F는 $\dfrac{5}{9}(284-32) = 140℃$
③ 410K는 $410 - 273.15 = 136.85℃$
④ 684R는 랭킨온도 $\times \dfrac{5}{9} = 684 \times \dfrac{5}{9}$
$= 380K$

32 ④ 33 ① 34 ① 35 ③ 36 ①

37 물 10kg을 1기압하에서 20°C로부터 60°C까지 가열할 때 엔트로피 증가량은? (단, 물의 정압 비열은 4.18kJ/kg·k 이다.)

① 9.78kJ/k ② 5.35kJ/k
③ 8.32kJ/k ④ 41.8kJ/k

$ds = \dfrac{mCdt}{T}$,

$\Delta s = mC\ln\dfrac{T_2}{T_1} = 10 \times 4.18 \times \ln\dfrac{333}{293}$
$= 5.35 KJ/°K$

38 완전히 단열된 밀실에서 냉장고를 계속 가동시키고 있다. 만일 냉장고의 문이 열려 있고 밀실 내에서 이상적인 교반이 이루어진다고 한다. 시간당 2kW의 전력을 냉장고가 소모한다고 한다. 다음 중 옳은 것은?

① 밀실내의 온도는 일정하게 유지된다.
② 밀실내의 온도는 올라간다.
③ 밀실내의 온도가 내려간다.
④ 온도가 올라갔다 내려갔다 한다.

밀실내로 외부에서 전기가 공급되므로 온도는 상승한다.

39 오토 사이클에 있어서 압축비의 값을 6에서 8로 올리면 그 이론 열효율은 약 몇 % 증가하는가?(단, 비열비 $k = 1.4$이다.)

① 10.3% ② 8.3%
③ 5.3%   ④ 4.3%

$\eta_0 = 1 - (\dfrac{1}{\epsilon})^{k-1}$ 에서,

$\eta_1 = 1 - (\dfrac{1}{6})^{0.4} = 0.5116$,

$\eta_2 = 1 - (\dfrac{1}{8})^{0.4} = 0.5647$,

$\eta_3 = \eta_2 - \eta_1 = 0.0531 = 5.3\%$

40 실제 가스 터빈 사이클에서 최고 온도가 630°C이고 효율이 80%이다. 손실 없이 단열팽창 되었을 때의 온도가 290°C라면 실제 터빈 출구에서의 온도는?

① 348°C ② 358°C
③ 368°C ④ 378°C

(터빈효율)
$\eta_T = \dfrac{\text{실제단열열낙차}}{\text{이론단열열낙차}}$
$= \dfrac{C_P \times (T_{입구} - T_{실제출구})}{C_P \times (T_{입구} - T_{이론출구})}$
$= \dfrac{630 - T_{실제출구}}{630 - 290}$,
(실제터빈축구의 온도) $T_{실제출구} = 358°C$

제3과목 자동차 기관

41 전자제어 가솔린엔진이 워밍업 된 후 아이들 스피드 컨트롤(ISC)의 기능으로 가장 적절한 것은?

① 급가속 시 공기량 보충
② 워밍업 후 연료량을 증가시킴
③ 스로틀 밸브 고장 시 기능 대체
④ 각종 부하 작용 시 공전속도 조정

37 ② 38 ② 39 ③ 40 ② 41 ④

42 압축압력 시험 준비 작업이 아닌 것은?
① 연료의 공급을 차단한다.
② 엔진을 냉간 상태로 유지한다.
③ 모든 점화 플러그를 제거한다.
④ 에어클리너 및 구동 벨트를 제거한다.

43 전자제어 연료분사 엔진에서 공기흐름 계측에 플랩(flap)의 움직임 양을 전압으로 바꾸어 컴퓨터로 보내는 것은?
① 포텐서미터
② 흡기온 센서
③ 대기압 센서
④ 스로틀 포지션 센서

44 기관의 냉각장치에서 보텀(bottom) 바이 패스 냉각방식의 특징으로 틀린 것은?
① 기관 정지 시 냉각수의 보온 성능이 좋다.
② 수온조절기의 이상 작동이 적어 오버 슈트가 많다.
③ 기관 내부의 온도가 안정되고, 한랭 시 히터 성능이 안정적이다.
④ 수온조절기가 열렸을 때 바이패스 회로를 닫아 냉각효과가 좋다.

45 열막(Hot Film)형식 흡입 공기량 센서의 특징으로 틀린 것은?
① 설치 시 제약이 없다.
② 공기량 직접 검출방식이다.
③ 질량 유량 검출로 신뢰성이 좋다.
④ 흡입공기 온도가 변화해도 측정 상의 오차가 없다.

46 전자제어 가솔린 연료분사장치의 피드백 제어에 관한 사항으로 틀린 것은?
① 냉각수 온도가 현저히 낮으면 피드백 제어를 하지 않는다.
② 피드백 제어의 입력 요소는 산소센서이고 출력 요소는 인젝터이다.
③ 지르코니아 산소센서의 기전력이 커지면 인젝터 분사시간을 짧게 한다.
④ 배기가스 중의 산소 농도가 증가하면 지르코니아 산소센서의 기전력은 커진다.

47 피스톤 행정의 길이가 100㎜, 엔진의 회전수가 1500rpm인 4행정 사이클 기관의 피스톤 평균속도(m/s)는?
① 4   ② 5
③ 10 ④ 14

 피스톤 평균속도 $= \dfrac{NL}{30} = \dfrac{0.1 \times 1500}{30} = 5$

48. 다음 중 질소산화물(NOx) 발생량이 많은 경우는?
① 공연비가 농후한 경우
② 점화시기가 빠른 경우
③ 냉각수 온도가 낮은 경우
④ 엔진의 압축비가 낮은 경우

49. LPI(Liquid Petroleum injection) 시스템에서 연료 펌프 제어에 대한 설명으로 옳은 것은?
① 엔진 ECU에서 연료펌프를 제어한다.
② 종합릴레이에 의해 연료펌프가 구동된다.
③ 엔진이 구동되면 운전조건에 관계없이 일정한 속도로 회전한다.
④ 펌프 드라이버는 운전조건에 따라 연료펌프의 속도를 제어한다.

50. 자동차 배출가스의 유해성분에 대한 설명으로 틀린 것은?
① 흑연 : 소화기 및 근육신경에 장애를 준다.
② 질소산화물 : 광화학 스모그의 원인이 된다.
③ 일산화탄소 : 인체에 산소부족 증상이 나타난다.
④ 탄화수소 : 호흡기에 자극을 주고 점막이나 눈을 자극한다.

51. 이상적인 디젤 사이클의 열효율을 증가 시키는 방법으로 틀린 것은?
① 단절비 감소 ② 압축비 증가
③ 최고압력 증가 ④ 최저온도 상승

52. 다음 설명에 해당하는 것은?

> GDI엔진의 연소 특성 중 하나로서 고부하 영역에서 흡입 행정 시 연료가 분사되어 연료의 기화열이 가스의 온도를 저하시키기 때문에 실린더 내의 공기 밀도가 증대되는 효과를 얻을 수 있다.

① 예혼합 연소 ② 증상 혼합기
③ 균질 혼합기 ④ 약한 성층연소

53. 자동차 기관의 지압선도로부터 얻을 수 있는 정보가 아닌 것은?
① 도시마력의 계산
② 평균 윤활유 소비량
③ 흡·배기 밸브의 개폐시기의 적부
④ 연료분사 밸브의 개폐시기의 적부

54. 피스톤과 실린더 간극이 클 때 일어나는 사항이 아닌 것은?
① 압축압력이 저하된다.
② 오일이 연소실로 올라온다.
③ 피스톤 슬랩 현상이 발생한다.
④ 피스톤과 실린더의 소결이 발생한다.

48 ② 49 ④ 50 ① 51 ④ 52 ③ 53 ② 54 ④

55 기관의 총배기량이 1400cc인 4행정 사이클 기관이 2570rpm으로 회전하고 있다. 이때 도시평균 유효압력이 10kgf/㎠이라면 도시마력(PS)은 약 얼마인가?

① 40 ② 80
③ 100 ④ 120

$I_{PS} = \dfrac{PALRN}{75 \times 60} = \dfrac{10 \times 1400 \times 2570}{75 \times 60 \times 100 \times 2}$
$= 39.9 PS$

56 수냉식 기관의 과열 원인이 아닌 것은?

① 냉각 팬이 파손되었을 때
② 물 재킷 내부에 스케일이 없을 때
③ 수온 조절기가 닫힌 채 고장이 났을 때
④ 구동 벨트의 장력이 적거나 파손되었을 때

57 전자제어 가솔린엔진에서 흡입공기량 센서의 고장 시 예상되는 현상으로 틀린 것은?

① 기관의 공회전이 불안하다.
② 주행 중 가속성능이 저하된다.
③ 점화플러그가 점화되지 않는다.
④ 크랭킹은 가능하나 시동성능이 불량하다.

58 평균 유효압력에 대한 설명으로 틀린 것은?

① 평균 유효압력이란 1사이클의 일을 실린더 체적으로 나눈 것이다.
② 지시평균 유효압력은 이론평균 유효압력에 선도계수를 곱한 것이다.
③ 제동평균 유효압력은 지시평균 유효압력에 기계효율을 곱한 것이다.
④ 마찰평균 유효압력은 지시평균 유효압력에 제동평균 유효압력을 뺀 것이다.

59 전자제어 디젤엔진에서 커먼레일 방식의 고압 연료 계통에 설치된 구성품이 아닌 것은?

① 인젝터
② 유입 계측밸브
③ 프라이밍 펌프
④ 연료압력 제한밸브

60 EGR율(EGR ratio)을 나타내는 식으로 옳은 것은?

① $\dfrac{EGR가스량}{흡입공기량 + EGR가스량} \times 100$
② $\dfrac{EGR가스량}{흡입공기량 - EGR가스량} \times 100$
③ $\dfrac{흡입공기량}{배기가스량 + EGR가스량} \times 100$
④ $\dfrac{흡입공기량}{배기가스량 - EGR가스량} \times 100$

제4과목 자동차 섀시

61 자동변속기 토크 컨버터의 클러치 시스템에서 고장감지 검출조건에 해당하지 않는 것은?

① 출력축 속도센서 100rpm 이하
② 스로틀 밸브 개도 15% 이상
③ 엔진회전수 0rpm 이상
④ 댐퍼클러치 미작동

62 추진축의 굽음 진동인 휠링(whirling)을 일으키는 주요 원인으로 옳은 것은?

① 추진축의 강도 저하
② 슬립이음의 유연성 불량
③ 변속기 출력축과 추진측의 접촉 불량
④ 추진축의 기하학적 중심과 질량적 중심의 불일치

63 프로포셔닝 밸브에 대한 설명으로 옳은 것은?

① 베이퍼 록 현상을 저감시킨다.
② 캘리퍼에 브레이크 잔압을 일정하게 유지하는 기능을 한다.
③ 디스크 브레이크와 패드의 에어 갭을 항상 '0' 상태로 유지한다.
④ 급제동 시 전륜보다 후륜이 먼저 고착되는 것을 방지하여 차량의 방향성 상실을 방지한다.

64 공기식 제동장치에서 압력 조정기의 작용에 대한 설명으로 틀린 것은?

① 공기탱크 내의 압력이 규정값 이상이 되면 압축기의 압축작용을 정지시킨다.
② 공기탱크 내의 압력이 규정값 이하가 되면 압축기의 압축작용을 정지시킨다.
③ 압력 조정기는 공기압축기에서 공기탱크에 보내는 압력을 조정한다.
④ 앞·뒤 바퀴로 가는 압축공기의 압력을 조정한다.

65 자동변속기 차량의 토크 컨버터에서 토크 증대 비율이 가장 클 때는?

① 스톨 포인트일 때
② 클러치 포인트일 때
③ 댐퍼클러치 작동일 때
④ 오버 드라이브일 때

66 자동차 주행성능을 산출함에 있어 자동차 중량 또는 총중량이 적용되지 않는 것은?

① 가속저항   ② 구름저항
③ 공기저항   ④ 등판저항

67 전자제어 현가장치(ECS)에서 급가속 시에 차고제어로 옳은 것은?

① 앤티 롤링 제어
② 앤티 다이브 제어
③ 스카이훅 제어
④ 앤티 스쿼트 제어

61 ① 62 ④ 63 ④ 64 ② 65 ① 66 ③ 67 ④

68 전자제어 현가장치의 제어 종류가 아닌 것은?

① 피칭 제어　② 롤 제어
③ 다이브 제어　④ 토크 스티어 제어

69 바퀴의 미끄럼 및 구동력과 관련하여 미끄럼률을 구하는 식은?(단, V : 차체의 주행 속도, Vω : 바퀴의 회전속도이다.)

① $\dfrac{V - V_\omega}{V} \times 100\%$

② $\dfrac{V_\omega - V}{V_\omega} \times 100\%$

③ $\dfrac{V_\omega}{V_\omega - V} \times 100\%$

④ $\dfrac{V}{V - V_\omega} \times 100\%$

70 ABS에서 ECU의 출력신호에 의해 각 휠 실린더의 유압을 제어하는 것은?

① 모듈레이터　② 릴레이 밸브
③ 레귤레이터　④ 언로더 밸브

71 전자제어 자동변속기 차량에서 토크 컨버터의 유체를 통해 동력을 전달시키지 않고 펌프와 터빈을 직접 구동하는 기능은?

① 터빈 브레이커(turbine breaker) 기능
② 홀드(hold) 기능
③ 록업(lock up) 기능
④ 토션 댐퍼(torsion damper) 기능

72 제 3속의 감속비 1.5, 종감속 구동 피니언 기어의 잇수 5, 링 기어의 잇수 22, 구동바퀴 타이어의 유효반경 280㎜인 자동차의 엔진 회전속도가 3300rpm으로 직진 주행하고 있을 때 주행속도는 약 얼마인가?

① 약 53km/h　② 약 59km/h
③ 약 63km/h　④ 약 69km/h

 풀이

① $Rf = \dfrac{Pt}{Rt} = \dfrac{22}{5} = 4.4$,

Rf : 종감속비, Pt : 구동 피니언의 잇수,
Rt : 링 기어의 잇수

② $V = \pi D \times \dfrac{E_N}{Rt \times Rf} \times \dfrac{60}{1000}$

$= 3.14 \times 0.28 \times 2 \times \dfrac{3300}{1.5 \times 4.4} \times \dfrac{60}{1000}$

$= 52.75 \text{km/h}$

73 승용자동차의 손조작식 주차제동장치의 측정 시 조작력 기준은?(단, 자동차 및 자동차 부품의 성능과 기준에 관한 규칙에 의한다.)

① 70kg 이하　② 60kg 이하
③ 50kg 이하　④ 40kg 이하

74 유압식 전자제어 동력조향장치의 특징으로 옳은 것은?

① 공전과 저속에서는 조향핸들 조작력이 무겁다.
② 고속 주행 시 주행 안정성을 위해 조향핸들 조작력을 가볍게 한다.
③ 유량제어 솔레노이드 밸브를 통해서 조향 핸들 조작력을 제어한다.
④ 중속에서는 차량 속도에 감응하여 조향핸들 조작력을 변화시키지 못한다.

정답　68 ④　69 ①　70 ①　71 ③　72 ①　73 ④　74 ③

75. 축거가 3m, 바깥쪽 바퀴의 조향각 30°, 바퀴 접지면 중심과 킹핀과의 거리가 30㎝ 인 자동차의 최소 회전반경은?

① 4.3m　② 5.3m
③ 6.3m　④ 7.3m

풀이
$$R = \frac{L}{\sin\alpha} + r = \frac{3}{\sin 30°} + 0.3 = 6.3\text{m}$$
R : 최소 회전반경
L : 축거
$\sin\alpha$: 바깥쪽 바퀴의 조향각도
r : 바퀴접지 면 중심과 킹핀 중심과의 거리

76. 수동 변속기에서 기어의 물림 시 2중 물림 방지 기구가 설치되어 있는 곳은?

① 기어와 기어 사이
② 시프트 레일 사이
③ 슬리브와 허브 사이
④ 싱크로메스 기구 내

77. ABS에 대한 설명으로 틀린 것은?

① 제동거리를 최소화 한다.
② 제동 시 바퀴가 잠기지 않아 조향을 가능하게 한다.
③ 도로와 타이어의 마찰계수는 바퀴 슬립률이 0%일 때 최대가 되는 원리가 적용된다.
④ 바퀴의 회전속도를 검출하여 그 변화에 따라 제동력을 제어하는 방식이다.

78. 전기회생제동장치가 주제동장치의 일부로 작동되는 경우에 대한 설명으로 틀린 것은?(단, 자동차 및 자동차부품의 성능과 기준에 관한 규칙에 의한다.)

① 주제동장치의 제동력은 동력 전달계통으로부터의 구동전동기 분리 또는 자동차의 변속비에 영향을 받는 구조일 것
② 전기회생제동력이 해제되는 경우에는 마찰제동력이 작동하여 1초 내에 해제 당시 요구 제동력의 75%이상 도달하는 구조일 것
③ 주제동장치는 하나의 조종장치에 의하여 작동되어야 하며, 그 외의 방법으로는 제동력의 전부 또는 일부가 해제되지 아니하는 구조일 것
④ 주제동장치 작동 시 전기회생제동장치가 독립적으로 제어될 수 있는 경우에는 자동차에 요구되는 제동력을 전기회생제동력과 마찰제동력 간에 자동으로 보상하는 구조일 것

79. 주행 중 타이어에서 발생하는 스탠딩 웨이브 현상의 방지방법으로 틀린 것은?

① 정속으로 주행한다.
② 타이어 공기압을 표준보다 높인다.
③ 전동 저항을 증가시킨다.
④ 강성이 큰 타이어를 사용한다.

정답 75 ③　76 ②　77 ③　78 ①　79 ③

80 자동차의 조향핸들이 무거운 원인이 아닌 것은?

① 타이어 공기압력 과대
② 조향기어 백래시가 작음
③ 앞바퀴 정렬상태가 불량
④ 타이어 마멸 과다

제5과목 자동차 전기

81 자동차규칙상 경음기에 대한 설명으로 틀린 것은?

① 동일한 음색으로 연속하여 소리를 내는 것일 것
② 자동차 경음기는 사이렌 및 종을 포함할 것
③ 음의 최소크기는 90데시벨(C) 이상일 것
④ 경적음의 크기는 일정하여야 할 것

82 주행안전장치에서 AFLS(Adaptive Front Lighting System)의 주요 제어 기능에 관한 설명으로 적절하지 않은 것은?

① Dynamic Bending – 곡선 도로에서 차량 진행 방향에 최적의 조명 제공
② Auto Leveling – 차량의 기울기 조건에 대한 헤드램프 로우 빔의 현상
③ Around View Monitoring – 운전자가 원하는 주변 부분 감지
④ 페일 세이프 – 시스템 고장 및 오동작 감지 시에 안전모드 동작

83 자동차 에어컨 냉매의 구비조건으로 틀린 것은?

① 응축압력이 적당히 낮을 것
② 비등점이 적당히 낮을 것
③ 증기의 비체적이 작을 것
④ 증발잠열이 작을 것

84 기동전동기 회전이 느려지는 원인으로 틀린 것은?

① 점화 스위치의 결함일 때
② 정류자의 상태가 불량할 때
③ 배터리 방전으로 전압이 낮을 때
④ 전기자 코일의 접지 상태가 불량할 때

85 배터리 격리판의 구비조건으로 틀린 것은?

① 내진성과 내산성이 커야 한다.
② 기계적인 강도가 커야 한다.
③ 전도성이 좋아야 한다.
④ 다공성이어야 한다.

86 HID 전조등에 대한 설명으로 틀린 것은?

① 얇은 캡슐 형태의 방전관 내에 크세논 가스, 수은 가스, 금속 할로겐 성분 등이 있다.
② 플라즈마 방전으로 빛이 발생된다.
③ 형광등과 같은 구조이다.
④ 필라멘트가 설치되어 있다.

80 ① 81 ② 82 ③ 83 ④ 84 ① 85 ③ 86 ④

87 전자력에 대한 설명으로 틀린 것은?
① 자계의 세기에 비례한다.
② 자력에 의해 도체가 움직이는 힘이다.
③ 도체의 길이, 전류의 크기에 비례한다.
④ 자계방향과 전류의 방향이 평행일 때 가장 크다.

88 하이브리드 자동차의 고전압 배터리(+) 전원을 인버터로 공급하는 구성품은?
① 전류 센서
② 고전압 배터리
③ 세이프티 플러그
④ 프리 차저 릴레이

89 하이브리드 자동차 용어 (KS R 0121)에서 충전시켜 다시 쓸 수 있는 전지를 의미하는 것은?
① 1차 전지
② 2차 전지
③ 3차 전지
④ 4차 전지

90 디젤엔진에서 매연 발생이 심한 원인으로 틀린 것은?(단, 터보장착 차량이다.)
① 에어클리너가 막혔다.
② 분사노즐에서 후적이 심하다.
③ 오일 필터가 불량이다.
④ 기관의 연소온도가 너무 낮다.

91 자동차규칙상 타이어 공기압 경고장치의 성능기준에 대한 아래 설명에서 ( ) 안의 내용이 순서대로 짝지어진 것은?

> 자동차에 장착된 타이어 중 (　) 타이어의 "운행 공기압"이 (　)가 감소된 공기압에 도달한 후 60분의 누적주행시간 이내에 "타이어 공기압 경고장치 자동표시기"의 식별부호를 점등시킬 것

① 2개, 20%   ② 4개, 20%
③ 2개, 30%   ④ 4개, 30%

92 저항 2.5Ω에 전류 10A를 40분 동안 흐르게 하였을 때 소비된 전력량(kWh)은?
① 0.167   ② 1.248
③ 2.597   ④ 3.241

$$P = I^2RT = \frac{10^2 \times 2.5 \times \frac{40}{60}}{1000} = 0.167$$

93 전압 110V, 전류 65A인 발전기의 출력(PS)은?(단, 발전기의 효율은 85%이다.)
① 0.25   ② 0.8
③ 7   ④ 8.26

$$\text{발전기 출력} = \frac{\text{전압} \times \text{전류}}{736} \times \text{발전기효율}$$
$$= \frac{110 \times 65}{735} \times 0.85 = 8.26$$

정답 87 ④ 88 ④ 89 ② 90 ③ 91 ② 92 ① 93 ④

94 전기 자동차용 전동기에 요구되는 조건으로 틀린 것은?

① 구동 토크가 작아야 한다.
② 고출력 및 소형화해야 한다.
③ 속도제어가 용이해야 한다.
④ 취급 및 보수가 간편해야 한다.

95 배전기 방식의 점화장치에서 크랭크각과 1번 실린더 상사점을 감지하는 방식이 아닌 것은?

① 다이오드(diode) 방식
② 옵티컬(optical) 방식
③ 인덕션(induction) 방식
④ 홀 센서(hall sensor) 방식

96 에어백(Air Bag)의 구성부품이 아닌 것은?

① 옆면 충격 검출 센서
② 클럭 스프링
③ 프리 텐셔너
④ 요레이트 센서

97 반도체의 일반적인 성질이 아닌 것은?

① 다른 금속이나 반도체와 접속하면 정류작용, 증폭작용 및 스위칭 작용을 한다.
② 열을 받으면 전기저항 값이 변화하는 제베크 효과를 나타낸다.
③ 빛을 받아도 고유저항이 변하지 않는다.
④ 압력을 받으면 전기가 발생한다.

98 자동차규칙상 앞면창유리에 설치하는 창 닦이기 장치에 대한 설명으로 틀린 것은? (단, 초소형자동차는 제외한다.)

① 작동주기의 종류는 2가지 이상일 것
② 최고작동주기와 다른 하나의 작동주기의 차이는 매분당 20회 이상일 것
③ 작동을 정지시킨 경우 자동적으로 최초의 위치로 복귀되는 구조일 것
④ 최저작동주기는 매분당 20회 이상이고, 다른 하나의 작동주기는 매분당 45회 이상일 것

99 교류발전기에서 B단자(출력단자)를 연결하지 않은 상태로 엔진을 장시간 고속 회전하였을 때 발생되는 현상은?

① 과충전이 일어난다.
② 로터 코일이 단선된다.
③ 충전 경고등이 점등된다.
④ 충전이 안 되지만 이상은 없다.

100 일반적인 자동차 통신에서 고속 CAN 통신이 적용되는 부분은?

① 멀티미디어 장치
② 펄스폭 변조기
③ 차체 전장부품
④ 파워 트레인

정답 94 ① 95 ① 96 ④ 97 ③ 98 ② 99 ③ 100 ④

6차 실전 테스트 문제

제1과목 일반기계 공학

01 송출량이 많고 저양정인 경우 적합하며 회전차의 날개가 선박의 스크루 프로펠러와 유사한 형상의 펌프는?

① 터빈 펌프   ② 기어 펌프
③ 축류 펌프   ④ 왕복 펌프

02 주로 나무나 가죽, 베크라이트 등 비금속이나 연한 금속의 거친 가공에 가장 적합한 줄(file)은?

① 귀목(rasp cut)
② 단목(single cut)
③ 복목(double cut)
④ 파목(curved cut)

03 용접 이음의 장점이 아닌 것은?

① 자재가 절약된다.
② 공정수가 증가된다.
③ 이음효율이 향상된다.
④ 기밀 유지성능이 좋다.

04 동력 전달용 나사가 아닌 것은?

① 관용 나사   ② 사각 나사
③ 둥근 나사   ④ 톱니 나사

05 그림과 같은 단식블록 브레이크에서 브레이크에 가해지는 힘 F를 나타내는 식으로 옳은 것은?(단, W는 브레이크 드럼과 브레이크 블록사이에 작용하는 힘, μ는 마찰계수, f는 마찰력이다)

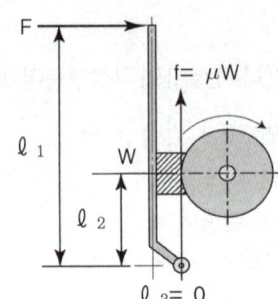

① $F = \dfrac{\mu W \ell_1}{\ell_1}$ ② $F = \dfrac{W \ell_1}{\ell_1}$

③ $F = \dfrac{W \ell_2}{\ell_1}$ ④ $F = \dfrac{\mu W \ell_1}{\ell_2}$

정답 1 ③ 2 ① 3 ② 4 ① 5 ③

06 단면적이 25cm²인 원형기둥에 10kN의 압축하중을 받을 때 기둥 내부에 생기는 압축응력은 몇 MPa인가?

① 0.4
② 4
③ 40
④ 400

$$\sigma = \frac{W}{A} = \frac{10kN}{25cm^2} \times 10 = 4MPa$$

σ : 응력
W : 하중
A : 단면적

07 그림과 같은 외팔보의 끝단에 집중하중 P가 작용할 때 최소 처짐이 발생하는 단면은?(단, 보의 길이와 재질은 같다.)

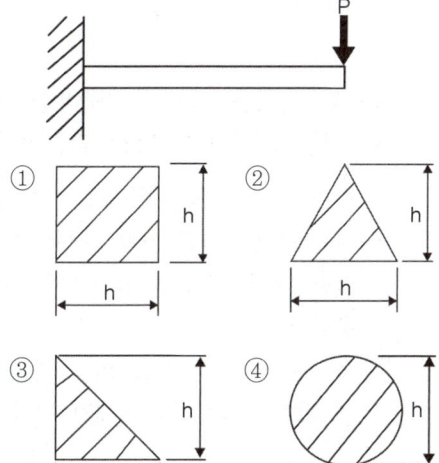

08 유량이나 입구 측의 유압과는 관계없이 미리 설정한 2차측 압력을 일정하게 유지하는 것은?

① 체크 밸브
② 리듀싱 밸브
③ 시퀀스 밸브
④ 릴리프 밸브

09 주축의 회전운동을 직선 왕복운동으로 바꾸는데 사용하는 밀링 머신의 부속장치는?

① 분할대
② 슬로팅 장치
③ 래크 절삭 장치
④ 로터리 밀링 헤드 장치

10 일반적인 구리의 특성으로 틀린 것은?

① 전기 및 열의 전도성이 우수하다.
② 아름다운 광택과 귀금속적 성질이 우수하다.
③ Zn, Sn, Ni, Ag 등과 쉽게 합금을 만들 수 있다.
④ 기계적 강도가 높아 공작기계의 주축으로 사용된다.

11 KS규격에 의한 구름 베어링의 호칭번호 6200ZZ에서 "ZZ"의 의미로 옳은 것은?

① 한쪽 실붙이
② 링 홈붙이
③ 양쪽 실드붙이
④ 멈춤 링붙이

6 ② 7 ① 8 ② 9 ② 10 ④ 11 ③

12 키(key)의 설계에서 강도상 주로 고려해야 하는 것은?
① 키의 굽힘응력과 전단응력
② 키의 전단응력과 인장응력
③ 키의 인장응력과 압축응력
④ 키의 전단응력과 압축응력

13 평벨트 전동장치와 비교한 V-벨트 전동장치의 특징으로 옳은 것은?
① 두 축의 회전방향이 다른 경우에 적합하다.
② 평벨트 전동에 비해 전동 효율이 나쁘다.
③ 축간거리가 짧고 큰 속도비에 적합하다.
④ 5m/s 이하의 저속으로만 운전이 가능하다.

14 측정하고자 하는 축을 V블록 위에 올려놓은 뒤 다이얼 게이지를 설치하고 회전하였더니 눈금 값이 1mm라면 이 축의 진원도(mm)는?
① 2
② 1
③ 0.5
④ 0.25

 진원도 = $\dfrac{측정값}{2}$ = $\dfrac{1}{2}$ = 0.5

15 일반적인 유량측정 기기에 해당하는 것은?
① 피토 정압관
② 피토관
③ 시차 액주계
④ 벤투리미터

16 단면적 5㎠인 막대에 수직으로 20kgf의 압축하중이 작용한다면 이때의 압축응력은 몇 kgf/㎠인가?
① 1
② 2
③ 4
④ 8

 $\sigma = \dfrac{W}{A} = \dfrac{20\text{kgf}}{5\text{cm}^2} = 4\text{kgf/cm}^2$

σ : 응력
W : 하중
A : 단면적

17 비틀림 모멘트를 받아 전단응력이 발생되는 원형 단면 축에 대한 설명으로 틀린 것은?
① 전단응력은 지름의 세제곱에 반비례한다.
② 전단응력은 비틀림 모멘트와 반비례한다.
③ 전단응력을 구할 때 극단면계수도 이용한다.
④ 중실 원형축의 지름을 2배로 증가시키면 비틀림 모멘트는 8배가 된다.

정답 12 ④ 13 ③ 14 ③ 15 ④ 16 ③ 17 ②

18 정밀주조법 중 셀 몰드법의 특징이 아닌 것은?

① 치수 정밀도가 높다.
② 합성수지의 가격이 저가이다.
③ 제작이 용이하며 대량생산에 적합하다.
④ 모래가 적게 들고 주물의 뒤처리가 간단하다.

19 구상 흑연 주철에 관한 설명으로 틀린 것은?

① 단조가 가능한 주철이다.
② 차량용 부품이나 내마모용으로 사용한다.
③ 노듈러 또는 덕타일 주철이라고도 한다.
④ 인장강도가 50~70kgf/㎟ 정도인 것도 있다.

20 프레스 가공이나 주조 가공 등으로 생산된 제품의 불필요한 테두리나 핀 등을 잘라 내거나 따내어 제품을 깨끗이 정형하는 작업은?

① 펀칭   ② 블랭킹
③ 세이빙 ④ 트리밍

제2과목 기계 열역학

21 공기표준 브레이턴(Brayton) 사이클에서 최저 압력이 98KPa이고, 최고 압력이 392MPa이며 최고 온도가 700℃라고 하면 이론 열효율은?(단, $k=1.4$라 한다.)

① 32.7%   ② 33.5%
③ 35.5%   ④ 37.5%

$$\eta_B = 1-(\frac{1}{\gamma})^{\frac{k-1}{k}} = 1-(\frac{98}{392})^{\frac{0.4}{1.4}}$$
$$= 0.327 = 32.7\%$$

22 터빈(turbine)에 증기가 $100m/sec$의 속도로 분출된다. 이 때 증기 1kg에 대한 속도 에너지에 의한 손실은 얼마인가?

① $1KJ$ ② $3KJ$
③ $5KJ$ ④ $7KJ$

$$Q_d = \frac{1}{2}mV^2 = \frac{1}{2} \times 1 \times 100^2$$
$$= 5000N \cdot m = 5KJ$$

23 어떤 냉장고에서 8080kg/hr의 Freon-12가 $71.4KJ/kg$의 엔탈피로 증발기에 들어가 $152.1KJ/kg$이 나온다면 이 냉장고의 용량은 얼마인가?

① $1220kJ/hr$ ② $1800kcal/BTU$
③ $0.465R \cdot T$ ④ 0.62 냉동톤

$80(152.1-71.4) = 6456KJ/h = 1.7933kW/s$,
∴ $1RT = 3.86KW$,
∴ $\frac{1.793}{3.86} = 0.465R \cdot T$

18 ② 19 ① 20 ④ 21 ① 22 ③ 23 ③

24 7kg, 온도 600℃의 구리를 20℃ 8kg의 물 속에 넣으면 물의 온도는 약 몇 ℃ 상승되겠는가?(단, 구리의 비열은 0.3843KJ/kg℃이고, 물의 비열은 4.2KJ/kg℃이다.)

① 38.82℃ ② 54℃
③ 36℃   ④ 72℃

 $m_1 C_1 (t_2 - t_m) = m_2 C_2 (t_m - t_1)$, 에서,
$7 \times 0.3843(600 - t_m) = 8 \times 4.2(t_m - 20)$
∴ $t_m (7 \times 0.3843 + 8 \times 4.2)$
　　$= 7 \times 0.3483 \times 600 + 8 \times 4.2 \times 20$,
∴ $t_m = 58.82℃$,
(상승한 물의온도) $\Delta T = 58.82 - 20$
　　　　　　　　　　$= 38.82℃$

25 어떤 작동유체가 550°K의 고열원으로부터 15kJ의 열량을 공급받아 250°K의 저열원에 12kJ의 열량을 방출할 때 이 사이클은?

① 가역이다.
② 비가역이다.
③ 가역 또는 비가역이다.
④ 가역도 비가역도 아니다.

 $\eta = 1 - \dfrac{250}{550} = 1 - \dfrac{12}{15}$, ∴ 비가역 사이클

26 실린더 지름이 7.5cm이고, 피스톤 행정이 10cm인 압축기의 지압선도로부터 구한 평균 유효 압력이 2bar일 때 한 사이클당 압축일은 얼마인가?

① 2.20J   ② 8.84J
③ 88.4J   ④ 22.0J

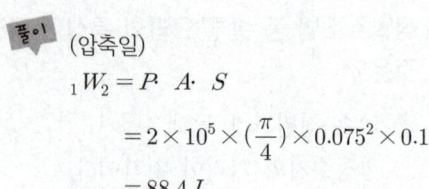
(압축일)
$_1W_2 = P \cdot A \cdot S$
　　$= 2 \times 10^5 \times (\dfrac{\pi}{4}) \times 0.075^2 \times 0.1$
　　$= 88.4J$

27 그림에서 T_1=561K, T_2=1010K, T_3=690K, T_4=383K인 공기(C_p=1.00kJ/kg·℃)를 작업유체로 하는 브레이톤 사이클(brayton cycle)의 이론 열효율은?

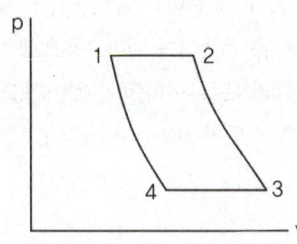

① 0.388   ② 0.425
③ 0.317   ④ 0.412

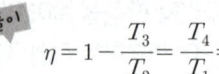 $\eta = 1 - \dfrac{T_3}{T_2} = \dfrac{T_4}{T_1} = 1 - \dfrac{383}{561} = 0.317 = 31.7\%$

28 다음 중 경로함수(path function)는?

① 엔탈피   ② 엔트로피
③ 내부에너지 ④ 일

정답 24 ① 25 ② 26 ③ 27 ③ 28 ④

29 엔트로피(s) 변화 등과 같은 직접 측정할 수 없는 양들을 압력(P), 비체적(v), 온도(T)와 같은 측정 가능한 상태량으로 나타내는 Maxwell 관계식과 관련하여 다음 중 틀린 것은?

① $(\frac{\partial T}{\partial P})_s = (\frac{\partial v}{\partial s})_p$

② $(\frac{\partial T}{\partial v})_s = -(\frac{\partial P}{\partial s})_v$

③ $(\frac{\partial v}{\partial T})_P = -(\frac{\partial s}{\partial P})_T$

④ $(\frac{\partial P}{\partial v})_T = (\frac{\partial s}{\partial T})_v$

30 실제 가스 터빈 사이클에서 최고 온도가 630℃이고 효율이 80%이다. 손실 없이 단열 팽창 되었을 때의 온도가 290℃라면 실제 터빈 출구에서의 온도는?

① 348℃ ② 358℃
③ 368℃ ④ 378℃

 (터빈효율)

$\eta_T = \frac{실제단열열낙차}{이론단열열낙차}$

$= \frac{C_P \times (T_{입구} - T_{실제출구})}{C_P \times (T_{입구} - T_{이론출구})}$

$= \frac{630 - T_{실제출구}}{630 - 290}$,

(실제터빈출구의 온도) $T_{실제출구} = 358℃$

31 공기표준 브레이턴(Brayton) 사이클에서 최저 압력이 98KPa이고, 최고 압력이 392MPa이며, 최고 온도가 700。C라고 하면 이론 열효율은?(단, k = 1.4라 한다.)

① 32.7% ② 33.5%
③ 35.5% ④ 37.5%

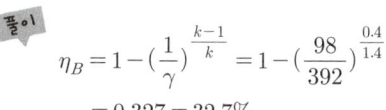

$\eta_B = 1 - (\frac{1}{\gamma})^{\frac{k-1}{k}} = 1 - (\frac{98}{392})^{\frac{0.4}{1.4}}$
$= 0.327 = 32.7\%$

32 처음 압력이 500kPa이고, 체적이 2㎥인 기체가 "PV = 일정"인 과정으로 압력이 100kPa까지 팽창할 때 밀폐계가 하는 일(kJ)을 나타내는 계산식으로 옳은 것은?

① $1000\ln\frac{2}{5}$ ② $1000\ln\frac{5}{2}$
③ $1000\ln 5$ ④ $1000\ln\frac{1}{5}$

33 자동차 엔진을 수리한 후 실린더 블록과 헤드 사이에 수리 전과 비교하여 더 두꺼운 게스킷을 넣었다면 압축비와 열효율은 어떻게 되겠는가?

① 압축비는 감소하고, 열효율도 감소한다.
② 압축비는 감소하고, 열효율도 증가한다.
③ 압축비는 증가하고, 열효율도 감소한다.
④ 압축비는 증가하고, 열효율도 증가한다.

34 냉매로서 갖추어야 될 요구 조건으로 적합하지 않은 것은?

① 불활성이고 안정하며 비가연성 이어야 한다.
② 비체적이 커야 한다.
③ 증발 온도에서 높은 잠열을 가져야 한다.
④ 열전도율이 커야한다.

35 이상적인 가역과정에서 열량 △Q가 전달될 때, 온도 T가 일정하면 엔트로피 변화 △S를 구하는 계산식으로 옳은 것은?

① $\triangle S = 1 - \dfrac{\triangle Q}{T}$
② $\triangle S = 1 - \dfrac{T}{\triangle Q}$
③ $\triangle S = \dfrac{\triangle Q}{T}$
④ $\triangle S = \dfrac{T}{\triangle Q}$

36 황 32kgf가 완전 연소하는 데 필요한 최소 산소량은 몇 kg인가?

① 32   ② 28
③ 24   ④ 64

 $S + O_2 = SO_2$,   32+32=64kg,
∴ 산소량 : 32kg

37 60W의 전등을 매일 7시간 사용하는 집이 있다. 1개월(30일) 동안 몇 MJ를 사용하게 되는가?

① 45.36MJ   ② 15.02MJ
③ 17.42MJ   ④ 19.22MJ

열량 = 동력 × 시간,
$Q_2 = 60 \times (7 \times 30 \times 3600) = 45360000J$
$= 45.36 MJ$

38 비가역 단열변화에 있어서 엔트로피 변화량은 어떻게 되는가?

① 증가한다.
② 감소한다.
③ 변화량은 없다.
④ 증가할 수도 감소할 수도 있다.

39 완전기체의 엔탈피 h와 엔트로피 s 사이에 성립하는 관계식은?(단, T는 절대온도, v는 비체적, P는 압력, A는 일의 열당량이다.)

① $T \cdot ds = dh + A \cdot v \cdot dP$
② $T \cdot ds = dh - A \cdot v \cdot dP$
③ $T \cdot ds = dh + A \cdot P \cdot dv$
④ $T \cdot ds = dh - A \cdot PCODTdv$

$\delta Q = T \cdot ds = dh + APdv$

정답 34 ② 35 ③ 36 ① 37 ① 38 ① 39 ③

40 밀폐계에서 기체의 압력이 100kPa으로 일정하게 유지되면서 체적이 1㎥에서 2㎥으로 증가되었을 때 옳은 설명은?

① 밀폐계의 에너지 변화는 없다.
② 외부로 행한 일은 100kJ이다.
③ 기체가 이상기체라면 온도가 일정하다.
④ 기체가 받은 열은 100kJ이다.

제3과목 자동차 기관

41 디젤 엔진의 고압연료 분사장치에서 노크를 방지하기 위해 초기 분사량을 최소화하고 착화 이후의 분사량을 크게 하도록 설계된 분사노즐은?

① 다공 홀 노즐
② 단공 홀 노즐
③ 스로틀형 노즐
④ 원통형 핀틀 노즐

42 가솔린 엔진의 노크 발생원인과 거리가 먼 것은?

① 혼합비가 농후할 때
② 엔진이 과열되었을 때
③ 제동평균유효압력이 높을 때
④ 저옥탄가의 가솔린을 사용하였을 때

43 자동차 엔진에서 피스톤 링의 기능이 아닌 것은?

① 열전도 작용 ② 연료 공급 작용
③ 오일 제어 작용 ④ 기밀유지 작용

44 디젤 엔진의 회전속도가 1500rpm일 때 분사지연과 착화지연시간을 합쳐 $\frac{1}{600}$초면 상사점 전 몇 도(°)에서 연료가 분사되는가?(단, 최대폭발 압력은 상사점에서 발생한다.)

① 8° ② 10°
③ 12° ④ 15°

$6RT = 6 \times 1500 \times \frac{1}{600} = 15$

45 전자제어 가솔린 엔진의 연료분사장치에서 엔진부하와 엔진회전수에 따라 신호 전압이 급격히 변화하는 센서는?

① 차속 센서
② MAP 센서
③ 캠 포지션 센서
④ 크랭크 포지션 센서

정답 40 ② 41 ③ 42 ① 43 ② 44 ④ 45 ②

46 가솔린 엔진의 인젝터 작동 시 연료 분사량에 가장 큰 영향을 주는 것은?

① 니들 밸브의 지름
② 니들 밸브의 유효 행정
③ 인젝터 솔레노이드 코일의 통전 시간
④ 인젝터 솔레노이드 코일의 통전 전류

47 LPG 엔진에서 기체 및 액체 연료를 차단 또는 공급하는 밸브는?

① 감압 밸브
② 압력 밸브
③ 체크 밸브
④ 솔레노이드 밸브

48 내연기관의 열역학적 정압 사이클에서 이론 열효율 η을 구하는 식으로 옳은 것은? (단, ε : 압축비, k : 비열비, σ : 단절비 이다.)

① $\eta = 1 - \dfrac{1}{\epsilon^{(k-1)}}$

② $\eta = 1 - \dfrac{1}{\epsilon^{(k-1)}} \times \dfrac{\sigma^k - 1}{k\sigma^{(k-1)}}$

③ $\eta = 1 - \dfrac{1}{\epsilon^{(k-1)}} \times \dfrac{\sigma^k - 1}{k(\sigma - 1)}$

④ $\eta = 1 - \dfrac{1}{\epsilon^{(k-1)}} \times \dfrac{\sigma - 1}{k(\sigma - 1)}$

49 베어링 크러시(bearing crush)에 대한 설명으로 틀린 것은?

① 베어링의 안 둘레와 하우징 바깥 둘레와의 차이를 베어링 크러시라 한다.
② 베어링에 공급된 오일을 베어링의 전 둘레에 순환하게 한다.
③ 크러시가 크면 조립할 때 베어링이 안쪽 면으로 변형되어 찌그러진다.
④ 크러시가 작으면 온도 변화에 의하여 헐겁게 되어 베어링이 유동한다.

50 전자제어 가솔린 엔진에서 엔진의 최대토크 구현을 목표로 점화시기를 제어하는 시스템은?

① 노크 제어
② 연료압력 제어
③ 증발가스 제어
④ 가변밸브 타이밍 제어

51 자동차규칙상 승용자동차, 화물자동차, 특수자동차 및 승차정원 10명 이하인 승합자동차의 공차상태에서 좌우로 기울인 상태에서 전복되지 않는 최대안전경사각도 (°)는?(단, 차량총중량이 차량중량의 1.2배 초과인 경우이다.)

① 25   ② 28
③ 33   ④ 35

정답 46 ③ 47 ④ 48 ③ 49 ② 50 ① 51 ④

52 엔진의 윤활장치 중 유압조절밸브의 기능에 대한 설명으로 옳은 것은?

① 윤활계통 내 유압이 높아지는 것을 방지한다.
② 엔진의 오일량이 부족할 때 윤활장치 내 유압을 상승시킨다.
③ 엔진의 오일량이 규정보다 많을 때 실린더 헤드부로 순환시킨다.
④ 엔진 시동 후 엔진온도가 정상온도가 될 수 있도록 엔진오일을 가압시킨다.

53 엔진의 열효율에 대한 설명으로 틀린 것은?

① 복합사이클의 이론 열효율에서 차단비가 1이면 정적사이클의 이론 열효율과 같다.
② 복합사이클의 이론 열효율에서 폭발도가 1이면 정압사이클의 이론 열효율과 같다.
③ 최대압력 또는 최고온도가 동일한 경우 열효율의 크기는 디젤사이클＞복합사이클＞오토사이클의 순이다.
④ 오토사이클에서 간극체적이 크면 연소가스가 잘 방출되므로 열효율이 증가한다.

54 전자제어 가솔린 엔진에서 시동 초기 공회전 속도를 결정하고 기본 분사량과 점화시기등을 결정하기 위한 보정 신호로 사용되는 센서는?

① 노크 센서
② 차압 센서
③ 냉각수 온도센서
④ 스로틀 위치센서

55 어떤 4행정 엔진의 밸브 개폐시기가 다음과 같을 때 흡기밸브의 열림 각(°)은?

- 흡기밸브 열림 : 상사점 전 15°
- 흡기밸브 닫힘 : 하사점 후 50°
- 배기밸브 열림 : 하사점 전 45°
- 배기밸브 닫힘 : 상사점 후 10°

① 180° ② 230°
③ 235° ④ 245°

 15+180+50 = 245

56 디젤 엔진에서 과급기 설치 시의 장점으로 틀린 것은?

① 출력이 증가한다.
② 연료소비율이 감소된다.
③ 착화지연 기간이 단축된다.
④ 고지대에서 출력의 감소가 적다.

정답 52 ① 53 ④ 54 ③ 55 ④ 56 ②

57 디젤 엔진의 배출가스 후처리장치(DPF 또는 CPF)에서 필터에 포집된 PM의 재생시기를 판단하는 방법으로 틀린 것은?

① 주행거리에 의한 재생시기 판단
② 필터 전·후방 산소센서에 의한 재생시기 판단
③ 필터 전·후방 압력차에 의한 포집량 예측 및 재생시기 판단
④ 엔진조건 시뮬레이션에 의한 포집량 예측 및 재생시기 판단

58 디젤 엔진의 연소과정 순서로 옳은 것은?

① 착화지연기간 → 폭발연소기간 → 직접연소기간 → 후연소기간
② 착화지연기간 → 직접연소기간 → 폭발연소기간 → 후연소기간
③ 착화지연기간 → 폭발연소기간 → 후연소기간 → 직접연소기간
④ 착화지연기간 → 직접연소기간 → 후연소기간 → 폭발연소기간

59 전자제어 연료분사장치에서 수온센서에 대한 설명으로 옳은 것은?

① 엔진의 온도를 높이고 낮추는 일을 한다.
② 냉각수 양을 조정하여 온도를 일정하게 한다.
③ 냉각수 온도를 검출하는 일종의 저항기이다.
④ 흡입 다기관의 통로에 설치되어 냉각수 양을 적절히 제어한다.

60 가솔린 엔진과 비교한 LPG엔진에 대한 설명으로 틀린 것은?

① 대기오염이 적고 위생적이다.
② 동절기에는 시동성이 떨어진다.
③ 혹한기에는 부탄의 비율을 높인다.
④ 퍼컬레이션(percolation) 현상이 없다.

제4과목 자동차 섀시

61 하이브리드 자동차 용어(KS R 0121)에 의한 하이브리드 정도에 따른 분류가 아닌 것은?

① 마일드 HV   ② 스트롱 HV
③ 풀 HV   ④ 복합형 HV

62 다음 중 ABS 시스템의 고장진단에서 점검 사항으로 거리가 먼 것은?

① 톤 휠 간극
② 휠 스피드 센서
③ ABS 컨트롤 모듈
④ 제동력 감지 센서

63 종감속 기어 중 하이포이드 기어의 장점이 아닌 것은?

① 기어의 물림률이 커 회전이 정숙하다.
② 추진축의 높이를 낮출 수 있어 자동차의 중심을 낮게 할 수 있다.
③ 스파이럴 베벨기어에 비해 구동 피니언을 크게 할 수 있어 강도가 증대된다.
④ 기어 이의 폭 방향으로 미끄럼 접촉을 하므로 저압윤활유 사용이 가능하다.

 57 ② 58 ① 59 ③ 60 ③ 61 ④ 62 ④ 63 ④

64 다음 중 4륜 조향장치(4WS)의 적용 효과로 틀린 것은?

① 저속에서 동위상으로 하여 최소 회전 반지름을 감소
② 고속 선회에서 동위상으로 하여 차량의 안전성을 향상
③ 경쾌한 고속 선회 가능
④ 차로 변경이 용이

65 하이브리드 자동차의 회생제동에 의한 에너지 변환 모드의 설명으로 옳은 것은?

① 운동에너지의 일부를 열에너지로 회수
② 운동에너지의 일부를 화학에너지로 회수
③ 운동에너지의 일부를 전기에너지로 회수
④ 전기에너지의 일부를 운동에너지로 회수

66 자재 이음 및 슬립 이음 등의 자동차 추진축 주요 기능으로 틀린 것은?

① 구동 토크의 전달
② 각도 변화를 방지
③ 비틀림 진동을 감쇠
④ 축의 거리방향 변화를 보상

67 다음 중 급제동 시 뒷바퀴가 먼저 고착되는 주요 원인으로 옳은 것은?

① 프로포셔닝 밸브 고착
② 앞 우측 캘리퍼 고착
③ 앞 좌측 캘리퍼 고착
④ 뒤 휠 실린더 누유

68 자동차 및 자동차부품의 성능과 기준에 관한 규칙에서 연결자동차의 제동장치 기준으로 틀린 것은?

① 견인자동차의 공기식(공기배력유압식을 포함한다.) 제동장치를 갖춘 피견인 자동차가 연결된 상태에서의 주차제동 능력은 피견인자동차의 공기식 제동장치와 연동되지 아니한 상태에서 견인자동차의 주차제동장치의 전기적인 작동만으로 주차제동이 가능할 것
② 공기식(공기배력유합식을 포함한다.) 주제동장치가 설치된 견인자동차는 견인자동차와 피견인자동차 사이의 공기라인에 고장이 발생한 경우 자동적으로 공기가 차단되는 구조일 것
③ 견인자동차의 주제동장치는 견인자동차와 피견인자동차 사이의 공기라인이 차단되는 경우 견인자동차를 정지시킬 수 있는 구조일 것
④ 견인자동차의 주제동장치는 피견인자동차의 제동장치에 고장이 발생하는 경우에는 견인자동차를 정지시킬 수 있는 구조일 것

69 코너링 포스(cornering force)와 코너링 파워(comering power)에 영향을 주는 요소가 아닌 것은?

① 림의 폭
② 타이어 크기
③ 타이어 회전속도
④ 타이어 수직 하중

64 ① 65 ③ 66 ② 67 ① 68 ① 69 ③

70 자동변속기의 댐퍼 클러치에 대한 설명으로 틀린 것은?

① 자동차 정지 시 사용한다.
② 터빈과 토크 컨버터 사이에 설치한다.
③ 펌프와 터빈을 기계적으로 직결시켜 슬립에 의한 손실을 최소화시킨다.
④ 동력전달 순서는 엔진-프런트 커버-댐퍼 클러치-변속기 입력축이다.

71 브레이크 패드의 요구특성으로 틀린 것은?

① 내구성이 높을 것
② 환경 친화적일 것
③ 열부하가 많이 걸려도 방열성이 좋고 경화되지 않을 것
④ 고온과 고속 슬립 상태에서 마찰계수가 변화할 것

72 타이어의 구조에서 직접 노면과 접촉되어 마모에 견디고 견인력을 좋게 하는 것은?

① 비드
② 카커스
③ 트레드
④ 브레이커

73 전자제어 현가장치의 작동에 대한 설명으로 틀린 것은?

① 주행 조건에 따라 감쇠력이 변화한다.
② 노면의 상태에 따라 감쇠력이 변화한다.
③ 항상 부드러운 상태로 감쇠력이 조정된다.
④ 댐퍼의 감쇠력을 여러 단계로 설정하여 조정된다.

74 수동변속기의 고장진단에서 기어가 빠지는 원인으로 옳은 것은?

① 엔진 공회전 속도가 규정과 불일치
② 기어 변속포크가 마모되었거나 포핏 스프링이 부러짐
③ 샤프트 엔드 플레이가 부적당
④ 변속기와 엔진 장착이 풀리거나 손상

75 전자제어 자동변속기의 오일펌프에서 발생한 유압을 라인 압력으로 조정하는 밸브는?

① 댐퍼클러치 제어밸브
② 레귤레이터 밸브
③ 변속조절 밸브
④ 매뉴얼 밸브

76 전자제어 동력 조향장치에서 저속으로 주행할 때 운전자의 조향 휠 조작력은?

① 무거워진다.
② 가벼워진다.
③ 조작력과는 상관없다.
④ 항상 일정한 조작력을 얻는다.

70 ① 71 ④ 72 ③ 73 ③ 74 ② 75 ② 76 ②

77 브레이크 마스터 실린더에 대한 설명으로 틀린 것은?

① 앞 뒤 디스크 브레이크를 사용하는 형식은 체크밸가 없다.
② 텐덤 마스터 실린더는 앞, 뒤 제동력의 독립성을 위함이다.
③ 체크밸브는 브레이크 라인 내에 잔압을 유지시켜 준다.
④ 마스터 실린더의 보상구멍이 막히면 브레이크가 정상적으로 작동하지 않는다.

78 93.6km/h로 직진 주행하는 자동차의 양쪽 구동륜은 지금 825min^{-1}으로 회전하고 있다. 구동륜의 동하중 반경은?(단, 구동륜의 슬립은 무시한다)

① 약 56.7mm
② 약 157.5mm
③ 약 301mm
④ 약 317mm

$$V = \frac{\pi D \times E_N}{Rt \times Rf} \times \frac{60}{1000},$$
$$D = \frac{V}{\pi \times T_N} \times \frac{1,000}{60}$$
$$= \frac{93.6}{3.14 \times 2 \times 825} \times \frac{1,000}{60}$$
$$= 0.301m = 301mm$$

V : 자동차의 주행속도(km/h)
D : 타이어의 지름(m)
E_N : 엔진 회전수(rpm)
Rt : 변속비
Rf : 종감속비

79 차량중량 1000kgf, 최고속도 140km/h의 자동차를 브레이크 시험한 결과 주제동력이 총 720kgf이었다. 이 자동차가 50km/h에서 급제동하였을 때, 정지거리는 몇 m인가?(단, 공주시간은 0.1초, 회전부분 상당중량은 차량중량의 5%이다)

① 1.574
② 15.74
③ 7.87
④ 78.7

$$S_2 = \frac{V^2}{254} \times \frac{W+W'}{F} + \frac{Vt}{3.6}$$
$$= \frac{50^2}{254} \times \frac{1000+(1000 \times 0.05)}{720} + \frac{50 \times 0.1}{3.6}$$
$$= 15.74m$$

S_2 : 정지거리(m)
V : 제동초속도(km/h)
W : 차량중량(kgf)
W' : 회전부분상당중량(kgf)
F : 제동력(kgf)
t : 공주시간(sec)

80 다음 중 제동을 할 때 바퀴와 노면의 마찰력이 가장 클 때는?

① 브레이크 페달을 밟기 시작할 때
② 브레이크 페달을 밟는 힘이 가장 클 때
③ 타이어가 노면에서 슬립을 일으키며 끌릴 때
④ 타이어가 노면에서 슬립을 일으키기 직전일 때

정답 77 ① 78 ③ 79 ② 80 ④

제5과목 자동차 전기

81 자동차 CAN 통신 시스템의 종류로 125kbps 이하에 적용되며 바디전장 계통의 데이터 통신에 응용하는 것은?

① Low Speed CAN
② High Speed CAN
③ Ultra Sonic CAN
④ Super Speed CAN

82 점화 플러그의 구비조건으로 틀린 것은?

① 기계적 강도가 클 것
② 열전도 성능이 작을 것
③ 강력한 불꽃을 발생할 것
④ 기밀 유지 성능이 양호할 것

83 자동차 냉방장치에서 고온·고압의 기체 냉매를 냉각시켜서 액화 상태로 변화시키는 것은?

① 건조기   ② 증발기
③ 응축기   ④ 팽창 밸브

84 자동차규칙 중 후미등의 설치 및 광도기준에서 ( )안에 알맞은 것은?

> 후미 등의 발광면은 공차상태에서 지상 350mm이상 (　)mm이내일 것, 다만, 자체 구조상 불가능한 경우에는 2100mm 이내에 설치할 수 있다.

① 1200   ② 1500
③ 1700   ④ 2000

85 오실로스코프를 사용한 교류 발전기 출력 파형이 [보기]와 같이 나타났을 때, 다이오드와 스테이터 코일의 이상 유무를 판정한 것으로 틀린 것은?

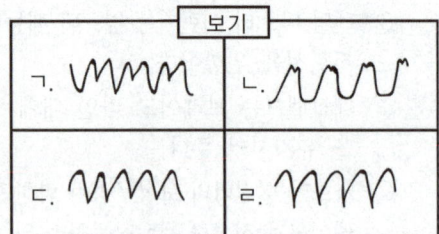

① ㄱ : 다이오드 1개 단락
② ㄴ : 다이오드 1개 단선
③ ㄷ : 스테이터 코일 1상 단선
④ ㄹ : 스테이터 코일 1상 단락

86 자동차용 3상 교류 발전기에 대한 설명으로 옳은 것은?

① 로터는 3상 전압을 유도시켜 교류를 발생한다.
② B단자를 통해 로터부에 여자전류가 공급된다.
③ 스테이터는 자화가 되어 발전될 수 있는 자계 형성부이다.
④ 다이오드는 PN접합 반도체로 교류를 직류로 정류한다.

81 ①　82 ②　83 ③　84 ②　85 ②　86 ④

87 다음 중 에어컨 작동 시 압력을 측정한 결과 고압은 정상보다 낮고 저압은 높게 측정되었다면 결함사항으로 옳은 것은?

① 압축기의 압축 불량이다.
② 냉매 충전량이 너무 많다.
③ 에어컨 시스템에 공기가 혼입되었다.
④ 에어컨 시스템에 수분이 혼입되었다.

88 전기장치 작동에 대한 설명으로 틀린 것은?

① RPM이 증가함에 따라 타코미터는 흐르는 전류에 비례하여 감소한다.
② 바이메탈식 연료 게이지는 큰 전류가 흐르게 되면 계기의 지침은 F를 가리킨다.
③ 송풍기 모터의 속도조절은 저항 또는 파워TR을 이용하여 저속, 중속으로 속도조절을 한다.
④ 코일식 수온계는 서미스터(thermistor)를 사용하여 저항값이 변화하는 성질을 이용한 것이다.

89 에어백 PPD(Passenger Presence Detect)센서가 감지하지 않는 것은?

① 승객 있음
② 승객 없음
③ PPD 센서 고장
④ 벨트 프리텐셔너 고장

90 점화플러그의 불꽃전압에 대한 설명으로 틀린 것은?

① 혼합기의 압력이 클수록 불꽃전압이 크다.
② 전극의 온도가 높을수록 불꽃전압이 작다.
③ 전극의 형상이 뽀족할수록 불꽃전압이 작다.
④ 중심 전극을 (+)로 하는 것이 불꽃전압이 작다.

91 하이브리드 자동차에 사용되는 모터의 작동원리는?

① 렌츠의 법칙
② 플레밍의 왼손 법칙
③ 플레밍의 오른손 법칙
④ 앙페르의 오른나사 법칙

92 사용 중인 축전지 전해액을 비중계로 측정하니 1.280이고, 이때 전해액의 온도가 40℃라면 표준상태(20℃)에서의 비중은 얼마인가?

① 1.234 ② 1.254
③ 1.274 ④ 1.294

$S_{20} = St + 0.0007 \times (t-20)$
$= 1.280 + 0.0007 \times (40-20)$
$= 1.294$

S_{20} : 20℃에서의 전해액 비중
St : 실제 측정한 전해액 비중
t : 측정할 때의 전해액 온도

87 ① 88 ① 89 ④ 90 ④ 91 ② 92 ④

93 자동차관리법령상 전조등 시험기의 검사 기준에서 광축편차 판정정밀도 허용오차 기준은?

① ±5% 이내
② ±15% 이내
③ ±$\frac{1}{4}$° 이내
④ ±$\frac{1}{6}$° 이내

94 1사이클(cycle) 중 'ON' 되는 시간을 백분율로 나타낸 것은?

① 듀티율
② 피드백
③ 주파수
④ 페일 세이프

95 광도 20000cd의 광원에서 20m 떨어진 위치에 있어서의 조도(lx)는?

① 40
② 50
③ 80
④ 100

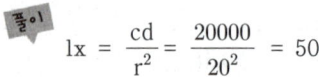
$lx = \frac{cd}{r^2} = \frac{20000}{20^2} = 50$

96 자동차 전장회로도에서 확인할 수 없는 것은?

① 배선의 색상
② 부품의 품번
③ 퓨즈의 용량
④ 커넥터의 핀 번호

97 디젤엔진에서 예열플러그가 단선되는 주요원인으로 틀린 것은?

① 엔진 출력이 감소될 때
② 예열시간이 너무 길 때
③ 규정값 이상의 과대전류가 흐를 때
④ 예열플러그 릴레이 접점이 고착되었을 때

98 산배터리의 방전 시 화학 반응으로 옳은 것은?

① $PbSO_4 + 2H_2O + Pb$
② $PbSO_4 + 2H_2SO_4 + Pb$
③ $PbSO_4 + 2H_2O + PbSO_4$
④ $PbO_2 + 2H_2SO_4 + PbSO_4$

99 병렬(하드방식)하이브리드 자동차에서 엔진의 스타트&스톱 모드에 대한 설명으로 옳은 것은?

① 주행하던 자동차가 정차 시 항상 스톱모드로 진입한다.
② 스톱모드 중에 브레이크에서 발을 떼면 항상 시동이 걸린다.
③ 배터리 충전상태가 낮으면 스톱기능이 작동하지 않을 수 있다.
④ 스타트 기능은 브레이크 배력장치의 입력과는 무관하다.

100 후진 경고 장치의 주요 구성부품은?

① 레인 센서
② 조도 센서
③ 블루투스
④ 초음파 센서

 93 ④ 94 ① 95 ② 96 ② 97 ① 98 ③ 99 ③ 100 ④

7차 실전 테스트 문제

제1과목 일반기계 공학

01 크랭크축의 회전수가 200rpm, 축지름 40mm, 저널길이 80mm, 수직하중이 800N일 때 발생하는 베어링 압력은 몇 N/mm^2인가?

① 0.10
② 0.15
③ 0.20
④ 0.25

$$P_b = \frac{W}{d \times l} = \frac{800}{40 \times 80} = 0.25$$
P_b : 베어링 압력
W : 하중
l : 저널길이
d : 축지름

02 단조가공에 대한 설명으로 틀린 것은?

① 재료의 조직을 미세화한다.
② 복잡한 구조의 소재가공에 적합하다.
③ 가열한 상태에서 해머로 타격한다.
④ 산화에 의한 스케일이 발생한다.

03 바이스, 잭, 프레스 등과 같이 힘을 전달하거나 부품을 이동하는 기구용에 적절하지 않은 나사는?

① 사각 나사
② 사다리꼴 나사
③ 톱니 나사
④ 관용 나사

04 다음 중 피복아크 용접에서 언더 컷(Under cut)이 가장 많이 나타나는 용접 조건은?

① 저전압, 용접속도가 느릴 때
② 전류 부족, 용접속도가 느릴 때
③ 용접속도가 빠를 때, 전류 과대
④ 용접속도가 느릴 때, 전류 과대

05 유압 작동유의 구비조건으로 옳은 것은?

① 압축성이어야 한다.
② 열을 방출하지 아니하여야 한다.
③ 장시간 사용하여도 화학적으로 안정하여야 한다.
④ 외부로부터 침입한 불순물을 침전 분리시키지 않아야 한다.

 1 ④ 2 ② 3 ④ 4 ③ 5 ③

06 마이크로미터로 측정할 수 없는 것은?
① 실린더 내경
② 축의 편심량
③ 피스톤의 외경
④ 디스크 브레이크의 디스크 두께

07 금속을 가열하여 용해시킨 후 주형에 주입해 냉각 응고시켜 목적하는 제품을 만드는 것은?
① 주조　② 압연
③ 제관　④ 단조

08 다음 그림과 같은 타원형 단면을 갖는 봉이 인장하중(P)을 받을 때, 작용하는 인장응력은?

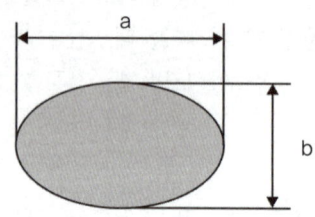

① $\dfrac{\pi ab^2}{4P}$　② $\dfrac{4P}{\pi ab^2}$
③ $\dfrac{\pi ab}{4P}$　④ $\dfrac{4P}{\pi ab}$

09 표준 평기어의 잇수가 100개이고 피치원의 지름이 400㎜인 경우 이 기어의 모듈은?
① 2　② 3
③ 4　④ 5

 $M = \dfrac{D}{Z} = \dfrac{400}{100} = 4$

M : 기어의 모듈
D : 피치원의 지름
Z : 기어의 잇수

10 두 기어가 맞물려 돌 때 잇수가 너무 적거나 잇수차가 현저히 클 때, 한쪽 기어의 이뿌리를 간섭하여 회전을 방해하는 현상을 방지하기 위한 방법으로 틀린 것은?
① 압력각을 작게 한다.
② 전위기어를 사용한다.
③ 이끝을 둥글게 가공한다.
④ 이의 높이를 줄인다.

11 유압제어 밸브의 종류에서 압력 제어 밸브가 아닌 것은?
① 릴리프 밸브
② 리듀싱 밸브
③ 디셀러레이션 밸브
④ 카운터 밸런스 밸브

정답　6 ②　7 ①　8 ④　9 ③　10 ①　11 ③

12. 450℃까지의 온도에서 비강도가 높고 내식성이 우수하여 항공기 엔진 주위의 부품 재료로 사용되며 비중은 약 4.51인 것은?
   ① Al   ② Ni
   ③ Zn   ④ Ti

13. 마찰부분이 많은 부품에 내마모성과 인성이 풍부한 강을 만들기 위한 열처리 방법에 속하지 않는 것은?
   ① 침탄법   ② 화염 경화법
   ③ 질화법   ④ 저주파 경화법

14. 코일 스프링에서 스프링 상수에 대한 설명으로 틀린 것은?
   ① 스프링 소재 지름의 4승에 비례한다.
   ② 스프링의 변형량에 비례한다.
   ③ 코일 평균 지름의 3승에 반비례한다.
   ④ 스프링 소재의 전단탄성계수에 비례한다.

15. 기계재료에서 중금속을 구분하는 기준은?
   ① 비중이 0.5이상인 금속
   ② 비중이 1이상인 금속
   ③ 비중이 5이상인 금속
   ④ 비중이 10이상인 금속

16. 구성인선(built-up edge)의 방지책으로 적절한 것은?
   ① 절삭 속도를 느리게 하고 이송 속도를 빠르게 한다.
   ② 절삭 속도를 빠르게 하고 윤활성이 좋은 절삭유를 사용한다.
   ③ 바이트의 윗면 경사각을 작게 하고 이송 속도를 느리게 한다.
   ④ 절삭 깊이를 깊게 하고 이송 속도를 빠르게 한다.

17. 그림과 같은 스프링장치에서 스프링 상수가 k_1=10N/cm, k_2=20N/cm일 때, 무게 W에 의하여 스프링이 길이가 위쪽 스프링은 2cm 늘어나고, 아래쪽의 스프링은 2cm 압축되었다면 추의 무게 W는 몇 N인가?

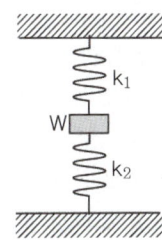

   ① 13.3   ② 33.3
   ③ 40   ④ 60

 ① 병렬연결이므로 합성 스프링상수
   $k = k_1 + k_2$ =10N/cm+20N/cm
   =30N/cm
   ② 위쪽 스프링은 2cm늘어났으므로 추의 무게는 30N/cm×2cm=60N

정답 12 ④ 13 ④ 14 ② 15 ③ 16 ② 17 ④

18 큰 회전력을 얻을 수 있고 양 방향 회전축에 120 각도로 두 쌍을 설치하는 키는?
① 원뿔 키 ② 새들 키
③ 접선 키 ④ 드라이빙 키

19 디퓨저(diffuser)펌프, 벌류트(volute) 펌프가 포함되는 펌프 종류는?
① 원심 펌프 ② 왕복식 펌프
③ 축류 펌프 ④ 회전 펌프

20 비틀림 모멘트를 받는 원형 단면축에 발생되는 최대 전단응력에 관한 설명으로 옳은 것은?
① 축 지름이 증가하면 최대전단응력은 감소한다.
② 극단면계수가 감소하면 최대전단응력은 감소한다.
③ 가해지는 토크가 증가하면 최대전단응력은 감소한다.
④ 단면의 극관성 모멘트가 증가하면 최대 전단응력은 증가한다.

제2과목 기계 열역학

21 다음은 오토(Otto) 사이클의 온도-엔트로피(T-S) 선도이다. 이 사이클의 열효율을 온도를 이용하여 나타낼 때 옳은 것은? (단, 공기의 비열은 일정한 것으로 본다.)

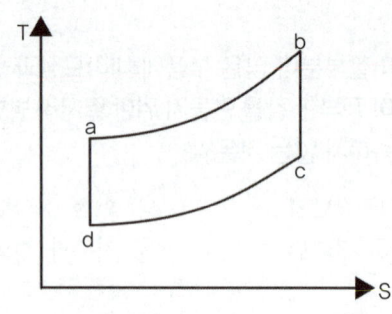

① $1 - \dfrac{T_c - T_d}{T_b - T_a}$ ② $1 - \dfrac{T_b - T_a}{T_c - T_d}$

③ $1 - \dfrac{T_a - T_d}{T_b - T_c}$ ④ $1 - \dfrac{T_b - T_c}{T_a - T_d}$

22 고온열원(T_1)과 저온열원(T_2) 사이에서 작동하는 역카르노 사이클에 의한 열펌프(heat pump)의 성능계수는?

① $\dfrac{T_1 - T_2}{T_1}$ ② $\dfrac{T_2}{T_1 - T_2}$

③ $\dfrac{T_1}{T_1 - T_2}$ ④ $\dfrac{T_1 - T_2}{T_2}$

정답 18 ③ 19 ① 20 ① 21 ① 22 ③

23 압력 80KPa, 체적 0.37㎥를 차지하고 있는 완전가스를 등온 팽창시켰더니 체적이 2.5배로 팽창하였다. 외부에 대해서 한 일은 얼마인가?

① $2.71 \times 10^3 N \cdot m$
② $2.71 N \cdot m$
③ $2.71 \times 10^4 N \cdot m$
④ $2.71 \times 10^2 N \cdot m$

풀이
$$_1W_2 = \int_1^2 PdV = \int_1^2 C \frac{dV}{V} = P_1 V_1 \ln \frac{V_2}{V_1}$$
$$= 80 \times 10^3 \times 0.37 \times \ln 2.5$$
$$= 2.71 \times 10^4 N \cdot m$$

24 냉매가 갖추어야 할 요건으로 틀린 것은?

① 증발온도에서 높은 잠열을 가져야 한다.
② 열전도율이 커야 한다.
③ 표면장력이 커야 한다.
④ 불활성이고 안전하며 비가연성이어야 한다.

25 비열비 1.4인 공기를 등압하에서 공급한 열을 50%일로 전환하였다면 이론열효율은 얼마인가?

① 100%   ② 50%
③ 28%   ④ 14.28%

풀이
$P = C$], $_1Q_2 = \Delta H$,
$_1W_2 = P(V_2 - V_1) = R(T_2 - T_1)$
$$\therefore \eta = \frac{0.5 \times {_1W_2}}{{_1Q_2}}$$
$$= \frac{0.5 R \Delta t}{C_p \Delta t} = \frac{(k-1) \times 0.5}{k}$$
$$= \frac{0.2}{1.4} = 0.1428 = 14.28\%$$

26 일정 압력하에서 0℃의 물에 540KJ/kg의 열을 가하여 압력이 8KPa인 증기의 건조도는?(단, 8KPa의 $h' = 171.35KJ/kg$, $h'' = 660.8KJ/kg$이다.)

① 약 0.753   ② 약 0.558
③ 약 0.952   ④ 약 0.884

풀이
$h_x = 540 = 171.35 \times x(660.8 - 171.35)$,
$x = 0.753$

27 공기 1kg이 카르노 기관의 실린더 내에서 온도 100℃하에서 열량 25KJ를 받고 등온 팽창하였다고 하면, 공기에 가해진 열량 중의 무효 에너지의 변화량은 몇 KJ인가?(단, 저열원 온도는 0℃이다.)

① 0.067   ② 12.0
③ 16.9   ④ 18.3

풀이
$$\frac{Q_1}{T_1} = \frac{Q_2}{T_2},$$
$$Q_2 = \frac{T_2}{T_1} \cdot Q_1 = 25 \times \frac{273}{373} = 18.3 KJ$$

정답: 23 ③ 24 ③ 25 ④ 26 ① 27 ④

28. 다음 중 스테판-볼츠만의 법칙과 관련이 있는 열전달은?
① 대류   ② 복사
③ 전도   ④ 응축

29. 클라우지우스(Clausius)의 부등식을 옳게 나타낸 것은?(단, T는 절대온도, Q는 시스템으로 공급된 전체 열량을 나타낸다.)
① $\oint T\delta Q \leq 0$ ② $\oint T\delta Q \geq 0$
③ $\oint \dfrac{\delta Q}{T} \leq 0$ ④ $\oint \dfrac{\delta Q}{T} \geq 0$

30. 디젤 기관의 압축비가 16일 때 압축전의 공기 온도가 90℃라면, 압축 후의 공기의 온도는 얼마인가?(단, 공기의 비열비 $k=1.4$이다.)
① 1101 °K   ② 798 °K
③ 808 °K   ④ 828 °K

 $\dfrac{T_2}{T_1} = (\dfrac{v_1}{v_2})^{k-1}$,
$T_2 = T_1 \epsilon^{k-1} = (273+90) \times 16^{0.4}$
$= 1100.5° K$

31. 20kW 디젤 기관에서 마찰 손실이 그 출력의 15%일 때 손실에 의해서 발생되는 열량은?
① 6.4KJ/s   ② 4KJ/s
③ 6KJ/s   ④ 3KJ/s

손실동력 $H = 20 \times 0.15 = 3KW$,
∴ $Q = 3KJ/s$

32. 축소 확대 노즐 내를 포화 증기가 가역 단열 과정으로 흐른다. 유동중의 엔탈피 감소가 544KJ/kg이고, 입구에서의 속도는 무시할 정도로 적다면 출구에서의 분출 속도는 얼마인가?
① 약 1025m/s   ② 약 1043m/s
③ 약 1063m/s   ④ 약 1082m/s

 $V_2 = \sqrt{2\Delta h \times 1000}$
$= \sqrt{2 \times 544 \times 1000} = 1043.07 m/s$

33. 압력(P)-부피(V) 선도에서 이상기체가 그림과 같은 사이클로 작동한다고 할 때 한 사이클 동안 행한 일은 어떻게 나타내는가?

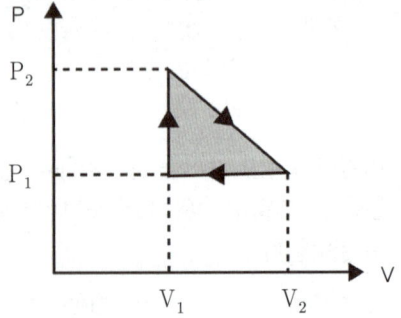

① $\dfrac{(P_1+P_2)(V_2+V_1)}{2}$
② $\dfrac{(P_2-P_1)(V_2+V_1)}{2}$
③ $\dfrac{(P_2+P_1)(V_2-V_1)}{2}$

28 ② 29 ③ 30 ① 31 ④ 32 ② 33 ④

④ $\dfrac{(P_2-P_1)(V_2-V_1)}{2}$

34 체적 0.1㎥, 압력 196KPa의 이상기체인 공기가 체적 0.25㎥까지 등온 팽창할 때 수행한 일은 약 몇 KJ인가?

① $8KJ$ ② $14KJ$
③ $15KJ$ ④ $18KJ$

풀이
$_1W_2 = P_1V_1 \ln\dfrac{V_2}{V_1}$
$= 0.1 \times 196 \times 10^3 \times \ln 2.5$
$= 17959.3N$ $m = 18KJ$

35 1MPa 300℃에서 50m/sec의 속도로 엔트로피가(Sc) 7.1229KJ/kg℃인 습포화 수증기가 터빈에 공급된다. 150KPa에서 200m/sec의 속도로 배출된다. 과정은 가역단열 과정으로 가정할 때 배출되는 수증기에는 몇 %의 포화물이 포함되어 있는가?(단, 유속변화에 의한 에너지 손실은 무시한다. Sg(포화수증기의 엔트로피) = 7.2233KJ/kg℃ Sf(포화액의 엔트로피) =5.7897KJ/kg℃)

① 201% ② 7%
③ 1.2% ④ 18.5%

풀이
$S_c = S_f + x(S_g - S_f)$,
$x = \dfrac{S_c - S_f}{S_g - S_f} = \dfrac{7.1229 - 5.7897}{7.2233 - 5.7897} = 0.93$,
(습도) $y = 1 - 0.93 = 7\%$

36 어느 완전가스 1kg을 체적 일정하에 20℃로부터 100℃로 가열하는데 200KJ의 열량이 소요되었다. 이 가스의 분자량이 2라고 한다면 정적비열은 얼마인가?

① 약 $0.5KJ/kg℃$
② 약 $1.5KJ/kg℃$
③ 약 $2.5KJ/kg℃$
④ 약 $3.5KJ/kg℃$

풀이
$_1Q_2 = \Delta u = m\ Cv\ \Delta T$,
$Cv = \dfrac{200}{80 \times 1} = 2.5 KJ/kg \cdot ℃$

37 카르노 사이클 기관에서 사이클당 250KJ의 일을 얻기 위해서 필요로 하는 열량이 427KJ, 저열원의 온도가 15℃라면 고열원의 온도는 몇 ℃가 되는가?

① 420.9℃ ② 594.8℃
③ 694.8℃ ④ 721.8℃

풀이
$\eta = \dfrac{w}{Q_H} = 1 - \dfrac{T_L}{T_H}$, $\eta = \dfrac{250}{427} = 0.585$,
$0.585 = 1 - \dfrac{288}{T_H}$,
∴ (고열원의온도) $T_H = 420.9℃$

38 다음 중 강도성 상태량(intensive property)이 아닌 것은?

① 온도 ② 내부에너지
③ 밀도 ④ 압력

정답
34 ④ 35 ② 36 ③ 37 ① 38 ②

39 이상적인 교축과정(throttling process)을 해석하는데 있어서 다음 설명 중 옳지 않은 것은?

① 엔트로피는 증가한다.
② 엔탈피의 변화가 없다고 본다.
③ 정압과정으로 간주한다.
④ 냉동기의 팽창밸브의 이론적인 해석에 적용될 수 있다.

40 0℃의 물 50g과 100℃의 물 20g이 대기압 하에서 혼합될 때 엔트로피의 변화량은?(단, 물의 비열은 40.2 J/kg℃이다.)

① 0.00498KJ/k 증가
② 0.00425KJ/k 증가
③ 0.003KJ/k 증가
④ 0.00923KJ/k 증가

 풀이

$50 \times 4.2 \times (T_m - 0) = 20 \times 4.2 \times (100 - T_m)$,
∴ (혼합후의평균온도) $T_m = 28.57℃$
(물체의 혼합에 의한 엔트로픽의 변화량)
$\Delta S = m_1 C_1 \ln \dfrac{T_{나중}}{T_{처음1}} + m_2 C_2 \ln \dfrac{T_{나중}}{T_{처음2}}$,
$\Delta S = m_1 C \ln \dfrac{T_m}{T_1} + m_2 C \ln \dfrac{T_m}{T_2}$
$= (0.05 \times 4.2 \times \ln \dfrac{301.57}{273})$
$+ (0.02 \times 4.2 \times \ln \dfrac{301.57}{373})$
$= 0.003 KJ/°K$ 증가

제3과목 자동차 기관

41 기관의 회전수가 5000rpm이고, 회전 토크가 6kg·m일 때 축 동력(kW)은 약 얼마인가?

① 84.7   ② 30.8
③ 25.1   ④ 20.9

42 엔진의 분류에서 내연기관이 아닌 것은?

① 스털링 엔진   ② 디젤 엔진
③ 가솔린 엔진   ④ 가스터빈

43 와류실식 디젤엔진 연소실의 장점으로 틀린 것은?

① 엔진의 사용 회전속도 범위가 넓다.
② 분사압력이 낮아도 된다.
③ 평균유효압력이 낮다.
④ 고속운전이 원활하다.

44 대기환경보전법령상 휘발유 사용 자동차의 배출가스를 검사하는 부하검사방법은?(단, 운행차 정밀검사 방법·기준 및 검사대상 항목을 적용한다.)

① Lug-Down 3 모드
② Lug-Down 2 모드
③ ASM2525 모드
④ KD147 모드

정답 39 ③ 40 ③ 41 ② 42 ① 43 ③ 44 ③

45 소음기(muffler)의 소음저감 방법으로 틀린 것은?

① 단열재를 사용하는 방법
② 음파를 간섭시키는 방법
③ 공명에 의한 방법
④ 배기가스를 냉각시키는 방법

46 가솔린 엔진의 혼합비와 배기가스 배출 특성의 관계 그래프에서 (가), (나), (다)에 알맞은 유해가스를 순서대로 나타낸 것은?

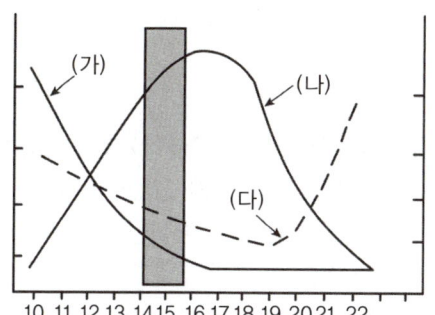

① HC, CO, NOx
② CO, NOx, HC
③ HC, NOx, CO
④ CO, HC, NOx

47 실린더의 압축 상사점을 판별하는 역할을 하며 주로 홀 센서 방식을 이용하여 실린더의 연료 분사 순서를 결정하는 것은?

① 노크 센서
② 스로틀 포지션 센서
③ 크랭크 축 위치 센서
④ 캠축 위치 센서

48 전자제어 가솔린엔진에서 운전 중 연료 분사를 중단하는 경우로 가장 적합한 것은?

① 타행 상태일 때
② 변속 충격 발생 시
③ 산소센서가 고장일 때
④ 퍼지 컨트롤 밸브가 누설될 때

49 자동차 연료로써 압축천연가스(CNG)의 장점으로 틀린 것은?

① 질소산화물의 발생이 적다.
② 탄화수소의 점유율이 높다.
③ CO 배출량이 적다.
④ 옥탄가가 높다.

50 전자제어 가솔린 연료분사장치에서 인젝터 분사량을 결정하는 것은?

① 연료 압력
② 인젝터 분사구멍의 크기
③ 인젝터 니들밸브의 양정
④ 인젝터 니들밸브의 개방시간

정답 45 ① 46 ② 47 ④ 48 ① 49 ② 50 ④

51 엔진 실린더의 마모원인이 아닌 것은?
① 커넥팅 로드 어셈블리에 의한 마멸
② 혼합기 중의 이물질에 의한 마멸
③ 농후한 혼합기에 의한 마멸
④ 연소생성물에 의한 마멸

52 유압식 밸브 리프터의 특징으로 틀린 것은?
① 밸브 간극을 점검·조정하지 않아도 된다.
② 윤활장치가 고장이 나면 엔진의 작동이 정지된다.
③ 밸브 개폐시기를 정확히 조절하나 작동 소음이 발생한다.
④ 오일이 완충작용을 하므로 밸브기구의 내구성이 향상 된다.

53 전자제어 가솔린 분사장치에서 산소센서 사용 시 공연비에 대한 피드백 제어의 해제 조건이 아닌 것은?
① 시동 시
② 급가속 시
③ 전부하 시
④ 중, 정속 주행 시

54 크랭크 각 센서의 역할에 대한 설명으로 틀린 것은?
① 이론 공연비를 결정한다.
② 크랭크각 위치를 감지한다.
③ ECU는 이 신호를 기초로 하여 엔진 회전속도를 연산한다.
④ 연료분사 시기는 이 신호를 기본으로 결정 된다.

55 전자제어 디젤엔진에서 시동 OFF 시 디젤링 현상을 방지하거나 EGR 작동 시 배기가스를 보다 정밀하게 제어하기 위한 흡입공기 제어장치는?
① 공기 제어 밸브
② 가변 흡기 장치
③ 배기가스 후처리 장치
④ ISC 액추에이터

56 직경 75mm, 행정 80mm인 4행정 사이클 디젤기관의 간극체적이 20cc, 체절비가 2.3이다. 이 기관을 이론적인 디젤 사이클로 가정하면, 이 기관의 열효율은 얼마인가? (단, $\kappa = 1.3$이다)
① 42.3%   ② 45.2%
③ 48.3%   ④ 51.2%

① $\epsilon = 1 + \dfrac{Vs}{Vc} = 1 + \dfrac{0.785 \times 7.5^2 \times 8}{20}$
  $= 18.67$
  ϵ : 압축비
  Vs : 배기량(행정체적)
  Vc : 간극체적

② $\eta d = 1 - \left[\left(\dfrac{1}{\epsilon}\right)^{k-1} \times \dfrac{\sigma^k - 1}{k(\sigma - 1)}\right]$
  $= 1 - \left[\left(\dfrac{1}{18.67}\right)^{0.3} \times \dfrac{2.3^{1.3} - 1}{1.3 \times (2.3 - 1)}\right]$
  $= 51.2\%$
  σ : 체절비

 51 ① 52 ③ 53 ④ 54 ① 55 ① 56 ④

57 질소산화물(NOx) 측정 방법으로 옳은 것은?

① 모어스 시험법
② 화염이온 감지법
③ 비분산 적외선식법
④ 화학 루미네선스 감지법

58 실제 흡입된 실린더 내의 공기 질량을 이론적으로 흡입 가능한 공기의 질량으로 나눈 것은?

① 기계효율
② 정미효율
③ 정격효율
④ 체적효율

59 디젤엔진의 노크 발생에 영향을 미치는 주요변수로 짝지어진 것은?

① 압축비, 연료의 휘발성, 옥탄가
② 연료의 착화성, 압축비, 분사시기
③ 연료의 착화성, 연료분사량, 옥탄가
④ 연료의 휘발성, 배기구 형상, 연소실벽 온도

60 VGT(Variable Geometry Turbocharger) 방식의 과급장치에 VGT제어를 위해 ECU에 입력되는 요소가 아닌 것은?

① 대기압 센서
② 노킹 센서
③ 부스터 압력 센서
④ 차속 센서

제4과목 자동차 섀시

61 브레이크 드럼의 지름은 25cm, 마찰계수가 0.28인 상태에서 브레이크슈가 745N의 힘으로 브레이크 드럼을 밀착시키면 브레이크 토크는?

① 82N·m
② 12N·m
③ 21N·m
④ 26N·m

$$Tb = \mu Pr = \frac{0.28 \times 745N \times 25cm}{2 \times 100}$$
$$= 26N \cdot m$$

Tb : 브레이크 토크
μ : 마찰계수
P : 브레이크 드럼에 작용하는 힘
r : 브레이크 드럼의 반지름

62 댐퍼클러치 제어와 관련된 센서가 아닌 것은?

① 유온 센서
② 가속 페달 스위치
③ 산소센서(O_2센서)
④ 스로틀 포지션 센서(TPS)

63 자동차 급제동 시 뒷바퀴가 앞바퀴보다 먼저 고착됨으로써 스핀발생으로 인한 사고 유발 문제점을 해소하기 위해 뒷바퀴와 앞바퀴를 동일하게 제어하거나 뒷바퀴가 늦게 고착되도록 제어하는 것은?

① ABS
② BAS
③ EBD
④ HBA

57 ④ 58 ④ 59 ② 60 ② 61 ④ 62 ③ 63 ③

64 고속으로 회전하는 회전체는 그 회전축을 일정하게 유지하려는 성질을 나타내는 효과는?

① 자이로 효과   ② NTC 효과
③ 피에조 효과   ④ 자기유도 효과

65 자동차 검사기준 및 방법에 의한 조향 장치의 검사기준으로 틀린 것은?

① 동력조향 작동유의 유량이 적정할 것
② 조향계통의 변형·느슨함 및 누유가 없을 것
③ 조향바퀴 옆미끄럼량은 1m 주행에 5mm 이내일 것
④ 클러치 페달, 변속기 레버 등이 조향 핸들 중심축으로부터 각 500mm 이내에 설치되어 있을 것

66 페달에 수평방향으로 1400N의 힘을 가하였을 때 피스톤의 면적이 10cm²라 하면 이 때 형성되는 유압(N/cm²)은 얼마인가?

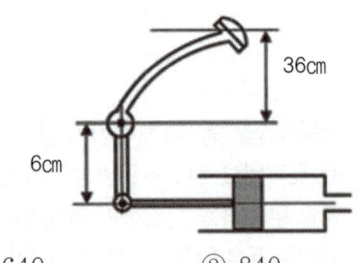

① 640   ② 840
③ 8400   ④ 9800

$P = \dfrac{W}{A} = \dfrac{1400 kgf \times 6}{10} = 840 kgf/cm²$

67 수동변속기에서 기어 변속을 할 때 심한 마찰음이 발생하는 원인으로 적절한 것은?

① 록킹 볼 마멸
② 싱크로나이저 고장
③ 크랭크축의 정렬 불량
④ 변속기 입력축의 정렬 불량

68 주 제동장치인 풋 브레이크(foot brake)의 빈번한 작동으로 인한 과열을 방지하기 위하여 사용하는 감속제동장치(제 3브레이크)가 아닌 것은?

① 유압감속기   ② 배력 브레이크
③ 배기 브레이크 ④ 와전류 감속기

69 앞 차축과 조향너클 설치에 따른 조향 장치 분류가 아닌 것은?

① 마몬형   ② 르모앙형
③ 엘리옷형   ④ 역르모앙형

70 토크컨버터의 성능곡선에 사용되는 식으로 옳은 것은?

① 전달효율 = $\dfrac{입력}{출력} \times 100$
② 토크비=터빈출력토크/펌프입력토크
③ 토크비=펌프측의 회전수/터빈축의 회전수
④ 전달토크=클러치유효반경×전압력

정답 64 ① 65 ④ 66 ② 67 ② 68 ② 69 ④ 70 ②

71 브레이크 드럼의 일반적인 점검사항이 아닌 것은?

① 드럼의 두께
② 드럼의 직경차
③ 드럼의 진원도
④ 드럼의 마찰 계수

72 차동기어 구성품 중 직진 시 자전을 하지 않고 공전만 하는 것은?

① 차동 피니언
② 선기어
③ 차동기어 케이스
④ 구동 피니언 기어

73 고속 주행 시 타이어의 노면 접지부에서 하중에 의해 발생된 변형이 접지 이후에도 바로 복원되지 못하고 진동하는 현상은?

① 시미 현상
② 동적 비대칭 현상
③ 스탠딩 웨이브 현상
④ 하이드로플레이닝 현상

74 타이어 소음의 일종으로 마찰면에서 발생하는 자력 진동이 원인이며 구동, 제동 및 선회하면서 타이어가 미끄러질 때 발생하는 소음은?

① 스퀼
② 비트
③ 탄성
④ 하시니스

75 전자제어 현가장치(ECS) 중 Active ECS의 효과로 옳은 것은?

① 급 가·감속 시 연료 절약 효과
② 조향 안정성과 승차감 향상 효과
③ 안정된 핸들로 가벼운 조작 효과
④ 부드러운 운전만을 위한 속업쇼버의 효과

76 차체 자세 제어장치(Vehicle dynamic control system)가 장착된 차량의 제어 종류가 아닌 것은?

① ABS 제어
② 요 모멘트 제어
③ 자동 감속 제어
④ 안티 바운싱 제어

77 앞바퀴에 작용하는 코너링 포스가 커서, 차량의 선회반경이 점점 작아지는 현상은?

① 트램핑
② 앤티 록크
③ 오버 스티어링
④ 언더 스티어링

78 하이브리드 자동차 회생 제동시스템에 대한 설명으로 틀린 것은?

① 브레이크를 밟을 때 모터가 발전기 역할을 한다.
② 하이브리드 자동차에 적용되는 연비향상 기술이다.
③ 감속 시 운동에너지를 전기 에너지로 변환하여 회수 한다.
④ 회생제동을 통해 제동력을 배가시켜 안전에 도움을 주는 장치이다.

정답 71 ④ 72 ① 73 ③ 74 ① 75 ② 76 ④ 77 ③ 78 ④

79 전자제어 현가장치에서 선회 주행 시 원심력에 의한 차체의 흔들림을 최소로 하여 안전성을 개선하는 제어기능은?

① 앤티 롤링 ② 앤티 다이브
③ 앤티 스쿼트 ④ 앤티 드라이브

80 브레이크가 작동할 때 브레이크 페달 행정이 변화되는 원인이 아닌 것은?

① 브레이크액 라인에 공기 유입
② 패드 또는 디스크에 오일 묻음
③ 브레이크액 라인에서 오일 누설
④ 푸시로드와 마스터 실린더의 간극과도

제5과목 자동차 전기

81 링 기어 이의 수가 120, 피니언 이의 수가 12이고, 1500cc급 엔진의 회전저항이 6m-kgf일 때, 기동전동기의 필요한 최소 회전력은 몇 kgf·m인가?

① 0.6 ② 6
③ 60 ④ 600

$$Tm = \frac{Pt \times Te}{Rt} = \frac{12 \times 6}{120} = 0.6 \text{kgf} \cdot m$$

Tm : 기동전동기의 필요한 최소 회전력
Pt : 피니언 이의 수
Te : 엔진의 회전저항
Rt : 링 기어 이의 수

82 다음 중 파워 릴레이 어셈블리에 설치되며 인버터의 커패시터를 초기 충전할 때 충전 전류에 의한 고전압 회로를 보호하는 것은?

① 프리 차저 레지스터
② 메인 릴레이
③ 안전 스위치
④ 부스 바

83 주행 중 계기판의 충전경고등이 점등될 때 고장원인으로 거리가 가장 먼 것은?

① 배터리의 노후
② 충전계통 퓨즈 단선
③ 발전기 벨트의 절손 또는 장력 부족
④ 발전기 관련 배선의 단선 또는 단락

84 자동차용 교류(AC) 발전기에 대한 설명으로 옳은 것은?

① 발전기 회전수는 엔진 회전수와 같다.
② 스테이터 코일에서 발생하는 전류는 직류이다.
③ 자동차에 사용되는 발전기는 주로 3상 교류 발전기이다.
④ 회전하는 자석의 주위에 1조의 스테이터 코일로 발전을 한다.

 79 ① 80 ② 81 ① 82 ① 83 ① 84 ③

85 차체 자세제어장치에서 사용되는 센서가 아닌 것은?

① 조향 핸들 각속도 센서
② 마스터 실린더 압력 센서
③ 요-레이트 센서
④ PPD 센서(승객감지 센서)

86 보조제동등의 설치기준으로 틀린 것은?

① 너비 방향 : 보조제동등의 기준점은 수직 종단면에 최대 150㎜ 이하에 설치할 것
② 너비 방향 : 보조제동등의 기준점은 자동차의 중앙 수직 종단면에 위치 할 것
③ 높이 방향 : 보조제동등의 발광면 최하단 수평면은 제동등의 발광면 최상단 수평면보다 낮게 설치할 것
④ 높이 방향 : 보조제동등의 발광면 최하단 수평면은 뒷면 창유리 노출면 최하단 아래 방향으로 150㎜ 이하이거나 지상에서 850㎜ 이상일 것

87 각종 전자제어 주행 안전장치에 사용되는 센서 및 장치로 거리가 가장 먼 것은?

① 차압 센서
② 전면 카메라
③ 전방 레이더 센서
④ 후측방 초음파 센서

88 가솔린 엔진용 점화코일에 대한 설명으로 틀린 것은?

① 보통 1차 코일은 2차 코일보다 권수가 적다.
② 1차 코일은 2차 코일에 비해 코일의 단면적이 크다.
③ 1차 코일의 전류를 차단하면 2차 코일에 큰 유도전압이 발생한다.
④ 1차 코일에 전류가 흐르고 있으면 2차 코일에 유도전압이 발생한다.

89 전조등 시스템의 오토 레벨링에 대한 설명이 아닌 것은?

① 커브를 선회할 때 전조등이 선회한 방향으로 움직이는 기능이 있다.
② 화물적재, 상차 등 차량 정적 조건에 따른 보상 기능이 있다.
③ 차량의 기울기 조건에 대한 헤드램프 로우 빔의 보상 기능이 있다.
④ 급제동, 급가속 등 차량 동적인 조건에 따른 보상 기능이 있다.

90 기동전동기가 3000rpm일 때 발생한 회전력이 5kgf·m이면 기동전동기의 출력(PS)은 약 얼마인가?

① 19 ② 21
③ 23 ④ 25

$$PS = \frac{\text{기동전동기 회전수} \times \text{기동전동기 회전력}}{736}$$
$$= \frac{3000 \times 5}{736} = 20.3$$

85 ④ 86 ③ 87 ① 88 ④ 89 ① 90 ②

91. 자동차의 앞면에 적색의 등하, 반사기 또는 방향지시등과 혼동하기 쉬운 점멸 하는 등화를 설치할 수 없는 자동차는?

① 긴급자동차
② 화약류 운송용 자동차
③ 어린이 운송용 승합자동차
④ 다목적(RV) 승용자동차

92. 도난 경계 모드 진입에 필요한 조건으로 틀린 것은?

① 후드 스위치가 닫혀 있을 것
② 각 도어 스위치가 닫혀 있을 것
③ 프런트 윈도우 닫힘 신호가 있을 것
④ 각 도어 잠금 스위치가 잠겨 있을 것

93. 타임차트(Time chart) 에 대한 설명으로 옳게 짝지어진 것은?

> ㄱ. 타임차는 시간의 변화에 따른 제어를 그래프화 시킨 것이다.
> ㄴ. 한 개 또는 여러 개의 입력신호를 조합하여 타임 및 각종 기능을 제어하는 것을 나타낸다.
> ㄷ. 각종 장치의 기능파악이 쉽고, 장치를 이해하는데 상당히 중요한 부분을 차지하고 있다.

① ㄱ, ㄴ
② ㄱ, ㄷ
③ ㄴ, ㄷ
④ ㄱ, ㄴ, ㄷ

94. 오토라이트(auto light)에 대한 설명으로 틀린 것은?

① 조도센서 내의 저항이 낮을 때는 주위가 어두울 때이다.
② 조도센서 내의 광전도 셀 주위 밝기에 따라 저항 값이 변하는 특성을 가지고 있다.
③ 조도센서 내의 광전도 셀을 이용하여 미등과 전조등을 자동으로 점등 및 소등시키는 장치이다.
④ 제어릴레이 내부에는 미등과 전조등의 회로를 구성하는 2개의 비교기가 변환소자의 전압과 회로의 기준전압을 비교한다.

95. 하이브리드 자동차에서 배터리 시스템의 열적, 전기적 기능을 제어 또는 관리하고 배터리 시스템과 다른 차량 제어기와의 사이에서 통신을 제공하는 전자장치는?

① SOC(State Of Charge)
② HCU(Hybrid Control Unit)
③ HEV(Hybrid Electric Vehicle)
④ BMS(Battery Management System)

96. KS R 0121 에 의한 하이브리드의 동력전달 구조에 따른 분류가 아닌 것은?

① 병렬형 HV
② 복합형 HV
③ 동력집중형 HV
④ 동력분기형 HV

91 ④ 92 ③ 93 ④ 94 ① 95 ④ 96 ③

97 KS 규격 연료전지기술에 의한 연료전지의 종류로 틀린 것은?

① 고분자 전해질 연료 전지
② 액체 산화물 연료전지
③ 인산형 연료 전지
④ 알칼리 연료 전지

98 하이브리드 자동차의 고전압 장치 점검 시 주의 사항으로 틀린 것은?

① 조립 및 탈거 시 배터리 위에 어떠한 것도 놓지 말아야 한다.
② 이그니션 스위치를 OFF하면 고전압에 대한 위험성이 없어진다.
③ 취급 기술자는 고전압 시스템에 대한 검사와 서비스 교육이 선행되어야 한다.
④ 고전압 배터리는 "고전압" 주의 경고가 있으므로 취급 시 주의를 기울어야 한다.

99 전자제어 엔진의 점화제어장치와 관련된 구성품이 아닌 것은?

① 점화코일
② 인젝터 드라이버
③ 파워 트랜지스터
④ 크랭크 축 위치 센서

100 자동차 라디오 잡음에 대한 감소 대책으로 틀린 것은?

① 다이오드를 사용하여 억제한다.
② 코일과 콘덴서를 사용하여 억제한다.
③ 고주파 전류를 증가시켜 잡음을 억제한다.
④ 고압선을 저항식 고장력선으로 하여 억제한다.

정답 97 ② 98 ② 99 ② 100 ③

8차 실전 테스트 문제

제1과목 일반기계 공학

01 다음 중 체결용 기계요소가 아닌 것은?
① 리벳 ② 래칫
③ 키   ④ 핀

02 국제단위(SI)의 기본 단위가 아닌 것은?
① 시간-초(s)
② 온도-섭씨(℃)
③ 전류-암페어(A)
④ 광도-칸델라(cd)

03 $L=50mm$의 사인바(sine bar)에 의하여 경사각 $\theta=20°$를 만드는 데 필요한 게이지 블록의 높이 차이(h)는 약 몇 mm로 조합하여야 하는가?

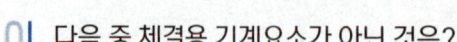

① 16.40   ② 17.10
③ 18.20   ④ 19.30

풀이
$H = L \times \sin\theta$
$\quad = 50mm \times \sin 20° = 17.10mm$
H : 게이지 블록의 높이차이
L : 사인 바의 길이
$\sin\theta$: 경사각도

04 압축 코일스프링에서 흡수되는 에너지를 크게 하기 위한 방법으로 틀린 것은?
① 스프링 권수를 늘린다.
② 소선의 지름을 크게 한다.
③ 스프링 지수를 크게 한다.
④ 전단탄성계수가 작은 소재를 사용한다.

05 다음 보기에서 설명하는 축 이음으로 가장 적합한 것은?

> 1. 두 축이 만나는 각이 수시로 변화하는 경우에 사용한다.
> 2. 회전하면서 그 축의 중심선의 위치가 달라지는 부분의 동력을 전달할 때 사용한다.
> 3. 공작기계, 자동차 등의 축 이음에 사용한다.

① 유니버셜 조인트   ② 슬리브 커플링
③ 올덤 커플링   ④ 플렉시블 조인트

정답 1 ② 2 ② 3 ② 4 ② 5 ①

06 평평한 금속판재를 펀치로 다이 공동부에 밀어 넣어 원통형이나 각통형 제품을 만드는 가공은?

① 엠보싱 ② 벌징
③ 드로잉 ④ 트리밍

07 원형 파이프 유동에서 난류로 판단할 수 있는 기준 레이놀즈 수(Re)는?

① Re>600 ② Re>2100
③ Re>3000 ④ Re>4000

08 나사에 대한 설명으로 틀린 것은?

① 미터나사의 피치는 ㎜단위이다.
② 체결용 나사에는 주로 삼각나사가 사용된다.
③ 운동용 나사는 사각나사, 사다리꼴 나사 등이 사용된다.
④ 사다리꼴 나사에서 미터계는 29°, 인치계는 30°의 나사산 각을 갖는다.

09 다음 설명에 해당하는 재료는?

알루미나를 1600℃ 이상에서 소결 성형시켜 제조하며 내열성이 높고, 고온 경도 및 내마멸성은 크나 비자성, 비전도체이며 충격에는 매우 취약하다.

① 세라믹
② 다이아몬드
③ 유리섬유강화수지
④ 탄소섬유강화수지

10 유압프레스에서 용량이 5kN이고, 프레스 효율이 80%, 단조물의 유효단면적이 300㎟일 때, 단조재료의 변형저항은 약 몇 N/㎟인가?

① 10.3 ② 13.3
③ 15.3 ④ 16.7

풀이
$$R = \frac{Q}{A} \times \eta = \frac{5 \times 1000N}{300mm^2} \times 0.8$$
$$= 13.3 N/mm^2$$

R : 변형저항
Q : 프레스 용량
A : 유효단면적
η : 프레스 효율

11 밀링작업에서 분할대를 사용한 분할법이 아닌 것은?

① 단식 분할 ② 복식 분할
③ 직접 분할 ④ 차동 분할

12 원형재료의 외경에 수나사를 가공하는 공구는?

① 탭 ② 다이스
③ 리머 ④ 바이스

6 ③ 7 ④ 8 ④ 9 ① 10 ② 11 ② 12 ②

13. 주조품 제조 시 주물의 형상이 대형으로 구조가 간단하고 점토로 채워서 만들며 정밀한 주형 제작이 곤란한 원형은?

① 잔형　　② 회전형
③ 골격형　④ 매치 플레이트형

14. 내경과 외경이 거의 같은 중공 원형단면의 축을 얇은 벽의 관이라 한다. 이 때 비틀림 모멘트를 T, 평균 중심선의 반지름 r, 벽의 두께 t, 관의 길이를 ℓ 이라 할 때, 비틀림 각을 표현한 식이 아닌 것은?(단, 평균 중심선에 둘러쌓인 면적(A)=π r2, 평균 중심선의 길이(S)=2π r, 극관성 모멘트=Ip, 전단탄성계수=G, 전단응력=r이다.)

① $\dfrac{T\ell}{GI}$　　② $\dfrac{T\ell}{2\pi r^3 tG}$
③ $\dfrac{T\ell}{ArtG}$　④ $\dfrac{rS\ell}{2AG}$

15. 금속재료를 고온에서 장시간 외력을 가하면 시간의 흐름에 따라 변형이 증가하게 되는데 이러한 현상은?

① 열응혁　　② 피로한도
③ 탄성에너지　④ 크리프

16. 다음 금속재료 중 시효경화 현상이 발생하는 합금은?

① 슈퍼 인바　　② 니켈-크롬
③ 알루미늄-구리　④ 니켈-청동

17. 웜 기어(worm gear)의 장점으로 틀린 것은?

① 소음과 진동이 적다.
② 역전을 방지할 수 있다.
③ 큰 감속비를 얻을 수 있다.
④ 추력하중이 발생하지 않고 효율이 좋다.

18. 일반적으로 재료의 안전율을 구하는 식은?

① $\dfrac{탄성강도}{충격강도}$　　② $\dfrac{탄성강도}{인장강도}$
③ $\dfrac{인장강도}{허용응력}$　④ $\dfrac{허용응력}{인장강도}$

19. 지름이 100mm인 탄소강재를 선반가공 할 때 1회 가공 소요시간은 약 몇 초인가?(단, 회전수는 400rpm이고, 이송은 0.3mm/rev 이며, 탄소강재의 길이는 50mm이다)

① 20초　　② 25초
③ 30초　　④ 40초

① $V = \dfrac{\pi DN}{1000} = \dfrac{3.14 \times 100 \times 400}{1000}$
　　$= 125.6 \text{m/min}$

② $t = \dfrac{\pi D\ell}{V \times f \times 1000}$
　　$= \dfrac{3.14 \times 100 \times 50}{125.6 \times 0.3 \times 1000} = 0.417\text{min}$
　　$= 25\text{sec}$

t : 절삭시간
D : 지름
ℓ : 탄소강재의 길이
V : 절삭속도
f : 이송속도

정답　13 ③　14 ③　15 ④　16 ③　17 ④　18 ③　19 ②

20. 피복아크용접에서 직류 정극성을 이용하여 용접하였을 때 특징으로 옳은 것은?

① 비드 폭이 좁다.
② 모재의 용입이 얕다.
③ 용접봉의 녹음이 빠르다.
④ 박판, 주철, 비철금속의 용접에 주로 쓰인다.

제2과목 기계 열역학

21. 축소확대 노즐에서 노즐 안을 포화증기가 가역 단열과정으로 흐른다. 유동중 엔탈피의 감소는 426KJ/kg이고, 입구에서의 속도 V_1은 무시할 정도로 작다면 노즐의 출구 속도 V_2는 몇 m/sec인가?

① 46.4
② 49.0
③ 678.5
④ 923

$V_2 = \sqrt{2 \times 426 \times 10^3} = 923.03 \text{m/s}$

22. 열역학적 관점에서 다음 장치들에 대한 설명으로 옳은 것은?

① 노즐은 유체를 서서히 낮은 압력으로 팽창하여 속도를 감속시키는 기구이다.
② 디퓨저는 저속의 유체를 가속하는 기구이며, 그 결과 유체의 압력이 증가한다.
③ 터빈은 작동유체의 압력을 이용하여 열을 생성하는 회전식 기계이다.
④ 압축기의 목적은 외부에서 유입된 동력을 이용하여 유체의 압력을 높이는 것이다.

23. 압력 20bar, 온도 400℃인 증기를 배기압 0.5bar까지 단열팽창시킬 때 랭킨 사이클의 열효율을 구하면?(단, 펌프일은 무시하고 h_1 = 3247.6kJ/kg, h_2 = 2480kJ/kg, h_3 = 340.47kJ/kg이다. 여기서 첨자 1은 터빈의 입구, 첨자 2는 터빈 출구, 첨자 3은 펌프에서의 상태를 뜻한다.)

① 26.4%
② 43.2%
③ 58.2%
④ 72.2%

Rankine cycle의 각점
$\eta_R = \dfrac{3247.6 - 2480}{3247.6 - 340.47} = 0.264 = 26.4\%$

24. 효율이 85%인 터빈에 들어갈 때의 증기의 엔탈피가 3390KJ/kg이고, 가역 단열과정에 의해 팽창할 경우에 출구에서의 엔탈피가 2135KJ/kg이 된다고 한다. 이 터빈의 실제 일은 몇 KJ/kg인가?

① 1476
② 1255
③ 1067
④ 906

(터빈 효율) $\eta_T = \dfrac{\text{실제터빈일}}{\text{이론터빈일}}$
$= \dfrac{h_1 - h_2'}{h_1 - h_2}$에서,
$h_1 - h_2' = \eta(h_1 - h_2)$
$= 0.85 \times (3390 - 2135)$
$= 1066.75 \text{KJ/kg}$

20 ① 21 ④ 22 ④ 23 ① 24 ③

25 단위시간당 252000kJ를 흡수하는 냉동기의 용량은 몇 냉동톤인가?

① 13.3 ② 17.07
③ 18.1 ④ 22.05

$_1Q_2 = 500KPa$,
$Q_2 = 252000kJ/h = \frac{252000}{3600} = 70_{kW}$,
$1R.T = 3.86_{kW}$ 이므로, $\frac{70}{3.86} = 18.112RT$

26 냉동용량이 10냉동톤인 어느 냉동기의 성능계수가 4.8이라면, 이 냉동기를 작동하는데 필요한 동력은 몇 kW인가?

① 약 8kW ② 약 9kW
③ 약 7kW ④ 약 5kW

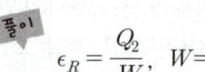
$\epsilon_R = \frac{Q_2}{W}$, $W = \frac{Q_L}{\epsilon_R} = \frac{10 \times 3.86}{4.8} = 8KW$

27 압력 12KPa인 건포화 증기가 노즐로부터 3KPa로 분출될 때 $k = 1.135$일 경우 임계압력 P_c는 몇 KPa인가?

① 3.87 ② 4.87
③ 5.78 ④ 6.93

$\frac{P_c}{P_1} = (\frac{2}{k+1})^{\frac{k}{k+1}}$,
$P_c = 12 \times (\frac{2}{2.135})^{\frac{1.135}{0.135}} = 6.93KPa$

28 1kg의 공기가 압력 36KPa, 체적 0.3㎥의 상태에서 정압 팽창하여 체적이 0.6㎥로 되었다면, 이때 공기가 한 일은 얼마인가?

① 98KN·m ② 108KN·m
③ 118KN·m ④ 128KN·m

$P = C$ 에서,
$_1W_2 = P(V_2 - V_1) = 36 \times 10^3(0.6 - 0.3)$
$= 108000N \cdot m = 108KN \cdot m$

29 분자량 40인 아르곤 50kg을 27℃에서 용적 3㎥의 탱크 속에 넣으려면, 압력이 얼마여야 되겠는가?

① 1.04MPa ② 10.4MPa
③ 1.54MPa ④ 15.4MPa

$PV = mRT$에서,
$P = \frac{mRT}{V} = \frac{50 \times 8314}{3 \times 40}$
$= 1039250Pa = 1.04MPa$

30 어떤 가스 3kg을 온도 30℃에서 100℃까지 정적가열 하는데 63KJ의 열량이 필요하다. 가역 폴리트로프 비열을 구하면? (단, 비열비 k = 1.4, 폴리트로프 지수 n = 1.3이다.)

① -0.1KJ/kg℃
② 0.075KJ/kg℃
③ 0.15KJ/kg℃
④ -0.4KJ/kg℃

정답 25 ③ 26 ① 27 ④ 28 ② 29 ① 30 ①

$$C_v = \frac{{}_1Q_2}{m\,\Delta t} = \frac{63}{3\times 70} = 0.3,$$
$$C_n = c_v\left(\frac{n-k}{n-1}\right) = 0.3\left(\frac{1.3-1.4}{1.3-1}\right)$$
$$= -0.1\text{KJ/kg}\,℃$$

31. 열역학 제2법칙에 대한 설명으로 틀린 것은?

① 효율이 100%인 열기관은 얻을 수 없다.
② 제2종의 영구 기관은 작동 물질의 종류에 따라 가능하다.
③ 열은 스스로 저온의 물질에서 고온의 물질로 이동하지 않는다.
④ 열기관에서 작동 물질이 일을 하게 하려면 그 보다 더 저온인 물질이 필요하다.

32. 무게 1kg의 강구를 50m 높이에서 낙하시킬 때 운동에너지는 전부 강구의 온도를 높여준다고 할 때 강수의 온도상승은 얼마인가?(단, 강구의 비열은 0.42kJ/kg℃이다.)

① 0.585℃   ② 0.854℃
③ 8.54℃   ④ 1.17℃

$mgh = mC\Delta t,$
$$\Delta t = \frac{9.8\times 50}{0.42\times 10^3} = 1.17℃$$

33. 시속 30km로 중하고 있는 중량 3060N의 자동차가 브레이크를 밟았더니 8.8m에서 정지했다. 베어링 마찰을 무시하고 브레이크에 의해서 제동된 것으로 보았을 때 브레이크로부터 발생한 열량은 몇 KJ인가?(단, 차륜(車輪)과 도로면의 마찰계수는 0.4로 한다.)

① 약 5.4KJ   ② 약 8.4KJ
③ 약 9.61KJ ④ 약 10.77KJ

(발생열량)
$Q = \mu\cdot W\cdot s = 0.4\times 3060\times 8.8$
$= 10771.2 = 10.77 KJ$

34. 내부에너지가 30kJ인 물체에 열을 가하여 내부에너지가 50kJ로 증가하는 동시에 외부에 대하여 10kJ의 일을 하였다. 이 물체에 가해진 열량은?

① 10kJ   ② 20kJ
③ 30kJ   ④ 60kJ

${}_1Q_2 = \Delta U + {}_1W_2 = (50-30) + 10 = 30KJ$

정답 31 ② 32 ④ 33 ④ 34 ③

35 다음은 시스템(계)과 경계에 대한 설명이다. 옳은 내용을 모두 고른 것은?

> 가. 검사하기 위하여 선택한 물질의 양이나 공간내의 영역을 시스템(계)이라 한다.
> 나. 밀폐계는 일정한 양의 체적으로 구성된다.
> 다. 고립계의 경계를 통한 에너지 출입은 불가능하다.
> 라. 경계는 두께가 없으므로 체적을 차지하지 않는다.

① 가, 다
② 나, 라
③ 가, 다, 라
④ 가, 나, 다, 라

36 카르노 사이클을 이루는 기관에서 매사이클당 5KJ의 일을 하기 위해 공급열량이 40KJ이고, 저열원의 온도가 15℃일 때 고열원의 온도는 몇 K인가?

① 300 ② 400
③ 329 ④ 647

$$\eta = \frac{w}{Q_1} = \frac{5}{40} = 0.125 = 1 - \frac{T_2}{T_1},$$

$$\frac{T_2}{T_1} = 1 - 0.125$$

$$T_1 = \frac{T_2}{1-0.125} = \frac{288}{1-0.125} = 329.1$$

37 10kg의 공기가 온도 20℃ 상태의 정적하에서 온도 250℃인 상태로 변하였다면, 이 경우 엔트로피의 변화는 얼마인가?

① $3.47 KJ/K$ ② $0.99 KJ/K$
③ $4.17 KJ/K$ ④ $7.48 KJ/K$

풀이 $V=C$ 에서, $dQ = dU = mC_v dt$,

$dS = \dfrac{mC_v dT}{T}$ 에서,

$\therefore \Delta S = mC_v \ln \dfrac{T_2}{T_1}$

$= 10 \times 0.72 \times \ln \dfrac{523}{293} = 4.17 KJ/K$

38 준평형 정적과정을 거치는 시스템에 대한 열전달량은?(단, 운동에너지와 위치에너지의 변화는 무시한다.)

① 0이다.
② 이루어진 일량과 같다.
③ 엔탈피 변화량과 같다.
④ 내부에너지 변화량과 같다.

39 다음 클라우지우스(clausius)적분 중 비가역 과정에 대하여 옳은 식은 어느 것인가?

① $\oint \dfrac{dQ}{T} = 0$ ② $\oint \dfrac{dQ}{T} < 0$
③ $\oint \dfrac{dQ}{T} > 0$ ④ $\oint \dfrac{dQ}{T} \geq 0$

① 가역 : $\oint \dfrac{dQ}{T} = 0$

② 비가역 : $\oint \dfrac{dQ}{T} < 0$

정답 35 ③ 36 ③ 37 ③ 38 ④ 39 ②

40. 압력 600KPa의 물의 포화온도는 274℃, 건포화 증기의 비체적은 0.033m^3/Kg이다. 이 압력하에서 건포화 증기의 상태로부터 75℃만큼 과열되면, 비체적은 0.043m^3/Kg가 된다. 과열의 열량은 몇 $KJ/Kg \cdot °K$인가?(단, 이때 평균 정압비열은 3.4$KJ/Kg \cdot °K$로 한다.)

① 255
② 227
③ 194
④ 150

(정압과정에서의 열량의 변화)
$_1q_2 = C_p \cdot \triangle t = 3.4 \times 75 = 255 KJ/Kg \cdot °K$

자동차 기관

41. 희박연소(Lean Burn) 엔진에 대한 설명으로 옳은 것은?

① 모든 운전영역에서 터보장치가 작동될 수 있는 기관이다.
② 실린더로 들어가는 공기량을 줄이기 위해 스월 컨트롤 밸브를 사용하기도 한다.
③ 이론 공연비보다 더 희박한 공연비 상태에서도 양호한 연소가 가능한 기관이다.
④ 기존 엔진보다 연료사용을 적게 하기 위해 실린더로 들어가는 공기와 연료량을 모두 줄인다.

42. 연료의 휘발성을 표시하는 방법이 아닌 것은?

① 리드 증기압
② CVS-75 모드
③ ASTM 증류곡선
④ 기체/액체의 비율

43. 피스톤 슬랩(piston slap)현상을 방지할 목적으로 사용되는 피스톤은?

① 오프셋 피스톤
② 스플릿 피스톤
③ 오토서믹 피스톤
④ 솔리드 스커트 피스톤

44. 기관에서 베어링 구비조건이 아닌 것은?

① 열전도성
② 내폭성
③ 내 부식성
④ 하중 부담성

45. 가솔린기관의 전자제어장치에서 공전속도 조절기(ISC)의 종류가 아닌 것은?

① 점화 시기 방식
② 스텝 모터 방식
③ ISC-서보 방식
④ 선형 솔레노이드 방식

40 ① 41 ③ 42 ② 43 ① 44 ② 45 ①

46 냉각장치에서 보텀(bottom) 바이패스 방식이 인라인(in-line) 바이패스 방식에 비해 가지는 장점으로 틀린 것은?

① 기관이 정지했을 때 냉각수의 보온성 능이 좋다.
② 수온조절기가 민감하게 작동하여 오버 슈트(overshoot)가 크다.
③ 수온조절기의 이상 작동이 적기 때문에 기관내부의 온도가 안정된다.
④ 수온조절기가 열렸을 때 바이패스 (by-pass) 회로를 닫기 때문에 냉각 효과가 좋다.

47 커먼레일 방식의 디젤 연료 라인에서 기계식 저압 연료펌프를 이용한 경우, 저압 연료 라인의 공기빼기 작업을 위한 구성품은?

① 프라이밍 펌프
② 연료가열 장치
③ 오버플로 밸브
④ 연료압력 조절밸브

48 연료 저위발열량이 10500kcal/kgf인 연료를 사용하는 가솔린기관의 연료소비율이 180g/PS·h이라면 이 기관의 열효율은 약 얼마인가?

① 16.3%   ② 21.9%
③ 26.2%   ④ 33.5%

풀이
$$\eta_B = \frac{632.3}{H_l \times fe} \times 100$$
$$= \frac{632.3}{10500 \times 0.18} \times 100 = 33.5\%$$

η_B : 제동열효율
H_l : 연료의 저위발열량(kcal/kgf)
fe : 연료소비율(g/PS·h)

49 다음 중 실린더 헤드 볼트를 조일 때 마지막으로 사용하는 공구로 가장 적절한 것은?

① 복스 렌치   ② 소켓 렌치
③ 토크 렌치   ④ 오픈 엔드 렌치

50 기관에서 연소실의 혼합기가 농후해지는 주요 원인으로 옳은 것은?

① 소음기의 누설
② 흡기관의 균열
③ 서지 탱크의 균열
④ 공기 청정기의 막힘

51 기관에서 흡기 및 배기 밸브의 서징현상방지책으로 틀린 것은?

① 스프링 상수 값을 크게 하여 사용한다.
② 밸브 스프링의 고유진동수를 높게 한다.
③ 부등 피치 스프링이나 원추형 스프링을 사용한다.
④ 고유진동수가 다른 2개의 스프링을 함께 사용한다.

정답 46 ② 47 ① 48 ④ 49 ③ 50 ④ 51 ①

52 가솔린기관의 전자제어 연료분사 장치에서 사동 시 분사시간 결정과 관계있는 것은?

① 엔진 회전수
② 냉각수 온도
③ 유효 분사시간
④ 흡입 공기의 중량

53 전자제어 가솔린 엔진의 노크센서에 대한 설명으로 틀린 것은?

① 노크센서를 설치하면 기관의 내구성이 좋아진다.
② 노크 신호가 검출되면, 엔진은 점화시기를 진각시킨다.
③ 노크센서를 부착함으로써 기관 회전력 및 출력이 증대된다.
④ 피에조 조사를 이용하여 연소 중에 실린더 내에 이상 진동을 검출한다.

54 압축비 8.5, 행정체적 225cm³인 기관에서 피스톤이 하사점에 있을 때의 실린더 체적(cc)은?

① 30
② 255
③ 300
④ 435

$$V = Vc + \frac{Vs}{\epsilon - 1} = 225 + \frac{225}{8.5 - 1}$$
$$= 255 cc$$

Vs : 배기량(행정체적)
ϵ : 압축비
Vc : 연소실 체적

55 기본 점화시기 및 연료 분사시기와 가장 밀접한 관계가 있는 센서는?

① 수온 센서
② 대기압 센서
③ 흡기온 센서
④ 크랭크 각 센서

56 가솔린기관 전자제어 연료분사 장치의 보정계수가 아닌 것은?

① 기관온도에 따른 보정계수
② 학습제어에 의한 보정계수
③ 저부하·저회전 시의 보정계수
④ 이론 공연비로의 피드백 보정계수

57 LPG차량에서 연료 압력 조절기 유닛의 주요 구성품이 아닌 것은?

① 흡기 온도 센서
② 가스 온도 센서
③ 연료 압력 조절기
④ 연료 차단 솔레노이드 밸브

58 지압선도를 보고 파악할 수 있는 요소가 아닌 것은?

① 압력 상승 속도
② 점화시기
③ 연소의 이상 유무
④ 기관 회전수

정답 52 ② 53 ② 54 ② 55 ④ 56 ③ 57 ① 58 ④

59 디젤기관의 질소산화물(NOx) 저감을 위한 배기가스 재순환장치에서 배기가스 중의 산소농도를 측정하여 EGR밸브를 보다 정밀하게 제어하기 위해 사용되는 센서는?

① 노크 센서
② 차압 센서
③ 배기 온도 센서
④ 광역 산소 센서

$$S = \frac{V^2}{254} \times \frac{W+W'}{F}$$
$$= \frac{30^2}{254} \times \frac{6380+(6380 \times 0.05)}{1000+950+1400+1250}$$
$$= 5.15m$$

S : 제동거리(m)
V : 제동초속도(km/h)
W : 차량중량(kgf)
W' : 회전부분 상당중량(kgf)
F : 제동력(kgf)

60 전자제어 가솔린 분사장치의 특징이 아닌 것은?

① 유해 배출가스를 줄일 수 있다.
② 냉간 시동성을 향상시킬 수 있다.
③ 베이퍼 록 현상이 쉽게 발생한다.
④ 구조가 복잡하고 가격이 비싸다.

제4과목 자동차 섀시

61 차량중량(kgf) : 6380(전축중 : 2580, 후축중 : 3800), 승차정원 : 55명, 최고속도 75km/h, 제동초속도 : 30km/h, 회전부분 상당중량 : 5%, 제동력(kgf) : 전좌 1000, 전우 950, 후좌 1400, 후우 1250인 차량의 제동거리는?

① 5.15m   ② 50.25m
③ 38.25m   ④ 3.825m

62 공기 브레이크의 특징에 대한 설명으로 틀린 것은?

① 공기압축기 구동에 따른 차량 동력소모가 발생한다.
② 페달을 밟는 양에 따라 제동력이 조절된다.
③ 차량이 중량에 큰 영향을 받지 않고 사용할 수 있다.
④ 미세한 공기누설에도 제동력이 크게 저하될 위험이 있다.

63 듀얼클러치 변속기의 주요 구성부품이 아닌 것은?

① 토크 컨버터
② 기어 액추에이터
③ 더블 클러치
④ 클러치 액추에이터

정답 59 ④   60 ③   61 ①   62 ④   63 ①

64 전자제어 자동변속기에 하이백(HIVEC) 제어의 일반적인 특징으로 틀린 것은?

① 학습 제어
② 전체 운전영역의 최적 제어
③ 신경망 제어
④ 중량화에 따른 변속감 향상

65 기관의 최대토크 15kgf·m, 총감속비 28, 차량의 총중량 3500kgf, 구동바퀴의 유효회전반경 0.38m, 동력전달 효율 90%의 조건을 가진 자동차의 구배능력은?

① 0.125
② 0.269
③ 0.469
④ 0.284

$$\text{구배능력} = \frac{0.9 \times E_T \times Tr}{W \times r} - 0.015$$
$$= \frac{0.9 \times 15 \times 28}{3500 \times 0.38} - 0.015$$
$$= 0.269$$

E_T : 기관토크
Tr : 총감속비
W : 차량 총중량
r : 바퀴 유효 회전반경

66 자동차규칙에 의거하여 측면보호대를 설치하여야 하는 자동차는?

① 차량총중량 8톤 이상이거나 최대적재량 4톤 이상인 화물자동차
② 차량총중량 10톤 이상이거나 최대적재량 5톤 이상인 화물자동차
③ 차량총중량 8톤 이상이거나 최대적재량 5톤 이상인 화물자동차 특수자동차 및 연결자동차
④ 차량총중량 10톤 이상이거나 최대적재량 5톤 이상인 화물자동차·특수자동차 및 연결자동차

67 토크컨버터가 유체 커플링과 마찬가지로 토크전달 기능만을 수행하며, 스테이터의 일방향클러치를 프리휠리 시키는 작동점은?

① 실속 포인트
② 클러치 포인트
③ 제동 포인트
④ 컨버터 포인트

68 자동차가 현가장치에 이용되고 있는 공기 스프링의 장점이 아닌 것은?

① 하중에 관계없이 차고가 일정하게 유지되어 차체의 기울기가 적다.
② 공기자체가 감쇠성에 의해 고주파 진동을 흡수한다.
③ 하중에 관계없이 고유진동이 거의 일정하게 유지된다.
④ 제동 시 관성력을 흡수하므로 제동거리가 짧아진다.

69 차체 자세제어 장치의 주요 제어요소가 아닌 것은?

① 자동감속 제어
② EPB 제어
③ 요 모멘트 제어
④ ABS 제어

 64 ④ 65 ② 66 ③ 67 ② 68 ④ 69 ②

70 자동변속기 제어장치에서 ECU와 TCU의 통신 내용에 대한 설명 중 틀린 것은?

① 흡입공기량 : 댐퍼클러치 및 변속시기 제어
② 스로틀 포지션 센서 : 변속단 설정 및 실행, 급가속 제어
③ 냉각수 온도 신호 : 초기 변속단 및 유압설정 신호
④ 주행속도 신호 : 변속기 입력축 및 출력축 속도 센서의 고장을 판정할 때 참조 신호

71 무단변속기 전자제어에서 유압 제어 장치의 종류가 아닌 것은?

① 변속비 제어
② 추진축 제어
③ 라인 압력 제어
④ 댐퍼 클러치 제어

72 일반적인 유압 브레이크 특징에 대한 설명으로 틀린 것은?

① 마찰 손실이 적다.
② 페달의 조작력이 작아도 된다.
③ 제동력이 모든 바퀴에 동일하게 작용한다.
④ 유압회로에 공기가 침입하여도 제동력에 변화가 없다.

73 ABS시스템에 이상이 발생했을 경우에 대한 설명으로 옳은 것은?

① 휠 스피드 센서 1개가 고장인 경우에는 ABS경고등이 점등되고 EBD는 제어된다.
② 유압펌프 모터가 고장인 경우에는 경고등이 점등괴고 EBD는 제어되지 않는다.
③ 솔레노이드 밸브와 컴퓨터가 고장인 경우에는 EBD, ABS 모두 제어된다.
④ 휠 스피드 센서 2개 이상 고장시 EBD는 제어된다.

74 다음 중 수동변속기에서 기어가 이중으로 물릴 때 고장원인으로 적절한 것은?

① 인터로크 장치의 고장
② 싱크로나이저 링 기어의 소손
③ 싱크로나이저 링의 내측 마모
④ 싱크로나이저 키의 돌출부 마모

75 유압식 동력 조향장치에서 직진할 경우 유압펌프 내의 피스톤 운동 상태는?

① 동력 피스톤이 왼쪽으로 움직여서 왼쪽으로 조향한다.
② 동력 피스톤이 오른쪽으로 움직여서 오른쪽으로 조향한다.
③ 동력 피스톤은 좌·우실의 유압이 같으므로 정지하고 있다.
④ 동력 피스톤은 리액션 스프링을 압축하여 왼쪽으로 이동한다.

70 ① 71 ② 72 ④ 73 ① 74 ① 75 ③

76. ABS의 고장진단 시 점검 사항으로 거리가 먼 것은?
   ① 기관의 출력 상태
   ② ABS 경고등 점등 상태
   ③ 휠 스피드 센서와 톤 휠 사이의 간극
   ④ 하이드롤릭 유닛의 작동음 유무

77. 자동차에서 캠버(camber)를 설치하는 가장 중요한 목적은?
   ① 수직 하중에 의한 차축의 휨을 방지한다.
   ② 차량주행의 직진성을 월등히 상승시킨다.
   ③ 타이어 교환 시 원활한 탈착이 가능하게 한다.
   ④ 조향 핸들의 조작을 무겁게 하여 주행 안정성을 부여한다.

78. 전자제어 현가장치에서 차고센서의 작동 원리로 옳은 것은?
   ① G 센서 방식
   ② 가변 저항 방식
   ③ 칼만 와류 방식
   ④ 앤티 쉐이크 방식

79. 다음 중 기어 변속이 잘 되지 않는 원인으로 틀린 것은?
   ① 클러치 오일의 유무
   ② 싱크로나이저 링의 소착
   ③ 싱크로나이저 링의 마모
   ④ 클러치 페달의 자유 유격이 작을 때

80. 자동차의 주행성능 선도에서 알 수 없는 것은?
   ① 여유 구동력
   ② 최고 주행속도
   ③ 최소 유해 배출량
   ④ 차속에 따른 엔진 회전수

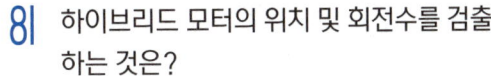

자동차 전기

81. 하이브리드 모터의 위치 및 회전수를 검출하는 것은?
   ① 엔코더
   ② 레졸버
   ③ 크랭크 각 센서
   ④ 출력축 속도 센서

82. 조기 점화에 대한 저항력이 매우 크고, 고속·고부하용 엔진에 적합한 점화플러그 형식은?
   ① 열형   ② 냉형
   ③ 온형   ④ 보통형

83. 2개의 코일간의 상호 인덕턴스가 0.8H일 때 한쪽코일의 전류가 0.01초간에 4A에서 1A로 동일하게 변화하면 다른 쪽 코일에는 얼마의 기전력이 유도되는가?
   ① 100V   ② 240V
   ③ 300V   ④ 320V

 76 ① 77 ① 78 ② 79 ④ 80 ③ 81 ② 82 ② 83 ②

풀이
$$V = H\frac{I}{t} = 0.8 \times \frac{(4-1)}{0.01} = 240V$$

V : 기전력
H : 상호 인덕턴스
I : 전류
t : 시간(sec)

84 HEI 점화장치에서 1차 전류를 단속하는 장치는?

① 노킹 센서
② 점화 코일
③ 점화 플러그
④ 파워 트랜지스터

85 자동차의 충전장치 회로에서 아날로그형 멀티미터로 트리오 다이오드를 점검한 내용으로 옳은 것은?

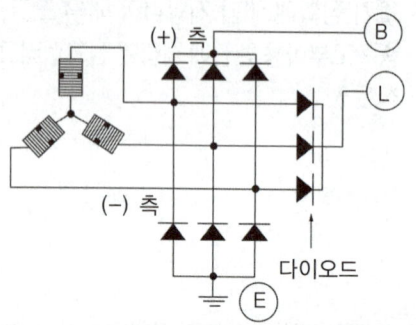

① 시험기의 적색, 흑색단자를 교대해서 다이오드 (+), (−) 단자에 점검했을 때 양방향 모두 비통전이면 정상이다.
② 시험기의 적색, 흑색 단자를 교대해서 다이오드 (+), (−) 단자에 점검했을 때 한쪽 방향만 통전되면 단락된 것이다.
③ 시험기의 적색, 흑색단자를 교대해서 다이오드 (+), (−) 단자에 점검했을 때 한쪽 방향만 통전되면 단선된 것이다.
④ 시험기에 적색, 흑색단자를 교대해서 다이오드 (+), (−) 단자에 점검했을 때 양방향 모두 통전되면 단락된 것이다.

86 12V, 4W 전구 1개와 24V, 18W 전구 1개를 12V 배터리에 직렬로 연결하였을 때의 설명으로 옳은 것은?(단, 전구의 필라멘트 저항값은 온도에 따른 변화가 없다.)

① 12V, 4W 전구가 끊어진다.
② 양쪽 전구의 전력소비가 똑같다.
③ 12V, 4W 전구가 전력소비가 더 크다.
④ 12V, 18W 전구가 전력소비가 더 크다.

87 산소센서가 비정상일 경우 발생할 수 있는 현상이 아닌 것은?

① 연료소비가 감소한다.
② 주행 중 가속력이 떨어진다.
③ 공회전할 때 기관 부조현상이 있다.
④ 배기가스 중 유해물질의 발생량이 늘어난다.

정답 84 ④ 85 ④ 86 ③ 87 ①

88 자동차법규상 방향지시등 설치 및 광도기준에 관한 내용으로 틀린 것은?

① 방향지시등은 1분간 90±30회로 점멸하는 구조일 것
② 견인자동차와 피견인자동차의 방향지시등은 개별로 작동하는 구조일 것
③ 방향지시기를 조작한 후 1초 이내에 점등되어야 하며, 1.5초 이내에 소등할 것
④ 하나의 방향지시등에서 합성 외의 고장이 발생된 경우 다른 방향지시등은 작동되는 구조일 것

89 운전 중 제동 시점이 늦거나 제동력이 충분히 확보되지 않아 발생할 수 있는 사고에 대한 충돌이나 피해를 경감하기 위한 시스템은?

① 자동 긴급 제동 시스템
② 긴급 정지신호 시스템
③ 안티 록 브레이크 시스템
④ 전자식 파킹 브레이크 시스템

90 축전지 수명단축의 원인이 아닌 것은?

① 방전 전압의 감소
② 양극판 격자의 산화작용
③ 충전부족과 설페이션 현상
④ 과충전으로 인한 온도 상승, 격리판의 열화

91 전자 배전 점화장치(DLI)의 주요 구성부품이 아닌 것은?

① G 센서
② 파워 TR
③ 점화코일
④ 크랭크 축 위치센서

92 고전압 배터리 관리 시스템의 메인 릴레이를 작동시키기 전에 프리 차지 릴레이를 작동시키는데 프리 차지 릴레이의 기능이 아닌 것은?

① 등화장치 보호
② 고전압 회로 보호
③ 타 고전압 부품 보호
④ 고전압 메인 퓨즈, 부스바, 와이어 하네스 보호

93 점화코일의 1차코일 유도전압이 250V, 2차코일의 유도전압이 25000V이고, 축전지가 12V인 1차코일의 권수가 250회일 경우 2차코일의 권수는 몇 회인가?

① 20000　　② 25000
③ 30000　　④ 35000

$$N_2 = \frac{E_2}{E_1} \times N_1 = \frac{25000}{250} \times 250 = 25000V$$

N_2 : 2차코일의 권수
E_2 : 2차코일의 유도전압
E_1 : 1차코일 유도전압
N_1 : 1차코일의 권수

88 ②　89 ①　90 ①　91 ①　92 ①　93 ②

94. 소음·진동관리법 시행규칙에 의한 운행차 정기검사의 소음기준 및 방법에 관한 설명으로 옳은 것은?

① 자동차소음의 2회 이상 측정치 중 가장 큰 값을 최종 측정치로 한다.
② 자동차의 원동기를 가동시킨 정차상태에서 자동차의 경음기를 5초 동안 작동시켜 측정한다.
③ 암소음 측정은 각 측정 항목별로 측정 직전 또는 직후에 연속하여 5초 동안 실시하며, 순간적인 충격음 또한 암소음으로 취급한다.
④ 자동차의 변속장치를 파킹 위치로 하고 정지가동상태에서 원동기의 최고 출력 시의 50% 회전속도로 5초 동안 운전하여 최대소음도를 측정한다.

95. 상호 유도 작용에 대한 설명으로 가장 적절한 것은?

① 도체에 전류를 흐르게 하면 자장이 발생하는 현상
② 자석이 아닌 물체가 자계 내에서 자기력의 영향을 받아 자기를 띠는 현상
③ 코일에 전류를 흐르게 하면 코일의 반대 방향에 유도 전압이 발생하는 현상
④ 코일에 자력선을 변화시키면 다른 코일에 자력선의 변화를 방해하려는 기전력이 발생되는 현상

96. MPI기관에서 점화계통의 파워 트랜지스터가 작동하려면 ECU(컴퓨터)에서 점화순서에 의하여 전압이 나와야 한다. ECU(컴퓨터)는 어느 센서의 신호를 받아 파워 트랜지스터에 전압을 주는가?

① 크랭크 각 센서 ② 흡기온 센서
③ 냉각수온 센서 ④ 대기압 센서

97. 자화된 철편에 외부자력을 제거한 후에도 자력이 남아있는 현상은?

① 자기 포화 현상
② 상호 유도 현상
③ 전자 유도 현상
④ 자기 히스테리시스 현상

98. 에어백 시스템에 대한 설명으로 틀린 것은?

① 안전벨트 프리텐셔너는 충돌 시 에어백보다 먼저 동작된다.
② 고장 진단을 위해 배터리를 체결한 상태에서 교환 점검을 해야 한다.
③ 사고 충격이 크지 않다면 에어백은 미전개 되며 프리텐셔너만 작동할 수도 있다.
④ 커넥터 탈거 시 폭발이 일어나는 것을 방지하기 위해 단락바가 설치되어 있다.

94 ① 95 ④ 96 ① 97 ④ 98 ②

99 전자제어 와이퍼 시스템에서 레인 센서와 구동 유닛의 작동 특성으로 틀린 것은?

① 레인 센서는 LED와 포토다이오드로 비의 양을 검출한다.
② 비의 양은 레인 센서에서 감지, 구동유닛은 와이퍼 속도와 구동시간을 조절한다.
③ 레인센서 및 구동유닛은 다기능스위치의 통제를 받지 않고 종합제어장치 회로와 별도로 작동한다.
④ 유리 투과율을 스스로 보정하는 서보 회로가 설치되어 있어 앞 창유리의 투과율에 관계없이 일정하게 빗물을 검출하는 기능이 있다.

100 에어컨 장치에서 컴프레서 마그네틱 클러치의 작동불량 원인이 아닌 것은?

① 냉매압력 불량
② 블로워 모터 불량
③ 냉매압력 스위치 불량
④ 클러치 필드코일 불량

정답
99 ③ 100 ②

자동차정비기사 필기

초판 인쇄 | 2024년 1월 5일
초판 발행 | 2024년 1월 15일
개정 1판 발행 | 2025년 2월 10일

저 자 | 구민사 기획실
발행인 | 조규백
발행처 | 도서출판 구민사
　　　　　(07293) 서울특별시 영등포구 문래북로 116, 604호(문래동3가 46, 트리플렉스)
전화 | (02) 701-7421
팩스 | (02) 3273-9642
홈페이지 | www.kuhminsa.co.kr

신고번호 | 제2012-000055호 (1980년 2월 4일)
ISBN | 979-11-6875-496-6　　13550

값 37,000원

※ 낙장 및 파본은 구입하신 서점에서 바꿔드립니다.
※ 본서를 허락없이 부분 또는 전부를 무단복제, 게재행위는 저작권법에 저촉됩니다.